D1690502

handling Know-how

Dr.-Ing. habil. Stefan Hesse

Handhabungstechnik von A bis Z

Lexikon der Handhabungstechnik und Fabrikautomation

Hoppenstedt
Publishing GmbH

Das vorliegende Buch wurde sorgfältig erarbeitet. Dennoch übernehmen Autor und Verlag für die Richtigkeit von Angaben, Hinweisen und Ratschlägen sowie für eventuelle Druckfehler keine Haftung.

© by Dr.-Ing. habil Stefan Hesse, Plauen, 2008

Alle Rechte vorbehalten, insbesondere das des öffentlichen Vortrags, der Übersetzung, der Fotokopie, der Mikroverfilmung oder der Einspeicherung und Verarbeitung in elektronischen Systemen, auch einzelner Teile.

Titelbild: Purtec Engineering GmbH, Königswartha und Stefan Hesse, Plauen

Satz und Vertrieb: Hoppenstedt Publishing GmbH, 64295 Darmstadt

Druck: TZ-Verlag-Print-GmbH, 64380 Roßdorf
Gedruckt auf 80g/qm Papier holzfrei weiß Offset

Printed in Germany
ISBN 978-3-935774-45-1

Über den Autor

Dr.-Ing. habil. Stefan Hesse;
1963 Abschluss der Ingenieurschule, 1969 Abschluss des Hochschulstudiums in Chemnitz als Diplomingenieur. Anschließend Industrietätigkeit in Forschung, Projektierung und Konstruktion. 1979 Promotion zum Thema „Maschinenverkettung", 1985 Habilitation zum Thema „Werkstückspeichertechnik". Zwölf Jahre Hochschuldozent für Automatisierung der Werkzeugmaschinen und Handhabungstechnik.

Seit 1991 betreibt Stefan Hesse ein Engineeringbüro für Handhabungstechnik und schreibt für die Zeitschrift handling – Handhabungstechnik, Fabrikautomation, Intralogistik. Er ist Autor, Mitautor oder Herausgeber von mehr als 40 Büchern.

Vorwort

Erklärte und verstandene Fachwörter heben die Freude beim Lesen technischer Texte. Vielfach wird dazu das Internet angezapft und ist heute wohl auch die erste Wahl. Doch wird man da immer fündig? Geht es nämlich um Spezialthemen, dann ist das Angebot oft ziemlich spärlich. Nicht zuletzt auch wegen der Glaubwürdigkeit der Quelle behalten deshalb spezialisierte Nachschlagewerke aus Fachverlagen ihre Bedeutung. Das zeigt die Praxis. Zudem hat ein Lexikon auf dem Schreibtisch einen Vorteil: Es ist stets griffbereit, wenn eine verlässliche Erläuterung gesucht wird.

Zahlreiche Fachwörter markieren inzwischen das Feld der Fabrikautomation. Es erstreckt sich von der Robotik, Förder- und Handhabungstechnik über die Sensorik und Aktorik bis zur Identtechnik. Vieles davon fassen wir heute unter dem Dachbegriff Mechatronik zusammen. Fabrikautomation schafft automatisierte Abläufe in der Produktion mit Hilfe technischer Automaten. Auf der Anwenderseite geht es letztlich immer um Überwachung, Steuerung und Regelung sowie Optimierung von Produktions- und Materialflusssystemen. Es ist ein bedeutender Wachstumsmarkt. Wichtige Komponenten und ein beachtlicher Anteil der Beiträge in der Zeitschrift handling betreffen die Handhabungseinrichtungen. Sie bewältigen den Materialfluss von oder zu einer Wirkstelle und sorgen zudem für definiert orientierte Werkstücke. In diesem Marktsegment ist Dr.-Ing. habil. Stefan Hesse als Verfasser zahlreicher Fachbücher und Autor unzähliger Zeitschriftenartikel gut bekannt. Seit 1991 schreibt er für handling über Handhabungstechnik und angrenzende Fachbereiche. Eine Besonderheit seiner Know-how-Serie sind die zahlreichen Zeichnungen, mit der er dem Leser die Wirkungsweise der beschriebenen Geräte und Systeme erklärt.

Im vorliegenden Lexikon erläutert er mehr als 3.000 Begriffe aus der Handhabungs-, Roboter-, Antriebs- und Fördertechnik.

Weitere Schwerpunkte bilden die Programmierung, Steuerung und CNC-Technik, die Sensorik und Bilderkennung, etwas zur Künstlichen Intelligenz und zu angrenzenden Themenbereichen. Ob Dreipunktgreifer oder Gelenkarmroboter, ob Lagen-Depalettierer oder Laserscanner, ob Mikroaktorik, Montagezelle oder Parallelkinematik – an viele Begriffe des modernen Produzierens wurde gedacht.

Ebensowenig fehlen theoretische Begriffe der Automatisierung, wie die Fast Fourier Transformation, Jacobi-Matrix, Lenzsche Regel oder Lorentzkraft. Wirtschaftliche Aspekte – letztlich die Triebfeder jeder Automatisierung – hat der Autor mit einbezogen, beispielsweise Erläuterungen zu Life Cycle Design, Make or Buy sowie Technikfolgenabschätzung. Wer Begriffe wie Cyc-Projekt, Greenman, McKibben Kontraktor oder Syntelmann nicht so recht einordnen kann, dem wird etwas zum historischen Hintergrund vermittelt. Einflüsse aus der Bionik sowie Begrifflichkeiten, die durch Raumfahrt und Kino bekannt wurden, finden sich ebenfalls in diesem Kompendium – manchmal auch mit etwas Augenzwinkern. Cyborg, Frankenstein und Metropolis gehören als Stichwort dazu, wie auch die Filmhelden Gort und R2D2.

Der Nutzen für den Leser ist mehrfach gegeben: Zu jedem Begriff ergänzte der Autor die englische Entsprechung. Neben den Fachwörtern aus der Welt der Automatisierung werden auch wichtige Abkürzungen erläutert. Und schließlich zeigen sich die mehr als 1.000 Zeichnungen als willkommene visuelle Hilfestellung. Somit präsentiert sich „Handhabungstechnik von A bis Z" als umfassendes und nützliches Nachschlagewerk zur Fabrikautomation und es soll auch als Handreichung der Redaktion für die Leser der Zeitschrift handling verstanden werden.

Darmstadt, im November 2008

Gunthart Mau
Chefredakteur handling

1, 2, 3...

3D-Messkopf
[3D measuring head]
Vorrichtung zur Bestimmung der Positionier- als auch der Bahngenauigkeit eines Roboters, indem dieser ein Referenzobjekt (Würfel) in die Zielposition (3D-Messkopf) bringt. Der Messkopf verfügt über drei orthogonal angeordnete Messebenen, in die je nach System eine unterschiedliche Anzahl von Abstandssensoren integriert ist.

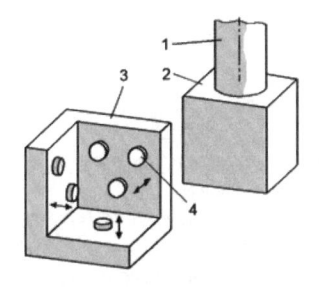

1 Industrieroboter, 2 Referenzwürfel, 3 Messvorrichtung, 4 Abstandssensor

3D-Vermessung
[3D gauging]
Die räumliche Kontur großer Objekte kann zum Zweck der Qualitätsprüfung (Formfehler, Verzug, Spalte) mit dem Industrieroboter geprüft werden. Der Roboter handhabt einen Messtaster oder Sensor, womit er zur Messmaschine wird. Die Position des Roboters und sein Positionierfehler gehen in das Messergebnis ein.
→ *Messroboter*

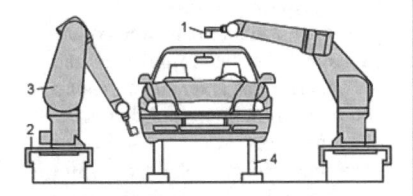

1 Messgerät, Sensor, 2 Horizontalachse, 3 Roboter, 4 Aufnahmeständer

6D-Maus
[space mouse]
Erweiterte Computermaus, mit der über eine reduzierte Tastatur Reaktionen im Freiheitsgrad 6 ausgelöst werden können, wie z.b. Schieben und Drehen in und um alle Raumachsen. Sie erlaubt in der Mensch-Maschine-Kommunikation eine sechsachsige Bewegungssteuerung von Körpern.

A

AAAI
[American Association for Artificial Intelligence]
Abk. für Amerikanische Gesellschaft für Künstliche Intelligenz.

AAI
[applied artificial intelligence]
Praktischen Anwendung von Verfahren der KI mit dem Ziel konkreter Ergebnisse, d.h. mit technischen und wirtschaftlichen Nutzenformen.

A*-Algorithmus
[A algorithm]*
Algorithmus zum heuristischen Durchsuchen eines Graphen. Das Verfahren kann auch als Optimierungssuche bezeichnet werden. Es werden zwei Listen mit Knoten unterhalten. Die offene Liste enthält die erzeugten Knoten, die ausgewertet worden sind, deren Nachfolger aber nicht erweitert wurden. Die geschlossene Liste enthält die verarbeiteten Knoten, d. h. jene, deren Nachfolger erzeugt worden sind.

Abbe'sche Regel
[Abbe's rule]
In der Messtechnik das Prinzip der genauen Längenmessung, wonach die zu messende Strecke die geradlinige Fortsetzung der als Maßstab dienenden Messeinrichtung sein soll.

ABC-Methode
[ABC-method]
Methode der Klassierung von Materialien durch Dreiteilung (1951 von *General Electric* entwickelt), um z.B. unterschiedliche Bewirtschaftungsmethoden zur Anwendung zu bringen. Sie ist in abgewandelter Form auch zur Beurteilung der Montagefreundlichkeit von Produkten und Baugruppen einsetzbar.

Abbildungsfehler
[image defect]
In der automatischen Objekterkennung ein verzerrtes Abbild z.B. von einem Prüfprojekt, das durch Fremdlichteinflüsse und Objektive entsteht. Die Optik steht an erster Stelle der Erkennungskette. Im Bild wird ein Beispiel gezeigt. Das Abbild (b) wurde mit einem Normalobjektiv vom Objekt (a) gewonnen. Für die Prüfung z.B. auf Maßhaltigkeit ist nur Abbild (c) verwendbar, das mit einem telezentrischen Objektiv aufgenommen wurde.

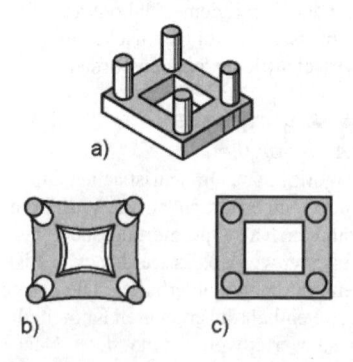

Abblasfunktion
[exhaust system]
Bei einem Saugergreifer die Fähigkeit, nach dem Abschalten des Saugers einen Luftimpuls für das Abblasen des Teils aufbringen zu können. Dazu wird vorher ein kleiner integrierter Speicher mit Druckluft gefüllt. Wie das Bild zeigt, wird die Umschaltung von einem Belüftungsventil vorgenommen.

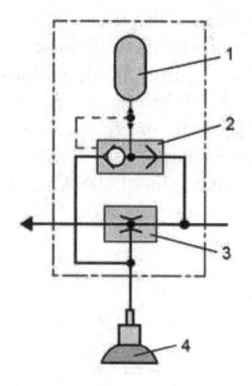

1 Druckspeicher, 2 Belüftungsventil, 3 Treibdüse, 4 Sauger

Abduktion
[abduction, abductive reasoning]
Zurückschließen durch Hypothesen; Schlussweise, auch als erklärender Schluss bezeichnet, die nicht immer zu richtigen Ergebnissen führt, aber im täglichen Leben doch oft erfolgreich benutzt wird. Sie ist im Gegensatz zur → *Deduktion* nicht zwingend logisch, weil eine Wirkung mehrere Ursachen haben kann. Sie lautet: Wenn die Wahrheit einer Aussage A die Wahrheit einer Aussage B einschließt und B wahr ist, dann ist auch A wahr.
→ *Diagnose, technische*

Abfallsortieranlage
[waste sorting plant]
Teil- oder vollautomatisierte Anlage zum automatischen Handhaben und sortengerechten Trennen von Haus- und/oder Produktionsabfällen. Kriterien sind u. a.:
- ferromagnetisch – Nichteisen-Stoffe
- leichte Fraktion – schwere Fraktion
- Farbsortierung, z.B. Glasbruch
- Kunststoffsortierung

Für die Trennung von Leicht- und Schwergut kann z.b. ein Windsichter eingesetzt werden. Das Abfallgut läuft dann auf getrennten Förderbändern weiter.

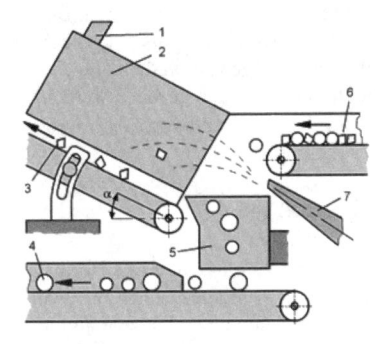

1 Absaugung, 2 Sichtraum, 3 Leichtgut, 4 Schwergut, 5 Abwurftrichter, 6 Sortiergutzuführung, 7 Druckluftdüse

Abfallverzögerung
[dropout delay]
Bei Zeitbausteinen eine häufig verwendete Form des Zeitablaufs, bei der das Ausgangssignal um die Zeit *t* länger aktiv ist als das Eingangssignal.

Abformbacken
[adjustable form jaws]
Einstellbare Greiferbacken eines mechanischen Greifers.

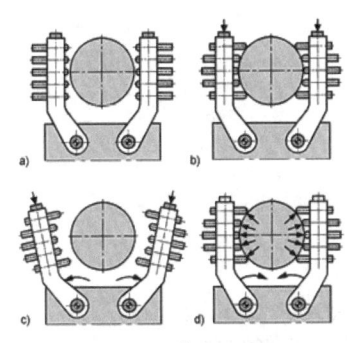

Sie werden durch Übernahme der Werkstückform (Bildfolge a bis d) angepasst. Die Form kann reversibel (Stiftfeld, Lamellen, niedrig schmelzendes Metall) oder irreversibel (aushärtbares Flüssigaluminium, vulkanisierter Gummi) ausgebildet werden.

Abformmagazin
[adjustable form magazine]
Einzweckmagazin aus Kunststoff, das z.b. durch Vakuumtiefziehen oder ein Schäumverfahren hergestellt wurde. Dazu wird ein Satz Werkstücke auf einem Formtisch aufgelegt und die Kunststofffolie (bis 10 mm Dicke) in einem Spannrahmen fixiert, bis zum plastischen Bereich erwärmt und dann wird eine Negativkontur in die Folie gedrückt. Der Verfahrensablauf wird im Bild gezeigt.

Ablagemuster
[patterns of workpieces]
Bezeichnung für typische flächige oder räumliche Anordnungen von Werkstücken auf Speicherflächen. Die A. lassen sich mathematisch beschreiben. Ihre Anordnung folgt also einem mathematischen Bildungsgesetz.

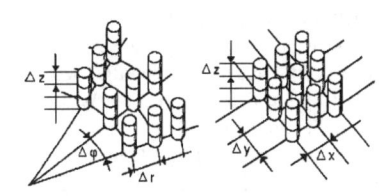

Ablaufdiagramm
[sequence diagram]
Graphische Darstellung in der Steue-

rungs- und Regelungstechnik, aus der die zeitliche Abfolge Schritt für Schritt ersichtlich ist. Gebräuchliche Elemente in Ablaufdiagrammen sind Schleifen und Verzweigungen. In der SPS-Technik werden auch Funktionspläne und Anweisungslisten, im Maschinenbau und in der Pneumatik das Weg-Schritt-Diagramm zur Beschreibung sequentieller Abläufe benutzt.

Ablaufprogramm
[sequence program]
In Einzelschritte gegliedertes Programm, welches schrittweise abgearbeitet wird. Der nächste Programmschritt muss nicht unbedingt der Schritt mit der nächst höheren Schrittnummer sein, weil Sprünge, Schleifen und Verzweigungen zugelassen sind.

Ablaufschritt
[sequence step]
Kleinste funktionelle Einheit im Programm einer → *Ablaufsteuerung*.

Ablaufsprache, textbasiert
[sequential function chart]
SPS-Programmiersprache, die speziell für den Einsatz in Ablaufsteuerungen entworfen wurde. Sie ist primär eine grafische Programmiersprache, deren textuelle Beschreibung dem Datenaustausch dient.

Ablaufsteuerung
[sequential control]
Steuerung, bei der die gesteuerte Größe vom Zustand der Anlage und von einem gespeicherten Programm abhängt, welches die Beziehungen zwischen den Ausgangsgrößen und den erfassten Größen vorgibt. Das Weiterschalten zum programmgemäß nächsten Schritt geschieht nur dann, wenn zeitabhängige (zeitgeführte) oder prozessabhängige (prozessgeführte) Bedingungen erfüllt sind. Die meisten A. sind Mischformen von Zeit- und Prozessführung.

In der Künstlichen Intelligenz ist es eine Methode, die festlegt, wie man den Ablauf eines (großen) KI-Computerprogramms so steuert und das Problem so aufbereitet, dass an verschiedenen Teilproblemen z.B. parallel gearbeitet werden kann, anstatt sequentiell. Bei einer → *Inferenzmaschine* legt die A. die Reihenfolge fest, in der dann die Schlussfolgerungen gezogen werden.
→ *Rückwärtsverkettung*, → *Vorwärtsverkettung*

Ableitung
[deduction]
Deduktiver Schluss, auch als "formale" Schlussfolgerung bezeichnet; Er dient zur Gewinnung einer Aussage durch logische Schlussregeln aus beliebig vorgegebenen Aussagen, die wahr oder falsch sein können.
→ *Deduktion*, → *Inferenz*

Ableitungsbaum
[derivation tree]
Bei der Spracherkennung eine graphische Baumdarstellung der syntaktischen Struktur eines Satzes. Es sind geordnete Bäume, deren Knoten mit den Symbolen der Grammatik markiert sind, wie man es im Bild sieht (a Variable, + sowie * Verknüpfungssymbole). → *Syntaxbaum*

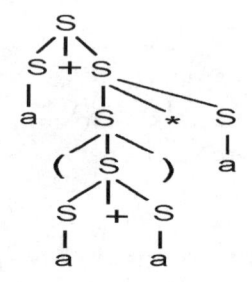

```
            S
          / | \
         S  +  S
         |     |⧵
         a     S   *   S
              /|⧵      |
             ( S )     a
              /|⧵
             S + S
             |   |
             a   a
```

Ablösefrequenz
[cut-out frequency]
In der elektrischen Antriebstechnik eine Frequenz, bei der die Spannungsanhebung bei einer Frequenzumrichter-f/U-Kennlinie endet.

Abluft
[exhaust air]
In Pneumatikkreisläufen die Belüftung von Ventilen oder Arbeitskomponenten über Entlüftungsbohrungen in die Atmosphäre. Die A. kann auch über eine gemeinsame Abluftleitung zusammengefasst werden.

Abluftdrosselung
[metering of exaust air]
In der Pneumatik ein Verfahren zur Geschwindigkeitseinstellung der Kolbenbewegung bei doppeltwirkenden Zylindern. Es wird die Abluft gedrosselt. Der Kolben ist gewissermaßen zwischen zwei Luftpolster eingespannt.

Absackstation, roboterbediente
[packaging station served by robot]
Arbeitsplatz, an dem alle Handhabungen vom Aufstecken der leeren bis zum Palettieren der vollen Säcke von einem Roboter übernommen werden.

Die gestapelten leeren Säcke werden durch einen Leersackgreifer vereinzelt und während des Schwenkvorganges zum Stutzen durch diesen geöffnet. Parallel zur Leersackhandhabung wird ein am Füllstutzen befindlicher Sack gefüllt. Der Vollsackgreifer zieht den gefüllten Sack vom Stutzen und legt ihn auf der Palette ab.

Abschaltdrehzahl
[tripping speed]
Drehzahl, bei der eine Drehzahlüberwachungseinheit die Abschaltung eines drehenden Aktors, meist aus Sicherheitsgründen, auslöst.

Abschaltpositionierung, Abschaltkreis
[cut-off positioning, cut-off circuit, on/off control]
Vereinfachter Regelkreis für einfache Applikationen (auch als Ortssteuerung bezeichnet), bei dem das Rückführsignal nur zum Abschalten eines Vorganges dient. Die Genauigkeit ist eingeschränkt, weil Signallauf- und Bremszeit direkt in den Positionierfehler eingehen. Je größer die Geschwindigkeit ist aus der abgeschaltet wird, desto größer wird auch der Fehler. Das kann zum Teil verhindert werden, wenn man die Geschwindigkeit in mehreren Stufen bis zum Schleichgang reduziert. Das System wird dadurch genauer, aber auch langsamer. Der Verzögerungsvorgang unterliegt durch verschiedene Parameter (Schaltzeiten, Reibung, Zustand der Bremse) einer relativ großen Streuung. Er wird von einem Nockenschalter ausgelöst, der in einem bestimmten Abstand vor der Zielposition angebracht ist. Nach der Trennung des Motors vom Netz nimmt die Geschwindigkeit, verursacht durch das Reibungs- bzw. Bremsmoment, zeitlinear ab.

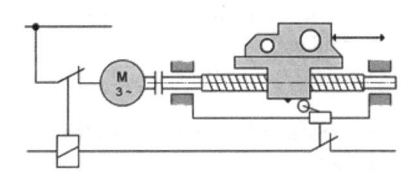

Abschieber
[pusher]
In der Fördertechnik ein Schieber, der das Gut, sobald es die vorgesehene Position erreicht hat, vom Förderband in

eine Ausschleusbahn schiebt. Dabei ändert es seine Bewegungsrichtung meistens um 90°.

Abschirmung
[shilding]
Maßnahme zur Sicherung einer einwandfreien Funktion einer Antriebseinheit durch ordnungsgemäße Masseführung. Im Bild wird ein Beispiel zur Abschirmung von Motor- und Tacholeitungen gezeigt. Tachogeneratorleitungen sind grundsätzlich geschirmt und räumlich getrennt von den Motorleitungen zu verlegen. Der Schirm wird motorseitig isoliert und am Regler auf die Masse gelegt.

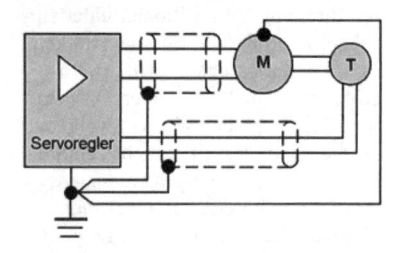

Absolutbewegung
[absolute motion]
Bewegung eines Punktes oder Körpers gegenüber einem als ruhend angesehenem Bezugssystem.

Absolutes Positionieren
[absolute positioning]
Positionieren nach Absolutmaßen. Positions-Sollwert und Positions-Istwert beziehen sich immer auf einen absoluten Nullpunkt.
→ *Relatives Positionieren*

Absolutes Wegmesssystem
[absolute encoder]
Positionsmesssystem für NC-Achsen, bei dem alle Messwerte auf einen festgelegten Nullpunkt bezogen werden. Jeder Punkt der Messstrecke ist durch ein eindeutiges Messsignal gekennzeichnet. Der abgetastete Wert setzt sich aus einer Kombination von 0- und 1-Aussagen zusammen. Der Positionswert ergibt sich aus der Summe der Einzelwertigkeiten je Spur. Vorwiegend werden codierte Lineale und codierte Drehgeber verwendet (Bild). Bei NC-Maschinen wird der Positions-Istwert einem Vergleicher zugeführt, der feststellt, ob Soll- und Istposition bereits übereinstimmen oder ob die Bewegung fortgesetzt werden muss.

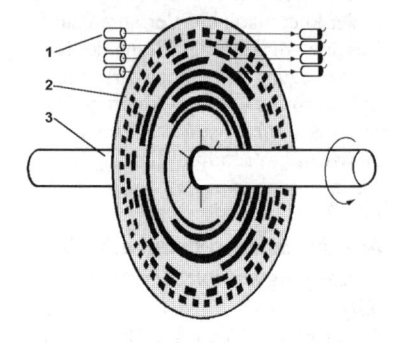

1 optischer Sensor, 2 Codescheibe, 3 Drehachse

Absolutgenauigkeit
[absolute accuracy]
Maß für die Abweichung zwischen einer erwarteten Soll-Pose und dem Mittelwert der Ist-Pose (gemessen jeweils im Basiskoordinatensystem), die sich beim Anfahren der Soll-Pose aus unterschiedlichen Richtungen unter Einbeziehung der Streuungsbreite ergibt.

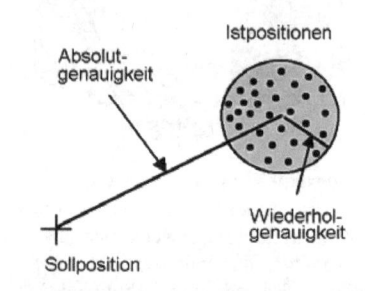

Absolutkoordinaten
[absolute coordinates]
Auf eine feste Fläche, den Aufstellort eines Roboters, bezogene Koordinaten.

Im Ursprung spannt sich ein orthogonales Koordinatensystem auf. Synonyme Bezeichnungen sind Basis- und Weltkoordinaten.

Absorption
[absorption]
Auslöschung (Verlust bzw. Umwandlung) von Strahlung beim Durchgang durch ein Medium. Der Absorptionsgrad ist eine Stoffkennzahl, die sich z.b. auf den auftreffenden Lichtstrom (auf ein optisch klares Medium) bezieht.

Absorptionsverfahren
[absorption method of measurement]
Verfahren zur Analyse von Gasgemischen, bei dem diese durch eine Absorptionsflüssigkeit geleitet werden. Dabei wird nur die zu bestimmende Komponente absorbiert. Durch Vergleich von Anfangs- und Restvolumen des Gases erhält man eine quantitative Aussage.

Abstandsgenauigkeit
[precision of the distance]
Posegenauigkeitskenngröße von Robotern, die den absoluten Fehler beim Verfahren einer Strecke zwischen zwei → *Posen* angibt. Man misst den mittleren Abstand zwischen den zyklisch angefahrenen Posen gegenüber dem Abstand der Nominalposen.

Abstandssensor
[distance sensor]
Sensor, dessen Ausgangssignal eine Information über die Entfernung zu einem ausgewählten Objekt enthält. Er dient z.B. zur definierten Annäherung eines Greifers an ein Objekt. Dafür lassen sich z.B. induktive oder kapazitive Sensoren verwenden. Mit zwei Sensoren (S1 und S2) kann eine Bahn- und Orientierungskorrektur des Endeffektors, z.b. ein Schweißbrenner, in einer Ebene vorgenommen werden.

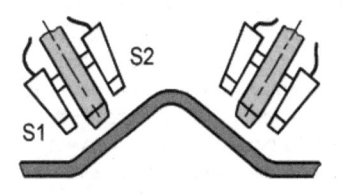

Abstandswiederholgenauigkeit
[distance repeating accuracy]
Posegenauigkeitskenngröße von Robotern, die den relativen Fehler beim wiederholten Verfahren einer Strecke zwischen zwei Posen angibt. Man gibt die Streuung der Abstände der erreichten Posen an.

Abstapeleinrichtung
[destacking device]
Handhabungseinrichtung, die oft mit einem Saugergreifer gestapeltes Arbeitsgut, vorzugsweise Platten und Tafeln, stückweise abnimmt und einer Förderstrecke oder Arbeitsstelle übergibt. Weil sich die Stapelhöhe ständig ändert, müssen sich Greifer oder Stapel stets auf eine neue Abnahmehöhe einstellen. Für diese Aufgabe werden auch Roboter eingesetzt.

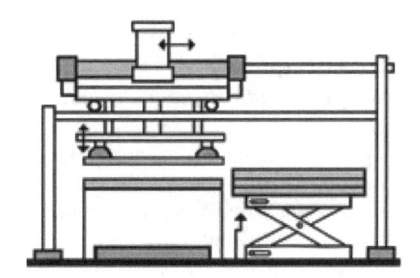

Abstraktion
[abstraction]
Betrachten von bestimmten Erscheinungen, Merkmalen, Eigenschaften und Beziehungen des Objektbereiches unter einem gemeinsamen Gesichtspunkt und Hervorheben des für den jeweiligen Zweck Wesentlichen aus irgendwelchen unwichtigen Details. Klassische Formen sind die generali-

sierende A. (sondert Unwesentliches aus und hebt Wesentliches hervor), die isolierende A. (löst bestimmte Eigenschaften aus ihrem Zusammenhang heraus) und die idealisierende A. (schafft begriffliche Modelle der wirklichen Gegenstände usw.). Das Gegenteil von A. ist das Konkretisieren.

Abstraktionskonzepte
[abstract concepts]
Verbindungstypen (Beziehungstypen) bei semantischen Netzen sowie bei relationalen und objektorientierten Datenbanken in der Art "Teilmenge von", "Exemplar von" oder "Teil von".

Abtasten und Halten
[sample and hold]
Schaltung oder Programm zum Erfassen und Speichern von Signalen. Dabei bleibt der aktuelle Signalwert bis zum Erfassen eines neuen Wertes gespeichert und bildet während dieser Zeit den Eingangswert für eine weitere informationsverarbeitende Einheit oder ein Stellglied. Er kann auch beispielsweise bei der Messwertabtastung abgerufen werden.
→ *Wegmessung*

Abtastregelung
[sampling control, sampled-data control]
Digitale Regelung, bei der aus einem kontinuierlichen Soll- bzw. Istwertverlauf diskrete Werte entnommen und für die Dauer eines Zeitschritts als konstant angenommen werden. Durch sehr kurze Abtastintervalle kann näherungsweise ein analoges Verhalten nachgebildet werden. Allerdings häufen sich bei sehr kurzen Zeiten die numerischen Probleme.

Abtastung
[sampling]
Erfassung von Signalen innerhalb vorgegebener Wegstrecken oder Zeiten. Die A. kann bei der Wegerfassung me-chanisch, magnetisch, optisch sowie elektrisch erfolgen, z.B. über magnetisch geschaltete Sensoren (elektrisch oder pneumatisch) oder über Luftschranken und Reflexdüsen.

Abtastzeit
[sampling time]
Zeitintervall bei einer → *Abtastregelung*, nach dessen Ablauf eine Neubestimmung der Stellgröße erfolgt.

Abteilen
[separate]
In der Handhabungstechnik das Erzeugen einer nach Größe und Zahl vorgegebenen Teilmenge von Arbeitsgut aus einem größeren Vorrat. Wird nur ein Teil abgesondert, spricht man auch vom Vereinzeln. Das A. ist eine Teilfunktion des Zuteilens.

Abtriebsmoment
[output torque]
Drehkraftwirkung in Nm an der Abtriebswelle z.B. eines Zahnradgetriebes. Das Abtriebsmoment ist über den Wirkungsgrad und die Getriebeübersetzung mit dem erforderlichen Antriebsmoment verbunden.

Abwärtsfördersystem
[continuous vertical conveyor]
Förderer für Kleinteile, der diese in eine Wendelrinne eingibt und zu einem tiefer liegenden Sammelbehälter leitet.

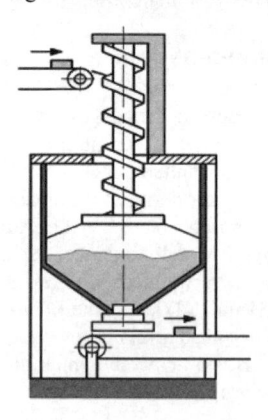

Dieser entkoppelt das Zuführ- vom Abführband und gleicht Schwankungen im Materialfluss aus. Vom Sammelbehälter wird das Arbeitsgut mit einem Förderband zum Prozess gebracht. Das A. bewirkt eine werkstückschonende Fallhöhenüberwindung.

Abweichungskoeffizient
[deviation coefficient]
Bei → *Master-Slave-Manipulatoren* ein Kennwert, der die Übereinstimmung von Führungsorganbewegungen (Master, Masterarm) zur Stellorganbewegung (Slave, Sklavenarm) bewertet. Der A. sagt also etwas über die geometrische Verzerrung einer vorgeführten Bewegung aus.

Abweichungsmetrik
[deviation metric]
In der Robotik ein Indikator für die Summe über alle Abweichungen zwischen zwei Bahnpunkten auf der neuen und einer vorherigen alten Bahn. Abweichungen entstehen durch Kompression, Segmentierung und Nachbearbeitung der Trajektorie.

Abzweigen
[branch]
In der Handhabungstechnik das Erzeugen einer nach Größe und Zahl vorgegebenen Teilmenge von Arbeitsgut aus einem größeren Vorrat (Aufteilen eines Werkstückstromes in mehrere Teilströme). Das wird durch Weichen, Einzel- und Gruppensperren sowie Schieber erreicht. Wird nur ein Teil abgesondert, spricht man auch vom Vereinzeln. Das A. ist eine Teilfunktion des Zuteilens. Synonyme Begriffe sind das Portionieren, der Vorschub (von Band, Streifen und Draht) und das Dosieren (von formlosen Stoffen).

AC
[AC drive]
Kurzzeichen (AC = *alternating current*, Wechselstrom) für einen → *Drehstromantrieb*

AC
[adaptive control]
Eine sich dem Prozess selbstanpassende → *Adaptivsteuerung*.

Achsantrieb
[axle drive]
Modulare Bewegungsachsen können elektromechanisch, direkt-elektrisch, pneumatisch oder hydraulisch angetrieben werden. Im Bild wird eine Linearachse gezeigt, bei der der Schlitten über zwei Zahnriementriebe in Bewegung gesetzt wird. Führung und Tragprofil sind nicht mit dargestellt. Als Aktor dienen hochdynamische elektrische Servomotoren und auch Schrittmotoren lassen sich einsetzen.
→ *Antrieb*

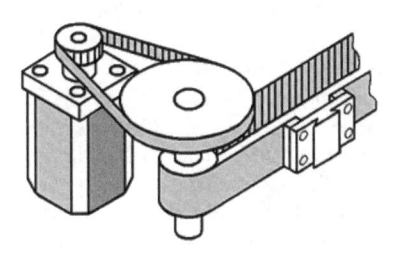

Achsbeschreibung, symbolische
[symbolic axis description]
Grafische Symbolik zur Darstellung des kinematischen Aufbaus von Handhabungseinrichtungen (VDI Richtlinie 2861).

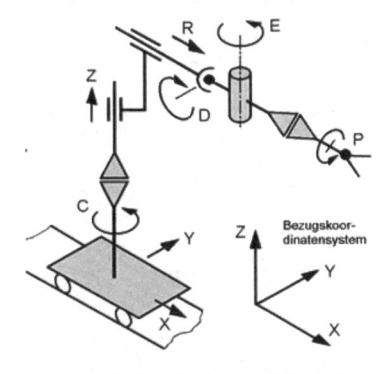

Die Symbole orientieren sich an Festlegungen für NC-Maschinen. Aufbauskizzen verwendet man auch für die eindeutige Zuordnung von Achsenbezeichnungen.

Achse
[axis]
In der Handhabungstechnik ein motorisch angetriebenes Drehgelenk zur Ausführung von Drehbewegungen oder ein Schubgelenk für Längsbewegungen. Drehgelenke bezeichnet man auch als R-Achsen (R = Rotation) und Schubgelenke als T-Achsen (T = Translation). Die Gesamtheit der Achsen bilden die Kinematik einer Handhabungseinrichtung. Außerdem wird in → *Haupt-* und → *Nebenachsen* unterschieden. Bewegungen für das Spannen (Greifer) und Pendeln (Schweißroboter) zählen nicht als Achse.

Achsenauswahl
[selection of axes]
Bei der Auswahl von Positionierachsen ist neben dem Verfahrweg und der Last die → *Achssteifigkeit* von großer Bedeutung. Sie wird von der Last und dem Biegungs- sowie Schwingungsverhalten beeinflusst. Weiterhin spielen folgende Kriterien eine wichtige Rolle: Hohe statische und dynamische Tragfähigkeit bei gering bewegter Eigenmasse, Leichtlauf ohne → *Stick-Slip-Effekt*, große Beschleunigung, hohe dynamische und statische Positioniergenauigkeit, einfache Anschlusskonstruktion, Wartungsfreiheit, hohe Lebensdauer, Schutz gegen Umwelteinflüsse, Überlastungsunempfindlichkeit, Kompatibilität zu anderen Bewegungseinheiten, sinnvolle Baugrößenstufung, Geräuscharmut und hohe Laufleistung auch bei wenig günstiger Umgebung.

Achsenbezeichnung
[marking of axis]
Kennzeichnung der Bewegungsachsen einer Handhabungseinrichtung mit Adressbuchstaben in Anlehnung an die NC-Technik. Es wird zwischen den Haupt-, Neben- und Hilfsachsen unterschieden. Es gilt: Hauptschiebeachsen X, Y, Z parallel zu den Richtungen x, y, z des Bezugskoordinatensystems; Hauptdrehachsen A, B, C <u>um</u> die Richtungen x, y, z des Bezugskoordinatensystems; weitere Linearachsen (Nebenschiebeachsen) U, V, W; weitere Drehachsen, vorzugsweise Nebendrehachsen D, E, P. Die Adressbuchstaben Q, R, S, T sind für sonstige Achsen zu verwenden.
→ *Rechte-Hand-Regel*

Achsenreferenzpunkt
[reference position, axis home]
→ *Referenzpunkt*

Achsenspiegeln
[mirror image operation]
Umschalten (Vertauschen) der positiven/negativen Achsrichtungen einer NC-Achse zum Zweck einer spiegelbildlichen Bearbeitung.

Achse-zu-Achse-Steuerung
[point-to-point positioning control]
Steuerung eines Effektors bis zu einem definierten Punkt, wobei die einzelnen Bewegungsachsen der Handhabungseinrichtung nacheinander aktiv werden.
→ *Simultansteuerung*

Achskopplung, elektronische
[electronically axis connection]
Die mechanische Kopplung mehrerer Bewegungsachsen mit Hilfe einer → *Königswelle* als Gruppenantrieb hat einige Vorteile, z.B. bezüglich Synchronlauf aller Bewegungen, weicht aber immer mehr dem Einzelantrieb. Diese sparen teure mechanische Bauteile, sind in der Regel modular aufgebaut, bieten mehr Flexibilität bei der Konfiguration von Antriebssystemen, erreichen höhere Genauigkeit und erlauben die Einzelinbetriebnahme der

Achsen. Die Steuerung kann zentral von einem Steuerrechner oder dezentral mit „intelligenten" Achsensteuerungsmodulen in Verbindung mit einem echtzeitfähigen lokalen Bussystem erfolgen. Die A. ist auch mit einem → *elektronischem Getriebe* im Master-Slave-Betrieb möglich.
→ *Kurvenscheibe, elektronische*

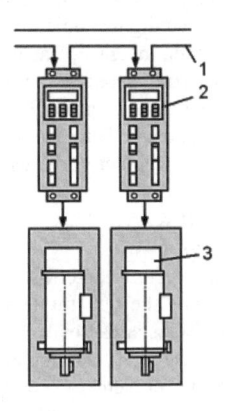

1 Bussystem, 2 Servoregler, 3 Servomotor

Achskorrektur
[axis correction]
Funktion in einer Robotersteuerung, mit der in einem Programm enthaltene Achsenpositionen gewollt verschoben werden können. Das kann auch in mehreren Achsen gleichzeitig erfolgen. Die Korrekturwerte werden solange verrechnet, bis die A. wieder abgeschaltet wird.

Achsregelvorgang
[axis positioning]
Ablauf einer Achsenregelung, die meistens eine Einachsenregelung ist. Die gegenseitige Beeinflussung der einzelnen Achsen bei einer Mehrachsenkonfiguration wird dabei ignoriert bzw. als externe Störung betrachtet. Für „normale" Ansprüche genügt das und es werden gute Ergebnisse erzielt. Sind mehrere Regelaufgaben miteinander verflochten, wird das als → *Kaskadenregelung* bezeichnet.

Achsschenkellenkung
[Ackerman steering]
Bei mobilen vierrädrigen Robotern eine Art der Lenkung mit Einzelradaufhängung. Die Räder befinden sich auf gleichsinnig schwenkbaren Lenkerhebeln, den Achsschenkeln. Es sind nur Lenkwinkel unter 90° möglich. Eine Querfahrt ist somit nicht möglich.

Achssteifigkeit
[axis rigidity]
Durchbiegung z.B. einer linearen Portalachse unter Last. Die Achssteifigkeit hat Auswirkungen auf die Positioniergenauigkeit. Sie wird durch das Biegungs- und Schwingungsverhalten, den Verfahrweg bzw. der Stützweite sowie der Last (Eigenmasse plus externe Last) beeinflusst.
→ *Steifigkeit*

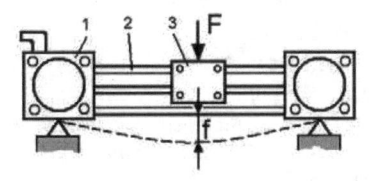

1 Antriebsmotor, 2 Geradführung, 3 Schlitten *f* Durchbiegung, *F* Last

Achsversatz
[axial misalignment]
Abstand zwischen der Achsmitten der Bewegungsachsen einer Handhabungseinrichtung, die sich nicht schneiden, sondern mit Abstand kreuzen. Der A. ist immer konstruktiv bedingt. → *Kreuzungsabstand*

Achswinkel
[axis angle]
Winkelangabe bei einer Drehachse. Die Festlegung der Nulllinien und der Vorzeichen der Winkelbereiche werden von den Geräteherstellern getroffen. Befinden sich alle Achsen in ihrer Nulllage, bezeichnet man das als Referenz- oder Nullstellung. Die Angabe

der A. dient der Beschreibung der Armstellung in Achs- bzw. Gelenkkoordinaten.

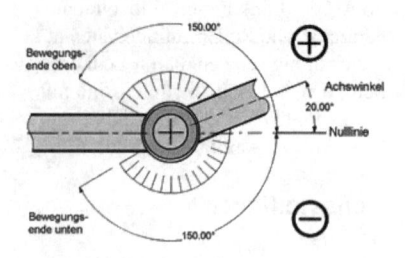

ACM
[Active Cord Mechanism]
Frühe Entwicklung (1976, *S. Hirose*; und *Y. Umetani*) eines fernsteuerbaren beweglichen schlangenartigen Mechanismus, der zur Fortbewegung fähig ist bzw. sich in hinterschnittenen und engen Räumen mit einer Geschwindigkeit von 0,5 m/s bewegen kann.

AC-Motor, ACM
[AC-motor]
Bezeichnung für einen → *Wechselstrommotor*. AC steht für *alternating current*, Wechselstrom.

AC-Servomotor
[AC servomotor]
Wechselstrommotor; → *Servomotor*

Adaption
[adaption]
Anpassung von Funktionen und Strukturen eines Organismus an die Umwelt. Adaptivität ist die Fähigkeit zur A.

Adaptive Regelung
[adaptive control]
Eine auf ständige Anpassung beruhende Regelung, bei der ein Regelalgorithmus dafür sorgt, dass sich bei veränderten Eingangsgrößen der gewünschte Zustand des Systems von selbst einstellt. Voraussetzung ist die Anordnung entsprechender Sensoren, die die Regelparameter beobachten. Die Anpassung dieser Parameter sichert das optimale Verhalten des → *Regelkreises*.

Adaptivsteuerung
[adaptive control]
Steuerung, bei der die Führungsgrößen für die Steuerungsaufgabe veränderlich sind und einen nicht vorhersehbaren Zeitverlauf aufweisen. Die A. passt sich selbstständig den objektiven Bedingungen an, indem sie nach Erfüllung eines vorgegebenen Extremwert- oder Gütekriteriums strebt. Eine solche Aufgabe kann z.B. beim Nahtschweißen mit dem Roboter vorliegen.

Adaptronik
[adaptronic]
Anpassungstechnik; Interdisziplinäre Wissenschaft, die sich mit dem Aufbau adaptiver (selbstanpassender) Systeme befasst. Es ist ein Technologiebereich, der die Schaffung einer neuen Klasse von sogenannten intelligenten Strukturen beschreibt. Strukturen reagieren aktiv auf Veränderungen. Sensoren und Aktoren werden über Funktionswerkstoffe abgebildet (smarte Materialien). Diese sind in der Lage, elektrische, thermische und magnetische Energie in mechanische Energie und umgekehrt zu wandeln.

Adhäsion
[adhesion]
Kraft, die zwischen den Oberflächen verschiedener Körper wirkt. Da zwischenmolekulare Kräfte (Wasserbrücken, *Van-der-Waals* u.a.) zugrunde liegen, sollte der Abstand zwischen beiden Körpern möglichst gering sein.
→ *Van-der-Waals-Kraft*

Adhäsionsgreifer
[adhesive gripper]
Greifer, der nach dem Prinzip der stoffschlüssigen Verbindung mittels Adhäsionskräften (z.B. Klebstoffe, Klebebänder) arbeitet. Die Haftung ist zeitlich begrenzt. Oftmals ist das ge-

griffene Bauteil schlecht lösbar. Der A. wird u.a. zum Handhaben textiler Gebilde, zerbrechlicher Güter oder sehr kleiner Schrauben und Bauteile eingesetzt.

Admittanz
[admittance]
Bei handgeführten Manipulatoren mit handkraftverstärkenden Eigenschaften die auf eine Aufgabe, die ein Bediener ausführt, abgestimmten Bewegungswiderstände (mechanische Admittanz). Es ist ein aktives System. Typisch ist das Führen z.B. eines Manipulators entlang einer virtuellen Wand.

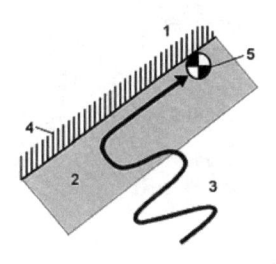

1 High-Admittanz-Interaktion, 2 Medium-Admittanz-Interaktion, 3 Low-Admittanz-Interaktion, 4 virtuelle Wand, 5 Ziel

AD-Wandler, ADC
[AD converter]
Abk. für Analog-Digital-Wandler; ein Wandler, der aus stetigen analogen Eingangssignalen digitale Ausgangssignale erzeugt.

AEM
[Assemblability Evaluation Method]
Von *Hitachi* (Japan) in den 1970er Jahren entwickeltes Verfahren zur Bewertung von Montageoperationen im Sinne montagegerechten Gestaltens. Man geht von einem Idealzustand aus und vergibt für jede Abweichung davon „Strafpunkte". Ideal ist z.B. eine einfache vertikal-abwärts gerichtete Fügebewegung.

Aerodynamisches Orientieren
[aerodynamic orientation]
Ordnen von Werkstücken in Luftströmungsfeldern mit Hilfe von Luftdüsen, unter Ausnutzung des c_W-Wertes der Teile, der Schwerpunktlagen und anderer strömungstechnisch ausnutzbarer Werkstückbesonderheiten.

Aerodynamisches Paradoxon
[aerodynamic paradox]
Physikalisches Phänomen, welches sich dadurch äußert, dass beim Einblasen von Luft zwischen eng anliegenden dünnen flachen Teilen diese nicht auseinander getrieben werden, sondern zueinander streben. Die strömende Luft bekommt eine größere Geschwindigkeit, wobei der Druck sinkt. Der atmosphärische Druck bewirkt das Zusammengehen.
→ *Bernoulli-Greifer*

Agent
[agent]
Eine Entität (selbständig agierendes System), die einen Effekt hervorbringt, insbesondere für Software verwendet, z.B. in Bezug auf eine Robotersimulation. Der A. arbeitet zielgerichtet (für einen Auftraggeber) an Aufgaben und verfügt üblicherweise über eine definierte Schnittstelle, um mit anderen Einheiten zu kommunizieren, seine Umwelt zu verändern und sie zu erfassen.

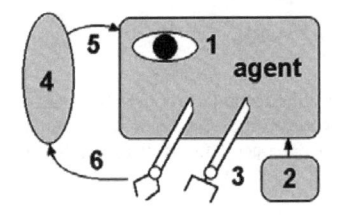

1 Sensor, 2 Handlungsregeln, 3 Effektor, 4 Umgebung, 5 Wahrnehmungen, 6 Aktivitäten

In der Robotik wird mit dem Begriff des A. gelegentlich auch der komplette

Roboter bezeichnet, wenn dieser mit anderen Robotern interagiert sowie situiert, autonom und adaptiv handelt.

Agrarroboter
[agrarian robot]
Roboter, der für den Einsatz im landwirtschaftlichen Bereich bestimmt ist. Aufgaben können z.B. Ernten, Scheren von Schafen (→ *Schafschurroboter*), Sortieren landwirtschaftlicher Produkte, Wein- und Tabakanbau sowie Melken (→ *Melkroboter*) sein.

AGV
[Automated Guided Vehicle]
Automatisiertes, fahrerlos spurgebundenes Fahrzeug, das Materialien aufnimmt und meist im Innern eines Gebäudes zur Ver- und Entsorgung produzierender Einheiten beiträgt. Bei einem AGV-System (AGVS) sind mehrere Fahrzeuge im Umlauf. Das Führungssystem des AGV kann auch gyroskop-basiert sein und damit genauer und flexibler bezüglich der Routenführung arbeiten.

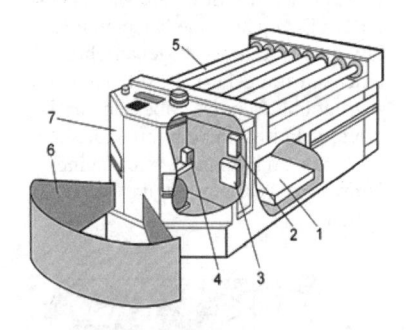

1 Positionscode-Reader, 2 Solide state gyroscope, 3 AGV-Steuerungscomputer, 4 Shaft-Encoder, 5 Querrollengang, 6 Bumper, 7 Steuerung

AI
[Artificial Intelligence]
Englische Abk. für maschinelle, artifizielle bzw. → *Künstliche Intelligenz* (Abk. im Deutschen: KI).

Aibo
[Artificial Intelligence Robot]
Hundeähnlicher intelligenter Vierbeiner der Firma *Sony* (1999) als Unterhaltungsroboter für das Kinderzimmer. Er kann laufen, sitzen, spielen, umfallen und sich strecken. Ein Gleichgewichtssensor bringt ihn immer wieder auf die Beine. Ein Infrarotsensor misst Abstände zur Vermeidung von Kollisionen. Ein 64-Bit-Prozessor ist Kern der Steuerung. Produktion: 150 000 Stück; wird nicht mehr hergestellt.

Airtrack
[Luftgleitbahn]
Luftkissentransportsystem, das aus einer glatten Metalloberfläche mit in Transportrichtung geneigten Düsen besteht. Die Düsen können auch gerade sein und die Bahn ist geneigt. Das Transportgut wird abrieb- und weitgehend auch berührungsfrei bewegt.

Aktionsbefehl
[action command]
Bezeichnung für bestimmte Befehlstypen in einem Handhabungsprogramm. Das sind meistens Schaltbefehle wie z.B. „Greifer schließen" bzw. Befehle an den Prozess wie z.B. „Verdeck öffnen".

Aktionssteuerung
[action control]
Steuerung zur Kommunikation mit der technologischen Umwelt, wie z.B. Koordinierung von Aktions- und Bewe-

gungsabläufen, Synchronisation mit dem technologischen Prozess, Sicherung von Gefahrzonen, Mitsteuerung von Prozessparametern und Auswertung von Sensordaten.

Aktor, Aktuator
[actuator, actor]
Stellantrieb; ausführendes Element einer Steuerung; Wandler zur Umsetzung elektrischer Signale in eine Aktion, z.B. in eine mechanische Bewegung für ein Robotergelenk mit elektrischem, pneumatischem oder hydraulischem Antrieb. Man kann die A. auch als Stellglieder bezeichnen, die eine Produktionsanlage beeinflussen.

Aktor, elektrochemischer
[electrochemical actuator]
Chemo-physikalischer Antrieb, bei dem elektrische Energie durch einen chemischen Prozess in eine Hubkraft F umgewandelt wird. Der A. ähnelt einem metallischen Faltenbalg mit hermetischer Kapselung. Bei 0 bis 5 mm Stellweg wird z.B. eine Endkraft von 0 bis 300 N erreicht.

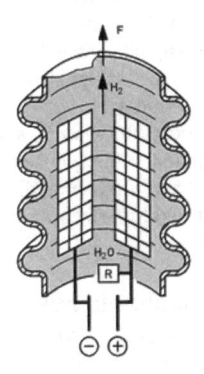

Aktorik
[actorics]
Alle Geräte, Verfahren und Einrichtungen (Stellglieder) innerhalb der Steuerungstechnik, die direkt in einen Stofffluss eingreifen, wie Arbeitszylinder, Motoren, Ventile Schütze u.a.

Aktualisieren
[update]
Vorgang, bei dem ein Anwenderprogramm oder Betriebssystem, auch eine Datei, auf den neuesten Stand gebracht wird, indem bisherige Software durch eine neue verbesserte Ausgabe (Version, Release) ersetzt wird.

Algorithmus
[algorithm]
Verfahren (Rechenvorschrift), mit dem man in endlich vielen, eindeutig festgelegten Vorgehensschritten und Regeln ein Problem lösen kann, sofern eine Lösung natürlich existiert. Grundsätzlich kann jeder A. auf einem Computer abgearbeitet werden. Der Begriff „A." ist eine Abwandlung des Namens *Al-Chwaismi*, ein persischer Mathematiker aus dem 10. Jahrhundert. Im Bild werden typische Strukturelemente für logische Bedingungen in A. und Programmablaufplänen gezeigt.

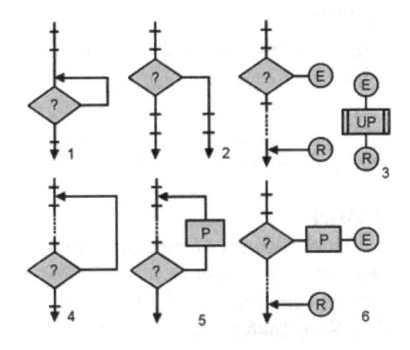

1 Haltefunktion, 2 Verzweigung, 3 Sprung, 4 Schleife, 5 Schleife mit Parameterversorgung, 6 Steuerung mit Parameterversorgung, UP Unterprogramm, R Rücksprung, P Parameterbereitstellung, E Einsprung in ein Unterprogramm

Allopoiesis
[allopoiesis]
In der Systemtheorie die Bezeichnung für ein System, das sich nicht selbst beeinflussen oder reproduzieren kann. Gegenteil: → *Autopoiesis*.

Allstrommotor
[AC-DC motor, universal motor]
Wechselstrom/Gleichstrommotor; →
Universalmotor

Allzweckroboter
[general purpose robot]
Andere Bezeichnung für einen → *Universalroboter*.

alphanumerisch
[alphanumeric]
Bezug auf eine Zeichenmenge, die mindestens aus den Dezimalziffern 0 bis 9 und Buchstaben des Alphabets besteht. Im Einzelfall kann der Zeichenvorrat extra festgelegt werden.

ALV
[Autonomous Land Vehicle]
Autonomer mobiler Roboter, der in den USA für das Militärwesen im Auftrag der DARPA entwickelt und 1986 vorgestellt wurde.

ALVIN
[Autonomous Laboratory Vehicle with Intelligent Navigation]
Autonomer mobiler Versuchsroboter auf einer dreirädrigen Plattform mit einem Roboterarm vom Freiheitsgrad 3.

ALVIN
Tieftauchboot mit Manipulatorarm. Der Arm wurde über Drucktaster gesteuert. 1966 tauchte ALVIN (nach dem Konstrukteur *Allyn Vines* benannt) vor der spanischen Küste nach einer verlorenen Wasserstoffbombe.

ALVINN
[Autonomous Land Vehicle In a Neural Network]
Neuronales Netz (1993), das lernt ein Auto zu steuern, indem ein menschlicher Fahrer beim Chauffieren beobachtet wird. Die Aktionen Lenken, Beschleunigen und Bremsen werden mit Sensoren erfasst (Farb-Stereo-Videokamera, Laser, Radar).

Ambiguität
[ambiguity]
Bezeichnung für syntaktische Doppeldeutigkeiten. Beim Sprachverstehen ist mit A. die Mehrdeutigkeit von Wörtern, Werten, Symbolen, Sachverhalten und auch Sätzen gemeint.

AMC
[Automated Manufacturing Cell]
Abk. für eine automatische Fertigungszelle

analog
[analogue, analog]
Eigenschaft von physikalischen Variablen (Signalen), bei denen jedem denkbaren Wert des Signalparameters eine entsprechende Information zugeordnet ist. Eine analoge Größe ändert sich immer stufenlos stetig bzw. kontinuierlich, im Gegensatz zu einer digitalen Größe. Die Beziehung kann, muss aber nicht linear sein.

Analog-Digital-Umsetzer
[analog-to-digital converter]
Elektronischer Wandler, der aus stetigen analogen Eingangssignalen digitale Ausgangssignale erzeugt. Der Vorgang wird auch als Digitalisierung bezeichnet. Es sind dafür verschiedene Verfahren bekannt, wie z.B. sukzessive Approximation, Zähler, R-Netz-Komparatoren, Dual-Slope-Wandler, Parallelwandler und Mehrfachrampen-Verfahren.

Analogmechanismus
[analog mechanism, phantom]
Gelenkiger Hebel zur Steuerung eines Industriemanipulators oder zum Programmieren eines Roboters in der Art eines → *Phantomroboters*.

Analogsensor
[analogue sensor]
Sensor, der eine nichtelektrische Messgröße als analoges elektrisches Signal ausgibt. So lässt sich z.B. der Dreh-

winkel mit einem Potentiometer messen. Der Widerstand ändert sich proportional zum Drehwinkel. Die A. geben prinzipiell kein digitales Signal ab.

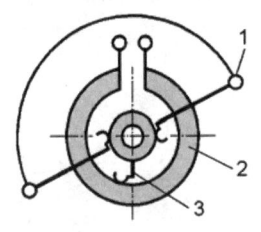

1 Schleifer, 2 Widerstandsbahn, 3 Schleifer für die Signalübertragung zum Gehäuse

Analyse, kinematische
[kinematical analysis]
Ermittlung kinematischer Parameter, wie Weg, Geschwindigkeit und Beschleunigung von Gliedern und Punkten eines gegebenen Getriebes. Damit werden Kenntnisse über typische Bewegungsverhältnisse erlangt.

Analyse, kinetostatische
[kinetostatic analysis]
Ermittlung der Belastung von Gliedern und Gelenken mechanischer Systeme, z.B. Getriebe, infolge der eingeprägten Kräfte und Trägheiten. Dazu werden die Glieder im Allgemeinen als idealisierte starre Körper betrachtet.

Analytische Maschine
[analytical engine]
Bezeichnung für die erste frei programmierbare universelle Rechenmaschine, die von *Charles Babbage* entworfen, aber wegen feinmechanischer und finanzieller Probleme nicht gebaut wurde.

Anbaumanipulator
[flanged manipulator]
Handgeführter Manipulator, der das Be- und Entladen von Maschinen, z.B. eine Fräszelle, erleichtert und der an die Arbeitsmaschine fest angebaut ist.
→ *Balancer, integrierter*

Anbauroboter
[flanged robot]
Industrieroboter zur Maschinenbeschickung. Der A. besitzt keinen eigenen Ständer, sondern ist huckepack an eine Produktionsmaschine angebaut. Vorteilhaft ist der geringe Platzanspruch. Nachteile: Möglicherweise schlechte Auslastung und Übertragung von Schwingungen auf die Fertigungseinrichtung.

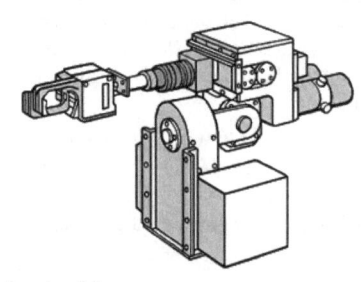

Android
[android]
Eine dem menschlichen Aussehen (seiner physischen Erscheinung) nachgebildete Maschine, die Funktionen übernehmen kann, die sonst von Menschen ausgeführt werden. Erste A, wurden im 18. Jahrhundert gebaut: 1738 Flötenspieler und Tamburinspieler von *J. de Vaucanson*; 1774 Zeichner, Schriftsteller und Musikerin von *P. Jaquet-Droz*, seinem Sohn und *J.-F. Leschot*; 1805 Bilder malende Puppe von *H. Maillardet* und 1810 Trompeter von *J. Gottfried* und *F. Kaufmann* .

Das Bild zeigt einen japanischen A., der geradeaus fahren, den Arm heben und Tee servieren konnte (veröffentlicht 1796). Hat er die leere Tasse wieder übernommen, dreht er sich um und kehrt zum Ausgangspunkt zurück.

Der Übergang von der reinen Schaustellung zur praktischen Nutzung wurde allmählich erkennbar. Die A. waren jedoch eher Symbole der technischen Leistungsfähigkeit ihrer Mechaniker und Automatenbauer. Es gibt heute auch A., die beispielsweise zum Training medizinischen Personals dienen und zum Patientensimulator ausgebaut sind.

Im Allgemeinen wird mit A. eine männliche Nachbildung bezeichnet und mit dem Begriff Gynoid eine Maschine im äußeren Aussehen einer Frau.

Androidenhand
[android hand]
Eine programm- oder fernsteuerbare Fünffinger-Hand, deren Konstruktion sich weitgehend an Masse, Größe und Kraft des menschlichen Vorbildes orientiert. Der Antrieb der Fingerglieder ist schwierig und erfolgt häufig über Seilzüge. Bei der dargestellten Hand einer Cembalo spielenden Künstlerin wurde reine Hebelmechanik benutzt (nach *Jaquet-Droz* (Vater und Sohn) und *J.-F. Leschot* 1774).

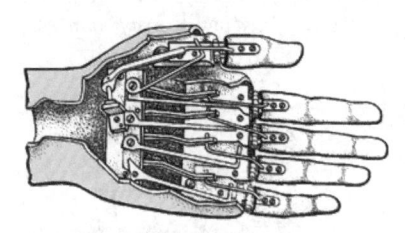

Andrückvorrichtung
[pressing fixture]
Externe, mitunter auch in den Greifer eingebaute Vorrichtung zum mechanischen Anpressen eines vom Roboter gehandhabten Werkstücks gegen die Bestimmelemente einer Spannvorrichtung, z.B. ein Drehfutter, um eine spielfreie Anlage sicherzustellen, ehe das feste Zuspannen einsetzt. Der Antrieb erfolgt durch Federkraft (Aufladen der Feder beim Greifvorgang).

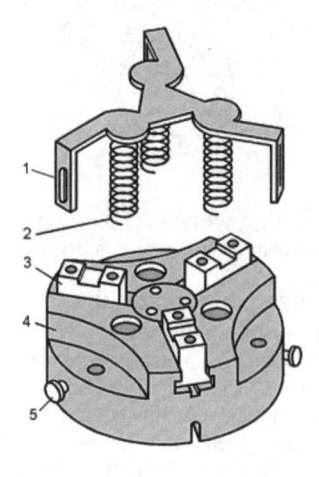

1 Andrückplatte, 2 Druckfeder, 3 Grundbacke, 4 Greifergehäuse, 5 Befestigung des Andrücksterns

Animaloid
[animaloid]
Eine dem Aussehen von Tieren nachgestaltete Maschine. Die A. wurden zuerst in der Renaissance und dem Barock, den Blütezeiten mechanischer Spiel- und Triebwerke, gefertigt. Ein anschauliches Beispiel ist der programmgesteuerte Erpel (1738) von *Jacques de Vaucanson* (1709- 1782).

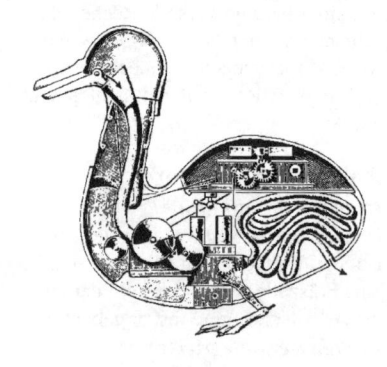

Er bestand aus 1000 Einzelteilen. Heute dienen A. auf der Basis modernster Bauelemente und Computer zur Untersuchung von Verhaltensweisen automatischer Wesen. Dazu gehören die Orientierung im Gelände, die schreitende Fortbewegung und die Überwindung von Hindernissen.

Animaten
[animats]
Künstliche technische Wesen oder deren Simulation, ihr Aufbau und die Funktionsweise, die von Tieren inspiriert ist. Die Simulation kann Vorstufe zum Bau von A. sein. Die A. imitieren Tiere.

Animation
[animation]
Darstellung eines simulierten Vorganges in bewegten Bildern auf einem Bildschirm. Damit kann man ein Modell überprüfen, z.b. ein robotisiertes Fertigungssystem, um festzustellen, ob es sich wie erwartet verhält. Wenn nicht, dann lassen sich Schwachstellen herausfinden und am Modell korrigieren. Außerdem ist die A. eine überzeugende Präsentation von Ergebnissen, besonders wenn die Darstellungen dreidimensional und in Echtzeit oder Zeitlupe bzw. Zeitraffer erfolgen.

Animatronik
[animatronics]
Technik vor allem in der Film- und Unterhaltungsbranche, die auf mechanische und bzw. oder elektronische und pneumatische Weise Bewegungen eines Lebewesens, z.B. eines ausgestorbenen Dinosauriers, nachzuahmen versucht. Die Nachbildung kann echte Lebewesen betreffen, es können aber auch frei erfundene Kreaturen und Fabelwesen sein. Das gelingt durch geschickte Kombination unterschiedlicher Elemente wie Körperbau, Gestaltung von Gelenken, Fernsteuerung und mechatronischen Komponenten, die der Robotik nahe stehen. Die A. ist von externen Bedienern abhängig. Sie hat eine gewisse Ähnlichkeit mit der Puppenspielkunst.

Animismus
[animism]
Vorstellungsverhalten, das die Seele als Lebensprinzip betrachtet. Es wird auch nichtmenschlichen Dingen eine Seele zuerkannt (Steine, Seen, Wolken usw.)

Anlasser
[starter, motor starter]
Beim Anlassen eines Motors entstehende Stromstöße lassen sich mit einem A. verhindern. Eine Lösung für einen Gleichstrommotor ist der Einsatz gegliederter Festwiderstände, die mit zunehmender Drehzahl stufenweise ausgeschaltet werden. Im Bild ist die Schaltung eines Ständeranlassers für einen Kurzschlussläufermotor zu sehen. In die drei Phasen der Ständerzuleitung sind drei ohm'sche Widerstände gelegt, die auch hier stufenweise ausgeschaltet werden.
→ *Kusa-Schaltung,* → *Soft-Motorstarter,* → *Motoranlassverfahren*

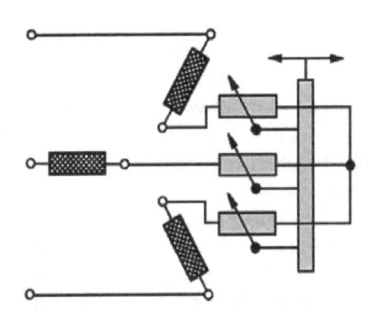

Anlaufdrehmoment, lastfreies
[no-load starting torque]
Quasi-statisches Drehmoment, welches aufzubringen ist, um ein Antriebselement zu bewegen, wenn am Abtriebselement, z.B. einem Getriebe, keinerlei Belastung anliegt.

Anlaufstrom
[starting current]
Strom, der bei Motoren anliegt, die durch mechanische Starter parallel zur Leitung gestartet werden. Der A. kann bei älteren Motoren sehr hoch sein und viele hundert Prozent betragen. Antriebe mit regelbarer Drehzahl haben in diesem Sinne keinen A.

Anlaufverhalten
[starting behavior]
Prüfeigenschaft für Roboter, die dessen Verhalten bei einer Ingangsetzung nach einem längeren Stillstand charakterisiert und die thermische Positionsabweichung, die Anlaufzeit und den Synchronisationsfehler enthält.

Anlernprogrammierung
[teach-in programming]
Programmierung eines Roboters durch Vorführen einer Bewegungssequenz. Das sind der direkte und indirekte → *Teach-in Betrieb*.
→ *Playbackbetrieb*

Anpasser
[adapter unit]
In der elektrischen Messtechnik ein Anpassglied; Es ist eine Bezeichnung für Messverstärker, -umformer, -umsetzer und für Rechengeräte, die sich zwischen Messgrößenaufnehmer und dem Messwertausgeber befinden.

Anpasssteuerung
[interface controller]
Ergänzung einer Robotersteuerung, auch Anpasseinheit genannt, die hauptsächlich die in einer konkreten Robotersteuerung für die Kommunikation mit dem technologischen Prozess nicht enthaltenen Funktionen wahrnimmt. Die benötigten Baugruppen sind analoge und binäre Schnittstellen zum Roboter, zu den Peripheriekomponenten, zum Prozess und zu überlagerten Rechnern. Die Kommunikation erfolgt meistens über Bus-Systeme.

Anpassungskonstruktion
[adjustment design]
Konstruktionsart, bei der das Konzept einer Konstruktion vorgegeben ist. Der Entwurf wird aber an geänderte Anforderungen angeglichen.

Anregelzeit
[rise time]
Zeitspanne die verstreicht, bis nach einer Änderung der Führungsgröße (Sollwertsprung) oder dem Auftreten einer Störgröße die → *Regelgröße* die Führungsgröße erstmalig innerhalb des Toleranzbereiches wieder erreicht. Die A. repräsentiert das dynamische Verhalten eines → *Regelkreises*. Nachfolgende transiente (plötzlich auftretende Spannungs- und Stromstärkeänderungen durch das Auftreten von Wanderwellen) Einschwingvorgänge gehen in die A. nicht mit ein.
→ *Ausregelzeit*

Anschlagdämpfer
[shock absorber]
Dämpfung des Anschlags massereicher, bewegter Objekte zur Schonung von Geräten und Werkstücken. Oft sind im A. drei Funktionen enthalten: Endanschlag, Dämpfung und Signalisation des Erreichens der Endstellung. Je nach Masse werden Gummi-, Federelemente oder hydraulische Dämpfer eingesetzt.

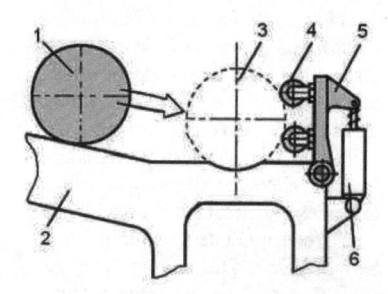

1 abrollendes Werkstück, 2 Rollstrecke, 3 Werkstückendposition, 4 Anschlagrolle, 5 Arm, 6 Stoßdämpfer

Anschlagen
[fixation]
In der Logistik und im Transportwesen die Vereinigung von Last und Tragmittel (Seil) des Hebezeuges mittels eines Lastaufnahmemittels (Greifer). Der Begriff wird vor allem im Kranbetrieb verwendet. Das Trennen (Lösen) der Last vom Tragmittel wird als Abschlagen bezeichnet.

Anschlagpositionierung
[stop-to-stop positioning]
Bei einfachen Handhabungseinrichtungen eine Positionierung, bei der die Bewegungen durch Anschläge mechanisch begrenzt werden. Die Anschläge sind meistens feineinstellbar.

Anschlagpunkt
[lifting point]
Anhängevorrichtungen an Gegenständen, mit denen bei Hebezeugen eine sichere Verbindung zwischen Tragmittel (Seil, Kette, Gurt) und Nutzlast hergestellt wird. Die A. sind Lastaufnahmemittel und müssen nach den geltenden Richtlinien geprüft und zertifiziert sein. Das Bild zeigt einige gebräuchliche A.

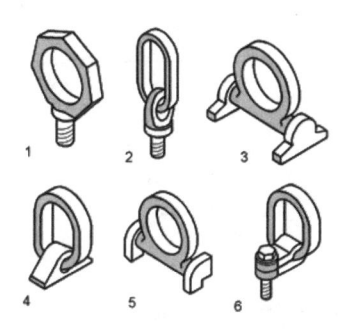

1 Ringschraube, 2 Wirbelbockwinde, 3 Ringbock, 4 Lastbock, 5 Ringbock-Kante, 6 Lastbockwinde

Ansprechschwelle
[trigger level, discrimination threshold]
Kleinster Wert einer zu messenden Größe, bei dem am Sensorausgang noch ein messbarer Ausgangswert registriert werden kann.

Ansprechzeit
[reaction time, responding time]
Zeit, die der Signalausgang eines Sensors benötigt, um von 10 auf 90 % des maximalen Signalpegels zu steigen. Bei digitaler Signalverarbeitung entspricht sie der notwendigen Zeit bis zur Berechnung eines stabilen Messwertes.

Ansprechwert, -schwelle
[trigger level, discrimination threshold]
Derjenige Wert einer erforderlichen geringen Änderung der Messgröße am Nullpunkt, welcher eine erste, eindeutig erkennbare Änderung der Anzeige hervorruft. Es ist der kleinste Wert einer Messgröße, der am Sensorausgang noch einen messbaren Ausgangswert erzeugt.

Ansteuerung, bipolare
[bipolar driving]
Bei Schrittmotoren eine Beaufschlagung der Motorwicklungen mit positiven und negativen Spannungsimpulsen. Dadurch fließen in den Wicklungen auch positive und negative Ströme. Diese Betriebsart erlaubt eine bessere Ausnutzung des Schrittmotors. Auch beim bürstenlosen Gleichstrommotor kennt man je nach Konstruktion die unipolare (Stromfluss nur in einer Richtung) oder bipolare Ansteuerung.

Anthropomoph
[anthropomorphic]
In der physischen Gestalt oder in anderen Merkmalen dem Menschen nachgebildetes technisches Gerät. Beim Roboter spricht man von einer a. Konfiguration, wenn eine Gliederung in Ober- und Unterarm vorliegt und Drehgelenke in der dargestellten Konfiguration implementiert sind.

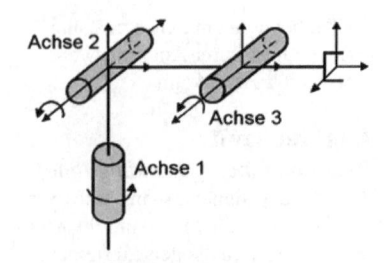

Anthropotechnik
[human factors technology]
Gebiet der Arbeitswissenschaften, auf dem man sich mit dem Problem befasst, Arbeitsvorgänge, -mittel und –plätze den Eigenarten des menschlichen Organismus anzupassen.

Antiteleskopiergreifer
[grab for coils]
Greifer für zum Bund gewickeltes Band, z.B. ein Spaltbandring, wobei der Bund dazu neigt, lagenweise abzugleiten (zu teleskopieren). Den Bund kann man dann nicht allein im Kernloch halten. Er muss auch an der Außenlage geklemmt bzw. fixiert werden oder er wird mit Vakuum an der Seitenfläche gehalten.

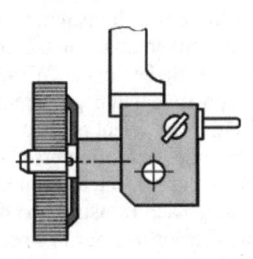

Antrieb
[drive]
Wandlung von Energie einer bestimmten Erscheinungsform in mechanische Energie, die gleichzeitig der geforderten Bewegungsform entspricht. Zum Antrieb gehören Motor, Getriebe, Bremse und Weg- bzw. Winkelmesssysteme. Fehlt das Getriebe, dann liegt ein → *Direktantrieb* vor. In der Handhabungstechnik dient der A. dazu, die Achsen eines Handhabungsgerätes zu bewegen. Nach der eingesetzten Energieart unterscheidet man in elektrische, hydraulische und pneumatische A. In der Antriebstechnik geht der Trend hin zu immer größeren Leistungsdichten, d.h. kleineres Bauvolumen bei größerem Energiedurchsatz.
Ein typisches elektrisches Antriebssystem wird im Bild gezeigt. Im oberen Teil wird die Leistungsebene gezeigt, der untere Teil zeigt die dazugehörige Signalverarbeitung (SR Stromrichter, M Elektromotor, AM Arbeitsmaschine, Zielmechanik). Physikalisch gesehen gibt der Motor M ein Drehmoment M_1 bei einer Winkelgeschwindigkeit ω_1 ab. Das Getriebe ist mit dem Wirkungsgrad η verlustbehaftet und gibt M_2 mit ω_2 an die Arbeitsmaschine AM ab.
→ *Antrieb, traversierter,* → *Antriebsaufgabe,* → *Vierquadrantenbetrieb*

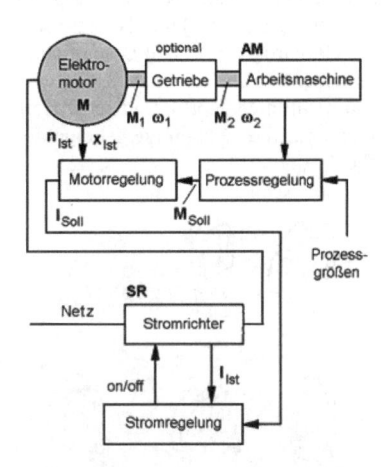

Antrieb, traversierter
[traverse drive]
Bezeichnung für ein Antriebssystem, bei dem der Motor aus dynamischen Gründen nicht mit verfährt, sondern gestellfest angeordnet ist. Das anzutreibende Bauteil wird mit einem Zugmittel, z.B. Synchronriemen, oder über eine Spindel bzw. Nutwelle bewegt.

Die zu bewegende Masse wird dadurch erheblich gesenkt und macht den Antrieb hochdynamisch. Im Bild wird eine Handhabungseinrichtung gezeigt, bei der zwei stationäre, elektrische Lineareinheiten einen Greifer in der x-y-Ebene positionieren. Zur Bewegungsübertragung dienen Zahnriemen.

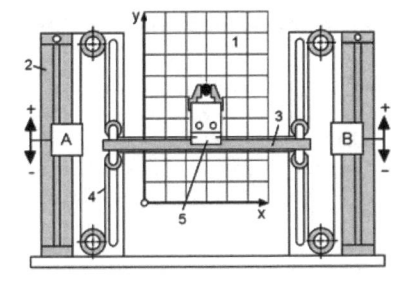

1 Arbeitsfläche, 2 frei programmierbare Lineareinheit, 3 Horizontal-Schlittenführung, 4 Zahnriemen, 5 Schlitten mit Klemmstücken für Zahnriemenanschluss, A, B Antriebsmodul

Antriebsaufgabe
[drive task]
Zweck des Einsatzes eines elektrischen Antriebes, der sich nach gemeinsamen Parametern in vier typische Klassen unterscheiden lässt. Diese sind:

- **Langzeitkonstante Drehzahl**
Charakteristisch sind Langzeitkonstanz der Drehzahl, Gleichlauf, Schleichdrehzahl; Betriebsart mit Schrittantrieb ist ein hochgenauer Synchronbetrieb, z.B. für Wickelantriebe; Betriebsarten mit Gleichstrommotoren sind Gleichlauf- und Drehzahlregelung.

- **Punkt-zu-Punkt Steuerung**
Charakteristisch sind Positioniergenauigkeit, minimale Positionierzeit und maximale Drehzahl; Betriebsarten sind bei Schrittantrieben Gruppenschrittbetrieb und zeitoptimales Positionieren; Betriebsart mit Gleichstrommotoren ist der Positionierbetrieb z.B. für x-y-Tische (→ *Punktsteuerung*).

- **Bahnsteuerung**
Charakteristisch ist die Positioniergenauigkeit während der Bewegung und maximales Beschleunigungsvermögen; Betriebsarten mit Schrittantrieben sind die Anwendung mit variabler Drehzahl, zeitoptimales Positionieren sowie elektronisches Getriebe; Betriebsarten mit Gleichstrommotoren sind Positionierbetrieb und Nachlaufregelung z.b. für Roboterachsen (→ *Bahnsteuerung*, → *NC-Steuerung*).

- **Reversierantrieb**
Charakteristisch sind Reversier- und Resonanzfrequenz in der Betriebsart → *Reversierbetrieb*, z.B. für Nähmaschinen

Antriebsquadranten
[drive quadrant]
Einteilung von Betriebszuständen bei Elektromotoren; → *Vierquadrantenbetrieb*, → *Einquadrantbetrieb*, → *Reversierbetrieb*

Antriebsregelung mit Beobachter
[drive control with state observer]
Regelung der Drehzahl ohne Drehzahlsensor, bei der Beobachter (mathematische Modelle) aus den leicht messbaren Zustandsgrößen weniger leicht zugängliche Größen im Sinne einer Istwertschätzung berechnen.

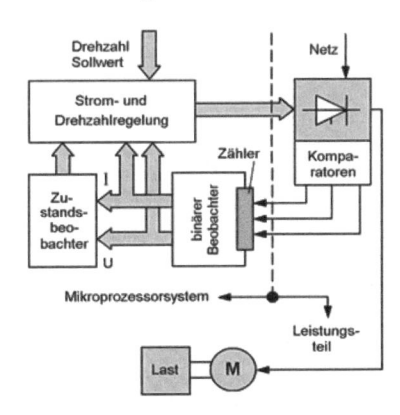

M stromrichtergespeister Antrieb

Das im Beobachter niedergelegte Modell muss sehr gut mit der Realität übereinstimmen. Die Beobachterkaskade besteht aus einem Zustandsbeobachter für die mechanischen Zustandsgrößen und einen binärem Beobachter für die elektrischen Zustandsgrößen (Stromrichtermodell).
→ *Zustandsregelung*, → *Kaskadenregelung*.

Antriebssystem
[drive system]
Baugruppe, die zugeführte Energie (elektrische, fluidische) in eine rotatorische oder translatorische Bewegungsenergie wandelt, damit ein kinematisches System arbeiten kann.

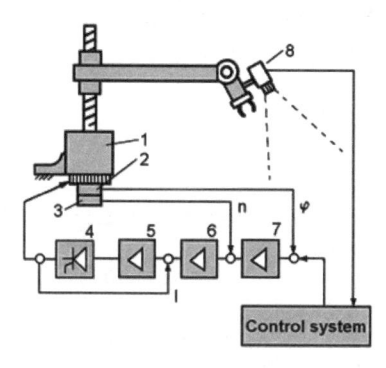

1 Elektromotor, 2 Winkelmesssystem, 3 Drehzahlmesser, 4 Stellelement, 5 Stromregler, 6 Drehzahlregler, 7 Lageregler, 8 kamerageführter Roboterarm

Antriebstechnik, dezentrale
[distributed drive engineering]
Räumlich verteilte Anordnung von Antrieben in Maschinen und Anlagen, bei denen im Gegensatz zu einer zentralen Steuerung auch solche Funktionseinheiten wie → *Umrichter* und Regelungen direkt vor Ort bei den einzelnen Motoren untergebracht sind. Die Versorgung erfolgt über einen Energie- und einen Steuerungsbus (→ *Feldbus*). Die dezentrale A. bietet besonders bei modular aufgegliederten Maschinen einige Vorteile.

→ *Achskopplung, elektronische*, → *Zweiachsensystem*

Anweisungsliste
[instruction list]
Eine assemblerähnliche SPS-Programmiersprache. Jede Zeile enthält eine Anweisung, einen Operator sowie optional einen oder mehrere Operanden.

Anwenderkoordinatensystem
[user coordinate system]
Befinden sich auf einer Arbeitsfläche mehrere Werkobjekte (→ *Werkobjektkoordinatensystem*), die bearbeitet oder manipuliert werden sollen, dann kann ein A. definiert werden. Darauf beziehen sich dann alle Koordinaten der Werkobjekte.

Anwenderprogramm
[user program]
Folge von Anweisungen zur Lösung einer Aufgabe, z.B. das von einer Steuerung auszuführende Arbeitsprogramm für eine technologische Operation. Zum A. gehören außerdem Generierdaten. Mit dem A. wird eine praktische Aufgabe gelöst, im Gegensatz zu den Systemprogrammen, die zum Betriebssystem gehören und die Voraussetzung für den Einsatz von A. darstellen.

Anwesenheitskontrolle
[presence inspection, presence-check]
Feststellung, ob Objekte (Produkte, Baugruppen, Einzelteile) eine geplante Position eingenommen haben.

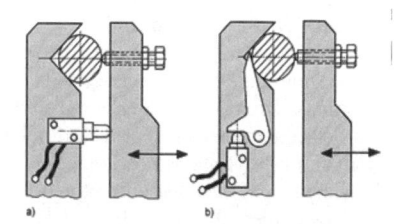

a) funktionsbestätigt, b) erfolgsbestätigt

Am Bespiel „Greifer" kann gezeigt werden, dass das funktionsbestätigt (Backen schließen) oder erfolgsbestätigt (Abtasten des Objekts) erfolgen kann.

APOS
[Advanced Parts Orientating System]
In Japan entwickeltes System zum Ordnen von Teilen. Es nutzt Vibrationsantriebe und füllt Formnester in Flachpaletten mit Werkstücken. Das befüllte Magazin wird ausgeschleust und gegen ein neues Leermagazin getauscht.

Approximation
[approximation]
Eine Annäherungslösung, die unter Umständen nicht vollständig korrekt, meist aber einfacher als die vollständig korrekte Lösung zu berechnen ist.

Arbeitsabstand
[operating distance]
Jener Abstand von der aktiven Fläche, bei dem ein Näherungsschalter unter den angegebenen Temperatur- und Spannungsbedingungen sicher funktioniert. Er wird auch als gesicherter Schaltabstand bezeichnet.

Arbeitsfunktion
[working function]
Funktionen, die zur Ausführung einer Arbeitsoperation, z.B. Entgraten, durch eine Handhabungseinrichtung erforderlich sind.

Arbeitsgut
[goods, working material]
Alle Stoffe, Halbzeuge, Roh- und Fertigteile, die im Be- oder Verarbeitungsprozess vorkommen, bearbeitet, verarbeitet, montiert und kontrolliert werden. In der Handhabungstechnik geht es um geformtes, also geometrisch bestimmtes Gut, für das ein körpereigenes Koordinatensystem definiert werden kann.

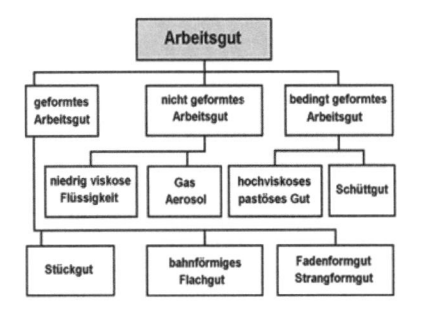

Arbeitslast
[workload]
Maximal zulässige Masse, die eine Handhabungseinrichtung bewältigen kann. Dazu gehören die Masse des Handhabungsobjekts und die Masse der Lastaufnahme- bzw. Greifmittel.

Arbeitsobjekt-Koordinatensystem
[object coordinate system]
Koordinatensystem, welches sich auf einen Arbeitsgegenstand bezieht, der einer Bearbeitung unterzogen wird. Das A. ist dann nützlich, wenn sich in einer Vorrichtung mehrere Arbeitsobjekte befinden. Daraus ergeben sich programmtechnische Vorteile.

Arbeitsorgan
[end-effector]
Sammelbezeichnung für alle am Handgelenk eines Roboters angebauten Vorrichtungen zum Greifen, Bohren, Sprühen, Schweißen, Messen usw. Synonyme Bezeichnungen sind: → *Effektor*, Endeffektor und sonstige Wirkzeuge. Der Terminus „Effektor" ist sehr zutreffend, denn es soll ja irgendein Effekt (eine Veränderung) am Objekt erzielt werden.

Arbeitsposition
[operating point]
Jede Position innerhalb eines Bewegungszyklus und des Arbeitsraumes eines Roboters, die im Sinne der Arbeitsaufgaben punktuell, z.B. beim

Punktschweißen, oder linear z.b. beim Farbspritzen, gebraucht wird.
→ *Warteposition,* → *Home position*

Arbeitspunkt
[tool center point, TCP]
Beschreibung der Werkzeugspitze bei einem Roboter (Greiferbackenmitte, Sprühpistole, Drahtelektrode) im Raum zum Zweck der Positionssteuerung. Bei einem Doppelgreifer gibt es demnach einen TCP 1 und TCP 2.

Arbeitsraum
[working space]
Die Gesamtheit derjenigen Punkte im dreidimensionalen Raum, die von der Roboterhand (dem Greiferanschlussflansch) angefahren werden können; definiert durch die Konstruktion des Roboterarmes. Nach der Kinematik des Roboters kann der A. Quader-, Zylinder-, Kugel- oder Torusform aufweisen. Bei der Auswahl eines Roboters muss der A. möglichst gut zur Arbeitsaufgabe passen. Außerdem sollte der Endeffektor Objekte in beliebige Orientierungen bringen können.

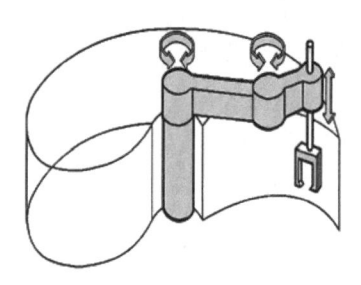

Arbeitsraumbegrenzung
[working area limit]
Programmierbare Begrenzung des zulässigen Arbeitsbereiches einer NC-Maschine durch Eingabe der unteren und oberen Limitwerte für jede Achse. Werden außerhalb liegende Positionen programmiert, dann schaltet die Maschine sofort aus. Beim Gelenkarmroboter kann das Erreichen singulärer Mechanismenstellungen eine A. bewirken.

→ *Software-Endschalter,* →*Safety-Controller*

Arbeitssystem
[work process, principle of operation, work system]
Abgegrenztes System, in dem einige Elemente (Arbeitsmittel, Arbeitsplatz, Arbeitsablauf, Mensch) zweckgerichtet zusammenwirken und zur Erfüllung einer Arbeitsaufgabe in Wechselwirkung stehen. Wichtige Komponenten sind hierbei die Antriebssysteme, die den Menschen von einer körperlich anstrengenden antreibenden Funktion befreien.

Arbeitszyklus
[working cycle]
Zeitliche Abfolge von Arbeitsschritten einer Handhabungseinrichtung, die durch eine einzige Startanweisung aufgerufen wird.
→ *Zykluszeit*

Arbeitszylinder
[working cylinder]
Flüssigkeits- oder Druckluftmotor für eine geradlinige Bewegung. Es werden hohe Geschwindigkeitsuntersetzungen und große Hubkräfte erreicht. Es gibt viele Ausführungen, jedoch ist stets ein Kolben im Spiel, der mit Druck beaufschlagt wird und dann Hubarbeit leistet. Tauchkolben- und Teleskopzylinder wirken jedoch nur in einer Richtung. Der Rückhub muss dann durch äußere Kräfte erfolgen. Beim kolbenstangenlosen A. wird der aus Funktionsgründen nötige Schlitz im Zylindermantel durch ein Stahlband abgedichtet.

Architektur
[architecture]
Funktionelles Modell eines technischen Systems für den Anwender, das die Wirkungszusammenhänge und Kopplungen der wesentlichen Bestandteile (Funktionseinheiten) des Systems verdeutlicht. In der Rechnertechnik

wird A. auch als Menge der Bauprinzipien für eine Systemklasse verstanden. Nach *Amdahl* verfeinert sich die Architektur in die Implementierung (Beschreibung der Struktur der Funktionseinheiten) und deren Realisierung (durch die elektrischen Schaltglieder) für ein bestimmtes System.

Arm
[arm, robot arm]
→ *Roboterarm*, der in Ober und Unterarm eingeteilt werden kann, verbunden durch ein Ellenbogengelenk.

Armaturen
[fittings]
Im Maschinenbau sind das Regel-, Mess- und Absperrorgane in Rohrleitungen für Medien aller Art, wie Gase, Dämpfe, Flüssigkeiten und Dichtstoffe. Bei den Regel- und Absperrorganen unterscheidet man grundsätzlich in Ventile, Klappen, Schieber und Hähne. Sie müssen Durchfluss, Druck, Temperatur und verschiedene Stoffzusammensetzungen auf Dauer aushalten.

Armkoordinaten
[joint coordinate]
Andere Bezeichnung für die Gelenkkoordinaten eines Roboters. Sie beschreiben die Stellungen der Bewegungsachsen (→ *Gelenkwinkel*).

Arretieren
[stopping]
Sichern einer durch Indexieren entstandenen Lageänderung eines Objekts durch Klemmkräfte. Das A. ist eine Ergänzungsfunktion in der Spann- und Handhabungstechnik.

ASIC
[Application Specific Integrated Circuit]
Bezeichnung für einen anwendungsspezifischen (kundenspezifischen) integrierten Schaltkreis.

ASIMO
[Advanced Step in Innovative Mobility]
Humanoider Roboter der Firma Honda (2001) mit dem Freiheitsgrad 28. Der Batteriestrom reicht für 45 Minuten. Er ist 1,2 m groß bei einem Gewicht von 43 Kilogramm. Er kann mit 1,6 km/h gehen. Die Entwickler haben die Hausrobotik und den Senioren-Markt im Auge. Eine verbesserte Version erschien 2003. Im Jahre 2004 waren bereits 30 A. im Einsatz (Empfangssekretär, Show-Einsätze u.ä.). Im Jahre 2002 hat ASIMO am 15. Februar mit einem Glockenzeichen die *New York Stock Exchange* (Börse) eröffnet.

Assembler
[assembler]
1 Eine maschinenorientierte Programmiersprache, dessen Anweisungen dem entsprechenden Mikroprozessoer angepasst sind. Programme in A. sind nicht auf andere Mikroprozessoren portierbar. Bei problemorientierten Sprachen ist das anders.

2 Hypothetische Nanomaschine, die Atome und Moleküle in beliebiger Struktur zusammenbauen kann. Der Begriff wurde von *Eric Drexler* (USA) eingeführt.

Assistenzroboter
[assisting robot]
Mobiler oder stationärer Roboter, mit dem ein Werker in der Produktion ohne trennende Schutzeinrichtungen (→ *OTS*) Hand in Hand zusammenarbeiten kann. Durch Vormachen und ohne komplizierte Programmierung übernimmt der Roboterassistent vom Werker das Führen von Werkzeugen für Arbeiten wie manuelles Schutzgasschweißen, Kleben oder Entgraten. Dabei ergänzen sich die sensorischen Fähigkeiten, Wissen, Lernfähigkeit, Kreativität und Geschicklichkeit des Menschen mit den Vorteilen des Roboters, seiner Schnelligkeit, Kraft, Genauigkeit und Unempfindlichkeit gegenüber ungünstigen gesundheitlichen Randbedingungen auf optimale Weise. Bei A. mit Fahrwerk sind es vor allem die Erledigung angelernter Transportaufgaben, eingeschlossen das Be- und Entladen. Forschungsschwerpunkt ist die weitere Entwicklung der Anlernverfahren, z.B. mit Gestik unterstützt.
→ *Power-Assist System*, →*Haushaltroboter*

Assistenzsysteme
[assist systems]
KI-Systeme, die den Benutzer bei intellektuellen Tätigkeiten unterstützen. Es kann auch ein Gerät sein, z.B. ein → *Assistenzroboter*.

Assoziativspeicher
[pattern associator, associative memory]
Datenspeicher, bei dem sich das Aufsuchen eines Informationsobjektes auf das Auffinden desjenigen gespeicherten Merkmalskomplexes reduziert, der nach einem Vergleich die größte Übereinstimmung mit den vorgegebenen Merkmalen zeigt. Der A. funktioniert also nicht wie üblich über eine Adresse. Für die Realisierung können künstliche → *Neuronale Netze* verwendet werden.

Asymmetrie
[asymmetry]
Geometrische Ungleichmäßigkeit, wenn sich auf beiden Seiten einer Körperachse kein Spiegelbild ergibt.

Asynchronbetrieb
[asynchronous mode]
Betriebs- oder Übertragungsart, die nicht zeitgebunden ist und unabhängig von anderen Abläufen arbeitet.

Asynchrone Achsen
[asynchronous axis]
Unabhängig von den Hauptachsen einer NC-Maschine programmierbare und gesteuerte Hilfsachsen, z.B. für einen Beschickungsroboter.

Asynchronmotor
[asynchronous motor, induction motor]
Verbreiteter Induktionsmotortyp, der einfach, robust und praktisch wartungsfrei ist. Der Läufer ist ein Kurzschlussläufer und der Läuferstrom kommt durch Induktion zustande. Als Servoantrieb werden Asynchronmotoren besonders im oberen Leistungsbereich eingesetzt. Im Ständer sind drei um 120° gegeneinander versetzte Wicklungen angeordnet. Der Läufer besteht aus einem genuteten Blechpaket. In die Nuten wird ein Käfig aus Aluminium im Druckgussverfahren eingebracht. Der Käfig ist somit ein System kurzgeschlossener elektrischer Leiter.

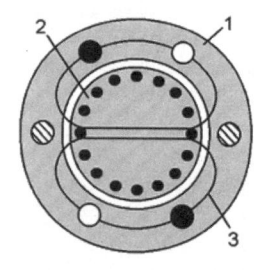

1 Ständer mit drei Wicklungen, 2 Läufer, 3 Magnetfeld

Zur Funktion: Fließt in den Wicklungen des Ständers ein sinusförmiger elektrischer Strom und besteht zwischen den Strömen eine Phasenverschiebung von 120°, dann bildet sich im Ständer ein rotierendes Magnetfeld aus. Das durchsetzt auch den Läufer, wodurch in den Leitern des Läufers eine elektrische Spannung entsteht. Durch den Kurzschluss bewirkt diese Spannung einen Stromfluss im Läufer. Es entsteht ein eigenes Magnetfeld, das mit dem rotierenden Ständer-Magnetfeld in Wechselwirkung tritt. Als Ergebnis wirkt auf den Läufer ein → *Drehmoment*. Der Läufer folgt der Rotation des Ständerfeldes

ATEX
[atmosphere explosible]
Kurzbezeichnung für EU-einheitliche Richtlinien für den Explosionsschutz in der Industrie (Ex-Bereich). Ex-Geräte müssen nach diesen Richtlinien zugelassen sein.

ATEX-Motor
[explosion-protected motor]
Motor, der in Bereichen betrieben werden darf, in denen entflammbare Gase und Stäube auftreten können. Die Motoren müssen besonders gekennzeichnet und zertifiziert sein. Nach der Statistik werden rund 30 % der Staubexplosionen durch mechanische Funken, 9 % durch statische Elektrizität und 3,5 % durch elektrische Betriebsmittel verursacht (ATEX = *Atmosphères Explosibles*; europaweite Richtlinie, umgesetzt in EN 13463).
→ *Explosionsgeschützter Motor*

Audit
[quality audit]
Eigentlich Qualitätsaudit; Beurteilung der Wirksamkeit eines Qualitätssicherungssystems oder von Elementen daraus durch eine systematische Untersuchung von unabhängigen kompetenten Vertretern.

Auffahrsicherung
[bumper]
Puffer bzw. Stoßfänger, der z.B. an fahrerlosen Transportfahrzeugen oder autonomen mobilen Robotern den Aufprall auf ein Hindernis mildert und gleichzeitig als Schaltkörper (→ *Schaltleiste*, Prallkörper) dient. Bei einer Kollision wird das Fahrzeug automatisch stillgesetzt.

Aufklärungsroboter
[reconnaissance robot]
Für den Einsatz zu Lande, Luft oder Wasser konzipierter, weitgehend autonomer Roboter für Aufklärungsbelange von Feuerwehr, Umweltschutz, Polizei und Militär. Für die Luftaufklärung entwickelte A. (→ *Drohne*) können bis zu 15 Stunden in der Luft bleiben. Die Flugautonomie von Hubschrauberdrohnen beträgt z.B. 2,5 Stunden bei Geschwindigkeiten bis zu 150 km/h in einer Höhe von 2500 m.

Auflagekontrolle
[base contact]
Überprüfung der vollständigen Auflage von Werkstücken in einer Spannvorrichtung, ehe die Bearbeitung beginnt. Im Beispiel erfolgt das pneumatisch mit Staudrucksensoren. Dazu wird der Staudruck an allen Düsenauflagen ausgewertet.

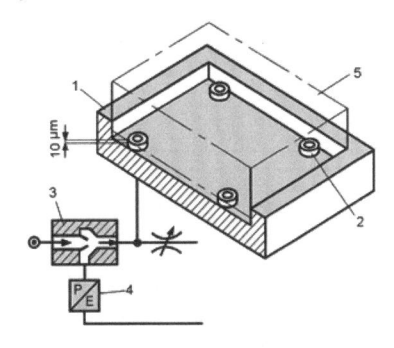

1 Vorrichtung, 2 Auflage mit integrierter Düse, 3 Ejektor, 4 Drucksensor, 5 Werkstück

Ist der gemessene Abstand größer als 0,05 mm, dann spricht ein Druckschalter an und verhindert die Auslösung des Spannvorganges.

Auflösung
[resolution]
1 Kleinste durch ein Messsystem gerade noch erfassbare Weg- bzw. Winkeländerung zur Unterscheidung zweier diskreter Positionen. Man unterscheidet zeitliche und betragsmäßige Auflösung. Bei inkrementalen Gebern ist dieser kleinste Wert ein → *Inkrement*. Durch Fehler im Antriebsstrang (Hysterese, Umkehrspanne, Torsion) liegt bei den meisten Systemen die kleinste ausführbare Schrittweite deutlich über der Auflösung der Messsysteme. Der Wahrheitsgehalt des Messwertes wird dabei nicht bewertet.

2 In der Bildverarbeitung und Computergrafik die kleinste Entfernung zwischen zwei Bildpunkten (Pixeln), die noch als eigenständige Elemente wahrgenommen werden können. Es ist somit die Anzahl der Abtastwerte pro Längeneinheit in einem digitalisierten Bild in horizontaler bzw. vertikaler Richtung. Die A. ist ein Maß für die Detailgenauigkeit, die ein Gerät aufzeichnen oder wiedergeben kann.

Aufwälzgreifer
[roller gripper]
Greifer, der durch schlupfloses Unterfahren des Greifgutes das Gut übernimmt.

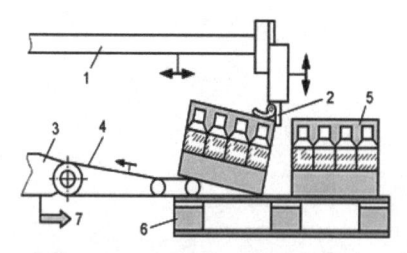

1 Linearachse, 2 Gegenhalter, 3 Förderband, 4 Aufwälzgreifer, 5 Greifgut, 6 Europalette, 7 Unterfahrbewegung

Der Greifer berührt das Greifgut stirnseitig mit einer rotierenden Friktionsrolle oder einen umlaufenden Friktionsriemen. Das Objekt steigt auf und befindet sich nun auf dem Greiforgan. Greifgut können auch Kartons, Gebinde und z.B. Schaumstoffmatten oder textile Gebilde sein.

Auge-Hand-Koordination
[eye-hand coordination]
Führen eines Endeffektors unter Verwendung von Steuersignalen, die eine visuelle Erkennungseinrichtung liefert. Das Prinzip ist für menschliche Tätigkeit typisch, lässt sich aber auch mit hochentwickelten Robotern ansatzweise realisieren. Die von einer oder von mehreren Kameras aufgenommenen Bilder werden ausgewertet und zur Erzeugung von Bewegungsbefehlen für den Roboter herangezogen.

Auge-in-Hand-System
[eye-in-hand system]
Greifersystem, das in der „Handfläche" eine Kamera enthält, mit der das Finden und Annähern an ein Objekt visionsgestützt ausgeführt werden kann. Die vom Bildsensor aufgenommenen Binär-, Grauwert- oder Farbbilder werden ausgewertet und die Informationen zum Generieren von Bewegungsbefehlen für den Roboter verwendet.

Augmented Reality
[erweiterte Wirklichkeit]
Mensch-Technik-Interaktion, die darauf abzielt, durch zusätzliche Bilder und Informationen eine vollständigere Wahrnehmung der Wirklichkeit zu ermöglichen.

Ausfallrate
[failure rate, rate of failing]
Maß für das Ausfallverhalten von Bauteilen, Baugruppen und Produkten. Die Ausfallrate $A(t)$ ist definiert als die Zahl Δz der je Zeiteinheit Δt ausfallenden Einheiten bezogen auf die Anzahl

z(t) der zu diesem Zeitpunkt noch funktionierenden Einheiten. Somit gilt:

$$A(t) = \frac{1}{z(t)} \cdot \frac{\Delta z}{\Delta t}$$

Mit steigender Zahl der Bauelemente in einem Produkt erhöht sich die Ausfallrate.

Ausgeber
[ejector]
Vorrichtung, die an automatisierten Produktionseinrichtungen Werkstücke aus der Wirkzone entfernt. Das kann z.B. durch Ausstoßen oder Abblasen eines kleinen Tiefziehteiles erfolgen.
→ *Auswerfer*

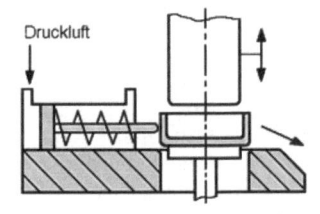

Ausgleichseinheit
[balancing unit]
Zwischen Greifer und Roboterflansch angeordnete Einheit, die die beim Eingeben eines Werkstücks in eine Spannstelle fehlende Nachgiebigkeit des Roboterarms durch elastische Glieder ausgleicht. Das verhindert die Überlastung von Robotergelenken bei Positionierfehlern (→ *Überbestimmung*). Ein anderer Weg wäre die „Weichschaltung" des Roboterarms in dieser Phase.

Ausgleichsspeicher
[buffer store]
Werkstückspeicher, der in automatisierten Fertigungslinien dazu dient, Taktzeitunterschiede durch Zuführen zusätzlicher Werkstücke auszugleichen. Der A. muss zu gegebener Zeit wieder aufgefüllt werden, z.B. in einer zweiten oder dritten Arbeitsschicht.

Auslegerachse
[cantilever axis]
Linearachse, bei der die Antriebseinheit gestellfest ist und die Laufschiene, z.B. über eine eingebaute Zahnstange, ausfährt. Das freie Ende der Auslegerachse ist für einen Anbau von Greif- oder Arbeitswerkzeugen vorgesehen.

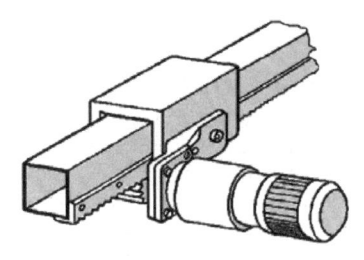

Die Ausfahrbewegung kann auch mit einem Zahnriemengetriebe erreicht werden. Die Antriebseinheit ist gestellfest angeordnet und der Arm fährt aus. Das ist im nächsten Bild zu sehen. Der Zahnriemen stellt hier gewissermaßen eine biegbare Zahnstange dar.

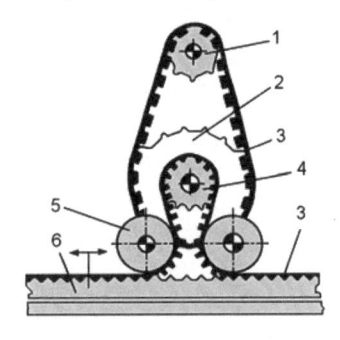

1 Antriebsscheibe, 2 Zahnscheibe, 3 Synchronriemen, 4 Abtriebsscheibe, 5 Umlenkrad, 6 Auslegerachse

Auslegerbauweise
[cantilever type of construction]
Bauweise von Handhabungseinrichtungen, bei denen der Greifarm waagerecht freistehend ausfährt. Das freie Ende der Auslegerachse kann für den Anbau von Greif- oder Arbeitswerkzeugen vorgesehen werden. Das Bild zeigt die A. am Beispiel einer Baukastenlösung.

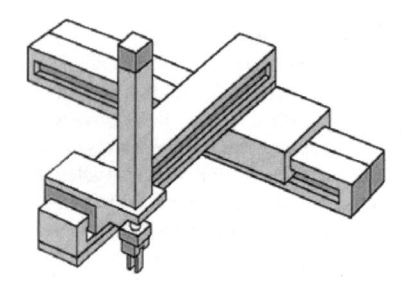

Ausrastmechanik
[collision protection system]
Einfache mechanische Einrichtung für den Kollisionsschutz für Endeffektoren an Industrierobotern. Bei einem Crash mit der Anschlagkraft F springt der Greifer aus seiner federbelasteten Verankerung und weicht dem Hindernis aus. Gleichzeitig wird ein Stopp-Signal generiert. Die A. verhindert schwere Schäden an Hindernis, Greifer und Roboterarm.

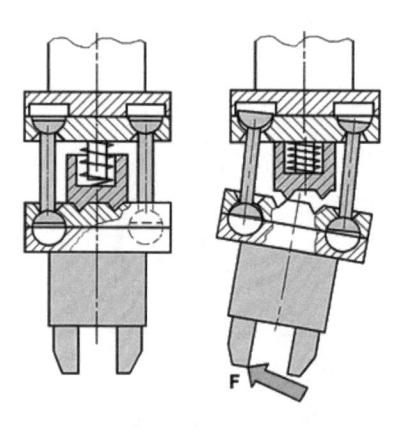

Ausregelzeit
[setting time]
Zeitspanne die verstreicht, bis nach einer Änderung der Führungsgröße (Sollwertsprung) oder dem Auftreten einer Störgröße die Regelgröße die Führungsgröße dauerhaft im Toleranzbereich wieder erreicht. Die Zeit für transiente Einschwingvorgänge ist im Gegensatz zur → *Anregelzeit* mit enthalten. Die A. repräsentiert das dynamische Verhalten des Regelkreises.

Aussagenlogik
[propositional logic]
Elementare Logik, die mit Hilfe von Argumenten ableitet, ob eine aus bekannten kompletten Aussagen gewonnene neue Aussage wahr oder falsch ist. Es geht nicht um die Inhalte der Aussagen, sondern nur um ihren Wahrheitswert.
Geschichte: Die formale und inhaltliche Seite der modernen A. wurde 1847 von *G. Boole* mathematisch exakt gefasst. Wegbereiter: *A. DeMorgan* (1806-1871), *G. Frege* (1848-1925), *C.S. Pierce* (1839-1914), *E. Schröder* (1841-1902), *G. Peano* (1858-1932).

Ausschüttvorrichtung
[pour out device]
Besonders an handgeführten Manipulatoren (→ *Balancer*) angebrachte Schüttvorrichtung für kleinstückiges, schüttfähiges Arbeitsgut. Der Handkurbeltrieb erlaubt bei der dargestellten A. feinfühliges Auskippen. Die A. gibt es auch für Fässer und Behälter zum Ausgießen von Flüssigkeiten.

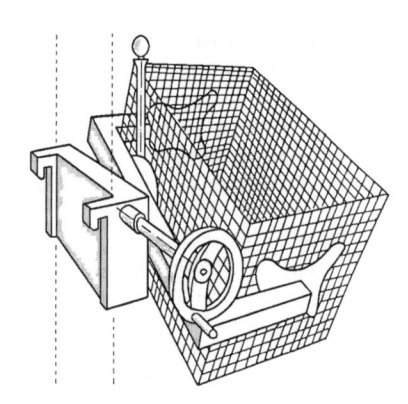

Ausschwingzeit
[dying-down time of robot]
Bei einem Roboterarm die Zeitdauer vom ersten Erreichen einer vorgegebenen Position oder Orientierung im Bereich der mittleren Positionsstreubreite bis zum Abklingen der Schwingungen innerhalb dieses Bereiches.

Außengreifer
[external gripper]
Klemmgreifer der so ausgelegt ist, dass er ein Objekt an der Außenkontur anfassen kann. Es ist in der Regel ein stereomechanischer Griff (Zweifingergreifer) oder ein Dreifingergreifer. Der Griff kann kraft- oder formpaarig erfolgen oder auch kombiniert.

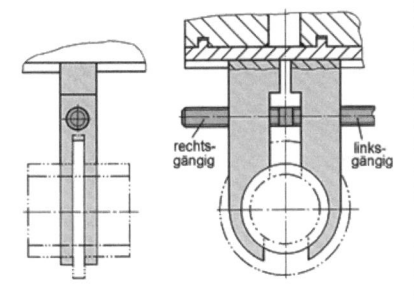

Außenskelett
[exoskeleton]
An einen Menschen anlegbarer Gelenkmechanismus zum Messen von Körperbewegungen bzw. zum sensorischem Erfassen von Relativbewegungen und Umwandlung in elektrische Signale. Diese dienen dann zur (Fern-) Steuerung eines anthropomorphen Slave-Mechanismus. Das kann auch ein aktives Skelett für die Rehabilitation von Behinderten (Querschnittsgelähmten) sein. Das A. wird in der Medizintechnik auch als Orthese bezeichnet.

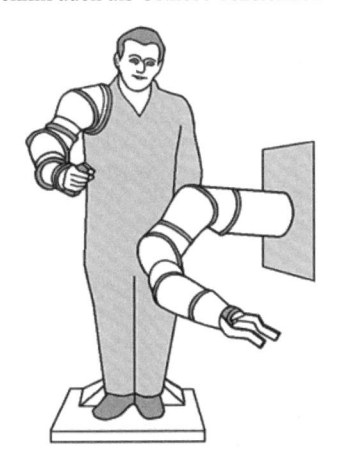

Es sollte mindestens über 35 Drehgelenke verfügen, wenn genügende Beweglichkeit für den Menschen erreicht werden soll. Das A. wurde 1963 von *H. Maysen* (USA) als passives (Mess-) A. entwickelt. Ab 1969 wendet sich *M. Vukobratovic* (Jugoslawien) der Theorie und dem Bau zweibeiniger exoskelettaler Schreithilfen zu. Die Entwicklung ist noch nicht abgeschlossen.
→ *Menschverstärker*

Außenverkettung
[outside interlinkage]
Verbindung von Fertigungseinrichtungen zu einer Arbeitslinie durch Werkstückflusseinrichtungen, wobei die Hauptförderrichtung neben den Maschinen vorbeiführt.
→ *Innenverkettung*

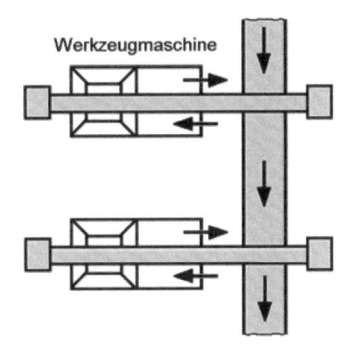

Außerbetriebnahmebereich
[level of put out of action]
Zustandsbereich, in dem ein Roboter bezüglich Belastung, Weg, Winkel, Geschwindigkeit und Beschleunigung nicht mehr betrieben werden darf. Entweder werden die Betriebsdaten des Roboters noch vor Erreichen solcher Grenzen in den erlaubten Bereich zurückgeführt, z.B. durch eine Gegenstrombremsung, oder es muss ein sicherer Ruhezustand hergestellt werden. Wird der A. überschritten, kann es zur Überlastung von Lagern, Motoren und Getrieben sowie zu einem Gesamtausfall kommen.

Austragsleistung
[feed performance]
Anzahl von Werkstücken, die einen Vibrator oder eine andere Bunkerzuführeinrichtung in der geforderten (geordneten) Lage je Zeiteinheit (Stück je Minute) verlassen.

Auswerfer
[ejector]
Einrichtung, die in automatisierten Anlagen Werkstücke oder Abfall aus einer Bearbeitungsstelle meistens ungeordnet durch Ausstoßen, Abblasen mit Druckluftdüse oder Abwerfen mit einem Hebelarm entfernen. So muss z.B. beim Gesenkschmieden ein A. das Schmiedestück erst aus dem Gesenk heben, ehe ein Handhaberoboter zugreifen kann.

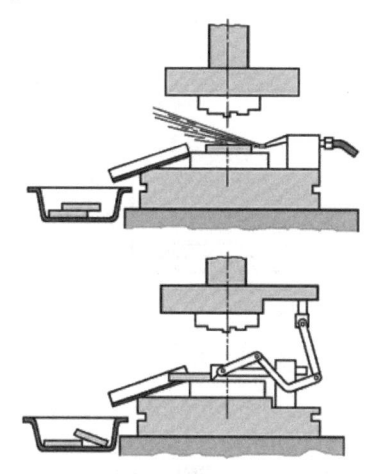

Autokorrelation
[autocorrelation]
Mathematische Interpretation des Grades der Übereinstimmung zwischen zwei Signalabtastungen, um periodische und stochastische Anteile eines Messsignals voneinander zu unterscheiden.

Automat
[automatic machine]
In der technischen Realisierung jede Einrichtung, bei der nach Erfüllung definierter Startbedingungen und nach einem Startbefehl ein beabsichtigter Prozess selbsttätig abläuft, z.B. die Bearbeitung eines Werkstücks auf einer CNC-Fräsmaschine.
Geschichte: Der Begriff „A." wurde vom Spanier *L.Gonzalo Torres* geprägt (Schachautomat für Endspiele, 1911).

Automatik, Automatikbetrieb
[automatic mode]
Betriebsart bei NC-Maschinen und Robotern, bei der nach dem Startsignal das angewählte Programm ohne Unterbrechung, also ohne Eingriff eines Bedienenden, als Schrittkette abgearbeitet wird. Die Arbeitsgeschwindigkeit kann allerdings über eine Override-Funktion angepasst werden. Die A. darf nur eingeleitet werden, wenn alle Schutzeinrichtungen ihr o.k. gemeldet haben. Es ist auch eine wiederholende Ausführung möglich, z.B. zur Herstellung mehrerer gleichartiger Teile.

Automatisierung, Automation
[automation]
Selbstregelndes Ablaufen von Vorgängen. Selbsttätiger Ablauf von mehreren aufeinander folgenden Fertigungsvorgängen, sodass der Mensch von der Ausführung ständig wiederkehrender geistiger oder körperlicher Tätigkeiten und von der zeitlichen Bindung an den Maschinenrhythmus befreit wird. Im Gegensatz zur Mechanisierung, wo sich der gesamte Arbeitsablauf unverändert wiederholt, arbeitet eine automatisierte Anlage nach einem von außen vorgegebenen, veränderbaren Programm. Dabei wird der gesamte Ablauf überwacht und bei Abweichungen selbstregelnd korrigiert.

Automatisierungsgerät
[automation installation]
Bezeichnung für eine SPS, wenn ausgedrückt werden soll, dass der Aufgabenumfang über das reine Steuern hinausgeht und z.B. auch Regeln, Ver-

gleichen und automatisches Korrigieren einschließen kann.

Automatisierungsgerecht
[design for automation]
Gestaltung von Produkten und Werkstücken nach den Erfordernissen einer automatisierten Produktion (Teilefertigung, Montage, Test, Verpacken). Die Maßnahmen sind darauf gerichtet, den Umfang der Handhabung und die Verhaltenseigenschaften des Arbeitsgutes im automatisierten Prozess günstig zu stellen. A. schließt u.a. montagegerechte, robotergerechte, handhabungsgerechte und schweißroboterfreundliche Gestaltung ein. Wichtig ist z.b. die Verhakensneigung von Teilen im Haufwerk durch bessere Gestaltung zu beseitigen.

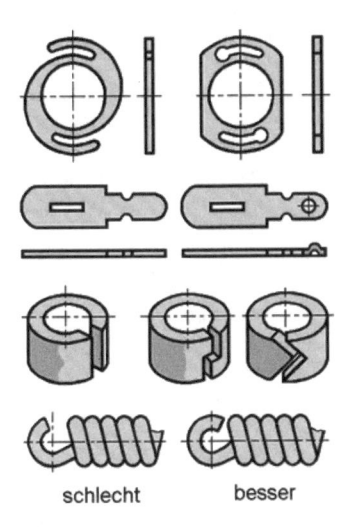

schlecht   besser

Automatisierungsgrad
[degree of automation]
Verhältniszahl der automatisierten Arbeitsabläufe im Vergleich zum Gesamtumfang aller Arbeitsabläufe. Mit zunehmendem A. steigen die einmalig aufzuwendenden finanziellen Mittel progressiv an und erhöhen damit die Fertigungskosten, die sich dann allerdings auf eine viel größere Menge an Produkten verteilen.

Autonom
[autonomous]
Imstande sein, ohne externe Kontrolle oder ein Eingreifen von außen zu funktionieren, d.h. zu selbstständigen Aktionen (Entscheidungen) fähig zu sein (z.b. autonome Agenten, autonome mobile Roboter).

Autonomer mobiler Roboter
[autonomous mobile robot]
Intelligentes technisches System, das sich aus eigener Kraft in seiner Indoor- oder Outdoor-Umwelt spurfrei bewegen kann, um einen vorgegebenen Auftrag selbstständig und ohne externe Unterstützung auszuführen. Dazu bedarf es der Navigation (Selbstpositionierung), Situationsbewusstheit (Umstände erkennen) und einer Strategie (wie wird die Aufgabe erfüllt). Die Beziehungen im Innern des A. (AMR) und zur Umwelt zeigt das Schema.

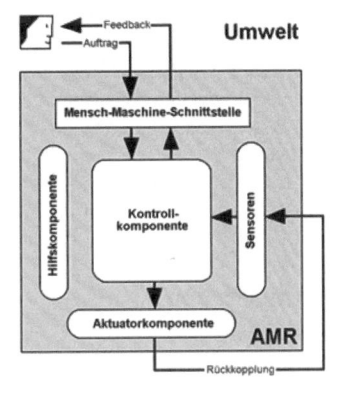

Autonomie
[autonomy]
(griech. Selbstgesetzlichkeit); In der Psychologie die Unabhängigkeit der Motive, die das Handeln des Individuums bestimmen, von den primären Antrieben (wie z.B. Futtersuche, Fortpflanzung). In der KI sind es Systeme, die ohne menschlichen Eingriff agieren können. Im engeren Sinne sind Roboter autonom, wenn sie sich ihre eige-

nen Handlungsregeln geben und diese im Laufe ihres Daseins modifizieren können und wenn sie über einen gewissen Zeitraum ohne direkten Einfluss eines Menschen operieren und überleben können.

Autonomiegrad
[degree of autonomy]
Bei einer Steuerung der Grad der Eigenständigkeit eines technisch-mechanischen Systems. Er kann von „ferngesteuert" über „Teilautonomie" bis hin zu „autonomen" Systemen reichen. Daraus ergeben sich auch angepasste Bedienerschnittstellen vom einfachen Startknopf bis hin zur kompletten → *Telepräsenz*. Auch der Kollisionsschutz variiert dementsprechend von der Kontaktleiste (→ *Bumper*) über Ultraschallsensorik bis zur Überwachung mit einer Videokamera.

Autopoiesis
[autopoiesis]
griech. für Selbsterzeugung; Prozess der → *Selbstorganisation* eines biologischen oder sozialen Systems, der seinen Bestand nach inneren/selbstbezüglichen Gesetzmäßigkeiten erhält/erzeugt und so auf Dauer seine → *Autonomie* wahrt (z.B. Reproduktion einer Körperzelle).

Autoreplikation
[self replication]
Anfertigung unendlich vieler Kopien von sich selbst. Dieses könnte eine mit Nanotechnologie arbeitende Maschine schaffen, die momentan allerdings noch hypothetisch ist.
→ *Nanoroboter*

Autostat
Markenname für Federzüge. Die Federkraft wird auf eine definierte Anhängelast, z.B. einen Handschrauber, voreingestellt. Die Federkraft ist über den Hub meist nur angenähert konstant.

AUV-Roboter
[Autonomous Underwater Vehicles]
Instrumentierte (Sensoren, CO_2-Sonde, Kamera usw.) unbemannte Plattform für den Unterwassereinsatz, die nicht mit einem Kabel mit dem Mutterschiff verbunden ist. Sie kann selbstständig navigieren, indem sie zum Beispiel mit einer kombinierten Sensorik aus Sonar und Inertialsystem schwimmende Transponder detektiert. Sie kann auch Hindernisse am Meeresboden selbstständig erkennen und ihnen ausweichen. Die A. werden u.a. auch zur Jagt auf Seeminen eingesetzt.

Avatar
[avatar]
Bezeichnung für eine aus dem Rechner generierte, menschliche Kunstfigur, ein Kunstgeschöpf. In der Sprache der Internetbenutzer ist A. zum Synonym für ein virtuelles Alter Ego („das andere Ich") geworden, dessen man sich zunächst bediente, um mit einem Scheinköper im Netz auftreten und interagieren zu können. Der Begriff A. stammt aus dem Sanskrit und meint hier ursprünglich göttliche Wesen, die, so meinte man, in einen menschlichen Körper geschlüpft sind.

Axialfeeder
[Zuführgerät für bedrahtete Axial-Bauteile]
In der Elektronik eine Einrichtung zur automatischen Zuführung von gegurteten elektronischen Bauteilen mit axialer Bedrahtung (Gurtung nach DIN IEC 60286). Es werden Zuführleistungen bis zu 500 Stück je Stunde erreicht. Das Biegen der Drahtenden (Durchmesser von 0,4 bis 1,4 mm) kann integriert sein, ebenso eine Sensorik zur automatischen Bauteilerkennung. Die Bauteile werden an den Anschlussdrähten gegriffen und in Durchsteckmontage in die Bohrungen der Leiterplatte geführt.

Azimut
[azimuth]
Winkel in einem Kugelkoordinatensystem, der sich ergibt, wenn der Bezugspunkt (TCP) auf einem Kreis der Parallelebene zur Aufstellungsebene des Roboters auf diesem Kreis verschoben wird. Der Kreismittelpunkt befindet sich lotrecht über dem Ursprung des Koordinatensystems.

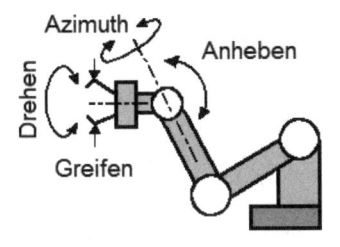

B

Backpropagation
[back-propagation]
Ein Lernalgorithmus, der für neuronale Netze verwendet wird, z.B. für Aufgaben der Mustererkennung. Er besteht aus Eingabe-, Ausgabeeinheiten, verborgenen Einheiten und gewichteten Verbindungen. Durch Vergleich der Ausgabemuster mit den Vorgaben wird der Fehler sichtbar. Mit Hilfe der Gradientenabstiegsmethode kann nun der Fehler minimiert werden. Dabei kann die B. allerdings in lokalen Minima stecken bleiben, wie im Schema zu sehen ist.

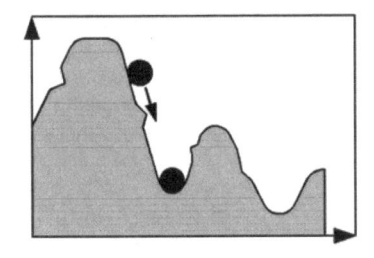

Backtracking
[backtrack search]
In der KI ein Verfahren für Suchprozesse zur Erreichung eines Pfades zum Ziel mit schrittweisem Zurückverfolgen einer Spur. Bei der Tiefensuche wird einem Pfad so lange nachgegangen, bis man in eine Sackgasse gerät. Dann geht man zurück und versucht es mit Alternativen.

Bahn
[path, trajectory]
Eine geordnete Reihe aufeinanderfolgender → *Posen*, die vom Endeffektor eines Roboters eingenommen werden. Die B. wird von der Steuerung vorgegeben. Sie besitzt Anfangs-, Stütz- und Endpunkt. Zwischenpositionen werden meistens durch → *Interpolation* berechnet.

Bahnabstand, Bahnabweichung
[path deviation, path error of robot]
Bei bahngesteuerten Industrierobotern die größte Differenz (Schleppfehler) zwischen der mittleren Istbahn des Arbeitsorgans und der programmierten Sollbahn, auch als dynamische Bahnabweichung bezeichnet. Werden Werkzeuge geführt, wirkt sich die B. auf die Konturgenauigkeit des Werkstücks aus und sollte deshalb möglichst klein gehalten werden. Der B. zählt zu den Prüfgrößen bei Industrierobotern. Er ist geschwindigkeits- und masseabhängig.

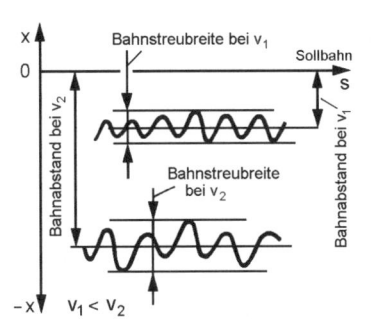

Bahnfahren
[continuous-path operation]
Bewegen eines Effektors auf einer durch Angabe von Orten vorgegebenen Bahn.

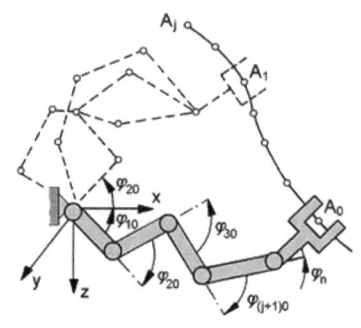

Das B. kann nach verschiedenen Kriterien optimiert werden, z.b. nach dem kürzesten Weg, der kürzesten Zeit, dem kleinsten Energiebedarf oder nach der größten Schonung des Materials durch sanfte Bewegungen. Sprünge von negativen zu positiven Beschleunigungen und umgekehrt sind zu vermeiden.

Bahnframe
Begleitendes „Dreibein" (*Frame* = Koordinatensystem) eines Bahnpunktes, das sowohl Position und Orientierung repräsentiert.

Bahngenauigkeit
[precision of trajectory]
Eine Kenngröße zur Beschreibung der Bahntreue für lineare und zirkulare Bahnen. Sie gibt an, wie genau ein Roboter eine vorgegebene Ablaufbewegung bei festgelegter Geschwindigkeit ausführt. Sie wird vom Roboterhersteller in genormten Testläufen ermittelt und ist ein wichtiges Leistungsmerkmal, z.B. beim Laserschneiden oder Bahnschweißen. Man beschreibt die B. (VDI 2861) mit den Kenngrößen mittlerer Bahnabstand, mittlerer Bahnstreubereich, mittlere Bahn-Orientierungsabweichung, mittlerer Bahn-Orientierungsbereich, mittlere Bahnradiusdifferenz, mittlerer Eckenfehler und mittlerer Überschwingfehler.

Bahngeschwindigkeit
[speed]
Geschwindigkeit eines programmierten Arbeitspunktes entlang einer definierten Bahn, bezogen auf das Ende der → *Kinematischen Kette*, z.b. die Spitze des Schweißdrahtes (TCP) bei einem Schweißroboter

Bahnplanung
[path planning]
Berechnung einer gewünschten Roboterbahn von einem Ausgangs- (A) zu einem Zielpunkt (B). Für die Bahn mit Anfangs-, Stütz- und Endpunkt werden vor allem Zwischenpositionen durch Interpolation, Anfahr- und Bremsverhalten, Geschwindigkeiten und Optimierung von Bewegungen, z.B. durch Überschleifen durch ein entsprechendes Programmsystem ausgearbeitet.

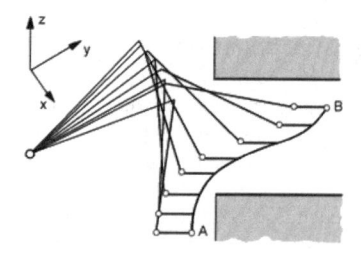

Bahnsteuerung (CP-Steuerung)
[continuous-path control]
Numerische Steuerung, mit der eine Relativbewegung zwischen Werkzeug und Werkstück entlang einer definierten (programmierten) Bahn mit beliebiger Form kontinuierlich erreicht wird. Das Werkzeug befindet sich im Gegensatz zu → *Punktsteuerungen* während der Verfahrbewegung im Einsatz. Dazu müssen meistens drei Bewegungsachsen gleichzeitig und koordiniert gesteuert werden. Für die Bahn werden Stützpunkte programmiert. Die erforderlichen Zwischenpunkte der

Bahn liefert der → *Interpolator*. Bei einer 2D-Bahnsteuerung werden ebenflächige Gebilde bearbeitet, z.b. Brennschneiden von Blechteilen. Dann müssen nur die Bewegungen von zwei Achsen koordiniert werden.
→ *NC-Steuerung*

Balancer
[manual manipulator]
Direkt handgesteuerter bzw. bewegter Manipulatorarm, der auch als Ausgleichsheber oder Lastarmmanipulator bezeichnet wird. Die anhängende Last wird im Moment der Lastaufnahme automatisch oder nach manueller Voreinstellung gegen die Schwerkraft in einen Schwebezustand gebracht. Ein Bediener hat beim Bewegen in die gewünschten Positionen nur relativ geringe Reibungskräfte in den Führungen bzw. Drehgelenkachsen zu überwinden und muss keine Arbeit gegen die Schwerkraft leisten. Der B. ist in seinen Bewegungen nicht programmierbar. Er wird zum leichten Heben, Umsetzen, Kommissionieren, Montieren, Verpacken und Stapeln von Arbeitsgut eingesetzt.
→ *Ergonomie*

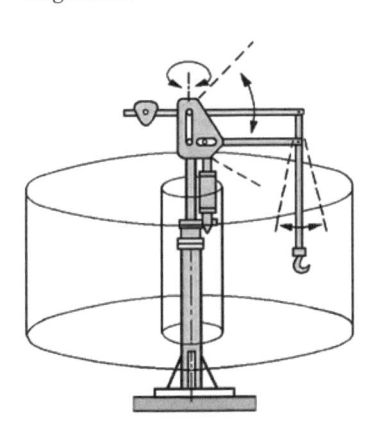

Balancer, integrierter
[integrated manual manipulator]
Handgeführter Manipulator als maschinenintegrierte Ladehilfe für schwere Werkstücke und den Wechsel schwerer Maschinenwerkzeuge wie Fräsköpfe und Schleifscheiben.

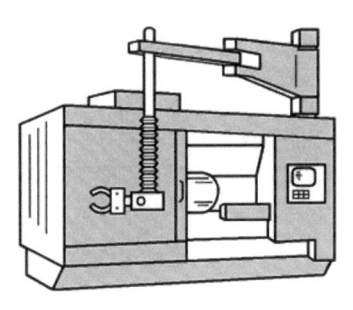

Balgzylinder
[bellow cylinder]
Ein mit Luft gefüllter Balg aus Gummi oder Neopren, welcher ähnlich wie ein Pneumatikzylinder zum Bewegen von Massen genutzt wird. Er kann überall dort eingesetzt werden, wo Kosten, Platzbedarf wie auch Wartung eine wichtige Rolle spielen. Zusätzlich kann er auch zur Schwingungsisolierung verwendet werden.

Bandbunker
[belt bunker]
Zuführeinrichtung für ungeordnetes Arbeitsgut. Das Gut befindet sich in einem Bunker (Trog), an dessen Boden ein Förderband angeordnet ist. Dieses wird zeitweise eingeschaltet, oft über ein Verzögerungsglied in der Steuerung, damit nicht zu kurze Einschaltzyklen zustande kommen.

Banddickenmessung
[measurement of the strip thickness]
Messeinrichtung zur kontinuierlichen Erfassung der Banddicke. Es wird im Beispiel ein kapazitiver Sensor verwendet, der als Differentialkondensator ausgeführt ist. Die Verschiebung der Mittelelektrode ändert gegensinnig die Kapazitäten C1 und C2, die Bestandteil einer Brückenschaltung sind.

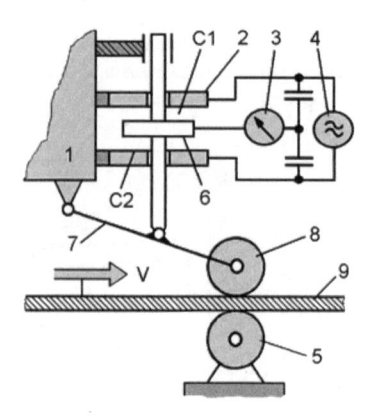

1 Gehäuse, 2 feste Elektrode, 3 Anzeigegerät, 4 Spannungsquelle, 5 Auflagerolle, 6 bewegliche Mittelelektrode, 7 Schwinge, 8 Tastrolle, 9 Band

Bandlaufregulierung
[strip position controller]
Steuerung des geraden Einlaufs von Bändern in eine Produktionsmaschine. Dazu wird die Bandkante ständig abgetastet. Wird der zulässige Toleranzbereich verlassen, werden automatisch die Walzen (Spann- und Steuerwalzenkombination) im Winkel nach plus oder minus verschoben. Die Nachregelfunktion ist ständig aktiv.

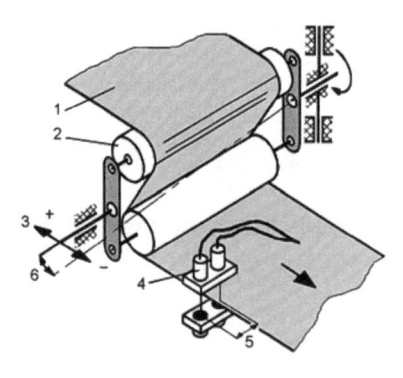

1 Band, Folie, Papierbahn, Textilbahn, 2 Walzenkombination, 3 Geradlaufverstellung, 4 Einweglichtschranke, 5 Toleranzbereich, 6 Winkelverstellung des Walzenpaares (erfolgt nur auf einer Seite)

Bandsynchronisation
[tracking]
Nachführung; elektronische Verfolgung bewegter Objekte; Fähigkeit eines Roboters, einem auf einen Förderband ruhenden Gegenstand mit dem Endeffektor folgen zu können. Für eine gewisse Zeit laufen Endeffektor und Förderer zueinander synchron. Dazu wird ein Synchronisationssignal und die Geschwindigkeit vom Förderband gebraucht. Üblicherweise wird ein Tachogenerator an das Band gekoppelt.

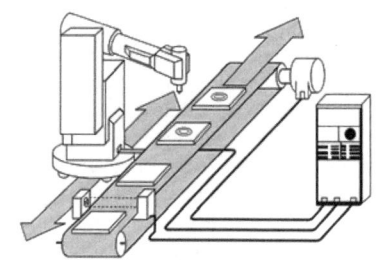

Bandumlenkung
Lenkeinrichtung für Materialbahnen, insbesondere Folien, mit Hilfe von Wendestangen. Eine Winkelverstellung der Stangen verlagert den Lauf des zuzuführenden Bandes. Die Rundstangen sind Hochglanz verchromt. Zur Verminderung der Reibung kann bei einer hohlen Stange mit radialen Bohrungen Luft eingeblasen werden. Die Folie läuft dann auf einem hauchdünnen Luftpolster.

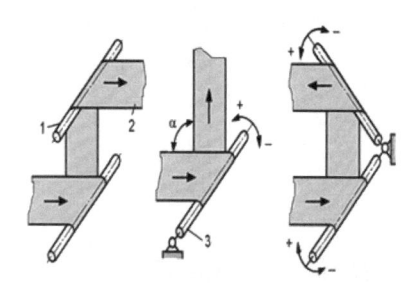

1 Wendestange, 2 Band, 3 schwenkbare Rundstange

Bandvorschub
[strip feed unit]
Taktweise Zuführung von Bandmaterial in die Wirkzone einer Be- oder Verarbeitungsmaschine. Das kann u.a. mit intermittierend greifenden Standardkomponenten erfolgen. Für beliebige Vorschublängen müssen die Lineareinheiten mit einem Wegmesssystem ausgestattet sein, z.b. in Verbindung mit einem pneumatischen Servoantriebssystem.

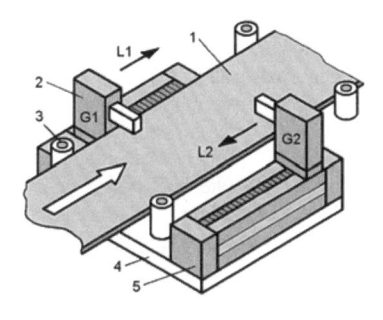

1 Bandmaterial, Blechband, 2 Standardgreifer, 3 Seitenführungsrolle, 4 Grundplatte, 5 kolbenstangenloser Pneumatikzylinder, G Greifer, L Vorschublänge, einstellbar

Bandwaage
[proportioning belt weigher]
Förderbandeinheit, bei der eine aufliegende Streckenlast, z.B. Schüttgut, während des Durchlaufs gravimetrisch ermittelt wird.

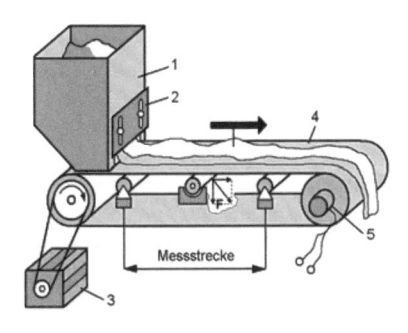

1 Bunker, 2 Spaltschieber, 3 Servoantrieb, 4 Förderband, 5 Resolver

Das Band läuft dazu über Rollen, die das Band abstützen und gleichzeitig die Gewichtskräfte über ein Wägesystem ermitteln. Die Geschwindigkeit geht mit in die Berechnung ein und muss ständig kontrolliert und konstant gehalten werden.

Bandzuführgerät, pneumatisches
[pneumatic feed unit]
Gerät für das taktweise Vorschieben von Metall- und Kunststoffbändern z.b. an einer Schneidpresse. Im Beispiel erfolgen das Spannen und der Vorschub pneumatisch. Während eines Schneidvorganges bleibt das Band gespannt. Die Haltekraft und die Vorschubgeschwindigkeit lassen sich einstellen. → *Bandvorschub*

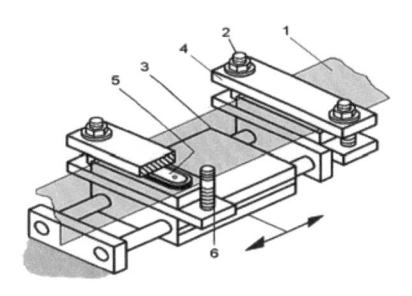

1 Band, 2 Einstellschraube, 3 Lineareinheit, 4 Klemmplatte, 5 pneumatisches Druckelement, 6 Gewindebolzen

Bang-Bang-Roboter
[bang-bang robot]
Bezeichnung für einfache → Einlegegeräte (*Pick-and-Place Units*), die dem amerikanischen Fabrikjargon entlehnt ist. Sie reflektiert die ursprünglich harten ungedämpften Anschläge beim Einfahren in eine Endposition.

BAPS
Abk. für Bewegungs-Ablauf-Programmiersprache; ein explizites textuelles Programmiersystem für Roboter von Bosch. Sie lehnt sich an die international genormte Programmiersprache IRL

an. Es wird im Klartext programmiert, wie es das Beispiel zeigt:

```
PROGRAMM Fuegen
AUSGANG:1=Greifer
WDH 10 MAL
        FAHRE NACH Pos1
        WARTE 0.2
        Greifer = 1
        FAHRE UEBER Pos2
        Nach Pos3
        Greifer =3
WDH ENDE
```

Barcode
[barcode]
Balken- oder Strichcode, der aus breiten und schmalen Strichen alphanumerische Zeichen darstellt, z.b. zur automatischen Erkennung von Werkzeugen und Werkstücken. Es existieren unterschiedliche Codierungen, die visuell schwer zu entschlüsseln sind. Deshalb werden oft zusätzliche arabische Ziffern mitgedruckt.

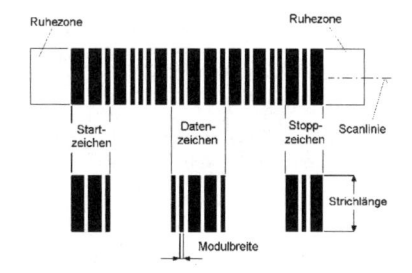

Barrett-Hand
[Barrett hand]
Greifhand mit drei Gelenkfingern, die in der Grundanordnung verschiebbar sind. Dadurch lassen sich unterschiedliche Griffe ausführen. Greifkraft und Greifgeschwindigkeit sind regelbar.

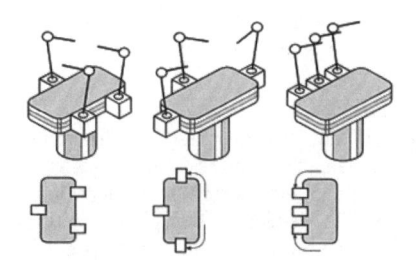

Das Prinzip gibt es seit Mitte der 1980er Jahre. Die B. existiert heute als handelsübliche Gelenkfingerhand.

Basisbaugruppe, Basis
[base, robot base]
Bei einem Roboter der Unterbau (Plattform, Gestell), auf dem die kinematische Struktur des Roboters beginnt, also die Achse 1 als Dreh- oder Schubachse. Die B. ist somit das erste Glied einer Kinematischen Kette.

Basiseinheiten
[SI system]
Zu den Basisgrößen des Internationalen Einheitensystems gehörende solche wie z.b. Meter m (Länge), Kilogramm kg (Masse). Aus den Basiseinheiten abgeleiteten Einheiten sind z.B. m/s für die Geschwindigkeit oder 1 kgm/s^2 = 1 N (*Newton*) für die Kraft.

Basiskoordinatensystem
[base coordinate system]
Robotergebundenes Koordinatensystem, dessen Ursprung in der Ebene der Aufstellfläche (x-y-Ebene) liegt (Fußpunkt). Die z-Achse weist von der Basisaufstellfläche weg. Der Werkzeugarbeitspunkt ergibt sich zu TCP = f(X, Y, Z, A, B, C). → *Achsenbezeichnung*

Baueinheit
[basic construction unit]
Durch Funktionsmerkmale, Kenngrößen und Anschlussmaße gekennzeichnete Elemente, die sich zusammen mit anderen B., z.B. Fräs-, Bohr-, Fördereinheiten, zur Sondermaschine kombinieren lassen.

Bauelement
[construction component]
Alle Einzelteile, Baugruppen und Bestandteile, die in einem technischen System eine Funktion erfüllen und innerhalb des konstruktiven Entwicklungsprozesses nicht weiter zerlegt werden müssen.

Bauform
[type of construction]
Anordnung von Baugruppen in einer Maschine. Bei Industrierobotern kann man unterscheiden in folgende B.: Lineararm auf Verfahrachse, Schwenk- und Kipparm, Vertikal-Knickarm, Horizontal-Knickarm und Portalbauform. Die verschiedenen B. sind das Ergebnis der Anpassung von Robotern an unterschiedliche Handhabungsaufgaben, Einsatzbedingungen und Platzverhältnisse.

Baugruppe
[module, assembly]
Geometrisch bestimmter Gegenstand aus mindestens zwei miteinander verbundenen Einzelteilen niederer Ordnung.

Baukasten
[modular design, unit assembly system]
Repertoire von Komponenten, Maschinen, Baugruppen, Einzelteilen, und Regeln, welches für die Anwendung der Baukastenbauweise erforderlich ist. Es lassen sich damit Maschinen und Vorrichtungen mit unterschiedlichen Funktionen durch Kombination mit einem Grundbaustein aufbauen. Die eingesetzten Komponenten sind für neue Anwendungen wiederverwendbar.

Baukastengreifer
[modular gripper]
Greifer, dessen Bestandteile aus einem Sortiment von Komponenten entnommen wurden. Besonders beim Handhaben von Kunststoffteilen mit oft bizarren Formen und sperriger Gestalt nehmen die Greifer regelrecht Vorrichtungscharakter an. Baukästen enthalten Profilstangen, Verbinder, Klemmstücke, Greifarme, Greifzangen, Sauger und Sensoren. Es wird ein Leichtbau angestrebt.

Baukastenroboter
[modular robot]
Roboter, der aus mehreren modularen → *Baueinheiten* für Drehen und Schieben zusammengesetzt ist. Die Anzahl der Achsen wird der Handhabungsaufgabe konkret angepasst, was eine bewegungsmäßige Überqualifizierung vermeidet. Dafür gibt es auch Steuerungen, an die mehrere Bewegungsachsen angeschlossen werden können.

Baukastensystem
[modular system]
Konsequente Weiterführung der Baugruppenbauweise zu einem noch höheren Grad der Baugruppenelementarisierung als System (Sammlung) standardisierter Elemente (Bauteile, Bausteine, Module). Es können mehrere Baugruppen/-teile, normalerweise ein Grundteil und beliebig viele Zusatzteile, zu funktionsfähigen Einheiten verschiedener Wirkungsart zusammengesetzt werden. Auch der Aufbau kompletter Maschinen oder Vorrichtungen ist möglich. Für die Verbindung sind gut durchdachte elektrische und mechanische Schnittstellen erforderlich.
→ *Bohrungssystem*, → *Nutsystem*

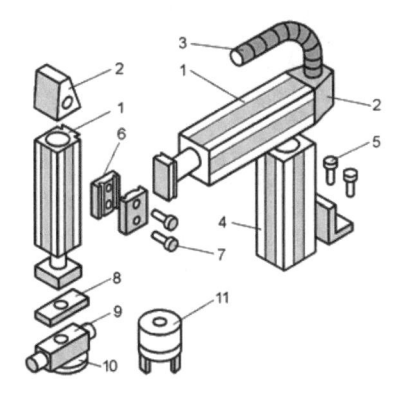

1 Lineareinheit, 2 Abschlusskappe, 3 Installationsbauteile, 4 Systemprofilsäule, 5 Montagebausatz, 6 Klemmelement, 7 Verbindungsbausatz, 8 Anschlussplatte, 9 Drehmodul, 10 Greiferanschlussplatte, 11 Dreipunktgreifer

Baum mit dem Verzweigungsgrad 8
[oct tree]
In der → *Künstlichen Intelligenz* eine Struktur für 3D-Objekte, bei der sich ein belegtes Feld als ein Achtel der Struktur darstellt. Die Unterkuben können gefüllt oder leer sein. Jede weitere Zerlegung in wiederum Achtel, ergibt eine neue Ebene im Baum.

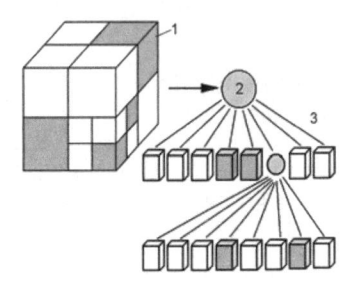

1 belegtes Feld, 2 Wurzelknoten, 3 Baumgraph

Baumtopologie
[tree structure]
Organisationsstruktur zur Kommunikation in einem Netz mit Baumstruktur. Die Kommunikation erfolgt zwischen Datenstationen immer über die in einer Hierarchie darüber liegende Station. Informationen oder Daten werden somit immer durch Überordnungs- oder Unterordnungsschichten weitergegeben.

Baumstruktur
[tree structure]
Ein Graph, bei dem ein spezieller Knoten, die Wurzel, keinen Vorgänger hat, während alle anderen Knoten genau einen Vorgänger aufweisen. Typische B. sind der Spielb., der Syntaxb. und die → *Kombinatorische Explosion*.

Bauroboter
[building construction robot]
Roboter, der für die Erfüllung von Aufgaben aus dem Bauwesen eingerichtet ist, wie z.b. das Stemmen von Wanddurchbrüchen, Setzen von Wandelementen, Errichten von Mauerwerk (→ *Maurerroboter*), Auftragen von Putzschichten und Legen von Estrich auf Fußböden. Zum Baugeschehen gehört auch der Ausbau von Tunnelwänden.
→ *Bearbeitungsroboter*

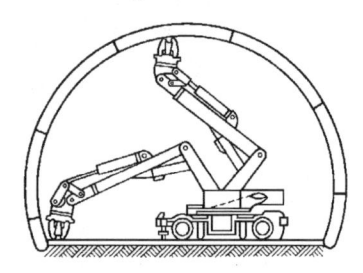

Bauweise
[design]
Sich aus einem Grundkonzept und den Eigenschaften der eingesetzten Baugruppen ergebende Ausführungen einer Maschine, z.b. Baukasten- und Kompaktbauweise.

Bayes´sches Theorem
[Bayes rule]
Regel für die Berechnung der Wahrscheinlichkeit einer Hypothese mit gegebenen Beweisen, die auf anderen verfügbaren Wahrscheinlichkeiten basieren.

BCD-Code
[binary coded decimal]
Dekadisch aufgebauter BIN-Code, der auf der Basis 2^n die Information in einem 4-Bit-Wort der Folgeelektronik zur Verfügung stellt.

BDI-Agent
In der → *Künstlichen Intelligenz* ein Agent, dessen Verhalten sich durch innere Überzeugungen (*Beliefs*) über die mögliche Entwicklung seiner Umwelt, Wünsche (*Desires*) und Absichten (*Intentions*) in Form von Handlungsplänen ergibt. Dabei haben Wünsche weniger unmittelbar bindende

Handlungsfolgen als die Absichten. Der B. ist eine Standard-Architektur im Bereich der Verteilten Künstlichen Intelligenz.

Bearbeitungsroboter
[material-processing robot]
Roboter, der keine Hilfsarbeiten ausführt, wie z.b. Maschinenbeschickung, sondern wertschaffend eingesetzt ist und am Hauptprozess durch die Führung von Werkzeugen teilnimmt (Farbspritzen, Schweißen, Entgraten, Montieren u.a.). Dazu gehören auch Spezialroboter, die als Einzweckmaschine entwickelt wurden, wie z.b. ein Fußbodenschleifroboter.

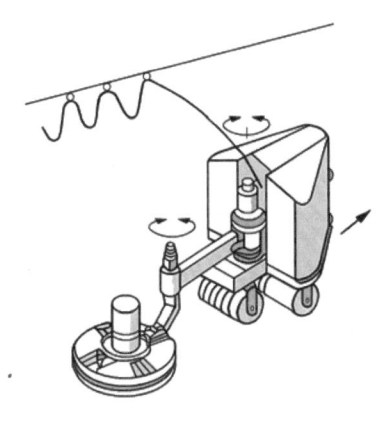

Bearbeitungszentrum
[machining centre]
Mehrachsige numerisch gesteuerte Maschine zur weitgehenden Fertigbearbeitung von Werkstücken einer Teilefamilie (meistens prismatische Werkstücke einer Größenklasse) in einer Aufspannung an einem Ort. Da im Allgemeinen nur eine Arbeitsspindel im Eingriff ist, müssen alle Bearbeitungen nacheinander erfolgen. Kennzeichnend ist die Integration von mehreren Bearbeitungsverfahren, sehr häufig Fräsen und Bohren, sowie der automatische Werkzeug- und Werkstückwechsel. Die Bearbeitungsgenauigkeit ist dadurch sehr hoch, die Durchlaufzeiten verkürzen sich, weil Liegezeiten zwischen den Bearbeitungen mit verschiedenen Verfahren und Ausrüstungen entfallen.

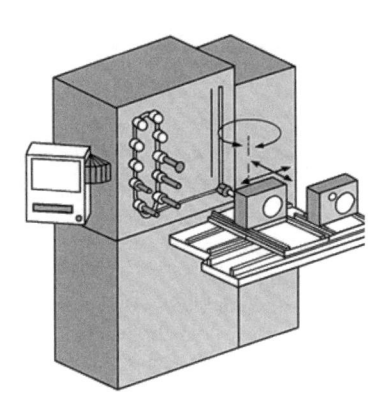

Bedienelement
[joystick, operator control element]
Eingabe- und Steuerelemente für die Fernsteuerung von z.B. Manipulatoren. Ausführungen können elektronische Handräder, Joysticks, → *6D-Maus* und spezielle Schalter sein.

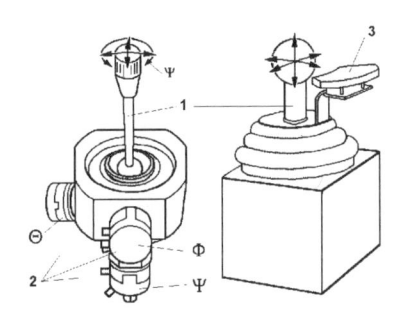

1 Mehrkoordinaten-Steuerhebel, 2 Richtungsschalter, 3 Hand-Stützauflage

Bediengriffbeweglichkeit
[joy-stick movability]
Bei → *Master-Slave-Manipulatoren* die Freiheiten, die eine Bedieneinheit zulässt und somit in Bewegungen des Slave-Armes umsetzt. Es können maximal drei Schiebungen (X, Y, Z) und drei Drehungen um diese Schiebeachsen sein (A, B, C).

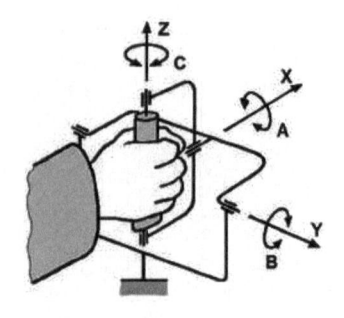

Bedientheorie
[queueing theory]
Theorie, die sich mit der Bedienung (Beschickung) von mehreren Maschinen (Bedienstellen) befasst, wobei mindestens an einer Bedienstelle stochastische Wirkungen auftreten, z.B. nicht vorhersehbare Bearbeitungszeiten. Das Ziel besteht darin, Regeln aufzustellen, nach denen die Warteschlangen von zu bearbeitenden Teilen möglichst klein, die Wartezeiten der Maschinen möglichst kurz und die Auslastung des Bedieners (Roboter) möglichst groß wird.

Bedienung durch Anforderung
Arbeitsregime für einen oder mehrere Roboter, die in einer Mehrmaschinenbedienung eingesetzt sind. Für die B. ist typisch, dass die Aktionen des Roboters vom Prozess als „Aufträge an die Roboter" ausgelöst werden. Diese Arbeitsweise stellt an die Steuerung besondere Anforderungen, weil sich verschiedene Handhabungssequenzen ergeben und nicht mehr in sich geschlossene Zyklen. Die Anforderungen werden in der Reihenfolge des Eintreffens abgearbeitet, die aber durch die Vorgabe von Prioritäten beeinflusst werden kann.

Bedingte Wahrscheinlichkeit
[conditional probability]
Wahrscheinlichkeit, dass etwas wahr ist, unter der Randbedingung, dass andere Ereignisse eingetreten sind.

Bedingungs-Aktions-Regel
[condition-action rule]
Begriff, der manchmal für Regeln in Expertensystemen verwendet wird, bei denen eine Aktion immer dann ausgeführt werden soll, wenn eine Bedingung erfüllt ist.

Bedienungstableau
[control box]
Tragbares Bediengerät für die Vor-Ort-Programmierung von Robotern. Günstig ist bei dieser Bedienart die unmittelbare Beobachtung der Roboteraktionen durch den Programmierer.
→ *Programmierhandgerät*

Bein, künstliches
[artificial leg]
Nach dem Vorbild der Gliedmaßen von Lebewesen abgeschaute Vorrichtung, die entweder als Prothese dient oder als Pedipulator für künstliche Wesen bzw. Schreitroboter Verwendung findet. Die Steuerung koordinierter Beinbewegungen hat immer auch die Lagestabilisierung eines dynamischen, dreidimensionalen Systems zu leisten. Bei Zweibeinern ist das nur im Echtzeitbetrieb möglich.
→ *Pedipulator*

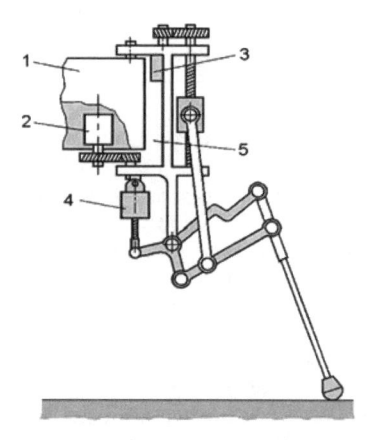

1 Grundkörper, 2 Antrieb für Beindrehung, 3 Vertikalantrieb, 4 Antrieb für Unterschenkelbewegung, 5 Oberschenkelkonstruktion

Beladeroboter
[loading robot]
Industrieroboter, der eine Bearbeitungsmaschine automatisch mit Werkstücken beschickt. Es ist üblich, dass er auch das Entladen der Fertigteile mit übernimmt.

Belastbarkeit
[stressability]
Zulässige Kräfte und Momente, die durch eine angreifende Last auf eine Bewegungsachse wirken. Dazu gehören die Belastungen entlang des Antriebsstranges (axiale Belastung von Antriebsspindel bzw. Zugmittel und Motor), dynamische Bewegungswiderstände (Reibung, Trägheit), Belastungen rechtwinklig zur Bewegungsachse (Querkräfte) und vertikal zur Bewegungsachse angreifender Kräfte (meistens Gewichtskräfte). Die Belastbarkeit eines Spindeltriebs hängt vorrangig von der B. der Antriebsspindel und der Spindelmutter, der Lager des Motors und der Führung ab.
→ *Profilschienenführung*

Beetle
[Käfer]
Freibewegliches Manipulatorfahrzeug (USA, 1961) mit zweiarmigem Kraftmanipulator von 5 m Armlänge.

Das Fahrzeug war für Reparaturarbeiten und Inspektionen in radioaktiven Zonen gedacht. Es hat eine Masse von 85 t und trägt zum Strahlenschutz 30 cm dicke Bleiplatten. In der geschützten Kabine können zwei Personen mitfahren. Die Kosten für den Strahlenschutz überstiegen allerdings die eines ferngelenkten Fahrzeuges bei Weitem.

Befehl
[instruction]
Notation einer Anweisung an einen Automaten zur Ausführung einer Operation. Der B. ist Bestandteil des Handhabungsprogrammes.

Belehren durch Anleiten
[teach-by-leading]
Methode der Roboterprogrammierung nach dem indirekten Teach-in-Verfahren. Dabei wird der Roboter mit seinen eigenen Antrieben per Tastatur in die Positionen gesteuert. Ist ein gewünschter Raumpunkt erreicht, dann wird er per Tastendruck gespeichert.

Belehren durch Anschauen
[teach-by-showing]
Methode der Roboterprogrammierung auf visuellem Weg durch Vorzeigen der zu erkennenden Objekte. Es entstehen Objektrepräsentanten in Form codierter Bilder (→ *Referenzbild*), Kenndaten, Merkmalen u.ä. Daraus folgt im Betrieb das Wiedererkennen von Objekten.

Belehren durch Vorführen
[teach-by-doing]
Methode der Roboterprogrammierung nach dem direkten Teach-in-Verfahren (→ *Playback-Programmierung*), bei der ein Ablauf vorgeführt wird. Dabei werden in einem Zeitraster ständig Weginformationen gespeichert.

Bemessungsschaltabstand
[dimensioning switching distance]
In der Sensorik eine Gerätekenngröße, bei der Exemplarstreuungen und äußere Einflüsse wie Temperatur und Spannung nicht berücksichtigt sind. Der Schaltabstand ist die Entfernung

eines Objekts vom Näherungssensor, ab dem ein Schalten ausgelöst wird.

Benchmarking
In der Holzindustrie entstandener Begriff, der eine fundierte Methode für eine vergleichende Analyse bezeichnet. Er wird heute oft in der Computertechnik zur Leistungsbewertung verwendet. Eigene Informationsprodukte, Prozesse und Strategien werden qualitativ und/oder quantitativ mit denen anderer Unternehmen verglichen

Berechenbarkeit
[computability,calculability]
Eine Funktion ist berechenbar, wenn es einen Algorithmus gibt, der zu jedem Eingabewert der Funktion den Funktionswert berechnet.

Bereitschaftsverzögerungszeit
[delay time]
Zeit, die zwischen Anlegen der Betriebsspannung und der Ausgabe des richtigen Schaltsignals vergeht.

Bergbauroboter
[mining robot]
Roboter mit meist baggerähnlicher Struktur, der unter Tage Stollen vortreibt und Kohle abbaut, indem er Bohr- und Schlagwerkzeuge handhabt. Die automatische Ausführung von Bergbauarbeitsgängen ist technisch sehr komplex und stellt für den Konstrukteur eine recht schwierige Aufgabe dar.

Bergsteigermethode
[hill climbing]
In der → *Künstlichen Intelligenz* Bezeichnung für eine Suchprozedur als Variation der Depth-First-Technik (→ *Tiefensuche*).
→ *Hill Climbing*

Bernoulli–Greifeinheit
[Bernoulli grab unit]
Greifer, der das physikalische Phänomen des Anströmparadoxons ausnutzt. Er wird auch als Luftstromgreifer bezeichnet. Man kann die B. z.B. zum Vereinzeln von porösen textilen Flächenstücken einsetzen, wie es im Bild zu sehen ist. Durch ausströmende Luft entsteht an der Greiffläche ein Unterdruckbereich, der das Objekt vom Stapel abhebt und festhält.

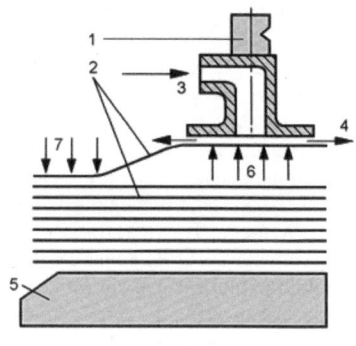

1 Spannzapfen, 2 textiles Flächengebilde, 3 Druckluftzufuhr, 4 ausströmende Luft, 5 luftundurchlässiger Tisch, 6 Unterdruck, 7 atmosphärischer Druckbereich

Bernoullisches Gesetz
[law of Bernoulli]
Für reibungsfreie Strömungen gilt, dass der Druck p in Gebieten größerer Strömungsgeschwindigkeit v absinkt. Ist v klein, dann steigt der Druck p an.
Geschichte: *Daniel Bernoulli*, ein Schweizer Mathematiker, lebte von 1700 bis 1782.

Berührungssensor
[touch sensor]
Taktiler Sensor, der auf mechanische Berührung reagiert und entsprechende binäre, analoge oder digitale Signale abgibt. Der B. kann punktuell, auf einer Linie oder in der Fläche wirksam sein. Er kann z.B. in Greiferbacken integriert sein, um Werkstückformen zu erkennen oder vor Kollisionen zu warnen. Der Mensch verfügt übrigens über etwa 0,5 Millionen B. (Rezeptoren) in der Haut und kann damit noch

Schwingungsamplituden von 0,00001 mm feststellen.

Berührung Werkstück/ Greifbacke
[contact component/jaw]
Beim Greifen von Objekten kommt es zu einer Paarung zwischen Werkstück und Greifbacke. Die Berührung kann flächig (1), linienartig (2) oder punktuell (3) sein, was zu unterschiedlichen Flächenpressungen führt. Günstig sind Greifbacken, die das Teil durch mehrere Linienberührungen (4) festhalten, wie es bei Prismabacken der Fall ist.

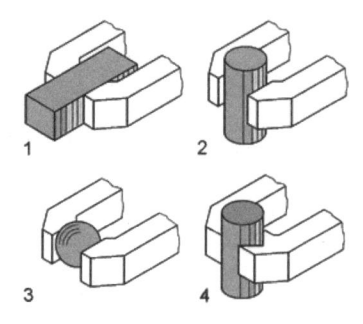

Beschichtungsroboter
[paint spraying robot]
Roboter, der für die Handhabung von Werkzeugen zum Sprühen und Spritzen von Beschichtungsstoffen, Farben, Lacken, Emaille-Schlicker, Kleber, Füller, Grundiermitteln, Trennmitteln und Glasuren ausgerüstet ist. Die Werkzeuge sind im Freiheitsgrad 6 bewegbar, ausgenommen Spezialgeräte, die z.B. stets nur eine Linie abfahren.
→ *Linearroboter*

Beschickungseinrichtung
[feeding device, loading unit]
Handhabungseinrichtung, die besonders in der Massenfertigung Halbzeuge, Rohteile oder halbfertige Werkstücke automatisch in eine Arbeitsmaschine eingibt und die Fertigteile wieder entnimmt. Die B. kann ein Kompaktgerät, ein modular aufgebautes Gerät oder auch ein Beschickungsroboter sein.

Beschickungskanal
[feeding channel]
Freier Raum, der zur Spannstelle eines Arbeitssystems führt und der nicht durch Bauteile eingeschränkt ist. Er ist oft kanalförmig und wird für das Zuführen und Entnehmen von Teilen genutzt. Ein gerader, unverwinkelter Zugang, möglichst von oben, ist für das automatische Handling sehr wichtig.

Beschickungsroboter
[machine loading robot]
Industrieroboter, der auf das Eingeben, Weitergeben und Entnehmen von Werkstücken an Werkzeugmaschinen spezialisiert ist. Der Bewegungszyklus ist oft gleichbleibend und wird nur wenig verändert. Typische Anwendungsfälle sind z.B. die Verkettung mehrerer Pressen oder das Beschicken von Schmiedehämmern. Der B. kann auch maschinenintegriert sein.
→ *Anbauroboter*

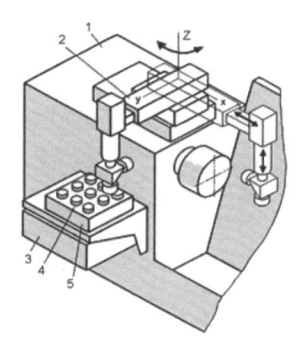

1 Werkzeugmaschine, 2 Beschickungsroboter, 3 Lineartakteinheit, 4 Werkstück, 5 Flachpalette

Beschleunigung
[acceleration]
Eine oft mit *a* gekennzeichnete physikalische Größe (nach dem englischen *acceleration*), ist bei einem Körper die Veränderung seiner Geschwindigkeit *v*

je Zeiteinheit t nach Richtung und Betrag. Somit ist

$$a = \frac{v}{t}$$

Nimmt v nicht zu sondern ab, wird a auch als „Verzögerung" bezeichnet. Mitunter gibt man die B. auch als Vielfaches der Erdbeschleunigung an, z.B. 4g. Die B. eines Effektors kann in jedem Bahnpunkt in die Komponenten Bahn- bzw. Tangentialbeschleunigung sowie Normal- bzw. Radialbeschleunigung zerlegt werden.

Beschleunigungsmoment
[acceleration torque]
Drehmoment, das ein Antrieb aufbringen muss, um einen momentanen Unterschied zum Lastmoment der Arbeitsmaschine auszugleichen. Das Moment kann positiv (Beschleunigung des Antriebs) oder negativ (Bremsung des Antriebs) sein.

Beschleunigungssensor
[acceleration sensor]
Sensor, der eine Geschwindigkeitsänderung je Zeiteinheit feststellt.

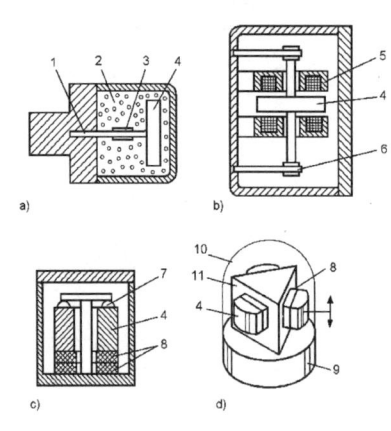

a) Messfeder-Sensor, b) Queranker-Differenzialsensor, c) Piezoprinzip-Sensor, d) Delta-Shear-Aufnehmer, 1 Trapezfeder, 2 Silikonöl, 3 Dehnmessstreifen, 4 seismische Masse, 5 Queranker, 6 Feder, 7 Druckfeder, 8 Piezoelement, 9 Grundkörper, 10 Haube, 11 Basis

Häufig ist ein gedämpftes Feder-Masse-System die typische Komponente. Der im Bild d) gezeigte Delta-Shear-Aufnehmer kann Beschleunigungen in mehreren Raumachsen feststellen. Damit lassen sich einwirkende Querbeschleunigungen feststellen und herausrechnen.

Beschleunigungverlauf
[acceleration process]
Verlauf während des Beschleunigens einer Bewegungseinheit vom Verlassen einer Startposition bis zum Erreichen der Zielposition. Typisch sind die konstante (programmierte Geschwindigkeit wird schnell erreicht) und die sinusähnliche Beschleunigung (sanfter und Maschinen schonender).

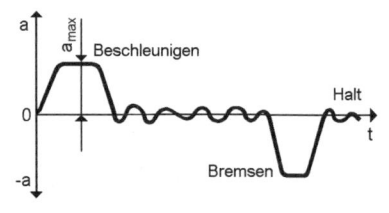

a Beschleunigung, t Zeit

Beschreibungslogik
[description logic]
Eine formale Sprache, die dazu genutzt werden kann, formale Ontologien aufzubauen. Man kann die meisten Beschreibungslogiken als Einschränkung der Prädikatenlogik erster Stufe auffassen.

Bestensuche
[best first]
Suchstrategie, die Heuristiken verwendet, um die Suche zu leiten, und die zuerst nach den vielversprechendsten Knoten in einem → *Suchraum* schaut.

Bestimmebene
[defining surface, determining surface]
In der Fertigungstechnik die Bezeichnung für die am Werkstück bzw. den

Bestimmelementen vorliegenden An- bzw. Auflageflächen (Kontaktflächen). Es sind fertigungsbedingte Ebenen, in der die Bestimmung des Werkstücks oder Werkzeugs in einer Vorrichtung tatsächlich vorgenommen wird.

Bestimmen
[defining]
Im Vorrichtungsbau das Einordnen eines Werkstücks oder Werkzeugs in eine für die Durchführung der Arbeitsverrichtung erforderlichen „Lage" (Position und Orientierung).

Bestimmfläche
[defining surface, determining surface]
In der Feretigungstechnik die Bezeichnung für die am Werkstück bzw. den Bestimmelementen vorliegenden An- bzw. Auflageflächen (Kontaktflächen).

Bestückautomat
[automatic component insertion machine]
Automat zur Bestückung von Leiterplatten mit elektronischen Bauteilen (IC's, bedrahtete Bauelemente) in Durchsteckmontage oder SMD-Bestückung (sequentiell, simultan, simultan-sequentiell). SMD bedeutet Oberflächenmontage (*surface mounted device*). Kennzeichnende Kriterien sind: maximale Bestückrate, Bauelementetypen, maximale Anzahl der Zuführungen, Bestückprozess, Bauteilebereitstellung, Positioniergenauigkeit, Leiterplattengröße, Flexibilität und Ergänzungsmodule.

Bestückungsgreifer
[placement gripper for electro components]
Robotergreifer, oft ein Revolvergreifer, der viele einzelne Greiforgane besitzt, mit denen er mehrere Teile gleichzeitig mit Saugluft oder durch Klemmen aufnehmen kann. Beispiel: Gleichzeitiges Greifen von 30 Pins im Elektronik-Standardabstand von 1,27 mm.

Bestückungsroboter
[component inserting robot]
Roboter für die Bestückung von Leiterplatten mit elektronischen Bauelementen. Der B. arbeitet mit großen Geschwindigkeiten und muss mindestens in zwei Achsen freiprogrammierbar sein.

Betriebsart
[operating mode, type of duty]
1 Bei Elektromotoren genormte Belastungsfälle, in denen der Motor aus thermischen Gründen zu betreiben ist (EN 60034-1, EC 34-1, DIN VDE 0530-1). Bei Dauerbetrieb (S1) ist ein zeitlich unbegrenzter Lauf bei konstanter Belastung zulässig. Die Betriebsart S2 bezeichnet den Kurzzeitbetrieb. Betriebsart S4: Der Betrieb setzt sich aus einer Folge gleichartiger Spiele zusammen, von denen jedes eine Anlaufzeit t_A, eine Zeit konstanter Belastung und eine Pause t_s umfasst. Betriebsart S5: Aussetzbetrieb mit Einfluss des Anlaufvorganges und der elektrischen Bremsung. Im Bild bedeuten: n Drehzahl, P_v Verlustleistung des Motors, T Motortemperatur, t_{sp} Spieldauer, t_E Einschaltdauer, t_p Pausenzeit
→ *Nennbetriebsart*

Betriebsart S4   Betriebsart S5

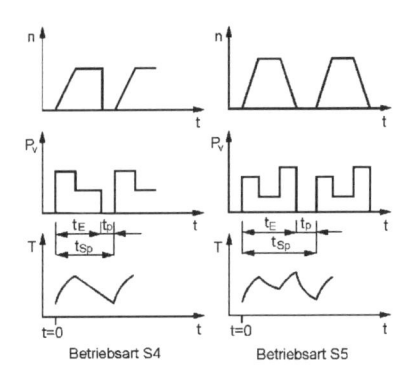

2 Bei Steuerungen versteht man unter „Betriebsart" die wählbare Arbeitsweise, in der eine Maschine bewegt wird (*operating mode*), wie z.B. Automatikbetrieb, Halbautomatik- oder Einzel-

satzbetrieb, Tipp-Betrieb (→ *Tippen,* → *Tipp-Schaltung*), Einrichten, → *Referenzpunktfahrt* und → *Teach-in Betrieb*. Sie wird durch eine Bedienhandlung an der Steuerung (Wahlschalter) eingestellt und ist gleichzeitig auch ein charakteristischer Arbeitszustand.
→ *Antriebsaufgabe,* → *Zustimmungsschalter*

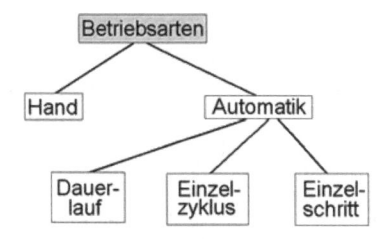

Betriebsbereich
[operating range]
Aktionsbereich einer Handhabungseinrichtung, in welchem diese in Bezug auf Belastung, Wege, Winkel, Geschwindigkeit und Beschleunigung ohne Einschränkungen im Dauerbetrieb arbeiten kann. Wird eine Grenze überschritten, befindet sich der Roboter im → *Außerbetriebnahmebereich*.

Betriebsspannung
[working voltage, operational voltage]
Zulässiger Spannungsbereich inklusive Restwelligkeit, in dem ein sicherer Betrieb z.B. eines Sensors oder allgemein eines Gerätes gewährleistet ist.

Beugeeinheit
[diffraction unit]
Räumlich wirksamer Führungsmechanismus mit dem Freiheitsgrad 2, der einen → *Effektor* auf einer Schirmfläche bewegen kann. Der Arbeitsraum ist dann zu einer sphärischen Arbeitsfläche entartet. Als Mechanismus kommen räumliche Koppelgetriebe in Frage. Die B. ist z.B. als letzte Einheit einer Kinematischen Kette für Farbspritzroboter interessant. → *Rüsselarm*

Beugefinger
[stooping finger, diffraction finger]
Pneumatischer, elastischer Greiferfinger mit einer Faltenstruktur, der sich während der Schließbewegung zum Greifobjekt hin krümmt, um es festzuhalten, z.B. gegen eine Prisma-Auflage. Die Greifkräfte sind gering, die Schonung der Objektoberfläche ist ein großer Vorteil.

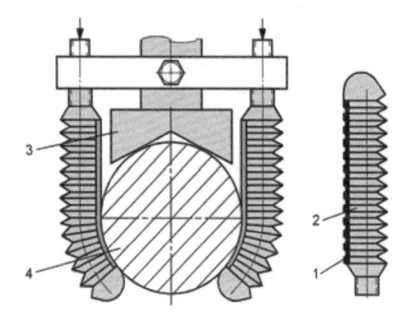

1 undehnbare Gurtauflage, 2 Faltenbalgfinger, 3 Anlageprisma, 4 Werkstück

Bewachungsroboter
[security robot]
→ *Wachschutzroboter*

Beweglichkeit
[manipulator mobility]
1 Bei einer Kinematischen Kette eine geometrische Kenngröße, die die Fähigkeit eines mehrachsigen Mechanismus (Roboter) beschreibt, unter Einwirkung von Kräften die Lagen der Glieder verändern zu können. Der Grad der Beweglichkeit wird auch als (Getriebe-)Freiheitsgrad bezeichnet.

2 Bei Robotern (→ *Mobilrobotik*) der Umfang der Ortsveränderlichkeit eines Roboters: Man kann unterscheiden in Linien-, Flächen- und Raumbeweglichkeit.

Beweglichkeitsgrad
[degree of mobility]
Andere Bezeichnung für den → *Getriebefreiheitsgrad*

Bewegung
[motion]
Zeitliche Änderung der Position und bzw. oder Orientierung eines Körpers in einem Bezugssystem. Wirken auf den Körper keine Kräfte, so befindet er sich in Ruhe oder in einer gleichförmigen B., was physikalisch gleichwertig ist. Andernfalls wird der Körper beschleunigt bzw. bei negativer Beschleunigung gebremst.
→ *Bewegungsgleichung,* → *Bewegungsgesetze*

Bewegungsachse
[movement axis]
Mechanismus, der in einer bestimmten Richtung eine Dreh-, Schwenk-, Schub- oder als Kombination eine Schraubenbewegung erzeugt.

Bewegungsanalyse
[motion analysis]
Untersuchung bzw. Planungsschritt, bei dem aus dem Funktionsablauf einer Maschine der Verlauf der Bewegungen zueinander in Abhängigkeit von Zeit und Weg festgelegt wird. Jede Bewegung ist nach ihrer Aufgabe, den Kraftaufwand und den Bewegungsbedingungen (Geschwindigkeit, Beschleunigung, Kraftverlauf, Stoß, Ruck u.a.) zu betrachten.

Bewegungsanweisung
[movement instruction]
In einem Roboterprogramm der Auftrag an die Steuerung, eine Bewegung bei Vorgabe der dazu erforderlichen Daten auszulösen. Das sind z.B. Linear-, Zirkular-, Punkt-zu-Punkt-Bewegungen, Geschwindigkeits-, Beschleunigungs-, Orientierungs-, Überschleif-, Nullpunktkorrektur- und Werkzeuganweisungen.

Bewegungsbahn
[trajectory]
→ *Trajektorie*

Bewegungsfreiheitsgrad
[freedom of movement]
Allgemein → *Freiheitsgrad*; Man unterscheidet zwischen dem B. einer Kinematischen Kette (→ *Getriebefreiheitsgrad F*) und dem Objektfreiheitsgrad *f* z.b. eines Werkstücks im Raum.

Bewegungsfunktion
[moving function]
Funktionen einer Handhabungseinrichtung, die zur Ortsveränderung von Arm, Handgelenk und Verfahrachsen im Raum auszuführen sind.

Bewegungsgesetze
[law of motion]
Analytische Funktionen, die die Relativbewegung zweier Getriebeglieder beschreiben, z.B. die Abtriebsbewegung von Kurvengetrieben in Abhängigkeit von der Antriebsbewegung. Es kommen folgende Gesetze zur Anwendung:

Potenzgesetze

$$f(z) = A_0 + A_1 \cdot z + A_2 \cdot z^2 + .. + A_i \cdot z^i$$

Trigonometrische Gesetze

$$f(z) = A \cdot \cos(vz) + B \cdot \sin(vz)$$

Kombination von Potenz- und Trigonomiegesetz

Es ergibt sich eine Vielzahl von Variationen, die je nach Einsatzfall und Randbedingungen ihre Anwendung finden.

Bewegungsgleichung
[equation of motion]
Bewegung lässt sich aus physikalischer Sicht in allgemeiner Form wie folgt beschreiben:

$$c \cdot s_e(t) = m \cdot a(t) + d \cdot v(t) \pm r + c \cdot s_a(t)$$

s_e Weg, Bewegung am Eingang
a Beschleunigung
v Geschwindigkeit
d Dämpfungsfaktor
c Konstante

r Reibung (wirkt gegen die Bewegung)
m bewegte Masse
s_a Bewegung am Ausgang

Für ein rotierendes System ist der Weg *s* durch den Drehwinkel φ zu ersetzen und die Masse *m* durch das Trägheitsmoment *J*. Somit gilt:

$$c \cdot s_e(t) = J \cdot \varepsilon(t) + d\omega(t) \pm r + c \cdot \varphi(t)$$

ε Winkelbeschleunigung
φ Drehwinkel
J Trägheitsmoment
d Dämpfungsfaktor
ω Winkelgeschwindigkeit (Reibung *r* wirkt gegen die Bewegung)
c Konstante
s_e Bewegung am Eingang

Ein Vergleich rotatorischer und linearer Bewegungen zeigen sich folgende Analogien:

Drehbewegung		Schiebebewegung	
Drehzahl	n	Geschwindigkeit	v
Drehmoment	M	Schubkraft	F
Leistung	$P = \omega \cdot M$	Leistung	$P = v \cdot F$
Beschleunigung $a = (d^2 \cdot \varphi)/dt^2$		Beschleunigung $a = (d^2 \cdot s)/dt^2$	
Drehwinkel	φ	Weg	s
Kreisfrequenz $\omega = 2 \cdot \pi \cdot n$		Zeit	t

Bewegungsraum
[motion space]
Bei einem Roboter derjenige Raum, der von der Gesamtheit aller bewegten Elemente des Roboters mit der Gesamtheit aller Achsbewegungen umgrenzt wird.

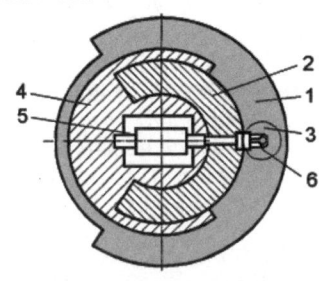

1 Hüllfläche des variablen Bewegungsraumes, 2 Arbeitsraum, 3 Greiferarbeitsraum, 4 nicht nutzbarer Kollisionsraum, 5 Industrieroboter, 6 Greifer

Die Differenz zwischen B. und Arbeitsraum ist der nicht nutzbare Raum, der durch eine geeignete Gerätekonstruktion möglichst klein gehalten werden sollte. Der variable B. kann aus sicherheitstechnischer Sicht als Gefahrbereich betrachtet werden.

Bewegungssimulation
[simulation of motion]
Werkzeuge (Programme, integrierte Inbetriebnahmemodule) zur Simulation dynamischer Systeme ermöglichen vorab, unterschiedliche Reglerfunktionen, Antriebsarten, Masseverteilungen, Lasten bei Bewegungsabläufen am Bildschirm zu untersuchen. So können z.B. innerhalb eines Antriebssystems gleichzeitig die Wirkungen der Steuerspannung am Motor, die Drehzahl, die Beschleunigung und der Drehwinkel erfasst und in einer Grafik wiedergegeben werden. Die grafische Fahrprofilerstellung am Bildschirm erlaubt den Parametertest, das Abfahren eingestellter Fahrprofile und schließlich die automatische Übernahme der Anwendereinstellungen in ein Projekt.

Bewegungssteuerung
[motion control]
Allgemein die Steuerung, Koordinierung und Überwachung der Bewegungen eines mechanischen Grundgerätes, wie z.B. Punkt-zu-Punkt-Steuerung oder → *Bahnsteuerung*.
Die B. hat bei Antrieben die Aufgabe (→ *Antriebsaufgabe*) in der Fertigungsautomatisierung mit Software Bewegungsabläufe zu koordinieren, für die bisher komplexe Mechanik im Einsatz war, wobei die Anzahl synchron arbeitender Achsen ständig steigt. Motion-Control-Funktionen lassen sich von zentralen Steuerungen (*controller based*) oder direkt von intelligenten Antriebsreglern (*drive based*) realisieren. Autonome Bewegungsaufgaben wie das Positionieren lassen sich dem Servopositionierregler zuordnen, so dass eine SPS (überge-

ordnet oder in den Regler integriert) nur noch den Ablauf selbst zu steuern hat. → *Motion Control*

Bewegungsüberlagerung
[movement overlapping]
Addition von Bewegungen mehrerer Aktoren, so dass sich eine neue Bewegungsform ergibt. So erhält man bei zwei gleichsinnig ausfahrenden und gekoppelten Lineareinheiten eine überlagerte Linearbewegung. Sind die Linearachsen 90° versetzt und werden sie passend angesteuert, so erhält man eine Kreislinie (Bild). Als Werkzeug kann man sich einen Schneidbrenner vorstellen.

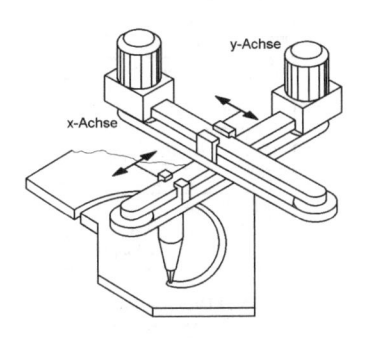

Bewegungszyklus
[movement cycle]
Aufeinanderfolge von translatorischen und/oder rotatorischen Bewegungen und den einzunehmenden Positionen des Endeffektors bei der Durchführung einer in sich abgeschlossenen Sequenz.

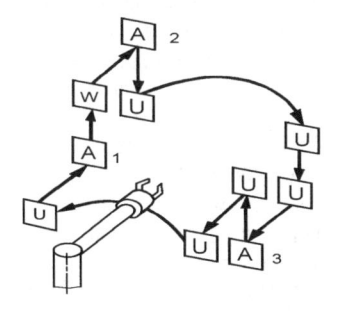

1 Objekt aufnehmen, 2 Beschicken/Entnehmen, 3 Ablegen

Eingeschlossen ist die Rückführung des Endeffektors in die Ausgangsposition. Der Bewegungszyklus wird durch Warte- (W), Umlenk- (U) und Arbeitspositionen (A) geprägt.

Beweistheorie
[proof theory]
Theorie, die angibt, welche Schlussfolgerungen in einer Logik gültig sind. Es wird bestimmt, ob eine vorgegebene Hypothese aus einer Gruppe von Voraussetzungen folgt.

Bewusstsein
[conscionsness]
Ideale Widerspiegelung der objektiven Realität, insbesondere durch Erkenntnisgewinn mit Hilfe des Denkens und Wissens, durch Wahrnehmungen, Vorstellungen, Begriffe, Hypothesen, Theorien, Strategien, Verfahren u.a. Das Bewusstsein ist ein subjektives Empfinden. Ob Maschinen eines Tages Bewusstsein entwickeln können, wird in der Fachwelt unterschiedlich diskutiert. Man meint, das B. ein unfassbar komplexer Zustand sei, der sich nicht einmal näherungsweise nachbauen lässt. Demgegenüber äußert *R. Kurzweil*, bereits 2029 könnten Computer über künstliches B. verfügen.

Bezugsebene
[reference plan]
An ein bestimmtes Werkstück gebundene Ebene, von der aus die Bemaßung der Werkstückdetails erfolgt. Im allgemeinen Fall stehen drei Bezugsebenen in einem kartesischen Koordinatensystem senkrecht aufeinander. Das bezeichnet man auch als "feste Ecke".

Bezugssystem
[system of reference]
System von Koordinaten, auf das die Prozesse in der Natur zum Zweck der mathematischen Beschreibung bezogen werden und das die Lage der Systemkomponenten in Raum und Zeit erfasst.

Bibot
[biologisch inspirierter Roboter]
Roboter, dessen Aufbau und Gestalt sich am natürlichen Vorbild orientiert. Das kann z.b. ein zwei- oder sechsbeiniger Laufroboter sein, der sich im freien Gelände bewegen kann und ebenso anpassungsfähig wie Mensch und Tier ist. → *Laufmaschine*

Bidirektional
[bidirectional]
In beide Richtungen agierend; Ein b. Datenbus bedeutet z.b., dass ein Datentransfer in beide Richtungen möglich ist.

Biegeschlaffe Teile
[limb parts]
Bauteile, die ihre Form mangels Steifheit infolge der Schwerkraft oder beim Anfassen und Anheben verändern. Dazu gehören z.b. Schläuche, Kabel, Folien und dünne Dichtungen. Solche Teile lassen sich nur schwierig automatisch handhaben.

Biegeverlagerung
[bending displacement of robot]
Verschiebung des Arbeitsorgans eines Roboterarms infolge Formänderung der stabförmigen Bauteile unter dem Einfluss von Kräften und Biegemomenten. Die B. wird für die ungünstigste Stellung des Führungsgetriebes angegeben und ist Bestandteil der Greiferverlagerung. Sie ist für die verschiedenen Koordinatenrichtungen getrennt zu ermitteln.

Bilateral
[bilateral]
Zweiseitig; von zwei Seiten ausgehend; es ist bei Master-Slave-Manipulatoren die Übertragung von am Sklavenarm auftretenden Bewegungs- und Handhabekräften, wie Arbeitswiderstände, Schwer- und Trägheitskräfte, zurück in die Hand des Bedieners.
→ *Kraftrückkopplung*, → *unilateral*

Bilderkennung, maschinelle
[computer vision]
Zweig der → *Künstlichen Intelligenz*, der sich mit dem künstlichen Sehen befasst. Es geht um die Wahrnehmung eines Computers, die sich auf visuelle Sensoreingaben stützt, bei der aus einer mehrdimensionalen Darstellung eine symbolische Beschreibung generiert wird. Es handelt sich meistens um einen wissensgestützten, erwartungsgesteuerten Prozess. Die Bilderkennung wird in mehreren Schritten durchgeführt.

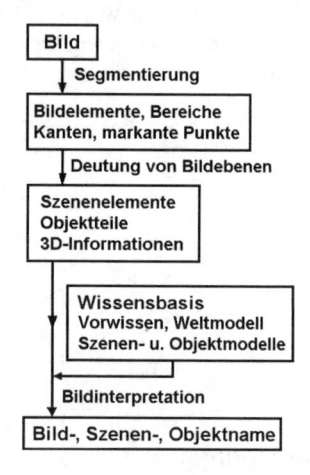

```
Bild
  ↓ Segmentierung
Bildelemente, Bereiche
Kanten, markante Punkte
  ↓ Deutung von Bildebenen
Szenenelemente
Objektteile
3D-Informationen
  → Wissensbasis
    Vorwissen, Weltmodell
    Szenen- u. Objektmodelle
  ↓ Bildinterpretation
Bild-, Szenen-, Objektname
```

Bildkorrektur
[image correction]
Technik der Veränderung von elektronischen Bildern. Im Umfeld der numerischen Filterung besteht die Bildveränderung darin, aufgetretene Unregelmäßigkeiten (Unschärfe, verschmierte Kanten, geringe Lesbarkeit) zu reduzieren oder zu eliminieren.

Bildverarbeitung
[image processing]
Gewinnung, Aufbereitung (Vorverarbeitung), Verarbeitung, Analyse und Ergebnisgewinnung aus visuellen Daten. Dafür wird ein komplexes technisches System gebraucht, das sich aus einer Reihe von sehr verschiedenen

Komponenten zusammensetzt, wie Beleuchtung, Optik, Kamera, Framegrabber, Computer, Kommunikationsschnittstellen, Prozessschnittstellen und Software (Bildanalyse, Mustererkennung usw.). In der Handhabungstechnik wird die B. eingesetzt, um unterschiedliche Objekte oder den Ort eines Gegenstandes zu ermitteln.

Bildverarbeitung, pseudofarbige
[pseudo colour image processing]
Falschfarbige Analyse. Die Qualität der Visualisierung hängt direkt von der Anzahl der dargestellten Einzelfarben ab. Die Analyse an Hand falscher Farben ermöglicht es, den Informationsgehalt eines Bildes zu verbessern, indem jene Details besonders markiert werden, die andernfalls der Aufmerksamkeit des Beobachters entgehen würden.

Bildverstehen
[image understanding]
Komplexer wissensbasierter Prozess, in dem unterschiedliche Wissensarten eingesetzt werden, um Bild- und Szeneninhalte interpretieren zu können. Es ist ein sehr schwieriger Bereich in der → *Künstlichen Intelligenz*, z.B. Verfahren des maschinellen Lernens. Mit Induktionsalgorithmen werden dann durch Verallgemeinerungen die wesentlichen Merkmale bestimmt, die eine höhere Bilddeutung zulassen.

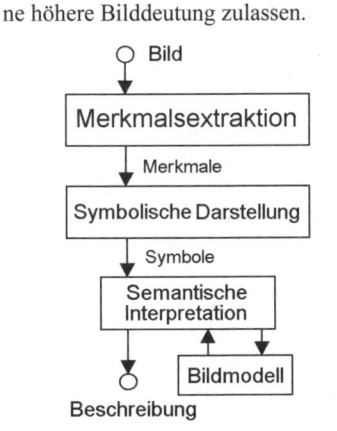

```
        ○ Bild
        ↓
┌─────────────────────┐
│  Merkmalsextraktion │
└─────────────────────┘
        ↓ Merkmale
┌─────────────────────┐
│ Symbolische Darstellung │
└─────────────────────┘
        ↓ Symbole
┌─────────────────────┐     ┌──────────────┐
│    Semantische      │ ←→  │  Bildmodell  │
│   Interpretation    │     └──────────────┘
└─────────────────────┘
        ○
   Beschreibung
```

Billigsensor
[low-cost sensor]
Sensor z.B. für Kraft und Druck, der durch geschickte Wahl des physikalischen Prinzips und der Werkstoffe preiswert ist, aber von seiner Genauigkeit und dem Langzeitverhalten oft höheren Ansprüchen nicht mehr genügt. Der B. ist aber für viele Anwendungen durchaus ausreichend.

bimanuale Montage
[bimanually assembly]
Montage, bei der Roboter zweihändig an einem Objekt arbeiten. Die Handlungssequenzen sind entsprechend aufgeteilt und sicherheitstechnisch aufeinander abgestimmt.

Binär
[binary]
Signale mit zwei einander ausschließenden Zuständen, z.B. JA/NEIN, EIN/AUS, 1/0. Sie sind sehr einfach → *Digital* darstellbar.

Binärbild
[binary picture]
Aus Pixeln bestehendes Bild, bei dem es nur zwei Helligkeitsstufen (Weißpixel, Schwarzpixel) gibt. Das Fehlen von Graustufen aus einer Schattierungsskala (256 Stufen) verkürzt die Verarbeitungszeit der Bilddaten erheblich.

Oft muss auch nicht das gesamte Bild ausgewertet werden, sondern nur bestimmte Regionen (Fenster) sind von besonderem Interesse.

Binäre Logik
[binary logic]
Logik zur zweiwertigen Beschreibung von Problemen, eine → *Schaltalgebra*.
→ *Boole'sche Algebra*

Binärsensor
[binary sensor]
Sensor, der einen physikalischen Messwert in ein binäres Signal umsetzt, meistens in ein elektrisches Schaltsignal mit den beiden Zuständen EIN/AUS. Beispiel: Füllstandsgrenzschalter mit den Zuständen VOLL und LEER.

Binärzahl
[binary number]
Zahlensystem mit der Basis 2. Die Dezimalzahl 51 lautet in binärer Schreibweise 110011, d.h. $1\text{x} 2^5 + 1\text{x} 2^4 + 0\text{x} 2^3 + 0\text{x} 2^2 + 1\text{x} 2^1 + 1\text{x} 2^0 = 32+16+0+0+2+1 = 51$

BIN-Code
[binary code]
Codierung, bei der die Positionsinformation auf der Basis 2^n verschlüsselt und als binäres Wort, bestehend aus 0 und 1, der Folgeelektronik zur Verfügung gestellt wird.

Bin-picking Problem
[„Auslese-Problem"]
Eine Besonderheit bei der visuellen automatischen Erkennung von Objekten.

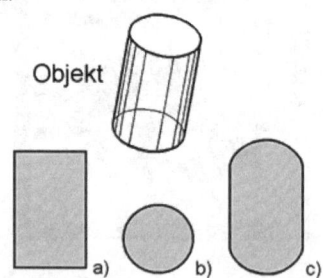

Gemeint ist jene Gruppe von Körpern, die aus verschiedenen Blickrichtungen eine unterschiedliche Gestalt zeigen und deshalb schwierig identifizierbar sind. Das Objekt Trinkglas kann sich als Rechteck (a), Kreis (b) oder bei schräger Sicht als Oval (c) zeigen.

Bio-Hand
[biohand]
Funktionelle technische Nachbildung der menschlichen Hand, die durch myoelektrische Ströme gesteuert und als Handprothese, gegebenenfalls auch als Manipulator verwendet werden kann. Die Muskelaktionsströme werden etwa tausendfach verstärkt. Im Jahre 1947 gelang es erstmals, Bioströme eines Armstumpfes auszunutzen, um elektrische Miniaturantriebe anzusteuern.

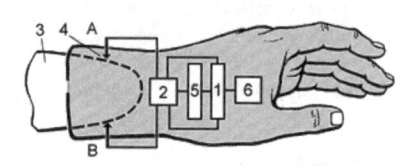

1 Motor, 2 Verstärker, 3 Muskelstumpf, 4 Hautelektrode, 5 Batterie, 6 Getriebe

Bioinspiration
[bioinspiration]
Sammelbegriff für das inspirierende Studium und die Beobachtung von Lebewesen zur Nachahmung ihrer Fähigkeiten einschließlich ihres Körperbaus durch technische Artefakte.

Biomechanik
[biomechanics]
Teilgebiet der Biophysik, das sich mit der Untersuchung mechanischer Erscheinungen in biologischen Systemen befasst. Die Erkenntnisse nehmen auch Einfluss auf die Entwicklung von Manipulatoren, Gelenken, Pedipulatoren, Greifern und Prothesen.

Biomechatronik
[biomechatronics]
Intelligente elektromechanische Systeme zur Unterstützung gestörter Funktionen des menschlichen Körpers. Es

ist ein interdisziplinärer Bereich, welcher Robotik, Regelungstechnik, biomedizinische und biomechanische Forschung, Mensch-Maschine-Schnittstellen, intelligente Prothesen, roboterassistierte Operationseinrichtungen und Werkzeuge zur minimal invasiven Chirurgie umfasst.

Biomimetik
[biomimetics]
Nachahmung von Verhaltensweisen und Eigenschaften von Lebewesen in technischen Artefakten. Beispiel: Nachbildung der Gangarten eines Skorpions in einer achtbeinigen Laufmaschine. Es wird auf Verhaltens- und Lösungsstrategien zurückgegriffen, die Pflanzen und Tiere in ihrer natürlichen Umgebung entwickelt haben.
→ *Künstlicher Muskel*

Bionik
[bionics]
Interdisziplinäres Wissenschaftsgebiet, das sich mit Aufgaben befasst, die die biologische Evolution und der menschliche Erfindungsgeist auf ähnliche Weise gelöst haben. Das Bild zeigt eine technische Lösung nach dem Fortbewegungsprinzip einer Raupe.

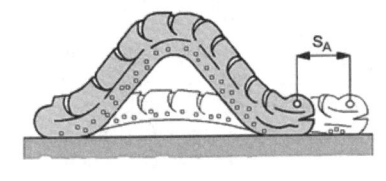

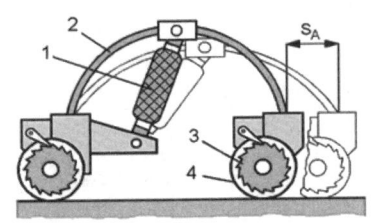

1 Fluidmuskel, 2 Blattfeder, 3 Freilaufrastung, 4 Laufrad, S_A Bewegungsschritt

Von der B. werden ganz unterschiedliche Bereiche berührt, wie z.B. Architektur, Bauwesen, Luftfahrt, Robotik, Flugwesen, Datenverarbeitung und Umwelttechnik. Die Bedeutung liegt darin, grundlegende Erkenntnisse aus biologischen Funktions-, Struktur- und Organisationsprinzipien für die Aufgaben in Technik und Wissenschaft abzuleiten.

Biorobotik
[biorobotics]
Auch als biomimetische Robotik (mimetisch = nachahmend) bezeichnet; es ist ein Gebiet der Robotik, welches sich mit Robotern befasst, die sich in Design und Programmierung am Beispiel biologischer Vorbilder orientieren. Es werden die Lösungen der Natur studiert und man gewinnt neue Erkenntnisse, in dem das Verhalten der Tiere mit dem der nachgebildeten Bioroboter verglichen wird. Das Zusammenspiel von Analyse und Synthese wird im Bild dargestellt (nach *Möller*). Realisierungen sind z.B. Roboterschlange, Roboterfliege, Roboterfisch, Hummer-Roboter, Laufmaschinen nach dem Vorbild der Stabheuschrecke. Man kann sich auch evolutionsähnliche Vorgänge in der B. vorstellen.
→ *Robo-Lobster*

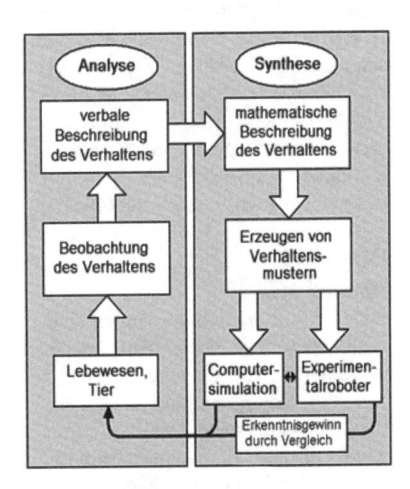

Biotronik
[biotronics]
Fachgebiet, das sich mit den Problemen und Lösungen beim Vernetzen von Biologie und Elektronik befasst. In Zukunft wird, begünstigt durch die fortschreitende Miniaturisierung von Computerkomponenten, die Verschmelzung von Biologie und Elektronik, weiter voranschreiten, z.b. in der Prothetik.

Biped
[biped]
Allgemein ein Zweibeiner; bei einer zweibeinigen Laufmaschine ist dazu das Gleichgewichtsproblem zu lösen, um den autonomen aufrechten Gang zu erreichen. Die Fortbewegung kann durch Gehen, Laufen oder Hüpfen auf zwei Beinen erfolgen. → *ASIMO*, → *Qrio*, → *Null-Moment-Punkt*

Bit
[bit]
Abk. für *binary digit*; Binärzeichen; kleinste Darstellungseinheit in einer Binärzahl: 0 oder 1.

Black-Box-Methode
[black box method]
"Schwarzer Kasten", Untersuchungsobjekt, dessen innere Struktur unbekannt ist oder nicht beachtet wird. Der Begriff wurde vom englischen Wissenschaftler *W.R. Ashby* geprägt. Mit der Black-Box-Methode kann man aus der Wechselwirkung eines Systems mit seiner Umgebung, also dem äußeren Verhalten, auf Struktur und Funktion des verborgenen Systems schließen.

Blanking
[unterdrücken]
Bei Sicherheits-Lichtvorhängen eine Funktion zum statischen Ausblenden einzelner Lichtstrahlen oder ganzer Bereiche. Somit kann die Schutzfunktion auch dann sichergestellt werden, wenn einzelne Objekte betriebsmäßig das Schutzfeld unterbrechen müssen.

Flexibles Ausblenden ohne Auslösung eines Stoppsignals wird auch als *Floating Blanking* bezeichnet.
→ *Muting*

Blechklemmgreifer
[sheet steel impactive gripper]
Greifer, der kinematisch so ausgelegt wurde, dass er Bleche oder Blechformteile mit festem Griff und bei außermittigem Masseschwerpunkt anpacken kann. Im Bild ist der B. noch nicht mit Greifbacken ausgerüstet. Es können Backen mit Diamantschliff-Spitzen, Flachbacken oder bei empfindlichen Oberflächen auch elastomere Greifbacken sein.
→ *Klemmgreifer*

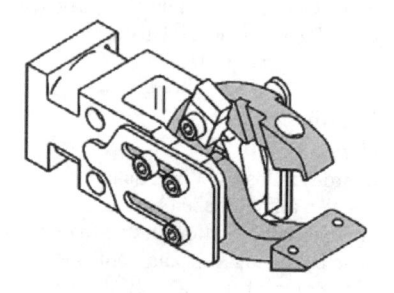

Blindleistung
[reactive power]
Die von Spulen und Kondensatoren am Wechsel- oder Drehstromnetz aufgenommene elektrische Leistung zum Feldaufbau. Sie belasten die Versorgungseinrichtungen unnötigerweise. Man kann die häufig auftretende induktive B. durch Kompensation beseitigen.
→ *Scheinleistung*, → *Wirkleistung*

Blockierung
[deadlock]
Bezeichnung für eine Situation in Systemen mit zwei und mehr Robotern, wo nach und nach alle Roboter zum Stehen kommen, wenn einer ausgefallen ist. Ursache sind Verfahren zur Kollisionsvermeidung, die dann bestimmte Arbeitsbereiche nicht mehr

freigeben, so dass sich eine „Pattsituation" einstellen kann.

Blockkommutierung
[six-step commutation]
Sie wird auch als Trapezkommutierung („*Six-Step*") bezeichnet. Es ist das klassische Verfahren der Kommutierung bei bürstenlosen Servomotoren, die in der Regel eine dreiphasige Wicklung in → *Sternschaltung* haben. Je Bewegungszyklus gibt es sechs Schaltzustände der Phasenströme. Zur Bestimmung der Kommutierungspunkte werden Signale von einem → *Rotorlagegeber* gebraucht. Es wird während der Stromflusszeit ein gleichmäßiges Drehmoment erzeugt, welches dem Motorstrom proportional ist. In den Umschaltpunkten ist das Drehmomentverhalten jedoch nicht genau definiert. Abhängig vom genauen Zeitverlauf des Stromein- bzw. -ausschaltvorganges in den einzelnen Phasen ergeben sich gewisse momentane Drehmomentspitzen bzw. -einbrüche, verbunden mit einer entsprechenden Drehmomentwelligkeit. Dieser Nachteil wird bei der → *Sinuskommutierung* vermieden.

Blockstapelung
[block stacking]
Im Lagerbereich mehrfach hintereinander angeordnete Stapelreihen, von denen mindestens eine von der Abnahmeseite aus nicht unmittelbar zugänglich ist.

Blockwelt
[blocks microworld]
Klötzchenwelt als Beispielsituation zur Erkenntnisgewinnung in der → *Künstlichen Intelligenz*. Für die Steuerung eines Hand-Auge-Roboters, der Klötzchen greifen soll, kann der Zustand durch eine Konjunktion elementarer Aussagen prädikatenlogisch beschrieben werden. Für das Bild gilt: FREI (A) FREI (B) AUF (A, Tisch) (C,Tisch) AUF (B, C). Das Projekt wurde von *M. Minsky* und *S. Papert* geleitet und hat dazu beigetragen, technisches Sehen, Beweglichkeit und die Spracherkennung bei Robotern zu verbessern.

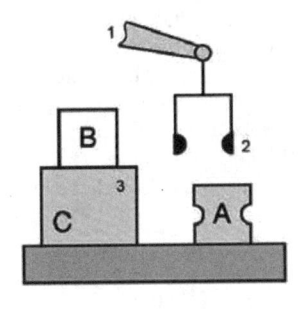

1 Roboterarm, 2 Greifer, 3 Greifobjekt

Bluetooth
Offener industrieller Funkstandard zur Datenübertragung in lokalen Funknetzen, mit einem Übertragungsverfahren, das hohe Störsicherheit gewährleistet. Die Reichweite ist auf etwa 150 m begrenzt.

Bohrungssystem
[hole pattern system]
Im Vorrichtungsbau ein Aufbauprinzip, für Baukastenvorrichtungen.

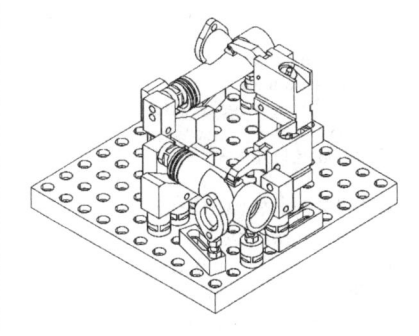

Die zu paarenden Vorrichtungsbauteile werden durch Pass- und Gewindebohrungen bestimmt. Befestigungen sind nur im Rasterabstand möglich. Die Genauigkeit der Bestimm- und Positionierelemente liegt bei etwa ± 0,01 mm.

Mehr Freiheiten beim Positionieren der Elemente bietet das → *Nutsystem*.

Bolzen-in-Loch-Montagemodell
[peg-in-hole assembly model]
In der Montageautomatisierung ein typischer Standardfall, dessen Modell Aufschluss über die Verhältnisse bei einem zeitweiligen Mehrstellenkontakt bringen soll. Kriterien sind Spiel zwischen Bolzen und Bohrung, Lateral- und Winkelabweichungen (x, α) der Fügepartner und erforderliche Fügehilfen (Fasen, Absätze am Bolzen u.a.).
→ *RCC*

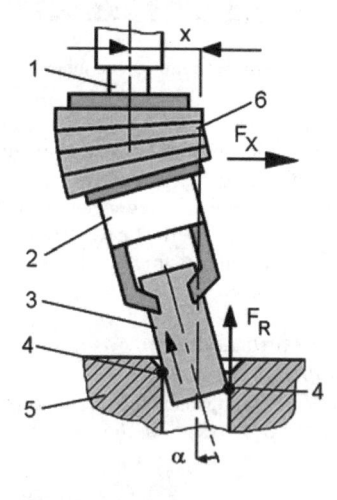

1 Roboterhandgelenk, 2 Greifer, 3 Zylinderstift, 4 Berührungspunkt, 5 Montagebasisteil, 6 nachgiebige Struktur (RCC-Glied), x Achsversatz, F_x Verschiebekraft, F_R Reibungskraft

Boole'sche Funktion
[Boolean function]
Logische Funktion, deren Ergebnis ein binärer Wert (*true* oder *false*) ist. Charakteristische B. sind die logischen Verknüpfungen UND, ODER, NICHT und die Arithmetik-Relationen GLEICH, GRÖSSER ALS usw. sowie Kombinationen aus ihnen.
Bei der dreidimensionalen Darstellung massiver Körper können Modellkörper durch Vereinigen, Abziehen und Überschneiden zusammengebracht werden. Daraus ergeben sich neue Körper (*solids*). Volumenorientiertes Modellieren (*solid modelling*) beschleunigt den Bildschirmentwurf komplexer Formen.

Boole'sche Verknüpfungen
[Boolean functions]
Man kann jede binäre/digitale Signalverarbeitung auf eine Kombination logischer Schaltfunktionen zurückführen. Das Ergebnis solcher Verknüpfungen ist entweder wahr oder falsch (ja, nein; 1, 0). Hierbei kommt es nicht darauf an, auf welchem Substrat die B. realisiert sind, d.h. ob als Relais, Schalter oder eines Tages auf biologischer Basis. Die wichtigsten B. werden in der Tabelle dargestellt.

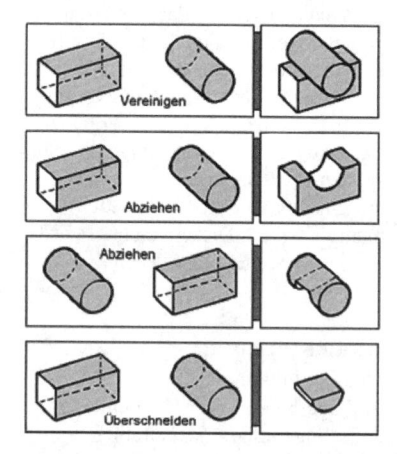

Geschichte: Die Boole'sche Algebra wurde von *George Boole* (1815–1865) als „Gesetze des Denkens" 1854 entwickelt. Seine Algebra und die von *Shannon* daraus abgeleitete Schaltalgebra wird in der binären Signalverarbeitung, die nur die beiden Variablen 1 und 0 kennt, auf elektrische bzw. elektronische Schaltungen angewendet.

Bombenräumroboter
[disposal robot]
Militärischer Roboter, dessen Aufgabe darin besteht, Minenfelder nach Bomben, Minen und anderen Sprengmitteln

abzusuchen, bevor Truppen nachrücken. Die Explosivkörper werden aus der Erde gehoben und gesammelt oder einzeln ferngesteuert entschärft.

Bottom-Up-Methode
[von unten nach oben]
Technische Entwicklungsmethode, bei der mit bereits vorhandenen Mitteln neuartige, funktionstüchtige Geräte zusammengestellt werden. Ausgehend von einem konkreten Problem wird eine umfassende, die Einzellösungen integrierende Gesamtlösung erarbeitet.
→ *Top-Down-Methode*

Bourdon'sche Röhre
[Bourdon tube]
Röhrenfeder mit ovalem oder elliptischem Querschnitt. Unter Druck bewegt sich der Arm (Bild) kreisförmig. Die Bourdon'sche Röhre kann deshalb auch als Torsionsaktor für Schwenkarme und Greifer verwendet werden. Die Größe der Bewegung ist eine Funktion des Innendrucks.
Vorteil: Eignung für den Reinraumeinsatz, weil die Materialgelenke keine Partikel an die Umwelt abgeben.

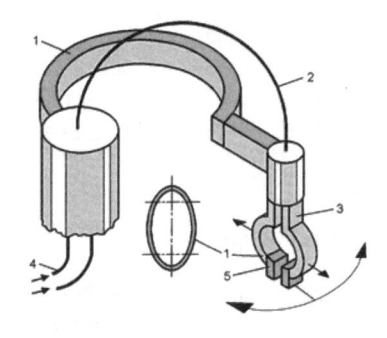

1 Röhrenfeder, 2 Druckluftleitung, 3 Greifer, 4 Druckluftanschluss, 5 Greifbacke

Bowdenzug
[bowden cable]
Drahtzug, der Bewegungen und Kräfte durch einen in einem Metallschlauch verschiebbaren Draht überträgt. Der Bowdenzug kann auch zur Bewegungsübertragung von einem Aktor zu den Greifbacken eines mechanischen Klemmgreifers dienen, wie das Bild zeigt.

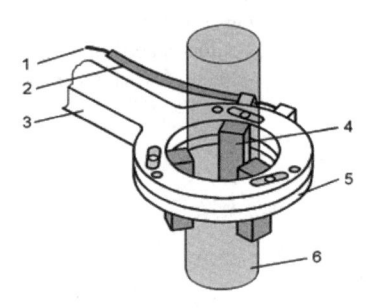

1 Zugseil, 2 Hülle, 3 Greifergrundkörper, 4 Greiffinger, 5 drehbarer Ring, 6 Werkstück

Box-Palette
[box pallet]
Lagerungs- und Förderhilfsmittel zur Aufnahme von einer oder von mehreren Stapelpaletten mit jeweils einheitlichen Schnittstellen zum Fördermittel.

Bragg-Zelle
[Bragg cell]
Akusto-optischer Modulator, der das Licht eines Lasers in zwei Teilstrahlen aufspaltet. Ein Teilstrahl, der sogenannten 1.Ordnung in der Eigenschaft als Referenzstrahl, erfährt durch piezoangeregte Kontinuumsschwingungen der B. zugleich eine Verschiebung der optischen Frequenz.

Brainware
[brain = Gehirn]
Programme in Computern, die Denkvorgänge (geistige Arbeit) simulieren.

Braitenberg-Vehikel
[Braitenberg vehicles]
Fiktive Fahrzeuge des Kybernetikers *Valentin Braitenberg* in einer Reihe von Gedankenexperimenten, die das Zusammenspiel von Sensoren und Antrieb mobiler Roboter beschreiben

(1984). Durch Kombination werden strukturell immer noch einfache Konzepte mit unerwartet komplexen Verhaltensmustern erzeugt. Die Demonstration erfolgt an 14 kybernetischen Wesen. Das überraschende war, dass man mit extrem simpel aufgebauten, sensorisierten autonomen Fahrzeugen scheinbar komplexes Verhalten hervorrufen kann.
→ *Emergenz*

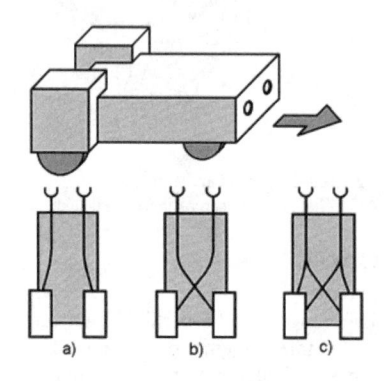

a) Sensor steuert den Motor je Seite; Verhalten wie ein Feigling, b) Sensor steuert Gegenseite an; aggressives Verhalten, c) Sensor steuert beide Motoren an

Break-even-point
In der Betriebswirtschaft die Rentabilitätsschwelle einer technischen Maßnahme. Es ist der Zeitpunkt, ab dem sie einen „Gewinn" abwirft.

Breakpoint
[Unterbrechungspunkt]
Zeitpunkt bei der interpolierten Bahnfahrt eines Endeffektors, an dem ein Bremsweg einsetzen muss, damit die Endposition auf der Bahn exakt erreicht wird.

Brechzahl
[refractive index]
In der Optik das Maß für die Richtungsänderung, die ein Lichtstrahl beim Übergang vom Vakuum in einen bestimmten Stoff erfährt.

Breitensuche
[breath first search]
Suchstrategie, die die Untersuchung aller Knoten der Ebene i in einem Baum bis zu einer bestimmten Tiefe (von der Wurzel aus) umfasst, bevor dann Knoten weiter unten im Baum (der Ebene $i+1$) untersucht (expandiert) werden.

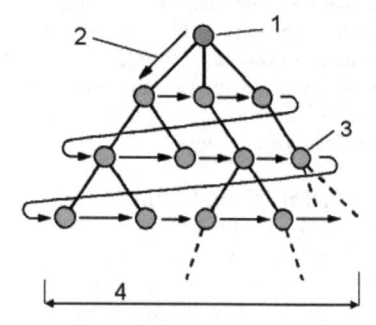

1 Startknoten, 2 Suche, 3 Knoten, 4 Suchbreite

Breitstreck-Bürstenwalze
Mit Bürstenleisten besetzte Umlenkrolle für die Zuführung von dünnen Folien. Von der Walzenmitte aus nach außen gerichteten Borstenbündel erzeugen eine Spreizwirkung und vermeiden so eine Faltenbildung. Es genügen bereits kleine Umschlingungswinkel, um die Spreizwirkung hervorzurufen. Durch die Drehung der Walze wiederholt sich der Spreizvorgang kontinuierlich.

Bremsbetrieb
[braking operation]
Betriebszustand eines Elektromotors, bei dem die Drehzahl durch ein bremsendes Drehmoment abgesenkt wird, oft bis zum Stillstand. Beim mechanischen Abbremsen wird die Energie nutzlos in Wärme umgewandelt. Um das zu umgehen, kann man eine → *Nutzbremsung* vorsehen.
→ *Gegenstrombremsung*, → *Widerstandsbremsung*

Bremselement
[brake element]
Ergänzende Komponente bei Handhabungs- und Fördereinrichtungen, die schwere, rollende Werkstücke zur Vermeidung gefährlicher Situationen abbremst. Als Bremselement kommen Richtkreuze, Bremsklappen, gefederte Bremsschuhe (Bild) und andere Vorrichtungen zum Einsatz.

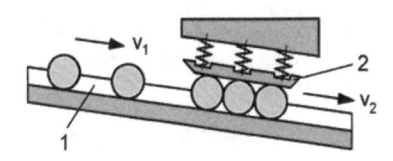

1 Rollstrecke, 2 Bremsleiste, v Geschwindigkeit

Brems-Chopper
[brake chopper]
Funktionselement (Transistor als Schalter und Bremswiderstand), das bei generatorischem Betrieb eines Motors (→ *Vierquadrantenbetrieb*), also beim Bremsen, die in den Gleichspannungszwischenkreis gespeiste Energie über Widerstände in Wärme umsetzt. Der B. arbeitet nicht ständig, sondern gepulst, d.h. der Transistor wird zyklisch ein- und ausgeschaltet.
→ *Chopper*

Brems-Lüftmagnet
[brake fan magnet]
Bremsverfahren bei Antrieben mit Drehstromasynchronmotoren, bei dem die Bremskraft durch eine Feder aufgebracht wird.

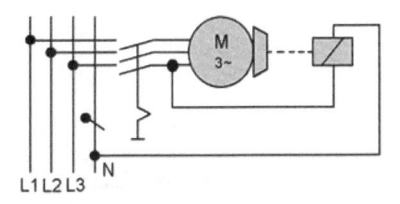

Sobald die Erregerspule eingeschaltet ist, wird die Bremse gelöst (gelüftet). Es handelt sich um eine Verlustbremsung, weil kinetische Energie in Wärmeenergie umgesetzt wird.

Bremsmotor
[brake motor]
Asynchronmotor mit einer angebauten Einscheibenfederbremse oder einer anderen Bremsenausführung. Die Bremse besitzt zwei Reibflächen und die Kraft zum Bremsen wird von Druckfedern aufgebracht. Das durch Reibschluss erzeugte Bremsmoment steht im stromlosen Zustand zur Verfügung. Zum Lüften der Bremse wird die Bremsspule mit Gleichspannung beaufschlagt. Die entstehende Magnetkraft zieht die Ankerscheibe gegen die Federkraft an das Magnetteil. Je nach Motorgröße beträgt der Luftspalt zwischen Bremsscheibe und Lagerschild 0,15 bis 0,4 mm.

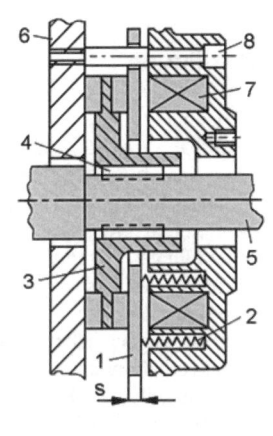

1 Ankerplatte, 2 Feder, 3 Bremsscheibe, 4 Mitnehmer, 5 Welle, 6 Lagerschild, 7 Bremsspule, 8 Hülsenschraube, s Luftspalt

Bremsphase
[braking period]
Teil eines Bewegungsablaufs, bei dem aus der → *Konstantfahrphase* zu einer kleineren Geschwindigkeit bzw. zum Stillstand übergegangen wird. Für die

Bremsphase kann ein bestimmter Kurvenverlauf vorgesehen werden. Wird er sehr flach gewählt, lässt sich ein → *Überschwingen* verhindern, was aber zu Lasten der Verfahrzeit geht.
→ *Positionierzeit*

Bremsung, übersynchrone
[oversynchronous braking]
Bremsmethode bei Asynchronmotoren, wenn die Last den Motor antreibt, wie z.b. bei der Abwärtsbewegung von Hubeinheiten. Der Motor arbeitet dann als Generator und der Läufer dreht sich schneller als das Ständerfeld. Diese Bremsmethode wird z.b. bei Frequenzumrichterantrieben eingesetzt.

Bremszeit
[braking time]
Zeitdauer, in der eine elektrische Maschine ein der Drehrichtung entgegengesetztes Drehmoment entwickelt, um die Drehzahl allmählich bis auf Null zu senken.

Brückenbildung
[bridge formation]
In der Werkstückzuführung ein Stützgewölbe von Objekten, das sich am Auslauf von Stapel- und Trichtermagazinen besonders bei Pulver, Granulat, formunbestimmten Arbeitsgut und auch regelmäßig geformten Werkstücken ausbilden kann. Ursache sind auf die Teile gerichtete Kräfte die durch schräge Bunkerwände entstehen und die Reibungsverhältnisse zwischen den Teilen und den Teilen zur Bunkerwand. Abhilfe schaffen Rüttler und auch schwingende Bauteile im Bereich der mutmaßlichen Gewölbezone.

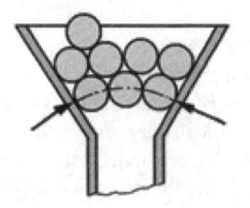

Brute Force
Ein Ausdruck für „rohe Kraft"; „Kraftakt-Methode". In der Künstlichen Intelligenz eine blinde Suchstrategie, die keine Intelligenz oder Heuristiken verwendet, sondern sture Rechenleistung.
Beispiel: Mögliche Vorgehensweise beim Computer-Schachspiel.

Bumper
[Stoßdämpfer]
Stoßstange mit eingebautem taktilen Sensor, der als → *Kollisionssensor* dient und gleichzeitig auch Stoßenergie absorbiert.

Bündiger Einbau
[flush mountable]
In der Sensorik die aktive Fläche eines induktiven Näherungsschalters. Sie kann bündig-abschließend in den bedämpfenden Werkstoff eingebaut werden.

Bunker
[hopper]
Behälter zur Aufnahme von Stückgut als Haufwerk und auch von Fließgut. Bunker-Ordnungseinrichtungen enthalten Schikanen, mit denen die Teile geordnet werden können. Typische Ausführungen sind Schöpfsegment- und → *Vibrationswendelbunker*.

Bunkerförderer
[hopper conveyor]
Zuführeinrichtung für ungeordnete Kleinteile, die sich in einem Bunker befinden. Oft sind Vereinzeler und Ordnungseinrichtungen angeschlossen oder bereits integriert. Beispiele: Zentrifugal-, Stufenhub-, → Vibrationswendel-, Schöpfsegmentförderer.
→ *Brückenbildung,*

Bunkern
[unarranged storage]
Zeitweiliges ungeordnetes Speichern von Arbeitsgut (Werkstücke, Schüttgut) in einem abgegrenzten umschlossenen Behältnis, wie z.B. einem Trichterbunker.

Bürstenaustragsbunker
[disentangling and feeding device]
Gerät zum automatischen Vereinzeln von Wirrgut. Die verhängten Teile befinden sich in einem Trichterbunker, an dessen Boden eine Auswurföffnung angebracht ist. Eine zylindrische Drehbürste rotiert oszillierend um einen einstellbaren Winkel. Dadurch entsteht eine entwirrende Wirkung. Der Effekt beruht auf dem Aufprall des Gutes gegen die Bunkerwand und die Scherwirkung der Bürste. → *Entwirrgerät*

Bürstendosierer
[brush dosing unit]
Dosiereinrichtung, bei der ein mit Borsten besetzter Rundkörper in einer Gewindemuffe rotiert und dabei in den Gewindegängen (mehrgängig) kleine Mengen von Pulver, Granulat u.ä. vorwärts schiebt. Die Dosiermenge ist eine Funktion des Drehwinkels des Bürstenkörpers.

Bürstenförderer
[brush conveyor]
1 Förderer, bei dem das Fördergut auf Bürstenelementen aufliegt und dadurch schonend bewegt wird. Der B. kann in der Art eines Förderbandes aufgebaut sein, es sind aber auch Geradschwingrinnen mit Borstenbesatz in Anwendung. Die Förderrichtung wird durch die Neigung des Borstenfeldes vorgegeben.

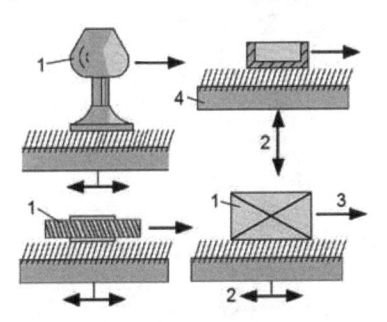

1 Werkstück, 2 Schwingungsrichtung, 3 Förderrichtung, 4 vertikal oder horizontal schwingender Bürstenkörper

2 Mit Bürstenelementen besetzte Kette, die auf einer Laufschiene verfahrbare Wagen (*Trollys*) vorwärts schiebt. Die Ankopplung von Borsten an die Wagen ist formschlüssig, aber überlastungssicher.

Bus (Bussystem)
[bus, data bus, bus system]
Sammelleitung zur Übertragung von Daten und digitalen Steuerinformationen zwischen unterschiedlichen Komponenten und Systemen nach einem definierten Telegramm-Protokoll (Buszugriffsverfahren). Man unterscheidet zwischen parallelen und seriellen Bussen. Erstere haben eine Vielzahl von parallelen Leitungen (8, 16, 32), auf denen Daten, Adress- oder Steuerinformationen bitparallel übertragen werden. Sie werden als Einsteckbussysteme zur Verbindung von Steckbausteinen und als Peripheriebus zur Verbindung von Rechnern mit ihren Ein-/Ausgabegeräten im Nahbereich benutzt.
Serielle Bussysteme (Kabelbussysteme) übertragen Daten zwischen weiträumig verteilten Teilnehmern bitseriell über eine Zweidraht- oder Vierdrahtleitung, über Koaxialkabel oder über Lichtwellenleiter. Die verbindenden Datenleitungen werden auch als → *Netzwerktopologie* bezeichnet. Das Bild gibt eine Übersicht über die Buszugriffsverfahren.
→ *Feldbus*, → *Feldbus, offener*

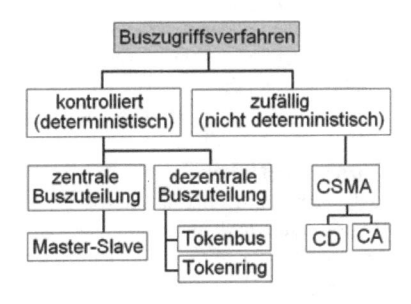

CSMA Carrier Sense Multiple Access, CD Collision Detection, CA Collision Avoidance

Busteilnehmer
[bus node]
Technische Komponente, die über einen Busknoten, das ist ein Anschlusspunkt zur Ankopplung von Automatisierungsgeräten an Feldbusse, an das Datennetzwerk angeschlossen ist.

Byte
[binery term]
Gruppe von Bits (im Allgemeinen 8), um Buchstaben, Ziffern oder Zeichen als binäre Information in der Datenverarbeitung darzustellen und zu speichern.

C

C3-PO und R2D2
Bekannte → *Filmroboter* aus dem Filmwerk „Star Wars". Der Roboter C3-PO ist in einem Goldpanzer eingehüllt und spricht mehr als 6 Millionen Sprachen. Er fungiert als Diplomatieroboter. In der nichtmenschlichen Hülle von R2D2 steckt der kleinwüchsige *Kenny Baker*. Er spielt die für das Filmepos entscheidende Rolle.

Camcopter
Helikopter-Kleinroboter, der beim Militär auch als → *Drohne* bezeichnet wird. Er ist ein risikofreies Fluggerät, das selbstständig lenkt und eine hochauflösende Kamera an Bord hat. Damit werden im zivilen Bereich Inspektionsaufgaben realisiert, wie z.B. die Überwachung von Katastrophengebieten, lawinengefährdeten Arealen, Staudämmen und großen Bauwerken.

Camout-Effekt
In der Schraubtechnik das ungewollte Herausgleiten und Überrasten der Schrauberklinge im Schraubenantrieb, z.B. bei einem Kreuzschlitz. Die Ursache liegt in der Antriebsart der Schraube, der Vorschubkraft, dem zu übertragenden Drehmoment und der Winkelabweichung der Achsen von Schraube und Schrauberklinge.
→ *Schraubenantriebsformen*

CAMS
[Cybernetical Anthropomorphic Mechanic System]
Kybernetisches System, wie es z.B. beim *Walking truck* (→ *Laufmaschine*) für die Bewegungssteuerung dieser → *Schreitmaschine* installiert wurde.

Canada-Arm
[Canada manipulator arm]
In Challenger-Raumfähren eingesetzter Manipulatorarm mit einer Armlänge von 15,2 m und einem Freiheitsgrad 6. Der Armquerschnittsdurchmesser beträgt 38 cm. Die Drehgelenke sind mit Wälzlagern bestückt. Der C. kann im Weltraum Nutzlasten bis 30 t manövrieren. Er wird bei geöffneter Luke des Raumfahrzeuges aus der Verankerung gelöst und ausgefahren. An Handgelenk und Ellenbogen ist je eine Beobachtungskamera angebracht. Der C. wurde von der kanadischen Firma *Spar Aerospace* (*Toronto*) entwickelt und 1981 erstmals eingesetzt.

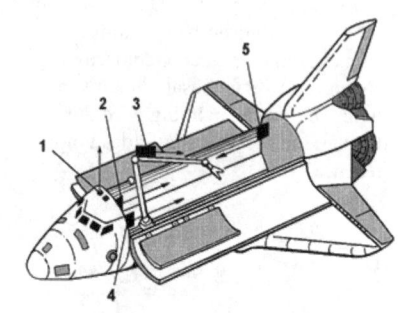

1 und 2 Fenster für direkte Sicht auf den Arm, 3 bis 5 Fernsehkamera

CAN-Bus
[controller area network bus]
Ein serieller → *Feldbus*, der als Multimastersystem für Steuerungen, Sensoren und industrielle Steuergräte Anwendung findet (ISO 11898). Busme-

dium ist ein verdrilltes Leiterpaar. Kennzeichen sind: Gute Übertragungseigenschaften im Kurzstreckenbereich und echtzeitfähig, d.h. für definierte maximale Wartezeiten für Nachrichten hoher Priorität, hohe Zuverlässigkeit durch Fehlererkennung, Fehlerbehandlung und Fehlereingrenzung. Alle Teilnehmer sind hinsichtlich des Buszugriffs gleichberechtigt.
→ *Feldbus, offener*

CAO
[Computer Aided Optimization]
Berechnungsmethode, die auf der Simulation des biologischen Wachstums beruht und dazu dienen kann (Kerb-)Spannungen an Maschinenbauteilen abzubauen. Ebenso kann man durch „Schrumpfen" nicht tragender Strukturelemente eine Masseeinsparung erreichen.

Čapek, Karel
Tschechischer Autor (1890-1938) der in Prag Philosophie studierte, promovierte und anschließend als Dramaturg und Journalist arbeitete. Zwar schrieb er nicht über den ersten Roboter, es sind noch frühere Publikationen bekannt, aber er prägte 1920 im Bühnenstück R.U.R., ein utopisches Kollektivdrama, den Begriff für künstlich hergestellte Humanoiden, die als Fabrikarbeiter eingesetzt werden.

Der Begriff „*robota*" bedeutet übrigens in der Muttersprache des Dichters „Diener, unterwürfiger Arbeiter". Das Porträt ist ein Selbstbildnis *Čapeks*.

Care-O-Bot
Serviceroboter-Entwicklung vom *Fraunhofer IPA* mit erstmaliger Vorstellung eines Gerätes 1998. Im Jahre 2000 wurden mehrere mobile Unterhaltungsroboter auf der Hardwareplattform von C. im Museum eingesetzt. Die C. bewegen sich autonom unter den Besuchern, kommunizieren und interagieren mit ihnen. Zusätzlich mit einem Manipulatorarm ausgestattet, können sie im Heimbereich mehr oder weniger komplexe Assistenzaufgaben erledigen.

Cartesische Koordinaten
[cartesian coordinates]
Koordinatensystem der Euklidischen Geometrie mit den Dimensionen Länge, Breite und Höhe. Die Beschreibung eines Punktes erfolgt mit dem Vektor $\underline{r}$.

$$\underline{r} = a \cdot \underline{x_0} + b \cdot \underline{y_0} + c \cdot \underline{z_0}$$

CCD
[Charge-Coupled-Device]
Bezeichnung für den am häufigsten eingesetzten Typ von lichtempfindlichen Bildaufnahmeelementen, um ein optisches Bild in elektrische Signale umzuwandeln. Es entsteht ein Analogsignal, das vor der Verarbeitung im Rechner allerdings noch digitalisiert werden muss. Es ist häufig eine Flächenanordnung von Fotodioden.

CE-Kennzeichnung
[CE mark of conformity]
Kennzeichnung eines Betriebsmittels, das besagt, dass es den anzuwendenden EG-Richtlinien entspricht, z.B. EMV-Richtlinie oder Niederspannungsrichtlinie.

CEP
[Circular Error Probability]
Fehlerkreisradius um einen programmierten Zielpunkt, den z.B. ein autonomer mobiler Roboter erreicht. Im Bild ist ein Fahrweg dargestellt, der sich durch → *Koppelnavigation* aus den Winkeln γ_i und den Wegstrecken S_i ergibt (P_0 Startpunkt, P' Zielpunkt).

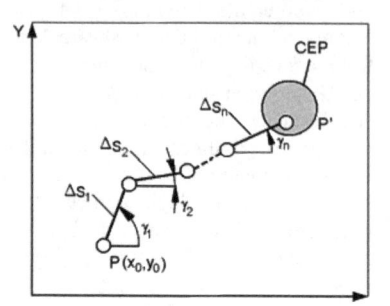

CFK-Struktur
CFK ist eine Abk. für Carbonfaser-Kunststoff, ein mit Kohlenstofffasern verstärkter Kunststoff. Faserverbunde mit Bindeharzen ergeben Werkstoffe höchster Festigkeit und Steifigkeit bei kleinster Masse. Das Material eignet sich z.B. für Leichtbau-Roboterarme, Antriebswellen, Motorträger, Greifergehäuse und Hydraulikzylinder, wobei gegenüber Metallstrukturen Gewichtsreduzierungen bis über 60 % erreicht werden. Nachteil: Teuer.

Chaos-Lagerung
[chaotic storage]
Lagerung von Bauteilen oder Produkten ohne feste Lagerplatzzuteilung (Freiplatzprinzip). Die C. ist bei automatischen Lagern gängige Praxis. Parallel zur Einlagerung wird dem Gut eine Speicherplatznummer zugeordnet. Geht diese verloren, ist es bei großen Speichern kaum noch möglich das Lagergut wiederzufinden.

Chaotisches Stapeln
[chaotically stacking]
Bildung von Ladeeinheiten im Paketumschlag, wobei das Packmuster heterogen ist, also Stapeln im Sortenmix. Die Positionen der Entnahme- bzw. Setzplätze für ein dreidimensionales Muster werden vom Rechner bestimmt. Voraussetzungen: Ein Vorrat an vorher vermessenen Packstücken, auf die der Roboter Zugriff hat und eine übergeordnete Strategie für die Stapelreihenfolge.

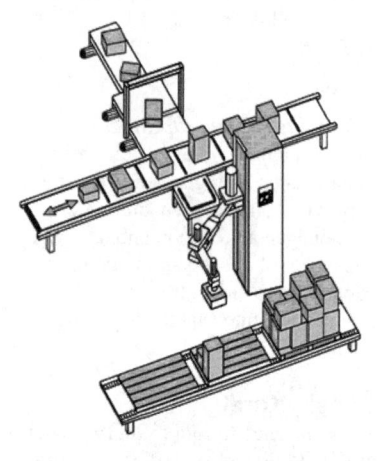

Chinesisches Zimmer
[Chinese room]
Gedankenexperiment, das vom amerikanischen Philosophen *John R. Searle* vorgeschlagen wurde, um zu zeigen, dass sich ein System intelligent verhalten könnte, ohne tatsächlich intelligent zu sein.

Chirurgieroboter
[surgical robot]
Roboter im medizinischen Umfeld, der mithilft, Operationen durchzuführen. Anforderungen: hohe Form- und Lagegenauigkeit bei orthopädischen Eingriffen, Ausdauer, Feinheit und Präzision, Teleoperation über große Entfernungen ohne physische Präsenz des Operators, mikrochirurgische Eingriffe mit manuell nicht erreichbarer Präzision. Vorteilhaft ist, dass man das Zittern der menschlichen Hand des Operateurs (Mikrotremor, 100 μm, 5 bis 15 Hz) herausfiltern kann. Ein Beispiel ist das Chirurgie-System „*Da Vinci*" der

kalifornischen Firma *Intuitive Surgical* oder der C. *RoboDoc*.

Chopper
[chopper]
Allgemein eine Bezeichnung für einen elektronischen oder elektromechanischen Zerhacker (Pulser, Pulssteller, Unterbrecher). Bei Antrieben wird er als Gleichstromsteller oder Pulswandler bezeichnet. Diese wandeln die einer Gleichstromquelle entnommene Energie in eine Gleichstromenergie mit anderer Spannung um (Symbol siehe Bildzeichen).

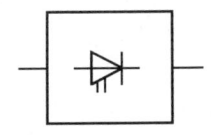

CIP/SIP
[cleaning in place/sterilisation in place]
Abk. aus der Lebensmittelindustrie mit den Bedeutungen CIP = Reinigung vor Ort und SIP = Sterilisation vor Ort. Sie bezeichnen Reinigungs- bzw. Sterilisationsvorgänge innerhalb geschlossener Produktionsanlagen. Hierbei zirkulieren Reinigungs- bzw. Desinfektionslösungen. Kurzzeitig treten dabei Temperaturen von bis zu 140 °C auf, denen dann die Geräte und Sensoren ausgesetzt sind.

Circular Spline
In einem → *Harmonic-Drive-Getriebe* (Wellgetriebe) der starre zylindrische innenverzahnte Ring.

CNC-Steuerung
[CNC control]
Bezeichnung für eine → *NC-Steuerung*, deren Kern ein Rechner ist, was heute immer zutrifft. CNC ist eine Abk. für *computerized numerical control*. Man kann NC und CNC mittlerweile als Synonyme betrachten. Nach der Steuerungsart werden die C.

in die Grundklassen Punkt-, Strecken- und Bahnsteuerungen eingeteilt. Dieselben Steuerungsarten werden auch bei Robotern unterschieden. Da Roboter meistens aber mehr bewegliche Achsen als die CNC-Werkzeugmaschinen haben, ist hier die Steuerung komplexer.
→ *Bahnsteuerung*

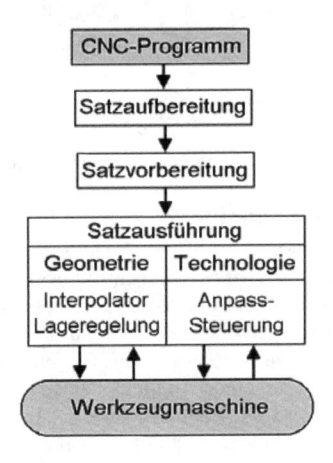

Cobot
[collaborative robot]
→ *Kobot*

Code
[code]
Vereinbarte Regeln, nach denen Daten aus einer Darstellung in eine andere umgesetzt werden. Die Darstellung der Informationen soll eindeutig und umkehrbar sein. Der C. hat eine fundamentale Bedeutung für die Steuerungstechnik.
→ *Binärcode*, → *Codierung*

Code-Leser
[code reader]
Lesegerät zur Identifikation von Gegenständen an Hand mitgeführter codierter Informationen wie z.B. → *Balkencode*, mehrdimensionale Code, Datenchips, Codierstifte oder RFID-Etiketten. Das Lesen kann optisch-

visuell, mechanisch-abtastend, induktiv oder über elektromagnetische Felder erfolgen. → *Dotcode*

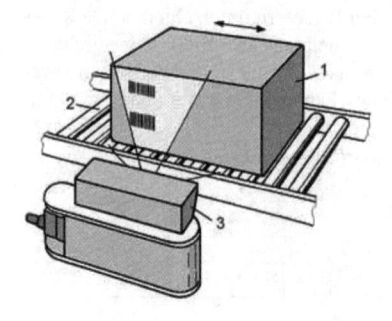

1 Transportgut, 2 Förderstrecke, 3 Lesegerät

Codescheibe
[encoder]
Rotatorischer Messgeber, mit dem man Winkel- bzw. über ein angeschlossenes Spindelgetriebe auch Wege messen kann. Die Messung ist absolut, d.h. bezogen auf einen Nullpunkt. Dazu sind auf der Codescheibe die Winkelstellungen in vielen Spuren codiert (Bild). Hält man an einer beliebigen Stelle an, wird sofort der aktuelle Wert ausgegeben. Genügt eine Umdrehung der Codescheibe für die Wegauflösung nicht, dann werden mehrere Codescheiben über Zwischengetriebe hintereinander geschaltet.

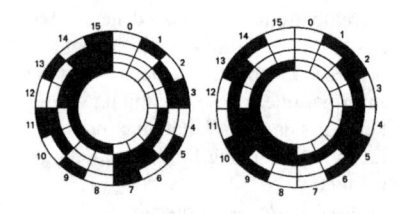

Codierung
[coding]
Eindeutige Zuordnung einer Signalmenge, die Träger bestimmter Informationen ist, zu anderen Signalmengen, die die gleichen Informationen tragen können. Die Codierung hat fundamentale Bedeutung für die Steuerungstechnik. Allgemein ist C. das Verschlüsseln von Informationen unter Beachtung vorgegebener Regeln.
→ *Barcode,* → *BCD-Code*

Cog
Humanoider Roboter, der von *Rodney Brooks* (USA, MIT) seit 1994 als Studienobjekt entwickelt wurde und der in engem Kontakt mit Menschen interagieren kann, indem er seine nachgiebigen Arme benutzt. Er besteht aus einem ab der Hüfte aufwärts installierten Torso mit Kopf und zwei Armen (Freiheitsgrad 21), Mikrophonen und Lautsprecher. Die Abmessungen und Beweglichkeiten sind mit dem Menschen vergleichbar. Jedes „Auge" besteht aus zwei beweglichen Videokameras. Eine liefert eine Weitwinkelaufnahme, die zweite ein hochaufgelöstes Bild eines kleinen Zentralausschnittes. „Cog" ist als Abk. für „*cognition*" zu verstehen.

Coil
[coil]
Bezeichnung für dünnes, zu einem Bund aufgewickeltes Walzblech.

Collect and Place Prinzip
[Einsammeln und Platzieren]
Greifen und Handhaben von mehreren Bauteilen mit einem → *Revolvergreifer*, der aus verschiedenen Einzelgreifern besteht. Damit werden die Verfahrwege des Roboters auf ein Minimum reduziert.

Compliance
Nachgiebig; Roboterwerkzeug oder Greifer befinden sich in einer mehrdimensional-nachgiebigen Aufnahme, um kleine Lateral- und Winkelfehler selbsttätig auszugleichen. Die Nachgiebigkeit ist dann passiv (→ *RCC*).

Computer Vision
[maschinelles Sehen]
Fachgebiet, das sich mit den theoretischen und praktischen Grundlagen befasst, mit denen nützliche Informatio-

nen aus Bildern oder Bildsequenzen automatisch herausgelöst und analysiert werden können. Hauptschritte: Extrahieren, charakterisieren und interpretieren der Bildinhalte.

Compliant mechanisms
[Ausgleichsmechanismus]
Nachgiebiger und reversibler Mechanismus mit orts- und richtungsabhängigen Eigenschaften. Er wird z.b. als Fügemechanismus in der Montage verwendet.
→ *Fügehilfe*

Concurrent Engineering
Integrierte Produkterstellung im interdisziplinären Team, wobei im Unterschied zu *Simultaneous Engineering* Produktionseinrichtungen für das neue Produkt nicht parallel entwickelt werden.

CONSIGHT-System
In den Labors von *General Motors* schon 1979 entwickeltes System zur Werkstückerkennung mit Hilfe von strukturiertem Licht.

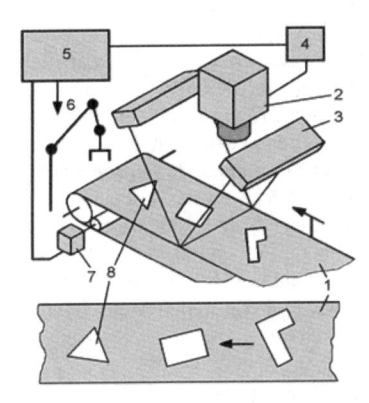

1 Förderband, 2 Zeilenkamera, 3 Beleuchtung, 4 Kamera-Interface, 5 Rechner, 6 Signale zur Robotersteuerung, 7 Positions- und Geschwindigkeitsmessung, 8 Objekt

Die Werkstücke befinden sich auf einem Förderband und bewegen sich unter einer Kamera vorbei. Nach der Erkennung erhält die Robotersteuerung die aktuellen Daten für die Handhabung mit dem Roboter.

Controller
[controller]
Baugruppe in elektronischen Steuerungen, die einfache, meist nur sequentiell ablaufende Steueraufgaben übernimmt. In Positioniersystemen erzeugt der C. elektronische Steuersignale, die dem System Bewegungsbefehle übermitteln. Die Steuersignale werden zum → *Motortreiber* gesendet. Da für deren Berechnung Zeit verbraucht wird, muss der C. wesentlich schneller arbeiten als die zu bedienenden Komponenten. Diese Zeit wird als → *Abtastzeit* bezeichnet. C. können eine verteilte Struktur haben, in der ein zentraler Mikroprozessor spezielle Prozessoren kontrolliert, die z.B. je eine Achse steuern.

Conveyorfunktion
[Förderbandfunktion]
Funktion einer Robotersteuerung, die der → *Bandsynchronisation* entspricht.

Corioliskraft
[Coriolis force]
Trägheitskraft, die einen Körper, der sich in einem rotatorisch oder mit Rotationsanteil bewegtem Führungssystem radial nach innen oder außen bewegt, tangential beschleunigt. Die C. und auch die Fliehkraft sind in der Handhabungstechnik bei langsamen Bewegungen von Greifer plus Werkstück vernachlässigbar klein.

CP
[continuous path, controlled path]
Bahnsteuerung; Jeder Punkt der Bahn wird exakt angesteuert, so dass sich eine mathematisch genaue Verfahrbewegung ergibt.
→ *Bahnfahren*

CSMA
[Carrier Sense Multiple Access]
Buszugriffsverfahren mit stochastischem Zugang für mehrere Nutzer in einem geteilten Medium. Es gibt keine zentrale Netzverwaltung. Die zeitlichen Beschränkungen für den Buszugang sind gering.

CVT
[continuously variable transmissions]
Stufenloses mechanisches Getriebe, bei dem das antreibende Element zum abtreibenden Element unendlich viele Werte annehmen kann. Das Bild zeigt ein Konzept eines CVT für Bewegungs- (Fahr-)Achsen (Gelenken) in einem → *Kobot*. Durch Verstellung des Lenkwinkels ändern sich die aktuellen Durchmesser d_1 und d_2 an der Übertragungskugel und damit auch die Winkelgeschwindigkeiten der Bewegung übertragenden Walzen.

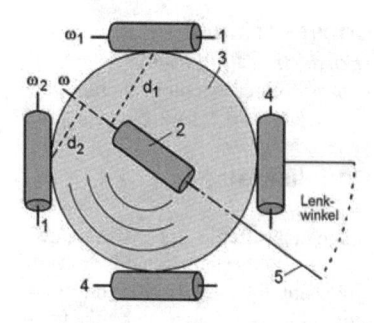

1 Antriebswalze, 2 Lenkwalze, 3 Übertragungselement Kugel, 4 Andruckwalze, 5 Kugelachse (nach *Peskin, Colgate, Moore*)

Cyberhelm
Mit stereoskopischer Brille und stereophonischen Kopfhörern bestückter Helm (→ *Datenhelm*), der die Kopfbewegungen an ein virtuelles System überträgt, so dass die virtuellen Bilder aktualisiert werden und den entsprechenden Blickwinkel in einem bestimmten Augenblick darstellen.

Cyberspace
1 Begriff, der für ein „globales Computer-Informationsnetz" in einer Romanidee vom Schriftsteller *William Gibson* erfunden wurde. Sie wird heute als Vorwegnahme der → *Virtuellen Wirklichkeit* angesehen. C. bezeichnet eine künstliche dreidimensionale Computerwelt, in der sich ein Anwender mit Hilfe von Datenhandschuh und Monitorbrille bewegen kann.

2 Gesamtbezeichnung für die Online-Welt, in der Geräte miteinander oder über ein Netzwerk verbunden sind.

Cyborg
[cybernetic organism]
Kybernetischer Organismus. Halbkünstliches Wesen aus einer Kombination von künstlichen Komponenten und menschlichem Körper. Ein C. wäre ein Roboter, dessen Körper entweder durch künstliche Wachstumsprozesse aufgezogen oder durch Mutation bzw. Zweckentfremdung eines natürlich gewordenen Lebewesens entstanden ist. Der Begriff wurde 1960 von der Weltraumbehörde NASA geprägt (*M. Clynes; N. Kline*), als man nach einem Weg suchte, den menschlichen Körper für den Weltraumflug an die Bedingungen des Alls anzupassen. Der künstliche Mensch sollte mit hochspezialisierten künstlichen Sinnesorganen versehen sein und die Organe wie Herz etc. sollten durch stärker belastbare künstliche Teile ersetzt werden. In den Robocop-Filmen (ab 1987) ist der Held ein C., ein mit Hilfe künstlicher Organe wieder hergestellter Mensch (ein Polizist).

Cyc-Projekt
Aus dem englischen „*encyclopedic*" abgeleitete Bezeichnung für eine von *D. Lenat* seit 1984 angelegte Wissensbasis, die man mit „gesundem Menschenverstand" als System von Alltagsregeln bezeichnen kann. Der Ansatz entspricht der klassischen Lehr-

meinung, dass Intelligenz aus Millionen komplizierter Regeln entstehen würde. Ein gegenteiliger Ansatz wäre die → *Bottom-up-Methode*. Künstliches Bewusstsein und künstliche Intelligenz haben sich aber als „emergentes Phänomen" bisher nicht eingestellt.

Cyclo-Getriebe
Hochleistungsfähiges, kompaktes und einfach zu montierendes Getriebe, auch als Einbausatz erhältlich. Es wird am Exzenter angetrieben, wenn die Drehzahl reduziert werden soll. Dieser treibt eine Kurvenscheibe an. Da die Anzahl der Kurvenelemente um eine Kurve geringer ist als die Anzahl der Rollen am Außenring, entsteht beim Abwälzen zwischen diesen beiden eine Relativbewegung. Die Kraftübertragung geschieht über die Mitnehmerbolzen. Die An- und Abtriebsglieder lassen sich vertauschen, so dass auch eine Wandlung ins Schnelle möglich ist. Beim C. arbeiten immer 33 % aller Kurvenabschnitte gleichzeitig, gegenüber etwa 8 % bei herkömmlichen Getrieben.
→ *Harmonic-Drive-Getriebe*, → *Planetengetriebe*

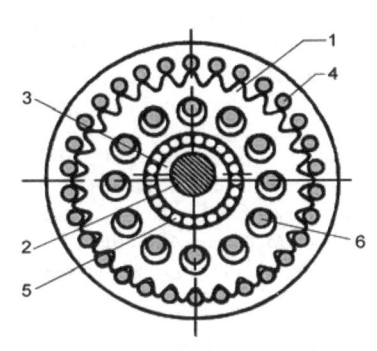

1 Kurvenscheibe, 2 schnelllaufende Antriebswelle, 3 Exzenter, 4 Außenrollen, 5 Wälzkörper, 6 Mitnehmerbolzen und Rollen

C-Zyklus
[C-cycle]
In der Handhabungstechnik der Bewegungszyklus eines Endeffektors (im Bild von 1 bis 6) in Form eines C bzw. eines kopfstehenden U. Die Zeit für einen C. kann als Parameter für die Leistungsfähigkeit einer Handhabungseinrichtung angesehen werden, insbesondere bei → *Pick-and-Place Geräten*. Der Rückhub geht in die Zeit für den C. mit ein.

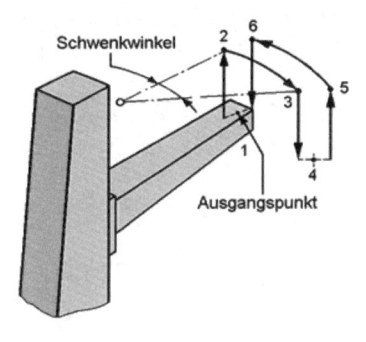

D

Dämpfer
[damping element]
Einrichtung zum Abbremsen von Bewegungen am Hubende, insbesondere bei pneumatischen Arbeitszylindern bzw. den durch diese angetriebenen Gliedern. Es können aber auch Anschlagdämpfer am Ende von Rollstrecken sein.

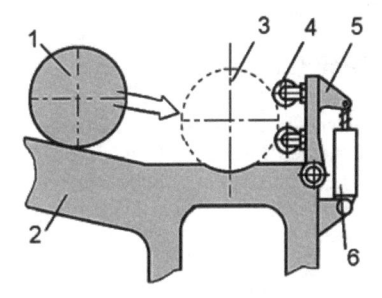

1 Werkstück, 2 Rollbahn, 3 Endposition, 4 Anschlagrolle, 5 Hebelarm, 6 Stoßdämpfer

Dämpferstopper
[stopper with shock-absorber]
Bei Montagetransfersystemen ein Stopper für schwere Werkstückträger. Der D. fängt zunächst kinetische Energie auf und dann wird der Werkstückträger in der Zielposition angehalten. Zur Freigabe fährt die Anschlagklinke nach unten und der Werkstückträger wird vom Doppelgurtband weiter gefördert, wie es im Bild zu sehen ist.

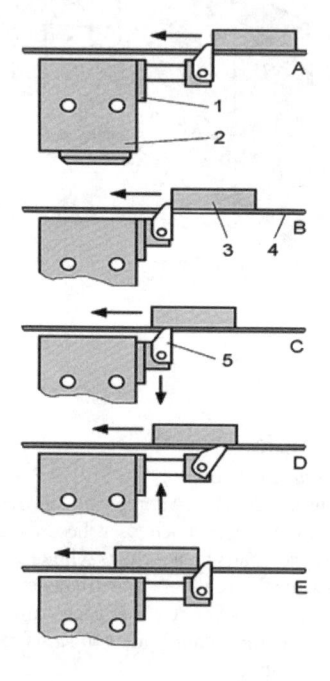

1 Anschlagfläche, 2 Dämpferstopper, 3 Werkstückträger, 4 Doppelgurtfördersystem

Dämpfungsfaktor
[cushioning factor]
Dimensionslose Zahl, beschreibt die Stärke der Dämpfung. Es ist die Fähigkeit eines Systems, Schwingungen von Bauteilen entgegenzuwirken und diese abzubauen.

Dancebots
[dancing robots]
→ Robotertanz

Dante II
Achtbeiniger Schreitroboter (→ *Teleoperator*) der NASA, der 1994 zu Forschungszwecken in den Krater des Vulkans *Mount Spurr* (Alaska) geschickt wurde. Der 3 m lange, 2,5 m breite und 700 kg schwere Roboter hat Analyse und Inspektionsarbeiten (Videobilder) vor Ort ausgeführt, z.B. die Untersuchung des Schwefelausstoßes. Er kann Steigungen bis 30° überwinden und wurde über Satellit gesteuert. Unglücklicherweise knickten seine Beine beim Stoß an einen Felsbrocken ein, so dass man den Roboter per Hubschrauber retten musste.

Datenanzug
[datasuit]
Ganzkörperkleidungsstück mit eingearbeiteten Sensoren zur Winkelmessung. Es werden alle Körperbewegungen (Beugewinkel der Extremitäten und des Rumpfes) erfasst. Mit den Daten können u.a. anthropomorphe Roboter ferngesteuert werden, indem ein Operateur die Bewegungen vorführt.

Datenbank
[data base]
Speicher für große Datenmengen mit einer systematischen Organisation, damit die Daten schnell abgelegt und wiedergefunden werden können. Die D. bewahrt z.B. alle Ausgangsdaten auf, die zur Lösung eines Problems benötigt werden. Dazu gehören auch Prozeduren, wie z.B. Löschen, Lesen, Suchen und Mehrbenutzerführung. Es gibt verschiedene Organisationsmodelle.

Datenhandschuh
[data glove]
Mit Sensoren bestücktes spezielles Navigationsinstrument für dreidimensionale virtuelle Räume, das die Bewegungen und Lage der Hand, im Raum sowie die Krümmung der Finger interpretiert und diese Daten an ein Re-

chensystem zur Darstellung auf dem Monitor weiterleitet.

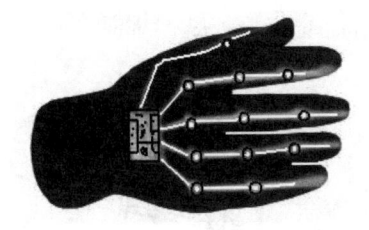

Über Gesten mit dem D. und Steuerbefehlen mit einer 6D-Steuerkugel kann sich der Bediener in einer virtuellen Welt bewegen, ohne seinen (realen) Platz verlassen zu müssen. Der D. wird dabei in der Bildschirmgrafik als Abbild animiert.
→ *Virtuelle Wirklichkeit*

Datenhelm
[head mounted display]
Im Bereich der → *Virtuellen Wirklichkeit* ein Helm mit zwei voneinander unabhängigen, direkt vor dem jeweiligen Auge angebrachten Displays zur Visualisierung der entsprechenden Teilbilder.

Datenorientiert
[data-driven]
Suche oder Inferenz, die mit Daten beginnt und versucht, sich vorzuarbeiten, um neue Schlüsse zu ziehen oder ein Ziel zu finden. Es bildet den Gegensatz zu zielorientiert.
→*Vorwärtsverkettung*

Datenübertragung, parallele
[data transmission, parallel]
In der Maschinensteuerung wird z.B. bei absoluten → *Drehgebern* jede einzelne Spur über eine Datenleitung ausgeführt. Die Daten sind entweder ständig verfügbar oder werden über ein Freigabesignal ausgegeben.
Beispiel: Bei einer → *Auflösung* von 4096 Schritten (12 Bit) werden demnach 12 Leitungen verwendet.

Datenübertragung, synchron-seriell
[data transmission, synchronous-serial]
Bei Drehgebern werden alle Daten hintereinander auf einer Datenleitung transportiert. Hierzu sind nur 4 Kabeladern notwendig: Takt, Takt negiert, Daten und Daten negiert. Die invertierten Daten werden zur Erhöhung der Störsicherheit bei den Drehgebern mit synchron-serieller Schnittstelle ausgegeben. In Abhängigkeit von der Taktfrequenz sind Leitungslängen bis zu 100 m möglich.

Dauerschmierung
[permanent lubrication]
Führungen und Lager, sowohl Gleit- als auch → *Wälzführungen*, müssen geschmiert werden, um den Verschleiß zu verringern. Ausgenommen sind trocken laufende Führungen und Lager aus Hochleistungskunststoffen. Die Schmierstoffvorräte lassen sich z.B. durch mit Schmierstoff getränkte poröse Lagerwerkstoffe oder durch eigens dafür vorgesehene Schmierstofftaschen deponieren. Wälzlager mit Dauerschmierung erhalten eine für ihre gesamte Lebensdauer ausreichende Fettfüllung und können bzw. dürfen nicht nachgeschmiert werden. Im Bild wird ein Ausführungsbeispiel für ein Fettdepot bei einer Kugelführung gezeigt.

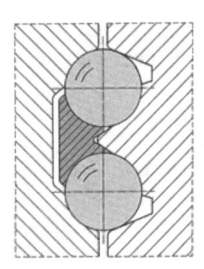

D/A-Wandler
[digital-to-analog converter]
Elektronische Funktionseinheit, die ein digitales Eingangssignal (eine digitale

Größe) in ein äquivalentes analoges Ausgangssignal, in der Regel in eine elektrische Spannung, umsetzt. Viele Mess- und Steuerungssysteme verfügen nach wie vor über Analogeingänge, was entsprechende Signalparameter erfordert, z.b. die Drehzahlregelung eines Motors mit einem Computer. Je nach Auslegung der Folgeschaltung liefert dann z.b. ein Drehgeber Ausgangssignale unterschiedlicher Art, wie es im Bild zu sehen ist.
→ *A/D-Wandler*, → *Sinus-Cosinus-Geber*, → *ASIC*

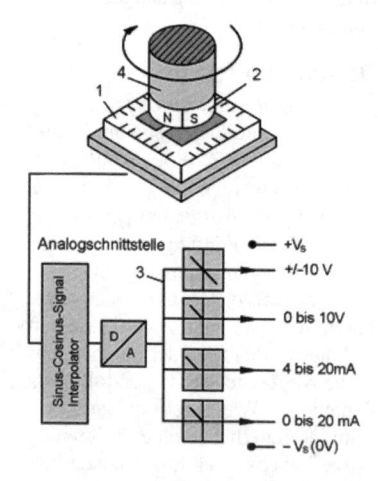

1 ASIC mit Hallelementen, 2 rotierender Magnet, 3 mögliche Signalausgänge, 4 Geberwelle

DC-Antrieb
[DC drive]
Bezeichnung für einen → *Gleichstromantrieb*

DC-Motor
[direct-current motor]
Bezeichnung für einen → *Gleichstrommotor*. Das DC steht für *direct current*, Gleichstrom.

Dead-zero
Eigenschaft von Signalen, dass der Signalbereich den Wert Null enthält, im Gegensatz zum → *Live-zero* Stromsignal.

Deckenfahrwerk
[ceiling travelling unit]
Linienportalachse, die es erlaubt, z.B. einen handgeführten Manipulator zu verschieben.

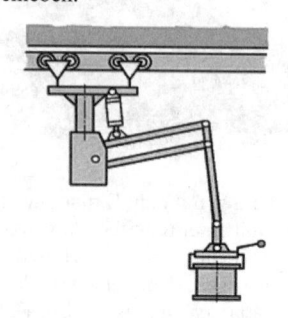

Die Verschiebearbeit wird meistens manuell aufgebracht. Es gibt aber auch Hilfsantriebe. Sensoren stellen die Absicht des Bedieners fest und schalten den Antrieb hinzu. Die Rollwiderstände sollen klein sein, wie auch die Eigenmasse der bewegten Komponenten.

Deckumlaufmontagemaschine
[circulating assembly machine]
Längstransfermaschine für die automatische Montage, bei der Werkstückträger mit palettenartiger Arbeitsfläche einzeln oder im gemeinsamen Takt in einem geschlossenen System umlaufen. Die Fügeeinheiten werden im Innern des Umlaufsystems aufgebaut.

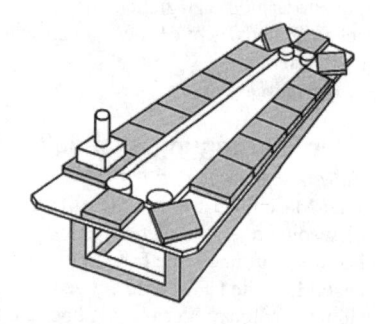

Deduktion
[deduction]
Schließen vom Allgemeinen zum Konkreten. Die D. erzielt Resultate aus

Sachverhalten durch Herleitung eines Problems mittels logischer Regeln. Automatische D. ist ein zentrales Problem in der → *Künstlichen-Intelligenz* Forschung.

Dehnungsmessstreifen, DMS-Sensor
[resistance strain gauge]
Dünnes Widerstandsmaterial, das auf einen Verformungskörper aufgeklebt wird und unter Belastung (Dehnung, Stauchung) seinen elektrischen Widerstandswert verändert. Der D. wird oft als Kraftsensor verwendet.

Deklarativ
[declarative]
In der Wissensverarbeitung das Darstellen, was wahr ist, und nicht, wie etwas getan werden sollte (→ *Procedural*). Deklaratives Wissen wird durch Fakten, Regeln, Listen, Tabellen und Bildern beschrieben.

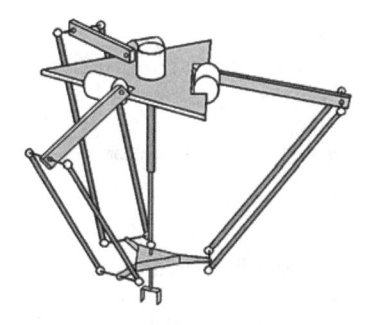

Deltaroboter
[delta robot]
Bezeichnung für einen → *Parallelroboter* in der Handhabungstechnik, der besonders für das schnelle Handhaben kleiner und leichter Objekte eingesetzt wird. Um die Grundkonstruktion ranken sich viele Einzelpatente.

Demontageroboter
[robot-guided disassembly]
Roboter, der auf das Zerlegen von Produkten im Sinne des Recycling spezialisiert wurde. Dazu hantiert er mit verschiedenen Werkzeugen und beschickt Demontagevorrichtungen. Demontierte Komponenten sind dann sortiert abzulegen.

Denavit-Hartenberg-Parameter
[Denavit-Hartenberg parameter]
Hilfsmittel zur Beschreibung der Kinematik eines Roboters mit offener kinematischer Kette durch Einführung von Koordinatensystemen in den einzelnen Roboterachsen und durch die Definition von Transformationsbeziehungen. Durch die Angabe der D. ist ein Roboter vollständig kinematisch beschrieben. Jeder Stellung des gesamten Roboterarmes kann dann eindeutig ein Satz von Gelenkkoordinaten zugeordnet werden.
Geschichte: *R.S. Hartenberg* und *J. Denavit* veröffentlichen 1955 den Artikel *A kinematic Notation for Lower Pair Mechanisms Based on Matrices*.

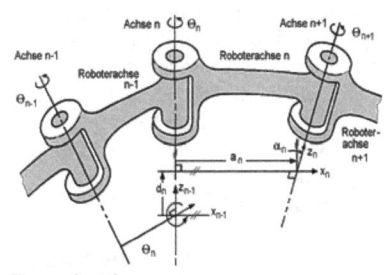

Depalettierung
[de-palletizing]
Auflösung von palettierten Werkstückmengen durch Roboter oder → *Pick-and-Place Geräte* oder spezielle Depalettierer, indem ein typisches Ablagemuster mit einem Effektor abgefahren wird. Man unterscheidet zwischen Lagen- und Einzelgebinde-D.

Im Bildbeispiel sind die erforderlichen Bewegungen auf das Handlinggerät (2 Achsen) und die Peripherie (1 Achse) aufgeteilt. Ein automatisiertes Palettenhandling (volle, leere Paletten) ist integriert.

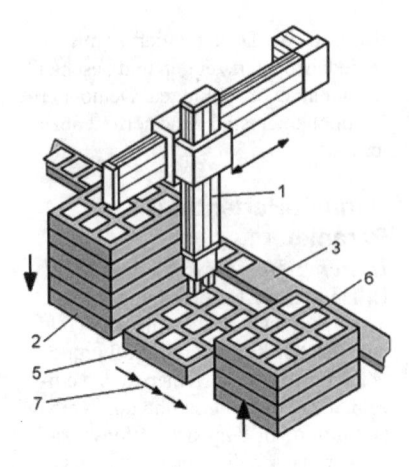

1 Lineareinheit, 2 Palettenstapel, 3 Förderband, 5 Vertakteinrichtung für Palette, 6 beladene Palette, 7 Reihentaktung

Design for X
[design for anything]
Zusammenfassung der Methoden und Regeln für das fertigungs- und montagegerechte Gestalten von Produkten. Es gehören auch viele spezielle Bereiche dazu, wie z.b. handhabungs-, spann- und robotergreifgerechtes Gestalten oder allgemein die Bereiche: Funktion, Kraftwirkung, Sicherheit, Ergonomie, Fertigung, Kontrolle und Überwachung, Zusammenbau, Demontage, Qualität, Lieferung, Benutzung, Kosten, Reparatur, Umwelt.

Dezentrale Antriebstechnik
[distributed drive engineering]
→ Antriebstechnik, dezentrale

DFA
[Design for Assembly]
Regeln und Vorgehensweise zur Gestaltung montagefreundlicher Produkte.

Grundlage sind drei allgemeine Gesichtspunkte (nach *Boothroyd* und *Dewhurst*):
1 Bewegt sich das Teil bezüglich der anderen, bereits montierten Teile?
2 Besteht das Teil aus zwingendem Grund aus anderen Materialien?
3 Ist das Teil von anderen Teilen deshalb zu trennen, weil sonst die weitere Montage oder Demontage unmöglich wäre?

Die Beurteilung und Verbesserung erfolgt dann in interaktiven Schriten:
1 Wähle ein Montageverfahren für jedes einzelne Teil!
2 Analysiere die Eignung des Teils für das angenommene Montageverfahren!
3 Verfeinere den Entwurf an Hand der bei der Analyse erkannten Mängel!
4 Kehre zum Schritt 2 zurück, bis der Entwurf ausreichend qualifiziert ist!

Die Bewertung geschieht mit Hilfe vorgegebener Tabellen und mit Tabellenwerten. Es wird ein Teileminimum, Kostenminimum und Montagezeitminimum angestrebt.

DFAA
[Design for Automatic Assembly]
Konstruktive und rechnergestützte Gestaltung von Produkten, die vollautomatisch montiert werden sollen.

DFAL
[Design for Assembly Line & Simulation]
Rechnergestützter Entwurf einer Montagelinie einschließlich deren Simulation.

DFAS
[Design for Assembly Structure & Simulation]
Rechnergestützte Gestaltung der Montagestruktur samt Simulation.

DFE
[Design for Environment]
Umweltgerechte Gestaltung von Produkten. Ziele sind die Minderung der Umweltbelastung und die Wiederverwendung von Teilen und Baugruppen. Damit werden die Kosten bei der Entsorgung gesenkt.

DFM
[Design for Manufacture]
Fertigungsgerechtes Gestalten mit dem Ziel, die Herstellkosten zu ermitteln, das wirtschaftlichste Verfahren zu finden und die Teilekosten frühzeitig zu optimieren.

DFMA
[Design for Manufacture and Assembly]
Weiterentwicklung der DFA-Methode, die auch die Teilefertigung mit einbezieht, also DFM mit einschließt. Es gibt eine Reihe von Tools, welche die Prüfung kostenrelevanter Aspekte unterstützt und so hilft, kostengünstigere Lösungen in einem Team von Fachleuten zu finden.

DFMA
[Design for Manual Assembly]
Regeln und Gestaltungsempfehlungen für Produkte, die manuell montiert werden sollen.

DFMC
[Design for Manufacture of Die Casting]
Regeln und Gestaltungsempfehlungen für die Fertigung von Druckgussteilen.

DFMF
[Design for Manufacture of Injection Moulding]
Regeln und Gestaltungsempfehlungen für die Fertigung von Kunststoff-Spritzgussteilen.

DFMM
[Design for Manufacture of Machining]
Regeln und Gestaltungsempfehlungen für die spanende Fertigung von Teilen.

DFMP
[Design for Manufacture of Powder Metal Parts]
Regeln und Gestaltungsempfehlungen für die pulvermetallurgische Fertigung von Teilen (Sinterteile).

DFMS
[Design for Manufacture of Sheet Metalworking]
Regeln und Gestaltungsempfehlungen für die Herstellung von Feinblechteilen.

DFP
[Design for Production]
Rechnerunterstützte Verfahren zur Gestaltung von Teilefertigung und Zusammenbau in einem produzierenden Betrieb.

DFRA
[Design for Robotic Assembly]
Konstruktive Gestaltung von Produkten, die überwiegend mit dem Roboter montiert werden sollen.

DFS
[Design for Service]
Wartungsgerechte Gestaltung von Produkten, um zukünftig anfallende Serviceaufgaben zu untersuchen und zu optimieren. Ziele sind auch die Verlängerung der Produktlebensdauer und eine bessere Umweltverträglichkeit.

DGR
Abk. für Deutsche Gesellschaft für Robotik, gegründet im Jahr 2000. Es ist ein Dachverband, der die wissenschaftlich-technischen Robotik-Aktivitäten in Deutschland koordiniert.

DH-Konvention
Vereinbarung, nach *J. Denavit* und *R.S. Hartenberg* (1955), wie die notwendigen Koordinatensysteme für Roboter mit offener kinematischen Kette zu legen sind, um eine vollständige und effektive kinematische Beschreibung des Roboterarmes zu erhalten.

DH-Matrix
Abk. für Denavit-Hartenberg-Matrix; → *Denavit-Hartenberg-Parameter*

Diagnose
[technical diagnosis]
Spezieller Funktionsumfang für den Test von z.B. Antriebssystemen zum Erkennen von Fehlern, die die bestimmungsgemäße Funktion verhindern oder beeinträchtigen. In Steuerungen mit Mikrorechnern werden dazu spezielle Programme eingesetzt, die Testmuster und Diagnosefunktionen aktivieren. Es können auch Signale aus Gebern der Wegmesssysteme einbezogen sein. Im Gegensatz zur Überwachung erfolgt die Diagnose unabhängig vom möglichen Zustand des Fehlerfalles.

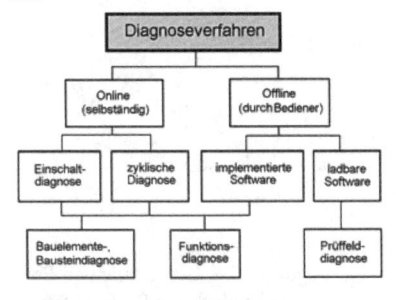

```
                    Diagnoseverfahren
                   /                 \
            Online                    Offline
         (selbständig)            (durch Bediener)
         /         \              /            \
   Einschalt-   zyklische    implementierte   ladbare
   diagnose    Diagnose        Software      Software
       \           \                \           /
     Bauelemente-,           Funktions-    Prüffeld-
     Bausteindiagnose        diagnose      diagnose
```

Diagnosefähigkeit
[diagnostic ability]
Merkmal von Bauteilen (Baugruppen, Armaturen, Antrieben u.a.), die durch eine integrierte Parametererfassung Auskunft über ihren eigenen Zustand geben können.

Dialogbetrieb
[dialog mode]
Methode zur Dateneingabe, bei der der Bediener über grafikunterstützte Hilfen (Bildschirmmasken) im Dialog (wechselseitig schritthaltend) geführt wird. Dadurch werden Eingabefehler vermieden und die Eingabe komfortabler gestaltet.

Dialogsteuerung
[interactive operator-process communication]
1 Als Bestandteil eines Expertensystems ist die Dialogsteuerung für den Ablauf der Kommunikation mit dem Benutzer zuständig. Fragen an den Anwender müssen formuliert werden, eingegebene Antworten und Anweisungen sind in eine den Systemkomponenten verständliche Form umzuwandeln.

2 Bei einer Robotersteuerung die Entgegennahme von Bedieneingaben vom Bedienfeld und die Umwandlung der einzelnen Zeichen oder Tastsignale in Befehle oder Befehlsteile, abhängig von der gerade eingestellten Betriebsart. Im Teach-in-Modus löst z.B. das Drücken einer Achsverfahrtaste eine Fahrbewegung aus. Der Befehl wird dann zusammen mit einer Geschwindigkeitsinformation an die Bewegungssteuerung weitergegeben.

Differenzialantrieb
[differential drive concept]
Bei autonomen mobilen Robotern mit Dreirad-Fahrwerk ein Antrieb, bei dem die zwei Haupträder je einen Antriebsmotor enthalten. Bei gegenläufigem Drehsinn kann der Roboter eine Kurve fahren, bei gleichsinniger Drehung fährt er geradeaus.

Differenzialbauweise
[differential product structure]
Aufspaltung eines Maschinenteils in mehrere, fertigungstechnisch günstiger herstellbare Einzelteile, die einfacher und günstiger zu bearbeiten, zu montieren, zu prüfen und zu justieren sind. Gegenteil: → *Integralbauweise*, also die Zusammenfassung von mehreren Teilen zu einem kompakten Einzelteil.

Differenzialdosierwaage
[differential proportioning scale]
Waage für Schüttgut, welches aus einem Bunker in einen Dosierbehälter übergeben wird. Dieser Behälter wird von einer ringförmig angebauten Wägezelle gehalten. Beim Dosieren wird die Gewichtsveränderung ständig in einem festen Zeitmuster erfasst. Dieses muss zum zu erwartenden Massestrom

passen. Der Schüttgutzulauf muss absperrbar bzw. regelbar sein.

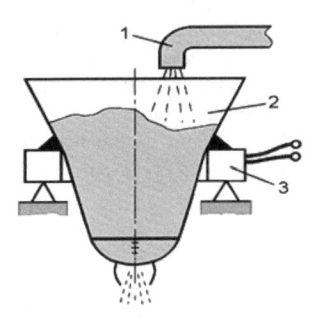

1 Schüttgutzulauf, 2 Dosierbehälter, 3 Wägezelle

Differenzialgetriebe
[differential gear]
Rädergetriebe, das aus zwei Drehungen eine dritte erzeugt, die der Differenz bzw. der Summe dieser beiden Drehungen proportional ist, z.b. um bei Handgelenkachsen eines Roboters ausgleichende Drehungen zu erhalten.

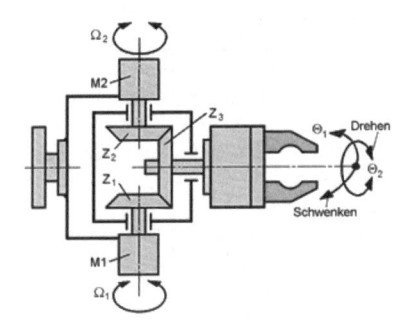

M Motor, Z Kegelzahnrad,

Differenziallenkung
[differential steering]
Bei mobilen Robotern eine Bauweise des Fahrwerks, die auf zwei angetriebenen Rädern beruht, die auf einer nicht lenkbaren Achse laufen. Eine Kurvenfahrt wird durch unterschiedliche Umfangsgeschwindigkeiten der angetriebenen Räder erreicht. Vorteil: Das Fahrverhalten ist vorwärts wie rückwärts identisch. Eine Querfahrt ist nicht möglich.

Differenzoperator
[difference operator]
In der Bildverarbeitung eine Funktion, mit der Kanten in einem Bild basierend auf den Differenzen zwischen Intensitätswerten in nahe gelegenen Pixeln gefunden werden.

Diffus
[diffuse]
In der Bildverarbeitung eine Bezeichnung für eine Strahlung, z. B. Licht, die richtungsunabhängig reflektiert wird. → *Optosensorik*

Digital
[digital, numeric]
Zahlenmäßig, ziffernmäßig; eine Größe, die nur diskrete Werte annehmen kann und die im Gegensatz zu analogen Werten in Intervalle unterteilt ist. Je kleiner die Intervalle, desto größer ist die Auflösung. Kann ein digitales Signal nur in zwei Zuständen vorkommen, dann nennt man es ein → *binäres* Signal.

Digitale Fabrik
[digital factory]
Planungsumgebung, die alle Prozesse modellhaft abbildet, um die Fertigung zu planen, zu verifizieren und zu optimieren. Tools sind vor allem 3D-Simulationswerkzeuge für Material-, Prozess- und Ergonomiesachverhalte, Werkzeuge für die ganzheitliche Fabrikplanung sowie Virtual-Reality-Systeme. Einzelsysteme werden zu einer durchgängigen Planungslösung integriert, sodass ein Gesamtbild über die Fabrik und ihre Ressourcen entsteht. Das sorgt für transparente und schnelle Erkenntnisse über Machbarkeit, Abläufe und Kosten neuer Produkte. Es werden Probleme erkannt, noch bevor Kosten entstehen. Änderungen und Varianten lassen sich einfach durchführen.

Digitale Fertigung
[digital manufacturing]
Steuerungsinstrument, das die Produktion mit digitalen Systemen vernetzt und unterstützt.

Digitale Steuerung
[digital control]
Eine innerhalb der Signalverarbeitung mit digitalen Signalen arbeitende Steuerung, die zahlenmäßig dargestellte Informationen verarbeitet.

Digitalisieren
[digitizing]
Erfassen eines körperlichen Modells oder eines mathematisch nicht definierbaren Kurvenzuges einer Zeichnung als einzelne, aufeinander folgende Koordinatenwerte, bzw. die digitale Darstellung von Signalen oder Daten, die vorher in einer anderen Form vorlagen.

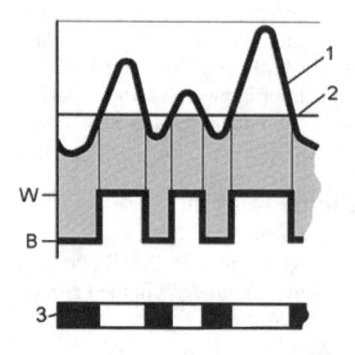

1 Analogsignal, 2 Binärpegel, 3 Pixelanzahl, B Schwarz, W Weiß

Digitalisierer
[digitizer]
Eingabegerät, mit dem man analoge Vorlagen, z.B. technische Zeichnungen, abtastet und die Größen → *digital* erfassen kann. Der D. ist oft als Tablett ausgeführt. Man fährt mit einer Fadenkreuzlupe die Punkte an und speichert die Positionen ab. Es handelt sich hier um eine zweidimensionale Koordinateneingabe.

Dienstroboter
[service robot]
Andere Bezeichnung für einen → *Serviceroboter* oder einen →*Personalroboter*, der im Dienstleistungsbereich eingesetzt wird und der Dienstleistungen am Menschen vollbringt. In den nächsten 50 Jahren darf man attraktive Roboterszenarien erwarten.

Diode
[diode]
Halbleiterbauelement der Nachrichtentechnik und Leistungselektronik mit zwei Anschlüssen und einem pn-Übergang (Pluspol der Spannungsquelle am n-Gebiet, Minuspol am p-Gebiet). Die D. lässt den elektrischen Strom nur in einer Richtung fließen. Gleichrichterdioden für die Leistungselektronik siehe DIN 1781.

Direct-Drive Technologie
[direct drive technique]
Antriebe, die eine Antriebskraft und -bewegung am anzutreibenden Bauelement ohne Zwischenschaltung von mechanischen Übertragungsgliedern erzeugen. Das sind Torque-Motoren sowie hydraulische und pneumatische Antriebe.
Geschichte: Der erste Roboter mit einem elektrischem → *Direktantrieb* wurde 1981 an der *Carnegie-Mellon Universität* entwickelt.

Direktantrieb
[direct drive, gearless drive]
Bezeichnung für einen Antrieb, bei dem ein Krafterzeuger (Elektromotor, Arbeitszylinder) das anzutreibende Glied einer Maschinenstruktur unmittelbar, also ohne Zwischenschaltung eines → *Getriebes*, in Bewegung versetzen. Der Antrieb kann linear sein (DDL *dirct drive linear* → *Linearmotor*) oder rotativ, auch als DDR Servomotor bezeichnet (DDR *direct drive rotary*). Auch Pneumatik- und Hydraulikzylinder repräsentieren in der Regel einen D.

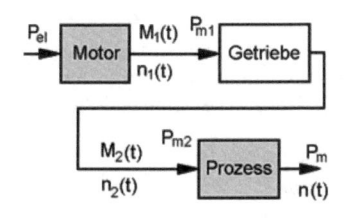

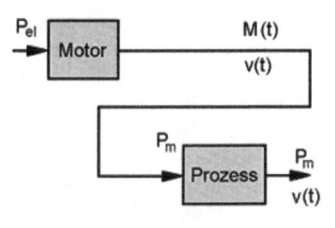

n Drehzahl, M Moment, P_{el} elektrische Leistung, P_m mechanische Leistung

Direktantrieb-Roboter
[direct-drive robot]
Roboter-Gelenkarme, die unmittelbar am Gelenk mit einem langsamlaufenden Motor, einem Hochmomentmotor, angetrieben werden. Zwischen Drehgelenk und Motorachse befindet sich kein Getriebe. Das macht den Arm schnell und genau. Bauhöhe und Masse solcher Motoren sind groß, weshalb man sie oft nur für die ersten beiden Grundachsen einsetzt. Eine lineare Verfahrachse lässt sich auch mit einem elektrischen Linearmotor ausrüsten.
Geschichte: 1983 baut Adept Technologie den ersten D. für den Industrieeinsatz.

Disambiguierung
[disambigation]
In der Sprach- bzw. Zeichenerkennung die Beseitigung einer → *Ambiguität*. Ein sprachlicher Ausdruck wird eindeutig gemacht. Die D. ist z.B. bei der Buchstabenerkennung nötig, um zwischen H und N (Bild) mit Hilfe eines Liniensegment-Experten unterscheiden zu können. Bei Texten und Reden spielt der Kontext eine große Rolle bei der Auswertung.

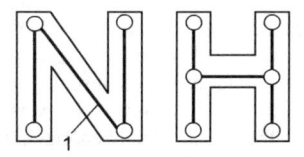

1 Liniensegment

Disjunktion
[disjunction]
Bezeichnung für mit dem Junktor «ODER» zusammengesetzte Aussagen der Form a v b. Sie sind klassisch wahr, wenn a oder b oder beide Teilaussagen wahr sind. Das Zeichen v steht für ODER.
→ *ODER-Verknüpfung*, → *Exklusiv-ODER*

Diskretes Signal
[discrete signal]
Signal, das seinen Wert in verschieden großen oder gleichen Stufen verändert, aber niemals stetig.

Dispensroboter
[dispensing robot]
Roboter, der ein Dosiergerät führt, mit dem es möglich ist, kleinste Mengen von Flüssigkeiten oder Klebstoffen punktuell oder linienförmig auszubringen.
→ *Dosierroboter*

Distal
[distal]
Aus der Medizin entlehnter Begriff; wenn etwas in der Nähe des Endeffektors eines Roboters befindlich ist, also entfernt vom Gestell, dann bezeichnet man das mit d. Das Gegenteil wird als → *Proximal* bezeichnet.

DKT
Abk. für Direkte Koordinatentransformation; auch als → *Vorwärtstransformation* bezeichnet.

DNC
[Direct Numerical Control, Distributed Numerical Control]
Ein System, bei dem ein oder mehrere Rechner alle NC-Programme abspeichern, verwalten und auf Abruf per Kabel- oder Netzwerkanschluss (LAN) zu den angeschlossenen NC-Maschinen übertragen. Dazu benötigen die Maschinen z.B. eine Ethernetschnittstelle für den bidirektionalen Datenaustausch.

DN-Wert
[DN value]
Ein Richtwert, der auch als Drehzahlfaktor bezeichnet wird und der angibt, bis zu welchen Umfangsgeschwindigkeiten (Kugelmittenkreis x Drehzahl) Schmierstoffe in Wälzlagern eingesetzt werden können.

DOF
[degree of freedom]
→ Freiheitsgrad, → SDOF

Dohelix-Muskel
[dohelix muscle]
Elektromechanischer Muskel vom Fraunhofer-Institut für Produktionstechnik und Automatisierung, bei dem zwei zueinander bewegliche Teile durch eine hochfeste und hochflexible Schnur verbunden sind. In Schnurmitte ist eine Antriebswelle (Durchmesser 1 bis 1,5 mm) befestigt.

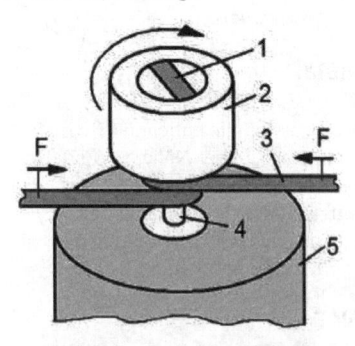

Wenn sich die Welle dreht, wickelt sich die Schnur von beiden Seiten auf und erzeugt dabei eine Zugkraft. Als Antrieb dient ein elektrischer Kleinmotor mit oder ohne Getriebe. Anwendung: Künstliche Arme und Prothesen.

Domäne
[domain]
Bei Expertensystemen ein abgegrenzter Themen- oder Problembereich wie z.B. Medizin, Maschinenausfall, Schaltkreisentwurf. In der Logik hat der Begriff eine etwas andere Bedeutung. D. bezieht sich auf die Menge von Objekten, die berücksichtigt werden, wenn die Bedeutung einer Aussage angegeben wird. Bei einer mathematischen Funktion wäre eine Domäne ein Set von Werten, die die Funktion beschreiben.

Domotik
[domotics]
Begriff, der die Automatisierung der wichtigsten Alltagsarbeiten im Haushalt umschreibt. Alle Funktionen sollen von einem Rechner aus gesteuert werden, wie Raumtemperatur, automatischer Lebensmittelnachschub per Internet u.a.

Doppelarmeinleger
[double-arm robot]
Zweiarmiges Beschickungsgerät für das Ein- und Ausgeben von Werkstücken in ein Spannmittel, z.B. ein Drehmaschinenfutter.

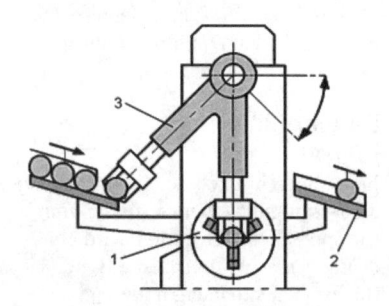

1 Seilbefestigung, 2 Befestigungshülse, 3 Seil, 4 Seilwelle, 5 Gleichstrommotor, *F* Zugkraft

1 Drehmaschinenfutter, 2 Abführbahn, 3 Doppelarmsystem

Da Ein- und Ausgeben zeitlich parallel und synchron erfolgen, wird Nebenzeit eingespart. Die Span-zu-Span-Zeit wird erheblich verkürzt.

Doppelarmroboter
[twinarm robot]
Industrieroboter, der über zwei unabhängig voneinander programmierbare und separat arbeitende Arme verfügt. Ein solcher Roboter mit kooperierenden Händen eignet sich für Prüf- und Bestückungsaufgaben in der Elektro- und Elektronikindustrie, für das Positionieren und Palettieren sowie für Montage- und Handlingaufgaben. Auch für Serviceroboter wird häufig auf eine Doppelarmigkeit orientiert.
→ *Dualarm-Einlegeeinrichtung*

Doppelblech-Detektor
[double sheet detector]
Detektor (Sensor 2), der während des Einlegens von Blechzuschnitten in das Werkzeug einer Presse nachprüft, ob wirklich nur ein Blech oder mehrere transportiert werden. Sollten wegen starker Öl- bzw. Fettbeschichtung mehrere Zuschnitte aneinander haften und gleichzeitig vom Greifersystem gegriffen werden, dann schaltet der Schaltverstärker (1) die Anlage auf „Halt".

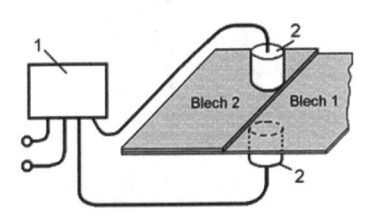

Doppeldeutigkeit
[ambiguity]
1 In der KI sind das Mehrdeutigkeiten, die ein Computer(-programm) nicht eindeutig verstehen kann.
Beispiel: Note kann gemeint sein als Geldnote, Honorarnote, Musiknote, diplomatische Note, persönliche Note.
→ *Ambiguität*, → *Disambiguierung*

2 Bei Roboter-Gelenkarmen die Möglichkeit, dass eine bestimmte Position des → *TCP* durch verschiedene Armstellungen erreicht werden kann. Das Bild zeigt zwei Knickarmstellungen, die zueinander doppeldeutig sind. Zwischen den beiden Stellungen ergibt sich eine → *Singularität*. Das kann sich auch bei den verschiedenen Stellungen einer → *Zentralhand* ergeben. Zu jeder Achsstellung der Zentralhand findet man eine doppeldeutige zweite Stellung der Achsen.

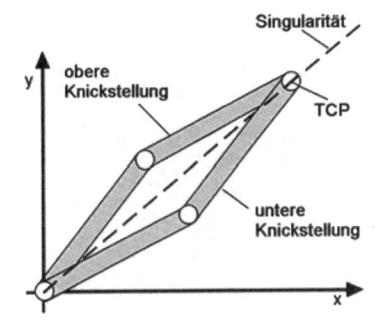

Doppelgelenkkette
[double link chain]
Zugmittel, das sich aus speziellen Kettengliedern ergibt, die in zwei Ebenen beweglich sind. Damit sind räumliche Förderstrecken einrichtbar. Bei Kunststoffketten setzt man leitfähiges Material ein, um eine statische Aufladung der Werkstücke und Gehänge zu vermeiden.

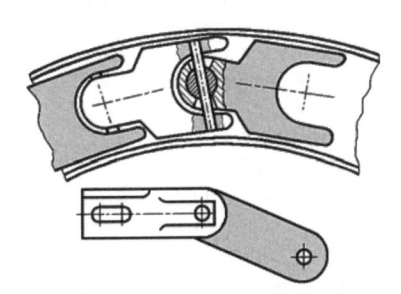

Doppelgreifer
[double gripper]
Greifer, der aus zwei unabhängig voneinander aktivierbaren Einzelgreifern besteht, die ihre Positionen rotatorisch oder translatorisch tauschen können. Damit lassen sich Nebenzeiten beim Beschicken von Maschinen verkürzen, weil der D. bereits das neue Rohteil mitbringt, wenn er das Fertigteil abholt. Beim Werkstückwechsel werden somit zwei Leerfahrten der Handhabungseinrichtung eingespart.

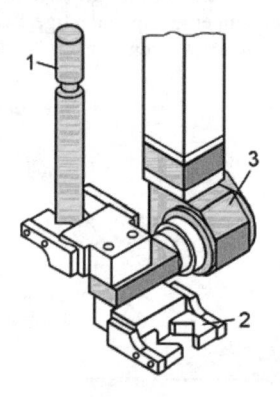

1 Werkstück, 2 Greifbacke, 3 Dreheinheit

Doppelgurtförderer
[twin-belt conveyor]
Förderer mit zwei im Abstand parallel laufenden Fördergurten, auf dem plattenförmige Werkstückträger in Montagetransfersystemen von Station zu Station bewegt werden. Die Gurte laufen ständig. An den Montagestationen werden die Werkstückträger gestoppt, angehoben und positioniert. Dadurch werden auch Prozesskräfte vom D. ferngehalten. D. werden als Baukastensystem angeboten.

Doppelknickarm
[double buckling arm robot]
Führungsgetriebe für einen Effektor an z.B. einem handgeführten Manipulator (Bild). Der Doppelknickarm ist eine ebene Viergelenkkette zur Geradführung der Last. Nach oben wird kein Freiraum für ausfahrende Maschinenteile gebraucht.

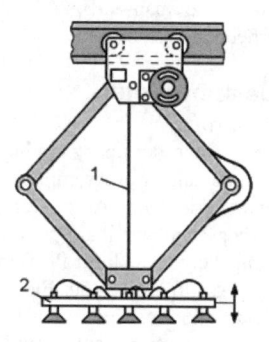

1 Hubseil, 2 Saugertraverse

Doppelkurbelsystem
[double crank mechanism]
Führung eines Endeffektors durch eine symmetrische durchschlagende Doppelkurbel, bei der je zwei gegenüberliegende Getriebeglieder gleichlang und in jeder Getriebestellung parallel zueinander sind. So ergibt sich ein → *Pick-and-Place Gerät* für die Beschickung von Maschinen mit Rohteilen aus einem Magazin.

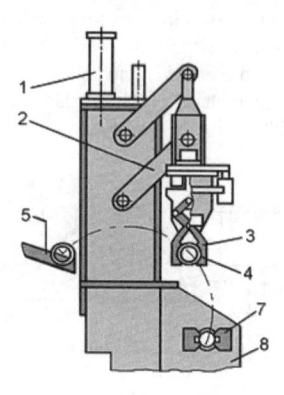

1 Pneumatikzylinder, 2 Doppelkurbel, 3 Greifer, 4 Werkstück, 5 Zuführrinne, 7 Maschinenspannbacken, 8 Arbeitsmaschine

Doppelrückschlagventil
[double non-return valve]
Doppelt entsperrbares Ventil, das z.B. bei pneumatisch oder hydraulisch betä-

tigten Greifern verhindert, dass bei einem plötzlichen Druckabfall der Greifer seine Spannkraft verliert. Das D. besteht aus zwei parallel geschalteten Rückschlagventilen, die unter Druck jeweils die Rücklaufrichtung selbsttätig öffnen und die Druckleitung schließen.

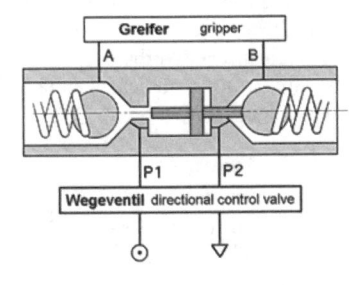

im Luftspalt zwischen den beiden Primärteilen eine Aluminium- bzw. Kupferplatte, so arbeitet der Motor nach dem Prinzip einer → *Asynchronmaschine*. Durch das magnetische Wanderfeld werden im Läufer Spannungen induziert, von denen Ströme angetrieben werden. Diese erzeugen zusammen mit dem magnetischen Feld die Schubkraft. Ist das Sekundärteil mit Permanentmagneten bestückt, so arbeitet der Motor nach dem Prinzip einer → *Synchronmaschine*.

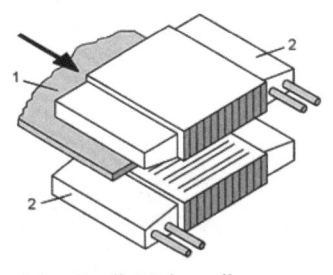

1 Sekundärteil, 2 Primärteil

Doppelschwinge-Joch-Antrieb
[scotch-yoke drive]
Bei Greiferantrieben die mechanische Kopplung von Fingerbewegungen, damit sich diese gleichmäßig auf Greifermitte schließen. Die Synchronisation der Bewegungen kann auch mit einer Rechts-Links-Gewindespindel oder z.B. einer Rollenkulisse erfolgen.

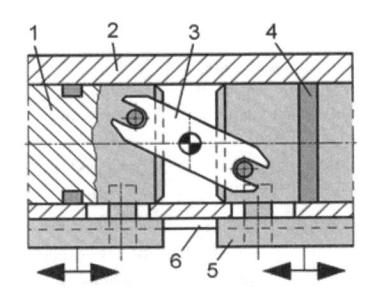

1 Pneumatikkolben, 2 Zylinder, 3 Synchronschwinghebel, 4 Dichtring, 5 Grundbacke, 6 Backenführung

Doppelstatoranordnung
[double-sided flat linear motor]
Bei flachen Drehstrom-Linearmotoren eine Ausführung, bei der der Stator aus zwei Teilen besteht, im Gegensatz zur → *Einstatoranordnung*. Befindet sich

Doppeltwirkend
[double-acting]
Ein fluidischer Antrieb, der sowohl in Druck- als auch in Zugrichtung wirkt.

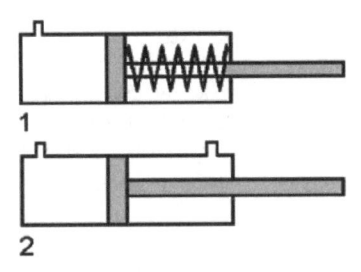

1 einfach wirkender Zylinder mit Federrückstellung, 2 doppelt wirkender Zylinder

Doppelwandzylinder
[double walled cylinder]
Fluidaktor, bei dem das Fluid für den Rückhub des Kolbens über die doppelte Zylinderwand geführt wird. Vorteil: Der Medienanschluss kann für beide Wirkungsrichtungen vom Boden aus erfolgen.

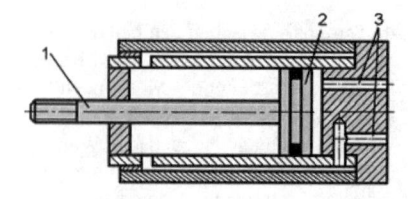

1 Kolbenstange, 2 Kolben, 3 Luftanschluss

Doppel-Wendegreifer
[multihand system]
Doppelgreifer, der über eine Handdrehachse mit dem Roboter verbunden ist. Die Drehbewegung erzeugt das Wenden der gegriffenen Teile, indem die Oberseite des Werkstücks zur Unterseite wird.

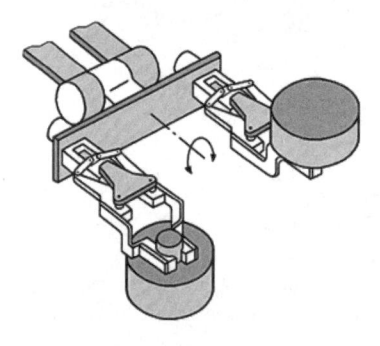

Doppelwinkelhand
[double-angle hand]
Anordnung von Roboterhandachsen, bei der sich alle drei Drehachsen in einem Punkt, dem sogenannten Handgelenkspunkt schneiden.

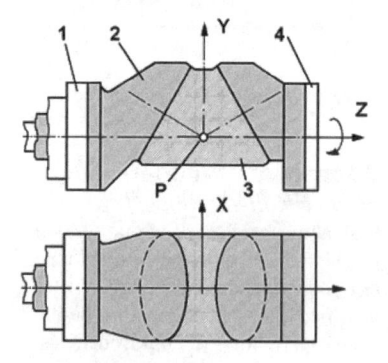

1 Roboterflansch, 2 Handgelenkglied, 3 Winkelglied, 4 Greiferanschlussflansch, P Achsenkreuzungspunkt

Das vereinfacht die Umrechnung der Achsstellungen in kartesische Koordinaten und ergibt eine sehr gute Bewegungsfreiheit des Endeffektors. Dieser kann durch Drehbewegungen orientiert und sogar etwas rückwärts gerichtet eingestellt werden. Nachteil: Aufwendiger mechanischer Aufbau, teuer, störanfälliger im Vergleich zu einfachen Handgelenkachsen.

Doppelzuteiler
[double separator]
Zuteiler, der im Wechsel A- und B-Teile vereinzelt.

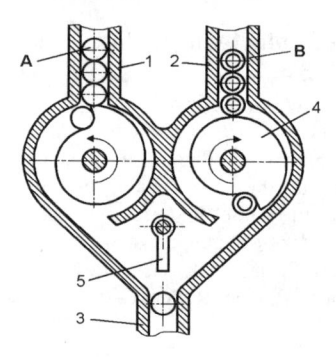

1 und 2 Schachtmagazin, 3 Ausgabekanal für Werkstücksequenzen, 4 Drehzuteiler mit archimedischer Spirale, 5 Abbremsklappe

Das wird z.B. an einer Montagestation gebraucht. Die beiden Drehzuteiler sind miteinander synchronisiert. Der Nachlauf der Teile aus dem Schachtmagazin erfolgt nicht schlagartig, sondern durch die Kurvenform der Zuteiler stetig.

Dopplereffekt
[Doppler effect]
Frequenzänderung eines Wellenvorganges, die dann entsteht, wenn sich Beobachter (Sensor) und Wellenerzeuger (sich bewegendes Objekt) relativ zueinander bewegen.

Dorngreifer
[mandrel gripper]
Greifer in der Art eines Fingers, der in die Bohrung eines Objekts eintaucht und sich danach spreizt. Als Finger kommen z.B. aufblasbare Elastomer-Elemente in Frage oder mechanisch spreizbare Elemente. Anwendung: Greifen von Werkstücken in bereits feinbearbeiteten Bohrungen, Aufnehmen von Papierrollen, Innengriff von Rohrstücken.

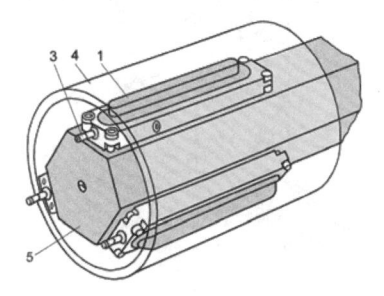

1 Spannelement, 3 Druckluftanschluss, 4 Werkstück, 5 Kernstück

Dosieren
[metering]
Regelmäßiges Zuteilen einer bestimmten, meist irgendwie von einem Rezept abhängigen Menge zu einem Produktionsprozess (diskontinuierlich oder kontinuierlich).

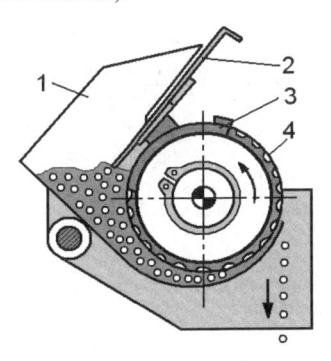

1 Bunker für Saatgut, 2 einstellbarer Spaltschieber, 3 Säradeinschub zur teilweisen Abdeckung der Nockenplätze, 4 Särad mit Nockenausprägung

Der Messfehler von Zellenraddosierern liegt beispielsweise zwischen 2 und 5 %, geeignet für Volumenströme bis 150 m³/h. Beim Schneckendosierer ist der Messfehler ähnlich, die Mengen liegen aber bei 0,001 bis 20 m³/h. Das Bild zeigt das D. von Saatgut.

Dosierroboter
[metering robot]
Industrieroboter, der Klebstoff oder Dichtungsmittel mit einem ein- oder mehrkomponentigen Dosiersystem (Mischrohr mit Doppelkartuschen, Dosiernadel) punktuell oder entlang einer Bahn aufträgt. Die Bahn muss mit konstanter Verfahrgeschwindigkeit durchlaufen werden, wobei der Verlauf auch räumlichen Charakter haben kann. Der D. wird im Labor, in der Serienfertigung und in halb- oder vollautomatischer Produktion eingesetzt.

Dosierzange
[dosing unit]
Zange mit Rundprofilbacken durch die über Düsenbohrungen Schmiermittel gepresst wird, um Lagestellen von Wellen vor ihrem Einbau gleichmäßig zu schmieren. Für das Anlegen der Backen kann als Bewegungserzeuger ein Winkelgreifer (Bild) verwendet werden. Dieser wird von einem Roboter zu einer spezialisierten Fertigungs- bzw. Montageeinrichtung geführt.

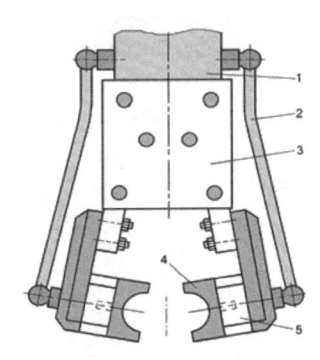

1 Handhabungseinrichtung, 2 Schmiermittelleitung, 3 Greifer, 4 Profilbacke, 5 Schmiermittelverteiler

Dotcode
[dot code]
Zweidimensionaler Code aus flächig angeordneten Punkten. Das Anordnungsraster liegt fest und die Kreuzungspunkte können mit verschiedenen Zeichen besetzt werden. Als Lesegeräte eignen sich zweidimensional abtastende Geräte oder Kameras.

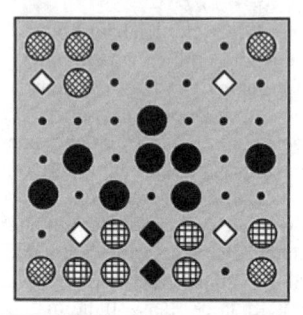

Punkte für	gesetzt	nicht gesetzt
Information	●	•
Prüfzahl	⊕	◆
Lageerkennung	●	◇

Drahtbundgreifer
[wire coil gripper]
Greifer, dessen Greiforgane dazu bestimmt sind, einen Drahtbund innen (Bild) oder außen anzufasssen. Die Gewichtskraft des Bundes wird über ein Winkelhebelgestänge so umgelenkt, dass die Last gehalten wird. Ein motorischer Antrieb wird nicht benötigt. Eine einfache Rastmechanik hält die Klauen nach Absetzen der Last offen.

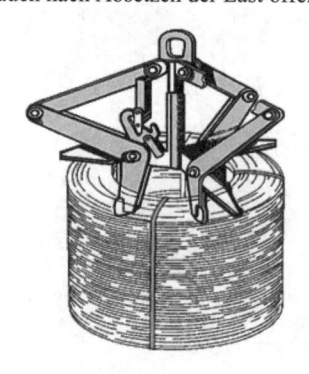

Drehdurchführung
[rotary transfer joint]
Drehverbindung für die Durchleitung von Druckluft. Sie ist durch eingearbeitete Luftkanäle von einem ruhenden zu einem drehenden Flansch für Endlosdrehungen des Greifers oder für ein druckluftbetriebenes Werkzeug geeignet. Die D. ist in der Regel auch für Vakuum einsetzbar.

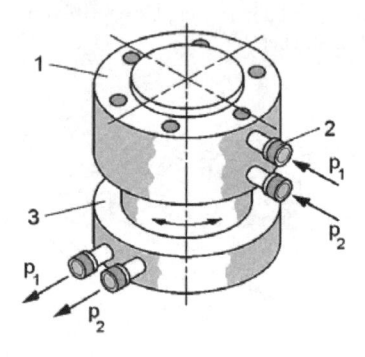

1 Anschlussflansch, 2 Druckluftanschluss, 3 Greiferanbauflansch, p Druck

Dreheinheit
[rotation unit]
Im Bereich der Handhabungstechnik eine Baugruppe, die eine rotative Bewegung erzeugt und im Allgemeinen eine Tragfunktion für andere Komponenten wie z.B. Greifer inne hat.

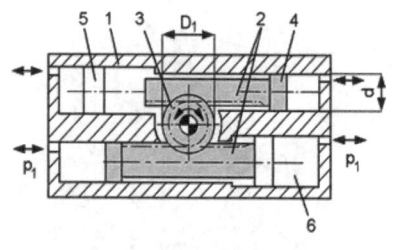

1 Gehäuse, 2 Zahnstange, 3 Ritzelwelle, 4 Schubkolben, 5 Anschlagkolben, 6 Zylinderraum, p Druck

Der Antrieb kann Drehen aus Drehen erzeugen (Elektromotor, fluidische Drehwinkelmotoren) oder Drehen aus Schieben (Arbeitszylinder mit verzahnter Kolbenstange und Abtriebsritzel). Es wird von Endlage zu Endlage gefahren. Es gibt Ausführungen, bei denen man auch eine Mittelstellung anfahren kann. D. sind modular gestaltet und meist Komponenten in einem vielseitig einsetzbarem Baukastensystem.

Drehen
[turn]
In der Handhabungstechnik das Bewegen eines geometrisch bestimmten Körpers aus einer bestimmten in eine andere bestimmte „Drehlage" (Orientierung). Kennzeichnend ist dabei, dass die Drehachse durch einen körpereigenen Bezugspunkt läuft, der beim D. unverändert bleibt. Das ist beim → *Schwenken* und → *Wenden* anders.

Drehgeber
[rotary encoder]
Gerät zur Winkelmessung, auch als Drehmelder bezeichnet. Der Begriff „Drehgeber" ist ein Oberbegriff für viele Messgeräte mit rotierender Maßverkörperung. Dazu gehören → *Resolver*, runde → *Inkrementalgeber*, → *Rotorlagegeber*, → *Sinus-Cosinusgeber* und absolut-digitale Messsysteme (→ *Absolutwertgeber*).

Drehgelenk
[rotary joint, swivel joint]
Beweglich verbundene Festglieder, die sich zueinander ausschließlich um eine Achse drehen können. Besitzt ein Roboter nur D., dann wird er auch als → *Drehgelenkroboter* bezeichnet.

Drehgelenkroboter
[articulated-arm robot]
Roboter, dessen Kopplungsstellen der beweglichen Bauglieder überwiegend als Drehgelenke ausgebildet sind. In der Grundstruktur liegt immer eine RRR-Kinematik vor (R = Rotation). Der D. benötigt auf den Arbeitsraum bezogen die kleinste Aufstellfläche

und braucht für schnelle Bewegungen die kleinsten Beschleunigungskräfte. Man bezeichnet einen 5- oder 6-achsigen D. auch gern als Universalroboter.

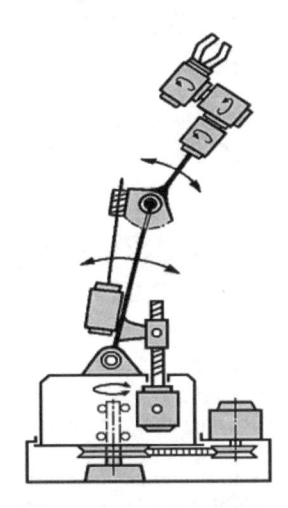

Drehhaken-Zuführbunker
[revolving hook hopper feeder]
Zuführgerät für Kleinteile mit einfacher Form. Ein Drehhaken rotiert langsam am Bunkerboden und schiebt einzelne, günstig orientierte Teile allmählich zur Mitte. Dort können sie in ein Fallrohr gelangen und sind damit magaziniert. Die Fallhöhe sollte klein sein, weil sich sonst die Teile im Magazin überschlagen können.

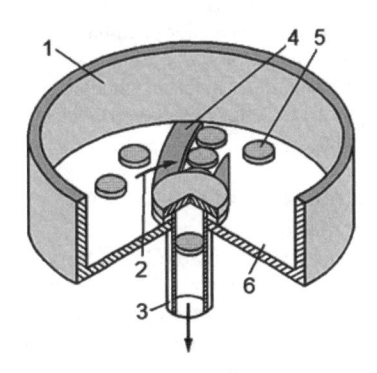

1 Bunkerrand, 2 Drehrichtung, Drehzahl, 3 Abführungsrohr, Fallrohr, 4 Drehhaken, 5 Werkstück, 6 unbeweglicher Boden

Drehkolbenantrieb

[rotary piston motor]
Doppeltwirkender pneumatischer Schwenkantrieb, bei dem ein meist rechteckiger Drehflügel um einen Winkel kleiner als 360° bewegt wird. Der Drehflügel sitzt auf der Drehachse.

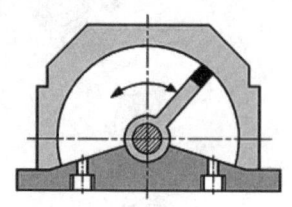

Drehmelder

[rotary encoder]
Sammelbezeichnung für induktiv arbeitende Winkelmessgeräte, die aus Stator- und Rotorelementen bestehen. Die wechselseitige Induktanz hängt von der Stellung der Rotorwelle ab. Eine weit verbreitete Bauform ist der → *Resolver*.

Drehmodul

[rotating module]
Baugruppe einer Handhabungseinrichtung, die eine Rotation hervorbringt. Sie übernimmt meistens eine Tragfunktion für andere Baugruppen, z.B. einen Greifer. Der Antrieb kann Drehen aus Drehen erzeugen (Elektromotor, hydraulische oder pneumatische Drehwinkelmotoren, oft unter Zwischenschaltung mechanischer Getriebe oder Drehen aus Schieben (Arbeitszylinder).

Drehmoment

[torque]
Produkt aus Kraft F und dem Wirkabstand (Radius r) von einer Bezugsachse, die meistens eine Wellenachse ist. $M = F \cdot r$ (Nm) wird auch als Kraftmoment bezeichnet (1 Nm = 1 kgm/s² ·1 m). Beim rotierenden Motor hängt das dynamische Drehmoment wesentlich von der Einspeisung ab und ist somit ein Merkmal der Konfiguration Motor plus Einspeisung. Das statische Drehmoment ist das Moment, das sich bei konstantem Strom im Ruhezustand des Läufers ergibt. Ein System mit elektromotorischem Antrieb wird schematisch im Bild gezeigt.

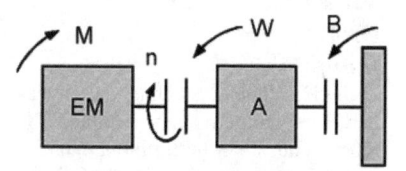

EM Elektromotor, M Drehmoment, n Drehzahl, W Widerstandsmoment der Arbeitsmaschine A, B Beschleunigungsmoment (dynamisches Moment)

Gleichgewicht herrscht dann, wenn in jedem Augenblick die Summe der genannten Drehmomente gleich Null ist, wenn also gilt

$M + W + B = 0$.

Alle Drehmomente werden in der Regel auf die Motordrehzahl n bezogen. Für den Beharrungszustand oder den stationären Betrieb (konstante Drehzahl, dynamisches Moment ist Null) gilt folglich

$M + W = 0$.

Das Drehmoment M ergibt sich aus folgender Beziehung

$$M = \frac{9549{,}3 \cdot P_{rot}}{n} \text{ in Nm}$$

P_{rot} Leistung in kW
n Drehzahl in min^{-1}

Drehmomentbegrenzer, mechanischer

[mechanical torque limiter]
Das sind Sicherheitskupplungen, die bei Überschreitung eines definierten Drehmomentes ausrasten, indem sie eine Federkraft überwinden. Der Kraftfluss vom Antrieb zur Maschine wird selbsttätig unterbrochen. Es gibt ver-

schiedene Ausführungen: Winkelsynchrone Wiedereinrastung nach 360°, Durchrastkupplung rastet automatisch an der direkt folgenden Raststelle (Kugelrastung) wieder ein und Freilaufausführung mit dauernder Trennung von An- und Abtriebsseite im Fall einer Überlastung.

Drehmomentkonstante
[torque constant]
Physikalische Größe, die bei vektoriell geregelten Synchronservomotoren das Verhältnis von eingeprägtem Strom zum abgegebenen Drehmoment beschreibt. Ihre Größe hängt vom eingesetzten Magnetmaterial und vom konstruktiven Aufbau des Motors ab.

Drehmomentmotor
[torque motor]
Vielpolmotor als Außenläufer (Rotor außen) mit dreiphasiger Drehstromansteuerung und integriertem → *Encoder*, der ein hohes Drehmoment aufbringt und besonders für elektrische → *Direktantriebe* geeignet ist. Eine entsprechende Positioniersteuerung mit Servoverstärker und Regler kontrolliert den Motor. Ein unterlagerter Regelkreis regelt die Geschwindigkeit und die Beschleunigung. Der Hauptregelkreis vergleicht die Soll- und Istposition des Motors.

Drehmomentregelung, direkte
[directly torque control]
Regelung (DTC *direct torque control*) von Drehzahl und Drehmoment bei umrichtergespeisten Drehstromantrieben. Sie arbeitet im Gegensatz zur → *Vektorregelung* nicht mit einem Modulator, sondern mit einem Motormodell und Komparator. Dabei werden die Werte für Drehmoment und magnetischen Fluss mit sehr hoher zeitlicher → *Abtastrate* erfasst. Das führt zu einer hohen dynamischen und statischen Drehzahlgenauigkeit.

Drehmomentübertragung
[torque transmission]
Weiterleitung des Drehmomentes eines Motors bis zur jeweiligen Roboterachse z.B. über Räder- oder Kettengetriebe. Das Bild zeigt die Verwendung von Gelenkwellen. Die Gewichtskraft der Elektromotoren wird im Beispiel auch zur Balance mit der Gewichtskraft des Unterarmes und Effektors genutzt. → *Hohlwelle*

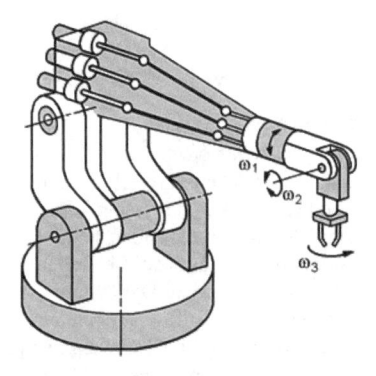

Drehrichtung
[direction of rotation]
Ein Drehstromasynchronmotor befindet sich dann im Rechtslauf, wenn der Motor in aufsteigender Phasenfolge an das Drehstromnetz angeschlossen ist und wenn man von außen auf das freie Wellenende blickt.

Drehsäulenroboter
[cylindrical robot]
Bauform eines Industrieroboters, dessen Achse A1 als Standsäule ausgebildet ist. Dadurch ergibt sich in der Draufsicht ein kreisbogenförmiger Arbeitsraum. Vorteil: Kleine Aufstellfläche.

Drehschemellenkung
[steering with center pivot plate]
Bei mobilen Robotern (meist dreirädrig) eine Art der Lenkung, bei der auf der gelenkten Achse in der Regel ein angetriebenes Rad läuft. Man bewertet die Anordnung der Lenkräder nach

Lenkeinschlag, Kippsicherheit und maschinenbaulichem Aufwand.

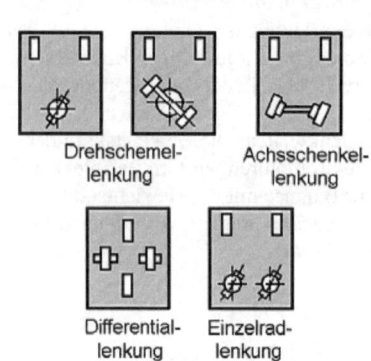

Drehschemellenkung
Achsschenkellenkung
Differentiallenkung
Einzelradlenkung

Drehsorter
[rotary sorting plant]
Verteiler für Pakete, die von einer rotierenden Scheibe oder einem kegelstumpfförmigen rotierenden Teller während des Umlaufs an Zielstellen ausgeschleust werden. Der äußere Rand des Tellers ist in Segmente eingeteilt, die jeweils eine Schwenkklappe aufweisen. Das Fördergut wird über einen Bandförderer auf die rotierende Scheibe gebracht. Einsatz: Umschlagstellen für Paketgut, Retourensortierung und Kommissionierung.

Drehstromantrieb
[AC drive, three-phase AC drive]
Elektrischer Antrieb (AC-Antrieb) unter Verwendung eines Drehstrommotors. Energiefluss und Energieumwandlung sind im Bild schematisch dargestellt.
Der D. mit → *Frequenzumrichter* oder Drehstromsteller nutzt die Vorteile der Drehfeldmaschine voll aus: Das Drehfeld überträgt die Leistung verschleißfrei auf den Läufer. Dadurch ist der Drehfeldantrieb robust, wartungsarm und gegen Umwelteinflüsse unempfindlich. Drehzahlbeschränkungen sind nur durch die Mechanik, Werkstoffbelastung und Lagerung gegeben. Im Leistungsbereich bis 50 kW haben sich die Umrichter mit Spannungszwischenkreis durchgesetzt → *Stellgerät*

mit *Zwischenspannungskreis*, → *Gleichstromantrieb*

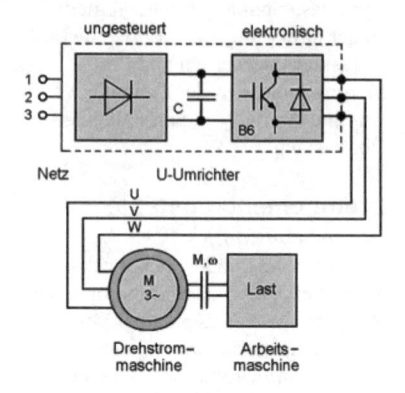

Drehstrommotor
[AC motor, three-phase motor]
Drehstrommotoren sind dreiphasig aufgebaut und die Spulen sind in einem Winkel von 120° angeordnet.

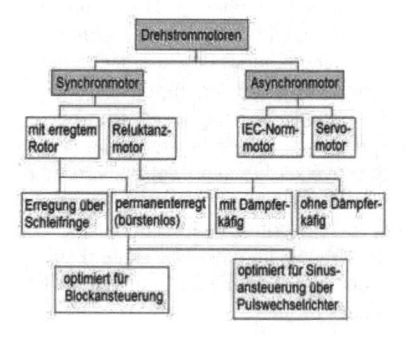

Es gibt verschiedene Ausführungen, insbesondere den → *Synchronmotor* und den → *Asynchronmotor*, wie die Gliederung (nach *Garbrecht/Schäfer*) zeigt.
Speist man eine Drehstromankerwicklung mit Drehstrom, so entsteht ein Drehfeld, dessen Maximalwert konstant bleibt. Das Drehfeld ist die funktionelle Grundlage und es läuft mit konstanter Drehzahl um. Das Zustandekommen wird im Bild deutlich gemacht. Die zu den Zeitpunkten t_1 und t_2 angegebene Lage des Magnetfeldes lässt erkennen, dass dieses sich von t_1

um 120° (räumlich) gedreht hat. Dieser Vorgang setzt sich fort. Erhöht man die Spulenzahl im Ständer und damit die Polpaarzahl des Feldes, ändert sich die Drehzahl.

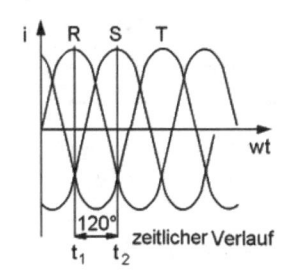

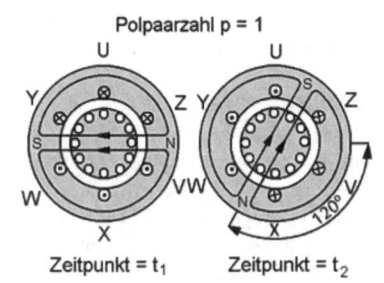

Seit etwa 1985 sind Drehstrom-Servomotoren bei Roboterantrieben vorherrschend. Sie haben die vorher gängigen Gleichstrommotoren fast völlig verdrängt, was durch leistungsfähige elektronische Baugruppen (Servoregler für Drehstromantriebe, Kostensenkung) unterstützt wurde.

Drehtisch

[rotary table; rotary indexing machine]
Rundtisch oder Rundtakttisch als Basiseinheit für den Sondermaschinenbau z.B. für den Aufbau von Bearbeitungs- oder Montageautomaten. Der Antrieb kann elektromechanisch, pneumatisch, hydraulisch oder auch direkt-elektrisch sein.
→ *Globoid-Schrittgetriebe*, → *Malteserantrieb*, → *Rundschalttisch*, → *Rundtakt-Montageautomat*, → *Rundtisch-Direktantrieb*

Drehwinkelerfassung

[angular position registration]
Erfassung des Drehwinkels z.B. mit einem Hallsensor. Dazu rotiert ein Ringmagnet mit vielen Polpaaren in geringem Abstand am Sensor vorbei. Dadurch entsteht ein wechselndes Magnetfeld, das sich auch in der entstehenden Hallspannung zeigt und ausgewertet werden kann. Die Winkelmessung ist endlos.

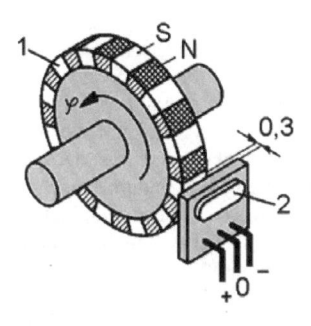

1 Ringmagnet, 2 Hallgenerator mit integriertem Spannungsregler und Messverstärker, N Nordpol, S Südpol, φ Drehwinkel

Drehzahl, maximal mechanische

[speed, maximum mechanical]
Bei Drehgebern die höchstzulässige Drehzahl der Welle. Sie ist im jeweiligen Datenblatt bei den mechanischen Daten angegeben und bezieht sich auf die mechanische Belastbarkeit eines Winkelgebers.

Drehzahlregler

[speed controller]
Bestandteil einer Bewegungssteuerung, der als Ausgangsgröße der Regelstrecke den Drehmomentsollwert liefert. In der praktischen Realisierung wird jedoch anstelle des Drehmomentsollwertes ein Stromwert ausgegeben, der dem Drehmoment proportional ist. Der D. wie auch der Stromregler werden meistens als → *PI-Regler* ausgeführt (Parallelschaltung eines P-Gliedes und eines I-Gliedes (→ *Reglertypen*). Das P-

Glied gewährleistet eine sofortige Reaktion auf Sollwertänderungen bzw. Störgrößen und das I-Glied dient zur Kompensation stationärer Störgrößen, wie z.B. dem Lastmoment.
→ *Vorsteuerung*, → *Lageregler*

Drehzahlsensor
[revolution indicator, tacho]
Sensor zur Messung der Drehzahl, z.B. in Servomotoren für Bewegungsachsen, in der Art von bereits in den Motor integrierten Tachogeneratoren. Die Höhe der Ausgangsspannung des D. ist dann ein Maß für die Drehzahl und das Vorzeichen der Spannung gibt den Drehsinn an. Als D. kann auch eine Schlitzscheibe dienen, bei der eine Umdrehung in Winkelinkremente aufgelöst ist. Die Geschwindigkeit errechnet sich aus der Anzahl der Inkremente je Zeiteinheit.

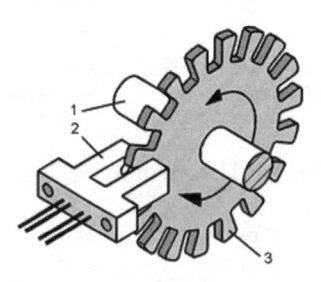

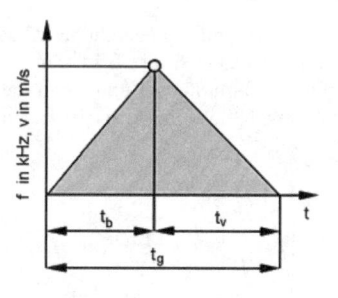

f Frequenz, t Zeit, t_b Beschleunigungszeit, t_g Gesamtpositionierzeit, t_v Verzögerungszeit, v Geschwindigkeit

Dreieckschaltung
[delta connection]
Eine → *Verkettungsart* bei Drehstrom.
Siehe auch → *Stern-Dreieck-Anlauf*

Dreifingergreifer
[three finger gripper]
Greifer, bei dem das Objekt mit drei Greiforganen gehalten wird. Diese können sich geradlinig-linear oder schwenkend auf die Greifermitte bewegen. In jedem Fall wird das Werkstück auf Greifermitte zentriert.

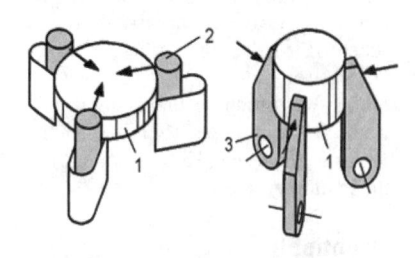

1 Achse, 2 opto-elektronischer Sensor, 3 Schlitzscheibe

Drehzahlvorsteuerung
[speed pre-control]
→ *Vorsteuerung*, → *Drehzahlregler*

Dreiecksbetrieb
[triangle move profile]
Leistungssteuerung einer Positionierachse, wobei im Gegensatz zum → *Trapezbetrieb* der doppelte Beschleunigungsweg größer oder gleich dem erforderlichen Hub ist. Dadurch ergibt sich ein Rampendiagramm (Geschwindigkeits-Zeit-Diagramm) mit dreieckförmigen Verlauf.
→ *Rampe*, → *Positionierfahrt*

1 Werkstück, 2 Greiffinger, 3 auf Mitte schließende Schwenkbacke

Dreipunktgreifer
[three-jaw gripper]
Greifer mit drei Greiforganen, die sich gleichmäßig auf Greifermitte schließen und dabei einen Zentriereffekt bewirken. Die Finger können bogenförmig (Bild) oder geradlinig zentrierend bewegt werden. Beispiel: Antrieb der Finger über verzahnte Bauteile. Das Rad 4 treibt den etwas verdeckten Finger 5 an.

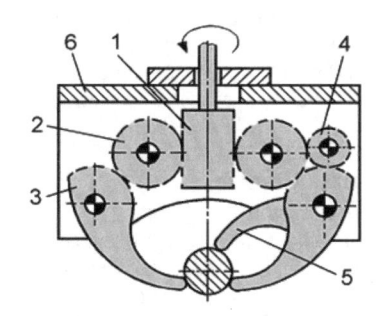

1 Schnecke, 2 Schneckenrad, 3 Finger,
4 Zahnrad, 5 verdeckter Finger, 6 Gehäuse

Dreistern–Radbewegung
[tri-star wheel locomotion]
Vorwärtsbewegung eines mobilen Roboters oder Teleoperators auf Rädern, die als Dreistern angeordnet sind. Damit sind Hindernisse in unwegsamen Gelände gut überwindbar, weil bei Drehung des Sterns eine gewisse Steigfähigkeit, z.B. auch für Treppen, möglich ist.

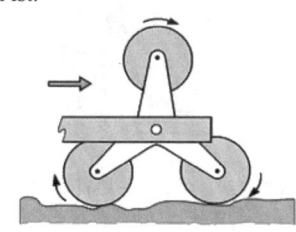

Drift
[drift]
1 Änderung eines Messsignals am Sensorsignalausgang, die bei gleichbleibender Eingangsgröße nur von der fortschreitenden Zeit abhängig ist.

2 Posegenauigkeitskenngröße von Robotern, die die Streuung der → *Posegenauigkeit* während der Aufwärmphase eines Industrieroboters angibt.

Driftkompensation
[drift compensation]
Selbsttätiger Ausgleich von Positionierfehlern, die auf Grund unvermeidlicher Abweichungen vom idealen Abgleich der analog arbeitenden Bausteine des gesamten Regelkreises einer Steuerung auftreten können. Dazu wird die → *Drift* selbstständig oder per Bedienung ermittelt und ein Versatz durch Erneuerung der Korrekturgrößen berücksichtigt.

Drohne
[drone]
Unbemanntes Kleinfluggerät, das vorwiegend vom Militär zur Aufklärung in der Tiefe eines Gefechtsfeldes, zur Ziellokalisierung oder zur Minensuche und -abwehr eingesetzt wird. Es fliegt eine vorprogrammierte Flugroute ab. Die D. verfügt dazu über komplexe allwetterfähige Sensorik und aufwendige Führungssysteme. Im zivilen Sektor ist auch die Inspektion großer Bauwerke, Brücken und Türme machbar. → *RPV*

Druckbooster
[booster, pressure amplifier]
Nachverdichter; andere Bezeichnung für einen Druckverstärker, der den Eingangsdruck von Druckluft in einen z.B. doppelt so hohen Ausgangsdruck umwandelt.

Druckelement
[pressure element]
Pneumatischer Membranaktor (*Festo*), der seine Druckfläche bei Beaufschlagung mit Druckluft um einige Millimeter anhebt. Damit ist das D. als Spanner oder als Greifer einsetzbar. Es gibt das D. in verschiedenen Baugrößen und auch in einer runden Ausführung.

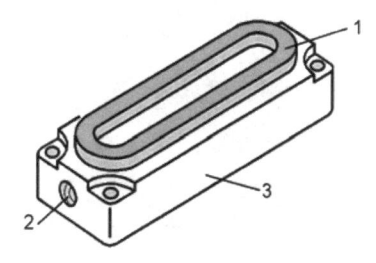

1 Gummimembran, 2 Druckluftanschluss,
3 Grundkörper

Druckluftkissen-Innengreifer
[internal gripper based on compressed air bags]
Greifer für den Innengriff von Rohren oder Keramikröhren, der rund um einen festen Innenkörper mehrere aufblasbare Luftkissen trägt. Beim Greifen werden die Objekte durch eine große Fläche bei geringer Flächenpressung schonend gehalten. Die Druckluftkissen sind meist als Effektor an handgeführten Manipulatoren oder Kleinhebezeugen in Gebrauch.

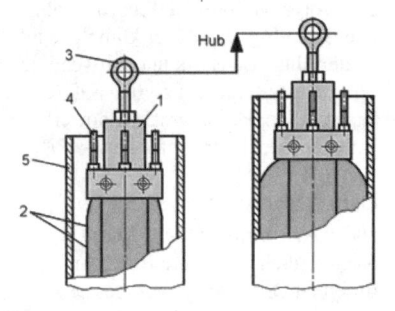

1 Greiferkern, 2 Druckluftkissen, 3 Anhängeöse, 4 Druckluftstutzen, 5 Werkstück, Tonrohr u.a.

Drucksensor
[pressure sensor]
Sensor zur Messung von Drücken, der als Überdruck-, Absolutdruck- oder Differenzdrucksensor ausgelegt sein kann. Als sensitives Material kommen Silizium, Keramik, Metall und Quarz infrage.

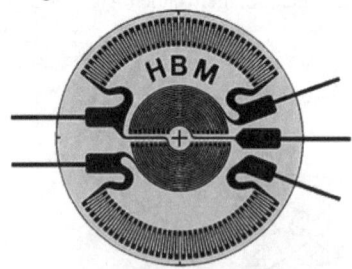

Das Wirkprinzip kann piezoresistiv, kapazitiv, resistiv und piezoelektrisch sein. Das Bild zeigt einen Drucksensor, bei dem ein Folien Dehnungsmessstreifen in Rosettenform auf eine Kreismembran aus Edelstahl aufgebracht ist.

Dual codierte Zahl
[binary number]
Darstellung einer Zahl auf der Basis 2, ausgedrückt als eine Folge von Ziffern 0 und 1, d.h. alle Zahlen sind als Potenzen von 2 dargestellt. Eine Dezimalzahl hat als Basis dagegen die Zahl 10 (10 verschiedene Ziffern von 0 bis 9).

Dualarm-Einlegeeinrichtung
[twin-arm pick & place]
Pick-and-Place Gerät, mit einer zentralen Hub-Schwenkachse. Es können drei Zielstellen bedient werden: Magazin, Presse P1 und Presse P2 (Bild).

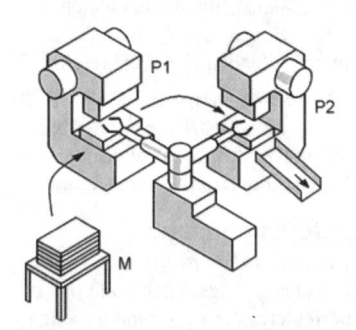

In der Presse P1 bearbeitete Teile werden zur nächsten Presse zur Fertigstellung weitergegeben. Dort werden sie dann mechanisch oder pneumatisch ausgeworfen. Das Parallelhandling spart Nebenzeit und ist daher sehr effektiv.

Dualarmroboter
[twin-arm robot]
Roboter mit zwei unabhängigen, freiprogrammierbaren Armen, die miteinander kooperativ zusammenarbeiten können. Als Bauform kommen Senkrechtgelenkarme in Frage, aber auch das Scara-Prinzip.

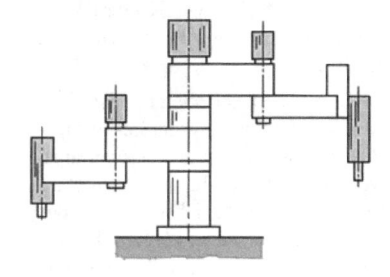

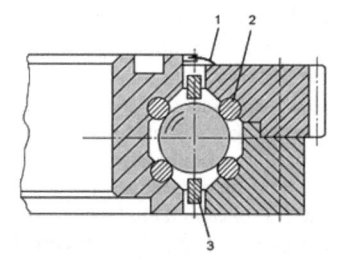

1 Lagerabdichtung, 2 Drahtring, 3 Käfig

Durchflusskoeffizient
[flow coefficient]
Koeffizient (k_v), der das aufgabengemäße Verhalten eines Stellgliedes für den Stofffluss quantifiziert, mit der Angabe der Abhängigkeit von Hub oder Drehwinkel des Stellgliedes. Er ist ein wichtiges Entscheidungskriterium für die Auswahl von Stellgliedern.

Durchlaufspeicher
[accumulator for compressed air]
Werkstückpuffer, der auch als Hauptschlussspeicher bezeichnet wird.

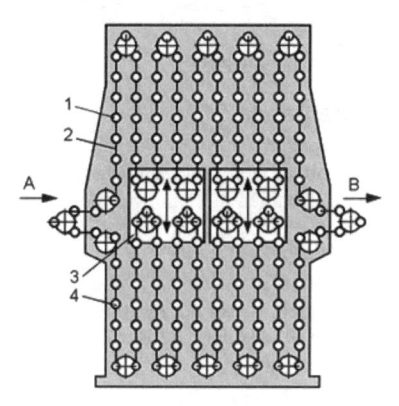

Dunkelschaltend
[dark switching]
Bei optoelektronischen Sensoren eine Eigenschaft des Schaltausganges, der dann aktiviert ist, wenn kein Licht auf den Lichtempfänger auftrifft bzw. wenn der Lichtstrahl nicht zum Empfänger reflektiert wird. Der nachgeschaltete Verstärker ist durchgeschaltet und das Ausgangsrelais angezogen. Erhält der Empfänger Licht, fällt das Relais ab. Gegensatz: → *Hellschaltend*.

Dünnringlager
[thin section bearing]
Speziell konstruiertes Wälzlager (Vierpunkt-, Rillen-, Schrägkugellager) mit gegenüber normalen Lagern geringer Masse und kleinem Querschnitt. Das D. wird auch in der Robotertechnik für Basisdreheinheiten eingesetzt. Die Bohrungsdurchmesser liegen z.B. im Bereich von 25 bis 1000 mm und die Breiten im Bereich von 5 bis 25 mm.

1 Magazinplatz, 2 Umlaufkette, 3 Kettenumlenk- und Ausgleichseinheit, 4 Leertrum, A, B Ein-/Ausgabe

Alle Werkstücke sind ständig oder taktweise in Bewegung und es wird das Prinzip *first-in/first-out* realisiert. Die Werkstückreihenfolge verändert sich im Gegensatz zum → *Rücklaufspeicher* nicht. Zuerst eingespeicherte Objekte verlassen auch zuerst den D.

Durchsteckmontage
[through-hole mounting]
In der Elektronik die Montage elektronischer Bauelemente, bei der die Anschlussdrähte der Bauelemente durch die Bohrungen in der Leiterplatte geführt und dann umgebogen werden müssen. Vorher sind die Drähte auf Rastermaß zu biegen. Die Leiterplatte wird dann zur Lötanlage gebracht. Die Bestückung erfolgt nur einseitig.

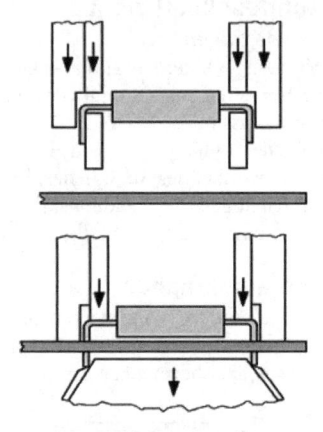

1 Bauteil, 2 Leiterplatte

Düsenlanze
[nozzle pipe]
Ein Roboterwerkzeug zum Entspänen von Bohrungen in komplizierten Werkstücken, wie z.B. Vergasergehäusen. Die D. wird in die Bohrung eingeführt und bläst die Späne von innen nach außen, wobei der Reinigungsprozess durch oszillierende Bewegungen unterstützt wird.

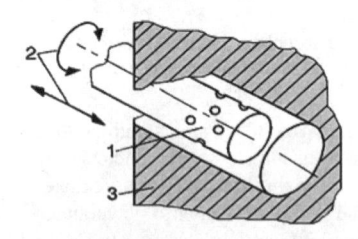

1 Lanzenkopf, 2 Bewegungen beim Reinigen, 3 Werkstück

DVI
[Direct Voice Input]
Direkte Spracheingabe, z.B. zum Programmieren eines Roboters oder eines Fördersystems (Paketverteilung).

DVO
[Direct Voice Output]
Abk. für eine Direkte Sprachausgabe durch eine Maschine

Dynamik
[dynamic performance]
1 Wissenschaft von den beschleunigenden Kräften und von den Veränderungen, welche diese Kräfte in den Bewegungszuständen von Körpern hervorrufen (Kinematik + verursachende Kräfte).

2 Fähigkeit eines Roboters oder eines anderen Handhabungsgerätes, große Beschleunigungs- und Verzögerungswerte bei den Achsbewegungen ohne Minderung der Betriebssicherheit des Systems erreichen zu können. Ein Roboterantrieb soll möglichst schnell und ohne → *Überschwingen* auf Geschwindigkeitsänderungen reagieren.

Dynamische Analyse
[dynamic analysis]
Dreidimensionale dynamische Untersuchung und Simulation, die das Verhalten eines Systems in verschiedene Nutzungsvarianten untersucht, bevor ein Prototyp gebaut wird.

Dynamisches Robotergehen
[dynamic walking robot]
Gangart eines Roboters, bei der der Schwerpunkt sich auch außerhalb der Bereiche der Füße befinden kann, ohne dass der Roboter zu Fall kommt. Beim dynamischen Laufen führt die zur Aufrechterhaltung der Geschwindigkeit notwendige Bewegung dazu, dass zeitweise kein Roboterbein mehr den Boden berührt. Beim statischen Gehen befindet sich dagegen der Körperschwerpunkt stets so über den Füßen,

dass der Roboter nicht fallen kann. Die Bewegung wird dann sehr langsam erfolgen.
→ *Null-Moment-Punkt* (Steuerung)

E

Echo-Laufzeitmessung
[measurement of echo transient time]
Abstandsmessung mit Hilfe eines Ultraschallsignals. Das ausgesandte Signal wird von einem Gegenstand reflektiert und läuft zum Empfänger zurück. Die Laufzeit ist ein Maß für den doppelten Abstand zum Hindernis. Die E. kann z.B. als Kollisionsschutz für einen mobilen Roboter dienen.

Echtzeit
[real time]
Prozesse laufen in E., wenn das Zeitmaß im Modellsystem (in einer Steuerung) dasselbe wie im Originalsystem ist. Entsprechende dynamische Vorgänge laufen in beiden Systemen gleich schnell ab. Prozess und Darstellungen im Prozessrechner laufen zueinander synchron. Maschinen-Steuerungen, Anlagen, Autos, Flugzeuge usw. sind praktisch immer Echtzeitsysteme. Für das Echtzeitverhalten eines Systems sind vier messbare Kriterien ausschlaggebend. Neben der Lauf-, Zyklus- oder Reaktionszeit gehören dazu der → *Jitter*, die Synchronität sowie der Datendurchsatz.
→ *Echtzeitsystem*

Echtzeitbetrieb
[realtime processing]
Arbeitsweise eines Daten verarbeitenden Systems, das durch sofortige Bearbeitung einer Eingabe umgehend auf äußere Einflüsse reagiert und einen Prozess bei vernachlässigbar kleiner Rechen- und Laufzeit beeinflusst. Von harter Echtzeit (*hard realtime*) wird gesprochen, wenn das Nichterfüllen einer zeitlichen Beschränkung fatale Folgen hat. Unter weicher Echtzeit (*soft realtime*) versteht man dagegen das Einhalten zeitlicher Bedingungen, deren Verletzung allenfalls eine verminderte Nutzung bedeuten würde.

Echtzeitfähigkeit
[real-time ability]
Eigenschaft eines Systems (Rechner, Steuerung, Produktionssystem), ständig derart abrufbreit zu sein, dass innerhalb einer vorgegebenen Zeitspanne auf Ereignisse im Ablauf eines technischen Prozesses reagiert werden kann.

Echtzeitsystem
[real-time system]
System, welches auf ein äußeres Ereignis innerhalb einer vorgegebenen Zeitspanne definiert antwortet. Schnelligkeit muss dabei nicht unbedingt im Vordergrund stehen. Automationslösungen mit SPS kommen mit Reaktionszeiten im Millisekundenbereich aus und für langsame Systeme in der Prozessindustrie (z.B. Temperaturregelung) genügen Reaktionszeiten von Sekunden oder gar Minuten.

EC-Motor
[EC motor]
Das EC steht für *electronically commutated*; Bezeichnung für einen elektronisch kommutierten (bürstenlosen) → *Gleichstrommotor*. Er wird auch als EK-Motor bezeichnet.

Eckumlenkung
[corner turn]
Im Montagetransfersystem mit Werkstückträgerumlauf eine Umlenkstation am Ende einer geraden Strecke z.B. mit Hilfe eines Drehtellers. Der Werkstückträger läuft auf den Schleppteller auf, wird durch Friktion mitgenommen

und auf die Anschlussstrecke ausgegeben.

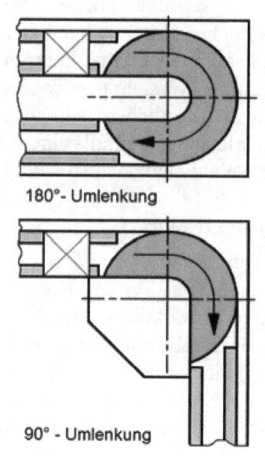

180°- Umlenkung

90° - Umlenkung

Eckenverrundung
[corner radius]
Beim NC-Bahnfahren einer Ecke ohne Halt eine Erscheinung der E. Die Ursache liegt prinzipbedingt im Schleppabstand (→ *Schleppfehler*) der Lageregelung.

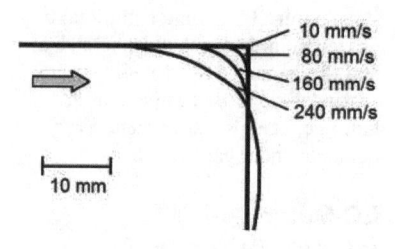

10 mm/s
80 mm/s
160 mm/s
240 mm/s

10 mm

Die Größe der Verrundung ist von der Bahngeschwindigkeit abhängig. Je größer die Geschwindigkeit und je kleiner der K_v-Faktor des Lagerregelkreises, desto stärker ist die Verrundung.

Effektor
[effector]
Oberbegriff für alle Arbeitsorgane, die eine Interaktion des Roboters mit der Umwelt bewirken (eine Wirkung hervorbringen) und in der Regel das letzte Glied eines Roboters mit offener kinematischer Kette darstellen. Mit dem E. führt ein Roboter die eigentliche Aufgabe durch. Man kann in die Gruppen Werkzeuge (Schrauber, Schweißzange, Bohrspindel u.a.) und Greifer unterscheiden. In der Biologie bezeichnet man den „Erfolgsapparat", das sind Muskelpartien und Drüsen, ebenfalls als E.

Effektortrajektorie
→ *Trajektorie*

Eichen
[calibrate]
Prüfen von Messwertaufnehmern, Sensoren oder Messgeräten auf ihre richtige Wiedergabe oder Anzeige von gesetzlich festgelegten Messgrößen mit Hilfe von Urnormalen sowie das Anbringen von Eichmarken.

Eigenfehlersicherheit
[intrinsic safety]
Eigenschaft von technischen Einrichtungen, insbesondere von Sensoren und Steuerungen, eine eigene Fehlfunktion selbst und mit Sicherheit zu erkennen.

Eigenfrequenz
[damped natural frequency]
Frequenz, mit der ein System, z.B. ein Roboterarm, ohne äußere Einwirkung frei schwingt. Durch geringe Steife und große träge Masse ist die E. bei einem Roboter niedrig, z.B. im Bereich von 2 bis 10 Hz. Im Betrieb ändert sich jedoch die Trägheitslast, wenn Werkstücke erfasst und manipuliert werden. Ebenso ändert sich die Steife des Antriebs.

Eigenschwingung
[natural (free) oscillation]
Schwingungen eines Systems, deren Frequenz (→ *Eigenfrequenz*) nur von den Eigenschaften des schwingenden Systems abhängt.

Eigensicherheit
[intrinsic safety]
Schutzart (Zündschutzart) von elektrischen Geräten (Stromkreisen), bei denen sowohl Spannung als auch Strom derart begrenzt sind, dass keine für die Zündung eines explosionsfähigen Gemisches ausreichenden Temperaturen bzw. Funken auftreten können, auch nicht bei einem Kurzschluss.

Eigenstromaufnahme
[intrinsic current consumption]
In der Sensorik die Stromaufnahme eines unbetätigten Sensors.

Einachspositionierung
[single-axis positioning]
Steuerung bzw. Regelung einer Positionierachse in einem mehrachsigen System, bei dem eine gegenseitige Beeinflussung der einzelnen Achsen vernachlässigt oder als externe Störgröße betrachtet wird.

Einbein-Springmaschine
[one legged hopper]
Hüpfender einbeiniger Roboter (auch als Pogostab bezeichnet), der zu Forschungszwecken an der *Carnegie-Mellon-Universität* 1983 entwickelt wurde.

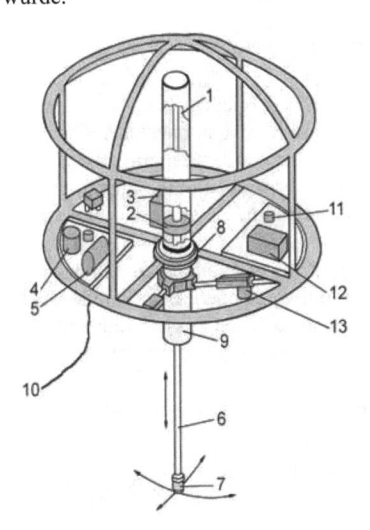

1 Beinachsen-Wegsensor, 2 reibungsarmer Kolben, 3 Pneumatikventil, 4 Sensor, 5 Trägheitskreisel, 6 Bein, 7 Belastungssensor, 8 Kardanrahmen, 9 Druckluftzylinder, 10 „Nabelschnur", 11 Positions- und Geschwindigkeitssensor, 12 Computerschnittstelle, 13 Hydraulikantrieb

Das Problem besteht in der Sicherung des Gleichgewichts des stelzenartigen Gebildes in Echtzeit, trotz verschiedener Störgrößen. Die E. ist statisch instabil, dynamisch aber stabil. Das erfordert aber ständiges Hüpfen.

Eindeutigkeitsbereich
[uniqueness range]
Jener Teil des Verstellbereiches einer Messeinrichtung, innerhalb dessen die Gebersignale ein eindeutiges Abbild z.B. für den Weg- bzw. Winkel-Istwert darstellen.

Einfach-PTP
[simple point-to-point control]
Punkt-zu-Punkt-Steuerung, bei der alle beteiligten Bewegungsachsen mit ihrer Maximalgeschwindigkeit verfahren und den Zielpunkt im Allgemeinen zu verschiedenen Zeitpunkten erreichen. Dadurch wird der Gesamtbewegungsverlauf „eckig". Abhilfe schafft die → *Synchron-PTP*.

Einfachwirkend
[single-acting]
Eine Einheit, die entweder in Druck- oder Zugrichtung wirkt, z.B. ein pneumatischer Aktor mit Feder- oder Schwerkraftrückstellung.

Einfingergreifer
[single-finger gripper]
Greifer, der ein Objekt an einer einzigen Griffstelle formpaarig hält. Das kann ein Greifhaken sein. Die Position des Greifobjekts am Haken ist aber nur ungenau reproduzierbar. Die E. werden weniger am Roboter, sondern eher an einem manuell geführten Manipulator (→ *Balancer*) verwendet.

Eingabefeinheit
[input resolution]
Kleinster numerischer Programmschritt, d.h. die kleinste unterscheidbare (Mess-)Einheit, die in eine Steuerung als Sollwert eingegeben werden kann.

Eingeber
[inserter]
Einrichtung zum Eingeben von Werkstücken oder Halbzeugen in eine Fertigungseinrichtung. Im Bild werden Lösungen für das Zuteilen und Eingeben von Flachteilen gezeigt. Als aktive Komponenten wirken hier eine Reibrolle oder ein Schieber. Die Teile werden dann zur weiteren Förderung von Walzen erfasst und in die Bearbeitungsmaschine eingezogen.

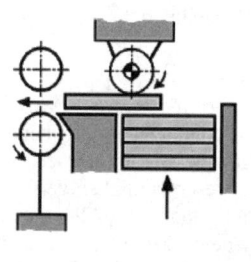

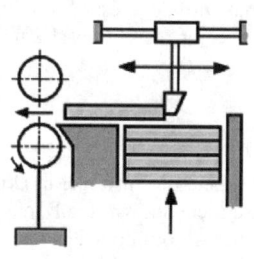

Einheitssignal
[standardised signal]
Messsignal, bei dem Minimal- und Maximalwert durch Normung festgelegt sind.

Einlegegerät, Einlegeeinrichtung
[pick and place unit]
Einfacher Bewegungsautomat, dessen Bewegungen hinsichtlich Bewegungsfolge und/oder Wegen bzw. Winkeln nach einem fest vorgegebenen Programm ablaufen, das ohne mechanischen Eingriff nicht verändert werden kann. Die E. werden durch Anschläge oder Nockenschalter, teils durch Steuerkulissen, gesteuert und sind im allgemeinen mit Greifern ausgerüstet. Sie werden vornehmlich für Handhabungsaufgaben in der Serien- und Massenfertigung eingesetzt, wo es nicht auf die schnelle Veränderbarkeit des Bewegungsablaufes ankommt. Sie sind eine kostengünstige Alternative zu Robotern. Synonyme Bezeichnungen: Festtaktroboter, Transferautomat, Beschickungseinrichtung, Fixed Sequence Manipulator.

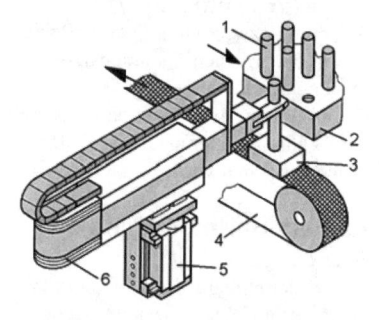

1 Werkstück, 2 Plattenmagazin, 3 Montagebasisteil, 4 Transferförderband, 5 Kurzhubzylinder, 6 Lineareinheit

Einlegeteile
[inserts]
In der Spritzgießtechnik Funktionsbauteile in Produkten, meist aus Kunststoff, Metall oder Keramik, die zuerst in die Spritzgussform eingelegt und dann umspritzt werden. E. kommen sehr oft vor. Wird das Fertigteil mit einem Roboter entnommen, dann kann mit einem Doppelgreifer bereits das E. für den nächsten Spritzzyklus mitgebracht und eingelegt werden.

Einmassenschwinger
[single-mass oscillator]
Schwingsystem für Vibratoren, bei der die Förderrinne, die mit ihr fest ver-

bundenen Erreger und das aufliegende Fördergut die Nutzmasse bilden.

Einquadrantbetrieb
[single-quadrant operation, one-quadrant operation]
Betrieb eines Elektromotors nur in einer Drehrichtung zum Antrieb einer Arbeitsmaschine. Zur Drehrichtungsumkehr muss die Ankerspannung mittels Schaltschütz umgepolt werden. Für NC-Maschinen kommt nur der → *Vierquadrantenbetrieb* in Frage.

Einrichtebetrieb
[setting-up mode]
Betriebsarten, unter denen eine NC-Maschine oder ein Roboter nicht durch ein selbstständig ablaufendes Bewegungsprogramm arbeitet, wie Handbetrieb, Nachteachen, Programmieren und Testbetrieb. Weil dazu oft die Anwesenheit von Personal im Arbeitsraum der Maschine nötig ist, werden hier zusätzliche Schutzmaßnahmen getroffen, u.a. eine reduzierte Geschwindigkeit der Roboterarmbewegungen. Für den E. steht meist auch ein Programmierhandgerät zur Verfügung.

Einschaltdauer (ED)
[running time]
Teil der Spieldauer, in dem ein Motor arbeitet, also der Quotient aus der Summe der Einschaltzeiten des Motors während eines Arbeitsspiels und der Spieldauer. Die Auslegung des Motors und seine thermische Belastung sowie die ED stehen im Zusammenhang. Die zulässige ED wird auf dem Leistungsschild in Prozent angegeben. ED = 40 % bedeutet auf eine Spieldauer von 10 min bezogen, dass der Motor höchstens 4 min eingeschaltet sein darf und anschließend mindestens 6 min ausgeschaltet bleiben muss.

Einschaltdiagnose
[start routine]
Überprüfung einer Steuerung (eines Rechners), die beim Einschalten selbsttätig abläuft und Bauelemente bzw. Bausteine auf ihre ordnungsgemäße Funktion testet. Erst wenn Fehlerfreiheit festgestellt wurde, können Bedienhandlungen an der Steuerung vorgenommen werden. Die E. erfasst aber keine Fehler, die während des laufenden Betriebs eintreten.

Einstatoranordnung
[single-sided flat linearmotor]
Bei flachen Drehstrom-Linearmotoren eine Ausführung, bei der der Stator aus einem Stück besteht, im Gegensatz zur → *Doppelstatoranordnung*. Bei der E. ist dem Primärteil (Stator) ein magnetischer Rückschluss gegenüberzustellen. Dieser kann auch Bestandteil des Sekundärteiles (Läufer) sein. Im Primärteil befindet sich eine Drehstromwicklung, die ein magnetisches Wanderfeld erzeugt. Die synchrone Geschwindigkeit ergibt sich aus der Polteilung und der Frequenz des speisenden Netzes.
→ *Linearmotor*

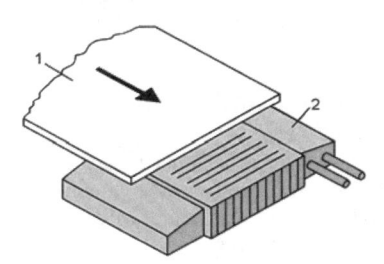

1 Sekundärteil, 2 Primärteil

Einweglichtschranke
[on-way barrier]
Lichtschranke zur Anwesenheitskontrolle, bei der das Licht des Senders zu einem räumlich und optisch getrennten Lichtempfänger geführt wird (Reichweite bis 120 Meter).

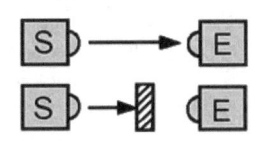

Einzelfingermodul
[single-finger module]
Für Sondergreifer einsetzbarer Fingermodul, der ein Objekt z.B. pneumatisch gegen eine Unterlage spannen kann. Mehrere E. ergeben auf einer Grundplatte aufgebaut einen Sondergreifer.

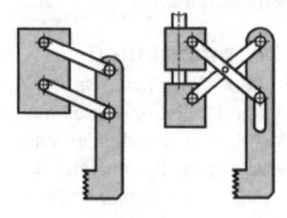

Einzelsatzbetrieb
[single block mode]
Betriebsart einer NC-Steuerung, bei der ein Programmlauf Satz für Satz ausgeführt wird. Jeder Satz wird neu gestartet. Ein Programmsatz ist eine Anzahl von Wörtern, die die Information für eine Aktion einer numerisch gesteuerten Maschine bilden und die von der Steuerung als eine Einheit behandelt werden.

Einzelschrittbetrieb
[single-step procedure]
Bei elektronischen Steuerungen eine Betriebsart, bei der ein Programm schrittweise abgearbeitet wird, damit man im Einrichte- oder Testbetrieb die Aktionen einer Maschinenstruktur besser beobachten und einstellen kann.

Einzelstück-Fließmontage
[on-piece flow assembly]
Bestandsminimale Versorgung von Montageeinrichtungen, wobei im Grenzfall die Losgröße für einen Fertigungs- bzw. Montageauftrag auf den Wert 1 sinkt. Der Weitertransport der Werkstückträger oder Basisteile erfolgt meistens manuell durch den Werker. Es sind aber auch mechanisierte Förderer verwendbar.

Einzelteil
[part, single part, one-off part]
Technisches Gebilde, das durch die Bearbeitung eines Werkstoffes entstanden ist, nicht aber durch Fügen.

Einzweckgreifer
[on purpose gripper]
Greifer, der speziell für die Geometrie eines bestimmten Werkstücks, z.B. ein Wasserpumpengehäuse, ausgelegt ist. Sie werden meist den Anforderungen in der Großserienfertigung angepasst und sind kostengünstiger als ein angepasster Standardgreifer.
→ *Universalgreifer*

Einzweckroboter
[on purpose robot]
Bezeichnung für einen Industrieroboter, der prozessspezifisch ausgelegt wurde und nur für diesen einen Zweck verwendbar ist. Er weist meist auch eine Sonderbauform auf. Vorteilhaft ist, dass man gegenüber einem Universalroboter auf alle nicht benötigten Baugruppen verzichten kann.

Eiserne Hand
[iron hand]
Alte Bezeichnung für eine einfache maschinenintegrierte Handhabungseinrichtung, die vor allem an Pressen zur einfachen Handhabung (Ein-, Aus- und Weitergeben) von Blechformteilen verwendet wurde. Die Greifbacken sind auswechselbar und die Greif- und Ablegeposition ist in engen Grenzen einstellbar.

Ejektor
[ejector]
1 Strahlpumpe zur Erzeugung eines Unterdrucks, um Saugergreifer mit Druckluft betreiben zu können. Die Luft tritt durch eine Querschnittsverengung (Venturidüse), wobei sich die Geschwindigkeit erhöht. Nach der Treibdüse expandiert die Luft, wobei an einem Seitenanschluss der Düse Luft abgesaugt wird.

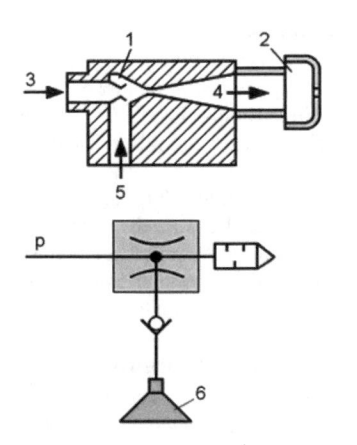

1 Venturidüse, 2 Schalldämpfer, 3 Drucklufteingang, 4 Abluft, 5 Saugluft, 6 Sauger, p Druckluft

2 Vorrichtung zum Auswerfen von Werkstücken aus einer Wirkzone, z.B. das Wegschieben eines Blechteils aus einem Schneidwerkzeug im Arbeitsraum einer Presse.

EK-Motor
[electronically commutated motor]
Elektronisch kommutierter Motor;
→ *Gleichstrommotor, bürstenloser,* →
EC-Motor

Elastizitätsmodul
[modulus of elasticity]
Allgemein ein Kennwert für die Steifigkeit eines Werkstoffes, z.B. eine Materialeigenschaft eines → *Elastomers*. Er beschreibt das Verhältnis zwischen Druckbelastung und Ausdehnung des Elastomers. Die Drucksteifigkeit ist abhängig vom Druckmodul (E-Modul) und die Schersteifigkeit vom Schermodul (G-Modul).

Elastomer
[elastomer]
Elastomere sind polymere Werkstoffe mit hoher Elastizität. Der Kunststoff besitzt hervorragende Dämpfungseigenschaften und wird deshalb bevorzugt für Schwingungsisolatoren verwendet.

Elektrische Ausführung
[electric construction]
Bei Geräten und Sensoren gilt: DC PNP = Gleichstrom-Gerät mit positivem Ausgangssignal; DC NPN = Gleichstrom-Gerät mit negativem Ausgangssignal; AC/DC = Allstrom-Gerät, bei dem der Anschluss wahlweise an Gleich- oder Wechselspannung möglich ist.

Elektrischer Antrieb
[electrical drive]
Der stetig steuerbare elektrische Antrieb besteht neben dem Motor als dem eigentlichen elektromechanischen Energiewandler aus einem Leistungsstellglied, über das der Energiefluss gesteuert werden kann. Höchste Drehzahlgenauigkeit wird erreicht, wenn die Steuerung des Leistungsstellgliedes über einen Drehzahlregler erfolgt. Leistungsstellglied und Regelung bilden zusammen mit der Funktionseinheit Überwachung und Diagnose die Baugruppe Regelgerät.
→ *Antrieb,* → *Antriebsaufgabe,* → *Direktantrieb,* → *Drehstromantrieb,* → *Gleichstromantrieb,* → *Schrittmotorantrieb*

Elektrische Welle
[synchro system, electrical simulated shaft]
Bezeichnung für eine Gleichlaufeinrichtung mit Asynchron-Schleifringläufermotoren. Allgemein sind es Schaltungen zur elektrischen Fernübertragung von Winkeln, die vorzugsweise mit Drehmeldern realisiert werden. Bei der im Bild gezeigten Schaltung wird über die Wechselspannung die Hilfsenergie eingespeist. Vom Rotor des Gebers werden in dessen Statorspulen von der Winkelstellung abhängige Spannungen induziert und über Fernleitungen zum Empfänger übertragen. Dort bildet sich das Feld ab und übt auf die Rotorspule ein Drehmoment aus, das erst bei genauer

Nachführung des Winkels verschwindet.
→ *Elektronisches Getriebe*

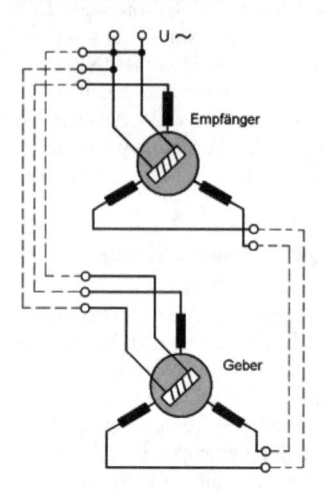

Elektrohubzylinder
[linear electric actuator]
In Baugrößen gestufter Stellantrieb, der äußerlich einem fluidischen Arbeitszylinder ähnelt, aber durch einen Elektromotor in Gang gesetzt wird. Auch beim E. fährt eine (Kolben-)Stange aus. Im Innern ist ein Spindeltrieb mit rotierender Mutter untergebracht. Der E. unterstützt eine Umrüstung von pneumatischen Antrieben auf elektrische Aktoren. Der E. kann auch als Spannmittel eingesetzt werden.
→ *Hubspindel, elektromechanische*

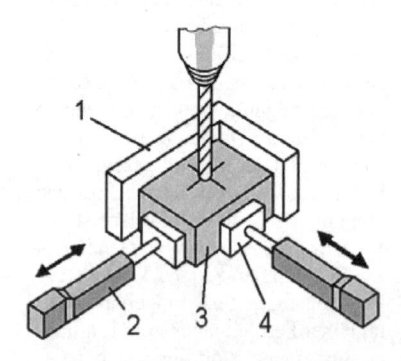

1 Spannvorrichtung, 2 Elektrohubzylinder, 3 Werkstück, 4 Druckplatte

Elektrokettenzug
[electric-chain hoist]
Hebezeug, dessen Zugmittel eine lehrenhaltige Rundstahlkette ist, die mit Geschwindigkeiten im Bereich von 1,5 bis 20 m/min bewegt werden kann, bei polumschaltbarem Motor auch mit 0,3 m/min. Kern des Antriebs ist ein Verschiebeläufermotor mit Kegelbremse, der über ein Stirnradgetriebe das Taschenrad für die Kette treibt.

Elektromagnetgreifer
[electromagnetic gripper]
Greifer für ferromagnetische Werkstücke, die ein Teil durch intermolekulare Kräfte halten, die beim Einschalten des Stromes entstehen. Die Haltekraft ist eine Funktion der Flussdichte, des Spulenstromes und der Länge der magnetischen Feldlinien in den Windungen der Spule.

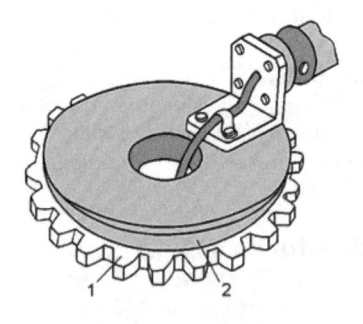

1 Werkstück (Zahnrad), 2 Elektromagnet

Elektromagnetische Verträglichkeit
[electromagnetic compatibility]
Fähigkeit einer Einrichtung oder eines Systems, in seiner elektromagnetischen Umgebung befriedigend zu funktionieren, ohne dabei unannehmbare elektromagnetische Störgrößen für andere Einrichtungen in diese Umgebung einzubringen. Entsprechende Schutzmaßnahmen dienen dazu, zunächst nicht erklärbare Funktionsstörungen bei Antrieben und Steuerungen auszuschließen.

Elektronisches Getriebe
[electronic gearbox]
Softwaremäßige Nachbildung der Funktion eines mechanischen Getriebes, wobei eine treibende Achse (Masterachse) die Informationen zur Steuerung einer Folgeachse (Slaveachse) liefert. Es kann z.B. ein absoluter und winkelgenauer Gleichlauf gefordert sein (elektronische Welle) oder ein Gleichlauf mit einstellbarem Drehzahlverhältnis (elektronisches Getriebe). Vorteile: keine mechanische Kopplung, beliebige räumliche Anordnung, in weiten Grenzen einstellbares Übersetzungsverhältnis (auch „krumme" Übersetzungsverhältnisse sind möglich), keine mechanischen Schäden bei einer Überlastung sowie Verschleißfreiheit.
→ *Achskopplung, elektronische*

Elektronisches Typenschild
[electronic type plate]
Implementierung von Anschlussdaten in eine elektrische bzw. elektronische Funktionseinheit, um diese über eine einzige leistungsfähige antriebsinterne Verdrahtung schnell und flexibel mit anderen Einheiten verbinden zu können. Jede Funktionseinheit wird elektronisch erkannt und identifiziert. Servicedaten wie Unikatnummern und Versionen können übertragen werden und verkürzen damit Inbetriebnahme- und Servicezeiten wesentlich.

Elementarfunktionen
[elementary functions]
In der Handhabungstechnik nach VDI 2860 die kleinsten, sinnvoll nicht weiter unterteilbaren Handhabungsfunktionen. Das sind Teilen, Vereinigen, Drehen, Verschieben, Halten, Lösen und Prüfen.
→ *Teilfunktionen des Handhabens*

Elementarsensor
[elementary sensor]
Bezeichnung für das eigentliche primäre Wandlungselement zwischen einer nichtelektrischen Messgröße und einem elektrisch verwertbaren Signal. Der E. stellt die Schnittstelle zwischen dem zu sensierenden Medium und der Elektronik dar.

Elevationsbewegung
[elevation movement]
Bewegung zum Anheben eines Gegenstandes mit Hilfe einer Hubeinheit.

Ellenbogengelenk
[elbow, elbow joint]
Bei einem Drehgelenkroboter das Verbindungsgelenk zwischen den Ober- und Unterarm des Roboters, in Anlehnung an das E. beim Menschen.

ELSI
[Electro Light Sensitive with Internal and external stability]
Ein auf Lichtreize reagierendes autonomes mobiles Vehikel im Outfit einer Schildkröte, das 1950 vom amerikanisch-britischen Neurologen *W. G. Walter* (1910-1977) als lichtempfindliches Kunstwesen mit vorbestimmten Verhaltenseigenschaften zu Studienzwecken entwickelt wurde. Es gibt weitere → *kybernetische Tiere*. *W.G. Walter* versuchte Wieners Vorstellungen von kybernetischen Maschinen experimentell umzusetzen.

EMAGO

Abk. für Elektromagnetisches Ordnen; Verfahren zur automatischen Orientierung von metallischen Kleinteilen im Durchlaufverfahren. Das E. ist besonders für Teile mit verborgenen Merkmalen in der Innenkontur geeignet. Die Teile durchlaufen ein elektromagnetisches Feld. Dabei entstehen im Teil Kräfte, die von geometrischen Merkmalen abhängen. Bei asymmetrischen Teilen wirken diese Kräfte ungleichmäßig und drehen das Teil in eine andere Lage. Es werden Leistungen bis 400 Teile je Minute erreicht.

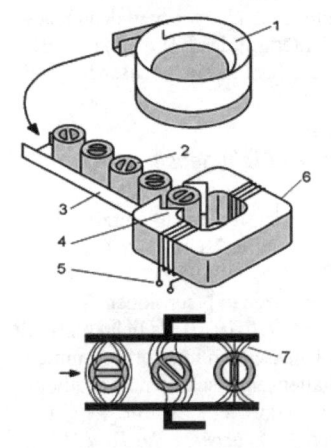

1 Vibrationswendelförderer, 2 Werkstück, 3 Zuführrinne, 4 Polschuh zur Magnetfeldformung, 5 Wicklung, 6 Magnet, 7 Ausprägung des Magnetfeldes

Embedded Robotics

[verteilte, eingebettete Robotik]
Anwendung von Robotern, die sich zunehmend zu intelligenten Maschinen entwickeln, auf ganze technische Systeme, z.B. autonome mobile Roboter in Überwachungssystemen.

Embedded Systems

[eingebette (Rechner-)Systeme]
Im Prinzip ein Mikrocomputer, der für eine produktspezifische Aufgabe innerhalb des umschließenden Systems entwickelt wurde, also in dieses eingebettet ist (z.B. ein ABS-Bremssystem). Das E. enthält einen Hardware- und Softwareanteil. Die Hardware besteht typischerweise aus einem Mikroprozessor, Speicher und Peripheriebausteinen, die über ein Bussystem verbunden sind. Die Software ist in einem PROM oder EPROM abgelegt und besteht aus dem applikationsspezifischen Teil und oft aus einem Echtzeitbetriebssystem. Die Bestandteile sind heute meistens auf einem Chip untergebracht. Es besteht eine enge Verbindung mit Sensoren und Aktoren.

Embodied Intelligence

Von *R. Brooks* postuliertes Credo *„Intelligence must have a body."* Zu jedem intelligenten System gehört ein Körper. Die Art dieser Verkörperung bestimmt die Art seines Denkens.

Embodiment

→ *Körperhaftigkeit*

Emergenz

[emergence]
lat. Auftauchen, zum Vorschein kommen; Bezeichnung der Entstehung von Verhaltensweisen in einem oder zwischen mehreren Artefakten, die nicht durch den Programmierer (absichtlich) vorgegeben wurden. Die Komponenten leisten in der Vereinigung oft überraschend mehr, als man ihnen zutraute.
→ *Braitenberg-Vehikel*

Emission

[emission]
Oberbegriff für die Aussendung von elektromagnetischen Teilchen oder Wellen, z. B. als Licht, Wärme oder Strahlung.

Emissionsgrad

[emissivity]
Verhältnis der Strahlungsstärke eines Temperaturstrahlers zur maximal möglichen Strahlungsstärke eines (schwarzen) Körpers gleicher Temperatur.

Empfindlichkeit
[sensitivity]
Allgemein der Quotient einer beobachteten Änderung des Ausgangssignals durch die sie verursachende Änderung des Eingangssignals (der Messgröße). Bei Sensoren ist es das Verhältnis der Änderung des Sensorausgangssignals ΔX_a zu einer Änderung des Sensoreingangssignals ΔX_e. Es gilt $E = \Delta X_a / \Delta X_e$. Diese Größe wird auch als Übertragungsverhalten des Sensors bezeichnet. Der Zusammenhang ist oft nichtlinear, sodass in der Signalvorverarbeitung eine Linearisierung erfolgen muss.

EMSM
[Electro Master Slave Manipulator]
Elektrischer Master-Slave-Manipulator, d.h. die Achsen des Slave Armes werden elektromotorisch angetrieben und nicht durch eine direkte mechanische Kopplung mit dem Masterarm.
→ *Mechanischer Parallel Manipulator,* → *Master Slave-Manipulator*

Emulation
[emulation]
Nachbildung (*emulate* = etwas gleichtun) eines Systems durch ein anderes System vor allem mit Hilfe von Hardware. Diese wird dann als Emulator bezeichnet. Das nachgebildete System verhält sich wie das Ursprungssystem.

Encoder
[encoder]
Messscheibe mit radialer Spalteinteilung, mit der die Winkelpositionen z.B. einer Motorwelle in Daten umgesetzt werden. Mit einem optischen Sensor kann die Geschwindigkeit bestimmt werden, womit durch Integration die Position errechnet werden kann. Ist die Maßverkörperung eine Codescheibe, wird auch der Begriff Absolutencoder verwendet. Es kann auch ein Gerät sein, das beim Umlauf Inkremente zählt (→ *Inkrementalgeber*).
→ *Positionserfassung,* → *Absolutwertgeber*

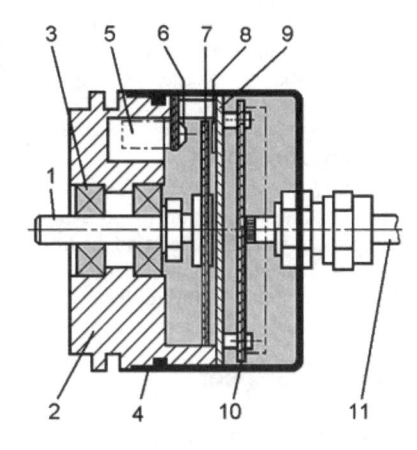

1 Welle, 2 Flansch, 3 Kugellager, 4 Gehäuse, 5 Signalübertrager, 6 Linse, 7 Strichrasterscheibe, 8 Empfänger, 9 Abschirmung, 10 gedruckte Leiterplatte, 11 Kabelausgang

EnDat-Protokoll
[EnDat protocol]
Serielle, digitale, bidirektionale Schnittstelle für die Übertragung absoluter Weg- bzw. Winkelinformationen, die in hochdynamischen Antrieben eingesetzt werden (*Heidenhain*). Eine ähnliche Schnittstelle ist → *Hiperface* (*Stegmann*).

Endeffektor
[end effector, end-of-arm tooling]
Oberbegriff für alle Funktionseinheiten, die als Arbeitsorgan in der Regel am Ende einer kinematischen Kette (am Roboterhandgelenk) als Ausprägung eines mehrachsigen Führungsgetriebes angebracht sind und eine direkte Interaktion eines Robotersystems mit der Umwelt bzw. einem Objekt bewirken. Das sind Greifer, Roboterwerkzeuge, Prüfmittel, Sauger, Messzeuge und Werkzeuge wie Schrauber, Punktschweißzangen, Farbspritzpistolen u.a.

Endlagenmodul
[end position modul]
Bewegungseinheit (Drehen, Schieben, Schwenken), die einen Schlitten nur von einer Endlage in die andere verfährt und keine Zwischenpositionen einnehmen kann. Die Endlagen sind feineinstellbar und werden gedämpft angefahren.

Endlagenroboter
[fixed-stop robot]
Handhabungseinrichtung, deren Bewegungen nur jeweils in den Endpositionen der Achsen angehalten werden können. Nach der Definition ist es in der Regel kein Industrieroboter.

Endlagensensor
[limit switch]
Signalgeber, der nur das jeweilige Ende einer Verfahrbewegung anzeigt. Der E. kann taktil (→ *Endschalter*) oder berührungslos arbeiten, z.B induktiv.

Endoskop- und Navigationsroboter
[endoscope and navigation robot]
Roboter, der für neurochirurgische Eingriffe konfiguriert wurde und chirurgische Werkzeuge hochgenau für minimal invasive Eingriffe führen kann. Der Patient wird dazu mit Referenzmarken ausgestattet, die eine relative Lagebestimmung von Patient zum Roboter möglich macht.

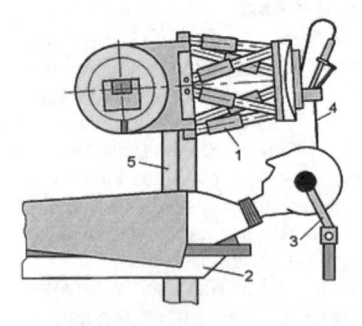

1 Parallelroboter, 2 Patientenauflage, 3 Kopffixierung, 4 Sonde, Chirurgiewerkzeug, 5 Gestellbogen

Intraoperative Navigation und mechatronische Assistenz tragen zum Erfolg bei.

Endlosachse
[endless axis]
Bewegungsachse einer Handhabungseinrichtung mit unbeschränktem Drehbereich. Es können beliebig viele Achsumdrehungen erzeugt bzw. programmiert werden. Die E. wird typischerweise für Schraubvorgänge gebraucht.

End-of-arm tooling
Oberbegriff für alle Funktionseinheiten, die eine direkte Interaktion eines Roboters oder Handhabesystems mit der Umwelt oder einem Objekt bewirken. Es sind Arbeitsorgane am „Ende" einer kinematischen Kette (Roboterarm), z.B. ein Schleifaggregat.

Endschalter
[limit switch]
Elektromechanischer Schalter, der zur Begrenzung des Verfahrbereiches dient und meistens am Ende des Verstellweges unmittelbar vor dem mechanischen Anschlag angebracht wird. Der E. wird von einem Maschinenbauteil ausgelöst, womit das Erreichen einer bestimmten (End-)Position signalisiert wird. Die Bewegung des Tastorgans wird auf Kontakte übertragen, die einen Stromkreis öffnen oder schließen. Die Kontakte sind verschleißbehaftet und können prellen. Die Reproduzierbarkeit des Schaltpunktes ist sehr gut, die Wiederholgenauigkeit wird durch Hysterese und Abnutzung eingeschränkt. Berührungslose (induktive) Näherungsschalter (*proximity switch*) sind zuverlässiger und werden deshalb vorwiegend eingesetzt. Statt Schaltnocken (Bild) wird dann ein Initiator mit einer Schaltfahne aus Eisenblech oder ein optischer → *Näherungsschalter* verwendet.
→ *Softwareendschalter*, → *Schalthysterese*

▶E

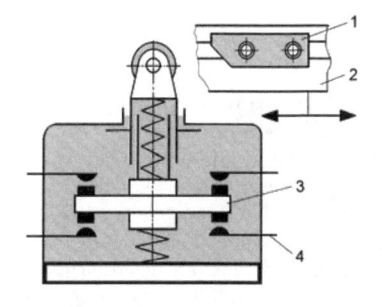

1 Schaltnocken, 2 bewegtes Maschinenteil, 3 Kontaktzunge, 4 Kontakt

Energieabsorption
[energy absorption]
Prozess der Umwandlung von kinetischer Energie einer bewegten Masse in Wärmeenergie durch Abbremsen des Objektes mittels verschiedener Dämpfungsmethoden.

Energieführungskette
[cable drag chain, energy supply chain, cable holder chain]
Kette, vorwiegend aus Vollkunststoffgliedern (auch Stahl, Edelstahl, Aluminium plus Kunststoff), die zwei- oder dreidimensional beweglich ist und in deren Kammern Versorgungs- und Steuerkabel eingelegt sind. Sie dient zur schonenden Nachführung von dauerbeweglichen Kabeln, die von einem stationären Anschlusspunkt zu beweglichen Antriebsmotoren führen, z.B. für den Vertikalschlittenantrieb bei einem Portal-Handhabungssystem. Die E. wird deshalb auch als Kabelschleppeinrichtung bezeichnet. Es wird ein Freiraum zum Abrollen der Energiekette gebraucht.

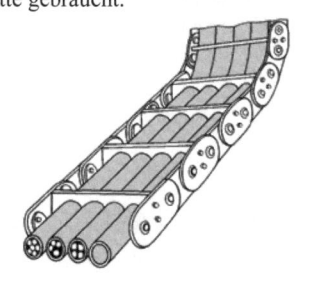

Energierückführung
[energy recovery]
Maßnahme zur Senkung des Energiebedarfs von Arbeitsmitteln durch Speicherung von Bremsenergie, z.b. durch Aufladen von Federn. Diese geben dann Energie beim Neustart (Rückhub) wieder an den Mechanismus zurück.

Energieübertragung, berührungslose
[contact-free energy transmission system]
Energieübertragung nach dem Transformatorprinzip, bei der von einer erregten stationären Primärspule eine Spannung in einer bewegten Sekundärspule induziert wird. Die Sekundärspule ist an einem Fahrzeug bzw. einer verfahrbaren Plattform angebracht (links im Bild das normale Transformatorprinzip).

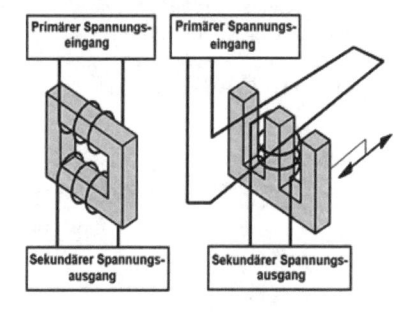

Energieversorgung
[power supply]
Versorgung einer Maschine (Roboter, Manipulator) mit elektrischer Energie, die sich etwas schwieriger gestaltet, wenn es um bewegte Baugruppen geht. Während Kabeltrommeln (a) und Kabelschleppeinrichtungen (b) bei größeren Objekten Verwendung finden, sind → *Energieführungsketten* (c) auch bei mittleren und kleineren Maschinen üblich geworden. Stromschienen und Stromabnehmer (d) lassen sich oft verdeckt in Maschinenbauteilen, z.B. Laufschienen, integrieren.

115

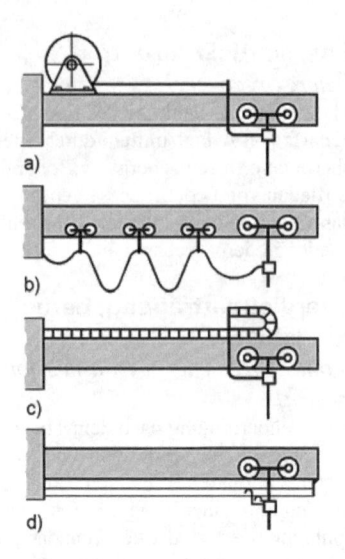

eingesetzt, z.B. als Musikant an der Orgel (→ *Wabot*).

Entfernungssensor
[distance sensor]
Berührungsloses Bestimmen des Abstandes zu einem Zielpunkt, etwa durch Stereobetrachtung, durch Triangulation oder durch Laufzeitmessung mit optischen, elektromagnetischen oder akustischen Verfahren.

Entgrateroboter
[trimming robot]
Industrieroboter (oder Manipulator), der ein Werkzeug zur Gratbasis am stationären Werkstück führt oder der ein Werkstück gegen eine stationäre Schleifscheibe bewegt.

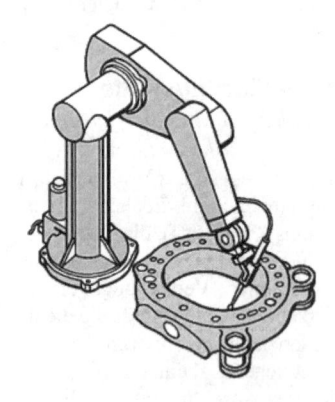

Engelberger, John, F.
Gründer (geb. 1925) der Firma Unimation Inc., die 1961 den ersten Industrieroboter industriell einsetzte. Er wird deshalb auch als „*Father of Robotics*" bezeichnet. Der Roboter vom Typ UNIMATE wurde 1960 nach einem Patent von *G. Devol* entwickelt.

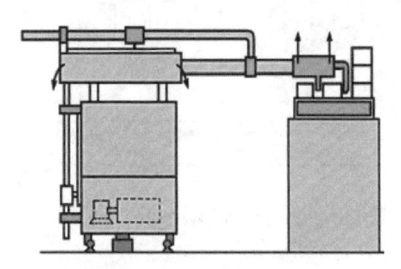

Die entstehenden Kräfte müssen, wenn das Entgratewerkzeug vom Roboter geführt wird, durch die Gelenke in das Fundament des Roboters abgeleitet werden. Durch dynamische Kraftkomponenten werden die Gelenke des Roboters stark belastet, z.B. durch ungleichmäßige Schnittbedingungen. Man verwendet deshalb nichtstarre Lagerungen in drei Dimensionen für den Anbau der Entgratewerkzeuge.

Entertainmentroboter
[Unterhaltungsroboter]
Roboter für Aufgaben im Bereich von Schaustellung, Belustigung, Unterhaltung, Werbung und Spiel mit langer Tradition aus der Zeit der Androiden und Maschinenmenschen. Ein Beispiel ist *Les Robots Music*, ein elektrischpneumatisches Orchester mit Androiden (Frankreich, 1958). Heute werden natürlich freiprogrammierbare Roboter

Entität
[entity]
Individuelle und identifizierbare Einheit; Sie bezieht sich auf Gegenstände,

Personen, Objekte oder Begriffe der realen oder virtuellen Welt.

Entnahmegreifer
[unloading gripper]
Greifer, der darauf abgestimmt ist, Gegenstände (Fertigteile, Spritzgussteile u.a.) aus der Wirkzone einer Arbeitsmaschine zu entnehmen und an vorgesehener Stelle (Magazin, Wendeeinrichtung, Verpackung) abzulegen.

Entnahmeroboter
[removal robot, pick-up robot]
Roboter, der nach Beendigung eines Fertigungsvorganges das Werkstück aus der Wirkzone entfernt und geordnet ablegt. Ein typisches Einsatzgebiet ist die Entnahme von Kunststoff-Formteilen aus Spritzgießmaschinen. Dafür genügen oft schon zweiachsige Handhabungsgeräte (Bild).

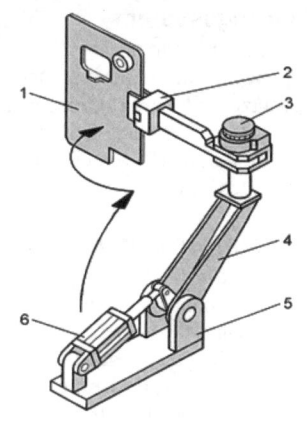

1 Werkstück, 2 Greifer, 3 pneumatische Schwenkeinheit, 4 Arm, 5 Lagerung, 6 Pneumatikzylinder

Entomopter
Bezeichnung für eine Minidrohne (→ *Drohne*), ein Fluggerät in Insektengröße.

Entscheidbarkeit
[decidability]
Ein formales Entscheidungsproblem heißt entscheidbar, wenn es einen Algorithmus gibt, der für jede Eingabe die richtige Lösung berechnet.

Entscheidungsbaum
[decision tree]
In der Problemlösung eine Baumstruktur, bei der jeder Knoten mit einem Test oder einer Frage beschriftet ist, jeder Ast mit den möglichen Antworten und die Endknoten mit einer Entscheidung oder Lösung. Indem der Baum durchwandert wird, Fragen beantwortet werden und den entsprechenden Ästen gefolgt wird, erreicht man einen Endknoten und es kann eine Entscheidung gefällt werden, z.B. der nächste Zug beim Schachspiel.

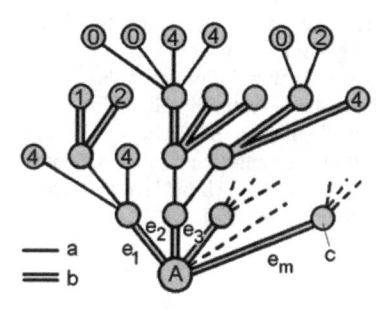

a fremde Entscheidung, b eigene Entscheidung, c Spielzwischenstände, e Entscheidungsvariante, A aktueller Spielstand

Entscheidungsproblem
[decision problem]
Generische Fragestellungen, bei denen man mit «ja» oder «nein» antworten kann und damit eine Entscheidung herbeiführt.

Entscheidungstabelle
[decision table]
Hilfsmittel zur Beschreibung von formalisierbaren Entscheidungsprozessen in Form einer Tabelle (DIN 66241). E. sind tabellarische Anordnungen von Entscheidungsregeln. Sie sind zur Darstellung komplexer Bedingungsstrukturen geeignet und können ergänzend

zu den Darstellungen von Ablaufdiagrammen eingesetzt werden.

Tabellenname	Regel 1	Regel 2	....	Regel m	E
Bedingung 1	b_{11}	b_{12}	....	b_{1m}	
Bedingung 2	b_{21}	b_{22}	....	b_{2m}	
...	....	....	....	....	
Bedingung n	b_{n1}	b_{n2}	....	b_{nm}	
Maßnahme 1	X				
Maßnahme 2	X	X		X	
...					
Maßnahme k				X	

Bedingungsmatrix   Maßnahmenmatrix

Entwirrgerät
[disentangling device]
Handhabungseinrichtung, mit der das automatische Zuführen von sich verhakendem Wirrgut, z.B. Drahtfedern, vorgenommen werden kann. Das Entwirren kann z.B. durch Einblasen von Luft, durch Aufprallplatten, durch Schwingplatten, mit Hilfe von Wirbelluftdüsen, Fangtrichter, Kammerrotoren sowie durch Umwälzen in Trommeln erreicht werden.

EOAT
[end-of-arm tooling]
→ End-of-arm tooling, → Endeffektor, → Effektor

EPC
[Electronic Product Code]
Codierung zur Kennzeichnung, Identifikation und Verfolgung von physikalischen Objekten (Produkten) unter Verwendung von → RIFD-Transpondern. Das Nummerierungssystem ist leistungsfähiger als die bisher übliche Barcodierung.

Ergonomie
[micro ergonomics]
Lehre von der Gesetzmäßigkeit menschlicher Arbeit im Sinne von Anpassung der Arbeitsmittel sowie der Arbeitsumgebung an die physiologischen und psychologischen Bedürfnisse des arbeitenden Menschen. Dazu zählen maßgeblich die Anordnung, Ausführung und Gestaltung von Bedienelementen sowie Anzeigen. Es geht somit auch um die Ausgestaltung und Verbesserung der Mensch-Maschine-Schnittstellen.
Geschichte: Das Wort E. wurde erstmals von *W. Jastrzebowski* (Polen) 1857 benutzt.

Erklärungssystem
[explanation system]
Komponente eines Expertensystems, die genutzt wird, um Erklärungen oder Grundprinzipien für die Schlussfolgerungen zu liefern, die von einem System gezogen wurden.

Erkundungsroboter
[survival robot]
Mobiler autonomer Roboter, der im Gelände selbstständig bestimmte Untersuchungen vornehmen kann und Objekte (Gesteins-, Boden-, Luft-, Wasserproben) sowie Orts- und Analysedaten sammelt. Der E. dient auch zur Erkundung fremder Planeten.

Ernst-Arm
[Ernst-arm]
Erster mit Sensoren ausgestatteter Roboterarm, der 1960 bis 1962 von *H.A. Ernst* am Technologischen Institut Massachusetts (USA) auf der Basis eines siebenachsigen elektrischen Servomanipulators der Firma AMF entwickelt wurde. Als Modellaufgabe wurde

das automatische Einsammeln von Würfeln mit einem sensorisierten Greifer demonstriert. Die Würfel waren dabei über eine Fläche verstreut.
→ *Ernst-Hand*

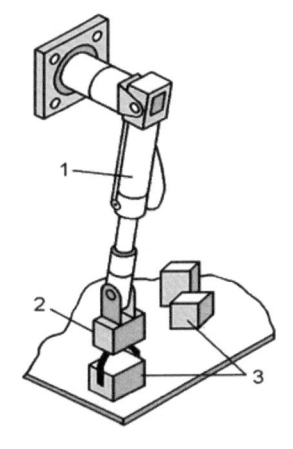

1 Roboterarm, 2 Greifer, 3 zu manipulierende Objekte

Ernst-Hand
[Ernst-hand]
→ *Mechanische Hand MH-1*

Erregerfrequenz
[exciting frequency]
Frequenz, mit der ein schwingungsfähiges System erregt wird.

Ersatzschaltbild
[equivalent circuit diagram]
Ein elektrisches E. ist die Darstellung eines elektrischen Bauelementes oder einer Schaltung zur Analyse oder Berechnung der besonderen Eigenschaften bei variablen Bedingungen.

Etagenförderer
[vertical conveyor]
Fördereinrichtung für Arbeitsgut und verpackte Objekte, die mehr als zwei Meter Höhenunterschied überbrückt. Eine Möglichkeit sind speziell gestaltete Förderbänder, die zeitweise eine Tragplatte K zwischen parallelen Kettensträngen ausbilden.

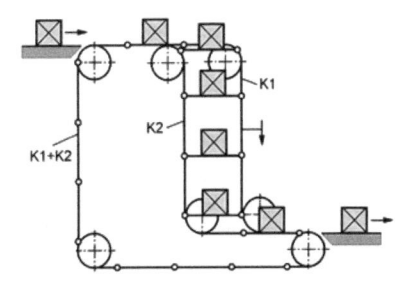

Ethernet
[ethernet]
Lokales Datennetzwerk mit einer Bandbreite von maximal 10 Mbit/s, das ursprünglich von der Firma *Rank Xerox* für die Bürokommunikation entwickelt wurde und weit verbreitet ist. Die Übertragungsrate wird durch Datenkollisionen deutlich herabgesetzt. Es ist eine preiswerte Netzvariante, die seit 1983 genormt ist (IEEE 802.3). Es gibt verschiedene Ausführungsversionen. Das E. wird inzwischen auch allgemein in der Automation besonders als schnelles *Fast-Ethernet* (100 Mbit/s) verwendet.

Eulerwinkel
[Euler angles]
Beschreibung eines Winkels durch Rotationen um die Koordinatenachsen. Die Winkel werden durch Rotation um die Z-Achse, dann um die neue (gedrehte) Y-Achse und schließlich um die neue Z-Achse definiert.

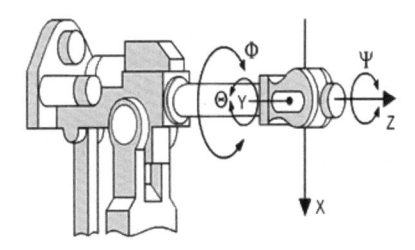

Es gilt: Euler (Φ, Θ, Ψ) = rot (z, Φ) rot (y, Θ) rot (z, ψ). Das Bild zeigt ein Roboter-Handgelenk mit den E.

Eurobot
Wettkampf für autonome mobile Roboter, bei dem sich acht europäische Mannschaften gegenüber stehen. Startjahr war 1998 und Initiator war Frankreich. Ziel ist, junge Menschen für die Robotik zu interessieren. Jede Nation darf maximal drei Mannschaften stellen, die vorher aus nationalen Ausscheidungsrunden hervorgegangen sind.

Europalette
[Europool-pallet]
Durch die europäischen Transportunternehmen genormter Ladungsträger mit vereinheitlichten Außenabmessungen (800 x 1200 mm, zulässige Stapelhöhe 1500 mm). Aufgeteilte Formatgrößen sind: 1/2 Euroformat = 800 x 600 mm, 1/4 = 400 x 600 mm und 1/6 = 400 x 400 mm. Das Automobilformat beträgt 1000 x 1200 mm.

Evolutionärer Algorithmus
[evolutionary algorithm]
Rekursiver Algorithmus (Berechnungs- und Optimierungsverfahren), der die biologische Evolution nachahmt. Grundlage der Evolution ist ein interaktiver Prozess, bei dem eine zufällige Variation der Lösungskandidaten entscheidend ist. Ein Prinzip der natürlichen Auslese ist zum Beispiel *Survival of the Fittest* - die beste Lösungsmöglichkeit „überlebt".
Geschichte: Der Evolutionsbiologe *R. A. Fisher* verfasste das Buch "*The Genetic Theory of Natural Selection*", das *J. H. Holland* zur 1975 veröffentlichten Beschreibung von E. inspirierte.
→ *Genetischer Algorithmus*

Exklusiv-NOR
[exclusive NOR]
Logische Schaltung, die auch mit XNOR gekennzeichnet wird und zwei Eingänge und einen Ausgang verbindet. Die amerikanische Symbolik ist im unteren Bildteil dargestellt.

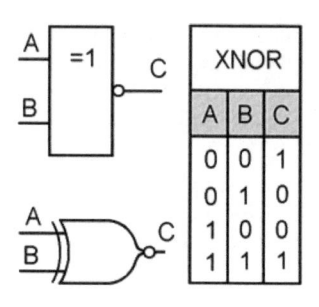

Exklusiv-ODER
[exclusive OR]
Logische Schaltung als Verbindung aus Disjunktion und Konjunktion, die die Operation der Antivalenz ausführt. Das Bild zeigt Wahrheitstabelle, Boolesche Gleichung, Darstellung nach DIN und amerikanischen Symbolik. E. bedeutet, dass sich an der Ausgabe nur dann ein Wert 1 ergibt, wenn nur an einem der beiden Eingangsverbindungen der Wert 1 anliegt.

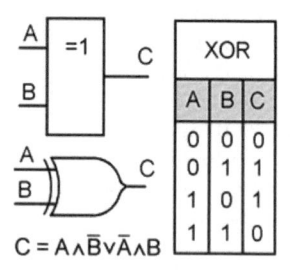

$C = A \wedge \bar{B} \vee \bar{A} \wedge B$

Exoskelett
[exoskeleton]
Außenskelett; anlegbarer beweglicher Gelenkmechanismus zur sensorischen Erfassung (Messung) von Relativbewegungen an den Gelenken menschlicher Gliedmaßen und Umwandlung in elektrische Signale. Diese dienen dann zur (Fern-)Steuerung eines anthropomorphen Master-Slave-Mechanismus. Das kann auch ein aktives Skelett für die Rehabilitation von Behinderten (Querschnittsgelähmten) sein. Man bezeichnet sie auch als Orthesen. Das E. muss wenigsten über 35 Drehgelenke verfügen, wenn genügend Beweglich-

keit für den Menschen erreicht werden soll. Im Gegensatz zum Innenskelett von Wirbeltieren besitzen viele Gliederfüßer (*Arthropoda*) und Einzeller ebenfalls eine äußere natürliche Stützhülle. Sie enthält meist Chitin und/oder Calciumcarbonat.
Geschichte: Das E. wurde 1963 von *H. Maysen* in den USA als passives (Mess-)E. entwickelt. 1955 schlagen *Millikan* und *Eiken* aktive E. vor, die vom menschlichen Körper aus gesteuert werden. 1969 Erprobung von E. durch Patienten mit gelähmten Beinen, 1979 pneumatisch angetriebene und automatisierte E. am Pupin-Institut (Belgrad) durch *M. Vukobratovic (1976)*. Die *Universität von Berkeley* (Kalifornien) entwickelt seit 2000 das E. BLEEX, das Feuerwehrleuten, Katastrophenhelfern und Soldaten das manuelle Transportieren von Lasten mit 70 kg ermöglichen soll, wobei sich die empfundene Last nur wie 2 kg anfühlt.
→ *Außenskelett*

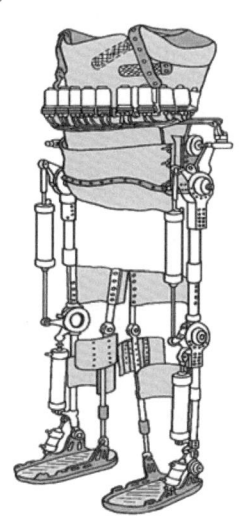

Expertensystem
[expert system]
Selbstlernendes Softwaresystem, das spezielles Fachwissen verkörpert und das in einem spezialisierten Gebiet Aufgaben so gut wie ein Mensch durchführen kann und in der Lage ist, seine Problemlösung zu erklären. Das E. stützt sich beim formallogischen Schließen auf gemachte Erfahrungen, Regeln und vorhandenes Wissen.

Expertensystem-Shell
[expert-system shell]
Rahmenexpertensystem; Gerüst eines Expertensystemprogramms, das die (relativ) einfache Erstellung neuer Expertensysteme erlaubt, indem neues Expertenwissen hinzugefügt wird.

Explosionsgeschützter Motor
[explosion-protected motor]
Elektromotor, der in Bereichen mit Explosionsgefahr betrieben werden darf, weil er dafür zugelassen ist. Er darf keine wesentliche Anlauferwärmung aufweisen und muss über thermische Schutzeinrichtungen verfügen, die sowohl den Nennstrom überwachen als auch innerhalb der Erwärmungszeit den festgebremsten Motor abschalten. Grundprinzip ist das Verhindern von Zündquellen. Es ist angeraten, unbedingt die speziellen gesetzlichen Vorschriften zu studieren, insbesondere EN 50014 (Allgemeine Bestimmungen) und EN 50020 (Eigensicherheit), weil sie auch Einteilungen der Ex-Schutzzonen, der Zündschutzarten und der Temperaturklassen enthalten.
→ *ATEX-Motor,* → *Wärmeklasse*

Ex–Schutz–Ausführung
[explosion-proof design]
Gestaltung technischer Anlagen, Vorrichtungen und Geräte derart, dass sie in Umgebungen mit explosivem Gas, Nebel oder Staub keine Explosion auslösen können. Das geschieht u.a. durch ex-geschützte elektrotechnische Arbeitsmittel, durch besondere Kapselungen oder Eigensicherheit (Beschränkung der Strom- und Spannungswerte). Der Einsatz von Geräten bedarf einer Zulassung durch hierfür vorgesehene Prüfstellen.

Extinktion
[extinction]
Schwächung einer Strahlung, die z.B. bei Lichtschranken durch die Atmosphäre verursacht werden kann.
→ *Optosensorik*

F

Fabrikautomation
[factory automation]
Gesamtheit der Verfahren, Methoden und Maschinen, die als Prozesskette für eine automatisierte Fertigung zusammenwirken. Dazu gehören Teileherstellung, Montage, Handhabungstechnik, Robotik, Pneumatik/Hydraulik, Sensorik, Bildverarbeitung, Antriebs- und Steuerungstechnik, einschlägige Software, Sicherheitssysteme und Prozessleittechnik. Der Nutzerbereich spannt sich von der Elektrotechnik bis zum Maschinenbau.

Fachfeinpositionierung
[shelf precise positioning]
Millimetergenaue Positionierung der Regalbediengeräte in Hochregallagern in der x- und y-Richtung. Aufgabe ist, dynamisch auftretende Toleranzen in den Lagerstahlbauten zu erfassen und auszugleichen. Ein Großfach besteht z.B. aus zwei nebeneinander liegenden Lagerkanälen. Liegen leeres und gefülltes Fach nebeneinander, kommt es je nach Beladungszustand zu einer Durchbiegung oder Aufwölbung. Das wird durch die F. kompensiert.

Fahrerloses Transportsystem (FTS)
[automated guided transport system (AGS)]
Mobiles Fahrzeug (Flurförderzeug) ohne Fahrer, das in Fabrikhallen verschieden große Objekte zu den einzelnen Bearbeitungsstationen bewegen kann. Der Kurs wird von einem Leitstand programmiert. Die F. orientieren sich mit Hilfe bestimmter ausgezeichneter Punkte im Raum, die z.B. von Lasersensoren detektiert werden, oder sie fahren entlang eines in den Boden eingelassenen Leitdrahtes (Induktionsschleife). Das Flurförderzeug kann auch Basisfahrzeug für einen Roboter sein, der zur Beschickung an eine Maschine gebracht wird.
Geschichte: 1953 erster induktiv geführter Schlepper von der amerikanischen Firma *Barrett Vehicle Systems*; 1974 erste computergesteuerte FTS-Anlage bei *Volvo* (Schweden) im Einsatz.

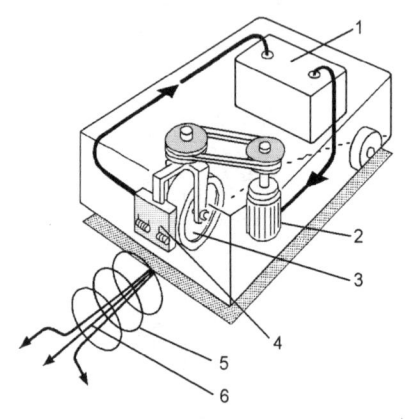

1 Stromversorgung, Akkumulator, 2 Lenkmotor, 3 gelenktes Rad, 4 induktiver Näherungssensor, 5 Feldlinien, elektromagnetisches Wechselfeld, 6 Stromleiter, Leitdraht

Fahrprogramm
[traversing program]
Datei mit Kommandos, die von der Positioniersteuerung eingelesen und verarbeitet wird. Das F., oder einfach Programm, definiert den gesamten Bewegungsverlauf der Handhabungsmaschine für jeweils eine Anwendung.

Fail-safe-Schaltung
[fail safe circuit, fail safe connection]
Fehlersichere Schaltung (folgeschadensicher) nach dem Prinzip des beschränkten Versagens, also ohne schwere Folgeschäden dabei auszulösen. Sie kann nicht unerkennbar ausfallen. Die Geräte sind meist Komponenten eines Sicherheitssystems und so ausgelegt, dass auch bei einem Geräteausfall die Schutzfunktion immer ausgelöst wird. Beispiel: Ausgabe des Signals „Null", wenn ein Sensor z.B. durch Drahtbruch ausfällt.

Fail-safe-Verhalten
[fail safe performance]
Prinzip des beschränkten, d.h. folgeschadensicheren Versagens von Geräten und Maschinen. Beim Auftreten einer Funktionsstörung wird das betroffene System in einen sicheren Zustand gebracht und gehalten, ohne dass es zu schweren Folgeschäden kommt. Die Fehlfunktion wird durch ein anderes Bauteil zeitweise ausgeglichen.

Fallspezifische Daten
[case-specific data]
Daten, die spezifisch für ein bestimmtes Problem oder einen Fall in einem Expertensystem sind, z.B. Daten über einen bestimmten Patienten.

Faltarm
[folding arm]
Gelenkarm eines Roboters mit sehr kleinem Platzbedarf, bei dem das in der Natur entstandene Faltprinzip nachgeahmt wird. Die Drehgelenke können so angeordnet sein, dass das Falten in vertikaler oder horizontaler Ebene erfolgen kann.

Das geordnete Entfalten eines Armpakets aus der Transportstellung muss in einer festen vorgeschriebenen Reihenfolge geschehen. Beim Eintauchen in Räume mit beengten Verhältnissen ist die Kombination mit einem System zur Kollisionsvermeidung zu kombinieren. F. sind vor allem für mobile Großmanipulatoren bzw. -roboter interessant.

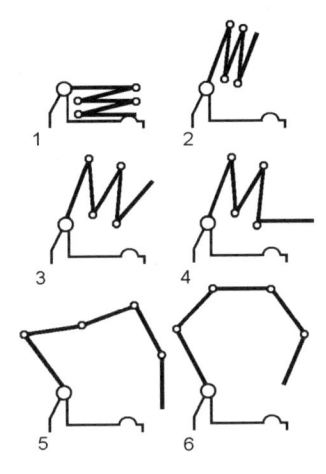

Faltarmroboter
[folding arm robot]
→ Scara-Roboter, → Drehgelenkroboter

Faltenbalgsauger
[bellows suction cup]
Vakuumsauger mit 1½ bis 3½ Falten für das Greifen empfindlicher Objekte und wenn leichte Höhenunterschiede am Werkstück beim Aufsetzen auszugleichen sind.

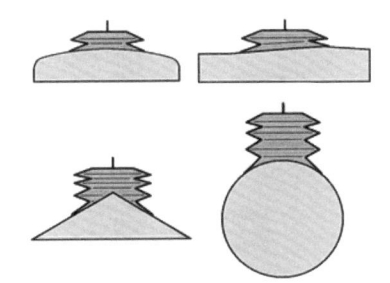

Ein interessanter Effekt ist der elastische Vertikalhub, den man ausnutzen kann, um Werkstücke aus einer flachen Werkstückaufnahme herauszuheben. Das erfordert dann keine gesonderte Hubachse.

Faltschachtelzuführung
[feeder for folding cartons]
Zuführung von Faltkartonagen an einer Verpackungsmaschine. Die gefalteten Schachteln werden von einem Magazin abgenommen und während des Förderns nach oben teilweise aufgestellt. Das vollständige Aufrichten geschieht dann bei der Übergabe in eine Transportkette. Für das Vereinzeln steht ein Flachschieber zur Verfügung,

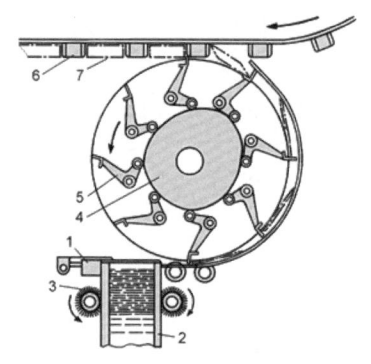

1 Zuteilschieber, 2 Schachtmagazin, 3 Bürstenrotor, 4 feststehende Scheibenkurve, 5 Winkelarm, 6 Abstandshalter, 7 hochgestellte Schachtel

Farbsensor
[color sensor]
Sensor zur Erfassung von Objektfarben durch spektralempfindliche Fotodioden für die Farben rot, grün und blau.

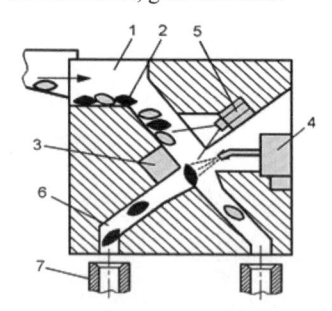

1 Zuführkanal, 2 farbiges Objekt, 3 Beleuchtung, 4 gesteuerte Luftdüse, 5 Farbsensor, 6 Sortierkanal, 7 zum Sortierbehälter

Der F. wird zur Objekterkennung und bei Sortieraufgaben eingesetzt. Er kann auch integraler Bestandteil eines Greifers sein. Eine Anwendung ist u.a. das Sortieren von Glasbruch nach Farbe.

Farbspritzroboter
[point-spraying robot]
Bahngesteuerter Roboter mit 5 bis 6 Drehgelenken zum Auftragen von Lack, Farbe, Schleifgrund, Emaille-Schlicker, Glasur und anderen Stoffen. Er wird vorwiegend im Teach-in Verfahren programmiert. Beim Vorführen der Bewegung werden z.B. 20 Bahnpunkte je Sekunde abgespeichert. Manchmal kann die Farbe automatisch umgestellt werden. Die selbstständige Reinigung (Spülen mit einem pulsierenden Lösungsmittel-Luftgemisch, Freiblasen) ist Bestandteil des Farbwechselvorganges.
Geschichte: 1969 kauft eine schwedische Badewannenfirma erstmals einen F. von der norwegischen Firma *Trallfa*.

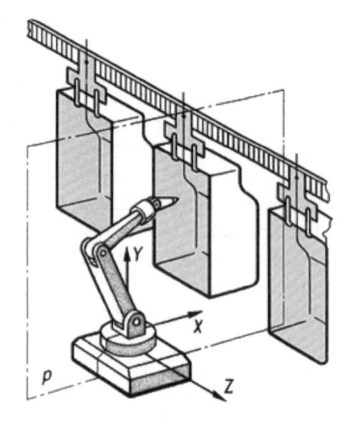

Farbwechseleinrichtung
[colour change device]
Am Arm eines Farbspritzroboters angebrachte Einrichtung, die das Umschalten auf eine andere Farbe per programmiertem Befehl ausführt. Der Vorgang ist in wenigen Sekunden abgeschlossen.

Faserkreisel
[fiber gyroscope]
Optoelektronischer Drehratensensor (Kreiselsensor) für die räumliche Lage-

bestimmung (→ *Koppelnavigation*) z.b. bei autonomen mobilen Robotern als Ersatz für einen mechanischen Kreiselkompass. Der F. enthält keine rotierenden mechanischen Bauteile und ist damit resistent gegenüber Vibrations- und Beschleunigungsbelastungen.

Faseroptik
[fibre optics]
Teilgebiet der Optik, das sich mit der Ausbreitung von Licht in Wellenleitern aus Glas- oder Kunststofffasern befasst. Dabei kann Licht über flexible Lichtleitfasern geleitet werden. Sie werden für die Beleuchtung, Datenübertragung und für sensorische Effekte eingesetzt.

Fast Fourier Transformation (FFT)
[Fast-Fourier-Transformation]
Mathematisches Verfahren, bei dem ein Signalverlauf in einen Gleichanteil und eine Summe von sinusförmigen und cosinusförmigen Schwingungen zerlegt wird, wobei die einzelnen Schwingungen immer ein Vielfaches der Grundschwingungen sind. Damit lassen sich die periodischen Anteile eines Signals isolieren und getrennt bewerten. Der FFT-Algorithmus wurde erstmals 1965 von *Cooley* und *Tukey* veröffentlicht.

Fassgreifer
[barrel gripper]
Klemmgreifer, dessen Greiforgane für das Halten von Fässern am Umfang eingerichtet ist. Der F. kann ein Anbaugerät z.B. für Gabelstapler sein (Fassklammer) oder aber ein Endeffektor für Manipulatoren oder Industrieroboter.

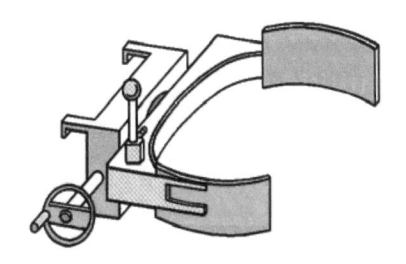

Manchmal hat man auch handbetätigte Drehachsen integriert, sodass gefühlvolles Ausgießen von Fassinhalten gewährleistet ist.

FCFS
[First-Come-First-Served]
Eine Prioritätsregel, die demjenigen Element Vorrang einräumt, welches zuerst in der Warteschlange verfügbar ist. Das kann z.b. die Beschickungsreihenfolge einer Maschine mit gespeicherten Werkstücken betreffen.
→ *FIFO*, → *LIFO*

Federbodenpalette
[pallet with spring balance]
Transportpalette mit integriertem Federsatz, sodass die Abnahmehöhe von Objekten etwa gleich bleibt. Die Federkraft ist so abgestimmt, dass der Boden beim Abnehmen eines Objekts bzw. einer Schicht von Objekten um die Höhe der Objekte von selbst nach oben rückt.

Federentwirrgerät
[unit for disentangling springs]
→ *Entwirrgerät*, → *Bürstenaustragsbunker*, → *Trommelentwirrer*

Federspeicher
[spring accumulator]
Aus Schrauben-, Elastomer-, Gas- oder Tellerfedern bestehendes Konstruktionselement, das als Kraftreserve zur Aufrechterhaltung einer Spannkraft oder als Rückstellkraft in einem Mechanismus dient.

Federzuführgerät
Ein → *Entwirrgerät* für Drahtfedern.

Feedback-Regelung
[feedback control system]
Regelungskonzept, das auf der Entkopplung der einzelnen Achsen und gleichzeitiger Linearisierung des Robotermodells mit Hilfe eines Referenzmodells beruht. Dieses liefert die Momentenanteile des Betriebspunktes. Abweichungen vom realen System werden als Störungen aufgefasst. Es erfolgt praktisch eine Regelung um diesen Betriebspunkt.

Feeder
Bezeichnung für eine → *Beschickungseinrichtung*

Feedforward-Regelung
Regelungskonzept, das auf dem Verfahren der → *Feedback-Regelung* beruht, wobei aber das Antriebsmoment aus den Sollgrößen und dem Systemmodell ermittelt und direkt zu dem sich aus der Regelfrequenz ergebenden Moment addiert wird (positive Rückkopplung).

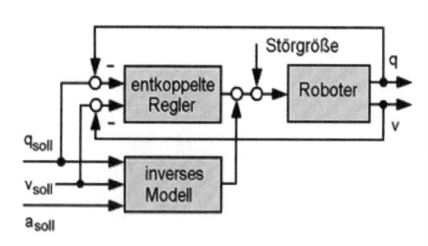

Fehlergrenze F_G
[limiting error]
Der auf $\pm x$ % vom Messbereichsendwert bezogene Wert zur Angabe der garantierten Genauigkeit von Sensoren und Messgeräten. F_G = (Istwert – Sollwert)·100/Messbereichsendwert in Prozent vom Messbereichsendwert.

Fehler, systematischer
[systematic error]
Abweichungen, die einen Messwert unrichtig machen. Wenn Größe und Vorzeichen der Messwertabweichunge bekannt sind, können sie im Gegensatz zu zufälligen Messabweichungen ausgeglichen werden.

Feinpositionierung
[precise positioning]
Positionierung in einem sehr engen Toleranzbereich. Beim Positionieren nach programmierten Weginformationen wird die Zielposition mehr oder weniger verfehlt und zwar innerhalb der für die jeweilige Hardware typischen Wiederholgenauigkeit. Genauer wird es bei zweistufiger Positionierung: Erreichen der Grobposition nach programmierter Weginformation, nachfolgende Feinbewegung nach Sensorinformationen an der Zielposition. So kann bei der Montage die Zielposition vermessen werden und ein Feinpositionierschlitten bewegt den Greifer in die „Genau-Position".

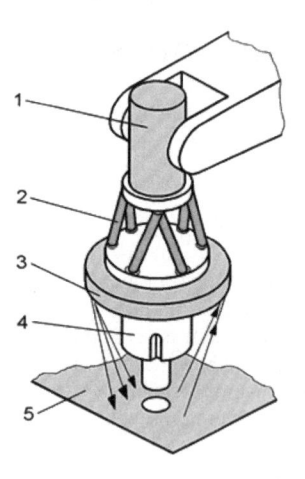

1 Drehgelenk, 2 Piezotranslator, 3 Flanschplatte mit optischem System, 4 Greifer mit Fügeteil, 5 Montagebasisteil

Feldbus
[field bus]
Datenleitung, auf der mehr als zwei Teilnehmer miteinander kommunizieren und die auf der untersten Stufe der Fabrikautomatisierungsebene mit räumlicher Verteilung von Aktoren und Sensoren angesiedelt ist. Der Bus leitet Informationen über einige hundert Meter vom „Feld" zu den übergeordneten Steuerungen. Als Feld ist in der Fertigungstechnik die Fabrik zu verstehen. Es werden kurze Reaktionszeiten und hohe Daten-

sicherheit bei der Übertragung von Stellbefehlen verlangt. Der Datenaustausch geschieht mit Hilfe verschiedener Übertragungsprotokolle. Einige Feldbusse sind durch internationale Normen standardisiert. Auch bei kleineren Produktionseinheiten werden zunehmend Bussysteme verwendet, z.b. um einen Industrieroboter mit allen seinen peripheren Komponenten über einen Arcnet-Feldbus mit einem Industrie-PC zu verbinden, bei Datenübertragungsraten von z.b. 5 MBit je Sekunde. In der Betriebsart „Echtzeitmodus" sendet der Roboter ständig seine Positionsdaten und empfängt die daraus modifizierten Antwortdaten.
→ *Bus*, → *Feldbus, offener*

Feldbus, offener
[non-proprietary fieldbus]
Feldbus, bei dem Geräte verschiedener Hersteller angeschlossen werden können, im Gegensatz zu einen firmenspezifischen Feldbus. Offen bedeutet, dass der → *Feldbus* genormt und durch Offenlegung der technischen Spezifikation für andere Hersteller zugänglich ist. Beispiele für offene Feldbusse, die auch in der elektrischen Antriebstechnik Bedeutung haben, sind CAN (ISO 11898), Profibus-DP, AS-Interface, DeviceNet, Sercos-Interface. → *Bus*

Feldebene
[field area]
Zusammenfassung aller mit technischen Verfahrensabschnitten eng verbundenen Geräte, wie Einzelgeräte, Sensoren, Aktoren und verbindende Bussysteme zwischen diesen.

Feldschwächung
[field weakening]
Verfahren (Arbeitsbereich) bei Gleich- und Drehstrommotoren, den magnetischen Fluss unter den Nennwert abzusenken, womit der Motor bei Betrieb mit Nennspannung über seine Nenndrehzahl hinaus beschleunigt und auch dauerhaft betrieben werden kann, allerdings mit einem verminderten → *Drehmoment*, welches dann unter dem Nenndrehmoment liegt.

FELV
[functional extra low voltage]
Funktionskleinspannung mit höchstens 50 V Wechsel- oder 120 V Gleichspannung ohne sichere Trennung. FELV-Stromkreise dürfen mit Erde verbunden werden. Sie sind von aktiven Teilen mit höherer Spannung nicht sicher getrennt. Der Schutz gegen Berührung hat wie für Stromkreise mit höherer Spannung zu erfolgen. → *SELV*, → *PELV*

FEM
[finite-element method]
→ Finite Elemente Methode

Fensterreinigungsroboter
[robot for the window cleaning]
Tragbarer, autonomer Serviceroboter, der sich auf einer glatten vertikalen oder geneigten Oberfläche bewegen kann.

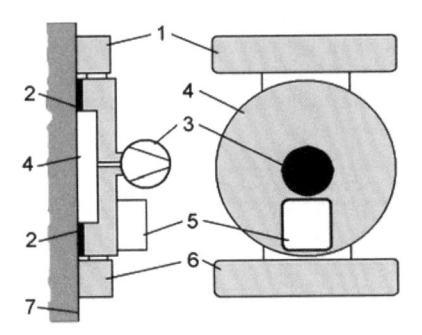

1 Reinigungssystem, 2 Dichtung, 3 Vakuumerzeuger, 4 Unterdruckkammer, 5 Energieversorgung, 6 Antriebssystem, 7 Scheibenoberfläche

Dabei wird ein Reinigungswerkzeug geführt. Hauptproblem ist die Fortbewegung in der Fläche. Technische Lösungen sind Verfahren mit gleitendem Saugnapf, Kettenlaufwerke, Gleitrahmentechniken und vielbeinige Saugereinheiten. Das Bild zeigt ein mögliches Konzept (nach *Simons*).
→ *Reinigungsroboter,* →*Kletterroboter*

Fernchirurgie
[telesurgery]
Chirurgischer Eingriff, bei dem sich der Operateur weit entfernt vom Patienten befindet. Er steuert einen Chirurgieroboter nach Fernsicht und unter Nutzung von weiteren Vorortinformationen.

Geschichte: Die erste Fernoperation wurde im Jahr 2001 von einem Chirurgen in New York an einer Frau in Straßburg (Frankreich) durchgeführt. Es war die erfolgreiche laparoskopische Entfernung einer Gallenblase.

Ferngreifer
[remote gripper]
Einfaches nichtprogrammierbares Hantiergerät mit Greiforgan, mit dem ein Operateur außerhalb seines natürlichen Greifbereiches manipulieren kann. Der F. dient zur Handhabung von Laborproben, die sich z.B. hinter einer durchsichtigen Schutzwand befinden.

Fernwartung
[teleservice]
Technische Dienstleistung aus der Ferne für Maschinen, die in eine dezentrale Automatisierungslandschaft eingebettet sind.

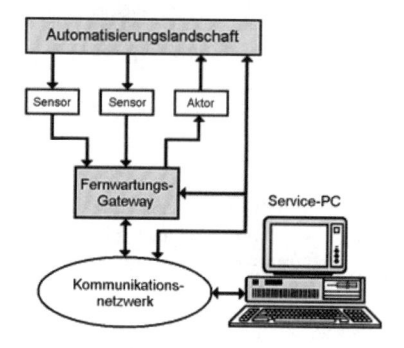

Dazu gehören u.a. Alarmbehandlung, Ferndiagnose, Fernbedienung und möglichst auch der gezielte Neustart nach einem Ausfall. Die Echtzeitanforderungen sind z.Z. nur schwer erfüllbar. Wirklich brauchbare Lösungen erfordern vor Ort eine ausgefeilte Sensorik als Nervensystem.

Ferraris-Motor
[Ferraris motor]
Stellmotor mit einem becherförmigen Läufer, der deshalb auch als → *Glockenanker-Motor* bezeichnet wird.

Fertigungsautomatisierung
[manufacturing automation]
Automatisierung von Anlagen zur Teilefertigung und Montage einschließlich logistischer Funktionen wie Materialtransport, Lagerhaltung, Werkstückmagazinierung u.a. Eine entscheidende Bedeutung kommt der Automatisierung von Informationsprozessen zu.

Festanschlagsteuerung
[stop-to-stop control]
Steuerung, bei der das Handhabungsprogramm unveränderbar ist und die Bewegungen zwischen gedämpften oder ungedämpften (heute kaum noch, → *Bang-bang Roboter*) Anschlägen ablaufen. Je Bewegungsachse sind nur zwei Positionen anfahrbar.

Festigkeit
[strength]
Oberbegriff der Festigkeitslehre für die mechanische Spannung in N/mm^2, die in einem Bauteil bei bestimmten Formen der Beanspruchung auftritt und die vom Bauteil ertragen wird, bevor der Bruch oder eine unzulässige Verformung eintritt.

Festkörpergelenk
[solid joint]
Gelenk in einem Getriebe, welches keine bewegten Bauteile enthält, sondern aus dem Material selbst gestaltet wurde, z.B. ein „Filmgelenk" bei der Verwendung von Kunststoffen.

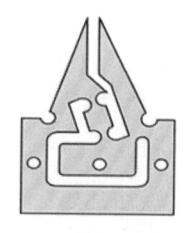

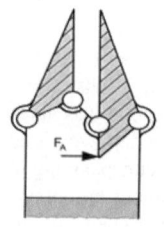

Festkörpermodell
[solid model]
Ein Volumenmodell; Zur Modellbildung werden zwei Verfahren unterschieden: akkumulative Modellierung und generative. Im ersten Fall werden Oberflächen manipuliert und zu einem Körper zusammengesetzt, beim generativen Modellieren werden geometrische Grundkörper (*primitives*) zu einem Modell zusammengesetzt.

Feststellelement
[clamping element]
Vorrichtungselement das dazu dient, bewegte Bauteile wie Schieber gegen Profilschienen oder Stangen (auch Kolbenstangen) zu klemmen. Das kann z.b. bei Antrieben ohne Selbsthemmung notwendig werden. Man muss zwischen Klemmen und Bremsen unterscheiden. Klemmen erfolgt im Stillstand einer Einheit, während Bremsen mit dem Abbau von kinetischer Energie verbunden ist. Klemmsysteme werden mit fluidischer oder mit Federenergie aktiviert
→ *Klemmeinrichtung*

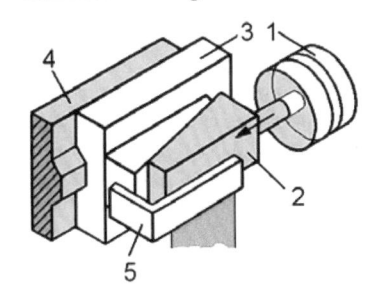

1 Pneumatikzylinder, 2 Klemmkeil, 3 Klemmplatte, 4 bewegliches Maschinenteil

Feuchte, relative
[humidity, relative]
Quotient aus Dampfdruck und Sättigungsdampfdruck bei gegebener Temperatur, ausgedrückt in Prozent.
→ *Taupunkttemperatur*

Feuerlöschroboter
[fire-fighting robot]
Mobiler Roboter, der hindernisgängig ist und ferngesteuert zur Brandbekämpfung eingesetzt werden kann, z.b. im Innern von Hochhäusern, in Hafenvierteln, Chemieanlagen und Kraftwerken. Das Mittel zum löschen kann z.b. in einem nachgezogenen Schlauch zugeführt werden. Zu den Hindernissen zählen vor allem Treppenstufen, Türen und Bauschutt.

FIFO
[first-in-fist-out principle]
Prinzip für die Behandlung von Warteschlangen, bei dem z.b. das zuerst in einen Speicher eingehende Teil (körperliches Teil, Datensatz) auch als erstes wieder ausgegeben wird. Die Reihenfolge der Objekte bleibt erhalten.
→ *LIFO*

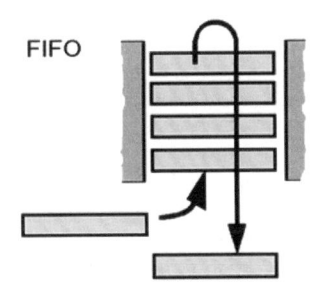

Filmroboter
[movie robot]
Roboter, oft in humanoider Ausführung, der in Unterhaltungsfilmen als vernünftig handelndes Wesen auftritt. Im Laufe der Zeit wurden sie immer perfekter. Die Filmtitel reichen von *Der Golem* (1920), über *Westworld* (1973) bis zu *Star Wars* (1993). Mit zu den bekanntesten F. zählen Namen wie R2D2 und C3PO.

Fingergreifer
[finger gripper]
Greifer, dessen aktive Elemente aus mehreren gegliederten Gelenkfingern besteht. Damit kann form- oder kraftpaarig gegriffen werden. Der Antrieb der Fingerglieder erfolgt oft mit Seilzügen oder dünnen Kunststoffbändern. Die Unterbringung der Antriebe ist problematisch.
→ *Gelenkfinger*

Fingermaster
[finger master]
Reduzierung des Prinzip des Exoskeletts als Master-Slave-System auf Fingerbewegungen. Der F. kann für das Training Behinderter, für therapeutische Zwecke, für medizinische Eingriffe und für das Lernen von Musikinstrumenten und Maschineschreiben eingesetzt werden.

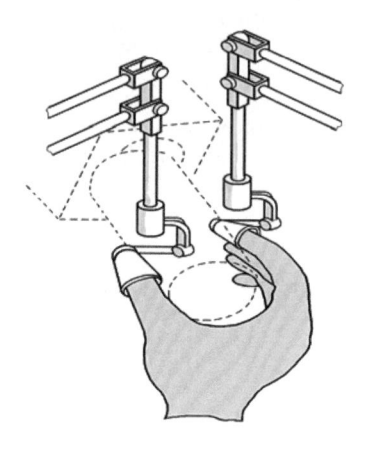

Fingerwechsel
[finger-changing unit]
In der Robotertechnik ein Endeffektor, bei dem man nicht den ganzen Greifer wechselt, sondern nur die Finger. Diese sind an spezielle Greifaufgaben angepasst.

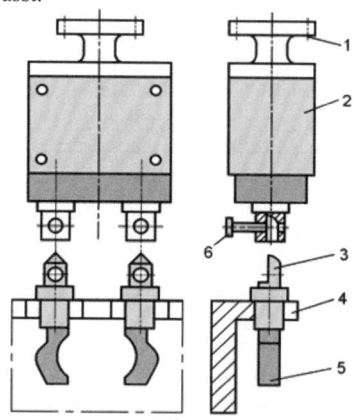

1 Greiferanschlussflansch, 2 Greifer, 3 Fingerwurzel, 4 Fingermagazin, 5 Greifbacke, 6 Arretierbolzen

Die Lösung ist in der Industrie kaum in Anwendung, weil ausgereifte Greiferwechseleinrichtungen verfügbar sind. Nachteilig sind die vielen Koppelstellen, die automatisch zu verbinden sind. Ein manueller Wechsel wäre aber diskutabel.

Finite Elemente Methode (FEM)
[Finite Element Method]
Methode der endlich großen Elemente; Es ist ein leistungsfähiges Verfahren zur näherungsweisen numerischen Lösung von Festigkeitsproblemen aller Art im elastischen und plastischen Bereich (Berechnung von Verformungen und Spannungen komplexer Strukturen). Ein beliebiger Körper (gasförmig, flüssig, fest) wird in möglichst kleine Elemente einfacher Form (Linie, Dreieck, Viereck, Tetraeder, Pentaeder oder Hexaeder) zerlegt, die an ihren Eckpunkten („Knoten") fest miteinander verbunden sind. Diese Ausdrucksweise wurde erstmals 1960 von *R.W. Clough* vorgeschlagen.

FinRay-Effekt
Patentierte, fischgrätenähnliche Gelenkstruktur, bei der sich der Mechanismus unter Druck nicht vom Druckpunkt aus entfernt, sondern sich ihm zuwendet. Ein so ausgebildeter Greiferfinger wird sich beim Anpressen an ein Greifobjekt an dessen Kontur anschmiegen. Die Fingerglieder besitzen keine Extra-Antriebe. Nur das Anschwenken muss kraftbetätigt erfolgen.

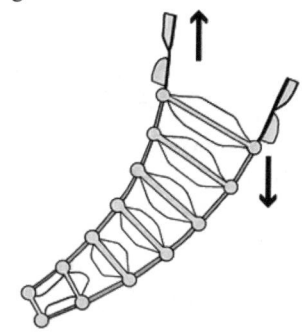

FireWire
Busstandard für industrielle Anwendungen und digitalen Datenaustausch mit

hoher Geschwindigkeit zwischen unterschiedlichen Geräten (IEEE 1394). Aufgrund zahlreicher Vorteile, die insgesamt eine hohe Benutzerfreundlichkeit bewirken, wurde er zunächst für Consumer-Elektronik intensiv genutzt. Inzwischen findet er auch im industriellen Bereich stärkere Verbreitung, weil er wegen der hohen Datenrate alle relevanten Daten über ein Medium übertragen kann, einschließlich der klassischen Aufgaben von Feldbussen.

First-in/First-out
Durchlaufprinzip bei der Speicherung von körperlichen Objekten oder Datenpaketen.
→ *FIFO*, → *LIFO*

Fischgrätendiagramm
[cause and effect diagram]
Hilfsmittel zur Fehleranalyse (Fehlerbaumanalyse)
→ *Ishikawa-Diagramm*

Flächenmotor
[planar motor, dual-axis motor]
Elektrischer Direktantrieb, bei dem der Stator mit orthogonal gekreuzten Nuten versehen wurde und dem Läufer ein zweites Spulensystem im 90°-Winkel zugeordnet ist. Es ist ein 2D-Linearmotor. Während der Bewegung wird unter dem Läufer ein Druckluftfilm aufgebaut, sodass eine äußerst kleine Reibungskraft zu überwinden ist. Die für die Luftlagerung benötige Luftmenge wird über den Läufer zugeführt und strömt an dessen Unterseite über Düsenbohrungen aus. Das magnetisch vorgespannte Luftlager hat eine Dicke von 8 bis 12 µm. Im Läufer eingebaute Permanentmagnete halten diesen auf der Statorplatte, sodass er trotz Luftspalt nicht abzuheben ist. Der Einsatz mehrerer Läufer auf einem Stator ist möglich. Bis zu sechs Läufer sind heute bereits Standard. Die Auflösung liegt je nach Ausführung bei weniger als 2 µm und bleibt während der Lebensdauer konstant. Die Luftlagerung vermeidet den sonst unvermeidlichen →

Stick-Slip-Effekt. Der F. wird auch als Planarmotor bezeichnet.

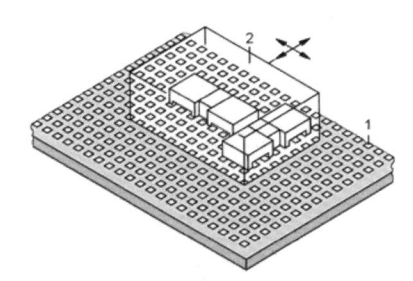

1 Lauffläche, Stator, 2 Läufer

Flächenportal
[x-y portal, cross-sliding portal]
Portalbauform mit vier Portalstützen und einem Kreuzschienensystem, sodass ein Portalwagen mit einer Vertikaleinheit in der Fläche verfahrbar ist.

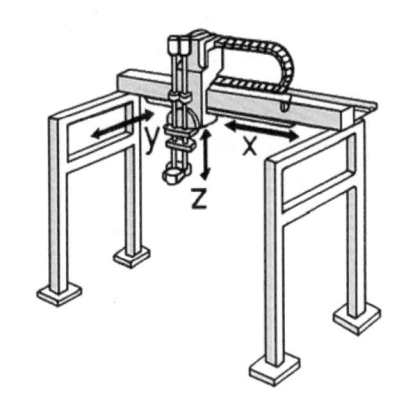

Ein an der vertikalen Bewegungseinheit angebrachter → *Endeffektor* erhält so einen großen Aktionsbereich, z.B. bei der Beschickung von Maschinen von oben oder bei Handlingaufgaben in Lagerbereichen.
→ *Linienportal*

Flächenportal-Positioniersystem
[area robot]
Zweiachsiges Bewegungssystem, bei dem die Antriebsmotoren gestellfest angeordnet sind. Dadurch wird die bewegte Masse klein und die Dynamik des Systems groß. Die Übertragung der Bewe-

gungen erfolgt über Zugmittel, z.B. Synchronriemen. Drehrichtung und Drehzahl der Antriebsmotoren bestimmen den Verfahrweg des Schlittens in der x-y-Ebene.

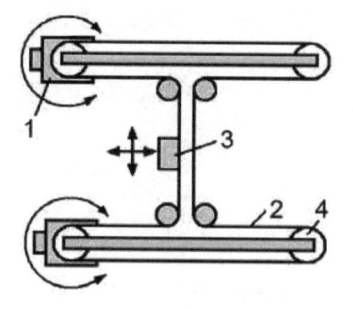

1 Elektromotor, 2 Zahnriemen, 3 Schlitten mit Endeffektor, 4 Umlenkscheibe (Draufsicht)

Flächenpressung
[surface pressure]
Beanspruchung in den Berührungsflächen (Oberflächen) zweier gegeneinander gepresster Bauteile. Die Flächenpressung p_{vor} ergibt sich aus $p_{vor} = F_N/A$ (F_N Normalkraft in N, A Berührungsfläche in mm^2). Sie muss kleiner sein als die zulässige Flächenpressung $p_{zul.}$.

Flächenroboter
[surface robot]
Roboter, der sich mit der ersten Achse auf der Basis eines Flächenantriebs bewegt.

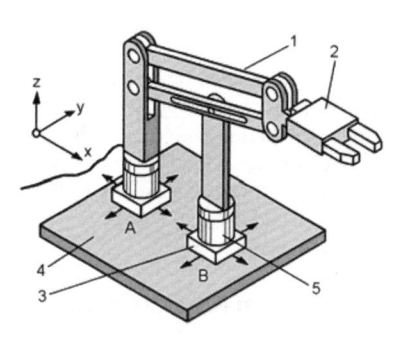

1 Unterarm, 2 Greifer, 3 Läufer, 4 Stator, 5 passives Drehgelenk

Das ist ein Linearmotor, dessen Stator mit orthogonal gekreuzten Nuten versehen ist, sodass sich der Läufer mit seinen zwei Spulensystemen in der x- und y-Richtung bewegen kann.
→ *Flächenmotor*

Flächensauggreifer
[large-area suction gripper]
Saugergreifer, der nicht punktuell mit hohem Unterdruck Teile hält, sondern der bei geringem Unterdruck viele flächig verteilte „Saugporen" nutzt. Dadurch lassen sich große dünne Gegenstände wie Papiere, Matten, Folien und Textilien gut aufnehmen. Als aktives Element kommen Loch- oder Kunststoffplatten mit porösen Öffnungen in Frage.

Flächensensor
[area sensor]
Sensor, der nicht punktuell wirkt, sondern über flächig verteilte Elementarsensoren verfügt, z.B. ein CCD-Array.

Flachkäfigführung
[flat-cage guide rail]
Sie besteht aus Führungsschiene (4) und Flachkäfig (2) mit eingelassenen Rollkörpern (3). Die Führungen bieten höchste Tragfähigkeit und Steifigkeit, haben eine niedrigere Reibung und gewährleisten eine sehr hohe Langzeitgenauigkeit. Das Bild zeigt einen Querschnitt durch eine solche Führung (1 Rollwagen).

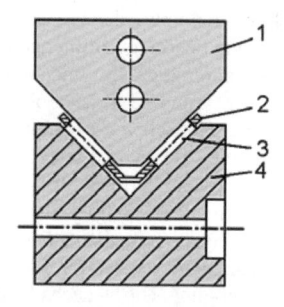

Flachplattenkette
[flat-top chain]
Kette, deren Glieder aus scharnierartig zusammengesetzten Metallplatten bestehen. Die F. dient vor allem dem Trans-

port von etwas schwereren Gütern, z.b. auch Montagebaugruppen. Die Kettenräder müssen eine polygonartige Ausführung haben.

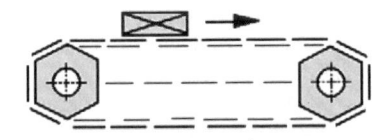

Flachriemenbalancer

Handgeführter Manipulator, dessen Last automatisch gegen die Schwerkraft ausgeglichen wird und dessen Hubwerk zwei Flachriemen enthält.

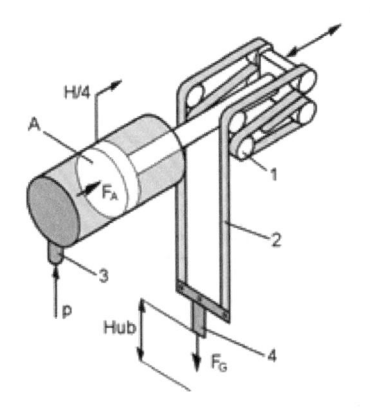

1 Umlenkrolle, 2 Flachriemen, 3 Druckluftzufuhr, 4 Gehänge für Lastaufnahmemittel, A Kolbendruckfläche, H Hub, F_G Hubkraft (*Schmidt-Handling*)

Zur Hubvergrößerung werden diese über Rollenpaare geführt und zwar in der umgekehrten Wirkung eines Flaschenzuges. Als Antrieb dient ein waagerecht liegender Pneumatikzylinder.
→ *Balancer*

Flakey

Mobiler Roboter des *Stanford Research Institute* (1984, USA), der zwei angetriebene Räder besitzt und zur Hinderniserkennung mit 12 Ultraschallsensoren, einer Videokamera und einem Laserentfernungsmesser ausgestattet ist. Er kann seinen Weg über Korridore und Durchgänge selbst planen.

Flansch

[flange]
Mechanische Vorrichtung am Handgelenk des Roboters zum Befestigen eines Endeffektors. Die Geometrie und die zulässigen Toleranzen sind nach DIN ISO 9409 genormt. Der Flansch kann zum Hindurchführen von Versorgungs- und Steuerleitungen durchbohrt sein. Das Anschraubbild kann auch anders aussehen, weil nicht bei jeder Baugröße auch alle Bohrungen vorhanden sein müssen.

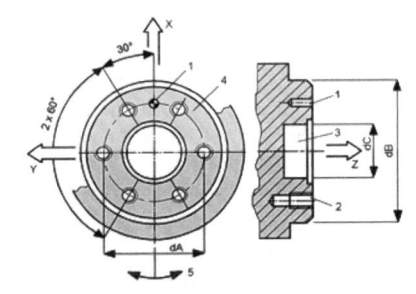

1 Aufnahmebohrung für Zentrierstift, 2 Befestigungsgewindebohrung, 3 Zentrierbund, 4 Flanschkörper, 5 Flanschdrehung, d Durchmesser

Flaschengreifer

[bottle gripper]
Klemmgreifer, der ganze Reihen von Flaschen gleichzeitig festhalten kann.

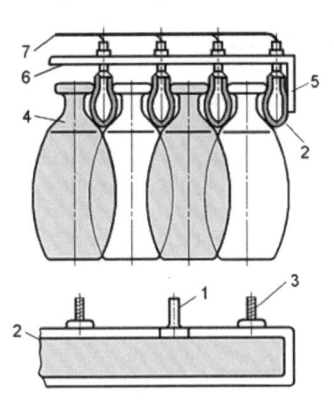

1 Anschlussstutzen für Druckluft, 2 Druckluftkissen in Leistenform, 3 Befestigungsgewindestück, 4 Greifobjekt, 5 feste Anlage für Gummikissen, 6 Greifergrundplatte, 7 Druckluftleitung

Nach dem Eintauchen der flexiblen, aufblasbaren Gummileisten schmiegen sich diese an den Flaschenhals und stellen so eine kraft-formpaarige Verbindung her. Die Gummileisten sind an einer Grundplatte angebracht und mit einem Druckluftnetz verbunden.

Flexible Fertigungszelle
[flexible manufacturing cell]
Hoch automatisierte, autonome Produktionseinheit, bestehend aus einer NC-Maschine mit Werkzeug- und Werkstück-Wechseleinrichtung, zusätzlichen Überwachungsgeräten und DNC-Anschluss. Der DNC-Rechner speichert, verwaltet und verteilt NC-Programme an die angeschlossenen CNC-Maschinen.

Flexibles Fertigungssystem
[flexible manufacturing system]
Gruppierung mehrerer Bearbeitungszentren bzw. flexibler Fertigungszellen, die eine vollautomatische Komplettbearbeitung von Teilefamilien in beliebigen Losgrößen, beliebiger Reihenfolge und ohne manuelle Eingriffe ermöglichen, da sie über ein gemeinsames, automatisiertes Werkstücktransport- und -wechselsystem verknüpft sind. In der Regel ist das gesamte System an einen Leitrechner angeschlossen.

Flexibilität
[flexibility]
In der Handhabungstechnik die Eigenschaft automatischer Handhabungseinrichtungen, gegenüber wechselnden Handhabungsaufgaben selbstanpassungsfähig, wenigstens aber fremdanpassbar (z.B. durch manuelle Umstellung) zu sein. Im Wesentlichen betrifft das die Anpassung an verschiedene Werkstückformen.

Flexspline
Bezeichnung für eine elastische, verformbare topfförmige Stahlbuchse mit Außenverzahnung, die bei einem → *Harmonic-Drive Getriebe* durchgewölbt umläuft.

Fliegende Säge
[flying saw]
Funktionseinheit für das Trennen von kontinuierlich durchlaufenden Warenbahnen oder z.B. Kunststoffrohren (Bild). Das ungeschnittene Rohr wird mit konstanter Geschwindigkeit vorgeschoben. Ein „smarter" → *Umrichter* steuert in diesem Fall mit der integrierten Steuerung den Schlittenmotor so, dass die Säge der Bewegung des Rohres exakt folgt (Geschwindigkeitsaufschaltung). Ist der Zeitpunkt für das Abheben oder Absenken der Säge gekommen, wird die Sägearm-Hubeinheit entsprechend gesteuert. Die abgehobene Säge muss zuletzt im Eilgang wieder zurückfahren, damit ein neuer Sägezyklus rechtzeitig fliegend beginnen kann.

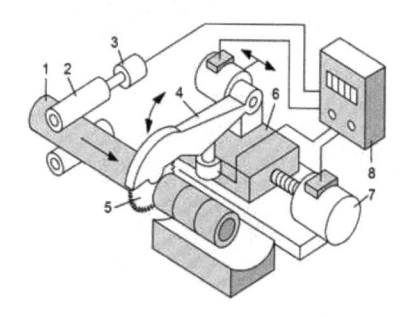

1 zu trennendes Kunststoffrohr, 2 Vorschubwalze, 3 Drehgeber, 4 Sägearm mit Hubeinheit, 5 Sägeblatt, 6 Schlitteneinheit, 7 Schlittenantrieb, 8 vektorgeregelter Frequenzumrichter

Der „intelligente" Umrichter ist in diesem Beispiel so ausgestattet, dass er auch Programmabläufe aufnehmen und steuern kann.

Fließbild
[flow chart, flow diagram]
Auch als Verfahrensfließbild bezeichnet; grafisches Funktionsabbild einer Verfahrensanlage mit Darstellung von Ort und Art der Leitgeräte. Es wird oft auf Bildschirmen in Warten zur Prozessüberwachung dargestellt. Ein Regelwerk für die Gestaltung von Fließbildern findet sich in VDI/VDE 3699, Blatt 3.
→ *RI-Fließbild*

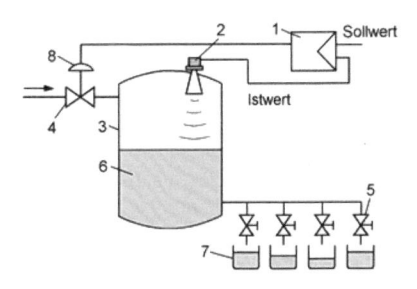

1 Regler, 2 Füllstandsmessung mit Mikrowellenradar, 3 Behälter, Druckbehälter, 4 stetig arbeitendes Zulaufventil, 5 manuell angetriebene Absperrarmatur, 6 Regelstrecke, 7 Abfüllbehälter, 8 Membranstellantrieb

Fließfertigung
[continuous line production]
System von Bearbeitungsstationen (Maschinen, Montagestationen u.a.), die meist starr, manchmal auch lose miteinander verkettet sind. Die Verkettungseinrichtungen arbeiten somit taktweise oder zeitasynchron. Die Bearbeitungsstationen sind in der Reihenfolge der Bearbeitung angeordnet. Die Bereitstellung des Materials erfolgt direkt an den Arbeitsstationen, z.B. bei einer Fließmontage. Vorteile: einfacher Werkstücktransport, gute Transparenz, einfache Fertigungssteuerung, hohe Produktivität. Nachteile: wenig flexibel, Abtaktungsverluste, Ausfallrisiko der gesamten Anlage bei Stillstand einer einzigen Komponente bei starrer Verkettung.

Fließgut
[flow material]
Formunbestimmtes Gut, wie Flüssigkeiten und Pasten, aber auch zum Beispiel fließbares Schüttgut. Gelegentlich werden Streifen, Bänder, Draht u.a. auch als Quasifließgut bezeichnet.

Fließprozess
[flow process]
Produktionsprozess, bei dem Energie oder gestaltlose Produkte beliebiger Konsistenz mit definierten physikalischen und/oder chemischen Eigenschaften, zum Teil auch Materialstränge wie Band und Draht, hergestellt oder verteilt werden. Dominierend ist der kontinuierliche Vorgangstyp.

Fließverhalten
[flowing properties]
Kriterium zur Beschreibung der Eigenschaften von Fördergut, das die innere Reibung, Kohäsion, Wandreibung, Adhäsion und den Schüttgutwinkel einschließt.

Flipflop
[flip-flop]
Speicherelement in sequenziellen Steuerungen, welches dazu dient, den Steuerungsablauf abhängig von bereits absolvierten Steuerschritten zu aktivieren. Es ist heute als integrierter Schaltkreis ausgeführt.

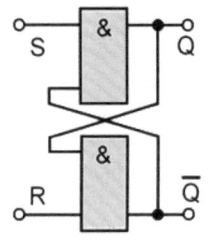

Flugroboter
[flying robot]
Vom Boden aus ferngesteuerte oder selbstnavigierende Flugmaschine, oft dem Hubschrauber ähnlich, die für Inspektion, Vermessung, Saatgutausbringung, militärische Aufklärung, Insektenbekämpfung und Rettungsarbeiten eingesetzt werden kann. Ein eingebauter Gyrosensor korrigiert jeden unerwarteten Windstoß ebenso wie Fall- oder Aufwinde, sodass libellengleiches Schweben möglich ist.

Fluid
[fluid]
Sammelbegriff für alle gasförmigen, flüssigen und andere fließbaren Stoffe, die in der Prozesstechnik zu transportieren sind, wie Wasser, Abwasser, Chemikalienmischungen, Gase, Schlämme und

Schüttgut mit gutem Fließverhalten wie z.B. Sand, Zement oder Pulver und solche, die zur Übertragung von Energie oder Informationen geeignet sind. Die Fluidtechnik umfasst die Gebiete Hydraulik und Pneumatik.

Fluidik
[fluidics]
Lehre von Flüssigkeiten und ihren Bewegungen; Sammelbezeichnung für strömungsdynamisch arbeitende Elemente der Steuerungs- und Regelungstechnik. Typischerweise werden die Elemente mit Druckluft im Niederdruckbereich um und unter 1 bar betrieben.

Fluidmechanik
[fluid mechanics]
Bezeichnung für die Wissenschaft, die sich mit dem mechanischen Verhalten der Fluide beschäftigt.

Fluidmuskel
[fluidic muscle]
Pneumatischer Aktor nach dem Wirkprinzip eines Membran-Kontraktionssystems, ein Schlauch, der sich unter Druck zusammenzieht.

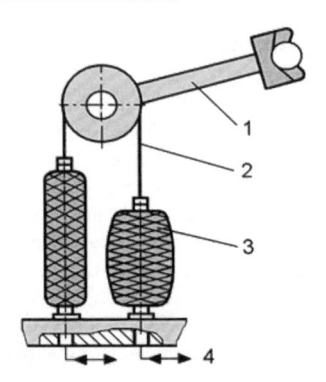

1 Arm, 2 Seil oder Zahnriemen, 3 Fluidmuskel, 4 Druckluft

Der fluidisch dichte und flexible Schlauch ist mit einer Umspinnung mit festen undehnbaren Fasern in Rautenform versehen. Dadurch entsteht eine dreidimensionale Gitterstruktur. Bei einströmender Luft wird die Gitterstruktur verformt, eine Zugkraft in Axialrichtung entsteht, was eine Verkürzung des Muskels durch zunehmenden Innendruck bewirkt. Der F. entwickelt im gestreckten Zustand bis zu zehnmal mehr Kraft als ein konventioneller Pneumatikzylinder vergleichbarer Größe und verbraucht bei gleicher Kraft nur etwa 40 % der Energie.

Fluidtechnik
[fluid power]
Fachgebiet der hydraulischen und pneumatischen Antriebstechnik, das die Umformung, Steuerung, Regelung sowie die Übertragung von Energie durch ein flüssiges oder gasförmiges Druckmittel behandelt.

Flurförderzeug
[floor conveyor]
Auf dem Boden fahrendes, meist gleisloses Fördermittel, das der Bauart nach überwiegend dem innerbetrieblichen Transport dient. Gegebenenfalls ist das F. auch kombiniert mit dem Handhaben (Heben, Stapeln, Manipulieren, Umsetzem u.a.) von Lasten.

FMEA
[Failure Mode and Effects Analysis]
Abk. für Fehlermöglichkeits- und Fehlereinfluss-Analyse; ein Verfahren zur Risikovermeidung und Kostenminimierung, das sich zur Untersuchung der Fehlerarten von Systemkomponenten und deren Auswirkungen auf das System eignet. Die FMEA wurde Mitte der 1960er Jahre in den USA von der NASA für das Apollo-Projekt entwickelt.

Folgeachse
[slave axis]
Antrieb einer Bewegungsachse, der im Synchronlauf (Gleichlauf) mit einem anderen Antrieb betrieben wird. Sein Positions-Sollwert wird vom Positions-Istwert der → *Leitachse* (Masterachse) abgeleitet.

Folgeprogrammierung
[sequence progamming]
Direkte manuelle Programmierung, bei der die Gelenkmotoren eines Roboters und die Bremsen so eingestellt sind, dass der Roboterarm durch einen Menschen bewegt werden kann. Bei der Positionierung des Armes werden die zugehörigen Gelenkvariablen abgespeichert. Nachteilig ist, dass schwere Roboter nicht so leicht von Hand bewegbar sind, weshalb die direkte manuelle Programmierung kaum noch angewendet wird.

Folgesteuerung
[sequence control]
Führungssteuerung; Steuerung, bei der das Stellglied nach einer vorgegebenen Gesetzmäßigkeit von einer gemessenen Führungsgröße (Druck, Weg u.a.) betätigt wird. Ein Vorgang löst mit seiner Beendigung immer den nächsten Vorgang aus.

Fördergeschwindigkeit
[convey velocity]
Geschwindigkeit, mit der sich die Werkstücke (genauer ihre Masseschwerpunkte) auf einer geraden oder wendligen Bahn bewegen.

Fördermittel
[transport and handling equipment]
Technische Mittel zur Fortbewegung industrieller Güter.

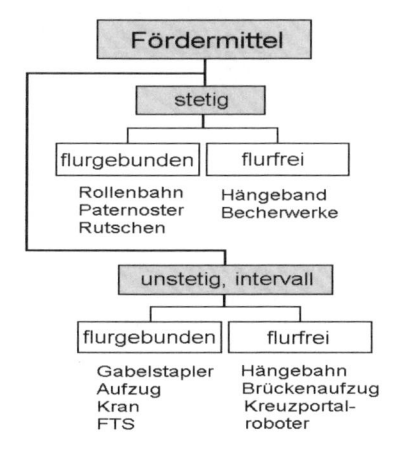

```
                    Fördermittel
                         |
           _____|_____
          |                             |
        stetig
          |
    _____|_____
   |             |
flurgebunden  flurfrei
Rollenbahn    Hängeband
Paternoster   Becherwerke
Rutschen

              unstetig, intervall
                      |
                _____|_____
               |             |
          flurgebunden    flurfrei
          Gabelstapler    Hängebahn
          Aufzug          Brückenaufzug
          Kran            Kreuzportal-
          FTS             roboter
```

Mitunter werden auch Menschen innerhalb begrenzter Entfernungen, z.B. im Werksbereich (innerbetriebliches Fördern) bewegt. Bei stetiger Fördergutbewegung nutzt man Reib- und Formschluss zwischen Gut und Fördermittel, die Wirkung von Kraftfeldern und allseitige Druckfortpflanzung (pneumatische Förderung). Unstetigförderer bewegen das Gut mit aussetzenden Förderbewegungen.
→ *Transportband,* → *Transportroboter*

Fördern
[convey]
Bewegen von Arbeitsgut aus einer beliebigen in eine andere beliebige Position, wobei Bewegungsbahn und Orientierung des Gutes nicht notwendigerweise definiert sein müssen. Das F. zählt nach VDI 2411 nicht zum Handhaben.
→ *Handhabung*

Formgedächtnislegierung
[shape memory alloy]
Meistens eine NiTi-Legierung (Nitinol), mit dem Phänomen, dass sie sich an eine frühere Formgebung trotz nachfolgender starker Verformung scheinbar „erinnern" kann. Durch Erwärmung wird die Verformung rückgängig gemacht. Die Formwandlung basiert auf der temperaturabhängigen Gitterumwandlung zweier verschiedener Kristallstrukturen eines Werkstoffes. Die hohe Stellkraft der F. erlaubt auch den Einsatz als Aktor, z.B. als Antrieb für Klemmgreifer.

Formschluss
[form closure]
Verbindung (auch als Formpaarung bezeichnet), die durch das Ineinandergreifen von mindestens zwei Verbindungspartnern entsteht. Bei Greifern mit F. wird das Objekt durch umschließende Greifbacken gehalten, ohne dass hierbei Klemmkräfte wirken. Die Belastung des Objekts besteht nur aus der Schwerkraft, die vom Objekt ausgeht. Es sind die Auflagekräfte.
→ *Kraftschluss,* → *Stoffschluss*

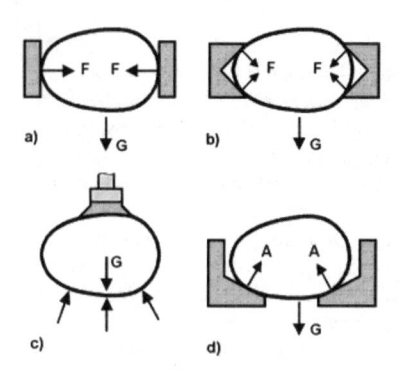

a) Kraftschluss, b) Kraft-Formschluss, c) Haftprinzip, d) Formpaarung, A Auflagekraft, F Spannkraft, G Gewichtskraft

Forschungsroboter
[research robot]
Roboter, der nicht für Produktionszwecke entwickelt wurde, sondern für die Lösung von Forschungsaufgaben. Das Einsatzfeld und die kinematische Ausführung kann sehr unterschiedlich und dem jeweiligen Zweck angepasst sein, z.B. Einsatz auf fernen Planeten, Unterwasser, Chemielabor, Vulkankratererkundung.

Fortbewegungsfunktion
[locomotive function]
Funktionen eines mobilen Roboters, durch geeignete Unterbauten (Beine, Räder, Raupenketten), um einen Ortswechsel vornehmen zu können.
→ *Lokomotion,* →*Pedipulator*

Fortbewegung, radgestützte
[wheel-drive locomotion]
Plattformen mit Rädern ist der einfachste und kostengünstigste Weg, Robotern zu einer freien Bewegung zu verhelfen. Dazu muss das Fahrwerk lenkbar sein. Es gibt verschiedene Möglichkeiten eine Bogenfahrt zu erreichen. Das sind u.a. die bekannte Drehschemellenkung, unterschiedliche Drehzahlen bei einem Dreirad-System, Einteilung in Lenk- und Stützrad (Bild) und in einzelne Sektionen geteilte Radsätze. Die Sektionen sind dann über ein Gelenk miteinander zur gegliederten Plattform verbunden.

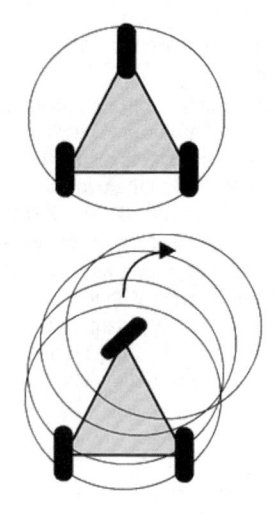

Fortbewegungsmechanismus
[locomotion mechanism]
Basisbaugruppe für bodengebundene mobile bzw. autonome mobile Roboter.

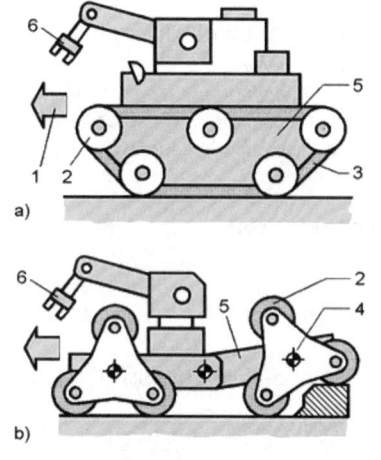

a) Raupenketten-Fortbewegung, b) 3-Stern-Radfortbewegung, 1 Bewegungsrichtung, 2 Rad, 3 Laufkette, 4 Zentrallager, 5 Chassis, 6 Greifer

Es kommen Beine (→ *Pedipulator*), Ketten und Räder zur Anwendung, auch Mischformen wie die Kombination zwischen Rad und Bein. Viele Entwicklungen dieser Art haben noch Laborcharakter oder wurden für Weltraumeinsätze entwickelt.

Fotodiode
[photodiode]
Lichtempfänger aus einem Halbleiter, der das empfangene Licht absorbiert und damit einen Ladungsträger erzeugt. Es wird der innere Fotoeffekt in der P/N-Sperrschicht im Sperrbetrieb ausgenutzt.

Fotodiodenarray
[photodiode array]
Lineare Zeilen von einzelnen Fotodioden mit bis über 10 000 diskreten Elementen, oftmals integriert mit Ladungsverstärkern. Daneben gibt es auch Flächenarrays zur Bildaufnahme mit mehreren Millionen Bildpunkten.

Fotoelektrischer Sensor
[photoelectric sensor]
Sensor, der auf die empfangene Lichtmenge reagiert. Bei der Fotodiode ändert sich der Sperrstrom bei Beleuchtung, Fototransistor und Fotothyristor werden bei Beleuchtung stromleitend und beim Fotowiderstand ändert sich der Widerstand in einem relativ weitem Bereich, abhängig von der Lichteinwirkung.

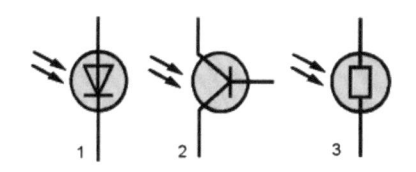

1 Fotodiode, 2 Fototransistor, 3 Fotowiderstand

Frame
[frame]
1 Datensatzähnlicher Formalismus für die Darstellung von Wissen in einem System zur Wissensverarbeitung (Expertensystem).
2 Bezeichnung für die Bilddaten eines Bildschirmbildes (Vollbild). Beim Zeilensprung-Scan werden die Bilddaten für ein Vollbild ausgegeben, indem die Ausgabe in zwei Teile unterteilt wird, ein ungerade nummeriertes Halbbild und ein gerade nummeriertes.

3 In der Robotik die Beschreibung eines Körpers bezüglich seiner räumlichen Anordnung in einem kartesischen Rechts-Koordinatensystem durch z.B. einen 6-Komponentenvektor (X, Y, Z, A, B, C). Das F. enthält somit die Information, an welcher Stelle sich der Ursprung befindet (Ort) und wie die Achsen ausgerichtet sind (Orientierung).
4 In der NC-Technik werden einstellbare F. verwendet, um das Werkstückkoordinatensystem in Bezug auf das Maschinenkoordinatensystem zu definieren. Derart einstellbare F. werden mit entsprechenden Befehlen, z.B. G54, aktiviert.

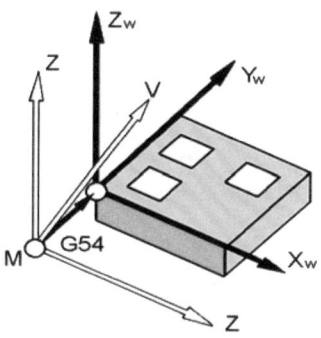

Frameprogrammierung
[frame programming]
Programmierung von Robotern, bei der die Zielpositionen, z.B. beim Punktschweißen, durch objektbezogene Ziel-Frames beschrieben werden.

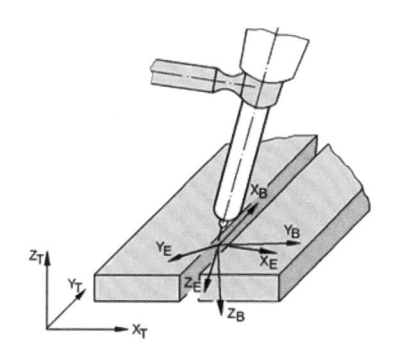

X_T, Y_T, Z_T = Werkstückframe
X_E, Y_E, Z_E = Effektorframe
X_B, Y_B, Z_B = Bahnframe

Dadurch wird auch die Orientierung mit vorgegeben. In der Realisierung wird dann das Werkzeug-F. (z.B. Punktschweißzange) mit dem Ziel-F. zur Deckung gebracht.

Frankenstein

In dem Roman *"Frankenstein, or the Modern Prometheus"* schrieb 1818 die Engländerin *Mary Shelly* über einen besessenen Wissenschaftler, der aus Leichenteilen unter Zufuhr von elektrischer Energie ein künstliches Wesen herstellte. Das erbarmungswürdige Monster findet in der Welt nur Ablehnung und wendet sich schließlich gegen seinen Schöpfer. Der Stoff wurde vielfach verfilmt, z.B. mit *Boris Karloff* als Frankenstein-Monster.

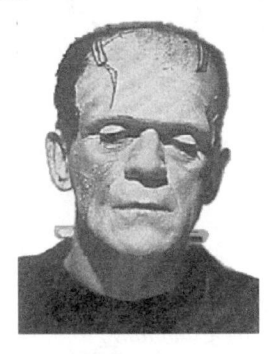

Freiarmroboter
[robot with on open kinematic chain]
Eine andere Bezeichnung für einen Roboterarm in offener kinematischer Kette, im Gegensatz zu einem Roboter mit einer geschlossener kinematischen Kette. Der Unterschied wird im Bild gezeigt.

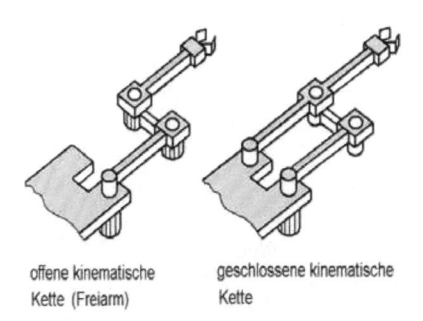

offene kinematische Kette (Freiarm)   geschlossene kinematische Kette

Freiformfläche
[sculptured surface, mesh surfaces]
Flächentyp, dessen geometrische Elemente (komplex und meist mehrfach gekrümmte Fläche) sich nur schwer analytisch beschreiben lassen, weil es sich um unbekannte mathematische Funktionen handelt oder um solche, die nur als Näherungslösung angesehen werden können. Die F. ist eine Kombination von Freiformkurven, die ihrerseits durch eine Folge von Punkten erzeugt werden. Die Punktfolge wird gewöhnlich durch mathematische Vorschriften zur Glättungskurve verändert.

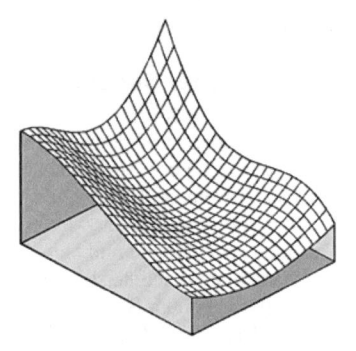

Freigängigkeitsmodell
[model for collison avoidance]
Beschreibung der durch ein sich bewegendes System in Anspruch genommenen Freiräume, mit dem Ziel, dass alle Bewegungen unter Beachtung sämtlicher Konstellationen und konstruktiven Randbedingungen ohne Kollision ausführbar sind. Ein typischer Fall ist die Beschickung und Teileentnahme an einer Presse mit mehreren → *Feedern*. Die Stößelbewegung und die Bewegungen der Handlingeinheiten müssen zeitlich exakt aufeinander abgestimmt sein.

Freiheitsgrad
[degree of freedom]
Anzahl der voneinander unabhängigen Bewegungen, die ein Körper im Raum gegenüber einem festen Weltkoordinatensystem ausführen kann. Bei einer Kinematischen Kette ist es die Anzahl der unabhängig bewegbaren angetriebenen

Achsen bei Mehrachsgeräten. Man spricht auch vom Getriebefreiheitsgrad f oder einfach von der Achsenanzahl. Der Freiheitsgrad charakterisiert die Beweglichkeit einer Maschinenstruktur, z.b. das Führungsgetriebe eines Industrieroboters.

Ein im Raum frei beweglicher Körper kann seine Position in drei Richtungen verändern; seine Orientierung kann ebenfalls um drei Winkel verändert werden. Er hat also einen Freiheitsgrad von 6. Eine bewegliche Paarung besitzt $f = 5$ und eine starre Verbindung $f = 0$.

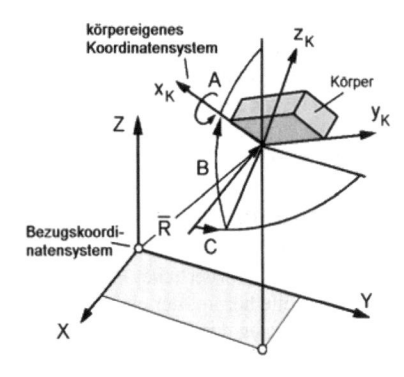

Freilauf
[freewheel]
Richtgesperre für Drehbewegungen, das die oszillierende Drehung eines Schwenkantriebes in eine getaktete gleichförmige Drehbewegung umformt. Die Bewegung der Abtriebswelle z.B. einer pneumatischen Schwenkflügelachse wirkt nur in der Arbeitsrichtung links bzw. rechts. So lassen sich gestufte oder stufenlos einstellbare Taktvorschübe erzeugen.

Freiprogrammierbarkeit
[free programmability]
Eigenschaft einer Robotersteuerung, sämtliche für die Beschreibung einer Handhabungsaufgabe bezüglich der Bewegungsbahn notwendigen Informationen frei wählen zu können. Das entspricht einer Programmierung ohne spezielle Programmierhilfen und ohne einen mechanischen Eingriff in die Steuerung.

Frequenz
[frequency]
Anzahl der Schwingungen pro Zeiteinheit. Die Einheit der Frequenz ist Hertz [Hz].

Frequenzumrichter
[frequency converter]
Stromrichter, der Spannung und Frequenz von Wechsel- oder Gleichstrom wandelt und kurz als → *Umrichter* bezeichnet wird. Es ist somit eine Standardkomponente, die aus einem Wechselstrom mit starrer Frequenz ein Drehstromnetz variabler Frequenz und Spannung erzeugt. Damit lassen sich Wechselstrommotoren, im besonderen Norm-Asynchronmotoren, auf beliebige Drehzahlen beschleunigen und abbremsen. Das Stromnetz der Energieversorgungsunternehmen erlaubt nur eine konstante oder in Stufen einstellbare Drehzahl. Automatisierungslösungen erfordern aber Motoren, die in einem breiten Drehzahlbereich feinstufig und präzise eingestellt werden können.

Die Steuerung erfolgt meistens über ein Sollwertsignal. z.B. 0 bis 10 Volt, zu dem im Umrichter eine proportionale Ausgangsfrequenz für den Betrieb des Motors erzeugt wird. Die vom Netz entnommene Wechselspannung wird gleichgerichtet, mit Kondensatoren im Zwischenkreis gespeichert und dann mit dem getakteten Wechselrichter in drei Phasen wieder aufgeteilt und mit 120° Versatz an den Motor gegeben. Durch den Zwischenkreis ergeben sich Vorteile beim Blindleistungsverhalten, der elektromagnetischen Verträglichkeit und der Freizügigkeit einer hohen Ausgangsfrequenz.

Friktionsbunker
[friction bin]
Stapelmagazin für die Werkstückbereitstellung mit Elementen für den Austrag der Teile. Im Beispiel wird die Reibung zwischen Band und Werkstück für das Austragen ausgenutzt. Eine exzentrische Rolle bringt den Schwingarm in Bewe-

gung, um aufliegende Teile zu rütteln. Damit wird eine → *Brückenbildung* im Magazin verhindert.

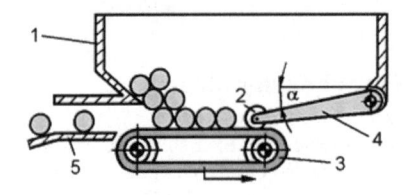

1 Stapelbunker, 2 Exzenterrolle, 3 Förderband, 4 Schwingarm, 5 Ausgabekanal

Frontmanipulator
[front-loading manipulator]
Hydraulisch angetriebener Manipulator zum Greifen und Abziehen von Rundholz in Holzausformungsanlagen. Der F. erweist sich für die Beschickung von Entrindern und Zerspanern als zweckmäßig. Auslegerlänge: 4 bis 10 Meter.

FTS
Abk. für → *Fahrerloses Transportsystem*

Fuge-Nachführung mit Sichtsystem
[seam-tracking servo with visionsensor]
Bei Lichtbogenschweißanlagen eine optische Einheit, die der Schweißdüse vorausläuft und die über Bilderkennung den Verlauf der Schweißnaht erkennt.

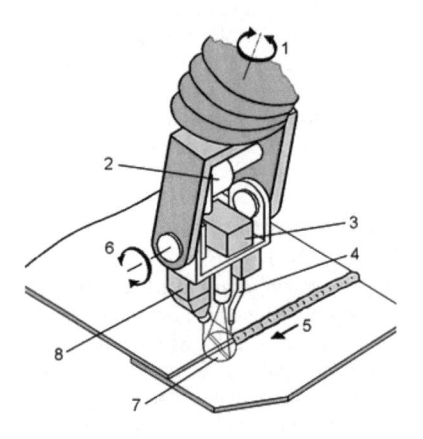

1 Drehgelenkachse, Gieren, 2 Servomotor für Drehachse, 3 Fächerstrahl-Lichtquelle, 4 Zuführdüse, 5 Auftragsrichtung, 6 Drehen, 7 Sichtfeld der Kamera, 8 Sichtsensor, Videokamera

Danach wird dann der Schweißbrenner oder z.B. eine Klebstoffdüse in der Spur gehalten.

Fügeachse
[jointing axis]
Vertikale Lineareinheit für das kontrollierte Einpressen von Teilen in Montagebasisteile. Die Achsen decken in der Regel einen unteren Kraftbereich bis 2000 N ab, wobei z.B. auch elektrische Direktantriebe als Krafterzeuger eingesetzt werden. Es können zusätzliche Funktionsträger integriert sein, wie hochauflösende Wegmesssysteme und Kraftsensoren.

Fügefreiraum
[clearance]
Für das Fügen erforderlicher Platz um eine Fügestelle herum, der einen kollisionsfreien Zugang des Fügewerkzeuges samt Fügeteil zur Wirkstelle ermöglicht.

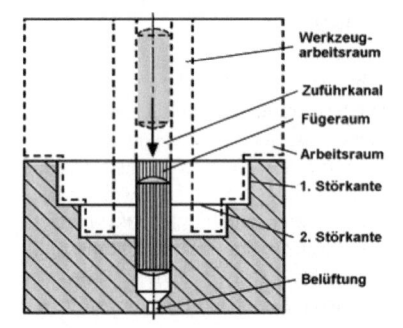

Hinderlich können besonders Störkonturen am Montagebasisteil bzw. bereits in der Nachbarschaft montierte Bauteile sein.

Fügehilfe, RCC
[Remote Center Compliance]
Ungesteuerter Ausgleichsmechanismus zwischen Roboterflansch und Greifer, der die Achsen der Fügepartner in Übereinstimmung bringt. Im Bild ist ein pas-

siver Mechanismus zu sehen, der kleine Positions- und Winkelfehler selbstständig ausgleicht. Allerdings muss das Werkstück eine Einführschräge haben, damit Querverschiebungen beim Anfädeln stattfinden können. Es gibt auch aktive F., die den Versatz messen und danach Korrekturbewegungen am Roboterarm auslösen. → *RCC*

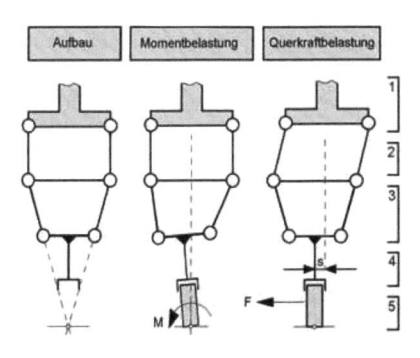

1 Anschluss an Fügeeinrichtung, 2 Verschiebesektion, 3 Winkelsektion, 4 Greifer, 5 Fügeteil, *M* Moment, *F* Kraft, *s* Fügeachsenversatz

Fügematrix
In der Montageplanung ein formales Instrument (quadratische Tabelle) zur Bewertung der Montagefreundlichkeit und zur Darstellung der zu verbindenden Teile. Es werden alle Fügestellen aufgelistet und bewertet.

Führen
[guiding]
In der Handhabungstechnik das Bewegen von geometrisch bestimmten Körpern aus einer vorgegebenen in eine andere vorgegebene Position entlang einer definierten Bahn, wobei die Orientierung des Körpers nicht dem Zufall überlassen bleibt. Varianten des F. sind das Zu- und Abführen von Teilen.

Führung
[guide]
Elemente des Maschinenbaus, die lineare Relativbewegungen zwischen Maschinenteilen ermöglichen. Drehführungen (Rotationsführungen) für rotatives Bewegen werden allgemein als Lager bezeichnet, Schiebeverbindungen als Geradführung (→ *Linearführung*). Die Führungselemente können prismatisch, rund und doppelrund sowie als Gleit-, Stützrollen- oder Wälzführung ausgebildet sein. Letztere z.B. als Kugel-, Kreuzrollen- oder Kugelbuchsenführung. Die technischen Eigenschaften sind unterschiedlich:

Führung	Lineargeschwindigkeit	Wiederholgenauigkeit	Last
Prismenführung	hoch, bis max. 6 m/s	± 0,10... ± 0,05 mm	niedrig, bis 1000 N
Kugelumlaufführung	mittel, bis max. 3 m/s	± 0,05... ± 0,01 mm	hoch, bis 10000 N
Kugelbuchsenführung	mittel, bis max. 3 m/s	± 0,05... ± 0,01 mm	hoch, bis 10000 N

In der Tabelle werden einige wichtige Parameter bei verschiedenen linearen Führungselementen als Tendenz für eine erste grobe Beurteilung der technischen Eigenschaften gegenübergestellt. Die Wiederholgenauigkeit bezieht sich auf Führungen mit 300 mm Hub. Die sehr einfach aufgebaute Schwalbenschwanz-Gleitführung kann bis zu 300 % stärker belastet werden als eine baugleiche Schlittenführung mit herkömmlichen Wälzlagern oder Profilschienenführungen.

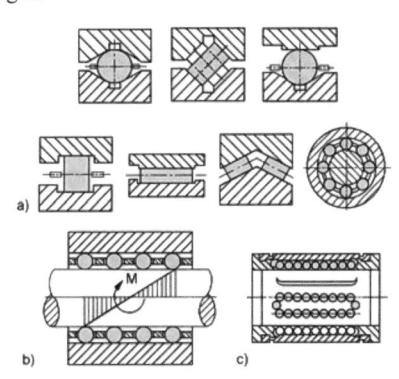

a) Wälzführungen, b) Kugelbuchse mit begrenztem Hub, c) Kugelumlaufbuchse mit unbegrenztem Hub

Allerdings sind nur geringere Geschwindigkeiten (bis maximal 500 mm/s) zulässig und die Vorschubkräfte können bei

gleicher Belastung gegenüber Wälzkörperführungen (siehe Bild) um den Faktor 100 größer sein.
→ *Laufrollenführung*, → *Lineargleitführung*, → *Profilschienenführung*, → *Rundstangenachse*, → *Flachkäfigführung*

Führungsabweichung
[guide deviation]
Linearer Anteil der Abweichung des geführten Maschinenteils von der Stellachse infolge von Abweichungen in der Geradheit der Schlittenebene und der Ebenheit außerhalb der Schlittenebene.
→ *Führungsgenauigkeit*

Führungseinheit
[guiding unit]
In der Pneumatik eine Lineareinheit mit z.B. zwei Führungsstangen und einem Schlitten. In Ergänzung mit einem Standardzylinder ergibt sich eine pneumatische Lineareinheit.

Führungsgenauigkeit
[guide precision]
Genauigkeit eines Führungssystems, die durch Abweichungen von einer idealen Geraden infolge von Neigungs-, Geradheits- und Ebenenabweichungen geprägt ist. Bei einer linearen Wälzführung gehen deren Genauigkeit, die Konstruktion der Führung und die Genauigkeit der Anschlusskonstruktion mit ein.
→ *Führungsabweichung*

Führungsgetriebe
[guidance gear]
Andere Bezeichnung für den Mechanismus eines Roboterarms mit angetriebenen steuerbaren Gliedern, der den Endeffektor auf einer vorbestimmten programmierten Bahn führt.

Führungskette
Bei parallelkinematischen Mechanismen der Getriebezug aus Gliedern und Gelenken, der eine bewegbare Plattform für den Endeffektor an das Gestell bindet.
→ *Parallelkinematik*

Führungsstabilität
[movement stability]
Eigenschaft eines Werkstücks, während der Fortbewegung auf einer Unterlage seine vorgegebene Achslage (Orientierung) nicht zu verlieren.

Führungswagen
[rail-guided carriage, track carriage]
Im Gegensatz zu Schlitten, die gleitend auf Schienen laufen, spricht man bei berollten Systemen von einem Wagen. Bei Kugelschienenführungen enthält der F. Längskugellager, die für eine sehr geringe Reibung sorgen.

Füllstandsüberwachung
[level monitoring]
Taktile oder berührungslose Sensorik, die den Füllstand eines Bunkers oder Magazins fortwährend überwacht. Es wird das Erreichen eines Höchst- oder Tiefststandes signalisiert. Ein- und Ausschaltsignale lassen sich elektrisch verzögern, damit die Befülleinrichtung nicht nervös und kurzzyklisch arbeitet.

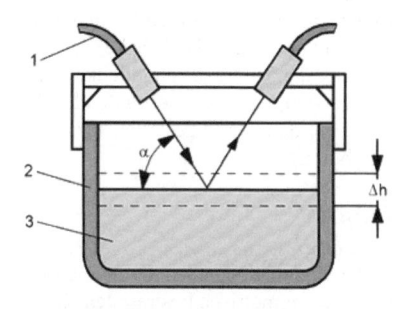

1 Lichtleitkabel, 2 Flüssigkeitsbehälter, 3 Flüssigkeit, Δh Füllstandstoleranzbereich mit oberem und unterem Grenzwert

Füllstandsüberwachung für Zuführgeräte
[level control for feeders]
Sensor oder binärer Schalter der in Werkstückbunkern, z.B. im Fördertopf eines Vibrationswendelbunkers, die Füllhöhe detektiert. Bei einem Niedrigstand wird dann ein automatischer Nachfüll-

vorgang ausgelöst. Der Sensor kann am Kabel hängen oder ist Teil einer mechanischen Pendelkonstruktion.

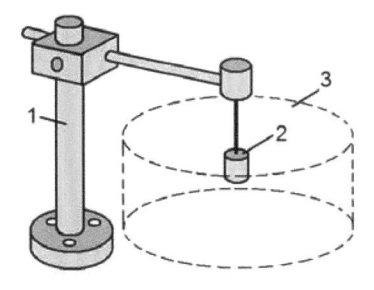

1 Ständer, 2 kapazitiver Näherungsschalter, 3 überwachter Bunker

Funkortung
[radio direction finding]
Verfahren zur → *Navigation* autonomer mobiler Roboter durch Peilung, Hyperbelverfahren und Abstandsmessung. Bei der Peilung wird der Winkel zu Sendern bestimmt, was drehbare Antennen erfordert. Beim Hyperbelverfahren werden von mehreren Sendern synchrone Signale abgestrahlt. Aus den Laufzeitdifferenzen lassen sich Hyperbelstandlinien identifizieren, von denen der Schnittpunkt mehrerer Linien den Standort des Roboters ergibt.

Funktion
[function]
Allgemein ein abstrakt beschriebener quantitativer und/oder qualitativer (gesetzmäßiger) Wirkungszusammenhang zwischen Eingangs-, Ausgangs- und Zustandsgrößen eines technischen Systems zum Erfüllen einer Aufgabe. Bei bestimmten Eingangsparametern wird immer ein eindeutiges Ergebnis zurückgeliefert.
→ *Funktionsträger*

Funktionselement
[operating element]
Element der untersten Betrachtungseinheit eines Funktionssystems, das nur eine elementare Funktion wie z.B. Schalten, Drehen oder Sperren ausführt.
→ *Funktionsträger*

Funktionskontrollausgang
[function check output]
Bei sensorisierten Geräten ein Kontrollausgang zur Erhöhung der Funktionssicherheit. Er ermöglicht die Überwachung des Sensors beispielsweise durch eine speicherprogrammierbare Steuerung.

Funktionsreserve
[operating reserve]
Bei optoelektronischen Sensoren ein Maß für die überschüssige Strahlungsleistung, die auf die Lichteintrittsfläche fällt und vom Lichtempfänger bewertet wird, um eine möglichst hohe Betriebssicherheit gegenüber Schmutz auf der Optik zu erreichen (Verhältnis von empfangener Strahlungsenergie zur minimalen Strahlungsenergie, die zum sicheren Schalten erforderlich ist).

Funktionsstruktur
[functional structure]
Verknüpfung von Teilfunktionen zu einer Gesamtfunktion. Es wird die Gesamtfunktion strukturiert (gegliedert).

Funktionstabelle
[function table]
Eine Tabelle, auch als Wahrheits- oder Wertetabelle genannt, die die Ergebnisse einer Boole'schen Verknüpfung für die Kombinationen der Eingangsvariablen aufführt. Links stehen alle möglichen Kombinationen der Eingangsvariablen und auf der rechten Seite die zugehörigen Werte der Ausgangsvariablen.
→ *Entscheidungstabelle*

Funktionsträger
[function unit]
Technisches Gebilde (Lösungsprinzip, Prinziplösung, Baugruppe, Produkt), mit dem bestimmte Funktionen realisiert werden können, z.B. Handhabungs- und Weitergabefunktionen, wie der Transport von Montagebaugruppen innerhalb von Transfersystemen mit einem Werkstückträger.

Fußballroboter
[soccer robot]
→ *Roboter-Fußballer*

Futterteilgreifer
[chuck part gripper]
Mechanischer Klemmgreifer in der Art eines Dreibackenfutters in doppelter Ausführung und mit einem Andrückstern ausgestattet. Dieser erledigt beim Einsetzen des Futterdrehteils in ein Spannmittel das Anpressen an den Drehfuttergrund. Der F. kann Bestandteil eines Portalmanipulators sein, der mehrere Drehautomaten bedient und auch als Verkettungsmittel von einer Maschine zur anderen fungiert.

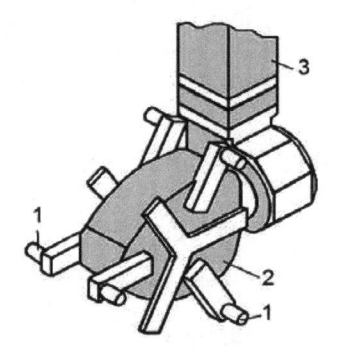

1 Greiforgan, 2 Greifergehäuse, 3 Manipulatorarm (*Promot*)

Fuzzy-Logik
[fuzzy logic]
Unscharfe Logik; mathematisches Verfahren zum Definieren von normalerweise mathematisch nicht fassbaren Aussagen mit nur vager Gewissheit.

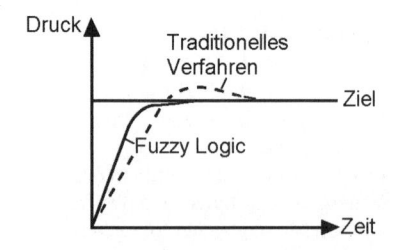

Die F. weist Ereignissen mehr als zwei Werte zu, etwa alle Zahlen zwischen 0 und 1. Damit lassen sich auch ungenaue Aussagen einbeziehen, die nur eine graduelle Gewissheit für die Richtigkeit einer Sache bieten.

G

Galgen
[cantilever beam]
In der Robotik ein Ständer mit auskragender Konsole, an dem ein Industrieroboter hängend installiert werden kann. Dadurch bleibt die Bodenfläche für Prozess- und periphere Einrichtungen frei. Zur Vergrößerung des Arbeitsraumes kann der Galgen auf einer Dreh- oder Schiebeeinheit aufgebaut werden.
→ *Shelf-Roboter, tiefgreifender*

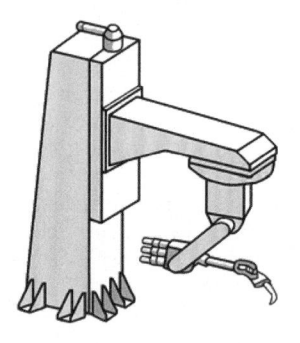

Galvanomagnetischer Effekt
[galvano-magnetic effect]
Physikalischer Effekt, der sich in einem elektrischen Leiter bei einem Stromdurchfluss einstellt, wenn sich der Leiter in einem homogenen Magnetfeld befindet.

Gangart
[gait (walking) pattern]
Charakteristische Muster der Fußauftrittsfolge bei Lebewesen und Laufmaschinen, die sich durch Gehen fortbewegen. Die Anzahl möglicher Schrittfolgen hängt von der Anzahl der Beine ab. Bei 6 Beinen gibt es bereits 1082 unterschiedliche Fußauftrittsfolgen, wovon 1030 statisch stabil sind. Forschungen

zur künstlichen zweifüßigen Gangart und der Dynamik anthropomorpher Mechanismen werden seit 1968 durchgeführt.

Gantry-Bauart
[gantry design]
Portalbauart; Bezeichnung für kartesische Handhabungssysteme, bei denen sich die Handlingeinheit entlang eines Portalbalkens im Überflurbereich bewegt. Der Einsatz ist beim Beschicken von Maschinen und beim Schweißen angebracht, weil sich Maschinen von oben gut beschicken lassen und weil man mit einem → *Kreuzportalroboter* eine große Arbeitsfläche überfahren kann.

Gastronomieroboter
[catering trade robot]
Roboter, der im Gaststättengewerbe eingesetzt wird, z.B. für das Servieren von Speisen (selten) oder für ausgewählte Hilfsarbeiten in der Küche.

Gauß-Effekt
[Gauss effect]
Wirkt senkrecht zu einer Strombahn in einem plättchenförmigen Leiter oder Halbleiter ein homogenes Magnetfeld, so zeigt sich eine Verlagerung der Strombahn, die sich durch eine Erhöhung des Widerstandes bemerkbar macht.

Geber
[transmitter, sensor]
Nicht einheitlich benutzter Begriff für Messfühler, Aufnehmer und → *Sensor*. Oft wird mit G. auch nur das Sensorelement, ein elektrischer Wandler, gemeint.
→ *Elementarsensor*

Gefahrenraum
[danger area]
Bei einem Roboter der um den Bewegungsraum herum gelegte angemessene Sicherheitsraum, der bei einem in Aktion befindlichem Roboter nicht betreten werden darf.
→ *OTS*

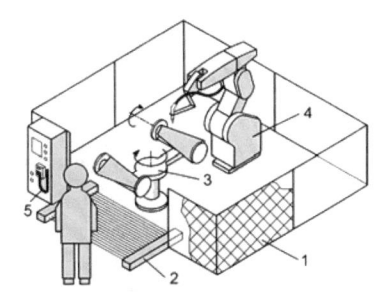

1 Schutzzaun, 2 Sicherheitslichtgitter, 3 Schweißteilpositionierer, 4 Schweißroboter, 5 Steuerung

Gefriergreifer
[cryogenic gripper, freezing gripper]
Thermisch-adhäsiver Greifer, der die Greifobjekte durch Anfrieren bei etwa 10° C hält. Als Haftmittel dient Wasser bzw. Wasserdampf. Zum Ablegen muss das Eis aufgetaut werden (Greif- und Lösezeit etwa 1 Sekunde). Als Greifobjekte kommen z.B. textile Gebilde, Mikrokomponenten, organische/biologische Präparate in Frage.
→ *Greifprozess, hydroadhäsiver*

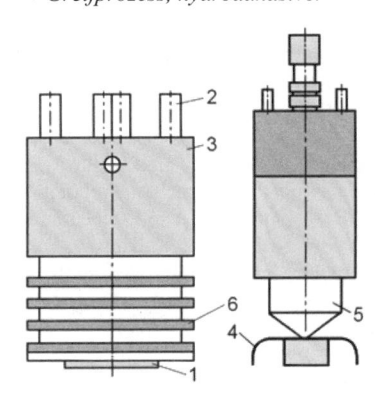

1 Peltiermodul, 2 Medien- und Steuerleitungsanschluss, 3 Gehäuse, 4 Werkstück, 5 Kältekontaktelement, 6 Kühlrippen

Gegenbandspeicher
[belt conveyor system with return movement]
Förderbandspeicher mit zwei gegenläufigen Förderstrecken zur Bereitstellung

von Werkstücken. Zuviel geförderte Teile gelangen auf die Gegenspur und werden wieder zurückgebracht. Danach erreichen sie erneut die Zuführstrecke.

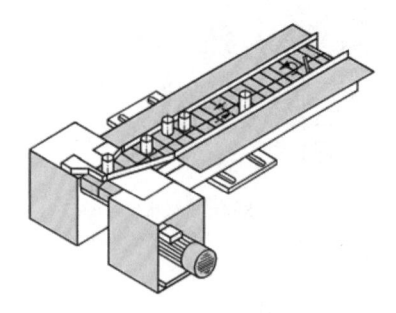

Gegenstrombremsung
[plug braking]
Umkehr des Drehfeldes eines Drehstrommotors durch Vertauschen zweier Außenleiter (Drehfeldumpolung), wodurch der Motor ein entgegengesetztes Drehmoment erhält, das ihn bremst, ohne ihn zu blockieren.
→ *Vierquadrantenbetrieb*

Geländerobotik
[field robotics]
Teilgebiet der Robotertechnik, das sich mit „Geländerobotern" befasst. Das sind schwere Maschinen für den Einsatz in Landwirtschaft, Bergbau und Gütertransport. Sie bewegen sich meistens schreitend vorwärts und sind vielbeinig. Dazu gehören auch Forschungsroboter wie z.B. → *Dante II*, der mit seinen 8 Beinen den Krater eines Vulkans zu untersuchen hatte. Er wurde über Satellit ferngesteuert.
→ *autonomer mobiler Roboter*

Gelenk
[joint]
Eine bewegliche Verbindung zwischen Maschinen- bzw. Körperteilen bei Maschinen bzw. Lebewesen. Man kann in Dreh-, Schub- und Drehschub-Gelenke unterscheiden. Der Drehwinkel ist begrenzt, je nach Konstruktion. In der Handhabungstechnik bezeichnet man Drehgelenke auch als → *R-Achse*. In der

Technik gibt es auch Schubachsen (→ *T-Achse*), bei Lebewesen nicht.

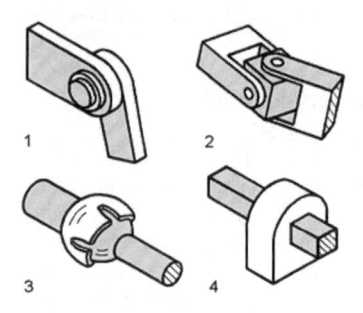

1 Drehgelenk, 2 Kardangelenk (*Hooke joint*), 3 Kugelgelenk, 4 prismatisches Schubgelenk

Gelenk, aktives
[active joint]
Gelenk, dem ein Antrieb zugeordnet ist. In einer offenen kinematischen Kette muss je Gelenkfreiheitsgrad ein Antrieb vorhanden sein. In geschlossenen kinematischen Ketten kommen dagegen auch passive Gelenke vor, in denen nur Stütz- und Reibungskräfte, jedoch keine Arbeit leistenden Antriebskräfte wirken.

Gelenk, stoffschlüssiges
[solid linkage joint]
Gelenk, dessen Beweglichkeit nicht durch Welle-Nabe- oder Schubelemente zustande kommt, sondern durch Materialgelenke (Festkörper) erreicht wird. Bei Kunststoffteilen wird ein solches G. auch als Filmscharnier bezeichnet. Vorteil: kleiner Bauraum, keine Abriebpartikel.

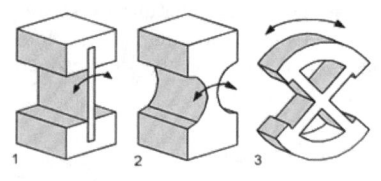

1 Blattfedergelenk, 2 Kerbgelenk, 3 Kreuzfedergelenk

Gelenkarmgeometrie
[articulated geometry]
Gestaltung eines Manipulatorarmes mit ausschließlich Drehgelenken, wie auch

▶G

beim Menschen. Roboter dieser Art werden auch als Drehgelenkroboter bezeichnet. Jedes mit einem Antrieb versehene Gelenk, verschafft dem Mechanismus einen Freiheitsgrad. Der gezeigte Roboter hat demnach den Freiheitsgrad 6 (A1 bis A6). Im Englischen bedeutet das Wort „articulated" in Teilbereiche gebrochen (und über Gelenke wieder verbunden).

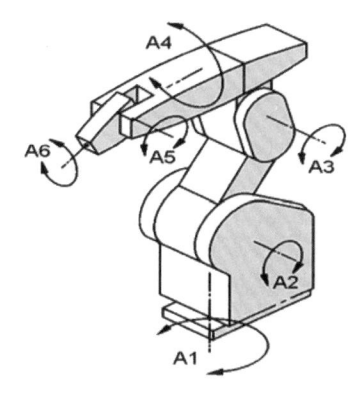

Gelenkfinger
[jointed finger]
Greiferfinger, der aus mindestens drei über Gelenke miteinander verbundenen Gliedern besteht. Der Antrieb der Fingerglieder ist technisch schwierig realisierbar und erfolgt über Seilzüge, Schubstangen, Flachbänder, pneumatische Aktoren und integrierte elektrische Mikromotoren.

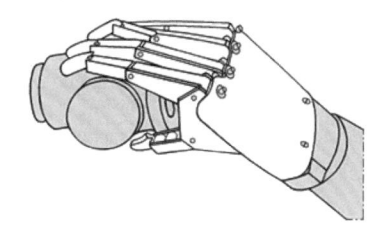

Gelenkfreiheitsgrad
[joint degree of freedom]
Anzahl der möglichen Elementarbewegungen (Drehen, Schieben, Schrauben), die ein Gelenk als bewegliche Verbindung zweier Glieder zueinander gestattet. Ein Kugelgelenk besitzt einen größeren G. als ein gewöhnliches Drehgelenk. In Führungen und Lagern für Roboterachsen beträgt der G. gewöhnlich $F = 1$.

Gelenkarmroboter
[articulated arm-robot]
Andere Bezeichnung für einen Drehgelenkroboter. Zu unterscheiden wäre in Senkrechtg. (Bild), auch als Knickarmroboter bezeichnet, und Waagerechtg. (→ Scara-Roboter).

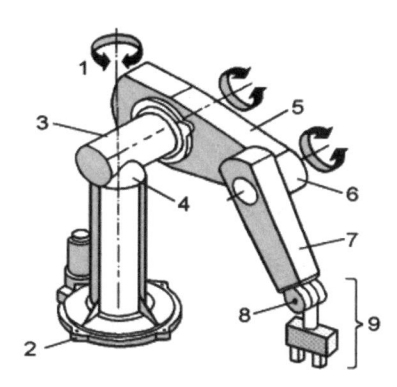

Gelenkinterpolation
[joint interpolation]
Bei Robotersteuerungen eine vom Trajektoriengenerator durchgeführte Punkt zu Punkt Bewegung. Die Sollwertvorgabe erfolgt dabei so, dass ruckfreie Bewegungen entstehen, d.h. in der Regel ist der Zeitverlauf der Winkelbeschleunigung eines jeden Gelenks rampenförmig. Die Bewegungsgrößen aller Gelenke werden so erzeugt, dass bei einer Bewegung alle Gelenke zum gleichen Zeitpunkt zum Stillstand kommen.

Gelenkkonfiguration
[jointed configuration]
Bezeichnung für die Gesamtheit aller möglichen Gelenkstellungen eines Mechanismus, z.B. eines Roboterarmes (→ Manipulator).

1 Grunddrehung, 2 Sockel, 3 Arm-(Dreh-) Gelenk, 4 Schultergelenk, 5 Oberarm, 6 Ellenbogengelenk, 7 Unterarm, 8 Handgelenk, 9 Gesamtnutzlast (Greifer + Werkstück)

Gelenkkoordinatensystem
[joint coordinates system]
Auf ein Robotergelenk bezogenes Koordinatensystem. Es wird mitunter als inneres Roboterkoordinatensystem bezeichnet. Synonym: Achskoordinatensystem

Gelenkkraft
[joint force]
Innere Kraft an den Berührungsstellen der Getriebeglieder eines Führungsgetriebes, den Gelenkelementen. Die Kenntnis der G. ist für die maßliche und toleranzmäßige Dimensionierung der Dreh- und Schubgelenke ausschlaggebend.

Gelenkroboter, modularer
[modular joint robot]
Roboter, der konsequent aus Arm- und Gelenkmodulen mit integrierten Antrieben aufgebaut ist. Die Armstücke können auch aus Faserverbundwerkstoffen gefertigt sein.

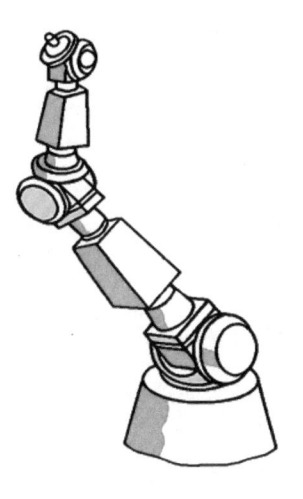

Gelenkspiel
[joint play]
Funktionsnotwendiger Zwischenraum zwischen den Gelenkelementen und den Dreh- bzw. Schubgelenken. Das G. führt zu Abweichungen von den idealen Lagen der Getriebeglieder, zu stoßartigen Belastungen der Gelenke, zur Geräuschbildung und bei zu großem G. auch zu vorzeitigem Verschleiß. Bei der Berechnung kinematischer Abmessungen wird das G. durch Verlagerungsvektoren berücksichtigt.

Gelenkstruktur
[joint configuration]
Aufbau und Aufeinanderfolge von Gelenken in einem Mechanismus, der z.B. eine schlangenartige Bewegungseinheit sein kann. Die Gelenke können in diesem Beispiel einen Freiheitsgrad von größer als 1 haben also z.B. → *Kugelgelenke* sein.

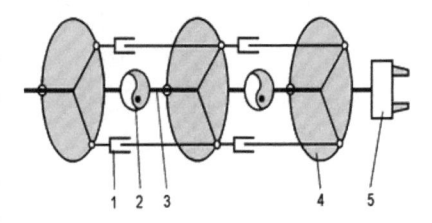

1 Linearantrieb, 2 Kardangelenk, 3 Schwenkachse, 4 steifer Körper, 5 Greifer

Gelenkunfreiheit
Das sind Bewegungssperrungen in Gelenken einer kinematischen Kette, die sich in Richtung der gemeinsamen Berührungsnormalen der gekoppelten Körper ergeben können.

Gelenkvariable
[joint variable]
In der Mechanismentechnik ein Parameter, der die Zahl der separat gesteuerten unterschiedlichen Antriebe in einer Kinematischen Kette angibt.

Gelenkwelle
[universal-joint shaft, cardan shaft]
Welle zur Übertragung von Drehmomenten, wobei nichtfluchtende, in der Lage veränderliche Wellenteile miteinander verbunden werden. Zur Übertragung kleiner Drehmomente müssen die Enden der Gelenkwelle mit Kugelgelenken ausgestattet sein.
→ *Gelenkwinkel*

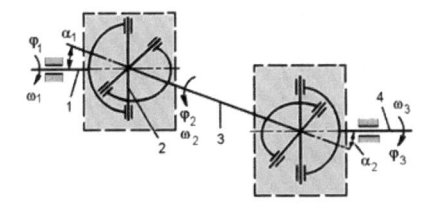

1 Antriebswelle, 2 Kardangelenk, 3 Zwischenwelle, 4 Abtriebswelle

Gelenkwinkel
[joint angle]
Winkel eines rotatorischen Roboterdrehgelenks, der zwischen zwei Gliedern einer kinematischen Kette (des Roboterarms) eingeschlossen wird. Ein Knickarmroboter mit fünf G. von G1 bis G5 wird im Bild gezeigt.

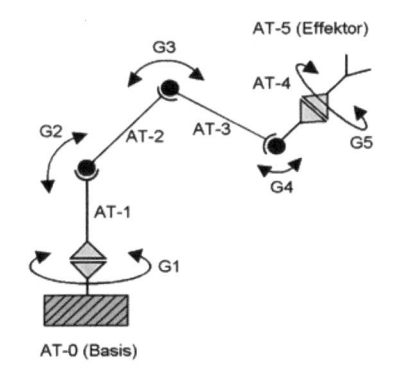

AT Armteil, G Gelenkwinkel

Gemeinkosten
[indirect costs]
Kostenarten, die im Einzelnen den Produkten nicht direkt zugeordnet werden können und deshalb über Verteilungsschlüssel global umgelegt werden.

Genauigkeit
[accuracy]
Allgemeiner Begriff, der zur Angabe einer Qualität verwendet wird, jedoch nicht exakt definiert ist. Nach DIN 1319 sollte er vor allem in Verbindung mit Zahlenangaben möglichst vermieden werden. Es ist besser, z.B. Fehlergrenzen, Abweichungen und Messunsicherheiten anzugeben. Außerdem gibt es verschiedene Kategorien von G. wie z.B. Maßgenauigkeit oder Formgenauigkeit.
→ *Genauigkeit, absolute,* → *Positioniergenauigkeit*

Genauigkeit, absolute
[absolute accuracy]
Bei einer Bewegungsachse die Abweichung zwischen Ist- und Sollposition, auch als Ungenauigkeit bezeichnet. Als Genauigkeit einer spindelgetriebenen Achse wird die bleibende → *Positionierabweichung* bezeichnet, nachdem alle anderen linearen Abweichungen beseitigt wurden, wie Cosinusfehler, Spindelsteigungsfehler, Winkelabweichungen am Messpunkt und Abweichungen durch thermische Einflüsse.

Genauigkeitsklasse
[class of accuracy]
Einteilung von Messgeräten, die vorgegebene messtechnische Forderungen derart erfüllen, dass die Messabweichungen innerhalb festgelegter Grenzen bleiben (Geräteparameter).

Genetischer Algorithmus
[genetic algorithm]
Suchalgorithmus, der die Metapher der Evolution ausnutzt. Es werden einzelne Lösungskandidaten miteinander gekreuzt, es gibt Mutationen, und es wird jeweils mit einer Fitness-Funktion festgestellt, welche neuen Lösungskandidaten „überlebensfähig" sind und sich in der nächsten Runde fortpflanzen dürfen. Es werden zwei „Elternteile" mit hohen Bewertungen kombiniert.

Genghis
Sechsbeiniger insektenartiger Roboter von *R. Brooks* (1989), der über ein unebenes Gelände gehen und der langsam sich bewegenden Säugetieren folgen konnte. Jedes der sechs gleichartigen Beine hat zwei Motoren und kann von der Schulter aus als Drehpunkt sowohl vor- und zurück- als auch auf- und abschwingen. Es gibt vier Arten von Sen-

soren: Tastfühler („Schnurrhaare"), Widerstandssensoren in den Motoren, Neigungsmesser und Infrarotsensoren mit Richtcharakteristik. Es zeigte sich, dass es steuerungstechnisch bemerkenswert einfach war, den G. zum Gehen zu bringen.

Geradeninterpolation
[linear interpolation]
→ *Linearinterpolation*

Geradführungsgetriebe
Koppel- oder Räderkoppelgetriebe, die so aufgebaut sind, dass charakteristische Punkte des Getriebes eine exakte oder angenäherte Gerade beschreiben. Als G. lassen sich z.b. gleichschenklige zentrische Schubkurbeln, Pantographen- oder Viergelenkgetriebe verwenden. Die G. werden z.b. bei Balancern, Industrierobotern und Schreitmaschinen eingesetzt.

Geradschiebung
[straight motion]
Exakte oder angenähert geradlinige Führung eines Objekts, bei der alle Punkte des geführten Körpers sich durch → *Geradführungsgetriebe* auf parallelen Geraden bewegen.
→ *Kreisschiebung*

Geradschwingrinne
[vibrating chute]
Bezeichnung für einen Linearförderer, der in der Art einer → *Schwingrinne* aufgebaut ist. Damit kann man z.B. auch flache Blechteile ohne Neigung der Rinne aus einem Stanzwerkzeug herausführen.
→ *Vibrationswendelförderer*

Geschicklichkeit
[dexterity]
Fähigkeit eines Roboters (Roboterarm, Greiferhand), mit wie vielen Orientierungen eine Position im Raum erreicht werden kann. Ein Kriterium für die g. ist auch die kinematische Struktur des Roboters.
→ *kinematisches System*

Geschwindigkeit
[speed]
Die konstante G. v eines Körpers ist die Strecke s, die er zurücklegt, dividiert durch die Zeit t. Also ist $v = s/t$. Man rechnet zwar oft mit konstanten Geschwindigkeiten, weil es einfach ist, in Wirklichkeit kommt sie aber kaum vor. Variable Geschwindigkeiten lassen sich nur infinitesimal definieren, also $v = ds/dt$.

Geschwindigkeitsmessung
[speed measuring]
Berechnung der Geschwindigkeit aus dem Quotienten von Weg und Zeit. Bei → *Tachogeneratoren* wird die Winkelgeschwindigkeit direkt als Spannungswert dargestellt. Dieser kann in eine Geschwindigkeitsregelung eingehen, wenn z.B. bei Robotern eine Bahnsteuerung zu realisieren ist.

Geschwindigkeitsprofil
[speed-versus-time characteristic]
Verlauf der Geschwindigkeit einer Motorbewegung über die Zeit und z.B. für einen abgeschlossenen Positioniervorgang, z.B. als → *Dreiecksbetrieb*.
→ *Rampe*

Geschwindigkeitssensor
[speed sensor]
Sensor, dessen Ausgangssignal eine Information über die Messgröße Geschwindigkeit liefert. Geschieht die Geschwindigkeitsermittlung durch zeitliche Ableitung von Positionssollwerten, ist eine zusätzliche Zeitverschiebung zu beachten, weil mindestens zwei Positionswerte zur Differenzbildung gebraucht werden.

Geschwindigkeitsverhalten
[speed characteristic]
Kennzeichnung des Geschwindigkeitsverlaufs vom Start einer Bewegungsachse bis zum Erreichen der Zielposition. Die mittlere Geschwindigkeit ist der Quotient aus der zurückgelegten Wegstrecke zwischen Start und Ziel und der

dazu benötigten Zeit. Die Gleichförmigkeit der Bewegung kann mit dem Verhältnis der mittleren Geschwindigkeit zur maximalen Geschwindigkeit ausgedrückt werden.

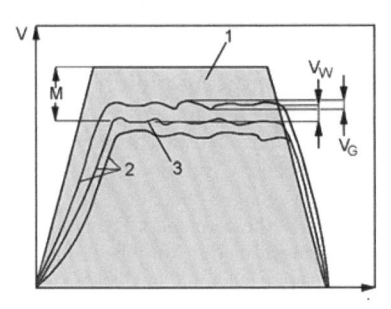

1 Sollgeschwindigkeit, 2 Ist-Geschwindigkeit, 3 mittlere Ist-Geschwindigkeit, M Mittelwert, t Zeit, v Geschwindigkeit, v_W Geschwindigkeitswiederholgenauigkeit, v_G Geschwindigkeitsschwankung

Gesichtsroboter
[face robot]
Künstliches Gesicht, welches mit Hilfe verschiedener Miniaktoren in der Lage ist, Emotionen durch passende Gesichtszüge (Mimik) darzustellen. Man kann das als Vorarbeit für humanoide Roboter verstehen, die eines Tages ständig Umgang mit den Menschen haben werden. Ein Beispiel ist → *Kismet*.
→ *Robotergesicht*

Gestalt
[object design]
Gesamtheit (Anzahl, Anordnung) der geometrisch beschreibbaren Merkmale eines materiellen Objektes, wie Form, Größe, Abmessungen (Makrogeometrie) und Oberfläche (Mikrogeometrie, Rauheit).

Gestenerkennung
[delection of gestures]
Automatisches Identifizieren menschlicher Zeige- und Handgesten, um damit Roboter oder andere Maschinen nonverbal, also mit Zeichen, Steuern zu können. Mit menschlichen Gesten kann man

Robotergreifbewegungen gesteuert trainieren. Es wird versucht, mit Hilfe → *Künstlicher Neuronaler Netze* Handstellungen für einen Computer interpretierbar zu machen.

Getriebe
[gear-box, gearhead]
Zur Übertragung von Drehbewegungen und Momenten braucht man Übertragungsgetriebe. Zum Führen von Punkten eines Körpers auf bestimmten Bahnen werden Führungsgetriebe eingesetzt. Ein Getriebe besteht aus mindestens zwei Getriebegliedern, einem Antriebs- und einem Abtriebsglied. Als Aufgabe kann eine Bewegungsumformung anstehen, z.B. eine Drehbewegung in eine Schubbewegung umsetzen, oder die Wandlung von Drehzahl und Drehmoment. Dann werden meistens hohe Motordrehzahlen zugunsten eines höheren Drehmoments reduziert. Der Zusammenhang zwischen Drehzahl, Drehmoment und Leistung ist folgender:

$$M \approx \frac{P}{n} \cdot 9549{,}3 \quad \text{in Nm}$$

n Drehzahl in min^{-1}
P Leistung in kW

Eine weitere Aufgabe ist die Bewegungsübertragung auf Distanz und damit die Weiterleitung einer Kraft.

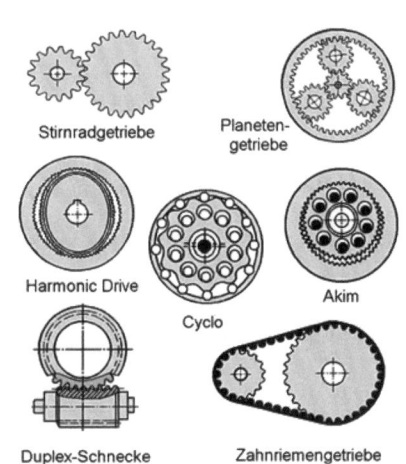

Stirnradgetriebe   Planetengetriebe

Harmonic Drive   Akim

Cyclo

Duplex-Schnecke   Zahnriemengetriebe

Dazu dienen Zugmittelgetriebe (Seil, Kette, Zahnriemen) sowie Spindel- und Kurvengetriebe. Weitere Getriebearten sind Rädergetriebe (→ *Harmonic-Drive-Getriebe*, → *Kronenradgetriebe*, → *Planetengetriebe* und → *Kegelradgetriebe*) und auch Zahnstange-Ritzel-Getriebe.

Getriebe, spielarmes
[low-backlash gear unit]
Getriebe höchster Präzision für Roboter mit extrem kleinem Spiel, das oft mit dem Servomotor zusammen eine Baueinheit bildet. Die Spielarmut darf nicht auf Kosten des Reibmoments, der Zuverlässigkeit, der Positionierung oder der Gleichförmigkeit der Bewegungsübertragung erfüllt werden. Geeignet sind Planetengetriebe mit 3 bis 6 Planetenrädern, die mit hoher Fertigungsgenauigkeit und unter Berücksichtigung einiger spezieller konstruktiver Maßnahmen hergestellt werden.

Getriebefreiheitsgrad
[degree of freedom]
Anzahl voneinander unabhängiger Achsantriebe (Einzelbewegungen) in einer → *Kinematischen Kette*, besonders bei einem Roboter-Gelenkarm. Der G. wird auch als Beweglichkeitsgrad bezeichnet. Ein kartesischer Roboter mit den Bewegungsachsen X, Y und Z hat demnach einen G. von 3.

Getriebemotor
[gearbox motor, gearhead motor]
Bauliche Einheit aus Elektromotor und Getriebe als berührungsgeschützter und kompakter Antrieb. Die Entwicklung mündet heute in einen Umrichtermotor, der eine Synthese aus Getriebemotor und integriertem → *Frequenzumrichter* darstellt. → *Positioniermotor, kompakter*

Gewichtsbalancer
[zero gravity balancer]
Andere Bezeichnung für einen → *Balancer*. Weitere Synonyme sind Lastarmmanipulator, Ausgleichsheber und handgeführter Manipulator.

Gewichtskraft
[weight-force]
Auf einen Körper einwirkende Schwerkraft, die sich aus Masse x Erdbeschleunigung ergibt. Anstelle der Bezeichnung „Gewicht" sollte der Begriff „Masse" verwendet werden.

Gewichtskraftausgleich
[gravity-type balancing]
Kompensation von Gewichtskräften eines Roboterarms, insbesondere bei vertikalen Bewegungen und Hublasten. Das dient zur Verbesserung der Dynamik und der Verringerung der Antriebsleistung. Zum Ausgleich kann man Gegenmassen, Draht- oder Gasfedern einsetzen. Bei kleineren Vertikal-Linearmodulen ist ein pneumatischer Schwerkraftausgleich eine günstige Lösung. Wird der Roboter in eine andere Gebrauchslage gebracht, z.B. bei einer Wandinstallation, dann muss meistens wegen anderer Schwerkraftwirkungen auch ein anderer G. vorgesehen werden.
→ *Schwerkraftausgleich*

Gewichtskraftausgleicher
[compensation of weight]
Vorrichtung mit balancerähnlichem Gelenkmechanismus, die eine angebaute Last, das kann z.B. ein Operationsmikroskop oder ein Ultraschallkopf sein, feinfühlige und leichtbewegliche Eigenschaften verleiht. Die Drehgelenke werden über Reibbremsen gestoppt. Der G. ist eine passive Kinematik mit steuerbarer Achsblockierung.

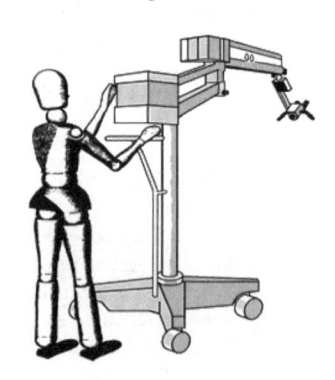

Gewichtung
[weight (ing)]
Allgemein die Festlegung einer Wertigkeit für ein Kriterium; Bei Künstlichen Neuronalen Netzen wird damit die Verknüpfungsstärke der Verbindung zwischen Neuronen bezeichnet, also wie stark ein Neuron durch ein einlaufendes Signal beeinflusst wird.

Gewindespindel
[screw spindle]
Teil eines Verschiebegetriebes, bei dem meistens die Gewindemutter axial bewegt wird, wenn sich die Spindel dreht. Gleitgewindespindeln sind meistens selbsthemmend (→ *Selbsthemmung*), Wälzgewindespindeln mit oder ohne Steilgewinde sind es nicht.
→ *Kugelgewindetrieb*

Gewinnstrategie
[winning strategy]
Algorithmus, der vorschreibt, wie man sich in bestimmten Spielsituationen verhalten soll, um das Spiel (→ *Roboter-Fußball*) sicher zu gewinnen. Es gibt G. z.B. für gewisse Endspielstellungen beim Schach, wie Turm gegen König oder Läufer und Springer gegen König.

Glasfaserkabel
[glass-fibre light guide]
Optisches Übertragungsmedium, das aus einer sehr dünnen Glasfaser besteht, in der Daten mit hochfrequenten Lichtimpulsen weitergeleitet werden.

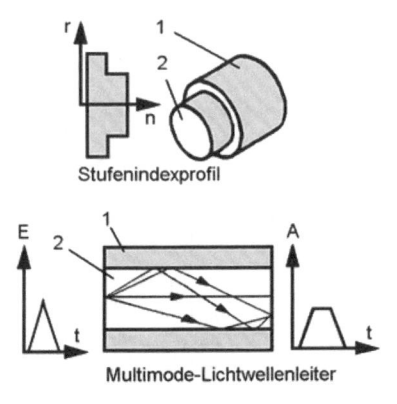

1 Mantel, 2 Kern, A Ausgangssignal, E Eingangssignal, n Brechzahl, r Kernradius, t Zeit

Das G. besitzt einen inneren Glaskern, der von einem äußeren Glasmantel mit einem anderen Brechungsindex umhüllt ist. Durch diesen Aufbau wird ein durch den Kern laufender Lichtimpuls durch Reflektionen am äußeren Mantel auf seiner Bahn gehalten. Das Bild zeigt die Verhältnisse beim Lichtwellenleitertyp „Multimode-Lichtwellenleiter" mit Stufenindexprofil.

Glättungsoperation
[smoothing operation]
Bei Bildverarbeitungssystemen eine lokale Operation, mit der Rauschen und Verzerrungen entfernt werden, um ein Rohbild zu verbessern. Dabei werden mit einer kleinen Maske für wenige Bildpunkte, z.B. 3x3 Elemente, Rauscheinflüsse beseitigt (Bild). Die G. erzeugt einen integrierenden Effekt, der das Bild ausgeglichener macht.
→ *Bildverarbeitung*

Gleichlaufachsen
[master-slave-axes]
Bei Flächenportalrobotern werden häufig zwei Motoren für die Verfahrachse eingesetzt, um ein gutes Laufverhalten ohne Verkanten zu erreichen. Beide Achsmotoren werden elektronisch im Gleichlauf geregelt. Auch unterschiedliche Reibungen werden ausgeglichen. Die Motoren sind dazu mit absoluten Gebern ausgerüstet.

Gleichlaufsteuerung
[synchronisation control]
Steuerung, die den Geschwindigkeits-Gleichlauf von mindestens zwei Achsen bewältigt. Dabei wird die Bewegung einer Achse (Slaveachse) an die Bewegung der Masterachse gekoppelt. Die momentane Geschwindigkeit der Masterachse (→ *Leitachse*) bestimmt somit die Geschwindigkeit der Slaveachse. Analog sind die Verhältnisse beim Winkelgleichlauf.

Gleichlicht
[constant light]
Licht mit im wesentlichen zeitlich konstanter Strahlungsleistung, meist durch eine Leuchtemitterdiode oder Glühlampe an einer Gleichspannungsquelle realisiert.

Gleichrichter
[rectifier]
Stromrichter, der eine Eingangs-Wechselspannung mit fester Frequenz, Amplitude und Phasenzahl in eine Gleichspannung umformt, damit man Gleichstrommotoren speisen kann.
→ *Stromrichter*

Gleichstromantrieb
[DC drive, d.c. drive]
Elektrischer Antrieb (DC-Antrieb) unter Verwendung eines Gleichstrommotors. Energiefluss und Energieumwandlung in dem System Netz-Stromrichter-Maschine-Last sind im Bild schematisch dargestellt.

Die Hauptvorteile mit netzgeführten Stromrichtern oder → *Gleichstromstellern* liegen beim guten Rundlauf und der einfachen Regelung. Der Betrieb kann je nach Ausrüstung rein gesteuert, mit Drehzahlvorsteuerung oder Drehzahlregelung ablaufen. Bei hohen Drehzahlen, bei längerer Stillstandslast und bei aggressiver Atmosphäre kann der Stromwender Schaden nehmen. Die netzgeführten → *Stromrichter* sind robust und ihre → *Thyristoren* unempfindlich gegen Überlast. Die Geräteparametrierung ist einfach.
→ *Drehstromantrieb*

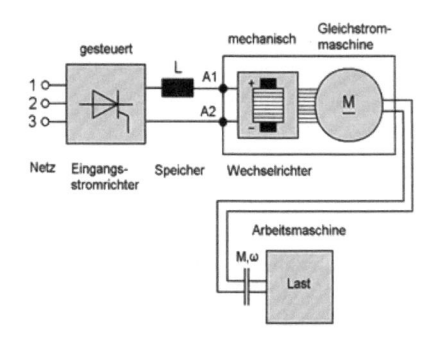

Gleichstrombremsung
[DC injection braking]
Bremsmethode, bei der der Motor vom Netz getrennt und die Ständerwicklungen an einen Gleichstrom niedriger Spannung angeschlossen werden. Das Bild zeigt Schaltungsbeispiele für Asynchronmotoren.

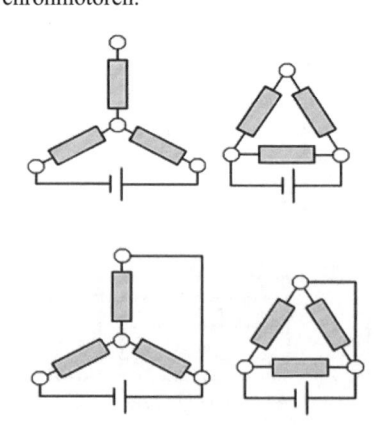

Das sich dabei einstellende Moment bremst den Motor ab.
→ *Bremsmotor*, → *Gegenstrombremse*, → *Haltebremse*

Gleichstrommotor
[DC motor, d.c. motor]
Maschine zur Umwandlung elektrischer Energie in mechanische Energie (Drehbewegung). Durch fortgesetzte Umpolung des Ankerstroms mit Hilfe des Stromwenders wird auf den Anker ein Drehmoment in stets gleicher Richtung ausgeübt. Je nach Schaltungsart können Drehmoment, Ankerspannung, Drehzahl und Erregerstrom verändert und optimiert werden. Fließt der elektrische Strom in alphanumerischer Reihenfolge durch die Wicklungen, arbeitet der Motor im Rechtslauf.

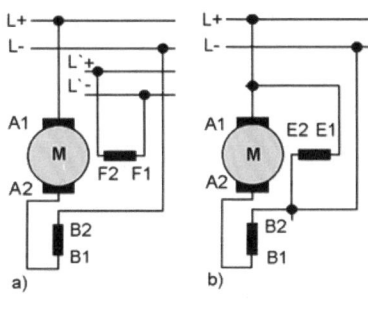

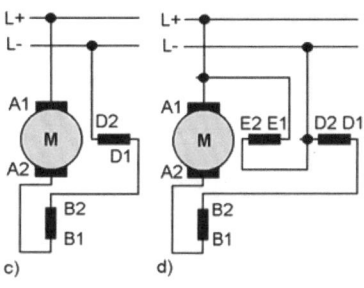

Die Drehzahl wird in der Regel über die Ankerspannung gesteuert und die Drehrichtung über die Richtung des Ankerstromes. Da der Motor nicht über definierte Schritte verfügt, ist zur Positionsrückmeldung ein Winkelmesssystem erforderlich (→ *Drehgeber*, → *Rotorlagegeber*). Im Bild werden verschiedene Schaltungsarten dargestellt. Hauptnachteil der G. sind der Verschleiß der Kohlebürsten und die geringe Überlastfähigkeit. → *Gleichstrommotor, bürstenloser*

Gleichstrommotor, bürstenloser
[brushless d.c. motor]
Der bürstenlose Servomotor arbeitet grundsätzlich nach dem gleichen Prinzip wie ein → *Gleichstrommotor*, allerdings mit umgekehrter räumlicher Anordnung. Hier sind die Wicklung im Stator und die Magnete, die konstante magnetische Teilfelder erzeugen, auf dem Rotor untergebracht. Das ist im Bild an einem 2-poligen Motor zu sehen. Die dreiphasige Wicklung muss von einem Drehwinkelgeber so angesteuert werden, dass eine eindeutige Zuordnung zwischen Rotorposition, Stromrichtung und Wicklungsbeschaltung hergestellt wird. Über einer vollen Umdrehung muss die Wicklungsbeschaltung so ausgeführt werden, dass sechs verschiedene Stromflusszustände erzeugt werden können, d.h. die Rotorposition muss im 60°-Raster absolut bekannt sein. Das erreicht man mit dem → *Rotorlagegeber*.

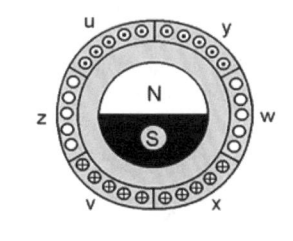

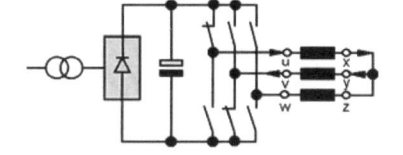

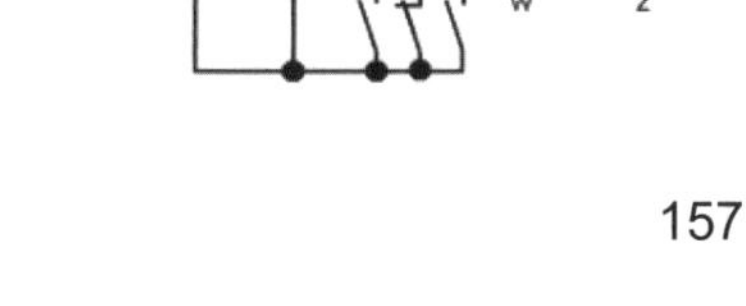

a) Schaltbild der fremderregten Maschine, b) Schaltbild der Nebenschluss-Maschine, c) Schaltbild der Reihenschluss-Maschine, d) Schaltbild der Doppelschluss-Maschine, A Ankerwicklung, B Wendepolwicklung, C Kompensationswicklung, D Erreger-/Reihenschlusswicklung, E Nebenschlusswicklung, F Fremderregung

Gleichstromsteller
[DC chopper]
Steller, der Strom aus einem Gleichstromnetz mit gegebener Spannung in Gleichstrom anderer Spannung variabel ändert, damit ein Gleichstrommotor betrieben werden kann (DIN 57558/VDE 0558).

Gleitförderung
[friction conveyance]
Fortbewegungsart von Werkstücken auf einer schwingenden Bahn, bei der die Werkstücke im Gegensatz zum Mikrowurfprinzip nicht von der Bahn abheben, sondern sich gleitend wie eine zähflüssige Masse bewegen. Das wird durch ein niederfrequent arbeitendes Feder-Masse-System erreicht.

Gleitreibung
[sliding friction]
Reibung der Bewegung, die dann eintritt, wenn sich ein Körper auf einer Unterlage in Bewegung setzt. Für die Reibkraft gilt das Coulombsche Gleitreibungsgesetz. Die G. ist dem Verschiebevektor entgegengesetzt.

Gleitrinnenmagazin
[track magazine]
Werkstückmagazin (Rinne gedeckt oder offen) für Kleinteile, wobei die Gleitflächen den geometrischen Eigenheiten des Werkstücks angepasst sind. Das Gleiten kann durch Luftdüsen unterstützt werden. Man soll auch Freiräume mit planen, in denen sich Schmutzpartikel absetzen können, ohne die Gleitflächen mit Partikeln zu kontaminieren.

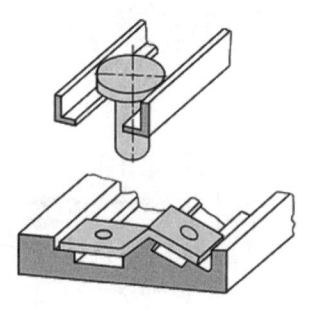

Globoid-Schrittgetriebe
[globoidal indexer]
Getriebe für schaltendes Drehen, bei dem Ein- und Ausgangswelle winklig zueinander stehen. Die besondere Form der Globoidschnecke, die mit einem Rollenstern zusammenwirkt, erlaubt kleine Bauformen und hohe Taktzahlen. Anwendung: Rundschalttische, Dreheinheiten für Manipulatoren

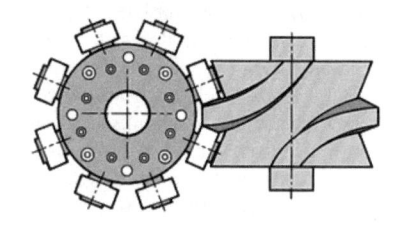

Glockenanker–Motor
[bell-shaped rotor motor]
Motor (Hohl-, Glockenläufer, Ferraris-Motor) mit einem eisenlosen Anker, der in Form einer drahtgewickelten Glocke um einen innenliegenden Permanentmagneten rotiert. Es rotiert nur die Ankerwicklung, die durch eine Tragscheibe mit der Welle verbunden ist. Die Kommutierung erfolgt über Bürsten und Kollektor. Von Vorteil ist, wie beim → *Scheibenläufermotor*, eine hohe Leistungsdichte bei geringem Volumen und Gewicht. Bezüglich Linearitätseigenschaften von Spannung/Drehzahl und Strom/Drehmoment ist er sehr gut, ebenso im Wirkungsgrad.

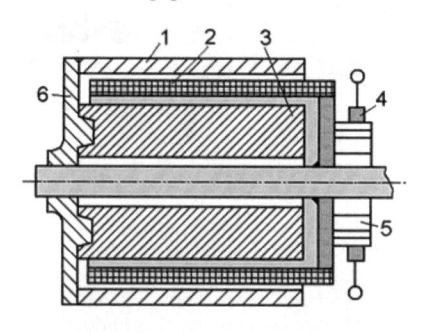

1 Gehäuse, 2 Wicklung, 3 Dauermagnet, 4 Bürstenhalter mit Bürste, 5 Kommutator, 6 Magnetträgerplatte

Die Konstruktion ist mechanisch aufwendig. Wegen des kleinen Trägheitsmomentes können sehr kurze Hochlauf- und Umsteuerzeiten von etwa 20 bis 40 ms erreicht werden.

Glockensauger
[bell-shaped suction cup]
Vakuumsauger für die Handhabung von Werkstücken mit konvexen oder unregelmäßigen Oberflächen. Weiche Dichtlippen und hohe Bauform führen zu einer guten Bauteilanpassung. Der G. ist intern mit strukturierten Abstützlippen versehen, um den so genannten „Tiefzieheffekt" bei dünnwandigen Teilen zu vermeiden.

Golem
[golem]
Nach der jüdischen Überlieferung ein legendäres menschenähnliches Geschöpf aus Ton als eine Vorstufe des Menschen, das in einem magischen Akt durch den Gebrauch heiliger Namen belebt wird und die Quelle von Energie ist (Rabbi *Jehuda Löw* um 1560 in Prag). Der Begriff taucht erstmals im 12. Jahrhundert auf. Ab dem 17. Jahrhundert griffen auch weltliche Autoren das Motiv auf. Der seelenlose Golem kann eine Frau sein, ist meistens aber ein Mann.

Goliath
[Goliath]
Bezeichnung für einen roboterhaften, über Draht oder Funk ferngesteuerten mobilen Träger für Sprengstoff (bis 500 kg Dynamit), der von der deutschen Wehrmacht zur Beseitigung von Hindernissen durch Selbstzerstörung eingesetzt wurde. Er wird auch als Sprengpanzer bezeichnet. Antrieb: Ottomotor oder Elektromotor, Reichweite 1000 m, Bauhöhe 80 cm.
Geschichte: Versuchsmuster 1939; Von 1942 bis 1945 wurden mehr als 7000 G. hergestellt. Man hat den G. beispielsweise bei *Monte Cassino* und beim Warschauer Aufstand eingesetzt.

Gort
Roboter von 2,60 Meter Größe aus dem Sciencefiction-Klassiker „Der Tag ‚an dem die Erde stillstand" (*The Day the earth stood still*; USA 1951). *Klaatu*, ein Außerirdischer in menschlicher Gestalt, kommt mit dem Roboter G. auf die Erde, um die Menschen vor dem Wahnsinn des Krieges und den Folgen zu warnen. Der Film gilt als Schlüsselereignis im Hinblick auf die → *Robotermythologie* (Regisseur: *Robert Wise*).

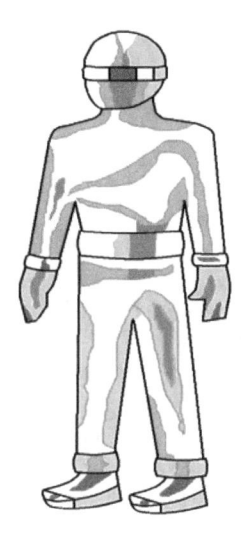

GPR
[General Purpose Robot]
Erstes Manipulatorfahrzeug mit Kraft-Manipulatoren, das 1954 am *Savannah River Laboratory* (USA) gebaut wurde.

Gradientenfaser
[gradet index fibre]
Lichtleitfaser, deren Brechzahl vom Zentrum zum Rand stetig (nach einer quadratischen Funktion) abnimmt.

Gradientenverfahren
[gradients method]
In der Numerik ein Verfahren, mit dem man Optimierungsprobleme lösen kann, indem man von einem Näherungswert ausgeht und in Richtung des steilsten

Anstiegs voranschreitet, bis sich keine numerischen Vorteile mehr einstellen.

Graph
[graph]
Geometrisches Beschreibungsmittel, mit dem eine Struktur durch eine geordnete Menge von Knoten und Kanten (Pfeilen) abgebildet wird. Ein G. ist vollständig, wenn alle Knoten miteinander durch Kanten verbunden sind.

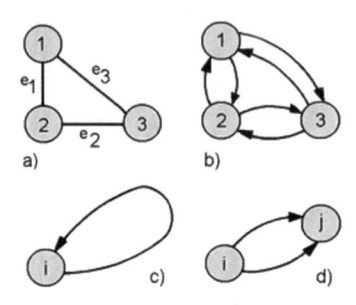

a) vollständiger Graph, b) vollständiger Digraph (gerichteter G.), c) Schlinge, d) Parallelpfeil

Grauwert
[grey level, grey-scale value]
Intensitätsmaß für ein Bildelement; Variationen im Helligkeitsbereich des Weiß-Lichts von schwarz bis weiß. Sie können in einem monochromen 8-Bit-System zwischen Werten von 0 bis 255 variieren (0 = schwarz, 255 = weiß).

Grauwertbild
[grey scale image (picture)]
Bild nach einer Schattierungsskala, das durch die Helligkeit jedes einzelnen Pixels dargestellt wird und zwar mit 8 Bit (256 Stufen) je Bildpunkt.

Gray-Code
[Gray code]
Binärcode, bei dem sich benachbarte Zahlenwerte stets in genau einem Bit unterscheiden. Er eignet sich deshalb gut für Weg- und Winkelmesssysteme, da spezielle Abtasteinrichtungen zur Feststellung der Eindeutigkeit bei gleichzei-

tiger Änderung von Zuständen in mehreren Spuren nicht erforderlich sind.

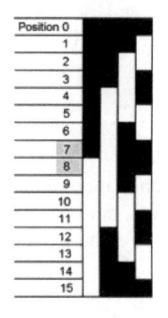

Diese Eigenschaft wird als Einschrittigkeit bezeichnet. Die Zeichen des Gray-Codes haben keine numerische Bedeutung, weshalb eine Konvertierung in den Dualcode vorgenommen werden muss.

Gray-Excess-Code
[Gray-coded excess]
Gekappter Gray-Code. Der echte Gray-Code nutzt die Anzahl der Bits voll aus und zählt von Null bis ($2^n - 1$), wobei n die Anzahl der Bits ist. Benötig man jedoch Strichzahlen, die nicht als Zweierpotenz darstellbar sind, z.B. 360, so muss der Code verändert werden. Aus den jeweils über der Auflösung (Strichzahl) liegenden höchsten Potenzen von 2 werden von der Mitte aus am Anfang und Ende die zuviel enthaltenen digitalen Muster symmetrisch abgeschnitten.

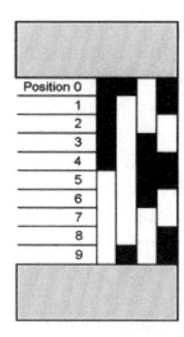

Greenman
Erster anthropomorph gestalteter Manipulator der 1988 am *Space and Naval Warfare Systems Center San Diego* ent-

wickelt wurde. Er dient zur Imitation menschlichen Manipulierens mit Telerobotik-Systemen.

Greifbacke
[gripper yaw, yaw]
Teil des Greifers, das den unmittelbaren Kontakt mit dem Greifobjekt herstellt und in der Regel Bestandteil des Greiforgans ist. Die G. können ausgewechselt werden, zum Beispiel aus Verschleißgründen. Je nach Ausführung der G. können Außen- oder Innengreifoperationen ausgeführt werden. Zur Vergrößerung der Haftreibung zwischen Greif- und Grifffläche lassen sich Reibbeläge aufbringen.

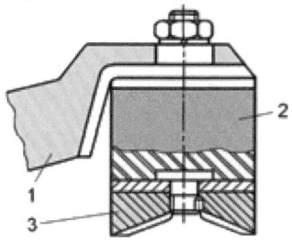

1 Greiferfinger, 2 Gummielement, 3 Greifprisma

Greifbackenbelag
[insert for gripper]
Veränderung der Greifbackenoberfläche, um
- den Reibungskoeffizient zwischen Objekt und Greifbacke zu erhöhen (dadurch kommt man mit kleinerer Greifkraft aus)
- einen Härtesprung zwischen Objekt und Greifbacke zu erhalten (dadurch wird die Oberfläche des Objekts geschont).

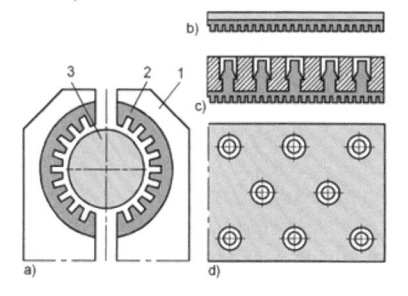

a) Auskleidung für Rundteile, b) klebbare Leiste, c) knöpfbare Leiste, d) Backenfläche, 1 Greifbacke, 2 Gummibelag, 3 Werkstück

Greifbarkeit
[grippability]
Eignung eines Objekts, sich automatisch greifen zu lassen. Sie hängt wesentlich von den Oberflächeneigenschaften und der Formstabilität bei Einwirkung der Greifkraft und von Gewichtskräften ab. Sie kann mitunter durch Anbringen von nur für den Greifvorgang benötigten Flächen, Aussparungen oder Elementen (Handhabeadapter) verbessert werden.

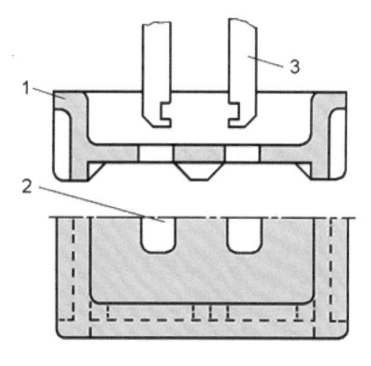

1 Flachpalette aus Kunststoff, 2 Greiföffnung, 3 Greiferfinger

Greifen, adaptives
[adaptive gripping]
Greifvorgang, bei dem sich beim Greiferschließen Teile der Greiforgane, z.B. ein mehrgliedriger Greiferfinger, von selbst an die Form des Greifobjekts anschmiegt. Ein solcher Greifer ist bezüglich der Objektform flexibel.
→ *Greiferbauform*, → *Greiferfinger*

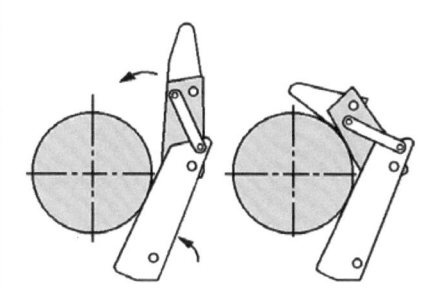

Greifer
[gripper, claw]
Teilsystem einer Handhabungseinrichtung (Pick-and-Place Gerät, Roboter), das für den Kontakt zwischen Greifobjekt und Handhabungseinrichtung zuständig ist. Es sichert Position und Orientierung gegenüber z.B. einem Roboter. Der G. kann kraftpaarig (Magnet, Sauger Klemmbacken), formpaarig (Umschließen mit Fingern, ohne dabei bedeutsame Kräfte auf das Objekt wirken zu lassen) und stoffpaarig (Klebefilm, Kapillarwirkung) arbeiten.

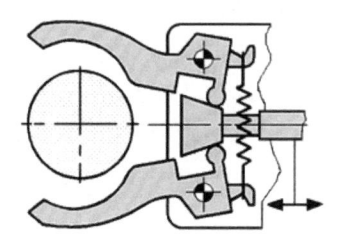

Greiferachse
[gripper axis]
1 Koordinatensystem, welches im TCP errichtet ist. Damit lassen sich Position und Orientierungen des Greifers beschreiben. Das Bild zeigt einen Greifer mit drei translatorischen und drei rotatorischen Freiheitsgraden. Das Greiferkoordinatensystem wird auf das Flanschkoordinatensystem des Industrieroboters bezogen.

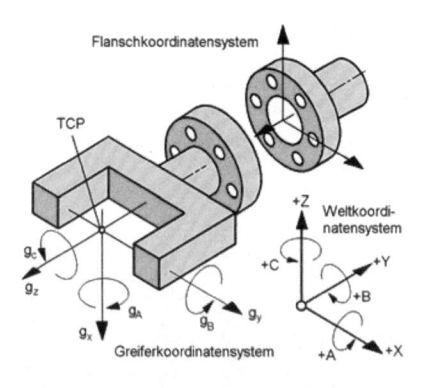

2 Bewegungsmöglichkeiten am Handgelenk des Roboters und/oder im Greifer, um damit Greifobjekte im Raum vor allem orientieren zu können. Öffnen und Schließen von Greiforganen zählen nicht als G.

Greiferantrieb, elektrischer
[electric drive for grippers]
Greifer, der seine Wirkung aus elektrischer Energie bezieht, z.B. einem Elektromotor oder Elektromagneten. Ein Übertragungsgetriebe wandelt z.B. die Drehung einer Motorachse in eine Schiebebewegung der Greiferfinger um. Eine Möglichkeit besteht in einem Spindel-Mutter-System, wobei die Spindel mit Rechts-Links-Gewinde ausgestattet ist. Während einer Leerfahrt kann die Greifweite per Programm neu eingestellt werden.

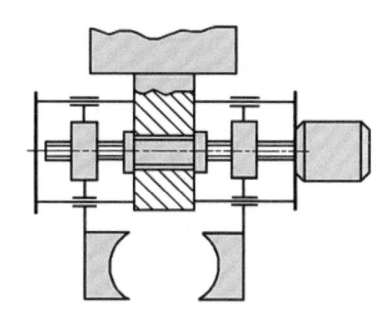

Greiferbackenschraube
[gripper jaw screw]
Als Greiforgan (Greifbacke) eingesetzte Schraube, deren Schraubenkopf mit gehärteten Pyramidenspitzen versehen ist (Diamantschliff). Es können auch eingesetzte Hartmetallelemente sein. Die G. wird hauptsächlich für das Greifen von Blechteilen mit Zangengreifern verwendet.

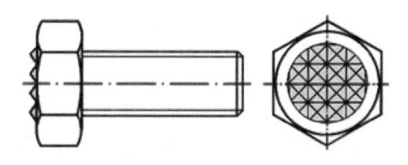

Greiferbauform
[gripper type of construction]
Anordnung von Baugruppen und Bauteilen in einem Greifer. Man kann die Grei-

fer nach dem physikalischen Prinzip unterscheiden in
- Zangengreifer (Scheren-, Winkel-, Radial-, Parallelgreifer)
- Fingergreifer (mechanische, pneumatische Soft-Greifer)
- Klemmgreifer (mit Schwerkraft- oder Federkraftantrieb)
- Haftgreifer (Vakuum-, Magnet-, Adhäsivgreifer)
- eindringende Greifer (Nadel-, Kratzengreifer)

Greiferfinger
[gripper finger]
Starres, elastisches oder mehrgliedriges Greiforgan zum Anfassen bzw. Umfassen eines Handhabeobjektes. Oft sind die Finger mit Greifbacken ausgestattet. Der Greiferfinger ist der aktive Teil der Wirkpaarung Greifer-Objekt.

Greiferflansch
[gripper flange]
Anschlussstück am Greifer, um diesen mit einem Roboterarm verbinden zu können. Neben Effektoren können auch Wechsel- und Kollisionsschutzsysteme zusätzlich angebaut werden. Abmessungen und Bohrbilder sind nach ISO 9409 (*Manipulating industrial robots – Mechanical Interfaces*) genormt.
→ *Flansch*

Greiferflexibilität
[gripper flexibility]
Fähigkeit eines Greifers, insbesondere Werkstücke mit sehr unterschiedlichen Formen und Abmessungen ohne Umbau anfassen zu können. Das kann mit Hilfe vielgelenkiger Greiforgane, abformender Greifbacken und mit einzeln angepassten Greifern in einem Revolvergreifer geschehen.

Greifer für Kleinladungsträger
[gripper for small-load carrier]
Greifer, der die nach DIN 30820 genormten Transportbehälter anfassen kann. Das geschieht mit Spannklammern von oben oder seitlich mit Untergriffgabel. Das Spannen kann automatisch kraftbetätigt erfolgen oder manuell mit einfachem Handhebel, wie dargestellt.

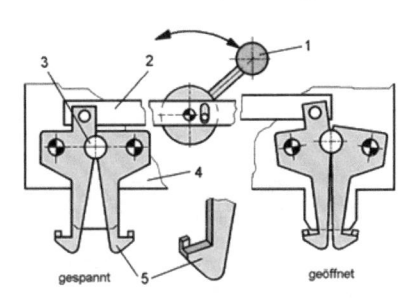

1 Handhebel, 2 Koppelstange, 3 Achse, 4 Greifergrundplatte, 5 Greifhaken

Greifer für Mikromontage
[grippers for micro assembly]
Greifer für sehr kleine und empfindliche Werkstücke. Häufig werden dafür → *Saugpipetten* eingesetzt. Es gibt aber auch mechanische Kleinstgreifer und Kältegreifer, die die Teile durch Anfrieren halten. Mitunter lassen sich auch elektrostatische Adhäsivgreifer einsetzen. Die → *Kapillargreifer* sind in Entwicklung. Sie zentrieren von selbst das Greifobjekt auf Greifermitte.

Greiferkinematik
[gripper kinematics]
Aufbau und Bewegungsmöglichkeiten der aktiven Elemente eines Endeffektors, insbesondere der mechanischer Backengreifer. Es soll eine geradlinige oder rotatorische Antriebsbewegung in eine Spannbewegung umgesetzt werden. Dafür existieren viele technische Lösungen. Ein Unterscheidungsmerkmal sind die Schließbewegungen der Greiforgane, die bogenförmig, krummlinig, exakt geradlinig oder angenähert geradlinig sein können.

Greifermagazin
[magazine for gripper]
Linienförmige oder scheibenartige Ablage für Greifer und Roboterwerkzeuge im Arbeitsraum eines Roboters für Indus-

trieroboter, die mit einem automatischen Wechselsystem ausgerüstet sind. Bei Schweißrobotern können es auch Magazinplätze für große und schwere Punktschweißzangen sein.

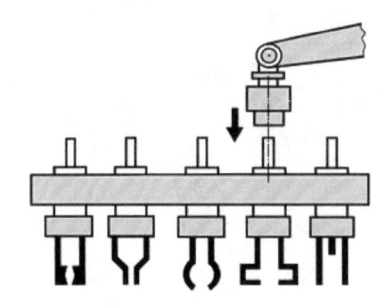

Greifermechanismus
[gripping mechanism]
Kinematische Kette als abstrakte Beschreibung des Aufbaus mechanischer Klemmgreifer. Der G. ist eine Kombination von Dreh- und Schubgelenken, mit dem am Wirkort eine Greifkraft erzeugt wird. Auch Seilzüge, Zugbänder, Zahnstangen, Zahnräder, Hebelkombinationen und Zugmittelgetriebe werden als Übertragungsmechanismus vom Antrieb bis zur Greifbacke eingesetzt.

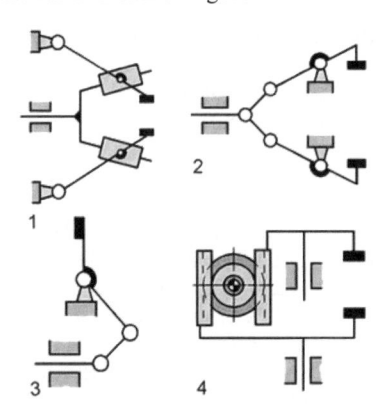

1 Schwenkblockmechanismus, 2 Kurbelschleifenmechanik, 3 Kniehebelgetriebe, 4 Zahnstange-Ritzelmechanismus

Greifer mit Thermoantrieb
[thermally actuated gripper]
Mikrogreifer, dessen Greiforgane aus Federstahl bestehen. Der G. wird mit Bimetallelementen angetrieben, auf denen ein Widerstandssensor zur Steuerung der Greifkraft aufgebracht ist. Die Bewegung der Fingerspitzen verläuft proportional zur eingespeisten elektrischen Leistung. Je größer die Fingertemperatur, desto größer die Fingerspitzenbewegung.

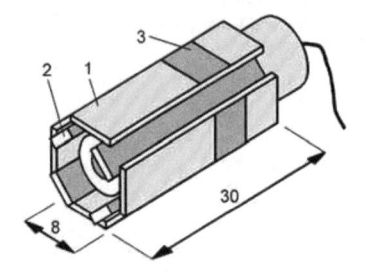

1 Bimetallfinger, 2 Greifbacken aus Federstahl, 3 Kraftsensor, Abmessungen in mm

Greiferschwenkachse
[gripper with slewing unit]
Kinematische Ergänzung eines Greifers mit einer Handdrehachse. Als Aktor wird häufig ein pneumatischer Drehantrieb eingesetzt, dessen Endpositionen feineinstellbar sind. Mit einer G. kann z.B. das Umorientieren von Werkstücken auf einem Zuführband vorgenommen werden.

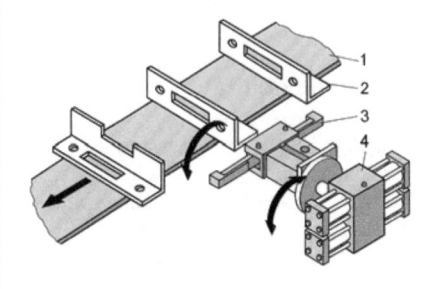

1 Förderband, 2 Werkstück, 3 Winkelgreifer, 4 pneumatische Dreheinheit

Greifer, sensorisierter
[gripper with sensor]
Greifer, der mit optischen, akustischen oder taktilen Sensoren ausgerüstet ist, um das Auffinden und exakte Halten von Greifobjekten zu unterstützen. Das kann

z.B. ein → *Ultraschallsensor* in der Handfläche eines Gelenkfingergreifers sein, um Gegenstände zu erkennen und die zugehörige Entfernung anzugeben.
→ *Gelenkfinger*

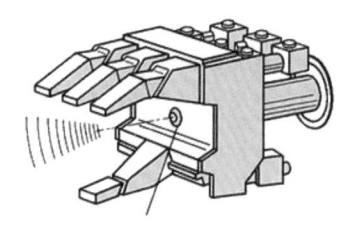

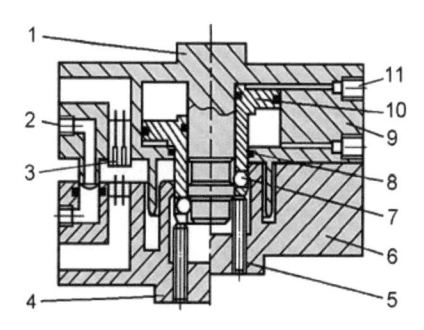

1 Anschlussflansch, 2 Druckluftdurchleitung, 3 Signalstecker, 4 greiferseitiger Flansch, 5 Anschlagschraube, 6 Grundkörper, Losteil, 7 Kugel, 8 Dichtung, 9 Grundkörper, Festteil, 10 Verriegelungskolben, 11 Druckluftanschluss

Greifersystematik
[gripper classification]
Greifer lassen sich wie folgt nach dem physikalischen Wirkprinzip einteilen:

Mechanische Greifer: Zangen-, Gelenkfinger-, Klemm-, Umfassungs-, Aufwälz-, Nadelgreifer
Pneumatische Greifer: Überdruck-, Unterdruck-, Luftstrahl-, Haftgreifer
Elektrische Greifer: Elektromagnet-, Permanentmagnet-, Elektrostatikgreifer
Adhäsive Greifer: Kapillar-, Gefrier-, Klebstoffgreifer

Eine andere Einteilung wäre die nach der Anzahl der Greifeinheiten: Einfachgreifer, → *Doppelgreifer*, → *Mehrfachgreifer* (parallel oder seriell), → *Revolvergreifer*

Greiferwechselsystem
[changing device for robot grippers]
Vorrichtung an Handhabungseinrichtungen zum manuellen oder automatisierten Austausch von Effektoren (Greifer, Werkzeuge). Neben einer sicheren mechanischen Kopplung sind oft auch Elemente in die Koppelpartner integriert, die eine Verbindung im Energiefluss (Druckluft, Vakuum, Elektroenergie), im Stofffluss (Kühlwasser) und Signalfluss (Schaltsignale, Sensorsignale) gewährleisten. Für das schnelle Lösen und Verbinden hat man verschiedene → *Verriegelungselemente* entwickelt. Verbreitet ist die im Bild gezeigte Kugelrastverbindung.

Greiferwechselsystem, manuelles
[manual gripping changing system]
In der Robotertechnik ein Wechselsystem für Endeffektoren, das aber nicht den Wechsel automatisch vollzieht. Der Wechsel wird manuell ausgeführt. Nach dem Einsetzen des Endeffektors erfolgt die Verriegelung an der mechanischen Schnittstelle durch Arretieren entsprechender mechanischer Teile. Das G. ist eine preiswerte Variante zum automatischen Wechsel.

Greiffläche
[gripping area]
Fläche an Greiforganen (Greifbacke), über die eine Greifkraft in das Handhabungsobjekt eingeleitet wird. Je größer die Berührungsfläche bei den Klemmgreifern ist, desto geringer ist die Belastung des Teils durch die entstehende Flächenpressung.
→ *Griffläche*

Greiffreiheit
[gripping clearance]
Freier Raum, der für den ungehinderten Zugriff durch einen geöffneten Greifer in Abhängigkeit von der Größe seiner → *Greifbacken* oder Finger und der Öffnungsweite des Greifers erforderlich ist.

Greifgenauigkeit
[accuracy of gripping]
Betrag der Verlagerung eines Greifobjekts im Greifer nach dem Schließen der Greiforgane bzw. nach dem Aufbau eines Vakuums bei Saugergreifern. Ursache können Spiele in den Bauteilen und kinematisch bedingte Verlagerungen beim mechanischen Greifer sein, die Weichheit von Gummilippen bei Saugern und variable Werkstückdurchmesser bei Verwendung von Winkelgreifern (Verlagerung der Werkstückmitte).

Greifhand
[gripper hand, hand unit]
Greifer mit mehreren gelenkigen Fingern, die jeweils für sich offene kinematische Ketten darstellen und einen hohen Gelenkfreiheitsgrad f aufweisen, zum Beispiel $f = 9$.

Greifkraft
[prehensile power, grasping force]
Kraft, die von Greiforganen auf das Objekt ausgeübt wird und damit dieses am Verschieben im Greifer hindert. Sie wird durch den Reibungsbeiwert, die Art des Griffes, der Werkstückmasse, den Trägheitskräften durch Beschleunigung, den Fliehkräften bei der Bewegung und den Prozesskräften, z.B. beim Fügen, sowie den maximalen Bewegungsgeschwindigkeiten beim Handhaben beeinflusst.

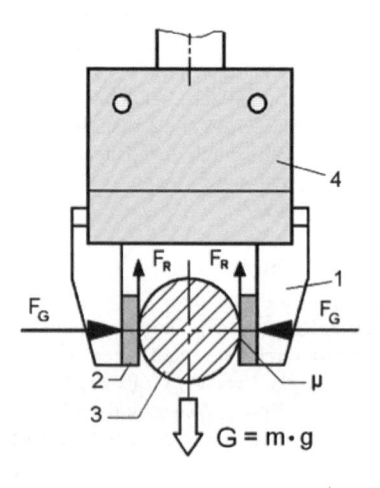

1 Greiferfinger, 2 Greifbacke, 3 Werkstück, 4 Parallelbackengreifer, G Gewichtskraft, F_G Greifkraft, F_R Reibungskraft, μ Reibungsbeiwert

Bei Magnet- und Sauggreifer wird eine Haftkraft entwickelt, die flächig wirkt.

Greifkraftbegrenzung
[limiting of gripping force]
Limitierung der bei einem Greifvorgang auftretenden Kraft, um Oberflächenschäden am Werkstück zu verhindern. Dafür setzt man Federpakete, Drosselventile und Servogreifsysteme ein.
→ *Servogreifer*, → *Servoregelkreis*

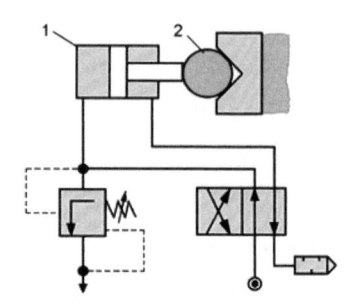

1 Arbeits- (Spann-)Zylinder, 2 Werkstück

Greifkraftkennlinie
[gripping force characteristic carve]
Darstellung der Greifkraftentwicklung über den Greifweg bzw. über den Antriebsweg des aktiven Gliedes. So zeigt sich bei einem Greifer mit einem Kniehebel im Antrieb ein charakteristischer Kurvenverlauf.

Greifkraftsensor
[prehension force-torque sensor]
Sensor, der zwischen Greifer und Roboterflansch angeordnet ist und in der Regel als → *Kraftmomentensensor* ausgeführt ist. Ein solcher Sensor ist als Verformungskörper gestaltet, der mit z.B. → *Dehnungsmessstreifen* in den Verformungszonen (Stauchen, Dehnen) versehen ist. Im Bild sind die Stabglieder einer nachgiebigen Struktur mit Sensoren dargestellt.

▶G

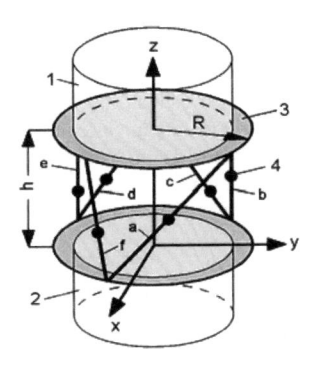

1 Roboterarm, 2 Greifer, 3 Flanschscheibe, 4 Kraftsensor

Greifkraftsicherung
[securing gripping force]
Vorkehrung, um bei einem Energieausfall die Spannkraft im Greifer aufrecht zu erhalten, damit das Greifobjekt nicht verloren geht.

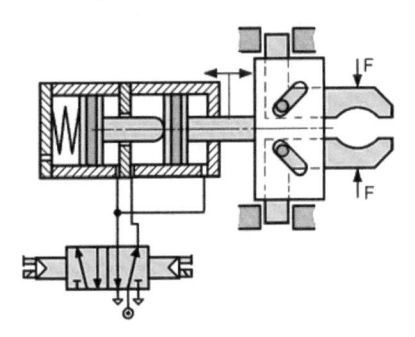

Realisiert wird das durch eine Einrichtung im Greifer. Am gebräuchlichsten sind Federn, die kraftbetätigt gelüftet werden und Sperrventile bei fluidischen Antrieben.
→ *Doppelrückschlagventil*

Greiforgan
[gripping effector]
Baugruppe oder Einzelteil eines Greifers, welche den unmittelbaren Kontakt zum Handhabungsobjekt herstellen. Gegebenenfalls werden dazu z.B. Greifbacken benutzt. Diese können auch bezüglich der Werkstückform anpassungsfähig sein. So wird z.B. ein pulvergefüllter

Balg zur steifen formgebundenen Greifbacke, wenn Vakuum angelegt wird.

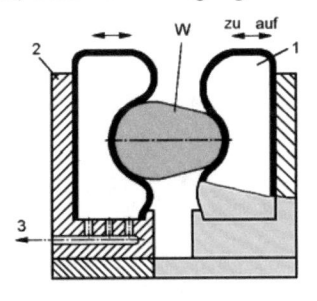

1 granulat- oder pulvergefüllter Balg, 2 Greifergehäuse, 3 Vakuumanschluss, W Werkstück

Greifplanung
[grasp planning]
Die G. befasst sich mit dem Problem, wie zwischen Robotergreifer und Werkstück eine stabile Verbindung zeitweilig hergestellt werden kann. Das ist wegen vielfältiger Randbedingungen selbst bei einfachen Greifern nicht trivial. Der Griff muss so gewählt werden, dass er kollisionsfrei ausgeführt werden kann. Der Griff muss stabil sein. Das Objekt darf nicht im Greifer abgleiten oder sich verschieben. Spezielle Einschränkungen, wo das Objekt nicht gegriffen werden darf (verbotene Zonen), sind zu beachten. Auch die zulässige Flächenpressung kann vorgegeben sein.

Greifprinzip
[gripping principle]
Art und Weise der Kopplung von Greiforgan und Greifobjekt. Es sind kraftpaarige, formpaarige und stoffpaarige Prinzipe zu unterscheiden. Häufig sind Kraft- und Formpaarung kombiniert.

Greifprozess, hydroadhäsiver
Greifen von Kleinteilen mit Hilfe eines Gefriermediums, dass vorher als dünner Film auf das Greifobjekt, z.B. ein textiles Gebilde, aufgebracht wird. Es entsteht zeitweilig ein Stoffschluss. Das Bild zeigt die Phasen des Greifprozesses.
→ *Gefriergreifer*

167

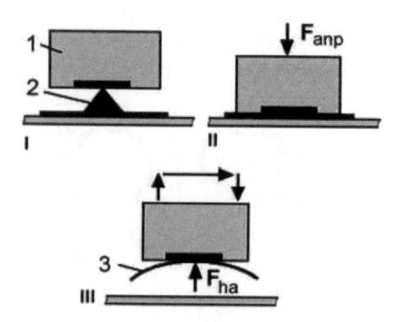

1 Greifer, 2 Wirkmedium, 3 Textilstück, I Wirkmedium aufbringen, II Kontakt herstellen, Anfrieren, III Halten und Fortbewegen

Greifsicherheit
[degree of reliability]
Quotient von ausgeübter Greifkraft zur erforderlichen Greifkraft, die zur Kompensation der Objektträgheit infolge der bewegten Objektmasse hervorgerufen wird.

Greifskills
Algorithmen zur lokalen Feinplanung von Griffen und Greifstrategien beim Einsatz von Robotern mit humanoiden komplexen Mehrfingergreifern. Während die übergeordnete Robotersteuerung den Griff plant und entsprechend der Situation Auswahl und Parametrierung als Soll vorgibt, muss auf der Handebene auf der Basis von Sensorinformationen der in die Hand integrierten Sensoren die Feinplanung durchgeführt werden.

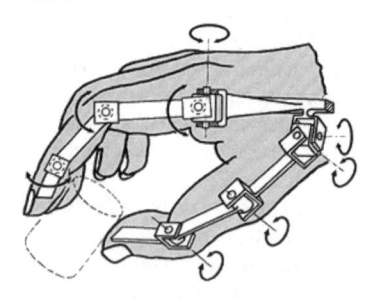

Greifstrategie
[gripping strategy]
Vorgehensweise (Verhaltensplan) beim Erfassen eines Werkstücks durch einen Greifer, insbesondere wenn die Teile nur teil- oder ungeordnet vorliegen. Besondere Bedeutung erlangt die G. beim Einsatz künstlicher Gelenkfingergreifer bei Servicerobotern, die in einer unstrukturierten Umgebung zum Einsatz kommen. Man braucht dann einen Softwaremodul „Greifplaner".

Greifsystem
[prehension system]
Greifer, der um weitere Einheiten ergänzt ist, wie Dreh-, Schwenk- und Kurzhubeinheiten, Wechselsysteme, Fügehilfen (Ausgleichseinheiten), Kollisions- und Überlastschutzvorrichtungen, Messeinrichtungen und Sensorik. Ein Greifsystem lässt sich immer weiter in Unterbaugruppen (Subsysteme) gliedern.

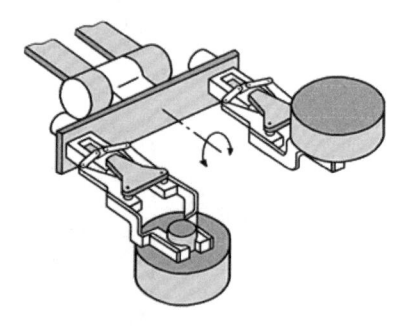

Greiftechnik
[gripper technique]
Art und Weise, wie man mit Greiforganen ein Objekt automatisch anfassen kann

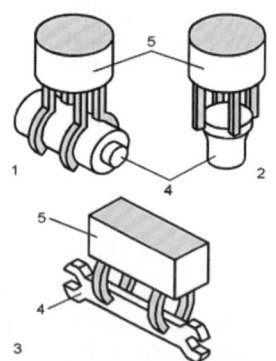

1 Umfassen, 2 Klemmen, 3 paarweises Klemmen, 4 Werkstück, 5 Greifer

.Man kann es z.B. Klemmen, aber auch formschlüssig umfassen. Daraus ergeben sich unterschiedliche Beanspruchungen für Greifer und Greifobjekt. Das Halten mit Haftmitteln oder Kraftfeldern (Vakuum, Magnetfeld) eröffnet weitere greiftechnische Möglichkeiten.

Greif- und Haltefunktion
[holding function]
Bei einer Handhabungseinrichtung sind es die Funktionen der Greiforgane (Finger) beim Erfassen und Festhalten von Objekten sowie das Freigeben der Objekte. Bei Mikrogreifern kann das Freigeben problematisch sein, weil die Gewichtskräfte faktisch keine Rolle mehr spielen.

Grenztaster
[limit valve]
Einstellbarer elektrischer Taster, z.B. an der Grunddreheinheit eines Roboters. Er dient zur Erhöhung der Sicherheit, indem der Bewegungsraum des Roboters begrenzt wird. Wird der G. betätigt, dann wird die Bewegung gestoppt.

Griffart
[hand grip class]
→ *Handgriffart*

Griff auf das laufende Band
[conveyor picking]
Gezieltes automatisches Greifen eines sich bewegenden Objekts vom Förderband nach Sicht oder blind, auf ein Startsignal hin. Es ist die vereinfachte Variante des → *Griffs in die Kiste*. Moderne Systeme arbeiten heute mit Kamera, Bildverarbeitungstechnik und Roboter. Das Vision-System teilt dem Roboter die Teileorientierung mit, sowie die genaue, aber sich ständig bewegende Position des Teils. Ein Drehwinkelmesser (→ *Encoder*) an der Antriebswelle des Förderbandes, ermöglicht das „Mitziehen" des Positionswertes bis zum Griff des Teiles.
→ *Greifstrategie*

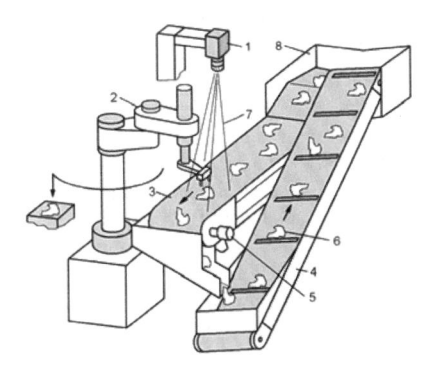

1 Kamera, 2 Roboter, 3 Förderband, 4 Rücklaufband, 5 Encoder, 6 Werkstück, 7 Kamera-Sichtfeld, 8 Aufgabebunker

Grifffläche
[gripped surface]
Fläche an Handhabungsobjekten, an denen sie gegriffen werden sollen, also die Stelle, an der die Greifkraft eingeleitet wird. Es ist der passive Teil innerhalb der Wirkpaarung Greifer-Greifobjekt. Bei Punktberührung kann die → *Flächenpressung* ungünstige Werte annehmen.
→ *Greiffläche*

Griffgruppe
In der Handarbeit die Zusammenfassung unmittelbar aufeinander folgender Griffe, die zur Erfüllung einer Aufgabe notwendig sind.

Griff in die Kiste
[reach into a container]
Aufnehmen eines Objekts aus einer absolut ungeordneten Menge (Haufwerk) nach Sicht. In Echtzeit müssen dazu Werkstückkonturen erkannt werden, auch wenn Teile übereinander oder ineinander liegen.

Griffplanung
Beim Einsatz mehrfingriger Greifhände die Bestimmung der Griffart, optimaler Griffpunkte und Berechnung der Fingerbewegungen. Die G. ist die Lösung eines kombinatorischen Problems, welches wahrscheinlich erst bei Servicerobotern aktuell wird.

Großmanipulator

[wide range robot-system]
Mobiler Manipulator für Spezialanwendungen, wie z.B. die Reinigung von Gebäuden oder Flugzeugrümpfen, der auf einem verwindungssteifen LKW-Chassis montiert ist. Die Reichweite eines solchen Roboters liegt z.B: bei 26 m und die Tragfähigkeit bei 1,5 t. Mit ihm können z.B. Bau-, Wartungs- und Instandhaltungsarbeiten wesentlich rascher, effektiver und kostengünstiger als bisher ausgeführt werden. Die Positionierung des mehrgliedrigen Roboterarms erfolgt mit einem Joystick. Andere Anwendungen sind das Reinigen von Fassaden oder Tunnelwänden, Hilfsmittel im Bauwesen und Dienste im Katastrophenschutz.

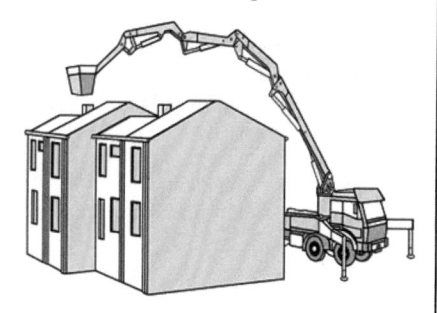

Grundbacke

[basic yaw, universal yaw]
Vom Greiferantrieb bewegter Schieber bzw. Backe, an die ein spezifischer aufgabengerechter Greiferfinger angebaut (angeschraubt) wird.

Grundformen, körpersprachliche

[body language primitives]
Nonverbale Benennung der Beweglichkeiten von Handgelenkachsen durch Gestik.

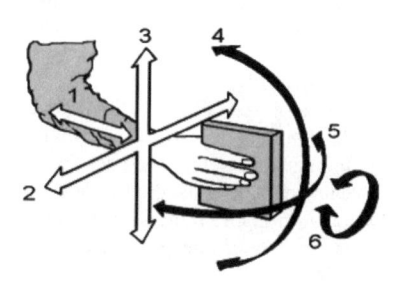

1 vorwärts, rückwärts, 2 seitlich nach links, rechts, 3 aufwärts, abwärts, 4 beugen, nicken, 5 schwenken, gieren, 6 drehen, rollen

Die Bezeichnung der Freiheitsgrade der Hand orientiert sich an der nautischen Terminologie. Sie korrespondieren auch mit der menschlichen Hand.

Grundstellung

[home position]
Ausgangs- bzw. Parkstellung eines Robotereffektors. Bei einem → *Industrieroboter* ist die „Home-Fahrt" die Bewegung eines Roboterarmes nach dem Einschalten in eine definierte Ausgangsposition, um inkrementale Wegmesssysteme zu initialisieren, d.h. ihre Zähler zu nullen. → *Inkrement*

Gummilochgreifer

[internal gripper based on pressure elements]
Innengreifer, bei dem durch Druckluft gesteuerte Gumminoppen, die sich auf einer Membran befinden, ausfahren und durch hohe Reibbeiwerte große Haltekräfte erzeugen. Der Greifbereich beträgt allerdings nur wenige Millimeter. Den G. gibt es in einer Baureihe gestuft für verschiedene Bohrungsdurchmesser. Der Aufbau des G. ist äußerst einfach. Außer der Membran gibt es kein einziges bewegliches Bauteil. Der G. soll nicht im Leerhub betrieben werden, um die Membrane zu schützen.

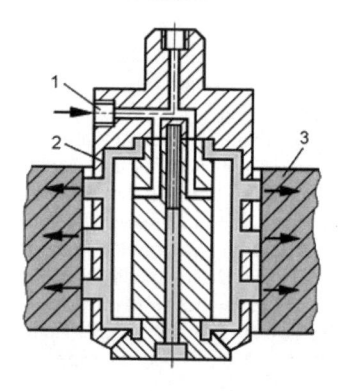

1 Druckluftanschluss, 2 Gummimembran mit Noppen, 3 Werkstück im Innengriff

Gurtablagemulde
→ *Sackspeicher*

Gurtkurvenförderer
[belt curve conveyor]
Bandförderer, der das Transportgut im Bogen führt, oft um eine 90°-Ecke. Die Objekte behalten ihre Orientierung zur Förderstrecke bei.

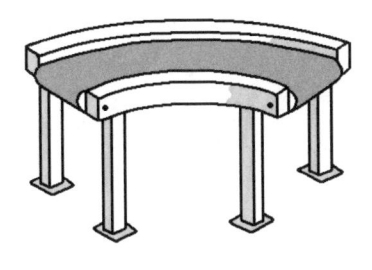

Gut
[goods]
Materielle Werte, die auf Transportmitteln wie z.B. Paletten gelagert und bewegt werden. Es kann Stückgut, Massengut, empfindliches und gefährliches G. sein. Als Langgut werden Stücke bezeichnet, die mehr als 3 Meter lang sind.

Gutteil
Werkstück, das nach allen Prüfungen mit dem Musterteil identisch ist und somit die zulässigen festgelegten Abweichungen nicht überschreitet.

Gynoid
[gynoid]
Künstliches Wesen in der äußeren Gestalt einer Frau.
→ *Android*

Gyroskop
[gyroscope]
Kreiselinstrument, das auf Abweichungen von einer Bewegungsrichtung reagiert. Das G. wird bei der Steuerung autonomer mobiler Roboter benötigt. Es gibt G. auf magnetischer, rotatorischer, optischer und schwingender Grundlage (*Gyro-Chip*). Es besteht in der ursprünglichen Konstruktion im Wesentlichen aus einem beweglich gelagerten Rad, das sich innerhalb eines stabilen Rahmens bewegt. Auch wenn die Aufhängung um den Kreisel rotiert, behält das Instrument seine Ausrichtung im Raum bei, es balanciert sich selbst aus. Grund ist die Drehimpulserhaltung.
Geschichte: Erfinder ist *G.F. von Bohnenberg* (1765-1831). Der Begriff G. selbst wurde 1852 von *L. Foucault* eingeführt.

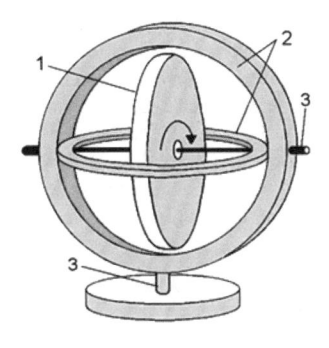

1 Schwungrad, 2 Kardanring, 3 Wälzlager

H

Haftkissen
[high-friction surface]
Reibungsvergrößernder Belag, der die Wirkung von Greifbacken verbessert. Damit kommt der Greifer mit weniger Greifkraft aus. Das H. besteht aus Elastomeren und wird aufgeklebt oder eingeknöpft, wenn entsprechende Noppen vorgesehen sind.

Haftkraft
[bond strength]
Festhaltekraft eines Magneten, Saugers oder Klebstoffgreifers. Sie bezieht sich auf den senkrechten Werkstückabriss und ein genau definiertes Prüfwerkstück mit definierter Oberflächenbeschaffenheit. Eine H. wird durch Stoffschluss auch beim → *Gefriergreifer* erreicht.

171

Haftreibung
[static friction]
Empirisch ermittelbarer Widerstand miteinander im Kontakt stehender Körper (Reibungspartner) bis zum Einsetzen der Bewegung. Der Widerstand bei der Relativbewegung heißt Gleitreibung und ist nach *C.A. de Coulomb* berechenbar.

Haftsauger
[adhesive suction cup]
Sauger, bei dem eine Hand- oder Hebekraft das Vakuum erzeugt, indem eine Membran nachgibt und dabei ihren Hohlraum vergrößert. Man setzt den H. nur bei sehr glatten Werkstückoberflächen ein. Ein Leckageausgleich ist nicht vorhanden. Der Anschluss an eine fremde Energiequelle ist nicht erforderlich und auch nicht möglich.

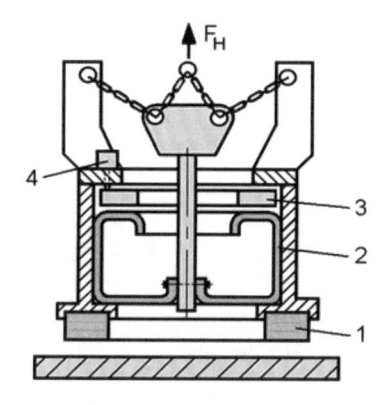

1 Gummidichtring, 2 Membran, 3 Anschlagring, 4 Endschalter

Hakengreifer
[clamp gripper]
Greifer, dessen Finger in Hakenbacken enden. Die Finger werden über ein Kulissengetriebe zwangsgesteuert und bewegen sich dadurch sowohl horizontal nach außen als auch vertikal nach oben. Damit kann man mehrere Blechzuschnitte greifen und gegen die Greifergehäuse-Unterseite spannen. In diesem Zustand können die Teile in eine Bearbeitungsstation gebracht werden. Der H. ist ein Sondergreifer.

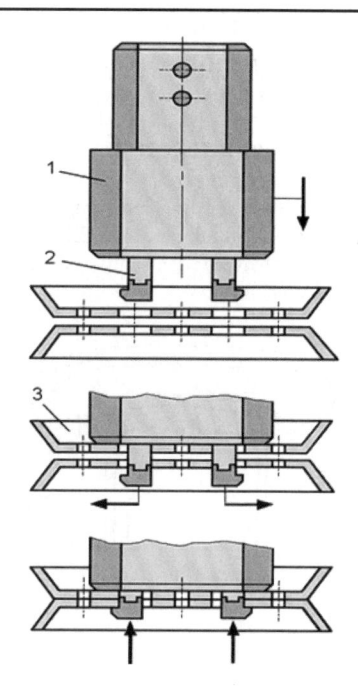

1 Greifergehäuse, 2 Greiferfinger, 3 Greifobjekt

HAL
[Hybrid Assistiv Limb]
Master-Slave-System in der Art eines Menschverstärkers, bei dem sich der Master in einem → *Exoskelett* befindet (Japan). Bioelektrische Sensoren lösen eine kraftverstärkte Körperbewegung aus. Anwendungen werden im Bereich der Physiotherapie, als Stützhilfen für behinderte Personen und für Berufe mit starker einseitiger Belastung (Krankenschwester) gesehen.

Halbschrittbetrieb
[half-step operating mode]
Bei z.B. einem 2-phasigen → *Schrittmotorantrieb* eine Betriebsart, bei der die Motorphasen so geschaltet werden, dass der Rotor abwechselnd eine Vollschrittstellung und danach eine Halbschrittstellung einnimmt. Dadurch wird auf einfache Weise die Auflösung verdoppelt und die Bewegung ist über den gesamten Drehzahlbereich gleichmäßiger. Das Diagramm zeigt die Signale beim Halb-

schrittbetrieb. Nach Abschalten der Stromzufuhr dreht sich der Motor jeweils bis zur nächsten Halteposition weiter.
→ *Schrittmotor*

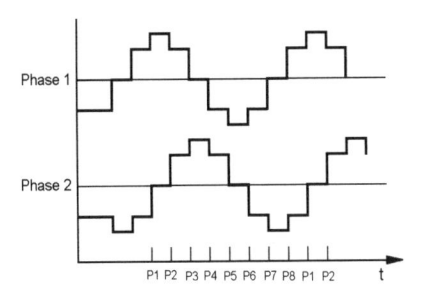

P Motorschritt, t Zeit

Halbzangenroboter
Punktschweißroboter, der zum Schweißen von Blechbauteilen nur eine „halbe" Punktschweißzange, einen sogenannten Picker, programmgesteuert führt. Im Unterwerkzeug (Unterkupfer) ist für jeden Schweißpunkt eine Gegenelektrode vorhanden, die den Stromkreis schließt und die Anpresskraft der Halbzange aufnimmt.

Halleffekt
[Hall effect]
Entstehen einer elektrischen Spannung U_H zwischen zwei Punkten eines räumlich ausgedehnten Leiters, wenn quer zur Verbindungslinie der Punkte ein elektrischer Strom I fließt und senkrecht zu beiden Richtungen ein homogenes Magnetfeld B auf den Leiter wirkt (*Edwin Hall*, 1879).

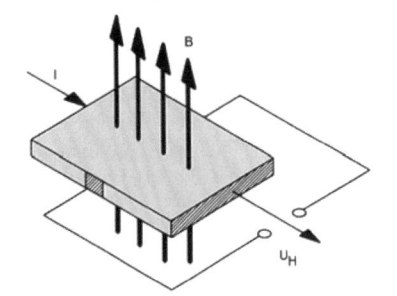

Halleffektsensor
[Hall-effect sensor]
Sensor, dessen Funktion auf der Wechselwirkung eines Stromflusses und eines äußeren Magnetfeldes, dem → *Halleffekt*, beruht. Mit dem H. lassen sich auch Messsysteme inkrementaler Art aufbauen. Ein Ringmagnet mit n-Polpaaren rotiert in geringem Abstand am H. vorbei. Es wird der Drehwinkel erfasst.

Haltebremse
[holding brake]
Bremsvorrichtung an einem Gleichstrommotor, die durch das Abschalten der Stromeinspeisung die Motorwelle blockiert und somit das Anhalten in der Ruheposition ermöglicht. Die Ruheposition kann auch eine Endposition darstellen, wenn z.b. ein Hubspindeltrieb konstruktiv folgt.
→ *Bremsmotor*

Haltekraft
[holding force]
Bei Spannvorrichtungen die Kraft (Anpresskraft), die ein zur Wirkung gebrachtes Spannelement den am Werkstück auftretenden Bearbeitungskräften entgegensetzt und ohne bleibende Verformung aushält.

Haltemoment
[holding torque]
Maximales Drehmoment eines Schrittmotors im Ruhezustand, das er einem von außen auf die Welle wirkendem Moment entgegensetzt, wenn die Wicklungen erregt sind.

Halten
[holding]
In der Handhabungstechnik (VDI 2860) vorübergehendes Sichern eines Körpers in einer bestimmten Orientierung und Position. Das erfolgt formpaarig ohne Beteiligung von Kräften. Geschieht es kraftpaarig, spricht man vom Spannen. Die Umkehrung des Verfahrens heißt Lösen bzw. Entspannen. Für das H. in Werkstückaufnahmen können sehr un-

terschiedliche Vorrichtungen eingesetzt werden (Bild).
→ *Greifen, adaptives*

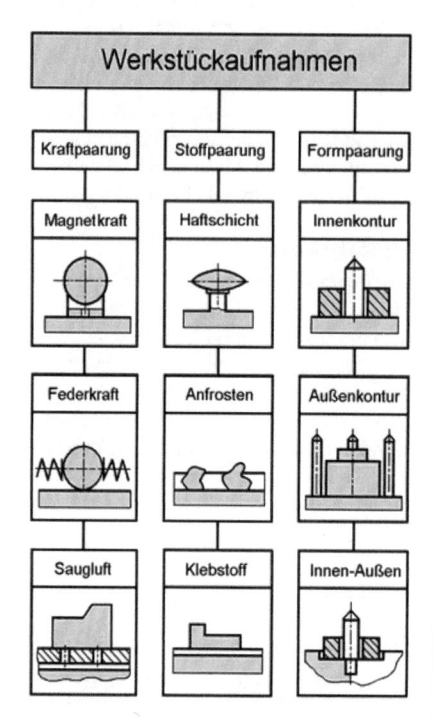

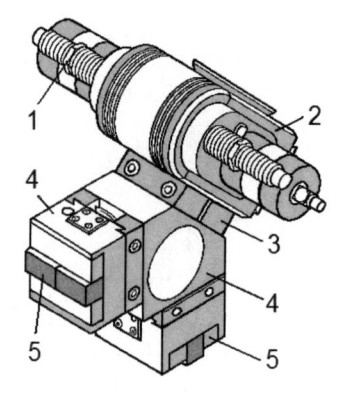

1 Dämpfer, 2 Schwenkmodul, 3 Klemmelement, 4 Winkelstück, 5 Greifergrundbacke (*Montech*)

Handbediengerät
[teach pendant]
In der Robotik ein mobiles Steuer- und/oder Programmiergerät mit Tasteneingabe, welches per Kabel oder drahtlos mit der Robotersteuerung verbunden ist. Die Beweglichkeit des H. erleichtert das Programmieren, weil der Bediener den Ablauf seiner Aktionen vor Ort aus der Nähe sehen kann.
→ *Programmierhandgerät*

Haltesystem
[holding system]
Bezeichnung für das Wirksystem eines Greifers. Dazu gehören die Greiforgane mit den daran befestigten starren oder beweglichen → *Greiferbacken*. Diese werden oft gar nicht mitgeliefert, weil sie der Anwender nach der Werkstückform selbst herstellt.

Handachse
[hand axes]
Bei → *Universalrobotern* fast immer eine Drehachse, die dazu dient, einen Effektor in die richtige Orientierung (räumliche Drehlage) zu bringen. Gewöhnlich sind es zwei bis drei H. Je nach Anordnung der H. spricht man von einer → *Zentral-*, → *Winkel-* oder auch → *Doppelwinkelhand*.
→ *Handgelenk*

Handgelenk
[wrist]
Gelenke (Bewegungsachsen), die für die Orientierung der Roboterhand bzw. des Greifers zuständig sind und sich zwischen Roboterunterarm und Effektor befinden. Die Handgelenkachsen erzeugen den → *Nebenarbeitsraum* eines Gelenkroboters.
→ *Handachse*

Handgelenk, sphärisches
[ball and socket joint]
Dreiachsiges Roboterhandgelenk, bei dem sich Yaw- (Gieren), Pitch- (Beugen) und Roll- (Drehen)Achse in einem Punkt schneiden, wie man es im Bild sehen kann.
→ *Zentral-*, → *Winkel-* → *Doppelwinkelhand*

▶H

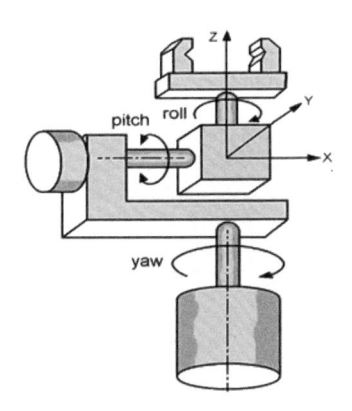

Handgelenksensor
[wrist sensor]
Sensor zwischen Arbeitsorgan und Roboterarm zur Messung von Kräften und Kraftmomenten. Er wird für technologische Operationen, z.B. in der Montage oder beim Entgraten, benötigt.

Handgriffarten
[types of hand prehension]
Einteilung typischer menschlicher Handgriffe in Griffklassen. Es gibt verschiedene Gliederungsaspekte.

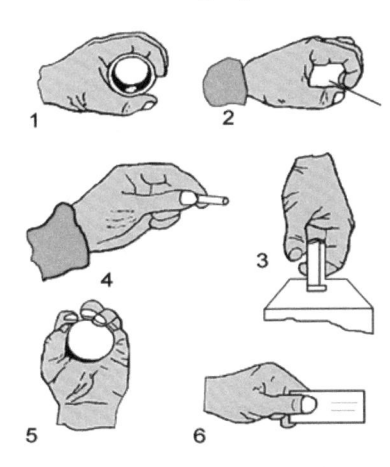

1 Zylinder-(Hohl-)Griff, 2 Spitzgriff, 3 Henkel- oder Hakengriff, 4 Dreifingergriff, 5 Handinnenflächengriff, 6 Seitengriff, Zangengriff

Die H. lassen sich z.B. wie folgt benennen:

- Fingerspitzengriff
- Fingerbeerengriff
- Fingerbeeren-Fingerseiten-Griff
- Interdigitaler Griff
- Tridigitaler Griff
- Pentadigitaler Griff
- viele Handflächengriffe

Handhabbarkeit
[manipulability]
Eigenschaft von Handhabungsobjekten, die deren Eignung zur manuellen oder automatischen Handhabung ausdrückt. Sie ist von der Ausprägung bestimmter Werkstückeigenschaften abhängig und ein wesentliches Kriterium für die Automatisierbarkeit von Stückgutprozessen.

Handhabung, Handhaben
[handling, manipulation]
Schaffen, definiertes Verändern oder vorübergehendes Aufrechterhalten einer räumlichen Anordnung von geometrisch bestimmten Körpern in einem Bezugskoordinatensystem (VDI 2860). Mit dem Objekt kann dabei eine definierte Bewegung ausgeführt werden, um der Erfüllung einer Arbeitsaufgabe zu dienen. Jedoch ist eine Veränderung der Handhabungsobjekte bei der H. im Allgemeinen nicht beabsichtigt. Die H. ist nicht auf bestimmte Produktionsbereiche und Branchen begrenzt, solange es um geometrisch definierte Gegenstände geht.
→ *Handhabungstechnik,* →*Handhabungsgerät*

Handhabung, berührungslose
[non-contact handling]
Greifen von leichten Gegenständen, z.B. eine Waferscheibe, ohne diese berühren zu müssen. Das ist möglich, wenn die Objekte durch Leistungsschall in einen Schwebezustand gebracht werden. Auch die ausbalancierte Kombination von Ultraschall (abstoßende Wirkung) und Vakuum (anziehende Wirkung) ist ein gangbarer Weg. Durch Regelvorgänge muss das System im Kräftegleichgewichtszustand gehalten werden.

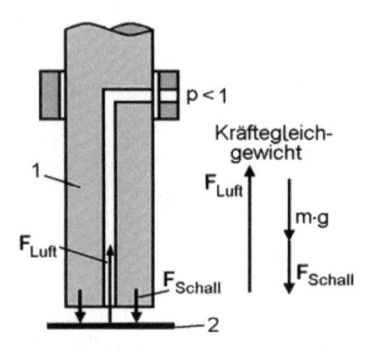

1 Sonotrode, 2 Greifobjekt, p Saugluft,
F Kraft, m·g Gewichtskraft des Greifobjekts

das Bewegen oder Halten von Werkstücken. Nach der Steuerung kann man in nicht programmierbare, fest programmierte und freiprogrammierbare H. unterscheiden. Typische H. sind Manipulatoren, Einlegegeräte und Industrieroboter. Aber auch konventionelle Geräte gehören dazu, wie z.B. Zuteiler, Magazine und Ordnungseinrichtungen, Sortiergeräte, Einlegegeräte und Entwirrvorrichtungen.

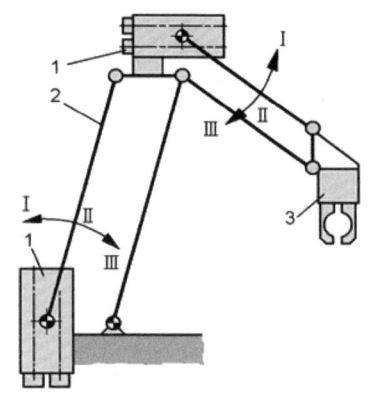

Handhabungseinrichtung zum Ausgeben von Teilen
[handling equipment for delivery of workpieces]
Einrichtung, die Werkobjekte aus der Spannstelle einer Bearbeitungsmaschine entnimmt und in der Peripherie geordnet oder ungeordnet ablegt.

Handhabungseinrichtung zum Eingeben von Teilen
[handling equipment for input of workpieces]
Einrichtung zum Eingeben von Werkobjekten in die Spannstelle einer Bearbeitungsmaschine. Das können spezielle Vorrichtungen sein, → *Pick-and-Place Geräte*, Manipulatoren und → *Industrieroboter*.

Handhabungsfunktion
[handling function]
Auflösung eines Objektdurchlaufs an einer Be- oder Verarbeitungsmaschine in Elementar- und Teilfunktionen, für die es Bildzeichen gibt, um grafische Pläne entwerfen zu können. Zu den Elementarfunktionen gehören Teilen, Prüfen, Vereinigen, Drehen, Lösen, Verschieben und Halten (VDI 2860).

Handhabungsgerät, Handhabungseinrichtung
[handling equipment]
Technische Einrichtungen, die Teilfunktionen des Handhabens realisieren, z.B.

1 Schwenkantrieb, 2 Parallelogrammarm,
3 Greifer, I bis III mögliche Armstellungen

Handhabungsmodul
[handling module]
Bewegungseinheit, die als Serienprodukt hergestellt wird und sich im Sinne des Baukastenprinzips zu anwendungsspezifischen Aufbauten, auch mehrachsiger Handhabungseinrichtungen, einsetzen lassen. Sie gliedern sich in Linear-, Rotations- und Schwenkeinheiten sowie Greifer und Gestellkomponenten. H. sind ein wirtschaftlich interessanter und bewährter Lösungsansatz für die Fertigungsautomatisierung.

Handhabungsobjekt
[manipulated object, handling object]
Gegenstand, auch als Handhabegut bezeichnet, der von einer Handhabungseinrichtung bewegt wird. Dazu zählen Werkstücke, Werkzeuge, Prüfmittel, Vorrichtungen u.a. In Zweigen außerhalb der metallverarbeitenden Industrie

können das auch landwirtschaftliche Produkte, Schlachtkörper, Käselaiber, Betonteile u.a. sein. Die H. lassen sich mit Angaben zu Größe, Masse, Form, Eigenschaften, Oberflächenzustand und zur Handhabungseignung beschreiben.

Handhabungsplan
[handling flowchart]
Grafische Darstellung der logischen Aufeinanderfolge von Handhabungsoperationen mit Hilfe von Symbolen für die zu absolvierenden Funktionen. Der H. ist ein begleitender Vorgang bei der fertigungstechnischen Automatisierung. Eine Zuordnung zu konkreten Funktionsträgern und Geräten erfolgt damit jedoch noch nicht.

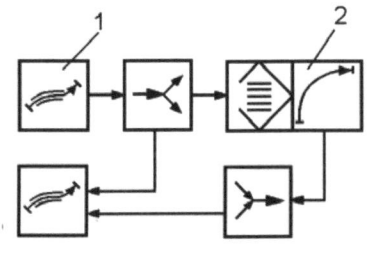

1 Führen, 2 Schwenken

Handhabungsroboter
[manipulating robot]
Roboter für die Bedienung technologischer Grundausrüstungen in der Produktion, insbesondere für das Beschicken, Entladen, Stapeln und Handhaben von Arbeitsgut.
→ *Produktionsroboter*

Handhabungssymbole
[function symbols for handling]
Genormte Bildzeichen zur grafischen Beschreibung von Handhabungsvorgängen bzw. -abläufen. Die Zeichen (VDI-Richtlinie 2860) sind herstellerneutral sowie geräteunabhängig und erhöhen die Übersichtlichkeit der Beschreibung von Folgen mit Teilfunktionen. Mit ihnen stellt man → *Handhabungspläne* auf, um die erforderlichen Funktionen sichtbar zu machen.

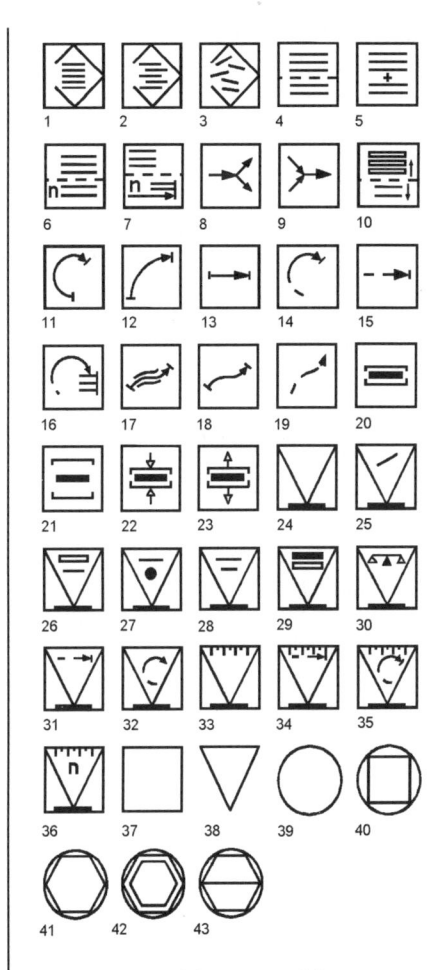

1 geordnetes Speichern (Magazinieren), 2 teilgeordnetes Speichern (Stapeln), 3 ungeordnetes Speichern, 4 Teilen, 5 Vereinigen, 6 Abteilen, 7 Zuteilen, 8 Verzweigen, 9 Zusammenführen, 10 Sortieren, 11 Drehen, 12 Schwenken, 13 Verschieben, 14 Orientieren, 15 Positionieren, 16 Ordnen, 17 Führen, 18 Weitergeben, 19 Fördern, 20 Halten, 21 Freigeben, 22 Spannen, 23 Entspannen, 24 Prüfen, 25 Anwesenheit prüfen, 26 Identität prüfen, 27 Form prüfen, 28 Größe prüfen, 29 Farbe prüfen, 30 Gewicht prüfen, 31 Position prüfen, 32 Orientierung prüfen, 33 Messen, 34 Position messen, 35 Orientierung messen, 36 Zählen, 37 Handhaben, 38 Kontrolle, 39 Fertigungsschritt, 40 Formgeben, 41 Formändern, 42 Behandlung, 43 Zusammenbauen (Montieren, Fügen durch Schweißen, Löten, Kleben)

Handhabungstechnik
[industrial handling, handling engineering, handling technology]
Mit der menschlichen Hand verbundener Begriff; Gesamtheit aller materiellen Mittel und Verfahren, die dazu dienen, Handhabungsobjekte im unmittelbaren Bereich eines Arbeitsplatzes insbesondere maschinell zu bewegen. Ein wichtiges Teilgebiet ist die Industrierobotertechnik. Eine Möglichkeit zur Gliederung der Handhabungseinrichtungen wird im Bild vorgestellt.

```
                Handhabungseinrichtungen
    ┌───────────────────┼───────────────────┐
Einrichtungen       Geräte zum Men-      Einrichtungen
zum Speichern       gen verändern        zum Bewegen
    │                   │                   │
Bunkern             Zuteilen (Ver-       Drehen
Stapeln             einzeln)             Wenden
Magazinieren        Abzweigen            Schwenken
Palettieren         Zusammenführen       Ordnen
Gurten              Teilen               Positionieren
                    Sortieren            Weitergeben

            Einrichtungen       Einrichtungen
            zum Halten          zum Prüfen

            Greifen             Prüfen
            Halten              Überwachen
            Lösen               Messen
            Aufnehmen           Zählen
            Spannen             Kontrollieren
            Entspannen          Testen
```

Begriffe und Handhabungsfunktionen sind in der VDI-Richtlinie 2860 (Montage- und Handhabungstecnik/Handhabungsfunktionen, Handhabungseinrichtungen, Begriffe, Definitionen, Symbole) und bezüglich der Greifertechnik in VDI 2740 (Mechanische Einrichtungen in der Automatisierungstechnik – Greifer für Handhabungsgeräte und Industrieroboter) enthalten.

Handkoordinatensystem
[hand coordinate system]
In der Robotik ein Koordinatensystem, das sich auf eine Greiferhand bezieht und sich mit dieser auch im Raum bewegt. Im Ursprung befindet sich im Allgemeinen der → *TCP*, der Werkzeugarbeitspunkt, der in die Programmierung eingeht.

Handlungsplanung
[action planning]
Ein Gebiet innerhalb der KI, das sich mit der automatischen Erzeugung von Aktionssequenzen beschäftigt, die einen aktuellen Zustand in einen Zielzustand überführen.

Handprogrammiergerät
[hand-held programmer]
Tragbares Steuergerät als Mensch-Maschine-Interface zur Programmierung und Bedienung von Robotern.
→ *Programmierhandgerät*

Handrad, elektronisches
[electronic handwheel]
Im Bedienfeld von NC-gesteuerten Maschinen eingebautes kleines Handrad, mit dem man in der Betriebsart „Einrichten" jede Achse, wie früher über ein mechanisches Handrad üblich, über die Steuerungselektronik manuell verstellen kann.

Handshake-Verfahren
[handshake procedure]
„Handschlag"-Methode (Quittungsbetrieb); Wechselseitiges Kontrollverfahren der an einer Datenübertragung beteiligten Geräte nach standardisierten Vorschriften (Protokollen). Man unterscheidet zwischen Hardware- und Software-Handshake.

Handwurzelpunkt
[carpal point]
Punkt am Ende einer → *Kinematischen Kette*, in dem sich die Achsen der Handdrehgelenke schneiden, vergleichbar mit der Handwurzel beim Menschen. Die Spezifizierung eines H. hat steuerungstechnische Vorteile.

Handyman
Doppelarmiger elektrohydraulischer → *Master-Slave Manipulator*, der 1958 von R. Mosher im Auftrag von General Electric für die Entwicklung nuklearer Flugzeugantriebe hergestellt wurde. Der Operateur trägt je Arm ein → *Exoskelett* in der Art eines überstülpbaren relativ sper-

rigen mechanischen Handschuhs. Der Manipulator hatte 10 Bewegungsachsen, davon vier in jeder Zweifingerhand. Die Finger konnten einzeln bewegt und gekrümmt werden.

Hängeroboter
Roboter mit solchen lokomotorischen Fähigkeiten, die ihm gestatten, sich hängend an baulichen Strukturen zu bewegen. Der H. ist eine spezielle Ausführung eines → *Kletterroboters*.

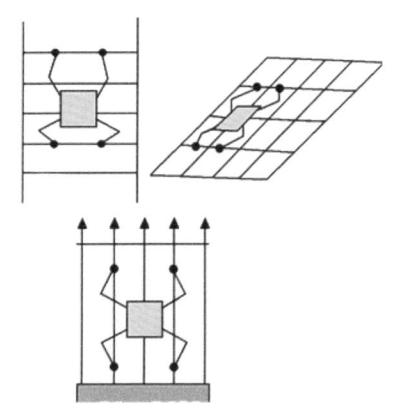

Haptik
[haptics]
Lehre vom Tastsinn, die Gesamtheit der Tastwahrnehmungen sowie ihre theoretisch-praktische Erforschung. Für die Gestaltung von Bedienelementen (Hebel, Drehknöpfe, Wipptasten, Drehknebel, Handräder usw.) versucht man bewusst, ein für den Menschen angenehmes Benutzen zu erreichen. In der Robotik ist H. ein Sammelbegriff für Sensorsysteme zur Aufnahme von Kräften sowie deren Übermittlung und Darstellung in einer für den menschlichen Tastsinn geeigneten Form.
Der Begriff H. wird auch als Dachbegriff für → *Kinästhetik* und Taktilität benutzt.

Haptiksensor
[haptic sensor]
Sensor, der durch Tasten aufnehmbare Erscheinungen detektiert, wie z.B. Druck-, Kraft- und Beschleunigungssensoren.

Haptische Wahrnehmung
[haptic perception]
Wahrnehmung von Eigenschaften und Zuständen durch den Menschen mittels der Berührungssinne (Tast-, Druck-, Vibrationsempfindungen).

Hardbots
Bezeichnung für → *Agenten* in der Art von Robotern, die im Gegensatz zu Softwareagenten über Sensoren ihre Umgebung wahrnehmen, durch Aktoren sich in ihr bewegen und/oder diese auch verändern können.

Hardi Man
[human augmentation research and development investigation]
Untersuchung und Entwicklung eines "Menschverstärkers", der 1954 bei *General Electric* von *R. Mosher* konstruiert wurde. Es handelt sich um ein → *Master-Slave-System*, bei dem der Mensch gleichzeitig Meister und Sklave ist. Er soll mit Lasten von mehreren hundert Kilogramm umgehen können, dabei aber dem Träger eine normale Gehgeschwindigkeit gestatten. Dazu steckt der Mensch in einem dem Körper angepassten metallischem Gerüst ähnlich einer orthopädischen Prothese (→ *Exoskelett*), das die vorgegeben Bewegungen im Verhältnis 1:25 kraftverstärkt.

Hardware
[hardware]
Maschinelle Ausrüstung, aus der die Architektur eines Rechensystems besteht.

Harvard-Struktur
[Harvard architecture]
Bei einem → *Controller* eine Struktur, bei der Datenspeicher und Programmspeicher getrennt sind, im Gegensatz zur → *Neumann-Struktur*, die z.B. im PC umgesetzt ist.

Harmonic-Drive Getriebe, HD-Getriebe
[harmonic drive]
Handelsbezeichnung für ein hochübersetzendes, raumsparendes und geräuscharmes Umlaufrädergetriebe (auch Wellgetriebe genannt), bei dem ein elastisches außenverzahntes Rad (*Flex Spline*) in einen starren innenverzahnten Ring (*Circular Spline*) eingreift. Das elastische Rad wird durch einen Wellgenerator (*Wave Generator*) verformt, so dass die Zähne nur an zwei gegenüberliegenden Stellen im Eingriff sind. Durch geringe Zähnezahlunterschiede kommt es zu einer langsamen Abtriebsbewegung des innenverzahnten Ringes. Das Getriebe wurde 1959 in den USA erfunden. Man erreicht Übersetzungsverhältnisse von 50:1 bis 320:1.

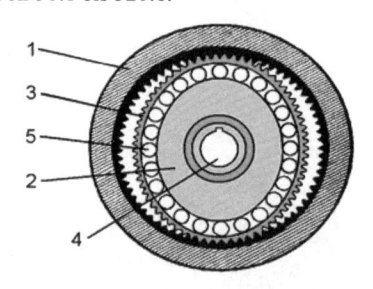

1 Circular Spline, 2 Wave Generator, 3 Flexspline, 4 Antriebswelle, 5 Kugelkranz

Haufwerk
[bulk material, batched goods]
Bezeichnung für ungeordnet vorliegendes (gebunkertes) Arbeitsgut unbestimmter Menge. Kennzeichen ist also der chaotische Zustand der Teile bezüglich Position und Orientierung. Automatisches Entnehmen erfordert den → „*Griff in die Kiste*" oder das stufenweise Auflösen des H.

Hauptachse
[major axis, primary axis]
Roboterachsen, die dazu dienen, den Effektor an einen beliebigen Punkt im Raum zu bewegen, also zu positionieren. Dafür werden in der Regel drei H. benötigt. Sie tragen wesentlich zur Ausbildung des Arbeitsraumes bei und bestimmen auch seine Form. Die Drehung des Effektors in die aufgabengerechte Orientierung wird durch die Handachsen (→ *Nebenachsen*) vorgenommen.

Hauptantrieb
[main drive]
Das ist in einer Werkzeugmaschine derjenige Antrieb, der die Hauptbewegung (Hauptspindel) erzeugt, z.B. die Fräsmaschinenspindel oder das Drehfutter antreibt. Die Energie der Hauptbewegung ist in der Regel um ein Vielfaches größer als bei Hilfs- und Vorschubantrieben. Der H. kann z.B. ein digital drehzahlgeregelter Drehstromantrieb auf der Basis einer Asynchronmaschine sein.

Hauptarbeitsraum
[main working room]
Arbeitsraum eines Roboter, der durch die ersten drei Grundachsen gebildet wird. Das Bild zeigt Arbeitsraumformen bei verschiedenen Armstellungen.

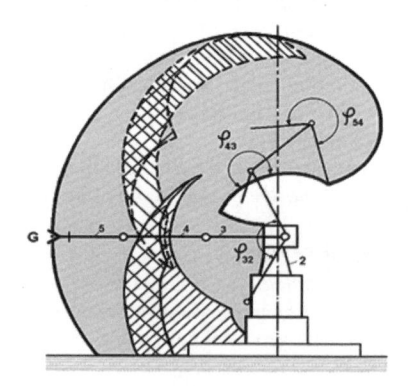

Hauptnutzungszeit
Nutzungszeit eines Betriebsmittels, das auch ein Industrieroboter sein kann, in der ein Arbeitsgegenstand planmäßig verändert wird.

Haushaltroboter
[home robot]
Mehr oder weniger anthropomorpher Serviceroboter, der Dienstleistungen im Haushalt erbringen soll. Der englische Mathematiker *A. M. Turing* (1912-1954) hat bereits in den 1950er Jahren angegeben, dass ein H. Arme von 1,2 Meter Länge mit einer Tragfähigkeit von jeweils 400 N haben sollte. Es ist jedoch schwierig, einen preiswerten sinnvollen H. zu entwickeln, weil die technischen und intelligenten Anforderungen enorm hoch sind. 1982 hat die Firma *Heath Zenith* (*Bristol* England) den als H. bezeichneten Roboter HERO 1 auf den Markt gebracht, (fünfachsiger Arm mit Greifer, Sensoren, Rechner, Sprachsynthetisierung). An wirklich einsetzbaren H. wird gearbeitet.

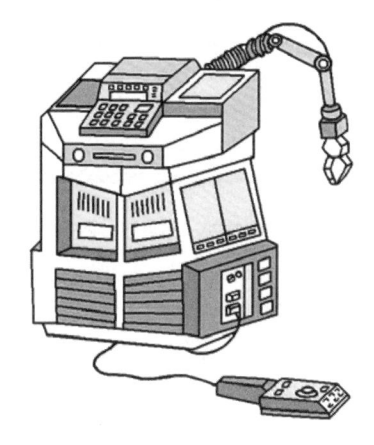

Hebelzange
[lever tongs]
Scherengreifer, bei dem die Anpresskraft der Backen von der Öffnungsweite der Zangenschenkel und dem Reibungskoeffizient abhängt. Ein Antrieb ist nicht vorhanden. Die H. wird auch als Sicherheitszange bezeichnet. *Leonardo da Vinci* wusste bereits (Codex Madrid I): "Je mehr Gewicht diese Zange trägt, umso sicherer wird dieses gehalten."

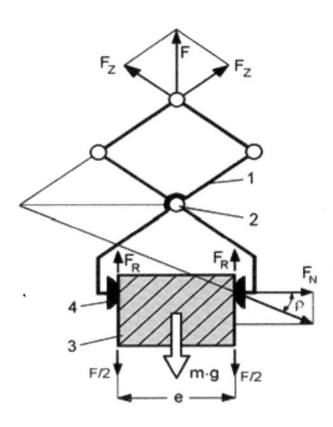

1 Scherenarm, 2 Drehgelenk, 3 Werkstück, 4 Greifbacke, m·g Gewichtskraft, F Kraft

Heimroboter
[personal robot]
Andere Bezeichnung für einen → Haushaltroboter, → Personalroboter

Hellschaltend
[light switching]
Bei optoelektronischen Sensoren eine Eigenschaft des Schaltausgangs, der dann aktiviert ist, wenn der Lichtempfänger Licht erhält (Lichtstrahl ist nicht unterbrochen). Der nachgeschaltete Verstärker ist durchgesteuert und das Ausgangsrelais angezogen. Bei Unterbrechung des Lichtweges fällt das Relais ab. Bei Reflexlichttastern gilt: Ausgang ist durchgeschaltet, wenn vom abzutastenden Objekt Licht zum Empfänger reflektiert wird.

Heuristik
[heuristics]
Verfahren zum Finden von Hypothesen für Lösungen auf der Grundlage von erfolgreichen Erfahrungen und Intuition. Es wird auf „Faustregeln" verwiesen, die genutzt werden können, um intelligente Vermutungen darüber anzustellen, was zu tun ist. Erfahrungsgemäß ist die H. ein sinnvoller Vorgehensplan zur Lösung von Problemen.

Heuristische Suche
[heuristic search]
Suchverfahren, bei denen → *Heuristik* genutzt wird, um möglichst schnell eine gute, auf Erfahrungen und Intuition beruhende Lösung zu finden.

Hexaglide-Roboter
[hexaglide robot]
Parallelroboter mit Freiheitsgrad 6, dessen Plattform für den Endeffektor über Streben mit horizontal laufenden Linearschlitten verbunden ist.
→ *Hexapode*

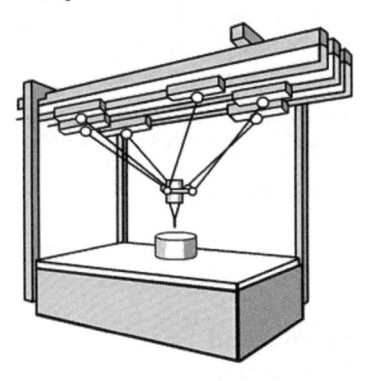

Hexapode
[hexapod]
Sechsfüßler (aus dem Griechischen); Parallelroboter, der wegen seiner hohen Steifigkeit große Nutzlasten mit hoher Genauigkeit bewegen kann. Die kinematische Struktur ist dadurch gekennzeichnet, dass die linearen und rotativen räumlichen Bewegungen einer Plattform z.B. durch sechs in ihrer Länge verstellbare „Streben" (Achsen) erfolgt. Dadurch werden sechs Freiheitsgrade erreicht. Durch simultane Steuerung aller sechs Streben (→ *Führungsketten*) ergeben sich beliebige räumliche Bewegungsabläufe der Plattform in einem etwa halbkugelförmigen Arbeitsraum.
→ *Tripod*

Hierarchie
[hierarchy]
Baumstruktur, in der allgemeinere (oder dominantere) Klassen oder Objekte über den Klassen oder Objekten erscheinen, die sie beherrschen.

Hilfsspeicherplatz
[auxiliary storage location]
Anordnung von Vordeponierplätzen für Werkstückspeicher in der Nähe einer Bearbeitungsstelle, um einen Schnellwechsel der Speicher ausführen zu können. Die Anlieferung zum Vordeponierplatz kann automatisch erfolgen.

Hill-Climbing
In der Künstlichen Intelligenz eine mit dem „Bergsteigen" vergleichbare Suchstrategie, bei der immer der beste Nachfolger des aktuellen Knotens verfolgt wird. Das schließt nicht aus, dass der absolut beste Gipfel gar nicht erreicht wird, weil man auf einem Nebengipfel landet und eine weitere Steigerung nicht möglich ist.

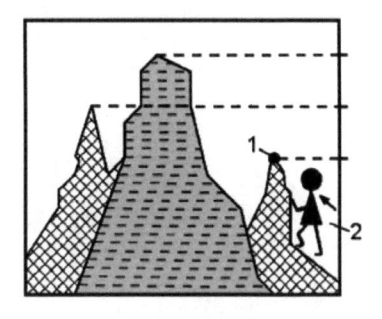

1 örtliches Maximum, 2 heuristische Suche, Suchablauf

Hinderniserkennung
[obstacle detection]
Bei stationären Robotern die Erkennung von nichtstationären dynamischen Hindernissen, die zu einer Kollision führen können. Bei autonomen mobilen Robotern ist die H. eine überlebenswichtige Funktion, die durch Kombination verschiedener Sensoren sicherzustellen ist. Das vor dem Roboter liegende Areal kann z.B. mit Stereokameras beobachtet werden. Im Notfall ist die Bewegung zu stoppen oder das erkannte Hindernis zu umgehen.

▶H

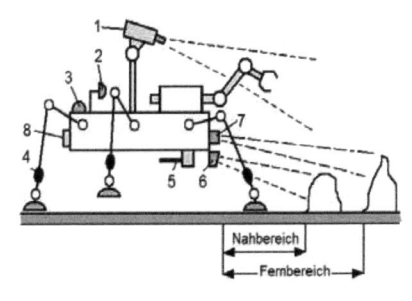

1 Kamerasensor, 2 Mikrofon, 3 GPS-Sensor, 4 Beikraftsensor, 5 Strahlen- und Temperatursensor, 6 Infrarotsensor, 7 Ultraschallsensor, 8 Rückfahrtsensor

Im Beispiel werden Infrarot und Ultraschall zur Hinderniserkennung eingesetzt

Hintergrundausblendung
[background fade-out]
Bei opto-elektronischen Näherungssensoren die Unterdrückung aller Ereignisse, die sich außerhalb des aktiven Tastbereiches befinden.

Hintransformation
[direct (forward) kinematics]
Andere Bezeichnung für die → Vorwärtstransformation. Die kartesische Position des Endeffektors wird aus den Achsvariablen durch Koordinatentransformation berechnet.

Hiperface
Multiturn-Encoder mit einer Interfacenorm (*Stegmann*), bei dem die Signale mit der Häufigkeit der Scheibenstrichzahl geliefert und dann weiter bis zur gewünschten Auflösung interpoliert werden. Parallel zu dieser Analoginformation liefert die serielle RS 485-Schnittstelle noch weitere Informationen.
→ EnDat, → FireWire

HI-T-Expert 2
Von der Firma *Hitachi* 1978 entwickelte Robotereinheit für die Präzisionsmontage. Ein sensorisierter Greifkopf erlaubt die „Bolzen-in-Loch-Montage bei Fügespielen im Bereich von 7 bis 32 µm. (Wellendurchmesser 20 mm) in 3s.

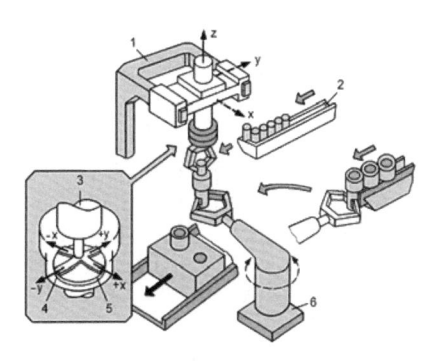

1 Montageroboter, 2 Teilezuführung, 3 Handgelenkanschluss, 4 Scheibe, 5 Feder-Widerstands-Sensor, 6 Zubringeroboter

HI-T-Hand
[Hitachi tactile controlled hand]
Von der Firma *Hitachi* 1978 entwickelter Greifer für Montagearbeiten. Die Hand wurde mit 14 taktilen, 4 Druck- und 6 Kraftsensoren ausgestattet. Die Hand konnte z.B. Nadeln in Löcher stecken.

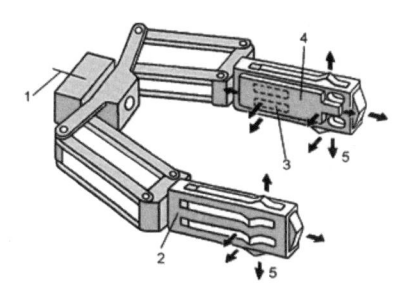

1 Handdrehachse und Anschluss an Roboterarm, 2 Greiferfinger, 3 Drucksensor (druckempfindlicher elektrisch leitfähiger Gummi), 4 Endschalter (ragen durch die Sensorplatte hindurch), 5 Berührungssensor

Hochbeschicker
[vertical loading mechanism]
Nachfülleinrichtung für Bunkerzuführgeräte, wie z.B. Vibrationswendelbunker, die in Bodennähe Werkstücke aufnimmt, im Behälter nach oben bewegt und dort auskippt. Der Nachfüllzyklus kann von Hand gestartet werden oder er startet automatisch, wenn ein Füllstandssensor im Vibratoraufsatz Bedarf festge-

stellt hat. Mit den H. lassen sich größere Autonomiezeiten erreichen.

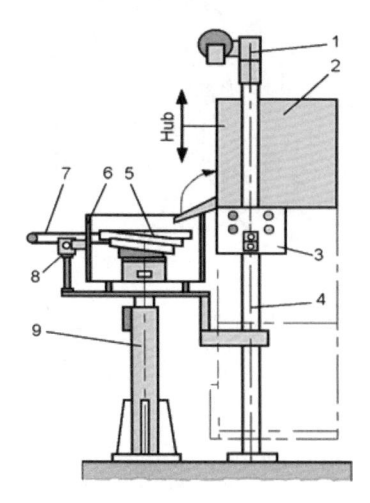

1 Hubantrieb, 2 Bunker, 3 Steuerung, 4 Ständer, 5 Vibrationswendelförderer, 6 Umkleidung, 7 Förderband, 8 Bandantrieb, 9 Standsäule

Hochlaufzeit
[ramp-up time, acceleration time]
Zeit, die auch als Anlaufzeit bezeichnet wird, die ein Antrieb braucht, um vom Stillstand bis zu seiner Nenndrehzahl hochzulaufen.
→ *Positionierfahrt,* → *Positionierzeit*

Hochleistungsvibrator
[hight speed vibrator]
Vibratoren, die auf sehr große Fördergeschwindigkeiten ausgelegt sind und weit über der üblichen Geschwindigkeit von 10 m/min liegen.

Hochregaltechnik
[high-rack equipment]
In der Logistik ein technisches System, das es ermöglicht, durch Verwendung spezieller hoher Regale, Steuer- und Fördermittel auf engem Raum eine hohe Speicherdichte zu erreichen.

Hohlwelle
[hollow shaft]
Element zur Drehmomentübertragung, bei dem mehrere H. und eine Vollwelle sind. Mehrere H. und eine Vollwelle stecken ineinander. Das Bild zeigt außerdem die Umlenkung über Kegelradgetriebe. Im Beispiel werden vier Drehmomente eingespeist. Eine Drehung wird verwendet, um den armförmigen Gehäusekörper zu schwenken. Drei Drehungen werden durchgeleitet.

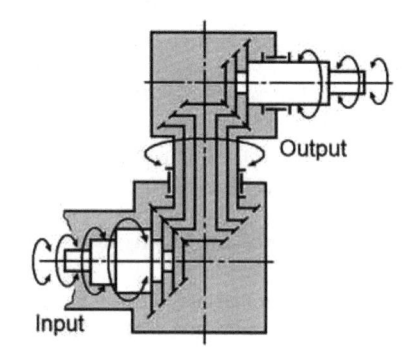

Hohlwellenantrieb
[hollow-shaft motor drive]
Bauform eines Elektromotorantriebs, bei dem anstelle einer Läuferwelle eine Kugelumlaufmutter rotiert. Das Ankerinnere ist deshalb hohl. Der H. schraubt sich im Bildbeispiel an der feststehenden Spindel vorwärts.

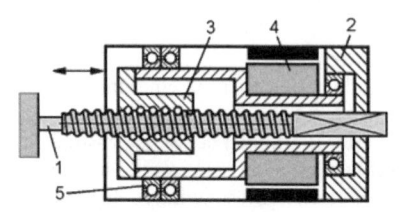

1 stehende Spindel, 2 Lagerdeckel, 3 Kugelumlaufmutter, 4 Wechselstrom-Servomotor, 5 Kugellager

holonom
Eigenschaft eines mechanischen Systems, keinen physikalischen Beschränkungen zu unterliegen.

Home position
Bezeichnung für die → *Grundstellung* (eines Roboters).

Hooke'sches Gesetz
[Hooke's law]
Es definiert den größtmöglichen Dehn- bzw. Stauchbereich eines Materials, bei dem dieses nach einer Entlastung wieder die ursprüngliche Form annimmt. Wird dieser Bereich verlassen, entstehen bleibende Verformungen (Dehnung, Stauchung, Bruch).

Hopfield-Netz
[Hopfield artificial neural network]
Bei künstlichen neuronalen Netzen eine Form der Verschaltung der Neuronen, bei der im Extremfall jedes Neuron mit jedem anderen verbunden ist. Die Idee zum H. hat die Physik der so genannten „Spingläser" geliefert. Am Ausgang des H. erscheint das eingespeicherte Muster, welches dem verrauschten Eingangsmuster am ähnlichsten ist. Die H. können als autoassoziative Speicher arbeiten. Das H. wurde 1982 von *John Hopfield* entwickelt.
→ *Kohonen-Netz*

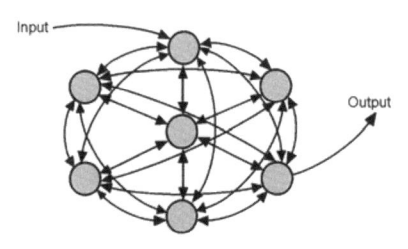

Horizontal-Knickarmroboter
→ *Knickarmroboter*, → *Scara-Roboter*

Hopkins Beast
[Hopkins Tier]
In Anlehnung an Einzeller implementiertes Kunstwesen zum Studium von Verhaltensweisen, das 1962 an der Johns Hopkins Universität in Baltimore von Hirnforschern entwickelt wurde.
→ *ELSIE*

Horizontal-Parallelogramm-Bauart
Bauform eines Waagerecht-Gelenkarmes als geschlossene kinematische Kette.

Man erreicht hohe Positioniergenauigkeiten. Das H. ist besonders für die Handhabung von Kleinstteilen in der Mikrosystemtechnik eine interessante Handhabungsmaschine.

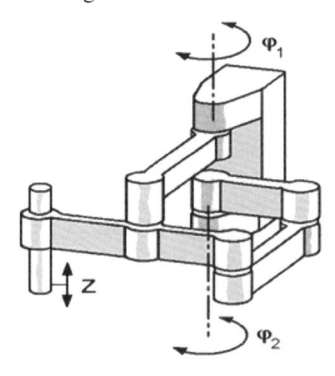

Hough-Transformation
[Hough transform)
In der Bildverarbeitung eine Methode, um Merkmale (z.B. Linien) in einem Bild zu finden, indem danach gesucht wird, wie viele Kantenpunkte auf jedes mögliche Merkmal fallen.

HTL
[high-threshold logic]
HTL-Signale sind Rechteckimpulsfolgen mit einem Spannungspegel größer 10 V.

Hubbalkenförderer
[walking beam (system)]
Zuführeinrichtung und Förderer für mittelgroße hängefähige Teile.

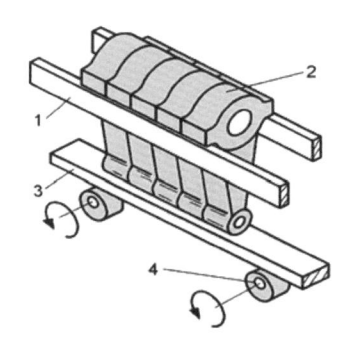

1 feststehende Doppelschiene, 2 Werkstück, 3 Hubbalken, 4 Exzenterwalze

Der Hubbalken hebt die leicht schräg stehenden Teile etwas an, so dass diese jeweils in kleinen Schritten in Förderrichtung abkippen und sich wieder an den feststehenden Doppelschienen aushängen. Die Hubbewegung kann mit Exzenterrollen erzeugt werden. Von Vorteil ist, dass der H. überlastungssicher ist.

Hub-Dreh-Modul
[lifting/turning module]
Bewegungsmodul, dessen Funktionselemente Heben und Drehen einzeln oder überlagert gestatten. Bei einer Überlagerung entsteht eine Schraubenbewegung mit beliebig einstellbarer Steigung. Dafür werden zwei Antriebsmotoren benötigt. Es gibt auch pneumatische Spanner mit einem Hub-Dreh-Ablauf. Die Drehung wird dann durch eine Nutkurve im Kolben hervorgerufen.

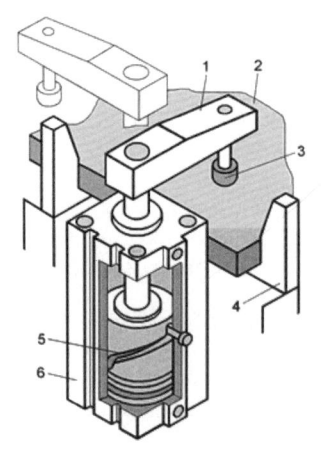

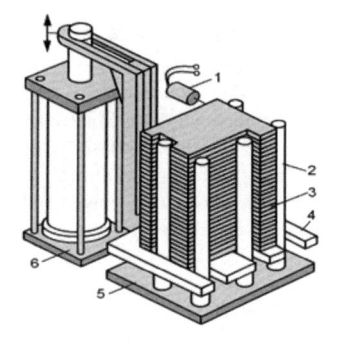

1 Sensor, 2 Magazinstab, 3 Werkstückstapel, 4 Hubgabel, 5 Grundplatte, 6 Pneumatikzylinder

Hubrohr-Bunkerzuführgerät
[reciprocating tube hopper feeder]
Zuführgerät, welches nach dem Schöpfprinzip arbeitet. Ein auf- und abschwingendes Rohr taucht in das Haufwerk ein und erfasst ein gerade vorteilhaft ausgerichtetes Teil. Das Rohr dient gleichzeitig als Magazin. Der Erfolg ist zufallsabhängig, wobei der aktuelle Bunkerinhalt Einfluss auf die Liefermenge hat.

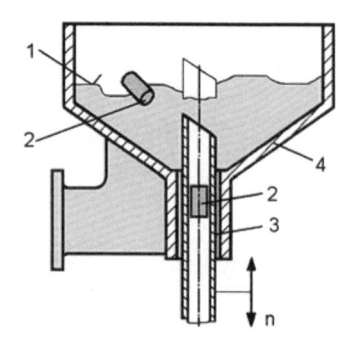

1 Spannklaue, 2 Werkstück, 3 Druckkappe, 4 Aufnahmevorrichtung, 5 Nutkurve, 6 Zylindergehäuse

Hubmagazin
[lifting magazine]
Aktives Schachtmagazin für Flachteile, bei dem der Magazininhalt schrittweise angehoben wird. Das kann z.B. durch einen Pneumatikzylinder erfolgen. Ein Sensor tastet hierbei die oberste Werkstücklage ab. Das H. ist für relativ langzyklische Fertigungsprozesse einsetzbar.

1 Bunkerfüllstand, 2 Werkstück, 3 Hubrohr, 4 Bunker, n Hubfrequenz

Hubschlauchbalancer
[vacuum tube-lifter]
In der Handhabungstechnik ein Hebegerät, dessen Hubachse aus einem Faltenbalgschlauch (ein mehrlagiger Gewebefaltenschlauch) besteht. Wird Vakuum angelegt, dann zieht sich der Schlauch infolge Faltenstruktur zusammen und hebt die Last. Diese kann auch in der

Schwebe gehalten werden. Als Lastaufnahmemittel werden in der Regel Vakuumsauger eingesetzt. Für das Heben wird ein Vakuum von etwa 20 Prozent benötigt. Die Hubgeschwindigkeit liegt bei etwa 0,5 m/s. Bei Einschlauchgeräten reicht die Hubkraft bis etwa 2000 N. Es gibt auch Ausführungen mit einem Parallelschlauch, mit denen man entsprechend größere Hublasten bewältigen kann.

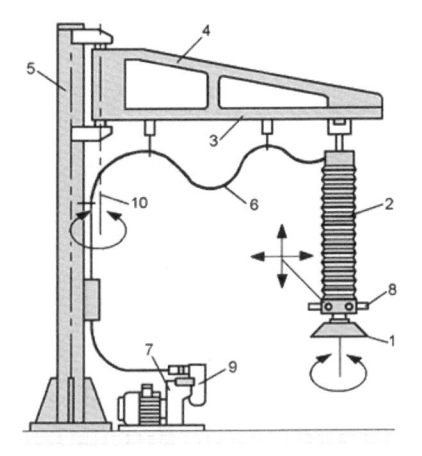

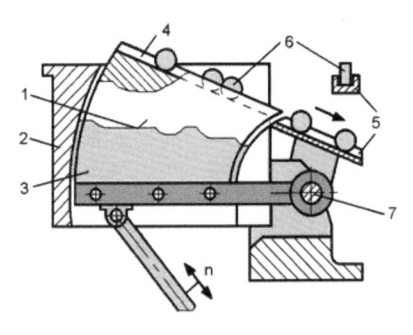

1 Bunkerfüllstand, 2 Bunker, 3 Hubsegment, 4 Abrollrinne, 5 Abführrinne, 6 Werkstück, 7 Achse, n Hubfrequenz

Hubspindel, elektromechanische
[electromechanical jackscrew, lifting spindle]
Linearantrieb, auch als Elektrozylinder bezeichnet, der je nach Baugröße Lasten von wenigen Kilogramm bis 100 Tonnen bei Geschwindigkeiten vom Schleichgang bis zu 50 m/min vertikal bewegen kann.

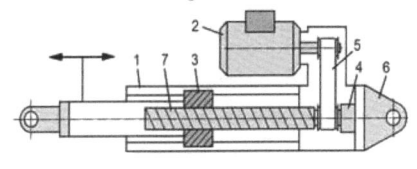

1 Zylinder, 2 Elektromotor, 3 Spindelmutter, 4 Spindellager, 5 Zahnriemengetriebe, 6 Gelenkbefestigung, 7 Gewindespindel

1 Sauger, 2 Faltenbalgschlauch, 3 Laufschiene, 4 Schwenkausleger, 5 Standsäule, 6 Luftschlauch, 7 Vakuum-Hochleistungsgebläse, 8 Bediengriff, 9 ansaugseitiger Filter, 10 Schwenkachse

Hubsegment-Bunkerzuführgerät
[centerboard hopper feeder]
Zuführgerät für kleine gleit- und rollfähige Werkstücke, welches nach dem Schöpfprinzip arbeitet. Eine Segmentplatte mit besonders profilierter (der Werkstückform angepasster) Oberkante taucht vertikal in das Haufwerk ein. Beim Anheben des Segments finden sich zufällig günstig orientierte Werkstücke in der Gleitrinne und gelangen nunmehr ausgerichtet nach außen. Die Werkobjekte gleiten oder rollen in der obersten Segmentstellung selbsttätig ab. Man erreicht Zuführleistungen von etwa 50 bis 100 Stück je Minute, abhängig von der Werkstücklänge, der Hubsegmentlänge und dem Füllfaktor.

Hubtisch
[elevating platform]
Plattform zum Heben von Lasten mit relativ geringer Hubgeschwindigkeit. Häufig wird dazu ein Scherenmechanismus mit hydraulischem oder elektromotorischem Spindelantrieb eingesetzt.

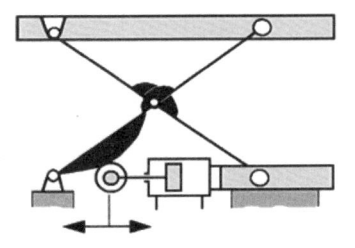

Hüllkörperverfahren
[enveloping surface method]
Verfahren zur Kollisionsvermeidung zwischen mehreren Robotern oder Mensch und Roboter, bei dem man die sich bewegenden Körper in vereinfachter geometrischer Form rechnerintern darstellt und die Bewegungsbahn beobachtet. Eine vorhersehbare Durchdringung bedeutet Zusammenstoß, was ein Not-Aus oder ein Ausweichmanöver veranlasst.

Humanisierung
[human engineering]
Auf den Ingenieurwissenschaften und der angewandten Psychologie aufbauende Richtung der Arbeitswissenschaften, die auf Folgendes abzielt: Abbau körperlich schwerer und einseitiger Arbeit, Schaffung einer angenehmen Arbeitsumwelt, Vermeidung von Unfallgefahren, Abbau psychomentaler Belastungen, Vermeidung negativer sozialer Folgen der Technisierung (Sozialverträglichkeit), Entkopplung von Arbeitsprozessen, Vergrößerung der Entscheidungs- und Dispositionsspielräume und Qualifizierung. Heutige Mechanisierung hebt das Handeln des Menschen von der mechanischen auf die geistige Ebene.

Humanoid
[humanoid robot]
Bezeichnung für künstliche menschenähnliche Wesen, wie sie besonders in der Sciencefiction-Szene beschrieben werden, mittlerweile aber auch in der Forschung eine Rolle spielen. Die Positionen der Gelenke und die Bewegungsabläufe sind von den menschlichen Fähigkeiten inspiriert. Der H. läuft aufrecht auf zwei Beinen und soll mit künstlichen Armen und Händen Arbeit verrichten können. Entwicklungen werden seit etwa 1985 betrieben. Ein humanoider Roboter führt Energie, Rechenpower und Sensorik mit sich und ist völlig unabhängig von der Außenwelt. Beispiel: Robonaut (*NASA*, USA) wiegt bei einer Größe von 1,2 m 45 kg und verfügt über den Freiheitsgrad 43. Die Energieversorgung ist problematisch. Für autonomes Handeln werden bisher maximal 90 Minuten erreicht.
Geschichte: Die Firma *HONDA* stellt 1996 einen H. (u.a. Modell P3) vor. Die Entwicklung begann 1986.
→ *Cog*, → *Wabot*, → *Asimo*

Human scale robot
[Roboter mit menschlichen Armabmessungen]
Kleinroboter, dessen Roboterarm nach dem Maßbild des Menschen gestaltet wurde (Puma, *Unimation*). Die Notwendigkeit zielt darauf ab, solche Roboter in hybriden Montagelinien, die nach menschlichen (ergonomischen) Erfordernissen gestaltet sind, einzusetzen. Es wurden aber auch andere kinematische Varianten dafür favorisiert.
→ *OTS*

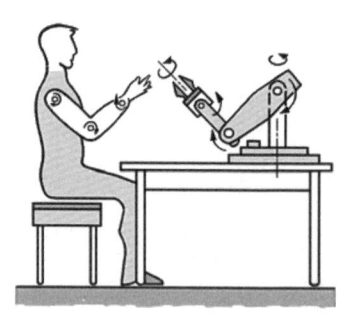

Hutschiene
[mounting rail]
In der Elektrotechnik eine Halteschiene mit einem hutähnlichen Querschnitt, die das schnelle Lösen und Verbinden von Baugruppen und Bauteilen möglich macht.

Hybridkabel
[hybrid cable]
Spezialkabel, bei denen Kraftstromleitungen und mehrere Signalleitungen, mitunter zusätzlich auch Druckluftleitungen, in einer einzigen Kabelhülle untergebracht sind. Das H. wird auch in der Robotertechnik eingesetzt.

Hybridkinematik
[hybrid kinematics]
In der Maschinenkinematik die Kombination von paralleler und seriellerStruktur in einem kinematischen Aufbau. Die H. ermöglicht bei hohen Steifigkeiten ein besseres Bauraum-zu-Arbeitsraum-Verhältnis als voll-parallele Strukturen. Beispiel: Koppelgetriebe als parallele Struktur mit seriell nachgeschalteter z-Pinole.

Hybrid-Montagelinie
[hybrid assembly line]
Teilautomatisierte Montagelinie, in der sowohl Menschen als auch Roboter in unmittelbarer Nachbarschaft tätig sind. In der Realisierung sind besondere Bedingungen (ergonomisch, organisatorisch, sicherheitstechnisch) zu beachten. Eine H. besteht aus Einrichtungen zur Montage von Baugruppen und/oder Produkten, in denen Automatikstationen mit Handarbeitsplätzen kombiniert sind. Sie schließen die Lücke zwischen manueller und automatischer Montage.

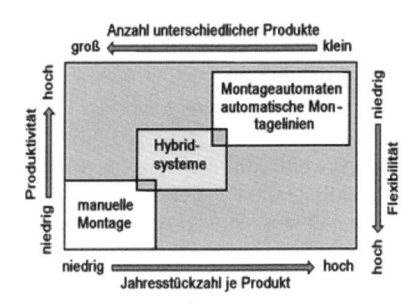

Hybridregelung
[hybrid control]
Kombination der gleichzeitigen Regelung mehrerer Parameter.

Hybridschrittmotor
[hybrid stepping motor]
Schrittmotor, bei dem zwei Spulen auf einem Statorpol sitzen. Damit kann der Pol je nach Stromrichtung als magnetischer Nord- oder Südpol fungieren. Der Motor vereint die Vorteile von Motoren mit variabler Reluktanz (magnetischer Widerstand) mit denen von Motoren mit Permanentmagneten. Er besitzt vielzahnige Statorpole und einen vielzahnigen Rotor. Das Haltemoment ist groß, das dynamische und statische Drehmoment ist hervorragend. Es lassen sich hohe Schrittgeschwindigkeiten erreichen. Die Motoren sind in einem weiten Drehmomentbereich verfügbar.

Hydraulik
[hydraulics]
Angewandte Mechanik der Flüssigkeiten, die dabei als Energie- und Funktionsträger benutzt werden. Zur H. gehören die Gebiete der hydrostatischen Antriebe, z.B. Arbeitszylinder, und die hydrodynamischen Anlagen, wie z.B. Strömungsmaschinen. Bei letzteren wird die kinetische Energie des strömenden Mediums zur Drehzahl- und Drehmomentenwandlung ausgenutzt. Bei den hydrostatischen Anlagen ist es die potentielle Energie des Druckölstroms.

Hypoid-Kegelradgetriebe
[hypoid gear]
Getriebe auf der Basis speziell geformter Spiralkegelräder, bei dem die Ritzel- und Tellerradachsen nicht in einem Punkt zusammentreffen, sondern in der Höhe versetzt sind. Ursprünglich im Automobilbau eingesetzt, wird das H. heute auch in den Kopfachsen von Robotern verwendet, weil es leichte und kompakte Bauweisen ermöglicht.

Hysterese
[hysteresis]
Allgemein ist H. die Fortdauer einer Wirkung, obwohl die Ursache beseitigt ist. Es ist in der Sensorik die größte Differenz der Ausgangswerte eines Sensors, z.B. Ein- und Ausschaltpunkte, wenn der Messwertbereich zuerst in zunehmender Richtung (von 0 bis 100 %) und dann in abnehmender Richtung (von 100 bis 0 %) durchlaufen wird, also die richtungsbedingte Differenz bei einem umkehrbaren Vorgang. Magnetische H. ist das Zurückbleiben der magnetischen Flussdich-

te in ferromagnetischen Stoffen gegenüber der magnetischen Feldstärke.

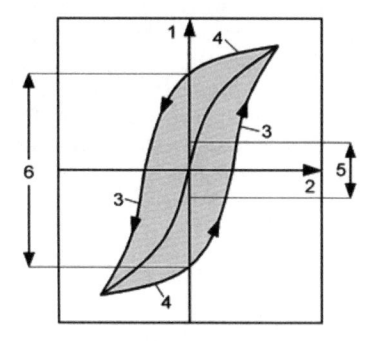

1 Verdrehwinkel, 2 Drehmoment, 3 mit Last, 4 ohne Last, 5 Spiel, 6 Hysterese, Verlust

Hysteresebremse
[hysteresis brake]
Elektrisch betätigte Bremse bzw. Kupplung, die Drehmomente berührungslos überträgt und dadurch auch verschleiß- und wartungsfrei ist. Die Schlupf- und Synchronmomente lassen sich stufenlos einstellen. Magnetische Hysterese ist das Zurückbleiben der magnetischen Flussdichte in Eisen gegenüber der magnetischen Feldstärke.

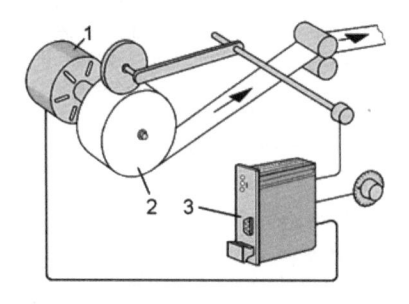

1 Bremse, 2 Bandmaterial, 3 Regler

I

I²t-Überwachung
[I²t monitoring]

Überwachung der Antriebe einer Handhabungseinrichtung durch Auswertung der dynamischen Strom-Zeit-Fläche (I^2t), um Überlastungen bzw. Überhitzung zu vermeiden. Spricht die Überwachung an, dann kann auf einen Defekt am Antriebsmotor und bzw. oder der nachgeschalteten Mechanik der Handhabungseinrichtung geschlossen werden. Wird z.B. eine Zeit $T_2 > T_1$, so schaltet die Überwachung alle von der Störung betroffenen Antriebe aus und stellt damit den bezüglich Energieinhalt sicheren Zustand her.

IDE
[Integrated Development Environment]
Integrierte Entwicklungsumgebung im Bereich der Programmierung

Identität prüfen
[check identity]
Feststellen der völligen Gleichheit von Objekten, verbunden mit dem Lesen der mitgeführten sonstigen Informationen, wie z.B. Zählnummern oder Qualitätsdaten. Unvollständig bearbeitete Teile werden als „nicht identisch" bewertet und zum „Falschteil" deklariert.

IEC 61131-3
[International Electrotechnical Commission]
Einzige weltweite unterstützte und anerkannte Programmiersprache für industrielle Automatisierungsgeräte, die unabhängig von Unternehmen und Produkten ist. Sie hat sich in der SPS-Technik, in der PC-Technik, in Systemen zur Maschinenvisualisierung und im Bereich Bewegungssteuerungen durchgesetzt. Auf der Basis der IEC 61131-3 programmiert der Anwender logische Funktionen, Visualisierung, Bewegungsabläufe, Kommunikation und auch Technologiefunktionen wie die elektronische → *Kurvenscheibe*.

IEC-Normmotor
[IEC standard motor]
Preiswerter und robuster Asynchronmotor einer Normmotorenreihe, der über

einen Frequenzumrichter mit einfachen Drehzahlsteuerungen betrieben werden kann. Die Baugrößen sind in DIN 42673 und DIN 42677 enthalten.

IFR
[International Federation of Robotics]
Weltweiter Roboter-Dachverband, der Forschung, Entwicklung und Vermarktung von Robotern begleitet und die Erschließung neuer Felder für den Robotereinsatz unterstützt.

IGES
[Initial Graphycs Exchange Specification]
Industriell standardisiertes Datensatz-Format für grafische/geometrische Modelle und Zeichnungen, das den Datenaustausch zwischen unterschiedlichen CAD-Systemen ermöglicht. Die Version 1.0 von IGES wurde schon 1980 in den USA publiziert.

IKT
Abk. für inverse Koordinatentransformation. Sie entspricht in der Robotik der → *Rückwärtstransformation.*

Impedanz
[impedance]
Elektrischer Scheinwiderstand bei Wechselstrom, als Quotient aus Spannung und Strom.

Impulsverlängerer
[pulse stretching block]
Bei Lichtschranken eine Funktionseinheit der dynamisch/statischen Verstärkertypen, die in Mehrstrahllichtschranken zum Einsatz kommt. Für viele SPS-Anwendungen ist es notwendig, kurze Ausgangsimpulse von Sensoren in ein Signal mit definierter Zeitdauer (Impulsdauer) zu verlängern, da es infolge von langen Programmzykluszeiten sonst als solches nicht erkannt werden kann.
→ *Einweglichtschranke,* → *Winkellichtschranke*

Indexieren
[indexing]
Mechanische Lagefixierung die durch Rund- oder Längsteilbewegungen herbeigeführt wird. Es betrifft die Lageänderung eines Werkstücks, Werkstückträgers oder eines Vorrichtungsbauteiles. Typische Bauteile sind Indexierstifte und Indexierbuchsen.

Inductosyn
Handelsname für ein zyklisch-absolut arbeitendes rundes oder lineares Wegmesssystem. Es besteht aus Maßstab und Läufer, wobei auf einem Trägermaterial mäanderförmig Leiterbahnen aufgebracht sind, deren Muster sich periodisch wiederholt. Der Läufer enthält zwei Leiterzuganordnungen mit definiertem Abstand zueinander. Durch Erregung der Läuferwindungen mit um 90° elektrisch phasenverschobenen sinusförmigen Strömen, baut sich ein Magnetfeld auf. Die Phasenlage der Spannung ist ein Maß für den Verfahrweg.

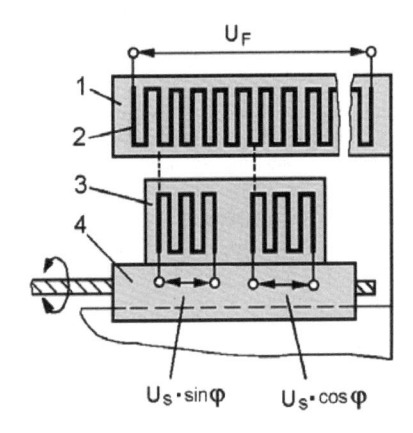

1 feststehender Maßstab, 2 Leiterzug, 3 Gleiter, 4 Maschinenschlitten, U_S Sollspannung, U_F Fehlerspannung

Induktionssensor
[inductive sensor]
Sensor, der auf das magnetische Feld reagiert, das jeden stromdurchflossenen elektrischen Leiter in Form konzentrischer Feldlinien umgibt.

Induktives Lernen
[inductive learning]
Das Lernen einer allgemeinen Regel aus einer Menge von Beispielfällen (mit Lösungen).

Industriemanipulator
[industrial-type manipulator]
Manuell geführter Manipulator, der z.B. am Boden oder an einem Deckenlaufwerk befestigt ist. Die anhängende Last wird automatisch schwerelos geschaltet. Alle anderen Bewegungen müssen mit Handkraft durchgeführt werden. Das wird durch Leichtlaufkomponenten (Schienen, Drehgelenke) unterstützt.

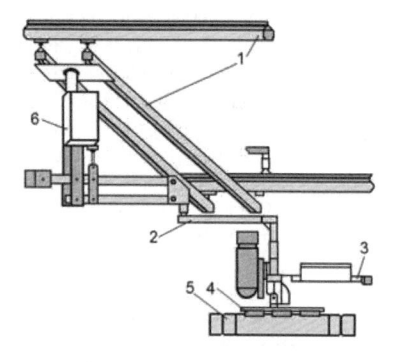

1 X-Y-Deckenlaufwerk, 2 Schwenkarmausleger, 3 Bediengriff, 4 Sauger, 5 Werkstück, 6 Schwerkraftausgleichseinheit

Industrieroboter
[industrial robot]
Vielfältig einsetzbarer Bewegungsautomat mit mehreren Achsen, dessen Bewegungen hinsichtlich Bewegungsfolge und Wegen bzw. Winkeln frei, d.h. ohne mechanischen Eingriff, programmierbar und gegebenenfalls sensorgeführt sind. Sie sind mit Greifern oder Werkzeugen ausrüstbar und können Handhabungs-, Prüf- und Fertigungsaufgaben ausführen. Der Begriff I. sagt noch nichts über Bauart oder Leistungsmerkmale aus. Der I. kann prozessflexibel oder prozessspezifisch sein, z.B. ein mobiler Roboter zum Schleifen von Fußbodenflächen.
Geschichte: *George Devol* entwickelt 1954 den ersten I. *Joseph Engelberger* kauft die Rechte von *Devols* Roboter und gründet die Firma *Unimation Company*. 1961 Einsatz des ersten Unimate-Roboters in *Trenton (New Jersey)* bei *General Motors*.

Anwendungsbereiche für I. sind grob geschätzt:

- Teilehandhabung 30%
- Schweißen 25%
- Montage 15%
- Beschichten, Kleben 5%
- Bearbeiten, 2,5%
- Messen, Prüfen 2,5%
- Sonstige Anwendungen 20%

Industrieroboterfunktion
[functions of an industrial robot]
Der funktionelle Inhalt lässt sich wie folgt gliedern:

- **Arbeitsfunktion**
Bewegungsfunktion
Greif- und Haltefunktion
Fortbewegungsfunktion
- **Steuerungsfunktion**
Bewegungssteuerung
Ablauffolgesteuerung
Lernfunktion und Datenspeicherung
- **Mess-und Erkennungsfunktion**
Messmöglichkeiten

Sensorauswertung
Erkennungsalgorithmen (Gestalt, Sprache, Objekte, Mensch)

Industrieroboterglièderung
[subdivision of the industrial robots]
Nach Materialfluss-Gesichtspunkten eine Einteilung in ortsfest installierte Roboter und solche, die nicht ortsfest sind. Eine andere Einteilung wäre die in Handhabungsroboter (Bedienung technologischer Grundausrüstungen im Produktionsbereich), Produktionsroboter (Roboter, die selbst technologische Grundausrüstung sind und z.b. Schweißen, Montieren, Farbspritzen, Schleifen, Fräsen oder Bohren) und Universalroboter (vielseitig einsetzbar sowohl für Handhabungs- als auch Produktionsaufgaben).

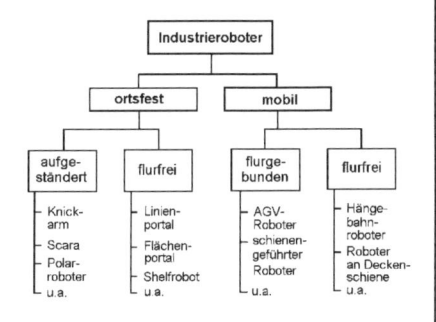

Industrie-Scheibenbremse
[industry disk brake]
Bremszange, die ihre Bremsbeläge fluidisch (Hydraulik oder Pneumatik) gegen eine Bremsscheibe bewegt.

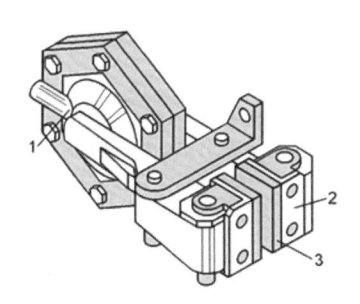

1 Druckluftanschluss, 2 Bremsbacke, 3 Bremsbelag, μ Reibbeiwert, r Bremsscheibenradius, F_N Anpress-(Normal)-Kraft

Im Gegensatz zu Trommelbremsen ist kein Selbstverstärkungsmechanismus vorhanden. Der Betrieb kann auch für Federbetätigung und fluidische Belüftung ausgelegt sein. Die Berechnung des Bremsmoments M_B entspricht der einer Kupplung:

$$M_B \leq \mu \cdot F_N \cdot z$$

Inertialnavigation
[inertial navigation]
Navigation, bei der alle Beschleunigungen z.b. eines Flug- oder Tauchroboters (externe Referenzpunkte stehen hier nicht zur Verfügung) gemessen werden und bei der man durch doppelte Integration die aktuelle Position erhält.
→*Trägheitsnavigation*

Inferenzadäquatheit
[inferential adequacy]
Die Fähigkeit eines Systems, eine Reihe unterschiedlicher Arten von Schlussfolgerungen zu ziehen.

Inferenzmaschine
[inference engine]
1 Teil eines Expertensystems, das für neue Folgerungen anhand der aktuellen Daten und Ziele verantwortlich ist.

2 Zentrales Element in einem Agentenmodell, dessen Aufgabe die Verknüpfung von Eingangs-Sensordaten und intern gespeicherten Daten ist.

Inferenzregeln
[inference rules]
Bei → *Expertensystemen* Regeln, um aus einer logisch wahren Aussage eine andere wahre Aussage zu gewinnen. Inferenz definiert sich als Schlussfolgerung.

Infrarot-Linienscanner
[infra-red line scanner]
Linienscanner als Einzeldetektor für infrarote Strahlung, bei dem mit einem Umlenkspiegel ein Erfassungsbereich beobachtet wird. Das Bild zeigt ein Ausführungsbeispiel.

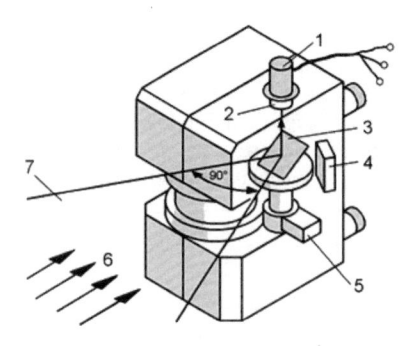

1 Detektor, 2 Linse, 3 Spiegel, 4 Referenz-Schwarzer-Körper, 5 Drehantrieb für Spiegel, 6 IR-Strahlung, 7 Erfassungsbereich

Initiator
[proximity sensor]
Andere Bezeichnung für einen Näherungsschalter, der induktive, kapazitive, akustische oder fotoelektrische Effekte ausnutzt, um die Annäherung von Körpern berührungslos zu signalisieren. Typische Bauformen sind z.b. Ring- oder Schlitzinitiatoren.

Inkrement
[increment]
Zuwachs einer Größe in einzelnen gleichbleibenden Stufen, z.b. um eine Signalperiode und ohne Bezug zu einem Nullpunkt. Es ist der Betrag, um den eine Größe, z.B. Weg oder Winkel, in Quanten (kleinen Wegschritten) verändert wird. Ein negativer Zuwachs (rückwärts zählend) wird als Dekrement oder negatives Inkrement bezeichnet.

Inkrementalgeber
[incremental encoder, pulse encoder, shaft encoder]
Winkel- oder Wegmesssystem bei dem der Weg- bzw. Winkelzuwachs durch Zählen von → Inkrementen erfolgt. Dazu ist ein Strichgitter auf einem Substrat, z.B. Glas, aufgebracht und wird optoelektronisch abgetastet. Das geschieht über Spaltblenden mit zwei um den halben Inkrementbereich versetzten Fotoelementen. Die Signale werden dann zu Rechteckimpulsfolgen verarbeitet. Durch elektronische Auswertung der Impulsfolgen ist der zurückgelegte Weg bzw. Winkel und auch der Bewegungssinn bestimmbar. Beim Einschalten der Maschine wird die Position nicht erkannt. Es muss erst eine → *Referenzpunktfahrt* zur Nullung der Zähler absolviert werden.

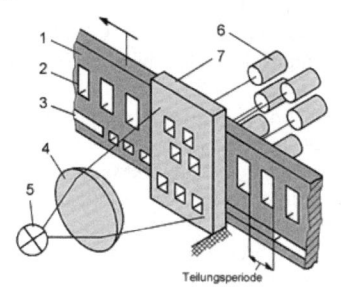

1 Glasmaßstab, 2 Strichgitter, 3 Spur mit Referenzmarken, 4 Optik, 5 Lichtquelle, 6 lichtempfindlicher Sensor, 7 Abtastplatte

Inkrementeller Drehgeber
[rotary encoder]
Messeinrichtung z.B. innerhalb eines Robotergelenks, die die Ist-Stellung des Robotergelenks → *inkremental* erfasst.

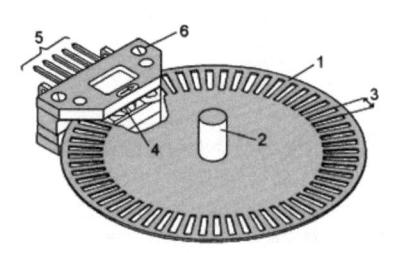

1 Strichrasterscheibe, 2 Welle, 3 Inkrement, Zuwachsbetrag, 4 Reflexlichttaster, 5 Binärsignalausgang, 6 Gehäuse

Innengreifer
[internal gripper, inward gripper]
Greifer, der ein Werkstück in einer Bohrung meistens durch Klemmbacken festhält. Der I. kann auch ein Dorngreifer sein, der eine Membran pneumatisch dehnt und damit eine Flächenhaltekraft hervorbringt. Die I. benötigen beim Einsatz wenig Freiraum, weil die Störkontur klein ist.

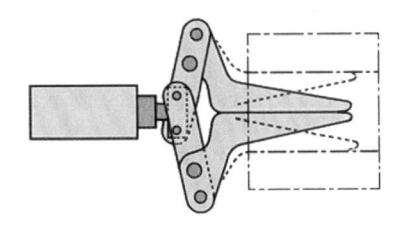

Innenverkettung
[inside interlinkage]
Verbindung von Fertigungseinrichtungen zu einer Fertigungsstraße, wobei der Werkstückfluss durch den Arbeitsraum der Maschine hindurchführt.
→ *Außenverkettung*

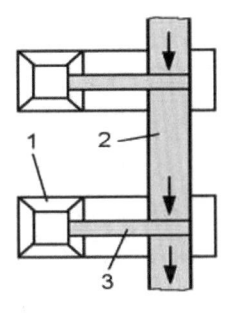

1 Werkzeugmaschine, 2 Transportstrecke, Verkettungseinrichtung, 3 Portalhandling

Insektoid
[insectoid]
Mehrbeinige Konstrukte, die nach biologischem Vorbild meistens zur Erforschung des Laufens, der Koordinierung der Beinbewegung und ihrer Konstruktion modelliert werden.

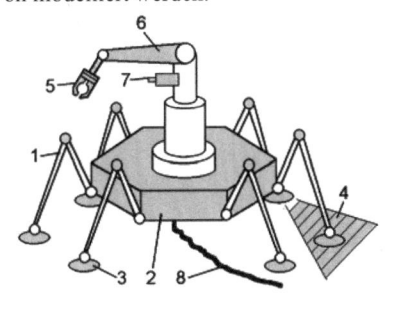

1 Gelenkbein, 2 Grundkörper, 3 Fuß, 4 Beinsetzbereich, 5 Greifer, 6 Manipulatorarm, 7 Sichtsystem, 8 Energie und Medienleitung

Praktische Anwendungen finden sich möglicherweise in der Fortbewegung im unwegsamen Gelände, in der Planetenerkundung oder in Kanalröhren.

Inspektionsroboter
[inspection robot]
Roboter, der für die Begutachtung von Räumen, Kanälen und z.B. Rohrleitungen konzipiert wurde. Dafür braucht er
→ *Lokomotoren* zur Ortsveränderung (vorwärts, rückwärts). Die meisten I. sind heute Teleoperatoren und keine Roboter. Sie werden von einem Leitstand aus gesteuert. Erste Ausführungen von autonomen mobilen I. sind gerade entwickelt worden. Sie können ihre Aufgabe mit eigener Bordintelligenz bewältigen.

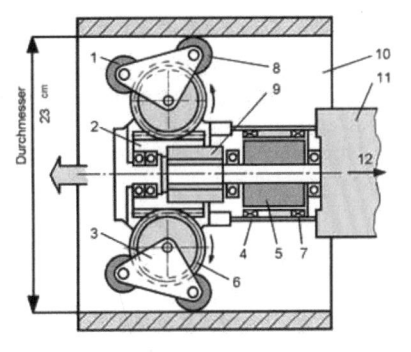

1 Laufrad, 2 Schneckengetriebe, 3 Verbindungsplatte, 4 Stator (Elektromotor), 5 Rotor, 6 Sonnenrad, 7 Statorwicklung, 8 Planetengetriebe, 9 Reduziergetriebe, 10 Rohrleitung, 11 bewegliches Anschlussstück, 12 Belastung

Integralbauweise
[integral product structure]
Zusammenfassen verschiedener Einzelteile zu einem Stück. Gegenteil: Differenzialbauweise. Bauweise von Baugruppen bzw. Produkten, bei denen mehrere Funktions- und Einzelteile zu einem kompakten Bauteil verschmelzen.

Intelligente Werkstoffe
[smart materials]
Werkstoffe, deren Festkörpereffekte sich für bestimmte Energie- und Informati-

onswandlungsfunktionen ausnutzen lassen. Die innere Struktur erlaubt eine vorbestimmte Reaktion, wenn eine äußere Einflussnahme vorliegt.

Intelligenz
[intelligence]
Von der traditionellen Psychologie als Fähigkeit des Menschen aufgefasst, die sich aus folgenden Komponenten zusammensetzt:
- Konstruktion eines Umwelt-Abbildes
- zweckmäßige Verknüpfung von Informationen
- Verhaltensregeln

Eine allgemeingültige Definition für Intelligenz gibt es bisher nicht.
→ *Künstliche Intelligenz*

Interaktion
[interaction]
Abwicklung eines multimodalen Dialogs zwischen Mensch und Maschine und damit auch mit dem Roboter. Zwischen beiden Partnern entsteht ein aufeinander bezogenes Handeln.

Interface
[interface]
Gemeinsame Übergangsstelle zwischen einem betrachteten System und einem anderen System oder zwischen Teilen eines Systems, durch die Information übertragen wird. Oft ist es eine genormte digitale Verbindung von Peripheriegeräten mit einem Computer. Die Daten werden im allgemeinen bit für bit (serielle Schnittstelle) oder byte für byte (parallele Schnittstelle) übertragen. Man unterscheidet Punkt-zu-Punkt-Verbindungen, Bussysteme und Netzwerke.

Interpolation
[interpolation]
Steuerungsinterne Berechnung von Zwischenpunkten einer Bahnkurve in einem Zeitraster von z.B. 10 bis 100 ms. Die Bahn wird vorher mit Bahnstützpunkten beschrieben. Die Bahnzwischenpunkte können auf einer Geraden (→ *Linearinterpolation*), auf einem Kreis (Zirkularinterpolation) oder einer Parabel (→ *Parabelinterpolation*) liegen. Die Bahndaten werden zur simultanen Steuerung der beteiligten Bewegungsachsen verwendet. Im Bild wird ein Beispiel für die Anwendung der → *Kreisinterpolation* gezeigt. Nach Eingabe der Parameter entsteht durch Superposition von geradlinigen Bewegungen eine Kreiskontur, z.B. Führen eines Schneidbrenners zum Ausbrennen von Ronden aus einer Blechtafel.
→ *Tabelleninterpolation*

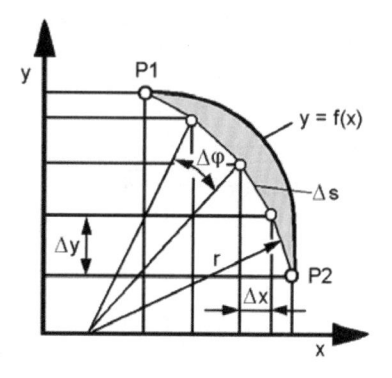

Interpolationstakt
[cycle signal of interpolation]
Zeitspanne, die eine Steuerung benötigt, um einen neuen Bahnpunkt zu berechnen und auszugeben. Der I. bestimmt auch die zyklische Bearbeitung verschiedener Softwareroutinen wie Sensorfunktionen.
→ *Bahn*, → *Bahnfahren*

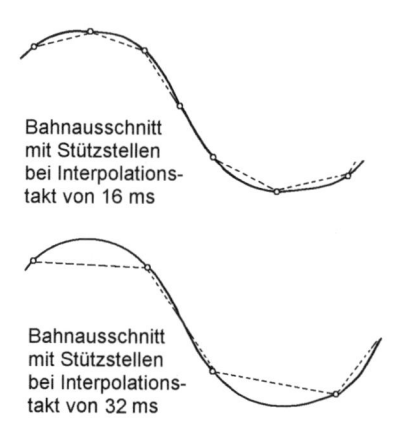

Bahnausschnitt mit Stützstellen bei Interpolationstakt von 16 ms

Bahnausschnitt mit Stützstellen bei Interpolationstakt von 32 ms

Interpolator
[interpolator]
Rechner, der bei Bahnsteuerungen die Achsbewegungen aufeinander abstimmt. Damit sind Bewegungen des Effektors z.B. auf Geraden oder Kreisbahnen mit der Vorgabe weniger Bahnpunkte möglich. → *Interpolation*

Interpolierte Roboterbahn
[robot path interpolated]
Weg des Endeffektors von einer wählbaren Bahn vom Ausgangspunkt zum Zielpunkt, wobei alle erforderlichen Zwischenpunkte rechnerisch durch → *Interpolation* hervorgebracht werden und nicht durch Programmierung dieser Punkte.

Interpreter
[interpreter]
In der Computertechnik ein Übersetzer von einer Eingabesprache in eine Zielsprache, die im Computer unmittelbar abarbeitungsfähig ist.

Interrupt
[interrupt]
Zeitweilige oder andauernde Unterbrechung eines laufenden Programmes an einer Stelle, die nicht als Programmende vorgesehen ist. Ein I. kann z.B. durch Sicherheiteinrichtungen am Roboter ausgelöst werden.

Intralogistik
[intralogistics]
Beschreibung des innerbetrieblichen Materialflusses, der zwischen den unterschiedlichsten Logistikknoten stattfindet und die Organisation, Durchführung, Gerätetechnik und Optimierung umfasst.

Intranet
[intranet]
Firmeneigenes Datennetz, in welchem auf dem Internet-Vermittlungsprotokoll (IP) und dem Transportprotokoll (meist TCP) kommuniziert wird. Ein I. kann an das Internet angebunden werden.

Intuitionismus
Von *L.E.J. Brouwer* so bezeichnete Position in der Diskussion um die Grundlagen der Mathematik, in der die der klassischen Logik zugrunde liegende Wahrheitsdefiniertheit nicht gilt. Demgemäß müssen alle Beweise konstruktiv sein, d.h. explizit ein Modell konstruieren; Widerspruchsbeweise sind nicht erlaubt.

Invarianz
[invariance]
Unveränderlichkeit in der Gestaltwahrnehmung eines Objekts, trotz gewisser Veränderungen der Szene (verdreht, verformt, beschnitten, invertiert u.a.). Erkennungssysteme müssen damit zurechtkommen.

normal   verkleinert   verformt
verdreht   verschoben   invertiert

Inverse Kinematik
[inverse kinematics]
In der Robotertechnik die Bestimmung der Gelenkwinkel der Manipulatorelemente aus der Position und Orientierung des Endeffektors (des TCP). Die Umkehrung wird als direkte Kinematik bezeichnet.
→ *Vorwärtstransformation,* → *Rücktransformation*

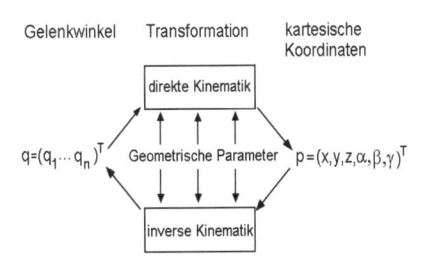

Gelenkwinkel   Transformation   kartesische Koordinaten

direkte Kinematik

$q=(q_1 \cdots q_n)^T$ Geometrische Parameter $p=(x,y,z,\alpha,\beta,\gamma)^T$

inverse Kinematik

Inverses Modell
[inverse model]
Problem der Mechanik, mit dem aus einer gegebenen Bewegung die wirkenden Kräfte und Momente bestimmt werden können. Im Bild wird als Beispiel ein Eingelenkarm gezeigt. Dem Newtonschen Axiom entspricht hier der Drallsatz. Beim Robotergelenkarm sind die Bewegungen der drei Gelenke miteinander durch Kräfte und Drehmomente verkoppelt.

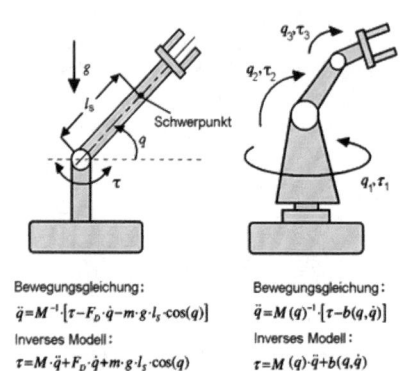

Bewegungsgleichung:
$\ddot{q} = M^{-1} \cdot [\tau - F_D \cdot \dot{q} - m \cdot g \cdot l_s \cdot \cos(q)]$
Inverses Modell:
$\tau = M \cdot \ddot{q} + F_D \cdot \dot{q} + m \cdot g \cdot l_s \cdot \cos(q)$

Bewegungsgleichung:
$\ddot{q} = M(q)^{-1} \cdot [\tau - b(q, \dot{q})]$
Inverses Modell:
$\tau = M(q) \cdot \ddot{q} + b(q, \dot{q})$

IPC
[Industrial Personal Computer]
Abk. für Industriecomputer

IP-Schutzart
[type of protection]
→ Schutzart

IRCC
[instrumented remote center compliance]
In der Montageautomatisierung eine Fügehilfe (→ *RCC*), die mit integrierten Sensoren ausgestattet ist. Nach deren Informationen wird die Greiferhand nach Einnahme der Zielposition gezielt nachgestellt. Damit werden kleine Achsenfehler der Fügepartner kompensiert.

IRDATA
[Industrial Robot Data]
Eine Schnittstellensprache nach DIN 66314. Aus verschiedenen Programmiersprachen wird auf der Steuerungsebene ein einheitlicher Code erzeugt. Es ist ein reiner Zahlencode, bei dem die Anweisungen aus weitgehend numerisch codierten Sätzen besteht. Eine Roboterprogrammierung ist damit nicht direkt möglich.

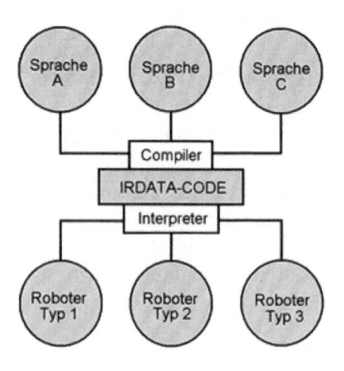

Ishikawa-Diagramm
[cause-effect diagram]
Von *Kaoru Ishikawa* entwickeltes Diagramm zur Analyse von Ursache-Wirkungs-Ketten. Aus einer vorliegenden Wirkung werden die vermutlichen Einflussfaktoren (Standardfehlerursachen: Mensch, Maschine, Material, Methode, Management, Messbarkeit) fischgrätenartig grafisch zugeordnet.

ISIR
[International Symposium on Industrial Robotis]
Eine internationale Veranstaltung, die zur Industrierobotertechnik periodisch durchgeführt wird.

Istwert
[actual valne]
Tatsächlicher Wert einer zu bezeichnenden Größe, z.B. einer Position bzw. einer Lage (Positions- bzw. Drehlage-I.), einer Geschwindigkeit, einer Abmessung oder einer Zeit. Die Informationen können analog oder digital vorliegen. Der I. ist immer der wirkliche Wert einer physikalischen Größe, im Gegensatz zu deren → *Sollwert*.

J

Jacobi-Matrix
[Jacobian matrix]
Strukturbeschreibende Matrix, die Gelenkwinkeländerungen am Roboterarm und Änderungen des TCP zueinander in Beziehung setzt. Die Differenzialverschiebung der Hand kann als 6er-Vektor D definiert werden. Ähnlich werden die Differenzialverschiebungen der Gelenkvariablen als Vektor D_θ beschrieben. Die J. ist keine konstante Matrix, sondern ändert sich abhängig von der Armstellung. Es gilt:

$$D = \begin{bmatrix} dx \\ dy \\ dz \\ \delta x \\ \delta y \\ \delta z \end{bmatrix} \quad D_\theta = \begin{bmatrix} d\theta_1 \\ d\theta_2 \\ d\theta_3 \\ d\theta_4 \\ d\theta_5 \\ d\theta_6 \end{bmatrix}$$

$$D = J \cdot D_\theta$$

Es bedeuten z.B. δx Rotation um die x-Achse und $d\theta$ Rotation (bei Drehgelenkachsen) oder Translation (bei Schubgelenken). Beide Vektoren ergeben eine 6 x 6-Matrix.

Jaquet-Droz, Pierre
Schweizer Uhrmacher, Androiden- und Automatenbauer (1721-1790), der u.a. gemeinsam mit *Jean-Frederic Leschot* und einigen Handwerkern den Android „Der Schreiber" (1774) gebaut hat. Die Figur hat die Größe eines dreijährigen Kindes und bewegt kurvengesteuert die Schreibfeder horizontal und vertikal. Der recht komplizierte Automat kann so programmiert werden, dass er verschiedene Texte von 40 Buchstaben oder Zeichen zu Papier bringt. Weitere → *Androiden* von J. sind „Der Zeichner" (1772-1774) und „Die Musikerin" (1774). Die Automaten dienten der Schaustellung.

JIT
[Just-in-Time]
Wirtschaftliches Materialflusskonzept der Organisation und Geschäftstätigkeit in der Serien- und Massenfertigung mit dem Ziel hoher Termintreue, niedriger Bestände und kurzer Durchlaufzeiten. Bauteile, Material und Baugruppen werden erst kurz vor dem Bedarfstermin in der jeweils nötigen Menge und Qualität eingekauft bzw. angeliefert, um große Eingangslager in der Produktion zu vermeiden.

Jitter
[jitter]
Eine Erscheinung (engl.; flattern) bei der Signalübertragung, die sich in einem Zittern der Signalflanken äußert. Das kann den Sendetakt beeinflussen und zu Empfangsfehlern führen. J. entsteht durch Asynchronitäten zwischen Ereignis und Programmlaufzeiten, unterschiedlichen Programmlaufzeiten (je nach Betriebsart) oder Netzbelastung, wie z.B. besetzte Busmedien.

Joint frame
Gelenkkoordinatensystem; → *Gelenkkoordinaten*

Joule-Effekt
[Joule effect]
Eigenschaft, bei der sich die Abmessungen eines Körpers unter dem Einfluss wechselnder Magnetisierung ändern (*James Prescott Joule* – 1818 – 1889).

199

Joystick
[joystick]
Multifunktionshebel als Bedienelement für Steuerungsaufgaben. In der Art eines Steuerknüppels dient er z.b. zur Vorgabe von Geschwindigkeiten und Bewegungsrichtungen eines Roboterarms beim Einlernen von Bewegungsabläufen.
→ *6D-Maus*

JPL-Hand
[Jet Propulsion Laboratory–Hand]
Dreifingrige Roboterhand, die aus zwei parallelen Gelenkfingern und einem gegenüberliegenden dritten Gelenkfinger (oder Daumen) besteht. Die Hand kann anthropomorphe und eine nichtanthropomorphe Fingerstellung einnehmen. Der Antrieb erfolgt über 12 „Sehnen", mit 12 mikroprozessorgesteuerten Gleichstromstellmotoren.

Junktoren
[connectives]
In der formalen Logik Operatoren für das Zusammensetzen von Teilformeln und zwar: nicht (¬), v (nicht ausschließendes ODER), & (UND), → (WENN... DANN...), ↔ (genau DANN...WENN..).
Ein Beispiel aus der → *Blockwelt* wäre:
STEHT_AUF(BLOCK1 BLOCK2)& BLAU(BLOCK!).

Justieren
[adjustment]
Exakte Einstellung (Abgleich) einer Messkette durch einen fachmännischen Eingriff in ein Messsystem, sodass Messabweichungen möglichst wenig vom richtigen Wert oder einen als richtig geltenden Wert abweichen (Beseitigung systematischer Abweichungen). Die Abweichungen sollen innerhalb der Fehlergrenzen bleiben.
→ *Kalibrieren*, → *Eichen*

K

Kabelbaumlegeroboter
[robot fort the production of cable harness]
Industrieroboter, der mit einem Kabelverlegekopf als Effektor ausgerüstet ist und Kabel programmgesteuert auf einem Stiftfeld (Verlegebrett) formgerecht verlegen kann. Die Kabelbäume müssen meistens automatisierungsgerecht umgestaltet werden.

Kadenz
[cadence]
Akkordfolge; andere Bezeichnung für die höchstmögliche zulässige Takt- bzw. Zyklusfolge bei automatischen Einrichtungen und z.B. hin- und herlaufenden Bewegungseinheiten.

Kalibrierbarkeit
[calibration capability]
Rückführbarkeit eines Messmittels auf einen Primärstandard.

Kalibrieren
[calibration]
1 Allgemein die Feststellung des Zusammenhangs zwischen der Anzeige (Ausgangsgröße) eines Sensors oder einer ganzen Messeinrichtung und den definierten Wert der Messgröße (Eingangsgröße), ohne die Einstellungen an der Messkette zu verändern. Im Gegensatz zum Eichen besteht kein gesetzlich vorgeschriebener Hintergrund.

2 In der Robotik die Ermittlung der wahren (ganz genauen) Abmessungen eines Roboterarmes und der Abstände zu peripheren Einrichtungen sowie Übergabe dieser Daten an die Robotersteuerung. Damit wird eine Offline-Programmierung des Roboters gesichert, denn sie funktioniert nur, wenn Modell und Wirklichkeit übereinstimmen (modellbasierter Ansatz). Das K. basiert auf komplexen 3D-Transformationen, die mit Hilfe von Sensoren ermittelt und dann weiterverarbeitet werden müssen.

Kalifornische Plattform

Vierbeiniger elektromotorisch angetriebener Schreitapparat, der 1965 von *Frank* und *McGhee* (*General Electric*, USA) konstruiert wurde. Jedes Bein hatte den Freiheitsgrad 2 und eine adaptive Beweglichkeit in frontaler Ebene. Es wurden die Gangarten Trab und Kriechen studiert.
Höhe: 3,66 m, Masse: 1360 kg, Traglast (Last plus Operateur): 300 kg

Kalkül
[calculus]
Formales System, bestehend aus einer formalen Sprache und einem Regelsystem, das beschreibt, wie Ausdrücke der Sprache umgeformt werden können.

Kalman-Filter
[Kalman filter]
Mathematisches Modell, das als stochastischer Zustandsschätzer für dynamische Systeme in Echtzeitanwendungen eingesetzt werden kann. Die Annahmen über einen zugrunde liegenden Prozess, z.B. Sensordaten, fließen ein und liefern in Verbindung mit einer → *Sensorfusion* einen aussagekräftigen Messwert mit besonders kleinem Fehleranteil.

Kameraroboter
[camera robot]
Vor allem in der Filmindustrie eingesetzter (Drehgelenk-)Roboter (ferngesteuert ein → *Teleoperator*), der eine Kamera trägt. Das kann z.B. ein Portalroboter sein, der Szenen und Modellbauten programm- oder ferngesteuert filmt und mit dessen Hilfe auch einige Spezialeffekte realisiert werden. Es gibt auch mobile K.

Kampfroboter
[battlebot]
Roboter, der darauf spezialisiert wurde, an militärischen Auseinandersetzungen teilzunehmen. Es ist im weitesten Sinne ein autonomer mobiler Soldatroboter, der sehen, fühlen, hören und handeln kann. Wenn es die Feindlage erfordert, soll er selbstständig Waffen einsetzen. Die technischen, energetischen und intelligenten Anforderungen sind sehr hoch. Mechanische Soldaten tauchen als Begriff und Wunschvorstellung bereits im griechischen Epos „Odyssee" auf.

Kampfspielroboter
[battle bot]
Über Funk ferngesteuerte Roboter, die sich in einer Arena spielend gegenübertreten und mit Waffen (Schaufel, Raumsporn, Speer, Kampfsäge, Heckpeitsche, Dornenschweif) schlagen, stoßen und kämpfen, um den Gegner außer Gefecht zu setzen. Die Spielregeln sind relativ großzügig. Ein K. darf maximal 100 kg schwer, 2 m lang, 1,4 m breit und beliebig hoch sein. Es gibt verschiedene Rahmenbedingungen. Die K. bewegen sich auf Rädern oder Beinen. Die Körperform ordnet sich den vorgesehenen Waffen unter.

Kanalroboter
[sewer robot]
Meistens ein ferngesteuerter → *Teleoperator* (auch als Kanalinspektionsroboter bezeichnet), der sich in Rohrleitungen und Kanälen bewegt und dort z.B. Inspektionsarbeiten mit einer mitgeführten Kamera ausführt. Es gibt K., die sich schon in Rohren mit 50 mm Durchmesser bewegen können. Etwa ab Rohrdurchmesser 200 mm kann auch im Innern gearbeitet werden, z.B. Abfräsen von Wurzelwerk und Auspressen von Epoxydharz an Schadstellen.
→ *Inspektionsroboter*

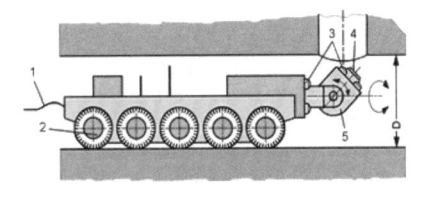

1 Anschluss- und Steuerleitung, 2 Radfahrwerk, 3 Beleuchtung, 4 Kamera, 5 Schwenkkopf

Kanalsperre
[channel blocking]
Selbstschaltendes Sperrelement in einem Rollkanal. Ist der erste im Teilefluss liegende Kanalschacht gefüllt, wird das Sperrelement mit den letzten Teilen geschlossen, sodass die nachfolgenden Teile nun bis zum nächsten Kanal laufen können.

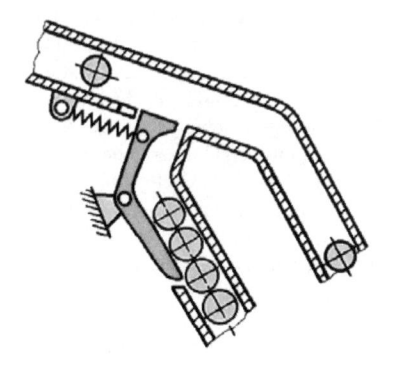

Kanban
Japanisches Wort für Zettel oder Schild. Es ist eine Methode der JIT-Produktion, die standardisierte Behälter oder Lose verwendet. Ein zurückfließender Behälter ist gleichzeitig Auftrag, ein bestimmtes Volumen zu fertigen bzw. nachzuschieben. Das Prinzip fand erstmals in den 1970er-Jahren bei *Toyota* als Alternative zur zentralen Werkstattsteuerung Anwendung.

Kantenerkennung, Kantendetektion
[edge detection, edge finding]
Computer-Bildverarbeitungstechnik zur Auswertung von Szenen und Abbildungen. Es werden automatisch starke Veränderungen in der Helligkeit eines Bildes aufgespürt, die wahrscheinlich Kanten von Objekten entsprechen. Dazu bedient man sich verschiedener Antastalgorithmen wie Binär-, Grauwert-, Faltungs-, Gradienten-, Grauwertverfahren mit Subpixel. Kanten grenzen ein Bildobjekt von anderen und vom Untergrund ab. Ehe das Kantenbild z.B. durch Binarisierung (aus einem Grauwertbild) entsteht, werden üblicherweise mathematische Operationen zur Glättung und Kantenverstärkung vorgeschaltet.

1 Straßenkante, 2 fahrerlos laufendes Straßenfahrzeug, 3 Horizont

Kapazitiver Sensor
[capacitive sensor]
Sensor, der metallische und nichtmetallische Werkstoffe erkennt. Ein durch einen Kondensator erzeugtes elektrisches Feld wird durch Annähern eines Objektes beeinflusst. Dadurch kommt es zu einer Erhöhung der Kapazität. Diese Kapazitätsänderung wird in ein elektrisches Signal umgeformt und am Sensorausgang ausgegeben.

Kapillargreifer
[capillary gripper]
Greifer, bei dem ein Objekt über eine Flüssigkeitsbrücke gehalten wird. Kapillare Kräfte entstehen, wenn sich ein Tropfen in einem Spalt ausbreitet. Wölbt sich der Meniskus wegen des Kontaktwinkels nach innen, entstehen Zugkräfte. Das Lösen geschieht mechanisch oder thermisch (Verdampfung). Die Teile zentrieren sich selbst unter dem Greifer.

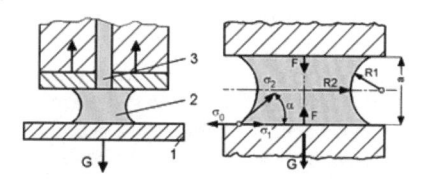

1 Objekt, 2 Flüssigkeit, 3 Dispenserbohrung

Kardanantrieb
[cardan-shaft drive]
Antrieb über ein Kardangelenk. Das ist ein nach allen Seiten drehbares Verbindungsstück zweier Wellen, das durch wechselnde Knickung eine Kraftübertragung unter einem Winkel gestattet.

Karree-Bauweise
[rectangular circuit]
Bauweise von Montage-Transfersystemen in einer Rechteckanordnung. Montagestart und -ende befinden sich somit am gleichen Anlagenstück. In der Regel werden diese Montageanlagen aus modularen Komponenten zusammengesetzt. Die Werkstückträger behalten meistens ihre Kompassrichtung während eines Umlaufs bei. Damit zeigt jede Randseite der Baugruppe einmal nach außen, was den Montageablauf unterstützen kann.

Kartesische Koordinaten
[cartesian coordinates]
Koordinaten in einem System mit rechtwinklig aufeinander stehenden geraden Koordinatenlinien. Systeme mit gekrümmten Koordinatenlinien sind nichtkartesisch. Mit den Achsenbezeichnungen X, Y und Z lässt sich die Position eines jeden Punktes in der Ebene oder im Raum bestimmen. Die Bezeichnung geht auf *R. Descartes* (1596-1650) zurück, der sich latinisiert *Cartesius* nannte.

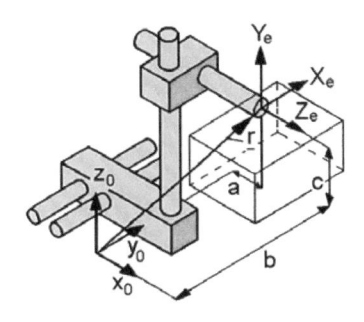

Kartesischer Roboter
[cartesian robot]
Roboter, dessen Linearbewegungen in einem Koordinatensystem verlaufen, das aus rechtwinklig schneidenden Koordinatenachsen X, Y und Z besteht. Der K. ist nach *Descartes* benannt.
→ *Kartesische Koordinaten*

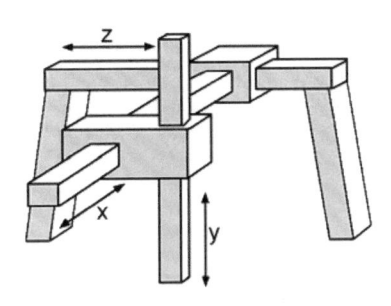

Kartographierungsproblem
[simultaneous localisation and map building]
In der Mobilrobotik das Problem, die Roboterposition schätzungsweise zu erfassen und auch die Messungen der Umwelt zu einer Karte der Umgebung zusammenzufassen. Ziel ist, die Genauigkeit bei der Bestimmung der Eigenposition zu verbessern, indem mit Karteneintragungen verglichen wird.

Kartongreifer
[hand for carton]
Greifer für Packstücke, der das Objekt untergabelt und vor dem Bewegen noch mit Druckelementen anpresst. Die Gabel wird leicht bogenförmig vorgeschoben und sie ist auch gefedert. Die Andrückkraft ermöglicht schnelles Schwenken des Roboterarms ohne Verlust des Packstücks.

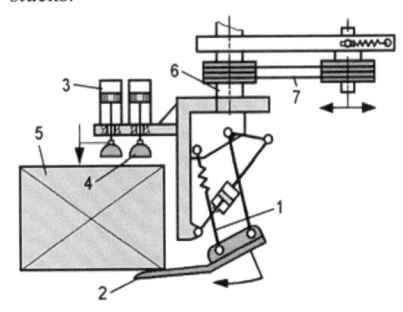

1 gefedertes Gestänge, 2 Gabel, 3 Andrückzylinder, 4 Gummidruckplatte, 5 Karton, 6 Drehachse, 7 Kabel

203

Karussellmagazin
[turret storage of magazines]
Drehtisch mit Schachtmagazinen für die Bereitstellung von Kleinteilen. Ist ein Magazin geleert, schaltet der Drehtisch automatisch weiter. Ein Vereinzler und Eingeber kann integrierter Bestandteil sein. Das K. dient zur Erhöhung der Autonomiezeit von Be- bzw. Verarbeitungsautomaten.

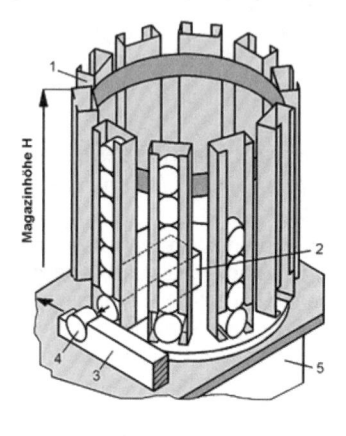

1 Schachtmagazin, 2 Zuteiler, 3 Eingeber, 4 Werkstück, 5 Drehtisch

Kaskadenregelung
[cascade control]
Antriebsregelung für elektromechanische Systeme, wonach eine Drehzahländerung nur über ein Beschleunigungsmoment zu erreichen ist (Kaskadenstruktur = Schachtelung). Der Ausgang eines äußeren Drehzahlreglers gibt den Sollwert für einen unterlagerten Momentenregler vor. Da in elektrischen Antrieben das Drehmoment aus dem Motorstrom hervorgeht, wird der Momentenregler als Stromregler ausgeführt, der gleichzeitig die Maschine vor Überströmen sicher schützt.
→ *Zustandsregelung*

Kassettenmagazin
[cartridge magazine]
Eine besondere Bauform eines → *Werkstückmagazins*.

Kassettenschiebespeicher
[cartridge magazine]
Speicher für Werkstücke im maschinennahen Raum, die sich auf rechteckigen oder runden Speicherplatten, den Kassetten (z.B. 250 x 250 mm), befinden. Diese sind mit Werkstückaufnahmen ausgestattet, die mehrere Teile einzeln oder gestapelt aufnehmen. Der K. kann auch extern als Peripheriegerät angeordnet sein. Der Zugriff auf die Teile erfolgt von oben. Die Greifpositionen in X-, Y- und Z-Richtung sowie die Teilungsabstände sind der Steuerung zu übermitteln. Jede Kassette hat eine definierte Speichermenge.

Kavitation
[cavitation]
Erscheinung in Flüssigkeiten im engsten Strahlquerschnitt, bei der in der Strömung mitgeführte Dampfblasen bei einem plötzlichen Druckanstieg durch Drosselung schlagartig zusammenfallen. Das führt zu Geräuschen, greift Stellgliedinnenteile mechanisch an und begrenzt den Durchfluss.

Kegelradgetriebe
[bevel gear, bevel gear unit]
In der Servo-Antriebstechnik sind es Servo-Kegelgetriebe, die mit hoher → *Präzision* hergestellt werden und mathematisch genaue Übersetzungen von $i = 3$ bis $i = 10$ erreichen.

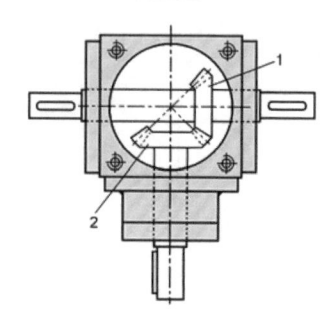

1 Kegelrad auf Abtriebswelle, 2 Antriebsrad

Noch weitaus höhere Übersetzungen können in Verbindung mit → *Planetengetrieben* erreicht werden. K. sind immer auch → *Winkelgetriebe*. Technische Kenngrößen sind Antriebsdrehzahl, Geräuschpegel, Abtriebsmoment und Umkehrspiel (→ *Verdrehspiel*), das für eine spielarme Kraftübertragung z.B. auch im → *Reversierbetrieb* bedeutungsvoll ist.

Kehlnahtsensor
[fillet weld sensor]
Sensor, der einen Schweißbrenner beim Kehlnahtschweißen mit offenem Lichtbogen auf der Winkelhalbierenden der die Kehle bildenden Bleche führt. Dazu wird z.B. die elektromagnetische Strahlung, die vom Lichtbogen während des Schweißens ausgeht, ausgewertet und die Bewegungsbahn des Roboters entsprechend korrigiert.

Keilhakenkinematik
[wedge-hook kinematics]
Übertragungsgetriebe mit dem man eine Antriebsbewegung (Linearhub) in die Verschiebebewegung der Grundbacken eines 2- oder 3-Finger-Klemmgreifers wandelt. Öffnen und Schließen der Finger erfolgen zwangsweise, d.h. der Greifer kann sowohl für den Außen- wie auch für den Innengriff eingesetzt werden.

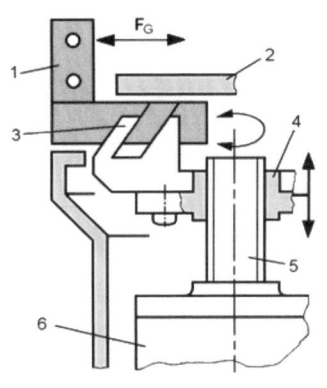

1 Grundbacke, 2 Greifergehäuse, 3 Keilhaken, 4 Mutter, 5 Gewindespindel, 6 DC-Motor, F_G Greifkraft

Kettenförderer
[chain conveyor]
Förderer mit dem Zugmittel Kette als Lastentransporter. Die Kette besteht aus gelenkig verbundenen, festen Kettengliedern aus Metall oder Kunststoff, die in einer oder in zwei Ebenen gelenkig sein können. Zur Führung und Umlenkung werden angepasste Kettenräder gebraucht.
→ *Mehrrichtungskette*

Kettenumlaufmagazin
[circulating chain magazine]
Magazin zur Bereitstellung von Kleinteilen für die Maschinenbeschickung. Das Bild zeigt eine Ausführung als Rollwagen. Eine umlaufende Kette ist mit Werkstückaufnahmen (Gehängen) ausgerüstet. Die Kette wird durch einen eingebauten motorischen Antrieb taktweise weiterbewegt. Bearbeitete Teile können in das K. zurückgelegt werden.

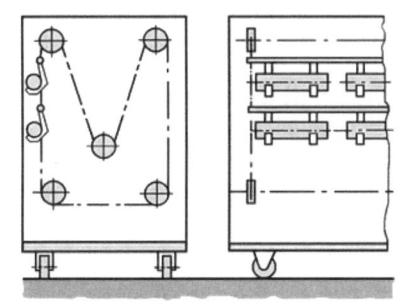

Khepera
Mobiler Kleinstroboter mit nur 55 mm Durchmesser und 30 mm Höhe, der an der TH Lausanne entwickelt wurde. Die geringe Größe ermöglicht Verhaltensforschung auf kleinstem Raum.

KI
Abk. für → *Künstliche Intelligenz*; im englischen Sprachraum auch als AI = *artificial intelligence* bezeichnet.

Kinästhetik
[kinesthesia, kinaesthetic]
Bezeichnung für Sinneswahrnehmungen des Menschen in kinästhetischer (bewegungsempfindlich) und propriozeptiver (Wahrnehmungen aus dem eigenen Kör-

per vermittelnd) Art. Damit empfindet er Lage und Bewegung des eigenen Körpers im Raum.

Kinematik
[kinematics]
Zweig der Mechanik, der sich physikalisch mit der Untersuchung (Beschreibung) der Bewegung von Punkten oder Körpern ohne Berücksichtigung von Kräften befasst. Er behandelt Geometrie und zeitabhängige Aspekte der Bewegung. Demnach ist es auch die Lehre der Roboterbewegungen mit einer Beschreibung des bewegungsmäßigen Aufbaus ohne Bezug auf die Ursache (Kräfte). Mechanische Systeme, die wie bei Gelenkrobotern aus einer Abfolge von Gelenken und starren Körpern bestehen, werden auch als → *Kinematische Kette* bezeichnet. Der Begriff „Kinematik" wird oft auch verkürzt für eine Kinematische Kette verwendet.

Kinematische Kette
[kinematic chain]
Strukturmodell von Mechanismen, das die Anordnung der Glieder und Gelenke zeigt, sowie Angaben über die Gelenkfreiheitsgrade durch Gelenksymbole enthält. Ein zu einer Folge von gelenkig miteinander verbundenen Gliedern ist auch der Roboterarm. Man unterscheidet offene, geschlossene und verzweigte K. Für Industrieroboter sind offene K. typisch. Der Mensch repräsentiert mit seinen Extremitäten eine verzweigte K. Der Status „geschlossen" kann auch zeitweilig auftreten, z.B. im Moment des Fügens eines Bolzens in eine Bohrung.
→ *Mechanismus*

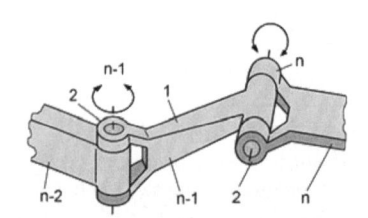

1 Glied, Armelement, 2 Drehgelenk, n Gliederanzahl

Kinematische Kopplung
[kinematic coupling]
Mehrere Motoren sind gemeinsam am Antrieb von mehreren Gelenken beteiligt, wie es im Bild zu sehen ist. Es kommt zu einer K. zwischen den Gelenken Handschwenken und Handdrehen. Drehen sich die Zahnräder Z_1 und Z_2 in mathematisch gleicher Richtung und mit demselben Betrag der Winkelgeschwindigkeit, bewegt sich Zahnrad 3 und damit der Greifer aus der Zeichenebene heraus (Handschwenken). Handdrehen tritt ein, wenn sich die Räder Z_1 und Z_2 gegensinnig drehen.

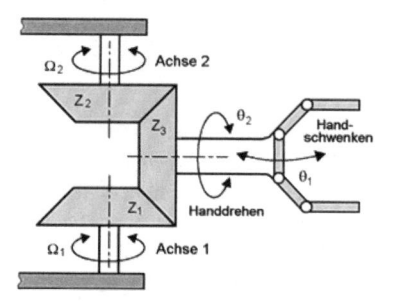

Kinematische Struktur
[kinematic structure]
Beschreibung des Aufbaus eines Roboters anhand der eingesetzten Bewegungsachsen.

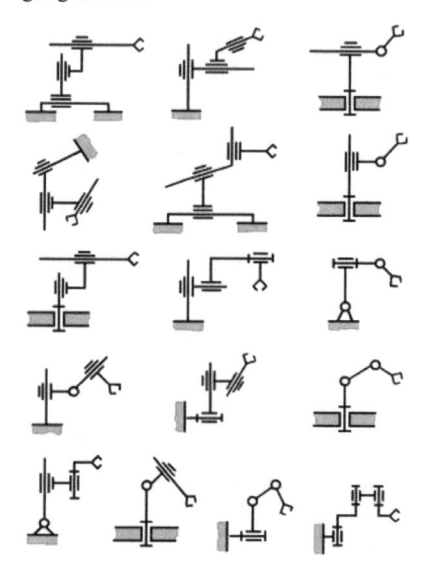

Die K. hat direkten Einfluss auf die erforderliche Steuerung und die Berechnungen zur Auslegung einer Handhabungseinrichtung. Die Grundachsen von Robotern bilden dabei spezifische Koordinatensysteme aus.

Kinematisches System
[kinematic system]
Mechanische Einheit (Getriebe), die eine Antriebsbewegung in Aktionen des Haltesystems (Backenbewegung) umsetzt, wobei sich Geschwindigkeiten und Kräfte in einem typischen Übersetzungsverhältnis wandeln. Wohl am häufigsten werden Hebel-, Schrauben- und Kniehebelgetriebe eingesetzt. Vom Getriebe hängen die Schnelligkeit der Backenbewegung, die Greifkraft und der Greifkraftverlauf ab. Bei Greifern ohne bewegliche Elemente wird keine Kinematik erforderlich. Einige Getriebebeispiele zeigt dazu das folgende Bild.

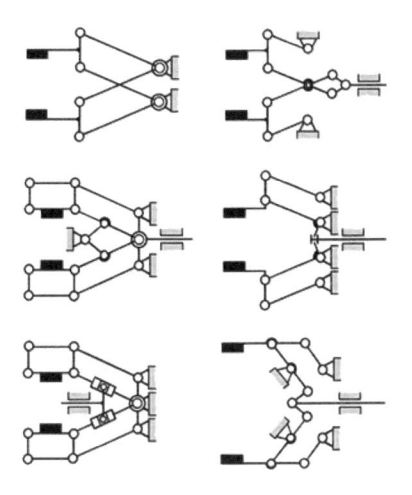

Kippantrieb
[tipping drives]
Antrieb einer schwenkbaren Standsäule mit Fluidmuskeln, die sich wie antagonistische Muskelgruppen verhalten. Unter Druck verkürzt sich ein Muskel und erzeugt eine Kippkraft. Gleichzeitig muss im anderen Muskel der Druck abgesenkt werden, er erschlafft.

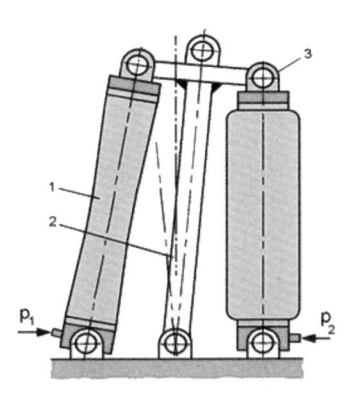

1 Fluidmuskel (*Festo*), 2 Kippsäule, 3 Gelenk, p Druckluftzufuhr

Kippkante
[tilting arrangement]
Um Werkstücke während ihres Produktionsdurchlaufs in eine andere Orientierung zu bringen, kann man sich des Abkippens z.B. auf eine tiefere Ebene bedienen. Um einen solchen Vorgang sicherer zu machen, kann man z.B. an einem Bandauslauf zusätzlich eine definierte Kippkante vorsehen.

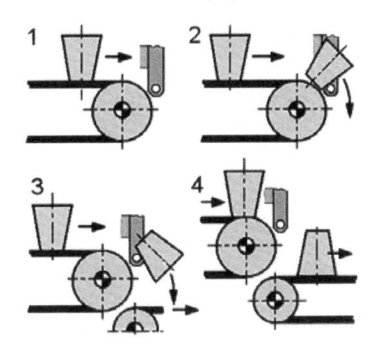

Kippmoment
[tilting moment]
Maximales Drehmoment, das ein Asynchronmotor abgeben kann. Es liegt bei etwa 85 % der synchronen Drehzahl. Wird ein größeres Moment abverlangt, so bleibt der Motor stehen.

Kipptisch
[tilting table]
Bewegungseinrichtung zum Spannen und Positionieren von Objekten z.B. für

das Schweißen oder Montieren. Der K. verfügt nur über eine gesteuerte Kippachse. Im Bild wird ein K. gezeigt, der schwere Sägeabschnitte aufnimmt und Reststücke durch Kippen nach der anderen Seite abwirft. Das Kippen wird durch Hydraulikzylinder bewirkt.

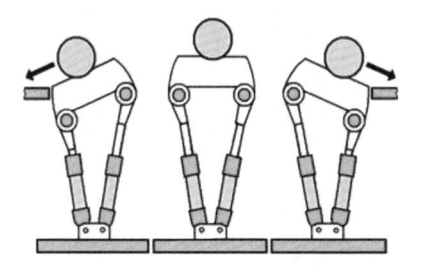

Kippvorrichtung
[tilting device]
1 In der Fertigung eine Vorrichtung, die nach der Arbeitsoperation (meist Bohren) um 90° gekippt werden kann, um dann am noch gespannten Teil eine artgleiche Bearbeitung durchführen zu können. Die Vorrichtung darf nicht zu groß und nicht zu schwer sein. Beide Auflageflächen müssen exakt und im Winkel von 90° bearbeitet sein.

2 In der Handhabungstechnik sind es Vorrichtungen, um ein Werkstück in eine andere Orientierung zu bringen, z.B. beim Gussputzen.

Kismet
[türkisch für „glücklicher Zufall"]
Roboterkopf von *Cynthia Breazeal* (1998-2001, MIT) mit menschlichen Gesichtsmerkmalen wie Augenbrauen, Lippen, einem Kinn sowie beweglichen Ohren (Freiheitsgrad 15). Er vermag die Melodie und Färbung der menschlichen Stimme zu erkennen, Gesichter und Augen zu finden und sich am Wortwechsel zu beteiligen. Er kann auch selbst Emotionen zeigen und mit anderen in Interaktion treten. Der K. beantwortet ein Lächeln mit einem Lächeln. Zielstellung: Lernen von Sozialverhalten im Zusammenwirken von Mensch und Roboter.

Klasse
[class]
Gruppe von Elementen mit ähnlichen Charakteristiken

Klassifizierung
[classification]
Zuordnung eines Objektes zu einer bestimmten Kategorie oder Klasse basierend auf seinen Merkmalen.

Klebebandgreifer
[adhesive tape gripper]
Greifer, dessen Greiforgan ein Klebeband ist. Zur Aufnahme eines Teils drückt ein Stößel das Band gegen das Objekt, wo es haften bleibt. Zum Freigeben des Objekts fährt der Stößel zurück und gleichzeitig rückt das Band weiter und stellt eine unbenutzte Haftfläche für den nächsten Griff bereit.

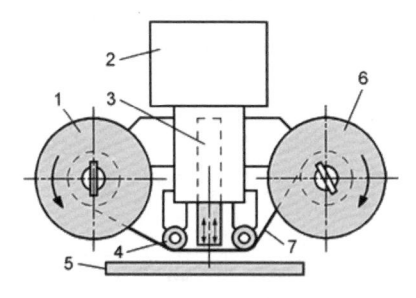

1 Abwickelspule, 2 Kurzhubantrieb, 3 Druckstößel, 4 Klebebandführung, 5 Greifobjekt, 6 Aufwickelspule, 7 Klebeband

Kleinstserien-Fließmontage
[one set flow assembly]
Anwendung des Prinzips der Fließmontage (→ *Fließfertigung*) auf Montagevorgänge für Aufträge mit sehr kleinen Stückzahlen.
→ *One Set Flow*, → *One Piece Flow*

Klemmeinrichtung
[clamping unit, squeeze unit]
Baugruppe an Bewegungseinheiten, die z.B. einen Tisch oder Schlitten in einer Position unverrückbar festhält, wenn das technologisch erforderlich ist oder zur Positionssicherung von Schlitten bei ei-

nem plötzlichen Energieausfall dient. Klemmen geschieht immer im Stillstand des Schlittens, im Gegensatz zum Bremsen, das in der Bewegung erfolgt. Dabei wird dann Bewegungsenergie durch Reibung in Wärme umgesetzt. Klemmeinrichtungen können elektromagnetisch, elektromechanisch, pneumatisch (z.B. Druckluftkolben löst Klemmung) oder hydraulisch arbeiten.

Bei elektromotorischen Antrieben sind oft Feder-Druck-Bremsen in den Motor eingebaut. Wird die Stromzufuhr zum Motor unterbrochen, spricht die Bremse automatisch an (→ *Bremsmotor*). Solche Einheiten werden ohne Fremdenergie wirksam, indem sie Energie aus einem Federkraftspeicher beziehen oder es sind aktive Komponenten, die eine Klemm- bzw. Bremswirkung mit Hilfe eines gesteuerten Fremdenergieflusses hervorbringen. In diesem Fall werden dann meist Federkräfte für das Lösen der Klemmung gebraucht.

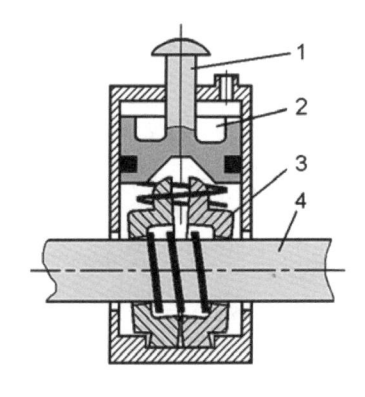

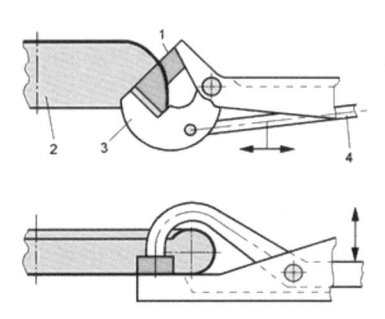

1 Klemmbacke aus Kunststoff, 2 Werkstück, Blechformteil, 3 Greifklaue, 4 Antriebsstange

Klemmgurtförderer
Förderband, welches ein Objekt seitlich klemmt. Die Unterseite des Objekts ist dadurch zugänglich, sodass Aufkleber, Datumsangaben oder andere Informationen während des Durchlaufs angebracht werden können. Danach wird der Lauf auf einem normalen Bandförderer fortgesetzt.

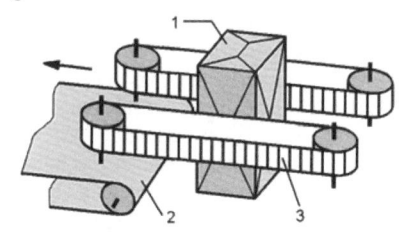

1 Packstück, 2 Förderband, 3 Klemmgut

Klemmmesservorschub
Vorschubeinrichtung für Band und Streifen, bei der seitlich am Band Messerpaare angreifen.

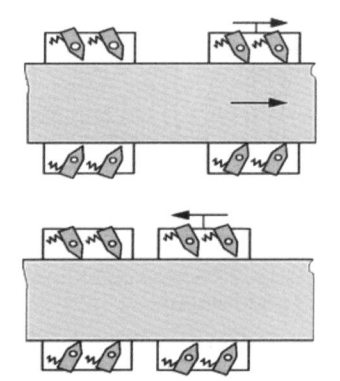

1 Handlöseknopf, 2 Pneumatiklösekolben, 3 Klemmstück, 4 Welle, Kolbenstange (*Festo*)

Klemmgreifer
[clamping gripper]
Mechanischer Greifer, der ein Greifobjekt durch reinen Kraftschluss zwischen starren oder beweglichen Greifbacken festhält. Die Greifkraft kann durch Federn (Federkraft), Schwerkraft, elektrische und pneumatische Aktoren aufgebracht werden.

Die Messer übertragen eine lineare Bewegung auf das Band. Bei Rücklauf der Vorschubmesser wird das Band durch ein weiteres Messerpaar festgehalten, sodass es nicht zurückgleiten kann.

Klemmrollenvorschub

Vorschubeinrichtung für Band und Streifen, bei der kleine Walzen auf die Fläche des Bandes wirken und dieses freigeben oder sperren. Der intermittierende Vorschubbetrieb entspricht dem Ablauf beim → *Klemmmesservorschub*.

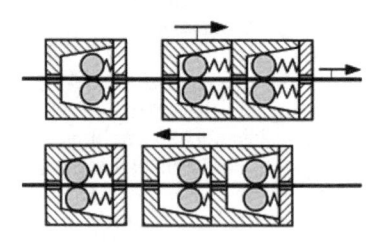

Klettermagazin
[climbing magazine for workpieces]
Schachtmagazin für vorzugsweise flache Werkstücke, die durch einen Kletterkolben mit Hilfe kleiner Druckluftstöße nach oben zur Entnahmestelle geschoben werden. Es ist eine Sonderlösung. Die Kolben besitzen eine selbsttätige Sperrvorrichtung, um den Magazininhalt in der jeweiligen Höhe zu halten. Die Hubkolben können im Innern eines Hubrohres laufen, aber auch auf Stangen klettern.

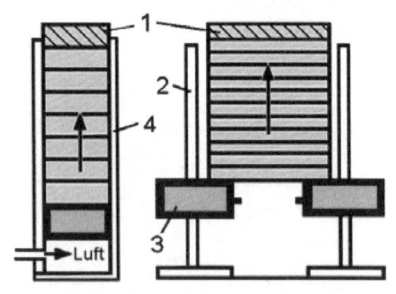

1 Werkstück, 2 Kletterstange, 3 Kletterelement, 4 Schachtmagazin

Letzteres ist bei der Zuführung größerer Bauteile sinnvoll. Zum Nachfüllen muss man die Hubelemente zurückbewegen. Das K. kann auch als Wechselmagazin gestaltet werden.

Kletterroboter
[climbing robot]
Roboter, dessen mechanische Beine mit Saugnäpfen oder anderen Halteelementen ausgestattet sind und der sich damit an senkrechten glatten Wänden bewegen kann, auch wenn die zu beklettende Fläche Vorsprünge oder Vertiefungen aufweist. Die K. sind für Reinigungszwecke (Hochhausfassaden, Gastanks, Schiffsrümpfe, Hallendächer usw.) entwickelt worden. Andere Anwendungsgebiete sind Inspektionsaufgaben (Brücken, Türme, Schweißnähte) und Arbeitsoperationen (Anstreichen von Flächen).

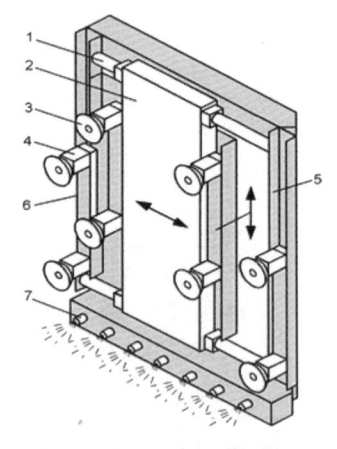

1 Rundführung, 2 Plattform, 3 Scheibensauger oder Magnet, 4 Abhubeinheit, 5 Linearführung, 6 Schieber, 7 Effektor, z.B. Sprühdüse

Klinkenrollbahn
[ratchet conveyor]
Magazinier- und Zuführbahn für Werkstücke, die nicht im Verband rollen können, wie z.B. geradverzahnte Räder. Die Werkstücke werden auf der geneigten Bahn durch selbstschaltende Klinken auf Abstand gehalten. Wird am Auslauf ein Teil entnommen, dann fällt die Klinke infolge Schwerkraftwirkung ab. Die anderen Teile rücken um einen Platz vor.

▶K

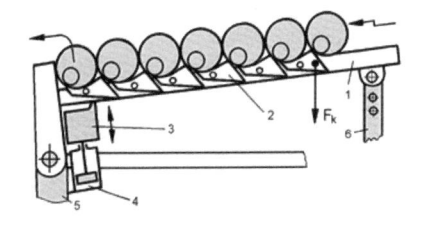

1 Rollschiene, 2 Klinke, 3 Zuteilschieber, 4 Arbeitszylinder, 5 Gestell, F_k Gewichtskraft am Klinkenschwerpunkt

KLT
[small-load carrier]
Abk. für Klein-Ladungs-Träger; ein vollwandiges, deckelverschließbares Behältnis aus Kunststoff mit rechteckiger Grundfläche und besonders gestalteter Bodenfläche zur Selbstsicherung in der Verbundstapelung und zur Aufnahme von schütt- und setzbaren Kleinteilen (DIN 30820, VDA 4500). Der KLT ist mit mehreren Formelementen ausgestattet, die das Anfassen mit Greifern bzw. Lastaufnahmemitteln manuell oder auch automatisch möglich machen.

Knickarmroboter
[articulated robot]
Ein → *Gelenkarmroboter* mit meistens sechs Drehgelenkachsen. Gemeint ist immer ein vertikaler Knickarm, im Gegensatz zu einem horizontalen Knickarm, der einen → *Scara-Roboter* ergibt. Der K. kann ein Werkzeug oder Werkstück an einer beliebigen Position in eine beliebige Orientierung bringen, was einer nahezu unbegrenzten Funktionalität entspricht. Eine Eigenart dieser Kinematik ist, dass die Geschwindigkeit des TCP in radialer Richtung um so kleiner wird, je weiter der Arm ausgestreckt ist. Andererseits wird die tangentiale Geschwindigkeit um so kleiner, je näher das Werkzeug an die Achsen eins bzw. zwei gebracht wird. Moderne K. sind für beliebige Einbaulagen ausgelegt und in verschiedenen Baugrößen verfügbar. Sie können auch an der Wand oder über Kopf hängend installiert werden.

Kniehebelprinzip
[toggle action principle]
Hebelgetriebebauart für größere Spannwege und große Spannkräfte in Totpunktnähe. Das Prinzip wird bei Greifern und Spannvorrichtungen verwendet. Ist der Hebelarm an einem Festpunkt angelenkt (Bild), dann spricht man von einem halben Kniehebelsystem. In der Übertotpunktlage ist die Spannvorrichtung durch die inneren Kräfte verriegelt und kann sich nicht mehr von selbst öffnen. → *Kniehebelspanner*

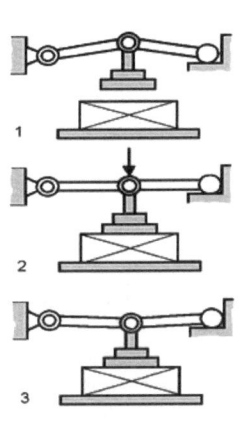

1 vor der Totpunktlage, 2 Totpunktlage, 3 Übertotpunktlage, Verriegelungsposition

Kniehebelspanner
[knee-lever mechanism]
Pneumatisch angetriebener Spanner mit Hebelgetriebe für große Spannwege und große Spannkräfte in Totpunktnähe.

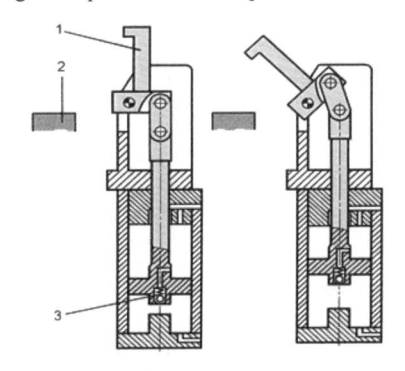

1 Spannarm, 2 Spannobjektauflage, 3 Rückschlag-(Überdruck-)Ventil

211

In der Übertotpunktlage ist der K. durch die inneren Kräfte verriegelt und kann sich nicht mehr von selbst öffnen. Es gibt auch K. mit elektromechanischem oder elektrohydraulischem Antrieb.
→ *Kniehebelprinzip*

Kobot
[cobot]
Abk. für kooperierende (oder kollaborierende = zusammenarbeitende) Roboter. Es ist in der Handhabungstechnik eine technische Lösung, die zwischen einem klassischen Roboter und einem handgeführten Manipulator angesiedelt ist und bei der der Mensch eng einbezogen wird. Ziel ist, die kraftmäßige Beanspruchung von Bedienpersonen, wie z.b. Querschiebekräfte, entscheidend zu senken, ohne dabei den Bediener in Gefahr zu bringen.

Kognition
[cognition]
(lat. Erkennen) Sammelbegriff für Prozesse und Verarbeitungsstrukturen, die mit Erkennen und Wahrnehmen zusammenhängen (Denken, Vorstellen, Planen, Erinnern, Entscheiden ...). Kognitive Systeme entkoppeln im Unterschied zu Reiz-Reaktions-Systemen den Sinnesreiz von der motorischen Reaktion. Sie wirken zwischen dem für die → *Perzeption* verantwortlichen Wahrnehmungsapparat und dem Handlungsmechanismus (Aktor).

Kognitionswissenschaften
[cognitive science]
Forschungsrichtung (entstanden in den sechziger Jahren in den USA), die sich mit der Beschaffenheit des Geistes befasst und die Art und Weise, wie er funktioniert. Es werden kognitive Kategorien untersucht, wie Abbildung der Umwelt, Repräsentation, Verarbeitung, Fühlen ....

Kohonen-Netze
[Kohonen networks]
Bei künstlichen neuronalen Netzen eine Form der Verschaltung von Neuronen, die zur Klasse der *feed forward networks*

gehört. Das K. ist nach dem finnischen Informatiker *Teuro Kohonen* benannt. Die Verschaltung zeigt eine klare Gliederung in einzelne Ebenen und eignet sich besonders gut zur Mustererkennung. Das Bild zeigt ein kleines K. Die Ebenen ohne direkten Zugang zum Input oder Output bezeichnet man als verdeckte Ebenen.

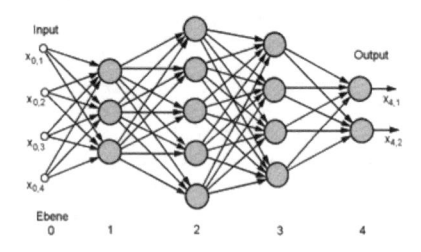

Koinzidenz
[coincidence]
Zeitliches Zusammentreffen von Signalen mit gleichem Wert. Sie signalisiert in Steuerungen das Erreichen eines Sollzustandes, z.b. eines programmierten Weg-Sollwertes für eine Bewegungsachse. Die Baugruppe, die auf Koinzidenz prüft, ist der → *Vergleicher*.

Kolbendosierung
[piston dosing device]
Dosierung und Zuführung pastöser Güter, bei der der Kolben eines Dosierzylinders einen definierten Hohlraum vollsaugt. Dann schwenkt der Rotor um 90° und der Kolben stößt das Gut aus der Kammer. Die gezeigte Lösung wird für normale Güter verwendet.

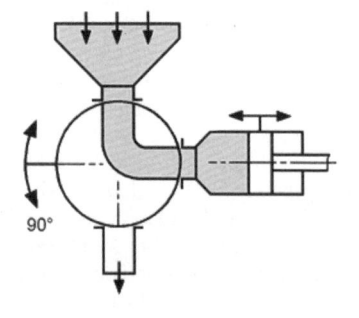

Kollision
[collision]
Unvorhergesehene schädliche Berührung zwischen einer Handhabungseinrichtung oder einem mobilen Roboter mit Werkstücken, Spannzeugen, Maschinen und Teilen eines Bauwerks. Deshalb sind Bewegungssequenzen vorher an Simulationsmodellen zu überprüfen.

Kollisionserkennung
[collision detection]
Ein Zusammenstoß des schnellen Roboterarms mit feststehenden oder bewegten Hindernissen kann zu erheblichern Schäden führen. Deshalb werden Verfahren zur vorausschauenden Erkennung eines Zusammenstoßes eingesetzt. Es gibt verschiedene Lösungsansätze. So kann man den Arbeitsraum in viele kleine Raumelemente einteilen, von denen einige zur Benutzung verboten sind. Nähert sich der Roboterarm solchen Zonen, wird vor dem eigentlichen Crash ein Not-Stopp ausgelöst.

Kollisionsraum
[collision space]
Bei einem Roboter der Raum, der von bewegenden Teilen des Roboters beansprucht wird und in dem es zu einer Kollision kommen kann. Der K. ist größer als der Arbeitsraum des Roboters und schließt ihn mit ein. Arbeitsraum plus K. ergeben den Bewegungsraum.

Kollisionsschutz
[collision protection]
Schutzmodul zwischen Roboterarm und → Endeffektor, der bei Überlastung durch eine Anstoßkraft anspricht. Das Endstück mit Effektor gibt nach und verhindert so eine Zerstörung von Effektor und Werkstück. Gleichzeitig wird ein Not-Aus-Signal ausgegeben. Ein Modul für den K. kann pneumatisch oder mechanisch (Federkraft) im Gebrauchszustand gehalten werden.

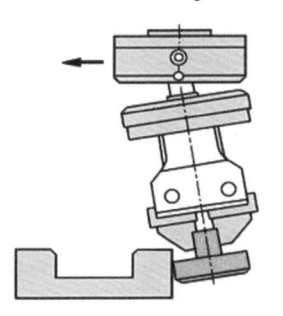

Kollisionssensor
[bumper]
Auf der Vorderseite eines mobilen Roboters angebrachter stoßstangenförmiger Sensor, der einen Zusammenstoß meldet. Das Bumpersignal bewirkt einen Fahrstopp oder ein Rücksetzen des Roboters. Außerdem soll bei einem Crash Stoßenergie abgebaut werden.

Kombinationsgreifer
[composite gripper]
Greifer, der mehrere unterschiedliche Greiforgane in sich vereint und der damit geometrisch verschiedene Teile nacheinander anfassen kann. Ein Beispiel wäre das Anfassen von Rundteilen durch Klemmen und das Greifen von Platten mit Hilfe von integrierten Saugern.

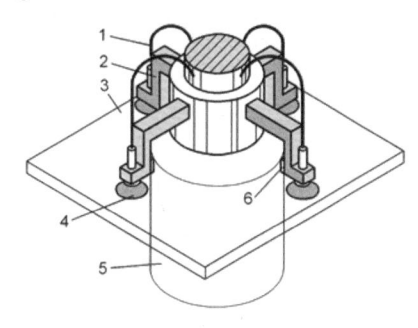

1 Vakuumleitung, 2 Vierfingergreifer, 3 Platte als Werkstück, 4 Sauger, 5 Werkstück, 6 Greifbacke

Kombinatorische Explosion
[combinatorial explosion]
Begriff, der verwendet wird, um ein Problem mit exponentieller Komplexität zu bezeichnen, bei dem eine minimale Vergrößerung der Gewichtigkeit eines Problems eine „Explosion" der Lösungsmöglichkeiten verursacht, die bei der

Suche nach einer Lösung zu berücksichtigen wären. Die Lösungsflut kann mit empirischen Mitteln (→ *Heuristik*) eingeschränkt werden.

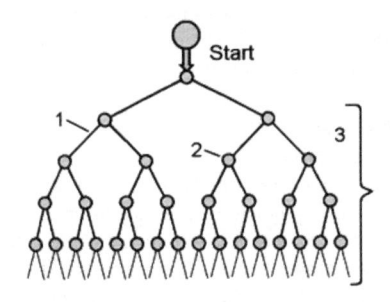

1 Verzweigung, 2 Entscheidungspunkt, 3 Suchbereichstiefe

Kombirolle
Laufrolle (*Winkel GmbH*), die in sich noch eine Anlaufrolle für Querbewegungen besitzt. Läuft ein Wagen in U-Schienen, so kann die K. in zwei Ebenen eine wälzgelagerte Bewegung absolvieren.

Komplexität
[complexity]
Bei einem technischen System das objektiv feststellbare Maß für die Anzahl und die Unterschiedlichkeit der Elemente und deren Relationen.

Kompliziertheit
[intricacy]
Maß für die subjektive Schwierigkeit bei der Behandlung eines Systems. Kompliziert können sowohl komplexe als auch nicht komplexe Systeme sein.

Kommissionieren
[to pick]
Zusammentragen von bestimmten Teilmengen (Artikeln) aus einer bereitgestellten Gesamtmenge (Sortiment) aufgrund von Bedarfsinformationen (Aufträgen). Gemäß der Bestellung oder eines Auftrags werden die nachgefragten Artikel aus einem Lagerbestand entnommen. Eingebettet in den betrieblichen Materialfluss stellt das K. meistens den Übergang von einer sortenreinen Lagerung zu einem sortenunreinen Verbrauch, z.b. in der Montage, dar. Siehe auch VDI 3590.

Kommissioniergreifer
[order-picking gripper]
Greifer, der grob vorpositionierte Teile verkantungsfrei greifen kann. Das ist oft schon auf mechanischem Weg mit einem Minimum an sensorischem Aufwand möglich, wenn die Greiforgane in eine schwimmende Lagerung mit Arretiereinrichtung eingebaut sind.

Kommissionierroboter
[order-picking robot]
Roboter, der nach dem Prinzip „Mann-zur-Ware" Aufträge bearbeitet, indem er eine Hochregalgasse nach den Anweisungen der Leitstelle abfährt und aus den Regalfächern Waren entnimmt, in den mitgeführten Warenkorb ablegt und die Sammelsendung an zentraler Stelle ausgibt. Der K. ist schmal gebaut, damit er enge Regalgassen passieren kann und wird z.B. auf einer Boden- und einer Deckenschiene (im Bild nicht dargestellt) in der Spur geführt.

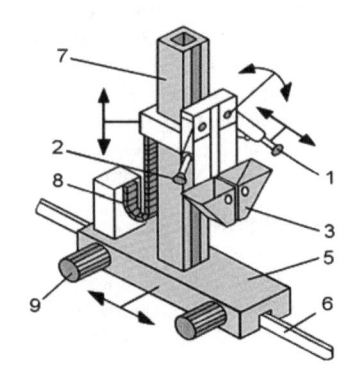

1 Entnahmegreifer, 2 Sauger, 3 Warenkorb, 5 Fahreinheit, 6 Bodenfahrschiene, 7 Vertikalachse, 8 Energiekette, 9 Fahr- bzw. Hubantrieb

Kommutator
[commutator]
Einrichtung auf der Läuferwelle elektrischer Maschinen, die im richtigen Zeitpunkt für die Umpolung des elektrischen

Stromes (Stromwender) durch die Läuferwicklung sorgt, damit der Ankerstrom räumlich gesehen immer in dieselbe Richtung fließt. Der Kommutator wird hauptsächlich bei → *Gleichstrom-* und → *Universalmotoren* eingesetzt. Er besteht aus Schleifringsegmenten, auf denen Bürsten (Kohle- oder Graphitstab) schleifen. Dadurch kann der Ankerstrom über die Bürsten und die Kommutatorstege in die Läuferwicklung fließen. Ein einfachster Kommutator mit nur zwei Segmenten wird im Bild gezeigt.

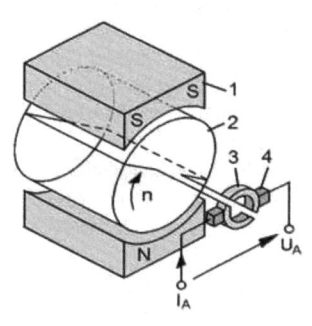

1 Magnet, 2 Läuferwicklung, 3 Schleifring, 4 Bürste

Neben der mechanischen Kommutierung mit Bürste gibt es beim bürstenlosen Servomotor die elektronische Kommutierung. Sie arbeitet verschleißfrei und macht den Stromwender mit allen seinen Nachteilen (Verschleiß, Korrosion, Bürstenfeuer) überflüssig.
→ *Gleichstrommotor, bürstenloser*

Kommutierung
[commutation]
Allgemein die Umkehrung der Stromrichtung, insbesondere in elektrischen Maschinen bei der Beschaltung von Wicklungen. Das kann mechanisch mit einem → *Kommutator* erfolgen oder berührungslos durch eine elektronische Kommutierung (→ *Gleichstrommotor, bürstenloser*).

Komparator
[comparator]
Baugruppe in Messgeräten und Steuerungen zum Vergleich elektrischer Spannungen und Signalgebung bei Gleichheit.

Kompatibilität
[compatibility]
Verträglichkeit; Zwei Systeme (Hard- oder Software) sind kompatibel, wenn sie ohne Zusatzeinrichtungen oder Änderungen miteinander arbeiten oder gegeneinander ausgetauscht werden können. Die K. ist besonders wichtig, wenn Komponenten von verschiedenen Herstellern miteinander gekoppelt werden sollen. Die K. kann viele Aspekte haben.

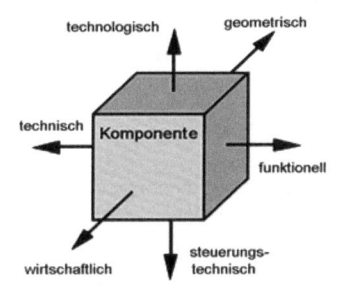

Kompensationsmessverfahren
[compensation method]
Fundamentales Verfahren der Messtechnik, bei welchem der Wert der Messgröße derart bestimmt wird, dass man ihre Wirkung auf ein Nullinstrument gibt und mit einer entgegengesetzten Wirkung einen Nullabgleich erzielt. Ein anschauliches Beispiel ist die Kaufmannswaage mit zwei Schalen und auflegbaren Gewichten.

Komplientes System
[compliance]
Nachgiebiges System; Bezeichnung für eine nachgiebige Aufhängung von Werkzeugen und Greifern an einem Roboterarm.
→ *IRCC*, → *RCC*, → *NCC*

Kompositionelle Semantik
[compositional semantics]
Methode, um die Bedeutung eines Satzes durch Kombination der Bedeutung seiner syntaktischen Bestandteile herauszufinden.

Kondensator
[capacitor]
Elektrische Anordnung, in der ruhende Ladungen gespeichert sind. Er hat die elektrophysikalische Eigenschaft einer Kapazität C. Das Widerstandsverhalten ist frequenzabhängig, die Ladungsaufnahme an Gleichspannung folgt einer Exponentialfunktion zur Basis e. Anwendung: Speicherung elektrischer Ladungen und Phasenverschiebung.

Konfidenzfaktoren
[certainty factors]
Maß der Wahrscheinlichkeit, dass eine Tatsache oder eine Schlussfolgerung wahr ist. Sie werden häufig in regelbasierten Expertensystemen verwendet.

Konfiguration
[configuration]
Jede Möglichkeit einer erreichbaren Achsstellung, Anzahl und Art der Robotergelenke sowie deren Reihenfolge. Der Roboterarm kann im Verlauf seiner Bewegungen viele Stellungen einnehmen. Für eine bestimmte Stellung zu einem definierten Zeitpunkt gibt es aber nur einen Satz von Gelenk-Koordinatenwerten, die diese Stellung vollständig beschreiben. Diese Stellungswerte, die mit der Anzahl der Hauptachsen übereinstimmen müssen, nennt man K.

Konfigurationenmannigfaltigkeit
[configuration space]
Bei einem Gelenkarmroboter die Menge aller möglichen Lagen des Greiferführungsgetriebes (Manipulator).

Konfliktlösungsstrategie
[conflict resolution strategy]
In Expertensystemen eine Methode, um zu entscheiden, welche Regel ausgelöst werden soll, wenn bei mehr als einer Regel die Bedingungen erfüllt sind. Sie wird in regelbasierten Systemen mit Vorwärtsverkettung verwendet.

Konformitätserklärung
[conformity declaration]
Dokument, welches erklärt, dass ein Erzeugnis den EG-Richtlinien entspricht, oft in Verbindung mit einem → *CE-Kennzeichen*.

Königswelle
[vertical shaft]
Antrieb, bei dem alle Bewegungen über Kurvenscheiben erzeugt werden, die auf einer oder mehreren mechanisch miteinander gekoppelten Wellen angebracht sind. Sie werden als Königswelle bezeichnet, weil sie alles steuern, also eine Zentralsteuerung darstellen. Die K. hat den Vorteil, dass einmal synchronisierte Bewegungsabläufe ohne Driftererscheinungen und auch nach einem Not-Aus unverändert erhalten bleiben. Für modular auszulegende Antriebe ist die K. nicht geeignet. Dafür ist elektrische Servoantriebstechnik einzusetzen.

→ *Achskopplung, elektronische*

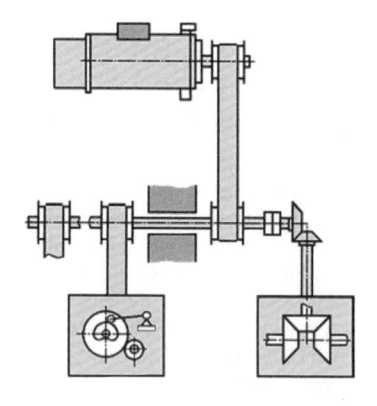

Konjunktion
[conjunction]
Bezeichnung für mit dem Junktor (« UND ») zusammengesetzte Aussagen der Form a ∧ b. Sie sind klassisch nur dann wahr, wenn beide Teilaussagen wahr sind.

Konnektionismus
[connectionism]
Ansatz zur Erklärung von Kognition durch das Zusammenwirken einer großen Zahl von Verarbeitungseinheiten, die zur Weiterleitung der Verarbeitungsergebnisse miteinander vernetzt sind.

Wissen wird nicht in der Form von bedeutungstragenden Symbolen repräsentiert, sondern stellt sich in den Verknüpfungs- und Verarbeitungsmustern für externe Stimuli dar.

Konstantfahrphase
[running at constant speed]
Teil eines Bewegungsablaufs, bei dem die Verfahrgeschwindigkeit den vorgesehenen Höchstwert erreicht hat und unverändert beibehält (siehe Bild → *Dreiecksbetrieb*). Bei kurzen Verfahrwegen wird die K. oft gar nicht erreicht.

Konstruktivismus
1 In Logik und Mathematik; eine auf dem Brouwer'schen Intuitionismus von *P. Lorenzen* begründete Arbeitsrichtung, in der die der klassischen Logik zugrunde liegende Wahrheitsdefiniertheit nicht gilt. Demgemäß müssen alle Beweise konstruktiv sein; Widerspruchsbeweise sind nicht erlaubt.
2 Radikaler Konstruktivismus; In der Kognitionswissenschaft Bezeichnung für eine Position, die interne Repräsentationen („mentale Modelle") jeder Form ablehnt.

Kontaktmatte
[contact mat]
Auf Berührung reagierendes Sicherheitssystem zur Überwachung (Zugangssicherung) von Zonen um Maschinen oder Roboterarbeitsplätzen. In die Bodenmatte sind Sensoren eingelassen, z.B. eine flexible Widerstandsschicht zwischen zwei um 90° versetzte Elektrodenscharen. Aus den Druckverhältnissen ist der Ereignisort erkennbar. Die K. ist somit ein taktiler Sensor.
→ *Bumper,* → *Stoßdetektor*

Konthese
Motorisch angetriebene Arm-Hand-Konstruktion, die an die Arme von Querschnittsgelähmten angeschlossen werden und die man mit einem z.B. mit der Zungenspitze ansprechbaren Vielfachschalter betätigt.

Kontrollieren
[to check, to test]
In der Handhabungstechnik das Feststellen, ob Arbeitsgut bestimmte Eigenschaften oder Zustände aufweist (Prüfen). Unterschiede können auch durch Vergleich mit vorgegebenen Bezugsgrößen festgestellt werden (Messen). Kontrollieren muss man oft auch die Anwesenheit von Werkstücken, ihre Identität, Form, Gewicht, Größe, Farbe, Position und Orientierung.

Kontur
[contur image]
Geschlossener Linienzug, der in der Regel scherenschnittartig den Umriß eines Objekts repräsentiert. Kontursegmente stellen einen offenen Linienzug dar. Die Erzeugung eines Schwarz-Weiß-Konturbildes erfolgt in den Schritten: Zerlegen in Bildscheiben, Grauwertscheiben erzeugen, Wandlung in Schwarz-Weiß-Scheiben, Zusammensetzen zu einem Schwarz-Weiß-Bild und Berechnung der Objektmerkmale sowie Vergleich mit Referenzobjekten, um das Objekt (wieder-) zu erkennen.

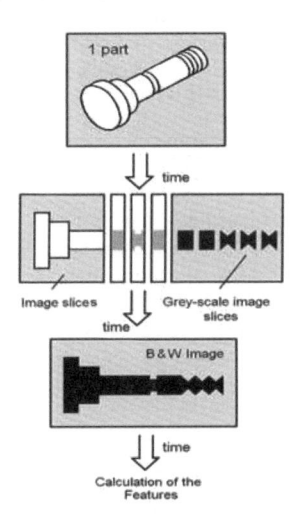

Konturzug-Programmierung
[contour segment programming]
In der NC-Technik eine Programmierfunktion zur Eingabe mehrerer zusam-

menhängender Konturabschnitte, die nicht einzeln vermaßt sind, insgesamt jedoch einen eindeutigen Verlauf haben. Das System berechnet die einzelnen Schnittpunkte, Übergangsradien und tangentialen Übergänge selbstständig und erzeugt das passende NC-Programm.

Koordinatensystem
[coordinate system, system of coordinates]
Mathematisches Bezugssystem zur eindeutigen Beschreibung der Position und Orientierung eines Objekts im Raum oder in der Ebene mit Hilfe von Zahlenangaben. Bei einem Roboter gibt es immer mehrere K., bezogen auf den Greifer, die Gelenke und z.b. den Fußpunkt des Roboters.

1 Handhabungseinrichtung
In Anlehnung an die NC-Technik werden die Hauptschiebeachsen mit X, Y und Z bezeichnet und die Hauptdrehachsen mit A, B und C. Die Drehung A erfolgt um die Achse X, B um Y und C um die Achse Z. Nebenschiebeachsen (Handachsen) sind U, V, W und Nebendrehachsen D, E und P. Es stehen kartesische, Zylinder-, Gelenk-, Polar- und Kugelkoordinaten zur Verfügung. K. für Industrieroboter siehe die Normen DIN EN ISO 8373 und DIN EN 29787.

2 Asynchronmotor
Sie verfügen über drei Koordinatensysteme, ein ständerfestes, ein synchron umlaufendes und ein läuferfestes Koordinatensystem. Für das ständerfeste, also auf die Wicklungen orientierte Koordinatensystem sind für die beiden Achsen die Buchstaben α und β festgelegt. Das synchron umlaufende Koordinatensystem trägt die Achsenbezeichnungen d und q.

3 Sensorkoordinatensystem
Mitunter aus Steuerungsgründen erforderliches Koordinatensystem, wenn z.B. mehrachsig sensible Kraft- oder Beschleunigungssensoren eingesetzt werden. Das können beispielsweise Sensoren in Roboterdrehgelenken sein.

Koordinaten-Transformation
[coordinate transformation]
Mathematisches Verfahren zur fortlaufenden Überführung der Koordinaten eines Objektes innerhalb eines Koordinatensystems in die Koordinaten eines anderen Koordinatensystems z.B. die Raumkoordinaten in die Achskoordinaten einer NC-Maschine mit Schwenk- oder Drehachsen oder eines Roboters mit nicht linearer Kinematik. Das erleichtert die Programmierung solcher Systeme, da in Raumkoordinaten programmiert wird. Die Rechenarbeit umfasst viele ineinandergeschachtelte trigonometrische Rechnungen, die mit hoher Genauigkeit und in kurzer Zeit ablaufen müssen. In der Robotik unterscheidet man außerdem in → *Vorwärts*-(direkte) und → *Rückwärtstransformation* (inverse).

Koordinatentransformation, direkte → *Vorwärtstransformation*

Koordinatentransformation, inverse → *Rückwärtstransformation*

Koordinatenwerte
[coordinates]
Numerische Werte zur Definition eines Punktes im Raum. In der NC-Technik werden vorwiegend kartesische und Polarkoordinaten zugrunde gelegt.

Koppelgetriebe
[coupling gear]
Getriebe, bei dem zwei Glieder über ein Koppelglied gelenkig miteinander verbunden sind.

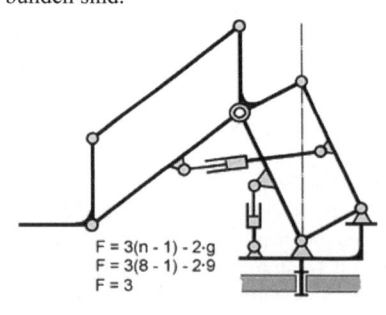

$F = 3(n - 1) - 2 \cdot g$
$F = 3(8 - 1) - 2 \cdot 9$
$F = 3$

F Freiheitsgrad, n Anzahl Glieder, g Anzahl Gelenke

Ordnungsaspekte sind: Umlauffähigkeit der Glieder, Art und Anordnung der Gelenke sowie relative Abmessungen des Gestellgliedes.

Koppelnavigation
[dead-reckoning]
Verfahren zum freien Navigieren von autonomen mobilen Robotern durch Fortschreibung einer bekannten Ausgangsposition ($\rightarrow$ *Pose*) zum Zeitpunkt t_1. Jede inkrementelle Veränderung von Position und Orientierung wird vektoriell addiert und man erhält dann die Pose zum Zeitpunkt t_2. Dabei werden aber auch Fehler mit aufgerechnet ($\rightarrow$ *CEP*). Wichtige Verfahren der K. sind u.a. $\rightarrow$ *Odometrie* und $\rightarrow$ *Trägheitsnavigation*.

Körperhaftigkeit
[embodiment]
Ansatz zur Konstruktion von Robotern mit intelligenten Verhaltensweisen. Er folgt der Erkenntnis, dass Intelligenz sich nur im Zusammenspiel eines Körpers mit seiner Umwelt entwickeln kann und dass auch abstrakte kognitive Leistungen des Menschen nur aufbauend auf seiner Alltagsintelligenz zu erklären sind, welche ihm zunächst das mühelose Zurechtfinden in seiner Umwelt ermöglicht. Ein Roboter verfügt über einen Körper und erfährt damit seine Umwelt, wobei dem Roboter eine unmittelbare Rückmeldung über seine Wahrnehmungen vermittelt wird. Zumindest im Labor gibt es bereits Roboter, die eine Vorstellung von ihrem Körper besitzen und sich sogar selber reparieren, wenn etwa eines ihrer Beine beschädigt wird.

Korrekturfaktor
[correction factor]
In der Sensorik ein Faktor für die Verringerung des Realabstands bei induktiven Näherungsschaltern, wenn man andere Materialien als S235JR (früher St37-2) für die Schaltfahne verwendet. Die Veränderung des Realschaltabstands hängt von Art, Beschaffenheit (innere Struktur), Größe und Geometrie des zu erfassenden Werkstoffes ab.

Kraftkreis
[power transmission]
Anschauliche Vorstellung für das Leiten von Kräften in vorzugsweise hochbeanspruchten Konstruktionen. Der Kraftfluss ist in technischen Systemen immer kreisläufig, d.h. er muss stets geschlossen sein. Um keine einseitige Verdünnung oder Verdichtung der Kraftflusslinien zu erhalten, sollte der Kraftfluss möglichst kurz und ohne Richtungsänderung weitergeleitet werden. Durch geschickte Formgebung lassen sich oft kleinere tragende Querschnitte auswählen, was Materialkosten senkt.

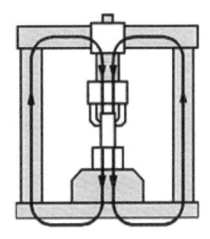

Kraftlinie
[line of force]
Bei Magneten die gedachte grafische Darstellung des Verlaufs des magnetischen Flusses. Auch in der Mechanik spricht man im Zusammenhang mit der Beurteilung der Gestaltfestigkeit von Kraftflusslinien.
$\rightarrow$ *Kraftkreis*

Kraftmanipulator
[power manipulator]
Manipulator zum Bewegen schwerer Objekte bis zu 1000 kg Masse. Er wird elektrisch angetrieben und hat vier bis acht Bewegungsachsen. Der K. besteht in der Regel aus einem mechanischen Arm und einem Fahrsystem, mit dem der Arm an die Wirkstelle gebracht werden kann. Der Einsatz erfolgt meist in kerntechnischen Anlagen und die Steuerung erfolgt mit Drucktastern (nicht mit einem Masterarm). Die Arbeitsgeschwindigkeit ist viel kleiner als bei den $\rightarrow$ *Master-Slave-Manipulatoren*.

Kraftmomentensensor
[force-torque sensor]
Messeinrichtung zur Erfassung von Kräften (x, y, z) und Momenten um die Achsen x, y und z, die in der Regel im Handgelenk von Industrierobotern angebracht wird. Der K. dient zur Überwachung und Steuerung von Bewegungen, insbesondere auch bei Montagevorgängen nach dem Muster „Bolzen in Loch".
→ *Kraftsensor*

Kraftregelung
[control of force]
Regelung der aktuellen Kraft am Endeffektor nach Prozesserfordernissen. Als Regelparameter dient die mit einem Sensor am Endeffektor gemessene Kraft und nicht die Position des TCP. Auch für das Schließen der Greifbacken kann eine K. zum Einsatz kommen.

Kraftrückführung
[force feedback]
Bei Master-Slave-Manipulatoren die Übertragung der am Slavearm auftretenden Arbeitswiderstände, Schwer- und Trägheitskräfte zurück zum Masterarm und damit in die Hand des Operateurs. Dieser spürt die Kraft am Steuerhandgriff in Echtzeit. Damit kann der Bediener „gefühlvoller" arbeiten. Der erste elektrische kraftreflektierende → *Teleoperator* wurde 1948 entwickelt.

Kraftschluss
[force closure]
Verbindungsart (auch als Kraftpaarung bezeichnet), bei der Gegenstände durch das Einwirken einer äußeren Kraft so aneinandergepresst werden, dass die Reibungskräfte ein Verschieben der Bauteile gegeneinander verhindern. Bei kraftschlüssig wirkenden Greifern soll die Berührungsflächen zwischen Greifbacke und Werkstück so groß wie möglich sein, um die → *Flächenpressung* klein zu halten. Solche Greifer sind für zerbrechliche oder bleibend verformbare Werkstück wenig geeignet.
→ *Formschluss*

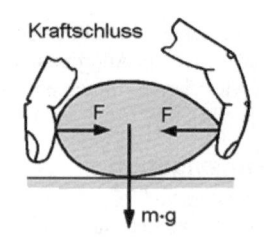

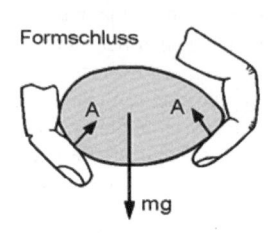

Kraftsensor
[force sensor]
Sensor zum Feststellen von Kräften und Kraftmomenten an Arm- und Handgelenken eines Roboters oder im Greifer selbst. Die gewonnenen Signale werden in einer Rechnersteuerung in Kräfte umgerechnet, weil man Kräfte nur indirekt über die Deformation von Körpern feststellen kann. Die Kraftmessung wird bei der Montage mit dem Roboter und bei bestimmten abtragenden technologischen Operationen benötigt.

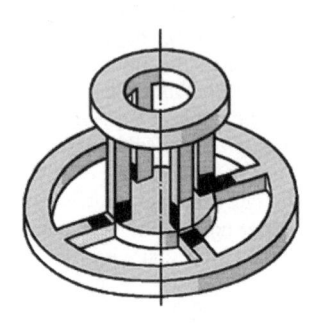

Kraftverstärkung
[power amplification]
Bei einem → *Master-Slave-Manipulator* das Verhältnis von am Masterarm ausgeübter Kraft durch den Bediener zur wirkenden Kraft am Slavearm, z.B. in den Verhältnissen 1:1, 1:3 oder 1:6.
→ *Exoskelett*, → *Menschverstärker*

▶ K

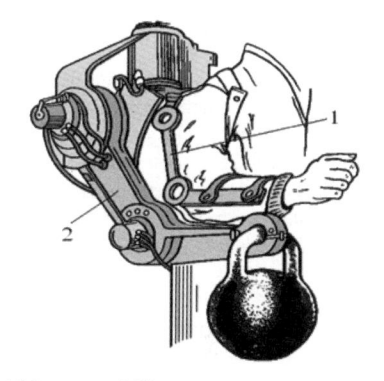

1 Masterarm, 2 Slavearm

Krankenpflegeroboter
[nursing robot]
Mobiler Roboter, der für das Heben und Bewegen von Patienten in Krankenhäusern, Altersheimen und in der Patientenbehandlung eingerichtet ist. Der K. muss in beliebigen Richtungen verfahrbar sein und einen geeigneten Endeffektor aufweisen. Oft genügt für diese Anforderungen bereits ein kostengünstigerer manuell geführter Manipulator. Dieser wird vom Pflegepersonal bedient.

Kran-Manipulator
[crane manipulator]
Kombination von Baukran und Manipulator zum Heben, Bewegen und Positionieren um Platten und Steine im Bauwesen zu setzen oder um Wandelemente zu Montieren.

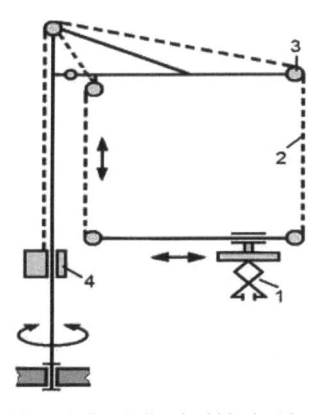

1 Greifer, 2 Seil, 3 Seilumlenkblock, 4 bewegliches Gegengewicht

Es gibt verschiedene kinematische Konzepte, die sich in der Verbindungsart zwischen Kran und Manipulator unterscheiden, z.B. in solche mit starrer Befestigung oder mit Seilaufhängung.

Kratzengreifer
[fine needle gripper]
Greifer für die Handhabung von textilen Gebilden. Als Greiforgan werden Kratzen eingesetzt. Die Kratze ist in der textilen Fertigung ein weitverbreitetes und in vielen Modifikationen eingesetztes technologisches Werkzeug. Die dünnen Drahthäkchen sind gewissermaßen beweglich im mehrschichtigen Trägermaterial verankert. Das Greifgut wird mit dem K. nur angestochen und nicht durchstochen. Als Basisgerät verwendet man einen Parallelbackengreifer, dessen Grundbacken je ein Kratzenfeld tragen. Nach dem Aufsetzen des Greifers führen die Backen einen Greifhub aus, der dem Innengriff entspricht. Die Drahthäkchen mit einer Stärke von 0,3 bis 0,5 mm tauchen dabei in die Textilstruktur ein.

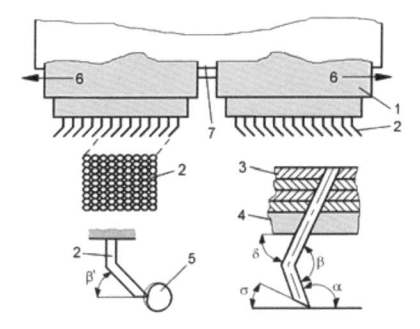

1 Greifbacke, 2 gewinkelte Drahtborste, 3 Sechsfach-Baumwollgewebe, 4 Kautschuk, 5 Werkstück, Faden, 6 Verspannbewegung, 7 Parallelgreifer

Kreativität
[creativity]
Generelle Natur- und Gesellschaftserscheinung, Neues hervorzubringen. Sie ist insbesondere eine Fähigkeit des Menschen, Neues durch Erkenntnisgewinn, Wissen und Erfahrung zielgerichtet und sinnvoll zu leisten. Aber auch für Auto-

maten werden kreative Eigenschaften angestrebt, z.b. das Hervorbringen von Gemälden mit einem Roboter oder das Erzeugen von Gedichten per Computer.

Kreiselsensor
[gyroscope]
→ *Faserkreisel*

Kreisinterpolation
[circular interpolation]
Bei der Bahnsteuerung die steuerungsinterne Berechnung von Bahnpunkten auf einem Kreisbogen zwischen den programmierten Anfangs- und Endpunkten (P1, P2) und zusätzlich einer dritten Position. Je nach Wahl des Zwischenpunktes ergibt sich ein kleiner oder großer Kreisbogen.
→ *Interpolation*

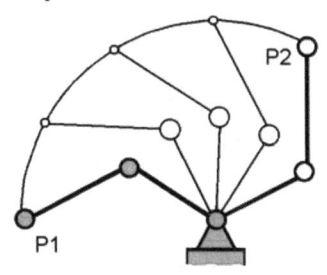

P programmierte Position

Kreiskettenförderer
[circular conveyor system]
Flurfreier Förderer bei dem über eine endlose Kette angetriebene Gehänge oder Haken kontinuierlich umlaufen. An Haken kann man z.B. Blechformteile anhängen. Wie im Bild gezeigt, können auch spezielle Übergabestationen gestaltet werden.
→ *Power and Free-Förderer*

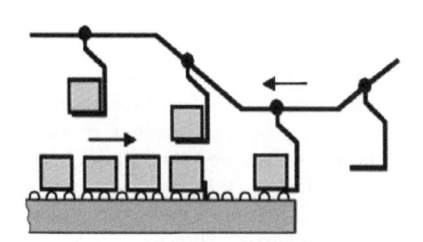

Kreisschiebung
[circular displacement]
Exakte oder angenäherte Parallelführung eines Körpers in einem Bezugssystem, bei dem alle Punkte des geführten Körpers gleichgroße gleichbleibende Kreise bzw. Kreisbögen beschreiben, wie z.b. die Greifbacken im Bildbeispiel.
→ *Geradschiebung*

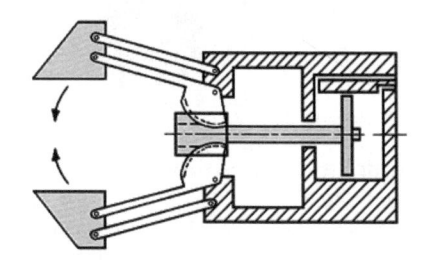

Kreuzgelenk
[cardan joint, Hooke's joint]
Verbindung zweier Wellen, die deren gegenseitige winklige Verschiebung und Bewegung gestattet. Die Wellenenden sind gabelförmig ausgebildet und kreuzweise versetzt. Das K. wird auch als Kardan- oder Universalgelenk bezeichnet.
→ *Gelenk*, → *Gelenkwelle*

Kreuzlaufwagen
[cross carriage]
Zweiachsige Handhabungseinrichtung, dessen Laufwagen auf einem Portalbalken verfährt. An der Vertikaleinheit wird die Last bzw. ein Endeffektor angebracht. Die Antriebe sind integrierter Bestandteil. Systeme mit K. sind Bestandteil vieler Baukastenkonzepte und somit auch Handelsware.
→ *Kreuzportalroboter*

▶K

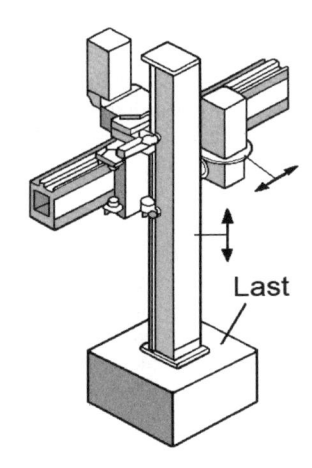

Kreuzportalroboter
[area gantry robot]
Roboter, der auf Portalschienen in der x-y-Ebene verfährt. Typisch ist der mögliche große Arbeitsraum bei nur geringer Inanspruchnahme der Produktionsfläche.
→ *Linienportal*

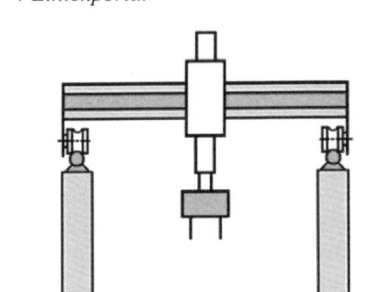

Kreuzrollenführung
[cross-roller guide]
Eine → *Profilschienenführung* mit kreuzweise in den Laufwagen eingebauten Rollen. Sie ist gegenüber den Kugelführungen steifer und höher belastbar, weil anstelle der Punktkontakte bei der Kugel ein Linienkontakt bei der Rolle getreten ist. Die Herstellung ist aufwendiger als bei den → *Kugelführungen*.

Kreuzschiebetisch
[x-y-table]
Bereitstelleinheit, die Flachpaletten in zwei Achsen positionieren kann und damit die Voraussetzung für die Anwendung einfacher Einlegeeinrichtungen für die Handhabung schafft. Es wird gegenüber einem passiven Speicher allerdings mehr Grundfläche in Anspruch genommen. Der K. kann auch Basisbaugruppe (erste Achse) für eine Handhabungseinrichtung sein.

Kreuzungsabstand
[axis distance]
Achsenabstand von Bewegungsachsen eines Roboters zueinander. Bei einem Abstand d kreuzen sich die Achsen nicht und es muss in der Steuerung eine entsprechende Verrechnung vorgenommen werden, um den TCP in den gewünschten Raumpunkt zu bewegen. Bei der Zweisäulenausführung der Achse 1 hingegen kreuzt sich die ausfahrende Achse mit der Hubachse. Das verursacht weniger Rechenaufwand.

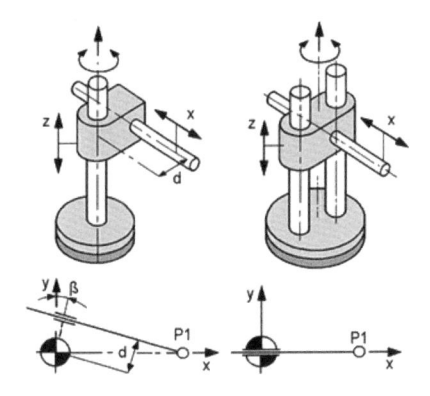

d Kreuzungsabstand, β Kreuzungswinkel

Kronenradgetriebe
[crown-wheel gear]
In der Getriebetechnik ein Zahnradgetriebe, bei dem ein Stirnradritzel in ein Kronenrad eingreift und Antriebs – und Abtriebswelle in einem Winkel von 90° zueinander stehen. Das Kronenrad hat Ähnlichkeit mit einer zum Kreis gebogenen Zahnstange. Von Vorteil gegenüber einem → *Kegelradgetriebe* ist die axiale Freiheit des Ritzels.

223

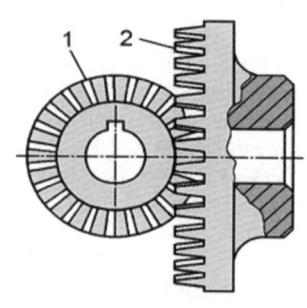

1 Ritzel, 2 Kronenrad

Kronenrevolvergreifer
[crown-turret gripper]
Bauform eines → *Revolvergreifers* mit 45° schräggestellter Basisscheibe. Der K. kann z.B. 6 Einzelgreifer aufnehmen. Er wird oft in automatischen Montagesystemen eingesetzt. Das Aufladen des K. mit Teilen erfolgt in einer eigens dafür eingerichteten Peripherie.

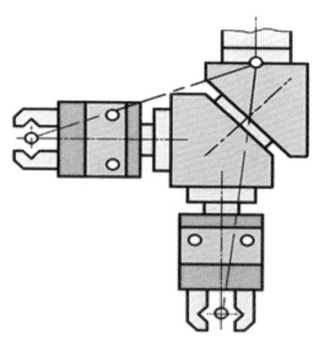

Kugelbüchsenführung
[linear ball bushing]
Bei Lineareinheiten eine hochpräzise Linear-Kugelführung mit unbegrenzten Hubwegen und langer Lebensdauer.

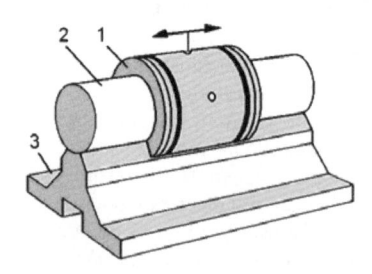

1 offene Kugelbüchse, 2 Präzisionswelle, 3 Basisprofil

Sie besteht aus mindestens einer Kugelbüchse und einer Präzisions-Stahlwelle. Passende Gehäuse komplettieren die Teile zu einer Einbau-Einheit. Die Kugelbüchsen können offen oder geschlossen sein.

Kugelführung
[ball bearing slide]
Mechanisch bewegbare Maschinenteile, die auf Kugeln ruhen und planar bewegbar sind. Die gehärteten Führungen ermöglichen eine rollende Reibung in geometrisch entsprechend gestalteten Bahnen. Auf die Kugel kann eine Dauerkraft wirken (→ *Vorspannung*), die das System spielfrei macht, ohne jedoch die Leichtgängigkeit und das ruckfreie Positionieren zu beeinträchtigen. K. sind relativ unempfindlich gegen Verunreinigungen. Die Belastbarkeit der K. mit V-Nut-Laufprofil (→ *Flachkäfigführung*) ist geringer als bei einer → *Kreuzrollenführung*.

Kugelgelenk
[ball joint]
Gleitgelenk, dessen Gelenkelemente aus Kugel und Kugelpfanne (Hohlkugelsegment) bestehen. An Bewegungsmöglichkeiten sind drei Drehungen realisierbar, die aber mehr oder weniger aus konstruktiven Gründen eingeschränkt sind.
→ *Gelenk*, → *Gelenkwelle*

Kugelgewindetrieb
[recirculating ball screw]
Getriebe, das aus → *Kugelumlaufspindel* und Mutter besteht, wobei die Kugeln in der Mutter ein- oder mehrreihig zurückgeführt werden. Die Spindel kann geschliffen oder für weniger hohe Ansprüche mit gerolltem Gewinde ausgestattet sein. Lebensdauer und Wirkungsgrad sind hoch. Eine → *Selbsthemmung* ist nicht gegeben, was eventuell eine → *Haltebremse* notwendig macht. K. sind als sehr hochwertige Komponente teuer. Spezielle Ausführungen haben eine besondere → *Vorspannung* oder eine Doppelmutter zur Erhöhung der Präzision.

Kugelkoordinatensystem
[spherical coordinate system]
Koordinatensystem, in welchem ein Raumpunkt durch zwei Winkel und einen Abstand vom Ursprung beschrieben wird. Roboter mit der Struktur RRT (R = Rotation, T = Translation) erzeugen einen kugeligen Arbeitsraum.

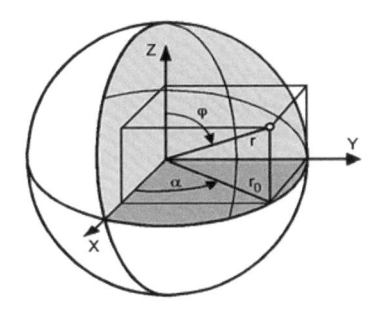

Kugelmanipulator
[ball manipulator]
Hantiergerät (Ferngreifer) für den Laborbetrieb. Die Finger des Greifers werden direkt vom Operateur auf mechanischem Weg bewegt. Die Bezeichnung „K." rührt daher, weil der K. in einer Kugeldurchführung läuft, die in der Schutzwand des Laborplatzes sitzt. Der Arm (Stange) ist in der Kugeldurchführung dreh- und schiebbar sowie zweiachsig mit der ganzen Kugel schwenkbar.

Kugel(roll)tisch
[ball rolling table]
Tisch mit wälzgelagerten Kugelelementen, der es erlaubt Fördergut in zwei Transportrichtungen von Hand zu verschieben.

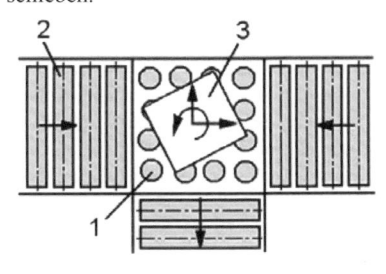

1 Kugelrollelement, 2 Rollengang, 3 Fördergut

Auch die Drehung um die eigene Achse ist möglich. Die K. finden vor allem im Warenumschlag und in der Stückguthandhabung z.B. von schweren Gussstücken Verwendung. Anstelle von Kugelelementen werden auch Allseitenrollen eingesetzt.

Kugelumlaufspindel
[ball screw]
Schraubgetriebe mit geringer Reibung, bei dem Spindel und Kugelumlaufmutter über Wälzkörper gekoppelt sind. Die Kopplung erfolgt über Kugeln, die über Kanäle innerhalb der Mutter wieder zurückgeführt werden. Ein wesentlicher Vorteil ist die spielfreie Führung. Der geringe, in Ruhe und Bewegung gleichbleibende Verschiebewiderstand ermöglicht genaueste Einstellbewegungen eines Schlittens, Tisches u.ä. Vorteile: hohe Steigungsgenauigkeit, weitgehende Spielfreiheit zwischen Spindel und Mutter sowie hoher Wirkungsgrad (etwa 98 %).→ *Präzision,* → *Wiederholgenauigkeit*

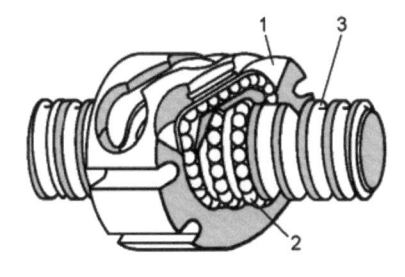

1 Mutter, 2 Kugellager, 3 Gewindespindel

Kugelzuführgerät
[feeder for balls]
Zuführeinrichtung für Stahl-, Nirosta- und Kunststoffkugeln im Durchmesserbereich 1 bis 4 mm. Die Kugeln befinden sich in einem Rundbunker. Dieser wird von einem Schwingantrieb in Bewegung gesetzt. Der Auslauf der Teile geschieht über einen Schlauch mit mehr als 100 Kugeln je Minute. Der technische Aufbau ist äußerst einfach. Das Schwingsystem lässt sich über ein Regelgerät einstellen.

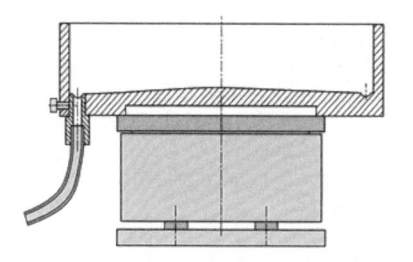

Kühlung
[cooling]
Wärmeabführung bei Elektromotoren. Sie entwickeln je nach Belastung eine bestimmte Eigenwärme, die aus Gründen der Funktion und Lebensdauer keineswegs überschritten werden darf. Deshalb muss jeder Motor über eine geeignete K. verfügen. Das können z.b. eingebaute Lüfter zur Innenkühlung sein und/oder auch Maßnahmen zur Oberflächenkühlung (Gehäuserippen). Die verschiedenen Kühlarten für drehende elektrische Maschinen sind nach DIN IEC 34-6 genormt.

Kulissenantrieb
[sliding drive]
Antrieb, bei dem Kraftleitung und Weginformation in einer Kurve (einer Kulisse) verewigt sind. Die Verbindung zum ausführende Element ist zwangsläufig. Klemmgreifer mit einem K. sind im Antrieb einfach und können sich besonders weit öffnen. Um den Abrieb zu mindern, laufen in der Kulisse Rollen.

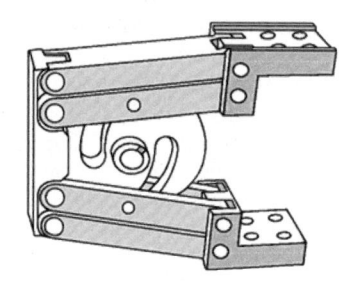

Künstliche Haut
[artificial skin]
Gummiartiger Kunststoff von hoher Elastizität mit eingelagerten Graphitelementen um taktile Informationen (geringe Druckänderungen) ortsgenau erfassen zu können. Temperatursensoren können integriert sein.

Künstliche Intelligenz
[artificial intelligence]
Abk. KI; Sammelbegriff für Methoden und Verfahren aus Informatik und Kognitionswissenschaften, u.a. mit dem Ziel der (teilweisen) Nachbildung menschlicher Intelligenzleistungen (Sprach- und Bildverstehen, Planung, Schlussfolgern, Mustererkennung, Lern- und Dialogfähigkeit u.a.) durch Rechenautomaten. Man kann KI auch als die Suche nach den Maschinen verstehen, die wie der Mensch sehen, hören, laufen, möglicherweise sogar denken können. Verhalten und Ergebnisse sollen einem menschlichen Beobachter als intelligent erscheinen. Für echte Intelligenz bedarf es einer enormen Rechenleistung sowie lernfähiger Computerprogramme. Die KI entstand als Nebenprodukt der Computerentwicklung.

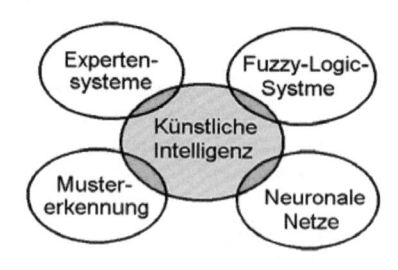

Künstlicher Muskel
[artificial muscle]
Im Wesentlichen ist die Entwicklung von K. noch ein Forschungsgebiet mit weltweit mehr als 1000 Forschern, indem flexible Fasern verschiedener Art untersucht werden, um künstliche Muskelfasern zu erzeugen, die sich als Reaktion auf chemische oder elektrische Reize wie ein biologischer Muskel ausdehnen und wieder zusammenziehen. Man experimentiert z.B. mit Kunstseidenfasern oder Streifen aus perfluorierten carboxylischen Polymeren.
→ *Fluidmuskel*, → *Dohelix*

Künstliches Leben, KL
[artificial life]
Forschungsgebiet, das sich mit der Simulation von lebensähnlichen Organismen und Systemen im Computer befasst. Die Natur des Materials ist anorganisch, ihr Kern ist Information. Man hofft, eine Art von Leben in Siliziumchips erschaffen zu können. Man will auch das Leben selbst und seine Grenzen besser begreifen (1987 in *Los Alamos* begründet).

Kupplung
[coupling]
Bei der Ankopplung einer Motorwelle an die Spindel, z.B. einer Vorschubeinheit, kann es durch Fertigungs- und Montagetoleranzen leicht zu Fluchtungsfehlern kommen. Die Folge ist dann ein schneller Verschleiß der Motor- und Spindellager. Deshalb setzt man als Verbindungsstück speziell entwickelte Wellenkupplungen ein. Sie besitzen ein flexibles Mittelstück, das Winkelfehler z.b. bis zu 1,5 Grad bei uneingeschränkter Funktion ausgleichen kann. Man sollte bei solchen Kupplungen darauf achten, dass sie in Drehrichtung spielfrei sind und bei einem Wellenversatz keine Winkelgeschwindigkeitsänderungen entstehen.

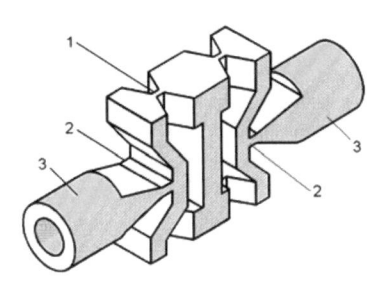

1 Filmgelenk, 2 Filmgelenk für versetzte Ebene, 3 Achsenanschlussnabe

Eine solche Kupplung, wie im Bild dargestellt, überträgt das Drehmoment formschlüssig und drehelastisch. Die während des Betriebes auftretenden Schwingungen und Stöße werden gedämpft und abgebaut. Je nach Konstruktion eignen sich die Kupplungen für mehr oder weniger starke Fehlausrichtungen der zu verbindenden Wellenenden und Drehmomente, höhere Anforderungen an Steifigkeit und Belastbarkeit oder für höhere Drehzahlen.
→ *Oldham-Kupplung*, → *Überlastkupplung*

Kurbelschleife
[rocker arm]
Mechanismus zur Umwandlung einer Drehbewegung in eine Linearbewegung oder auch umgekehrt. Die K. kann u.a. auch zur Synchronisierung von Greiferbackenbewegungen verwendet werden (→ *Doppelschwinge-Joch-Antrieb*). Um den Verschleiß in Grenzen zu halten, sollten rollende Bewegungen (Laufrolle) zwischen den Komponenten bevorzugt werden.

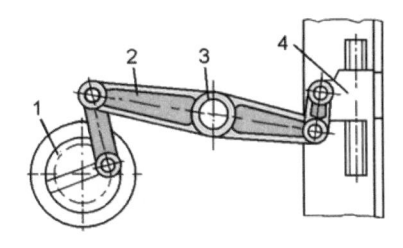

1 Kurbelscheibe, 2 Schwinge, 3 Schwingenwelle, 4 Stößelmutter

KURT
Abk. für Kanaluntersuchungs-Robotertestplattform; autonomer mobiler Roboter (Prototyp 1995), der von der Fraunhofer-Gesellschaft *AIS* entwickelt wurde. Er dient als Experimentiergerät für Studien zur Entwicklung autonomer, kabelloser Roboter, die in Abwasserkanälen computergesteuert und sensorgeführt operieren können.

Kurvenscheibe
[cam disc]
Bestandteil von Kurvensteuerungen, die Weg- und Geschwindigkeitsverläufe analog beinhalten (Programmspeicher). Mit Übertragungsgliedern (Rollen, Hebel, Führungen) werden die Bewegungen zu Maschinenschlitten geleitet. Die K. können zweidimensional (Scheibenkur-

ven) oder dreidimensional (Trommelkurven) ausgebildet sein.

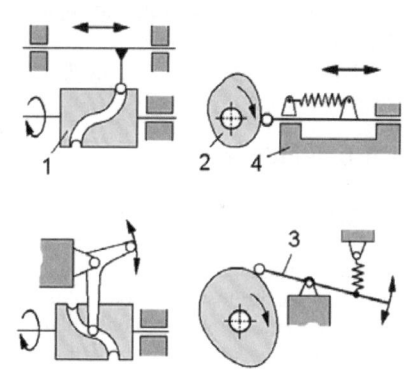

Nachteile: Wenige Positionen anfahrbar, Bewegungszyklus kaum veränderbar.

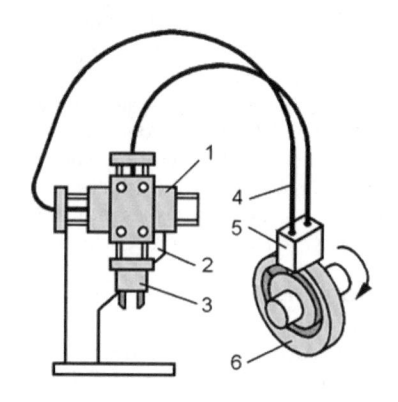

1 Trommelkurve (Formschluss), 2 Scheibenkurve (Kraftschluss), 3 Schwingarm, 4 Linearschieber

1 Schlitteneinheit, 2 Ständer, 3 Greifer, 4 Zug-Druck-Element, 5 Tastrolleneinheit, 6 Steuerkurve

Kurvenscheibe, elektronische
[electronic cam disc, electronic gear]
Software für die Steuerung beliebiger nichtlinearer Bewegungsabläufe zwischen Antriebsachsen. Hierbei ist ein Antrieb der Führungsantrieb (Master) und die anderen sind die Folgeantriebe (Slave). Die Bewegungen der Slaveachsen folgen der Bewegung der Masterachse gemäß einer frei programmierbaren mathematischen Funktion. Das nutzt man bei der Koordination der Bewegungsabläufe dezentraler unabhängiger Positionier- und Ablaufsteuerungen eines Antriebssystems. Beispiele: Verpackungs-, Holzbearbeitungsmaschinen, → *Fliegende Säge*.

Kurvensteuerung
[cam control]
Weitgehend analoge Steuerung für mechanische Handlinggeräte. Das heißt, die Bewegungsabläufe sind in Steuerkurven eingearbeitet.
Vorteile: Keine Driftererscheinungen, stoß- und ruckfreies Bewegen sind möglich, leise (Getriebe laufen oft im Ölbad), hohe Zuverlässigkeit, kleine Zykluszeiten, präzise Synchronisation zu Maschinenaktionen.

Kurzschlussschutz
[short-circuit protection]
Schutz elektronischer Komponenten wie z. B. Sensoren gegen Zerstörung oder Schädigung infolge Überstrom.

Kurzzeitbetrieb
[short-time duty]
Die Betriebsdauer einer elektrischen Maschine, die im Vergleich zur nachfolgenden Pause so kurz ist, dass die Beharrungstemperatur nicht erreicht wird. In den anschließenden längeren Pausen kühlt sich der Motor auf die Ausgangstemperatur ab.
→ *Betriebsart*

Kusa-Schaltung
[stator-resistance starting circuit]
Kurzschluss-Sanftanlaufschaltung; Anlaufschaltung für Kurzschlussläufermotoren. In der Stromzuleitung befindet sich ein Widerstand, der nach dem Hochlauf des Motors durch ein Verzögerungsrelais kurzgeschlossen wird.
→ *Soft-Motorstarter*

K_v-Faktor
[K_v factor, amplification factor]
Maß für die Verstärkung in einem Achsregelkreis. Der K_v-Faktor gibt an, mit

welcher Geschwindigkeit in m/min eine Achse verfahren kann, bis ein Schleppabstand von 1 mm erreicht ist. Je höher der Wert, desto „härter" ist die Dynamik des Regelkreises eingestellt. Bei zu hoch eingestelltem Wert „schwingt" die Achse und neigt zu instabilem Regelverhalten.
→ *Schleppfehler*

k_v-Wert
[k_V value]
In der Pneumatik ein dimensionsloser Ventilkoeffizient zur Angabe des Durchflusses durch ein Stellventil.
→ *Durchflusskoeffizient*

Kybernetik
[cybernetics]
Forschungsrichtung und Lehre, die das Verhältnis und die Interaktionen zwischen Systemen, Menschen oder Maschinen mit Selbstregelungsmechanismen studiert. Gegenstand sind sämtliche selbsttätigen Steuerungs- und Regelungsmechanismen in technischen, biologischen, soziologischen usw. Systemen. In der Steuerungstechnik: Steuerungssysteme, die Baugruppen aus verschiedenen Technologien umfassen.

Kybernetisches Tier
[cybernetic animal]
Kybernetische Maschine zur Modellierung und Untersuchung einfacher tierischer Verhaltensformen, meist dem Nachbildung bedingter Reflexe. Beispiel: Künstliche Maus Theseus (*C.E. Shannon*, 1950), Schildkröte *Elsie* (Dr. *W. Grey Walter* 1947), lichtsuchende Schildkröte (*H. Zemanek* und *E. Eichler*), das Eichhörnchen von *Berkeley* und der Fuchs von *Durocq*. Bereits 1915 konstruierten *Hammond* und *Miessner* einen elektrischen Hund, der von Licht angelockt wurde. Solche Modelle werden heute auf dem Rechner simuliert. Ein anderes Gebiet sind kybernetische Spielzeuge (*cybernetic toys*) für die Unterhaltung und lehrende Demonstration.
→ *ELSI*, → *Animaloid*

L

Laborroboter
[laboratory robot]
Kartesischer spezieller oder z.B. fünfachsiger Drehgelenk-Roboter, der für Aufgaben in Laboratorien eingesetzt werden kann. Aufgaben sind: Handling von Proben, Mikrotiterplatten, Ernten biologischer Kulturen usw. Als besondere Anforderung kann verlangt werden, dass der L. reinraumtauglich ist. Ein erstmaliger Einsatz eines L. erfolgte 1982 in einem chemischen Labor.

Ladeeinheit
[unit load]
Güter, die zum Zweck des Umschlags durch einen → *Ladungsträger*, z.B. eine Transportpalette, zusammengefasst und oft auch mit Stretchfolie gesichert sind.

Ladeportal
[gantry manipulator]
Ein- oder zweiarmige an einem Linienportal verfahrbare Handhabungsmaschine für die Beschickung von Werkzeugmaschinen mit Werkstücken von oben bzw. für das Entladen.

Ladung
[loading, charging]
Menge von Gütern oder Ladeeinheiten auf einer Transportmitteleinheit. Die Ladungen werden oftmals mit Ladeeinheit-Sicherungsmitteln (z.B. Folie, Spanngurt) zusammengehalten.

Ladungsträger
[load carrier]
Tragendes Mittel zur Zusammenfassung von Gütern zu einer Ladeeinheit. Oftmals wird diese nach den betreffenden Ladungsträger benannt, z.B. Flachpalette, Rollcontainer. Neben seitlich nicht begrenzten Ladungsträgern (Europool-Palette) sind auch zweifach und dreifach begrenzte Ladungsträger üblich (Box-Palette). Die Ladungsträger sind meistens staplerfähig oder rollbar und in seltenen Fällen auch kranbar.

Lage
[location]
Häufig benutzter, aber dennoch unscharfer Begriff, der in der Handhabungstechnik Position (Lage) und Orientierung (Drehlage) eines geometrisch bestimmten Körpers meint. Wegen der begrifflichen Unschärfe sollten die Begriffe Orientieren und Positionieren verwendet werden, z.B. Vorzugsorientierung statt Vorzugslage, wenn die Ausrichtung der Hauptachsen eines Körpers gemeint ist.

Lagen-Depalettierer
Beim Robotereinsatz ein Endeffektor, der beim Abräumen von Flachpaletten eine ganze Lage gestapelter Objekte z.B. Kästen oder Kartons, mit einem Greifvorgang übernehmen kann. Das gelingt z.b. mit mechanisch-unterhakenden Greiforganen, Vakuumsaugern, Vielfachmagneten (Dosenhandhabung) oder andere Lastaufnahmemittel.
→ *Layer-Piching-Technologie*

Lager
[rotating motion rolling bearings]
Im Maschinenbau werden die Elemente, die zwischen Maschinenteilen Relativbewegungen zulassen, als Führung bezeichnet. Drehführungen werden als L. bezeichnet und Schiebeverbindungen als Führung. Um günstige dynamische und statische Eigenschaften zu erreichen ist eine kraftsymmetrische Lagerbelastung anzustreben.

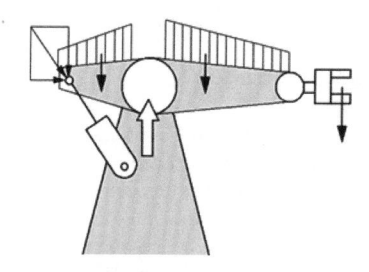

Lageregelkreis
[position feedback control, closed loop control]
Geschlossener Regelkreis, der ständig die Positions-Istwerte mit den programmierten Sollwerten vergleicht und bei Abweichungen solange Korrektursignale ausgibt, bis die Differenz zwischen beiden Werten ausgeglichen und die gewünschte Position erreicht ist. Meistens werden weitere Regelabweichungen überlagert, wie Geschwindigkeit, bzw. Drehzahl und Motorstrom.

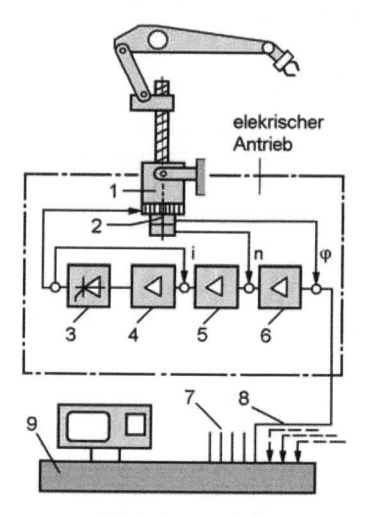

1 Motor, 2 Weggeber, 3 Steller, 4 Stromregler, 5 Drehzahlregler, 6 Lageregler, 7 Befehlseingabe, 8 Sollwertvorgabe, 9 Steuerung, i Iststrom, n Istdrehzahl, φ Winkel

Lageregler
[position controller]
Allgemein ein Bestandteil eines → *Lageregelkreises* bzw. einer Bewegungssteuerung. Die Ausgangsgröße des Lagereglers ist der Drehzahlsollwert, der an die Regelstrecke ausgegeben wird. Der Lageregler wird meistens als P-Regler (→ *Reglertypen*), bestehend aus einem Proportionalglied, ausgelegt. Damit ist eine unverzögerte Reaktion auf Sollwertänderungen bzw. das Einwirken von Störgrößen möglich. Die Dynamik des Lageregelkreises hängt von der Proportionalverstärkung des Lagereglers, dem → K_v-*Faktor* ab. In Abhängigkeit von der zu lösenden Bewegungsaufgabe weist der Lagesollwert unterschiedliche zeitliche Verläufe auf.

Lageregeltakt
[sampling time for position loop]
Bei Positionierantrieben die Regelkreis-Zykluszeit, die angibt, wie schnell die Steuerung den nächsten Lage-Sollwert mit dem momentanen Lage-Istwert vergleicht, die Lagedifferenz ermittelt und einen neuen Sollwert für den Antrieb generiert und ausgibt.
→ *Anregelzeit*, → *Ausregelzeit*

Lagesicherungselement
[position holder]
Elemente (Werkstückaufnahmen) bzw. Verfahren zum Halten von Werkstücken in einer definierten Position und Orientierung in Werkstückmagazinen mit flächigem Ablagemuster. Das sind Prismen, Anschläge, Formdurchbrüche in Blechen, Rastschienen, Stapeldorne usw.

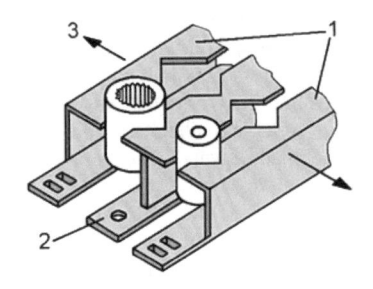

1 einstellbare Schiene, 2 feste Prismen-Stegschiene, 3 Verschiebemöglichkeit

Lagestabilität
[position stability]
Eigenschaft eines Werkstücks, während der gleitenden Fortbewegung auf einer schrägen und/oder schwingenden Fläche seine Auflageflächen beizubehalten.

Landmarkennavigation
[landmark navigation]
Verfahren zur Navigation autonomer mobiler Roboter, bei dem die Wiedererkennung vorher eingelernter natürlicher oder künstlicher Landmarken ausgewertet wird. Daraus wird dann der eigene Standort ermittelt.
→ *Landmarke, künstliche*

Landmarke, künstliche
[artificial landmark]
Methode zur Navigation mobiler Roboter, bei der künstliche (unbewegliche) Marken an bekannten Orten in der Umgebung angebracht werden. Es müssen drei oder mehr L. in „Sicht" sein, um eine Positionsbestimmung durchführen zu können. Der Vorteil besteht in der freien Platzwahl. Auch unter schlechten Bedingungen sind die L. gut erkennbar.

Landmarke, natürliche
[natural landmark]
Ein auffälliges, permanent wahrnehmbares markantes Merkmal der Umgebung, das einem autonomen mobilen Roboter als Anhaltspunkt bei der Navigation dient. Die Umgebung muss dazu bekannt sein. Die Zuverlässigkeit der Methode ist nicht so gut wie bei der Nutzung künstlicher Landmarken.

Landwirtschaftsroboter
[agriculture robot, farming robot]
Roboter, der für die Erledigung landwirtschaftlicher Arbeiten ausgerüstet ist. Dazu zählen Melkroboter, Ernteroboter, autonom agierende Maschinen für die Bodenbearbeitung und Spezialroboter, z.B. für das Scheren von Schafen. Obst pflückende Roboter müssen die Frucht erkennen, mit Schneidgeräten die Abschneidstelle anfahren und das abgeschnittene Obst beschädigungsfrei in Sammelbehältern ablegen.

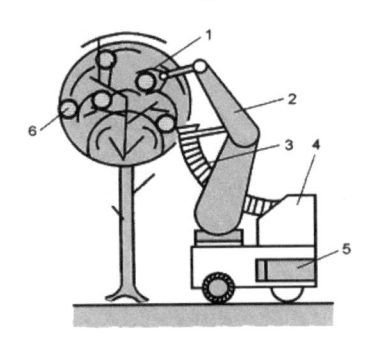

1 Greifer, Abschneidwerkzeug, 2 Roboterarm, 3 Fruchtführungsschlauch, 4 Sammelbehälter, 5 Antrieb, 6 Frucht

Langgut
[long goods]
Handhabungsgut, das aus Teilen mit mehr als drei Meter Länge besteht. Die Manipulation von L. erfordert spezielle Handhabungseinrichtungen wie z.B. Stangenlader, oder parallel synchron handelnde Drehgelenkroboter.

Langhubgreifer
[long stroke gripper]
Greifer mit extrem großer Öffnungsweite, die ohne Umstellung verfügbar ist. Der Antrieb kann z.B. mit pneumatischen kolbenstangenlosen Zylindern und mit Elektromotoren erfolgen. Nachteil: Die Schließ- und Öffnungszeiten sind groß.

Längenmessung, automatisierte
[automated measurement of length]
Selbsttätiger Ablauf beim Prüfen, wobei die zu prüfende Länge mit dem Sollmaß verglichen wird. In diesem Beispielfall wird Prüfen als Messen bezeichnet. Dafür gibt es verschiedene Messverfahren und –geräte. Das Ergebnis des Messvorganges ist das Istmaß, z.B. die Länge einer Welle. Eine Automatisierung erfordert das automatische Zuführen der Objekte und dass anschließende Sortieren nach Abmaßgruppen.

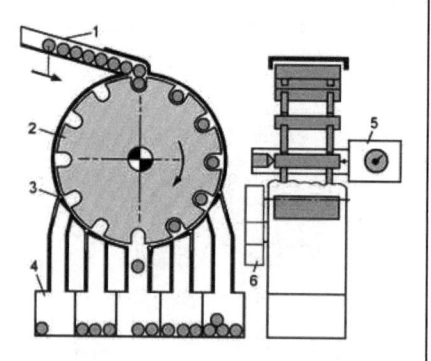

1 Zuführrollstrecke, 2 in der Breite verstellbarer Rotorzuteiler, 3 Schwenkklappe, 4 Sammelbehälter, 5 Längenmesseinrichtung, 6 Magnetantrieb für die Schwenkklappen an den Sortierkanälen

Längstransfer-System
[longitudinal transfer system]
Arbeitssystem, insbesondere in der Montage, bei dem die Arbeitsstationen hintereinander in Reihe angeordnet sind. Die Weitergabe der Arbeitsobjekte erfolgt mit Werkstückträgern entweder taktweise oder zeitsynchron. Weil das System offen ist, müssen die leeren Werkstückträger wieder zum Anfang des L. zurückgebracht werden.

Langzeitverhalten
[long-term behaviour]
Veränderung von z.B. Roboter-Prüfgrößen über die Zeit, insbesondere die geometrischen Prüfgrößen, die sich auf den Positionierfehler beziehen. Thermische Einflüsse können das L. z.B. stark verändern.

Laserbandmikrometer
[laser scan micrometer]
Gerät zur Messung von Abständen, bei dem ein dünner Laserstrahl mit einem → *Polygonspiegel* so abgelenkt wird, dass ein Lichtband entsteht. Dieses trifft auf einen Empfänger mit CCD-Zeile. Ein im Lichtband befindliches Objekt wirft einen Schatten. Die nicht beleuchteten Pixel werden ausgezählt und repräsentieren die Messobjektdicke. Durch → *Subpixeling* lässt sich die Ablesegenauigkeit noch erhöhen, z.B. auf 2 μm.

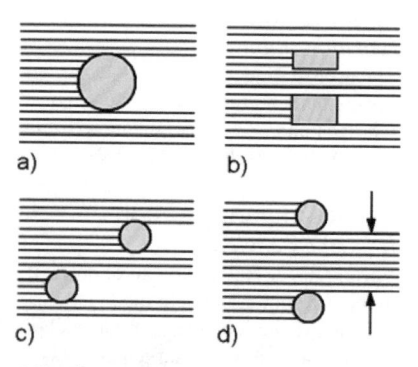

a) Durchmesserbestimmung, b) Abstand zwichen zwei Einzelteilen, c) gleichzeitige Messung zweier Teile, d) Abstand zwischen zwei Rundteilen

Laserdistanzsensor
[laser distance sensor]
Sensor zur genauen Messung des Abstandes zu verschiedenen Oberflächen (dunkle Gummifläche, helle Flächen). Es wird die Reflexionslaufzeit eines Laserstrahls gemessen. Genauigkeit z.B. 0,3 mm bei einem Messbereich von 50 bis 250 mm. Weiterhin hat die Richtung der L. in der Messstellung große Auswirkung auf das Ergebnis.

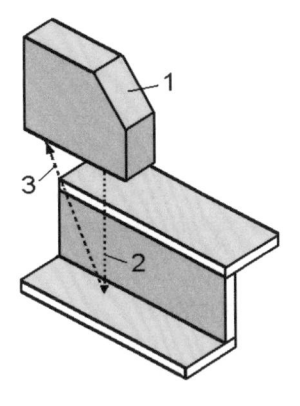

1 Sensor, 2 Laserstrahl, 3 reflektierter Strahl

Laserindustrieroboter
[laser industrial robot]
Industrieroboter, der als Führungsmaschine für einen Laserstrahl dient und damit zur Werkzeugmaschine für zwei- oder dreidimensionale Bearbeitungsvorgänge mutiert. Wird der Laserstrahl im hohlen Arminneren geführt, dann benötigt man Drehgelenke mit integrierten Umlenkspiegeln.

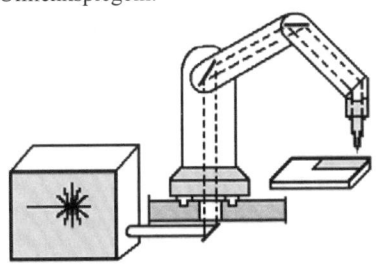

Bei Leistungen über 2 kW werden gekühlte Kupferspiegel eingesetzt, für kleinere Leistungen gekühlte Siliziumspiegel. Der Laserstrahl kann auch auf optischem Weg geteilt werden, so dass gleichzeitig mehrere Bearbeitungsstellen versorgt werden können.

Lasernavigation
[laser navigation, laser tracking system]
System zur Führung mobiler Roboter bzw. fahrerloser Transportfahrzeuge auf der Basis eines rundum geführten Laserstrahls. Dieser wird an Reflexmarken, die man beliebig in der Umgebung anbringen kann, zurückgeworfen. Während einer Anlernfahrt registriert der mobile Roboter die Lage der Reflexmarken und speichert sie als interne „Landkarte" ab. Sind genügend Reflexmarken angebracht, dann dürfen einige durchaus durch Gegenstände oder Personen zufällig verdeckt sein. Der Ursprung der L. beruht auf einem „Sternennavigator", den man zur Steuerung von Raketen nach dem Sternenbild entwickelt hat.

Laserscanner
[laser scanner]
Optoelektronisches Gerät, das seine Umgebung mit dem Laserstrahl abtastet, um ein zwei- oder sogar dreidimensionales Abbild der Umwelt zu gewinnen. In der Auswertung lassen sich dann Objekte, Hindernisse und Fahrwege erkennen. Die Informationen kann man zur Steuerung autonomer mobiler Roboter verwenden.

Last
[load]
Unscharfer Begriff im Sinne von Belastung. Benennung einer Größe von der Art einer Masse, z.B. die Traglast eines Balancers, oder einer äußeren dynamischen oder statischen Kraft bzw. Gewichtskraft (Eigengewicht). Sie ist beim Roboter eine Funktion von Masse, Trägheitsmoment sowie statischen und dynamischen Kräften, die von ihm aufgebracht werden. Die Nutzlast ist somit die höchstens zulässige Masse, die eine Handhabungseinrichtung bewegen kann,

ohne den Betriebsbereich zu verlassen. Nutzlast + Greifer ergibt die Nennlast. Als Last bezeichnet man allgemein auch einen zu transportierenden Gegenstand oder die Belastung des Ausgangs (Abtrieb) eines Gerätes (Maschine) durch nachgeschaltete Übertragungsglieder.

Lastaufnahmeeinrichtungen
[holding device]
Mechanismen an Hebeeinrichtungen, die zur Aufnahme einer Last benötigt werden. Dazu zählen (DIN 15003) Tragmittel (Lasthaken, Tragseil), Anschlagmittel (Anschlagseile, Hebebänder u.a.) sowie → *Lastaufnahmemittel*, wie Behälter, Paletten, Gabeln und → *Greifer*.

Lastaufnahmemittel
[load suspension device]
Sammelbegriff für Vorrichtungen, die als Bindeglied zwischen dem Tragmittel eines Hebezeugs, Hubwerks oder Balancers und dem zu manipulierenden Gut dienen. Dazu zählen Lasthaken ebenso wie Zangen, Lasthaftgeräte, Anschlagseile und Greifer wie z.B. für die Aufnahme eines Fahrzeugrades zum Zweck der Montage. Die L. gehören nicht direkt zum Hebezeug.

Lastausgleich
[weight compensation]
Vorgang, bei dem eine der Schwerkraft äquivalente Kraft in entgegengesetzter Richtung erzeugt wird, die die Last in einen Schwebezustand bringt (Balancer), mindestens aber einen großen Anteil der Schwerkraft kompensiert (Roboterarm-Masseausgleich).

Lastdrehzahl
[load rotational speed]
Drehzahl, mit der die Abtriebswelle eines Antriebs umläuft, wenn die angeschlossene Arbeitsmaschine entsprechend ihrer Aufgabe in Betrieb ist und die prozessbedingten Belastungen (→ *Last*) wirken.

Lasthaftgerät
[load grip device]
Lastaufnahmemittel, bei dem die Haltekraft elektromagnetisch mit Lasthebemagneten, z.B. mit 30 t Tragfähigkeit, oder pneumatisch mit Saugergreifern erzeugt wird. Bei kleinen Objektmassen sind auch permanentmagnetische L. einsetzbar.

Lastkenngrößen
[load characteristics]
Herstellerabhängige Kenngrößen für die Belastbarkeit eines Gerätes mit einer bestimmten Kraft bzw. Gewichtskraft (Last). Angegeben werden Tragfähigkeit (Nutzlast) bei minimaler und maximaler Geschwindigkeit, Zusatzlasten und eventuelle Restriktionen sowie Durchbiegung und Verdrehung bei statischen Lasten. Allgemein gilt: Nennlast = Werkzeuglast + Nutzlast, maximale Nutzlast = Nutzlast + Zusatzlast und Maximallast = Nennlast + Zusatzlast.

Lastverhalten
[load behavior]
Verhalten eines Roboterarmes unter der Fremdbelastung (Werkstück, Prozesskräfte) und Eigenmasse (Arm und Greifer). Daraus ergibt sich eine Positionsabweichung des → *Effektors* durch elastische Verformungen von z.B. 0,7 mm bei Nennlast und einer nach unten gerichteten resultierenden Kraft. Ändert sich die Kraftrichtung, verändert sich auch das L.
→ *Last*, → *Lastverhalten*

Lateraldiode
[positions sensitive diode]
→ *Positionssensor*

Laufgrad
In der Getriebetechnik eine andere Bezeichnung für den → *Getriebefreiheitsgrad*.

Lauflängencodierung
[run-length coding]
Verfahren der Bildcodierung, besonders von Binärbildern, bei dem man nicht einzelne Bildelemente speichert, sondern sich wiederholende Muster zusammenfasst und die Anzahl der Wiederholungen notiert. Als Lauflänge wird die Zahl der aufeinander folgenden Punkte mit dem dazu gehörigen Binärwert (1) oder (0) bezeichnet.

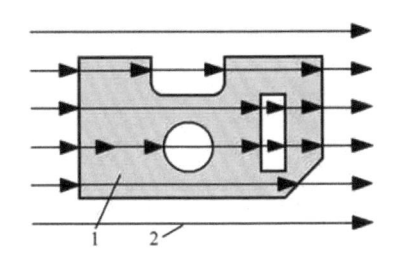

1 Werkstück, 2 Scan mit z.B. 1024 Pixel

Laufmaschine
[running machine]
Mobile Maschine mit Beinmechanismen, mit denen die Fortbewegungsart „Laufen" realisiert wird.).

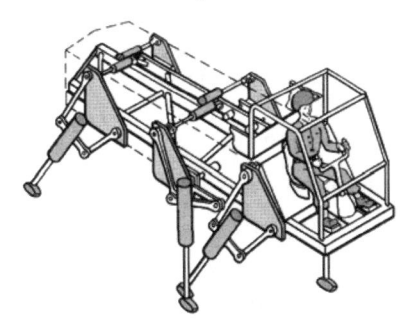

Das kann z.B. ein Sechsbeiner sein. L. ermöglichen höchstmögliche maschinelle Mobilität im Gelände, die von radgetriebenen Robotern nicht zu erbringen ist. Für bibede (zweibeinge) L. besteht das besondere Problem, dass zu jedem Zeitpunkt Momenten- und Kräftegleichgewicht vorhanden sein muss, weil sonst die L. umfällt (→ *Null-Moment-Punkt (Steuerung)*.

Laufrollenführung
[cam-roller guide]
Führung eines → *Laufwagens* auf einer geraden oder gebogenen Tragschiene mit wälzgelagerten Profilrollen. Ein Kurvenlauf ist nur möglich, wenn die sich gegenüberstehenden Rollen auf einem Drehschemel angeordnet sind.

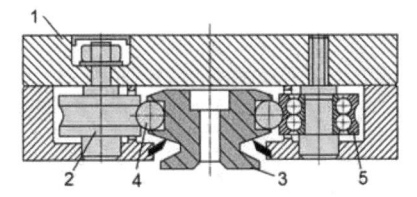

1 Arbeitsplatte, 2 Laufrolle mit Exzenterbolzen, 3 Tragprofil, 4 Laufschiene, 5 Kugellager

Laufwagen
[carriage]
Bei Lineareinheiten der auf der Profilschiene auf Rollen oder Kugeln laufende Wagen. Die zulässigen Kräfte und Momentbelastungen werden auf Baugrößen bezogen und vom Hersteller angegeben.

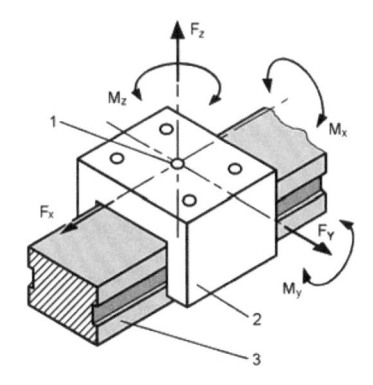

1 Kraftangriffspunkt, 2 Laufwagen, 3 Profil-Laufschiene, F Kraft, M Moment

Layer-Piching-Technologie
In der Logistik die Aufnahme einer kompletten Lage von Artikeln von einer Transportpalette, häufig mit einer Traverse, die mit Vakuumsaugern bestückt ist.
→ *Lagen-Depalettierer*

Lead-Through Programming
[indirekte Programmierung]
Programmierung eines Roboters mit Hilfe eines Programmierhandgerätes

Lehrroboter
[educational robot]
Roboter für Ausbildungszwecke und zum Training von Bedienern. Bei Programmierübungen kann man sofort die Reaktion des Roboters in ungefährlicher Umgebung verfolgen, besonders wenn der L. ein vereinfachtes Tischgerät ist. Ein wichtiger Aspekt ist auch die Fehlersuche.

Leichtbauroboter
[light-weight robot]
Roboter, dessen Bauteile, insbesondere der Manipulatorarm, aus Materialien mit niedriger Dichte besteht. Das sind dann Gitterkonstruktionen oder solche aus faserverstärkten Kunststoffen.

Leistung
[electric power]
Die elektrische Leistung P ist das Produkt aus wirksamer → *Spannung* U in Volt und fließendem Strom I in Ampere in einem Gerät oder Bauelement. Maßeinheit ist das Watt (W, $1 W = Nm/s$).

Leistungsebene
[power level]
Bei geregelten elektrischen Antrieben eine Bezeichnung für die Komponentenebene, in der die elektrische Leistung aus dem Netz entnommen wird und dann über den Stromrichter zum Motor und schließlich als mechanische Leistung über die Motorwelle zur Arbeitsmaschine gelangt.
→ *Signalverarbeitungsebene*

Leistungsfaktor $\cos\varphi$
[power factor $\cos\varphi$]
Quotient aus Wirkleistung P und Scheinleistung S. Es gilt $\cos\varphi = P/S$. Mit dem Leistungsfaktor werden die durch → *Blindleistung* entstehenden Verluste beschrieben. Gute Werte liegen bei $\cos\varphi = 0{,}85$ bis $0{,}95$.

Leistungssensor
[power sensor]
Sensor, der das Ansteigen der elektrischen Antriebsleistung z.B. bei einem Schleifvorgang durch eine Strom-Spannungs-Multiplikation feststellt. Bei zunehmender Entgrateleistung am Werkstück (1) durch die Schleifscheibe (2) wird über die Robotersteuerung (3) die Bahngeschwindigkeit des Roboters derart reduziert, dass die vom Schleifscheibenmotor (4), aufgenommene Leistung P etwa konstant bleibt.

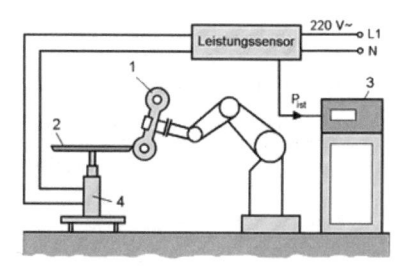

Leistungsteil
[power section]
Elektrische Baugruppe, die Kleinsignale des Steuerteils in Signale hoher Leistung umwandelt. Je Achse ist ein Verstärker erforderlich, der auch den Vierquadrantenbetrieb der angeschlossenen Motoren erlaubt. Zum L. gehören auch Drehzahl- und Stromregler.

Leitachse
[masteraxis]
1 Bewegungsachse in einem Antriebssystem, der im Synchronlauf (Gleichlauf) mindestens eine andere angetriebene Achse folgt. Der Positions-Istwert der Leitachse dient dabei als Positions- Sollwert für die → *Folgeachse* (Slaveachse).

2 Bei der Proportionalinterpolation die Bewegungsachse mit den aktuell größten Verfahrweg. Sie wird geschwindigkeitsgesteuert und die aktuellen Punktkoordinaten für die anderen Achsen werden aus denen der L. proportional zu den programmierten Achswegdifferenzen bestimmt.

Leitdraht
[current carrying wire]
Im Fußboden verlegtes Kabel, das ein elektromagnetisches Wechselfeld abstrahlt, das von einem mobilen Roboter erfasst und zur Spurführung verwendet wird. Bei bestimmten Systemen kann man auch die Kommunikation über den L. abwickeln. Die Präparation des Fußboden ist relativ aufwendig und die Freizügigkeit in den Fahrstrecken begrenzt.

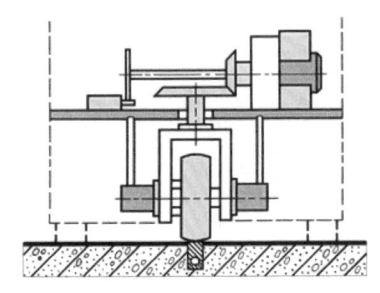

Leitstand
[production control station]
Auch als Leitwarte oder Prozessleitstand bezeichnet; Computergestütztes System mit grafischer Plantafel zur interaktiven kurzfristigen Produktionsplanung, -steuerung und -kontrolle an einem zentralen Punkt (Raum) in einer Fabrikhalle oder einer technischen Anlage. Am L. laufen alle Informationen zusammen. Er ist mit Anzeigen, Schreiber, Bildschirmen zur Visualisierung von Prozessen, Druckern, Melde- und Alarmgeräten, Leitgeräten u.a. ausgestattet. Aufgaben sind die Planung, welches Werkstück als nächstes zu bearbeiten ist, Versorgung der Maschine mit Programmen, Start der jeweiligen Bearbeitungseinheiten, Statusanzeige über aktuelle Maschinenbelegungen, die aktuelle Werkzeugplanung und über die Materialdisposition sowie das Sammeln von Messdaten und die Ableitung von Korrekturen daraus.

Leittechnik
[supervision equipment]
Methoden, Verfahren und Einrichtungen zur Führung technischer Prozesse. Die Interaktion mit den menschlichen Bediener ist wichtiger Bestandteil. Eine mögliche Gliederung wäre die in die Gruppen Produktions-, Netz-, Gebäude- und Verkehrstechnik.

Lenkung eines (mobilen) Roboters
[steering a robot]
Einrichtung zur Veränderung der Fahrtrichtung von Rad- und Kettenfahrzeugen, z.B. auch von automobilen Robotern.

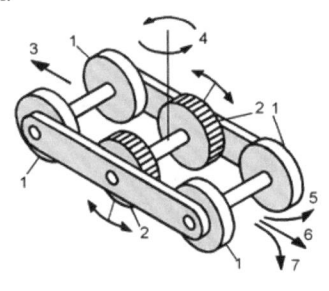

1 Ausgleichs- (Stütz-)rad, 2 angetriebenes Lenkrad, 3 Rückwärtsfahrt, 4 Drehen auf der Stelle, 5 Linksabbiegen, 6 Vorwärtsfahrt, 7 Rechtsabbiegen

Lenz'sche Regel
[Lenz's rule]
Eine durch Induktion erzeugte Spannung U ist stets so gerichtet, dass der von ihr getriebene Strom der Entstehungsursache (Magnetfeld) entgegenwirkt.

Lernen
[learning]
Spezialfall von Adaption, der zur Verhaltensänderung kybernetischer Systeme (Mensch, Tier, Automat) gegenüber bisher unbekannten Umweltsituationen führt. Das L. ist an Übertragung, Aufnahme und Verarbeitung von Informati-

onen gebunden, aber nicht notwendig an ein Bewusstsein.
→ *Lernroboter*

Lernen durch Fehlerbewertung
[learning by debugging]
Technisches Lernen mit Hilfe eines → *Neuronalen Netzes*. Beispiel: Mit Hilfe von optischen Sensoren soll der Buchstabe A durch Training gelernt werden. Zuerst rät das System zufällig. War die Wahl falsch (a), werden die Verbindungen, die diese Entscheidung auslösten, abgeschwächt. Ist die Entscheidung aber richtig (b), werden die entsprechenden Verbindungen in ihrer Wichtung erhöht. Nach vielen Versuchen kann das System den Buchstaben mit hoher Zuverlässigkeit erkennen.

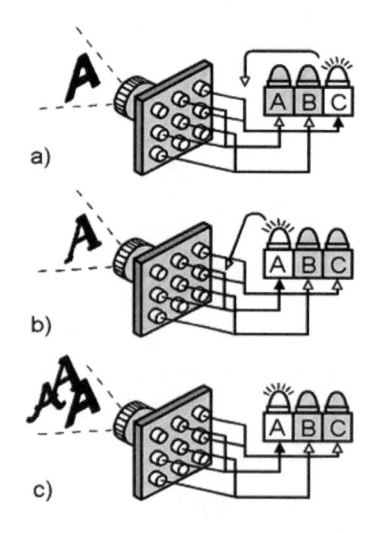

a) Raten (falsch), b) Erkennung (richtig), c) erkennt alle Arten

Lernfunktion
[learning function]
Fähigkeit eine Maschine (Computer, Robotersteuerung), ein Arbeitsprogramm zu erlernen. Von Bedeutung ist die Methode des Informationsflusses während des Lernvorganges.
→ *Anlernprogrammierung,* →*Lernen,*
→ *Lernroboter*

Lernroboter
[tutorial robot]
Meistens ein mobiler Kleinroboter, der dazu dient, wichtige Funktionen in der Robotertechnik (Antriebe, Sensoren, Programme, Steuerung, Computeranbindung) zu verstehen und zu beeinflussen bzw. zu programmieren. Ein Beispiel ist der Kleinroboter *Rug Warrior*.
→ *Lernen*

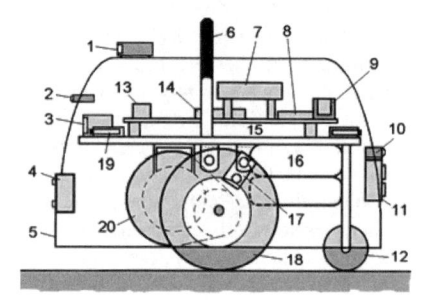

1 Lichtsensoren, 2 IR-LEDs, 3 IR-Detektor, 4 IR-Entfernungsmesser, 5 Bumper-Schürze, 6 Griff, 7 LC-Display, 8 Lautsprecher, 9 externer Computeranschluss, 10 IR-Reflexkoppler, 11 Elektromagnet, 12 Stützrad, 13 Mikrophon, 14 CPU, 15 Platine, 16 Akku, 17 Rad-Encoder, 18 Antriebsrad, 19 Bumper-Taster, 20 Motor und Getriebe

Leuchtfeuer
[active beacon]
Methode zur absoluten Positionsbestimmung von mobilen Robotern unter Nutzung einer aktiven Signalquelle. Der Roboter misst Richtung und Einfallswinkel der Signale. Mindestens drei stationäre Positionssignale gehen dabei in das Ergebnis ein. Die Sender nutzen Licht oder Radiofrequenzen und müssen an bekannten Orten sein. Beispiel: GPS-Systeme.

Lichtansatz, kodierter
→ *Lichtschnittverfahren*

Lichtbandmikrometer
[optical micrometer]
→ *Laserbandmikrometer,* →*Polygonspiegel*

Lichtbogenschweißroboter
[arc welding robot]
Industrieroboter, der über Schweißzeug, Peripherie und → *Sensoren* zur Nahtverfolgung verfügt. Große Schweißnähte erfordern eine Pendelbewegung des Schweißdrahtes. Der L. übertrifft die Leistung des Menschen, weil er nicht ermüdet und mit höheren Schweißstrom und daher mehr Abschmelzleistung arbeitet. L. verfügen über 5 bis 7 Bewegungsachsen. Der Drahtvorschub muss präzise steuerbar sein. Außerdem sind Hilfsoperationen zur Düsensäuberung auszuführen. Im Bild wird das Prinzip des Roboter-WIG-Schweißens mit Heißdrahtzuführung (*Cloos*) gezeigt. Zusätzlicher Wärmeintrag in das Schmelzbad erhöht die Abschmelzleistung.

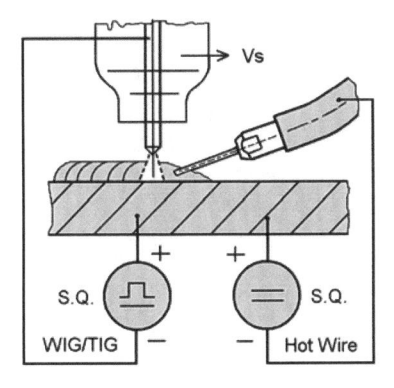

Lichtschnittverfahren
[slit-light method, projected line triangulation]
Verfahren zur optischen Objekterkennung, bei dem ein Objekt über einen Lichtspalt beleuchtet wird. Es wird eine „Lichtebene" auf das Objekt projiziert. Diese schneidet das Objekt entlang einer Profillinie. Markante Punkte der Profilinie werden durch das Licht optisch markiert. Schnittpunkte des Lichtstreifens mit dem Objekt charakterisieren die Objektform und werden zur Auswertung herangezogen. Kennt man den Ort und die Blickrichtung der Kamera, so kann man mit einfachen schnellen Rechenoperationen die Position jedes Punktes der Profillinie ermitteln. Für eine Vermessung müssen viele Profillinien erzeugt werden, weshalb das Objekt durch die „Lichtebene" wandern muss.
Geschichte: Der Kern des Verfahrens geht auf *M.D. Altschuler, B.R. Altschuler* und *J. Taboada* zurück (1979). Praxisnahe Vorstellungen 1984 von *F.M. Wahl*.

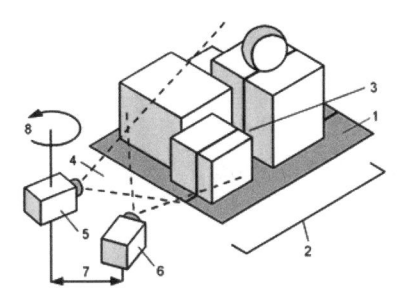

1 Bodenfläche, 2 Szene, 3 diskontinuierliche Sprungstelle, 4 vertikale Lichtfront, 5 Streifenprojektor, 6 Fernsehkamera, 7 Abstand, 8 Kameradrehung

Lichtschranke
[light barrier]
→ *Einweglichtschranke,* → *Winkellichtschranke*

Lichtvorhang
[light curtain]
Berührungslos elektrooptisch arbeitende Schutzeinrichtung an gefährlichen Arbeitsplätzen, die durch mehrfach reflektierte Lichtstrahlen (Lichtschranken) gesichert werden.

Lichtvorhang, messender
[measuring light barrier]
Ein → *Lichtvorhang* aus mehreren Einweglichtschranken in definiertem Abstand, z.B. 9,5 mm Strahlabstand und mit 32 Strahlen, der für grobe Messaufgaben eingesetzt wird. Aus den Schaltzuständen der Lichtschranken kann die Kontur der Objekte erkannt werden. Die Mindestobjektgröße, die man erkennen kann, entspricht der doppelten Auflösung. Aus den x- und y-Werten und der Transportgeschwindigkeit kann man das Volumen berechnen.

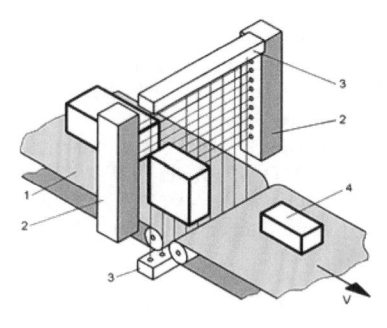

1 Förderband, 2 horizontales Messgitter, 3 vertikales Messgitter, 4 Packstück, v Geschwindigkeit

Lichtwellenleiter
[optical-fibre waveguide]
Flexible durchsichtige Leitung zum Hindurchleiten von Licht, die in der Optoelektronik z.B. den Anschluss von optischen Sensoren möglich macht. Ein L. besteht aus einem Glas- oder Kunststoffkern, der von einem Mantel umgeben ist. Der Mantel hat einen kleineren Brechungsindex als der Kern. Dadurch ergibt sich an der Grenzschicht eine Totalreflexion des Lichtstrahls, wenn der Lichteinfallswinkel einen bestimmten Grenzwinkel nicht übersteigt.

Liefergrad
Kenngröße zur Charakterisierung des Leistungsverhalten von Bunkerzuführeinrichtungen. Der L. ist der Quotient aus tatsächlicher und theoretisch möglicher Fördermenge. Er ist von vielen Faktoren abhängig und nicht konstant. Mit fortschreitender Entleerung eines Bunkers kann der L. z.B. von 0,9 auf 0,6 absinken.

Life Cycle Design
Ganzheitliche Betrachtung des Lebensweges eines Produkts mit Sicht auf die wirtschaftlichen und ökologischen Anforderungen als Prozess, der das Produktleben ständig begleitet. Dabei soll jede Phase von der Rohstoffgewinnung, über die Produktherstellung bis zum Recycling bzw. bis zur Wiederverwertung analysiert, gestaltet und optimiert werden.

Life-Zero-Stromsignal
[live zero current signal]
Eigenschaft von Signalen, dass der Signalbereich den Wert Null nicht enthält. Beispiel: Der Messgröße 0 °C wird ein Einheitssignal von 4 mA zugeordnet. Dadurch kann man auf einfache Weise Betriebsstörungen, wie Hilfsenergieausfall, vom Signalwert Null unterscheiden.

Lifo
[last in first out]
Speicher für Daten oder Werkstücke, bei dem die zuletzt eingegebenen Objekte zuerst den Speicher wieder verlassen.

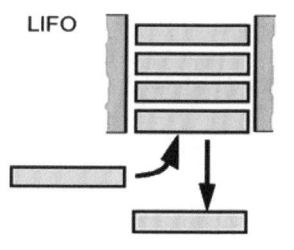

Linearachskinematik
[Cartesian kinematics]
Kinematik, bei der 3 Hauptachsen durch 3 Linearachsen realisiert werden. Diese Achsen sind so angeordnet, dass die Achse 1 die x-Achse des Weltkoordinatensystems bestimmt, die Achse 2 die y-Achse und die Achse 3 die Bewegung in z-Richtung des Koordinatensystems. Werden alle drei Achsen gleichzeitig verfahren, addieren sich die Achsengeschwindigkeiten geometrisch. Durch die auskragende Achse liegt eine gewisse Elastizität vor, so dass sie, um eine genaue Position zu erreichen, erst einige Zehntelsekunden auspendeln muss. Meistens müssen noch Greiferhandachsen angebaut werden, damit ein Werkstück geschwenkt werden kann.

Lineareinheit
[linear device]
Bewegungseinheit (Achse) für geradliniges Bewegen eines Schlittens, mit hydraulischem, pneumatischem, elektrischem oder direkt-elektrischem Antrieb.

Die Antriebsbewegung kann durch verschiedene technische Mittel auf den Schlitten übertragen werden.
→ *Linearführung*

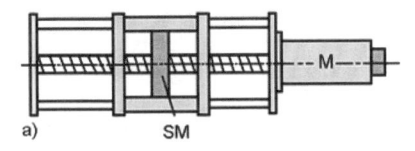

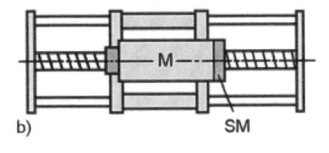

a) rotierende Spindel, b) rotierende Mutter, M Motor, SM Spindelmutter

Linearführung
[linear guiding]
Elemente des Maschinenbaus, die geradlinige Relativbewegungen zwischen Maschinenteilen ermöglichen. Man kann sie, wie im Bild gezeigt, nach den Berührungsverhältnissen der führenden Bauteile einteilen. Damit sind dann auch bestimmte Grundmerkmale verbunden, wie Tragfähigkeit, zulässige Bewegungsgeschwindigkeit und Dämpfungseigenschaften. Die Ansprüche an leistungsfähige Linearführungen sind hoch. Gefordert werden hohe Beschleunigung und Verfahrgeschwindigkeit, lange Lebensdauer, hohe Genauigkeit, Wartungsfreiheit sowie hohe Steifigkeit und Dämpfung. → *Lineargleitführung*, → *Wälzführung*, → *Kugelbüchsenführung*, → *Laufrollenführung*

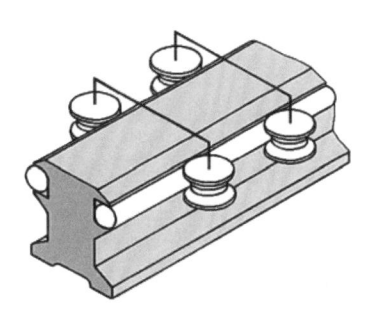

Lineargelenk
[linear joint]
Translationsgelenk, Schubgelenk; Es erlaubt eine gleitende oder fortschreitende Bewegung entlang einer geraden Achse.

Lineargleitführung
[linear sliding guide]
Schlittenführung für sehr einfache und meist leichte Linearsysteme, die aber trotzdem gute Verfahreigenschaften und hohe Traglasten aufweisen. Gleitführungen auf der Basis hochwertiger Kunststoffgleitlager sind wartungsfrei und für den Trockenlauf geeignet. Die Schlitten laufen nahezu ruckfrei. Sie sind aber nicht spielfrei. Geschliffene Vielzahngleitführungen aus Stahl, die es auch gibt, sind aufwendiger und spielarm.
→ *Führung*, →*Vielzahngleitführung*

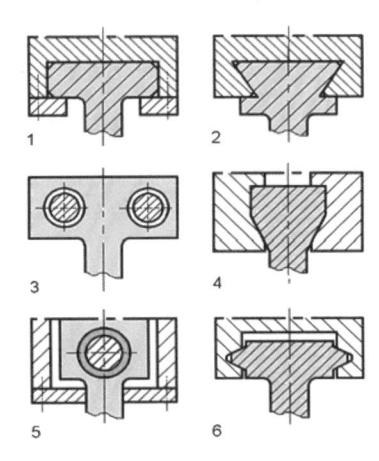

1 Flachführung, 2 Schwalbenschwanzführung, 3 Doppelrundführung, 4 Trapezführung, 5 Rundführung, 6 Dachführung

Linear-Handhabungsgerät
[linear handling system]
Handhabungseinrichtung, die in einem Doppelschritt Flachteile (Blechzuschnitte) im C-Zyklus von einer Presse zur nächsten transportiert. Um den Abstand überwinden zu können, wird das angesaugte Blechteil zunächst bis zur Plattform gebracht und erst im nächsten Schritt in die nachfolgende Presse eingelegt.

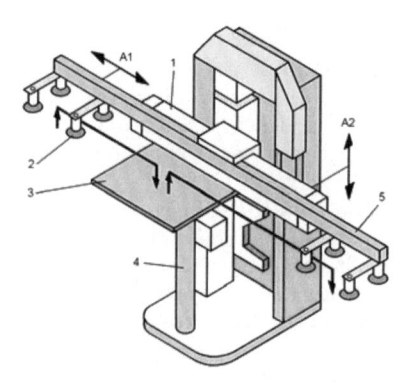

1 kolbenstangenloser Zylinder, 2 Sauger, 3 Zwischenablageplattform, 4 Standsäule, 5 Hohlprofilschiene, A Bewegungsachse

Linearinterpolation
[linear interpolation]
In der NC-Technik die steuerungsinterne Berechnung der Bahnzwischenpunkte, die auf einer geraden Strecke zwischen programmiertem Anfangs- und Endpunkten liegen. Dabei unterscheidet man zwischen einfacher 2D-Interpolation, Interpolation mit Ebenen-Umschaltung ($2^1/_2$-D) und 3D-Interpolation im Raum.
→ *Interpolation*, → *Zirkularinterpolation*

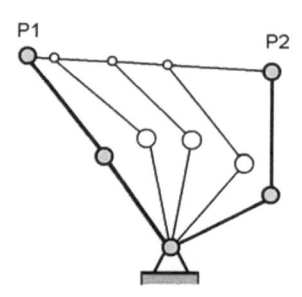

P programmierter Bahnpunkt

Linearität
[linearity]
In der industriellen Messtechnik die Abweichung einer Kennlinie von einer angenommenen geradlinigen idealen Funktion (Geraden), die in der Regel in Prozent vom Messbereichsendwert (*full scale*) angegeben wird.

Linearmotor
[linear motor]
Der elektrische L. ist ein "aufgebogener" Rotationsmotor. Durch ihre Bauform erzeugen die L. direkt eine lineare Kraft, verbunden mit einer Verschiebebewegung des sekundären Elements. Dieses ist praktischerweise kurz ausgeführt (Kurzläufermotor).
Man kann das Prinzip auch umkehren. Dann steht das Sekundärelement fest und ist lang ausgeführt und das Primärelement mit dem Wicklungen ist kurz und führt die Bewegung aus (Kurzständermotor).

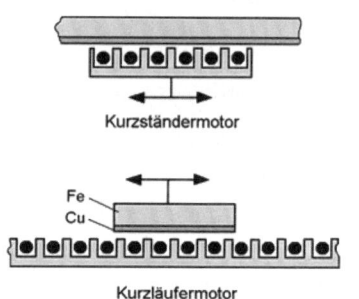

Die L. können große Kräfte aufbringen, sind hochdynamisch, geräuscharm und können sehr genau positionieren, weil die Positionsmessung direkt an der Last erfolgen kann. Mechanische Übersetzungselemente, wie z.B. Räder- oder Spindelgetriebe (Lose, Reibung, Elastizität, Verschleiß) fehlen.

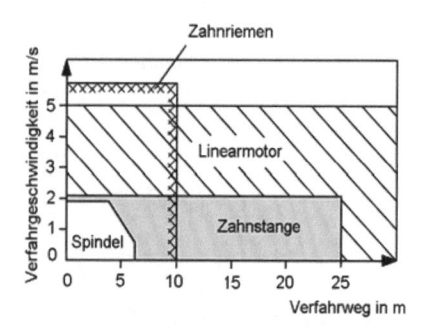

Wie das Diagramm zeigt, übertreffen die L. im Verfahrweg und auch in der Verfahrgeschwindigkeit andere Linearantriebe. Einige Drehstromlinearmotoren

▶L

kommen sogar auf mehr als 36 m/s Geschwindigkeit. → *Positionierachse*, → *Einstatoranordnung*, → *Doppelstatoranordnung*, → *Führung*

Linearroboter
[linear robot]
Roboter, der einen Endeffektor auf einer Linie führt und dafür höchstens zwei freiprogrammierbare Achsen besitzt (und gemäß Definition kein Roboter ist). Es gibt dafür aber Anwendungen, z.B. den → *Linearspritzroboter*

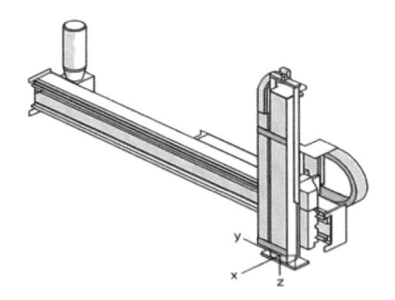

Linearspritzroboter
[linear paint-spraying robot]
Farbspritzroboter mit nur einer oder zwei Bewegungsachsen, der sich an einer Standsäule bewegt. An der senkrechten Linearachse (Geschwindigkeit von 0,1 bis 1,2 m/s) ist die Spritzpistole angebaut. Vorbeiwandernde Objekte mit möglichst ebenen Flächen werden im Durchlauf beschichtet (Pulverbeschichtung, Lackierung).

Lineartechnik
[linear technology]
Bereich der Antriebstechnik mit dem Schwerpunkt, translatorische Bewegungen mit mechanischen bzw. mechatronischen Komponenten zu erzeugen. Kriterien: Minimale Reibung, keine Stick-slip-Erscheinungen, minimale Formänderungen unter Last und Einbaufertigkeit. Die Komponenten sind häufig Bestandteil von Baukastensystemen. Die L. gliedert sich in Geradführungen, Antriebe, Positionier- und Befestigungssysteme sowie mechanische, informationelle und elektrische Schnittstellen.

Lineartransfer
[linear transfer system]
→ *Linear-Handhabungsgerät*

Linearwegsensor
[linear sensor]
Sensor auf magneto-induktiver Basis, der Messwege von 20 bis 200 mm abdeckt (*Turek*). Die mittlere Genauigkeit beträgt 0,1 mm. Ein axial magnetisierter Magnet dient als Positionsgeber und beeinflusst das elektromagnetische Gleichgewicht im Schwingkreis, was eine Dämpfung der Schwingung, eine Phasenverschiebung und eine Änderung der Schwingfrequenz hervorruft. Der Sensor liefert ein zur Stellung des magnetischen Positionsgebers proportionales Strom- und Spannungssignal von 4 bis 20 mA bzw. von 0 bis 10 V.
→ *Absolutwertgeber*, → *Wegaufnehmer, magnetostriktiver*, → *Positionserfassung*

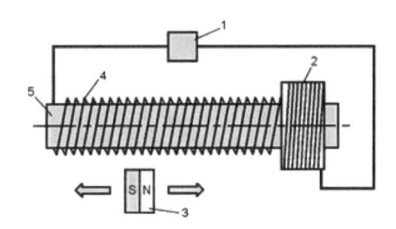

1 Oszillator, 2 Referenzspule, 3 Positionsgeber, 4 Spule, 5 weichmagnetischer Kern (Ferrit)

Line-Tracking
Fähigkeit eines stationären Roboters einem linear bewegten Objekt, das sich z.B. auf einem Förderband befindet, nachfahren zu können, es zu verfolgen.

Linienportal
[portal, linear portal]
Fahrbalken auf Stützen, auf dem sich eine Handhabungseinrichtung bewegen kann. Bei einem zweiachsigen System ergibt sich für den → *Endeffektor* eine Arbeitsfläche und kein Arbeitsraum. Das L. wird vornehmlich in der Maschinenbeschickung und -verkettung verwendet. Durch eine → *Auslegerachse* als dritte

243

Achse sind aber auch kleine Arbeitsräume erzeugbar, was vielfach schon ausreichend ist. → *Flächenportal*

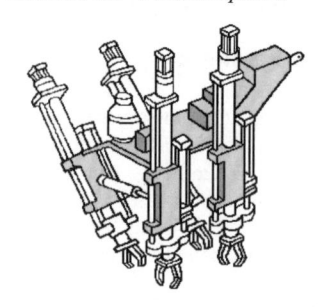

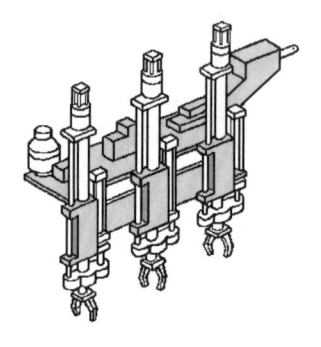

Lochgreifer
[pneumatic internal gripper]
Innengreifer, bei dem sich ein elastischer Körper weitet oder ein fester Körper (Kugel) radial verschiebt. Bei Druckbeaufschlagung wird das Werkstück kraftschlüssig gehalten. Mit elastomeren Elementen lassen sich auch hohe Haltekräfte erzeugen.
→ *Gummilochgreifer*, →*Innengreifer*

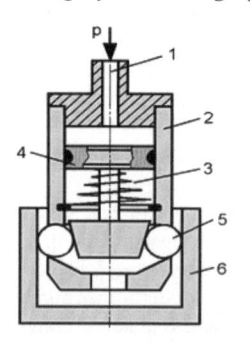

1 Druckluftanschluss, 2 Zylinder, 3 Druckfeder, 4 Pneumatikkolben, 5 Klemmkugel, 6 Werkstück

Logik
[logic]
Wissenschaft von den Gesetzen, Formen und allgemeinen Stuktur des folgerichtigen Denkens. Die L. ist auch eine formale Sprache, deren Ausdrücke mit Hilfe formaler Regeln Bedeutung zugewiesen wird, und für die ein Beweiskalkül existiert, das es erlaubt, aus einer Menge von Prämissen neue Aussagen abzuleiten, die wahr sind falls alle Prämissen wahr sind.

Logikanweisungen
In einem Programm die Anweisungen zum logischen Verknüpfen von Binärinformationen.

Logisches Programm
[logical program]
Bei Expertensystemen das logische Organogramm, mit dem die Anwendung von formaler Logik auf alle Arten von Wissensrepräsentationsproblemen erfolgt.

Logistik
[logistics]
Alle Prozesse, (Organisation, Planung, Steuerung),die der räumlichen und zeitlichen Verteilung von Gütern (Materialien, Komponenten und Produkten im Sinne der Ver- und Entsorgung produzierender Einheiten) dienen. Alles soll durch optimiertes Bewegen, Bereitstellen, Speichern und Zwischenlagern günstig gestellt werden, mit dem Ziel, auch unter flexiblen Bedingungen nur minimale Wartezeiten hinnehmen zu müssen. L. ist kein Zustand, sondern ein Ablaufprozess – ein flexibles System. Der Begriff L. kommt ursprünglich aus dem militärischen Bereich (Rückwärtige Dienste). Heute tendiert die L. zu CIL (*Computer Integrated Logistics*).

Lokale Suche
[local search]
Beim Finden von Lösungen eine Suchmethode, bei der jeweils als Nachfolgezustand ein gut bewerteter Zustand in der „lokalen Nachbarschaft" des aktuel-

len Suchgebietes ausgewählt wird. In einigen Fällen werden dabei auch stochastische Prozesse zur Auswahl eingesetzt.

Lokomobilität
Fähigkeit zur aktiven Ortsbeweglichkeit eines mobilen Roboters.
→ *Lokomotion*

Lokomotion
[locomotion]
Bewegung von einer Stelle zu einer anderen; aktive, mit einer gerichteten Ortsveränderung verbundene Bewegung eines natürlichen oder technischen Systems. Im übertragenem Sinne wird dieser Begriff auch in der Robotertechnik verwendet, als physikalische Interaktion mit der Umgebung. Dazu muss ein Antrieb geeignete Interaktionskräfte aufbringen. L. kann durch sukzessives kraftpaariges Aufsetzen von Körperteilen auf den Untergrund und das Abheben durch amöboide Bewegung, durch Kriechen oder Schlängeln und durch Extremitätenbewegung, vor allem mit gegliederten einzeln bemuskelten Extremitäten (→ *Pedipulator*) erfolgen.

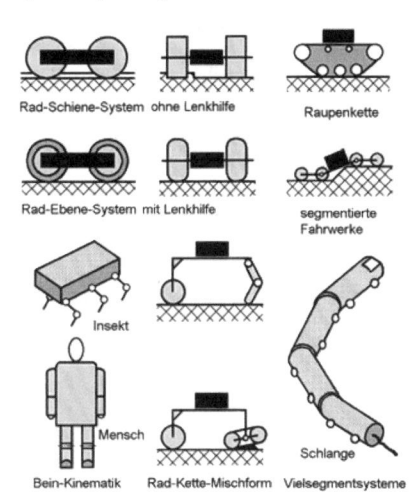

Longitudinalwelle
[longitudinal wave]
Bei z. B. Ultraschall eine Schwingung längs zur Ausbreitungsrichtung, im Prinzip vergleichbar mit einem Ball an einem Gummiseil.

Look-ahead-Funktion
[look-ahead function]
Vorausschauende Bahnbetrachtung einer CNC-Steuerung über mehrere Programmsätze hinweg, um unstetige Übergänge an Ecken und Kanten rechtzeitig zu erkennen und um den Vorschub der Maschinendynamik anpassen zu können. Vor scharfen Kurven wird automatisch gebremst. Durch dieses Vorgehen wird eine höhere Bahngenauigkeit, ruckfreie Beschleunigung und Reduzierung der Vorschubgeschwindigkeiten bei Satzwechsel erreicht. Dadurch kann z.B. beim Hochgeschwindigkeitsfräsen die Hauptzeit um 15 % gesenkt werden.

Lorentzfeldstärke
[Lorentz field strength]
Bewegt sich ein Leiter mit der Geschwindigkeit v in einem Magnetfeld B, so wird in diesem Leiter die Lorentzfeldstärke $E = v \times B$ induziert.

Lorentz-Kraft
[Lorentz force]
Galvanomagnetischer Effekt in Leitern und Halbleitern; Es ist eine Kraftwirkung auf stromdurchflossene Leiter infolge Einwirkung eines Magnetfeldes.

Lorry
[Rollwagen]
Schienengeführtes Halte- und Transportgestell mit Rollen zum Bewegen von z.B. Rohkarosserien in Schweißlinien. Während der Schweißoperation durch den Roboter wird das Objekt in stets gleicher Orientierung gehalten.
→ *Skid*

Losbrechmoment
[break-away torque]
1 Bezeichnung für das Drehmoment, das benötigt wird, um einen Getriebestrang vom Antrieb her langsam in Gang zu setzen. Es ist umso kleiner, je größer die Übersetzung und je kleiner das Getriebe

ist. Das Lastmoment ist im Stillstand größer als nach dem Beginn der Bewegung.

2 In der Fluidik ist es die Kraft oder das Drehmoment, das bei Kolben-, Drehflügel- oder Schiebersystemen mit Dichtelementen aufgebracht werden muss, um dort vorhandene Reibungswiderstände zu überwinden. Erst dann beginnt eine Bewegung des Aktors (je nach Bauart 3 % bis 10 % der errechneten Druckkraft des Arbeitszylinders). Es ist das größte auftretende Drehmoment im gesamten Schwenk- oder Verfahrbereich.

Lose
[dead travel, backlash, gab]
Bezeichnung für das Umkehrspiel (toter Gang, → *Spiel*, Getriebespiel, Reversierspiel) eines mechanischen Antriebssystems beim Richtungswechsel, d.h., dass die Ausgangsbewegung der Eingangsgröße über einen bestimmten Bereich nicht folgen kann. Grund sind die Grenzen der Justierfähigkeit und der Präzision mechanischer Baugruppen. Reine L. wirkt in geschlossenen Wirkungskreisen meistens entdämpfend.

Lose Verkettung
[loose interlink]
Transportsystem in der Fertigung für die Weitergabe von Werkstücken bzw. Werkstückträgern unabhängig vom Arbeitstakt der Maschinen. Jede Maschine hat ihr eigenes Zeitregime. Zwischen den Maschinen befinden sich Werkstückpuffer.

Lötroboter
[soldering robot]
Mit einem Lötwerkzeug ausgerüsteter Industrieroboter. Die Anforderungen für den Lötdrahtvorschub, Lötzeit und Temperatur sind hoch. Die Lötspitze muss regelmäßig automatisch gereinigt werden. Man erreicht Zykluszeiten bis herunter von 1,5 s. Es gibt auch L. für das Hartlöten. Dann führt der Roboter Flammenrohre.

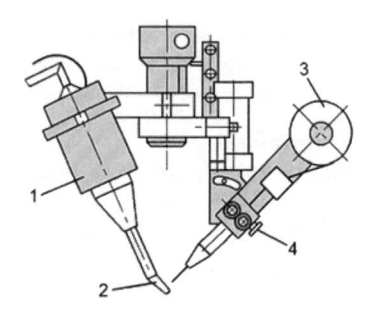

1 Lötkolben, 2 Lötspitze, 3 Drahtrolle, 4 Drahtvorschub

LSB
[least significant bit]
Bezeichnung für das niederwertigste Bit, das in einem Byte am weitesten rechts steht.

Luftfeuchtigkeit, absolute
[air humidity, absolute]
Die in einem Kubikmeter Luft tatsächlich enthaltene Wasserdampfmenge in g/m^3. → *Taupunkttemperatur*

Luftgleitrinne
[air chute]
Gleitbahn zur Weitergabe von Werkstücken auf einem Luftfilm. Die Rinnenform muss ein gleichmäßiges Luftpolster ausbilden. Die Rinnenneigung kann zwischen 1° bis 3° liegen. Der Reibungskoeffizient von Teilen auf dem Luftfilm kann mit $\mu = 0{,}0001$ angenommen werden.

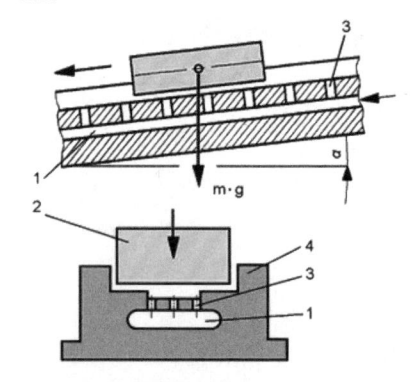

1 Luftkanal, 2 Werkstück, Tragplatte, 3 Düsenbohrung, 4 Führungskanal

Luftkissen-Transportplattform
[air cushion transportation platform]
Tragplatte mit Luftkissenelementen zum Transport großer Lasten. Die Plattform wird durch Druckluft zum Schweben gebracht und kann mit sehr geringen Kräften horizontal bewegt werden. 100 N Schubkraft genügen, um 10 000 kg Masse zu bewegen. Der Gleitspalt hat eine Dicke von 0,05 bis 0,1 mm.

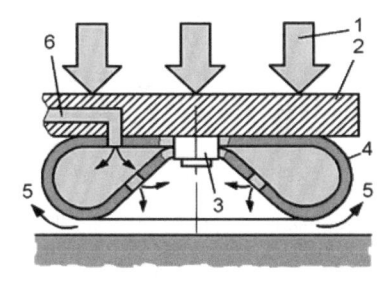

1 Auflast, 2 Tragplatte, 3 Stützelement, 4 Gummimembran, 5 Luftfilm, 6 Druckluftzufuhr

Luftschranke
[air barrier]
Kombination aus pneumatischem Sender und Empfänger. Der Sender ist genau auf den Empfänger gerichtet. Befindet sich ein Gegenstand zwischen Sender und Empfänger, der den Luftstrahl unterbricht, wird ein Signal ausgegeben.

Luftstrahlgreifer
[air jet gripper]
Greifer einfachster Bauform, bei dem das Greifobjekt (Teile bis etwa 50 Gramm Masse) durch Druckluftstrahlen gehalten wird.

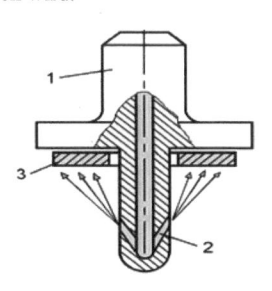

1 Einspannschaft, 2 Luftdüse, 3 Werkstück

Die Teile (Unterlegscheiben, Muttern, Flügelmuttern) befinden sich dabei auf dem Dorn.

Luftstromgreifer
[air flow gripper]
Greifer, der den Bernoulli-Effekt ausnutzt und deshalb auch als Bernoulligreifer bezeichnet wird. Bernoulli entdeckte die Beziehung zwischen der Fließgeschwindigkeit eines Fluids und deren Druck. Er fand heraus, dass in einem strömenden Fluid ein Geschwindigkeitsanstieg stets von einem Druckabfall begleitet ist. Das wird beim Greifen leichter, flächiger Bauteile ausgenutzt.

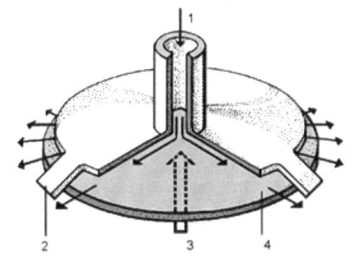

1 Druckluftzufuhr, 2 Seitenanschlag, 3 atmosphärische Andrückkraft, 4 Werkstück

Luftzentrierplatte
Vorrichtung zur Positionierung von kleineren Werkstücken auf einem Luftfilm.

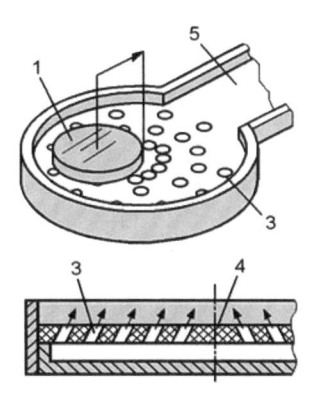

1 Werkstück, 3 Düsenbohrung, 4 Düsenplatte, 5 Zuführrinne

Konzentrisch angeordnete und im Winkel zum Zentrum strahlende Düsen bewegen das Objekt zur Vorrichtungsmitte. Bei mechanisch guter Ausführung wird eine Mittenabweichung von etwa +/- 0,5 mm erreicht.

M

Magazin
[magazine]
Werkstückspeicher zum geordneten Aufbewahren von Handhabungsobjekten, die sich dabei gegenseitig berühren können oder aber einzelne abgegrenzte Speicherplätze einnehmen. Die magazinplätze sind oft der Werkstückform angepasst.

Magazinieren
[magazining]
Handhabungsoperation, die das zeitweilige Aufbewahren von geordneten Handhabungsobjekten in entsprechenden Einrichtungen, den Magazinen, bezeichnet. Man kann u.a. in achsparalleles oder koaxiales M. (bei Zylinderteilen) unterscheiden.

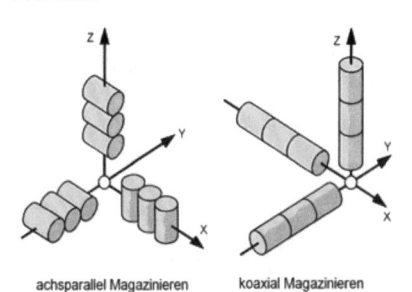

achsparallel Magazinieren   koaxial Magazinieren

Magaziniermodul
[magazining device]
Komplette, autarke Station für das Beladen von Flachpaletten oder das Entladen. Im Rhythmus der Fertigungseinrichtung werden Aufnehmen und Ablegen realisiert, wobei die Positionen der Reihen programmierbar sind. Das Umsetzen der Paletten wird von eigens dafür vorgesehenen Hubachsen ausgeführt. Die Anlieferung der Palettenstapel kann manuell,

mechanisiert oder automatisiert erfolgen, je nach Projektausführung.

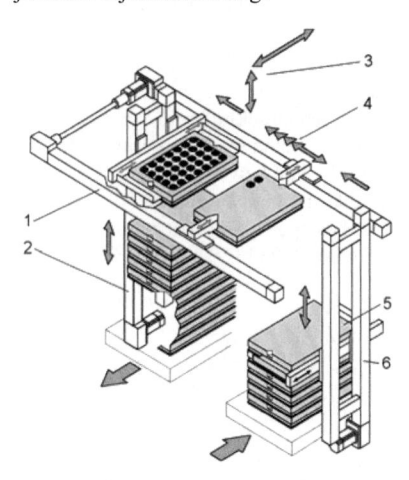

1 Linearführung, 2 Hubeinheit für gefüllte Paletten, 3 Bewegungsmuster einer Entnahmeeinrichtung, 4 Positionierschritte, 5 Werkstückträger, 6 Hubeinheit der Zuführseite

Magazinkassette
[magazine cassette]
Hilfsmittel zum schnellen Nachfüllen eines Magazins mit Werkstücken. Die Kassette dient lediglich zur Aufrechterhaltung der Werkstückordnung, bis das Nachfüllen (das Einlegen in ein Magazin) abgeschlossen ist.
→ *Werkstückmagazin*

Magazinplatz
Ort innerhalb einer Fertigungszelle, an der eine definierte Positionierung eines transportablen Werkstückmagazins zum Beschicken oder Ablegen von Teilen erfolgt.

Magnetflusslenkung
[control of the magnetic flow]
Der Magnetfluss lässt sich bei einem Permanentmagnetgreifer oder -spanner durch einen einfachen mechanischen Schaltmechanismus lenken. Beim Freigeben des Objekts verlaufen die Feldlinien im Innern des Gehäuses. Die Polflächen können auch der Werkstückkontur angepasst sein.

▶M

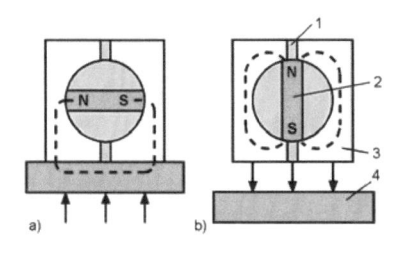

a) Halten des Objekts, b) Objekt freigegeben
1 Messing, 2 Dauermagnet, 3 ferromagnetisches Gehäuse, 4 Werkstück

Magnetischer Förderer
[magnetic feeder, (conveyor)]
Förderband zum Transportieren von Eisenteilen (Blechdosen, Späne u.a.), wobei unter dem Fördergurt Magnete angebracht sind, die eine Haftkraft der Teile gegen den Fördergurt erzeugen. Auch der schräge oder sogar senkrechte Transport ist möglich.
Bei einer anderen Bauart bewegen sich die zu einer Kette aufgereihte Permanentmagnete unter einer unmagnetischen Blechrinne. Auch hier werden die Teile durch magnetische Haftkräfte gehalten. Weil sich das Magnetfeld aber bewegt, wandern auch die Blechstücke entlang der Förderrinne.

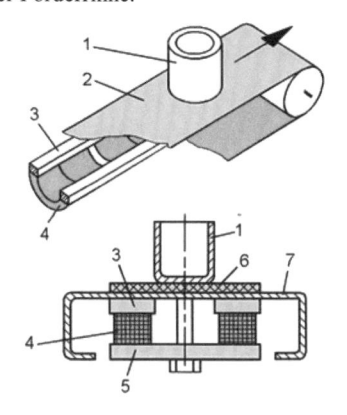

1 Werkstück, 2 Förderband, 3 Polleiste, 4 Permanentmagnet, 5 Rückschlussplatte, 6 Transportgurt, 7 unmagnetisches Gleitblech

Magnetgreifer
[electromagnetic gripper]
Kraftpaarig wirkender Greifer, der ein ferromagnetisches Werkstück durch ein Magnetfeld anzieht und hält. Es kommen Permanentmagnete, hauptsächlich aber schaltbare Elektromagnete, zum Einsatz. Bohrungen und Durchbrüche im Werkstück mindern die Haltekraft nur unwesentlich, wenn sie nicht den überwiegenden Teil der Grifffläche ausmachen. Späne, Öl und Rauigkeiten vergrößern den Luftspalt, was zu starker Haltekraftminderung führt. Der Aufbau von M. ist technisch einfach.
→ *Greifer*

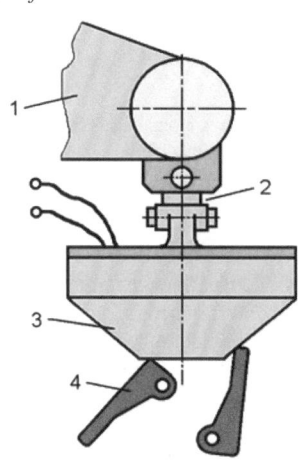

1 Roboterarm, 2 Kardangelenk, 3 Elektromagnet, 4 ferromagnetisches Werkstück

Magnetostriktion
[magnetostriction]
Physikalisches Phänomen, das darin besteht, dass sich die Abmessungen (relative elastische Längen oder Volumina) eines Körpers unter dem Einfluss wechselnder Magnetisierung je nach Feldstärke ändern. Die M. eignet sich für hochpräzise, wiederholgenaue Positionsmessung. Herzstück eines solchen Sensors ist das ferromagnetische Messelement, der Wellenleiter. Ein beweglicher Positionsmagnet erzeugt im Wellenleiter ein magnetisches Längsfeld. Läuft ein Stromimpuls durch den Wellenleiter, entsteht ein zweites Magnetfeld radial um den Wellenleiter. Das Zusammentreffen beider Magnetfelder löst einen

249

Torsionsimpuls aus. Dieser läuft als Körperschallquelle mit konstanter Ultraschallgeschwindigkeit vom Messort zu den Enden des Messelements und wird im Sensorkopf in ein wegproportionales Ausgangssignal umgewandelt.

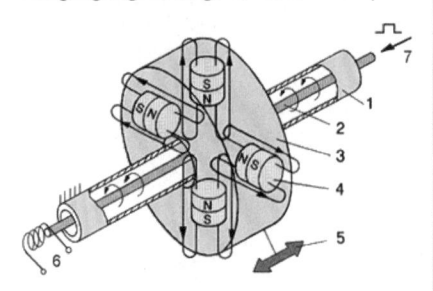

1 Rohr, 2 Schallwellenleiter, 3 Positionsgeber, 4 Permanentmagnet, 5 Verschiebung beim Positionieren, 6 Torsionsimpulsgeber, 7 Erregerstromkreis

Magnetrotorbunker
[magnet disc hopper feeder]
Zuführgerät für ferromagnetische Kleinteile wie z.B. Schrauben. Eine rotierende Scheibe ist mit Permanentmagneten besetzt und hält anliegende Teile fest und fördert sie nach oben. An einem nichtmagnetischen Abstreifer werden sie vom Magneten gelöst und gelangen auf eine Gleitrinne, in der sie sich achsparallel aushängen, sofern sie eine Pilzkopfform haben.

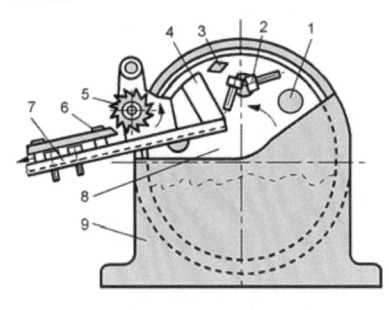

1 Dauermagnet, 2 Werkstück, 3 Rührfinger, 4 Abstreifer, 5 Ausrichtrad, 6 Deckschiene, 7 Gleitrinne, 8 rotierende Scheibe, 9 Bunker

Magnetventil
[solenoid (actuated) valve]
Wegventil zur Verwendung in Fluid-kreisläufen, bei dem nach dem Zuschalten der Spannung ein Magnet erregt wird und das M. umsteuert.

Make or Buy
Entscheidungsüberlegung, ob man etwas selber herstellt oder besser einem Dritten in Auftrag geben soll.

Malebot
Künstlicher, roboterhafter männlicher Lebens- und Liebespartner als Zukunftsvision. Die weibliche Version nennt man Fembot. Die Liebe zu → *Androiden* ist nicht neu, denn der Bildhauer *Pygmalion* formte bereits seine Idealfrau als Statue aus Elfenbein.

Malteser-Antrieb
[Maltese-cross drive]
Schrittantrieb, bei dem ein ständig umlaufender Treiber in die Nuten des Malteserkreuzes eingreift und dieses um einen definierten Teilungswinkel weiterschaltet. Nach dem Schaltvorgang wird das Malteserkreuz durch ein Kurvensegment wieder verriegelt.

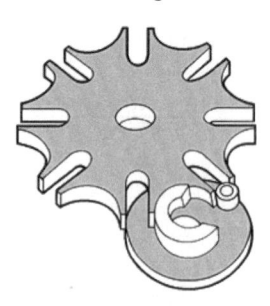

Manipulationsroboter
Mobiler Roboter, der sich nicht nur in einer Umwelt bewegen, sondern auch manipulieren kann, z.B. um einen Gegenstand von A abzuholen und diesen im Punkt B abzulegen. Dabei verändert er die Welt, im Gegensatz zu einem Inspektionsroboter, der nur Vorhandenes beobachtet.

Manipulator
[manipulator]
Mehrgliedermechanismus mit gesteuer-

ten Antrieben, der den Menschen von schwerer körperlicher Arbeit oder von Tätigkeiten unter gesundheitsgefährdenden Arbeitsbedingungen entlastet. Der manuell betätigte Manipulator besitzt im Gegensatz zum Industrieroboter keine Programmsteuerung.
Führt der Mensch eine Bewegung vor, die der Manipulator dann kopiert, handelt es sich um einen → Master-Slave-Manipulator.
Beim → Balancer fasst der Mensch direkt am Führungsgetriebe an, um die Bewegung vorzugeben. Einsatzgebiete sind Schwerlasthandhabung, Kern- und Medizintechnik, Maschinenbeschickung und Werkzeugwechsel.
Als M. wird auch die Kinematik des Ober- und Unterarmsystems eines Industrieroboters bezeichnet.

Manipulator, bilateraler
[bilateral manipulator]
Bezeichnung für einen → Master-Slave-Manipulator bei dem die manuellen Kraftaufwendungen am Masterarm genau der Kraftentfaltung am Slavearm ohne jede Kraftverstärkung entspricht.
→ *Exoskelett*

Manipulator, festprogrammgesteuerter
[fixed-sequence manipulator]
Bezeichnung für einen Manipulator, bei dem ein physikalischer Eingriff (z.B. Nockeneinstellung, Kurvenwechsel) erforderlich ist, wenn ein anderes Bewegungsprogramm ablaufen soll.
→ *Pick-and-Place Gerät*

Manipulator, handgeführter
[manual manipulator]
Mechanismus (Bewegungsgerät), der aus Segmenten und verbindenden Gelenken besteht und der durch eine Energie angetrieben wird, die nicht von einem Lebewesen ausgeht und einen Bediener in die Lage versetzt, ihn bei der Handhabung von körperlichen Objekten zu unterstützen, wobei die Steuerung von Hand und meistens nach direkter Sicht erfolgt.

Manipulator, programmierbarer
[programmable manipulator]
Bezeichnung für einen Manipulator, dessen Aktionen von einem abgespeicherten Programm ausgelöst werden.
→ *Industrieroboter*

Manipulator, redundanter
[robot with redundant degrees of freedom]
Manipulator, der mehr Freiheitsgrade besitzt als für die Positionierung und Orientierung im Raum mindestens notwendig sind. Dadurch sind viel mehr Gelenkstellungen möglich. Der Überschuss an Beweglichkeit kann genutzt werden, um z.B. in schlecht zugänglichen hinterschnittenen Räumen Aktionen auszuführen.
→ *Multisegmentarm*, → *Multisegment-Manipulator*, → *Redundanz*

Manipulatorfahrzeug
[manipulator vehicle]
Über Funk oder Kabel fernsteuerbares Fahrzeug mit Rädern, Raupenketten oder speziellen Fahrwerken als Basisplattform für Manipulatorarme. Das Fahrwerk muss den unterschiedlichen Fahrsituationen genügen, wie z.B. Treppe abwärts fahren, wenden und Ausgleich von Längs- oder Querneigungen des Terrains. → *Mobot*, → *Beetle*, → *Teleoperator*

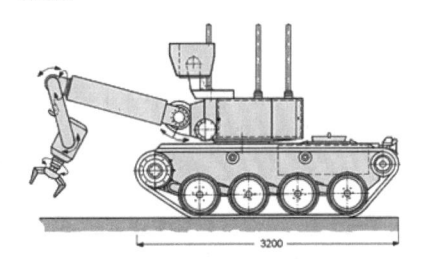

Manipulator-Pedipulator-System
System von bionischen, teilweise anthropomorphen Mechanismen zur Ausübung ausgewählter Funktionen der oberen und unteren menschlichen Extremitäten als Maschine oder zur Unterstützung eines behinderten Patienten.

Manövriergrad
[manoeuvrability]
Freiheitsgrad eines Manipulatorarmes bzw. Roboters unter der Bedingung eines in beliebiger Position als gestellfest betrachteten Greifers. Der M. ergibt eine Aussage über die Möglichkeit der Umgehung eines Hindernisses durch die Glieder des Manipulatorarms.

Marsroboter
[Mars rover]
Autonomer mobiler Roboter zur Erkundung des Mars, wie z.B. der Rover „*Pathfinder*" (NASA, sechs Räder mit Allradantrieb). Wegen langer Signalübertragungszeiten ist eine Fernsteuerung von der Erde aus in Echtzeit nicht möglich. Der M. arbeitet nach grob gehaltenen Anweisungen wie „Analysiere den Stein da drüben". Er musste mit seiner Bordintelligenz den Weg festlegen, Hindernisse umgehen und Situationen vermeiden, aus denen er sich nicht mehr selbst hätte befreien können.

Maschinelles Lernen
[machine learning]
Automatisches Lernen von neuem Wissen z.B. aus vergangenen Fällen, Erfahrungen oder Untersuchungen.
→ *Lernen durch Fehlerbewertung*, → *Lernroboter*

Maschinenfließreihe
Hintereinander angeordnete, technologisch aufeinander abgestimmte und durch kurze Transportwege miteinander verbundene Arbeitsplätze (Werkzeugmaschinen), auf denen Arbeitsgegenstände durch überwiegend maschinelle Arbeit in Fließfertigung hergestellt werden.

Maschinenintelligenz
[machine intelligence]
Vermögen einer Maschine, ihre Aktionen den sich ändernden Bedingungen ihres Wirkungsraumes selbstständig anpassen zu können. Die übliche Bezeichnung ist jedoch → *Künstliche Intelligenz*.

Maschinenmensch
[mechanical man]
Landläufige Bezeichnung für historische Androiden mit mechanischem Antrieb und von menschlichem Aussehen.
Beispiel: Von *G. Moore* wurde 1893 eine Schreitmaschine gebaut, die Menschengestalt hatte und von einer im Innern installierten gasbefeuerten Dampfmaschine angetrieben wurde.
→ *Mechanischer Mensch*

Masseausgleich
[mass compensation of arm elements]
Kompensation der an den bewegten Gliedern eines Roboterarms auftretenden Schwerkräfte, um die Antriebe des Roboters zu entlasten. Das kann durch Gegenmassen, Schubkolben und Federn erreicht werden. Man unterscheidet in aktiv und passiv wirkenden M.

Massenschwerpunkt
[centre of mass]
Der Punkt (auch als Punktmasse bezeichnet), auf den man sich die Gesamtmasse eines Systems gedanklich vereinigt vorstellen kann.

Massenträgheit
[mass inertia]
Im 1. Newton`schen Gesetz wird das Trägheitsprinzip der Masse beschrieben, dass ein Körper so lange in seinem Ruhe- oder Bewegungszustand verharrt, solange keine Nettokraft auf ihn einwirkt. Soll er jedoch abgebremst oder beschleunigt werden, ist eine Kraft erforderlich, deren Größe neben dem zu erreichenden Geschwindigkeitsunterschied davon abhängt, wie schwer der zu bewegende Körper ist. Die träge Masse des Körpers stellt sich der negativen oder positiven Beschleunigung entgegen.

Massenträgheitskraft
[inertial force]
Beim Bewegen von Lasten mit dem Industrieroboter können abhängig von der Geschwindigkeit erhebliche M. entste-

hen. Besonders hoch beansprucht werden die Achsen 5 und 6, wenn außermittige Lasten im Abstand a zu bewältigen sind.

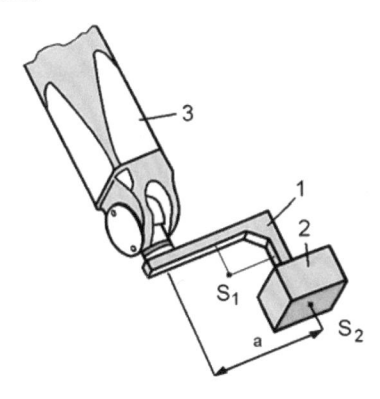

1 Greifer, 2 Bauteil, 3 Roboterarm, S_1 Masseschwerpunkt Greifer, S_2 Masseschwerpunkt Last

Massenträgheitsmoment
[mass moment of inertia]
→ *Trägheitsmoment*

Masterachse
[master axis]
→*Leitachse,* → *Elektronisches Getriebe,* →*Kurvenscheibe, elektronische,*→ *Elektrische Welle*

Master-Slave-Betrieb
[master-slave operation]
→ *Elektronisches Getriebe*

Master-Slave-Manipulator
[master-slave manipulator]
System von zwei Manipulatoren, das aus einem anweisenden Teil (Meister, Master, Steuerarm) besteht, der die Bewegungen vorgibt, und einem entfernt stehenden strukturell ähnlichen ausführenden Teil (Sklave, Slave, Arbeitsarm), der die vorgegebenen Bewegungen kopiert. Außerdem kann das System doppelarmig sein. Die Bewegungen können über Seile oder Stahlbänder rein mechanisch übertragen werden, jetzt aber vor allem elektrisch (Servo-Master-Slave Manipula-

tor). Die Technik wurdeb b in den 1940er-Jahren für das Hantieren mit radioaktiven Proben in den „heißen Zellen" der Kerntechnik entwickelt. Der Operateur (Master) arbeitet nach Sicht, entweder direkt oder über einen Monitor. Der M. ist ein spezieller → *Teleoperator.*

Geschichte: 1948 erstes Master-Slave-System; Entwicklung durch *Ray Goertz* im Auftrag des *Argonne National Laboratory of the U.S. Atomic Energy Commission.*

Master-Slave-Programmierung
[master-slave programming]
Manuelle Programmierung eines Roboters mit Hilfe eines kinematisch gleichwertigen leichten Roboterarmes (→ *Phantomroboter,* Master-Roboter). Dabei werden die Bewegungen zeitgleich auf den (großen, schweren) Slave-Roboter übertragen. Zwei Roboter mit geeigneter Kopplung machen das Verfahren technisch wie kostenseitig aufwendig.

Master-Slave-Verfahren
[master-slave mode]
In der Kommunikationstechnik ein Verfahren, bei dem eine Verbindung durch den Master hergestellt wird. Der angesprochene Slave reagiert sofort, wenn er angesprochen wird. Der Master fragt zyklisch alle Slaves ab, damit er immer ein aktuelles Bild der Slavezustände hat.

Materialfluss
[flow of materials]
Organisatorische, zeitliche und räumliche Verkettung von Arbeits-, Kontroll-, Lager-, Transport- und sonstigen Vor-

gängen. Er umfasst alle Vorgänge des Durchlaufs von Grund- und Hilfsmaterialien, Teilen, Baugruppen und Fertigerzeugnisse sowie der Abprodukte innerhalb eines Betriebes bzw. einer Produktionsanlage.
Es wird in außerbetrieblichen und innerbetrieblichen M. gegliedert. Der M. verknüpft die Vorgänge Lagern, Transportieren, Handhaben, Bearbeiten, Prüfen und Ablegen.

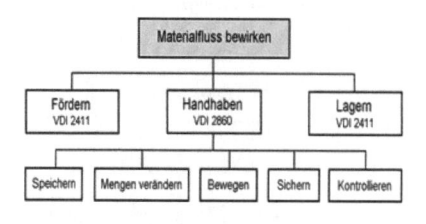

Materialhandhabung
[materials handling]
Art und Weise, wie einzelne Güter, insbesondere Ausgangsmaterialien (Halbzeuge, Einzelteile, Baugruppen), im Produktionsprozess gehandhabt werden. Das geschieht meist mechanisiert und immer häufiger auch automatisiert.

Matrix
[matrix]
1 Orthogonales, in Zeilen und Spalten strukturiertes Schema. Die Zahlen des Schemas sind Elemente der M.
2 Grundmasse bei Verbundwerkstoffen, die die verstärkenden Phasen (Fasern, Teilchen, Schichten) zusammenhält.

Matrix-Code
[matrix code]
Optisch lesbarer Code mit hoher Speicherdichte, der aus einer quadratischen Anordnung komplexer graphischer Strukturen besteht. Die Speichermenge kann z.B. 15-mal größer sein, als beim einfachen Strichcode bei außerdem weniger Platzbedarf. Die M. erfordern zum Lesen ein Bildverarbeitungssystem. Beispiele: Stapelcode, Maxicode, Data-Matrix-Code, Dot-Code.

Maurerroboter
[bricklaying robot]
Bauroboter, der in einem Bauhof mit Blocksteinen eine Wand (ein Wandelement) mauert. Er passt sein Programm an die gegebenen Gebäudemaße an, nimmt die Blocksteine von der im Arbeitsbereich abgestellten Palette, trägt den Mörtel auf und setzt die Mauer. Die gemauerten Wandelemente werden dann auf eine Baustelle transportiert und in ein Bauwerk eingesetzt.

MAV
[Micro/Mini Air Vehicle]
Ferngesteuertes oder autonom fliegendes Kleinstflugzeug von z.B. 20 cm Spannweite oder kleiner. Der Einsatz erfolgt für die Inspektion von Bauwerken und im Militärwesen. Masse und Größe erlauben es, dass ein einziger Mensch das Gerät tragen, starten und bedienen kann. Der Aktionsradius beträgt einige Kilometer. Wegen der Kleinheit ist ein fliegendes Gerät vom Boden aus nur schwer erkennbar. Vorbild für die kleinen Flugobjekte sind kleine Vögel und Insekten.
→ *UAV*

McCulloch-Pitts Neuron
Von W.S. McCulloch und W. Pitts entwickeltes einfaches Rechnermodell für die Funktionsweise biologischer Neuronen (1943). Die detaillierte Arbeitsweise eines Neurons ist kompliziert. Neuronen sind Bestandteile des Nervennetzes von Lebewesen. Das menschliche Gehirn besteht aus etwa zehn Milliarden Neuronen.
→ *Perzeptor*

▶ M

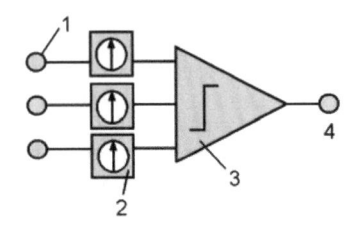

1 Eingabe, 2 veränderliche Gewichte, 3 Schwellwertoperation, 4 Ausgabe

McKibben Kontraktor
[rubber muscle after McKibben]
Zugkraftfaktor aus einem Gummirohr, das mit einem Netz aus nichtdehnbaren Fasern ummandelt ist. Er dient als Muskelantrieb für Handprothesen und wurde Mitte der 1950er Jahre von *J.L. McKibben* entwickelt. Leistungsfähiger ist heute der →*Fluid-Muskel* als werkstoffmäßig-optimierte Hightech-Komponente mit integrierten undehnbaren Fasern.

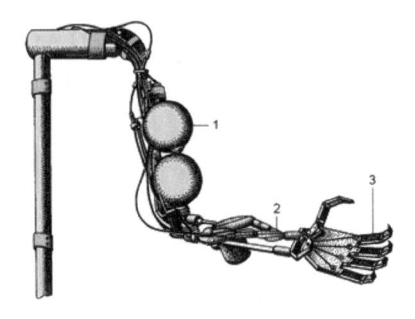

1 Muskel, 2 Seilzug, 3 Greiffinger

Mecanum-Rad
[Mecanum wheel]
Mit nicht angetriebenen Rollen besetzte Felge, die als Mehrrichtungsrad für mobile Roboter eingesetzt wird. Dreht sich das auf einer Starrachse sitzende Rad mit der Drehzahl *n*, dann wandert die Kontaktfläche (im Idealfall ein Berührungspunkt) mit einer mit dem Boden in Berührung stehenden Rolle vom äußeren zum inneren Ende (Abwälztrajektorie). Dabei wechselt die Berührung ohne Unterbrechung auf die in Drehrichtung folgende Rolle über. Bei Vierrad-Fahrwerken erreicht man durch unterschied-lichen Drehsinne und Drehzahlen Vorwärts-, Rückwärts-, Querbewegung nach rechts oder links und beliebige Fahrlinien in der Ebene.

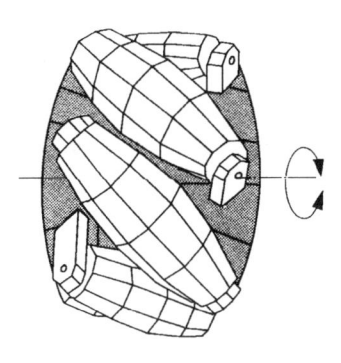

Mechanische Hand MH-1
[mechanical hand one]
Eine erste sensorisierte Roboterhand mit Rechnersteuerung, die 1960 von *H. A. Ernst* (*MIT*, USA) geschaffen wurde. Die Hand war mit vielen taktilen und optischen Sensoren ausgerüstet, um Berührungen mit Gegenständen und der Umwelt in die Steueralgorithmen einbeziehen zu können.

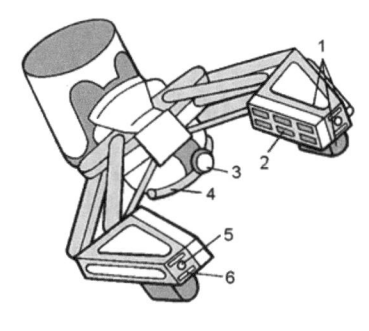

1 Tastschalter, 2 Kontaktschalter, 3 Fotodiode, 4 Druckschalter (analoger Ausgang), 5 Drucksensor, 6 Druckschalter für die Aufsetzbewegung auf den Tisch

Mechanischer Mensch
[mechanical man]
Kunstwesen in Menschengestalt. *Leonardo da Vinci* skizzierte um 1495 einen mechanischen Ritter, der Kopf und Kinnlade bewegen, seine Arme schwin-

gen und aus eigener Kraft aufstehen konnte. Ein anderer M., allerdings nicht mechanischer Art, ist der → *Golem*.

Mechanischer Parallel-Manipulator
[mechanical parallel manipulator]
Spezielles System aus zwei Manipulatoren, wobei die Bewegungen am Masterarm über Seile oder Stahlbänder an den Slave-Arm übertragen werden. 1954 hat der Wissenschaftler *Raymond Goertz* erstmals Elektromotoren eingesetzt, so dass man die Bewegungsvorgaben elektrisch über große Entfernungen zum Slavearm bringen konnte.

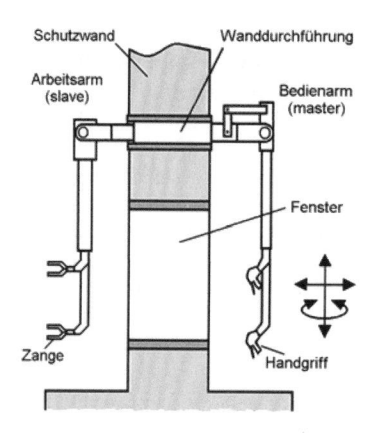

Mechanisierung
[mechanization]
Substitutionsprozess von mechanisch-menschlichen Leistungen durch technische Hilfsmittel. Das sind vorwiegend Einrichtungen mit antreibender Funktion durch elektrische oder fluidische Aggregate. Die dann noch verbleibenden Hilfsfunktionen, die Einzelaktionen einleiten, auswählen, steuern und beenden erledigt der Mensch dann bei niedriger Kraft- und Leistungsübertragung.

Mechanismus
[mechanism]
Technisches Gebilde, das aus einer Anzahl von starren Körpern, so genannten Gliedern besteht, die durch Gelenke miteinander verbunden sind. Die mechanische Konstruktion erlaubt den Gelenken den durch diese verbundenen Gliedern eine mehr oder weniger eingeschränkte Bewegung (Zwangsbewegung) zueinander. Ein Glied kann mehrere Gelenke haben. Man unterscheidet in serielle (1), verzweigte (2) und geschlossene M. (3).
→ *Kinematische Kette*, → *parallele Kinematische Kette*

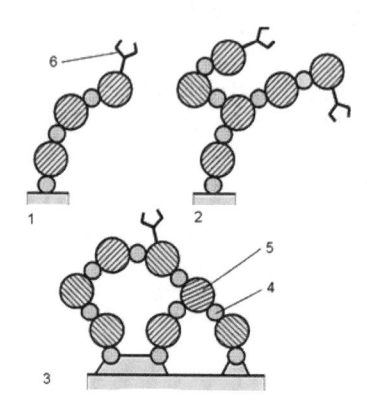

1 serieller Mechanismus, 2 seriell verzweigter Mechanismus, 3 geschlossener Mechanismus, 4 Gelenk, 5 Verbindungsglied, 6 Greifer

Mechas
In der Sciencefiction-Welt fiktive Riesenroboter, die von Menschen oder außerirdischen Wesen gesteuert werden und sich in spektakulären Kämpfen begegnen.

Mechatronik
[mechatronics]
Oberbegriff, der Systeme zusammenführt, in denen die Einzeldisziplinen Maschinenbau mit Mechanik sowie Antriebs- und Fluidtechnik, Elektrotechnik mit Leistungsmikroelektronik und Informationstechnik in Verbindung mit Automatisierungs- sowie Softwaretechnik vereinigt sind. In einem mechanischen Grundsystem wird ein Energiestrom verarbeitet. Ziel ist u.a. eine Vergrößerung von Funktionalität und Flexibilität der Komponenten und eine starke bauliche Integration. Bewegungsachsen und Systeme aller Antriebstechnologien sowie die Realisierung neuer Lösungsan-

sätze sind Bestandteil der M. Siehe dazu auch VDI-Richtlinie 2206.

Medizinrobotik
[biomedical robotics]
Wissenschaftsgebiet, das sich mit Verfahren und Geräten der Robotik befasst, um diese in der Humanmedizin einzusetzen, z.B. im chirurgischen Bereich. Dazu gehören Strahlentherapie, Anbringen von Prothesen, neurologische Eingriffe, endoskopische Eingriffe, u.a. Es werden extrem hohe Genauigkeitsanforderungen gestellt, verbunden mit einer Präzisionsnavigation der Endeffektoren.

Meeresroboter
[underwater teleoperator]
Meist halb-autonome Geräte (→ *Teleoperator*) zur ferngesteuerten Erkundung von Unterwasserobjekten wie Pipelines, Offshore-Bauwerke, Schiffswracks, Lagerstätten von Bodenschätzen, Schiffsrumpfreinigung u.a.

Mehrantriebssystem
Für die Dynamik eines Gelenkarmroboters ist u.a. von Bedeutung, wo die Achsantriebe untergebracht werden. Dezentrale Anordnung an den Gelenken einer offenen Armstruktur bedeutet, dass die nicht geringen Massen der Antriebe stets mit bewegt werden müssen. Bei zentralen Anordnungen werden sie in Gestellnähe plaziert und nur wenig bewegt. Dafür steigt der technische Aufwand für die Bewegungsübertragung über die Gelenke hinweg.

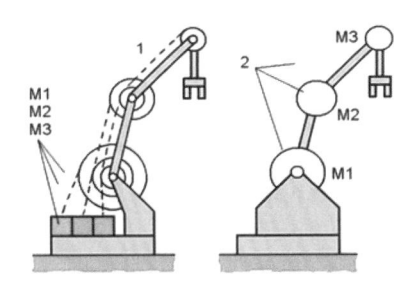

1 Bewegungsübertragung mit Zugmittel, 2 Antrieb je Gelenkachse, M Antriebsmotor

Mehrarmkinematik
[multi-arm kinematics]
Kinematischer Aufbau eines Roboters mit mehreren Armen. Die M. erlaubt eine hohe Flexibilität in der Aufgabenausführung (Greifen mehrerer Objekte, Umgreifen bei Hindernissen, Schweißen ohne Vorrichtung).

Mehrarmroboter
[multi-arm robot]
Ständer- oder Portalroboter, der mit mehreren unabhängig voneinander bewegbaren Einzelarmen ausgerüstet ist. Es bedarf steuerungsmäßiger Voraussetzungen, um ein kollisionsfreies Arbeiten zu erreichen. Kooperative Zusammenarbeit ist besonders für den Bereich der Montageautomatisierung interessant. Im Beispiel (KAMRO, Karlsruher autonomer mobiler Roboter) ermöglichen → *Mecanumräder* außerdem eine gute Beweglichkeit des Roboters von Arbeitsplatz zu Arbeitsplatz.

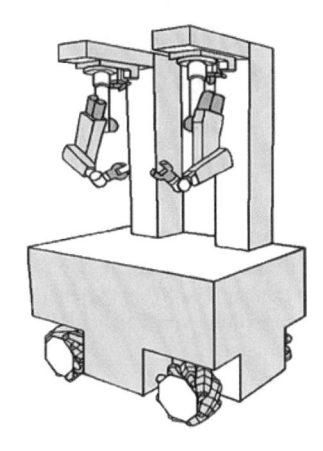

Mehrdeutigkeit von Achsstellungen
[ambiguity of axis positions]
Situation bei Roboter-Gelenkarmen, wenn eine Position P im Raum mit verschiedenen Stellungen der Achsen A erreicht werden kann. Man muss dann einen zusätzlichen Parameter einführen, z.B. für die Ellenbogenstellung.
→ *Singularität*

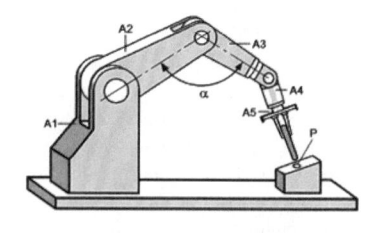

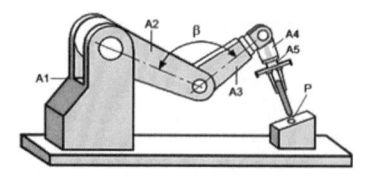

Die Etagenhöhe muss groß genug gewählt werden, um einen Zugriff durch den Roboter zu ermöglichen. Ebenso sind höhengestaffelte Werkstückaufnahmen von Vorteil.

Mehrfachfügehilfe
[multi remote center compliance]
Parallele Anordnung von Fügehilfen zur gleichzeitigen Montage mehrerer Bauteile durch Einstecken in ein Montagebasisteil. → *RCC*

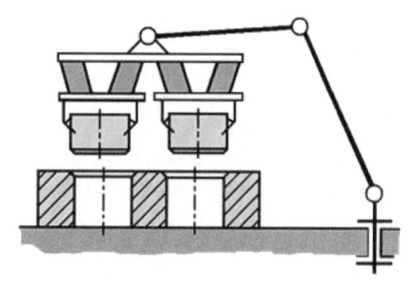

Mehrdimensionaler Code
Codes, z.B. auf Verpackungen, die der automatischen Identifizierung von Produkten dienen und ein zweidimensionaler optischer Datenspeicher ist.

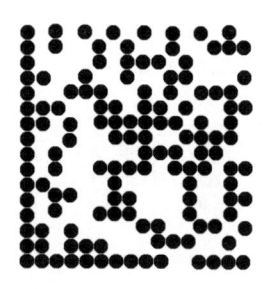

Mehretagenscheibenspeicher
[multi-plate magazine]
Rundtaktender Werkstückspeicher für die Bereitstellung von Teilen an Roboterarbeitsplätzen.

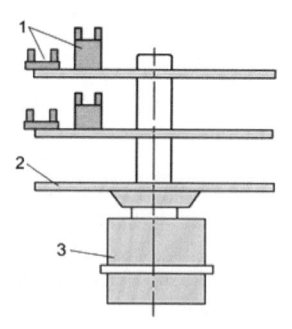

1 Werkstückaufnahme, 2 Magazinscheibe, 3 Rundtaktantrieb

Mehrfachgreifer
[multiple gripper]
Greifer mit mehreren Greiforganen, so dass gleichzeitig mehrere Objekte gegriffen werden können. Im Beispiel wird ein Zweifachgreifer dargestellt. Im Gegensatz dazu greift ein Doppelgreifer die Objekte zeitlich nacheinander und funktionell unabhängig voneinander.

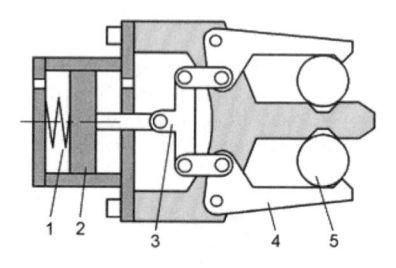

1 Druckfeder, 2 Pneumatikkolben, 3 Kraftausgleich, 4 Greiferfinger, 5 Werkstück

Mehrfachgreifkopf
[multi hand unit]
Greifer, der mehrere unabhängig voneinander arbeitende Greifer enthält. Diese können linienartig, rund oder revolverartig angeordnet sein.

Mehrfachspanner
[multi clamping accessory]
Werkstückspanner, der gleichzeitig viele Werkstücke spannen kann. Dazu muss die Spannkraft gleichmäßig auf viele Werkstücke verteilt werden, um Abmessungstoleranzen zu kompensieren. Das geschieht mit einer Ausgleichsmechanik, die aus Pendelelementen besteht.

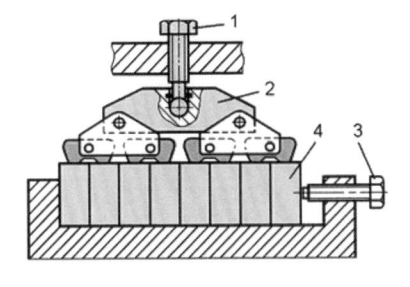

1 Spannschraube, 2 Pendelstück, 3 Druckschraube, 4 Werkstück

Mehrfache Vererbung
[multiple inheritance]
In der → *Künstlichen Intelligenz* eine formalisierte Methode zur → *Vererbung* aus mehreren unterschiedlichen Quellen (wenn eine Klasse mehrere Elternteile haben kann).

Mehrfach-Werkstückträger
[multiple workpiece carrier]
Werkstückträger, der z.B. in runder Bauform viele Montagebasisteile gleichzeitig aufnehmen kann.

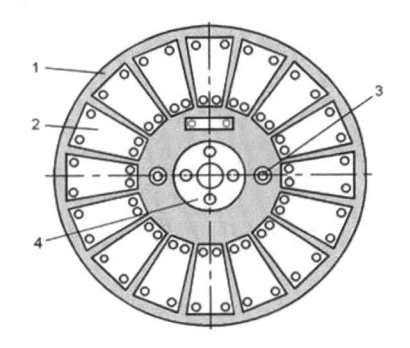

1 Basisteller, 2 Werkstückaufnahme, 3 Positionierbuchse, 4 Antriebsnabe

Der Werkstückträger durchläuft eine Montageanlage und wird in der Montagestation reihum getaktet, bis das Transportlos bearbeitet wurde. Der M. eignet sich sehr gut für hybride Montageanlagen.

Mehrfachzuteiler
[multiple allocator]
Zuteiler (Vereinzeler), der ein oder mehrere Werkstücke von einer Werkstückschlange abteilt und an eine Zielstelle leitet. Dafür gibt es verschiedene technische Lösungen, z.B. Verschieben oder Greifen mehrerer geordneter Teile.

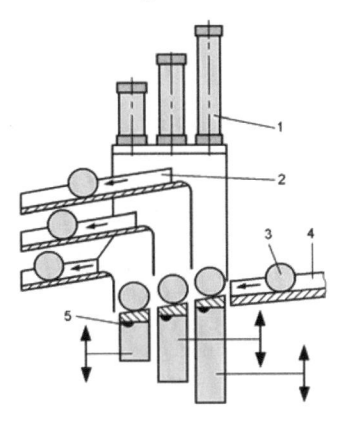

1 Pneumatikzylinder, 2 Ausgaberollstrecke, 3 Werkstück, 4 Zuführbahn, 5 Anwesenheitssensor

Mehrfrequenzsystem
[multi-frequency dialing]
Leitdrahtsystem zur induktiven Führung von fahrerlosen Flurförderzeugen, das mit mehreren Leitfrequenzen betrieben wird. Die Umschaltung auf eine andere Strecke mit einer anderen Frequenz wird z.B. an Blockstellen oder Verzweigungen nach einem elektronischen Kontakt mit einem Responder ausgelöst. Der Leitfrequenz kann auch eine Datenübertragungsfrequenz überlagert sein.

Mehrkörpersystem
Roboterstrukturelemente, die durch ideal starre Körper modelliert werden, die sich in unnachgiebigen Gelenken relativ zu-

einander bewegen. Diese Form der Modellierung führt schnell zu einer Darstellung, lässt aber Elastizitäten unberücksichtigt.

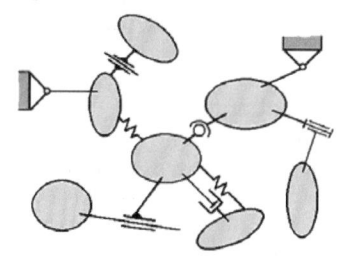

Mehrmaschinenbedienung
[multi-machine loading]
Mehrere Bedienstellen von Arbeitsmaschinen, die kreis- oder linienförmig angeordnet sind, werden nach Anforderung durch einen Industrieroboter angefahren. Die M. führt zu einer guten Auslastung des Roboters. Bei einer kreisförmigen Anordnung der Maschinen wird eine große Armreichweite gebraucht. Der Roboter steht im Zentrum. Man hat z.B. schon 13 Einrichtungen mit einem Zentralroboter bedient. Organisatorisches Ziel ist, sowohl bei den Maschinen als auch beim Roboter ein Minimum an Wartezeiten zu erreichen.

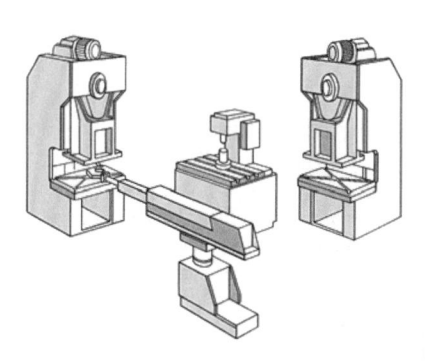

Mehrrichtungskette
Förderkette zum Transportieren von Arbeitsgut, die in mehreren Richtungen beweglich ist. Damit lassen sich flexible Verkettungseinrichtungen gestalten, die es erlauben, den Werkstückfluss im dreidimensionalen Raum zu führen.
→ *Doppelgelenkkette*

Mehrstufenejektor
[multi ejector]
Serienschaltung mehrerer Saugdüsen, um große Luftmengen beim angeschlossenen Vakuumsauger schnell absaugen zu können. Das führt zu kürzeren Evakuierungszeiten als bei einem Einfachejektor.
→ *Ejektor*

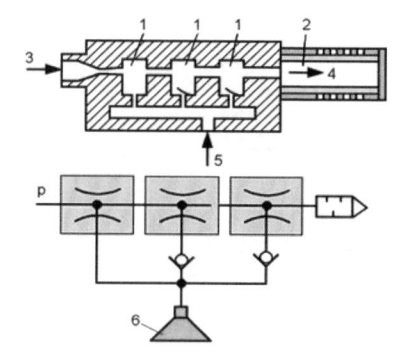

1 Ejektor, 2 Schalldämpfer, 3 Druckluftzufuhr, 4 Abluft, 5 Saugluft, 6 Saugnapf, *p* Druckluft

Meldestellenverfahren
Verfahren zur Navigation von autonomen mobilen Robotern, bei dem kleine Sender oder Induktionsschleifen benutzt werden, die punktuell oder flächig verteilt im Operationsbereich angebracht sind. Sie strahlen eine Kennung mit Rundumcharakteristik ab, so dass ein Fahrzeug auch zwischen mehreren Baken durch einen Vergleich der Feldstärke auf den Abstand schließen kann.

Melkroboter
[milking robot]
Roboterähnliche Einrichtung, die das Melkgeschirr automatisch anlegt, sowie Reinigung, Desinfektion und Melken per Programm ausführt. Die langsame und präzise Annäherung der vier Saugarme des M. wird durch ein Sicht- und Steuerungssystem gewährleistet. Es bestimmt visuell die Lage des Euters durch Abtastung mit einem Laserstrahl. Als Antrieb kann ein servopneumatisches System mit Schnellschaltventilen Verwendung

► M

finden. Mittels Transponder, den jede Kuh trägt, erkennt der M. die spezifischen Dimensionen der Kuh wie Gewicht und Abmessungen.

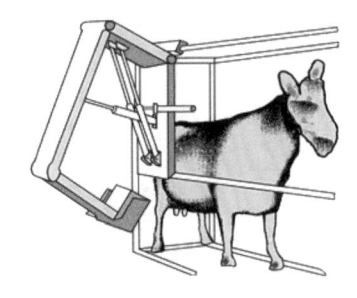

Membran-Spannmodul
[diaphragm and short stroke cylinder]
Modulares Spannelement mit Gummimembran, das bei einem Hub von etwa 5 mm als Spanner oder auch als Greiferfinger eingesetzt werden kann. Die M. sind z.B. gut für das Innenspannen von Rohren geeignet.

Mensch-Roboter-Kooperation
Direkte Zusammenarbeit von Mensch und Roboter bei gleichzeitiger Nutzung der hohen Traglast eines Roboters und der Flexibilität eines Menschen. Große Sicherheitseinrichtungen scheitern häufig am verfügbaren Platz. Deshalb muss sich der Roboter direkt in den Arbeitsplatz des Werkers integrieren. Das erfordert neue Sicherheitssensoren und Algorithmen, die den Anforderungen an direktes Zusammenarbeiten ohne einen Schutzzaun genügen.
→ *OTS*

Menschverstärker
[man amplifier]
Kraftbetriebenes (mit mechanischen Muskeln ausgestattetes) Außenskelett, das auf einen menschlichen Körper passt und damit dem Menschen ermöglicht, beim Gehen und Heben viel größere Lasten bewältigen zu können. Die menschliche Kraft sollte um den Faktor 25 verstärkt werden. Der Mensch fühlt durch Kraftrückkopplung die Last. Der Plan, Muskelkraft und Ausdauer durch Maschinen mit Kraft zu verstärken, wurde erstmals Mitte der 1950er Jahre am *Cornell Aeronautical Laboratory* (USA) erwogen.

Merkmal
[feature]
Besonderes physikalisches oder errechenbares Kennzeichen eines Teils, welches dieses von Teilen einer anderer Art unterscheidet. Erkennungs- und Ordnungsverfahren arbeiten unter Auswertung von charakteristischen M.

Merkmalsspeicher
[feature memory]
In der Bildverarbeitung ein Speicher, in dem die zur Erkennung (Vergleich) von Objekten notwendigen Merkmale hinterlegt sind.

Merkmalsstreuung
[feature variance]
Schwankungsbreite erfasster Merkmale, die beim Einlernen eines oder mehrerer Musterteile in eine Erkennungseinrichtung durch Form-, Maß- und Lagefehler entsteht.

Messbereich
[measuring range]
Derjenige Bereich von Messwerten einer Messgröße, in welchem vorgegebene,

vereinbarte oder garantierte Fehlergrenzen nicht überschritten werden.

Messfehler
[error of measurement]
Unterschied zwischen dem durch Messung ermittelten Wert einer Messgröße und ihrem wahren Wert. Die M. lassen sich in zufällige (statistische) und systematische (deterministische) Fehler unterteilen.

Messfühler
[sensing element]
Teil eines Sensors, der den direkten Kontakt mit dem Objekt herstellt, je nach Wirkungsweise des Sensors. Der Begriff M. wird oft mit dem Begriff „Sensor" gleichgesetzt.

Messgenauigkeit
[accuracy of measurement]
Im Allgemeinen der prozentuale relative Fehler, bezogen auf den Messbereichsendwert. In der Messpraxis wird der Begriff nicht immer einheitlich verwendet und sollte deshalb nicht benutzt werden.

Messgetriebe
[measuring gearbox]
Präzisionsgetriebe, das im Zusammenhang mit Wegmesssystemen verwendet wird, um mit einer geeigneten Übersetzung die gewünschte Auflösung eines Weges (Winkels) zu erreichen. Es werden hohe Anforderungen an Übertragungsgeschwindigkeit, Gleichmäßigkeit, Spiel- und Wartungsfreiheit gestellt.

Messprinzip
[measuring principle]
Charakteristische physikalische Erscheinung, die bei einer Messung benutzt wird (DIN 1319).

Messroboter
[gauging robot, measuring robot]
Roboter, der in den Fertigungsprozess eingegliedert ist und Mess- bzw. Prüfaufgaben erledigt. Er kann selbst ein Dreikoordinatenmesssystem darstellen oder er handhabt Messzeuge, z.B. einen 3D-Taster oder ein berührungslos arbeitendes Messzeug. Dadurch wird er zur Messmaschine. Der M. lässt sich besonders für das Messen und Prüfen großer Objekte (Freiformflächen von Karosserieteilen, Schweißkonstruktionen, Tiefziehformen) einsetzen.

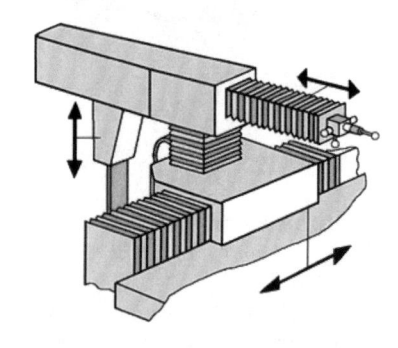

Messsystem-Ankopplung
[measuring system coupling]
Nach dem Anbauort eines Weg- bzw. Winkelmesssystems wird in direktes und indirektes Messen unterschieden. Direktes (unmittelbares) Messen liegt vor, wenn der bewegliche Teil des Messsystems mit der Bewegungseinheit ohne Zwischenschalten von Übertragungsgetrieben (mechanischen Wandlern) verbunden ist. Im Bild wird die unmittelbare Messung am Werkstück gezeigt.
→ *Positionsgeber*

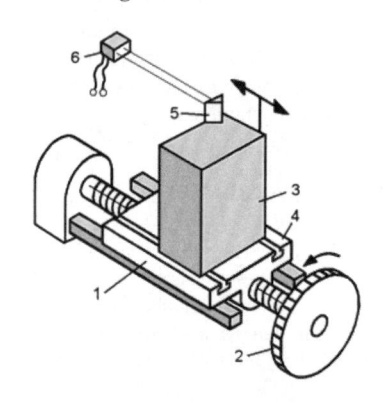

1 Schlitten, 2 Antriebszahnrad, 3 Werkstück, 4 Maschinentisch, 5 Reflektor, 6 Laserinterferometer

Messumformer
[signal converter]
Signalwandler, der meist unter Nutzung von Hilfsenergie Eingangssignale von einem Sensor in ein Ausgangssignal geforderter Beschaffenheit umsetzt, zum Beispiel den Wirkdruck an einer Blende in ein elektrisches Einheitssignal um.

Messung des Schaltabstandes
[measuring of the switching distance]
Bestimmung des Schaltabstandes bei induktiven Näherungssensoren gemäß EN 60947-5-2 mit einer quadratischen Normmessplatte aus Stahl von einem Millimeter Dicke. Die Seitenlänge des Quadrates ist gleich dem Durchmesser des eingeschriebenen Kreises auf der aktiven Fläche oder gleich dreimal dem Bemessungsschaltabstand. Es gilt immer der größere Wert.

Messunsicherheit
[uncertainty of measuerement]
Mögliche Abweichung eines Messergebnisses vom wahren Wert (Messwertparameter). Zur M. tragen Auflösung, Messwertkriechen, Reproduzierbarkeit und Justageabweichungen bei.

Messverfahren
[method of measurement]
Alle experimentellen Maßnahmen, die zur Gewinnung des Messwertes einer Messgröße erforderlich sind. Es gibt Messmethode und Messprinzip für ein bestimmtes Vorgehen bei einer Messung an.

Messwertaufnehmer
[transducer, transmitter, measuring sensor]
Teil der Messeinrichtung, der die Messgröße erfasst und im Allgemeinen die primäre Messgrößenumwandlung durchführt. Ist das Ausgangssignal kein genormtes Signal, spricht man auch von einem Transducer, bei einem genormten Signal, wie z. B. 0 bis ± 10 V, von einem Transmitter. Sinnverwandte Bezeichnungen sind: Geber, Messfühler, Messwertgeber, Sensor, Elementarsensor.

Metropolis
Stummfilm der UFA aus dem Jahre 1926, in dem ein Wissenschaftler beauftragt wird, den weiblichen Roboter *Maria* zu bauen. Die Filmhandlung spielt im Jahre 2026. Der Film M. war der erste Film, der einen Roboter spektakulär in den Mittelpunkt rückte. Es wirkten 36000 Schauspieler und Komparsen mit. Drehbuch: *Thea von Harbou*, Regie: *Fritz Lang*.

Mikroaktorik
[microactorics]
Als Teilgebiet der Mikrosystemtechnik sind das kleinste Stellglieder, die mit mikroelektronischen Komponenten vereint sind, wie z.B. Mikromotoren, Hebelwerke, Ultraschallmotoren, Mikromanipulatoren, Ventilsteller, Mikrofluidkammern (Bild), Dosierventile und Mikrorelais. Die Stellleistungen sind aber relativ klein und bewegen sich in µN-Bereich. Der Bewegungsraum ist auf µm bemessen. Im Vergleich zu feinmechanischen Baugruppen lassen sie sich, besonders bei großen Stückzahlen, auch kostengünstig fertigen.

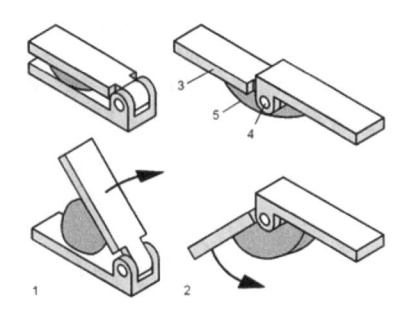

1 Expansionsvorgang, 2 Kontraktionsvorgang, 3 Schwenkplatte, 4 Achsstift, 5 flexible Fluidkammer

Mikrodosierung
[microdosing]
Bereitstellung feinster Punkte (z.B. zwi-

schen 80 µm und 1 mm) von viskosen Stoffen durch ein geeignetes Düsen- und Pumpsystem. Wichtiges Kriterium ist die Reproduzierbarkeit der Dosis. Die M. wird in der Mikroelektronik, Mikrosystemtechnik, aber auch im Maschinenbau, z.b. bei der Minimalmengenschmierung für Lagerungen benötigt.

Mikrofabrik
[micro factory]
Miniatur-Produktionsmittel in einer Größe, bei der auf der Fläche eines Tisches ganze Produktions- oder Montageanlagen Platz finden. Dafür werden auch kleinste Handhabungseinrichtungen benötigt, z.B. kleinste → *Deltaroboter* (Pocket-Robot). Ein solcher Roboter kann bis zu drei Zyklen je Sekunde ausführen, bei einer Genauigkeit im Mikrometerbereich. Damit werden Mikrokomponenten manipuliert.

Mikrogreifer
[microgripper]
Miniaturisierter Greifer für Kleinstteile. Er wird in der → *Mikrosystemtechnik* eingesetzt. Als Wirkprinzip kommen Klemmbacken, Saugpipetten, elektrostatische Elemente und → *Kapillargreifer* zum Einsatz.

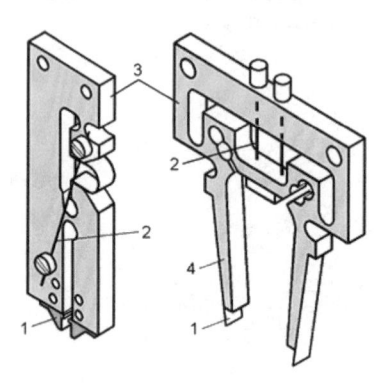

1 Greifbacke, 2 Formgedächtnislegierung, 3 Basisplatte, 4 Finger

Mikrokontroller
[microcontroller]
Rechentechnische Komponente mit einer Funktionalität, die mit einem PC vergleichbar ist, aber einen gewissen Teil der Mikroprozessorperipherie des PCs bereits im Baustein integriert enthält. Der M. ist nicht so leistungsfähig wie ein PC. Der 8051-Controller folgt der Harvard-Struktur (im Gegensatz zur von Neumann-Struktur in einem PC). Das bedeutet, dass Daten- und Programmspeicher getrennt sind.

Mikromanipulator
[micromanipulator]
Manipulator für Bewegungen im Mikrometerbereich, oft als Master-Slave-Manipulator ausgeführt. Vom Operator vorgegebene Bewegungen können maßstäblich stark verkleinert werden. Mit dem M. kann auch ein Genchirurg einen bestimmten Punkt in einer Zelle ansteuern. Die Bewegungen werden über binokulare Mikroskope kontrolliert. An Antriebe, Führungsgetriebe, Messsysteme und Steuerungen werden höchste Anforderungen gestellt. Der M. hat auch Bedeutung in der minimalinvasiven Chirurgie.

Mikromontagemaschine
[micro assembly system]
Hardware für den Zusammenbau kleinster Komponenten zu Mikroprodukten. Dafür werden hochgenaue Roboter benötigt, die im Mikrometerbereich positionieren können. Aber auch mobile Kleinstroboter lassen sich einsetzen. Die Bewegung wird durch kleine Beine (piezoelektrische Aktoren) erzeugt.

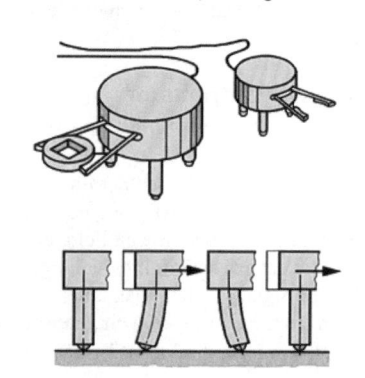

Mikrooptik

[micro-optics]
Ein Hauptgebiet der Mikrosystemtechnik, dass sich mit Elementen befasst, die bei einem mikroelektronischen Produkt den optischen Kanal zur Außenwelt sichern. Dazu gehören z.b. Lichtwellenleiter, Mikrolaser, faseroptische Schalter, digitale optische Potenziometer sowie Faser/Chip-Koppler. Alles wird in kleinsten Dimensionen gebraucht, muss im Strahlengang präzise und trotzdem robust sein.

Mikroprozessorregelung

[microprocessor-based control]
Digitale Regelung von elektrischen Servoantrieben, die heute bevorzugt angewendet wird. Der Funktionsablauf ist in der Software niedergelegt. Diese besteht aus einer Anzahl von Unterprogrammen, die jeweils eine abgegrenzte Funktionalität zu erfüllen haben. Das Betriebssystem des Antriebs ruft in definierter Reihenfolge je Zyklus die Unterprogramme wiederholt auf. Alle Antriebsfunktionen werden nacheinander und fortlaufend bearbeitet. Das geschieht sehr schnell und seriell, erweckt aber den Eindruck als ob alles wie in einem analogen System parallel abläuft.

Mikroroboter

[micro robot]
Roboter oder roboterähnliche Geräte, die klein sind und noch kleinere Teile handhaben können, wie z.B. in der Mikromontage. Sie sind hochgenau und können auch mobil sein. Dann bewegen sie sich auf winzigen Beinen, z.B. mit Aktoren auf Piezobasis. Die Aktionen werden von einer Kamera (Mikroskop) verfolgt, so dass Handlungen nach „Sicht" ausführbar sind. Die M. können auch in einem Netzwerk vieler Roboter mitwirken und z.B. als Schwarm autonom in der Umwelt bestimmte Aufgaben erfüllen.
Geschichte: Die *Seiko Epson Corp.* startet 1993 ein Mikrorobotik-Projekt. 2003 wurde ein 3 cm großer M. mit Mikrokamera entwickelt, der vom Patienten geschluckt wird und der sich dann durch den Magen-Darm-Trakt bewegt.

Mikroschritt-Motor

[microstepping motor, microstepping system]
Schrittmotor mit spezieller Polgestaltung, die es erlaubt, auch Zwischenstellungen zwischen den vollen Schritten anzufahren. Schrittmotoren werden mit 2-, 3- und 5-phasigen Wicklungen hergestellt. Die Schrittanzahl je Umdrehung kann durch so genannte Halbschritt- bzw. Mikroschritt-Ansteuerung bis zu 400 Schritte bzw. 10 000 Schritte je Umdrehung betragen. Der Mikroschritt erfordert ein Steuergerät, das neben der Reihenfolge der Strompulse auch deren Amplitude beeinflussen kann.

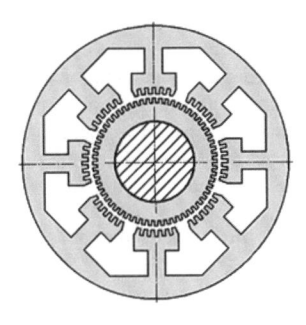

Mikrosensorik

[micro sensor technology]
Teilgebiet der Sensorik, aber auch der Mikrosystemtechnik, das sich mit der Miniaturisierung und Integration mit mikroelektronischen Bauelementen befasst. Anwendungsgebiete sind z.B. Beschleunigungssensoren, Sensoren in Mikromotoren und Kühlsystemen, Sensoren in der Medizintechnik und faseroptische Sensoren. Solche Sensoren lassen sich zusammen mit der elektronischen Signalverarbeitung und mikromechanischen Komponenten auf einem Chip integrieren.

Mikrostepping

[microstepping]
Betriebsart eines dafür geeigneten Schrittmotors, bei der Winkelschritte mit

sehr feiner Unterteilung vom Rotor ausgeführt werden. Seine Bewegung geht mit steigender Auflösung in eine mehr und mehr gleichförmige Bewegung über. Die hohe Unterteilung wird durch elektronische Verfahren ermöglicht. Obwohl die Auflösung beliebig groß sein kann, liegen die realistischen Auflösungen im Bereich von 5000 bis 10 000 Schritten je Umdrehung. Je höher die Anzahl der Schritte, das heißt je kleiner der Schrittwinkel, desto besser das Laufverhalten, insbesondere bei kleinen Frequenzen.

Mikrosystemtechnik
[microsystem technology]
Vereinigung von elektronischen, mechanischen und gegebenenfalls auch optischen Komponenten auf kleinstem Raum in einem System. Es ist gewissermaßen miniaturisierte Mechatronik. System und Bestandteile sind nur unter einem Mikroskop sichtbar zu machen. Die Verkopplung verschiedener Energiedomänen (elektrisch, fluidisch, mechanisch u.a.) ermöglicht die Verwirklichung von Aktoren und Sensoren als Mikrosysteme.

Mikro-Vakuumgreifer
[vacuum microgripper]
Greifer in der Art einer Glaskapillare mit einem Spitzendurchmesser bis zu 10 Mikrometer, um kleine Objekte mit Saugluft zu halten und zu manipulieren. Die Spitze der Glaskapillare ist angeschliffen und feuerpoliert, um eine hohe Wirksamkeit des Vakuums zu erreichen. Die M. sind besonders gut einzusetzen, wenn sich die Objekte nicht seitlich kraftschlüssig greifen lassen.

Mikrowellenradar
[microwave radar]
Gerät zur Füllstandsmessung mit Mikrowellen. Mit der Messung der Füllhöhe ist dann auch das Füllvolumen errechenbar. Radarsensorik funktioniert auch bei Turbulenzen. Außerdem ist das M. wartungsfrei. Einbauten im Behälter wie z.B. Grenzschalter Heizspulen und Leitbleche beeinflussen die Messung negativ. Um Genauigkeiten von wenigen Zentimetern zu erreichen, muss die Zeitmessung (Laufzeit des Radarsignals) auf etwa 100 Pico-Sekunden genau erfolgen. Die abgestrahlte Mikrowellenleistung von nur 1 mW ist für den Menschen ungefährlich. Deshalb ist das M. auch zur Personenbeobachtung einsetzbar.

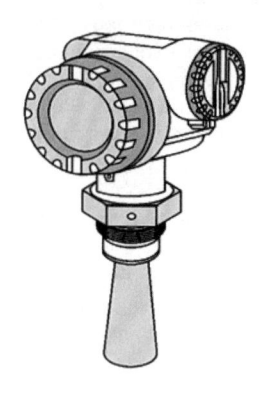

Mikrowurf
[micro-projection]
Fortbewegungsart von Werkstücken auf einer schwingenden Bahn, bei der die Teile eine Wurfbewegung absolvieren, die im Mikrometerbereich liegt.

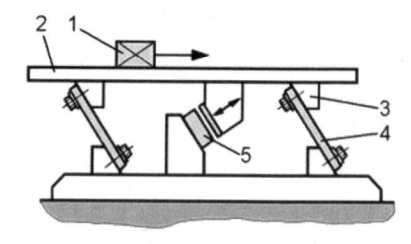

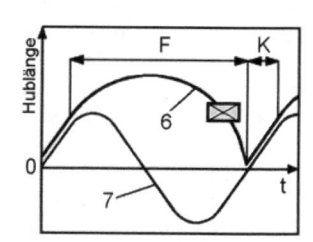

1 Werkstück, 2 Förderrinne, 3 Federbefestigung, 4 Blattfeder, 5 Elektromagnet, 6 Flugbahn, 7 Rinnenschwingung, F Flugdauer des Werkstücks, K Kontaktdauer, t Zeit

Die Teile heben von der Schwingrinne ab, gehen in den freien Flug über und prallen anschließend wieder auf die Förderbahn. Als Zuführprinzip für Kleinteile hat der → *Vibrationswendelförderer* große Verbreitung gefunden.
→ *Gleitförderprinzip*

Mindestlaststrom
[lowest load current]
In der Sensorik der kleinste Laststrom, der bei durchgeschaltetem Ausgang fließen muss, um einen sicheren Betrieb von 2-Leiter-Sensoren zu gewährleisten.

Minimax
[minimax]
In der Spieltheorie ein Algorithmus zum Ausführen von Spielen, der auf der Annahme basiert, dass der Gegner versuchen wird, den Vorteil des Spielers bei jedem Zug zu minimieren.

Minimax-Prinzip
[minimax principle]
Spieltheoretisches Prinzip der Risikolosigkeit bei der Auswahl der Spielstrategie, auch als Rückversicherungsprinzip bezeichnet. Einem Spieler wird immer genau der Gewinn garantiert, den er unter Berücksichtigung der für ihn ungünstigsten Reaktion seines Gegenspielers in jedem Fall erhalten kann.

Mirrobot
Ein Spiegelroboter, der für das Anlernen durch Imitation (Nachahmung von Bewegungen) geschaffen wurde. Die Zielsetzung der Kognitionswissenschaftler besteht in der Frage: Wie kann aus einer Bewegung die Zielsetzung einer Aufgabe erkannt werden? Eine Bewegungsnachahmung erfolgt spiegelbildlich.

Mittelpunktverlagerung
[displacement of the prehension centre]
Abweichung dx der Objektmitte G beim Greifen von Objekten unterschiedlichen Durchmessers mit einem → *Winkelgreifer*. Bereits Maßtoleranzen der Objekte

sind in diesem Zusammenhang als unterschiedliche Werkstücke zu sehen.

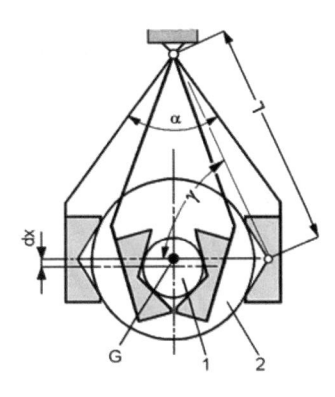

1 kleines Objekt, 2 großes Werkstück

Mittel-Ziel-Analyse
[means-ends anaysis]
Problemlösungsmethode, die versucht, Aktionen zu finden, die den Unterschied zwischen dem aktuellen Zustand und dem Ziel verringern.

Mobile Plattform
[mobile platform]
Flurförderzeug, das dem (teil-) automatisierten Transport von Lasten dient. Sie besitzen meistens drei kinematische Freiheitsgrade. Als Last kommen auch Manipulatoraufbauten in Frage, z.B. bei Servicerobotern ein Oberkörper mit zwei Gelenkarmen und Greifhänden.

Mobiler Roboter
[mobile robot]
Roboter, der seinen Standort durch Lokomotion (Bewegung von einer Stelle zur anderen) verändern kann.

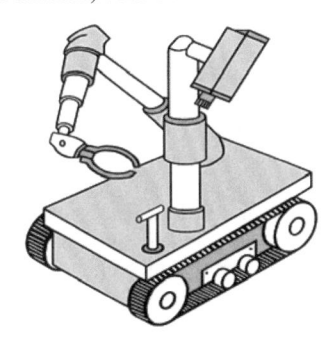

Dazu verfügt er über Räder, Kettenfahrwerke, Beine oder Rad-Bein-Kombinationen (selten). Für den Einsatz im Servicebereich (das kann auch ein strahlenbelastetes Areal, z.B. das Kernkraftwerksinnere, sein.) ist er mit Manipulator und maschineller Bilderkennung ausgerüstet.

Mobilrobotik
[mobile robotics]
Teilgebiet der Robotik, das sich im Gegensatz zur Industrierobotik mit Robotern beschäftigt, die nicht ortsgebunden sind. Man unterscheidet frei verfahrbare Roboter und solche, die Spurführungssysteme nutzen (optische oder elektromagnetische Leitsysteme, Schienen). Mobile Roboter (→ *Teleoperatoren*) wurden z.B. nach der Katastrophe im *World Trade Center* vom 11.9.2001 zur Suche nach Opfern in unzugänglichen Gebäudeteilen eingesetzt.
→ *Autonome mobile Roboter*

Mobot
[mobile robot]
Für verschiedene → *Teleoperatoren* verwendeter Begriff. In den 1960er Jahren entstand Mobot I für die Anwendung bei der US-Atomenergie Kommission. Mobot II war ein zweiarmiges fernsteuerbares Gerät mit Stereo-Sichtsystem. Je Arm waren zehn verschiedene Bewegungen ausführbar. Für Forschungszwecke entstanden auch autonome mobile Fahrzeuge, die sich innerhalb von Gebäuden frei orientieren und bewegen können.

Modalanalyse
[modal analysis]
In der Maschinendynamik ein Verfahren (eine Rechenmethode) zur Ermittlung der dynamischen Eigenschaften und zur Optimierung von schwingenden Konstrukten. Dazu gehört auch der mechanische Teil von Robotern. Zur Ermittlung von Schwingungsbildern und Eigenfrequenzen werden Beschleunigungssensoren benötigt.

Modell
[model]
Gegenüber einem Objekt ein vereinfachtes gedankliches (virtuelles) oder stoffliches Gebilde, das Analogien zu diesem Objekt aufweist. Damit können aus dem Verhalten des Modells Rückschlüsse auf das wirkliche Objekt gezogen werden.

Topologisches Modell: Beschreibung von Anordnung und Verknüpfung von Sysemelementen

Physikalisches Modell: Beschreibt auf der Basis des topologischen Modells ein System durch idealisierte (mechanische) Elemente

Mathematisches Modell: Formuliert an Hand des physikalischen Modells die beschreibenden Gleichungen

Numerisches Modell: Aufbereitung des mathematischen Modells für die numerische Lösung und Berechnung
→ *Systemanalogie*

Modularer Aufbau
[modular design]
Aufbau einer Handhabungseinrichtung aus Funktions- oder auch Baueinheiten, die ein definiertes Verhalten aufweisen und nach festen Regeln miteinander zu verbinden sind. Aus Achs- und Armmodulen lassen sich auch Roboter zusammensetzen. Der Funktionsinhalt ist dann genau auf die Anforderungen abstimmbar und nicht überqualifiziert.

Modulation
[modulation]
Beeinflussung einer (hochfrequenten) Trägerfrequenz im Takt einer (niederfrequenten) Frequenz. Impulsförmige Spannungen können in ihrer Amplitude, Phase und Impulsdauer moduliert werden.

Moiré-Effekt
[moiré fringes]
Optisches Störungsmuster, das entsteht, wenn periodische Muster überlagert werden und miteinander interferieren. Man kann z.B. mit zwei Gittern arbeiten,

wobei das erste Gitter auf eine Oberfläche projiziert und das Abbild durch ein zweites Gitter betrachtet wird. Der M. kann auch zur Wegmessung dienen. Beim Bewegen des Gegengitters zum Hauptgitter wandern Streifen von oben nach unten. Die Helligkeitsveränderungen kann man mit Fotodioden erfassen. Gegenüber dem Hauptgitter ergibt sich eine nutzbare Abstandsvergrößerung von $c = b/\tan \alpha$.

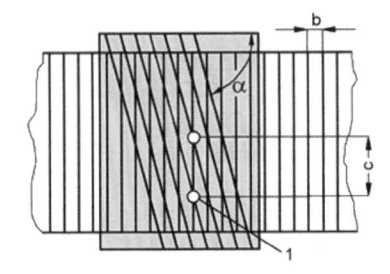

α Winkelung, b Teilung, 1 Fotodiode

Montageautomat
[automatic assembly machine]
Rundtakt- oder Linientaktmaschine für den Zusammenbau von Baugruppen oder Produkten. Das → *Montagebasisteil* durchläuft mehrere Füge- und Kontrollstationen und wird schrittweise zum Endprodukt vervollständigt. Die Fügestationen sind spezielle Module. Es werden aber auch zunehmend → *Montageroboter* einbezogen.

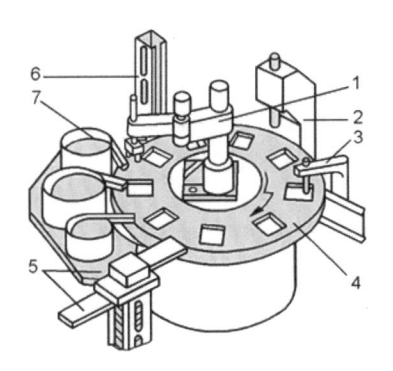

1 Scara-Roboter, 2 Montagepresse, 3 Ausstoßer, 4 Ringschalttisch, 5 Zuführeinheit, 6 Bauteilmagazin, 7 Vibrationswendelbunker

Die Anzahl der Stationen ist beim Rundtaktautomat sehr begrenzt. Linientaktanlagen lassen sich bei Notwendigkeit meistens um zusätzliche Stationen ergänzen. Als Basismaschine sind jeweils → *Montagegrundmaschinen* einsetzbar, die dann aufgabenbezogen mit technologischen und handhabungstechnischen Geräten ausgerüstet werden.
→ *Montageroboter*, → *Montagezelle*

Montagebasisteil
[assembly base-part]
Erstes Teil (Startteil, Grundfügeteil) in einer Montagereihenfolge. Es ist im allgemeinen das Teil mit der größten Masse oder einer komplizierten Form und bzw.oder das Teil mit der größten Anzahl von Fügestellen.

Montagegerechtheit
[design for assembly]
Eigenschaft einer Baugruppe oder eines Produkts, den manuellen oder automatischen Zusammenbau durch systematisches Vorgehen beim Entwurf und durch konstruktive Maßnahmen mit kleinstem Aufwand zu erreichen. Man kann auch weiter gliedern in greifgerecht, zuführgerecht, erkennungsgerecht usw. Die einsetzbaren Montageverfahren müssen bekannt sein und berücksichtigt werden. Um die M. zu erreichen hat man verschiedene Methoden zur Bewertung entwickelt, wie z.B. → *DFMA* (*Design For Manufacture and Assembly*).

Montagegreifer
[assembly end-effector]
Im Prinzip kann fast jeder Greifer in der Montage eingesetzt werden. Man kann unter M. aber auch einen Greifer verstehen, der zwei Einzelteile im Greifer selbst miteinander verbinden kann, ohne dabei eine externe Vorrichtung verwenden zu müssen. Der M. besteht dann meistens aus zwei ineinander gebauten Greifern, z.B. ein mechanischer Klemmgreifer für Teil A und ein Saugergreifer für Teil B. Beim Ablegen sind beide miteinander verbunden stellen die Baugruppe C dar.

Montagegrundmaschine
[base machine typ for assembly]
Basismaschine, die sich für Montageaufgaben ausrüsten lässt. Das kann z.B. eine Rundtaktmaschine mit mehreren Hubscheiben sein. Diese dienen als Antrieb für auf den Tisch montierte Handhabungs- und Montageeinheiten. Hubscheiben und Rundtaktantrieb sind zueinander synchronisiert.

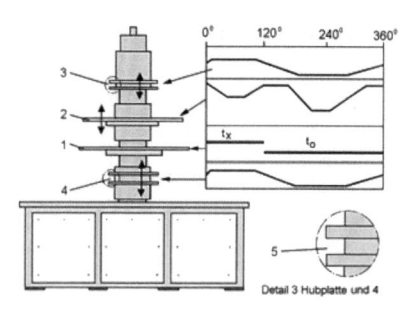

1 Rundschaltteller, 2 Hubscheibe für Handling- und Prüfgeräte, 3 und 4 Hubscheiben, die je Arbeitstakt eine Hubbewegung ausführen, 5 Nut für Bewegungsübertragungselemente (Rolle)

Montagelinie
[assembly line]
Lineare Anordnung von manuellen und/oder automatisierten Montageplätzen mit taktweiser oder asynchroner Weitergabe der Montagebasisteile, die sich im Allgemeinen auf Werkstückträgern befinden. Bei Bedarf besteht die Möglichkeit, die Linie um weitere Stationen zu verlängern. Das ist bei rund schaltenden Systemen nicht möglich.

Montagepresse
[assembly press]
Elektrisch oder pneumatisch (Bild) angetriebene Kleinpresse für das Verbinden von Bauteilen durch Längspressen. Der Ablauf kann automatisiert oder halbautomatisch sein; das Einlegen der Teile manuell oder ebenfalls automatisiert. Die Presskraft ist einstellbar und über Sensoren wird häufig die Blockkraft und die Kraft-Weg-Kurve erfasst. Zur Beobachtung des Prozessvorganges können z.B.

16 Überwachungsfenster programmiert werden. Für die Qualitätssicherung werden die Daten statistisch aufbereitet.

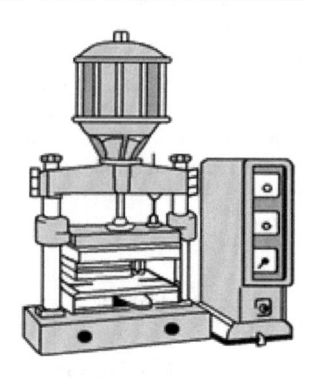

Montageroboter
[assembly robot]
Für das Montieren ausgerüsteter Roboter, der die Fügeteile aufnimmt, Montagefeinbewegungen (mit z.B. Fügehilfen) und das Fügen ausführt. Besonders gut ist dafür der Scara-Roboter geeignet. Für eine Eingliederung in Montagelinien eignet sich aber auch ein kartesischer Roboter (Bild). Das Transfersystem durchquert im Beispiel den M. von links nach rechts.

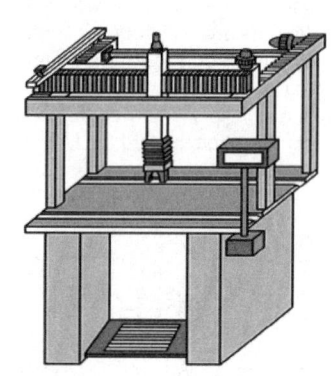

Montagetransfersystem
[assembly-line production]
Transporteinrichtung für das automatische Bewegen von Montagebaugruppen von Station zu Station (Fließprinzip). Die Baugruppen befinden sich auf Werkstückträgern. Typische M. sind Doppelgurtförderer, Plattenbandförderer oder

▶ M

Systeme mit einem Vortrieb über Längswellen (Bild). Diese Art ist besonders für schwere Baugruppen gut geeignet (sanfter Transport, leise).

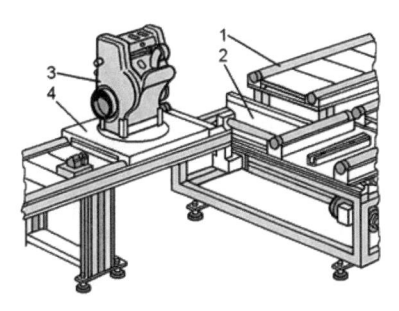

1 Antriebswelle, 2 Querschubeinheit, 3 Montagebaugruppe, 4 Werkstückträger

Montagevorranggraph
[assembly plan]
Graphische, netzplanähnliche Darstellung der Nachbarschaftsbeziehungen zwischen Teilen und den jeweiligen Verbindungsarten, die in der Montage zu einem Produkt führen. Die Knoten stellen die Montageschritte dar und die zu verbindenden Kanten die Beziehungen. Für einen Montageschritt wird der frühest mögliche Beginnzeitpunkt eingetragen und das Ende einer Kante repräsentiert den spätest zulässigen Abschluss der Teilaufgabe.

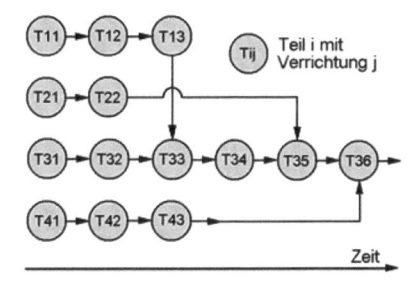

Montagezelle
[assembly cell]
Montageanlage in dessen Zentrum ein Montageroboter wirksam ist. Die Peripherie des Roboters besteht aus Zuführeinrichtungen und der Technik für die Bereitstellung bzw. Handhabung von Montagebaugruppen auf Werkstückträgern. Eine übergeordnete Steuerung koordiniert die Arbeit der Teilsysteme.

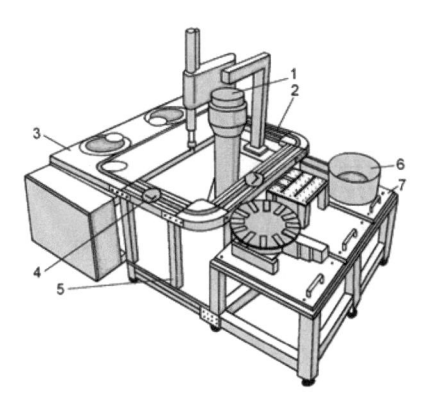

1 Scara-Roboter, 2 Transfersystem (*Sigma*), 3 Magazineinheit, 4 Werkstückträger, 5 Gestell, 6 Vibrationswendelförderer, 7 modulare Wechselplatte

Moore`sches Gesetz
Von *Gordon Moore* 1968 aufgestellte These, dass sich die Zahl der Transistoren auf einem Prozessor alle 1,5 Jahre verdoppelt. Die Voraussage hat sich im Wesentlichen erfüllt.

Morphologie
[morphology]
In der Spracherkennung die Wissenschaft von den Formveränderungen (Form und Struktur), denen die Wörter durch Deklination und Konjugation unterliegen.

Morphologischer Kasten
[morphological box]
Ein Verfahren zur systematischen Lösungsfindung in der Art einer Kombinationshilfe in Tabellenform zum Erzielen einer konstruktiven Lösungsvielfalt mit systematischer Anordnung von Teillösungen.

Motion Control
Bewegungssteuerung; intelligente, komplexe Bewegungsführung mehrachsiger Systeme wie z.B. Roboter. Man kann die skizzierten Grundstrukturen unterschei-

271

den. Die gesamte Funktionalität lässt sich in die Gruppen Ablaufsteuerung A (*Logic*), Bewegungsprogramm B (*Motion*) und Regelung einschließlich Energiewandlung E (Drive) einteilen.
→ *Bewegungssteuerung*

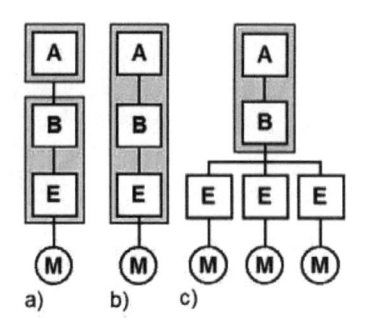

a) Logik als SPS beigestellt, b) intelligenter Antrieb, c) Logik und Motion als CNC zusammengefasst; M Drehstrommotor

Motor, intelligenter
[smart motor]
Motor mit integrierter Stromversorgung und Regelung. Die Betriebssteuerung erfolgt über eine mit dem Steuerungssystem der Arbeitsmaschine oder einer Handhabungseinrichtung kompatiblen Schnittstelle durch einen Mikroprozessor.

Motor mit Permanentmagnet
[motor of permanent-magnet]
Motor mit permanentmagnetischem Rotor, dessen Feld rechtwinklig zur Drehachse ausgerichtet ist. Werden die vier aufeinander folgenden Felder erregt, absolviert der Rotor durch das wechselnde Magnetfeld eine Drehbewegung, typischerweise im Schrittwinkel von 45° oder 90°. Die Schrittgeschwindigkeit ist klein, das Drehmoment hoch und die Dämpfungseigenschaften sind gut.

Motor, polumschaltbarer
[pole-changing motor]
Drehstromasynchronmotor mit Kurzschlussläufer, der zwei getrennte Ständerwicklungen mit unterschiedlicher → *Polpaarzahl p* hat. Durch Umschaltung zwischen den Ständerwicklungen kann die Drehzahl n geändert werden. Es gilt (f Frequenz):

$$n = \frac{60 \cdot f}{p}$$

Motoranlassverfahren
[motor-starter procedure]
Verfahren, um den 6- bis 8-fach höheren Nennstrom beim Anlauf des Läufers eines Asynchronmotors aus dem Stillstand zu senken. Das ist z.B. mit einem → *Stern-Dreieck-Anlauf* möglich, aber auch durch Senkung der Ständerspannung während der Anlaufphase. Die Ständerspannung kann u.a. durch einen Thyristorschalter verändert werden.
→ *Thyristor*, → *Anlasser*, → *Kusa-Schaltung*, → *Soft-Motorstarter*

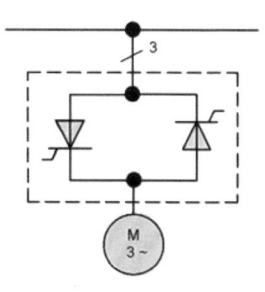

Motorhaltebremse
[motor holding brake]
→ *Haltebremse*, → *Bremsbetrieb*, → *Bremslüftmagnet*, → *Bremsmotor*

Motorregelung
[motor control]
Bestandteil eines Antriebssystems, der den Stromsollwert an die Stromregelung liefert, damit die elektrische Maschine ein bestimmtes Drehmoment hervorbringt. Oft werden dazu mechanische Größen wie Drehzahl und Drehwinkel mit erfasst, die dann auch übergeordneten Regelungen zur Verfügung stehen.

Motorrolle
Rolle für Förderbahnen, die einen Antriebsmotor und das Untersetzungsge-

triebe im Innern enthält. Die M. ist genau genommen ein → *Trommelmotor*, d.h. der ansonsten als Stator bezeichnete Teil des Motors ist hier der Mantel der Rolle. Innerhalb einer Rollenbahn muss nicht jede Rolle eine antreibende M. sein. Der Rollenabstand hängt von der Größe des Fördergutes ab.

Motorschutzschalter
[motor circuit-breaker, motor protecting switch]
Thermischer Auslöser im Hauptstromkreis eines Motors, insbesondere bei kleinen und mittleren Antrieben. Bei thermischer Überlastung wirken Thermo-Bimetalle auf das Schaltschloss ein. Nachteilig ist, dass nicht die Wicklungstemperatur direkt überwacht wird. Deshalb werden in die Wicklungen des Motors → *PTC-Sensoren* eingebunden. Übersteigt die Motortemperatur den kritischen Wert, steigt der PTC–Widerstand in einem schmalen Temperaturband so steil an, dass ein in Serie zu den PTC–Widerständen liegendes Relais abfällt. Elektromagnetische Auslöser (Kurzschlussschutz) und Unterspannungsauslöser können zusätzlich integriert werden (siehe auch DIN VDE 066 und CEE 19).

Motorstarter
[motor starter]
Mechanisches Schaltgerät, das dazu dient, elektrische Motoren ein- und auszuschalten sowie mittels einstellbarer Auslöser einen Schutz gegen Überlast und Unterspannung gewährleisten. Sie werden auch als → *Motorschutzschalter* bezeichnet.

Motortreiber
[motor buffer]
Schaltung zur Stromverstärkung. Sie wandelt ein schwaches Spannungssignal vom → *Controller* in Strom um, mit dem der Motor angetrieben wird. Bei Schrittmotorantrieben kann → *Voll-*, → *Halb-* und Mikroschrittauflösung (→ *Mikrostepping*) sowie die gewünschte Leistung gewählt werden.

MSB
[most significant bit]
Bezeichnung für das höchstwertigste Bit, das in einem Byte am weitesten links steht.

MSR
Abk. für Mess-, Steuerungs- und Regeltechnik. Der Begriff wird heute durch PLT ersetzt, eine Abk. für → *Prozessleittechnik*.

MTBF
[mean time between failures]
Mittlere fehlerfreie Betriebsdauer. Es ist eine statistische Aussage zur Fehlerhäufigkeit auf Grund von Hardwareausfällen in einem Antrieb, einer Maschine oder einer Anlage. Der Wert gibt an, wie viel Zeit bis zu einem Störfall vergeht.
→ *Verfügbarkeit*, → *Zuverlässigkeit*

MTM
[Methods Time Measurement]
Methode (aus den USA kommend) zur Analyse (Zeitmessung) von Arbeitsgrundbewegungen, vergleichbar mit REFA. Die Handarbeit wird in Grundbewegungen zerlegt, wobei jedem der elementaren Abläufe ein vorbestimmter Normzeitwert zugeordnet ist. Die Angaben erfolgen in TMU (*Time Measure Unit*). 1 TMU entspricht 1/100.000 Stunde; 1 Sekunde entspricht 27,8 TMU.

Multi-Agenten-Systeme
System aus mehreren gleichartigen oder unterschiedlich spezialisierten → *Agenten*, die gemeinsam an einer Aufgabe (einer Problemlösung) arbeiten und dazu miteinander kommunizieren.

Multifunktionssensor
Bezeichnung für einen Sensor, der mehrere Sensorprinzipe in sich vereinigt. Ein Beispiel ist die Kombination von Ultraschall- und LED-Abstandsmesssystem. Es bietet in der Auswertung mehr Genauigkeit und Zuverlässigkeit auch bei ungünstigen Umgebungsbedingungen.
→ *Sensorfusion*

Multimodalität
In der kognitiven Robotik die Unterscheidung, wie über sensorische Kanäle kommuniziert wird bzw. Ausrüstung eines Artefakts mit mehreren unterschiedlichen sensorischen Kanälen (optisch, akustisch, taktil, olfaktorisch etc.) zum Zweck der Kommunikation.

Multi Move
Bezeichnung für Robotersysteme, bei denen eine Steuerung mehrerer Manipulatoren mit einer Robotersteuerung ermöglicht wird. Dadurch werden in der Robotik komplexere Bearbeitungsverfahren möglich.

Multi-Pick-Greifer
Greifer, dessen Greiforgane so beschaffen sind, dass mit einer Greifaktion immer mehrere Objekte gleichzeitig aufgenommen werden können. Man bezeichnet diese Greifer auch als Mehrfachgreifer.
→ *Single-Pick-Greifer*

Multiplexbetrieb
[multiplex operation]
Mehrfachausnutzung elektrischer Leitungen durch zeitlich gestaffelte Signalübertragung mit Hilfe eines Signalumschalters.

Multiprozesssorsystem
[multi-processor system]
Computersystem, das über mehrere Prozessoren verfügt, so dass mehrere Programme zeitgleich ablaufen können.

Multipunktsteuerung
[multi-point control]
Steuerung von Robotern, bei der ein Programmierer den Roboter oder ein Programmiergestell (Phantomroboter) so führt, dass er die gewünschte Bewegung durchführt. Dabei werden die Koordinaten jeder Achse in zeitlichen Abständen von wenigen Millisekunden gespeichert. Die M. wird hauptsächlich bei Beschichtungsrobotern angewendet. Die M. benötigt eine Playback-Programmierung.

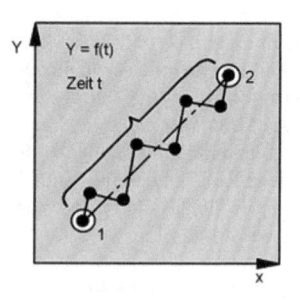

Multirobotersystem
[multi-robot system]
System mit mehreren Robotern, die gemeinsam an einer Aufgabe (einem Ziel) arbeiten, wobei ein Roboter einen anderen beobachtet, um dessen geplante Bewegungsaktionen vorhersagen zu können. So kann eine mögliche Kollision vermieden werden. Ressourcenkonflikte müssen unterbleiben, so z.B. beim Roboterfußball.

Multisegmentarm
[multi-segmental robot arm]
Vielfach gegliederter Roboterarm, mit dem es durch den Überschuss an Beweglichkeit gelingt, einen Endeffektor auch in hinterschnittene Räume zu führen (→ *Inspektionsroboter*). Durch Verdrehung einzelner Segmente ändert sich die Konfiguration des Armes.
→ *ACM*, → *Redundanter Roboterarm*,
→ *Multisegment-Manipulator*

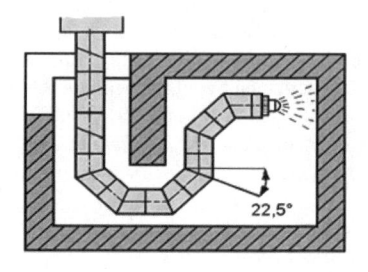

Multisegment-Manipulator
Aus vielen aneinander gereihten beweglichen Segmenten bestehendes Konstrukt, z.B. in der Art einer künstlichen Schlange. Die Segmente enthalten geeignete Aktoren, z.B. kleine Elektromotoren. Der M. ist für einen Einsatz in engen Räumen (Rohre mit starker Krüm-

▶M

mung, hinterschnittene Hohlkörper) verwendbar und kann mit Greifer, Werkzeug oder Inspektionskamera ausgerüstet werden. Der M. ist bisher hauptsächlich ein Gegenstand der Forschung. Die Kinematik des segmentierten Armes hat auch für → *Kanalroboter* Bedeutung.

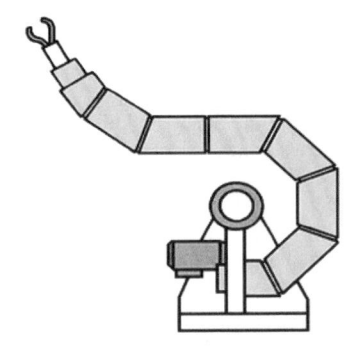

Multisensorsystem
[multi-sensor system]
Sensorsystem, das nicht nur nach einer physikalischen Größe Ausschau hält, sondern nach mehreren, so z.B. Temperatur und Feuchtigkeit. Es können aber auch mehrere gleichartige Sensoren flächenverteilt sein. Der Mensch setzt seine Sinnesorgane übrigens ebenfalls „multi" ein, z.B. Geruch, Geschmack und optischer Eindruck bei der Nahrungsaufnahme.
→ *Sensorfusion*

Multitask-Betrieb
[multi-tasking]
Quasigleichzeitige Verarbeitung von unterschiedlichen Programmteilen (*tasks*) durch eine Steuerung (einen Rechner). Diese Betriebsart eröffnet elegante Lösungsmöglichkeiten für hierarchisch gegliedert Programmfunktionen. Praktische Beispiele sind prioritäre Überwachungsfunktionen oder Datenübertragung während der Achsbewegungen. Beispiel: Steuerung eines Rundtaktautomaten mit einer SPS. Nach jedem Takt müssen die Stationen des Automaten gleichzeitig arbeiten und überwacht werden.
→ *Task*, → *Task-Level-Programmierung*

Multiteile-Zuführeinrichtung
[multi-piece feeder]
Einrichtung zur Bereitstellung verschiedenartiger Kleinteile mit Hilfe eines Linearschwingsystems. Die Teile werden transportiert und gleichzeitig geordnet. Im Bild wird ein Doppelsystem dargestellt, welches gleichzeitig zwei verschiedene Teile zuführen kann.

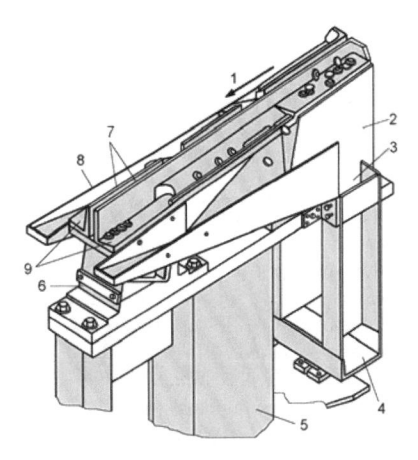

1 Förderrichtung, 2 Gestell, 3 Fallöffnung, 4 Sammeln von Falsch(lagen)teilen, 5 Ständer, 6 Schwingsystem, 7 Schiene mit Schikanen, 8 Rückführbahn für Falschteile bzw. Falschlagen, 9 Abnahmeposition

Multiturn-Drehgeber
[multiturn rotary transducer, multiturn rotary transmitter]
Drehgeber, der Winkelpositionen von $n \cdot 360°$ absolut messen kann. Weil sich nach 360° das Codemuster wiederholt und der Messwert dann vieldeutig werden würde, sind weitere Codescheiben über ein Untersetzungsgetriebe angeschlossen. Im Bild wird eine zwischengetriebelose Konstruktion (nach IVO) gezeigt. Das übliche Zwischengetriebe ist hier durch einen Magnetring auf der Geberwelle ersetzt. Zwei Reedschalter auf der Leiterplatte erfassen zwei um 90° versetzte Zählimpulse. Die Werte der Codescheibe und die Impulse des Magnetgebers werden zur absoluten Position verrechnet.
→ *Singleturn-Drehgeber*

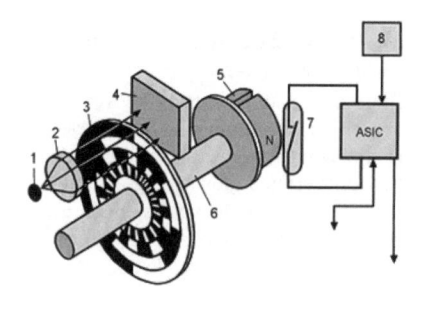

1 LED, 2 Linse, 3 Codescheibe, 4 Opto-IC, 5 Permanentmagnet, 6 Geberwelle, 7 Reedschalter, 8 Lithiumzelle

Musikroboter
[music robot]
Anthropomorpher Roboter, dessen Funktion auf die programmierbare Bedienung eines Musikinstrumentes ausgerichtet ist. Man hat M. z.B. für Flöte, Violine und Cello konstruiert. In Japan wurde der Roboter → *Wabot* II (Waseda Robot, 1985) zum Keyword-Spieler aufgerüstet, der Noten lesen und somit vom Blatt spielen konnte.

Muskel, künstlicher
[artificial muscle]
→ *Künstlicher Muskel*

Mustererkennung
[pattern recognition]
Klasse von Methoden, um einem Objekt die zugehörige Kategorie zuzuordnen, basierend auf seinem (häufig visuellen) Muster, z.B. die Identifizierung von handgeschriebenen Buchstaben anhand eines Bildes. Verwendet werden digitale Verfahren zum Identifizieren und Einordnen von Formen und Gestalten, wie etwa von Gegenständen, Strukturen oder Bildteilen.

Musterteil
[prototype]
Werkstück, das beim Anlernen einer Erkennungseinrichtung zur Gewinnung der Daten der charakteristischen Merkmale dient. Die Daten werden zu Referenzzwecken gespeichert.

Mustervergleich
[pattern matching, pattern comparison]
Vorgang, bei dem ein vorher gespeichertes Muster, z. B. ein Referenzbild, mit einem aktuell erfassten Muster verglichen und dann der Übereinstimmungsgrad berechnet wird.

Mutingsensor
[muting sensor]
Sensor, der die Schutzfunktion eines Bereiches (eines Zuganges) für eine begrenzte Zeit automatisch überbrückt. Es werden zeitliche und logische Bedingungen überprüft, anhand derer das System zwischen Mensch und Material unterscheiden kann. Dadurch ist es möglich, bestimmte Objekte wie z.b. Paletten, ohne Auslösung der Schutzfunktion durch das gesicherte Feld zu bewegen. Nach der objektbedingten Unterbrechung kann die Schutzfunktion automatisch oder manuell zur normalen Arbeitsweise zurückgeführt werden. Der M. kann in Sicherheitslichtvorhänge integriert sein.

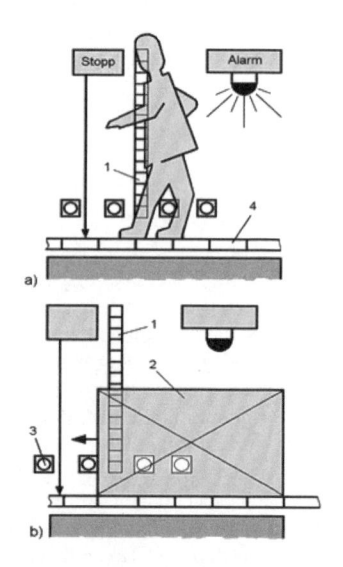

a) Mensch löst beim Zutritt Alarm aus, b) Material kann den M. passieren, 1 Lichtvorhang, 2 Transportobjekt, 3 Mutingsensor, 4 Förderer

N

Nachführrahmen
[tracking window]
Eine gedachte Umgrenzung des Greifbereichs, in welchem ein ortsfester Drehgelenkroboter in der Lage ist, ein sich bewegendes Objekt zu orten und vom Förderband aufzunehmen. Die Grenzen des N. ergeben sich aus den begrenzten Drehwinkeln des Hand-Arm-Systems des Roboters.

Nachführsteuerung
[auto tracking]
Steuerung für einen Roboter zum Greifen oder Bearbeiten sich bewegender Objekte. Der → *Endeffektor* muss dabei parallel zum Greifobjekt mit gleicher Geschwindigkeit mitfahren, um den „Griff aufs laufende Band" ausführen zu können. Das erfordert Sensoren zur Feststellung von Position und Orientierung des Objekts und eine Überwachung der Fördermittelgeschwindigkeit. Die elektrisch gesteuerte Verfolgung bewegter Objekte wird auch als Bandsynchronisierung bezeichnet.

Nachfüllsystem
[top-up system, magazine filling device]
Anlage, die automatische Bunkerzuführeinrichtungen mit neuen Werkstücken versorgt und in der Regel periodisch aktiv ist. Füllstandssensoren überwachen den Vorrat und lösen einen Nachfüllzyklus aus. Ziel ist, große bedienerfreie Zeiten zu erreichen.

Nachgiebigkeit
[compliance]
Eigenschaft eines Roboters oder eines daran befestigten Effektors, infolge der Einwirkung äußerer Kräfte nachzugeben. Aktive N. ist von Sensorsignalen abhängig, passive N. nicht. Statische N. bedeutet, dass ein Roboterarm unter Last nachgibt (federt). Wird der Roboter im unbelasteten Zustand programmiert, so stimmen im Lastfall die programmierten Punkte nicht mehr. Die N. kann auch eine positive flexible Eigenschaft sein, z.B. beim Fügen mit dem Roboter. Ein Fügewerkzeug kann als Endeffektor infolge äußerer Kräfte von selbst nachgeben oder auf ein Sensorsignal hin seine Lage korrigieren.

Nachlaufweg
[overtravel]
Systemverhalten eines Roboters im Fall eines sofortigen Stopp-Befehls. Der N. gibt Kenntnis über das mechanische Gefährdungspotential. Abhängig von den Motoren, den bewegten Massen und der Achsstellung des Manipulatorarmes hat der Roboter unterschiedliche Bremszeiten und N.

Nachpositionieren
[readjust]
Nach der Aufnahme eines Bewegungsprogramms, insbesondere bei Teach-in Programmierung, noch durchzuführende kleinere Korrekturen (Nach-Teachen). Die grob vorprogrammierten Bahnpunkte (Positionen) werden dabei mit den aktuellen Positionen überschrieben.

Nadelgreifer
[needle gripper]
Mechanischer Greifer für Textilien und Schaumstoffe, der beim Greifvorgang viele Nadeln schräg nach außen ausfährt und dabei den Stoff in alle Richtungen etwas spannt und hält.

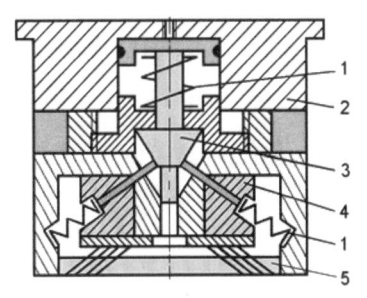

1 Druckfeder, 2 Greiferoberteil, 3 Druckkegel, 4 Drucksegment, 5 Nadelführungsplatte

Mit einem Einstellring kann man die Nadeleinstichtiefe bis auf 0,01 mm genau justieren, so dass auch dünne Stoffe vom Stapel gegriffen werden können. Die Nadelspitzen sind besonders geglättet, damit der Stoff (die Fäden) beim Einstechen nicht beschädigt wird.

→ *Kratzengreifer,* → *Schaumstoffgreifer*

Näherungsschalter
[proximity switch]
Im deutschen Sprachgebrauch Bezeichnung für einen berührungslos arbeitenden Schalter. Bei Annäherung an ein Objekt wird ein Schaltsignal ausgegeben. So gesehen ist der N. ein Binärsensor. Schalter, die so konzipiert sind, dass sie auch in der Nähe starker Magnetfelder eingesetzt werden können, werden als „magnetfeldfest" bezeichnet Typische Anwendungen solcher induktiver Schalter sind z. B. Positionsabfragen an Schweißrobotern, auch in unmittelbarer Nähe von Schweißelektroden. Die Näherungsschalter sind intern durch Kompensationselektroden geschützt und können so auch während des Schweißvorganges in Gleich- und Mittelfrequenzschweißanlagen zuverlässig eingesetzt werden. Der N. kann z.B. induktiv arbeiten, wie im Bild gezeigt. Der Oszillator erzeugt ein hochfrequentes, magnetisches Wechselfeld, das an der aktiven Fläche austritt. Wird im Abstand s ein elektrisch leitendes Teil angenähert, so entsteht eine Induktionswirbelspannung, aus der ein Signal gewonnen wird.

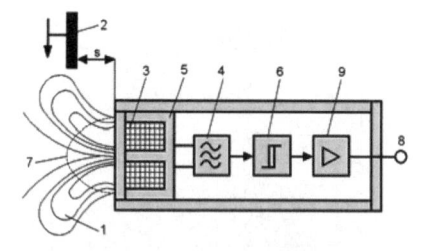

1 magnetische Feldlinien, 2 Objekt, 3 Spule, 4 Oszillator, 5 Ferritkern, 6 Zweipunktregler, 7 aktiver Bereich, 8 Signalausgang, 9 Verstärker, s Abstand

Nähroboter
[sewing robot]
Automatischer Näharbeitsplatz in der Konfektionsindustrie mit roboterähnlichen Eigenschaften. Die zu nähenden Zuschnitte werden von einem Magazin geholt und unter dem Nähkopf abgelegt. Danach folgt das Nähen und Ablegen. Solche Arbeitsplätze sind oft eher als CNC-Nähanlage zu bezeichnen. Es gibt aber auch freiprogrammierbare Roboter mit einem Einseiten-Nähkopf. Die Nadeln benötigen nicht wie konventionelle Nähmaschinen eine Unterlage, sondern arbeiten nur von einer Seite. Der N. kann sich frei im Raum bewegen und äußerst komlexe Gebilde durch Nähen zusammenfügen.

Nahterkennung
[reconnaissance of the welded seam]
Sensorgestütztes automatisches Erkennen der Schweißfugenform, des Nahtanfangs und -endes und des Nahtverlaufs beim Lichtbogenschweißen mit einem Roboter.
→ *Schweißnahtverfolgung*

Nahtfolgesensor, magnetischer
[magnetic seam tracker]
Geometrieorientierter Sensor, der einen Schweißbrenner selbsttätig längs einer Schweißfuge führt, wobei mehrere einzelne Magnetsensoren zur Orientierung dienen. Gleichzeitig hat man noch Magnetsensoren in Betrieb, die den Abstand zwischen Blech und Schweißkopf konstant halten.
→ *Schweißsensor*

Nahtfolgesensor, optischer
[optical seam tracker]
Geometrieorientierter Sensor, der mit einer CCD-Kamera den Bereich vor dem Schweißbad beobachtet (beispielsweise das Aussehen einer projizierten Lichtkante) und daraus den Verlauf der Schweißfuge erkennt. Das Sichtfeld hat einen geringen Vorlauf zum Schweißbrenner.

NAMUR

Kurzwort für Normen-Arbeitsgemeinschaft Mess- und Regelungstechnik in der chemischen Industrie (Arbeitskreis Kontaktlose Steuerungen, DIN 19234), eine Interessengemeinschaft für die Prozessleittechnik der chemischen und pharmazeutischen Industrie. Für den Einsatz in explosionsgefährdeten Bereichen hat man den NAMUR-Sensor entwickelt, ein gepolter Zweidrahtsensor, der seinen Innenwiderstand in Abhängigkeit von der Bedämpfung ändert. Er ist für den Anschluss an externe Schaltverstärker konzipiert, die die Stromänderung in ein binäres Ausgangssignal umsetzen.

NAND-Verknüpfung

[not AND, NAND gate]
Eine Logikfunktion mit → *UND-Verknüpfung*, der ein Negator nachgeschaltet ist. Das Bild zeigt Wahrheitstabelle, Darstellung nach DIN und darunter die amerikanische Symbolik.

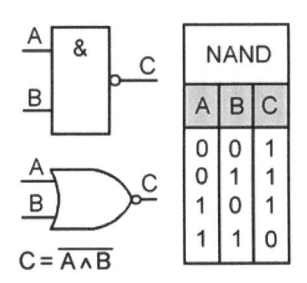

Nanoassembler

Hypothetische Maschine, die in der Lage sein soll, einzelne Atome zu unterschiedlichen Materialien zusammenzusetzen. Stellt der N. Kopien seiner selbst her, wird er als Replikator bezeichnet.

Nanobot

Verkürzte Bezeichnung für einen → *Nanoroboter*.

Nanoroboter

[nano-robot]
Mit den Mitteln der Nanotechnologie hergestellter molekülgroßer Roboter, der sich allenfalls in ferner Zukunft realisieren lässt. Es werden Materiestrukturen von unter 100 Nanometer Ausdehnung genutzt. Wird eine Selbstvermehrungsfunktion implantiert, kann der N. auch für den Menschen gefährlich werden.

Nanotechnologie

[nanotechnology]
Wissenschaft von der Entwicklung kleinster Maschinen und Roboter. Sie beschäftigt sich damit, Werkstoffe im Nanometerbereich zu formen und zu bearbeiten. Ein Nanometer entspricht einem Milliardstelmeter bzw. einer Fläche, auf der zehn Atome Platz finden. Der N. liegt die Idee zugrunde, dass es möglich sein müsste, neue Materialien zu schaffen, indem man die physischen Eigenschaften dieser winzigen Teilchen genau kennt.

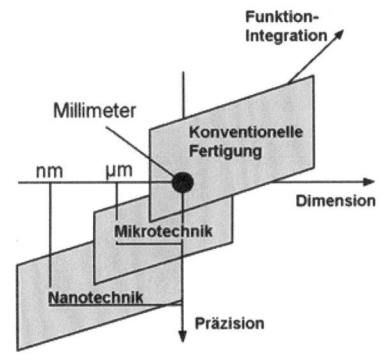

Natürliche Sprache

[natural voice]
Eine menschliche Sprache wie Deutsch, statt einer Computersprache, die von einem Spracheingabesystemen erkannt wird.

Navigation

[navigation]
Führung eines mobilen Roboters (eines beweglichen Objekts) von einem Ausgangsort (momentane Position) auf einem bestimmten Weg und bei teilweise unvollständiger Information zu einem vorgegebenen Zielort einschließlich der

Mess- und Rechenvorgänge zur Bestimmung des eigenen Standorts (Lokalisation). Die N. wird auch in der Medizin-Robotik verwendet, um die Führung des Effektors am/im Patienten exakt zu steuern.

Navigation, landmarkenbasierte
[piloting]
Bei autonomen mobilen Robotern die Bestimmung des eigenen Standortes durch Wiedererkennung von natürlichen oder künstlichen → *Landmarken*, die vorher eingelernt wurden.

Navigation, virtuelle
[virtual navigation]
Im Rechner simulierte interaktive Erkundung innerhalb eines dreidimensionalen Raumes

NC-Achse
[NC axis]
Maschinenachse einer Arbeitsmaschine, deren Position und Bewegungen numerisch gesteuert werden, d.h. durch direkte Eingabe der Maßwerte aus der Zeichnung in ein Programm.

NCC
[near collet compliance]
Passiver Achsenausgleich bei Fügewerkzeugen mit zwar großer Querbeweglichkeit aber trotzdem hoher Verdrehsteife, was z.B. beim Schraubeneindrehen wichtig ist. Als Komponente mit diesem Anspruch dient ein Metallfaltenbalg.

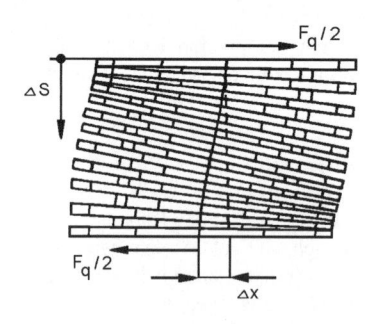

F_q Querkraft, Δs überlagerte axiale Vorspannung, Δx Lateralversatz

NC-Greifer
[NC gripper]
Greifer, dessen Grundbacken sich per Programm automatisch auf geplante Positionen einstellen lassen. Dazu enthält der Greifer ein Verstellgetriebe (Spindel, Mutter) dessen Antrieb als NC-Achse ausgebildet ist. Es ist also ein Wegmesssystem vorhanden. Man kann aber auch einen Schrittmotor einsetzen. Vorteil: Man kann unterschiedlich große Werkstücke ohne Greiferwechsel anfassen. Nachteil: Hoher technischer Aufwand.

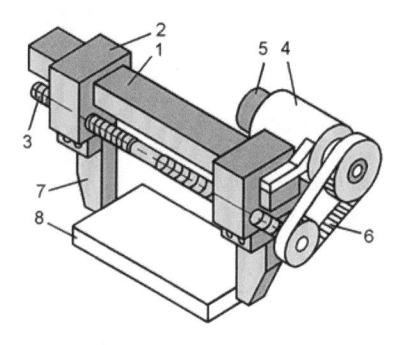

1 Linearachse, 2 Grundbacke, 3 Rechts-Links-Gewindespindel, 4 Motor, 5 Winkelmesssystem, 6 Zahnriemen, 7 Greiferfinger, 8 Werkstück

NC-Maschine
[NC machine tool]
Arbeitsmaschine, die durch ziffernmäßig eingegebene Werkstückinformationen gesteuert wird. Das Programm enthält dazu eine Folge von Weg- und Schaltinformationen. Im Bild wird der Informationsfluss einer einfachen zweiachsigen NC-Fräsmaschine gezeigt. In der Regel erfolgt ein ständiger Abgleich der erreichten Istpositionen mit den programmierten Sollwerten. Die erste N. war eine NC-Fräsmaschine mit vertikaler Arbeitsspindel, 3-D-Interpolation und einer Lochstreifensteuerung. Die N. konnte sich erst mit moderner Hard- und Software durchsetzen.

Geschichte: Die Entwicklung einer NC-Fräsmaschine wurde 1949 in den USA begonnen.

1968 enthielt eine Steuerung noch etwa 400 transistorbestückte Leiterplatten.

NC-Programm
[NC program]
Steuerprogramm zur Bearbeitung eines Werkstücks auf einer NC-Maschine, welches in Schritten abgearbeitet wird. Es enthält alle notwendigen Angaben wie Daten zum Werkstück und Steuerbefehle, u.a. zum Prozess.

NC-Roboter
[NC robot]
In der japanischen Roboterdefinition ein Handhabungsgerät, das ähnlich wie eine NC-gesteuerte Werkzeugmaschine arbeitet. Der Bediener entwirft für den Roboter ein Computerprogramm für seinen Bewegungsablauf, statt mit ihm die Aufgabe manuell durchzugehen.
→ *Industrieroboter*

NC-Steuerung
[NC control]
Steuerung von Arbeitsmaschinen, bei der alle Informationen numerisch bzw. alphanumerisch (als Zahlen und Buchstaben) vorgegeben werden. Maßzahlen geben die Relativbewegung zwischen Werkzeug und Werkstück vor. NC bedeutet *numerical control* und CNC bedeutet *computer numerical control*, also eine NC-Steuerung auf der Basis von einem oder mehreren integrierten Mikrorechnern. Im Wesentlichen unterscheidet man → *Punkt-*, → *Multipunkt-* und → *Bahnsteuerungen*. Das Steuerungsprogramm enthält alle geometrischen Daten des Werkstücks (Weginformationen) und die Angaben über einzusetzende Werkzeuge (Werkzeugnummer), die Arbeitsgeschwindigkeit bzw. Drehzahl (Schaltinformationen) sowie verschiedene Hilfsfunktionen in numerischer Form. Typisches Kennzeichen einer NC-S. ist die schnelle Programmierung ohne manuelle Eingriffe in die Hardware.
→ *Interpolation*, → *Programmiermethode*, → *DNC*, → *CNC-Steuerung*

Nebenachsen
[secondary axes, minor axes]
Achsen eines Roboters, auch als Handachsen bezeichnet, die im Verhältnis zu den Hauptachsen nur kleine Positionsänderungen oder Drehungen zur Orientierung des zu handhabenden Objekts ermöglichen.

Nebenarbeitsraum
[secondary working volume]
Bei einem Roboter derjenige Arbeitsraum, der vom Endeffektor mit Hilfe der Handgelenkachsen (Drehen, seltener Schieben) aufgespannt wird.

Nebennutzungszeit
[secondary machine time]
Zeit, in der ein Betriebsmittel, z.B. ein Industrieroboter, planmäßig für die Hauptnutzung vorbereitet, beschickt oder entladen wird. Auch ein Messvorgang zählt zur N.

Negation
[negation]
In der Logik die Bezeichnung für mit dem Junktor «nicht» gebildete negative Aussagen der Form Q <= not A. Wahre Aussagen werden klassisch durch Negation zu falschen Aussagen und umgekehrt.

Neigungssensor
[inclinometer]
Sensor, der die Abweichung von der Vertikalen bzw. Horizontalen feststellen kann. Bei kritischen Neigungen kann der N. autonomen mobilen Robotern Warnsignale übermitteln. In der Verwirklichung kann ein N. z.B. aus Elektroden bestehen, die beim Neigen unterschiedlich stark in einem Elektrolyten eintauchen. Es entstehen Widerstandsänderungen, die man auswerten kann.

Nennbetriebsart
[rated duty, duty cycle rating]
Bei elektrischen Maschinen die Betriebsarten S1 bis S9 (DIN VDE 0530). Das

sind Dauerbetrieb (S1), → *Kurzzeitbetrieb* (S2), Aussetzbetrieb (S3, S4, S5), verschiedene unterbrochene Betriebsarten bzw. solche mit Aussetzbelastung oder Bremsung (S6 bis S9).
→ *Betriebsart*

Nennlast
[rated load]
Wichtigste Lastkenngröße einer Handhabungseinrichtung als Summe aus Werkzeuglast (z.b. Greifergewicht) und Nutzlast (z.b. Gewicht des zu handhabenden Werkstücks). Die N. ist die größte Last, die das Gerät ohne Einschränkungen im gesamten Arbeitsraum handhaben kann. Oft wird noch eine Maximallast angegeben, die nur bei reduzierter Geschwindigkeit oder nur in einem Teil des Arbeitsraumes ausgenutzt werden darf.

Nennschaltabstand
[nominal switching distance]
Gerätekenngröße, bei der Exemplarstreuungen und äußere Einflüsse wie Temperatur und Spannung nicht berücksichtigt sind.

Nesting
Verfahren zum „Verschachteln" gleicher oder unterschiedlicher flächiger Teile für eine kostengünstige Herstellung, insbesondere für den Zuschnitt von Stanzteilen aus Blech oder für Leiterplatten.

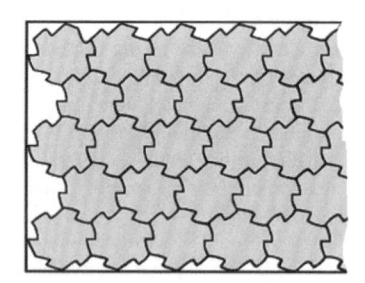

NETtalk
Programm (1989) in der Art eines Neuronalen Netzes, das lernt, gschriebenen Text auszusprechen. Das Netz muss vorher ausreichend mit Beispielwörtern trainiert werden.

Netzwerktopologie
[network architecture]
Art der Ankopplung von kommunizierenden Einheiten an eine verbindende Datenleitung. Im Bereich lokaler Netze werden im Bild typische Anordnungen gezeigt. Bei sternförmigen Netzen läuft die Vermittlung über eine Zentrale. Bei den anderen Formen werden besondere Zugriffsverfahren (Protokolle) benötigt, die regeln, wer wann mit wem kommunizieren darf. Beim Token-Verfahren (Ring) läuft ein „Datentransporter" durch das Netz, der frei oder belegt sein kann. Nur an einem freien → *Token* kann eine Nachricht angehängt und somit transportiert werden.

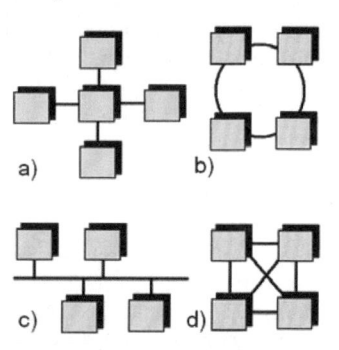

a) Sternnetz, b) Ringnetz, c) Linien-(Bus) Netz, d) Maschennetz

Neumann-Struktur
[John von Neumann architecture]
Rechnerarchitektur mit Zentraleinheit (Steuerwerk plus Rechenwerk), Arbeitsspeicher, Bussen sowie peripheren Geräten für die Ein- und Ausgabe.
→ *Harvard-Struktur*

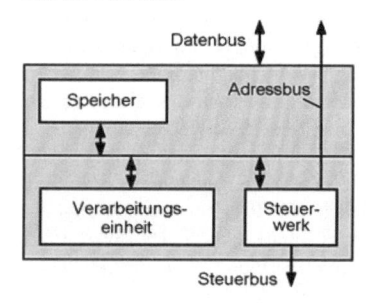

Neurobionik
[neurobionics]
Teildisziplin der → *Neurowissenschaften*, die sich damit befasst, die Arbeitsweise menschlicher Nerven und Nervennetze zu untersuchen. Ziel ist, ausgefallene Nervenfunktionen durch mikroelektronische Komponenten zu ersetzen. Beispiel: Herzschrittmacher, Hörprothese.

Neuron
[neuron]
Nervenzelle als die elementare funktionale Einheit von allem Nervengewebe, einschließlich des Gehirns. Es besteht aus einem Zellkörper (Soma), der den Zellkern enthält. Aus dem Zellkörper verzweigen eine Anzahl kurzer Fasern (Dentriten) und eine einzelne lange Faser (Axon). Die Verbindungsstellen zwischen N. heißen Synapsen. Man kann das N. mit einer kleinen Schaltzentrale vergleichen, in der die einfließende Information verarbeitet und gewichtet wird.

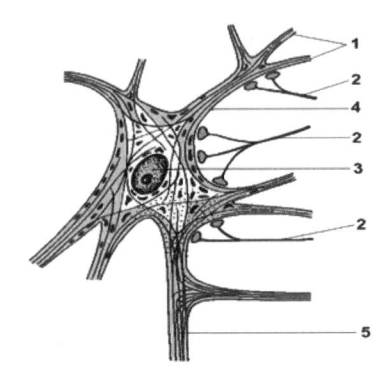

1 Dendrit, 2 Synapse, 3 Zellkern, 4 Zellkörper, 5 Axon

Neuronales Netz
[neural network]
Lernfähige Computerprogramme, deren Bauweise das Gehirn imitiert. Grundlage sind einfache Modelle von Nervenzellen, die in mehreren Schichten miteinander verschaltet sind. Meistens lernen die Netze anhand der *Hebb'schen* Regel, die eine Verbindung zwischen den Zellen verstärkt, wenn die Zellen mehrmals gleichzeitig elektrisch aktiv sind.

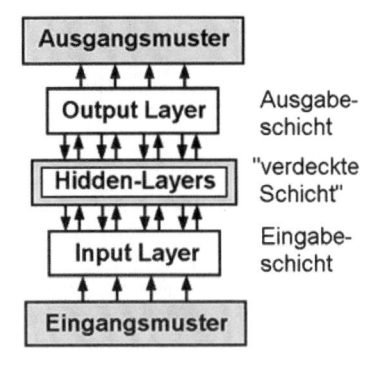

Neurowissenschaften
[neuroinformatics]
Teildisziplin der Informatik, die sich damit befasst, die Funktionsprinzipe (und Störungen) menschlicher Gehirne in Rechnersystemen zu kopieren. Es geht im Sinne der KI um die Erforschung von Informationsaufnahme, -verarbeitung und -interpretation, wie sie zwischen Sinnesorganen, Nerven und Hirn des Menschen herrschen.

Nichtlinearität
[nonlinearity]
Abweichung der Empfindlichkeitskennlinie von einer Geraden. Die N. ist der mathematische Zusammenhang zwischen verschiedenen Größen, der mindestens eine nichtlineare Operation enthält.

Nicht-monotones Schließen
[nonmonotonic reasoning]
In der Logik eine Art des Schließens, bei dem mit Anwachsen der Prämissenmenge nicht notwendig die Menge der Konklusionen (Folgerung, Schluss) wächst.

NICHT-Verknüpfung
[NOT operation]
In der Schaltalgebra ein Grundverknüpfungsglied, welches einen Signalzustand im Sinne einer Negation umkehrt. Bei Steuerungsaufgaben muss man sorgfältig mit der N. umgehen.

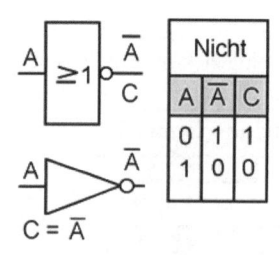

Niederzugspanner
[hold-down clamps, under clamp]
Spannvorrichtung, bei der die Spannelemente das Werkstück nicht nur gegen Spannböcke oder Positionierleisten pressen, sondern auch nach unten gegen die Auflagefläche. Der N. vereinfacht den Spannvorgang.
→ *Spannelement,* → *Spannpratze*

Nockenschaltwerk
[cam-operated switchgroup]
Aufreihung mehrerer Nockenscheiben als Signalgeber. Die einstellbaren Nocken werden mit Grenzschaltern oder berührungslos (Sensorschaltwerk) abgefragt. Die Funktion von N. wird heute meistens von programmierbaren elektronischen Steuerungen nachgebildet.
→ *Steuerung, speicherprogrammierbare*

NOR-Verknüpfung
[not OR, NOR gate]
Eine → *ODER–Verknüpfung*, der eine Negation nachgeschaltet ist. Im Bild wird die Wahrheitstabelle, das Symbol nach DIN und darunter das amerikanische Bildzeichen gezeigt. Entsprechend dem → *De Morganschen Satz* können durch eine N. alle möglichen Logikfunktionen gebildet werden.

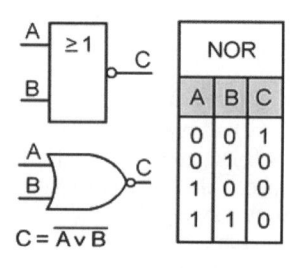

NOT-AUS-Einrichtung
[emergency-stop device]
Einrichtung an Manipulatoren, um diese leicht, schnell und gefahrlos so stillsetzen zu können, dass gefahrbringende Bewegungen rechtzeitig unterbrochen und keine weiteren gefahrbringenden Bewegungen eingeleitet werden (VDI-Richtlinie 2853).

Not-Aus-Verhalten
[emergency stop characteristic]
Beschreibung des Verhaltens eines Gerätes, einer Maschine oder eines Antriebs bei einer Notabschaltung mit Hilfe solcher Kenngrößen wie Stillsetzweg, Stillsetzzeit und Stillsetzverzögerung. Gefahrbringende Nachlaufbewegungen sind durch Bremsen und bzw. oder Gegensteuern zu unterdrücken. Die Wiederinbetriebnahme muss problem- und gefahrlos möglich sein, was eine Untersuchung der Abschaltursache voraussetzt (DIN EN 418; Not-Aus-Einrichtungen; Sicherheit an Maschinen). Ebenso kann eine Anforderung darin bestehen, dass man eingeklemmte Werkstücke oder Personen nach einer Notabschaltung trotzdem aus Zwangslagen gefahrlos befreien kann.
→ *Not-Stopp*

Not-Stopp
[emergency stop]
Sofortiges gefahrloses Stillsetzen aller Bewegungsorgane einer Arbeitsmaschine im Gefahrenfall. Ein plötzlicher Wiederanlauf nach Spannungswiederkehr und Bewegungen durch Schwerkraftwirkung im energielosen Zustand müssen absolut ausgeschlossen sein. Die unbeabsichtigte Freigabe von Werkzeugen und Werkstücken darf durch eine Energieunterbrechung nicht möglich sein.
→ *Not-Aus-Verhalten*

NP-hart
NP-harte Probleme sind solche, die mindestens so viel Rechenzeit wie → *NP-vollständige* Probleme erfordern.

NP-vollständig
[nondeterministic polynominal completeness]
In der KI ein Fachausdruck für eine Klasse von komplexen Problemen, bei denen der Aufwand für die Lösung nicht nur potenzartig mit der Anzahl der Elemente des Systems wächst, sondern noch schneller, z.B. nach einem exponentiellen Gesetz. Beispiel: Handelsreisenden-Problem.

NPN-Ausführung
[NPN design]
Transistorisierte Komponente, deren Ausgangsstufe einen NPN-Transistor enthält und der die Last gegen die negative Speisung schaltet.

Nouvelle AI
Forschungsrichtung innerhalb der KI, insbesondere der Robotik, von *Rodney Brooks* in den 1980er-Jahren propagiert. Explizite Repräsentationen und Schlussfolgerungen werden als unangemessen verworfen und es wird versucht, mit Hilfe von sehr einfachen Methoden robuste Problemlösungen zu erreichen, die schichtenweise aufeinander aufbauen (→ *Subsumptionsarchitektur*).

Nullkraftregelung
[zero force control]
Bei Manipulatoren eine Kraftregelung durch manuelles Führen des Benutzers, bei der Eigengewicht und verursachte Momente des Endeffektors sowie Störungen herausgerechnet werden.

Null-Moment-Punkt (Steuerung)
[zero-moment point, ZMP]
Konzept zur Steuerung zweibeiniger Laufroboter. Beim dynamischen Laufen muss in gewissem Maße eine Balance hergestellt werden, die das Umfallen verhindert. Gleichzeitig sind Beschleunigungen erforderlich, die das System aus dem Gleichgewicht bringen können. Der N. ist der Fußstützpunkt auf dem Boden, für den die Summe aller Momente verschwindet. Wird der Läufer an diesem Drehpunkt unterstützt, bleibt seine Neigung konstant und er fällt nicht um.

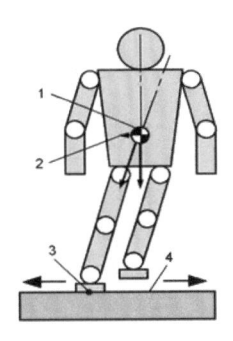

1 Masseschwerpunkt, 2 Zentrifugalkraft, 3 Fußpunkt, ZMP, 4 Fußboden

Nullpunkt
[zero point, origin]
Vereinbarter Ursprung eines Koordinatensystems. In der NC-Technik unterscheidet man zwischen Werkstück-, Programm- und Maschinennullpunkt. Sie sind in der Regel nicht übereinstimmend, was bedeutet, dass der jeweilige Versatz von der Steuerung zu beachten (zu verrechnen) ist.

Nullpunktdrift
[zero-point drift]
Größte Verschiebung des Nullpunktes der Empfindlichkeitskennlinie eines Sensors, wenn dieser z. B. unterschiedlichen positiven oder negativen Umgebungstemperaturen ausgesetzt wird.

Nullpunktverschiebung
[zero offset, zero shift bias adjustment]
Überführen eines Koordinatensystems in ein anderes Koordinatensystem. Damit wird ein angebauter Lagegeber auf die tatsächlichen Verhältnisse in der Maschine abgeglichen. Die Positioniersteuerung verrechnet den sich aus der Verschiebung ergebenden Wert beim Positionieren. In der NC-Technik wird der Abstand des Nullpunktes vom Maschinenkoordinatensystem zum Nullpunkt des Werkstückkoordinatensystems als Festwert bezeichnet (F_x, F_y Festwerte).

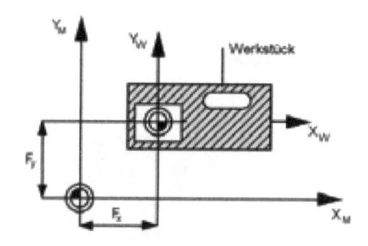

Nullstellung
[neutral position]
Bei Robotern eine definierte Ausgangsstellung (-position) der Teile der Kinematischen Kette, oft auch als → *Home position* bezeichnet. Vergleichbar damit ist auch der Referenzpunkt, der nach dem Start angefahren wird, um bei inkrementalen Wegmesssystemen eine Nullung der Weginkremente-Zähler zu erreichen. Auch bei verschiedenen Regalbediengeräten ist beim Start eine Referenzfahrt erforderlich.

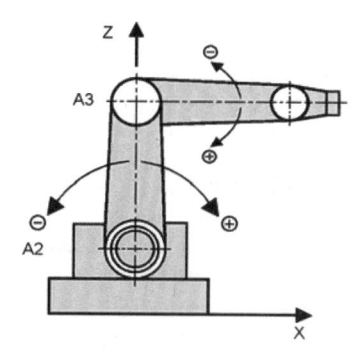

Numerisch
[numerical]
Zahlenmäßig; In der NC-Technik werden die Zahlen (Maßangaben) von einer Werkstückzeichnung übernommen und beim Programmieren direkt in die Maschine eingegeben. Der Zeichenvorrat besteht aus Ziffern bzw. aus Ziffern und Sonderzeichen (DIN 44300).
→ *NC-Maschine*

Numerische Steuerung
[numerical control]
→ *NC-Steuerung*, → *Dialogsteuerung*, → *DNC*, → *CNC-Steuerung*

NURBS
[Non-Uniform Rational B-Spline Surface]
Eine exakte mathematische Methode zur Erfassung und Darstellung von → *Freiformflächen* in CAD-Systemen. Die Methode basiert auf Polynomen höherer Ordnung. Dadurch werden die Möglichkeiten des interaktiven Gestaltens und Erzeugens von Freiformkurven und -flächen erweitert. Grundsätzlich kann jede beliebige technische oder in der Natur vorkommende Gestalt mit Hilfe von NURBS dargestellt werden.

Nutscheiben-Bunkerzuführgerät
[slotted wheel hopper feeder]
Bunkerzuführeinrichtung für kurze Rundteile, die sich in einem Stapelmagazin befinden und mit einem Zuteilerrad vereinzelt werden. Zur Abwehr von ungünstig aufliegenden Teilen und zur Vermeidung von Verklemmungen ist ein Abstreifer angebaut.
→ *Zuführgerät*

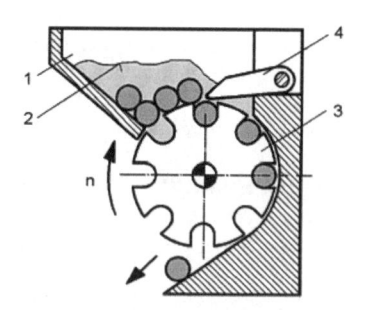

1 Bunker, 2 Werkstückfüllstand, 3 Zuteilerrad, 4 Abstreifer, n Drehzahl

Nutsystem
[T-slot pattern system]
Im Vorrichtungsbau ein Aufbauprinzip für Baukastenvorrichtungen, bei dem die zu paarenden Bauteile der Vorrichtung durch Einfach- oder Kreuzpassnuten bestimmt sind. Die Befestigung geschieht mit Nutensteinen. Es können relativ große Kräfte aufgenommen werden. Die Herstellung der Nuten ist aufwändig und macht das N. teuer. Genauigkeit der Be-

stimm- bzw. Positionierelemente: etwa ± 0,02 mm.
→*Bohrungssystem*

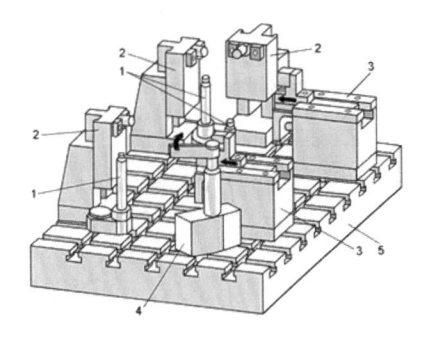

1 Bestimmmodul, Werkstückauflage, 2 Werkstückanlage, 3 Spannmodul, 4 Positioniermodul, 5 Aufbauplatte

Nutzbremsung
[regenerative braking]
Ein Gleichstrommotor liefert wie ein Generator elektrische Energie, wenn die im Anker induzierte Quellenspannung größer als die Netzspannung ist. Das tritt ein, wenn die Drehzahl über die Leerlaufdrehzahl hinaus ansteigt und der Arbeitspunkt auf der Drehzahlkennlinie in das Gebiet negativer Drehmomente wandert. Bremsenergie wird dann in das Netz zurückgespeist.
→ *Gegenstrombremsung*, → *Widerstandsbremsung*, → *Bremsbetrieb*

Nutzhub
[operating stroke]
Bei Lineareinheiten der Hub, der für eine Applikation erforderlich ist. Er ist stets kürzer als der Hub laut Katalog. Der mechanisch maximal mögliche Hub ist in der Regel nicht voll nutzbar, weil man Sicherheitswege für das Überfahren von Endschaltern bzw. Initiatoren braucht.

Nutzlast
[load capacity]
Eine Last (entspricht der Gewichtskraft), die zusätzlich zum Effektorgewicht bewegt werden kann, ohne dass man Einschränkungen bei der Höchstgeschwindigkeit, der Beschleunigung, Genauigkeit oder beim Arbeitsbereich hinnehmen muss.
→ *Lastkenngrößen*, → *Effektor*

Nutzschaltabstand
[useful switching distance]
In der Sensorik der Abstand, der nach der Messmethode 1 der IEC 947-5-2 und innerhalb der zulässigen Bereiche für die Betriebsspannungen und die Umgebungstemperatur gemessen wird. Er muss zwischen 90 % und 110 % des Realabstandes liegen.

Nutzungszeit
[use time]
Zeit, in der ein Betriebsmittel, z.B. ein Industrieroboter, planmäßig für die Hauptnutzung vorbereitet, beschickt oder entleert wird. Auch ein Messvorgang zählt zur N.

O

OAV
[Organic Aerial Vehicle]
Damit ist eine Klasse von → *UAV* (luftgestützte unbemannte Fluggeräte) gemeint, deren Aufgabe es ist, die Sinne des Menschen (Hören, Sehen, Falschfarbenbilder, Infrarotbilder u.a.) durch in die Luft gebrachte, eventuell multisensorische Mess- und Inspektionsgeräte, zu erweitern.
→ *Drohne*

Oberarm
[upper arm]
Bezeichnung für den oberen Teil eines gegliederten Manipulatorarmes, der in der → *Schulter* (im Schultergelenk) gelagert ist.

Oberflächenabhängige Effekte
[surface dependent effects]
Optische Effekte, die sich beim Auftreffen eines Laserstrahls auf ein Medium zeigen, wie Ablenkung des Lichtes, Re-

flexion, Remission und Eindringen in die Oberfläche.

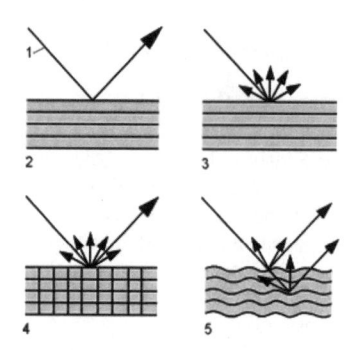

1 Lichtstrahl, 2 Totalreflexion, 3 ideale diffuse Remission, 4 Normalfall, 5 Eindringen des Strahls in das Material

Oberflächeninspektion
[surface inspection]
Verfahren zur Detektion und Klassifizierung lokaler Defekte auf Oberflächen, die z.B. durch Lackierungsfehler oder Korrosion entstanden sind. Das gelingt meistens nur durch eine besondere Beleuchtung, in der die Fehlerstellen sehr kontrastreich erscheinen. Die Bilder werden gespeichert und mit Verfahren der Bildverarbeitung ausgewertet. Danach kann dann ein Roboter schadhafte Objekte ausschleusen.

Oberflächenmontage
[surface mounted device]
In der automatisierten Montage das Fügen elektronischer Bauelemente auf der Oberfläche einer Leiterplatte, wobei die Teile mit Kleber oder Lotpaste bis zum Löten fixiert werden. Die Bestückung erfolgt oft beidseitig der Leiterplatte, im Gegensatz zur → *Durchsteckmontage*. Die O. ist gut automatisierbar.

Oberflächenwelle
[surface wave]
Akustische Wellen (mechanische Schwingungen), sogenannte Rayleigh-Wellen, die sich an der Oberfläche elastischer Festkörper mit Wellenlängen von 1 bis 100 µm und Frequenzen von 10 MHz bis 1 GHz ausbreiten.

Objektbeleuchtung
[object lighting]
In der Bilderkennung ist die Funktionsfähigkeit einer Kamera nur gegeben, wenn die Beleuchtung richtig und der Kontrast zum Untergrund gegeben ist. Es wird eine konstante, reflexions- und schattenfreie sowie störlichtunabhängige Beleuchtung gebraucht.

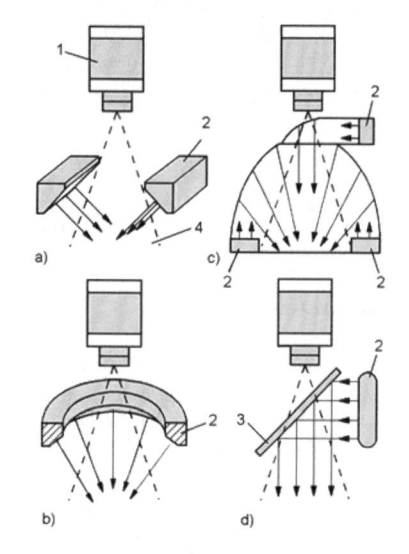

a) Linienbeleuchtung, b) Ringbeleuchtung, c) Kuppelbeleuchtung, d) koaxiale Auflichtbeleuchtung, 1 CCD-Kamera, 2 Lichtquelle, 3 Strahlteiler, 4 Kamera-Sichtbereich

Objekterkennung
[object recognition]
Wiedererkennung eines Gegenstandes nach seinem äußeren Erscheinungsbild, insbesondere durch Bestimmung von Kontur, Größe und Farbe.
→ *Mustererkennung*

Objektfreiheitsgrad
[workpiece degree of freedom]
Größtmögliche Anzahl der Beweglichkeiten eines Objekts (Werkstücks) im Raum. Ein ungebundener Körper hat den O. 6. Das sind im kartesischen Raum drei Translationen (X, Y, Z) und drei Rotationen um diese Achsen (A, B, C).
→ *Freiheitsgrad*

Ockham's Rasiermesser
[occam's razor]
Allgemeines Prinzip des induktiven Lernens: Die wahrscheinlichste Hypothese ist die einfachste, die mit allen Beobachtungen konsistent ist.

ODER-Verknüpfung
[OR gate]
Schaltung für eine Disjunktion. Es wird ein Signal ausgegeben, wenn einer oder mehrere Eingänge mit einen 1 Signal beschaltet sind. Das Bild zeigt Wahrheitstabelle, Darstellung nach DIN und die amerikanische Darstellung darunter.

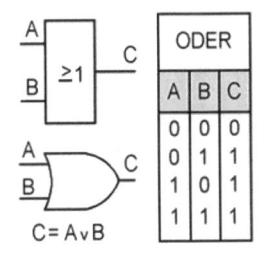

ODEX
Sechsbeiniger insektenartiger Schreitroboter (1983), auch als „Funktionid" bezeichnet, der von der Firma *Odetics* Inc. (*Kalifornien*) entwickelt wurde. Er ist der erste kommerziell erhältliche Roboter, der sich in jeder Art von Gelände bewegen kann. Seine Beine können auch als Arme agieren.

Odometrie
[odometry]
In der Mobilrobotik ein Verfahren der Koppelnavigation und ein Mittel zur aktuellen Bestimmung der Position, z. B. eines mobilen Roboters, durch ständige Aufrechnung von Wegmessdaten ab einem Startpunkt, üblicherweise realisiert durch Drehzahl-/Drehwinkelgeber an den Rädern. Es wird die Rotation der Antriebsräder und die Lenkrichtung gemessen. Nachteil: Der Positionsfehler wird mitgeschleppt und wächst ständig an. Mit der O. ist es möglich, den gefahrenen Weg zurückzuverfolgen. → *CEP*

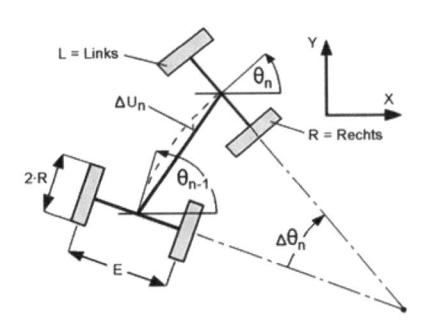

Offene CNC
[open-ended control]
CNC-Steuerung, die einen PC enthält und ein PC-Betriebssystem verwendet. Die Bezeichnung „offen" besagt, dass der Käufer Eingriffsmöglichkeiten in das Betriebsprogramm hat. Damit ist er selbst in der Lage, Modifikationen und maschinenspezifische Funktionen einzubringen.

Offline-Betrieb
[off-line operation]
Nicht rechnergekoppelt; Betriebsart eines Rechners (einer Steuerung) bei der die Peripheriegeräte selbstständig und unabhängig von einem zentralen Rechner arbeiten. Die vom Rechner erzeugten Daten werden auf Datenspeichern zwischengespeichert und erst später verarbeitet.

Offline Programmierung
[off-line programming]
Werkstückorientierte Programmierung im 3D-Raum und abseits vom Roboter. Das Werkstück wird als 3D-CAD Geometrie (DXF, STL, RAW, VDA/FS) in die O. importiert. Es folgt die visuelle Festlegung der geometrischen Bewegungsbahnen. Bei der Pfadgenerierung stehen teilweise Funktionen für solche Prozesse wie Schweißen, Schneiden oder Entgraten zur Verfügung. Danach werden die Prozessparameter vergeben. Es folgt eine Prüfung, ob das erzeugte Offline-Programm kollisionsfrei und ohne Überschreitung von Parametern lauffähig ist. Das Programm wird dann in die Robotersteuerung exportiert. Die O. hal-

ten Postprozessoren für gängige Robotertypen bereit. Vor Beginn der O. muss ein vollständiges geometrisches Modell der Roboterzelle erstellt werden. Man muss auch wegen der Unterschiede zwischen geometrischem Modell und der Realität mit einer geringeren Genauigkeit der Roboterprogramme rechnen.

Offset
[offset]
Eine Bezeichnung für die Größe eines Ausgangssignals, das ohne Anliegen eines Messwertes existiert.

Okada-Hand
[Okada hand]
Dreifingerhand aus einem japanischen Forschungslabor (1977). Sie verfügt über 11 Gelenkwinkel-Freiheitsgrade. Die Fingerstellungen wurden zuvor manuell eingestellt und gespeichert. Die Zwischenstellungen hat man linear interpoliert.

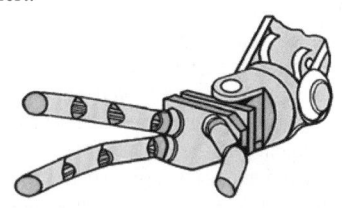

Oldham-Kupplung
[Oldham coupling]
Kupplung zur Verbindung von Wellenenden, die einen Koaxialitätsfehler aufweisen. Der Ausgleich wird durch ein kreuzweise eingreifendes Zwischenstück gewährleistet.

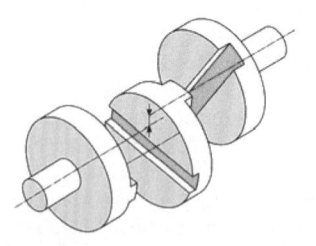

Am Abtrieb kann ein geringes Spiel im Bereich von wenigen Winkelsekunden auftreten. Es gibt verschiedene Versionen dieser Kupplungsart.
→ *Kupplung,* → *Überlastkupplung*

Ölstrahlbunker
[oil-jet hopper]
Bunkerzuführeinrichtung älterer Bauart, bei dem einzelne Werkstücke durch einen impulsartigen Ölstrahl hochgewirbelt werden und zufallsabhängig den Weg in das abführende Magazinrohr finden. Damit ist das Teil auch geordnet und kann dem Prozess zugeführt werden.

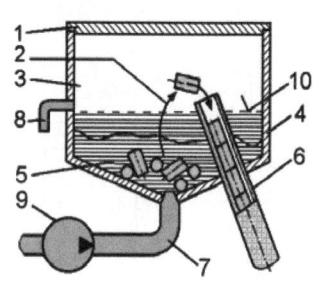

1 Deckel, 2 Ölstrahl, 3 Bunker, 4 Teilefüllstand, 5 Werkstück, 6 Magazinrohr, 7 Drucköllleitung, 8 Ölüberlauf, 9 Pumpe, 10 Ölstand

Omni-Greifer
[omnigripper]
Mechanischer Greifer, dessen zwei Backen aus dicht stehenden einzeln längsbeweglichen senkrechten Zylinderstiften bestehen. Beim Aufsetzen der Backen von oben auf das Werkstück wird zunächst die Kontur übernommen, indem störende Stifte nach oben ausweichen. Dann erfolgt die Klemmbewegung durch die an der Kontur anliegenden Stifte.

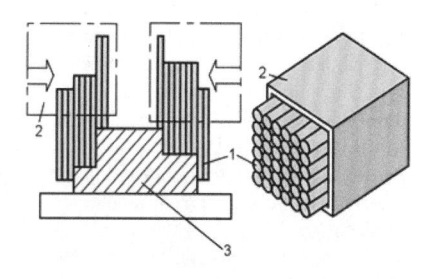

1 Greifstift, 2 Greifstiftkassette, 3 Werkstück

On-Demand-Produktion
[on demand strategy]
Bezeichnung für eine Produktionsweise, bei der die Kapazitäten kurzfristig veränderbar sind und ein schneller Produktwechsel möglich ist. Dazu sind die Planungs- und Umrüstzeiten zu kürzen und Qualität, Menge, Liefertermine und Kosten flexibel auf den Kunden abzustimmen. Es erlaubt eine Produktion in einem dynamischen Umfeld.

Online-Betrieb
[on-line operation]
Rechnergekoppelt; Betriebsart eines Rechnersystems (einer Steuerung), bei der die Peripheriegeräte direkt vom zentralen Rechner gesteuert werden. Dazu sind sie per Datenleitung mit dem Rechner verbunden und die von diesem erzeugten Daten werden sofort verarbeitet.

Online Programmierung
[on-line programming]
Programmierung direkt am Roboter, meist mit Hilfe einer Teach-Box, mit der die Steuerung des Robotersystems direkt bedient werden kann. Dabei wird zuerst das Programm ohne Positionsdaten erstellt, wofür Kenntnisse in einer Programmiersprache vorliegen müssen. Dann werden die fehlenden Positionsdaten durch Teach-in eingelesen und in das Programm übernommen. Die ausgeführten Kommandos können als Anwendungsprogramm abgespeichert und später ausgeführt werden. Die Überprüfung des Programms kann recht aufwändig sein.
→*Offline Programmierung*

One Piece Flow
[Einzelstück-Fließfertigung]
Konzept für einen Fertigungs- oder Montagearbeitsplatz mit mehreren Arbeitsstationen mit bestandsminimaler Versorgung. Im Grenzfall sinkt die Losgröße auf den Wert 1 ab. Montageplattform ist ein Schlitten, der z.B. auf einer Kugelrollenbahn vorwärts und zurück bewegt werden kann. Auch das Personal wandert von Arbeitsstation zu Arbeitsstation mit. Bewegt wird stets nur ein Teil zur nächsten Arbeitsstation, ohne dass sich dazwischen Bestände bilden können.
→ *One Set Flow*

One Set Flow
[Einzelsatz-Fließfertigung]
Erweiterung des → *On Piece Flow*, bei der eine feste Anzahl (oder ein Set) gleicher Baugruppen von einer Arbeitsstation zur nächsten ungetaktet weitergereicht werden. Die Basisteile befinden sich oft auf Mehrfachwerkstückträgern mit z.B. 6 bis 24 Einzelaufnahmen.

Open-CNC
Offene Standardsoftwaresteuerung für die automatisierte Fertigung mit CNC-Werkzeugmaschinen. Sie verzichtet auf herstellerspezifische Hardware, einschließlich der Achskarten. Die Steuerungshardware bildet ein handelsüblicher PC mit Standard-PC-Karten für Encoder, Watchdog, Timer und Digital-Analog-Wandler. Die übrigen Funktionen beziehen sich auf die Ein- und Ausgabesteuerung. Die Lageregelung ist vollständig in Software gebettet.

Open loop control
[Steuerung]
→ *Steuern*, → *Steuerung*

Operator
[operator]
Bediener für einen Manipulator, der für diese Tätigkeit ausgebildet (angelernt) wurde. Der Begriff wird insbesondere im Bereich der Master-Slave-Manipulatoren verwendet.

Optischer Sensor
[optical sensor]
Sensor der mit Lichtstrahlen arbeitet. Das Spektrum reicht von der einfachen Lichtschranke bis zu komplexen Bilderkennungssystemen mit CCD-Kameras. Verbreitet sind Reflexionslichttaster, Einweg-Lichtschranken und Reflexionslichtschranken.

Optoelektronik
[opto-electronics]
Bezeichnung für eine Technik, bei der optische und elektronische Bauelemente derart zusammenwirken, dass man aus der Wechselwirkung zwischen optischer Strahlung und elektronischen Vorgängen Nutzen ziehen kann, z.b. Gewinnung von Informationen.

Optosensorik
[optosensorics]
Gebiet der Sensortechnik, das sich mit Sensoren befasst, die auf Lichtsignale reagieren und diese in elektrische Signale wandeln. Es kann sich um sichtbares, aber auch unsichtbares Licht (Infrarot) handeln. Wegen der Verwendung optoelektronischer Mittel wird auch von Fotosensorik gesprochen.

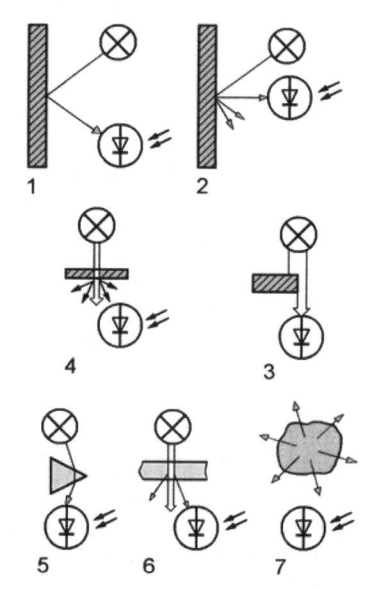

1 Reflexion, 2 Remission, 3 Extinktion, 4 Beugung, 5 Brechung, 6 Streuung, 7 Emmission

Ordnen
[sorting]
Handhabungsfunktion, bei der ein geometrisch bestimmter Körper aus einer unbestimmten „Lage" (Position und Orientierung) in eine gewünschte Orientierung und Position gebracht wird. Das O. gehört zu den teuren Vorgängen, weshalb man unter dem Aspekt der Wertschöpfung eine einmal erreichte Ordnung nicht wieder aufgeben soll. Oft ist allerdings (bei einfachen Teilen) das „Neuordnen" von Teilen billiger. Typische Einrichtungen für das O. sind z.B. Vibrationswendelbunker, Schöpfsegmentbunker und Zentrifugalförderer, manchmal auch in Kombination mit Bild gestützten Systemen.

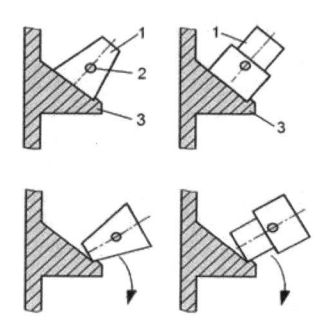

1 Werkstück, 2 Masseschwerpunkt, 3 Vibratorwendel

Ordnungseinrichtung
[handling equipment for aligning of workpieces]
→ Orientierungseinrichtung

Ordnungswahrscheinlichkeit
[orientation probability]
Statistisches Verhältnis zwischen der für einen Ordnungsvorgang günstigen, zur Anzahl der möglichen Werkstücklagen (Positionen und Orientierungen).

Orientieren
[orient]
In der Handhabungstechnik das Bewegen von Werkstücken aus einer unbestimmten in eine definierte Achsenausrichtung. Die Position des Werkstücks bleibt dabei außer Betracht.

Orientierung
[orientation]
Verdrehen der Koordinatenachsen des bewegten Systems gegenüber den Ach-

sen des Bezugssystems. Es ist die Beschreibung der Ausrichtung der körpereigenen Achsen eines Werkstücks durch drei Winkel im Raum. Das kann in einer Kenngröße Orientierungsgrad (OG) ausgedrückt werden. Der OG kann den Bereich 0 bis 3 einnehmen.

Orientierungseinrichtung
[orientation mechanism]
Vorrichtung, die unterschiedlich orientierte Werkstücke in eine einheitliche Ausrichtung bringt. Das kann z.B. durch Ausnutzung der Form, des Masseschwerpunktes und anderen Merkmalen erfolgen. So hängen sich kegel- und pilzkopfförmige Teile zwischen Doppelschienen einheitlich aus, was man zur Gestaltung einer O. ausnutzen kann. Neben mechanischen Orientierungshilfen lassen sich z.B. auch Druckluftdüsen einsetzen.

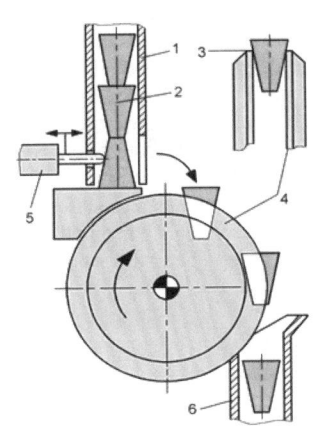

1 Schachtmagazin, 2 Werkstück, 3 Auffangkante, 4 Doppelscheibenrad, 5 Vereinzeler, 6 Abführrohr

Orientierungsinterpolation
[orientation interpolation]
Interpolation zur räumlichen Orientierung eines Arbeitsorgans z.B. der Schweißdüse an einem Roboterarm. Damit erreicht man einen stets gleichen Arbeitswinkel zum Werkstück, selbst wenn die Bahn einen dreidimensionalen Verlauf nimmt.

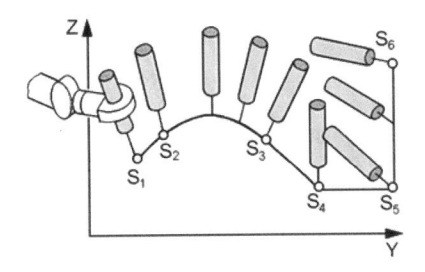

O-Ring-Montagegreifer
[O-ring-mounting gripper]
Greifer mit vielen Fingern, z.B. sechs, mit denen er einen O-Ring anfassen und dehnen kann, damit er über die Welle passt (Außenring). Jeweils drei Finger sind unabhängig zum anderen Fingertripel radial bewegbar. Ein integrierter Z-Hub von einigen Millimetern sorgt dafür, dass der Ring zuerst von drei Fingern losgelassen wird und erst danach vom Fingertripel. Der schrittweise Ablauf ergibt eine prozesssichere Montage. Auch Innenringe lassen sich auf diese Weise einbringen. Der O. deckt einen großen Durchmesserbereich ab.

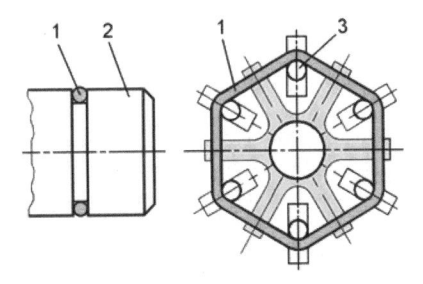

1 O-Ring, 2 Werkstück, 3 Greiferfinger

Orthese
[orthosis]
In der Orthopädietechnik eine körpernahe technische Hilfe, die als funktionelle Unterstützung eingeschränkt funktionierender Körperteile dient. Aktive O. sollen Menschen, die nicht über die motorische Funktionen z.B. der Beine verfügen, d.h. deren neurale Steuerung der Muskeln versagt, zu gewisser Bewegungsfähigkeit verhelfen. Aktive O. haben viele Beziehungen zur Robotik.
→ *Außenskelett*

Ortskurve
[circle diagram]
Darstellung der Abhängigkeit einer komplexen Größe wie z.b. Strom, Spannung, Widerstand und Leitwert von einer sich stetig verändernden Größe wie z.B. der Frequenz.

Ortsvektor
[position vector]
Vektor, der von einem festen Basispunkt (Bezugspunkt, Nullpunkt) auf einen Punkt zeigt, der z.b. bei kartesischen Koordinaten durch die Koordinatenwerte von x, y und z beschrieben wird.

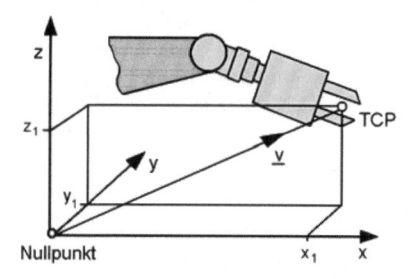

OTS
Abk. für „Ohne trennende Schutzeinrichtungen"; Der Robotereinsatz ist ohne Abschottung gegenüber dem Menschen möglich, wenn passende Sicherheitsvorkehrungen am Roboter getroffen werden, wie Polsterungen, Einklemmschutz, Geschwindigkeitsreduktion, Kraftreduktion und Bedienerempfehlungen. Es gibt erste (Klein-)Roboter, mit denen man „Hand in Hand" zusammenarbeiten kann, z.B. den Roboter Katana von *Neuronics*.
→ *Schutzsystem,* → *Sicherheitsfunktion*

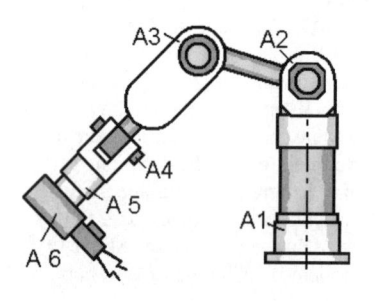

Outsourcing
[nach außen vergeben]
Längerfristige Auslagerung von Betriebsfunktionen (Teilaufträge, Teilefertigung, Montage, Lagerung, Kommissionieren, Versand) an Dritte außerhalb der eigenen Firma.

Overhead Conveyor
[Hängeförderer]
Innerbetriebliches Fördersystem, das Objekte im arbeitsfreien Raum über den Maschinen transportiert. Eine spezielle Ausführung ist der → *Power & Free-Förderer*.

Override, manuelles
[manual override]
Funktion einer NC-Steuerung, mit der programmierte Werte für Vorschub, Drehzahl und Eilgang manuell überschrieben werden können, d.h. prozentuale Vergrößerung oder Verkleinerung der Werte. Das Hinwegsetzen über ein anderes Signal wird auch als Übersteuerung bezeichnet. Der überschriebene Wert hat eine höhere Priorität. Auf der Bedientafel eines Roboters bereits programmierte Geschwindigkeitssollwerte in Stufen, manchmal auch stufenlos, kann man nachträglich manuell verringern oder vergrößern, z.B. von 0 bis 120 Prozent.

Overshoot
→ *Überschwingen*

P

Package Units
In der Prozesstechnik als Paket (Verpackungseinheit) geschnürte Komponenten wie zum Beispiel Zentrifugen, Trockner und weitere Apparate, die bereits komplett mit Prozessleittechnik ausgerüstet sind und als Verkaufsprodukt im Baukastensystem zur Verfügung stehen. Das erleichtert die Projektierung und Beschaffung erheblich.

Packmittel
[packaging material]
Erzeugnisse aus Packstoff, die dazu bestimmt sind, Packgüter zu umhüllen oder zusammenzuhalten, damit sie versand-, lager- und verkaufsfähig sind. Packstoffe sind die Werkstoffe, aus denen die Packmittel bzw. die Packhilfsmittel hergestellt werden.

Packstück
[package]
Nach DIN 55405 das Ergebnis der Vereinigung von Packgut und Verpackung. Es ist besonders für den Transport bzw. Einzelversand geeignet. Die Mehrheit der Packstücke ist quader- oder zylinderförmig.

Paketgriff
[gripping of objects in a package]
Greifen mehrerer Objekte, die als Paket vorliegen, mit einem einzigen Griff. Gegebenenfalls muss auf Abmessungstoleranzen der Teile besonders geachtet werden (Kraftbalance). Die Notwendigkeit ergibt sich z.b. bei schnellen Produktionsprozessen oder wenn man verpackungsgerecht Greifen muss.

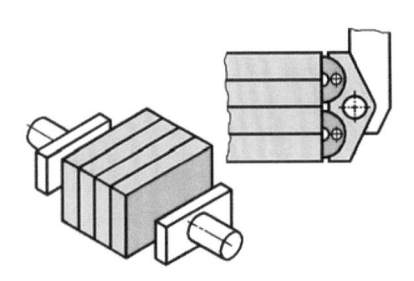

Palette
[pallet]
Tragendes Ladehilfsmittel mit und ohne Aufbau, das im wesentlichen aus einem Deck, das auf Füßen oder Klötzen ruht bzw. aus zwei Decks besteht. Diese sind durch Klötzchen voneinander getrennt, deren Abstand die Höhe der Einfahröffnungen für Gabeln von Gabelhubwagen oder Stapelgeräte darstellen.
→ *Werkstück-Trägermagazin*

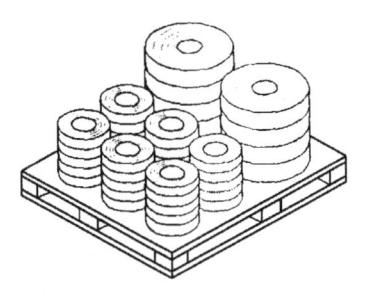

Palettenförderanlage
[pallet conveyor]
Transportsystem, welches für die Zuführung oder stetige sowie kontinuierliche Weitergabe von Paletten eingerichtet ist. Das kann z.b. ein speziell ausgerüsteter Kettenförderer sein.

Palettenhandling
[pallet handling]
Handhabungssystem, welches auf die Manipulation von System- oder Transportpaletten ausgelegt ist. Es kann z.b. ein zweiachsiger Manipulator sein, dessen Achsen von der Robotersteuerung mit gesteuert werden.

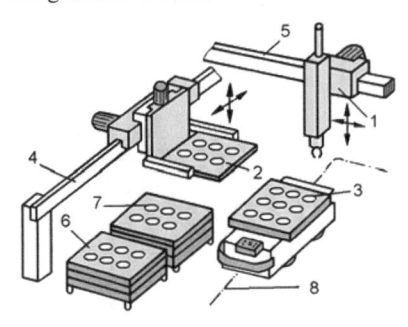

1 Portalroboter, 2 Palette, 3 fahrerloses Flurförderzeug, 4 Portalbalken, 5 Roboterportal, 6 Leerpalettenstapel, 7 beladene Paletten, 8 Leitspur

Palettenhubgerät
[lifting equipment for pallets]
Hubtisch mit automatischem Gewichtskraftausgleich, z.B. mit Hilfe einer Gasfeder. Damit wird erreicht, das die Abnahmehöhe stets gleich bleibt, wenn Objekte aufgelegt oder abgenommen werden. Außerdem kann die Auflagefläche

ein wälzgelagerter Drehteller sein. Das gezeigte P. ist ein Beitrag für ein ergonomisch gestaltetes Peripheriegrät.

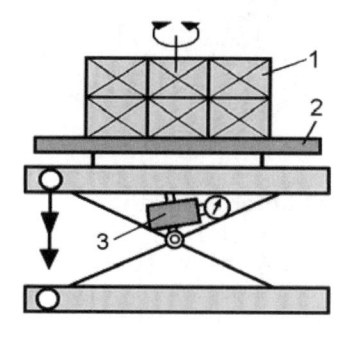

1 Werkstück, Paket, 2 Transportpalette, 3 Pneumatikzylinder

Palettenspender
[pallet dispenser]
Automatisierte Einrichtung mit der per Steuerimpuls eine Leerpalette ausgegeben wird. Die Paletten werden in einem Schachtmagazin aufbewahrt und vereinzelt. Die vorletzte Palette wird samt Stapel etwas angehoben und die unterste Palette herausgeführt.

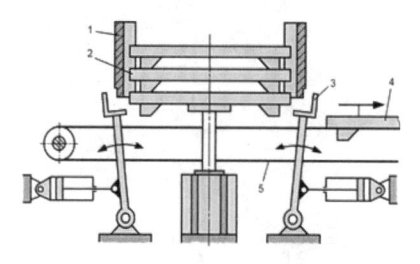

1 Magazin, 2 Flachpalette, 3 Rückhalteschiene, 4 vereinzelte Palette, 5 Fördergurt

Palettenvertakteinrichtung
[pallet cycling unit]
Periphere Einrichtung zur Teilebereitstellung an Roboterarbeitsplätzen, wobei die Palette zeilenweise getaktet wird. Dadurch genügen oft einfache Handhabungseinrichtungen, z.B. Linienportalroboter, zur Entnahme der Teile.
→ *Kreuzschiebetisch*, → *Speicherdichte*, → *Halten*

Palettiermuster
[pallet pattern]
Gestaltung von Ablagemustern für Objekte, die die verfügbare Speicherfläche maximal auslasten und einen in sich stabilen Verband, eine Ladeeinheit, bilden. Bei einem Fünfer-Verband unterscheiden sich die 1., 3. und 5. Lage von der 2., 4. und 6. Lage im Muster.

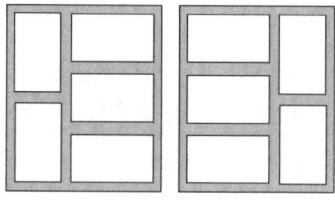

1. Lage usw.   2.Lage usw.

Palettierroboter
[palleting robot]
Roboter (Portal-, Waagerecht- oder Senkrechtgelenkarm), der Gegenstände vollautomatisch palettieren oder depalettieren kann. Er hat Zugriff auf spezielle Palettierprogramme und auch das chaotische Stapeln ist möglich. Dabei werden unterschiedlich große Packstücke in fortlaufender Folge vermessen und an passender Stelle in den Stapel eingesetzt. Auch die Abnahme von Packstücken u.ä. vom laufenden Förderband ist realisierbar.
→ *Palettenvertakteinrichtung*

Pan-Tilt-Einheit
[Kameraschwenk-Kipp-Einheit]
Bewegungseinheit, die einen horizontalen Schwenkbereich hat und einen vertikalen Schwenkradius, z.B. um eine Kamera eines mobilen Roboters bewegen zu können.

Pantografenmechanismus
[pantographical mechanism]
Ebenes Geradführungsgetriebe, das man auch für Manipulatoren (Balancer, Industriemanipulator) verwendet. Der siebengliedrige ebene P. gibt die Möglichkeit, mit Hilfe einer geeigneten Steue-

rung eine exakte Geradführung des TCP in der Arbeitsfläche zu erzeugen. Vorteilhaft ist die Anordnung der Antriebe M1 und M2 im Gestell des P.

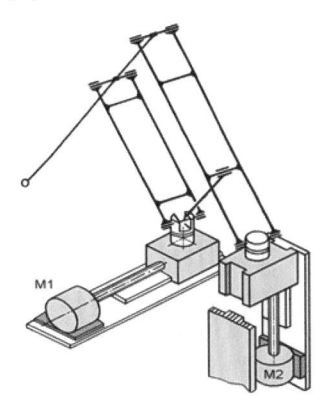

Parabelinterpolation
[parabolic interpolation]
Interpolation, bei der die Bahnzwischenpunkte auf einem Parabelbogen liegen, wobei drei bis vier Bahnstützpunkte vorgegeben werden. Eine P. höherer Ordnung ist die → *Polynominterpolation*.

Parallaxenfehler
[parallax displace error]
Der P. entsteht bei schräger Blickrichtung auf ein Objekt. Soll dessen Achsmitte erkannt werden, um eine Greifanweisung für den Roboter zu generieren, dann erscheint die Achsmitte (2) um den Betrag x versetzt ($D = A + x$), was ein Fehler ist.

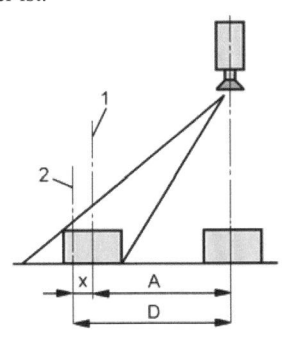

Parallelführungsgetriebe
[parallel guide mechanism]
Getriebe, das einen Effektor bei jeder Einstellung parallel zu einer Arbeitsfläche führt. Ein gegriffenes Teil behält immer seine Orientierung im Raum. Gelöst wird die Aufgabe mit Synchronriemen bzw. Kette nach dem Pantographenprinzip und mit Zahnradanordnungen bei Kopplung mit Zwischenrädern.

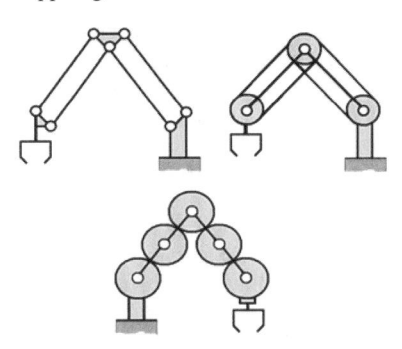

Parallele kinematische Kette
[parallel kinematic chain]
Eine P. oder geschlossene kinematische Kette (2) liegt vor, wenn die Glieder (4) eine Schleifenstruktur aufweisen. Das verbindende Glied kann dabei auch die Basis (5) sein. Bei einer seriellen kinematischen Kette (1) haben das erste und das letzte Glied jeweils ein Nachbarglied, während alle anderen Glieder zwei Nachbarglieder besitzen. Zwischen den Gliedern existieren an diskreten Punkten Gelenke (3). Eine kinematische Kette trägt üblicherweise in der Robotik einen Endeffektor (6).

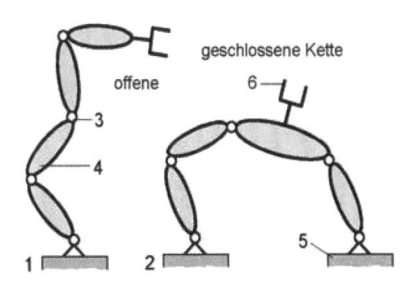

Parallelkinematik
[parallel kinematics]
Wissenschaft von Antriebselementen, bei denen alle Antriebe zueinander parallel verlaufende Schubbewegungen erzeu-

gen, auch als Stabkinematik bezeichnet. Für die Steuerung wird eine spezifische Kinematiktransformation gebraucht. Es kommen Standardservo- und Hohlwellenmotoren zum Einsatz, ebenso lineare elektrische und servopneumatische Direktantriebe. Vorteilhaft ist die große Starrheit des Systems gegenüber einer seriellen Anordnung von Achsantrieben und zum anderen sind es die kleinen Drehmomente, die beim Halten einer stationären Last wirken. Durch die geringe Masse der bewegten Teile (ortsfeste Antriebsmotoren) ist hochdynamisches Bewegen des → *Endeffektors* möglich. Nachteilig sind die technisch aufwändige Gelenkgestaltung und die extremen Nichtlinearitäten von Steifigkeit, Geschwindigkeits- und Beschleunigungsübersetzung im Arbeitsraum. Im Bild wird das Konzept einer Tripod-Maschine gezeigt (3 Antriebsstränge). Von einem Hexapod-Design spricht man bei einer Maschine mit 6 Antriebssträngen.

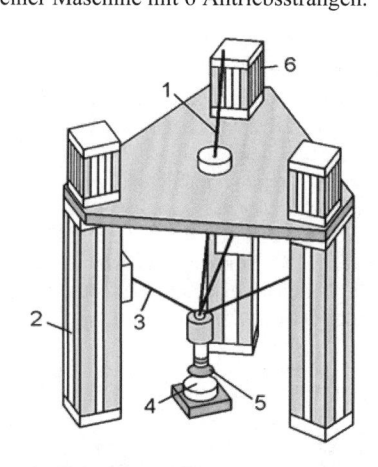

1 Mittelführung, 2 Linearpositioniereinheit, 3 Gestänge zum Arbeitskopf, 4 Werkstück, 5 Greifer (Sauger), 6 Elektromotor

Parallel-Kinematikmaschine
[parallel kinematic machine]
Bearbeitungsmaschine oder Roboter, bei dem die Bewegungseinheiten nach dem Prinzip der Parallelität von Antrieben ausgebildet sind.
→ *Parallelkinematik,* → *Parallele kinematische Kette*

Parallelkurbelgetriebe
[parallel-crank mechanism]
Koppelgetriebe, das aus zwei gleichlangen Kurbeln besteht, die mit dem Gestell und der gleichlangen Koppel ein Parallelogramm bilden. Die Bewegungsübertragung von einer zur anderen Kurbel erfolgt mit der Übersetzung i.

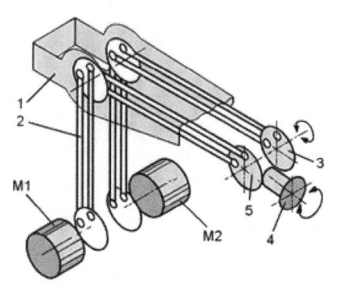

1 Unterarm, 2 Koppelstange, 3 Koppelscheibe, 4 Greiferflansch, 5 Kegelradgetriebe, M Antriebsmotor

Parallelmanipulator
[parallel manipulator]
1 Andere Bezeichnung für einen Master-Slave-Manipulator. Der Slavearm arbeitet parallel zum Masterarm.

2 Manipulatorarm, bei dem sich zwischen Endeffektor und Gestell mehrere separat angetriebene kinematische Ketten befinden. Das Bild zeigt einen ebenen Parallelmechanismus.

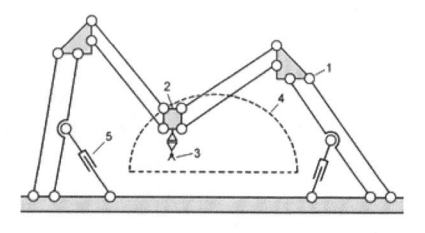

1 Drehgelenk, 2 Effektorplattform, 3 Greifer, 4 Arbeitsebene, 5 Antrieb

Parallelroboter
[parallel kinematic robot]
Roboter mit einer Stab- bzw. → *Parallelkinematik,* bei dem alle Antriebsbewegungen parallel zueinander verlaufen. Für die Steuerung wird eine spezifische

Kinematiktransformation gebraucht. Vorteilhaft ist die große Starrheit des Systems im Vergleich mit einer seriellen Anordnung von Achsantrieben.

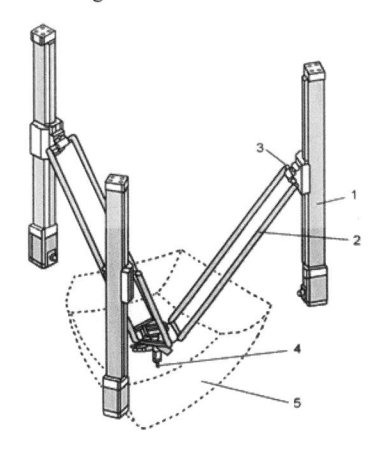

1 Servo-Lineareinheit, 2 Koppelstange, 3 Drehgelenk, 4 Endeffektor, 5 Arbeitsraum

Parallelstangenkinematik
[parallel-crank for bar linkage]
→ *Parallelkurbelgetriebe*

Parallelverkettung
[parallel connection]
Verbindung von Fertigungseinrichtungen im Materialfluss durch Verkettungseinrichtungen. In den parallelen Arbeitsmaschinen bzw. -stationen werden gleiche Fertigungsaufgaben an gleichartigen Werkstücken gleichzeitig erledigt.

Parameterkonstruktion
[parametric design]
Man führt eine Grundkonstruktion aus, wobei aber anstelle von Maßen Maßparameter (A, B, T, L usw.) eingetragen werden. Dazu gehört dann noch eine Maßtabelle. Ein CAD-System ist dann in der Lage, Maßvarianten eines Bauteils zu erzeugen. Hierbei ändert sich die Gestalt des Bauteils nicht, sondern nur die Dimensionen der Geometrieelemente. Sind die Abhängigkeiten zwischen den einzelnen Maßen in Form von Gleichungen definiert, so genügt im Extremfall die Eingabe eines Maßes, um alle übrigen Dimensionen des Bauteils zu berechnen.

Paritätsprüfung
[parity check]
Gleichheitsprüfung; Methode zur Prüfung binärer Daten auf Einfachfehler (1-Bit-Fehler), um bei der Datenübertragung falsche Zeichen oder einfache Übertragungsfehler zu erkennen. Beispiel: Ungerade Bit-Zahl bei Zeichen im ISO-Code.

Pass-Point
Bei Verschleifbewegungen auf einer Roboter-Bahnfahrt näherungsweise zu passierender Zwischenpunkt, der aber meist nicht tatsächlich durchfahren wird, z.B. bei einer Bahnfahrt mit Hindernisumgehung.

Paternoster
[paternoster]
Vertikales Umlauflager für vorzugsweise kleine Objekte. Der Bediener ruft den Speicherplatz auf, der dann automatisch in den Greifbereich gebracht wird.
→ *Teilepaternoster*

Patientensimulator
[patient simulator]
Maßgetreue Nachbildung des Menschen zum Zweck des Übens und Lehrens von Handlungen im Bereich der Medizin, wie Zahnheilkunde, Notarzttraining und Krankenhelferausbildung. So gibt es auch einen künstlichen Herzpatienten mit 25 Herzkrankheiten. Solche Androiden sind nicht Gegenstand der Robotik.

PDA
[Personal Digital Assistant]
Handtellergroßes Gerät mit Display, das in der Regel mit einem Stift bedient wird. In Verbindung mit Bluetooth wird es auch als mobile Vor-Ort-Bedieneinheit, z.B. für die Roboterprogrammierung verwendet. Auch die Kommandierung des Roboters ist möglich. Die Roboterbewegungen können in einer 3D-Simulation angeschaut und überprüft werden.

299

PD-Regler
[PD controller]
Regler mit proportional-differentialem Verhalten. Der Differentialanteil sorgt für kräftiges Nachregeln bei starkem Störgrößeneinfluss. Der P-Anteil lässt eine Regeldifferenz zu. Die Genauigkeit ist gering, weshalb die Kombination selten benutzt wird. Kenngrößen sind der Proportionalbeiwert K_P und der Differenzierbeiwert K_D oder die Vorhaltezeit T_V.
→ *Reglertypen*

Pedipulator
[pedipulator]
Bewegliche Stützvorrichtung (gegliedertes Bein, Fuß) an einer Schreitmaschine. Mit ihr werden lokomotorische Funktionen von sich schreitend fortbewegenden Lebewesen technisch nachgebildet.
→ *Schreitapparat,* → *Schreitroboter,* → *Schreitsessel*

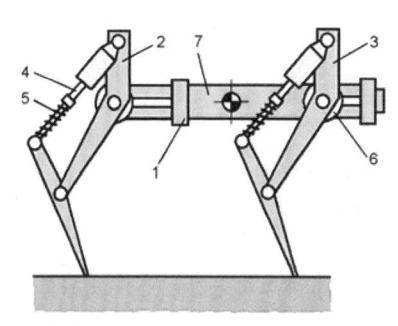

1 Linearmotor, 2 hinteres Glied, 3 vorderes Glied, 4 Kugelrollspindel, 5 Feder, 6 parallel zur Mittelachse liegender Schwenkantrieb, 7 Grundkörper

PELV
[protective extra low voltage]
→ *Schutzkleinspannung*

Pendelarmroboter
[pendulum robot]
Von der Firma *ASEA* (Schweden) 1985 entwickelter Montageroboter, dessen ersten beiden Drehachsen als Kardangelenk ausgebildet sind. Den senkrecht hängenden Arm hat man mit dem Masseschwerpunkt in die sich kreuzenden Achsen 1 und 2 gelegt. Das bringt dynamische Vorteile und Schnelligkeit. Der Lineararm kann sich in zwei Richtungen um jeweils ± 30° schwenken. Bei senkrechter Stellung des Armes lassen sich durch entsprechende Dimensionierung der Gelenke hohe Fügekräfte realisieren.

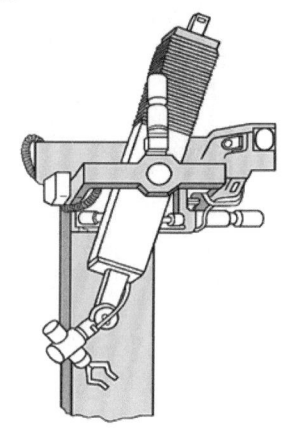

Pendeln
[pendulum motion]
Programmierbare Bewegung der Schweißpistole bei einem Schweißroboter bei geraden Nähten von einer Nahtseite zur anderen nach einem geschlossenen Bewegungsmuster.

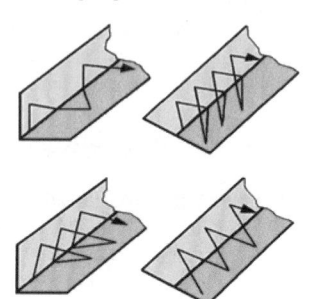

Pendelzuteiler
[pendulum separator]
Vereinzler, der mit einem Schwenksegment jeweils ein Teil von der Werkstückschlange im Schachtmagazin abtrennt. Während des Schwenkens wird das Teil durch Federkraft gehalten. Beim

Rückhub schlägt die Halteklinke an und sichert eine störungsfreie Übernahme.

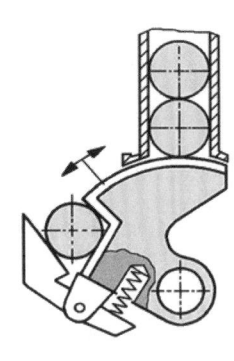

Pendular(arm)roboter
[pendulum robot, pendulum arm]
Roboter mit polarer Kinematik, dessen Arm kardanisch aufgehängt ist. Er erreicht dadurch eine günstige Masseverteilung und große Bahnbeschleunigung.
→ *Pendelarmroboter*

Peripherie
[periphery, peripheral equipment]
Einrichtungen im Umfeld eines Industrieroboters, die zur unmittelbaren Erfüllung einer Handhabungsaufgabe notwendig sind und zusammen einen Roboterarbeitsplatz ergeben.

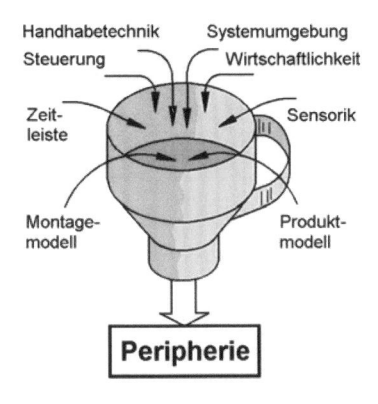

Man kann eine Einteilung in 1. und 2. P. vornehmen. 1. P.= Äußere Sicherheitstechnik, Mess- und Prüfeinrichtungen, Greifer, Greifermagazine, Werkzeug- und Werkstückspeicher, Zubringeeinrichtungen für Kleinteile, Lage- und Objekterkennung, Wendeeinrichtung, Werkstückmagazine, Spann- und Positioniermittel
2. P.= Transfereinrichtungen, technologische Einheiten, Lager- und Transporttechnik, fahrerloses Transportsystem zur Anbindung an den innerbetrieblichen Materialfluss.

Permanent-Elektro-Haftmagnet
[hybrid magnetadhesive gripper]
Magnetgreifer mit offenem magnetischen Kreis zum Halten ferromagnetischer Teile. Eine Erregerwicklung neutralisiert beim Einschalten das Permanentmagnetfeld. Damit ist das Ablegen des Teils möglich. Damit beim gegriffenen Teil kein Restmagnetismus verbleibt, kann man Schaltungen einsetzen, die beim Ablegen kurzzeitig ein Gegenfeld aufbauen.

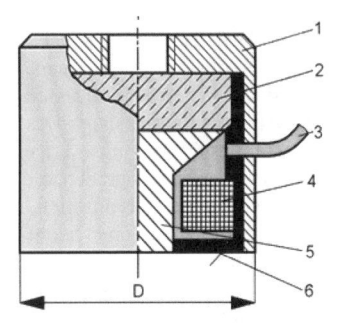

1 Gehäuse, 2 Permanentmagnet, 3 Anschlussleitung, 4 Erregerwicklung, 5 Weicheisenkern, 6 magnetische Haftfläche

Permanentmagnetbandförderer
[magnetic belt conveyor]
Bandförderer, der mit Magneten besetzt ist und aufgelegte Eisenteile, z.B. Blechdosen, fördert. Die Förderung ist auch senkrecht möglich. Beim Späneförderer befinden sich die Späne auf einer nichtmagnetischen feststehenden Rinne und dicht darunter läuft das Band mit Dauermagnet-Besatz.

Permittivitätszahl
[relative permittivity]
Andere Bezeichnung für die Dielektrizitätszahl.

Personal-Roboter
[personal robot]
Persönlicher Roboter, der Aufgaben ähnlich einer Haushalthilfe in unmittelbarer Umgebung zum Menschen ausführen kann. Ein Anwendungsfeld ist auch die Unterstützung körperlich behinderter Menschen. Dafür wird heute auch der Begriff „Serviceroboter" benutzt.

Perzeption
[perception]
Wahrnehmung von Reizen, die durch Sinnesorgane bzw. dem Gehirn aufgenommen werden (lat. *percipere* = wahrnehmen). In der Psychologie bezeichnet der Begriff die Wahrnehmung eines Gegenstands ohne bewusstes Erfassen desselben.

Perzeptron
[perceptron]
Wahrnehmungsmaschine; ein technisches Modell organischer Nervennetze, das zur Imitation von Teilprozessen der menschlichen Intelligenz dient. Das P. ist als lernendes System in der Lage, aus beliebigen Folgen von Signalen, die auf seine optischen Rezeptoren treffen, diejenigen Signalkombinationen herauszufinden, die nicht zufälligen Charakter tragen, sondern für das System von Bedeutung sind, also Informationen enthalten.
Geschichte: Das P. wurde 1957 von *F. Rosenblatt* für die Erkennung zweidimensionaler Zeichen vorgesehen.
→ *Neuron,* → *Neuronales Netz*

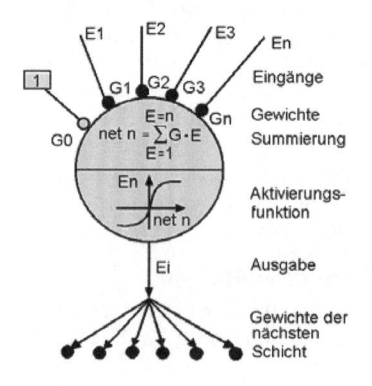

Petrinetz
[Petri-net]
Mittel zur Darstellung und Diskussion informationeller Prozesse in Form eines speziellen, gerichteten Graphen, insbesondere wenn mehrere Systemkomponenten gleichzeitig aktiv sein können, so genannte Nebenläufigkeiten. Das P. wird auch zur Entwicklung von Steueralgorithmen eingesetzt. Es werden folgende grundlegenden Ablaufzusammenhänge verwendet: Zyklus, Sequenz, Alternative und Parallele.
Geschichte: Das Konzept wurde 1962 von *C.A. Petr* entwickelt.

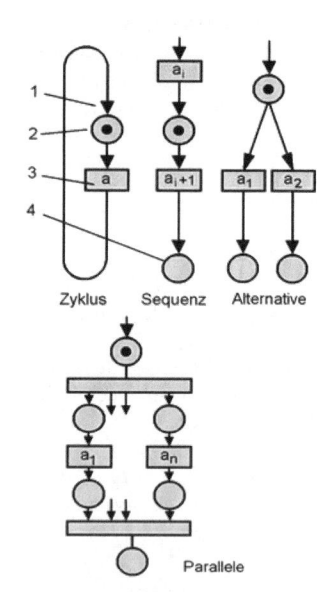

1 Ablaufrichtung, 2 gerade erreichte Bedingung, 3 Aktion, 4 Bedingung, *i* Laufindex

Pflanzroboter
[planting robot]
Spezialisierter mobiler Roboter, der Pflanzen aus einem Magazin entnimmt und in die gezogene Furche bringt. Auch brückenkranähnliche Strukturen sind für eine totale Feldbearbeitung möglich. Die Technik wäre noch um Ernteroboter zu ergänzen. Studien zur automatischen Farm wurden bereits in den 1990er-Jahren an der Purdue-Universität (USA) ausgearbeitet.

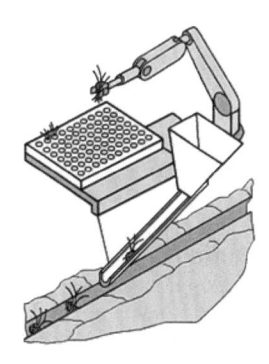

Phantomroboter
[replica master]
Analoges Hilfsgerät für die Programmierung eines Farbspritzroboters. Am leichtbeweglichen Phantom werden im Teach-in Verfahren die erforderlichen Bewegungsbahnen vorgeführt und gespeichert.

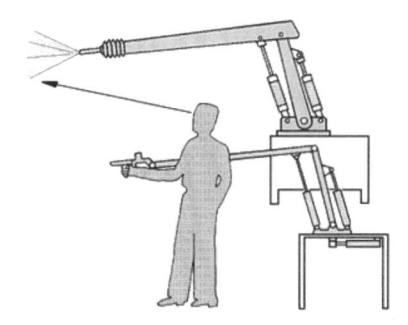

Phonem
[phoneme]
Kleinste bedeutungsunterscheidende, aber nicht selbst bedeutungstragende sprachliche Einheit in der automatischen Spracherkennung.

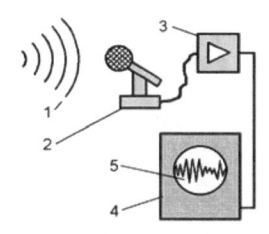

1 Sprachsignal, 2 Mikrofon, 3 Sprachverstärker, 4 Anzeigegerät, 5 Wellenform des Phonems

Im Englischen gibt es etwa 40 Basis-P., sozusagen als individueller Sound. Jedes P. hat eine bestimmte einheitliche Frequenz-Form.

Pick
[aufsammeln]
In der Logistik die Bezeichnung für einen Greifvorgang, also das Aufnehmen eines Objektes bzw. gelagerten Artikels aus einem Magazin oder einer Bereitstelleinrichtung.
→ *Kommissionieren*, → *Kommissionierroboter*

Pick-and-Place Gerät
[pick and place unit]
Werkstückeinlege- und Entnahmegerät mit einfachem in der Hardware festgelegtem Bewegungsablauf: Objekt Greifen, Bewegen zur Zielposition und wieder Ablegen, Rückfahrt. Nur die Endpositionen bei einem typischen C-Bewegungsablauf sind in der Regel einstellbar. Sie bestehen oft aus gekoppelten Linearachsen und sind häufig zweiachsig ausgebildet. Weit verbreitet sind pneumatische Linearachsen. Bei elektrischen Antrieben werden oft Kurvenscheiben angetrieben. Die mechanische Übertragung der Bewegung auf linear geführte Glieder geschieht dann z.B. über Schwinghebel. Als P. kann man auch ganz spezielle Hebelgetriebe einsetzen, z.B. ein viergliedriges (1 bis 4) Getriebe.

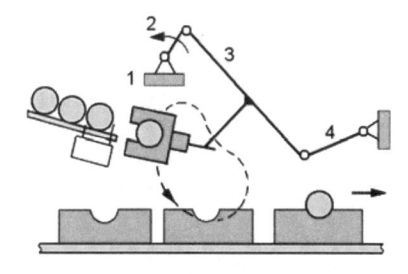

Pick-by-voice
In der Kommissioniertechnik eine Informationsmethode, bei der die Information über das Ohr des Kommissionierers aufgenommen wird, bei gleichzeitiger Interpretation des Lagerortes.

Pickerachse
[picker axis]
Roboterachse, die eine → *Pickerfunktion* ausführt. Jede Achse, z.B. bei einem Schweißroboter, kann als P. definiert werden.

Pickerfunktion
[picker function]
Funktion einer Roboterachse nach Erreichen einer vorbestimmten Position mit programmiertem Moment gegen eine Unterlage zu drücken, z.b. beim Punktschweißen. Danach wird die Achse wieder auf Lageregelung umgeschaltet.

Pick-up-Vertikaldrehmaschine
[pick-up vertical turning lathe]
Drehautomat mit vertikaler Hauptspindel. Damit hat auch das Spannfutter eine vertikale Ausrichtung und kann als Greifer benutzt werden. Die P. kann sich also selbst mit Werkstücken beschicken, wenn diese in der richtigen Orientierung bereit gehalten werden.

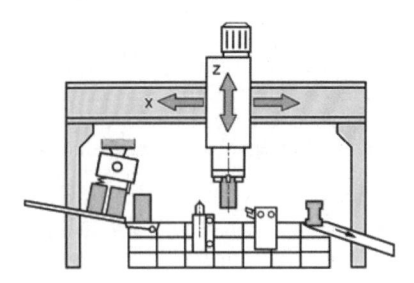

PID-Regler
[PID controller]
Regler mit proportionalem (P), integralem (I) und differentialem (D) Verhalten. Der Regler ist schnell und genau. Bei einem Signalsprung zeigt die Stellgröße zunächst PD-Verhalten, dann schwindet der D-Anteil und der I-Anteil wächst als Funktion der Zeit. Der PID-Regler wird am häufigsten eingesetzt. Die Kenngrößen sind die der einzelnen Regeleinrichtungen: Proportionalbeiwert K_P, Differenzierbeiwert K_D und Integrierbeiwert K_I bzw. K_P und die Vorhaltezeit T_V.
→ *Reglertypen*

Piezoelektrizität
[piezoelectricity]
Elektrizität, die bei mechanischem Druck auf bestimmte Kristalle wie Quarz entsteht. Die elektrostatische Spannung verändert die linearen Dimensionen des Kristalls.

Piezoelement
[piezoelectric transducer]
Kristall, der sich unter einer elektrischen Spannung zusammenzieht oder ausdehnt. Um die Wegänderung zu vergrößern, können P. auch als Stapeltranslator (Stapelbauweise) ausgebildet werden.

Pilot
[pilot]
Komponente in einer Steuerungsstruktur für autonome, selbst navigierende Roboter, die das Anfahren eines vorgegebenen Ziels (Position, Orientierung, Geschwindigkeit) bewältigt. Das geschieht durch Ansteuerung des Lokomotionssystems unter Berücksichtigung der Kinematik des autonomen mobilen Roboters und von eventuellen Hindernissen auf dem Fahrweg.

Pilotventil
[pilot valve]
In der Pneumatik ein kleines „Vorventil", das mit wenig Leistung ein größeres Hauptventil steuert. Es wird in der Prozessindustrie zum Beispiel zur Betätigung von 90°-Drehantrieben eingesetzt. Die Geschwindigkeit des Antriebs und damit die Öffnungs- und Schließzeit der Prozessarmatur wird im Wesentlichen vom Durchflusswert des P. beeinflusst. Eine Störung des P. wirkt sich sofort auf das Prozessventil aus.

Pipettierroboter
[pipette robot]
Komplexes, programmierbares und konfigurierbares Gerät oder ein Kleinroboter, welche programmgesteuert werden und zur Handhabung (Ansaugen, Positionieren) von Flüssigkeitsproben und Reagenzien im Laborbereich dienen.

PI-Regler
[proportional plus integral controller]
Regler mit proportional-integralem Verhalten. Er verbindet die Vorteile des → *P-Reglers* und eines integral wirkenden Reglers. Das sind Schnelligkeit und keine verbleibende Regeldifferenz.
→ *Reglertypen*

Pixel
[picture element]
Kleinste Einheit eines Bildes oder einer Rasterzeile (punktähnliches Grundelement) auch als Bildpunkt bezeichnet, die diskret vom Wiedergabesystem kontrolliert werden kann. Ein P. wird über seine horizontalen und vertikalen Koordinaten, die seine Lokalisation im Bild wiedergeben, adressiert. Die Größe kann z. B. als „512 (H) x 480 (V) P." angegeben werden oder z.B. als „insgesamt 245760 P".

Planarmotor
[planar motor]
Direktangetriebener → *Flächenmotor*

Planarroboter
[two-link planar robot]
Roboter dessen Manipulatorarm sich nur in der Ebene und nicht im Raum bewegen kann. Er ist für die industrielle Praxis uninteressant, weil diese Einschränkung wenig Sinn macht. Am P. lassen sich aber die Robotergrundlagen übersichtlich darlegen und die Robotereigenschaften demonstrieren. Das Bild zeigt einen zweiachsigen RR-P. (R = Rotation).

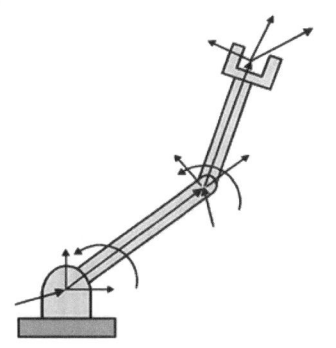

Planetenfahrzeug
[planet rover]
Ein Beispiel ist der JPL Rover (*Jet Propulsion Laboratory* in *Pasadena*) aus dem Jahre 1977, der für die Planetenexploration mit Kamera, Laserentfernungsmesser, Berührungssensoren und Kompass ausgerüstet war. Das Überwinden einer Spalte ist bei einem P. zum Beispiel mit den Aktionen 1 bis 6 erreichbar.

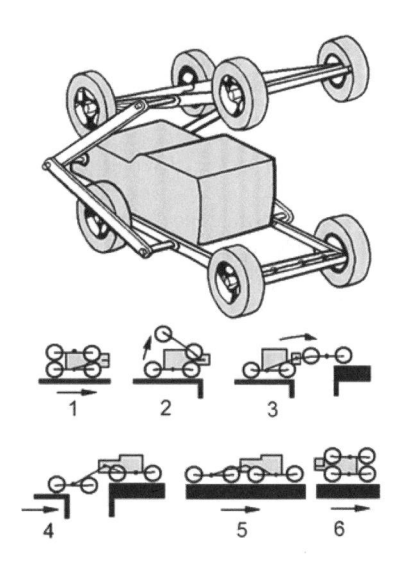

Planetengetriebe
[planetary gear]
Umlaufrädergetriebe mit großem Übersetzungsverhältnis, bei dem mindestens ein Rad oder Doppelrad vorhanden ist, dessen Welle nicht in einem Gestell, sondern in einem umlauffähigen Glied, dem Steg (Planetenträger), gelagert ist. Im Betrieb drehen sich die Planetenräder um das Sonnenritzel, d.h. sie umkreisen wie im astronomischen Sinn die Planeten eine Sonne. Es sind Übersetzungen von z.B. $i = 3$ bis $i = 1296$ erhältlich. Die Getriebeart ermöglicht eine lange Lebensdauer auch bei hohen Geschwindigkeiten, Beschleunigungen und häufigen Lastwechseln. Das P. wird oft in Robotergelenken eingesetzt, um die Motordrehzahl zu reduzieren.
→ *Getriebe*, → *Getriebe, spielarmes*

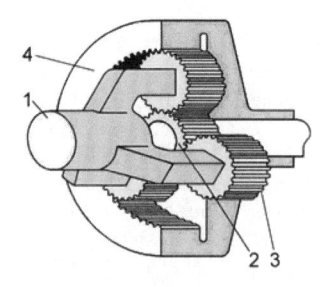

1 Achse mit Planetenradträger, 2 Sonnenrad, 3 Planetenrad, 4 Hohlrad

Planetengetriebe, spielarmes
[low-backlash planetary gear]
Von Spielarmut spricht man bei → *Planetengetrieben*, wenn die 2-stufige Ausführung kleiner/gleich 10 Winkelminuten Spiel am Getriebeausgang hat und die 1-stufige Ausführung weniger als 3 Winkelminuten Spiel zulässt. Getriebe mit weniger als 1 Winkelminute Spiel kann man als absolut spielarm bezeichnen. Eine kleine → *Umkehrspanne* verbessert die Lebensdauer des Getriebes bei → *Reversierbetrieb*.
→ *Präzision*

Planetenrollengetriebe
[planetary-roller thread]
Getriebe, das mit einem Gleichstrommotor eine kompakte Baueinheit bildet. Kernstück ist das P., bei dem eine Spindel mit einer kleinen Gewindesteigung (1 mm bis herab zu einigen Zehntel Millimeter) ausgefahren wird. Sie kann als Zugstange wirken.

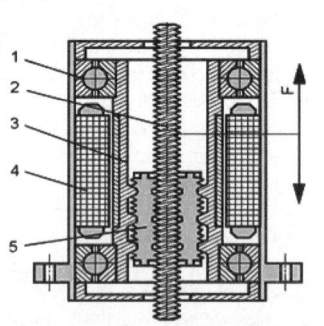

1 Kugellager, 2 Spindel, 3 Spindelmutter, 4 bürstenloser Gleichstrommotor, 5 Planetenrolle, F Schub-/Zugkraft

Die Spindelmutter hat ein gröberes Gewinde und greift in ebensolche Gewinderillen der Planetenrollen ein. Das Feinrillengewinde läuft auf ebensolchem Gewinde der Spindel. Am Umfang der Spindel befinden sich sechs Planetenrollen. Bei einer Baugröße von $D = 21$ mm und $L = 58$ mm wird z.B. eine Schubkraft von $F = 300$ N entwickelt.

Platinenzuführeinrichtung
[sheet blank feeding]
In der Umformtechnik eine auf die Beschickung von Pressen mit Platinen bzw. Ronden spezialisierte Handhabungseinrichtung mit fest vorgegebenem Bewegungsablauf. Die Platinen befinden sich in einem Schachtmagazin. Die P. kann einen eigenen Zuteilerantrieb haben oder die erforderliche Bewegung wird von einer Stößelbewegung abgeleitet.

Plattform, autonome
[autonomous platform]
Fahrwerk als Basis für autonome mobile Roboter. Es können Rad-, Raupen- oder Beinmechanismen für die Fortbewegung installiert sein. Für die Forschung werden oft auch 3-Rad-Plattformen verwendet.
→ *Mecanumrad*, → *Autonomie*

Plausibilitätsprogramm
[plausibility check]
Programm oder Programmschleife, die ein Hauptprogramm und die Sensorinformationen (dazu gehören auch die Wegmesssysteme) überwacht und feststellt, ob die getroffenen Festlegungen mit dem zulässigen Signalmuster im jeweiligen Programmschritt übereinstimmen. Bei Nichtübereinstimmung wird der weitere Ablauf blockiert.

Playbackbetrieb
[playback]
Programmiermethode, bei der der Roboter direkt manuell in der vorgesehenen Bahn und Orientierung geführt wird. Der Roboter speichert zeitgleich etwa alle 20 ms die Positionswerte ab. Damit wird

der gesamte Bewegungsablauf abspeichert. Anschließend lässt sich die abgespeicherte Bewegungsfolge mit veränderter Geschwindigkeit beliebig oft wiederholen.

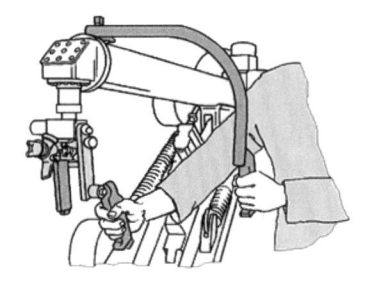

Playback-Roboter
[playback robot]
Roboter, der ein Anwendungsprogramm nach einer einmaligen Handeingabeprogrammierung mittels Teach-in wiederholt ausführen kann. Das „Wiederabspielen" heißt im Englischen *to play back*. Das Programm kann z.b. für das Farbspritzen durch Abfahren einer Bahn und Speichern der Positionen erstellt werden.

PLCopen
Vereinigung von Herstellern und Anwendern von SPS-Steuerungs- und Programmiersystemen, um die Norm IEC 1131-3 (SPS-Programmierung) zu fördern und darauf basierende Programmsysteme zu zertifizieren. Hierunter fällt die Definition verschiedener Compliance-Levels ebenso, wie die Entwicklung von Testprozeduren und die Erteilung der Zertifikate durch unabhängige Institutionen. Es wird auch die Programmiersprache → *IEC 61131-3* maßgeblich unterstützt.

PLM
[Product Lifecycle Management]
Unternehmensstrategie, die ein Unternehmen dabei unterstützt, Produktdaten auszutauschen, einheitliche Verfahren anzuwenden und den Wissensstand des Unternehmens in der Produktentwicklung vom Konzept bis zur Aussonderung umfassend zu nutzen.

Plug-and-Play
Anschließen eines Gerätes mit sofortiger Arbeitsbereitschaft; Bezeichnung für das einfache Anschließen und Inbetriebnehmen von Steuerungen, Sensoren und Aktoren.

Pneumatik
[pneumatics]
Teilgebiet der Technik, das sich mit den Verfahren und Geräten zur Anwendung von Gasen, besonders Druckluft, in Maschinenanlagen als Energieträger für Arbeitsprozesse und Steuerungen befasst. Es gibt eine Vielzahl von Geräten zur Drucklufterzeugung, Energiewandlung und von pneumatischen Stellelementen, wie z.B. Wegeventile.

Pneumatikzylinder
[pneumatic cylinder]
Aktor, der potentielle Energie (Druck) in Bewegungsenergie (Geschwindigkeit) umformt. Man unterscheidet einfachwirkende P. und doppeltwirkende P. Weiterhin gibt es Sonderbauformen wie Membranzylinder, kolbenstangenlose P. und Balgzylinder. Die P. lassen sich vielfältig zusammen mit Geradführungen zu Linearantrieben kombinieren.

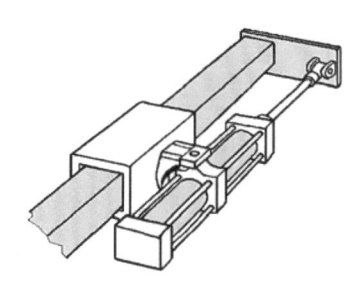

Pneumatische Förderung
[pneumatic conveying system]
Förderung von Schüttgut mit Luft in Rohrleitungen. Grundlagen sind Strömungslehre, Thermodynamik, Verfahrens- und Fördertechnik. Der Antrieb der Teile kann durch Saugförderung oder Druckförderung erfolgen. Am Ende der Förderstrecke müssen die Teile auf die Geschwindigkeit Null abgebremst wer-

den. Man kann Verteiler einbauen mit bis zu 7 Abgängen. Es lassen sich auch bestimmte Stückgüter fördern: Möbelbeschläge, Zündverteilergehäuse, Kolbenmotorventile.

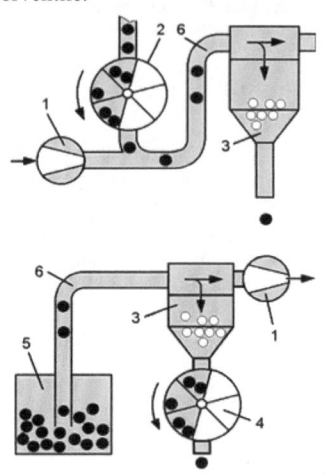

1 Gebläse 2 Zuführ-Zellenrad, 3 Gutabscheider, 4 Ausgabezellenrad, 5 Bunker (20 l bis 500 l Inhalt), 6 Förderrohr

PNP-Ausführung
[PNP design]
Die Ausgangsstufe einer transistorisierten Komponente enthält einen PNP-Transistor (Bipolartransistor mit der Zonenfolge pnp), der die Last gegen die positive Speisung schaltet.

Pogoroboter
[pogo stick, hopping robot]
Einbeiniger Hüpfroboter (*pogo stick* = Springstock), der von Marc Raibert 1983 konstruiert wurde.

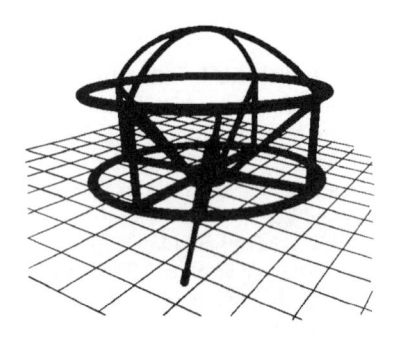

Das Bein ist in einem Gelenk aufgehängt und hat den Freiheitsgrad zwei. Der P. kommt mit einer Geschwindigkeit von 8 km/h vorwärts. Er ist statisch instabil, dynamisch aber stabil, was allerdings ständiges Hüpfen erfordert.

Poka-Yoke
Begriff aus dem Japanischen (Poka = Fehler, Yoke = Verhinderung, Vermeidung); P. bezeichnet einen „narrensicheren" Mechanismus als zusätzliche Hilfe, um Maschinenstörungen durch profane Bedienungsfehler auszuschließen. Beispiel: Einlegesicherung für Werkstücke. Falsches Einlegen in die Vorrichtung wird am Entstehungsort verhindert.

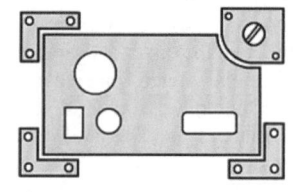

Polarkoordinaten
[polar coordinates]
Mathematisches System zur Lagebestimmung eines Punktes in einer Ebene durch die Länge seines Radiusvektors und den Winkel dieses Vektors gegen die Null-Linie.

Polarroboter
[polar coordinates robot]
Roboter, mit einem Grundachsenaufbau aus zwei Drehgelenken und einem Schubgelenk.

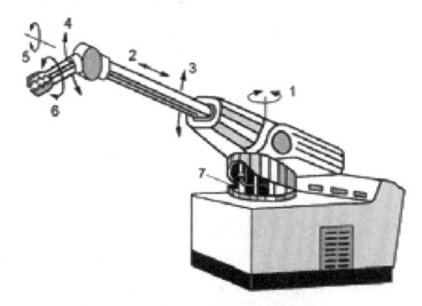

1 Grunddrehachse, 2 Ausfahrachse, 3 Schwenkachse, 4 Handkippachse, 5 Armdrehachse, 6 Handdrehachse

Die Achsen bilden ein polares Koordinatensystem. Die Grundstruktur R^2T (Rotation-Rotation-Translation) ist auch beim im Bild gezeigten Roboter zu finden. Der Roboter UNIMATE wurde 1959 vorgestellt und war das Startmodell der amerikanischen Firma *UNIMATION*.

Polizeiroboter
[police robot]
Allgemeine Bezeichnung für Roboter, meistens aber Teleoperatoren, die für polizeiliche Aufgaben eingesetzt werden. Das sind ferngesteuerte mobile Geräte z.b. für das Entschärfen desolater Munition, Behandlung terroristischer Objekte, Inspektion von Autochassisböden und Flugzeugsitzen sowie Patrouillieren auf Gefängniskorridoren.

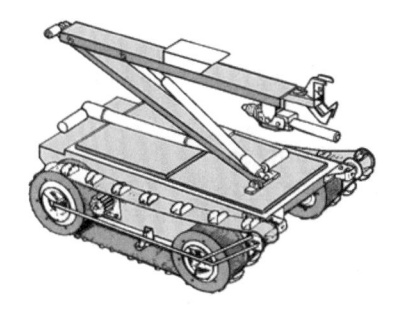

Polpaarzahl
[number of pole pairs]
Bei elektrischen Maschinen die Anzahl *p* der magnetischen Felder, deren Pole immer nur paarweise auftreten.

Polschuh
[pole shoe]
Bauteil an Magnetgreifern, das immer in Verbindung mit Magnetsystemen eingesetzt wird, um das Magnetfeld in das Werkstück zu leiten. Es wird bei Magneten auch als Polverlängerung bezeichnet.

Polygonspiegel
[polygon mirror]
Rotierender Spiegel zur Lenkung eines Laserstrahls in eine scannendeBewegung. Eine Anwendung ist die optische Abtastung eines Objekts in einem Lichtbandmikrometer. Die Abschattung am Fotoelement des Empfängers wird ausgewertet und ergibt ein genaues Maß für den Werkstückdurchmesser. Das Werkstück muss nicht an einer bestimmten Stelle in das (scheinbare) Lichtband gehalten werden.

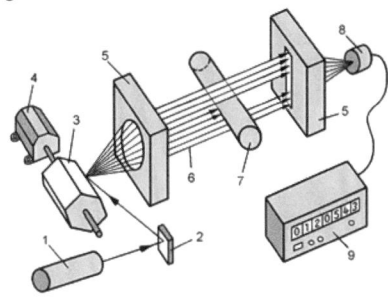

1 Laser, 2 Spiegel, 3 Polygon-Spiegelrad, 4 Motor, 5 Empfänger, 6 Laserstrahl, 7 Messobjekt, 8 Fotoelement, 9 Auswerteelektronik

Polymer-Gel-Muskel
[polymer-gel muscle]
Bereits vor 60 Jahren entwickeltes Prinzip für einen künstlichen Muskel. Das Gel wird mit äußeren Reizen durch Ionendiffusion stimuliert. Dadurch werden große Konzentrationsunterschiede erzeugt und damit osmotische Druckdifferenzen hervorgerufen. Lösungsmittel tritt in das Gel ein oder wird vom Gel abgegeben. Damit sind geometrische Veränderungen verbunden.

Polynom-Interpolation
[polynominal interpolation]
Interpolationsverfahren, bei dem die NC-Achsen der Funktion folgen $f(p) = a_0 + a_1p + a_2p^2 + a_3p^3$ (Polynom max. 3. Grades). Damit können z.B. Geraden, Parabeln oder Potenzfunktionen erzeugt werden.

Portal
[gantry]
Auf Stützen hochgelegte Führungsbahn, der sogenannte Portalbalken, für einen hängend anzubringenden Industrieroboter. Man unterscheidet in → *Linenportal* und → *Kreuzportalroboter*.

Portalachse
[portal axis]
Modulare Lineareinheit, die als Grundachse für Portal-Handlinggeräte dient. Der Laufwagen kann z.B. über Zahnstange-Ritzel-Getriebe, mit stehendem oder umlaufendem Synchronriemen angetrieben werden. Im Bild wird der Schnitt durch einige Portalwagen mit berollter Führung gezeigt: Breitführung, Rollen-Dachführung, Diagonalanordnung, reduzierte Breitführung.

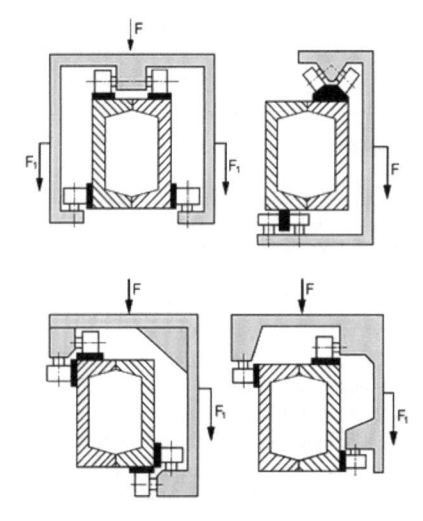

Portalbauweise
[gantry design]
Bauweise von Maschinen und auch Robotern, deren Basisbaugruppe (Gestell) typischerweise ein auf Portalstützen ruhender Portalbalken ist. Dieser ist dann im Allgemeinen die Achse 1.
→ *Portallader*, → *Portalroboter*

Portalkinematik
[portal kinematics]
Kinematik einer Handhabungseinrichtung, deren Achse 1 als Verfahrachse mit Portalbalken ausgebildet ist.
→ *Portalroboter*, → *Portalbauweise*

Portallader
[gantry pick-and-place device]
Über der Maschine angeordnete Zuführeinrichtung mit z.B. Doppelarm zur Beschickung einer Werkzeugmaschine aus einem Stapelmagazin. Ein Arm bringt das Rohteil in das Spannmittel der Maschine, während nach der Bearbeitung ein zweiter Arm das Fertigteil abholt und ablegt bzw. einer Weitergabeeinrichtung übergibt.

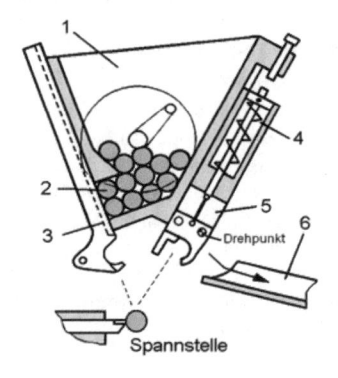

1 Stapelmagazin, 2 Werkstück, Welle, 3 Ladearm und Zuteiler, 4 Druckfeder, 5 Entnahmegreifer, 6 Abführrinne

Portalroboter
[gantry robot, portal typ robot]
Bauform eines Lineararm-Roboters bzw. kartesischen Roboters mit TTT-Kinematik (T = Translation), bei dem der Arbeitsraum innerhalb einer Trag- und Bewegungskonstruktion (Portalbalken) liegt. Dadurch sind sehr große Arbeitsräume erschließbar bei hohen Tragfähigkeiten des Roboters. Kleine P. erreichen sehr gute Positioniergenauigkeiten. Die Orientierung des Endeffektors kann über beliebige Handachsen erzeugt werden.
→ *Kreuzlaufwagen*, → *Kreuzportalroboter*, → *kartesischer Roboter*

▶P

Portalschweißroboter
[portal welding robot]
Roboter, der an einem Portal fährt oder dort fest installiert ist und von oben ein Werkstück punkt- oder bahnschweißt. Die Portalvariante ist besonders für die Bearbeitung großer Baugruppen günstig. Der seitliche Bereich ist frei und kann Aufstellort für weitere Roboter mit Bodeninstallation sein.
→ *Schweißroboter*

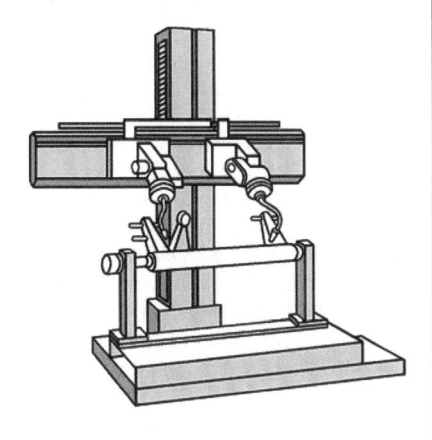

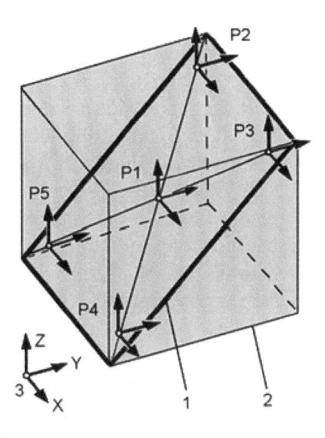

1 Prüfebene, 2 Würfel im Arbeitsraum, 3 Basiskoordinatensystem, P Prüfpose

Pose
[pose]
Wörtlich eine künstliche, unnatürliche Stellung; Position + Orientierung = Pose; In der Robotertechnik der momentane Ort und die Lage des Endeffektors oder der Greiferschnittstelle im Raum, die durch 3 Ortskoordinaten für die Position und 3 Winkelkoordinaten für die Orientierung definiert sind. Die P. eines Industrieroboters ist ein Raumpunkt mit einer festen Orientierung, der in kartesischen Koordinaten bezüglich eines raumfesten Koordinatensystems vorgegeben wird und zu Prüfzwecken dient (DIN EN ISO 9283; *Manipulating Industrial Robots – Performance Criteria and Related Testing Methods*). Es geht um die abtriebsseitige Messung von Raumpunkten, die der → *Endeffektor* eines Roboters einnimmt. Im Bild wird ein Beispiel für die Anordnung der Prüfp. gezeigt

Posegenauigkeit
[pose accuracy]
Genauigkeitskenngröße für Roboter nach DIN EN ISO 9283. Sie gibt die Abweichung zwischen einer Sollpose und den Mittelwert der Istpose an, die sich beim Anfahren der Sollpose aus derselben Richtung ergibt. Es ist eine Zusammenfassung von Positionier- und Orientierungsgenauigkeit zu einem Begriff. Die Posegenauigkeit ist ein maßgebendes Kriterium für die erreichbare Genauigkeit z.B. bei der Positionierung von Werkstücken.

Position
[position]
Bei einem geometrisch definierten Körper der Ort, den ein ausgewählter körpereigener Punkt in einem Bezugskoordinatensystem einnimmt. Das ist meist der Ursprung des körpereigenen Koordinatensystems.

Positionierabweichung
→ *Positionsabweichung*

Positionierachse
[positioning axis]
Elektromechanische P. erfordern im Gegensatz zu den pneumatischen Linearachsen immer eine zweistufige Wir-

kungskette (Motor ⇒ Getriebe), um eine Linearbewegung bestimmter Beschaffenheit zu erzeugen. Das Bild zeigt zwei Bauausführungen. Das Getriebe kann ein Zahnriemen- oder Spindeltrieb sein. Zu einer solchen Achse gehören: Schlittenführung mit Motorflansch, Kupplung, Motor, integriertes oder externes Wegmesssystem, Leistungselektronik bzw. Servoverstärker je nach Motortyp und Kabelsätze für den Anschluss. Es werden z.B. 5-Phasen-Schrittmotoren und AC-Servomotoren eingesetzt.
Immer öfter werden P. ohne Getriebe eingesetzt. Das sind keine elektromechanischen Achsen, sondern rotierende oder lineare elektrische Direktantriebe (→ *Linearmotor*). Zu den Direktantrieben zählen übrigens auch Pneumatik- und Hydraulikzylinder.

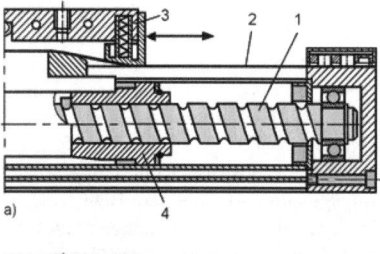

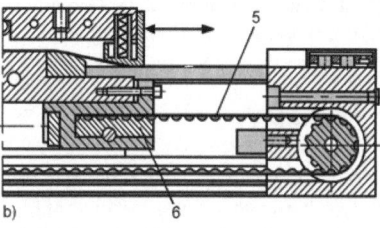

a) Spindeltrieb, b) Zahnriementrieb, 1 Kugelrollspindel, Steilgewindespindel, 2 Abdeckband zur Getriebekapselung, 3 Schlitten, 4 Geradführung, 5 Zahnriemen, 6 Zahnriemenbefestigungselement

Typische Eigenschaften von P. sind in der Tabelle aufgeführt. Die Angaben zur Wiederholgenauigkeit beziehen sich auf Führungen mit 300 mm Hub.
→ *Zahnriemenantrieb*, → *Spindelantrieb* → *Positionierantrieb, kompakter*,
→ *Positionierzeit*

Lineargeschwindigkeit	Wiederholgenauigkeit	Last
Zahnriementrieb	hoch, mehr als 6 m/s	± 0,1...± 0,05 mm	mittel, bis 3000 N, je nach Zahnriemenbreite
Kugelgewindetrieb	niedrig, bis max. 1,5 m/s	± 0,01...± 0,005 mm	hoch, bis 10000 N, je nach Spindelausführung
Kettenbetrieb	mittel, maximal 3 m/s	± 1... ± 0,5 mm	hoch, bis 10000 N, je nach Kettenart
Gleitgewindetrieb	mittel, bis 5 m/s	± 0,01...± 0,005 mm	sehr hoch belastbar

Positionierantrieb, kompakter
[compact-design positioning drive]
Antriebseinheit mit einem bürstenlosen Gleichstrommotor, die alle erforderlichen Komponenten als integrierte Bestandteile enthält. Das ausgewählte Getriebe gewährleistet bei stromlosen Motor ein Selbsthaltemoment, sodass eine zusätzliche Bremse nicht erforderlich ist. Eine aufwendige Verkabelung und elektronische Anpassung von Komponenten ist nicht mehr erforderlich. Der schichtweise Aufbau wird im Bild als Schema dargestellt.

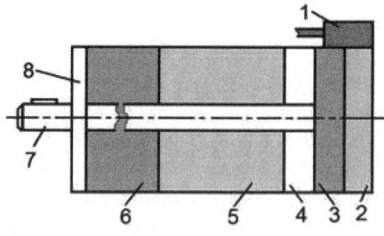

1 Elektro- und Kommunikationsanschluss, 2 Leistungselektronik, 3 Regelelektronik, digitaler Signalprozessor, 4 Absolutwertgeber, 5 DC-Motor, dreiphasig, 6 Untersetzungsgetriebe, 7 Motorwelle, 8 Lagerschild

Positioniereinrichtung
[handling equipment for positioning of workpieces]
Handhabungstechnische Einrichtung mit Hardware- und Softwarekomponenten zum schnellen und genauen Erreichen eines geplanten Zielpunktes, z.B. das Verschieben eines Werkstücks in eine Greif- oder Bearbeitungsposition. Eine spezielle Ausführung sind P. für die Manipulation von Schweißbaugruppen.

Positionieren
[position]
Bewegen eines Körpers (Werkstücks) aus einen unbestimmten in einen vorgegebenen Raumpunkt (Position). Die Orientierung des Körpers bleibt hierbei außer Betracht. Sie ist allerdings im Zusammenhang mit Führungen durch Längs- und Rundführungen vorgegeben.

Positionierer
[positioning equipment, positioner]
→ Positioniereinrichtung

Positionierfahrt
[positioning, positioning operation]
Bewegung z.B. eines Schlittens von einer Start- in eine Zielposition nach Anweisung durch ein Programm oder durch manuelles Verfahren (→ *Tippen*). Im Startpunkt wird der Antrieb eingeschaltet, läuft hoch und bewegt sich dann mit Schleichgeschwindigkeit. Zu einem definierten Zeitpunkt wird auf Eilfahrt umgeschaltet bis der Vorabschaltbereich erreicht ist. Hier erfolgt die Umschaltung auf Schleichgeschwindigkeit. Beim Erreichen des Abschaltbereiches wird der Antrieb ausgeschaltet und der Schlitten erreicht den Zielbereich. Das wird der Steuerung durch eine Statusmeldung mitgeteilt. Nach dem Abschalten des Antriebs kann übrigens kein Einfluss mehr auf das genaue Erreichen der Zielposition genommen werden.
→ *Abschaltpositionierung*

Positioniergenauigkeit
[positioning accuracy]
Differenz der tatsächlich erreichten Istposition (= angefahrene Position) von der geplanten bzw. programmierten Sollposition beim Anfahren eines numerisch programmierten Punktes. Sie ergibt sich z.B. bei spindelgetriebenen Schlitten durch solche Faktoren wie Spindelsteigungsfehler, Lagerspiel, Teilungsfehler im Messsystem und durch Verformungen und Effekte infolge von Belastungen. Besser ist die Benutzung solcher Begriffe wie Positionsfehler oder Positionsabweichung.

Positioniersteuerung
[positioning control]
Einachsiges programmierbares Positioniersystem mit integrierter Leistungssteuerung, das unter einer SPS oder im Netzwerk auch im Verbund mit weiteren anderen Achsen gesteuert werden kann.

Positioniersteuerung, PC-basierte
[PC based positioning control]
Speicherprogrammierbare Steuerung, die mit einem Standard-PC oder Industrie-PC (IPC) realisiert wird, auch als Soft-SPS bezeichnet. Der Aufbau eines PC stimmt in den Komponenten weitgehend mit einer SPS überein. Es fehlen allerdings einige Peripheriebaugruppen. Der schnelllebige PC ist aber vor allem bei Langzeitanwendungen nicht unbedingt die richtige Wahl.

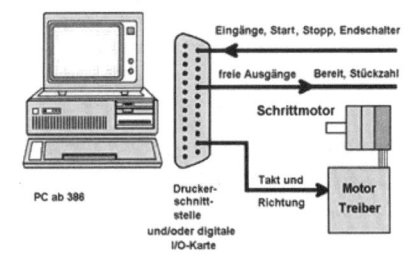

Positionierunsicherheit
[positioning uncertainty]
In der Robotik der größte Abstand zwischen den Istpositionen, der beim Anfahren einer Sollposition mit unterschiedlichem Richtungssinn auftreten kann.

Positionierzeit
[positioning time]
Zeitdauer zwischen dem Startsignal S_s eines Programmsatzes, der eine Verfahrbewegung an einer NC-Achse auslöst, und dem Signal S_e (Position erreicht) zur Freigabe des nächsten Programmsatzes. Es lassen sich die im Bild angegebenen Zeitanteile unterscheiden.

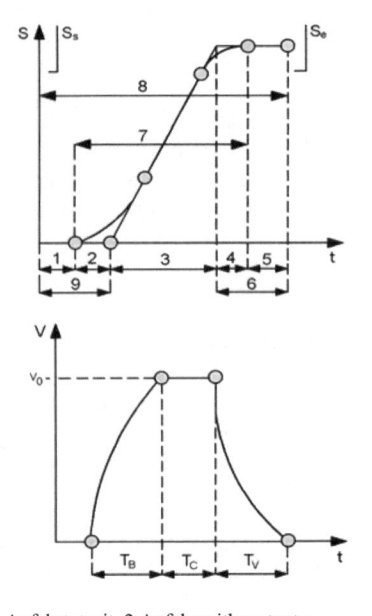

1 Anfahrtotzeit, 2 Anfahrzeitkonstante, 3 Positionierzeit (s/v), 4 Einfahrzeitkonstante, 5 Einfahrtotzeit, 6 Einfahrzeit, 7 Verfahrzeit, 8 Positionierzeit, 9 Anfahrzeit, 6+9 = Positionierzusatzzeit, s Gesamtverfahrweg, v Geschwindigkeit, T_B Zeit während des Beschleunigungsvorganges, T_C Zeit konstanter Verfahrgeschwindigkeit, T_V Zeit während des Verzögerungsvorganges

Positionsabweichung

[positional deviation]
Maximal auftretende Abweichung der Mittelwerte aller Messpositionen bei mehrmaligem Anfahren der Positionen.

Positionsanzeige

[positioning display]
An NC- und Robotersteuerungen eine Einrichtung zur visuellen numerischen Darstellung der Werte von Weg- bzw. Winkelmesssystemen mit Ziffernanzeigen (Display) nach Richtung und Größe.

Positionserfassung

[position sensing]
Für die Feststellung der Position oder des Drehwinkels eines bewegbaren Maschinenteils können verschiedene Geber verwendet werden. Im wesentlichen kann man unterscheiden in

- Analoge-absolute Systeme: → *Potenziometer*
- Digital-absolute Systeme: Codescheiben und Codelineale (→ *Absolutwertgeber)*
- Inkrementale Systeme: Strichscheiben und –lineale (→ *Inkrementalgeber)*
- Zyklisch-absolute Systeme: → *Resolver und Inductosyne*

Das Prinzip einiger typischer Sensoren bzw. Messsysteme für Wege und Winkel ist aus dem Bild erkennbar.
→ *Sinus-Cosinusgeber*, → *Linearwegsensor*, → *Wegaufnehmer, magnetostriktiver*

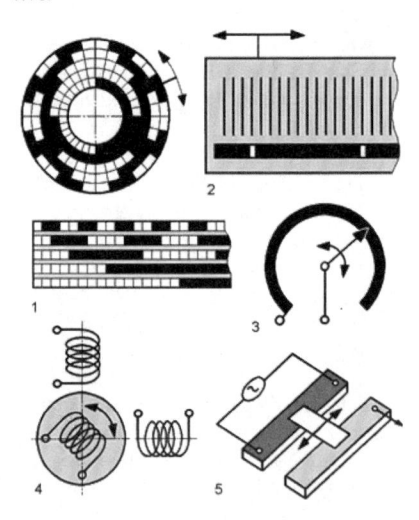

1 Codescheibe und Codelineal, 2 Strichlineal, 3 Potenziometer, 4 Resolver, 5 kontaktloses Linear-Potenziometer

Positionsgeber

[position]
Sensor zur Erfassung von Weg- oder Winkelpositionen, der an linear laufenden Maschinenkomponenten angebracht ist. Längs eines Verfahrweges oder eines -winkels werden elektrische Signale zur momentanen Position ausgegeben oder auch nur in den Endlagen der Bewegungseinheit.
→ *Positionserfassung*, → *Sinus-Cosinusgeber*, → *Linearwegsensor*, → *Wegaufnehmer, magnetostriktiver*

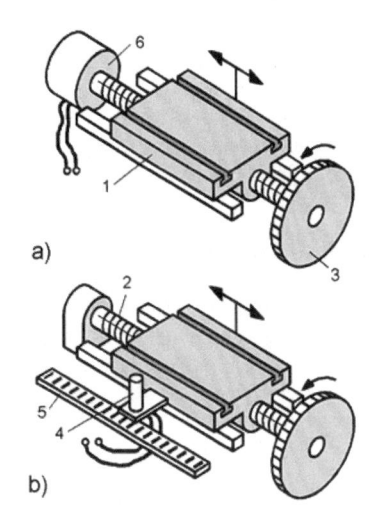

a) indirekte Messung, b) direkte Messung, 1 Schlitten, 2 Spindel, 3 Antriebsrad, 4 Sensor, 5 feststehendes Strichlineal, 6 Winkelmesssystem

Positionsregelkreis
[positioning control]
Regelkreis, bei dem Winkelgeber Ist-Gelenkwinkel berechnen; diese werden mit Sollwerten verglichen. Dann werden analog der Differenzen die Motoren der Gelenke angesteuert.

Positionssensor
[position-sensing detector]
Optoelektronischer Sensor mit mehreren getrennten lichtempfindlichen Feldern, der beim Auftreffen eines Lichtstrahls ein Spannungssignal liefert, das vom Ort des Auftreffens abhängig ist. Allgemein können natürlich auch viele andere Sensorarten zur Detektion einer Position eingesetzt werden.
→ *Vierquadrantendiode*

Positionsstabilität
[position stability]
Dauerhaftigkeit einer Bewegungseinheit, eine einmal eingenommene genaue Position über die Zeit zu erhalten, auch bei Abnutzung systemwichtiger Bauteile, Schmierungsmangel und Wärmeeinwirkung.

Positionsstreubreite
[position dispersion]
Bandbreite der Positionsabweichungen z.b. eines Schlittens einer Positionierachse um eine mittlere Istposition, innerhalb welcher die ermittelten → *Positionsabweichungen* liegen. Sie beschreibt die Auswirkungen zufälliger Abweichungen.

Positionsunsicherheit
[position uncertainty]
Nach VDI/DGQ 3441 (Statistische Prüfung der Arbeits- und Positionsgenauigkeit von Werkzeugmaschinen; Grundlagen) der größte Abstand zwischen den Istpositionen (Messpositionen), der sich ergibt, wenn eine Sollposition aus unterschiedlichen Richtungen mehrfach angefahren wird. Sie umfasst alle systematischen und zufälligen Abweichungen beim Positionieren und enthält folgende Kennwerte: Absolute Positionsabweichung, → *Umkehrspanne* (Reversierspiel) sowie Positionsstreubreite (Reproduzierbarkeit).

Potenziometer
[potentiometer]
Einstellbarer Ohm'scher Sensor (Widerstand), bei dem sich ein Schleifer auf einer ringförmigen oder geraden Widerstandsbahn bewegt. Der Drehwinkel bzw. der Weg ist proportional zur Potenziometerspannung. Für die weitere Verarbeitung muss der Spannungswert meistens noch digitalisiert werden. Beim kontaktlosen P. wird ein Magnetfeld in seiner Stärke durch den Drehwinkel bzw. durch eine lineare Bewegung so verändert, dass sich der Widerstand einer Feldplatte (Magnetoresistor) im Potenziometer linear ändert.

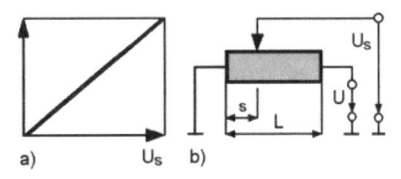

a) Spannungsdiagramm, b) lineares Potenziometer

Power and Free-Förderer
[P & F]
Flurfreier Stetigförderer, bei dem Zugmittel und Bewegungsschiene voneinander getrennt sind. Damit lassen sich die Wagengehänge ausschleusen und zur Be- oder Entladung auf Nebenstrecken leiten. Die Kopplung geschieht rein mechanisch.

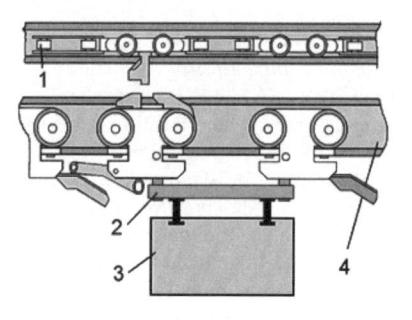

1 Power-Schiene, 2 Wagengehänge, 3 Transportgut, 4 Free-Schiene

Power-Assist System
[Kraft-Assistenzsystem]
System zur Unterstützung des Bedieners, indem es seine Bewegungsabsicht über einen Mehrachsensor im Handgriff wahrnimmt und seine Handkraft verstärkt. Die Auslenkung eines Seils oder einer Pendelstange, an der die Last hängt, wird automatisch nach Betrag und Richtung detektiert. Dann kommt es zu angetriebenen Verfahrbewegungen. Ziel: Ergonomische Verbesserung und kraftsparende Nutzung.

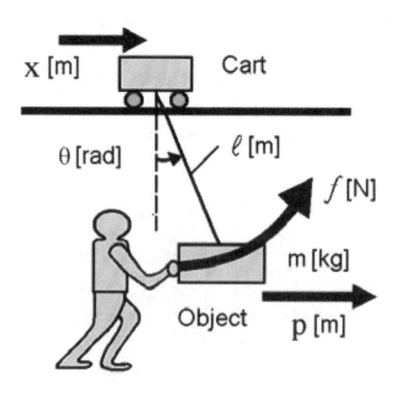

PPS
[production planning and control]
Produktions-Planungssystem; Bezeichnung für eine EDV-Software, die produktionstechnische Vorgänge optimiert, wie Maschinen- und Personaleinsatz und Losgrößen.

Prädikatenlogik
[predicate logic]
Zweig der mathematischen Logik, mit deren Hilfe Eigenschaften von Objekten und Beziehungen zwischen diesen Eigenschaften formalisiert und mit bestimmten Operationen in einer formalisierten Sprache beschrieben werden.

Prädikatenlogik erster Stufe
[predicate logic of first step]
Eine Logik, die in der KI für die Repräsentation von Wissen und zur Ausführung logischer Schlüsse verwendet wird. Mit der P. können die Variablen einer Aussage bestätigt und eine Wissensbasis als Ansammlung logischer Formeln betrachtet werden, die eine Teilbeschreibung der Welt liefern.

Pragmatik
[pragmatics]
Wirkung von bedeutungstragenden Zeichen und Zeichenketten. Man braucht die P. z.B. in der Sprachanalyse, die den Kontext berücksichtigt, in dem etwas gesagt wurde.

Präzision
[precision, exactness]
Im Maschinenbau ein für die Bearbeitungsgenauigkeit stehender Begriff. Bezogen auf die Positionierung kann von P. gesprochen werden, wenn 99,7 % der Endpositionen bei wiederholtem → *Positionieren* im Positionsbereich liegen. Die P. ist mit der → *Wiederholgenauigkeit* identisch.

Präzisionsdispensen
[precision automated dispensing]
Besonders in der Mikromontage das genaue Auftragen kleinster Klebstoffvolumina auf ein Substrat. Entscheidende

Einflussgröße ist der Abstand der Dosiernadelspitze zum Substrat. Selbst bei Form- oder Dickentoleranzen des Substrats muss berührungslos gemessen werden. Der Nadelabstand wirkt sich auf das Abreißen dosierter Kleberaupen aus.

Präzisionsroboter
[precision robot]
Roboter, meist mit kleiner Tragfähigkeit (z.B. 0,5 kg), der beim Positionieren Genauigkeiten im Mikrometerbereich, z.B. ± 0,005 mm, erreicht. An Führungsgetriebe, Getriebesteife, Messsysteme und Steuerung werden höchste Anforderungen gestellt. Der P. wird für feine Justagearbeiten, Manipulieren von Spulendrähten, Mikromontagen und Handhabungen in der Mikroelektronik benötigt. Der gezeigte P. hat eine 5-Gelenk-Struktur. Eine Präzisions-Pick-and-Place-Aufgabe wird z.B. in 0,28 s erledigt.

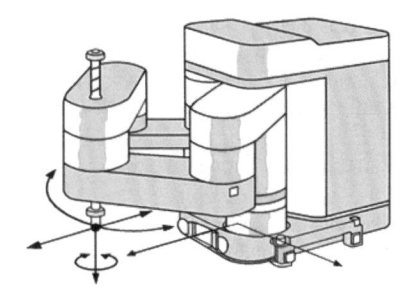

P-Regler
[proportional-action controller]
Regler mit proportionalem Verhalten. Das Ausgangsverhalten ändert sich ohne Zeitverzug proportional zum Eingangssignal. Es bleibt immer eine bestimmte Regeldifferenz bestehen. Der Faktor, der die Proportionalität von Ein- und Ausgangsgröße angibt, wird mit K_P gekennzeichnet und heißt Proportionalbeiwert.
→ *Reglertypen*

Pressenlinie
[press line]
Arbeitslinie, die aus miteinander verketteten Pressen besteht. Die Weitergabe der Werkstücke kann durch direkt an die Presse angebaute mehrachsige Handhabungseinrichtungen erfolgen. Es gibt aber auch Roboter mit großer Reichweite, die Blechformteile handhaben können. Am Anfang der P. sind oft Blechtafelvereinzelungs- und Zuführeinrichtungen vorgesehen. Zwischen den Pressen können sich noch Befettungseinrichtungen befinden. Da die Arbeitszyklen in der Umformtechnik kurz sind, werden schnelle Handhabungssysteme mit großer Beschleunigung benötigt.

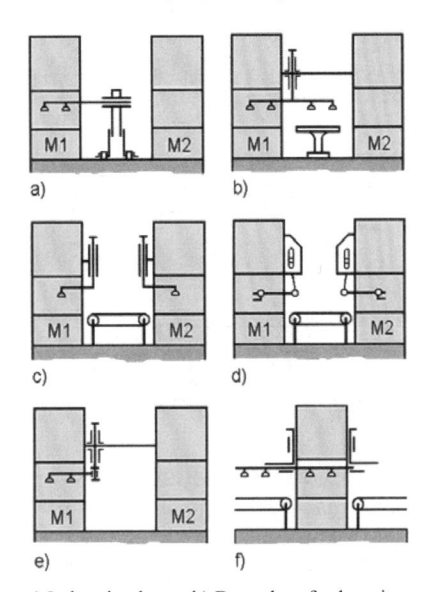

a) Industrieroboter, b) Doppelarmfeeder mit Zwischenablage, c)Anbau-Handhabungsarm, d) Gelenkarm („Eiserne Hand"), e) Einzelfeeder mit Traversenaufhängung, f) Wanderbalkenprinzip, M Presse

Pressenverkettungsroboter
[press-to-press robot]
Industrieroboter, der ausgerüstet mit einem weitausladenden Greifer, Bleche und Blechformteile von Presse zu Presse weitergibt. Der P. soll eine große Reichweite haben und hohe Bewegungsgeschwindigkeiten in allen sechs Achsen erreichen. Die Taktzeiten liegen bei etwa 5 Sekunden. Der P. wird in synchrone Abläufe zwischen Beschicken, Bearbeiten, Entnehmen und Übergeben eingebunden.
→*Saugergreifer,*→*Pressenlinie*

Prinzip der definierten Kraftaufteilung
[principle of power decomposition]
Einwirkende Kräfte werden auf mehrere strukturell parallel angeordnete Bauelemente verteilt, um entweder die hervorgerufenen elastischen Deformationen oder die Belastung einzelner Bauelemente oder Koppelstellen, insbesondere bei Punktberührung, zu verkleinern. Das Bild veranschaulicht die Vorgehensweise, wenn ein Bauteil an mehreren Stellen abgestützt werden soll, um seine Verformung, z.B. durch das Eigengewicht, klein zu halten.

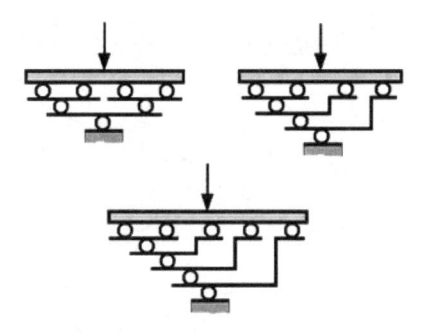

Prinzip des Kraftausgleichs
[principle of power compensation]
Konstruktionssystematisches Prinzip, mit dem der Kraftfluss günstig gelenkt werden kann und auch eine Geräuschverminderung eintritt. Kurze Kraftwege mit vorwiegend Zug- und Druckbeanspruchung ergeben ein Höchstmaß an Steifigkeit, während lange Kraftleitungswege eine Baustruktur weich gestalten.

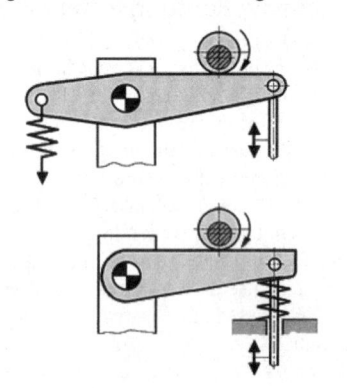

Im Beispiel „Kipphebel" verändert der Lagenwechsel der Feder und die Änderung der Zug- in eine Druckfeder den Kraftfluss. Bei der geänderten Version wird das Lager entlastet und insgesamt ist es die lärmtechnisch günstigere Konstruktion.
→ *Schallpegelsenkung*

Prinzip von d'Alembert
[principle of d'Alembert]
Methode zur Beschreibung der dynamischen Verhältnisse an den Bewegungsachsen von Industrierobotern. Zunächst besagt es, dass die virtuelle Arbeit der an einem mechanischen System angreifenden Reaktionskräfte insgesamt Null ist. Weiter gilt, dass sich ein durch Kräfte belastetes mechanisches System dann im Gleichgewicht befindet, wenn die gesamte virtuelle Arbeit der eingeprägten Kräfte bei jeder möglichen virtuellen Lageänderung des Systems verschwindet. Aus diesen Gleichgewichtsbedingungen und Bilanzgleichungen können rekursiv von Gelenk zu Gelenk alle Kräfte und Momente bestimmt werden.

Prinzip von Lagrange
[principle of Lagrange]
Über das P. werden die Lagrange'schen Bewegungsgleichungen abgeleitet. Es besagt, dass die gesamte virtuelle Arbeit der Massenbeschleunigung eines mechanischen Systems gleich der gesamten virtuellen Arbeit der am System angreifenden eingeprägten Kräfte ist. Wird die virtuelle Arbeit der Massenbeschleunigung über die potentielle und kinetische Energie beschrieben, erhält man die Lagrange'schen Bewegungsgleichungen. Sie stellen Differentialgleichungen zur Beschreibung der Roboterbewegung sowie seiner dynamischen Verhältnisse dar.

Proaktivität
Fähigkeit des Roboters, zukünftige Erfordernisse zu prädizieren und darauf mit Maßnahmen derart zu antworten, dass Problemlagen nach Möglichkeit vermieden werden.

Produktionsassistent
[autonomous robot as an assistant]
Autonomer mobiler Roboter, der sich im Raum bewegen und Hindernissen ausweichen kann, der lernfähig ist, der sich ein Bild seiner Umgebung machen kann und der sozusagen als rechte Hand des Menschen und auf seine Anweisung hin in der Produktion hantiert. Er bekommt Aufträge (keine Koordinaten) und erledigt sie. Der P. erzeugt selbst das zur Aufgabenerfüllung erforderliche Programm.
→ *Assistenzroboter*

Produktionsleitsystem
[manufacturing execution systems]
Software-Lösungen, die für Produktion, Prozesse und Abläufe auf Produktionsebene planen, kontrollieren und in Zahlen fassen. Diese Daten werden zu klaren Aussagen für Produktionsverantwortliche verdichtet.

Produktionslogistik
[production logistics]
Gesamtheit aller logistischen Tätigkeiten, Aufgaben und Maßnahmen bei Vorbereitung und Durchführung des Materialflusses über alle Stufen der Produktion. Beispiele für Tätigkeiten sind Planung, Steuerung, Transport und Lagerung von Rohmaterialien, Hilfs- und Betriebsstoffen, Kauf- und Ersatzteilen oder Halbfertig- und Fertigprodukten.

Produktionsregel
[production rule]
Begriff, der für IF-THEN-Regeln in regelbasierten Expertensystemen verwendet wird. Die Bedeutung des Begriffs ist in anderen Bereichen der Computerwissenschaft etwas anders.

Produktionsroboter
[production robot]
Bezeichnung für werkzeugführende Roboter (technologische Roboter), die damit selbst zur technologischen Grundausrüstung gehören. Typische Produktionsprozesse sind Schweißen, Montieren, Lackieren, Prüfen, Schleifen, Entgraten.
→ *Handhabungsroboter*

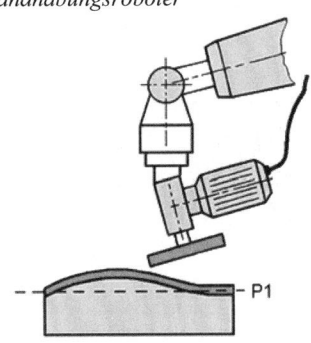

Profilschienenführung
[profile-rail guide]
Linearführung, bei der eine schmale oder breite Schiene einen Laufwagen, meistens auf Rollen, führt. Die Laufrollen sind in den Rollenschuhen um 90° versetzt. Die Laufbahn ist in das Aluminiumprofil eingepresst, gehärtet, geschliffen und poliert. Bei einer 4-Punkt-Geometrie (Bild) werden aus allen Richtungen gleichgroße Kräfte aufgenommen, weshalb die Einbaulage der Führung beliebig ist. Bei einem Einsatz sind die in der jeweiligen Achsenrichtung auftretenden Kräfte F und Momente M mit den laut Katalog zulässigen Belastungen zu vergleichen.

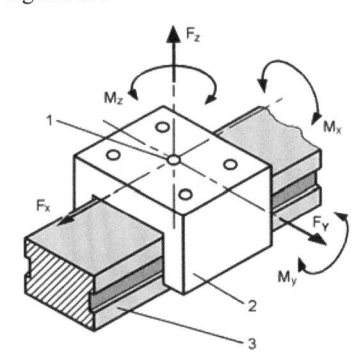

1 Koordinatensystemursprung, 2 Führungswagen, 3 Wälz-/Rollenführung

Im nächsten Bild wird ein Beispiel für die Anordnung der Rollenschuhe bei solchen Schienenführungen gezeigt.

Die P. sind Handelsobjekte und in vielen Baugrößen und Betriebseigenschaften erhältlich.
→ *Kreuzrollenführung,* → *Linearführung*

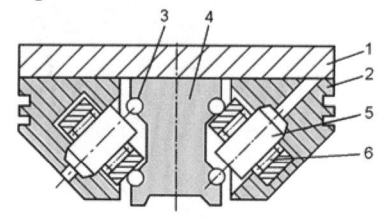

1 Tragplatte, 2 Rollenschuh, 3 Laufbahn, 4 Aluminiumprofil, 5 Rollenbolzen, 6 Nadellager

Programmablaufplan
[program flowchart]
Plan zur Bearbeitung eines Problems. Für den Computer ist das eine grafische Darstellung mit Hilfe von Symbolen, wie die einzelnen Programmschritte miteinander verbunden sind. Es werden alle beim Programmablauf möglichen Wege aufgeführt.

Programmierhandgerät
[hand programming unit]
Tragbares Steuergerät (Bedienpult) als Mensch-Maschine-Interface zur Inbetriebnahme, Programmierung und Bedienung von Robotern.

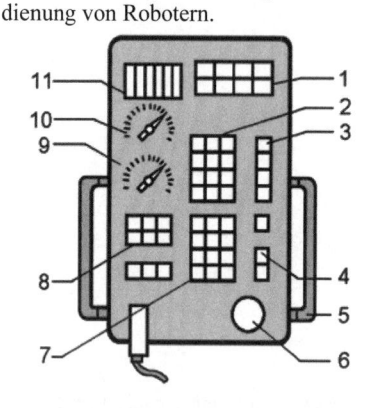

1 Anzeigefunktionen, 2 numerische Tastatur, 3 Programmschalter, 4 Ein, Start, Stopp, 5 Handgriff, 6 Not-Aus, 7 Funktionstasten, 8 Befehlstasten, 9 Geschwindigkeit, 10 Betriebsarten, 11 Anzeige

Es enthält alle erforderlichen Befehlsgeräte und gegebenenfalls einen → *Zustimmungsschalter* sowie eine Not-Aus-Taste. Moderne P. verfügen über große integrierte Displays zur graphischen Darstellung von relevanten Aktionen.

Programmiermethode
[programming method]
Verfahren zur Programmierung von Robotern. Sie haben wesentlichen Einfluss auf die Leistungsfähigkeit eines Roboters. Es sind grundsätzlich zwei Arten zu unterscheiden:
Die Online-Programmierung (direkte Programmierung) erfolgt unmittelbar am Roboter, weshalb er in dieser Zeit nicht für Produktionsaufgaben einsetzbar ist.
Die Offline-Programmierung (indirekte Programmierung) geschieht in der Arbeitsvorbereitung, also abseits vom Roboter und ohne ihn. Wie bei der CNC-Programmierung kann man CAD-Daten importieren. Somit werden die Bewegungs- und Steueranweisungen für das Programm am Bildschirm erstellt und der Bewegungsvorgang anschließend durch grafische Simulation sichtbar gemacht. → *Play-Back-Programmierung,* → *Teach-in-Programmierung,* → *Programmiersprache*

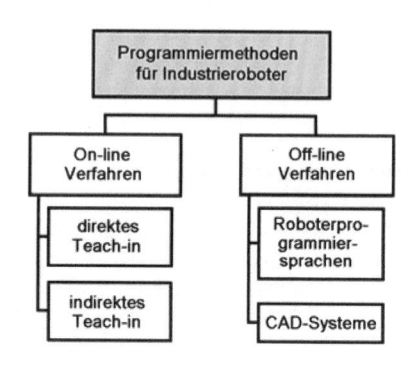

Programmiersprache
[programming language]
Rechenvorschriften in Datenstrukturen und Algorithmen, die von einer Steuerung ausgeführt werden können. Programmiersprachen bestehen aus Zeichen als Basissymbole, Regeln zur Verbin-

dung dieser Zeichen zu Sprachelementen höherer Stufe, z.b. Wort, Satz (Syntax), und den Bedeutungen für die zulässigen Folgen von Zeichen (Semantik).
→ *IEC 61131-3*

Programmiersprache, explizite
[explicit programming language]
Programmiersprache, bei der die Arbeitsaufgabe in elementaren Schritten eingegeben wird, d.h. jeder Bahnpunkt und jedes Wegelement wird durch Anweisungen bewegungsorientiert angegeben.

Programmiersprache, implizite
[implicit programming language]
Programmiersprache, bei der der Arbeitsauftrag global formuliert wird, wie z.B. STECKE BOLZEN IN GEHÄUSE. Die Steuerung verfügt über die Fähigkeit, daraus die einzelnen Aktionen selbst zu generieren.

Programmiersystem, grafisches
[graphic programming system]
Grafisch interaktive Programmierung mit z.B. einem Icon-Editor in der Art eines Flussdiagramms. Für einfache Programmstrukturen muss der Bediener die spezielle Befehls-Syntax des Herstellers nicht mehr kennen. Die Icons haben bestimmte Eigenschafen, wie z.B. Verfahrbefehl, E/A-Kopplung u.a.

Programmierter Halt
[programmed hold]
Funktion einer Robotersteuerung, mit der der Bediener die Anlage in einen Ruhezustand fahren kann. Das ist erforderlich, wenn manuelle Arbeiten in der Roboterzelle erledigt werden müssen oder wenn der Roboter zum Schichtende in eine Ruheposition zu bringen ist.

Programmierung, interaktive
[interactive programming]
Programmierung, bei der der Benutzer vom System bei der Eingabe von Befehlen und Daten geführt wird. Befehle im Editor können auch einzeln ausgeführt und getestet werden. Bei Fehlern wird eine Warnung bzw. ein Ersatzvorschlag ausgegeben.

Programmierung, textuelle
[textual programming]
Erzeugung eines Roboterprogramms, indem man Befehlswörter einer Programmiersprache benutzt. Das Programm entsteht schrittweise ohne Benutzung des eigentlichen Roboters. Typische wiederkehrende Abläufe können als Unterprogramm formuliert werden.

Programmierung, zielgerichtete
[target-oriented programming]
Programmiermethode, bei der die auszuführende Aufgabe definiert wird, nicht aber die Bewegungsbahn des Endeffektors. Die Robotersteuerung verfügt dann über soviel Intelligenz, eine kollisionsfreie, kurze und energiearme Bahn zum Ziel auszuarbeiten.

Projektieren
[designing]
Form des Konstruierens bei der viele vorgefertigte konkrete technische Gebilde und teilweise standardisierte Elemente zu einem neuen technischen Gebilde kombiniert werden.

PROKON
Abk. für Produktionsgerechte Konstruktion. Es ist ein rechnergestütztes Analysewerkzeug zur Untersuchung von Produkten u.a. auf Montagegerechtheit. Es wurde zu Beginn der 1990er Jahre von der deutschen MTM-Gesellschaft entwickelt.

Pronation
[pronation]
Bewegung eines Endeffektors zum Greifen von Objekten, wobei die Finger nach unten und innen gerichtet sind. In der Medizin ist es die Einwärtsdrehung der Gliedmaßen. Die Hand ist in Ruheposition und die Handfläche zeigt nach unten. Die Gegenbewegung heißt Supination.

Proportional-Druckregelventil
[proportional pressure valve]
Regelventil, das den Druck proportional zu einem vorgegebenen Sollwert in Form einer Spannung oder eines Stroms regelt.

Proportional-Wegeventil
[proportional directional control valve]
In der Fluidtechnik ein Wegeventil, das mit einem besonderen Proportionalmagneten stufenlos geöffnet und geschlossen werden kann und damit für die feindosierte Ansteuerung (Positioniersteuerung) von Pneumatik- oder Hydraulikzylindern einsetzbar ist. Normale Wegeventile verfügen nur über eine Auf-Zu-Funktion. Das P. wirkt ähnlich wie ein Servoventil, ist aber einfacher und etwas ungenauer.

Prothese
[prosthetic device]
Körpernahe technische Hilfe, die dem Menschen als funktioneller oder kosmetischer Ersatz für verlorene Gliedmaßen und anderer Körperteile dient. Die ursprünglichen Körperfunktionen werden teilweise oder vollständig wieder hergestellt. Viele technische Probleme der Handprothesen tangieren z.B. die Robotertechnik. Die ersten beweglichen P. wurden auch durch die Studien von → *Vaucanson* und → *Jaquet-Droz* ermöglicht.

Prothesenhand
[prosthetic hand]
Technische Nachbildung einer Hand, die z.B. mit myoelektrischen Potenzialen des Trägers, die man vom Amputationsstumpf abnimmt, gesteuert werden kann. Kleinstantriebe und Mikroelektronik haben zu einer beachtlichen Entwicklung geführt.
Geschichte: 1504 Eiserne Hand des Ritters *Götz von Berlichingen*, 1916 greiffähige Armprothese von *Sauerbruch*, 1947 Nutzung von Bioströmen durch *Reiter*.

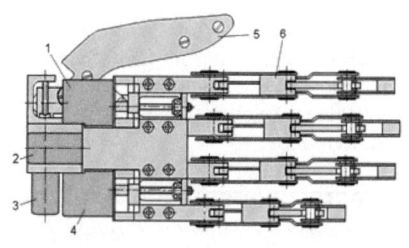

1 Zeigefingerantrieb, 2 Daumen Ein/Aus, 3 Daumen von Seite zu Seite, 4 Antrieb der Finger, 5 Daumen, 6 Gelenkfinger

Proximal
[proximal]
In der Nähe des Gestells eines Roboters befindlich, also entfernt vom Endeffektor. Das Gegenteil ist → *Distal.*

Prozedural
[procedural]
Darstellen, wie etwas getan werden sollte (in welchen Prozeduren), und nicht, was wahr ist (vgl. deklarativ).

Prozess
[process]
Vorgang bei dem Material, Energie und bzw. oder Informationen umgeformt, transportiert oder gespeichert werden (DIN 66201 Prozesstechnik).

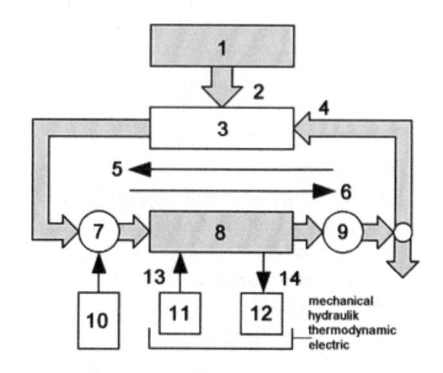

1 Bedienung, 2 Führungsgrößen, 3 Informationsverarbeitung, 4 Messgrößen, 5 Informationsfluss, 6 Energiefluss, 7 Aktoren, 8 Mechanik und Energiewandler, 9 Sensorik, 10 Hilfsenergieversorgung, 11 Energieversorgung, 12 Energieverbraucher, 13 Primärenergiestrom, 14 Verbraucherenergiestrom

Ablauf, Vorgang, quantitative oder qualitative Veränderungen der Parameter bzw. des Zustandes eines Betrachtungsobjektes erfolgen in Abhängigkeit von der Zeit.

Prozess, kontinuierlicher
[continuous process]
Prozess, dessen Zustandsvariable sich kontinuierlich mit der Zeit ändern, z.b. ein Trockenofen, dessen Temperatur sich in der Praxis nur stetig ändern kann.

Prozessanalysentechnik
[process analyzing system]
Messtechnik zur automatisierten Bestimmung von Stoffkonzentrationen. Die zu messende Probe wird häufig automatisch entnommen.

Prozessautomatisierung
[process automation]
Automation von Prozessen in den Industriebereichen Chemie, Getränke und Nahrungsmittel, Petrochemie, Stahl und Metallurgie sowie anderen Bereichen in denen die wesentlichen technologischen Prozesse kontinuierlich ablaufen.

Prozesseigenschaften
[process characteristics]
Beschreibung eines Prozesses, die die folgenden Kategorien von Informationen umfasst: Zustandsvariable (Dimension, Masse, Druck, Temperatur, Stromstärke u.a.), Prozessparameter (Bearbeitungszustand, Füllstand u.a.), Prozessindikatoren (zum Beispiel errechnete Hilfsgrößen) und Steuerungsgrößen.

Prozesselement
[process element]
Bezeichnung für einen räumlich oder zeitlich abgeschlossenen Prozessabschnitt.

Prozessindustrie
[processing industry]
Industriebereiche mit vorzugsweise automatisierten Prozessen mit Fluiden, Gasen, pastösen Medien, Schüttgut und anderen Stoffen als Arbeitsgut.

Prozessleitebene
[process management level]
Hierarchische Ebene, in der die Umsetzung von Produktionsaufträgen in die verfahrenstechnische Realisierung erfolgt. Es sind Prozessüberwachungs- und Verfahrensführungsaufgaben zu erledigen sowie prozessleittechnische Grundfunktionen.

Prozessleitsystem
[process control system]
System zur Überwachung und Koordination von Mess-, Steuer- und Regelaufgaben in großen Anlagen, weil die einzelnen Steuerungen und Regelungen in abhängigen Prozessen nicht unabhängig voneinander ablaufen können. Von der Bedienstation des P. kann gezielt auf Teilbereiche der Anlage Einfluss genommen werden, auch wenn sie räumlich weit entfernt sind.

Prozessleittechnik (PLT)
[process instrumentation and control]
Synonymer Begriff für die ältere Bezeichnung „Mess-, Steuerungs- und Regeltechnik". PLT charakterisiert die Schnittstelle der materiellen Produktion zu den informationsverarbeitenden und auch zu den übergeordneten Systemen. Es ist aber auch die Zusammenfassung mehrerer Verarbeitungsfunktionen, die den Prozessanschlusspunkten zugeordnet sind, wobei die Systemgrenzen frei festgelegt werden können. Es wird direkt in den Prozess eingegriffen und dieser bei hoher Kenntnis der Prozessabläufe automatisch oder halbautomatisch geleitet.

Prozessmesstechnik
[process instrumentation]
Verfahren und Geräte sowie die Theorie zur Gewinnung von Informationen für die Regelung und Steuerung verfahrenstechnischer und technologischer Prozesse sowie für allgemeine Signalisierungs- und Überwachungsaufgaben. Im Gegensatz zu Labormessgeräten müssen Prozessmessgeräte einer Dauerbeanspruchung unter teilweise extremen Einsatz-

bedingungen gewachsen sein. Die Ausgangssignale müssen standardisierten Signalparametern entsprechen und busfähig sein.

Prozesssensor
[process sensor]
Beschaffer von Informationen aus dem Prozess und von den Produkten als elektrisches Abbild der physikalischen und chemischen Wirklichkeit an ihrem Einsatzort. Die Sensorfunktion ist durch die Messgröße charakterisiert. Die wichtigsten sind Temperatur, Druck, Durchfluss, Masse, Füllstand, Dichte, Feuchte und stoffanalytische Eigenschaften wie pH-Wert, Leitfähigkeit und sonstige chemische, mechanische und optische Kennwerte.

Prozesssicherung
[process safeguarding]
Vermeiden gefährlicher Anlagenzustände und Verwirklichen optimaler Abwehrstrategien gegen nicht ausregelbare Störgrößen.

Prozessstelltechnik
[process]
Alle technischen Maßnahmen (Verfahren, Geräte, Algorithmen) zum kontinuierlichen und diskontinuierlichen Stellen von Stoff- und Energieströmen.

PSD
[position sensing detector]
Positionsempfindliches Halbleiterbauelement in der Bauform einer Lateraleffekt-Fotodiode oder einer → *Vierquadranten-Fotodiode*. Werden die empfindlichen Felder gleichmäßig durch einen Lichtfleck beleuchtet, so ist eine Mittelstellung erreicht. Ist der Lichtfleck verschoben, kann man aus den Fotoströmen die Richtung und den Betrag der Verlagerung bestimmen.

PTB/INERIS
Institutionen, die elektrische Betriebsmittel prüfen und für den Exschutzbereich zulassen, wie PTB = *Physikalisch-Technische Bundesanstalt Braunschweig und Berlin* sowie INERIS = *Institut National de L'Environnement Industriel et de Risques* (Frankreich).

PTC-Sensor
[PTC resistor]
Widerstand auf Halbleiterbasis, der zur Temperaturmessung verwendet wird. Er weist in einem schmalen Temperaturbereich von etwa $20°K$ einen steilen positiven Widerstandsanstieg über mehrere Zehnerpotenzen auf. Er wird unter anderem als Überstromschutz in die Wicklungen von Elektromotoren eingebracht. Übersteigt die Motortemperatur einen kritischen Wert, steigt der elektrische Widerstand im PTC-Sensor und ein in Serie liegendes Relais fällt ab und schaltet den Motorstrom aus.

PTP
[point-to-point (control)]
Roboterbewegung als numerische Punktsteuerung von einem Ausgangs- zu einem Zielpunkt, wobei der Bahnverlauf keinen Funktionszusammenhang aufweist und den Benutzer nicht interessiert.

PTP-Fahren
[point-to-point traversing]
In der NC-Technik das zeitoptimale Fahren zwischen zwei programmierten Raumpunkten. Hierbei bewegen sich die Achsen synchron von ihrer Anfangsstellung in ihre Endposition (*synchronous point-to-point control*).

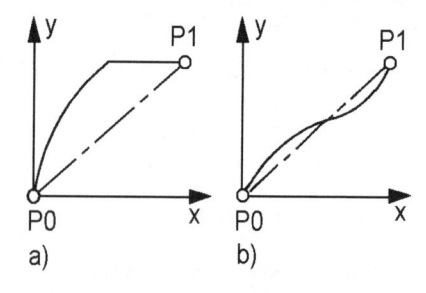

a) asynchrones Verhalten, b) synchrones Punktsteuerungsverhalten

Bei einer Einfach-PTP-Fahrt laufen alle beteiligten Achsen gleichzeitig los und erreichen die Zielposition aber zu verschiedenen Zeiten (*simple point-to-point control*). Die Bewegung ist eckig und verläuft in der Regel nicht auf kürzestem Weg.
→ *Punktsteuerung*

Puffer
[buffer]
Werkstückspeicher, der vor allem als Störungs- bzw. Zwischenspeicher in Transferanlagen benutzt wird. Welche Störzeiten überbrückt werden können, hängt von der Speicherkapazität und der Zykluszeit der Anlage ab. Es ist aber bekannt, dass die meisten Störungen in Transferstraßen nur kurzzeitiger Art sind.

Pulsfrequenz
[pulse frequency, chopper frequency]
Frequenz, mit der die Leistungshalbleiter eines → *Wechselrichters* wie ein Ventil schalten.

Pulssteller
[pulse actuator]
Stellgerät für Drehstrom- und bürstenlose Gleichstrommotoren, das eine Spannung vom elektrischen Netz in eine Wechselspannung mit veränderlicher Frequenz und Amplitude umwandelt.

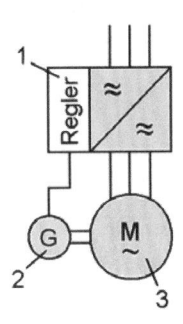

1 Stellgerät, 2 Geber, 3 Drehstrommotor

Frequenz und Amplitude dienen als Stellgrößen für die angeschlossenen Motoren (Synchron- oder Asynchronmotor). Das nächste Bild zeigt den Aufbau eines P. für Gleichstrommotoren. Der Steller wandelt die Zwischenkreisspannung in eine pulsierende Ausgangsspannung um. Er besteht aus vier Transistoren und vier Freilaufdioden. Jeweils zwei Transistoren sind in Reihe geschaltet. Parallel zu jedem Transistor ist eine Freilaufdiode angeordnet, die jeweils die entgegengesetzte Stromflussrichtung des zugehörigen Transistors aufweist. Zwischen den Brückenzweigen, die jeweils von zwei Transistoren und zwei Dioden gebildet werden, ist der Gleichstrommotor angeschlossen.

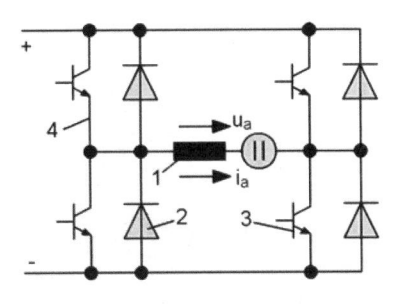

1 Ersatzschaltbild des Motors, 2 Freilaufdiode, 3 Transistor, 4 Brückenzweig

Pulsumrichter
[pulse converter]
Das ist ein marktüblicher → *Frequenzumrichter* mit Gleichspannungs-Zwischenkreis.

Pulsweitenmodulation
[pulse-width modulation, PWM modulation]
Betriebsart eines Verstärkers zur Motorsteuerung. Hierbei wird eine Spannung mit hoher Frequenz (mehrere kHz) zwischen der maximalen positiven und der maximalen negativen Spannung hin und her geschaltet. Die Länge der sich so ergebenden Pulse kann dabei durch die Steuerung verändert werden. Über die Veränderung dieser Pulsbreiten ist der Effektivwert der Spannung zwischen den Maximalwerten beliebig einstellbar. Der Motor kann den schnellen Umschaltun-

gen aufgrund seiner Trägheit nicht folgen, er folgt dem Effektivwert. Die effektive Spannung U_{eff} stellt sich als Mittelwert über die Schaltintervalle ein. Der Vorteil der P. liegt in der geringen Verlustleistung dieser Verstärker.

Punktschweißen
[spot welding]
Verfahren zum unlösbaren Verbinden von Metallen, bei dem zwei Elektroden einer → *Punktschweißzange* die zu verbindenden Werkstücke aneinander pressen und gleichzeitig ein Stromstoß mit hoher Stromstärke die Kontaktstelle erhitzt. Es entsteht ein Schweißpunkt. Eine Rohkarosserie erfordert im Automobilbau etwa 4700 Schweißpunkte.

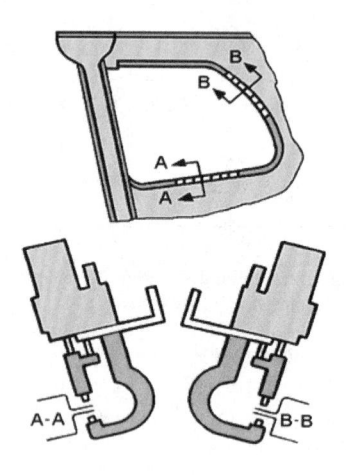

Punktschweißroboter
[spot welding robot]
Drehgelenkroboter mit meistens 6 Achsen, der mit einer Punktschweißzange ausgerüstet ist. Diese können ziemlich schwer sein, bis über 200 kg bei einer Ausladung bis 1000 mm. Die P. werden seit vielen Jahren (ab 1969, *General Motors*) in großen Stückzahlen an Karosserieschweißlinien eingesetzt. Hauptprobleme sind die möglichst günstige Anordnung des Schweißtrafos und die Sekundärkabelführung. Die Verfahrzeit von Punkt zu Punkt soll möglichst klein sein (weniger als 0,5 s) und die Genauigkeit beim Anfahren der Punkte möglichst groß (weniger als +/- 1 mm).

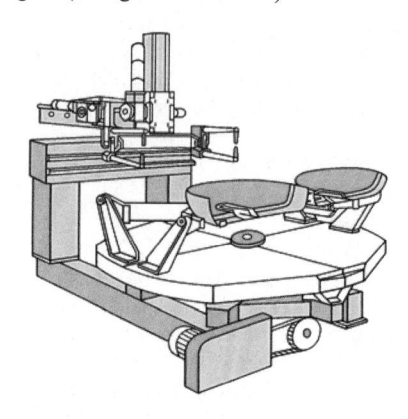

Punktschweißzange
[spot-welding machine]
Werkzeug für das → *Punktschweißen*, das auch als Robotereffektor eingesetzt wird (Bild). Die Anpresskraft der Elektrodenarme wird pneumatisch aufgebracht. Inzwischen setzen sich allmählich aber auch elektrische Antriebe mit Synchron-Servo-Motor durch. Sie sind besser steuerbar und liefern viele Daten vom Prozess.

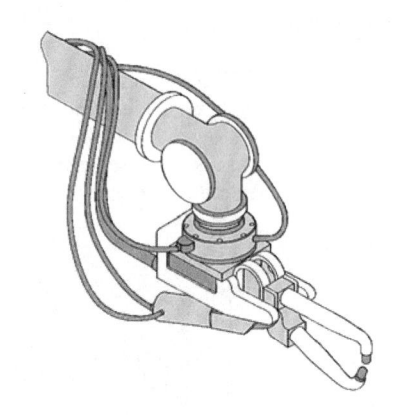

Punktsensorik
[point sensor technology]
Erfassung von Zuständen und Werkstückorientierungen durch Anordnung nur weniger Sensoren an ausgewählten Punkten. Das reduziert den Informationsumfang und beschleunigt die Auswertung.

▶ Q

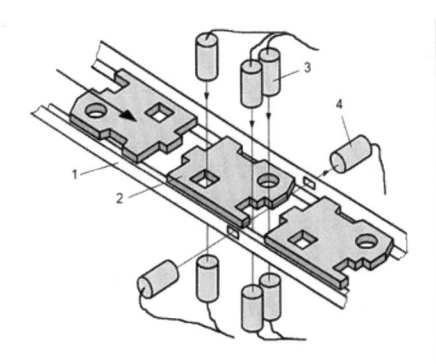

1 Zuführrinne, 2 Werkstück, 3 Lichtschranke, 4 Trigger-Lichtschranke

Punktsteuerung (PTP-Steuerung)
[point-to-point positioning]
Positionssteuerung für einfache Positionieraufgaben, die nur zum genauen Anfahren von Punkten (Positionen) dient. Auf dem Weg von Punkt zu Punkt kommt kein Werkzeug zum Einsatz, sondern nur in den programmierten „Haltepunkten". Der Weg soll möglichst schnell abgefahren werden, wobei keine besonderen Anforderungen an die Genauigkeit der Bahn gestellt werden. In der Regel verfahren die beteiligten Achsen gleichzeitig. Ist die Position genau erreicht, folgt ein Bearbeitungsvorgang, z.B. Bohren oder Stanzen. Vergleiche → *Bahnsteuerung*.
→ *PTP-Fahren*

PUR-Kabel
[polyurethane cable]
Ölfeste Kunststoffleitung. Das Kabel ist nicht hydrolysebeständig, daher ungeeignet für den dauernden Kontakt mit Wasser. Um Kabelbruch zu verhindern, dürfen die Kabel bei Temperaturen unter minus 5 °C nicht mehr bewegt werden.

Push-Pull-Prinzip
Bei Lichtbogenschweißrobotern eine Art der Drahtzuführung, bei der der Draht zugleich geschoben und gezogen wird, so dass er die Brennerspitze mit konstantem Vorschub erreicht, unabhängig von der Roboterbewegung, Brennerstellung und gelegentlichem Festbrennen am Kontaktrohr.

PWM-Modulation
[PWM modulation]
→ *Pulsweitenmodulation*

Q

QRIO
Fortgeschrittener humanoider Roboter der Firma *Sony Entertainment Robot Company* aus dem Jahre 2003. Er hat eine Größe von 58 cm und wiegt nur 6,5 kg. Er kann selbstständig auf zwei Beinen laufen auch tanzen und verfügt in seinem Bewegungsapparat über 38 separate Motoren. Man hat besonderen Wert auf die Kommunikation mit Menschen gelegt. Er kann 10 verschiedene Gesichter erkennen.

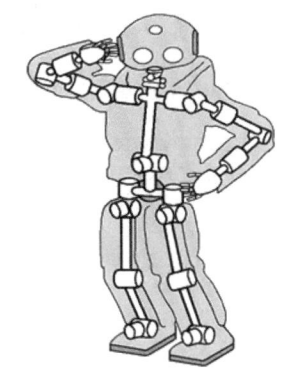

Geschichte: Der Q. dirigierte am 13. März 2004 das Philharmonische Orchester von Tokio (Beethovens Symphonie Nummer 5).

Quadrantendetektor
[quadrant detector]
Lichtempfindlicher analoger Sensor mit gegliederter Oberfläche in der Art einer → *Vierquadrantendiode*. Aus den Quadrantenfotoströmen lassen sich Aussagen über die Position treffen.

Q ◄

Quadratur-Encoder
Inkrementaler Encoder mit mindestens zwei Ausgangssignalen (Kanal A und Kanal B). Der zweite Kanal dient der Erkennung der Bewegungsrichtung. Das ist wichtig, wenn die Encoderrotation an der Flanke eines Impulses stoppt. Ohne Kenntnis der Richtung könnte der Zähler jeweils die ansteigende Signalflanke zählen und die Position verlieren.

Quadrocopter
Miniaturisiertes helikopterähnliches Fluggerät in einfacher Bauweise mit vier Rotoren in Kleeblattanordnung für Überwachungsaufgaben aus der Luft. Der Q. kann über dem Zielgebiet längere Zeit schweben. Die Steuerung ist einfacher als bei einem Helikopter.

Quadrupede
[quadruped]
Vierfüßer; ein vierfüßiges Landwirbeltier. Auch in der Robotertechnik werden vierbeinige Schreitmaschinen als Q. bezeichnet. Sie dienen bisher hauptsächlich Forschungszwecken.
→ Walking track, → Hexapode

Qualitätsregelkarte
[quality control chart]
Formblatt zur graphischen Darstellung von ermittelten Prüf- und Messwerten zum Vergleich mit den in der Qualitätslenkung festgelegten Warn- und Eingriffsgrenzen sowie oberen und unteren Grenzwerten.

Quantorenlogik
Synonym für Prädikatenlogik, das ausdrücken will, dass über die in der Aussagenlogik (Junktorenlogik) vorgenommene Bildung zusammengesetzter Aussagen hinaus nun parametrisierte Aussagen hinzukommen, über die mittels der Quantoren »für-alle« und »es-gibt« bzw. »für-einige« quantifiziert werden kann. Allerdings dürfen in der Logik erster Stufe nur Variablen als Parameter verwendet werden, die Gegenstände des Interpretationsbereichs bezeichnen.

Quasifließgut
[work good like as flow material]
Bezeichnung für langes Stückgut, das sich aus handhabungstechnischer Sicht wie → Fließgut verhält. Dazu gehören Stangen, Streifen, Rohre, Seile Drähte und Bänder. Fließgutprozesse lassen sich besser automatisieren als Stückgutprozesse.

Quaternionen
[quaternion]
Beschreibungselemente für die Orientierung eines Koordinatensystems gegenüber einem Bezugskoordinatensystem. Es werden die Winkelbeziehungen zwischen den Achsen des Koordinatensystems angegeben, wobei die einzelnen Achsen mit Vektoren der Länge 1 dargestellt werden. Jedes Koordinatensystem wird durch drei Vektoren dargestellt. Die Beziehung zwischen zwei Koordinatensystemen wird dann in eine Rotationsmatrix eingeschrieben. Die Q. ermöglichen eine sehr schnelle Koordinatentransformation. Sie ist aber für den Bediener ziemlich unanschaulich und wird nur steuerungsintern verwendet.

Quellenprogramm
[source code]
Programm, das erst nach Umwandlung durch einen Compiler oder Interpreter ausführbar ist.

Querempfindlichkeit
[cross sensitivity]
Eigenschaft eines Sensors, auch auf nicht durch die Messung zu erfassende Begleiterscheinungen zu reagieren. Dadurch entstehen Messfehler. Heute wird dafür der Begriff „Störempfindlichkeit" bevorzugt verwendet.

Quirlbewegung
Roboterbewegung, bei der die Position des TCP konstant bleibt, sich der Orientierungswinkel ständig ändert und zusätzlich eine Drehung um die Effektorachse aufgebracht wird. Die Mittelachse des Effektors rotiert somit auf einer Ke-

gelmantellinie. Die Kegelspitze stellt den →*TCP* dar.

R

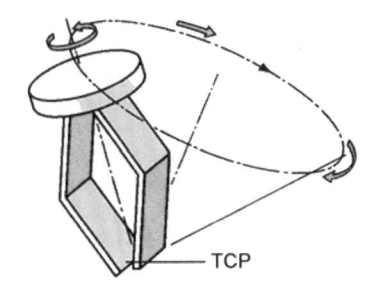

R-Achse
[R-axle]
Achse einer Handhabungseinrichtung, die nur reine Dreh- oder Schwenkbewegungen ausführen kann. Das „R" kommt von „Rotation".

Rad-Bein Mechanismus
[mechanism with wheels and legs]
Fortbewegungsmechanismus für ein geländegängiges Fahrzeug. Die Vorderbeine schreiten vorwärts, überwinden dabei Bodenhindernisse und ziehen die Räder am Hinterteil nach.

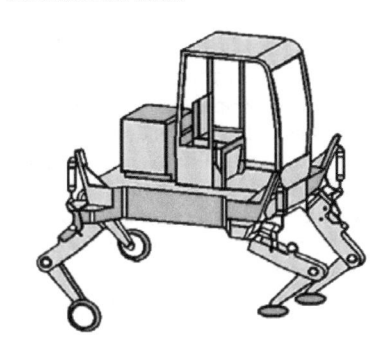

Radencoder
[rotary encoder]
Zur Positionsbestimmung und Drehzahlregelung von Antriebsmotoren an Radachsen angebrachter Impulsgeber, z.B. an mobilen Robotern. Der R. kann eine Strichscheibe sein, die mit fotoelektrischen Abtastern beobachtet wird.

Radialarm
[radial arm]
Bezeichnung für einen Roboterarm, der im Gegensatz zu einem Faltarm in waagerechter Richtung radial ausfährt. Ein zusätzlich um die Achsen A und C schwenkbarer R. ergibt einen kugel- bzw. zylinderförmigen Arbeitsraum.

Radialfeeder
Einrichtung zur automatischen Zuführung von gegurteten elektronischen Bauteilen mit radialer Bedrahtung. Es werden Zuführleistungen bis 500 Stück je Stunde erreicht. Das Biegen der Drahtenden (Durchmesser 0,4 bis 1,4 mm) kann integriert sein, ebenso eine Sensorik zur Bauteilerkennung.
→ *Axialfeeder*

Radialgreifer
[radial gripper]
Ein → *Winkelgreifer* mit einem Gesamtöffnungswinkel beider Finger von 180°. Die Finger werden vollständig aus dem Wirkbereich zurückgezogen, was Vorteile in einem Handhabungsablauf bringen kann.

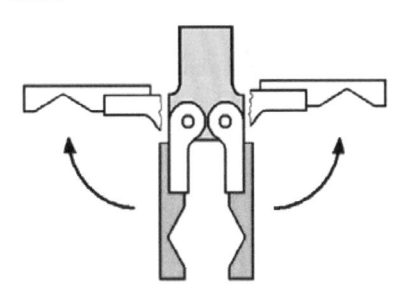

Rahmengreifer
[frame gripper]
Greifer für das umschließende Erfassen von z.B. Sandkernen in der Gießerei. Im Innern des Rahmens sind Anlagepunkte gestaltet. Das klemmende Halten wird von einem pneumatischen Kurzhubzylinder vorgenommen.

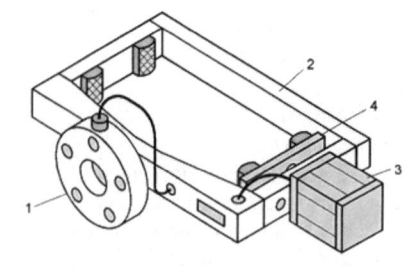

1 Anschlussflansch, 2 Rahmen, 3 Pneumatikzylinder, 4 Druckplatte

Rampe
[ramp]
Bezeichnung für den Geschwindigkeits-Zeit-Verlauf eines Antriebs als Funktion des Motorstellers, der eine sprungartige Sollwertänderung in einen rampenförmigen Verlauf ändert. Die Steilheit der Rampe ist im Allgemeinen parametrierbar. Durch eine flache Einstellung des Rampenanstiegs werden die mechanischen Komponenten wie Getriebe, Führungen und Kupplungen geschont. Unnötiger Verschleiß wird dadurch vermieden. Die Positionierzeit kann sich aber verlängern. Die Übergänge im Rampenprofil können folgende sein:

- Quadratische Parabel; sie ist zeitminimal (a)
- Kubische Parabel; sie ist energieminimal (b)
- Sinoide nach Bestehorn; sie ist ruckminimal (c)

→ *Dreiecksbetrieb*, → *Trapezbetrieb*

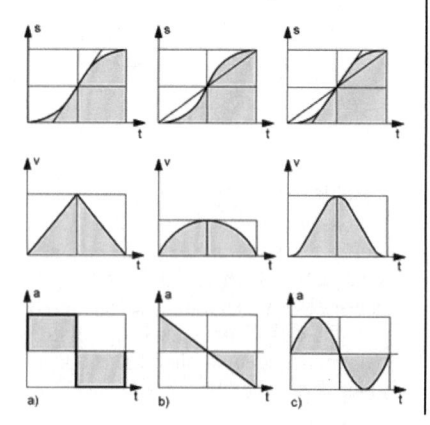

a Beschleunigung, *s* Weg, *t* Zeit, *v* Geschwindigkeit

Rancho-Arm
Erster rechnergesteuerter Roboterarm, der von Forschern 1963 am *Los Amigos Spital* in *Downey* (Kalifornien) entwickelt wurde. Man hat ihn als Werkzeug für Behinderte eingesetzt und er hatte sechs Armgelenke.

Randumlauftisch-Montagemaschine
Längstransfermaschine für die automatische Montage, bei der senkrecht aufgestellte Werkstückträger seitlich um das Maschinengestell laufen. Die zu montierenden Produkte sind von drei Seiten zugänglich. Die Montageeinheiten werden auf der Tischplatte aufgebaut. Über Zusatzkonsolen sind Fügeeinheiten für die Montage von oben installierbar.

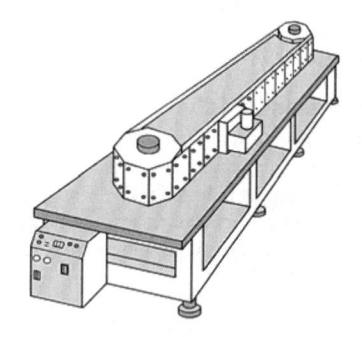

Rapid Prototyping
Rechnerunterstützte Herstellung von körperlichen Modellen in der Produktentwicklung, z.B. durch Stereolithographie, für Prototypen oder in der Kleinserienfertigung. R. ist ein generatives Fertigungsverfahren. 1987 gelang es erstmals, dreidimensionale Modelle als „Prototypen" in einem Arbeitsgang direkt aus Computerdaten herzustellen. Die Modelle können nahezu beliebige Formen annehmen. Trotzdem war das Modell in einigen Stunden fertig, was zum Gebrauch des Begriffs „Rapid" führte. Der Begriff R. wird allerdings auch in der Softwareentwicklung benutzt.

Rasternavigation
[raster navigation]
Navigationssystem für mobile und nicht schienengebundene Roboter, das sich am Muster von Bodenfliesen (im Ausnahmefall auch an Deckenmustern) orientiert.

Rationalisierung
[rationalization]
Technische und organisatorische Maßnahmen zum Ersatz herkömmlicher, traditioneller und zufälliger Verfahren und Handlungsweisen durch geplante, besser strukturierte und wiederholbare Methoden nach Kriterien der Zweckmäßigkeit, Effektivität, Berechenbarkeit und Beherrschbarkeit. In der Fertigung ist die R. meist mit der Automation der Abläufe und Reduzierung des Personals verbunden.

Rationalität
[rationality]
Kriterium zur Bewertung von Handlungen und Überzeugungen. Eine Handlung ist rational, wenn sie die Erfüllung gegebener Ziele unterstützt. Eine Überzeugung ist rational, wenn sie mit Hilfe von Regeln gewonnen wurde, die als rational gelten, also z.B. logische Inferenzregeln.

Raumzeigerdarstellung
[space vector diagram]
Schematische Darstellung der Motorwicklung von Drehstrommotoren, um die Strom- und Spannungsverläufe deutlich zu machen. Diese werden je Wicklung als Vektoren betrachtet, deren Achsen mit denen der zugeordneten Wicklungen übereinstimmen.

Raumzeigermodulation
[space vector modulation]
Hintereinanderschaltung von zwei aktiven Zeigern (→ *Raumzeigerdarstellung*) und einem Nullzeiger innerhalb einer Pulsperiode, um Ansteuerimpulse für die Leistungshalbleiter eines → *Wechselrichters* zu gewinnen. Eingangsgröße ist bei diesem Verfahren die Sollspannung, die in Betrag und Phasenlage von der Stromregelung vorgegeben wird. Die Einschaltdauer der einzelnen Zeiger wird so berechnet, dass der entstehende Mittelwert über die gesamte Periode genau der Sollspannung entspricht.

Raupentisch-Montagemaschine
Längstransfermaschine für die Montage, bei der die Montagebasisteile bzw. Werkstückträger auf einem raupenförmigen Plattenband von Station zu Station bewegt werden. Die Fügeeinheiten werden seitlich zum Band aufgebaut.

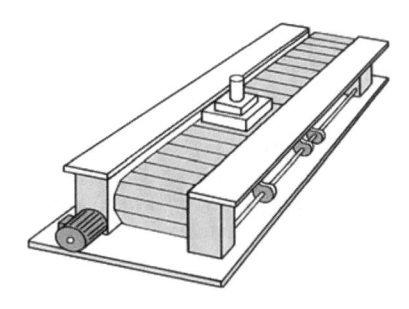

RCC
[remote center of compliance mechanisms]
Passiver Ausgleichsmechanismus, der eine gezielte Nachgiebigkeit des Effektors erlaubt. Das wird allein durch die innere mechanische Struktur dieser Komponente erreicht, was den Einsatz teurer Sensorik erübrigt.

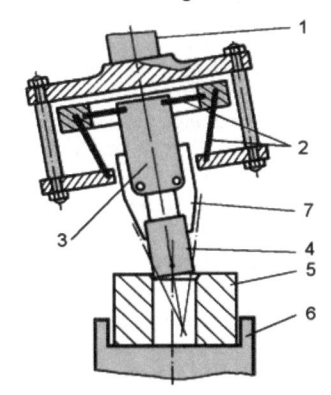

1 Roboterarm, 2 Federelemente, 3 Backengreifer, 4 Fügeteil, 5 Montagebasisteil, 6 Aufnahmevorrichtung, 7 Greifbacke

Es werden Winkelfehler und Achsversatzfehler beim Fügen von „Bolzen in Loch" selbstständig kompensiert.
Geschichte: 1976 Entwicklung am *Charles Stark Draper Labs* durch *Daniel E. Whitney* (USA, *Boston*); ab 1978 kommerzieller Einsatz. → *Fügehilfe*

Reaktionskraft
[reaction force]
Diejenige Kraft, die einer auf das Werkstück von einem Werkzeug ausgeübten Kraft, z.B. der Zerspanungskraft, entgegenwirkt.

Reaktivität
[reactivity, reactivation]
Vermögen des Roboters, auf ein externes Ereignis angemessen zu antworten (z.b. durch Fluchtverhalten oder Ausweichen). Eine hohe R. wird assoziiert mit einer schnellen Antwort. Insbesondere für verhaltensbasierte/verhaltensgesteuerte Systeme strebt man eine hohe R. an.

Realschaltabstand
[real switching gab]
In der Sensorik ein Wert, der mit einer Schaltfahne nach IEC 947-5-2 und bei Nennspannung und Nenntemperatur ermittelt wird. Er muss zwischen 90 % und 110 % des Nennschaltabstandes liegen.

Rechnersehen
[machine vision, computer vision]
Rechnergestütztes System, welches die Bildsignale einer angeschlossenen Videokamera empfangen und auswerten kann. Es kann sich auch um stereoskopisches Sehen handeln.
→ *Bilderkennung, maschinelle*

Rechte-Hand-Regel
[right hand rule]
Veranschaulichung der Zuordnung der Koordinatenachsen bei einem rechtwinkligen rechtshändigen Koordinatensystem durch Daumen (X-Achse), Zeigefinger (Y-Achse) und Mittelfinger (Z-Achse) der rechten Hand.

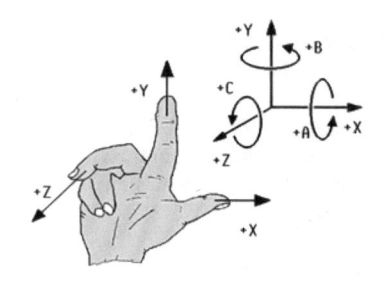

Recycling
[recycling]
Erneute Verwendung oder Verwertung von Produkten, Baugruppen oder Einzelteilen als Rohstoff für die Herstellung neuer Produkte oder als Ersatzteil nach qualitätsgerechter Aufarbeitung und Prüfung. Es wird eine Zirkulation der Wertstoffe zwischen Produktion und erneuter Verwendung angestrebt. Man kann in Produktionsabfall-, Produkt- und Altstoffrecycling unterscheiden.

Reduktionsfaktor
[derating factor, reduction factor]
Bei einem induktiven Sensor der Faktor, um welchen Betrag sich der Schaltabstand bei Materialien wie z.B. Aluminium, Kupfer u.a. gegenüber Stahl (S235) verringert. Je kleiner der Reduktionsfaktor, desto kleiner ist der Schaltabstand.

Redundanter Roboterarm
[redundant robot arm]
Roboter(arm) mit mehr als für die Bewältigung einer Aufgabe erforderlichen angetriebenen Bewegungsachsen. Der Roboter hat mehr Antriebe als Freiheitsgrade. Ein triviales Beispiel ist eine Stabantenne mit mehr als sechs Gliedern.

Redundanz
[redundancy]
Funktionsbereites Vorhandensein von mehr als für die vorgesehene Funktion notwendigen technischen Mitteln. Reserveelemente in technischen Strukturen wie Steuerungen oder Maschinen, die parallel oder seriell geschaltet sind, nehmen im Bedarfsfall aktiv an der

Funktionserfüllung teil oder bei Sicherheitseinrichtungen auch ständig. Die Mehrfachauslegung von Elementen gewährleistet größere Sicherheit gegen einen Totalausfall. Bei Antriebssteuerungen werden z.b. zweikanalige Rechnerstrukturen mit Selbsttest und kreuzweisem Datenvergleich sowie Doppelanordnung von Signalgebern vorgesehen.
→ *Sicherheitsfunktion*

Reedrelais
[reed relay]
Näherungssensor, der auf ein Magnetfeld anspricht. Er besteht aus zwei federnden ferromagnetischen Kontaktzungen, die in einem hermetisch verschlossenen Glaskolben untergebracht sind. Das Röhrchen ist mit einem reaktionsträgen Gas gefüllt. Bewegt man einen Magneten am Schaltrohr vorbei, schließen sich die Kontakte und damit der Stromkreis.

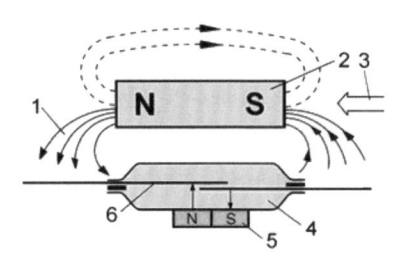

1 Magnetfeldlinien, 2 Permanentmagnet, 3 Bewegungsrichtung des Permanentmagneten, 4 Schaltrohr, 5 Vorspannmagnet, 6 Schaltkontakt, N Nordpol, S Südpol

REFA
Verband für Arbeitsstudien und Betriebsorganisation e.v., der vor 1977 als Reichsausschuss für Arbeitsstudien benannt und 1924 gegründet wurde. Das REFA-System dient der zeitlichen Bewertung von Arbeitsleistungen, die von besonders geschulten Fachleuten vorgenommen wird.

Referenzbild
[reference image]
Bei visuellen Erkennungssystemen das vorher eingelernte Abbild eines Objekts (Werkstück, Baugruppe), mit dem jedes neu aufgenommene Bild verglichen wird. Das R. dient somit als Vergleichsmuster. Stellt man Übereinstimmung fest, ist die Identität des Objekts „erkannt".

Referenzlineal
[reference gauge]
Bezugskörper für die Ermittlung einer mehrdimensionalen Bahnabweichung mit Hilfe von Abstandssensoren. Der Messkopf wird längs zum geneigten R. vom Roboter bewegt.

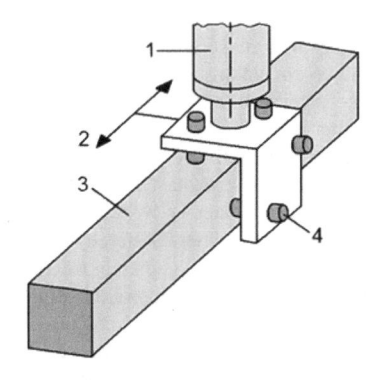

1 Roboter, 2 Bewegungsrichtung, 3 Referenzlineal, 4 Abstandssensor

Referenzpunkt
[reference point, home position]
Bei einer Bewegungsachse eine festgelegte Position, die in einem bestimmten Bezug zum Achsen-Nullpunkt steht. Referenzpunkt und Maschinennullpunkt sind bei einer CNC-Maschine nicht das Gleiche. Der R. definiert eine Position.
→ *Referenzpunktfahrt*, → *Referenzschalter*

Referenz(punkt)fahrt
[search for reference]
Betriebsart einer Bewegungsachse mit inkrementalen Wegmesssystemen, bei der zu einem Referenzpunktgeber gefahren wird. Ist der Referenzpunkt erreicht, wird der Inkrementalzähler genullt. Steuerung und Mechanik sind zueinander synchronisiert. Dann erst kann ein programmierter Positionierbetrieb beginnen.

Bei mehrachsigen Systemen referenzieren alle Achsen einzeln nacheinander oder gleichzeitig. Jede Achse fährt mit Suchgeschwindigkeit los und sucht den → *Referenzschalter*. Wenn der Schalter seinen Pegel ändert, wird gestoppt und in der Gegenrichtung mit Freifahrgeschwindigkeit wieder vom Schalter heruntergefahren. Die Kante des Referenzschalters definiert den Referenzpunkt für diese Achse.

Referenzschalter
[reference switch]
Schalter (Referenzpunktgeber), der einen wiederholbaren Referenzpunkt definiert. Es kann ein elektromechanischer Ein-Aus-Taster sein (auch Präzisionsendschalter werden eingesetzt), ein berührungsloser induktiver Näherungssensor oder ein optischer Abtaster (Abtasten von Marken in einer Teilscheibe oder einem Lineal), die bei Passieren des → *Referenzpunktes* durch einen Nocken, eine Schaltfahne oder einen Lichtstrahl ein Signal (Referenzimpuls) abgeben. Bei inkrementellen Drehgebern wird das Signal standardmäßig ausgegeben.
→ *Referenzpunktfahrt*

Reflexion
[reflection]
Ablenken und Zurückstrahlen einer Lichtwelle an den Grenzflächen unterschiedlicher Medien. Gerichtete Reflexion nennt man Spiegelung.

Reflexionslichtschranke
[reflex light barrier]
Lichtschranke, bei der ein Reflektor das ausgesandte Licht zum Empfänger zurückwirft. Das Licht passiert die Strecke somit zweimal. Ein Polarisationsfilter verhindert eine Fehlfunktion bei spiegelnden Oberflächen. Die einseitige Montage und Kabelführung erlaubt den kostensparenden Anbau.

Reflexionslichttaster
[reflex light sensor]
Optischer Näherungsschalter, bei dem das emittierte Licht vom zu detektierenden Objekt diffus reflektiert wird. Der R. wird zum Abtasten von Oberflächen und der Lage von Objekten genutzt.

Regelbasiertes System
[rule-based system]
Expertensystem, das auf der Verwendung von IF-THEN-Regeln für die Repräsentation von Wissen basiert.

Regeldifferenz
[control error]
Differenz bei Regelungen, die sich aus einem Vergleich von Führungsgröße und Rückführungsgröße ergibt und die einem Regelglied zugeführt wird.

Regelfehler, bleibender
[permanent control error]
Differenz zwischen der Istposition und der Sollposition, die nach der Fehlerkorrektur durch den → *Controller* trotzdem verbleibt. Bei einem Regler mit proportionalem Verhalten (→ *P-Regler*) kommt es z.B. immer zu einer Regeldifferenz, was bei einem PI-Regler (→ *Reglertypen*) nicht der Fall ist.

Regelgröße
[controlled variable]
Bei einer Regelung diejenige Größe (Istwert), die zu regeln ist, z.B. die Effektorgeschwindigkeit bei einem Roboter. Sie wird am Ausgang der Regelstrecke erfasst und der Regeleinrichtung zugeführt.
→ *Regelkreis*

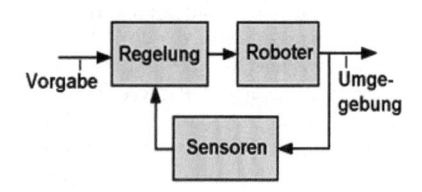

Regelkreis
[closed loop control circuit, feedback control]
Modell zur Funktion eines Reglers. Durch technische Mittel soll erreicht werden, dass trotz Einwirkung von Stö-

rungen auf den Prozess, die Abweichungen von vorgegebenen Werten wieder rückgängig gemacht werden und diese Größe nahezu konstant gehalten wird. Der einfache Regelkreis besteht aus Regelstrecke und Regeleinrichtung. Dabei wirkt der Ausgang der Regelstrecke auf den Eingang der Regeleinrichtung und der Ausgang der Regeleinrichtung auf den Eingang der Regelstrecke. Man erkennt den in sich geschlossenen typischen Wirkungsweg einer Regelung.

Regelkreisabstimmung
[control loop set up]
Vorgang zur Einstellung und Optimierung der Systemdynamik von Regelkreisen durch entsprechende Verstellung von Regelparametern, damit ein sicherer, schwingungsfreier Betrieb und ein schnelles, reaktives System mit minimaler Regelabweichung entsteht. Größen sind bei einem Roboter z.B. die Belastung, die Beschleunigung, die Ausrichtung des Endeffektors und die Leistungsanforderungen müssen dabei berücksichtigt werden. Ziel der Einstellung ist eine bessere Positioniergenauigkeit oder die Behebung von Systemfehlern.
→ K_V-Faktor, → Überschwingen, → Regelkreis, → Reglertypen

Regelpneumatik
[pneumatic control]
Pneumatisches System, das bestimmte Größen wie Druck oder eine Position exakt einhält und permanent auf Veränderungen reagiert.
→ Servopneumatik

Regelung, lastadaptive
[load adaptive control]
Regelung, die auf eine Belastung, z.B. beim Schleifen von Gussstückkanten mit dem Roboter, reagiert. Der Motorstrom des Schleifscheibenantriebs stellt ein direktes Abbild dieser Belastung dar. Der Motor-Iststrom wird in Form einer Mitkopplung auf den Lage- bzw. Drehzahlregler aufgeschaltet. Der Regler verändert seine Größen, bis die Belastung und damit der Stromanstieg kompensiert ist. Günstig ist in diesem Fall, dass der beim Schleifen verfahrensbedingte Abrieb des Werkzeugs automatisch kompensiert wird.

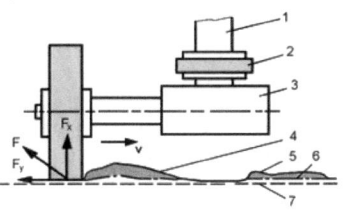

1 Roboterarm, 2 Kraft-Momenten-Sensor, 3 Arbeitsspindel, 4 Gratanhäufung, 5 stehengebliebener Rest, 6 Istbahn des Schleifkörpers, 7 gewünschte Werkzeugbahn

Reglertypen
[type of controller action]
Regler lassen sich nach dem Reaktionsverhalten der Übertragungsglieder in proportional wirkende (P-Glied), in integral wirkende (I-Glied) und differential wirkende (D-Glied) unterscheiden.

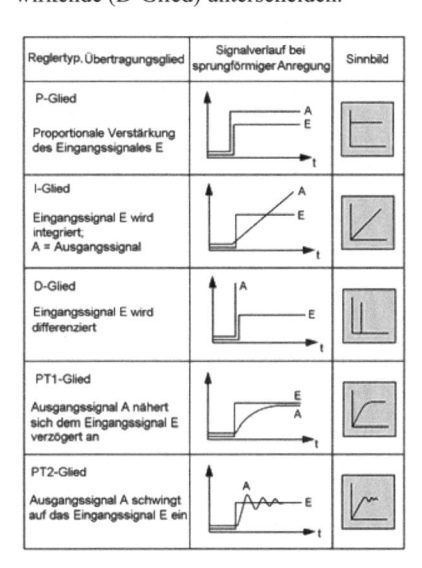

Reglertyp, Übertragungsglied	Signalverlauf bei sprungförmiger Anregung	Sinnbild
P-Glied Proportionale Verstärkung des Eingangssignales E	A, E	
I-Glied Eingangssignal E wird integriert; A = Ausgangssignal	A, E	
D-Glied Eingangssignal E wird differenziert	A, E	
PT1-Glied Ausgangssignal A nähert sich dem Eingangssignal E verzögert an	E, A	
PT2-Glied Ausgangssignal A schwingt auf das Eingangssignal E ein	A, E	

Außerdem gibt es auch Kombinationen, wie PI-, PD- und PID-Regler. Auch Verzögerungsglieder (T-Glied) n-ter Ordnung werden einbezogen, so dass die Ausgangsgröße (Sprungantwort) ihren Endwert mit zeitlicher Verzögerung erreicht. Die Übertragungsglieder wandeln ihre Eingangsgröße nach einer mathematischen Funktion, der Übertragungsfunktion, in ihre Ausgangsgröße linear oder nichtlinear sowie kontinuierlich oder diskontinuierlich (zeitdiskret) um.

Im vorangestellten Bild werden die wichtigsten linearen, kontinuierlichen Übertragungsglieder aufgeführt. Durch Reihen- und Parallelschaltung entstehen komplexere Übertragungsglieder. In modernen Steuerungen wird das Verhalten durch Berechnungen in einem Mikrorechner erzeugt. Man spricht dann auch von einem Digitalregler.
→ *P-Regler*, → *PI-Regler*, → *PD-Regler*, → *PID-Regler*

Rehabilitationsmanipulator
[manipulator for rehabilitation]
Teilweise anthropomorpher Manipulator bzw. Roboter, der physiotherapeutische Aufgaben übernehmen kann, wie z.B. Training der menschlichen Extremitäten oder auch die Wiederherstellung von Fingerfunktionen nach operativen Eingriffen, insbesondere durch Stimulation von Muskeln. Robotergestützte bewegungstherapeutische Systeme können auch dazu beitragen, Querschnittsgelähmten die Fähigkeit zur Fortbewegung wiederzugeben.

Reibung
[friction]
Werden sich berührende Körper gegeneinander bewegt, entsteht eine Reibungskraft, die beim Verschieben überwunden werden muss. Wegen der Proportionalität der Reibung zur Normalkraft F_N (senkrecht zur Auflagefläche) lässt sich die Reibung in Form von dimensionslosen Zahlen, den Reibungskoeffizienten μ, ausdrücken. Man unterscheidet in Haft- und Gleitreibung. Es gilt: $F_{haft} = \mu_{haft} \cdot F_N$ und $F_{gleit} = \mu_{gleit} \cdot F_N$. → *Stick-Slip-Effekt*

Reibungswinkel
[friction angle]
Winkel, bei dem ein ruhend auf eine schräge Fläche gelegtes Teil von selbst abzugleiten beginnt, wenn man den Neigungswinkel der Gleitbahn allmählich erhöht. Weil der R. $\tan\rho = \mu$ ist, lässt sich damit der Reibungskoeffizient μ bestimmen.

Reinigungsroboter
[cleaning robot]
Autonomer mobiler Roboter, der ein Reinigungsgerät mitführt und damit selbsttätig Flächen reinigt. Der R. fährt die ihm vorgegebenen Flächen z.B. in mäanderförmigen Schleifen ab. Die Bearbeitung von Hartböden erfolgt in der Abfolge kehren, schruppen und trockensaugen. Kletternde R. sind in der Lage, Glasfassaden zu reinigen.

Reinraum
[clean room]
Produktionsstätte, deren Luft besonders wenig Stoffpartikel enthält. Der Grad der Luftreinheit ist in → *Reinraumklassen* eingeteilt. Kontaminationen der Luft stammen vom Personal (35 %), von der Maschinentechnik (33 %), vom Verfahren (25 %) und von der Zuluft (7 %). Der Anteil von Produkten, die im R. produziert werden müssen, nimmt ständig zu. Dazu gehören solche Branchen, wie Mikroelektronik, Mikromontage, Feinwerktechnik, Lebensmittel- und pharmazeutische Industrie.

Reinraumklasse
[clean-room category]
Einteilung der Raumluft nach der Partikelanzahl je Volumeneinheit. Eine Normung erfolgte in der ISO 14 644-1 bzw. ehemals US Fed. 209E.

Klasse	0,5 µm m^3	1,0 µm m^3
ISO 1	0	0
ISO 2	4	0
ISO 3	35	8
ISO 4	352	83
ISO 5	3520	832
ISO 6	35200	8320
ISO 7	352000	83200
ISO 8	3520000	832000
ISO 9	35200000	8320000

Die oben angeführte Tabelle (Auszug) enthält die Partikelzahl einer bestimmten Größe je Kubikmeter Luft.

Reinraumroboter
[clean-room robot]
Roboter, der durch verschiedene technische Maßnahmen keine Stoffpartikel an die Umgebung absondert. Das erreicht man durch: Kapselung von Antrieben, bürstenlose Motoren, Luftfilter an Lüftungsschlitzen, Absaugung der Luft aus den Roboterinnenstrukturen, abriebfeste Anstriche, innenliegende Versorgungsleitungen, aerodynamisch günstige Außenform (vermeidet „tote" Ecken) und polierte Außenteile sowie Befestigungselemente aus Edelstahl.

Rekalibrieren
[recalibration]
Periodisches Nachmessen von Meß- bzw. Prüfmitteln zur Überwachung ihrer Richtigkeit.

Relatives Positionieren
[relative positioning]
Positionieren nach Relativmaßen, d.h. von einer auf einen beliebigen Punkt bezogenen Position zu einer anderen Position, wobei die Abstände als Kettenmaß bereitgestellt werden und nicht auf einen absoluten Nullpunkt Bezug nehmen.
→ *Absolutes Positionieren*

Relativkoordinatensystem
[relative coordinate system]
Bezeichnung für ein Koordinatensystem, welches nicht raumfest ist, sondern sich gegenüber einem festen Basispunkt (Ursprung des → *Weltkoordinatensystems*) bewegen kann.

Reluktanzmotor
[reluctance motor]
Drehfeldmotor mit einem Läufer mit ausgeprägten Polen, die jedoch keine Erregerwicklung haben. Er läuft asynchron an, weil der Läufer als Kurzschlussläufer anzusehen ist. Dann geht der Motor in den synchronen Lauf über, denn der magnetische Fluss des Drehfeldes ver- läuft durch einen kleinen Luftspalt und durch die Läuferpole. Der Motor wird nur für kleine Leistungen gebaut und seine Charakteristik ist der eines Schrittmotors ähnlich. Der Motor wird z.B. für einen getriebelosen Antrieb bei direkt angetriebenen Robotergelenken verwendet.

Remission
[remission]
Bezeichnung für die diffuse Reflexion von Strahlung (Licht) an undurchsichtigen und nicht spiegelnden Oberflächen.

Repetiergenauigkeit
[repeatability]
→ *Wiederholgenauigkeit*

Replikant
[replikant]
In der Scienc-Fiction-Literatur ein Roboter, der als perfekter menschlicher Klon nicht mehr von einem Menschen unterschieden werden kann. Daraus wurden Geschichten von enormer Spannung entwickelt. Um einen hochintelligenten R. geht es auch in einem Roman von *Philip K. Dick*, der als Film *Blade runner* (Replikantenjäger) in die Filmgeschichte einging.

Repräsentation
[representation]
Bei Expertensystemen die Anzahl syntaktischer und semantischer Vereinbarungen, die das Beschreiben einer Klasse von Dingen (Gegenständen) ermöglicht.

```
symbolische Darstellung

(Glas on-top-of Tisch)
(Flasche on-top-of Tisch)
(Glas to-the-right-of Flasche)

analoge Darstellung
```

Es ist ein schwieriges Problem der KI. Eine gute R. ist oft der Schlüssel, um schwierige Sachverhalte in einfache zu verwandeln. Das Bild zeigt ein Beispiel mit symbolischer und analoger Darstellung.

Repräsentationsadäquatheit
[representational adequacy]
Fähigkeit eines Systems, komplexe Tatsachen adäquat (angemessen) darstellen (repräsentieren) zu können.

Reproduzierbarkeit
[reproducibility, repeatability]
1 Messtechnik: Wiederholgenauigkeit von zwei Messungen unter genormten Bedingungen (Betriebszustand des Messobjektes, Umgebungsverhältnisse u. a.). Die Differenz der Messwerte darf nicht mehr als 10 % betragen. Viele Sensoren erfüllen diese Anforderungen.

2 Antriebstechnik: Fähigkeit eines Bewegungs- und Antriebssystems, eine definierte Sollposition wiederholt genau erreichen zu können, indem sie beliebig oft und unter gleichen Bedingungen angefahren wird. Dabei variiert die Istposition mehr oder weniger. Man unterscheidet zwischen unidirektionaler und bidirektionaler Reproduzierbarkeit. Die R. ist oft ein Qualitätsmerkmal.
→ *Positionsabweichung,* → *Wiederholgenauigkeit*

Reset
[reset]
Rückstellen, Zurücksetzen; Befehl, um ein elektronisches Gerät in einen definierten Ausgangszustand zu bringen. Das ist nicht mit dem Nullen einer NC-Achse zu verwechseln.

Resolution
[resolution]
In Logiksystemen eine Inferenzregel, um herauszufinden, ob eine neue Tatsache anhand einer Anzahl vorgegebener Aussagen gültig ist. Die R. ist im Prinzip das Führen eines Widerspruchsbeweises.
→ *Inferenzmaschine,* → *Inferenzregeln*

Resolver
[resolver]
Spezieller Drehmelder, der auf elektrisch-induktiver Basis arbeitet und als Winkelmesssystem an eine Motorwelle angekoppelt ist. Er liefert eine analoge Information über die Winkelstellung und zwar kodiert in Form einer Sinus- und Cosinus-Amplitude. Nach dem elektrischen Prinzip ist ein R. ein Elektromotor, der als Generator betrieben wird. Er besteht aus Stator und Rotor mit Wicklungen. Die Phasenlage der im Rotor induzierten Spannung ist proportional dem Drehwinkel der Rotorwelle (U_R Rotorspannung, U_s Statorspannung, φ Drehwinkel). Weil der Messwert nach einer Umdrehung vieldeutig wird, muss für die Messwertaufbereitung ein zyklisch-absolutes Verfahren angewendet werden. Er wird auch in der Robotertechnik bei Drehgelenken mit Drehstrom-Servomotoren eingesetzt.

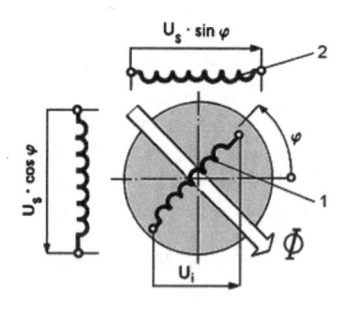

1 Rotorwicklung, 2 Statorwicklung, U_S Speisespannung

Resolver-Digital-Wandler
[resolver/digital converter, R/D converter]
Wandler, der die winkelabhängige analoge Information eines → *Resolvers* in einen digitalen Winkelwert umwandelt, z.B. mit einem sogenannten Nachlauf- bzw. Tracking-Regler. Der digitalisierte Lagewert (Zählerstand) wird fortwährend mit dem Eingangswert verglichen und die Abweichung führt über einen Zähltakt den Zählerstand nach. Der Generator für den Zähltakt ist ein spannungsgesteuerter Oszillator (VCO *volta-*

ge controlled oscillator). Die Eingangsspannung des VCO bestimmt die Zählrate und ist damit auch proportional zur Winkelgeschwindigkeit bzw. Drehzahl des Motors.

Resonanz
[resonance]
Mitschwingen eines schwingungsfähigen Systems bei Einwirkung von periodisch veränderlichen Kräften oder Feldern, deren Frequenz nahezu gleich der Eigenfrequenz des Systems ist. Das Auftreten der R. kann zur Zerstörung des gesamten schwingungsfähigen Systems führen. Dieses kann nur durch Dämpfung des Schwingungssystems verhindert werden.

Responder
[Antwortgeber, Antwortsender]
In Leitdrahtsystemen mit mobilen Robotern in den Fußboden eingelassener oder an anderer Stelle installierter codierter Datenträger (Standort-, Referenzpunktgeber). Sie werden vom Fahrzeug aus angesprochen und antworten mit ihrer Codenummer. Die R. verfügen selbst über keine Energiezufuhr.

Restdrehmoment
[residual torque]
Drehmoment eines Elektromotors, das bei Abwesenheit jeder Stromeinspeisung bei offenen Spulen entsteht.

Reststrom bei 2-Leiter-Geräten
[cutoff current at two-wire equipments]
Der R. ist der Strom, der bei 2-Leiter-Geräten im Ruhezustand über das nichtgeschaltete Gerät fließt, um die Stromversorgung der Elektronik zu gewährleisten. Dieser R. fließt auch über die Last.

Restwelligkeit
[residual ripple]
Bezeichnung für den einer Gleichstrom-Betriebsspannung überlagerten Wechselstromanteil.

Retardation
[retardation]
Verzögerung; Betrag des Nachlaufs (Weg oder Winkel) nach dem Abschalten einer Roboterachse. Die Retardationsstrecke ist um so größer, je größer die Geschwindigkeit und Masse sind.

Retroreflexion
[retroreflection]
Gerichtete Reflexion von Strahlung zurück zur Strahlungsquelle, also „in sich", solange das Licht etwa senkrecht auffällt.

Rettungsroboter
[rescue robot]
Ferngesteuerter mobiler Roboter mit Kamera und/oder Manipulatorarm, der Treppen steigt und Hindernisse überwindet, um Menschen zu finden, im Notfall zu versorgen und aus Gefahrenzonen herauszuhelfen bzw. zu retten. Die Szene wird von mehreren Kameras beobachtet.

Return-on-Investment, ROI
[Rentabilität]
Eine Kennzahl für die in einem Zeitraum erwirtschaftete Kapitalverzinsung. Sie stellt den Gewinn je Einheit des investierten Kapitals dar.

Reversierbetrieb
[reversing]
Bezeichnung für ein Bewegungsspiel mit vor- und zurücklaufenden Wegstrecken, wobei die Drehrichtung im Antrieb gewechselt wird. Treiben und Bremsen ist in beiden Drehrichtungen erforderlich. Es ist ein → *Vierquadrantenbetrieb* vorzusehen.

Reversierspiel
[reversal backlash]
Andere Bezeichnung für die Größe der → *Umkehrspanne*.

Revolvergreifer
[turret gripper]
Handgelenk-Dreheinheit an Montagerobotern, die mehrere Einzelgreifer oder

Werkzeuge als Effektor aufnehmen und diese per Programm nacheinander in die jeweilige Arbeitsposition bringen kann. Für die Revolverdrehung ist ein besonderer Antrieb erforderlich. Mit Hilfe des R. kann man Leerfahrten des Roboterarms minimieren. Er stellt eine sinnvolle Alternative zur Verwendung von Greiferwechselsystemen dar. Nachteile: Große Störkontur, nur für Kleinteilhandhabung geeignet.

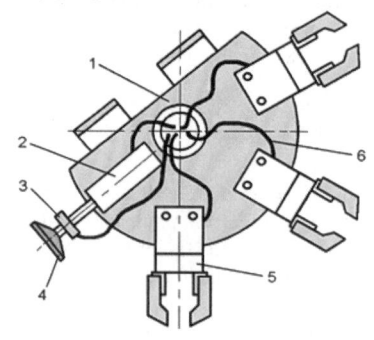

1 Basisscheibe, 2 Hubzylinder, 3 Ejektor, 4 Vakuumsauger, 5 Klemmgreifer, 6 Druckluft

Rezeptor
[receptor]
Biologische Struktur (Nervenendigung oder Zelle), die spezifische Reize entweder aus der Umwelt oder dem Körperinnern aufnimmt und darüber Informationen an das Zentralnervensystem weiterleitet. Technische Entsprechungen des R. sind die → *Sensoren*.

RIA
Abk. für *Robotic Industries Association*, eine Vereinigung, der überwiegend Hersteller und Anwender von Robotern angehören. Gegründet: 1974 unter dem Namen *Robot Institute of America*.

Richtungsdiskriminator
[directional measurement]
Elektronische Schaltung zur Erkennung der Verfahrrichtung einer Bewegungseinheit, die mit inkrementalem Messsystem ausgestattet ist. Dazu müssen zwei um 90° elektrisch phasenverschobene Impulsfolgen vom System bereitgestellt werden. Die Phasenfolge ist von der Bewegungsrichtung abhängig. Der R. ist Bestandteil der Messwertaufbereitung.

Riemenklemmgreifer
[friction belt gripper]
Greifer, dessen Greifkraft durch Friktion mittels zweier im rechten Winkel aufeinander zulaufender Riemenanordnungen (mehrere Riemen parallel) zustande kommt. Jede Riemenwange hat ihren eigenen Antrieb. Es lassen sich auch z.B. runde Greifobjekte (Bälle, Säcke, Kanister) greifen.

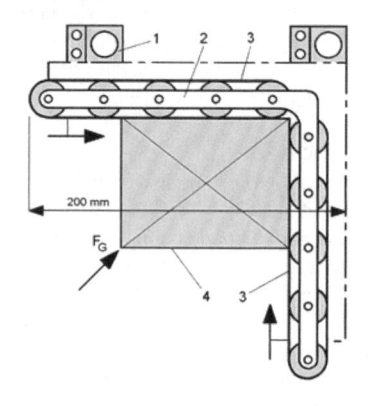

1 Antriebsmotor, 2 Greifwange, 3 Riemen, 4 Greifobjekt, F_G sich einstellende Greifkraft

Riemenvorgelege
[transmission gear]
Heute meist ein Zahnriementrieb zur Bewegungsübertragung von der Motorwelle auf die Gewindespindel einer Lineareinheit oder einem nachfolgenden Zugmittelgetriebe.

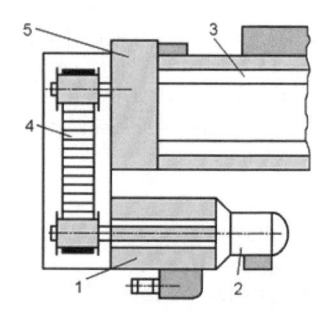

1 Servomotor, 2 Resolver und Multiturngeber, 3 Linearführung, 4 Zahnriemen, 5 Flansch

Dadurch kann man den Motor parallel zum Linearschlitten anbauen. Somit wird die Einheit kürzer als beim „in-line" Motoranbau mit Flansch und Kupplung.

RIFD-Transponder
[Radio Frequency Identification-Transponder]
Hochfrequenz-Identifikations-System, z.B. zur Produktverfolgung im Betrieb. In der Ausführung können es → *Transponder* als hauchdünne Substrate in Klebeetiketten sein, die aus Mikrochip und Antenne bestehen. Werden UHF-Chips eingesetzt, erweitert das die Lesbarkeit der Daten aus einer Entfernung bis zu fünf Metern.
→ *Transponder*

RI-Fließbild
Abk. für Rohrleitungs- und Instrumentenfließbild. Darin werden alle Aufgaben der Prozessleittechnik so detailliert dargestellt, dass darauf weitere Detaillierungen basieren können (DIN 28004).
→ *Fließbild,* → *Verfahrensfließbild*

Ringflächensauger
[ring surface suction cap]
Vakuumsauger für Teile mit einer zentralen Öffnung, z.B. ein Zahnrad. Die innere Öffnung des Saugers ist mit einem Stopfen ausgefüllt, der allerdings Kanäle für die Saugluft haben muss. So entsteht eine Ringfläche als wirksame Zone für das Ansaugen.
→ *Saugergreifer,* → *Saugerkopf*

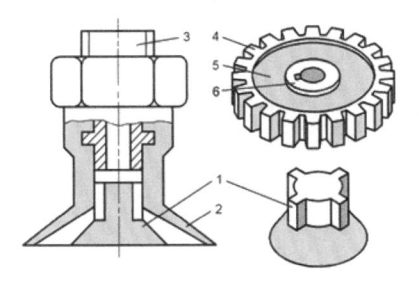

1 Gummikern, 2 Sauger, 3 Gewindeanschluss, 4 Greifobjekt, 5 Grifffläche, 6 innere Abdeckringfläche

Ringsensor, taktiler
Sensor, der z.B. beim Kehlnahtschweißen eingesetzt wird. Der am Halter befestigte Tastring schleift an den Oberflächen der beiden zu verschweißenden Teile, wenn die Ausrichtung des Brenners nicht korrekt ist. Im Koordinatenschalter werden Positionssignale aus den Auslenkungen in x-, y- und z-Richtung zur Nachsteuerung des Schweißbrenners gebildet. Der Ring wird zum Temperaturschutz mit Wasser gekühlt.

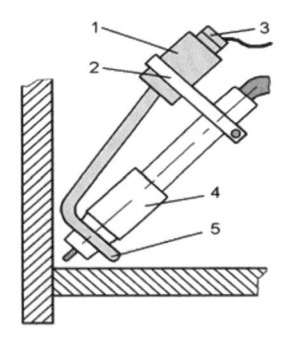

1 Koordinatenschalter, 2 Halterung, 3 Steckanschluss, 4 Schweißbrenner, 5 Tastring

Rippensauger
[suction cap with support ribs]
Vakuumsauger für dünne flexible Objekte, dessen Saugfläche mit Stützrippen ausgestattet ist. Damit wird verhindert, dass das Objekt eingesaugt wird, was zum Versagen (Totsaugen) des Greifvorganges führen kann.

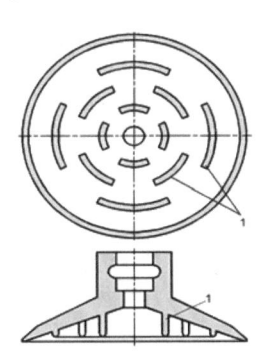

1 Stützrippe zur Verhinderung des Einsaugens in den Saugerhohlraum

Risikograph
[risk graph]
Hilfsmittel zur Risikoanalyse nach der Norm EN 954-1. Es wird zwischen hohem und niedrigem technischen Risiko unterschieden. Die Bewertung gibt Auskunft darüber, wie wahrscheinlich und wie gefährlich ein Fehler sein kann, unter Berücksichtigung von Häufigkeit und Dauer einer Gefährdungsexposition.

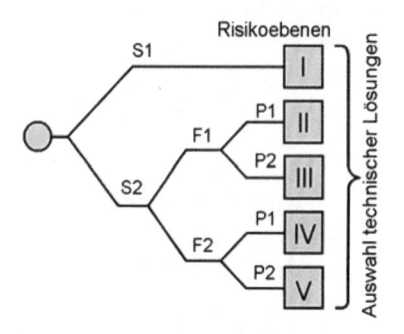

S1 leichte, ausheilbare Verletzung, S2 schwere, irreversible Verletzung, F1 Häufigkeit und Aufenthaltsdauer selten bis oft, F2 häufig bis dauernder Aufenthalt, P1 Gefährdungsvermeidung ist unter bestimmten Bedingungen möglich, P2 keine Möglichkeit, sich der Gefahr zu entziehen

RMS
[remote manipulator system]
Fernsteuerbarer Manipulatorarm für den Weltraumeinsatz, auch als → *Canadaarm* bezeichnet.

Robart
Ein ab 1980 an der *Naval Post Graduate School* (Kalifornien, *Bart Everett*) entwickelter autonomer mobiler Roboter für den Wach- und Sicherheitsdienst. Er bewegt sich auf Rädern und ist umfangreich mit Sensorik für eine Rundumbeobachtung ausgerüstet. Das aktuelle Modell Robart III verfügt außerdem über eine Bewaffnung: Der R. kann Blasrohr-Betäubungspfeile gezielt abschießen.
Geschichte: Robart I 1980 bis 1982; Robart II 1982 bis 1992; Robart III ab 1992
→ *Wachschutzroboter*

Robocop
Im gleichnamigen Film (1987) ein → *Cyborg*. Ein erschossener Polizist wird mit Hilfe künstlicher Organe wieder hergestellt. Der Maschine wird ein Menschenhirn eingesetzt. Der R. ist kein vollständig robotergestütztes System
→ *Filmroboter*

RoboCup
[Roboterpokal-Wettbewerb]
Weltweiter seit 1997 durchgeführter Wettbewerb (Weltmeisterschaft) fußballspielender Roboter. Gespielt wird in unterschiedlichen Ligen mit verschieden großen Robotern. So gibt es eine *Humanoid League* für zweibeinige Roboter verschiedener Größenklassen. Offizielles Ziel ist, im Jahr 2050 den dann amtierenden menschlichen Fußball-Weltmeister zu schlagen.

Robodoc
Doktor-Roboter, der ab 1992 als Helfer bei chirurgischen Operationen eingesetzt wurde, z.B. bei der Implantation von künstlichen Hüftgelenken. Er kann insbesondere in der Hüft-Endoprothetik Fräswerkzeuge präzise führen, um die Hüftpfanne des Patienten vorzubereiten.

Robo-Hammer
Vom Drehgelenkroboter geführtes pneumatisches Schlaggerät zum Einschlagen von Nägeln, Bolzen u.a.

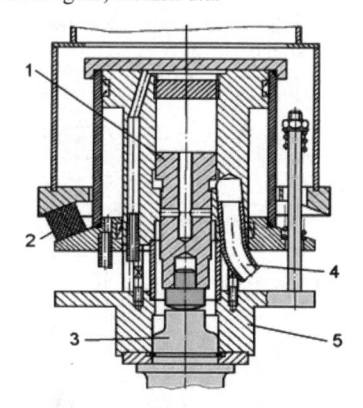

1 Schlagkolben, 2 Gummifederelement, 3 Schlagstück, 4 Druckluftanschluss, 5 Aufsetzplatte

Ein Schlagkolben wird ständig wie bei einem Presslufthammer umgesteuert, sodass die Schlagwirkung entsteht. Der R. kann damit größere Presskräfte entwickeln als durch bloßes Armdrücken mit einem Freiarmroboter.

Robo Lobster
Künstlicher Hummer für Biorobotik-Experimente (nach *Grasso*, 2002). Metallstäbe imitieren die Antennulae bei Hummern. Mit ihnen soll die Konzentration einer Salzwasserfahne im Süßwasser gemessen werden. Je höher die Salzkonzentration, desto größer die Leitfähigkeit zwischen den beiden Stäben.

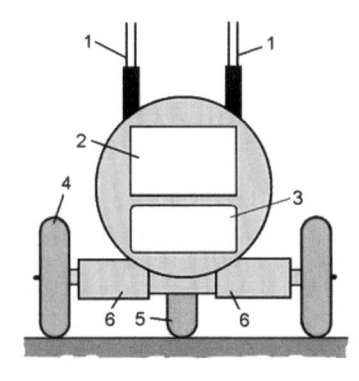

1 Antenne, 2 Onboard-Computer, 3 Batterie, 4 Laufrad, 5 Stützrad, 6 Motor

Roborasenmäher
[lawn mower robot]
Autonomer mobiler Gartenroboter für den Rasenschnitt. Laserdetektoren suchen die Umgebung nach Hindernissen ab. Wird ein Gegenstand berührt, wechselt der R. die Richtung und zieht in weniger als einer Sekunde seine Messer ein. Bei Bedarf dockt er automatisch an einer Energiequelle an. Moderne Geräte nutzen für die Navigation auch GPS.

Robosauger
[vacuum cleaner robot, vacuuming robot]
Einer der ersten Haushaltsroboter für das Staubsaugen in Räumen. Er bewegt sich selbstständig im Raum, z.B. in spiralförmigen Bahnen, um alle Flächen zu erreichen. Hindernissen weicht er aus. Dafür sind Sensoren an Bord. Flache Geräte können auch unter den Möbelstücken arbeiten. Ein Raum mittlerer Größe kann in 20 Minuten gereinigt werden.

Roboshaping
[roboterbasiertes Umformen]
Patentiertes, inkrementelles Umformverfahren (*Fraunhofer IPA*) der robotergestützten Herstellung von Blechformteilen durch Hämmern. Dabei ist keine Form unterhalb des Blechteils erforderlich. Das Hammerwerkzeug besitzt eine Stempelamplitude von 1 mm und eine Schlagfrequenz von 200 Hz. Das R. dient zur Herstellung von Prototypen und Kleinserien von Blechformteilen auf der Basis eines CAD-Modells. Auch Lochbleche lassen sich mit dem Verfahren bearbeiten. Während der Bearbeitung befindet sich der Blechzuschnitt in einer Einspannvorrichtung.

Roboter
[robot]
Slaw. *robota* = Frondienst, schwere Arbeit. Allgemein eine bewegungsflexible, automatisch gesteuerte Maschine (ein mechanisches Objekt), die mit Hilfe speicherbarer Programme oder nach selbstständigen Entscheidungen ihre eigenen Aktionen (Bewegungsaufgaben) für viele Aufgaben steuern kann. Gegebenenfalls kann auch die Fortbewegung eingeschlossen sein. Allerdings werden auch Programme als R. bezeichnet, die automatisch im Internet suchen. Während man früher unter R. selbstbewegliche Automaten verstand, die der Gestalt des Menschen nachgebildet wurden (→ *Androiden*), sind heute oft die um mehrere Achsen (mindestens drei) frei programmierbaren Industrieroboter, als multifunktionale Manipulatoren, gemeint. Die Bewegungsbahnen und die Abfolge der Bewegungen sind programmierbar. Eine eindeutige Definition für R. existiert bis heute nicht. Der Begriff „R." wurde vom tschechischen Autor

Karel Čapek (1890-1938) in seinem Bühnenstück → *R.U.R.* 1920 für künstlich hergestellte → *Humanoiden*, die als Fabrikarbeiter eingesetzt werden, geprägt.

Roboter, anthropomorpher
[anthropomorphic robot]
Bezeichnung für einen Roboter, der einen Drehgelenkarm besitzt, dessen Gelenke annähernd denen des Menschen entsprechen.
→ *Anthropomorph*

Roboter, autonom mobiler
[autonomous mobile robot]
Roboter, der sich in natürlicher Umgebung aus eigener Kraft und ohne Hilfestellung von außen bewegen kann und dabei das Ziel erreicht. Typische Merkmale sind: Sensoren, aufgabenorientierte und implizite Programmierung, Selbstanpassung an Umgebungsveränderungen, Lernen aus Erfahrung und Veränderung des Verhaltens, Entwicklung eines internen Weltbildes, selbstständige Planung und Durchführung komplexer Aufgaben in unbekannter Umgebung (Navigationsplanung) und Manipulation körperlicher Objekte in der realen Welt. Der größte Teil steuerungsmäßiger Berechnungen hat in Echtzeit zu erfolgen.

Roboter, biomimetischer
[biomimetic robot]
Roboter mit einer Morphologie des Roboterkörpers und den Bewegungsmöglichkeiten, die sich an biologischen Vorbildern orientieren. Das sind z.B. Laufmaschinen oder kriechende Roboterschlangen. Teilweise wird auch die neuronale Struktur nachgebildet, wie das Navigationsverhalten von Heuschrecken oder von Wüstenameisen.

Roboter, gelenkfreier
[solid joint robot]
Roboter, dessen Arm keine mechanischen Gelenke enthält. Die Beweglichkeit wird z.B. durch Bourdon'sche Federn, Blattfederverbindungen (Material-gelenke) oder künstliche Muskeln (aufblasbare Gummikörper) erreicht.

Roboter, geriatrischer
[geriatric robot]
Roboter, der für humanitäre Einsätze in der Altenpflege ausgelegt und ausgerüstet ist.

Roboter, humanoider
[humanoid robot]
Roboter mit menschenähnlichen Fähigkeiten; trotz beschränkter Fähigkeiten sind die R. ein interessantes Modellsystem für menschliche Fähigkeiten.
Geschichte: Ein mechanischer Soldat wurde von *Leonardo Da Vinci* entworfen. Er konnte die Arme drehen, den Kopf mit Hilfe eines flexiblen Nackens bewegen, den Mund öffnen und schließen. Vermutlich gab er wilde Trommelschläge von sich.

Roboter, intelligenter
[intelligent robot, smart robot]
Roboter, der eine Strategie zur Lösung der ihm gestellten Aufgabe ausarbeitet und diese dann ausführen kann. Er verfügt dazu umfangreich über Sensoren und ist damit in der Lage, seine Umgebung zu verstehen und die Aufgabe trotz Veränderungen in den Umgebungsbedingungen dank künstlicher Intelligenz erfolgreich und selbstständig zu lösen. Man kann 2 Ebenen der Aufgabenplanung unterscheiden: strategische Ebene (Planung der Bewegungstrajektorie) und taktische Ebene (Ausführung der konkret erforderlichen Bewegung).

Roboter, kartesischer
[cartesian robot]
Kompaktgerät oder aus Modulen zusammengesetzter Handhabungsroboter mit drei senkrecht zueinander angeordneten Linearachsen, die meistens in unterschiedlichen Verfahrlängen zur Verfügung stehen. Die Verfahrrichtungen der einzelnen Achsen liegen parallel zu den Achsen eines kartesischen Koordinatensystems. Der dadurch entstehende

▶R

Arbeitsraum ist ein Quader. Man spricht auch von einer Koordinatenbauweise.

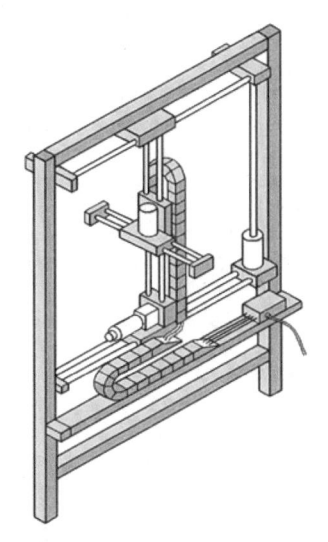

tisch teilen. So kann einer die Werkstückhandhabung und der andere die Werkzeughandhabung übernehmen. Damit wäre z.B. eine vorrichtungslose Montage ausführbar. Der R. stellt besondere Anforderungen an die Steuerung.

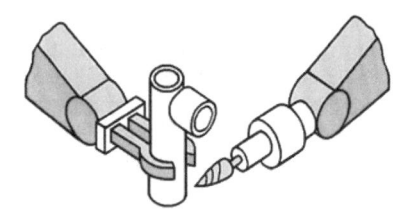

Roboter, mobiler
[mobile robot]
Roboter mit Fahrwerk, der seinen Standort automatisch gesteuert verändern kann. Man unterscheidet in automatisierte spur- oder auch schienengeführte Fahrzeuge und → *Autonome mobile Roboter*. Erstere führen z.B. Transportaufgaben entlang vorgegebener Routen aus. Routenänderungen und unvorhersehbare Veränderungen wie z.B. Hindernisse können bewirken, dass die Aufgabe nicht erfolgreich ausgeführt wird.

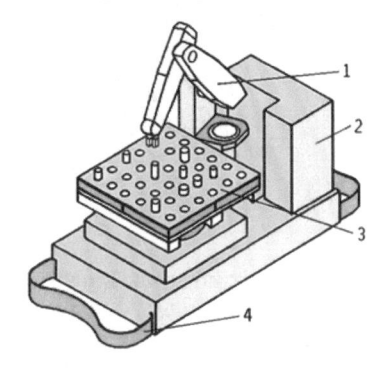

Roboter, kinematisch-redundanter
[kinematically redundant robot system]
Roboter mit einem Führungsmechanismus, dessen Getriebefreiheitsgrad größer als 6 ist. Ein Freiheitsgrad von 6 würde ausreichen (3 Positions- und 3 Orientierungsfreiheitsgrade), um Aktionen in einem dreidimensionalen euklidischen Raum vorzunehmen. Ein zusätzlicher Freiheitsgrad kann in Steuerungen genutzt werden, um beispielsweise → *Singularitäten* oder Hindernissen auszuweichen. Auch das Eindringen in verwinkelte und schwierig zugängliche Objekte wird ermöglicht.

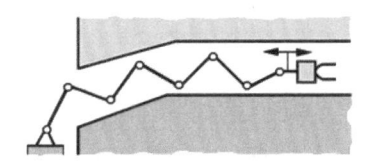

1 Handhabungsroboter, 2 fahrerloses Flurförderzeug, 3 Transportpalette, 4 Bumper

Roboter, polymorpher
[polymorphic robot]
Roboterähnlicher Mechanismus als Forschungsgegenstand, der seine Form (seinen Bauplan) verändern kann. Der Roboter erschafft sich gewissermaßen selbst und zwar in der jeweils zu den

Roboter, kooperierender
[cooperating robot]
Robotersystem aus mindestens zwei Robotern, die sich die Erledigung einer Aufgabe organisatorisch und kinema-

345

Anforderungen passenden Form. Erste, noch wenig ausgereifte Projekte sind bereits bekannt geworden.

Roboter, transportabler
[transportable robot]
Roboter, der für den Einsatz auf Baustellen oder an großräumigen Objekten (Schiffsbau) geeignet ist, wie der Roboter APPRENTICE (Lehrling) von Unimation (1984, USA). Er war z.B. für Lichtbogenschweiß- oder Farbspritzarbeiten geeignet. Der Arm ist in einer kardanischen Aufhängung gelagert. Die Programmierung erfolgt im Teach-in Verfahren vor Ort. Der Roboter besitzt fünf Achsen, Positionsfehler ± 0,4 mm. Ehe geschweißt wird, muss allerdings der Konturenabtastkopf gegen den Schweißkopf getauscht werden, um den Nahtverlauf zu erfassen.

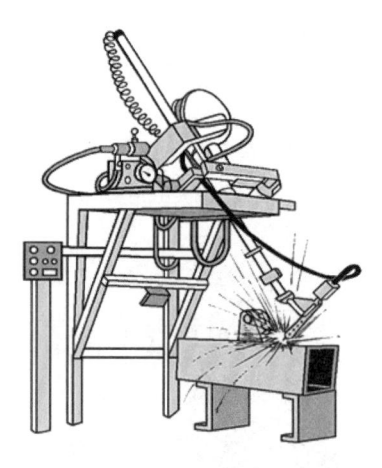

Roboter, verhaltensbasierter
[behavior-based robot]
Mobiler Roboter, der sein Verhalten selbstständig nach der gegebenen Situation (= Gesamtheit der Umstände, die im jeweiligen Moment zu beachten sind) wählt. Dazu greift er auf ein implementiertes Repertoire verfügbarer Verhaltensmuster zu, wie z.B. Geradeaus auf Mitte fahren, Abbiegen, Hindernisumfahrung u.a. Grundlage für das Gesamtverhalten des R. ist eine fortlaufende Situationserkennung, um jeweils angemessene Verhaltensmuster zu aktivieren.

Roboterachse
[robot axis]
Rotatorischer oder translatorischer Antrieb für bewegliche Glieder des Führungsgetriebes (Arm, Basisdreheinheit) eines Roboters. Sie bewirken die Bewegungen in einem Arbeitsraum. Als Hauptachse werden die ersten drei Achsen bezeichnet. Sie bestimmen die Größe des Hauptarbeitsraumes. Nebenachsen (Handachsen) ermöglichen die Orientierung des → *Endeffektors* bei vergleichsweise kleinen Verfahrwegen.
→ *Bewegung*, → *Bewegungsgesetze*

Roboterarm
[arm, robot arm]
Teil der mechanischen Struktur eines manipulierenden Roboters, der den Effektor führt. Er besteht aus angetriebenen Armelementen (Gliedern), die über Gelenkachsen miteinander verbunden sind und sich relativ zueinander bewegen.
→ *Manipulator*

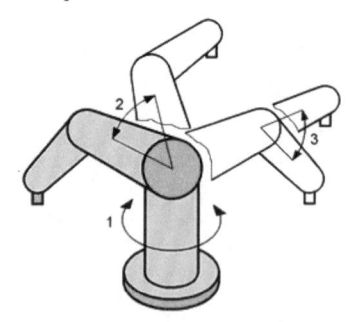

1 Grunddrehachse, 2 Oberarmschwenken, 3 Unterarmschwenken

Roboterassistenzarzt
[sugery assistant robot]
Roboter, der einen Chirurgen bei der Operation unterstützt, z.B. durch Ausführung hochpräziser Bewegungen oder durch Haltearbeiten beim Einsetzen von Implantaten. Werden z.B. im Computertomographen die exakten Positionen eines Tumors ermittelt, dann können die „Werkzeugkoordinaten" einem Roboter übergeben werden, der dann ein Mikro-

loch z.B. in die Schädeldecke des Patienten bohrt. Danach setzt er eine Sonde ein.
→ *Assistenzroboter*

Roboterauswahl
[selection of robot types]
Bestimmung eines für eine konkrete Aufgabe vorgesehenen Roboters aus dem Marktangebot. Die Kriterien ergeben sich aus den arbeitsplatzgebundenen Anforderungen und Wünschen sowie aus den Gegebenheiten des Aufstellortes. Einzelkriterien sind: Arbeitsraum, Nutzflächenbedarf, Tragfähigkeit, Geschwindigkeit, Positioniergenauigkeit, Anschaffungs- und Betriebskosten, kinematischer Aufbau, Steifigkeit, Festigkeit eingesetzter Materialien, Massenträgheitsmomente- und -kräfte, Leistungsgrenzen, Schutzeinrichtungen, Wartungserfordernisse, Betriebssicherheit und Lieferbarkeit.

Roboterautonomie
[robot autonomy]
Maßbegriff für die Eigengesetzlichkeit und Unabhängigkeit eines Roboters. Als Maß kann man die Zahl der inneren Zustände annehmen, die er als System einzunehmen vermag. Je mehr Zustände vorkommen, desto schwerer lässt sich das System durch eine Inputfolge steuern. Um selbstständig handeln zu können, gibt es sich selbst Regeln und Gesetze. Dazu sind natürlich Bewegungsfreiheit, Energie und ausreichende Eigenintelligenz erforderlich.
Geschichte: Der Begriff „Autonomie" wurde zuerst von *I. N. Woznesenski* 1934 formuliert und verwendet.
→ *Autonomie*

Roboterbasis
[robot base]
Bezeichnung für das Inertialsystem des Roboters mit seinem Basiskoordinatensystem. Es ist der erste Bezugspunkt für alle Positionsangaben bzgl. der Roboterglieder und -gelenke.
→ *Weltkoordinatensystem*

Roboterbaukasten
[modular robot system]
Sortiment von Modulen, die nach dem Baukastenprinzip gestaltet wurden, und die zum Aufbau von Handhabungsmaschinen und -robotern tauglich sind. Dazu gehören hauptsächlich Bewegungsmodule, Verbindungs- und Gestellelemente, gestuft nach Baugrößen. Die Module haben einen hohen Wiederverwendungswert. Durch die Anpassung an die Handhabungsaufgabe wird eine funktionelle Überqualifizierung vermieden. Viele Verbindungsstellen machen die Handhabungsmaschine im Vergleich zu Kompaktgeräten etwas „weich".

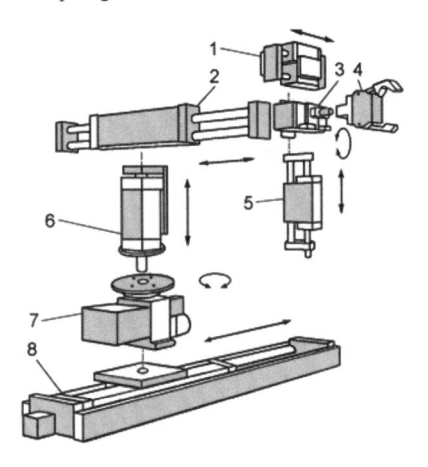

1 Querachsen-Einheit, 2 Auslegerarm, 3 Handdreheinheit, 4 Greifer, 5 Greiferhubeinheit, 6 Armhebeeinheit, 7 Armdreheinheit, 8 Unterbau-Schlitteneinheit

Roboterbewegungssteuerung
[movement control for robot]
Problem der Mechanik; die Beschreibung erfolgt formal durch die Lagrange'schen Bewegungsgleichungen 2. Art bzw. durch die Lagrange-Maxwell'schen Gleichungen. Die R. lässt sich in folgende unabhängige Aufgaben einteilen:
- Interpretation des Steuerprogramms
- Interpolation der geplanten Bahn
- operative Positionskontrolle
- Koordinatentransformation
- Beschleunigungs- und Bremsaktionen
- Lageregelung der Ist-Bewegungsbahn

Roboterchirurgie
[robot surgery]
Spezialisierte Methode für minimal-invasive chirurgische (z.B. orthopädische) Eingriffe unter Nutzung eines mindestens dreiarmigen Handhabungsgerätes mit feinen, sehr gut beweglichen Operationsinstrumenten und einer Mini-3D-Kamera (Beispiel: DaVinci-Operationsroboter). Die drei Arme werden vom Chirurgen von einer Konsole aus präzise und sicher gesteuert. Die Kamera liefert dazu ein vergrößertes Bild (z.b. fünfach) des Operationsfeldes in 3D-Sicht auf den Bildschirm. Mögliches Handzittern wird weggefiltert. Kleine Roboterhände benötigen weniger Platz als die menschlichen, etwa beim Setzen von Nähten.

Robotereinmessgerät
[robot measurement device]
Gerät zum Einmessen einer Roboterposition, indem beim Anfahren eines einzigen Raumpunktes gleichzeitig 3 Messwerte in den kartesischen Koordinaten x, y und z erfasst werden. Eine Tastspitze taucht in einen Konus ein und verschiebt einen Präzisionsschlitten, an denen digitale optische Messaufnehmer je Achse angebracht sind. Die Nulllage ist spielfrei und vorgespannt. Es kann eine Genauigkeit von 0,02 mm je Achse erreicht werden.

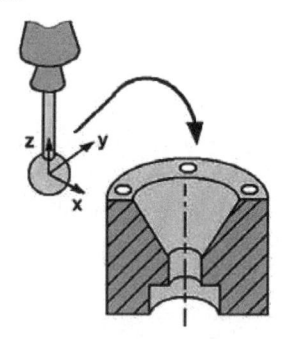

Robotereinsatzdichte
[robot density]
Statistische Kennzahl, die angibt, wie viele Industrieroboter je 10 000 Industriebeschäftigte in einem Land, eingesetzt sind.

Roboterethik
[robot ethics, robot morality]
Lehre vom sittlichen Umgang (Teilgebiet der Philosophie) mit Robotern sowie dem moralischen Bewusstsein und Verhalten des Menschen zum Roboter als Maschine. Dazu gehören Regeln für die friedliche Koexistenz sowie solidarisches Verhalten auch zwischen Robotern untereinander. Grundsätzlich soll man einem Roboter keinen Auftrag erteilen, den man einem Menschen nicht zumuten würde. Geeignete Verhaltensregeln müssten allen Robotern implantiert werden.

Roboterflansch
[robot flange]
Genormte Anschlussgeometrie am Ende eines Roboterarms für den Anbau eines Effektors. Der R. spannt ein eigenes Koordinatensystem auf. Die mechanische Auslegung ist in der Norm DIN ISO 9409 festgelegt.
→*Flansch*

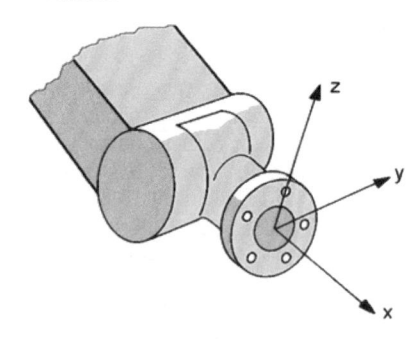

Roboter-Fußballer
[soccer robot]
Rad- oder beingestützter mobiler Roboter, der in Fußballwettbewerben antreten kann. Bekannt ist der RoboCup, ein Wettbewerb seit 1993. R. müssen nicht nur Gleichgewicht halten sondern auch gemeinsam Strategien entwickeln können. Das geschieht meist mit externer Rechenleistung und drahtloser Datenübertragung. Die Wettbewerbe sind in Klassen eingeteilt, mit jeweils strengem Reglement. R. sind in erster Linie auch Studienobjekte zur Anwendung von Informatik und Mechatronik.

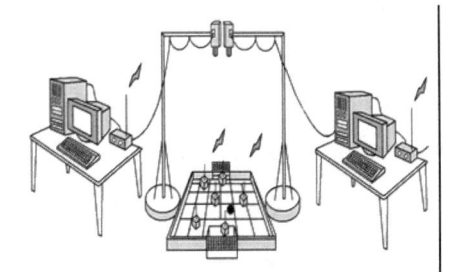

Robotergeneration
[generation of robot]
Einteilung der Roboter nach ihrem technischen Entwicklungsniveau, besonders ihrer Sensorisierung und Intelligenz von Funktionen, in vorerst drei Generationen:

1. Generation: Fähig für präzise festgelegte Handhabungsaktionen; Wahrnehmungsfähigkeiten fehlen; Einfache Kontrollfunktionen setzen den Roboter bei Unregelmäßigkeiten still.

2. Generation: Mit Sensoren kann die Umwelt ertastet oder visuell wahrgenommen werden. Entsprechend den Signalen wird das Verhalten geändert. Selbstständige Veränderungen des vorgegeben Programms sind nicht möglich.

3. Generation: Es sind Komponenten für intelligentes Verhalten vorhanden. Die Roboter sind in der Lage, ohne äußere Einwirkung die Initiative zum Handeln zu ergreifen.

Robotergesetze
[robot laws]
Von *I. Asimov* und *J.W. Campell jr.* 1942 formulierte Gesetze, die als literarische Fiktion zu verstehen sind und die → *Roboterethik* betreffen. Danach wird verlangt:
§1: Ein Roboter darf keinen Menschen verletzen oder durch Untätigkeit zu Schaden kommen lassen.
§2: Ein Roboter muss den Befehlen eines Menschen gehorchen, es sei denn, solche Befehle stehen im Widerspruch zum ersten Gesetz.
§3: Ein Roboter muss seine eigene Existenz schützen, solange dieser Schutz nicht dem ersten oder zweiten Gesetz widerspricht.

Robotergesicht
[robot face]
Nachbildung eines Gesichtes zur Darstellung von Emotionen wie Überraschung, Angst, Abscheu, Wut, Glück und Trauer. Das R. ist auch als Mensch-Maschine-Schnittstelle zu verstehen. Das R. *Mark I* (Bild) ist mit pneumatischen Mikro-Aktoren ausgestattet, die an den nummerierten Steuerpunkten ziehen. Dadurch erhält man realistische Gesichtsausdrücke, die zur Interaktion mit einem menschlichen Partner dienen können.

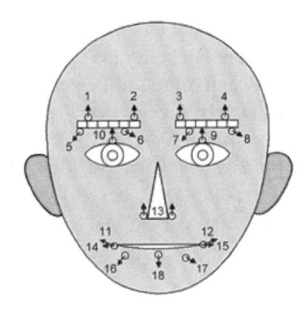

Robotergetriebe
[robot gear]
Getriebe für die Bewegungsachsen eines Roboters, die oft als Sondergetriebe ausgeführt sind. Sie beeinflussen das Roboterverhalten und sollen spielfrei sein. R. hoher Fertigungsgüte können Stirnrad-, Planeten-, Harmonic-Drive-, Cyclo-, Akim-, Duplexschnecken-, Zahnriemengetriebe sein. Roboterarme mit elektrischem Direktantrieb enthalten keine R. Bei R. wird eine Überlastfähigkeit von bis zum Sechsfachen des Nennmoments realisiert.

Roboterhören, räumliches
[binaural robot hearing]
Stereophonisches Hören, wobei die Schallsignale getrennt nach rechts und links über Signalwandler und Mikroprozessor einer Auswertung zugeführt werden.
→ *Phonem*

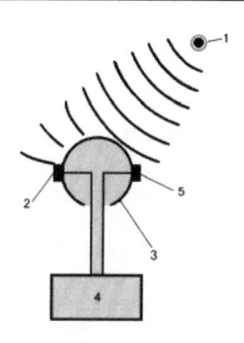

1 Schallquelle, 2 linker Signalwandler, 3 Roboterkopf, 4 Mikroprozessor, 5 rechter Signalwandler

Roboterhund
[robodog]
Roboter im Aussehen eine Hundes, der z.B. als treuer Begleiter eines Soldaten im Feld Lasten trägt und Bodengänge ausführt. Das Bild zeigt den *Bog Dog* der Firma *Boston Dynamics*. Hunderoboter sind aus der Scien-Fiction-Literatur bekannt, z.B. bei *Ray Bradbury* (1953) in „ *Fahrenheit 451*".

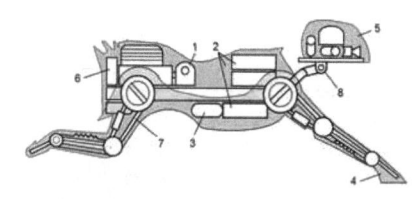

1 Hydraulikpumpe, 2 Elektronik, 3 Akku, 4 sensorisierter Fuß, 5 Sensorplattform (Kameras, GPS-Sensor, Gyro-Sensor), 6 Kühler, 7 Beinmechanismus, 8 sensorisierter Gelenkstabilisator

Roboterkalibrierung
[calibration of industrial robot]
Gemeint ist meisten die → *Kalibrierung* von offline erstellten Roboterprogrammen durch Anpassung des Simulationsmodells an die realen Verhältnisse, z.B. mit einem sensorisch unterstützten Kalibrierlauf. Nach der R. erübrigt sich eine Sensorführung. Grund: Bei seriellen Kinematiken wird deren unzureichende Positioniergenauigkeit über die Länge der Achsverbindungselemente verstärkt.

Roboterkampf
[robot wars]
Wettkampfform, bei der → *Kampfspiel-Roboter*, wie einst die antiken Gladiatoren, gegeneinander in einer Arena antreten, um sich zu bekämpfen und aus dem Gleichgewicht zu bringen. Für die Attacken werden Kreissägeblätter, Hämmer, schwingende Pfähle, Umwerfmechanismen, Baggerschaufeln, Kettensägen, Abbruchwerkzeuge, Morgensterne, Elektroschocker und Lanzen als Effektoren eingesetzt.

Roboterkinematik
[robot kinematics]
Getriebetechnischer Aufbau eines Roboters, dargestellt durch die Bewegungsform der Achsen (rotatorisch, translatorisch), die Anordnung der Achsen, sowie die Aufeinanderfolge und Anzahl der Bewegungsachsen. Auch die Form des Arbeitsraumes gehört dazu.
→ *Kinematik*

Roboterkonfiguration
[robot configuration]
→ *Konfiguration*

Roboterkoordinaten
[robot coordinates]
Andere Bezeichnung für die Achs- bzw. Gelenkkoordinaten. Man unterscheidet jeweils eigene Koordinatensysteme für Objekte (O), für den Roboter (R), für das Werkstück, für den Roboterflansch (F) und für die Basis des Roboters (B).

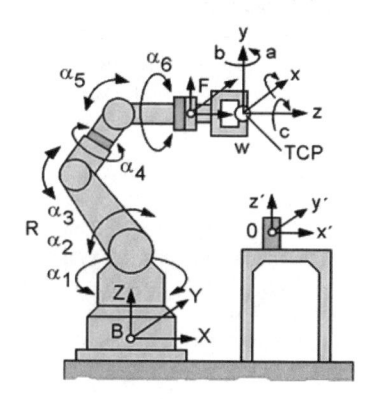

Roboterkunst
[robot art]
Schaffung von Kunstwerken in Malerei, Plastik und Literatur mit und über Roboter bzw. roboterähnliche Gebilde als Ausdruck der Zeit, in der die Werke entstanden sind. Beispiele: Roboter als Bühnenstar, Tänzer, Pianist (*Wabot*), kinetische oder kybernetische Skulpturen, Filmfiguren (Krieg der Sterne), interaktive Schaustücke, Romanhelden (Science-Fiction-Literatur), künstliche Tiere mit phantastischem Aussehen oder als Bilder malende Humanoiden. Bekannt sind auch Tanzszenen, die von Mensch und Roboter gemeinsam gestaltet wurden und das durchaus mit Ästhetik.
→ *Robotergesicht,* → *Kismet*

Roboterleasing
[robot leasing]
Zeitweiliges, vertraglich geregeltes Ausleihen von Industrierobotern z.b. an Klein- und mittelständische Betriebe. Zum R. gehört auch das Verleihen von Schaustellungsrobotern an Geschäfte, Messeveranstalter, Film- und Fernsehgesellschaften.

Robotermetrologie
[robot metrology]
Angewandte Disziplin der Metrologie (Maß- und Gewichtskunde), die sich mit der maßlichen Erfassung eines Roboters und den von ihm erreichten Raumpositionen befasst. Eine Möglichkeit besteht z.b. in der Anwendung fotogrammetrischer Verfahren nach dem Prinzip des stereoskopischen Messens.

Robotermodul
[module]
Eigenständige passive oder aktive (angetriebene) Baugruppen (Dreh-, Schwenk-, Lineareinheit, Greifer, Steuerung), aus denen man nach dem Baukastenprinzip einen Roboter zusammensetzen kann. Vorteil: Es wird nur die Beweglichkeit installiert, die für eine bestimmte Aufgabe tatsächlich notwendig ist.

Robotermontage
[robot assembly]
Montage von Produkten oder Baugruppen, die mit Hilfe von Robotern ausgeführt wird. Das kann an Rundtakt- oder Linientaktanlagen geschehen oder innerhalb einer Montagezelle. In diesem Fall wird häufig ein → *SCARA-Roboter* als zentraler Akteur eingesetzt.

Robotermythologie
[robot mythology]
Gesamtheit der Erzählungen von Robotern und roboterähnlichen Wesen, ihre Entstehung, Ängste und Erwartungen sowie die Erforschung der Mythen nach Entstehung, Inhalten und Verbreitung. Dazu gehören auch Schöpfungsvorstellungen von Retortenmenschen und belebte → *Golems* aus Lehm sowie die Holzpuppe „Olimpia" eines *E.T.A. Hoffmann.*
→ *Frankenstein,* → *Cyborg,* → *Robo-Cop,* → *Science-Fiction-Roboter*

Roboterprogrammiersprache
[robot programming language]
Sprache zur Steuerung von Robotern, wobei nahezu jeder Roboterhersteller eine oder mehrere eigene R. entwickelt hat. Beispiele: KRC1 (*Kuka*) ermöglicht die Ansteuerung eines Roboters von einem PC aus, KAREL (*Fanuc Robotics*) ist stark an Pascal angelehnt, BAPS (*Bosch*) läuft auf der von Bosch vorgesehenen Hardware, PA-Library (*Mitsubishi Heavy Industries*), RCCL (*Robot Control Library*), ARCL (*Advanced Robot Control Library*) u.a.
Geschichte: 1973 wurde die erste R. (WAVE) an der Stanford-Universität entwickelt; 1993 wurde die R. VAL/V$^+$ (*Adept Technology*) geschaffen.

Roboterprogrammierung
[robot programming]
Dafür werden verschiedene Verfahren eingesetzt. Man unterscheidet nach dem Ort der R. in Online-Programmierung direkt am Roboter und in Offline-Programmierung mit späterer Übergabe des Pro-

gramms an die Robotersteuerung. Programmierverfahren sind die Teach-in-, die Playbackprogrammierung und die Programmierung mit CAD. Letztere ermöglicht es, den Programmablauf offline zu entwickeln und am Rechner die Programmausführung zu simulieren.

Roboterschlange
[robot snake]
Hochbeweglicher Mechanismus, der einer natürlichen Schlange nachempfunden wurde und der aus vielen Segmenten zusammengesetzt ist. Für die Fortbewegung können kleine Rollen oder Beine angebracht sein. Eine Spezialität ist das Queren von Ritzen und Spalten.

Roboterschwärme
[robot swarms]
Trupps von Hunderten oder Tausenden kleiner Roboter, die über Minimalfunktionen verfügen und ähnlich wie Bienenschwärme oder Ameisenkolonien in der Tierwelt besonders ökonomisch zusammenarbeiten. In der Tierwelt macht eine große Zahl von Individuen das Gesamtsystem robust und zur Erfüllung komplexer Aufgaben fähig. → *Schwarmintelligenz* wird untersucht, um es auf R. zu übertragen. Dabei geht es um das Verhältnis der einzelnen Roboter untereinander und zur Umwelt. Zur Umwelt gehört schließlich auch der Mensch.

Robotersehen
[robot vision]
Technisches Sichtsystem, welches an einem Roboter angebaut ist und mit dem der Roboter seine Umgebung (Werkstücke, Prozess, Peripherie) erkennen kann. Erste Versuche zum maschinellen Sehen wurden bereits 1959 vorgenommen. R. kann zur Qualitäts- und Vollständigkeitskontrolle, zur Bewegungssteuerung, zur Führung von Werkzeugen und zur Objekterkennung ausgenutzt werden. Es gibt auch bereits stereoskopisches Sehen. R. wir in Zukunft weiter an Bedeutung gewinnen. Im Bild wird ein System mit externen R. gezeigt.

Geschichte: Der erste Roboter mit R.-System wurde 1963 entwickelt.

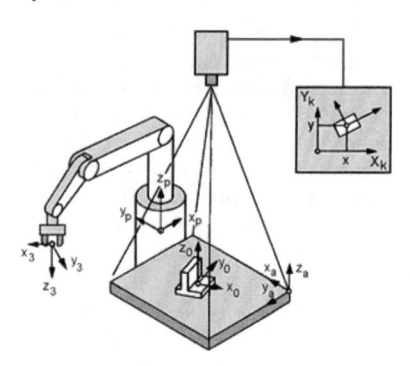

Robotersensor
[robot sensor]
Sensoren am Roboter zur Gewinnung von Informationen über Zustände und Eigenschaften im Roboter (Wege, Winkel, Kräfte, Momente, Ströme) oder über die Roboterumgebung (Temperatur, Objektpositionen, Entfernung zum Objekt, Erkennung von Kollisionsstellen u.a.). Der R. ist immer Bestandteil des Roboters.

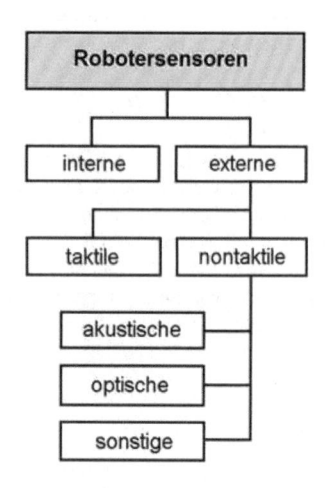

Robotersimulationssystem
[robot simulation system]
Softwaregestütztes Hilfsmittel, um die Planung und Programmierung von Roboterarbeitsplätzen rechnergestützt durchführen zu können. Es kann in folgende Teilgebiete gegliedert werden:

- Modellierung von Roboterzellen
- Zellen- und Roboterprogrammierung
- Animation des Modells
- Benutzerschnittstelle

Grundlage von Simulationsuntersuchungen ist immer die Existenz eines geometrischen Modells der Roboterzelle. Darunter versteht man ein Modell, das neben der körperbeschreibenden Geometrie auch technologische, funktionelle sowie administrative Informationen und Zusammenhänge wiedergibt.

Robotersprache
[robotic language]
Sammelbegriff für einige hundert Hochsprachen, wie z.B. VAL, mit denen Roboterbewegungen beschrieben werden. Nicht gemeint ist mit R. eine synthetische Sprachausgabe.
→ *Roboterprogrammiersprache*

Robotersteuerung
[robot control, RC]
Hard- und Software des Roboters zur Entgegennahme von Befehlen, zur Abarbeitung der Bewegungsanweisungen und zur Weiterleitung der Bewegungsinkremente an die Gelenkregelung.

Robotersystem
[robot system]
Bezeichnung für ein funktionsfähiges, auf eine bestimmte Aufgabe ausgerichtetes System, das aus Roboter, Endeffektor, Steuerung, Software, Energieversorgung, Sensorik und peripheren Hilfsgeräten besteht.

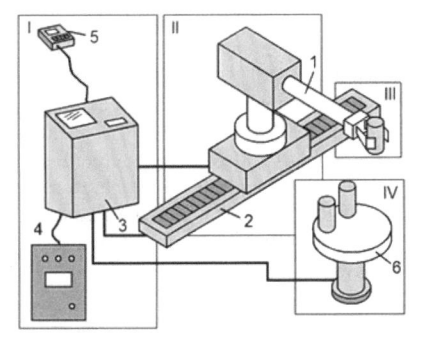

1 Roboter, 2 Bewegungseinheit, 3 Robotersteuerung, 4 Anpasssteuerung, 5 Handbedienpult, 6 Drehtisch

I Steuerung, II ausführende Einrichtung, III Arbeitsorgan, IV Peripherie

Zum R. gehören auch die Schnittstellen zur Datenübertragung. Gegebenenfalls zählen auch Komponenten zur Lokomotion dazu.

Robotertanz
[robotdance]
Tanzform, bei der der Mensch eine Maschine (den Roboter) in seinen Bewegungen kopiert. Was wie ein Furiosum an Lebensfreude aussieht ist wohl eher Resignation vor der Allmacht der Technik. Der R. ist ein Ausdruck des Dualismus Mensch-Maschine.

Robotertechnik
[robotics]
Arbeitsgebiet von Wissenschaft und Technik, das sich mit dem Teil der Automatisierung befasst, der sich auf den Einsatz von Handhabungseinrichtungen stützt, soweit es sich um die automatische Manipulation von Gegenständen und Werkzeugen handelt. Typisch ist die Anwendung von Industrierobotern und der Einsatz konventioneller Handhabungstechnik (Magazine, Ordnungseinrichtungen, Transfereinrichtungen u.a.) im Umfeld des Roboters. Wird der Begriff weiter gefasst, dann zählen dazu auch autonome mobile Roboter, Serviceroboter, Schaustellungsroboter und Transportroboter. Auch die KI ist mit einbezogen und befasst sich mit den Techniken zur Konstruktion von Robotern, die mit Hilfe der Heuristik sehr flexibel operieren und sich an ständig wechselnde Umgebungen anpassen können. Ziel ist die Schaffung sehender und sprachverstehender Roboter, die sich auch in unbekannter Umgebung zurechtfinden und sich Pläne ausdenken können bzw. solche bei Bedarf auch abwandeln.
Isaac Asimov meint dazu: „Robotik ist die Konzipierung und der Einsatz intelligenter, mechatronischer Mehrzwecksys-

teme, die anthropomorphe Aufgaben ohne Mithilfe eines Operateurs in einer (entfernten) Umgebung ausführen und ihre Arbeitsweise ohne externe Hilfe verbessern können." Der Begriff „Robotics" wurde 1942 erstmals von *Asimov* verwendet. Das Suffix „*-ics*" soll das systematische Studium von Robotern, ihre Konstruktion, Instandhaltung, Verhalten und Anwendung zum Ausdruck bringen.

Robotertentakel
[robot tentacle]
Langen tintenfischartigen Fangarmen nachgebildete Arm-Hand-Einheit für einen speziellen Roboter. Eine solche Extremität besteht nur aus Muskeln und wird nicht von einem Skelett gestützt (Projekt Octor, USA).

Roboterwerkzeug
[robot tooling]
Bearbeitungs-, Prüf- und Montagewerkzeuge, die sich an einen Roboterflansch als Endeffektor anbauen lassen, wie z.B. Kleinschleifmaschinen, Hochfrequenzspindeleinheiten, Schweißbrenner, Klebepistolen, → *Robo-Hammer*, leerlauffeste Meißel- und Schlackenhämmer, Schrauber, 3D-Taster.

Roboterzelle
[robot cell]
Abgeschlossener, für den Menschen im Betrieb unzugänglicher Raum mit mindestens einem Industrieroboter, mit Transportsystemen und Magazinen, Steuerungssystemen und weiteren peripheren Komponenten. Typisch ist, dass der Roboter an einem Ort mehrere Arbeitsoperationen ausführt, oft bis zum fertigen Produkt. Beispiel: Montagezelle

Robotik
[robotics]
Robotertechnik; dazu gehören Entwurf, Herstellung, Steuerung von Robotern, Einsatz in Standard- und Problemlösungen, Erforschung von Steuerungsvorgängen, Sensoren und Algorithmen bei Mensch, Tier und Maschine sowie deren Anwendung bei Robotern. Der Begriff „Robotik" wurde 1942 von Scienceficton-Autor *Isaak Asimov* (1920-1992) erstmals in der Erzählung „Runaround" verwendet. Diese Robotergeschichte wurde bereits 1942 in *Astounding Science Fiction* veröffentlicht.

Robotik, biomimetische
[biomimetic robotics]
Fachgebiet der Robotik für die Überprüfung und Verbesserung von Hypothesen über intelligentes Verhalten, Wahrnehmung und Kognition am Beispiel von Lebewesen wie z.B. die Navigation der Wüstenameise und die sechsbeinige Fortbewegung der Grille.

Robotik, epigenetische
[epigenetic robotics]
Interdisziplinärer Forschungsansatz aus Entwicklungspsychologie und Robotik. An Modellen intelligenter Systeme konnte gezeigt werden, dass ein Roboter, bei dem eine körperliche Entwicklung simuliert wird, schneller lernt, als ein statisches Vergleichssystem.

Robotik, kognitive
[cognitive robotics]
Disziplin in der Robotertechnik, die sich damit befasst, Robotern mit zusätzlicher sensorischer Grundausstattung einfachere und auch komplexere „Sinne" wie Gesicht, mechanische Reize, Gehör und Gefühl zu verleihen.

Röhrengreifer
[rubber membrane gripper]
Spezieller Klemmgreifer (Außengreifer), der unterschiedliche Profile (Vierkantstangen, Neonröhren) und unregelmäßig geformte Objekte (oval, eckig, Flaschen, Glühlampen) mit einer Gummimembran hält, indem sich diese bei Druckluftzufuhr dehnt und der Objektkontur anpasst. Der R. ist sehr einfach aufgebaut und preiswert.
→ *Flaschengreifer*

►R

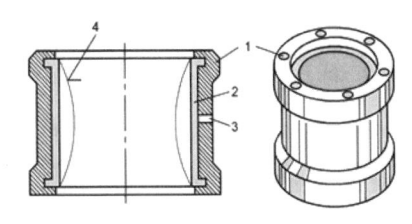

1 Gehäuse, 2 Gummimembran, 3 Druckluftanschluss, 4 Membran in gewölbtem Zustand

Rohrkrabbler
[mobile pipe crawler]
Roboter oder Teleoperator, der sich für Inspektions- und Reparaturarbeiten in Rohrsystemen eignet und der sich mit Beinen fortbewegt. Das kann z.B. ein achtbeiniger R. sein, dessen Beine jeweils sternförmig vorn und hinten angeordnet sind.

Rohrzuführung
[transfer of pipes]
Zuführung von Stangen oder Rohren in z.B. einen Rollengang. Die Rohre laufen in einen Rotorzuteiler und werden über dem Rollengang abgesetzt. Erst wenn das Rohr fortbewegt wurde, kann der Zuteiler das nächste Rohr bringen. Je nach Länge der Rohre sind Rollbahn und Rotorzuteiler mehrfach parallel angeordnet.

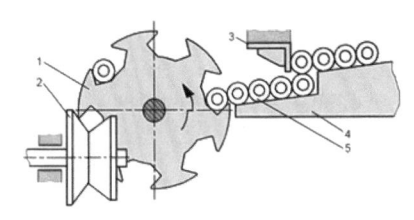

1 Rotorzuteiler, 2 Rollengang für Abtransport, 3 Festanschlag, 4 Stufenrollstrecke, 5 Werkstück, Rohr

Rollbahnmagazin
[feed roller magazine]
Rinnenmagazin für rollfähige Werkstücke, in welchem die Teile infolge der Schwerkraftwirkung von selbst nachrücken. Eine bewährte Konstruktion ist der Aufbau eines Kanals aus Federbandschienen. Diese dienen sowohl als Auflageschiene, wie auch als Seitenbord. Die Gestaltung muss einen Geradlauf sicherstellen.

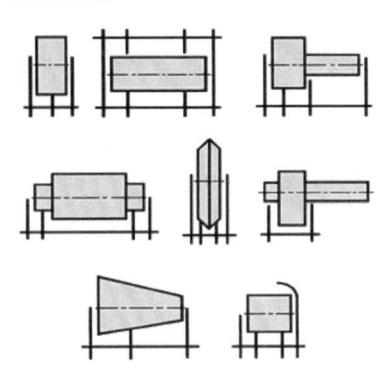

Rollenförderer
[roller conveyor]
Förderstrecke, die aus parallel angeordneten Walzen besteht. Sie werden auf verschiedene Art angetrieben, z.B. über Ketten. Es können schwerlastige Montageobjekte transportiert werden. Kegelrollen ermöglichen auch bogenförmige Streckenabschnitte. Bei langen Strecken sind diese in mehrere Abschnitte mit getrennten Antrieben aufzuteilen.

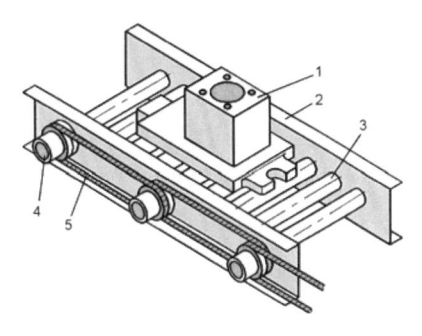

1 Montagebasisteil, 2 Seitenführung, 3 Transportwalze, 4 pneumatische Reibungskupplung, 5 Zahnriemen

Rollenhandhabung
[coil handling]
Aufnehmen und Bewegen von Rollenmaterial, insbesondere in der Papier-, Textil- und metallverarbeitenden Industrie mit Hilfe spezieller Greifertechnik.

Roll-Gier-Nick-Winkel

Drehwinkelkonvention bei Bewegungsachsen, z.B. bei einer Roboterhand. Die R. stehen für drei aufeinander folgende Drehungen und werden im Englischen als Roll, Pitch und Yaw (RPY) bezeichnet. Die Begriffe stammen aus der Schiff- und Luftfahrt. Wesentliches Merkmal der R. ist, dass gegenüber einem ortsfesten Referenz-Koordinatensystem gedreht wird. Die Reihenfolge der Drehoperationen ist strikt einzuhalten. → *Eulerwinkel*

Roll-Pitch-Yaw-Winkel

Drehungen mit Bezug auf das Basiskoordinatensystem: Roll = Drehung um x-Achse (Rollachse), Pitch = Drehung um y-Achse (Nickachse), Yaw = Drehung um z-Achse (Gierachse)

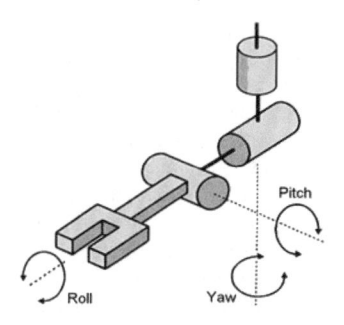

Rollringgetriebe

[rolling ring drive]
Kraftpaariges und überlastungssicheres Getriebe zur Erzeugung von Linearbewegungen.

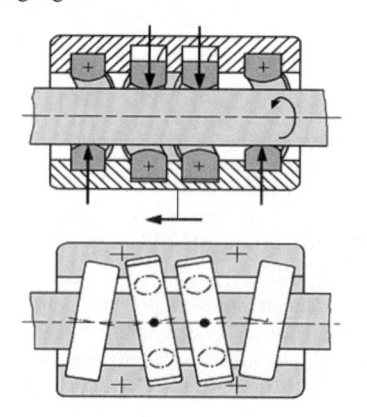

Die kugelgelagerten Ringe einer Wälzmutter rollen auf einer glatten Antriebswelle mit einstellbarem Steigungswinkel ab und verschieben dadurch einen Schlitten. Die Welle ist gehärtet und geschliffen.
Geschichte: Das R. wurde 1960 von *J. Uhing* erfunden und wird deshalb auch als Uhing-Getriebe bezeichnet.

Rollstuhlmanipulator

[wheelchair manipulator]
Seitlich an einem Rollstuhl angebrachter Manipulatorarm zur zeitweiligen Selbstversorgung des Benutzers. Der Arm kann über Tasten, im Einzelfall auch mit Sprache oder Augapfelbewegungen, gesteuert werden. Der Freiheitsgrad sollte $F = 6$ sein.

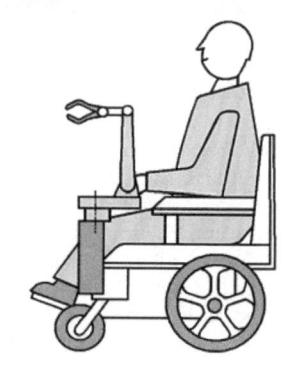

Rollwagen

[lorry]
Auf Schienen laufendes Halte- und Transportgestell mit Rollen zum Bewegen von z.B. Rohkarosserien in Roboter-Schweißlinien.

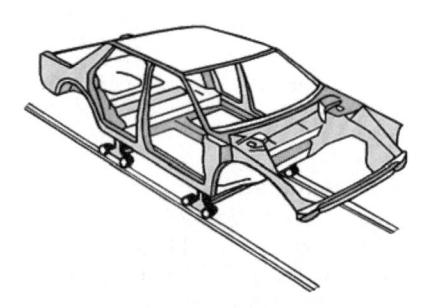

Während der Schweißoperationen wird das Teil in stets gleicher Orientierung und Position gehalten. Bei kleinen Transportgeschwindigkeiten setzt man *Skids* (Kufen auf Gleitschienen) ein.

Rotation
[rotation]
Drehung um eine Achse (Dreh- oder Schwenkbewegung), im Gegensatz zur geradlinigen Bewegung, die man als Translation bezeichnet.
→ *Kreisschiebung*

Rotationsgelenk
[rotation joint]
Drehgelenk, das mit den Achsen der beiden angeschlossenen Glieder einen rechten Winkel bildet, bei dem sich das eine Glied relativ zu einem anderen um eine feste Achse dreht. Ist die Drehung um mehrere Achsen möglich, dann handelt es sich um ein Kugelgelenk.

ROTEX
[Roboter Technolgie Experiment]
Von der Deutschen Raumfahrt Agentur (DLR) entwickelter, von der Erde aus fernsteuerbarer, multisensorieller Experimentalroboter für den Einsatz im Space Shuttle Columbia (D2-SPACELAB Mission 1993). Verschiedene Aufgaben wurden mit Fernsteuerung oder im sensorbasierten Offline-Programmier-Modus ausgeführt.

Rotoidgelenk
[rotoid joint]
Gelenkverbindung zwischen zwei Gliedern, die für ein Glied eine räumliche Drehung um einen festen Punkt in drei Freiheitsgraden relativ zum anderen erlaubt. Aneinandergereiht ergibt sich ein Roboterarm mit rüsselartiger Beweglichkeit.

Rotorlagegeber
[rotor shaft angle encoder]
Winkelstellungssensor, der in bürstenlosen Gleichstrommotoren mit elektronischer Kommutierung dafür sorgt, dass die Wicklung so angesteuert wird, dass sich eine eindeutige Zuordnung zwischen Rotorposition, Stromrichtung und Wicklungsbeschaltung ergibt. Beim 2-poligen Motor muss die Rotorlage dazu im 60°-Raster absolut erkannt werden, beim 6-poligen Motor wird die elektrische Sequenz während einer Rotorumdrehung dreimal durchlaufen. Entsprechend häufiger müssen auch die Wicklungen umgeschaltet werden.

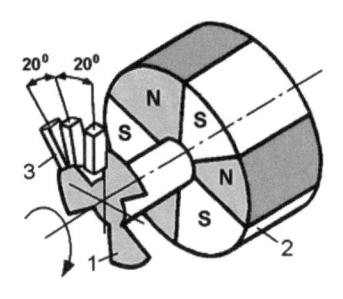

1 Shutter (Scheibenblende), 2 Rotor, 3 Sensor, feststehend,

Rotormaschine
[rotary continuous motion]
Arbeitsmaschine insbesondere für die Montage (auch Tablettenpresse), bei der die Montagebasisteile kontinuierlich, also nicht getaktet, bewegt werden. Alle Montagen werden in der Bewegung ausgeführt. Dazu müssen für kurze Zeit Werkstück und Werkzeug parallel und synchron geführt werden. Das Bewegungskonzept kann als Längstransfer-Montage oder als Rundläufertransfer (Rotormaschine) ausgeführt sein.

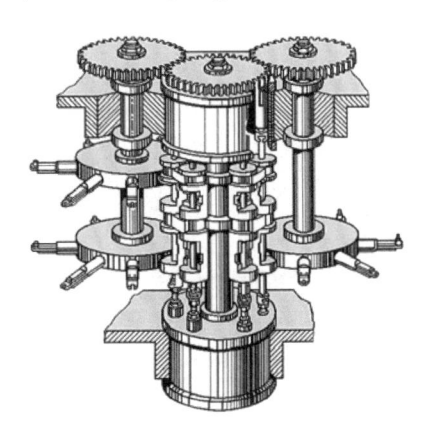

Als markantes technisches Problem zeigt sich die Übergabe von Basis- und Montageteilen in der Bewegung. Solche Maschinen gehören zur Hochleistungsmontage, für die man 150 Montagen je Minute als ungefähre Grenze angibt.

Rotorzuteiler
[rotor separator]
Einrichtung zum Vereinzeln rollfähiger Teile aus einem Rollkanalmagazin mit Hilfe einer taktweise rotierenden Scheibe. Die Werkstücke werden aus einem Schacht- oder Rollmagazin entnommen.

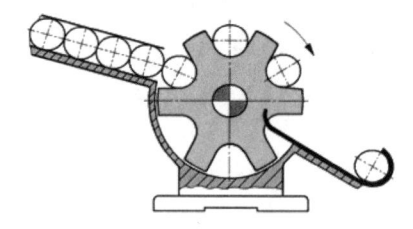

ROV
[Remotely Operated Vehicles]
Ferngesteuert operierendes Fahrzeug, insbesondere für den Luft- und Unterwassereinsatz. Letztere können von der Oberfläche (Mutterschiff) abhängig oder unabhängig und auch freibeweglich sein. Sie können mit Manipulatorarmen, Kameras, Sensoren und Werkzeugen ausgestattet sein. Beispiel: Das R. *Jason Junior* wurde in 3900 m Tiefe zur Untersuchung des Wracks der *Titanic* eingesetzt.

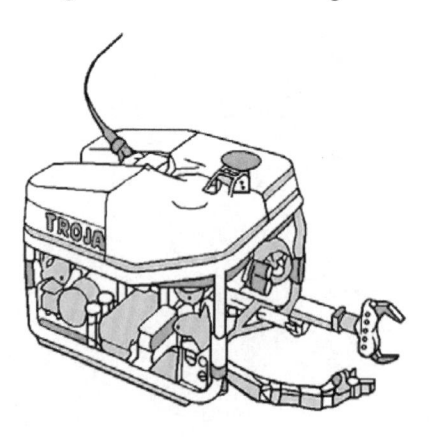

Rover
[„Umherstreifender"]
In der Regel ein mit Rädern ausgestattetes Roboterfahrzeug (mobiler Roboter), das z.B. Bodenproben auf Planetenoberflächen sammelt und vieles mehr analysieren kann. Das Bild zeigt das geländegängige Fahrwerk des To-Rovers.

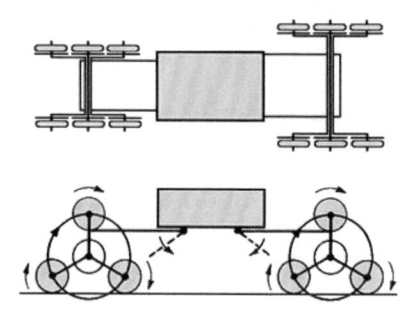

RPV
[Remotely Piloted Vehicle]
Bezeichnung für ein → *UAV* (ein luftgestütztes unbemanntes Fluggerät), welches vom Bodenpersonal ferngesteuert wird.
→ Drohne

RRR-Kinematik
[RRR kinematics]
Roboterstruktur, bei der die ersten drei Achsen Drehachsen (R = Rotation) sind. Es ergibt sich ein kugelförmiger Arbeitsraum bei nur wenig Standfläche.

RRT-Kinematik
[RRT kinematics]
Roboterstruktur, deren erste zwei Achsen Rotations- bzw. Schwenkachsen sind und die dritte Achse eine Linearachse (T = Translation) ist. Es entsteht ein halbkugeliger Arbeitsraum.

RRV
[Remote Reconnaissance Vehicle]
Ferngelenktes Aufklärungsfahrzeug, insbesondere für Militäreinsätze oder zur Erkundung von Schadensfällen in kontaminierten Bereichen der Kerntechnik. Die Steuerung erfolgt von einem Leitstand aus.

RS 232C
[recommended standard 232]
Meist verwendete serielle Schnittstelle, gleichwertig zu DIN 66020, die aber die Schnittstelle genauer als V.24 abbildet, da sie die mechanischen und elektrischen Eigenschaften sowie die Belegung des 25-poligen Steckers definiert, von denen in der Praxis meist nur 8 Stifte belegt sind. Die Datenübertragung kann z.B. von einer dezentralen Positioniersteuerung mit der übergeordneten Steuerung erfolgen. Für Datensignale gilt der Pegel +3 V bis +15 V für das „0-Signal" und der Pegel –3 V bis –15 V für das „1-Signal". Die Übertragungsrate beträgt meistens etwa 4,8 bis 9,6 KBaud, die Grenze liegt bei etwa 100 KBaud, die maximale Leitungslänge ist weniger als 20 m.

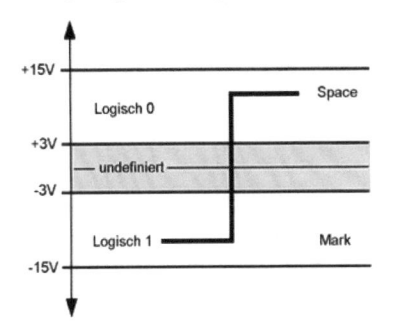

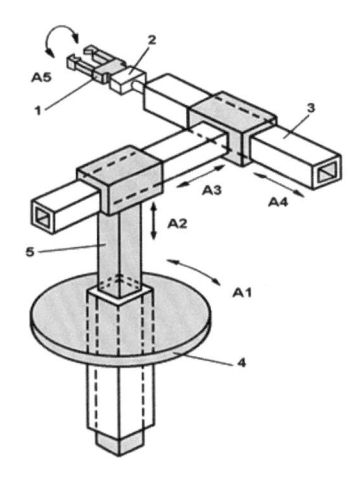

1 Greifer, 2 Handdrehachse, 3 Auslegermodul, 4 Grunddrehachse, 5 Hubmodul, A Achse

Ruck
[jerk]
Endlicher Beschleunigungssprung, wenn bei einem Rampenprofil die Beschleunigung sprungförmig aufgeschaltet wird und deshalb der Geschwindigkeitsverlauf einen Knick hat. Ein Knick tritt an der Stelle auf, wo zwei unterschiedlich gekrümmte Wegkurven tangential ineinander übergehen. Die 3. Ableitung des Weges bzw. des Winkels nach der Zeit heißt 2. Beschleunigung oder Ruckfunktion. Die → *Ruckbegrenzung* ist eine Funktion in einer Positioniersteuerung, die den Ruck auf einen zulässigen Maximalwert begrenzt. Dieser wird durch das mechanische System vorgegeben.
→ *Stoß*

RTM
[Robot Time and Motion]
Verfahren zur Bestimmung der Zeitanteile für typische Roboterbewegungen, ähnlich dem Verfahren → *MTM*, das 1979 an der *Pardue Universität* entwickelt wurde. Damit lässt sich eine Vorausberechnung von Arbeitszykluszeiten durchführen. Inzwischen kann man dafür Simulationssysteme einsetzen.

RTT-Kinematik
[RTT kinematics]
Kinematischer Grundaufbau einer Handhabungseinrichtung mit der Aufeinanderfolge der Hauptachsen Rotation-Translation-Translation. Es ergibt sich bei dieser Konfiguration ein zylinderförmiger Arbeitsraum.

Bewegung	Stoß	Ruck
Weg x	Knick	tangentialer Übergang
Geschwindigkeit v	Sprung	Knick
Beschleunigung a	Dirac-impuls	Sprung

Ruckbegrenzung
[jerk limitation]
Funktion einer Positioniersteuerung mit der Führungsgrößen so eingestellt werden können, dass ein → *Ruck* im Bewegungsverlauf weitgehend vermieden wird. Das führt zu einer „weicheren" Bewegung und erlaubt schnelleres und genaueres Verfahren, weil die Maschine weniger zu Schwingungen angeregt wird.

Rückfederung
[springback]
Positionsveränderung eines unter Last stehenden Bauteils nach einer Entlastung, z.B. eines Greifers nach Abgabe des Greifobjekts.

Rückkopplung
[feedback]
Informationelle Rückwirkung der Ausgangsgrößen eines gesteuerten Systems auf den Eingang der Steuerungseinrichtung dieses Systems. Eine Gegenkopplung (*negative feedback*) bedämpft den Regelkreis, eine Mitkopplung (*positive feedback*) führt zu höherer Kreisverstärkung und damit gegebenenfalls zu Eigenschwingungen des Systems.

Rücklaufspeicher
[recirculating buffer]
Im Nebenschluss eingeordneter Werkstückspeicher, der im Falle von Störungen überzählige Werkstücke aufnehmen oder stromabwärts fehlende Werkstücke abgeben kann. Zuletzt eingespeicherte Teile werden zuerst wieder ausgegeben.
→ *Durchlaufspeicher*, → *FIFO*, → *LIFO*

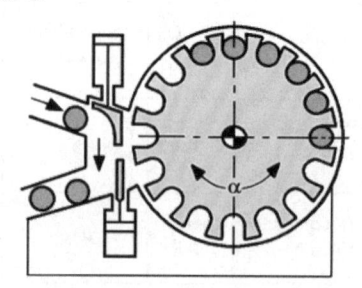

Rücktransformation, Rückwärtstransformation
[inverse kinematics]
Mit der R. können aus der kartesischen Position (Ort und Orientierung) des Effektors die Achsvariablen berechnet werden. Der Benutzer gibt die Stellung des Endeffektors ein und die Robotersteuerung berechnet die dazugehörigen Gelenkwinkel aus. Das ist in der Regel nicht eindeutig lösbar, weshalb die Behandlung von Mehrdeutigkeiten bei der R. wichtig ist.

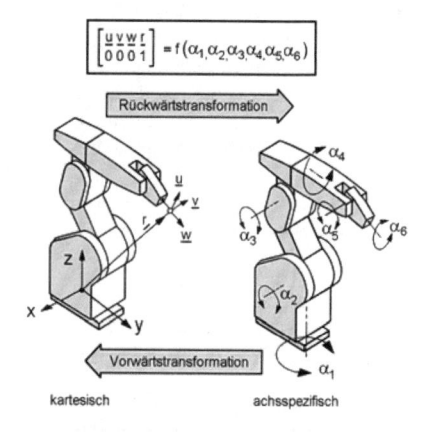

$$\begin{bmatrix} u & v & w & r \\ 0 & 0 & 0 & 1 \end{bmatrix} = f(\alpha_1, \alpha_2, \alpha_3, \alpha_4, \alpha_5, \alpha_6)$$

Rückwärtsverkettung
[backward chaining]
In der KI eine Methode, die in der Problemlösung verwendet wird. Bei dieser Methode wird mit einem Ziel oder einer Hypothese begonnen und man arbeitet mit den gegebenen Regeln rückwärts, um festzustellen, welche Tatsachen notwendig sind, um das Ziel zu erreichen.

Rundbürstenvereinzelung
[rotor brush seperator]
Vereinzelungselement mit Borstenbesatz für das Vereinzeln von oberflächenempfindlichem Arbeitsgut wie z.B. Aluminiumdosen. Durch unterschiedlich hohe Borsten entstehen im Rotorelement Bürstenkammern, die das Werkstück aufnehmen. Der Borstenverschleiß ist sehr gering, wenn das richtige Borsten(Besteck-)material verwendet wird.

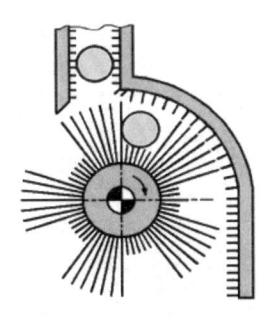

Rundflächen-Speichertisch
[circular table storage]
Zufuhr- oder Zwischenspeicher für teilgeordnete Werkstücke, die nach und nach einem Ausgang zustreben und dort vereinzelt in eine Maschine eingegeben werden. Das Auflegen der Teile kann manuell oder maschinell erfolgen. Die Leitelemente lassen sich passend zur Werkstückgröße einstellen, so dass die Teile nach mehreren Runden am Außenrand ankommen.

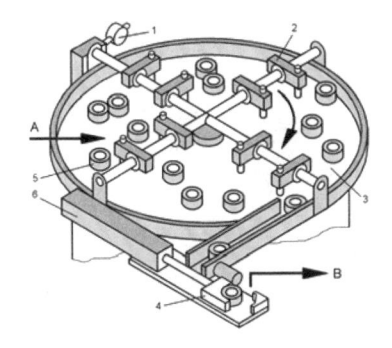

1 Ausrückgewicht, 2 Leitelement, 3 Drehscheibe, 4 Zuteiler und Eingeber, 5 Werkstück, 6 Linearantrieb, A Werkstückaufgabe, B Ausgabe

Rundschalttisch
[indexing rotary table]
Einrichtung, dessen Schaltteller eine schrittweise Bewegung macht. Als Antrieb dienen z.B. Malteserkreuzgetriebe und Zylinderkurven-Schrittgetriebe. Die Schaltzeiten sollen kurz sein, bei stoß- und ruckfreier Taktung. R. werden häufig als Basiseinheit von Montagemaschinen eingesetzt und auch als periphere Einrichtung, z.B. für die Bereitstellung von Handhabungsobjekten.

Rundstangenachse
[round-bar axis]
Linearachse, bei der ein Schlitten auf zwei Rundstangen gleitet, angetrieben z.B. mit einem Schrittmotor und stahlarmierten → *Zahnriemen*. Die Rundstangenachse kann z.B. als Portal-Positionierachse eingesetzt werden. Die Doppelstangenbauweise bietet eine gute Verdrehsicherung bei hohen Momenten.

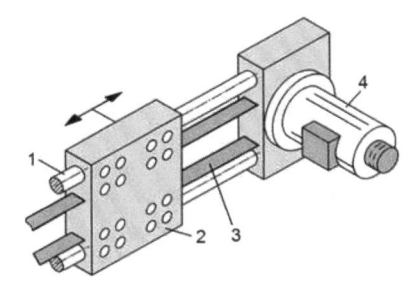

1 Rundstange, 2 Schlitten, 3 Zahnriemen, 4 Motor

Rundtakt-Montageautomat
[rotary indexing assembly system]
Montageautomat mit z.B. 24 Stationen, bei dem die in Werkstückaufnahmen befindlichen Montagebasisteile auf einem Rundtisch, manchmal auch auf einem Ringtisch, taktweise von Station zu Station bewegt werden. Oft muss nach jedem Montagevorgang auf der nächsten Station eine Kontrolle des Montagefortschritts durchgeführt werden. Bei Produkten mit vielen Einzelteilen genügt das Rundtaktprinzip nicht mehr. Man orientiert dann auf Linientaktanlagen. Die R. haben meistens den Charakter einer Sondermaschine. Allerdings stehen viele Module für den Aufbau der Stationen (Magazine, Pick-and-Place-Geräte, Kleinpressen usw.) und sogar Grundmaschinen ohne Zuschnitt auf ein definiertes Produkt zur Verfügung.

Rundtisch-Direktantrieb
[rotary table with direct drive]
Rund- oder Ringtisch, der mit einem

elektrischen rotatorischen → *Direktantrieb* in Gang gesetzt wird und in der Anzahl der Stationen frei programmierbar ist. Im Lager ist ein induktives oder optisch quasi-absolutes Messsystem eingebaut. Die Vorgabe der Drehzahlen sowie die Regelung der Lage erfolgt für den Synchronmotor (Bild) über einen → *Frequenzumrichter*. Es werden sehr hohe Teilungsgenauigkeiten und kurze Positionierzeiten erreicht, z.B. 0,8 s bei einem Winkel von 30° und einem Tischdurchmesser von 1 Meter. Ein solcher Rundtisch kann unabhängig von einer übergeordneten SPS im Hand- oder Automatikbetrieb genutzt werden. Auf Beschleunigungsrampen und andere Achsparameter hat man Zugriff und kann sie beeinflussen, z.B. zur Optimierung der Schaltzeit in Abhängigkeit vom Massenträgheitsmoment.

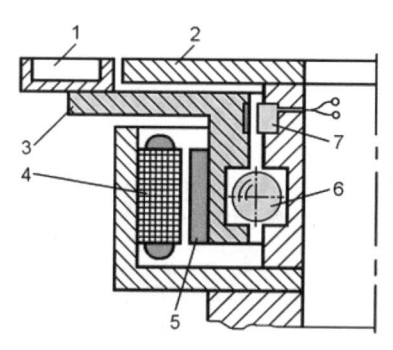

1 Basisteilaufnahme bei einer Ausrüstung für die Montage, 2 fester Ringtisch, 3 Drehteller, 4 Primärteil, 5 Magnet, 6 Wälzlagerung, 7 Winkelmesssystem

R.U.R.
[Rossums Universal Robots]
Theaterstück in 3 Akten vom tschechischen Dramatiker *K. Čapek*, das 1921 in Prag uraufgeführt wurde. Die fiktive Firma R.U.R. produziert auf bionischer Basis künstliche Menschen, Roboter als „Vertragsarbeiter". Ursprünglich hieß das Stück WUR für Werstands Universal Robots. Der Begriff „Roboter" wurde von Čapeks Bruder Josef für das Theaterstück vorgeschlagen. Die Geschöpfe sind keine Roboter, sondern → *Androiden*.

Rüsselarm
[trunk-like wrist structure]
Handgelenk oder Arm eines Roboters, der rüsselartig ausgeführt ist und dadurch eine große Beweglichkeit erhält, was z.B. bei Farbspritzrobotern günstig ist. Als natürliches Vorbild kann der Elefantenrüssel mit seinen 40 000 einzelnen Muskeln angesehen werden.

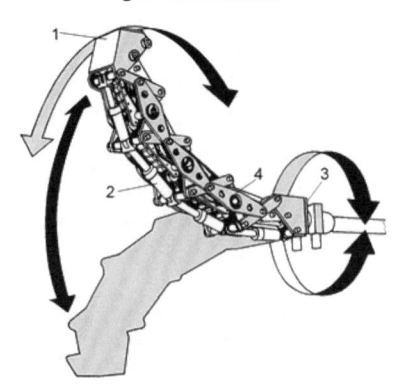

1 Endeffektorflansch, 2 Arbeitszylinder, 3 Roboterarmanschluss, 4 Scherengelenkkette

Rutschsensor
[slipping sensor]
Taktiler Sensor in der Greiffläche von Roboter-Greifbacken, der feststellt, ob ein gegriffenes Werkstück im Greifer zu gleiten beginnt. Wird das bemerkt, dann wird die Greifkraft so lange automatisch erhöht, bis das Gleiten aufhört. Der R. ist

▶S

wenig verbreitet. Der Greifer jedoch erlangt damit die Eigenschaft, kraftadaptiv zufassen zu können.

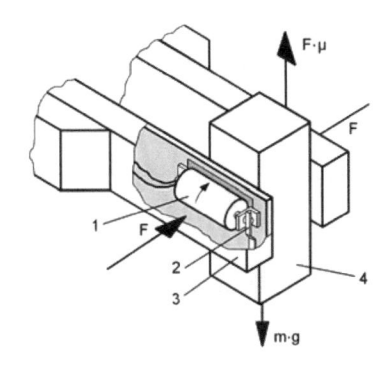

1 Tastrolle, 2 Sensor, der auf Drehung reagiert, 3 Greiferfinger, 4 Werkstück, F Greifkraft

S

Sabor
Bezeichnung für einen fernsteuerbaren → *Androiden* aus einer Serie von *A. Huber* und *P. Steuer* (um 1952, *Basel*). Er war für die Schaustellung gedacht und spielte Musikinstrumente.

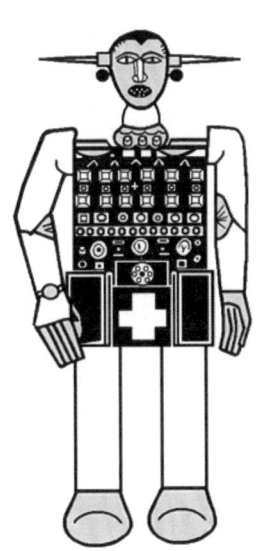

S. gab Feuer, konnte mehrere Sprachen, schießen, Mundharmonika spielen und Samba tanzen. Höhe: 2,37 m; Masse: 270 kg; 2500 m Drahtleitungen. Steuerelemente: Telefon-Selbstwähltechnik, Funktionsaufruf über Wählscheibe oder per Funk.

Sackgreifer
[hand for bag]
Greifer, der für die Handhabung von Sackware ausgerüstet ist. Er kann die Säcke vom Rollenförderer aufnehmen und halten. Bei Kunststoffsäcken darf die Flächenpressung an den Griffstellen nur gering sein. Das erreicht man mit großflächigen Stützplatten oder großflächigen Vakuumsaugern.

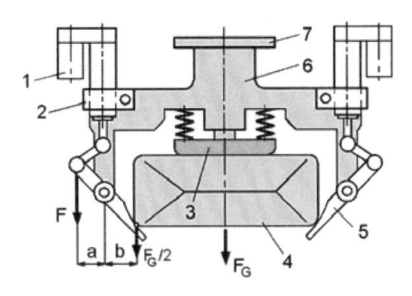

1 Elektrozylinder, 2 Halterung, 3 gefederte Auswurfplatte, 4 Greifobjekt, Sack, 5 Stützplatte, Klaue, 6 Grundkörper, 7 Anschlussflansch

Sackspeicher
[sack buffer]
Landläufige Bezeichnung für einen Speicher für stangen- bzw. rohrartige Teile.

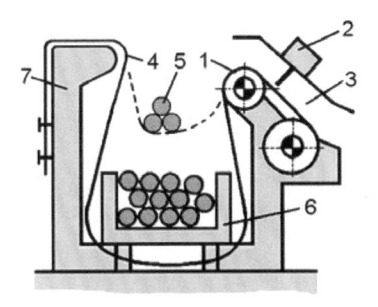

1 Umlenkrolle, 2 Zuteilschieber, 3 Ausgabekanal, 4 Gurt, 5 Werkstück, Stange, Rohr, 6 Transportpalette, 7 Gestell

Diese werden zunächst in sackartigen Gurten aufgenommen. Werden die Gurte allmählich aufgerollt, dann kann das Speichergut zum Auslauf hin abgleiten oder rollen.

Safe-live-Verhalten
Prinzip des überlebenssicheren Bestehens, d.h. es wird angenommen, dass ein Bauteil ohne Fehlfunktion und ohne Zerstörung die Betriebszeit übersteht.

Safety-Controller
Sicherheitssteuerung, die bei einem Roboter auf der Basis eines Kinematikmodells alle Achsbewegungen des Roboters im Raum überwacht, auch das Zusammenspiel mehrerer Achsen. Damit können z.B. bei einem Knick-Arm-Roboter sogenannte kartesische Nocken definiert werden. Bislang mechanische Sicherheitsfunktionen werden auf die Steuerungsebene verlagert. Verlässt der Roboterarm den zulässigen Arbeitsbereich, dann wird die Maschine abgeschaltet.

Saltoschiene
Gleitrinne für die Zuführung von Kleinteilen, z.B. im Anschluss an einen Vibrationswendelförderer, in der sich die Teile „überschlagen", d.h. am Auslauf ist die Vorderseite des Teils (z.B. Schraubenkopf) zur Hinterseite geworden.

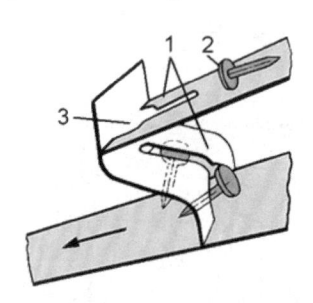

1 Gleitblech, 2 Werkstück mit Kopf, 3 Fallöffnung

Sammelgreifer
[picking gripper]
Greifer, der mit seinen Greiforganen in mehreren Greifvorgängen Teile einzeln aufnimmt und geordnet sammelt. Danach werden sie z.B. in einer Verpackung abgelegt. Oft hat ein solcher Greifer Handdrehachsen, sodass er sich nach der unterschiedlichen Orientierung beim Griff ausrichten kann. Anwendung: Lebensmittelindustrie.

Sammelspeicher
[storage bank]
Speicher in der Fertigung zur Vorratsbildung für den Abtransport. Der S. ist normalerweise ein Fertigteilspeicher.

Sandwich-Bauweise
[sandwich type of construction]
Produktbauweise, bei der die Bauteile schichtweise wie bei belegten Broten aufeinander platziert werden.

Sanftanlaufregler
[reduced voltage starter]
Eine Motor-Anlassschaltung; siehe → Soft-Motorstarter

Sättigung
[saturation]
Bei Magnetgreifern die Sättigungsflussdichte. Sie ist erreicht, wenn das Werkstück keine weitere Magnetisierung mehr aufnimmt.

Satz von Steiner
[law of Steiner, parallel axis theorem]
Trägheitsmomente dürfen nur addiert werden, wenn sie auf ein und dieselbe Achse bezogen sind. Trägheitsmomente sind mit dem Steiner'schen Satz auf andere parallele Achsen umzurechnen. Es gilt:

$$J_A = J_S + m \cdot s^2 \text{ in kgm}^2.$$

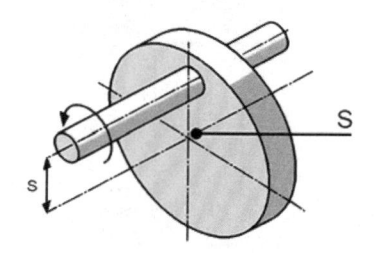

J_s Massenträgheitsmoment eines Körpers bezogen auf eine durch den Schwerpunkt S gehende Drehachse
J_A Massenträgheitsmoment des gleichen Körpers, bezogen auf eine Drehachse durch A
s Abstand beider parallel zueinander verlaufender Achsen
m Masse des Körpers

Satzelement
[block element]
Teil eines Programmsatzes. Es kann sich dabei um einen Weg (absolut oder relativ), die Geschwindigkeitsangabe oder eine Zusatzfunktion handeln, die im Satz programmiert ist.
→ *Verfahrsatz*

Sauerbruch-Arm
Vom deutschen Chirurgen F. *Sauerbruch* (1875-1951) nach dem Ersten Weltkrieg entwickelte Armprothese, mit der es erstmals möglich war, durch eigene Muskelkraft „*nach erfolgtem Befehl aus dem Assoziationszentrum*" zu greifen, zu fassen und zu halten. Um eine frei dosierbare und gut steuerbare Kraft auf die Greifhand ausüben zu können, wurde ein spezielles Verfahren entwickelt, um einen Anschluss noch intakter Muskeln am Amputationsstumpf zu erreichen.

Saugergreifer
[vacuum gripper]
Greifer, der ein Werkstück durch Unterdruck hält, wobei ein Saugnapf den Druckraum zur Werkstückoberfläche abdichtet.

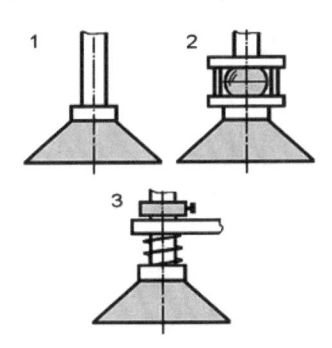

1 starre Aufhängung, 2 kardanisch einstellbare Aufhängung, 3 gefederte Aufhängung

Man unterscheidet Haftsauger (aufpressen, kein Vakuumanschluss), Sauger mit Venturidüse, Sauger mit Anschluss an einen elektrisch angetriebenen Vakuumerzeuger (Gebläse, Rotationspumpe, Kolben).

Saugerkopf
[suction head]
Kombination eines Vakuumsaugers mit einer Venturidüse in einem kompakten Gerät. Die kurzwegige Verbindung zwischen Sauger und Saugdüse sichert eine schnelle Reaktionsfähigkeit. Beim Aufsetzen des Saugers verschiebt sich der Innenkolben und stellt so die Zuschaltung der Druckluft her. Die Druckluft hilft, den Kolben in der oberen Stellung zu halten.
→ *Vakuum-Saugdüse*, → *Vakuum-Saugventil*

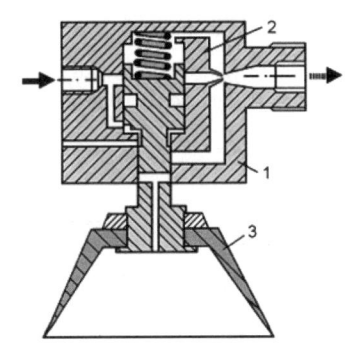

1 Gehäuse, 2 Düsenstück, 3 Sauger

Saugermodul
[suction-cup module]
Modular ausgeprägter Vakuumsauger mit integrierter Venturidüse und mechanisch einstellbaren Befestigungselementen. Damit lassen sich Greifeinheiten, sogenannte Saugerspinnen z.B. für große Blechformteile zusammensetzen. Der Sauger selbst lässt sich per Knopfdruck schnell lösen und auswechseln. Ein Schalldämpfer vermindert den Lärm austretender Druckluft. Der S. ist meist Bestandteil eines Baukastensystems für Vakuumgreifer.

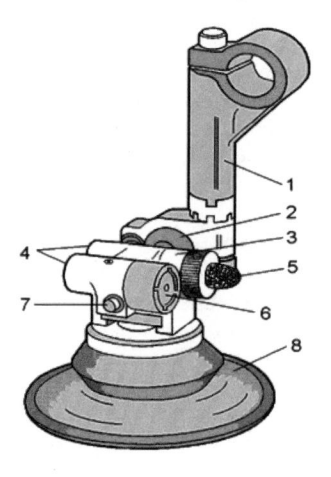

1 Halte-Klemmarm, 2 Kugelkopf, 3 Venturidüse, 4 Druckluftanschluss, 5 Schalldämpfer, 6 Abblaseinrichtung, 7 Saugerrastverbindung, 8 Scheibensauger

Saugpipette
[vacuum pipette]
Zum dünnen Röhrchen verkleinerter Sauger zur Handhabung kleinster und leichter Teile (elektronische Bauelemente, Kleinstschrauben, Mikrobauteile) für deren Aufnahme mit Saugluft.

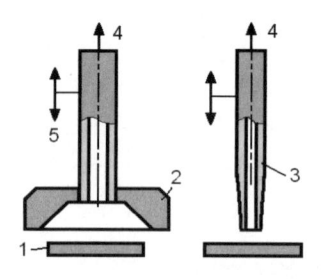

1 Elektronikbauteil, 2 Aufnahmekopf (Wolframcarbid) mit Selbstzentrierung, 3 Vakuumpipette, 4 Saugluft, 5 Anfahrbewegung

Saugvermögen
[suction performance]
Leistungsverhalten verschiedener Sauglufterzeuger. Der Zusammenhang zwischen Unterdruck und Saugvolumen bestimmt u.a. die Anwendbarkeit im jeweiligen Einsatzfall z.B. ist für das Ansaugen etwas poröser Werkstücke ein Gebläse günstiger einsetzbar.

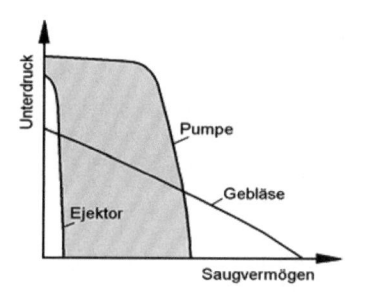

SCARA-Roboter
[selective compliance-assembly robot arm, selectively compliant articulated robot arm]
Drehgelenkroboter mit einem Waagerecht-Gelenkarm, der sich durch eine ausgeprägte achsenbezogene (gezielte) Nachgiebigkeit auszeichnet. Er operiert mit vier Koordinaten wie der Arm eines Menschen und wurde erstmalig Mitte der 1980er Jahre bei Herstellern wie *Toshiba*, *Hitachi* und *Panasonic* eingesetzt (entwickelt 1979 in Japan). SCARAs sind sehr gut für die senkrechte Montage von oben geeignet, weil sie sich einer Position in der x-y-Ebene feinfühlig anpassen können. In vertikaler Fügerichtung sind die Achsen jedoch relativ steif. Es werden hohe Verfahrgeschwindigkeiten erreicht (bis 11 m/s), bei einer Positioniergenauigkeit bis zu ± 0,01 mm.
→ *Roboterachse*

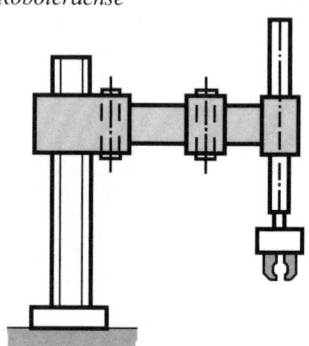

Schablonenvergleich
[template matching]
In der Bildverarbeitung ein Vorgang, bei dem der Rechner den Umriss eines Objektes anhand des digitalisierten und

eventuell gefilterten Bildes ermittelt und mit gespeicherten Mustern vergleicht. Es ist der Übereinstimmungsgrad zweier Grauwertbilder zu ermitteln. Dafür können Sätze von Schablonen als Filtermaske eingesetzt werden, z.B. mit Orientierungswinkeln 0°, 30°, 60°, 90°, 120° und 150°. Passt eine Schablone zu einem Pixelmuster, dann sind das Objekt und seine Drehlage bestimmt. Das Bild zeigt oben einen Satz Schablonen und darunter ein aktuelles Pixelmuster mit passfähigen Schablonen.

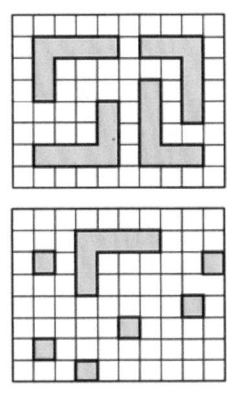

Schachroboter
[chess-playing robot]
Bezeichnung für einen des Schachspielens kundigen Rechner. Einen eigentlichen S. gibt es nicht. Gemeint sind immer Spielprogramme. Für Schauveranstaltungen wurden aber schon Drehgelenkroboter angesteuert, die dann die Schachfiguren nach Rechneranweisung auf einem Brett setzen.
→ *Schaustellungsroboter*

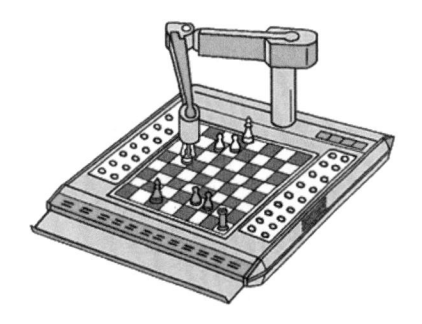

Schachtkommissionierer
[automatic order-picking system using shafts]
Automat, der Waren gemäß eines Auftrages aus Ausstoßschächten in vorbeilaufende Kommissionierbehälter ausgibt. Die Schächte lassen sich auf Packungsgrößen einstellen. Sie werden manuell aufgefüllt. Der Auftrag wird automatisch gelesen, sobald ein Kommissionierbehälter einläuft.
→ *Kommissionierroboter*, → *Kommissioniergreifer*

1 Schachtmodul, 2 Warenschacht, 3 Behälteridentifikation, 4 Warenausschleusung, 5 Bandförderer, 6 Kommissionierbehälter, 7 Ausschiebemechanismus

Schachtmagazin
[chute magazine]
Mit Sehschlitzen durchbrochener, der Außenform der Werkstücke angepasster Schacht zur achsparallelen Aufbewahrung einer relativ geringen Menge geordneten Arbeitsgutes. Die Werkstücke rücken durch Schwerkraft nach oder werden von unten angehoben. Dann geschieht das Zuteilen oben, z.B. mit einem Zuteilschieber. Oft sind zugleich Zuteiler fürs Vereinzeln an das S. angebaut. Das S. ist im Aufbau sehr einfach. Sichtöffnungen erlauben die Beobachtung und manuelle Eingriffe, wenn Verklemmungen beim Nachrücken der Teile vorkommen.
→ *Magazin*, → *Magaziniermodul*, → *Magazinieren*

367

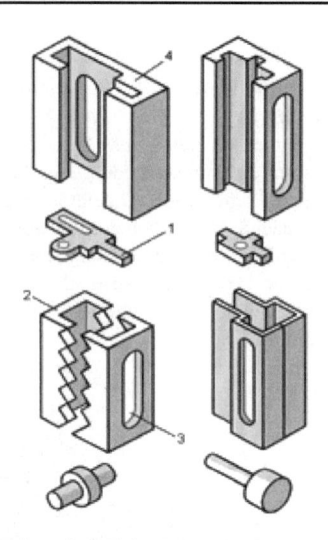

1 Werkstück, 2 Zick-Zack-Magazin, 3 Sichtöffnung, 4 Profilschacht

Schachtmagazin, einstellbares
[adjustable chute magazine]
Schachtmagazin für flache Werkstücke, bei dem man die Magazinstäbe auf den Werkstückdurchmesser einstellen kann. Mit einem zusätzlichen Verstellgetriebe unter der Palettenfläche lassen sich alle Speicherplätze von zentraler Stelle aus einstellen.

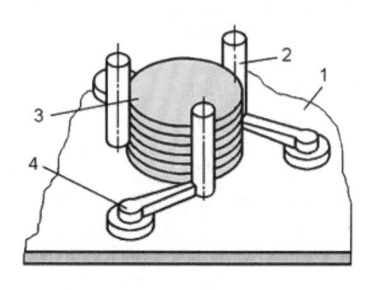

1 Flachpalette, 2 Magazinstab, 3 Werkstück, 4 Einstellarm

Schafschurroboter
[sheepshearing robot]
Spezieller Roboter, der darauf eingerichtet ist, Schafe zu scheren. Das Tier befindet sich hierbei in einer Haltevorrichtung. Vor dem Scheren werden die Tiere vermessen und gewogen, um das zur Statur passende Programm aktivieren zu können. Durch das Atmen ist die Oberfläche des Körpers ständig in Bewegung. Deshalb muss das Schermesser nach Sensorinformationen im stets gleichen Abstand zur Oberfläche geführt werden. Die „Bearbeitungsfläche" ist in einzelne Scherebenen eingeteilt. Es werden etwa 80 % der Wolle gewonnen. Flächen am Kopf und an den Läufen werden manuell geschoren. Die Hautverletzungen sind im Durchschnitt weniger als beim Handscheren durch einen guten Scherer. Die Entwicklung wurde an der Universität von West-Australien ab 1981 betrieben.

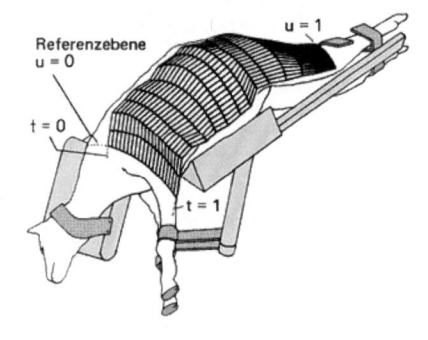

Schallpegelsenkung
[sound attenuation]
Bei der Werkstückzuführung ist eine Minderung der Schallentstehung anzustreben und oft auch schon mit einfachen Mitteln erreichbar.

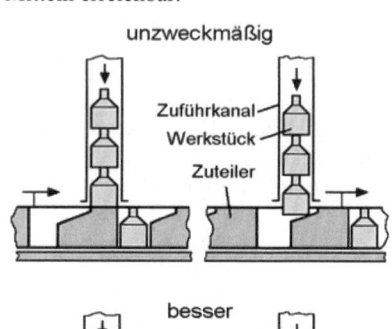

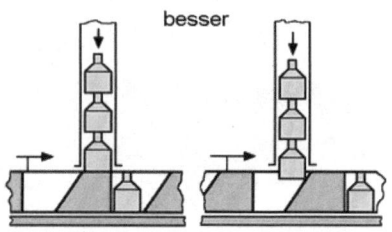

▶S

Im Bild wird am Beispiel einer Flaschenzuführeinrichtung nach (VDI 3720) gezeigt, wie durch eine gezielte Veränderung des Geschwindigkeits-Ortsverlaufes der Lärmpegel entscheidend verringert werden kann. Generell gilt, die Stoßgeschwindigkeiten zu verringern.
→ *Prinzip des Kraftausgleichs*

Schaltabstand
[switching distance]
Abstand eines Objektes vom Sensor, ab dem bei Annäherung einer Messplatte an die aktive Fläche des Näherungsschalters ein Signalwechsel und in der Folge ein Schaltvorgang ausgelöst wird.

Schaltabstand, erhöhter
[increased switching distance]
Näherungsschalter mit erhöhtem Schaltabstand sind so konzipiert, dass sie die Bedingungen für den bündigen und nicht bündigen Einbau nach Norm erfüllen.
Bei bündigem Einbau werden Näherungsschalter normalerweise durch umgebendes Metall beeinflusst. Die besondere Konstruktion und Materialauswahl des Sensors verhindern dies weitgehend, sodass auch diese Sensoren eine hohe Betriebssicherheit über den gesamten Temperaturbereich aufweisen.

Schaltalgebra
[logic algebra]
Aus der Boole'schen Algebra entstandene binäre Logik, die nur drei logische Verknüpfungen kennt: UND, ODER sowie NEIN.

Schaltfrequenz
[operating frequency]
In der Sensorik die maximale Anzahl von Signalwechseln innerhalb einer Sekunde am Ausgang. Die angegebenen Werte werden in einem genormten Messverfahren nach IEC 947-5-2 ermittelt.

Schalthysterese
[switching hysteresis]
Bei Sensoren der richtungsabhängige Unterschied zwischen den Regeldifferenzen am Eingang, die ein Springen der Ausgangsgrößen von EIN (oberer Schaltpunkt) nach AUS (unterer Schaltpunkt) bewirken. Hysterese heißt, Fortdauer einer Wirkung nach Aufhören einer Ursache.

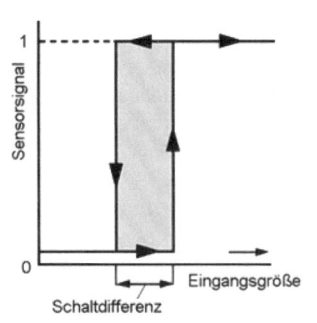

Schaltleiste
[switching terminal board]
Sicherheits-Kontaktelement, welches bei Belastung des Gummihüllprofils (4) einen längs angeordneten Federstahlschalthebel (2) betätigt. Dieser löst dann im Schaltelement mit zwangstrennenden Kontakten (3) ein Signal aus. Als Tragprofil dient eine profilierte Leichtmetallleiste (1).
→*Bumper*

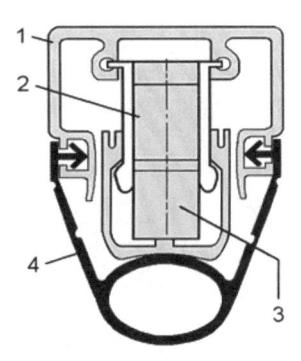

1 Aluminiumprofil, 2 Federstahlschalthebel, 3 Kontakt, 4 Gummihüllprofil

Schaltpunktdrift
[drift of switching point]
Verschiebung des Schaltpunktes eines Sensors oder Gerätes durch Veränderung z. B. der Umgebungstemperatur. Bei Standardgeräten variiert der Schaltab-

stand im Temperaturbereich von -25 °C bis +70 °C um maximal 10 Prozent bezogen auf eine Umgebungstemperatur von 23 °C +/- 5 °Celsius.

Schaltzone, aktive
[active switching zone]
Bereich (Raum) über der aktiven Fläche eines Näherungsschalters, in dem er auf die Annäherung von bedämpfendem Material reagiert, also seinen Schaltzustand ändert.

Schaumstoffgreifer
[foam plastic gripper]
Nadelgreifer mit relativ wenigen und dickeren Nadeln für das Einstechen in Schaumstoffmatten. Das Festhalten des Objekts geschieht formschlüssig durch entgegengesetzte Einstechwinkel.

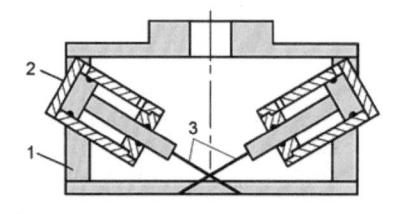

1 Gehäuse, 2 Pneumatikzylinder, 3 Nadel

Schaustellungsroboter
[entertainment robot]
Meistens ein festprogrammierter oder ferngesteuerter Android.

Der S. demonstriert auf Jahrmärkten, in Kaufhäusern und Messen scheinbar menschliches Handeln als Show. Es gibt mittlerweile auch frei programmierbare S. z.B. als Marylin-Monroe-Kopie (1982) und andere. Das Bild zeigt einen russischen S. aus dem Jahre 1970. Er konnte auf 27 Kommandos, die ihm über Funk übermittelt wurden, reagieren. Er wurde auf der Expo in Japan 1970 ausgestellt.

Scheibenbremse
[disk brake]
→ Industrie-Scheibenbremse

Scheiben-Bunkerzuführgerät
[rotary disc hopper feeder]
Zuführgerät für Kleinteile, bei dem eine am Boden eines Bunkers rotierende Scheibe mit formangepassten Werkstückaufnahmen zufällig günstig liegende Teile erfasst und auf eine Ausgaberinne abwirft. Das System ist meistens auf ein bestimmtes Teil abgestimmt. Typische Werkstücke sind Knöpfe, Kappen, Stifte, Scheiben und ähnliche Teile.

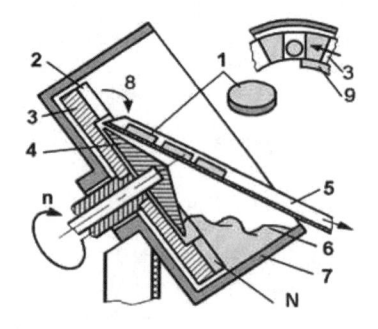

1 Werkstück, 2 Schlitz, Nut, 3 Drehscheibe, 4 feststehende Scheibe, 5 Abführrinne, 6 Werkstückfüllstand, 7 unbeweglicher Bunker, 8 Übergabe von Nut auf Rinne, 9 feststehendes Prallblech, n Drehzahl, N Anzahl von Werkstückaufnahmen

Scheibenläufermotor
[disc-rotor motor]
Gleichstromservomotor mit sehr flacher Ankerscheibe. Anstelle des üblichen gewickelten Ankers enthält er eine dünne eisenlose Scheibe. Diese ist mit einer Fo-

lienwicklung ausgestattet oder mit gestanzten Leiterbahnen aus Kupfer versehen (Flachläufermotor). Die Permanentmagnete stehen fest. Die Ansprechzeiten des Motors liegen bei 5 bis 15 Millisekunden. Er folgt einer Änderung der Führungsgrößen unmittelbar durch das kleine Rotor-Trägheitsmoment. Bei thermischer Überlastung kann sich die Ankerscheibe verziehen und der Motor fällt aus. S. werden als Servomotoren verwendet und mit Leistungen von 20 W bis 10 kW hergestellt.

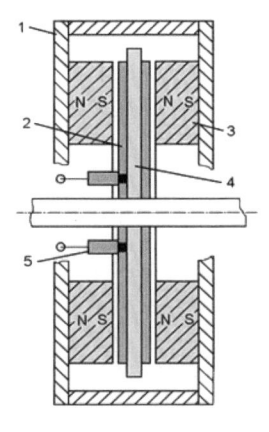

1 Gehäuse (Weicheisenjoch), 2 Folien- oder Flachwicklung, 3 Dauermagnet für Erregermagnetfeld, 4 Folien- oder Flachwicklung, 5 Bürstenhalter mit Bürste, N Nordpol, S Südpol

Scheibenmagazin
[disc magazine]
Werkstückmagazin auf der Basis einer Rundtakteinheit mit vertikaler Drehachse, z.B. für die Zuführung von Scheiben oder Ringen. Ein Zuteilschieber ist Bestandteil des S. Die Übergabe der Teile vom Drehteller in das Rollkanalmagazin geschieht selbsttätig durch Schwerkraftwirkung. Das Nachfüllen des S. erfolgt meistens manuell. Das S. eignet sich für den Anbau an Sondermaschinen und für eher langzyklische Fertigungsoperationen.
→ *Magazin*, → *Schachtmagazin, einstellbares*, → *Stufenmagazin,* → *Rollbahnmagazin*

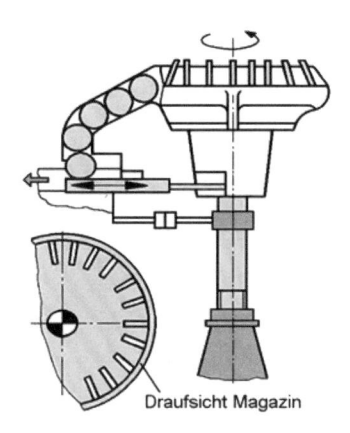

Draufsicht Magazin

Scheinleistung
[apparent power]
Produkt aus anliegender Spannung U und aufgenommenem Strom I in einem Wechselspannungs- oder Drehstromnetz. Die Scheinleistung S wird in VA (Voltampere) angegeben anstelle von W (Watt) wie bei der → *Wirkleistung*. Die Scheinleistung enthält neben der Wirkleistung P noch die induktive oder kapazitive → *Blindleistung* Q. Es gilt:

$$S^2 = P^2 + Q^2; \quad S = U \cdot I.$$

Scheinman-Arm
Kleiner Universalroboter mit Freiheitsgrad 6 von *Victor Scheinman* (1969, *Stanford Research Institute Kalifornien, USA*), bei dem elektromechanische Antriebe (Motor plus Harmonic-Drive-Getriebe) direkt an die Gelenke des Arms angebaut sind. Vorher hatte man nur pneumatische und hydraulische Aktoren. Der S. wurde erstmals durch einen Mini-Computer gesteuert.
Geschichte: 1976 wurde eine Version des Armes im Raumfahrtprojekt „Viking" eingesetzt. Ein direkter Nachfahre des S. ist der Roboter PUMA.
→ *Stanfordarm*

Scherenhubachse
[spindle elevating platform]
Bewegungsachse, deren konstruktives Element ein Scherenmechanis-

mus ist. Der Antrieb erfolgt über eine horizontale Spindelachse. Die S. wird bei Hubtischen eingesetzt, kann aber auch für Roboter als Z-Achse dienen (selten). Viele Gelenke führen zu einem eher „weichen" Mechanismus.
→ *Scherenhubeinheit*

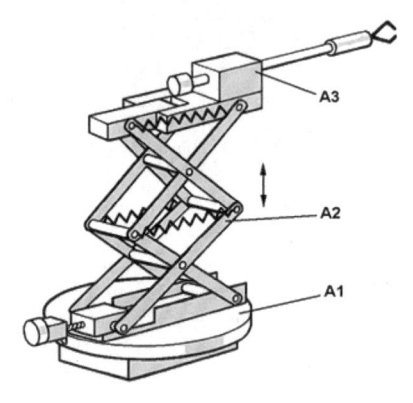

A1 angetriebene Bewegungsachse

Scherenhubeinheit
[scissor lifting unit]
Hebeeinrichtung mit Seilzug, bei der die Neigung zum Pendeln der Last durch einen Scherenhubmechanismus unterdrückt wird. Vorteil: Die S. hat keine Bauteile, die beim Heben nach oben ausfahren und dort noch Freiraum bis zur Decke benötigen.

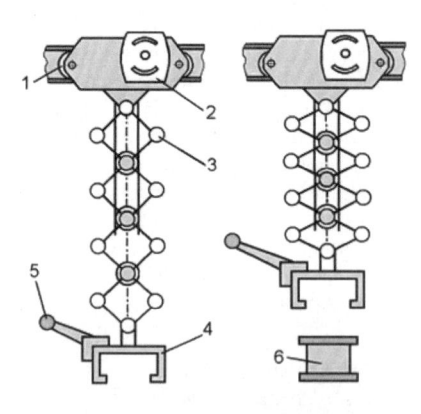

1 Laufwagen, 2 Hubantrieb, 3 Gelenk, 4 Greifer, 5 Bediengriff, 6 Greifobjekt

Schienen-Greifersystem
[gripper transfer rails]
Weitergabesystem für den Transport von Umformteilen innerhalb einer Stufenpresse (Stufenumformautomat), meistens mit einem Schienenapparat. Die Schienen bewegen sich im Rechteckzyklus. Nach dem Hochgang der Werkzeugoberteile werden die angearbeiteten Teile gleichzeitig gegriffen und um eine Werkzeugposition weitertransportiert. Das S. ist somit ein maschineninternes Transfersystem.

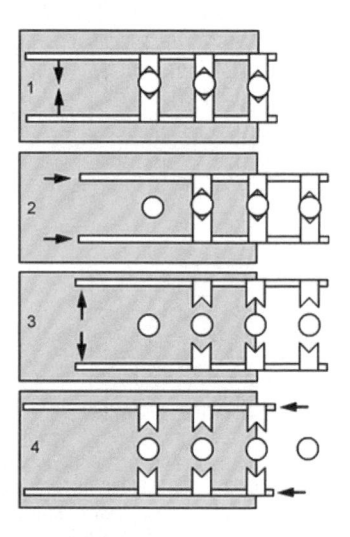

Schikanen
[chicanes baffle plates]
Ordnungselemente in der Bewegungsbahn eines Werkstücks, die dazu dienen, ein Werkstück durch Aussondern (Auswahlprinzip) oder Gleichrichten (Durchlaufprinzip) aus einer beliebigen Orientierung in eine definierte gewünschte Orientierung zu bringen, besonders beim Fördern von Teilen im Vibrationswendelförderer.

Schlaffkettenabschaltung
Schaltung, die den Antrieb eines Kettenhubwerkes in dem Moment abschaltet, in welchem die Last am Boden abgesetzt und dadurch die Kette „schlaff" wird. Dazu wird die Kettenspannung mit einem Endschalter abgetastet.

▶S

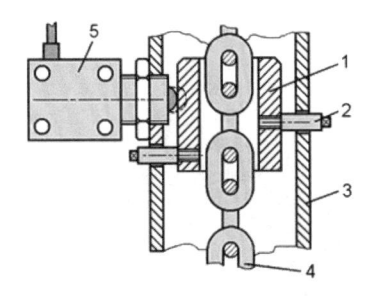

1 verschiebbares Formstück, 2 Querführungsbolzen, 3 starres Rohrstück, 4 Rundstahlkette, 5 Endtaster

Schleichgang
[creep feedrate]
Bewegungsmodus mit stark reduzierter Geschwindigkeit, damit sich gefährdete Bediener bei Notwendigkeit noch rechtzeitig in Sicherheit bringen können. Beim Industrieroboter darf die Geschwindigkeit 25 cm/s am Werkzeugaufnahmeflansch nicht übersteigen.

Schleppfehler
[tracking error]
Von der Geschwindigkeit abhängige Regeldifferenz, die sich zwangläufig bei Folgeregelkreisen durch Nacheilen des Positions-Istwertes (Weg s) gegenüber der Führungsgröße ergibt. Der S., auch Schleppabstand genannt, beeinträchtigt z.B. die Bahntreue eines NC-Bewegungssystems, was zu Konturfehlern führt. Je dynamischer der Regelkreis reagiert, desto kleiner ist der sich einstellende Schleppabstand (Quotient aus Verfahrgeschwindigkeit und → K_v-*Faktor*).

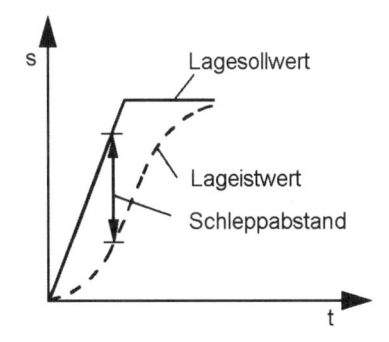

Schleppkreisförderer
[endless conveyor]
Stetigförderer, bei dem Trollys (Laufgehänge), die auf einer zusätzlichen Schiene laufen, durch Mitnehmer vorwärts geschoben werden. Die Trollys können zielgenau ein- und ausgeschleust werden. Die Transportkette ist raumbeweglich.

Scheppteller-Eckumlenkung
In Rechteck-Transfersystemen mit Werkstückträgern die → *Eckumlenkung* derselben, meist mit 90° Richtungsänderung. Bei Oval-Transfersystemen sind es meist 180°.

Schleusenzuteiler
[separator]
Meist ein Vereinzeler, der im Schachtmagazin befindliche Kleinteile mit einem Wechselschiebermechanismus freigibt. Während ein Schieber die Werkstückschlange zurückhält, öffnet der andere den Kanal und lässt das in der Schleuse befindiche Teil passieren. Häufig werden dafür pneumatische Standardkomponenten eingesetzt.

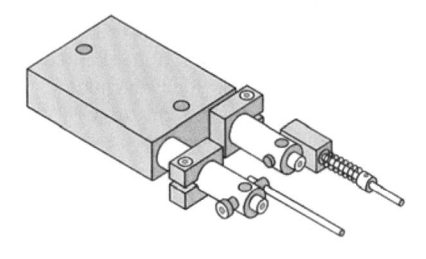

Schlingenregelung
[strip loop control]
Regelung, mit der bei elastischen Stoffbahnen das Abziehen der Bahn mit der Geschwindigkeit v_1 erfolgt, aber das Einziehen in die Be- oder Verarbeitungsstation mit v_2. Die Zuführwalzen sind über eine Schlingenbahn voneinander getrennt. Der Durchhang wird mit einem Sensor erfasst und etwa mit der Bahnlänge $2 \cdot l$ konstant gehalten.
→ *Tänzerwalze*

373

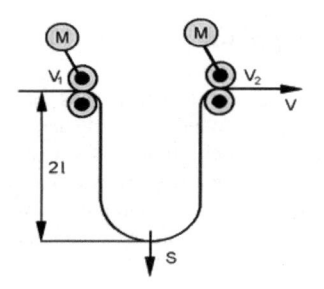

Schlittenführung
[carriage guide]
Geradführung von Schlitten und Laufwagen bei Lineareinheiten, die möglichst wenig Reibung, wenig Masse und wenig Durchbiegung unter Last aufweisen. Üblich sind Doppelrundführungen, Flachführungen, Führung durch Paarung von Profilen gleichen Querschnitts, Prismenführung usw. Verlangt werden u.a. hohe reproduzierbare Genauigkeit, hohe Präzision, optimales Führungsverhältnis, beliebige Einbaulage, Unempfindlichkeit gegenüber Umwelteinflüssen.
→ *Führung*

Schlupf
[slip]
Zurückbleiben des angetriebenen Teils gegenüber einem treibenden Teil. In der Antriebstechnik bleibt z.b. der Läufer einer Drehstrommaschine gegenüber dem umlaufenden Drehfeld zurück.

Schlussregel
[inference rule]
In Logiksystemen eine Regel, die angibt, was aus bestehenden Tatsachen in einer Logik gültig gefolgert werden kann (z.B. *Modus Ponens*).

Schmiedemanipulator
[forging manipulator]
Manipulator zum Halten, Drehen, Heben und Senken großer Schmiedestücke (bis zu mehreren Tonnen) beim Freiformschmieden. Die unter dem Schmiedeaggregat erforderlichen Bewegungen werden den maschinell ausgeführt und manuell gesteuert.

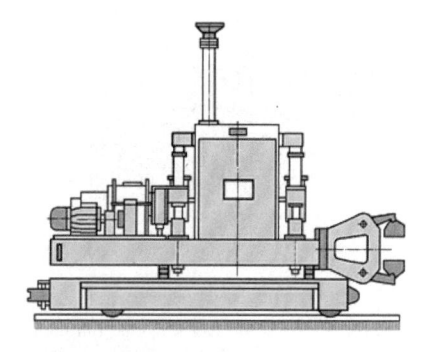

Schmiederoboter
[forging robot]
Industrieroboter für z.b. das Gesenkschmieden unter einer Schmiedepresse. Er nimmt das Rohstück aus dem Ofen, beschickt die Gesenkschmiedepresse von Gravur zu Gravur und bringt es schließlich zur Abgratepresse. Der Greifer kann geöffnet z.B. beim Stauchen im Arbeitsraum verbleiben, um Leerfahrten zu vermeiden. Dabei muss die Höhe der Greifzange kleiner sein als die Endhöhe des gestauchten Teils.

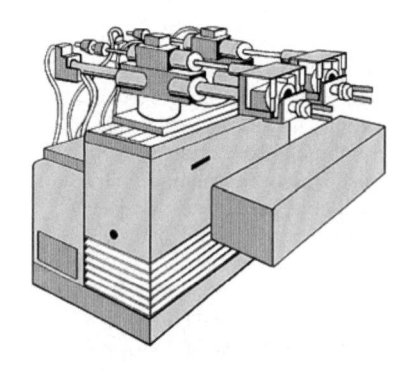

Schneckendosierer
[screw-type metering system]
Dosiergerät für feines Schüttgut, wobei das Gut in eine Transportschnecke fällt und als Portion abgegeben wird. Die Dosiermenge ist eine Funktion des Drehwinkels der Schnecke. Die Dosiergenauigkeit hängt von der gleichmäßigen und vollständigen Füllung der Schnecke ab.
→ *Walkwand-Schneckendosierer*, → *Schneckenförderer*

▶S

Schneckenförderer
[screw conveyor]
Schüttgutförderer mit sich drehenden, schraubenförmig gewundenen Flächen (Schneckengängen) oder gleichmäßig bzw. versetzt angeordneten Flügeln als Bewegungselement für das Fördergut.

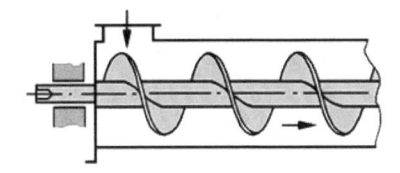

Schneckengetriebe
[worm gear]
Getriebe, bestehend aus Schnecke und Schneckenrad, das bei niedrigen Geschwindigkeiten und Beschleunigungen bei geringen Lastwechseln eingesetzt werden kann. Für bestimmte Anwendungsfälle kann die Selbsthemmung der Schnecke von Nutzen sein. Das bedeutet, dass bei einer Kraftwirkung am Schneckenrad die Schnecke nicht in Gang gesetzt werden kann. S. können durch radiale und axiale Einstellmöglichkeiten spielarm gemacht werden. Der Gesamtwirkungsgrad liegt bei Gleitlagerung der Welle bei $\eta \approx 0{,}9$; bei Wälzlagerung bei $\eta \approx 0{,}95$. Die maximale Übersetzung liegt bei $i_{max} \approx 100$.
→ *Getriebe*, → *Getriebe, spielarmes*

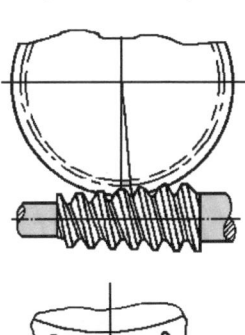

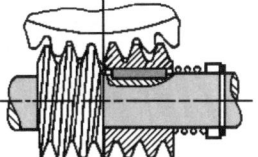

Schneckenzuteiler
[worm separator]
Vereinzler für flache Teile, die aus einem Schachtmagazin bereitgestellt werden. Mehrere Zuteilschnecken trennen ein Werkstück ab und bringen es zur Ausgabe. Die Schnecken werden im Rhythmus der Prozessmaschine in definiertem Drehwinkel bewegt und laufen synchron zueinander.
→ *Zuteiler*

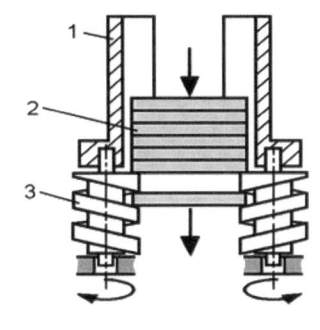

1 Schachtmagazin, 2 Werkstück, 3 Zuteilschnecke

Schnellspanner
[quick clamp device]
Mechanische Spannvorrichtung, die so konstruiert ist, dass der Spannvorgang bei möglichst großem Öffnungsweg in sehr kurzer Zeit erledigt ist, z.B. durch eine Kniehebelmechanik oder eine Druckspindel, bei der eine halbe Umdrehung ausreichend ist.
→ *Niederzugspanner*, → *Kniehebelprinzip*, → *Kniehebelspanner*, → *Hub-Dreh-Modul*

Schnellwechselsystem
[rapid exchange system]
Mechanismus, um → *Endeffektoren* an Handhabungseinrichtungen auszutauschen. Das Bild zeigt ein S. einfachster Bauart. Es wird nur eine mechanische Ankopplung vollzogen. Eine Keilverriegelung mit pneumatischem Antrieb sichert die Verbindung. Die Keile schieben sich unter die Rundstangen.
→ *Wechselsystem, manuelles*, → *Greiferwechselsystem*, → *Greifermagazin*

375

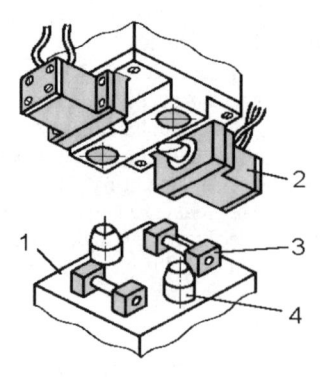

1 Losteil, 2 Verriegelungszylinder, 3 Verriegelungselement, 4 Zentrierbolzen

Schnittstelle
[interface]
Allgemein der Übergang von einem „System" zum anderen. Man kann in mechanische, elektrische und informationelle S. untergliedern, aber auch in system- und werkstückbezogene S. Die S. ist oft eine elektronische Schaltung, die die Steuerung und kurzzeitige Zwischenspeicherung einzelner Daten bei der Datenübertragung übernimmt. Typisch sind die einheitlich definierten funktionellen und konstruktiven Koppelbedingungen für die Verbindung z.B. eines Antriebs bzw. Stromrichters mit konventionellen (seriellen) S. oder mit einer Feldbusschnittstelle. Über diese S. werden bei der Inbetriebnahme die Parameter des Antriebs eingestellt. Während des Betriebes werden z.B. neue Sollwerte für die Drehzahl vorgegeben und beim Auftreten von Störungen wird ein Diagnosegerät zur Fehlersuche angeschlossen.
→ *Bus,* → *Feldbus,* → *Feldbus, offener,* → *FireWire,* → *EnDat*

Schnittstelle, natürlichsprachige
[interface for naturally language]
Mensch-Maschine-Schnittstelle, bei der der akustische Kanal benutzt wird, indem die Anweisungen und Befehle in natürlich gesprochener Sprache (oder auch in einer Kommandosprache) eingegeben werden. Die Maschine wiederholt die Ansage, sodass man kontrollieren kann, ob alles verstanden wurde.

Schnurrhaar-Sensor
Tastsensor, der die hochempfindlichen Tasthaare von Nagetieren zum Vorbild nimmt. Der S. kann aus einem dünnen flexiblen Metalldraht bestehen, der von Magnetsensoren umgeben ist, um Bewegungen zu detektieren. Es gibt auch Lösungen, bei denen kleine Mikrophone eingesetzt werden. Roboter für die Kanalinspektion könnten sich im Dunkeln zurechtfinden, wenn man sie mit S. ausrüsten würde. Interessant wäre auch die Abtastung von Werkstückoberflächen.
→ *Tasthaarsensor*

Schöpfbunker
[scope-type bunker]
Werkstückspeicher für ungeordnetes Arbeitsgut, wie kleine Schrauben, Scheiben und Muttern. Die einzelnen Werkstücke werden durch rotierende Schöpforgane oder auf- und abschwingende Schöpfsegmente aus dem Haufwerk entnommen und geordnet ausgegeben.

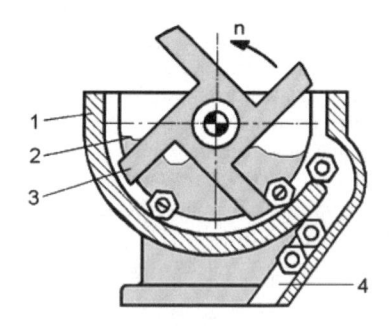

1 Bunker, 2 Werkstückfüllstand, 3 Richtkreuz, 4 Rinnenauslauf, *n* Drehzahl

Schraubanlage
[automatic screwdriver]
Robotisierte Anlage zum Setzen von Schrauben. Diese werden z.B. aus einem Vibrationswendelförderer geordnet über einen Profilschlauch zum Schraubermundstück transportiert. Der Schrauber kann automatisch gewechselt werden, um mit anderen Schraubengrößen arbeiten zu können.
→ *Schraubroboter,* → *Schraubermundstück*

▶S

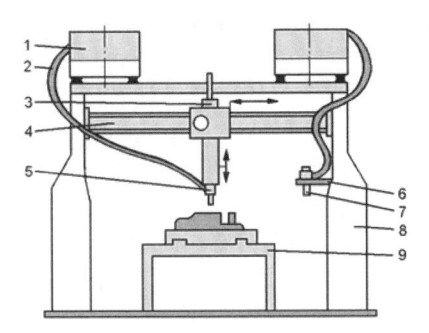

1 Vibrationswendelförderer, 2 Zuführschlauch, 3 Lineareinheit, 4 Fahrbalken, 5 Schrauberkopf, 6 Schraubermagazin, 7 Mundstück, 8 Ständer, 9 Montageplatz

Schraubenantriebsformen
[bolthead design]
Geometrie eines Schraubenkopfes, mit dem ein Eindrehmoment übertragen werden kann. Automatisierungsgerechte Schrauben müssen darüber hinaus Zentrierelemente aufweisen. Die S. bewertet man nach der Sicherheit des Einrastens und dem Drehwinkel, bis das Einrasten erfolgt.

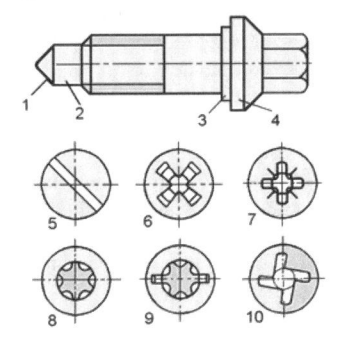

1 Fügespitze, 2 Ausrichtzylinder, 3 abgesetzter Spiegel, 4 angestauchte Scheibe, 5 Schlitz, 6 DIN 7962, 7985, 7 Pozidriv, 8 Innentorx, 9 Kombi-Torx, 10 Torq-Set

Schraubenlinieninterpolation
[helical interpolation]
In der NC-Technik die Interpolation von Bahnpunkten, bei der zur Kreisinterpolation in einer Ebene (X, Y) noch eine Linearinterpolation in der dritten Achse (Z) erfolgt. Der Effektor bzw. die Werkzeugspitze folgt einer Schraubenlinie.

Schraubenprüfung
[check of screws]
Automatische Prüfung wichtiger Parameter an Maschinenschrauben wie z.B. Gewindesteigung, Länge, Durchmesser, Kopfgröße. Die Schrauben werden dazu an einem Magnetband haftend an einer Kamera vorbeigeführt. Eine Lichtschranke löst den Prüfprozess aus. Eine Durchlichtbeleuchtung erzeugt ein Schattenbild der Schraube. Fehlerhafte Teile werden von einem Pneumatikzylinder vom Band abgeschoben und extra gesammelt.

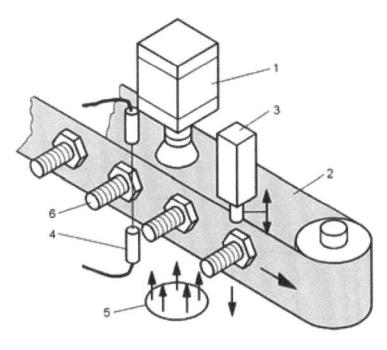

1 Kamera, 2 magnetisches Förderband, 3 Pneumatikzylinder, 4 Lichtschranke, 5 Beleuchtung, 6 Werkstück

Schraubermundstück
Vorderster Teil eines automatischen Schraubers, der auf die Schraubstelle positioniert wird und der die Schraube vom Zuführkanal unter der Schrauberklinge platziert.

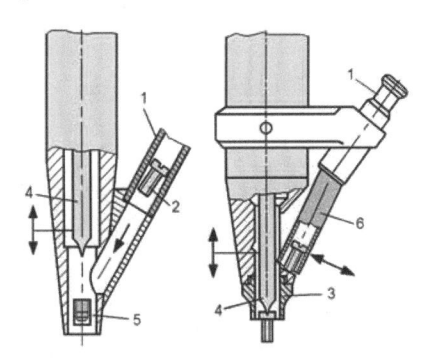

1 Schraubenzuführung, 2 Schraube, 3 Mundstück, 4 Schrauberklinge, 5 Halte-Flachfeder, 6 biegbares Rohrstück

377

Die Schraube wird dort gehalten, bis die Schrauberklinge in den Antrieb (den Schraubenkopf) einrastet.

Schraubgetriebe
[spindle drive]
Verschiebegetriebe auf der Basis einer Schraubspindel, z.B. in Verbindung mit einer Verdrehsicherung. Das Maschinenteil muss gesondert geführt werden, weil Gewinde keine genaue Führung übernehmen.

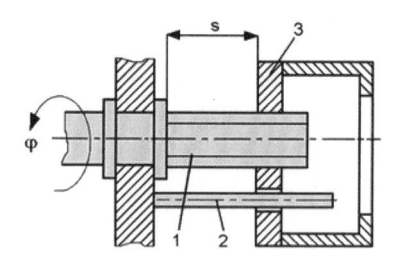

1 Gewindeachse, 2 Geradführung, 3 bewegtes Maschinenteil, *s* Verfahrweg

Schraubroboter
[screwing robot]
Roboter der ein Schraubwerkzeug führt und an frei programmierbaren Stellen eines Bauteils Schrauben setzen kann. Er ist oft Bestandteil einer kompletten Schraubanlage, die dann auch über weitere periphere Elemente verfügt, wie z.B. Schraubenzuführung und wechselbare Mundstücke.
→ *Schraubermundstück*

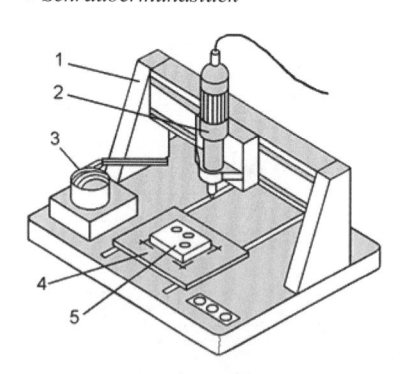

1 Portal, 2 Schrauber, 3 Schraubenzuführung, 4 Schiebetisch, 5 Basisbauteil

Schraubstockgreifer
[gripper like a vise]
Klemmgreifer mit einer feststehenden Backe, bei dem nur die zweite Backe angetrieben wird und sich auf das Greifobjekt zubewegt.

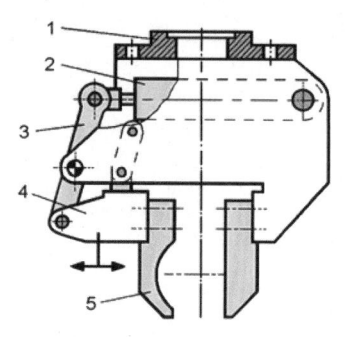

1 Greiferanschlussflansch, 2 Hydraulikzylinder, 3 Hebel, 4 Grundbacke, 5 werkstückangepasste Greifbacke

Schreitapparat
[walking mechanism]
Mechanismus mit Lokomotoren, z.B. Beinen, der sich schreitend fortbewegen kann. Damit ist er vielseitiger im Gelände einsetzbar als Mechanismen auf Rädern. Der Antrieb der Beine, ihre Gliederung in Gelenke, die Energiebereitstellung, die Gelenkantriebe, das Bewegungsmuster und die Anzahl der Beine einer laufenden Plattform bestimmen Aufwand und Verwendungsfähigkeit solcher Konstrukte. Beim zweibeinigen Schreiten kommt noch die Wahrung des Gleichgewichts hinzu.

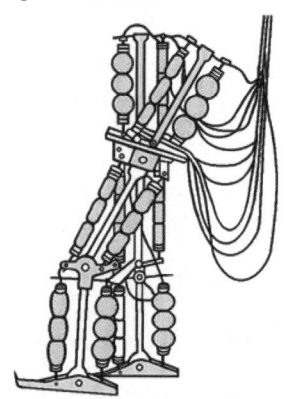

In älteren und auch neuen Konstruktionen wurde versucht, pneumatische Muskeln (McKibben-Muskel) als Aktoren einzusetzen.
→ *Fluidmuskel*

Schreitmaschine
[walking machine]
Manuell steuerbare Maschine mit Beinen für die Fortbewegung in unwegsamem Gelände. Das Bild zeigt in einer Projektskizze, wie man mit Hilfe einer S. bei einer bemannten Landung auf Planeten mit erhöhter Schwerkraft laufen kann, auch bei sechsfachem Gewicht (Jupiter). Die Auseinandersetzung mit solchen Problemen hat sich befruchtend auf das Gebiet der Hantiergeräte ausgewirkt.

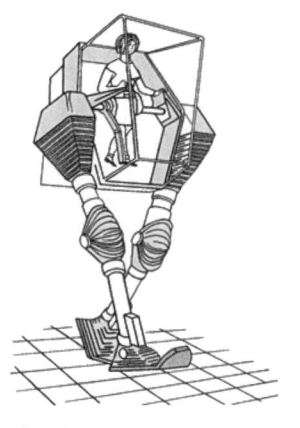

Schreitroboter
[walking robot]
Maschine, die nach dem Vorbild von Mensch oder Tier des Laufens fähig ist. Es gibt viele Versuche das zu erreichen. So hat man eine sechsbeinige Laufmaschine gebaut, die von einem aufsitzenden „Fahrer" gesteuert wird. Inzwischen gibt es auch Prototypen, die sich selbstständig im Terrain bewegen können. Das Interesse für solche Maschinen ist vor allem im Militärwesen vorhanden. Es gäbe aber auch Anwendungen in der Planetenerkundung sowie Land- und Forstwirtschaft. Mittlerweile gelingt auch die technische Nachbildung zweibeinigen Schreitens.

Schreitsessel
[walking chair]
Fortbewegungsmittel mit mechanischen Beinen für gehbehinderte Personen. Damit will man Hindernisse begehbar machen, die mit Rollstühlen nicht zu schaffen sind. Das sind bereits Bordsteinkanten und Treppen. Eine dreibeinige Maschine (Bild) ist aber auch nur begrenzt einsetzbar.

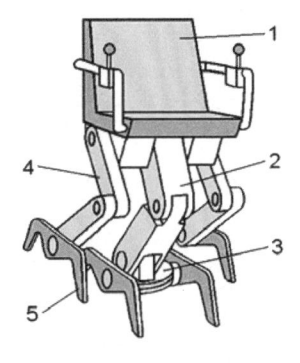

1 Sitz, 2 inneres Bein, 3 Drehmechanik, 4 Außenbein, 5 Fuß

Schrittfehler
[stepping error]
Beim → *Schrittmotor* die Abweichung zwischen Impulsfrequenz, mit der der Motor angesteuert wird, und der ausgeführten Schrittfrequenz. In der Regel ist es ein Schrittverlust.

Schrittmotor
[stepping motor, stepper motor]
Ein S. wandelt ein elektrisches Signal, das in Form von einzelnen Impulsen vorliegt, in eine Drehbewegung mit definiertem Winkel um. Jeder Impuls erzeugt einen Schritt. Die Größe der Schritte und damit die Winkelauflösung des Motors ist konstruktiv festgelegt und von der Anzahl der Statorwicklungen abhängig. Das Wirkprinzip eines 2-Phasen-Schrittmotors wird als Ablauffolge im Bild gezeigt. Schaltet man in den Phasen abwechselnd und mit wechselnder Flussrichtung den Strom ein und aus, so erzeugt man ein drehendes Magnetfeld, dem der permanentmagnetische Ro-

tor folgt. Der Rotor „rastet" gewissermaßen magnetisch ein.

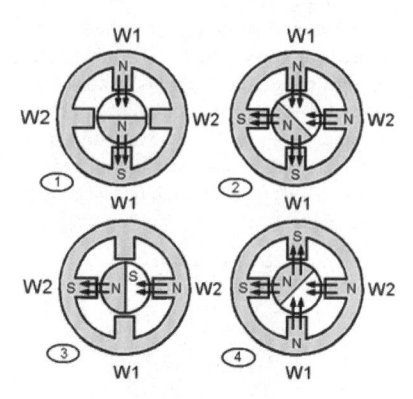

Bei der Motorauswahl ist auf ausreichende Reserven zu achten, die in der Regel bei 30 bis 40 % bezogen auf das berechnete Drehmoment liegen. Die Reserve ist wichtig, weil der S. nicht über sein in der Momentenkurve angegebenes Moment belastet werden kann. Er verliert sonst Schritte.
S. unterscheiden sich u.a. durch die unterschiedliche Anzahl der Phasen:

- **2-Phasenmotor**; Absolviert bei → *Vollschrittbetrieb* 200 Schritte je Umdrehung; Der Motor ist sehr verbreitet und preislich günstig.
- **3-Phasenmotor**; 300 Schritte je Umdrehung; günstiges Preis-Leistungs-Verhältnis
- **5-Phasenmotor**; Absolviert bei Vollschrittbetrieb 500 Schritte je Umdrehung; Der Motor bietet ein gutes Laufverhalten bei höherem Preis.

→ *Mikroschritt-Motor,* → *Mikrostepping*

Schrittmotorantrieb
[stepping-motor drive]
Neben dem → *Schrittmotor* benötigt der Schrittmotorantrieb eine entsprechende Steuerung (Steuerteil, Leistungsteil). Es sind mindestens zwei Signale bereitzustellen und zwar der Puls (Schrittanzahl) und die Richtung (Drehsinn der Motorwelle). Der Schrittmotor wird meistens in offener → *Steuerkette* betrieben und nicht in einem → *Regelkreis*. Gehen Pulse verloren, kommt es zu unbemerkten Positionierfehlern. Damit der Motor nicht außer Tritt fällt, wird die Steuerfrequenz im Beschleunigungsbereich kontinuierlich nach einer Frequenzrampe vorgegeben. Jeder Impuls, den eine Ansteuerelektronik abgibt, muss unbedingt in einen Winkelschritt des Läufers umgesetzt werden.

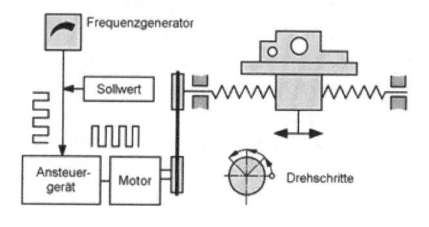

Schrumpfreifengreifer
[shrink ring gripper]
Greifer für zylindrische oder leicht kegelförmige Objekte. Ein Ring mit dehnbarem Innenteil wird über das Objekt gesteckt und aufgeblasen. Die Flächenpressung auf das Objekt ist klein, ebenso der technische Aufwand.

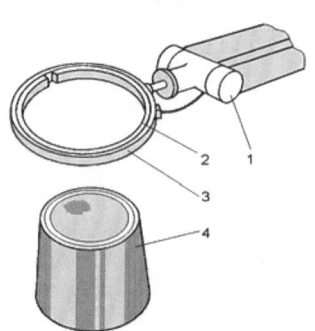

1 Drehgelenk, 2 dehnbares Ringteil, 3 metallischer Stützring, 4 Greifobjekt

Schulter
[shoulder]
Beim Menschen gehören dazu drei Knochen: Schlüsselbein, Schulterblatt und Oberarmknochen. Beim Roboter ist damit das Gelenk zwischen Oberkörper (Rumpf) und (Manipulator-)Arm gemeint.

Schulungsroboter
[training robot, education robot]
Roboter, an dem die generelle Funktionsweise studiert werden kann. Es ist meist ein frei programmierbarer Drehgelenkroboter, mit dem diverse Beispielaufgaben ausgeführt werden können. Die Belastbarkeit ist deutlich eingeschränkt, weil es auf die Funktionen ankommt und nicht auf die Dauerbelastbarkeit mit großen Tragkräften.
→ *Lehrroboter,* →*Spielzeugroboter*

Schüttgut
[bulk goods, bulk material]
Fördergut wie z.b. Sand, Kleinteile und Zement, das als charakteristische Eigenschaften die Korngröße und -form, die Kornzusammensetzung, die Schüttdichte, den Schüttwinkel, den Wassergehalt u.a. aufweist. Diese Eigenschaften können sich während des Transportes verändern. Für den Transport in Rohrleitungen muss Schüttgut fließfähig sein.
→ *Stückgut*

Schutzart
[type of protection]
Bei elektrischen Betriebsmitteln wird die Schutzart mit den Kennbuchstaben IP (*International Protection*) und zwei nachfolgenden Ziffern für den Schutzgrad angegeben. So bedeutet IP 64: Vollständiger Schutz gegen Berühren, Schutz gegen Eindringen von Staub sowie Schutz gegen Spritzwasser aus allen Richtungen sind vorhanden. IP 67 bedeutet staub- und wasserdicht. Die Schutzarten sind in der DIN 40050 zu EN 60529/VDE 0470 Teil 1 festgelegt.
→ *Schutzkleinspannung*

Schutzklasse
[class of protection]
Einteilung von Geräten nach den Schutzmöglichkeiten. Schutzklasse 1: Geräte mit Schutzleiteranschluss, Schutzklasse 2: Geräte mit Schutzisolierung, Schutzklasse 3: Geräte zum Anschluss an eine
→ *Schutzkleinspannung.*

Schutzkleinspannung
[protective extra low voltage (PELV)]
Bezeichnung für ein elektrisches System mit einer Funktionskleinspannung, in dem die Spannung den Wert von 50 V Wechselspannung oder 120 V Gleichspannung nicht überschreiten kann. Zudem beinhaltet es eine Schutzmaßnahme gegen direktes und indirektes Berühren gefährlicher Spannungen durch die sogenannte „sichere Trennung" vom Versorgungsnetz. Stromkreise und/oder Körper in einem PELV-System dürfen im Gegensatz zum SELV-System geerdet werden. Beispiele für PELV-Stromkreise bei Antrieben sind analoge, binäre oder serielle Signalleitungen und Bremsenleitungen (24 V).
→ *Sicherheitskleinspannung,* → *FELV*

Schutzsystem
[protection system]
In der Robotik in oder an den Greifer angebaute Elemente, die im Falle von Überlastung oder Kollision aktiviert werden und den Greifer vor einer Beschädigung schützen (Warnsignal, Not-Stopp-Auslösung, passive oder aktive Ausweichbewegung).

Schwarmbot
Verkürzte Bezeichnung für einen → *Schwarmroboter.*

Schwarmintelligenz
[swarm intelligence]
Eine Theorie, nach der sich intelligentes Verhalten aus dem Zusammenspiel vieler nichtintelligenter Individuen bildet. Als Vorbild sieht man Staaten bildende Insekten wie Bienen, Ameisen und Termiten.

Schwarmroboter
[swarm robot]
Roboter, der über geeignete Kommunikationsmöglichkeiten verfügt, um mit dem Nachbar-Individuum in einen ständigen Kontakt treten zu können. Erst durch eine solche Kopplung entsteht die

sogenannte → *Schwarmintelligenz*. Es können am S. auch Koppelglieder vorhanden sein, mit denen sie sich bei Bedarf zu größeren Konstrukten selbst zusammenfügen und schließlich auch gemeinsam Entscheidungen treffen können.

Schwebesystem für Werkstückträger
[magnetic levitation system]
Lineareinheit mit schwebendem Werkstückträger. Der Werkstückträger wird seitlich mit Rollen geführt, um die Spur einzuhalten. Der Schwebeeffekt wird durch eine Anordnung von Permanentmagneten erzeugt, die sich am Werkstückträger und auf der Linearführung befinden. Genutzt wird der Effekt, dass sich gleichnamige Pole abstoßen. Für den Vorschub kann zusätzlich ein elektrischer Linearmotor eingebaut sein.

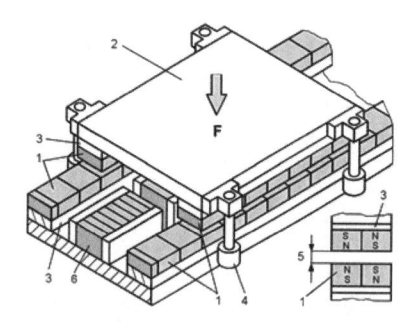

1 Permanentmagnet, 2 Werkstückträgerplatte, 3 magnetischer Rückschluss, 4 Seitenführungsrolle, 5 Luftspalt, 6 Linearmotor

Schweißbrennerwechsel
[change of the welding torch]
Wechselsystem für den automatischen Wechsel verschiedener Schweißbrenner oder anderer Werkzeuge an einem Indutrieroboter. Neben der mechanischen Schnittstelle (Genauigkeit, Sicherheit) sind auch noch andere Verbindungen selbsttätig zu lösen bzw. zu verbinden, wie z.B. Datenleitungen für Sensorsignale (Nahtverfolgung), Schweißdrahtzuführung und Leitungen für Elektroenergie und Prozessgase. Die Hilfskupplungen können rund um die mechanische Schnittselle angeordnet sein.

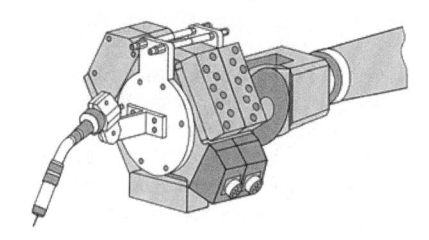

Schweißmutternzuführung
[weld nut feeding]
Zuführsystem an Schweißautomaten, die Anschweißmuttern an Dünnblechkonstruktionen schweißen. Die Muttern werden im Vibrationswendelförderer geordnet und über einen Profilschlauch dem Setzkopf zugeführt. Dieser fährt pneumatisch angetrieben aus und bringt die Mutter in die Anschweißposition. Dann erfolgt der Schweißvorgang. Man kann mehrere S. an eine Schweißmaschine anbauen.

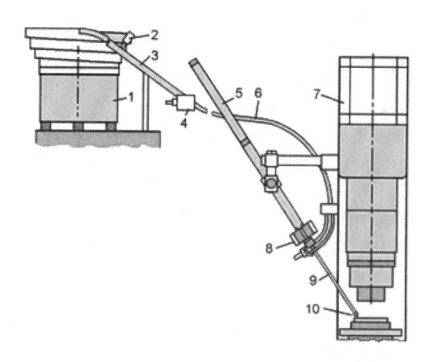

1 Schwingförderer, 2 Füllstandssensor, 3 Rinnenmagazin, 4 Blasluftzuführung, 5 Pneumatikzylinder, 6 Profilschlauch, 7 Pneumatikzylinder, 8 Vereinzeler, 9 Zuführstab, 10 Schweißmutter

Schweißnahtverfolgung
[following of the welded seam]
Verfolgen einer Schweißfuge durch einen Roboter mit Hilfe eines induktiven oder optischen Sensors, der geometrieorientiert und berührungslos arbeitet. Es können Signale für die erforderlichen Höhen- und Seitenkorrekturen abgeleitet

werden. Das Basisprinzip beruht beim induktiven Sensor darauf, dass eine von einem HF-Oszillator gespeiste Ringspule Wirbelströme in der Werkstückoberfläche erzeugt.
→ *Nahtfolgesensor*, → *Nahterkennung*, → *Schweißsensor*

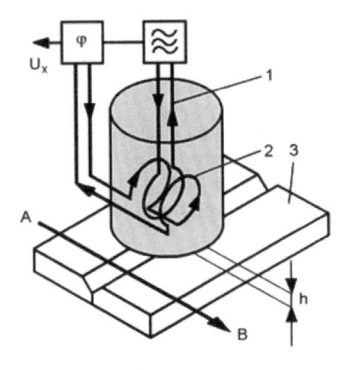

1 Sendespule, 2 Empfangsspule, 3 Schweißbaugruppe, h Abstand zum Schweißteil, A-B Bewegungsrichtung, φ Phasenwinkel

Schweißroboter
[welding robot]
Roboter, der einen Schweißbrenner (→ *Lichtbogenschweißroboter*), eine Schweißzange für das Punktschweißen oder ein Schweißteil an einem gestellfest aufgebauten Brenner führt. Die erforderliche Beweglichkeit wird nach praktischen Gesichtspunkten zwischen Roboter und Peripherie (Kipp-, Schiebe-, Kipp-Drehtische, Hängekreisförderer) so aufgeteilt, dass eine jeweils günstige Schweißposition erreicht wird.
→ *Schweißteilmanipulator*

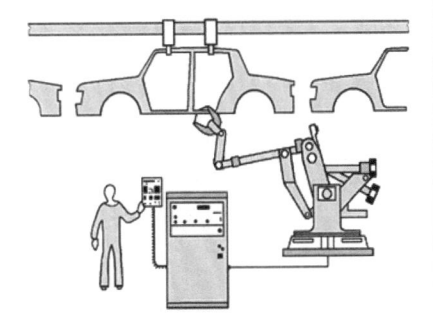

Schweißsensor
[welding sensor]
Sensor zur Erfassung elektrischer Kenngrößen eines Lichtbogens, um damit die Nahtverfolgung steuern zu können. Durch Pendelbewegungen des Brenners entstehen bei Rechts- und Linksauslenkung unterschiedliche Werte, wenn sich der Brenner nicht mittig zur Schweißfuge bewegt. Aus dem Vergleich der Werte werden die Korrektursignale abgeleitet. Auch optische, taktile, kapazitive und induktive Sensoren werden als S. eingesetzt.
→ *Nahtfolgesensor, magnetischer*

Schweißteilmanipulator
[manipulator for welded parts]
Programmierbarer oder manuell gesteuerter Positionierer für Schweißteile, der die Teile stets in einer günstigen Lage für den Schweißprozess bereit hält. Das Aufspannen der Schweißbaugruppe geschieht manuell. Der S. verfügt über mehrere Linear- und Schwenkachsen.
→ *Manipulator*

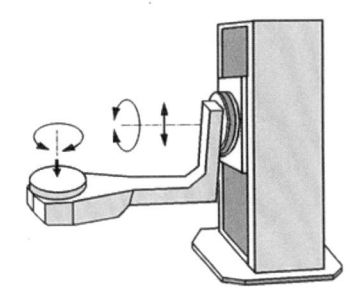

Schwenkantrieb
[semi-rotary drive]
Fluidischer (Pneumatik, Hydraulik) oder elektrischer Antrieb für das Schwenken von Objekten oder Greifern an Pick-and-Place-Geräten oder Robotern. Die Schwenkwinkel lassen sich programmieren bzw. einstellen. Die Endpositionen der Bewegung sind meist feineinstellbar. Durch Zusatzkomponenten kann bei fluidischen S. optional noch eine dritte Position angefahren werden. Es gibt die S. auch in Modulbauweise.
→ *Dreheinheit*

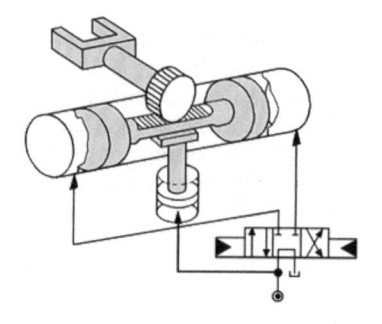

Schwenken
[swivel]
In der Handhabungstechnik das Bewegen eines Körpers aus einer vorgegebenen in eine andere vorgegebene Orientierung und Position durch Rotation um eine körperferne Achse. Das kann man sich auch als die Funktionsfolge Drehen-Verschieben vorstellen.

Schwenk-Linear-Antrieb
[swivel/linear unit]
Bewegungseinheit, die aus einer Kombination von Schwenk- und Schubeinheit besteht. Die pneumatischen Aktoren werden einzeln angesteuert und sind auch einzeln einstellbar.

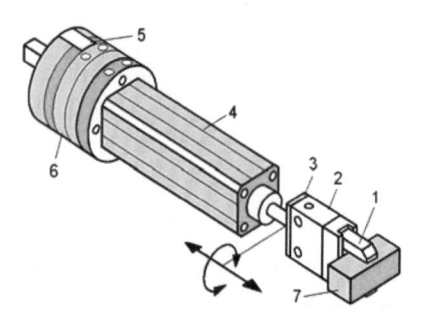

1 Greifbacke, 2 Greifer, 3 Anbauplatte, 4 Lineareinheit, 5 Drehwinkeleinstellung, 6 Schwenkmodul, 7 Werkstück

Schwenksaugereinheit
[swivel suction unit]
Einfache Greifeinheit, bei der ein Sauger am Ende eines Schwenkarmes befestigt ist. Der Arm wird von einem pneumatischen Schwenkantrieb positioniert. Die Druckluftleitung wird durch die Hohlwelle des Schwenkantriebes geführt und versorgt einen Ejektor für die Erzeugung der Saugluft.

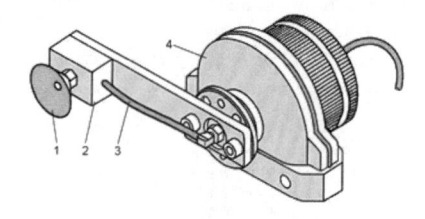

1 Vakuumsauger, 2 Ejektor, 3 Druckluftleitung, 4 Schwenkmotor

Schwenkspanner
[swing clamp]
Spannvorrichtung mit meist hydraulischem Antrieb, bei der der Spannarm um 90° schwenkt, ehe die Spannkraft vertikal aufgebracht wird bzw. der nach dem Entspannen um 90° zur Seite schwenkt. Dadurch wird eine gute Zugänglichkeit zur Spannvorrichtung von oben erreicht.

Schwerkraftausgleich
[gravity-typ balancing]
Ausgleich des statischen →*Schwerkraft-Momentes*, z.B. an einem Drehgelenkarm, durch entgegengesetzte Wirkungen. Das kann durch zusätzlich eingebrachte Energie in Form einer Feder, pneumatisch oder hydraulisch oder mit Hilfe eines Schubkolbens erfolgen. Um dem idealen Ausgleich nahe zu kommen, muss man beim Schubkolbenkompensator den Druck im Zylinder in Abhängigkeit vom Drehwinkel der Achse steuern.

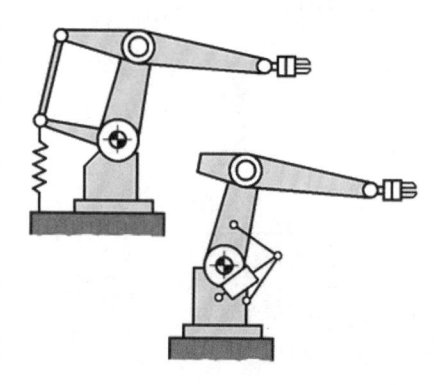

Es gibt auch anders wirkende Systeme für den S., z.B. spezielle Kurvengetriebe, Gegengewichte oder speziell ausgearbeitete Federpakete. Der S. kann die Dynamik des jeweiligen Antriebssystems wesentlich verbessern.

Schwerkraftmoment
[gravitational force moment]
Drehmoment, z.B. an einem Drehgelenkarm, das durch die am Schwerpunkt S angreifende Gewichtskraft entsteht und das über den Schwenkwinkel φ einer Sinusfunktion folgt. Man versucht, das S. durch ein Gegenmoment weitgehend zu kompensieren.
→ *Schwerkraftausgleich*

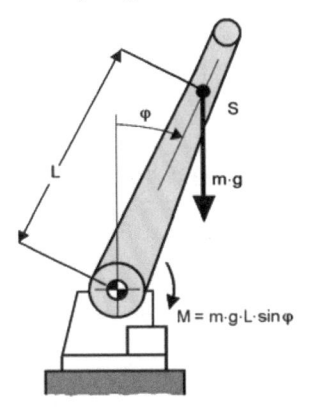

$$M = m \cdot g \cdot L \cdot \sin\varphi$$

Schwerkraftrollenbahn
[gravity-type roller conveyor]
Rollenbahn für den Transport leichter bis mittelschwerer Güter. Die Bewegung erfolgt bei leicht geneigter S. allein durch Schwerkraft. Geringer Rollwiderstand der Rollen erlaubt den Einsatz einer S. bereits bei einem Winkel ab 3 Grad.

Schwerlasthandhabung
[heavy-duty handling]
Handhabung von Objekten mit großer Masse bis in den Bereich mehrerer Tonnen. Erforderlich sind dafür Hebesysteme in der Lagerhaltung, Liftsysteme in der Industrie oder Bewegungseinheiten für komplette Industrieroboter, Schubkettensysteme und weitere anspruchsvolle Systeme für die Intralogistik.

Schwerlastroboter
[heavy-duty robot]
Roboter für große Lasten. Man kann alle Roboter darunter verstehen, die mehr als 300 kg (Es gibt S. für Lasten von 1000 kg.) Masse heben und bewegen können. Das erreichen heute Drehgelenkroboter. Bei Portalrobotern ist es technisch einfacher S. zu konstruieren, weil die Abstützung der Last gegen den Fußboden über mehrere Stützen verteilt erfolgt.
→ *Schwerlasthandhabung*

Schwingarmfeeder
[swivel arm feeder]
Fest an eine Presse angebaute Handhabungseinrichtung mit einer Drehgelenkstruktur. Eine ursprüngliche Form ist die „Eiserne Hand" gewesen. Der S. gibt ein Umformteil zur nächsten Presse weiter.
→ *Einlegegerät*

Schwingarm-Handhabungsgerät
[swivel arm pick-and-place device]
Einfaches Pick-and-Place Gerät mit bogenförmiger Bewegung vom Start- zum Zielpunkt. Durch den Schwingarm genügt ein einziger Aktor, z.B. ein pneumatischer Schwenkantrieb. Durch Einstellung des Schwenkwinkels lässt sich die Greif- bzw. Ablegeposition genau einstellen.

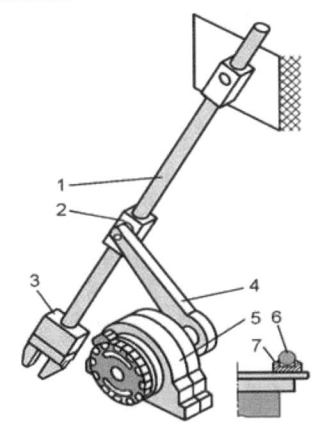

1 Arm, 2 Drehgelenk, 3 Greifer, 4 Schwinghebel, 5 pneumatischer Schwenkantrieb, 6 Werkstück, 7 Werkstückaufnahme

Schwingförderer
[vibrator conveyor]
Oberbegriff für lineare (→ *Schwingrinne*) und topfförmige Transport- und Zuführsysteme (→ *Vibrationswendelförderer*), die in der Kleinteilezuführung auch für das Ordnen von Teilen eingerichtet werden können und auf der Basis gerichteter Schwingungen arbeiten.

Schwingrinne
[oscillating conveyor]
Linearförderer, bei dem die Teile durch Gleitförderung, vor allem aber durch Mikrowurf vorwärts bewegt werden. Die Schwingungen können elektromagnetisch, pneumatisch und durch Unwuchtantriebe (elektromotorisch) erzeugt werden. Zur Werkstückschonung kann die S. mit einem elastischen Belag ausgelegt werden. Die S. arbeiten meistens als abgestimmtes Feder-Masse-System.

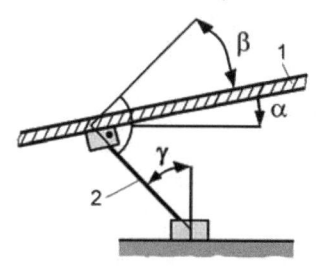

1 Schwingrinne, 2 Blattfeder, α Wendelsteigung, β Wurfwinkel, γ Blattfeder-Anlenkwinkel

Schwingungsdämpfung
[vibration damping]
Umwandlung von kinetischer Energie in Wärmeenergie während einer Schwingung, hervorgerufen durch coulombsche Reibung oder durch Flüssigkeitsreibung bei einem Industriestoßdämpfer.

Schwingungsisolierung
[vibration isolation]
Reduzierung von Vibrationsenergie von einer (Störungs-)Quelle zu seiner Umgebung. Balgzylinder, elastomere Elemente und Drahtseilfedern können Vibrationsenergie derart reduzieren, dass sie keinen Schaden mehr anrichten.

Schwingungsmechanik
[vibration engineering]
Teilgebiet der Mechanik (Dynamik), das sich mit den zeitlich periodischen Änderungen einer physikalischen Größe befasst., z.B. mit den mechanischen Schwingungen einer Feder.

Science-Fiction-Roboter
[science-fiction robot]
Robotertyp aus utopischen Erzählungen mit meistens hohen Intelligenzleistungen, menschenähnlichem Aussehen und der Fähigkeit zum Gehen. Zu den ungelösten Problemen gehört vor allem die energetische Versorgung.

SDOF
[single degree of freedom]
Ein einzelner → *Freiheitsgrad*; eine einzelne → *Bewegungsachse* in der Mechanismentechnik.

Sechsbeiniger Schreitroboter
[six-legged walking robot]
Mehr oder weniger autonome Schreitmaschine mit sechs Beinen, die per Kamerasicht den Weg selbst plant und entscheidet, wohin die Füße gesetzt werden. Im Beispiel werden die Beine mit Pneumatikzylindern angetrieben.

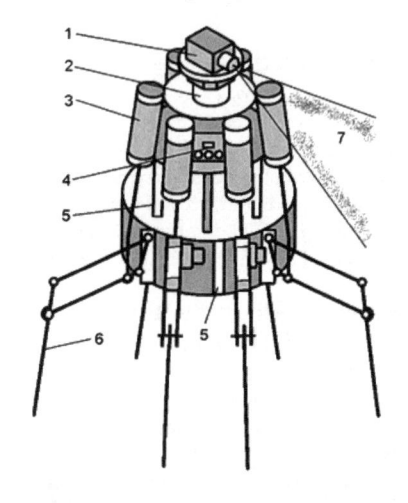

1 Kamera, 2 Kameraschwenkeinheit, 3 Pneumatikzylinder, 4 Bedien- und Steuereinheit, 5 Plattformaufbau, 6 Bein, 7 Sichtbereich

Auch Fluidmuskeln wurden dafür bereits eingesetzt. Derartige Geräte dienen vorläufig fast überwiegend Forschungszwecken. Man will Algorithmen ausprobieren, die einen möglichst großen Überlebenszeitraum sichern.

Seebeck-Effekt
[Seebeck effect]
In einem Stromkreis aus verschiedenen Materialien entsteht eine Spannung, wenn die Kontaktstellen (Schweiß- oder Lötstellen) unterschiedliche Temperaturen aufweisen.

Segmentierung
[segmentation]
In der Bildverarbeitung die Unterteilung eines Bildes in zusammenhängende Bereiche, von denen jeder in gewissem Sinne homogen (einheitlich, gleichartig) ist und dadurch anschließend besser identifiziert werden kann (Merkmalsextraktion).

Seilbalancer
Manuell gesteuerter Lastheber mit einem Hubseil, an dessen Ende das Lastaufnahmemittel befestigt ist. Die Steuerung hält die Last automatisch im Schwebezustand. Das Seil ist massearm und seitlich beweglich, sodass eine leichte Positionierbarkeit gegeben ist. Die Last kann auch gut um die Seilachse gedreht werden.
→ *Balancer*

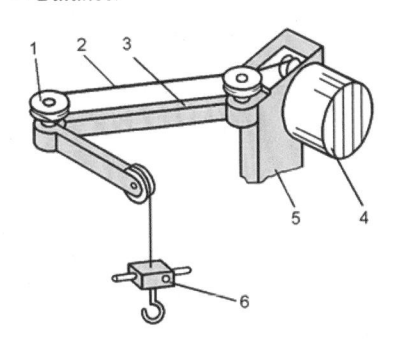

1 Umlenkrolle, 2 Seil, 3 Waagerecht-Knickarm, 4 Seilhub-Antrieb, 5 Standsäule, 6 Bedieneinheit mit Lastaufnahmemittel

Seitendrehmanipulator
[side manipulator]
Hydraulischer Manipulator zum Greifen und Heben von Langroh- und Rundholz auf Holzausformungsplätzen. Er kann stationär oder mobil (auf ein Fahrzeug aufgebaut) verwendet werden. Als Greifer werden Zweischalen-Zangengreifer eingesetzt. Man verwendet den S. in der Zellstoff-, Platten- und Schnittholzindustrie.

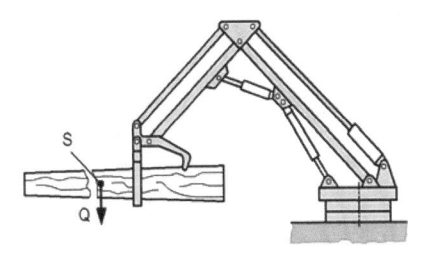

Q Last, S Masseschwerpunkt

Seitendruckstück
[lateral pressure piece]
Spannelement, das aus einem birnenförmigen Druckstück besteht, welches in einen elastomeren Grundkörper eingelassen ist. Das S. wird durch das Werkstück seitlich ausgelenkt, sodass eine bestimmte Andruckkraft entsteht. Es gibt das S. in mehreren Ausführungen und Baugrößen.

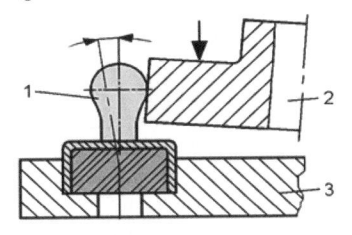

1 Seitendruckstück, 2 Werkstück, 3 Spannvorrichtungsplatte

Selbsthemmung
[self-locking]
In der Statik ein Zustand, bei dem ein System bewegbarer Teile ohne Krafteinwirkung zur Ruhe kommt oder durch Krafteinwirkung nicht mehr bewegt werden kann.

Beispiel: Bei einem Spindelhubgetriebe hält nach dem Hub allein die Reibung im Spindelgewinde die Last auf der erreichten Hubhöhe, wenn eine selbsthemmende Trapezgewindespindel (Gleitgewinde) eingesetzt wird.

Selbstorganisation
[self-organization]
Fähigkeit in einem nichtlinearen dynamischen System, seine Struktur irreversibel zu verbessern, um eine größere Stabilität zu erreichen bzw. den inneren Zustand besser und zweckmäßiger gegen Störungen aus der Umwelt und gegen Abnutzungserscheinungen verteidigen zu können. „Selbst" soll ausdrücken, dass die entsprechenden Strukturen nicht von außen aufgeprägt bzw. organisiert werden, sondern das Resultat innerer Wechselwirkungen sind.

Selbstreparatur
[self-repair]
Fähigkeit eines Systems, ausgefallene Bauelemente bzw. Teilsysteme entweder durch Einschaltung von vorhandenen Reservesystemen (→ *Redundanz*) oder durch Reproduktion dieser Ausfallkomponenten mit Hilfe von Energie, Stoff und Strukturen aus der Umgebung. Die S. ist ein Spezialfall der → *Selbstorganisation*.

Selbstreproduktion
[self-reproduction]
Im Zusammenhang mit Robotern die Eigenschaft, dass sie sich in einem technischen Vorgang selbst replizieren können. Das ist eine faszinierende Eigenschaft, weil sie im Verdacht steht, ein Spezifikum lebendiger Systeme zu sein. Theoretische Untersuchungen von *A.M. Turing* (1912-1954) und *J.v. Neumann* (1903-1957) haben gezeigt, dass mathematische Modelle von selbstreproduzierenden Systemen möglich sind.

Selbstzentrierung, nachgiebige
[remote centre compliance, RCC]
→ *RCC-Glied*, → *Fügehilfe*

Self-Assembly
Spezialfall der → *Selbstorganisation*, bei dem sich Moleküle zu klaren Strukturen von selbst zusammenfinden.

Selsyn
[selsyn, synchro]
Messwandler für Winkel; andere Bezeichnung für einen → *Resolver*, ein Winkelmessgerät

SELV
[safety extra low voltage]
Abk. für eine → *Sicherheitskleinspannung*

Semantik
[semantics]
Bedeutung und Inhalt von Zeichen und Zeichenketten; Es geht darum, welche Bedeutung z.B. ein Satz in einer natürlichen Sprache, eine Aussage in einer Programmiersprache oder eine Aussage in einer Logik hat. Die S. wird außerdem verwendet, um auf das Stadium des natürlichsprachlichen Verständnisses zu verweisen, das sich mit der Ableitung der Bedeutung eines Satzes beschäftigt.

Semantisches Netz
[semantic network]
Wissensrepräsentationsschema, das auf Netzen von Knoten und Verbindungen (Kanten) basiert, die normalerweise Objekte und Beziehungen zwischen Objekten darstellen. Die Struktur des S. soll die assoziativen Verbindungen zwischen Fakten darstellen, um direkten Zugriff auf „benachbartes" Wissen zu ermöglichen. Deshalb bezeichnet man die S. oft auch als Assoziative Netze.

Semiotik
[semiotics]
Wissenschaft (Bedeutungslehre), die Eigenschaften von Zeichen und Zeichenketten studiert. Es geht nicht nur um konkrete Sprachen, sondern auch um formalisierbare Sprachen. Dazu gehören auch künstliche Maschinensprachen.

Sensor
[sensor, sensing device]
Primäres informationsgewinnendes Element gesteuerter technischer Systeme, das eine physikalische oder chemische Größe auf der Grundlage eines physikalischen Effekts in ein weiterverarbeitbares elektrisches, seltener in ein pneumatisches oder hydraulisches Signal, umwandelt. Oft wird noch eine Messgrößenbeabeitung durchführt. Das unmittelbar wirksame Umsetzelement wird als Messwertaufnehmer oder Elementarsensor bezeichnet. Passive Sensoren sind mit Hilfsenergie zu versorgen, aktive Sensoren arbeiten als Energiewandler. Der Begriff „Sensor" kommt vom Lateinischen *sensus* für Gefühl bzw. Empfindung.
Im Englischen bezeichnet man einen Sensor der kein genormtes Ausgangssignal abgibt als *transducer*. Liegt ein genormtes Ausgangssignal vor, spricht man von einem *transmitter*. (lat. *sensus*; Sinn, Wahrnehmung).

Sensor, aktiver
[active sensor]
Sensor, der nichtelektrische Energie in elektrische Energie (Spannung) ohne Hilfsspannung von außen umformt. Jeder Erkennung von Objekteigenschaften liegt das Prinzip zugrunde, das Energie in irgendeiner Form durch das zu sensierende Objekt moduliert und die aufgeprägte Information vom Sensor analysiert wird.

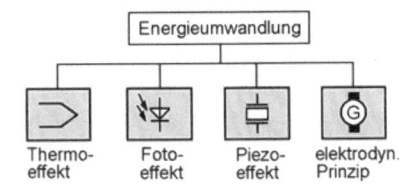

Sensor, externer
[external sensor]
Sensoren, die die Eigenschaften der Umwelt eines Roboters erfassen, insbesondere bei autonomen mobilen Robotern. Das sind z.B. Sensoren für Licht, Wärme, Schall (Mikrophone), Kollision mit Hindernissen, physikalische Größen im technischen Prozess, Entfernungen, Lage von Landmarken und Objekten, Objektkonturen und Umweltbilder (Kamera, Laserscanner, Videokamera).

Sensor, intelligenter
[smart sensor]
Sensor, der in bestimmtem Maß eine Dezentralisierung der sensorischen Informationsverarbeitung übernimmt, die über eine einfache Vorstufe hinaus geht. Es sind alle elektrischen Funktionen in einem Halbleiterbaustein untergebracht.

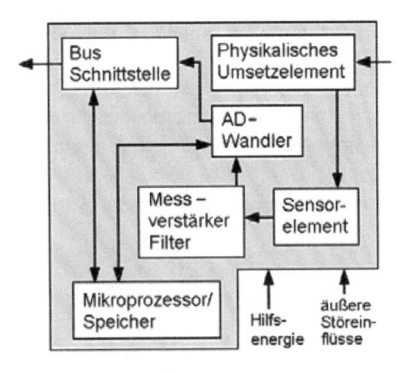

Sensor, interner
[internal sensor]
Sensor zur Erfassung der inneren Zustände eines Roboters, wie z.B. Position sowie Orientierung der Roboterkomponenten (Roboterarm, Endeffektor, Navigation bei Mobilrobotern) selbst, Geschwindigkeit mit der sich Gelenke bewegen, Innentemperatur, Batteriestand bei autonomen mobilen Robotern, Motorstrom, Kräfte und Momente. Beispiele für S. sind auch Rad-Encoder und Kreiselkompass bei mobilen Robotern.
→ *Odometrie*

Sensor, passiver
[passive sensor]
Sensor, der die von einer fremden Quelle stammende Energie ausnutzt, um Informationen über ein Objekt zu erhalten. Er verändert unter dem Einfluss einer nichtelektrischen Größe seine elektrischen Eigenschaften. Typische S. sind z.B. Po-

tenziometer, Hallsonden, induktive und kapazitive Fühler.

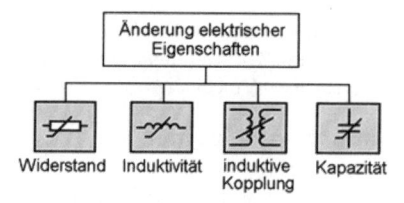

Sensor, vorausschauender
[look-ahead sensor]
Sensor, der z.B. eine Schweißnahtfuge auf optischem Weg vorauslaufend erkennt, vermisst und interpretiert. Daraus werden dann Anweisungen für die Seiten- und Höhenkorrektur des Schweißbrenners generiert. Die Ausführung der Korrekturen muss allerdings wegen des Sensorvorlaufs zeitverzögert erfolgen.

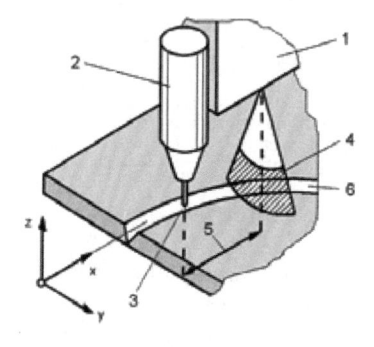

1 Roboterarm, 2 Schweißbrenner, 3 Arbeitsposition, 4 Sensorsichtbereich, 5 Sensorvorlaufweg, 6 vorbereitete V-Naht

Sensorführung
Einbeziehen von Sensordaten in den Bewegungsablauf eines Industrieroboters, damit dieser auch in einer nichtdeterminierten Roboterumgebung zuverlässig arbeiten kann. So kann z.b. die Bearbeitungsgeschwindigkeit beim Schleifen mit Hilfe eines → *Leistungssensors* den momentanen Bearbeitungsverhältnissen angepasst werden. Es gibt viele weitere Sensortechniken, wie z.B. Näherungssensoren, Bildverarbeitung, Kraft-Moment-Sensoren.

Sensorfusion
[sensor fusion]
Zusammenführen von Informationen mehrerer Sensoren mit dem Ziel, fehlerbehaftete Messwerte unterschiedlicher Sensoren so zu kombinieren, dass ein möglichst genaues Ergebnis entsteht. So lässt sich die Qualität der Aussage verbessern oder man kann von verschiedenen Sensorinformationen neue Informationen gewinnen. Ein Anwendungsfall ist die Selbstlokalisierung mobiler Roboter, d.h. seine Position relativ zur Umgebung selbst ermitteln zu können.
→ *Kalman-Filter*

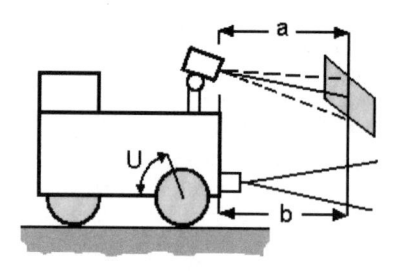

a, b Messabstände verschiedener Sensoren, U Umdrehungszähler (Odometrie)

Sensorhaut
[sensor skin]
Sensor mit dünner flächenhafter Ausprägung, der auf Berührung reagiert. Die S. kann aus einer Folie mit matrixartig eingelagerten Kontaktdrähten bestehen. Man kann sie als Berührungsschutz an bewegten Bauteilen von Handhabungseinrichtungen anbringen.
→ *Taktiler Sensor*

Sensorkamera
[sensor camera]
Kamera mit einem Bildsensor in Verbindung mit Verfahren zur industriellen Bildverarbeitung. Es gibt bereits S. die auf kleinstem Raum Framegrabber (setzt Videosignale der S. in ein für den Rechner zugreifbares Format um), Bildspeicher, Prozessor und SPS-kompatible Schnittstellen enthalten.
→ *Bildverarbeitung*

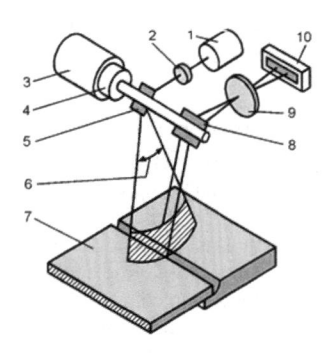

1 Laser, 2 Fokussierlinse, 3 Motor, 4 Winkelgeber, 5 Strahlumlenkspiegel, 6 Pendelbewegung, 7 Werkstück, Schweißbaugruppe, 8 Spiegel, 9 Objektiv, 10 CCD-Linienkamera

Sensorknoten
[sensor nodes]
In → *Sensornetzen* eine Anordnung mehrerer sehr kleiner Sensoren (Messfühler mit einem Volumen von nur wenigen Kubikmillimetern), die Sensordaten über eine Funkeinheit versenden oder empfangen können. Ein Mikrocontroller überwacht die Kommunikation, die Messungen und die Sicherheit. Charakteristisch ist: Digitalisieren der Daten vor Ort, Vorverarbeitung der Daten, Übertragen digitaler Sensorwerte in Paketen, Datenübertragung per Funk, mögliches Routen von Datenpaketen, Sicherung der Datenübertragung, Übertragen von Steuer- und Kontrollinformationen, Datensammlung, Datenauswertung und Anzeige.

Sensorkugel
[space ball]
Dateneingabeelement, bei dem auf einer Grundplatte eine Kugel montiert ist. Diese nimmt die ausgeübten Kräfte und Momente als Richtungs- und Orientierungskommandos auf und interpretiert sie. Damit kann ein realer oder virtueller Roboterarm mit bis zu 6 Achsen von Hand gesteuert werden.

Sensorlager
[sensor bearing, ball bearing with sensor]
Sensorisiertes Rillenkugellager zur Messung der Drehzahl von Wellen und Erkennung der Drehrichtung, auf denen das Kugellager sitzt. Als Signalgeber wird ein integrierter Halleffektsensor verwendet. Wird an der gleichen Welle an anderer Stelle ein zweites Sensorlager eingebaut, dann kann auch der Torsionswinkel der Welle ermittelt werden und damit das anliegende Drehmoment.
→ *Drehwinkelerfassung*

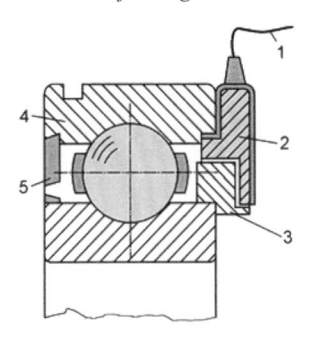

1 mehradriges Kabel, 2 Sensorring, 3 Impulsring, 4 Standardrillenkugellager, 5 Dichtungsringscheibe

Sensornetz, drahtloses
[wireless sensor neworkt]
Flexibles System zur verteilten Datengewinnung, -übertragung und -auswertung. Es besteht aus sehr vielen einfachen kooperierenden Knoten (→ *Sensorknoten*), die in der Umgebung verteilt und mit Sensoren ausgestattet sind. Ihre Bauweise ist vom jeweiligen Einsatzgebiet abhängig. Ein S. muss über einige Fähigkeiten zur → *Selbstorganisation* verfügen. Ein kritischer Punkt ist die Energieversorgung.
→ *Sensorknoten*

Sensorsystem
[sensor system]
In der Robotik in den Greifer eingebaute Sensoren zur Positionserkennung, Erfassung der Annäherung an ein Objekt, Greifkraftbestimmung, Weg- und Winkelmessung, Rutschbewegung gegriffener Teile u.a. mit eventuell integrierter Sensordaten-Vorverarbeitung.

Sequenzielle Bereitstellung
[sequence feeder]
In der Zuführtechnik die Bereitstellung verschiedener Werkstücke in einer festgelegten Reihenfolge an einer einzigen Position für alle Teile. Bei der gezeigten Lösung befinden sich die Werkstücke in Rinnemagazinen. Schleusenzuteiler geben nacheinander je ein Werkstück frei. Diese gleiten durch Schwerkraft in die Entnahmeposition.

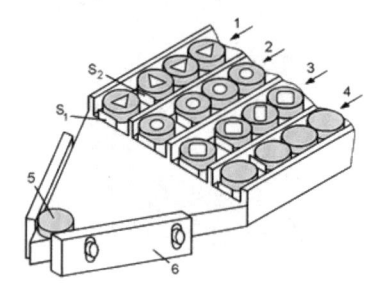

1 bis 4 Rinnenmagazin, 5 abzugreifendes Teil, 6 Seitenführung, S Vereinzelungsschieber

Sercos
[serial realtime communication system]
Kunstwort für serielles Echtzeitkommunikationssystem; ein spezialisiertes schnelles Bussystem für die Kopplung von Steuerungen (NC-Steuerungen) und digitalen Antrieben. Das Interface tauscht Daten zwischen der Steuerung und den Umrichtern bzw. Stellern eines Antriebs z.B. über Lichtwellenleiter aus.

Serviceroboter
[service robot]
Freiprogrammierbare Bewegungseinrichtung, die teil- oder vollautomatisch Dienstleistungen am Menschen vollbringt. Die Leistungen dienen also nicht der industriellen Erzeugung von Sachgütern. Eine besondere Schwierigkeit besteht darin, dass sich S. in einer Umgebung zurechtfinden müssen, die sich laufend verändert. Das erfordert ein Mindestmaß an Intelligenz. Anwendungen werden in den Bereichen medizinische Eingriffe und Rehabilitation, Botengänge, Gebäude- und Flugzeugreinigung, Pkw-Betankung u.a. gesehen. Später wird es auch S. im Haushalt geben.

Servicerobotersicherheit
[safety of the service robots]
Sicherheit gegenüber Personen und Sachgütern bei der Benutzung von Servicerobotern. Das ist wichtig und zugleich schwierig, weil diese häufig in öffentlichen Bereichen eingesetzt werden sollen. Außerdem kommt oft der unmittelbare Kontakt mit Personen zustande. Folgende Randbedingungen sind u.a. zu beachten:
- Gefährdungen durch energiereiche Bewegungen
- konstruktive Sicherheit aller Teilsysteme
- ergonomisch richtige und günstige Gestaltung
- fehlertolerantes Verhalten gegenüber Bedienfehlern, Überlastung und Missbrauch
- sicherheitsgerechte Organisation der Betriebsarten

Servoabtastrate
[servo sampling frequency]
Bei einem Servoantriebssystem ist das der zeitliche Abstand, in welchem ein Positionswert einer NC-Achse elektronisch abgefragt (abgetastet) wird. Dieser Wert wird der Positionsregelung zugeführt. Die Servoabtastrate dominiert die dynamische Genauigkeit einer NC-Achse.

Servoantriebssystem
[servodrive system]
Drehzahl- und lagegeregelte Antriebe, die im geschlossenen Regelkreis betrieben werden. Durch elektronische Erfassung der gewünschten Zielgröße (Drehzahl, Lage) wird eine sehr genaue Einhaltung der gewünschten Sollwerte und eine hohe Dynamik bei Sollwertänderungen gewährleistet.

Servogreifer
[servo gripping system]
Greifer, bei dem die Greifkraft in einem

Greifkraftbereich über Mikrorechner, Servoregler und Leistungsverstärkung je nach Einstellung geregelt wird. Der Antrieb erfolgt elektromotorisch, aber auch servopneumatische Lösungen sind bekannt.

Servomotor
[servo motor]
Bezeichnung für einen Motor, meistens ein Elektromotor, der eine Bewegungsachse antreibt und dazu in einen geschlossenen → *Regelkreis* eingebunden ist. Dazu müssen die gewünschten Zielgrößen (Drehzahl, Position bzw. Winkel) erfasst werden. Dann wird eine sehr genaue Einhaltung der Sollwerte und eine gute Dynamik bei Sollwertänderungen gewährleistet, insbesondere schnell wechselnde Geschwindigkeitsprofile, synchronisierte Bewegungen und exakte Positionierungen nach vorgegebenen Programmabläufen.

Servopneumatik
[servo pneumatic]
Genaue und dynamische Steuerung von pneumatischen Aktoren mit elektronischen Regelkreisen. Die S. ermöglicht es, z.B. pneumatische Zylinder zwischen den Endlagen sehr genau (1/10 mm und besser) zu positionieren oder einen Druck durch ein elektrisches Signal kontinuierlich zu verstellen. Wegen der Kompressibilität von Luft werden sehr schnelle und genaue Ventile sowie komplexe elektronische Regelkreise benötigt. Außerdem wird eine hervorragende Luftqualität benötigt. Synonyme Begriffe sind Proportional- und Regelpneumatik.

Servoregelkreis
[servo loop]
Geschlossener Regelkreis, in den ein Motor eingebunden ist. Geregelt wird die Anpassung einer Ist-Position an eine Soll-Position. Dazu wird der Ist-Wert ständig erfasst und einem Vergleicher zugeführt. Aus der Positionsdifferenz wird dann der weitere Betrieb des Motors errechnet und angewiesen.

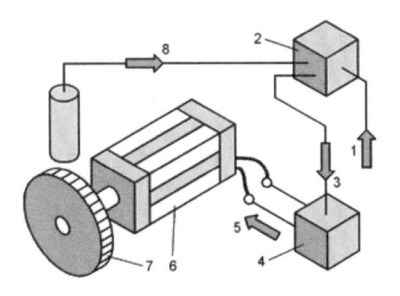

1 Soll-Positionsvorgabe, 2 Vergleicher, 3 Positionsdifferenz (Fehlersignal), 4 Verstärker, 5 Kraftstrom, 6 Motor, 7 Positionsgeber, 8 Ist-Positionsmeldung

Setzmuster
[placing pattern]
In der Logistik das Anordnungsschema von Werkstücken auf Speicherflächen oder im Lagerbereich. Versetzte Stapelordnungen geben dem Stapel (der Ladeeinheit) eine innere Stabilität. Das S. hat Auswirkungen auf die erforderliche Beweglichkeit des Endeffektors eines Roboters.

SHAKEY
Am SRI (*Stanford Research Institute*, USA) 1968 entwickelter mobiler nichtautonomer experimenteller Roboter. Das dreirädrige Fahrzeug war mit einem Sichtsystem (Kamera) und taktilen Sensoren ausgerüstet, konnte Hindernissen ausweichen und Objekte in einer sehr strukturierten Umgebung (quader- und keilförmige Objekte) manipulieren. Die Daten wurden über Funk zum stationären Rechner übertragen. Die Roboterhardware machte allerdings noch einige Schwierigkeiten. Wegen seiner ruckartigen Bewegungen wurde er „Der Geschüttelte" (= *shakey*) genannt. Er konnte Instruktionen in vereinfachtem Englisch „verstehen". Es war ein erster Test von Aktionen auf der Basis Künstlicher Intelligenz.

Shelfroboter, tiefgreifender
Roboter, der durch seine On-Top-Montage eine besonders flexible, raum- und kostensparende Automationslösung dar-

stellt. Er steht auf einem Sockel. Ein optimierter S. mit einem speziell angepassten Vertikalarm, einem vergrößerten Ausgleichszylinder sowie einem Arbeitsbereich der ersten Achse von ± 165° kann z.b. bis zu 30 kg schwere Teile auch bis zu einem Meter unterhalb des Roboterfußes greifen und in einem Umkreis von bis zu 2,4 m bewegen oder platzieren.

SHRDLU
Leistungsfähiges Sprachverarbeitungssystem von *Terry Winograd* (1972), dessen Szenario allerdings eine Mikro-Robotikszene ist. Ein Greifer und eine Deckenkamera beobachten eine Tischoberfläche, auf der verschiedenfarbige und geformte Bauklötze (Würfel, Quader, Pyramiden und eine Kugel) liegen. Über natürlichsprachliche Anweisungen bewegt der Greifer einzelne Bauklötze, um Türme auf- und abzubauen. *Winograd* beschreibt sein System 1976 in seinem Buch „Understanding Natura Language".

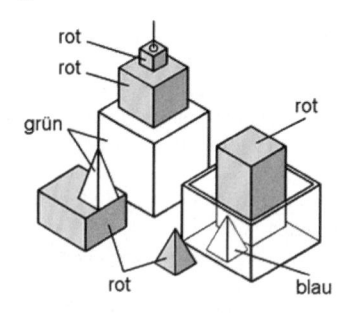

Shutterbrille
Im Bereich der →*virtuellen Realität* eine aktive Brille zur stereoskopischen Betrachtung sequenziell angezeigter Teilbilder. Ein telemetrisch übertragenes Triggersignal steuert dabei das alternierende Abdunkeln des linken und rechten LCD-Brillenglases.

Shuttle
[Transportwagen]
Wagen mit eigenem Antrieb, der wie ein fahrerloses Flurförderzeug Objekte transportiert, z.B. Rohbaukarosserien in eine Punktschweißstation. Die Wegführung kann z.b. über einen Leitdraht im Fußboden erfolgen.

Sicherer Halt
[safety shutdown]
Sicherheitsfunktion bei einer Antriebssteuerung, bei der die Energieversorgung zum Antrieb sicher unterbrochen wird und kein Drehmoment am Motor vorhanden ist. Es ist aber bei einer Krafteinwirkung von außen, wenn z.b. Gewichtskräfte bei einer Vertikaleinheit wirken, eine zusätzliche Maßnahme (→ *Haltebremse*) erforderlich.
→ *Sicherheitsfunktion*

Sicherheitsfunktion
[safety function]
Antriebe müssen sich bei Gefahr über die Antriebssteuerung sicher stillsetzen lassen. Die wichtigsten definierten S. sind bei Antrieben folgende: sicheres Stillsetzen, → *Sicherer Halt*, sicherer Betriebshalt, sicher reduzierte Geschwindigkeit bzw. Drehzahl, sicher begrenztes Schrittmaß, sicher begrenzte Absolutlage, sichere Begrenzung von Drehmoment bzw. Kraft. Dafür gibt es einige Vorschriften und viele technische Lösungen. So lässt sich z.B. mit einem Optokoppler ein Kanal der sicheren Impulssperre realisieren, weil sich die Anodenspannung des Optokopplers über ein Relais unterbrechen lässt. Wenn die Ansteuerung der Leistungshalbleiter mit geeigneten Impulsmustern sicher verhindert wird, kann sich der Motor nicht mehr drehen, weil kein magnetisches Drehfeld mehr aufgebaut wird. Je nach Anlage oder Maschine muss mitunter trotz stillgesetzter Antriebe auch die Befreiung von eingeklemmten Personen oder Gegenständen möglich sein, was bei der Projektierung von Antrieben zu bedenken ist.
Die Anforderungen an die Antriebssteuerungen führen in der Regel zu zweikanaligen Rechnerstrukturen, die die Kategorie 3 nach EN 954-1 erfüllen.
→ *Sicherheitskleinspannung*, → *Schutzkleinspannung*, → *Redundanz*

Sicherheitskleinspannung
[safety extra low voltage (SELV)]
Elektrisches System, in dem die Spannung den Wert von 50 V Wechselspannung oder 120 V Gleichspannung nicht übersteigt. Das dient als Schutzmaßnahme gegen direktes und indirektes Berühren gefährlicher Spannungen durch die sogenannte „sichere Trennung" vom Versorgungsnetz. Dieses System darf nicht geerdet und nicht mit Schutzleitern anderer Stromkreise verbunden werden.
→ *FELV,* → *Schutzkleinspannung*

Sicherheitskupplung
[safety coupling, torque limiter]
Selbstreagierende Kupplung (→ *Überlastkupplung*) bei Drehmomentüberlastung des Antriebs. Der Kraftfluss wird automatisch getrennt.

Sicherheitsroboter
[safety robot]
Mobiler Roboter kleiner Baugröße, meist mit Radfahrwerk, der private und große industriell genutzte Areale überwacht. Er verfügt über autonome Navigation und Sensortechnik. Damit ist er je nach Ausstattung in der Lage zu automatischen Patrouillenfahrten, eigenständiger Gefahrenerkennung, Detektion von Personen (auch in dunklen Räumen mit Hilfe von Infrarotsensoren und Wärmebildkameras), automatischer Alarmmeldung, kameraunterstützter Fernsteuerung, Fahrtrouten zu festen Zeiten oder nach dem Zufallsprinzip, Dokumentation von Messwerten und zur Detektion von Brandherden und frühzeitigem Erkennen von Schwelbränden.
→ *Wachschutzroboter*

Signal
[signal]
Darstellung einer Nachricht durch physikalische Größen, z.B. Spannungen, Ströme, Phasenlagen oder magnetische Feldstärken, aus denen Codeelemente gebildet werden. Die zur Nachrichtenübertragung verwendeten S. sind im Allgemeinen Zeitfunktionen.

Signalanalyse
[signal analysis]
Bei der automatischen Spracherkennung die Zerlegung eines aufgenommenen Lautspektrums in sein Frequenzspektrum und die dazugehörigen Intensitäten. Es folgt die Wandlung in digitale Informationen. Die Lautspektren für Referenzen von Sprachaufnahmen werden in sogenannten Trainingssitzungen mit Beispielsätzen des jeweiligen Sprechers erstellt. Ein Erkennungsmodul vergleicht die digitalen Informationen mit bereits gespeicherten Informationen von Wörtern.

Signalflussplan
[signal flow chart]
Schematische Darstellung der wirkungsmäßigen Verbindung der → *Übertragungsglieder* eines Systems durch Signalverknüpfungen. Dafür werden grafische Symbole verwendet. Signalpfade sind mit einem Richtungspfeil versehene Linien.

Signaltyp
[type of signal]
Einteilung der Signale nach charakteristischen Eigenschaften des Werte- und Definitionsbereiches der Signalverläufe.

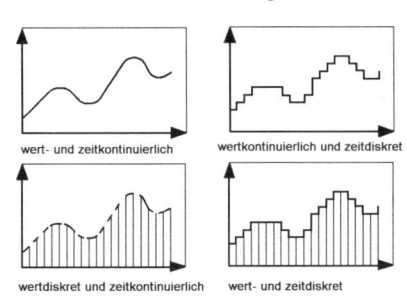

analog = kontinuierlich, stufenlose Werte
diskret = durch endliche Intervalle voneinander getrennt stehende Werte
kontinuierlich = unaufhörlich, durchlaufend
diskontinuierlich = aussetzend, unterbrochen

Entspricht jedem Zeitpunkt eines gewissen Zeitintervalls ein Wert des Signals, so handelt es sich um ein kontinuierliches, haben jedoch je zwei Zeitpunkte, denen Signalwerte zugeordnet sind, einen endlichen Abstand voneinander, so handelt es sich um ein diskontinuierliches Signal. Durch Kombination beider Aspekte gelangt man sowohl für den Fall der stochastischen als auch der deterministischen Signale zu den im Bild dargestellten vier wichtigen S.

Signalverarbeitungsebene
[signal processing level]
Bei geregelten elektrischen Antrieben eine Bezeichnung für die Komponenten, die die Messsignale vom Stromrichter und vom Motor verarbeiten und die Steuergrößen für den Stromrichter erzeugen. Bei digitaler Realisierung der Regelung sind Abtastraten von etwa 25 µs bis zu wenigen Millisekunden üblich. Die Signalverarbeitungsebene ist der → *Leistungsebene* überlagert.

Siliziumgreifer
[gripper for semiconductor wafer]
Greifer für die Handhabung von druckempfindlichen Siliziumscheiben. Das Halten muss absolut stressfrei erfolgen, weil sich sonst Mikrorisse bilden können. Neben Greifern mit Auflageflächen (Halten ohne Klemmkräfte) gibt es auch Greifer, die das Objekt berührungslos halten, indem Kräfte mit Leistungsschall, evtl. mit Vakuum kombiniert, aufgebracht werden.

Simulacrum
Modellhafte Abbildung (Nachahmung) von Naturvorgängen, insbesondere auch von Lebewesen, durch Mechanismen. Man könnte sie auch als „Proto-Automaten" (Urautomaten) bezeichnen. Beispiele: bewegliche und sprechende Figuren, die mitunter als Vorläufer von Robotern angesehen werden, was aber ahistorisch ist.

Simulation
[simulation]
Abbildung (Modell) eines realen dynamischen Systems (Systemverhalten) an einem realen, digitalen (Computer) oder theoretischen, jedoch experimentierfähigen Modell (formales System), um zu Erkenntnissen zu gelangen, die in die Wirklichkeit übertragbar sind. Die S. kann mit oder ohne →*Animation* sein. Computerprogramme zur S. können Bestandteil einer Steuerung sein. Die Ergebnisse werden auf einem Bildschirm mit Farbgrafik dargestellt. Die S. von Vorgängen dient deren Optimierung. Das Ziel der Simulationstechnik besteht in der Robotik darin, eine Offline-Programmierung der Roboterzelle zu erreichen, um die Inbetriebnahmezeiten zu reduzieren. Bestandteil ist dann auch eine 3D-Visualisierung mit Realitätstreue.
→ *Bewegungssimulation*

Simulationsgrafik
[graphical simulation]
Moderne CNC-Steuerungen können den Arbeitsablauf für ein programmiertes Teil bereits vorher auf dem Bildschirm darstellen und zwar als → *Animation* (Zustandsgeschichte). Man kann daran Programmierfehler und falsche Ausgangsdaten feststellen. Das Bild zeigt ein Beispiel für die Echtzeitsimulation für einen 2-Support-Drehautomaten.

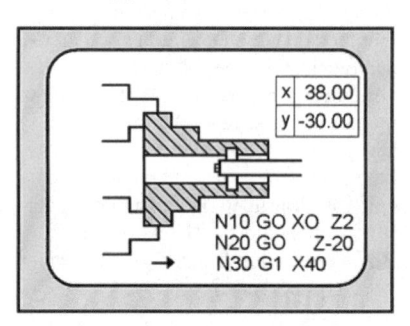

```
x  38.00
y -30.00

N10 G0 X0  Z2
N20 G0     Z-20
N30 G1 X40
```

Simultaneous Engineering
Zeitlich und inhaltlich synchronisierte, parallele Entwicklung von Produkt-, Produktions-, Vertriebs- und Recyclingkonzepten durch ein Team von Vertretern der beteiligten Fachbereiche, das sich in regelmäßigen Abständen unter straffem Projektmanagement zum Informationsaustausch zusammenfindet.

Sinus-Cosinus-Positionsmesssystem
[sine-cosine measuring device for positions]
Spezielles Längenmesssystem mit sehr großem Messbereich (mehrere Meter) bei gleichbleibend hoher Genauigkeit. Es ist besonders für Lineareinheiten gut geeignet. Es werden die Vorzüge eines → *Encoders* und eines → *Resolvers* miteinander kombiniert. Gemessen wird eine Länge über die wiederkehrenden Teilungsperioden. Eine feinere Auflösung innerhalb einer Periode ist durch die Auswertung der beiden Sinus- und Cosinussignale als Analogsignale erreichbar,.

Sin-Cos-Motorfeedback-System
[sine-cosine motor feedback system]
Nach dem Funktionsprinzip eine Mischung aus inkrementalem und absolutem Drehgeber. Der Absolutwert dient der Kommutierung und der Rotorlageinformation beim Einschalten eines Antriebes. Danach wird inkremental über Sinus-/Cosinus-Signale weitergezählt. Eine bidirektionale Kommunikation zwischen Antriebsregelung und Motorfeedbacksystem wird durch eine entsprechende Schnittstelle gewährleistet.

Single-Pick-Greifer
[single-pick gripper]
Einzelstück-Greifer; ein Greifer dessen Greiforgane im Gegensatz zu den → *Multi-Pick-Greifern* stets nur ein Objekt aufnehmen können.

Singleturn-Drehgeber
[singleturn rotary transducer, singleturn rotary transmitter]
Winkelgeber, der innerhalb einer mechanischen Umdrehung (0° bis 360°) in eine bestimmte Anzahl von Positionen auflösen kann. Nach einer Umdrehung wiederholen sich die Werte, d.h. das Messsignal wird vieldeutig, im Gegensatz zum → *Multiturn-Drehgeber*. Multiturn-Drehgeber liefern auch bei mehreren Umdrehungen ein eindeutiges absolutes Signal über den Drehwinkel. Als Messsystem kann z.B. ein → *Resolver* oder eine → *Codescheibe* Anwendung finden.
→ *Absolutwertgeber*

Singularität
[singular configuration]
Besondere Armstellung eines Roboters, in der die Beweglichkeit eingeschränkt ist. Der Freiheitsgrad der Kinematik ist in diesem Moment reduziert. Beim praktischen Einsatz von Robotern kann es vorkommen, dass z.B. bei einem gerade gestreckten Gelenkarm der Greifer nicht mehr in beliebigen Raumrichtungen bewegt werden kann. Das kann zu Schwierigkeiten bei den Verfahrparametern führen. In der Nähe von S. können Achsgeschwindigkeiten extrem ansteigen, die Steuerungs- und Regelabläufe des Roboters sind nicht mehr stabil. Es gibt Steuerroutinen, die dieses Problem lösen.

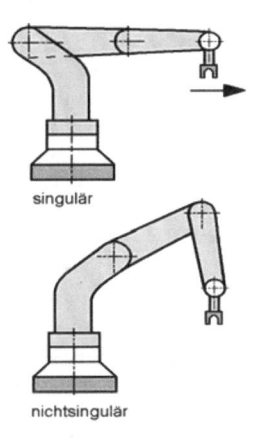

Sinus-Cosinusgeber
[sine-cosine encoder]
Drehwinkelgeber mit einem Sinus-Signalausgang, der zwischen den Nullpositionen jeden gewünschten Zwischenwert liefert..

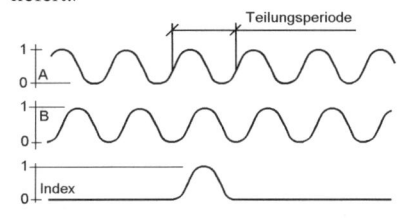

Zwei um 90° zueinander phasenverschobene Ausgangskurven gewährleisten eine kontinuierliche rotationsanaloge Signalpräsenz ohne Auszeiten.

Sinuskommmutierung
[sinus commutation]
Kommmutierungsart für bürstenlose Servomotoren. Statt einer Umschaltung wie bei der → *Blockkommmutierung* werden die Phasenströme abhängig von der Rotorlage mit einer Sinusfunktion bewertet. Die Überlagerung der Teilströme mit einer gegenseitigen Phasenverschiebung von 120° bewirkt ein echtes Statordrehfeld, das mit dem Rotor permanent mitläuft. Das resultierende Drehmoment ist praktisch unabhängig von der momentanen Rotorstellung. Das ergibt auch bei extrem niedrigen Drehzahlen ein sehr gutes Gleichlaufverhalten.

Situationskalkül
[situation calculation]
In der Logik eine bestimmte Art, mit Hilfe der → *Prädikatenlogik erster Stufe* Aktionen und Zustände zu beschreiben und Schlussfolgerungen zu treffen.

Situiertheit
[situatedness]
Ein Roboter agiert aktiv in seiner Umgebung, wobei er sich nicht mit abstrakten Beschreibungen befasst, sondern mit dem Hier und Jetzt der Welt. Daraus ergibt sich ein direkter Einfluss auf sein Systemverhalten. Zu den neuen Ansätzen in der Robotik zählt neben der S. auch die → *Körperhaftigkeit*.

Skid, Skidförderer
[skid conveyor]
Halte- und Transportgestell mit Kufen, das z.B. im Automobilbau eine Schweißbaugruppe trägt und diese längs einer Rollenbahn mit Schwerlasttragrollen von Schweißstation zu Schweißstation transportiert. Bei höheren Geschwindigkeiten setzt man → *Lorrys* ein.

SLAM
[Simultaneous Localisation and Map Building]
Bei autonomen mobilen Robotern die Lösung des Kartographierungsproblems, indem sowohl die geschätzte Position des Roboters als auch die Messungen der Umwelt zu einer Karte zusammengefasst werden. Für das Kartieren als auch für das Navigieren werden die gleichen sensorischen Techniken eingesetzt, sodass während des Navigierens auch Karten erweitert werden können.

Slaveachse
[slave axis]
Bezeichnung für eine → *Folgeachse*.
→ *Kurvenscheibe, elektronische*, → *Elektronisches Getriebe*, → *Elektrische Welle*, → *Master-Slave-Manipulator*

SMA
[Shape Memory Alloy]
Metall-Legierung mit Formerinnerungsvermögen. Daraus hergestellte Bauteile erinnern sich bei Erwärmung des Materials an ihre Form, die sie früher einmal hatten und versuchen diese wieder zu erreichen. Eine Biegung von 90° braucht etwa 1 Sekunde Zeit. Mit S. lassen sich Stellglieder herstellen.

Smart Sensor
[intelligenter Sensor]
Sensor, bei dem die Informationsverarbeitung über einfache Vorstufen hinaus geht und alle elektrischen Funktionen in einem Halbleiterbaustein untergebracht sind. Der S. wird auch als „intelligenter" Ein-Chip-Sensor bezeichnet.

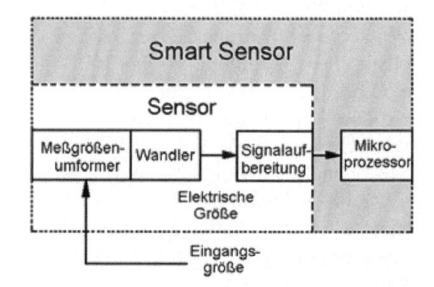

SMT-Bestückung
[Surface Mounted Technology]
In der Elektronik die Bestückung von Leiterplatten mit Bauteilen. Die Bauelemente werden auf die Oberfläche der Leiterplatte gesetzt und mittels Kleber oder Lotpaste bis zum Löten fixiert. Das Setzen der Bauelemente ist gut automatisierbar.

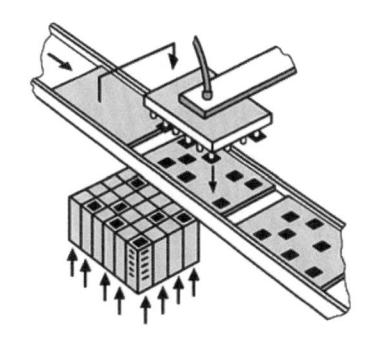

Softbumper
[soft bumper]
Weiche Stoßstange an fahrerlos laufenden Fahrzeugen, die als Kollisionsschutz dient.
→ *Kollisionsschutzsensor*

Softgreifer
[compliant gripper]
Sonderbauform eines mechanischen Greifers mit hoher Anpassungsfähigkeit an die Objektform.

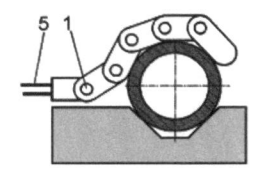

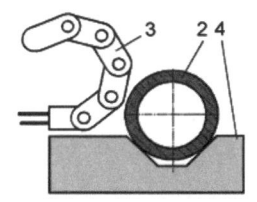

1 Gelenk, 2 Werkstück, 3 Greiforgan, 4 Werkstückauflage, 5 Greif- bzw. Freigabeseil

Die Greiforgane sind vielgliedrige kettenartige Finger, die das Objekt polygonartig umfassen. Sie werden durch Greif- und Freigabeseile, die über eine Anordnung gestufter Seilrollen laufen, angetrieben. Einsatzmöglichkeit: Greifen unförmiger Gebilde wie z.B. landwirtschaftliche Produkte oder Plüschspielzeug.

Soft-Motorstarter
[soft starter]
Elektronischer Motorstarter (Sanftanlaufregler), der im Gegensatz zu einfachen Anlassschaltern die elektrische Energie beim Einschalten kontinuierlich geregelt zur Verfügung stellt und sie zum Stillsetzen ebenso kontinuierlich reduziert. Schädliche Stromspitzen und Momentensprünge werden auf diese Weise vermieden.
→ *Kusa-Schaltung*

Soft PLC
Softwaremäßig in einem PC implementierte SPS-Funktionalität. Um den Echtzeitforderungen zu genügen, ist oft der Einsatz von softwaregestützten Beschleunigern erforderlich. (PLC = *Programmable Logic Controller*).

Soft-Robotik
[soft robotics]
Robotertechnik, die sich mit der Gestaltung von leichten, nachgiebigen und hochgelenkigen Strukturen für Roboterarme und Gelenkfingerhände befasst, mit denen eine direkte Kooperation mit dem Menschen ermöglicht wird. Künstliche Haut kann z.B. einen Schaden bei Kollisionen verhindern.

Soft-Servo-Funktion
Roboterfunktion, die die Feinstpositionierung beim Fügen durch „Weichschalten" der Gelenkantriebe unterstützt. Definiertes Weichschalten erleichtert die Anpassung der Fluchtungsachsen der Fügepartner ohne Zwang, z.B. beim Schraubeneindrehen.

Software
[software]
Sammelbezeichnung für Programme und Verfahren, d.h. für alle Arbeitsanweisungen an die Hardware eines Datenverarbeitungssystems. Hauptgruppen sind die Betriebs- und die Anwendungssoftware. Anwendungsprogramme lösen für den Anwender eine Aufgabe. Betriebsprogramme stellen die Funktion des Rechners sicher. Sie bleiben normalerweise für den Nutzer unsichtbar und stellen das Betriebssystem dar.

Softwareendschalter
[software limit switch]
Programmierbare Achsbegrenzung in einer Bewegungssteuerung, die die eingelesenen Weg- bzw. Winkelmess-Signale auf Überschreitung definierter Grenzwerte prüft und gegebenenfalls sofort in den Programmablauf eingreift, wenn falsche Weginformationen eingegeben werden.
→ *Endschalter*

Sollbruchstelle
[shear point]
Schutzmaßnahme für mechanisch beanspruchte Komponenten, bei der in Richtung des Kraftflusses eine konstruktive Stelle mit definiertem Querschnitt und Bruchverhalten vorgesehen ist. Bei einer Überlastung, z.B. eine Kollision des Greifers, dann kommt es zu einem Bruch an der S. Das lässt sich dann leichter reparieren als ein Bruch an ungünstiger Stelle.

Soll-Istwert-Überwachung
[setpoint-actual value monitoring]
Bei Antrieben sind die Ist- und Sollwerte für Lage, Geschwindigkeit und Beschleunigung zu überwachen. Bei Antrieben mit Winkelgebern werden überwacht: Bandbreite (Maximalgeschwindigkeit der Achse bezogen auf den Reglertakt), Tendenz (nach Drehsinnänderung muss das auch in den Lageistwerten erkennbar sein), Stillstand (nach dem Anhalten darf sich keine Änderung in den Lage-Istwerten zeigen) und Grenzwerte (gelesene Ist-Werte müssen innerhalb der mechanischen Bewegungsgrenzen liegen). Auch die Soll-Werte werden in die Überwachung einbezogen.
→ I^2T-*Überwachung*

Sollwert
[rated value]
Zu erreichender Wert einer definierten Größe, z.B. Position oder Geschwindigkeit, der analog oder digital vorliegen kann und der z.B. in einem Programm vorgegeben wird. Eine Anpassung kann mit einem Analog-Digital-Wandler erfolgen.

Sollwertaufbereitung
[setpoint conditioning]
Lagesollwerte müssen bei Positionieranwendungen gefiltert an die Lageregler gegeben werden, damit durch sprunghafte Veränderungen beim Aufruf einer neuen Position keine Belastung der angeschlossenen mechanischen Struktur durch Drehmomentstöße stattfindet. In der Sollwertaufbereitung wird deshalb der Lagesollwert über einen speziellen Rampengenerator (→ *Rampe*) geführt und dort stark geglättet. Bei Synchronisieranwendungen ist das nicht erforderlich, weil sich der Lagesollwert kontinuierlich ändert und nicht sprunghaft.

Sonar
[sonar]
Ultraschallgerät zur Abstandsbestimmung, das nach dem Schallortungsprinzip arbeitet. Aus der Laufzeit eines ausgesandten Impulses vom Sender zum Objekt und wieder zurück kann die Entfernung des georteten Gegenstandes errechnet werden.

Sonarschutz
[ultrasound protection]
Hauptsächlich ein Kollisionsschutz für (autonome) mobile Roboter auf der Basis von Ultraschallsensoren. Vor dem Fahrzeug ergibt sich ein Schutzfeld, dessen Reichweite und Geometrie angepasst

▶S

werden kann. Wird ein Gegenstand erkannt, dann wird das Fahrzeug sofort gestoppt.

Sonde
[space probe]
In der Weltraumtechnik ein unbemanntes Raumfahrzeug zur Erkundung des Weltraums oder eines fremden Planeten. Es kann Bilder oder Daten zur Erde senden. Im Ausnahmefall können auch Bodenproben zurückgebracht werden. Beispiel: Vikingsonden zur Erforschung des Mars.
→ *Viking-Landegerät*

Sondergreifer
[specialized gripper]
Greifer, der wegen besonderer Anforderungen oder spezieller ungewöhnlicher Greifobjekte von Standardgreifern in der Bauform, der Greifkraft, Greifweite usw. abweicht. Beispiel: Greifer für Sandkerne (→ *Rahmengreifer*) oder Schmiedestücke (Bild).

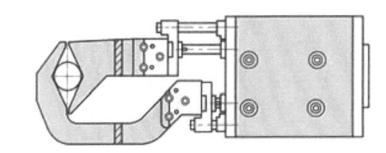

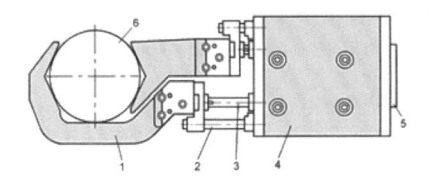

1 Greifbacke, 2 hartverchromte Führungsstange, 3 Kolbenstange, 4 pneumatische Antriebseinheit, 5 Anschlussflansch, 6 Schmiede-Rohteil

Sortenmix
[sorting variety]
Zustand, wenn zwei oder mehrere in ihren Abmessungen verschiedene Stücke, z.B. Packstücke oder Werkstücke, auf einem Ladungsträger (Werkstückträger) gepackt bzw. nacheinander manipuliert werden sollen.

Sorter
[sorting and distribution system]
Förder- und Sortiereinrichtung für Sammelbehälter und Packstücke mit automatischer Verteilung an n-Zielstellen, wobei die Transporteinheiten automatisch identifiziert werden. Man erreicht Sortierleistungen bis 40 000 Objekte je Stunde.

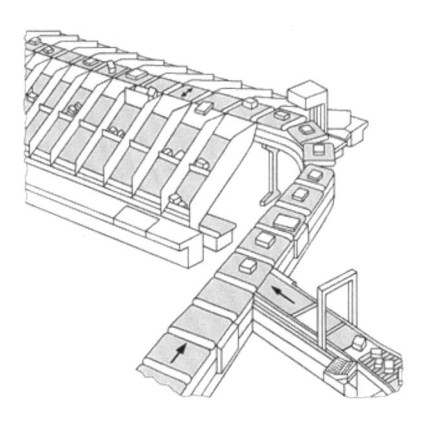

Sortiereinrichtung
[sorting device]
Einrichtung zum automatischen Trennen von Gegenständen nach geometrischen Merkmalen oder Eigenschaften in Sorten, z.B. das Auslesen von dreieckigen Bauteilen aus einer ungeordneten Menge. Oft wird der Begriff → *Sortieren* auch gleichbedeutend mit → *Ordnen* verwendet.

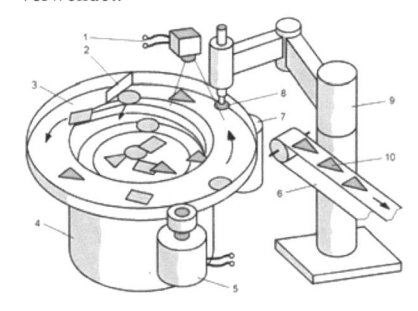

1 Kamera, 2 Abweiserblech, 3 von unten beleuchtbarer durchscheinender Drehring, 4 Vibrationswendelbunker, 5 Drehscheibenantrieb, 6 Abförderband, 7 Beleuchtung, 8 Saugergreifer, 9 Scara-Roboter, 10 Werkstück, geordnet

401

Neben speziellen Geräten mit z.B. mechanischer Wirkungsweise für das Sortieren, werden auch Roboter in Verbindung mit automatischer Bilderkennung eingesetzt.
→ Orientierungseinrichtung

Sortieren
[sorting]
Zuordnen und Teilen einer Menge von unterschiedlichen Objekten (Werkstücke, Produkte) in bestimmte Merkmalsklassen (Sorten). Als Merkmal können Toleranzen, Farbe, Durchmesser, Länge u.a. herangezogen werden. Das S. ist nicht mit dem → *Ordnen* gleichzusetzen, aber oft eine Vorstufe dazu.

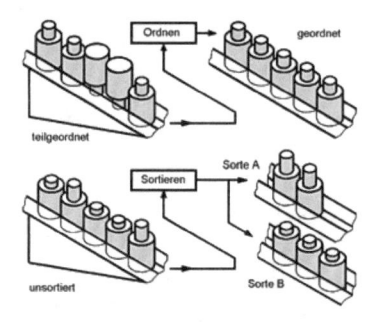

Sortierweiche
[sorting switch]
Weiche mit schaltenden Elementen für die Verzweigung eines Werkstückflusses, im Ergebnis vorausgegangener Messungen an Werkstücken. Im Bild besteht die S. aus einer Kipprampe, die das ankommende Werkstück rechts oder links abgleiten lässt.

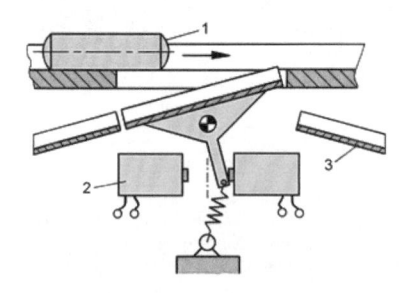

1 Werkstück, 2 Magnet, 3 Sortierrinne, Magazinrinne

Spannbereich
[clamping range]
Der von Spannelementen einer Vorrichtung (eines Greifers) überbrückbare Bereich, der auch als Spannweite (bei Klemmgreifer als Greifweite) bezeichnet wird.

Spannelement
[workholder]
Im Vorrichtungsbau ein Element mit hydraulischem Antrieb zum zentrisch positionieren und Innenspannen. Durch sinnvolle Kombination von 2- und 3-Punktelementen lassen sich Zwangszustände vermeiden. Die Anpassung an verschiedene Spanndurchmesser erfolgt durch verschiedene Baugrößen und entsprechend angepasste Druckschrauben. Betriebsdruck: beispielsweise bis 250 bar.

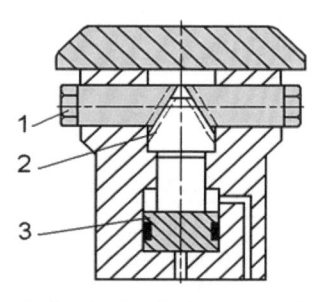

1 Druckschraube, 2 Keilschieber, 3 Hydraulikzylinder

Spannen
[clamping]
Vorübergehendes Festhalten (Sichern) eines Körpers in einer bestimmten Orientierung und Position unter Beteiligung von Kräften. Wird die Position ohne Spannkraft gesichert, spricht man vom → *Halten*.

Spannkraft, kontrollierte
[clamping force monitoring]
Erzeugen einer vorbestimmten Spannkraft und Aufrechterhalten derselben während der gesamten Bearbeitungsdauer durch ständiges Beobachten mit Hilfe von Sensoren.

Spannpratze
[clamping claw]
Kompakter Spanner mit großem Spannhub für das Spannen flacher Teile in Vorrichtungen für Bearbeitungsmaschinen. Ein doppeltwirkender Hydraulikzylinder (bis 500 bar Betriebsdruck) treibt über ein Pleuel den Spannarm an. In entspannter Stellung kann die S. völlig in das Gehäuse zurückgeschwenkt werden.

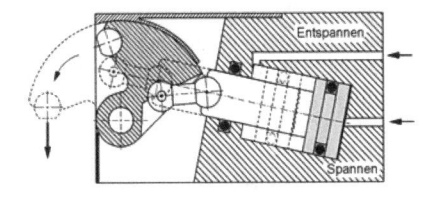

Spannsicherheit
[clamping reliability]
Quotient aus Haltekraft, die durch das Aufbringen einer bestimmten Spannkraft entsteht, zur maximal auftretenden Bearbeitungskraft, die versucht, das Werkstück aus der Spannung zu reißen.

Spannung
[voltage]
Die elektrische Spannung U ist der Elektronendruck-Unterschied zwischen zwei Punkten eines elektrischen Leiters und die Ursache für das Fließen eines elektrischen → *Stromes*. Die elektrische Spannung ist eine skalare Größe und hat die Maßeinheit Volt (V).

Spannungszwischenkreis
[DC-bus, voltage source DC-link]
→ *Stellgerät mit Spannungszwischenkreis*

Speichern
[storing, magazining]
Aufbewahren von Vorräten (Stoff, Energie, Information). Im Zusammenhang mit der Handhabungstechnik bezeichnet es das Aufbewahren geometrisch bestimmter Körper (Werkstücke, Baugruppen, Halbzeuge, Produkte). Nach der Einheitlichkeit der Orientierung der Teile unterscheidet man in Magazine (Teile geordnet), in Stapeleinrichtungen (teilgeordnete Aufbewahrung) und Bunker (ungeordnetes Speichern als Haufwerk). Aus der Sicht eines fließenden Fertigungsprozesses ist S. das zeitweilige Überbrücken eines diskontinuierlichen Prozesses.

Speicherdichte
[storage density]
Quotient aus Nutzvolumen und Hüllvolumen bei der Werkstückspeicherung. Mitunter wird der Begriff auch auf eine Flächendichte bezogen. Bei Vergleichen in Stück/m² muss immer von gleichen Werkstücken ausgegangen werden. Im Beispiel werden die Abstandsstangen von Hand gesetzt, um die Speicherfläche gut auszunutzen. Die Deckplatte hält den Aufbau beim Transport stabil zusammen.

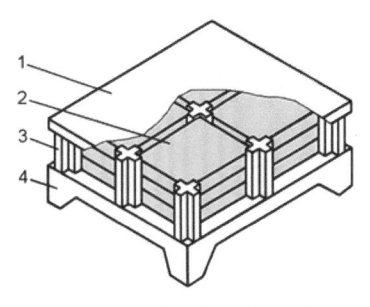

1 Deckplatte, 2 Werkstück, 3 Abstandsstange, 4 Transportpalette

Speicherfläche
[area for the workpiece storage]
Bezeichnung für die zur Werkstückspeicherung vorgesehenen Hilfsflächen, entweder eines Speichers oder der von ihm beanspruchten Produktionsgrundfläche.
→ *Palette*

Speicherprogrammierbare Steuerung
[programmable logic controller]
Abgekürzt SPS (engl. *PLC),* siehe → *Steuerung, speicherprogrammierbare*

Speicherturm
[storage tower]
Durchlaufspeicher für rollfähige Teile, z.B. Zahnräder ohne gerade Außenverzahnung. Der S. wird aus Federbandschienen aufgebaut, die durch Zwischenstücke auf Abstand gehalten werden. Der Rollkanal besteht aus zwei Laufschienen und zwei Bordschienen. Der S. kann eine beachtliche Menge von Objekten speichern, ohne dafür eine große Grundfläche zu belegen. Die Werkstückbewegung erfolgt durch Schwerkraft. Für das Eingeben könnte man einen → *Stoßförderer* einsetzen.

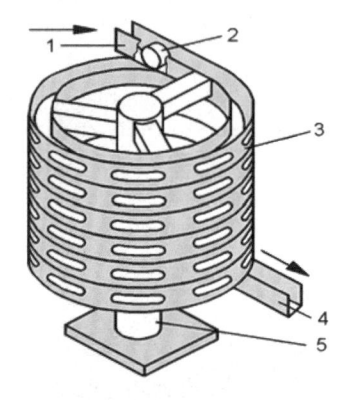

1 Rollkanal, 2 Werkstück, 3 Federbandschiene, 5 Standsäule

Spezialgreifer
[specialized gripper]
Einzweckgreifer, der im Gegensatz zu einem Standardgreifer auf ein spezielles Anforderungsbild hin entwickelt wurde, z.B. für die Handhabung glühender Schmiedestücke, Käselaiber, Sandkerne in der Gießereitechnik oder für landwirtschaftliche Produkte.
→ *Sondergreifer*

Spiel
[backlash]
Unkontrollierte (unerwünschte) Bewegung infolge von Toleranzen und Elastizitäten in mechanischen Bauteilen, insbesondere im Antriebsstrang. Eine synonyme Bezeichnung ist → *Lose*.
→ *Verdrehspiel*

Spielbaum
[game tree]
In der → *Spieltheorie* eine baumartige Darstellung, die alle möglichen Züge in einem Spiel zeigt, normalerweise bis hinunter zu einer bestimmten Tiefenbegrenzung.

Spieltheorie
[game theory]
Forschungsbereich innerhalb der Ökonomie und Mathematik, der sich mit Interaktionen von nicht kooperierenden → *Agenten* beschäftigt.

Spielzeugroboter
[toy robot]
Roboter als Blechspielzeug wurde in den 1950er Jahren und später in vielfältigen Ausführungen vor allem in Japan hergestellt. Diese Roboter sind inzwischen zu einem eigenen Sammelgebiet geworden. Heute sind es oft witzig gestaltete Hightech-Spielzeuge, die tanzen, kämpfen, kriechen, Texte vorlesen und einfache Dialoge führen können. Die S. werden oft mittels Mobiltelefon oder Laptop bedient bzw. programmiert. Sie sind ein interessantes Marktsegment geworden.

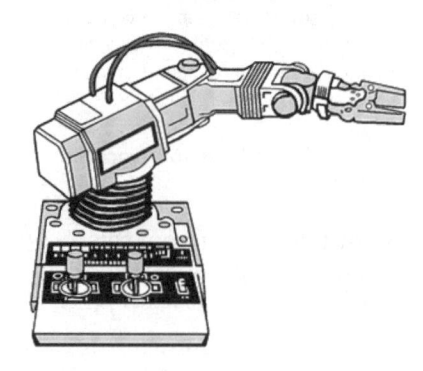

Spindelantrieb
[spindle drive]
Antrieb für eine Lineareinheit mit z.B. integrierter Längsführung auf der Basis eines Laufwagens mit Kugelumlaufführung. Die Spindel treibt den → *Laufwagen* an und läuft reibungsarm in einer Mutter. Die freiliegende Spindel ist mit

einem Schutz-Faltenbalg abgedeckt. Es sind verschiedene Motoren bzw. Getriebe plus Motor anbaubar. Für hohe Vorschubgeschwindigkeiten gibt es auch Lineareinheiten mit Steilgewindespindeln. Werden Gleitgewindespindeln eingesetzt, dann muss der Antrieb die höheren Reibungskräfte überwinden. Eine Trapezgewindespindel hat einen Reibungskoeffizienten von etwa $\mu = 0,2$ (Spindel aus Stahl, Mutter aus Gusseisen, trocken).
→ *Positionierachse*

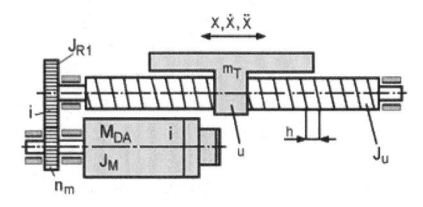

h Spindelsteigung, i Übersetzung, m Masse, n Drehzahl, x Weg, M Drehmonment, J Trägheitsmoment, μ Reibungskoeffizient

Spindelgetriebe
[spindle gearbox]
Getriebe, das vorzugsweise für die Wandlung einer Drehung in eine Längsbewegung eingesetzt wird.
→ *Spindelantrieb*

Spindelhubgetriebe
[screw jack]
Getriebekombination, die für eine Hebevorrichtung verwendet werden kann.

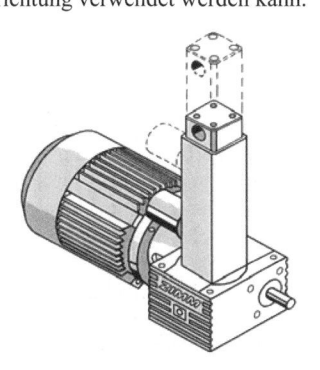

Die Kraftübertragung kann ein Schneckenhubgetriebe sein (*worm gear screw jack*) oder ein Kegelradhubgetriebe (*bevel gear screw jack*). Das S. ist selbsthemmend. Der Zusammenbau mehrerer synchron betriebener S. kann genutzt werden, um ganze Plattformen gleichmäßig anzuheben.

Spindelpositionsgeber
[spindle positioning sensor]
Geber zur Anzeige von Spindelpositionen, wie im Bild gezeigt, wobei im Bildbeispiel eine Verstell-Spindel bereits eingebaut ist. Der Positionsgeber ist ein absolutes Multiturn-Messsystem in Hohlwellenkonstruktion, damit ein Wellenende oder eine Spindel eingesteckt werden kann. Das Display zeigt Soll- und Istwerte an. Der Geber ist an einen Memory-Controller anzuschließen.

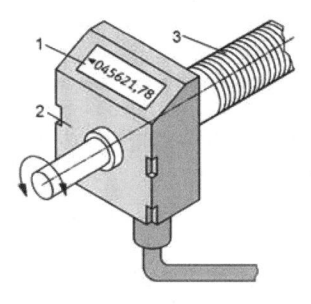

1 Positionsanzeige, 2 Multiturn-Messsystem, 3 Spindel

Spindelwirkungsgrad
[spindle efficiency]
Bei der Konzipierung von Antrieben mit Spindeln als Übertragungselement sind die sehr unterschiedlichen → *Wirkungsgrade* zu beachten.

Übertragungselement	Wirkungsgrad	Anmerkung
Kugelrollspindel	0,85 bis 0,98	Durchmesser kleiner als die fünffache Steigung; von Steigung abhängig
Trapezgewindespindel	0,2 bis 0,5	Steigung; von Steigung abhängig

Spineroboter
[spine robot]
Roboter, dessen Arm aus mehreren → *Rotoidgelenken* besteht und damit eine schlangen- bzw. wirbelsäulenähnliche

Beweglichkeit erreicht. Der S. ist besonders für das Farbspritzen oder Hantieren in schlecht zugänglichen Hohlräumen geeignet. Arme dieser Art werden auch als Tensorarm oder Spine-Führungsgetriebe bezeichnet.

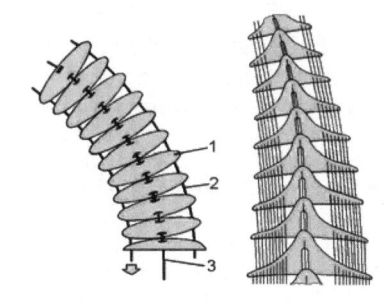

1 Gelenkstück, 2 Zugseil, 3 Gelenkhalteseil

Spiralmagazin
[spiral magazine]
Magazin für Kleinteile, wie z.B. elektronische Bauelemente, das aus einem spiralig angeordnetem Kanal besteht. Zum Füllen wird am inneren Spiralpunkt Saugluft angelegt. Das Ausgeben kann bei dem im Bild gezeigten S. mit Druckluft erfolgen. Das S. kann als Kassette ausgebildet sein. Empfindliche Objekte werden durch die S. staubgeschützt magaziniert und gelagert.

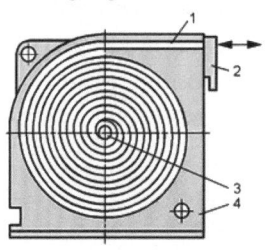

1 Magazinkanal, 2 Anschluss- und Verschlussstück, 3 Luftanschluss, 4 Kassette

Spitzenstrom
[peak current]
Stromanstieg, der bei manchen Motoren bei einer Stoßbelastung verursacht wird. Er kann so hoch werden, dass die Überlastsicherung in der Motorsteuerung ausgelöst wird.

Spline
[spline]
Stückweise aus Polynomen zusammengesetzte stetig differenzierbare mathematische Funktion. Zum Beschreiben einer gekrümmten Bahn sind mit S. weniger Positionen erforderlich als mit herkömmlicher Zirkular- bzw. Linearinterpolation. Der Teach-Aufwand verringert sich.

Spline-Interpolation
[spline interpolation]
Spezielles Interpolationsverfahren, das z.B. in der Robotertechnik angewendet wird, um stetige Geschwindigkeits- und Beschleunigungsverläufe in der Nähe der programmierten Bahnpunkte (Stützpunkte) zu erhalten. Im ersten und letzten Interpolationsintervall eines Interpolationsabschnittes erfolgt die Bahndarstellung z.B. durch Splines 5. Grades, dazwischen durch Splines 3. Grades. Mittels der Splines werden die Führungsgrößen für die → *Lageregelkreise* der Bewegungsachsen berechnet.
→ *Interpolation*

Sprachanalyse
[speech analysis]
Bei Spracherkennungssystemen jener Teil, der fortlaufende natürliche Sprache (Fließtext) untersucht, indem die Lautfolgen klassifiziert und mit einem phonetischen Referenzmuster verglichen werden. Sprecherabhängige Systeme müssen vorher trainiert werden.

Spracherkennung
[speech recognition]
Fähigkeit eines Computers, die Stimme des Anwenders und seine diktierten Anweisungen (Wortfolgen aus einem Sprachsignal) zu erkennen. Die Spracherkennungseinheiten nehmen zunehmend semantische Bewertungen vor, was z.B. über wissensbasierte Systeme erfolgen kann. Die einfache Befehlseingabe durch Mensch-Maschine-Dialoge erfordert fehlerrobuste Ein- und Ausgabesysteme sowie "aufmerksame" Steue-

rungen zur Erkennung von situationsbezogenen falschen Befehlen.
→ *Semiotik,* → *Semantik,* → *Syntax,* → *Syntaxbaum*

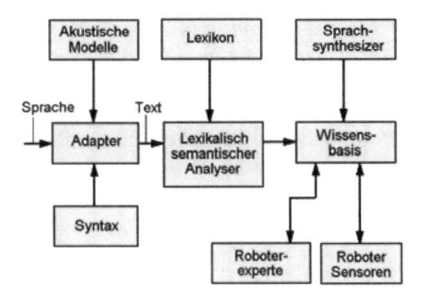

Sprachsteuerung
[speech control]
Steuerung eines Robotersystems ausschließlich oder unterstützend durch natürliche Sprache (textuell an einer Tastatur oder gesprochen über einen Spracherkenner). S. unterscheiden sich qualitativ nach Flexibilität, Situationen, Fehlerbehandlung, Rückfrage- und Korrekturmöglichkeit, Bezugnahmemöglichkeit auf Umweltgegebenheiten etc.

Sprachsynthese
[speech synthesis]
Fähigkeit eines technischen Systems (einer Steuerung) Informationen in gesprochener Sprache abzugeben. Das kann durch eine Aneinanderreihung von Phonemen erfolgen oder es werden vom Menschen gesprochene und komprimiert abgespeicherte Worte aufgerufen. Eine Sekunde Sprache erfordert etwa 10000 bis 20000 Bit.

Sprachverständnis
[speech understanding]
Die Bestimmung der Bedeutung (des Sinns) eines Satzes aus einem Sprachsignal. Problematisch ist, wie man am besten den Kontext mit einbringen kann.

Spreizfingergreifer
[spread finger gripper]
Greifer mit Gummifingern, die sich bei Unterdruck wie eine Pinzette zusammenziehen. Die Saugluft wird über eine Venturidüse direkt am Greifer aus Druckluft erzeugt. Nach Wegnahme der Saugluft öffnen sich die Finger infolge natürlicher Elastizität des Fingermaterials. Man setzt den S. für leichte und empfindliche Objekte ein, wie Glas, Joghurtbecher oder Tuben.

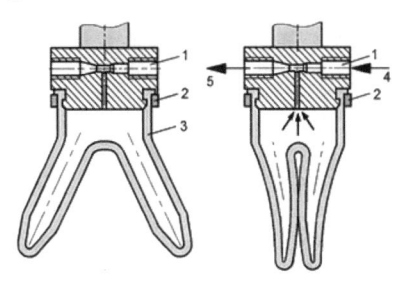

1 Druckluftanschluss, 2 Klemmring, 3 Gummiformstück, 4 Druckluftanschluss, 5 Abluft

Spreizmagnet
[spreader magnet]
Elektro- oder Permanentmagnet, der an einem Blechstapel seitlich angebracht wird und durch seine Wirkung obenaufliegende Bleche in die Schwebe bringt oder wenigsten von anderen abspreizt. Die Wirkung beruht darauf, dass ein Teil des Magnetflusses an der Oberfläche der Eisenbleche eine magnetische Polarität bewirkt, die für alle gegenüberliegende Blechseiten gleich ist und so eine abstoßende Wirkung erzeugt. Damit lassen sich leichte Blechverklebungen überwinden.

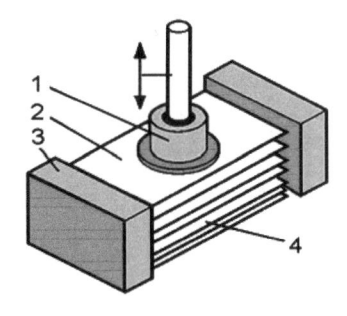

1 Vakuumsauger, 2 schwebende Eisenblechplatine, 3 Spreizmagnet, 4 Blechstapel mit obenauf "schwimmenden" Blechteil

Sprungantwort
[step respons]
Zeitlicher Verlauf des Ausgangssignals eines Übertragungsgliedes bei Erregung einer Sprungfunktion. In der Regelungstechnik ist die S. eine Untersuchungsmethode, bei der das Übertragungsglied mit einer sprungförmigen Testfunktion (Sprungfunktion) beaufschlagt wird. Die zeitliche Änderung der Ausgangsgröße als Reaktion auf dieses Eingangssignal ist die S.
→ *Reglertypen*

Sprungschalter
[snap action switch]
Elektromechanischer Grenztaster, der als Binärsensor nur Ja-Nein-Aussagen liefert. Der S. arbeitet recht genau. Die Kontakte prellen aber und verschleißen. Die Schaltgeschwindigkeit ist kleiner als bei berührungslos arbeitenden Näherungsschaltern.

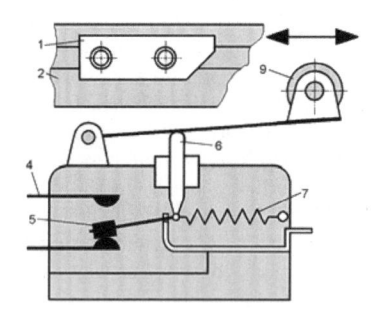

1 Schaltnocken 2 Maschinenteil, 4 Kontakt, 5 Schaltstück, 6 Stößel, 7 Zugfeder, 9 Tastrolle

SPS
[PLC (programmable logic control)]
Abk. für die → *Steuerung, speicherprogrammierbare*

Stabanker–Motor
[bar-wound armature motor]
Motor mit eisenbehaftetem Anker und Drahtwicklungen in herkömmlicher Bauweise. Die Ausrüstung mit leistungsfähigen Permanentmagneten ergibt ein sehr kleines Rotorträgheitsmoment bei geringem Bauvolumen. Dadurch wird eine hohe Dynamik erreicht. Für die Erzielung hoher Dauerdrehmomente sind S. hervorragend geeignet.

Stab(gelenk)kinematik
[parallel kinematics]
Bezeichnung für eine →*Parallelkinematik*, (auch als Gelenkstabkinematik bezeichnet), die für → *Tripoden* und → *Hexapoden* (Werkzeugmaschinen, Roboter, Simulationsplattformen) verwendet wird.
→*Hybridkinematik*

Stand-alone
Einzeln (eigenständig) stehend, z.B. ein Stand-alone-Roboter.

Standardwert
[default value]
Voreingestellter Wert, der angenommen wird, wenn keine genaueren Informationen verfügbar sind.

Stand-by-System
Prinzip der Ersatzbereitstellung, d.h. für jede aktive Baueinheit steht eine identische Ersatz-Baueinheit zur Verfügung, z.B. in Parallelschaltung. Fällt eine Baueinheit aus, geht die Aufgabenerfüllung sofort an die Reserveeinheit über.

Ständerroboter
[cylindrical robot]
Roboter, der auf einer Grundplatte fest verankert steht und dessen Basiseinheit (ein drehbarer Ständer, eine Standsäule) die erste Hauptachse enthält. Man sagt auch „aufgeständerte" Bauform dazu. Im Ständer sind noch andere Funktionseinheiten untergebracht.
→ *Industrieroboter*

Standsicherheit
[stability]
Beschreibung des Kippverhaltens (Umkippen) durch Angabe des Verhältnisses der Summe der Standmomente zur Summe aller Kippmomente. Die S. muss größer als 1 sein.
→ *Kippkante*

▶S

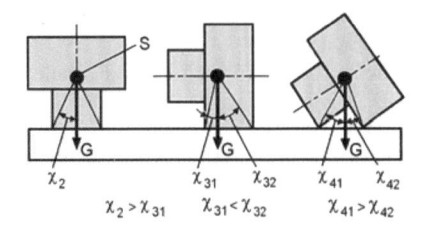

χ_2 χ_{31} χ_{32} χ_{41} χ_{42}
$\chi_2 > \chi_{31}$ $\chi_{31} < \chi_{32}$ $\chi_{41} > \chi_{42}$

G Gewichtskraft, S Masseschwerpunkt, χ Kippwinkel

Stanford-Arm
[Stanford arm]
Universell nutzbarer, elektrisch angetriebener Kleinroboter mit Freiheitsgrad 6 (Struktur RRT/RRR) und einer Tragfähigkeit von 5 kg. Der Arm fährt teleskopisch aus. Er wurde 1969 an der Stanford-Universität von *Victor Scheinman* entwickelt. Die Bewegungsabläufe konnten mit hoher Präzision ausgeführt werden.
→ *Scheinman-Arm*

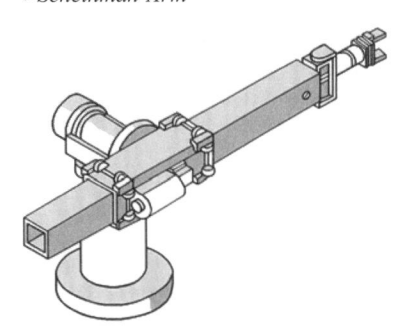

Stanford Cart
Von *H. Moravec* 1979 konstruiertes, erstmalig rechnergesteuertes Roboterfahrzeug. Es konnte selbstständig durch ein Gelände mit Hindernissen navigieren.

Stangengreifer
[bar grab, bar puller]
Spezieller Greifer, der an NC-Drehautomaten beim Drehen von der Rund- oder Sechskantstange nach jedem Zyklus das Stangenende anpackt und um eine definierte Länge aus dem Drehfutter oder der Spannpatrone herauszieht. Die zwei oder drei Greiforgane sind schmal und krallenartig.

Stangenlader
[bar loader]
Zuführeinrichtung z.B. an Drehautomaten, die Stangen selbsttätig aus einem Rollbahnmagazin an die Maschine übergeben. Die Stangen werden dann durch die hohle Hauptspindel bis zur Spannstelle vorgeschoben. Es gibt S. als kompaktes Zuführsystem.

Stangenmagazin
[bar magazine]
Bei der Montage elektronischer Bauelemente der Typen „Dual Inline Package" und „Single Inline Package" ein Zuführmagazin an Bestückungsautomaten. Meist sind die Stangen (Füllung extern mit etwa 150 Bauelementen) auf Längsschwingförderer (Bild) montiert. Package ist ein Ausdruck für Gehäusung der Bauelemente.

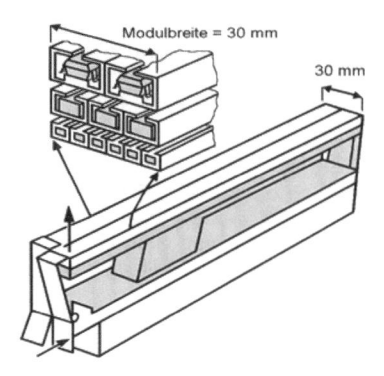

Stangenzuführung
[rod feeding]
Bereitstellung von Stangen oder Rohren an einem Drehautomat mit einem → *Stangenlader*. Viele Kleinteile werden von der Stange hergestellt. Man erreicht dadurch eine große Autonomiezeit der Fertigungseinheit.

Stapelelemente
[stacking element]
In der Palettiertechnik Zentrier- und Abstandselemente, die es gestatten, →

409

Werkstück-Trägermagazine zu einem Stapel aufzubauen. Dafür kommen Eckenwinkel und Zentrierspitzen zur Anwendung. Trotz Toleranzen muss eine genügend hohe Genauigkeit der Speicherplätze gesichert sein. Deshalb werden nicht nur Rundspitzenelemente eingesetzt, sondern auch Schwertbolzen, die einen geringen Ausgleich in einer Richtung zulassen, wie aus dem allgemeinen Vorrichtungsbau bekannt.
→ Werkstückaufnahmeelement

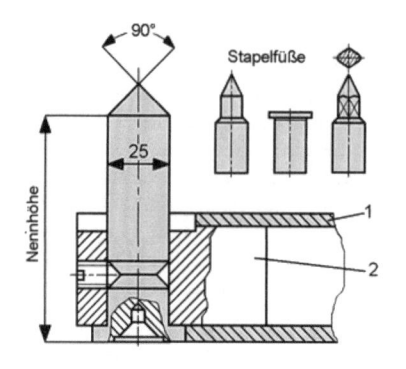

1 Profilrohr, 2 Eckstück, eingeklebt

Stapelhöhenüberwachung
Messung der Höhe durchlaufender Stapelpakete mit z.B. messendem → Lichtvorhang. Oft genügen schon Lichtvorhänge mit 8 oder 16 Lichtstrahlen. Weil jede Lichtschranke einzeln ausgewertet wird, erhält man eine Aussage über die Stapelhöhe.

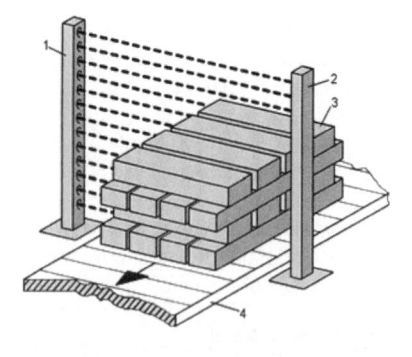

1 Lichtsender, 2 Empfänger, 3 Stapel, 4 Plattenbandförderer

Stapelmagazin
[stack magazine]
Trichterförmiger Behälter, der die Teile, z.B. kleine Rundstangen, Zigaretten, Rohrabschnitte, Farbstifte usw. aufnimmt und über einen Zuteiler vereinzelt. Der magazinierte Zustand (definierte Position) wird gewissermaßen erst am Auslauf des S. erreicht. Ein schwingender Arm verhindert die → Brückenbildung am Auslauf.

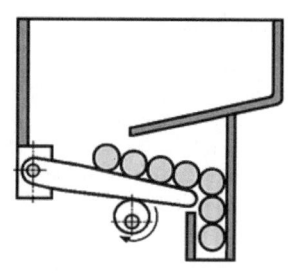

Stapelpalette
[stack pallet]
Werkstück-Trägermagazin, das wahlfrei übereinander stapelbar ist, wobei eine einheitliche Orientierung des → Werkstück-Trägermagazins beibehalten wird.
→ Stapelelemente

Stapelroboter
[stack robot]
Roboter mit großer Armreichweite, der durch geeignete Greifer für das Auf- bzw. Abstapeln eingerichtet ist. Der Greifer kann z.B. für das Handhaben von Getränkekästen oder für ganze Lagen von Objekten in Palettengröße zugeschnitten sein. Die Steuerung verfügt oft über eine Auswahl verschiedener Ablagemuster. → Abstapeleinrichtung

Stapelwalze
[stacking roller]
In mehrere Segmentflächen unterteilte Walze, die ankommendes Flachgut aufnimmt und auf in die Walzen hineinragende Leisten absetzt. Der entstehende Stapel wird dabei immer etwas weitergerückt, ehe ein Transportband mit der Geschwindigkeit $< v_1$ den Stapel übernimmt. Die Lösung ist sehr einfach.

▶S

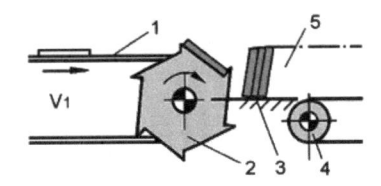

1 Fördergurt, 2 Stapelscheibe, 3 Ablageschiene, 4 Abförderband, 5 Stapel mit senkrecht orientierten Teilen

Stapel-Zwischenlagen
In der Palettiertechnik Hilfsmittel, um Transportgut in mehreren Stapeletagen positionssicher ablegen zu können. Dadurch steigt die Auslastung der Transportfläche. Verwendet werden Gummiprismaleisten, Sperrholzplatten (auch mit speziellen Werkstückaufnahmen) und Pappeauflagen.

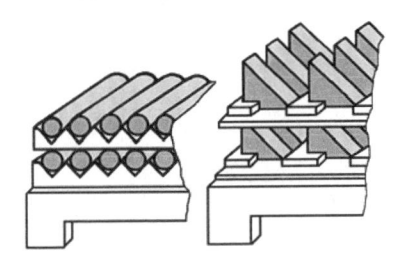

Starre Verkettung
[rigid linkage]
Verbindung automatisierter Maschinen mit Hilfe technischer Einrichtungen zur Erziehlung eines automatischen Werkstückflusses, wobei zwischen den Maschinen keine Werkstückspeicher eingebaut sind. Die Weitergabe der Objekte erfolgt zeitsynchron (taktweise gleichzeitig).

Starrheit
[rigidity]
Formänderung eines nachgebenden Körpers, die durch das dynamische Verhalten einer Maschine hervorgerufen wird. Vergleiche → *Steifigkeit*.

Start-Stopp-Frequenz
[start-stop frequency]
Drehzahl, bei der ein → *Schrittmotor* startet oder stoppt, ohne Schritte zu verlieren. Der Motor macht beim Beschleunigen zunächst einen Sprung auf die S. und beschleunigt von diesem Punkt aus mit der von der Steuerung vorgegebenen Beschleunigungsrampe (→ *Rampe*). Das gilt auch für die Verzögerung. Von seiner Solldrehzahl aus geht der Antrieb in die Bremsrampe bis zur S. und von dort direkt auf die Frequenz 0 im Zielpunkt. Dieser Ablauf ist aus Zeitgründen erforderlich. Die Höhe der S. kann in der Schrittmotorsteuerung eingestellt werden.

Statistische Prozessregelung
[statistical process contol]
Regelung eines Prozesses an Hand statistischer Parameter, bei der jedes Prozesselement nach vorgegebenen Parametern (Weg, Kraft, Druck, Schweißleistung u.a.) geregelt wird. Prozesselement und Automatensteuerung bilden zusammen einen Regelkreis.

Staudrucksensor
[back pressure sensor]
Sensor für eine pneumatische Positionserfassung, der nach dem Prinzip Düse-Prallplatte arbeitet. Bei konstant gehaltenem Speisedruck p_1 ist der Druck p_2 indirekt proportional dem Abstand s zwischen Düse und zu erfassendem Objekt. Messabstandsbereich: 0,1 bis 3 mm.

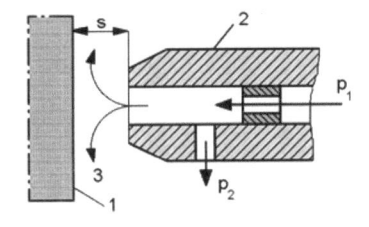

1 Werkstück, Schaltfahne, Objekt, 2 Düse, 3 Freistrahl, p_1 Speisedruck, p_2 Messdruck, s Düsenabstand

Staudüse
[back pressure nozzle]
Sensor, bei dem ständig ein Luftstrahl austritt. Berührt er einen Gegenstand,

411

wird der Strahl in der S. umgelenkt und generiert ein Signal, weil er bei A wieder austritt.

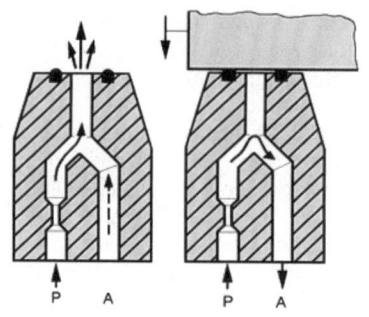

P Speisedruck, A Antwort(druck)signal

Staukontrolle
Sensoranordnung zur Erkennung einer Stausituation an Förderbändern. Im Bild wird eine Anordnung mit Reflexionslichtschranken gezeigt. Beide sind logisch miteinander verknüpft. Die typische Lichtschranke zur S. hat eine eingebaute Zeitverzögerung. Erst wenn die Verweilzeit des Objekts im Bereich der Lichtschranke eine eingestellte Zeitdauer überschreitet, schaltet deren Ausgang Q.

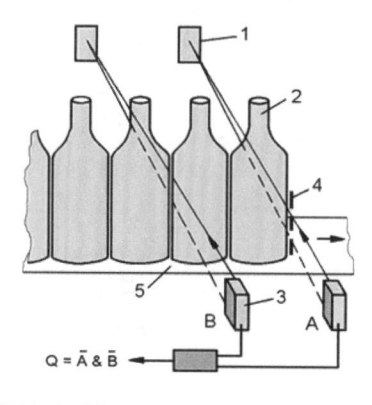

1 Tripelreflektor, 2 Objekt, 3 Reflexionslichtschranke, 4 Stoppsystem der Anlage, 5 Förderband

Staurollenförderer
[accumulation conveyor]
Förderer mit einer speziellen Kette aus Trag- und Stützrollen, die auch bei einem Werkstückstau ohne Schaden und ohne großen Staudruck zu erzeugen,
durchlaufen kann. Die Tragrollen können sich im Falle eines Staus unter dem stehenden Transportgut frei drehen.

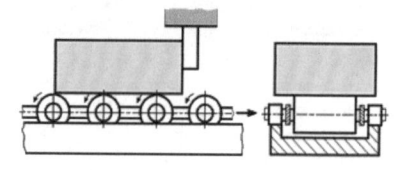

Staurollenkreisförderer
[buffer roller conveyor]
Übertragung des Prinzips eines Stauförderbandes auf eine Rundtischstruktur. Die Objekte befinden sich auf Werkstückträgern. An der Abgreifposition werden sie angehalten. Der S. dient als Bereitstell- und Zwischenspeicher an Roboterarbeitsplätzen.
→*Staurollenförderer*

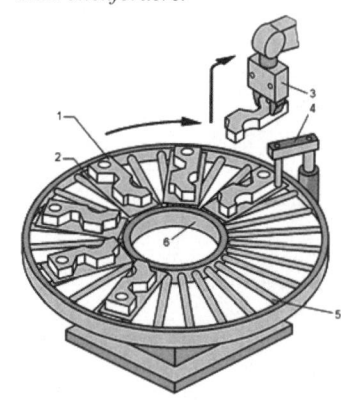

1 Werkstück, 2 Werkstückträger, 3 Greifer, 4 Stopper, 5 Rolle, 6 Drehring,

Steifigkeit
[rigidity, stiffness]
Maß für den Widerstand eines mechanischen Gebildes gegen Belastung. Die S. ist der Quotient aus Belastungsänderung und Verformungsänderung bei einer statisch wirkenden Kraft. Der Kehrwert der Steife ist die Nachgiebigkeit. Wirkt die Kraft dynamisch, spricht man von der dynamischen S. Es ist der Quotient aus der dynamisch wirkenden Kraft und dem Ausschlag den diese Kraft im Resonanzfall verursacht.

Bei drehenden Antrieben ist die Torsionssteifigkeit von Interesse, bei Portalaufbauten die Biegesteifigkeit. Die Gesamtsteifigkeit einer Antriebseinheit setzt sich aus Einzelsteifigkeiten zusammen (Steifigkeit Antriebslager, Getriebe, Kupplung, Spindel, Spindellagerung, Spindelmutterlagerung am Schlitten). Das Verhältnis von Kraft F und Verformung x ist über einen großen Bereich konstant und lässt sich wie folgt angeben (k materialabhängige Variable):

$$F = k \cdot x$$

Das Material ist um so steifer, je höher der Wert für k ist.
→ *Achssteifigkeit*

Steilförderer
[hopper feeder]
Zuführeinrichtung für kleinere bis mittlere Werkstücke, die mit Hilfe eines mit Querleisten besetzten Bandes (oder einer Kette) aus dem Bunker fördert, vorordnet und dann in ein Magazin ausgibt. Typische Werkstücke sind Scheiben, Ringe, Bolzen, Kunststoffteile und andere Formstücke. Der Bunkerboden ist einstellbar, damit die Teile von selbst zu den Austragsleisten gleiten. Man erreicht Leistungen bis 1600 Stück je Minute.
→ *Bunker*, → *Bunkerförderer*

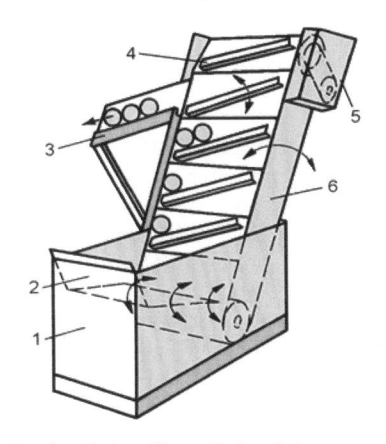

1 Bunker, 2 einstellbarer Boden, 3 Auslaufrinne, 4 Leiste, 5 Antrieb, 6 Förderband

Stellantrieb
[positioning drive]
Antriebseinheit (Aktor), die nach Steuerinformationen (Stellsignale) Stellglieder, wie zum Beispiel Ventile, durch mechanische Bewegungen betätigt. Der S. ist der motorische Antrieb für ein Stellglied (Baueinheit am Eingang einer Steuer- oder Regelstrecke).

Steiner'scher Verschiebesatz
[Steiner's displacement principle]
→ *Satz von Steiner*

Stellbereich
[control range]
Bereich, innerhalb dessen sich die Stellgröße eines Reglers bewegt.
→ *Regelkreis*

Stellgerät
[actuator, regulating unit]
Einrichtung für elektrische Antriebe, die eine vom speisenden elektrischen Netz kommende Spannung in eine für den Antrieb brauchbare Form umwandelt. S. für Drehstrommotoren und bürstenlose Gleichstrommotoren werden bei Servoanwendungen fast immer als → *Pulssteller* realisiert.

Stellgerät mit mechanischem Antrieb
[actuator with mechnically controlled valve]
In der Fluidtechnik meist die Zusammenfassung von Stellantrieb und dem von ihm mechanisch betätigtem Stellglied in einem Gerät, vom handgroßen Mikroventil bis zu schweren Klappen und Schiebern.

Stellgerät mit Spannungszwischenkreis
[actuator with DC-bus]
Gerät das die Netzspannung in einem zweistufigen Vorgang in eine andere Spannungsform wandelt. Zunächst wird die Spannung gleichgerichtet und in einen Spannungszwischenkreis einge-

speist. In einem zweiten Schritt gelangt die Spannung in den Pulssteller, der die Gleichspannung in eine dem angeschlossenen Motortyp entsprechende Spannungsform umwandelt. Der Zwischenkreis entkoppelt Gleichrichter und nachfolgenden Pulssteller. Dazu verfügt er über einen Energiespeicher in Form des Zwischenkreiskondensators. Stellgeräte dieser Art sind selbstführend und ermöglichen eine sehr dynamische Regelung des angeschlossenen Motors. Sie sind in der Servotechnik sehr verbreitet.

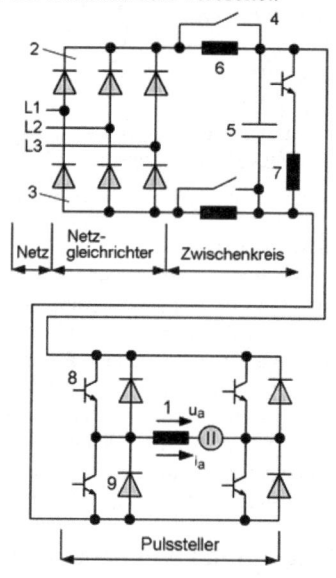

1 Ersatzschaltbild des Motors (Induktivität und Spannungsquelle), 2 obere Halbbrücke, 3 untere Halbbrücke, 4 Überbrückungskontakt, 5 Zwischenkreiskondensator, 6 Vorladewiderstand, 7 Bremswiderstand, 8 Brems-Chopper, 9 Brückenzweig

Stellglied
[control element]
Veränderlicher Widerstand in einem Rohrleitungssystem mit dem sich Massenströme oder Energieflüsse verstellen lassen, zum Beispiel ein Stellventil.

Stellung
[position]
Vollständige Angabe der Lage eines Körpers im Raum, bestehend aus der Angabe seiner Position und seiner Orientierung. Üblich ist es, ein bezogen auf den Körper festes (körpereigenes) Koordinatensystem zu definieren und dann Position und Orientierung dieses Systems gegenüber einem „Weltkoordinatensystem" anzugeben. Dies kann durch Angabe von drei Raumkoordinaten und drei Orientierungswinkeln geschehen.

Stellung/Lage eines Objekts
Gemeint sind Position und Orientierung eines Objektes im Raum.

Stereobildverarbeitung
[stereo image processing]
Auswertung von Bildpaaren, die als „rechtes" und „linkes" Auge entstanden sind. Stereobilder enthalten auch Aussagen über die Tiefe der im Bild enthaltenen Objekte.

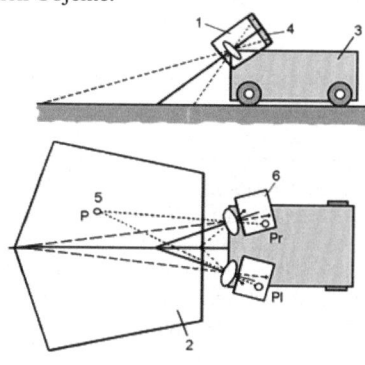

1 Sichtsystem, 2 Beobachtungsfeld, 3 Mobilroboter, 4 Bildsensor, 5 Objektpunkt, 6 Kamera, Pr Bildpunktabbildung rechts und links (Pl)

Stern-Dreieck-Anlauf
[star-delta starting]
Anlassverfahren für Asynchronmotoren, bei dem die Ständerwicklungen während des Anlaufvorganges im Stern geschaltet werden (→ *Verkettungsarten*). Hierdurch liegt an den Wicklungen eine geringere Spannung, die Strangspannung, an und es fließt ein kleinerer Strom. Mit dem Strom verringert sich aber auch das Anlaufmoment, weshalb leichte Anlaufbedingungen vorliegen sollten. Beim Umschalten auf Dreieckschaltung tritt

ein Stromstoß auf, der annähernd gleich dem Anlaufstrom sein kann.

Sternschaltung
[star connection, Y-connection]
Eine → *Verkettungsart* bei Drehstrom.
→ *Stern-Dreieck-Anlauf*

Steuerauflösung
Bei digitalen Wegmesssystemen der Abstand von einem Inkrement zum nächsten Inkrement. Auch bei sehr feiner Auflösung können nicht unendlich viele Stellungen unterschieden werden. Im Zwischenbereich kann die Steuerung nicht feststellen, wo sich z.B. eine Strichscheibe exakt befindet. Die S. ist für die Positioniergenauigkeiten mit verantwortlich.

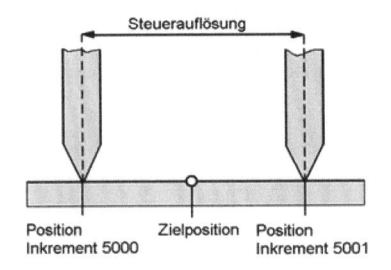

Steuern
[to control]
Vorgang, bei dem man mit technischen Mitteln erreichen will, dass eine oder mehrere Größen in einem Prozess durch Einwirkung von außen zielgerichtet beeinflusst werden. Der Wirkungsablauf ist im Gegensatz zum Regeln offen.

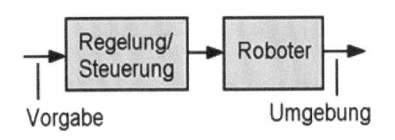

Steuerung, Steuerkette
[open-loop control, feedforward control]
Informationsfluss in einem offenen Wirkungsweg, bei dem im Gegensatz zu einem → *Regelkreis* keine Rückführung von Informationen, z.B. über Ist-Positionen oder momentane Geschwindigkeiten erfolgt. Somit ist auch kein Sollwert-Istwert-Vergleich vorgesehen. Schrittmotoren werden meistens in einer Steuerkette betrieben.

Steuerung, deliberative
Steuerung z.B. eines autonomen mobilen Roboters unter Verwendung von Wissen über die Welt (Landkarten), um neue Aktionen ("beratschlagend") zu planen und auszuführen.
→ *Steuerung, reaktive*

Steuerung, fluidische
[fluidic control]
Steuerung, bei der Druckluft sowohl für den Signal- als auch den Leistungsteil verwendet wird. Druckluft wird als Medium in Steuerungen vorwiegend im Bereich der „kleinen Automation" wegen preislicher Vorteile eingesetzt. Von Vorteil sind kurze Ansprechzeiten und hohe Schalthäufigkeit. Steuerelemente sind u.a. Wege-, Sperr-, Strom-, Druckventile. In der Industrie wird häufig eine Kombination Elektrik und Pneumatik verwendet, die sogenannte Elektropneumatik. Dafür gibt es dann auch Ventile, die als Elektro-Pneumatik-Wandler wirken.

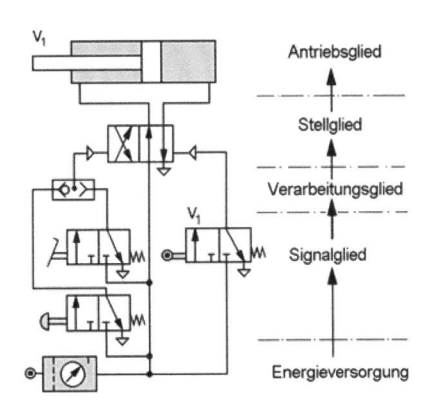

Steuerung, offene
[open-ended control]
Steuerung, insbesondere eine numerische Standard-Softwaresteuerung, die

auf herstellerspezifische Hardware verzichtet und eine Industrie-PC-Basis besitzt. Als Plattform dient z.b. das Betriebssystem Windows NT. Die Steuerung ist erweiterbar. Erforderliche Regelvorgänge sind neben anderen Funktionen vollständig in Software eingebettet.

Steuerung, reaktive
[reactiv control]
Steuerung z.B. eines autonomen mobilen Roboters allein unter Benutzung aktueller Sensordaten, um die nächste Aktion auszuführen.

Steuerung, speicherprogrammierbare (SPS)
[programmable controller (PLC)]
Hardwareplattform für die Automatisierungstechnik mit Programmiermöglichkeiten für Steuerungsprogramme. Sie lässt sich in die Funktionalitäten „Eingabe", „Verarbeitung" und „Ausgabe" unterteilen. Die Komponente Eingabe ist für das Einlesen der Prozesswerte über einzelne Sensoren und die Umsetzung dieser Werte in das interne Prozessabbild verantwortlich.

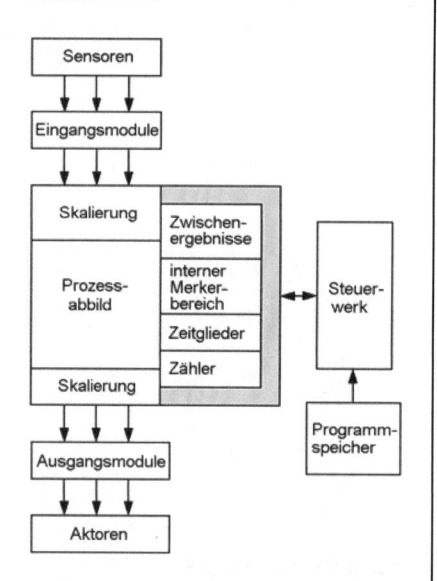

Die bei der Ausführung des Steuerungsprogramms veränderten Werte des Prozessabbildes werden schließlich in der Komponente Ausgabe an entsprechende Aktoren übertragen und beeinflussen auf diese Weise den Prozess. Das Steuerungsprogramm wird zyklisch wiederholend abgearbeitet. Die Programmzykluszeit ist für die Steuerung von Maschinen ausreichend kurz (einige Millisekunden). Die SPS-Programmierung erfolgt in der Regel in einer PC–Umgebung, bei Nutzung grafischer Möglichkeiten auf der Windows-Oberfläche.

Steuerungsarten
[control type]
In der NC-Technik unterscheidet man in Punktsteuerung, Multipunktsteuerung, Streckensteuerung und Bahnsteuerung. Andere Gesichtspunkte für eine Einteilung sind möglich. So z.B. in festverdrahtete, verbindungsprogrammierte und frei programmierbare Steuerungen; in elektrische, elektrohydraulische und pneumatische bzw. servopneumatische Steuerungen.

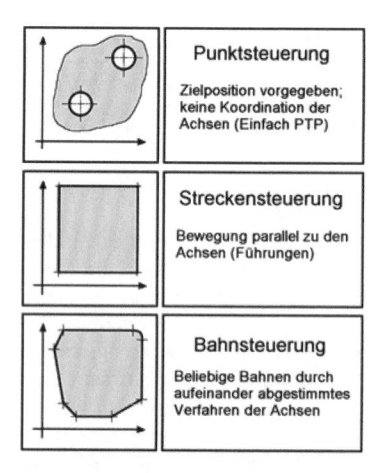

Steuerungsgesetz
[law of open-loop control]
Gesetzmäßigkeiten, die den Verlauf von Beschleunigungen, Geschwindigkeit und Lage während eines Positioniervorganges festlegen, wie z.B. Anfahren eines Punktes nach einer Sinoide. Die Optimierung des Bewegungsverlaufs kann nach verschiedenen Kriterien erfolgen, z.B. minimale Positionierzeit, minimale

Motorverluste, minimale Schwingungsanregung. → *Stoß,* → *Ruck,* → *Rampe*

Steuerungsstruktur, erweiterte
[extended pattern of control]
Steuerung, die in der Lage ist, Getriebeeinfluss und Nachgiebigkeit zu kompensieren. Aus vorherigen Messungen bekannte Fehler werden bei der Positionierung mit verrechnet, was die Genauigkeit des Systems erhöht. Bei Spindelgetrieben können prinzipiell auch Spindelsteigungsfehler laut Messprotokoll mit einbezogen werden.

Steuerungssystem
[control system]
Bei Robotergreifern meistens eine relativ einfache Steuerungskomponente, die Sensorinformationen auswertet oder nur vorverarbeitet, Greifkräfte reguliert oder die Greifweite automatisch verstellt. In seltenen Fällen wird auch die Vermessung von Greifobjekten direkt im Greifer vorgenommen, z.B. eine Durchmesserbestimmung.

Stewart-Plattform
[stewart platform]
Parallelstruktur für einen eine Arbeitsplattform tragenden Mechanismus im Freiheitsgrad 6 (*D. Stewart* 1965). Im Beispiel sind die Antriebe Hydraulikzylinder und die Verbindungen passive Universalgelenke. Die S. wird beispielsweise als Basis für einen Flugsimulator zum Pilotentraining verwendet. Das Prinzip liegt auch den → *Parallelrobotern* zugrunde.

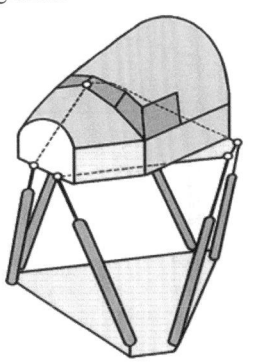

Stick-slip-Effekt
[stick slip]
Ruckweises Gleiten von Schlitten und Drehtischen bzw. gegeneinander bewegten Festkörpern, hauptsächlich bei Gleitlagerungen, infolge des Wechsels zwischen Haft- und Gleitreibung in Verbindung mit elastischen Verformungen. Beim Auslösen einer Bewegung muss zunächst die Haftreibung überwunden werden. Die hierfür erforderliche Kraft drückt die als Feder zu betrachtenden Antriebselemente zusammen, womit Federenergie gespeichert wird. Da jedoch die Gleitreibung geringer ist als die Haftreibung, wird diese Energie durch plötzliche Vorwärtsbewegung des Schlittens wieder freigegeben. So entsteht eine schnelle Bewegungsfolge aus Haften, Verspannen, Trennen und Abgleiten.
→ *Stribeck-Kurve*

Stochastische Schwingungen
S. sind dem Zufall unterworfene Schwingungen, das bedeutet mathematisch nicht genau definierbar. S. werden z.B. durch Wind oder Erdbeben oder auch beim Mahlvorgang einer Mühle hervorgerufen. Dargestellt werden sie oft als sogenannte Power Spectral Density (PSD) Kurven.

Stoffschluss
Verbindungen, bei denen die Verbindungspartner durch atomare oder molekulare Kräfte zusammengehalten werden. Bei Greifern arbeiten Klebstoff- und → *Gefriergreifer* nach dem Prinzip des S.
→ *Kraftschluss,* → *Formschluss*

Stopper
[stopp pin]
Anschlagelement, das in Transferanlagen die Werkstückträger stoppt, indem es auf Befehl ausfährt oder ständig ausgefahren ist und auf Befehl abtaucht. Nach dem Stoppen werden normalerweise zusätzliche Indexierelemente tätig, um die Werkstückträger genau auszurichten.
→ *Transferstraße*

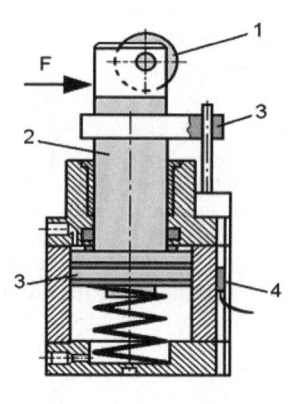

1 Anlaufrolle, 2 Kolbenstange, 3 Verdrehsicherung, 4 Positionssensor, *F* Werkstückträgeranstoßkraft

Störgröße
[disturbance variable]
Größe in einer Regelung, die in ungewollter Weise eingreift, indem sie auf die Regelstrecke einwirkt und Steuersowie Regelvorgänge beeinträchtigen kann. Durch die Reaktion des Reglers werden die auftretenden Abweichungen, z.B. ein Drehzahlabfall bei einem Laststoß, innerhalb einer → *Ausregelzeit* kompensiert.
In der Prozesstechnik sind es oft im Prinzip messbare Druck-, Durchfluss-, Dichte-, Temperatur- oder Brennwertänderungen. Manchmal sind es aber auch nicht leicht quantifizierbare Einflüsse.
→ *Regelkreis*

Störkontur
[obstacle edge]
Außenkontur eines bewegten Objektes, z.B. eines Klemmgreifers mit gegriffenem Teil oder eines Revolvergreifers, die bei automatischer Bewegung im Raum mit anderen Bauteilen oder Maschinenkomponenten kollidieren könnte. Die S. ist besonders bei Montageaufgaben zu beachten, wenn der Freiraum um die Montagestelle sehr eingeschränkt ist.

Störspannungsschutz
[interfering voltage protection]
Um Funktionsbeeinträchtigungen durch zu hohe Spannungsspitzen, die im Extremfall auftreten können, zu vermeiden, sind die Anschlussleitungen von Sensoren und Signalgebern getrennt von anderen Leitungen (z. B. Motor-, Magnet- oder Ventilleitungen usw.) zu verlegen. In besonders schwierigen Fällen kann die Verlegung abgeschirmter Leitungen notwendig werden.

Störungsspeicher
[emergency buffer]
Werkstückspeicher innerhalb automatischer Fertigungseinrichtungen, der nachteilige Folgen von partiellen Störungen und schwankenden Mengenleistungen auf übrige Stationen der Anlage vermeidet oder abschwächt. Der erhöhten zeitlichen Auslastung stehen allerdings technische und finanzielle Mehraufwände je nach Größe der Puffer gegenüber.

Stoß
[shock]
Theoretisch unendlicher Beschleunigungssprung, der dann auftritt, wenn die Wegkurve x einen Knick und die Geschwindigkeitskurve v einen Sprung aufweist. Stoß und → *Ruck* sind Bewegungserscheinungen, die bei der Bewegungsplanung zu vermeiden sind.

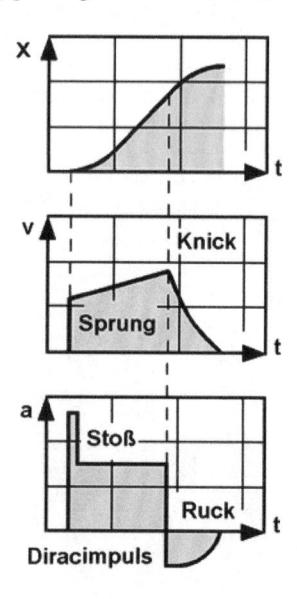

Eine ruck- und stoßfreie Bewegung zeichnet sich durch Materialschonung, vermindertes Spitzenmoment und durch vibrationsarmen Betrieb aufgrund geringer Anregungsneigung von Eigenschwingungen aus. Parabel-Übergänge können das z.B. gewährleisten.
→ *Bewegungsgesetze*

Stoßdämpfer
[shock absorber]
Beaufschlagungseinheiten, die eine vorhersehbare und kontrollierte Dämpfung einer bewegten Masse gewährleisten. Diese Produkte sind in einem vielseitigen und breiten Spektrum hinsichtlich der Größen und Modelle erhältlich.

Stoßdetektor
[impulse detector]
Binärer Sensor in Leistenform, der bei stoßartiger Deformation der Profilleiste Permanentmagnete gegen einen Reedschalter führt. Dieser schließt seine Kontaktzungen und generiert so ein elektrisches Signal. Damit wird dann eine Stopproutine ausgelöst, z.B. das Anhalten eines fahrerlosen Flurförderfahrzeuges.

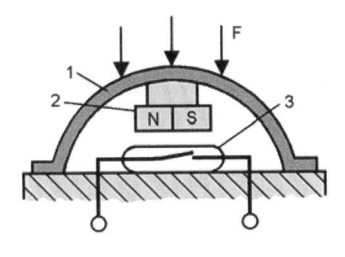

1 flexibles Kunststoffprofil, 2 Dauermagnet, 3 Reedschalter, *F* Anstoßkraft

Stoßförderer
[impulse conveyer system]
Handhabungseinrichtung, die ankommende Werkstücke mit einem Hubstößel in ein Schachtmagazin schiebt. Das kann auch ein Durchlaufmagazin sein, welches die Werkstücke bis zur nächsten Maschine bringt. Dann handelt es sich um eine Verkettungseinrichtung, die im übrigen sehr einfach aufgebaut ist. Der Rücklauf der Teile wird durch eine selbsttätige Sperrklinke verhindert.
→ *Hubmagazin,* → *Handhabungsgerät*

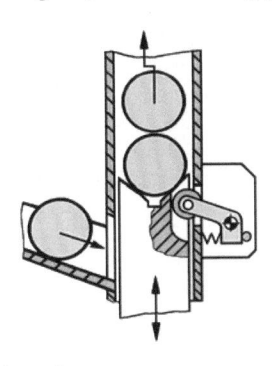

Strichcode
[barcode]
Maschinell lesbarer Code, der aus verschieden breiten Strichen und Lücken besteht. Es werden numerische und alphanumerische Zeichen unterschieden. Der S. dient zur Kennzeichnung von Produkten, Ladehilfsmitteln und anderen Objekten.
→ *Dotcode,* →*Barcode*

Stribeck-Kurve
[Stribeck-diagram]
Darstellung des physikalischen Phänomens, dass sich bei hydrodynamischen Gleitführungen und -lagern die Reibungszustände und die Reibungskraft bzw. der Reibungskoeffizient μ in Abhängigkeit von der Gleitgeschwindigkeit verändert.
→ *Stick-slip-Effekt*

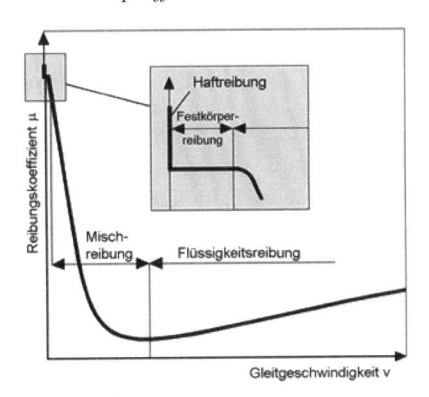

STRIPS
[Stanford Research Institute Problem Solver]
An menschliche Denkgewohnheiten angelehnter Formalismus zur Repräsentation von Planungsproblemen (1971). Er wurde zur Steuerung des Forschungsroboters → SHAKEY eingesetzt. Istzustand der Welt und Sollzustand wurden in Form einer Prädikatenliste definiert.

Stroboskop
[stroboscope]
Scheibe mit weisen und schwarzen Segmenten, die zum Zweck der Drehzahlbestimmung mit einer Reflexlichtschranke abgetastet werden kann. Durch Festlegung einer Abtastzeit (Zähldauer) entsprechen die gezählten Schritte einer Drehzahl.

Strom
[current, electric current]
Der elektrische Strom *I* ist die gerichtete Bewegung elektrischer Ladungsträger (Elektronen) in einem geschlossenen elektrischen Stromkreis. Die Maßeinheit ist das Ampere (A).

Strombelastbarkeit, andauernde
[constant current carrying capacity]
Strom, mit dem Geräte im Dauerbetrieb belastet werden können. Geräte mit Kurzschlussschutz sind gleichzeitig überlastfest und verpolungssicher. Im Falle eines Kurzschlusses wird der Endtransistor sofort gesperrt. Nach Aufheben des Kurzschlusses ist das Gerät wieder betriebsbereit.

Strombelastbarkeit, kurzzeitige
[temporary current carrying capacity]
In der Sensorik der maximale Strom, der beim Schalten der Last kurzzeitig fließen darf, ohne die Funktion des Sensors zu beeinflussen.

Stromnennwert
[nominal current]
Höchstzulässige Strombelastung im Dauerbetrieb, die mit der höchstzulässigen Betriebstemperatur eines Motors übereinstimmen muss.

Stromrichter
[drive converter, power converter]
Schaltungen der Leistungselektronik zum verlustarmen Umformen elektrischer Energie von Wechsel- (Drehstrom) in Gleichstrom und umgekehrt. Damit lassen sich Motoren an verschiedenen Netzen betreiben. Wesentliche Bestandteile von S. sind Energiezwischenspeicher (Spule, Kondensator) und Stromrichterventile als elektronische Schalter, mit denen zwischengespeicherte Energie auf die Verbraucher geschaltet wird.

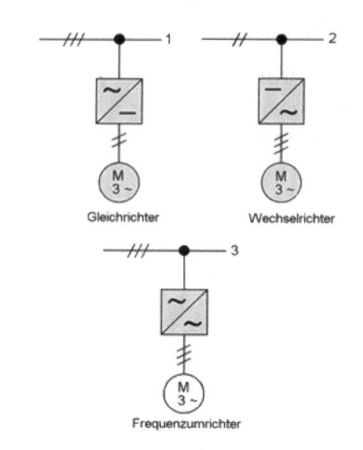

1 Wechsel-/oder Drehstromnetz, 2 Gleichstromnetz, 3 Drehstromnetz

Stromrichterventil
[converter valve]
Halbleiterbauelemente wie Dioden, Thyristoren und Leistungstransistoren, die periodisch abwechselnd mit bestimmten Schaltfrequenzen z.B. in Bereichen von 4 bis 100 kHz in den elektrisch leitenden und nichtleitenden Zustand versetzt werden. Sie funktionieren wie Schalter, können jedoch den Strom nur in einer Richtung führen.

Stromsensor
[current sensor]
Sensor zum Nachweis und zur Anzeige eines Stromflusses. Der Nachweis er-

folgt ohne Auftrennen des Strompfades z.b. mit Hilfe einer Sensorspule, die ringförmig den Leiter umschließt. Beim Stromfluss durch den Leiter entsteht um diesen ein ringförmiges Magnetfeld. Das durchflutet den zu einem offenen Ring gebogenen, weichmagnetischen hochpermeablen nichtmagnetostriktiven amorphen Metallkern der Sensorspule und steuert dessen dynamische Permeabilität aus. Daraus folgt der Messwert.

Stromwender
[commutator]
Andere Bezeichnung für → *Kommutator oder Kollektor*

Struktur
[structure]
Darstellung von Teilen (Elementen) eines Ganzen (System) und deren Beziehungen (Relationen und Kopplungen) zueinander sowie aller Relationsgefüge, die von gleicher Gestalt sind. Infolge einer vorliegenden Struktur erfüllt ein System unter gegebenen Bedingungen eine ganz bestimmte Funktion.

Strukturierte Beleuchtung
[structured lighting]
Licht, das als geometrisches Muster auf ein räumliches Zielobjekt abgestrahlt wird, also Informationen enthält.

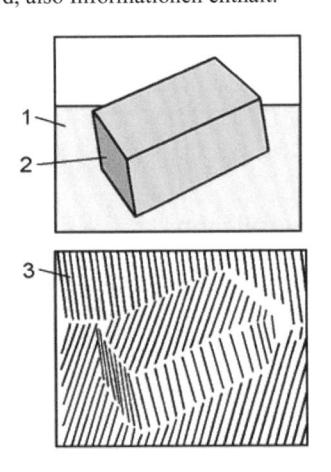

Das projizierte Lichtmuster, z.B. ein Streifenmuster, verformt sich in Abhängigkeit von der Objektform. Das mit einer Kamera aufgenommene Bild wird dann ausgewertet. Aus dem deformierten Muster lässt sich das Objekt im Vergleich mit Referenzmustern erkennen.
→ *Lichtschnittverfahren*

Strukturierter Text
[structured text]
SPS-Programmiersprache mit umfassenden syntaktischen Sprachelementen, die analog zu höheren Programmiersprachen den Aufbau komplexer Ausdrücke erlaubt.

Stückgut
[piece goods, general cargo]
Nach DIN 30781 individuelles Gut, welches stückweise gehandhabt wird und auch stückweise in die Transportinformation eingeht. Es sind somit einzelne Objekte mit allseitig begrenzten Abmessungen, z.B. Flachteile, Blöcke, Wellen und Zahnräder. Das S. ist im Normalfall formbestimmt, kann aber im Ausnahmefall auch formunbestimmt sein.

Stückgutdosierer
[metering system for piece goods]
Einrichtung zur Bereitstellung einer definierten Menge (einer Portion) von kleineren Werkstücken aus Kunststoff oder Metall.

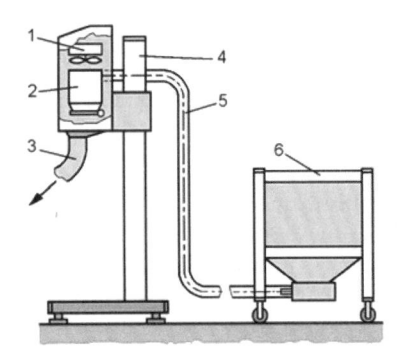

1 Projektionsebene, 2 Objekt, 3 auszuwertendes Bild

1 Ansauggebläse, 2 Dosierbehälter, 3 Abführschlauch, 4 Ständer, 5 Ansaugleitung, 6 Teilebunker

Das kann z.B. durch Ansaugen von Teilen und Sammeln in einem Dosierbehälter erfolgen. Ist der Behälter gefüllt, kann die Menge in einem Schritt ausgegeben werden, z.B. in einen Vibrationswendelbunker einer Montagemaschine. Im dargestellten S. bleiben die Teile ungeordnet. Der S. lässt sich auch für eine Mehrmaschinenbeschickung auslegen.
→ *Stückzähler*

Stückgutgreifer
[workpiece gripper]
Greifer (Klemm-, Magnet-, Saugergreifer) für Objekte mit allseitig begrenzten Flächen bzw. Abmessungen im Gegensatz zu Schüttgutgreifern, deren Greiforgane eher Mulden sind und die Objekte formschlüssig halten.
→ *Klemmgreifer*

Stückprozess
Objektbezogener Produktionsprozess diskontinuierlicher Art zur Gestaltänderung, zum Fügen, Verteilen und Prüfen von → *Stückgut*. Kennzeichnend ist, dass sich der Gesamtprozess aus vielen Elementarprozessen zusammensetzt, die durch eine Ablauforganisation miteinander verkoppelt sind.
→ *Fließprozess*

Stückzählung
[piece count]
Abzählen von Einzelteilen bzw. Produkten, z.B durch Wiegen. Man wiegt eine Referenzstückzahl. Die Waage bildet automatisch das Durchschnittsgewicht je Teil. Ab dann zeigt die Zählwaage sofort die Anzahl in Stück an. Je größer die Referenzstückzahl, desto größer die Zählgenauigkeit.

Stufenhubförderer
[step-type lifting feeder]
Zuführeinrichtung für Kleinteile, bei der in mehreren Schritten ständig auf- und ablaufende Platten Werkstücke erfassen und hochfördern. Dabei werden die Teile vorgeordnet. Am Auslauf kann noch eine Ordnungseinrichtung angebaut sein, je nach Werkstückgeometrie.

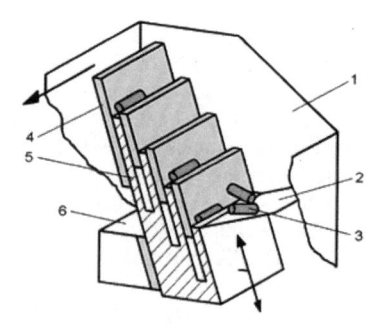

1 Bunker, 2 Gleitblech, 3 Werkstück, 4 feststehende Platte, 5 Hubplatte, 6 Hubantrieb

Stufenmagazin
[step magazine]
Schachtmagazin für rollfähige Teile, die im Zick-Zack-Lauf zum Zuteilschieber gelangen. Vorteil: Die Gewichtskraft auf den → *Zuteiler* ist gering, weil sich die Werkstücke seitlich abstützen können. Bei gleicher Bauhöhe fasst das Magazin gegenüber einem → *Schachtmagazin* mit gerader Laufstrecke mehr Teile. Das Nachfüllen ist einfacher.

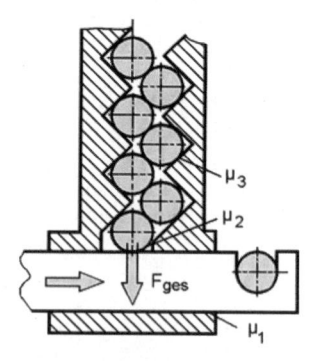

F_{ges} Druckkraft auf den Zuteiler, μ Reibungskoeffizient

Stufenrollbahn
[stepped runway]
Rollbahn für Rundteile, die in bestimmten Abständen eine Stufe aufweist. An dieser Stelle wird die Rollgeschwindigkeit auf Null abgebremst. Gleichzeitig können sich die Teile bei einem geringen Schräglauf wieder ausrichten, wenn eine Mindestgeschwindigkeit erreicht wurde. Die S. dient der Sicherheit beim Zuführen.

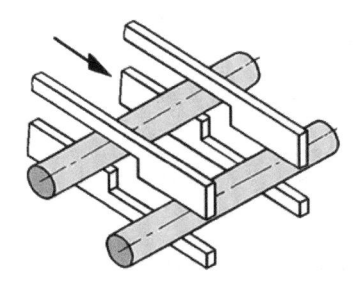

Stützen
[supporting]
Im Vorrichtungs- und Maschinenbau das Einbringen einer zusätzlichen Kontaktfläche, um Gewichts- und/oder Bearbeitungskräfte aufnehmen zu können. Die Stützelemente können fest oder automatisch bzw. manuell einstellbar sein. Sie gewährleisten eine stabile kippfreie Auflage eines Werkstücks, Objekts oder einer Vorrichtung.

Subpixel-Antastung
[subpixeling method, subpixeling]
In der Bildverarbeitung eine Methode zur Aufteilung eines Pixels (Bildpunktes) in viele weitere kleinere Einheiten, um detailliertere Informationen durch Berechnung zu erhalten, auch als Verfahren der „Fotometrischen Mitte" bezeichnet.

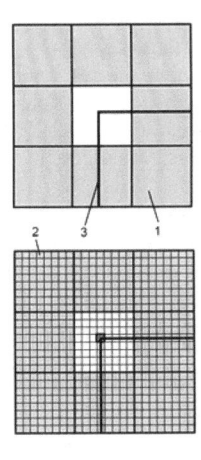

1 Bildpunkteinheit = 1 Pixel, 2 Auswerteeinheit = 0,125 Pixel, 3 zu erfassende Objektkante

Die auszuwertenden Pixel werden nochmals aufgelöst z.B. 1 Pixel in 10 x 10 Felder mit je 0,1 Pixel Größe. Das ermöglicht präzisere Aussagen, weil man damit durch eine theoretisch erhöhte Auflösung genauere Informationen über ein auf einem Sensorarray abgebildetes Objekt erhält. Die Abtastgenauigkeit liegt über der durch die Pixelmittenabstände vorgegebenen Genauigkeit. Eine typische Methode ist es, den das Zielpixel umgebenden Bereich zu differenzieren.
→ *Pixel,* → *Auflösung*

Subsumptionsarchitektur
[subsumption architecture]
Verhaltensmodell für autonome mobile Roboter, bei dem die Sensordaten (die Wahrnehmungen des Roboters) hierarchisch priorisiert und mit fertig programmierten Verhaltensweisen verknüpft werden. Der Roboter reagiert ausschließlich und unmittelbar auf die Sensoren. Das niedrigerwertige Verhalten wird bei Auslösung eines höherwertigen Verhaltens deaktiviert
Geschichte: Die S. wurde 1986 von *R. Brooks* publiziert.

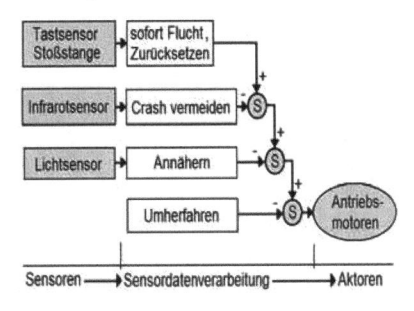

Subsymbolisch
[subsymbolic]
Darstellung des Wissens in der Art, dass es keine bedeutungsvollen „Symbolstrukturen" gibt (z.B. neuronale Netze).

Suchbaum
[search tree]
Graph zur Lösung eines Suchproblems in der Art eines kopfstehenden Baumes,

bei dem die miteinander verbundenen Knoten in der Beziehung als Vorgänger und Nachfolger eindeutig zueinander stehen.

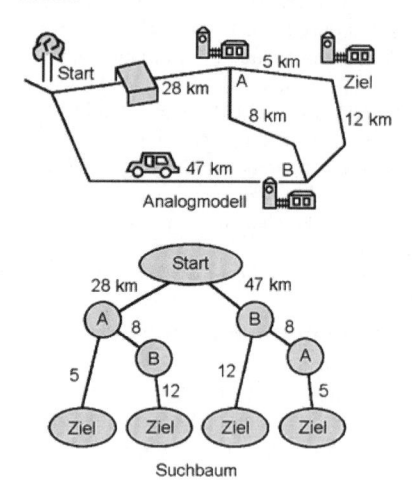

Suchraum
[search space]
Bei Problemlösungsverfahren die Menge aller möglichen Knoten, die bei einem bestimmten Suchproblem berücksichtigt werden müssen (normalerweise diejenigen, die von einem Startknoten aus erreichbar sind).

Suchstrategie
[search strategy]
1 Strategie für die Steuerung einer Suche (in einem Graphen oder → *Suchbaum*) nach einem Zielknoten oder -zustand.

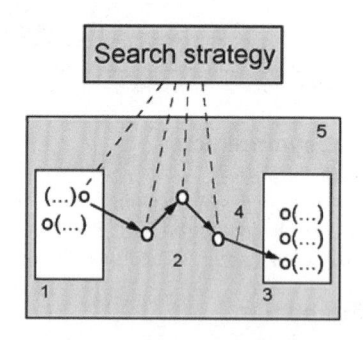

1 Ausgangssituation, 2 Zustandsvariable, 3 Lösungsraum, 4 Suchgraph, Suchweg, 5 Zustandsraum

2 In der Handhabungstechnik das Abfahren einer Suchbahn, z.B. mit spiralförmigem Verlauf, um ein auf einer Fläche verstreut liegendes Objekt zu finden.

Superbot
Bezeichnung für eine lernfähige, aus Modulen zusammengesetzte Maschine der Universität von Southern California (*Los Angeles*), die sich je nach Umgebung umkonfigurieren kann, etwa zum Rad, zur Raupe oder gar zum aufrecht gehenden Roboter.
→ *Transformers*

Supervisory Control
[Überwachungs- und Steuerungssystem]
Überwachend-eingreifende Regelung bzw. Kontrolle. Es handelt sich um ein Mensch-Maschine-System, bei dem der Rechner die Handlungen des Menschen überwacht, kontrolliert und gegebenenfalls reklamiert.

Supply Chain
Gesamte Logistikkette (Lieferkette) eines Unternehmens unter Einbeziehung aller Lieferanten, Kooperationspartner sowie interner und externer Vertriebseinheiten.

Symbolstrukturen
[symbol structures]
Datenstrukturen, die aus Symbolen bestehen, die Objekte oder Konzepte bezeichnen. Der Großteil des KI-Wissens wird auf diese Art dargestellt.

Symmetrie
[symmetry]
Eigenschaft von Körpern und Figuren, wenn sich beiderseits einer (gedachten) Mittelachse jeweils spiegelgleiche Bilder ergeben.

Synchro
[synchro]
Drehwinkelgeber, dessen Prinzip auf der unterschiedlichen induktiven Kopplung zwischen einer angetriebenen Rotor- und

mehreren Feldspulen beruht. Ein Beispiel ist der → *Resolver*.

Synchronisation
[synchronize]
Bei den meisten 2- und 3-Finger-Greifern sollen sich die Finger gleichmäßig auf Greifermitte schließen. Dazu werden die Fingerbewegungen mechanisch miteinander verkoppelt. Pneumatikkolben lassen sich zum Beispiel, über eine Spindel mit Rechts-Links-Gewinde in eine synchrone Bewegung zwingen. Das leistet auch ein Hebelgetriebe (Doppelschwinge).

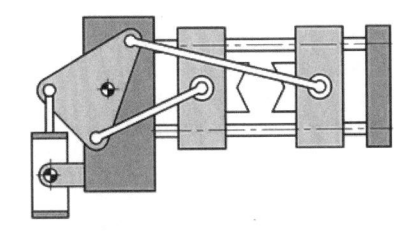

Synchronisierung
[synchronisation]
Herstellen des Gleichlaufs von z.B. Bewegungen (→ *Elektrische Welle*). Im Bild wird der Gleichlauf, die Synchronisation, von Abzugswalzen zur Extrusionsgeschwindigkeit eines Strangprofils mit elektronischen Mittel herbeigeführt.

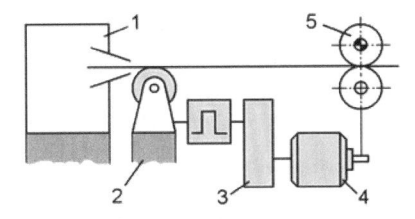

1 Extruder, 2 Geschwindigkeitssensor, 3 Steuermodul, 4 Servomotor, 5 Abzugswalze, angetrieben

Synchronmanipulator
[synchronous manipulator]
Manipulator, der unmittelbar durch einen Menschen gesteuert wird. Dieser hat auf dem S. einen Sitzplatz. Der S. kann nicht vorprogrammiert werden und führt nur die an einem Analogsteuerhebel vom Operateur vorgegebenen Bewegungen aus. Anwendung: Freiformschmieden, Schleifen von Gussteilen, Stapeln.

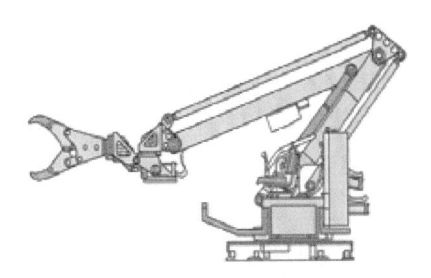

Synchronmotor
[synchronous motor]
Drehstrommotor mit Permanentmagneten als Läufer. Bei Belastung tritt keine Differenz zwischen der Frequenz der speisenden Spannung und der Drehfrequenz ein. In den Wicklungen fließen sinusförmige Ströme. Besteht zwischen den Strömen in den Wicklungen eine Phasenverschiebung von 120°, bildet sich im Ständer des Motors ein rotierendes Magnetfeld aus. Das durchsetzt auch die Permanentmagneten des Läufers, sodass im Läufer ein Drehmoment wirksam wird. Der S. wird in Servoantrieben kleiner Leistung eingesetzt und er kann auch als → *Linearmotor* ausgeführt werden.

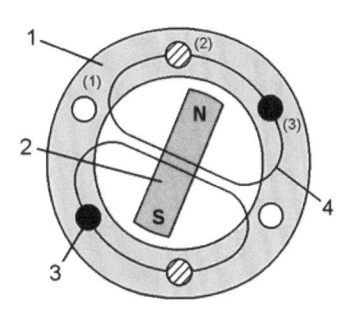

1 Ständer mit Wicklungen, 2 Läufer, 3 Wicklungen (1), (2) und (3), 4 Magnetfeld

Synchron-PTP
[synchronous point to-point]
Punkt-zu-Punkt-Steuerung, bei der das

Verfahren der beteiligten Bewegungsachsen (Geschwindigkeit) so aufeinander abgestimmt ist, dass der Zielpunkt von allen Achsen gleichzeitig erreicht wird.
→ *PTP-Fahren,* → *Punktsteuerung*

Synchronriemen
[timing belt]
Andere Bezeichnung für einen → *Zahnriemen*

Synergie
[synergy]
Gegenseitige Beeinflussung mehrerer Wirkstoffe (Kräfte), die so wirken, dass es zu einer gesteigerten oder neuartigen Wirkung kommt, die oft nicht vorhersagbar ist.

Syntax
[syntax]
Zulässige Organisation von Bestandteilen in einer Sprache. Die S. des Deutschen definiert z.B. zulässige Kombinationen von Wörtern in einem Satz. Sie wird auch verwendet, um auf das Stadium des Sprachverständnisses zu verweisen, das sich mit der Ermittlung der Struktur eines Satzes beschäftigt.

Syntaxbaum
[parse tree]
In der Künstlichen Intelligenz ein System zum Verstehen natürlicher Sprache mit Hilfe einer baumartigen Darstellung. Dies ist eine gültige Folge von Wörtern (eine syntaktische Struktur), die zur syntaktischen Analyse eines Satzes oder einer Phrase verwendet wird.

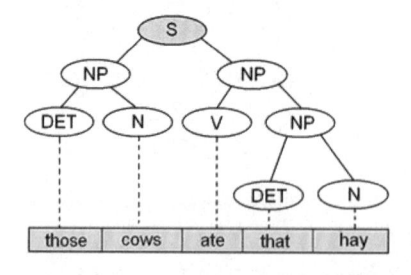

S Satz, NP Nominalphrase, V Verb, DET Bestimmungswort, nähere Bestimmung, N Substantiv

Im zweiten Schritt erfolgt die semantische Analyse mit Nutzung eines speziell für diese Zwecke erstellten Wörterbuches.
→ *Syntax,* → *Semantik*

Syntelmann
Synchron-Telemann; ein zweiarmiger mobiler und anthropomorph aufgebauter Manipulator, der ab 1967 von Prof. *H. Kleinwächter* (*Lörrach*) entwickelt wurde. Die Greifhand war mit Kraftsensoren ausgestattet. Die Steuerung erfolgte durch einen Bediener nach direkter Sicht oder über Bildschirm. Anstelle des Fahrwerks hoffte man später ein zweibeiniges Schreitwerk einsetzen zu können. Für eine Anwendung des S. war die Zeit noch nicht reif und die Entwicklung endete in einem Labormuster.
→ *Android,* → *Teleoperator*

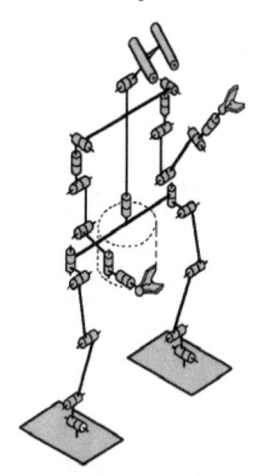

Systemanalogie
[system analogy]
Modellhafte Betrachtung von Systemen, die sich in ihrer Wirkung ähnlich verhalten und die im Prinzip mit gleichen mathematischen Gesetzen beschrieben werden können. Im Bild werden einige funktionsanaloge Systeme gezeigt. S. helfen beim Erkennen von Eigenschaften eines Systems und können auch bei Systembetrachtungen in der Künstlichen Intelligenz förderlich sein.

mechanisch

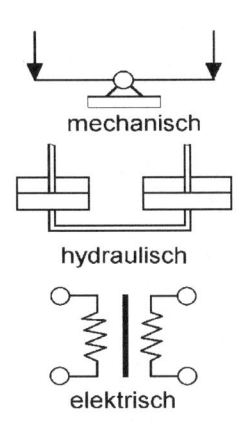

hydraulisch

elektrisch

Systemtheorie
[system theory]
Theorie der Beziehungen zwischen den Elementen eines Systems, der Relation zwischen Struktur und Funktion, dem Zusammenwirken zwischen Teil- und Gesamtsystem u.a. Oft steht besonders die Analyse von Systemen und Teilen davon nach informationellen Zusammenhängen im Vordergrund.

Szenenanalyse
[scene analysis]
Untersuchung des digitalisierten Abbildes einer beobachteten Szene mit Hilfe einer Kamera, um darin Handhabungsobjekte (Personen, Fahrzeuge usw.) zu erkennen. Die Aufnahme ist meistens dreidimensional erforderlich.

T

TAB
[Tool Attachment Point]
Ursprung des Greifer-Flansch-Koordinatensystems bei einem Industrieroboter.

Tabelleninterpolation
[tabelated interpolation]
Verfahren zur → *Interpolation*, bei dem statt laufender Rechnungen nach einer mathematischen Funktion die Wertepaare einmalig aus einer Tabelle bereitgestellt werden. Das Verfahren wird bei Positioniersteuerungen verwendet, wenn die Ableitung der Sollposition für eine Slaveachse aus der Istposition der Masterachse vorzunehmen ist. Der Umfang der Tabelle ist auf ein notwendiges Maß begrenzt. Ist eine Position der Masterachse nicht als Tabellenwert vorhanden, wird die benötigte Position der Slaveachse aus benachbarten Tabellenwerten ermittelt (interpoliert).

Tablar
Ein brettartiger Werkstück- bzw. Produktspeicher ;→ *Tray*

Tachogenerator
[tachometer generator, speed sensor]
Drehzahlmesser, der ähnlich wie ein Gleichstrommotor funktioniert, jedoch mit umgekehrter Wirkung. Durch die Drehung des Rotors wird eine Spannung induziert, die proportional zur Drehzahl ist. T. werden in der Industrie oft als Drehzahlgeber eingesetzt, um den Istwert für Drehzahlregelungen zu erfassen. Durch die Integration der Drehzahl ist es möglich, Drehwinkel oder Wegstrecken zu messen. Die sinusförmig vorliegende Messgröße kann durch Filterung in eine analoge Spannung umgewandelt werden.
→ *Drehzahlregler,* → *Drehzahlsensor*

Tachonachbildung
[tachometer simulation]
Bei inkrementalen Wegmesssystemen kann man aus den Rechtecksignalen des Gebers Spannungen erzeugen, die proportional zu den gemessenen Geschwindigkeiten sind. Diese Spannungen können an einen nachgeschalteten Drehzahlregelkreis weitergegeben werden.

Tactile Feedback
[Berührungsrückkopplung]
Erzeugung des Gefühls eines Kontaktes auf der Haut einer Person im virtuellen Raum. Dadurch wird ein Ereignis erzeugt, dass bestimmte Konditionen im virtuellen Raum vermittelt

T-Achse
[translational axis]
Bewegungsachse einer Handhabungseinrichtung, die nur reine Längs- bzw. Linearbewegungen ausführen kann. Das „T" kommt vom Begriff Translation.

Tafelproblem
Modellfall für eine gemischte Positions- und Kraftregelung, die nötig wird, wenn ein Roboter mit einem Schreibstift auf eine Tafel schreiben soll. Dabei muss der Anpressdruck bei jeder Bewegung konstant sein. Um ein bestimmtes Kraftregelgesetz zu verwirklichen, ist für das T. ein Heranfahrregler, ein Kontaktregler und eine Aufpralldämpfung zu verwenden.

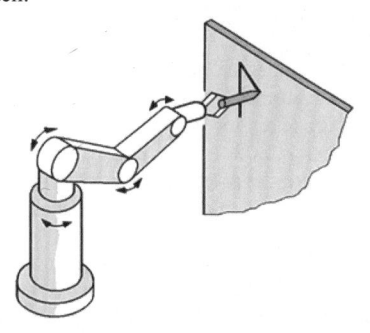

Tailored blank
[maßgeschneiderter Blechzuschnitt]
Blechzuschnitt für das Tiefziehen z.B. von Autotüren, der aus mehreren lasergeschweißten Blechen unterschiedlicher Dicke und mit unterschiedlichen Festigkeitseigenschaften besteht.

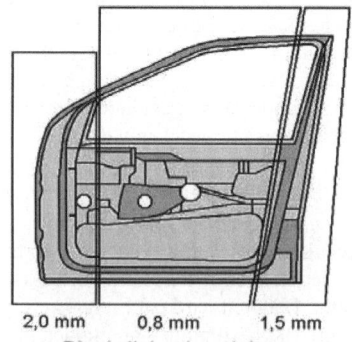

2,0 mm   0,8 mm   1,5 mm
Blechdickenbereiche

Die so hergestellten Bauteile sind leichter und kostengünstiger. Im Scharnier- und Schlossbereich können Verstärkungsbleche wegfallen und Überlappungsverbindungen vermieden werden. Die T. werden seit einigen Jahren erfolgreich eingesetzt.

Taktgeber
[clock generator]
Bauelement bzw. Schaltung, die in starrer zeitlicher Folge Impulse als zyklische Binärmuster ausgibt.

Taktiler Sensor
[tactile sensor]
Sensor, bei dem die Auslösung eines Signals durch den direkten Kontakt (also berührend) mit einem Objekt erfolgt. Das kann ein analoges Signal proportional zu einer Tasterauslenkung sein, aber auch binär, wie z.B. die Betätigung eines rollenbetätigten Ventils in der Pneumatik. Wiederholtes Anwenden des Tastsinns ermöglicht das taktile Scannen von Kanten und Oberflächen. Mit einer Tastmatrix lassen sich bei Berührung Werkstückformen grob erkennen.

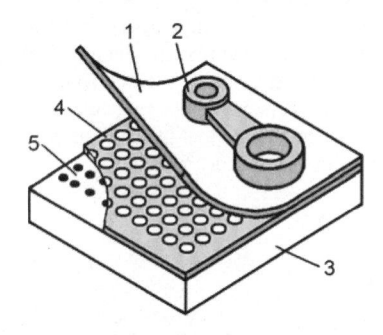

1 Folie aus Polyvinylidendifluorid, 2 Werkstück, 3 Erdungsplatte, 4 Druckplatte, 5 elektrische Kontakte

Taktilität
Bezeichnung für alle von der Haut eines Lebewesens aufgenommenen berührenden Sinneswahrnehmungen. Dazu gehören mechanische, thermische sowie schmerzauslösende Rezeptoren in der Haut.

Taktstraße
[automated line]
Maschinenfließreihe zur vollautomatischen Fertigung, bei der eine Weitergabeeinrichtung, z.B. ein Taktgestänge, die aus Baueinheiten aufgebauten Bearbeitungsstationen fest miteinander verkettet. Die Weitergabe der Werkstücke geschieht zeitsynchron an allen Stationen. Die Werkstücke sind meistens auf Werkstückträgern gespannt. Die Arbeitseinheiten, z.B. Bohr- und Fräsköpfe, können seitlich, schräg und von oben das Werkstück bearbeiten. Sie befinden sich auf Schlitteneinheiten. Die Anwendung einer T. erfordert eine gute zeitliche Abstimmung der Arbeitsoperationen je Station.
Geschichte: 1908 T. für hölzerne Eisenbahnschwellen, 1923 T. für Zylinderblöcke in der Automobilherstellung, 1929 T. für Zylinderblöcke bei *Graham Page Motors*

Taktzeit
[cycle time]
Bei Maschinen mit taktweisem Werkstückfluss die Zeit zwischen dem Ausstoß zweier Werkstücke. Sie setzt sich aus der Verweilzeit und der Weiterschaltzeit zusammen. Nur in der Verweilzeit kann am Werkstück eine Bearbeitung durchgeführt werden. Wird der gesamte Ablauf über Sensorsignale gesteuert und ist die Weitergabe der Teile zeitasynchron, dann ist es besser von einer (durchschnittlichen) Zykluszeit zu sprechen.

Tankroboter
[gasoline robot]
Sensorgeführter Roboter, der selbsttätig ein dafür vorbereitetes Fahrzeug (Tankdeckelausführung) betanken kann. Der Roboter sucht die Position des Tankdeckels, öffnet ihn und fährt den Zapfstutzen aus. Der Fahrer des Fahrzeugs muss dieses beim Betanken nicht verlassen. Der T. wird durch Eingabe der Kreditkarte aktiviert. Der T. ist ein → *Serviceroboter*.

Tänzerwalze
[dancer roll]
Steuerwalze (Pendelwalzen-, Bahnzugregler) im elektrischen Antrieb einer Zuführeinrichtung für Kunststoff- oder Textilbahnen, mit der der Durchhang der abzuziehenden Bahn abgetastet und konstant gehalten wird.
→ *Bandlaufregulierung*

Task
[Aufgabe, Teilaufgabe]
1 Teil eines Programms (einer Arbeitsaufgabe), der eine abgeschlossene Funktion ausübt und von einer übergeordneten Ablaufverwaltung als Einheit betrachtet wird. Eine Folge von T. nennt man Job.

2 Bei Roboteraktionen kommt es aus technologischen Gründen zu einer Wechselwirkung zwischen Effektor und Objekt. Dabei sind zwei T. gleichzeitig abzuarbeiten. Eine Bewegungst. beschreibt eine geplante Trajektorie und eine Reaktionst. die dafür erforderliche Reaktion zwischen Effektor und Objekt, z.B. den Abstand oder eine Reaktionskraft.

Task-Level-Programmierung
[task level programming]
Programmierung von Aufgaben auf hohem Niveau. Zukünftige Maschinen werden klüger, auch wenn einige Wissenschaftler glauben, dass menschliches Denken niemals erreicht wird. Die Programmierung von z.B. Robotern kann man in ein 4-Stufen-Schema bringen. Die Stufe 3 liegt noch unterhalb von KI. Sie enthält Programme zu abgeschlossenen Teilaufgaben.

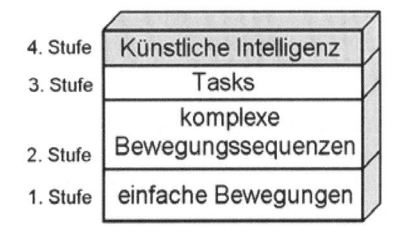

4. Stufe	Künstliche Intelligenz
3. Stufe	Tasks
2. Stufe	komplexe Bewegungssequenzen
1. Stufe	einfache Bewegungen

Tasthaarsensor
[tactile hair sensor]
Dem Tastsinn von Nagern (→ *Schnurhaarsensor*) nachgebildetes Sensorprinzip. Ein einfacher T. wird im Bild gezeigt. Es wird lediglich der Kontakt eines Tastdrahtes mit einer Kontaktplatte ausgewertet. Die Werkstückgeometrie kann abgetastet werden. Die Signale bei einem Durchlauf lassen sich als Matrix darstellen.

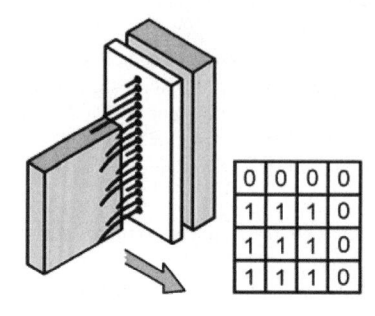

1 längengestufter Tastdraht, 2 Kontaktplatte, 3 Grundplatte, 4 Werkstück

Tastsensor
[tactile sensor]
→ Taktiler Sensor, → Tastsinn, → Tasthaarsensor, → Schnurhaarsensor

Tastsinn
[tactile perception]
Bei Robotern die Fähigkeit, mit Hilfe von Sensoren im Kontakt mit der Umgebung zu arbeiten, wobei diese ungenügend bekannt oder im Betrieb veränderlich ist. Da die Roboterbewegung somit nicht vollständig sein kann, muss sich der Roboter mit T.-Informationen bewegen. Eine typische Aktionsfolge besteht aus den Phasen Heranfahren, Aufprall und Kontakthalten. Der „harte" Umgebungskontakt ist dabei typisch und erfordert die Anwendung geeigneter Kraftregelgesetze.

Taupunkttemperatur
[dew point temperature]
Temperatur, bei der abgekühlte feuchte Luft gerade mit Wasserdampf gesättigt ist. Wird die T. unterschritten, tritt Nebel- bzw. Taubildung ein. Die T. ist ein Maß für den Feuchtezustand der Luft.

Tauchbootmanipulator
[submersible manipulator]
Außenbordvorrichtung an Tauchbooten, die dazu dient, unter Wasser Handhabungsoperationen auszuführen. Die Hand des T. kann als Lasthaken, Klauen- oder Zangengreifer, Kabelschneider, Bohraggregat, Bolzenschussgerät oder als Spezialgerät ausgebildet sein. Für komplizierte Arbeiten sind zweiarmige T. erforderlich. Bezüglich der Steuerung reicht die Bedienung des T. vom einfachen Ferngreifer bis zum Master-Slave-Manipulator.
Geschichte: Das erste Tauchboot mit einem T. war das SP 300 von *J.-Y. Cousteau* (1959).

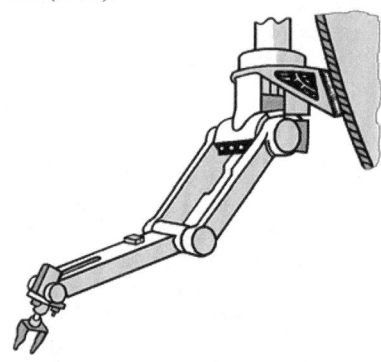

TCP *(Robotik)*
[tool center point]
In der Robotik der Arbeitspunkt (Wirk-, Werkzeugreferenz-, Werkzeugarbeitspunkt) am Ende einer angetriebenen Führungsmechanik (kinematische Kette). Das ist z.B. die Mitte zwischen zwei Greiferbacken oder die Elektrodenspitze bei einem Schweißroboter. Ein Doppelgreifer hat demzufolge zwei TCP. Der TCP dient als „Wirkposition" bei der Programmierung von Handhabungseinrichtungen. Er ist für automatisches Handhaben wichtig, weil sich die Programmierung von Bewegungsbahnen auf diesen Punkt bezieht. Er ist in der Regel der Ursprung (Ort) des körpereigenen Koordinatensystems des Endeffektors.

Ein auf den TCP bezogenes Koordinaten-„Dreibein" nennt man *tool center point frame* (TCPF). Auf den TCP beziehen sich alle spezifischen Bahn- und Geschwindigkeitsdaten.

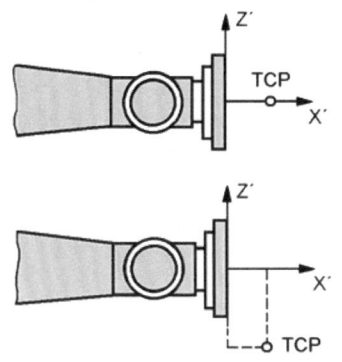

TCP *(Datennetz)*
[Transmission Control Protocol]
Verfahren (TCP/IP) zur Datenübertragung im Internet. Das TCP bestimmt, wie die Daten vor der Übertragung im Netz in Paketform gebracht werden. Das IP übernimmt dann die Zustellung der Pakete an die angegebene Adresse.

Teachbox
[Programmierhandgerät]
Spezielles tragbares Eingabegerät (→ *Programmierhandgerät)*, mit dem die Gelenke (Antriebe) eines Roboters angesprochen oder die Roboterhand (Effektor) relativ zum Roboterbasissystem zum Zweck der Programmierung einer Bewegungsbahn geführt werden kann.

Teach-in Betrieb
[teach in mode]
Insbesondere bei Industrierobotern angewendete Betriebsart zum Programmieren von Bewegungsabläufen durch Anfahren von einzelnen Raumpunkten und Speichern (Einlernen). Alle Aktionen werden mit der Tastatur (indirektes Teach-in), die oft als Handprogrammiergerät ausgeführt ist, gesteuert. Ist ein Zielpunkt erreicht, wird die dazugehörige angefahrene Position (Gelenkstellung) als Sollwert gespeichert. Die Erstellung eines Bewegungsprogrammes geschieht im Dialog mit Hilfe der Anzeigen im Display des Handprogrammiergerätes. Hierbei können auch weitere Parameter mit eingegeben werden.

Teach-in, indirektes
Programmierverfahren, bei dem ein Bediener den Endeffektor des Roboters mit Hilfe eines Handbediengerätes in eine Zielposition führt. Erreichte und akzeptierte Positionen werden abgespeichert. Der Roboter verfährt in den Achsen hierbei mit seinen eigenen Antrieben. Während der Programmierung kann der Roboter nicht für die Fertigung benutzt werden – ein Nachteil.

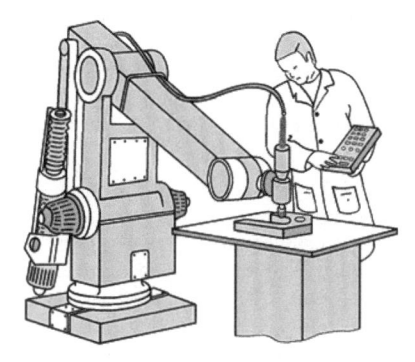

Technikfolgenabschätzung
[technology assessment, Abk. TA]
Technikbewertung, die durch planmäßiges Vorgehen den Stand der Technik und ihre Entwicklungsrichtungen analysiert, Alternativen abschätzt, Folgen anhand von definierten Zielen und Werten beurteilt sowie Gestaltungsmöglichkeiten herleitet, sodass letztendlich begründete Entscheidungen für die Zukunft getroffen werden können (siehe auch VDI-Richtlinie 3780).

Technische Hand
[dextrous hand]
Anthropoide Kunsthand für den industriellen Gebrauch, die mit drei oder mehr Gelenkfingern ausgestattet und für mehr oder weniger geschicktes programm- oder ferngesteuertes Hantieren geeignet

ist. Der Begriff wird uneinheitlich mit unterschiedlichen Inhalten verwendet. Man kann T. in „Modulare Hände" (an beliebige Bewegungsmaschinen anbaubar; kompakter Funktionsträger) und in „Integrierte Hände" (in den Roboterarm eingebaut) unterscheiden.

Technologie
[technology]
Gleichbedeutend mit dem Begriff Technik oder korrekter gesagt „Wissenschaft von der Technik".

Teilefamilie
[family of parts]
Zusammenfassung von Werkstücken nach geometrischen und/oder fertigungstechnischen Ähnlichkeiten. Die Bildung einer T. kann mit Hilfe der Gruppentechnologie erfolgen. Werkstücke einer T. weisen meistens auch ähnliche Handhabungsbedingungen auf.

Teilen
[divide]
In der Handhabungstechnik das Herstellen einer Teilmenge aus einer größeren Menge von Arbeitsgut. Das T. ist eine Teilfunktion (Grundfunktion) beim Abteilen und Verzweigen. Die Größe von Ausgangs- und Zielmenge muss nicht definiert sein.

Teilepaternoster
[workpiece paternoster]
Vertikal umlaufende Kette mit Pendelmulden für die Aufnahme von Bauteilen, Baugruppen oder Montageeinheiten.

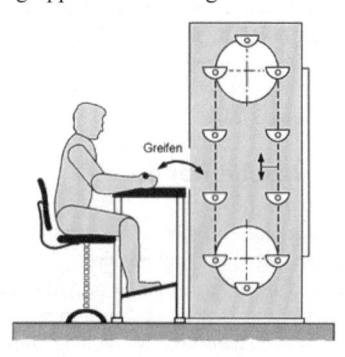

Der jeweils benötigte Speicherplatz wird nach dem Aufruf durch den Werker in die Entnahmeposition gebracht. Der P. benötigt wenig Produktionsgrundfläche und nutzt die Höhe der Werkhalle.
→ *Werkstückspeicher*

Teilespeicher und Zuführung
[storage and feeding unit]
Aktiver Werkstückspeicher, der die Teile zu einer Entnahmeposition transportiert. Typisch sind z.B. Ketten- oder Hubbalkenspeicher. Der T. wird z.B. an Roboterarbeitsplätzen als periphere Technik benötigt.
→ *Zuführgerät*

Teleaktion
[teleaction]
Ein menschlicher Operator ist in einer unzugänglichen Umgebung nicht nur präsent (→ *Telepräsenz*), sondern kann auch aus der Ferne in die Vor-Ort-Szene aktiv eingreifen.
→ *Teleexistenz*

Telechir
Wenig benutztes Synonym für halbautonome Roboter oder → *Teleroboter*

Telechirurgieroboter
[tele surgical robot]
Roboter für minimal-invasive chirurgische Eingriffe, der über große Entfernungen hinweg, ohne die physische Präsenz des Operateurs zu erfordern arbeitet, oder der mikrochirurgische Eingriffe mit manuell nicht erreichbarer Präzision ausführt (Teleoperation).
→ *Roboterchirurgie*

Teleexistenz
[tele-existence]
System mit menschlichem Operator, das einen am entfernten Ort stehenden Roboter steuert. Dieser erledigt komlexe Aufgaben und vermittelt dabei dem Operateur das Gefühl, selbst an diesem entfernten Ort zu sein.
→ *Teleoperator*, → *Telepräsenz*, → *Telemanipulator*

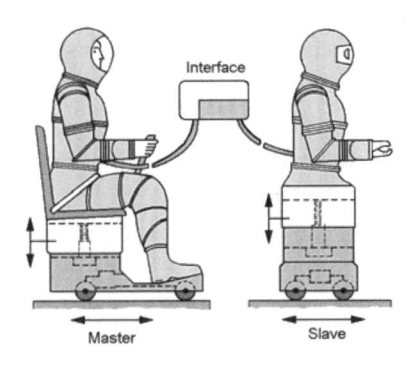

eingesetzt, wenn die Aktion lebensgefährlich und für den Menschen unausführbar ist (Tiefsee, Entschärfen von Munition, Öffnen unbekannter Gepäckstücke, Kanalisation, Weltraum).
Geschichte: Der erste T. mit servoelektrischem Antrieb wurde 1947 entwickelt. Der Begriff „Teleoperator" ist seit 1964 in Gebrauch.

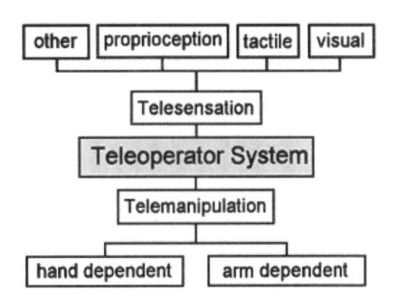

Telemanipulator
[tele-manipulator]
Vom Menschen ferngesteuerte Maschine, die gewöhnlich aus einem Arm mit einem Greifer besteht. Die Bewegungen folgen direkt den Bewegungen, die der Bediener an einer Steuereinheit vorgibt. Die ersten dieser Maschinen wurden Anfang der vierziger Jahre zur Handhabung radioaktiver Materialien eingesetzt.
→ *Master-Slave-Manipulator*

Telematik
[telematics]
Kunstwort aus Telekommunikation und Automatik. Unterschiedliche Kommunikationsmedien oder Personen sind zu einem interaktiven System mit Hilfe von Computertechnologien vernetzt.

Teleoperator
[teleoperator]
Ferngesteuerter Manipulator (Roboter). Rein mechanische oder mit zusätzlicher Aktorik (zur Kraftübersetzung oder Kraftuntersetzung) sowie Sensorik ausgerüstete Vorrichtung, die es einem menschlichen Operator gestattet, Handhabungsvorgänge an einer von ihm entfernten Stelle nach Sicht bzw. Bildschirmsicht auszuführen. T., die eine Kraftverstärkung realisieren, werden zur Verpackung schwerer Teile eingesetzt, solche mit Kraft- und Weguntersetzung in der Mikro- oder Nanomontage oder in der Chirurgie. Der Bediener ist rückkoppelnd in den Bewegungsablauf eingebunden. Die T. werden vor allem dann

Teleoperator, anthropomorpher
[anthropomorphic teleoperator]
Mobile ferngesteuerte Bewegungsmaschine, die dem Skelett des Menschen nachempfunden ist. Bewegungssequenzen können aber auch vorprogrammiert werden. So kann der „Kopf" als Stereosichtsystem ausgebildet werden. Der Hals kann motorisch geneigt und der ganze Oberkörper gedreht werden. In Körpermitte soll sich der Computer befinden, der auch das zweibeinige Schreiten zu steuern hat. Es gibt mehrere solcher Projekte, die für Studienzwecke realisiert wurden.
→ *Syntelmann*

Telepräsenz
[telepresence]
Erzeugung eines Vor-Ort-Gefühls beim Bediener eines Robotersystems. Der menschliche Operator wird durch technische Mittel mit seinem subjektiven Empfinden in eine andere, entfernte oder nicht zugängliche Umgebung versetzt. Dazu müssen alle wichtigen sensoriellen Informationen am Ereignisort erfasst und zum Bediener des Systems übertragen werden. Gelingt das in perfekter Weise, dann taucht der Bediener in die Umge-

bung des fernen Aktionsortes regelrecht ein. Das nennt man dann Immersion.

Telepräsenzroboter
[telepresence robot]
Roboter, bei dem ein vom Ort der Handlung entfernt sitzender Operateur mit den Augen des T. sieht und diesen auch aus der Ferne steuert. Zusätzlich werden über multimodale Kommunikationskanäle weitere „Sinneseindrücke" vermittelt (Geräusche, Kräfte, Schwingungen), um beim steuernden Menschen den Eindruck eines Vor-Ort-Gefühls zu erzeugen. Der T. wird mit allgemeinen Befehlen gesteuert und der Roboter trifft notfalls die lokal notwendigen Entscheidungen selbst. Der Begriff wurde 1979 von *M. Minski* erfunden. Die Idee geht auf *Robert A. Heinlein,* ein Science-Fiction-Autor, zurück.

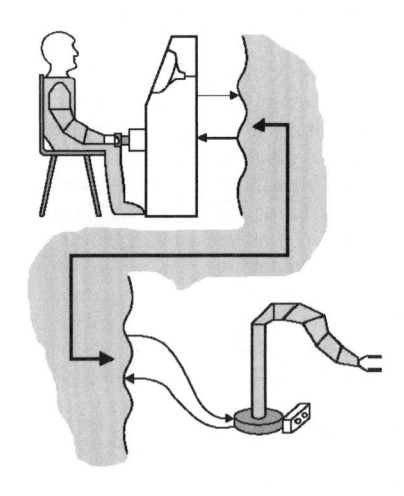

Teleroboter
[telerobot]
Bezeichnung für einen Roboter, der teilweise oder ganz von einem menschlichen Bediener ferngesteuert und überwacht wird (Fernhandhabung). Der Mensch gibt die Ziele und Randbedingungen einer Aktion vor, die der T. in Verbindung mit geeigneter Software umsetzt. Es können Rad- und Raupenfahrzeuge als Plattform dienen, aber auch freifliegende T. in der Weltraumtechnik gehören dazu. Das Bild zeigt einen Weltraumroboter aus einer Konstruktionsstudie (*McDonnel Douglas*). Seit 1985 gibt es den *Ray Goertz-Preis*, um Personen zu ehren, die Außergewöhnliches in der Telerobotik vollbracht haben. *Raymond Goertz* konstruierte 1951 einen „Teleoperator"-Arm.
→ *Telepräsenzroboter*

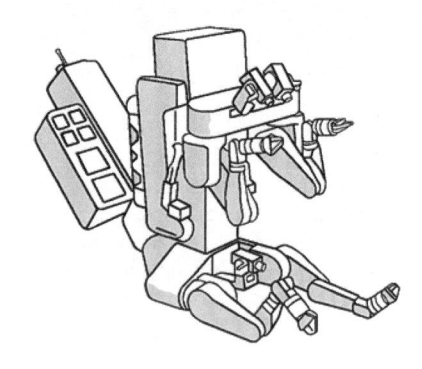

Telesensing
Im Bereich der → *Telepräsenz* erforderliche Ferndetektion von Bild-, Hör-, Tast-, Kraft- und anderen Sinneseindrücken mit Sensoren über Informationskanäle sowie Weitergabe der Informationen hin zum Bediener (Operateur).

Teleskopachse
[telescopic axis]
Einseitig ausfahrende lineare Bewegungsachse. Laufwagen bzw. -schiene und Achskörper bewegen sich aus der kompakten eingefahrenen Lage heraus und tauchen beide in den Arbeitsraum einer Maschine ein. Die → *Führungen* können ineinander geschachtelt sein oder sie sind parallel nebeneinander angeordnet. Für die Führung werden Kastenprofile, Rohre und Aluminiumprofile mit integrierten Gleit- oder → *Wälzführungen* eingesetzt. T. benötigen weniger Bewegungs- und Kollisionsraum, was bei beengten Raumverhältnissen von Vorteil ist. Es gibt sie als elektrische, pneumatische und hydraulische Einheiten. Zwei parallel aufgebaute Horizontalachsen zählen als ein Freiheitsgrad.

▶T

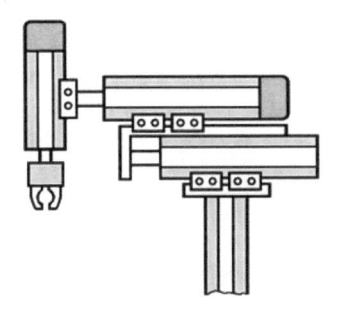

Teleskoparmroboter
[telescopic arm robot]
Roboterarm mit einer Bewegungsachse, die teleskopartig aus- bzw. einfährt. Der Vorteil besteht darin, dass beim Verschieben das rückwärtige Ende der Achse keinen Freiraum benötigt. Damit ist die Störkontur kleiner, wie auch das Kollisionsrisiko.
→*Stanfordarm*

Teleskopsauger
[bellows suction cup]
Scheibensauger mit integrierten Falten, der deshalb auch als Faltenbalgsauger bezeichnet wird. Die Nachgiebigkeit der Falten gleicht Positionierfehler aus und hebt das Werkstück zusätzlich an.

Telethese
Fernsteuerbares Hilfsmittel für die Betreuung gelähmter Personen, z.B. für das Reichen von Getränken und Speisen. Die Steuerung kann z.B. durch das Abtasten von Augapfelbewegungen, Tastaturen oder Sprachsignalen erfolgen. Diese Technik wird auch in Verbindung mit Rollstühlen entwickelt bzw. weiterentwickelt.

Ziel ist, eine gewisse Eigenständigkeit der Hilfe bedürftigen Personen zu erreichen.

Televox
In Pittsburg ein Schaustellungsroboter (1927), der in einem Hochhaus den Wasserbehälter überwachte und Pumpen einschalten sollte. Er konnte außerdem Staubsauger und Ventilator handhaben, Lampen ein und ausschalten sowie Fenster und Türen öffnen und schließen.

Telezentrisches Messobjektiv
[telecentric measuring objectiv]
Objektiv, bei dem alle Lichtstrahlen das Objektfeld parallel zur optische Achse passieren. Deshalb muss auch der Durchmesser des Objektives mindestens ebenso groß sein, wie das abgebildete Objekt. Das T. ist deshalb relativ groß. Man setzt es ein, wenn ein exakt definierter Abbildungsmaßstab gefordert wird.

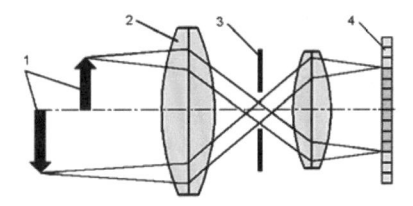

1 Gegenstand, 2 Linsengruppe, 3 Blende, 4 CCD-Schaltkreis

Temperaturdrift
[temperature drift]
Verschiebung des Schaltpunktes eines Gerätes oder Sensors durch Veränderung der Umgebungstemperatur. Bei Standardgeräten variiert der Schaltabstand z. B. im Temperaturbereich von - 25 °C bis + 70 °C um maximal 10 Prozent, bezogen auf eine Umgebungstemperatur von 23 °C ± 5 °Celsius.

Tensorarm
[tensor arm]
Bewegungsachse mit rüsselartiger Beweglichkeit. Er besteht aus scheibenartigen Gliedern, die durch Kreuzgelenke

miteinander verbunden sind. Der Antrieb kann über vorgespannte Seilzüge erfolgen oder durch einzelne kleine Hubkolbenmotoren. Der T. ist als Endarmstück eines Farbspritzroboters einsetzbar. Der mechanische Aufwand ist hoch.
→ *Rüsselarm*

Theodolitenverfahren
Verfahren zur Bestimmung der räumlichen Position eines Zielpunktes am Roboterarm mit Hilfe zweier elektronischer Theodoliten, die in einem größeren Abstand vom Roboter aufgestellt und in ihrer Position vorher genau bestimmt werden. Es wird eine Zielmarke (Lichtpunkt) angepeilt und über die Winkelstellungen die exakte Position bestimmt.

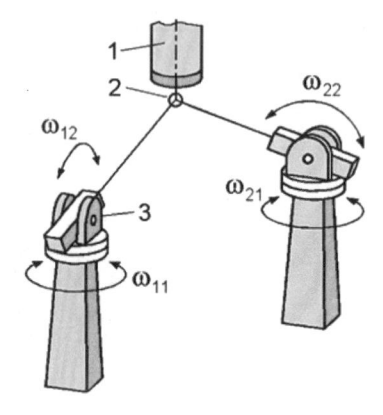

1 Roboter, 2 Zielpunkt, 3 Theodolit, Transformation: $\omega_{11}, \omega_{12}, \omega_{21}, \omega_{22} \to x, y, z$

Thermistor
[thermistor]
Stark temperaturabhängiger Widerstand mit nichtlinearer Kennlinie, der mit steigender Temperatur niederohmiger wird. Er kann deshalb als Temperaturfühler verwendet werden.

Thyristor
[thyristor]
Gleichrichter, dessen Öffnungspunkt (Zündpunkt) gesteuert werden kann. Eine typische Anwendung ist die Drehzahlsteuerung eines Gleichstrommotors bei einer gegebenen Wechselspannung.

Thyristorbrücke
[thyristor bridge]
Bei Stellgeräten für Gleichstrommotoren sind Thyristorbrücken steuerbare Gleichrichter, die die Netzspannung direkt in eine Gleichspannung wandeln. Sie können auch generatorisch arbeiten und Motorenergie zurück ins Netz speisen. Im Beispiel ist eine Drehstrombrücke dargestellt, wobei der Gleichstrommotor als Reihenschaltung von Induktivität und Gleichspannungsquelle wiedergegeben ist. Die Thyristorbrücke besteht aus sechs →*Thyristoren*. Jeweils zwei sind in Reihe geschaltet und bilden einen Brückenzweig. Bei Drehstrom sind drei Brückenzweige erforderlich, bei Wechselspannungsnetzen sind es nur zwei. Die Zündreihenfolge der einzelnen Thyristoren wird so gewählt, dass bei Zündung eines Thyristors der bis dahin aktive Thyristor in der gleichen Halbbrücke gelöscht wird.

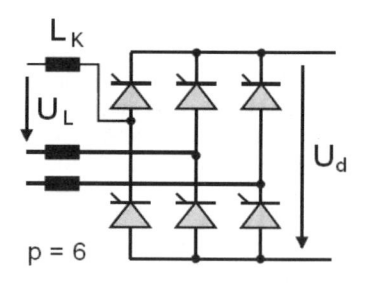

Tiefensuche
[depth-first search]
Suchstrategie, bei der ein bestimmter Ast eines Suchbaums in seiner Länge untersucht wird, bevor andere Äste begutachtet werden.

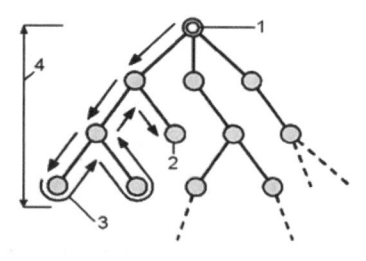

1 Startknoten, 2 Zielknoten, 3 Suche im Zustandsraum, 4 Suchtiefe

Tiefsauger
[deep suction cup]
Vakuumsauger, der am Hals eine Verjüngung aufweist, die als Gelenk fungieren kann, wenn er auf schräge Flächen oder an Krümmungen aufgesetzt wird. Der T. weist gegenüber Faltenbalgsaugern hohe Formstabilität auf und gewährleistet damit eine gute Positionierbarkeit.
→ *Faltenbalgsauger,* → *Vakuumgreifer,*
→ *Vakuum-Saugventil*

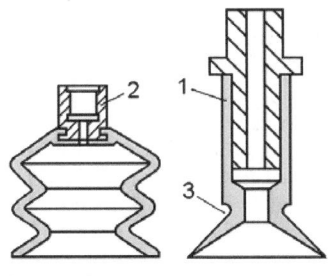

Faltenbalgsauger   Tiefsauger

1 elastomerer Körper, 2 Anschlussteil, 3 Verjüngung

Tiefsee-(Tauch-) Einheit
[deep water unit]
Unterwasserfahrzeug mit Manipulatorarm für Erkundungs- und werkzeugbasierte Aktionen (Bergung, Wartung, Exploration) in der Tiefsee. Die Arbeit vor Ort ist über ein Sichtsystem vom Bediener fernbeobachtbar.

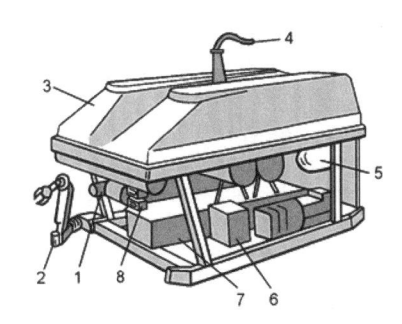

1 Videokamera, 2 Manipulatorarm, 3 Aluminiumrahmen, 4 Versorgungsleitung, 5 Waagerecht-Schubdüse, 6 Werkzeugbehälter, 7 Hydraulikaggregat, 8 Scheinwerfer

Time to Market
Zeitraum von der Entwicklung eines Produkts bis hin zu seiner Marktreife, also bis zum Verkaufsbeginn.

Tippen
[jogging]
Kurzzeitiges Aufschalten eines (niedrigen) Drehzahl/Frequenzsollwertes über ein Steuerkommando.
→ *Tipp-Schaltung*

Tipp-Schaltung
[jog control]
Elektrische Schaltung zur Ingangsetzung eines Gerätes mit der Besonderheit, dass keine Selbsthaltung des Zustandes erfolgt (Handsteuerung). Wird der Tippschalter losgelassen, dann bleibt die gesteuerte Einrichtung stehen.
→ *Zustimmungsschalter*

Tischroboter
[table-top robot]
Kleiner Roboter, der durch seine Größe, Masse und Bauform für eine Auftisch-Befestigung geeignet ist. Der T. wird für Ausbildungszwecke und für die Simulation von Bewegungsabläufen eingesetzt. Hochwertige T. sind auch für Arbeitsaufgaben einsetzbar, inzwischen auch in Kooperation mit dem Menschen als → *Assistenzroboter* oder OTS-Roboter *(→ OTS).*

TOF
[Time of Flight]
Eine Art der Abstandsmessung, bei der ein Laserscanner Licht aussendet, der am Objekt reflektiert wird. Die vergangene Zeit ist proportional zum Abstand des reflektierenden Objekts.

TOF-Kamera
[TOF camera]
Laufzeitmessprinzip = *time-of-flight principle*; Ein aktiver Kamerasensor, der die Laufzeit von amplitudenmodulierten infrarotem Licht zu einem Projekt und zurück feststellt. Es wird der Abstand

437

und die Lichtintensität zu jedem Bildpunkt ermittelt. Der Abstand zum Ziel ergibt sich aus dem Phasenunterschied zwischen emittiertem und zurückkommendem Licht.

Token
[token]
Ein T. ist ein Bitmuster (Sendeberechtigung an eine Station durch einen bestimmten Datenrahmen), das in einem LAN (*Local Area Network*) von Station zu Station weitergereicht wird. Wenn eine Station Daten senden will, setzt sie an die Stelle des T. ihre Nachricht und hängt das T. als Freigabezeichen wieder an. Es kann jeweils nur eine Station senden, so dass es nicht zu Kollisionen kommt. Es gibt verschiedene Buszugriffsverfahren, wie das Token-Passing-Zugriffsverfahren. Hierbei müssen alle Stationen einen definierten Vorgänger und Nachfolger im Netzwerk besitzen.

Top-Down-Methode
[top-down approach]
Technische Entwicklungsmethode, bei der zuerst die Funktionen festgelegt und anschließend die erforderlichen Mittel zusammengestellt werden. Die T. folgt einer schrittweisen Verfeinerung, bei der man ein komplexes System so lange in logisch sinnvolle und in sich geschlossene Teilsysteme untergliedert, bis eine untergeordnete Hierarchieebene erreicht wird, auf der die einzelnen Teilaufgaben lösbar sind. Wenn die Aufgabenstellungen aller Subsysteme gelöst sind, ist auch die Problemstellung des gesamten Systems gelöst.
→ *Bottom-Up-Methode*

TO-Rover
Ein hindernisgängiger mobiler Roboter (oder → *Teleoperator*) für Forschungszwecke, der 1983 von *M. Takano* und *G. Odawara* entwickelt wurde und eine interessante Fahrwerkgestaltung aufweist. Mit einer speziellen Radkonstruktion können Stufen, Bauschutt und andere Hindernisse besser bewältigt werden.
→ *Rover*

Torquemotor
[torque motor]
Andere Bezeichnung für einen → *Drehmomentmotor*

Torsion
[torsion]
Grundbeanspruchungsart (Drehverformung), bei der zwei benachbarte Querschnitte eines Körpers, z.B. eine Welle, durch ein Torsionsmoment (→ *Drehmoment*) gegeneinander verdreht werden. → *Verdrehspiel*

Torsionssteifigkeit
[torsional stiffness]
Widerstand, den eine mechanische Struktur, z.B. eine Antriebswelle, einer Verdrehung unter Last entgegensetzt. Bei gleichem Werkstoffvolumen und gleichem Torsionsmoment ergeben größere polare Trägheitsmomente und geschlossene Querschnitte (Bild unten) kleinere Torsionsspannungen. Bei Servoantrieben mit hoher Dynamik, insbesondere beim Richtungswechsel der Belastung, wird eine große T. verlangt, damit keine undefinierten Winkelfehler vorkommen.
→ *Steifigkeit*

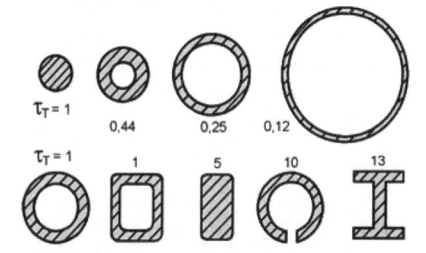

Totalreflexion
[totalreflection]
Phänomen der Lichtbrechung. Bei einem Übergang vom optisch dichteren zum optisch dünneren Medium wird der Strahl vom Einfallslot weg gebrochen. Wird der Einfallswinkel über einen Grenzwinkel hinaus vergrößert, entsteht T., d.h. es tritt kein Licht in das zweite Medium ein. Es wird vollständig reflektiert.

▶ T

Totmannsteuerung
[dead man's control]
Sicherheitsschaltung, die ein Gerät in Aktion hält, solange ein manuell gedrückter Taster bzw. Sensor ständig oder in vereinbarten Intervallen ein Signal abgibt. Unterbleibt das Tastendrücken, dann stoppt die T. alle Aktionen selbstständig.
→ *Zustimmungsschalter*

TOV
[Tool Orientation Vector]
Werkzeugorientierungsvektor, der z.B. bei Schweißrobotern die Lage der Pendelebene bezüglich der Drahtachse festlegt.

Toybot
Künstliches Haustier, das laufen, sehen, hören und sprechen kann. Die Fähigkeiten erhöhen sich ständig mit den Fortschritten in Mechatronik, Robotik und Computertechnik.

Tracking
Verfolgung von Position und Orientierung eines sich bewegenden Objektes, welches sich auf einem Fließband befindet. Das T. wird auch in der Medizin bei roboterunterstützten Bewegungsabläufen gebraucht. Die T.-Verfahren basieren auf der Nutzung optischer oder elektromagnetischer Sensordaten.

Trägersystem
[basic unit]
Bei Greifern die Basisbaugruppe, die alle Bestandteile aufnimmt und für eine Verbindung (→ *Flansch*, Bohrbild) zwischen Greifer und Handhabungseinrichtung eingerichtet ist. Die Verbindungsfähigkeit setzt eine mechanische, energetische und informationelle Schnittstelle voraus. Die Norm DIN ISO 9409 enthält konstruktive Vorgaben für die verschiedenen Baugrößen, Teilkreisdurchmesser, Zentrierbundabmessungen, Anzahl der Gewindebohrungen und Gewindedurchmesser sowie einige Lagetoleranzen. Der Flansch kann zum Hindurchführen von Versorgungs- und Steuerleitungen durchbohrt sein.

Tragfähigkeit
[net weight capacity]
Maximal zulässige Masse (Nutzlast) eines Handhabungsobjekts, die eine Handhabungsmaschine oder eine Hubeinheit aufnehmen kann, ohne den Betriebsbereich zu überschreiten. Die Nutzlast vermindert sich, wenn als Lastaufnahmemittel nicht nur ein einfacher Haken, sondern z.B. ein aufwendiger (schwerer) Greifer Verwendung findet.

Trägheitskreisel
[gyroscope]
In einem Kardanrahmen gelagerter Kreisel, der bestrebt ist, seinen Drehimpuls nach Betrag und Richtung infolge seiner Trägheit zu erhalten. Mit dem T. lassen sich Richtungsänderungen von z.B. autonomen mobilen Robotern feststellen. Wesentlich robuster als die T. sind allerdings → *Faserkreisel* auf der Basis von Lichtwellenleitern. Sie arbeiten mit kohärentem Licht einer Laserdiode und besitzen keine beweglichen Teile.

Trägheitsmoment (Massenträgheitsmoment)
[moment of inertia, inertia]
Quotient, aus dem auf einen rotierenden Körper wirkenden Drehmoment M und der daraus resultierenden Winkelbeschleunigung ε. Es gilt für das T.

$$J = \frac{M}{\varepsilon} \; in \, kgm^2$$

Ein aus vielen Masseteilchen Δm zusammengesetzter rotierender Körper, bei dem sich jedes Teilchen auf einer Kreisbahn um die Achse mit dem Radius r bewegt, hat ein T. von

$$J = \sum r_n^2 \cdot \Delta m_n.$$

Das Trägheitsmoment ist bei der Rotation ein Maß für den Widerstand gegenüber Veränderungen der Winkelgeschwindigkeit und hat damit die gleiche Qualität wie die Masse für die Translationsbewegungen (Linearbewegungen), nur hängt es wesentlich davon ab, wie sich die Masse im Körper verteilt. Große T. bedeuten großen Widerstand gegen Biegung oder Torsion.

Trägheitsnavigation
[inertial navigation]
Verfahren der →*Koppelnavigation* von autonomen mobilen Robotern, bei dem Veränderungen einer kreiselstabilisierten Plattform ausgewertet werden. Drehbewegungen der Plattform werden als Orientierungsänderungen (Fahrtrichtung) interpretiert. Die Beschleunigung wird durch einen Sensor festgestellt und durch zweifache Integration kann man auf den Weg schließen.

Tragzahl, dynamische
[dynamical carring]
Kennzahl, die sich auf rotierende Lager oder lineare Führungen bezieht. Bei Wälzführungen ist es eine konstante Last, bei der ein System theoretisch einen Verfahrweg von 100 km mit einer Erlebniswahrscheinlichkeit von 90 % erreicht. Der Zusammenhang zwischen dynamischer Tragzahl, der resultierenden Belastung und der Lebensdauer ist in DIN 636 Teil 1 festgelegt. Der Berechnung der dynamischen Tragzahl liegt die nominelle Lebensdauer zugrunde.
→ *Tragzahl, statische*

Tragzahl, statische
[statical carring]
Kennwert für die Tragfähigkeit eines Wälzlagers in einer → *Führung* oder in einem Lager bei einer Hertz'schen Pressung von 4200 MPa zwischen Laufbahn und Kugel. Diese Pressung erzeugt bei den Wälzkörpern eine resultierende bleibende Verformung von ungefähr dem 0,0001-fachen des Wälzkörperdurchmessers. Es ist darauf zu achten, dass diese Tragzahl auch durch Belastungsspitzen (starke Stöße) nicht überschritten wird. → *Tragzahl, dynamische*

Trajektorie
[trajectory]
Bewegungsbahn; Zustandskurve eines Robotereffektors zwischen einer Ausgangs- und Endposition als zeitlicher Verlauf der Sollbewegung. Seine Koordinaten im Raum werden als Funktion der Zeit angegeben. Damit sind auch Geschwindigkeits- und Beschleunigungsverhältnisse mit einbezogen. Es werden die dynamischen Fähigkeiten des Roboters berücksichtigt, wie auch die Anforderungen der auszuführenden Arbeitsaufgabe.

Trajektorienplanung
[path planning]
Vorgang bei einer Robotersteuerung, bei dem zwischen den von der Mensch-Maschine-Schnittstelle oder einem automatischen Ablaufprogramm vorgegebenen Stützpunkten der Roboterbahn glatte Bewegungen erzeugt werden, indem die zeitliche Veränderung der Roboterposition entlang einer geometrischen Bahn zwischen einer gegebenen Start- und Zielposition bestimmt wird.

Transfergreifereinrichtung
[transfer gripper equipment]
Spezielle Bauform einer Handhabungseinrichtung, bei der eine Vielzahl von einfachen Zangengreifern auf Schienen befestigt ist.

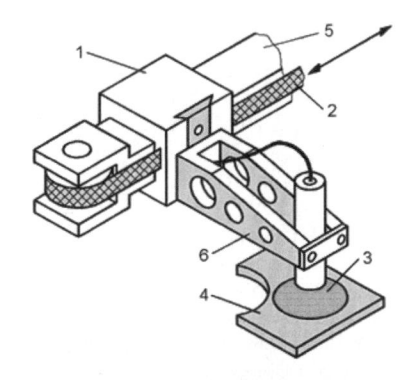

1 Laufwagen, 2 Stahlband zur Bewegungsübertragung, 3 Sauger, 4 Werkstück, Blechzuschnitt, 5 Profilschiene, 6 Arm

Die Schienen bewegen sich im Rechteckzyklus und transportieren dabei in der Stufenumformpresse die Werkstücke (Tiefziehteile) von Werkzeug zu Werkzeug. Der Antrieb kann mechanisch über Steuerkurven oder auch elektromotorisch über Zugmittel (Stahlband, Zahnriemen) erfolgen. Es werden Hubzahlen bis etwa 20 Hübe je Minute gefahren

Transferstraße, Transferlinie
[transfer line]
Verknüpfung mehrerer automatischer Werkzeugmaschinen nach dem Linienprinzip. Die Weitergabe der Arbeitsgegenstände erfolgt zeitsynchron (taktweise) oder zeitasynchron in festgelegter Reihenfolge. Demzufolge geschieht die Bearbeitung gleichzeitig oder sequenziell. Sie werden für große Serienstückzahlen eingesetzt. Die T. ist gut für die Serienfertigung ohne große Produktvariationen geeignet. Das Umrüsten auf ein neues Produkt ist aufwendig und oft gar nicht möglich.
Geschichte: Erste T. wurden Anfang des 20. Jahrhunderts eingeführt, z.B. für die arbeitsteilige Fertigung hölzerner Eisenbahnschwellen (1908) und für Motorblöcke im Automobilbau (1923).

Transferstraße, flexible
[flexible transfer line]
Gruppierung verketteter Universal- und/oder Sondermaschinen zu einer Fertigungslinie. Im Gegensatz zu einer starren T. ist es durch die Steuerung möglich, an den einzelnen Maschinen begrenzt unterschiedliche Arbeitsaufgaben auszuführen, was eine gewisse Flexibilität bezüglich Teilevielfalt möglich macht. Meist sind auch Ausschleusmöglichkeiten für Werkstücke vorhanden, um auf Stillstände und zur Qualitätsprüfung reagieren zu können.

Transformation
[transformation]
Umrechnung von Parametern von einem Koordinatensystem in ein anderes, insbesondere der Bahnpunkte.
→ *Vorwärtstransformation*, → *Rückwärtstransformation*

Transformator
[transformer]
Elektrisches Betriebsmittel zum Übertragen elektrischer Energie durch elektromagnetische Induktion aus einem Wechselspannungsnetz in ein anderes mit höherer oder kleinerer Spannung bei gleicher Frequenz. Man unterscheidet Einphasen- und Drehstromtransformatoren. Letztere können in verschiedenen Schaltungsarten betrieben werden.

Transformer
Roboter aus dem gleichnamigen Film (USA 2007), der sich jederzeit in einen Track umwandeln kann und der einem Spielzeug von *HASBRO* nachgestaltet ist.

Translation
[translation]
Längs- oder Linearbewegung eines Gegenstandes entlang einer Geraden im Gegensatz zur Schwenk- oder Drehbewegung (Rotation)
→ *Geradschiebung*

Transmission
[transmission]
Durchgang von Strahlung durch ein Medium. Dabei kann die Strahlung gesteuert werden. Das wird als diffuse Transmission bezeichnet.

Transponder
[transponder]
Gerät zur Informationsübertragung; Kunstwort aus *transmitter* (Sender) und *responder* (Antwortgeber). Der Transponder besteht aus Mikrochip, Sende- und Empfangsantenne, einer Steuerlogik und einem Daten- und Energiespeicher. Der Chip kann Daten speichern, aber auch verändern, ergänzen und löschen. Der Datenaustausch mit dem Lesegerät erfolgt berührungslos über elektromagnetische Felder. Passive T. arbeiten ohne Batterie. Die benötigte Energie für den

Chip und die Rückübertragung von Daten wird aus der von der Reader-Antenne ausgestrahlten elektromagnetischen Welle gewonnen.

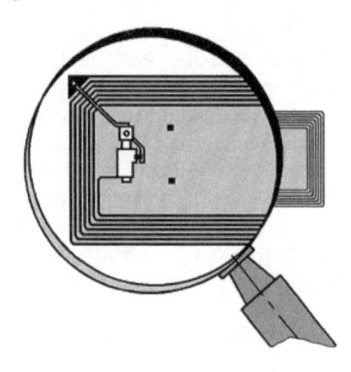

Transportanalyse
[transport analysis]
Qualitative und quantitative Untersuchung der zu transportierenden (zu handhabenden) Objekte (Transport-, Lager-, Arbeitsgut), der dazu eingesetzten technischen Ausrüstungen sowie den vorliegenden Transportbedingungen (Zeitabhängigkeit, Quelle, Ziel, Aufkommensspitzen, Schadensverhalten) mit dem Ziel der anschließenden Rationalisierung von Güterbewegungen.
→ *Transportieren*

Transportband
[belt]
Einrichtung zur Weitergabe und zum Speichern von Objekten. Während des Weitergebens ist ein Werkstück in Position und Orientierung meistens nicht festgelegt. Es gibt aber auch bestimmte Ausrüstungen (Werkstückaufnahmen), die das ermöglichen. Für den Einsatz in der fertigungstechnischen Automatisierung kann man aus Baukastensystemen passende T. zusammensetzen.
→ *Fördermittel*

Transportieren
[transport]
Fortbewegen von Gut im Werksbereich oder zwischen Werken mit dem Ziel, das Gut an einem anderen Ort für einem bestimmten Zweck bereitzustellen.

Transportroboter
[transport robot]
Mobile fahrerlose Fahrzeuge, die im Werksbereich Güter transportieren. Sie fahren frei im Arbeitsraum und navigieren selbst, um den programmierten Auftrag zu erledigen. Es können auch schienengeführte oder leitdrahtgebundene Systeme mit Bordintelligenz sein, die bei verzweigten Fahrstraßen eigene Entscheidungen über den Weg treffen (Chaostechnologie).

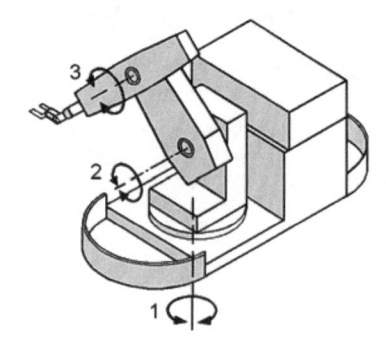

1 Grunddrehachse, 2 Schwenkachse für Oberarm, 3 Schwenkachse für Unterarm

Transportsystem, fahrerloses
→ *Fahrerloses Transportsystem,* → *AGV,* → *Transportroboter*

Transversalwelle
[transverse wave]
Bei z.B. Ultraschall eine Schwingung quer zur Ausbreitungsrichtung, im Prinzip vergleichbar mit den Schwingungen einer Violinensaite.

Trapezbetrieb
[trapezoidal move profile]
Bei elektromotorischen Antrieben die Leistungsansteuerung einer Positionierachse nach einem Rampendiagramm (Geschwindigkeits-Zeit-Diagramm) mit trapezförmigem Verlauf (Motorhochlauf). Die Gesamtverfahrzeit addiert sich aus der Beschleunigungs- und Bremszeit sowie der Verfahrzeit mit konstanter Geschwindigkeit.
→ *Dreiecksbetrieb,* → *Rampe*

▶T

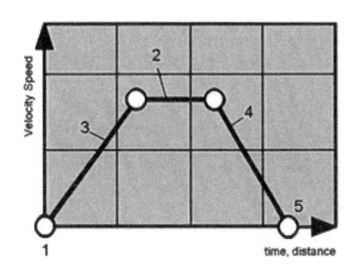

1 Bewegungsstart, 2 Konstantgeschwindigkeitsabschnitt, 3 Beschleunigung, 4 Bremsbeschleunigung, 5 Stillstand

Trapezgewindetrieb
[trapezodial screw drive]
Linearvorschubeinheit, bei der die Bewegung über eine Trapezgewindespindel, die meistens nur bedingt selbsthemmend ist, übertragen wird. Man setzt Trapezgewindespindeln bevorzugt für Aufgaben mit großer Vorschubkraft und mittleren Anforderungen an Genauigkeit und Geschwindigkeit ein. Wegen der Reibung in der Gewindespindel kann die Einschaltdauer z.B. auf 20 % je Stunde begrenzt sein.

Tray
Präsentiertablett; ein Werkstückbehälter in Standard- oder Sonderformat für die Bereitstellung von Teilen in der Fertigung, zur Reinigung und für den Transport geordneter Teile. Diese befinden sich in Formnestern auf eigenen Speicherplätzen. Typisch sind tiefgezogene Ausführungen aus Kunststoff. Das Bild zeigt die Teilansicht eines T.

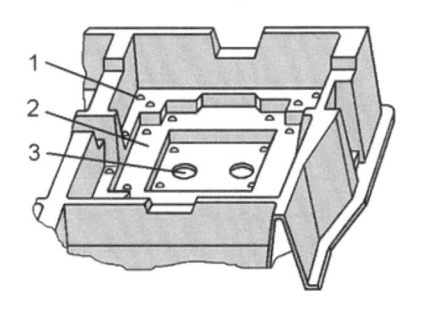

1 Werkstück-Auflagewarzen, 2 untere Speicherebene, 3 Ausstoßöffnung

Treiber
[buffer]
→ Motortreiber

Triangulationssensor
[triangulation sensor]
Sensor für die Bestimmung von Entfernungen durch Triangulation (optische Abstandsmessung mit Hilfe trigonometrischer Funktionen). Es wird mit einer Laserdiode ein Lichtfleck auf der Oberfläche des Messobjekts erzeugt. Dieser Lichtfleck wird auf einem positionsempfindlichen Detektor abgebildet, wobei Projektions- und Abbildungsstrahlengang den Triangulationswinkel α einschließen. Daraus lässt sich dann der Abstand A berechnen. Objektpunkt, Lichtsender und Detektor (Zeilenkamera) bilden ein Dreieck.

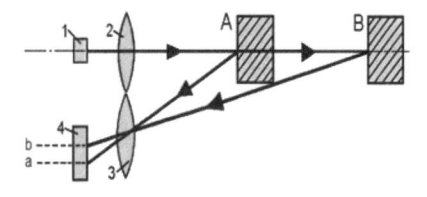

1 Lichtquelle, 2 Blende, 3 Abbildungsoptik, 4 Zeilendetektor, A und B Werkstück

Trilateration
Verfahren, mit dem man durch Messung der Strecken zwischen Vermessungspunkten ein Dreiecknetz errichten kann, welches dann besonders im Zusammenhang mit elektronischen Entfernungsmessern Verwendung findet. Die T. wird u.a. bei der Wegplanung mobiler Roboter eingesetzt.

Tripel-Reflektor
[triple reflector, 3-way mirror]
Optisches Hilfsmittel zur → Retroreflexion von Lichtstrahlen durch Mehrfachspiegelung an den Innenflächen eines pyramidenförmigen lichtdurchlässigen Körpers. Das Licht wird parallel zum einfallenden Strahl zurückgeworfen.
→ Reflexionslichtschranke, → Reflexion

443

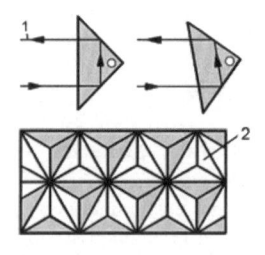

1 zurücklaufender Lichtstrahl, 2 Pyramidenkörper

Tripod

[Dreibein, Dreifüßer]
Gerät mit paralleler Kinematik, das im Gegensatz zum → *Hexapod* nur drei Bewegungsachsen aufweist. In der Handhabungstechnik wird der T. für schnelles Handhaben kleiner Objekte, z.b. in der Verpackungstechnik, erfolgreich eingesetzt.

Trommelentwirrer

[disentangling and feeding device]
Gerät zum automatischen Vereinzeln von Wirrgut, z.B. von ungeordneten Drahtfedern. Es besteht aus einer einseitig geschlossenen Entwirrtrommel, die mit konstanter Drehzahl rotiert und das Haufwerk durch Längsrippen in der Trommel hochfördert und in deren Mitte abwirft. Dabei lösen sich einzelne Teile aus der Verhakung und können die Trommel seitlich und vereinzelt verlassen. Oft wird der Vorgang durch Druckluftimpulse unterstützt.
→ *Entwirrgerät*

Trommelbunker

[drum-type feeding device]
Zuführeinrichtung für Kleinteile, bei der im Innern eines Trommelkörpers befindliche Teile nach oben gefördert und vororientiert auf eine Förderrinne abgeworfen werden. Das Nachfüllen der Trommel geschieht von einem Bunker aus. Die Ausgabe der Teile wird durch einen waagerechten Schwingförderer ausgeführt. Der Trommelkörper mit formangepassten Werkstücknestern kann auswechselbar sein, so dass man den T. auf andere Teile umbauen kann.

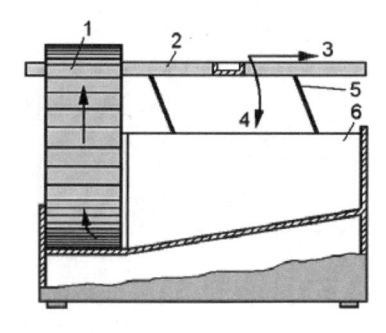

1 Trommelkörper, 2 Schwingrinne, 3 Ausgabe geordneter Teile, 4 Abwurf von Falschlagenteilen, 5 Blattfeder, 6 Werkstückbunker

Trommelmotor

[external rotor motor, drum-integrated motor]
Motor, dessen äußerer Mantel sich dreht, während die Achse feststeht, oft mit einem drehzahlreduzierendem Rädergetriebe kombiniert. Der Motor kann z.B. als Motorrolle für angetriebene Rollengänge verwendet werden (Bild). Es gibt auch Asynchron-Trommelmotoren mit integriertem Drehwinkelgeber. Damit ist dann ein Anschluss an eine Servosteuerung möglich und es sind z.B. exakte Vorschubbewegungen für Rollenförderer erreichbar.
→ *Rollenförderer*

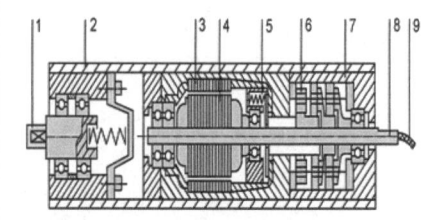

1 gefederte Achse, 2 Außenmantel, 3 Stator, 4 Rotor, 5 Kupplung, 6 Umlaufrädergetriebe, 7 Innenrad, 8 Achse, 9 Anschlusskabel

TTL

[transistor transistor logic]
Abkürzung für Transistor-Transistor-Logik; Eine bestimmte Art von Logikschaltkreisen aus integrierten bipolaren Transistoren, deren Kennzeichen der Multi-Emitter-Transistor im Eingang ist.

TTT-Kinematik
[TTT-kinematics]
Kinematik, bei der drei translatorische (T) Hauptachsen senkrecht aufeinander stehen. Es ist die typische Kinematik für Portalroboter. Der Arbeitsraum ist quaderförmig. Es lassen sich sehr große Arbeitsräume ausbilden.

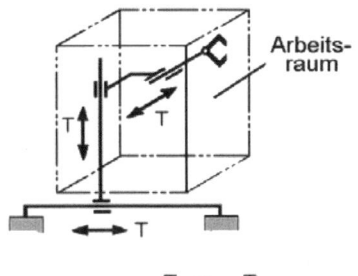

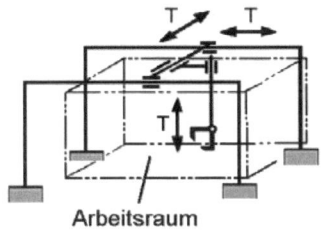

TUAV
[Tactil Unmanned Aerial Vehicle]
Bezeichnung für → *Drohnen* mittlerer Größe mit einem Aktionsradius von einigen hundert Kilometern. Die Masse beträgt bis zu 300 kg. Für den Start verwendet man meistens ein Katapult oder Startraketen.

Turing Maschine
[Turing machine]
Eine von *Alan Turing* entworfene formale Konstruktion (ein Denkmodell), die eine Universalrechenmaschine modelliert. Sie besteht aus einem einseitig unendlichen Band und einem beweglichen Schreib-Lese-Kopf, der Symbole liest und auf das Band schreibt. Als reale Maschine wäre die T. äußerst ineffizient, hat aber für theoretische Betrachtungen viele Vorteile.
→ *Künstliche Intelligenz*, → *Selbstorganisation*

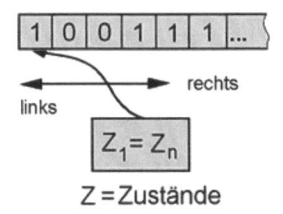

Turing-Test
[Turing test]
Alan Turing schlug vor, die Frage nach der »Intelligenz« einer Maschine auf die Frage zu reduzieren, ob sie in einem Versuch (bei dem nur getippte Nachrichten ausgetauscht werden) von einem Menschen nicht zu unterscheiden ist. Die Fähigkeit eines Computerprogramms, willkürliche Fragen zu beantworten, wird also mit der Intelligenz eines Menschen verglichen. Es ist ein Imitationsspiel, das 1950 in der philosophischen Zeitschrift „*Mind*" veröffentlicht wurde.

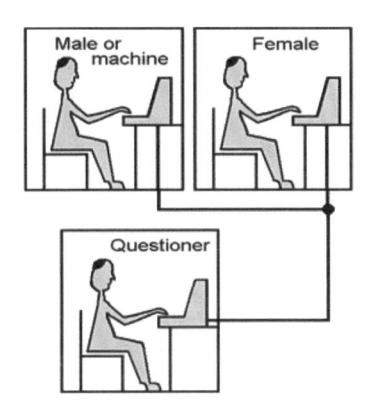

Turmvibrator
Übereinander-Anordnung mehrerer Vibrationswendelförderer zur Zuführung verschiedener kleiner Montageteile. Es gibt nur ein gemeinsames Schwingsystem. Dem T. kann ein Rinnenmagazinsystem mit Zuteiler für die sequentielle sortierte Bereitstellung von Teilen angeschlossen sein, wie im Bild gezeigt. Unterschiedliche Teile werden dann in festgelegter Folge zur Entnahme bereitgehalten.

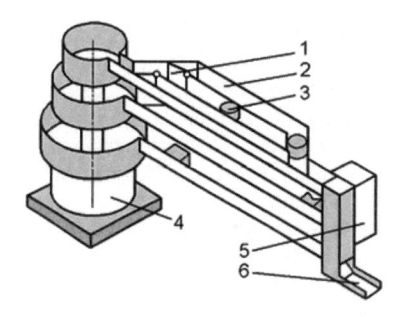

1 Weiche, 2 Magazinrinne, 3 Werkstück, 4 Schwingsystem, 5 Zuteiler, 6 Ausgabe in definierter Folge

Türsicherung
[door latch]
Sicherung der Zugangstüren von Roboterarbeitsplätzen gegen unbefugtes Betreten, z.B. durch Grenztaster und Sicherheitssteckverbinder. Die Schutzeinrichtungen dürfen nach dem Öffnen nicht selbsttätig wieder in ihre Ausgangsstellung zurückfallen.

U

UAV
[Unmanned Aerial Vehicles]
Allgemeine Bezeichnung für ein unbemanntes Fluggerät, welches auch als → *Drohne* bezeichnet und überwiegend vom Militär zur Aufklärung in urbanem Gelände eingesetzt wird. Im Englischen wird es auch als *Uninhabited Aerial (or air) Vehicle* bezeichnet. Die UAV lassen sich in Drohnen und → *RPV* einteilen.
→ *MAV*

Überband-Magnetscheider
Zu einer Förderstrecke für Abfall und Produktionsrückstände quer verlaufendes Förderband mit magnetischer Wirkung. Eisenteile werden angezogen und seitlich abgeworfen. Der Ü. kann fest installiert sein oder es ist ein mobiles Gerät für den Einsatz auf Baustellen.
→ *Magnetischer Förderer*

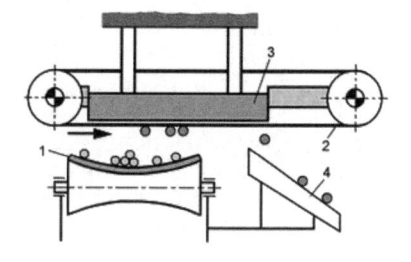

1 Förderband, 2 Quergurtförderer, 3 Elektromagnet, 4 Abwurfrinne

Überbestimmtheit
[overdeterminedness]
Überschuss an Beweglichkeit in der kinematischen Struktur eines Roboters, z.B. bei der Anwendung eines Tensorarmes, der zum Erreichen von Punkten in hinterschnittenen Räumen benutzt werden kann.

Überbestimmung
[over-definition]
Zustand beim Bestimmen eines Werkstücks, bei dem je Koordinatenrichtung zur Bezugsebene eines Maßes mehr als eine Bestimmebene festgelegt wurde. Dadurch werden die Werkstücke falsch bestimmt. Jeder der 6 Freiheitsgrade (Schieben in x, y, z, Drehen um x, y, z) darf einem Werkstück durch Bestimmelementen nur einmal entzogen werden. Beim Greifen eines noch fest eingespannten Werkstücks mit einem mechanischen Greifer tritt ebenfalls Ü. auf.

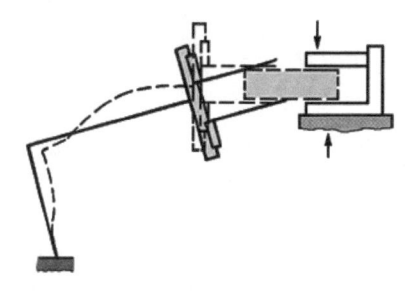

Übergangsfunktion
[transition function]
Ein System befindet sich in Ruhe. Plötzlich gibt es eine Einwirkung (Erregung). Darauf reagiert das System entweder

„hektisch" oder auch „träge". In welchem Verhältnis aus dem Eingangssignal eine Antwort generiert wird, nennt man Ü. Es wird ein neuer Zustand als Funktion der Zeit eingenommen. Man unterscheidet folgende Ü.:

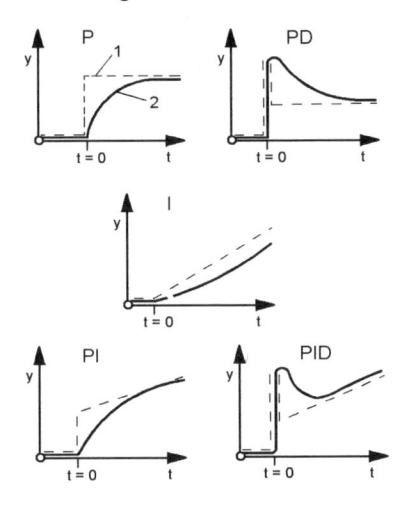

1 Eingangssignal, 2 Sprungantwortsignal, P Proportional, PD Proportional-Differenzial, I Integral, PI Proportional-Integral, PID Proportional-Integral-Differenzial

Überkopfschwenken
[overhead swivel]
Fähigkeit eines Drehgelenkroboters, seinen Unterarm in einem Bogen über sich selbst bis zur anderen Seite durchschwenken zu können. Das kann z.B. beim Montieren, Schweißen und Beschichten von unten notwendig sein. Es gibt auch → *Pick-and-Place Geräte*, die das Objekt über Kopf bewegen können, weil sie über eine spezielle Kinematik angetrieben werden.

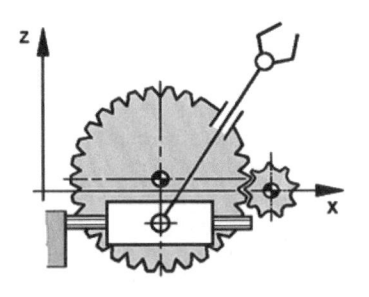

Überlastfest
[overload-proof]
Die Ansprechschwelle für den Kurzschlussschutz liegt über dem angegebenen Wert für Dauer-Strombelastbarkeit. Überlastfeste Geräte sind auch in diesem Bereich gegen Zerstörung geschützt.

Überlastkupplung
[overload clutch]
Einrichtung im Kraftfluss einer Maschine, die bei Überschreiten von Grenzwerten selbstständig nachgibt, das heißt, die Maschine vom Antrieb trennt. Das kann eine spielfreie mechanische Sicherheitskupplung sein. Bevor die Steuerung auf die Überlast reagieren kann, hat die Kupplung die zerstörende Energie bereits abgekoppelt. Ein Beispiel wird im Bild gezeigt. Bei zu großem Drehmoment bewegt sich die Rastkugel aus ihrer Nut, wobei sich der Schaltring axial gegen die Tellerfeder bewegt. Damit ist die formpaarige Verbindung gelöst.

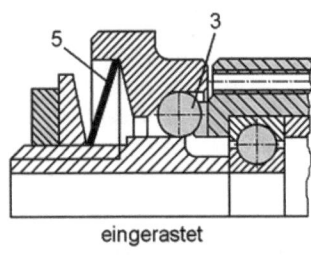

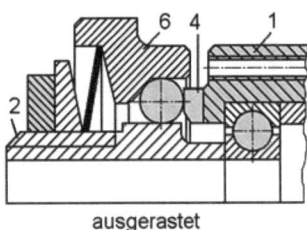

1 Antriebswelle, 2 Abtriebswelle, 3 Rastkugel, 4 Mitnehmeraussparung, 5 Tellerfeder, 6 Schaltring

Überlastschutz
[overload protection]
Schutzorgan oder spezielle Schaltung gegen Überbeanspruchung von elektri-

schen Leitungen und Geräten. Der Ausgang eines Sensors wird überlastfest genannt, wenn er alle Ströme zwischen Nennlaststrom und Kurzschlussstrom ohne Schaden dauerhaft führen kann.

Überlastsicherung
[overload protection]
Einrichtung zum Schutz eines Roboterarmes vor Überlastung durch Havarie oder z.B. bei zu großen Fügereaktionskräften. Das kann durch eine → *Sollbruchstelle* hinter der Roboterhand oder durch Sensoren in Armgelenken (Stromaufnahme des Achsantriebes) erfolgen, die dann ein Abschaltsignal generieren.

Überschleifen
[approximate positioning]
Steuerungsfunktion, bei der programmierte Bahnzwischenpunkte nicht genau und ohne Halt angefahren werden, um die Bahn zeitoptimal und ruckfrei zu durchlaufen. Der Überschleifbereich kann als gedachte Kugel vorgegeben werden, wobei die Größe der Raumkugel programmierbar ist. Im Beispiel ist eine Bahn von P0 bis P2 über P1 zu fahren, wobei der Überschleiffaktor 1 vorgegeben wurde. Das Überschleifkriterium gilt als erfüllt, wenn der Weg-Sollwert der letzten Bewegungsachse eines mehrachsigen Systems die Raumkugel erreicht hat bzw. wenn die „führende Achse" in die Raumkugel eingedrungen ist.

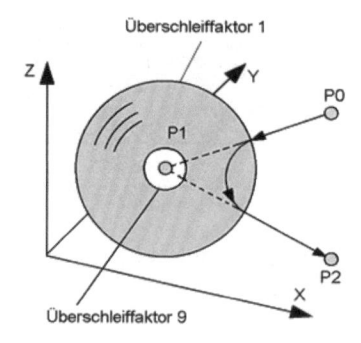

Überschwingen
[overshoot]
Allgemein ein Vorgang, der das Überfahren einer programmierten Zielposition durch eine Bewegungsachse bezeichnet und das dynamische Verhalten einer Achse beim Einfahren in die Zielposition charakterisiert. Wird eine Position von einer Bewegungseinheit mit großer Verzögerung angefahren, so wird das System zu Schwingungen angeregt, was zu einem Überfahren der Zielposition führt. Ursache sind mechanische Schwingungen von Baugruppen sowie dazu überlagerte Regelschwingungen bei lagegeregelten Systemen. Der Begriff „Überschwingverhalten" fasst die Prüfgrößen Überschwingamplitude und Ausschwingzeit zusammen. Sie sind Bestandteil der Funktionsablaufzeit. Es ist die Zeit, die z.B. eine Handhabungseinrichtung braucht, bis die Amplitude der Schwingungen am → *TCP* nach dem Anfahren einer Zielposition einen festgelegten Betrag nicht mehr überschreitet. Ü. ist also mit zeitlichen Nachteilen verbunden. Im Bild wird das Ü. beim Fahren einer Ecke dargestellt. Das führt bei Bahnsteuerungen zu den angedeuteten Bahnverzerrungen.

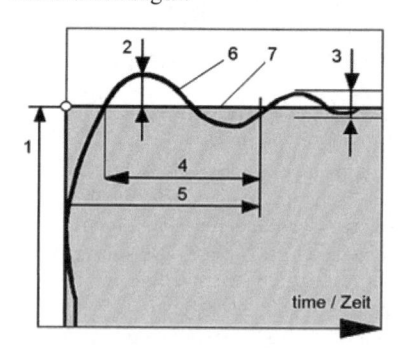

1 Verfahrweg, 2 Überschwingweite, 3 zulässige Positionsstreubreite, 4 Ausschwingzeit, 5 Verfahrzeit bei Nennlast, 6 Istbahn, 7 Sollbahn

Übersprechen
[cross-talk]
Bezeichnung für eine Erscheinung, wenn ein Sensor gleichzeitig reflektierte Signale eines anderen Sensors aufnimmt, wodurch das Messergebnis verfälscht werden kann. Beispiel: Ungünstige Reflektion bei Ultraschallsensoren an schräg stehenden Objekten.

Übersteuerung
[override]
→ *Override, manuelles,* → *Überschleifen,* → *Überschwingen*

Übertragungsfaktor
[gear transmission ratio]
Verhältnis der Eingangsdaten (dynamisch) zu den Ausgangsdaten (dynamisch), z.B. Ausgangskräfte zu Eingangskräften, bei einem bestimmten Abstimmungsverhältnis.

Übertragungsgenauigkeit
[transmission accuracy]
Bei Getrieben die Beschreibung des absoluten Positionierfehlers am Abtrieb. Die Messung erfolgt während einer vollständigen Umdrehung des Abtriebselementes unter Verwendung eines hochauflösenden Messsystems. Im Ergebnis ist es die Summe der Beträge der maximalen positiven und negativen Differenz zwischen theoretischem und tatsächlichem Abtriebswinkel.

Übertragungsgetriebe
[transmission gear]
Getriebe, das Motordrehungen eines Antriebs in eine andere rotatorische oder translatorische Abtriebsbewegung wandelt. Ziel ist, eine hohe Übersetzung bei kleinstem Raumbedarf und kleinster Masse je Leistungseinheit des Ü. zu erreichen. Bei Robotern verwendet man → *Cyclo-Getriebe,* → *Harmonic-Drive-Getriebe* oder andere Umlaufrädergetriebe.
→ *Planetengetriebe,* → *Planetenrollengetriebe*

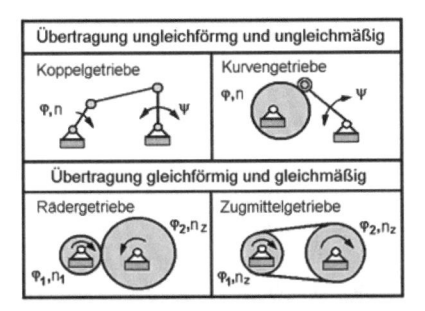

Übertragungsglied
[transfer element, transmission element]
Funktionell oder gerätetechnisch abgegrenzte Komponente eines dynamischen Systems, das der Übertragung von Signalen dient.
→ *Zeitverhalten,* → *Reglertypen*

Überwurfklinke
Haken an einem Umformwerkzeug, der beim Rückhub des Oberwerkzeugs unter eine Auswerferplatte hakt und diese ankippt. Das Objekt, z.B. ein Biegeteil, wird dadurch aus den Halteelementen gehoben und kann in einen Sammelbehälter abgleiten.

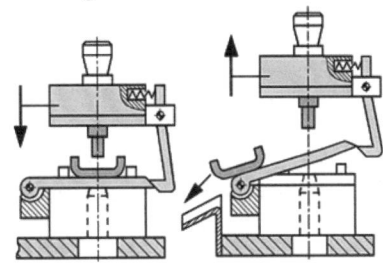

UCAV
[Unmanned Combat Aerial Vehicle]
Bezeichnung für eine → *Drohne*, das ist ein unbemanntes Fluggerät, die mit Waffen ausgerüstet ist und damit auch Luftangriffe führen kann.

Uhing-Getriebe
→*Rollringgetriebe*

Ultraschallsensor
[ultrasonic sensor]
Sensor, der Ultraschallsignale aussendet und das Echosignal zur Auswertung verwendet. Damit kann der Abstand zu einem Objekt durch die Echolaufzeit bestimmt werden. Zur Bewegungsmeldung eines beobachteten Objekts kann die Veränderung der Dopplerfrequenz genutzt werden. Für den räumlichen Kollisionsschutz an einem mobilen Roboter ist ein Ring von U. erforderlich. Gute Ergebnisse bei der Reflexion werden bei

glatten ebenen Objekten erreicht. Bei groben Gewebeflächen kann es Probleme geben. Bei Fahrzeugen lässt sich der Sonarschutz einstellen, z.b. auf reduzierte Tastweite bei Kurvenfahrten oder bei Einfahrt in eine Station.

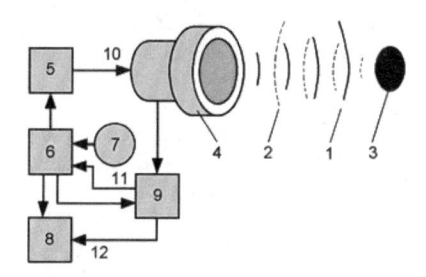

1 Sendeimpuls, 2 reflektiertes Echo, 3 Messobjekt, 4 Wandler, 5 Leistungsanpassschaltung, 6 digitaler Bereich, 7 Taktgeber, 8 Anwenderhardware, 9 Analogschaltkreis, 10 senden, 11 aufbereitetes Echosignal, 12 Verstärkungs-Bandbreiten-Steuerung

Umfassungsgreifer
[three-finger centring gripper]
Greifer, der ein Werkstück relativ weitgehend umgreift, um es zu halten. Man kann zwei Arten unterscheiden:
- Geschlossene Umfassung; Der Greifer hält ein hindurchgestecktes Objekt fest. Es ist dann automatisch auf Greifermitte zentriert.
- Teilweise Umfassung; Das Objekt wird rüsselartig umschlungen. Es muss nicht hindurchgesteckt werden. Kein Zentriereffekt.

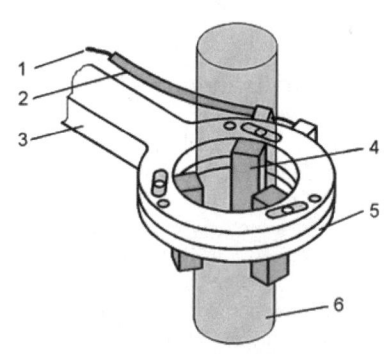

1 Bowdenzugseil, 2 Hülle, 3 Greifergrundkörper, 4 Greifbacke, 5 Drehring, 6 Werkstück

Umgebungstemperatur
[ambient temperature]
Temperaturbereich, in dem ein sicheres Funktionieren des Gerätes bzw. Sensors gewährleistet ist. Sie muss innerhalb des im jeweiligen Datenblatt angegebenen Bereiches liegen und darf weder unter- noch überschritten werden.

Umkehrfrequenz, maximale
[maximum reversal frequency]
Bei Schrittmotoren die maximale Schaltfrequenz der Stromzufuhr, die einen Wechsel der Drehrichtung ohne Auslassen eines Schrittes erlaubt.

Umkehrspanne
[range of inversion, backlash]
Unterschied (Positionierfehler) der sich bei einem Richtungswechsel von Bewegungen oder Kräften einstellt. Es ergeben sich dadurch zwei Istpositionen beim Anfahren der Sollpositionen aus unterschiedlicher Anfahrrichtung. Die U. (Umkehrspiel, Reversierspiel) beschreibt die systematischen Abweichungen. Sie kann sich durch Abnutzung mechanischer Bauteile vergrößern. Man kann sie mit steuerungstechnischen Mitteln ausgleichen.

Umlaufrädergetriebe
[planetary gear]
Stirn- oder Kegelrädergetriebe mit großem Übersetzungsverhältnis, bei denen mindestens ein Rad oder Doppelrad vorhanden ist, dessen Welle nicht in einem Gestell, sondern in einem umlauffähigen Glied, dem Steg (Planetenträger), gelagert ist. Spielarme Präzisions-U. werden auch im Roboterbau eingesetzt.
→ *Planetengetriebe*

Umlenkbogen
[roller conveyor curve]
Rollenbahnkurve oder Kurvenstück in Förder- bzw. Transferanlagen zum Weitergeben von Werkstücken, Packstücken oder Werkstückträgern mit meistens 90° oder 180° Umlenkung. Der U. ist begrenzt als Stau- oder Speicherstrecke

nutzbar. Er kann als Gurtförderer oder Rollengang mit Kegelrollen (Bild) ausgeführt sein.

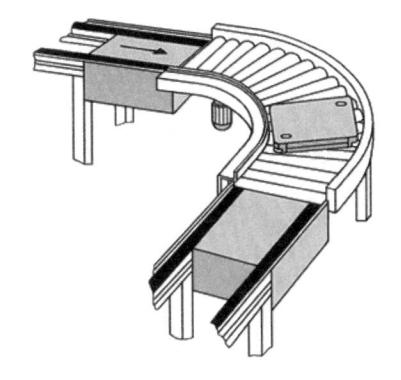

Umorientieren
Herstellen einer neuen Orientierung bei bereits geordneten Werkstücken, die in der ursprünglichen Achsenausrichtung aber so nicht handhabbar sind oder im nachfolgenden Prozess in einer anderen Orientierung benötigt werden.

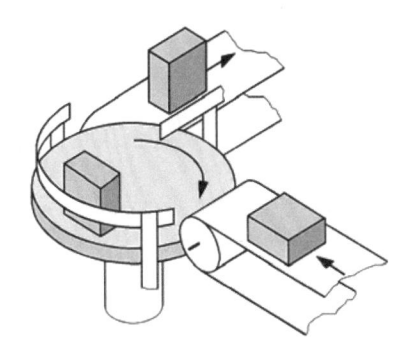

Umrichter
[converter, frequency converter]
Leistungsstellglied, das eine Eingangswechselspannung konstanter Beschaffenheit in eine Ausgangswechselspannung mit variabler Frequenz und Amplitude sowie fester Phasenzahl umwandelt. Damit sich der Drehmomentverlauf des Motors nicht ändert, muss der Hauptfluss konstant bleiben. Bei einer Änderung der Netzfrequenz muss die Ständerspannung proportional geändert werden.

Umschlagen
[transhipment procedure]
Überwechseln von Gütern zwischen Transport- und Lagerungsmitteln sowie -hilfsmitteln. Das U. ist Bestandteil des Stoffflusses, koppelnd, verkettend und nicht wertbildend. Typische Vorgänge sind z.B. das Umladen und das Beladen. Für das U. werden auch Roboter eingesetzt.

Umschlaghäufigkeit
Angabe, wie oft ein Bestand an Gütern innerhalb eines definierten Zeitraumes umschlägt, also den Ort wechselt.

Umsetzeinheit
[transfer unit]
Handhabungsgerät, das Objekte von Position I in die Position III umsetzt, eventuell mit einer Zwischenablage in der Position II für Bearbeitungsvorgänge. Ein solches Gerät lässt sich z.B. aus zwei pneumatischen Drehmodulen aufbauen. Das Objekt hält während des Umsetzens seine Kompassrichtung bei.

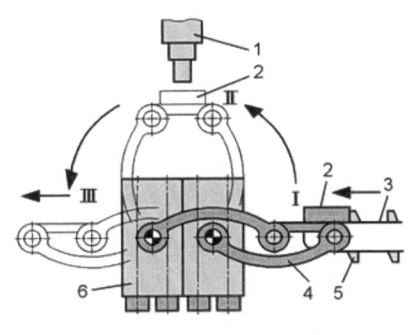

1 Werkzeug, 2 Werkstück, 3 Transportkette, 4 Schwingarm, 5 Mitnehmernocken, 6 Drehmodul

Umweltkoordinaten
[world coordinates]
Andere Bezeichnung für → *Weltkoordinaten*

Umweltmodell
[world model]
Interne Abbildung der realen Umwelt (→ *Weltmodell*) in einem Robotersystem

zum Zweck der Bewegungsplanung von Roboterarmen oder autonomen mobilen Robotern.

UND/ODER Graph
[AND/OR graph]
Hierarchische Darstellung eines Problembereiches mit genau einer Wurzel und beliebig vielen Knoten und Kanten. Die Kanten in der Baumdarstellung verbinden Bedingungen mit daraus ableitbaren Folgerungen. Es ist somit eine regelbasierte Darstellung. UND-Kanten stellen Bedingungen dar, die alle erfüllt sein müssen. ODER-Kanten sind Alternativen, wovon nur eine zutrifft.

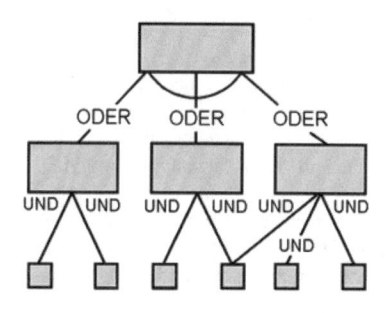

Undulation
[undulation]
In der Mechanik die Bewegungen eines Objekts durch Erregung von Aktoren des Systems. Die Aktoren können von außen wirken oder im Innern des Objekts verborgen sein. Beispiel für ein System mit undulatorischem Bewegungsprinzip: Der Regenwurm; Er bewegt sich durch Längenänderung von Segmenten. Die technische Verwirklichung einer peristaltischen Bewegungsform ist bei Spezialrobotern denkbar.

UND-Verknüpfung
[AND gate]
Digitales Logikelement (elektronische Schaltung) bzw. logische Grundfunktion mit zwei oder mehr Inputs und einem Output. Es gilt: Wenn die Aussage A wahr ist und die Aussage B wahr ist, so ist auch die Konjunktion »A UND B« wahr. Das Bild zeigt die Wahrheitstabelle, Darstellung nach DIN und die amerikanische Darstellungsweise.

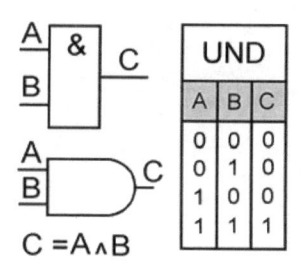

Unfreiheit
[dependencies]
Fehlender (gesperrter) Gelenkfreiheitsgrad einer Kinematischen Kette. Bei einer Paarung von Zylinder mit Fläche oder Kugel mit Prisma ergibt sich jeweils eine U. von 2. Der Freiheitsgrad f ist in beiden Fällen $f = 4$.

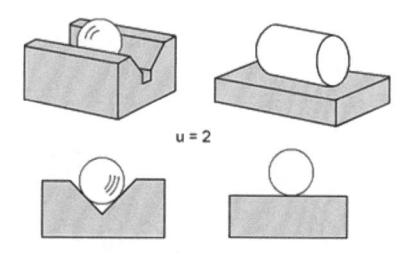

unilateral
[unilateral]
Nur auf einer Seite wirkend; Bei einem Master-Slave-Manipulator das Auftreten von Kräften nur am Slavearm. Eine Kraftrückführung zur Bedienerhand erfolgt nicht.

Universalgreifer
[multi-purpose gripper]
Robotergreifer, der durch seine funktionelle Nähe zur menschlichen Hand bedeutend vielseitiger einsetzbar ist als die meisten Einzweckgreifer. Als U. kann man Mehrfingergreifer mit Gelenkfingern ansehen. Die erreichbaren Greifkräfte sind allerdings viel kleiner als bei Klemmgreifern, noch dazu bei solchen mit hydraulischem Antrieb.

Universalmotor

[AC-DC motor, universal motor]
Darunter versteht man einen Motor, der im Aufbau dem Reihenschlussmotor (Ständer- und Läuferwicklung sind in Reihe geschaltet) entspricht. Es ist ein Motor kleiner Leistung (bis etwa 500 Watt) für einen Gleich- oder Wechselstromanschluss.

Universalroboter

[universal robot]
Vertikal-Knickarmroboter mit einer RRR-Kinematik (R = Rotation) in den Hauptachsen. Es ergibt sich bei sehr geringer Standfläche ein großer Arbeitsraum. Der U. ist als → *Handhabungs-* oder → *Produktionsroboter* einsetzbar.

Unordnungsgrad

[degree of disorientation]
Angabe, wie viele translatorische und bzw. oder rotatorische Bewegungen maximal an einem Werkstück auszuführen sind, damit dieses einen gewünschten definierten Zustand einnimmt. Im Haufwerk ist der Unordnungsgrad $U = 6$.

Unterarm

[forearm]
Jener Teil eines beweglichen Roboterarms, der mit Handgelenk und Ellenbogengelenk verbunden ist. Das gilt auch für Manipulatorarme.

Unterprogramm

[subroutine]
Zusammenfassung mehrfach benutzter Programmteile, um diese nur einmal implementieren zu müssen. Bei Aufruf des U. wird dann der zugehörige Code ausgeführt. Der gezielte Einsatz von U. ermöglicht, komplexe Programme zu strukturieren und leichter lesbar zu machen. Programmtypen sind bei den U. Prozeduren und Funktionen.

Unterwasser-Kamerateleoperator *[flying eyeball]*

Vom Mutterschiff aus fernsteuerbarer → *Teleoperator* zur visuellen Erkundung von Unterwasserobjekten wie Schiffswracks, Unterwasserbauten und -leitungen sowie des Meeresbodens. Das Gerät wird auch als „fliegender Augapfel" bezeichnet.

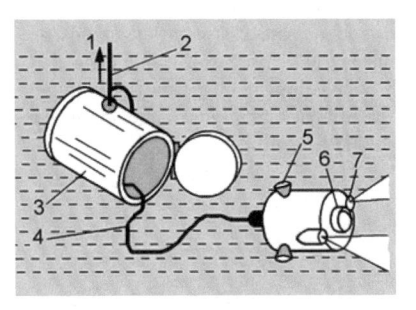

1 zum Mutterschiff, 2 Absenkkabel, 3 Startkapsel, 4 Verbindungskabel, 5 Schubdüse, 6 Kamera, 7 Beleuchtung

Unterwasserroboter

[underwater robot]
Meist ein ferngelenktes Unterwasserfahrzeug mit Manipulator und Sichtsystem. Das wäre dann als → *Teleoperator* zu bezeichnen. Für Meeresgrunduntersuchungen oder Arbeiten am Boden kann sich der U. auch auf Raupenketten oder Beinen bewegen. Einsatzgebiete: Militärische Erkundungen im küstennahen Bereich, Wracksuche, Inspektion von Unterwasserbauten.
Geschichte: 1986 wurde der U. *Jason* am Woods Hole Oceanographic Institute entwickelt.

Unterzugspanner

[bottom clamp]
Spannvorrichtung mit nach unten verlagertem Spannmechanismus. Die Spannkraft wirkt somit als Zugkraft auf die Spannelemente, sie „zieht von unten".

URAV

[Unmanned Reconnaissance Aerial Vehicle]
Unbemanntes Aufklärungsflugzeug (→ *UAV*) mit großer Reichweite, das in großer Höhe ein bis zwei Tage operieren kann.

Utah/MIT-Hand
[Utah/MIT dextrous hand]
Greiferhand mit vier fingerähnlichen Gelenkfortsätzen (drei Finger, opponierender Daumen) nach dem Vorbild der menschlichen Hand. Sie wurde ab 1982 entwickelt. Insgesamt hat die Hand 16 gesteuerte Achsen, mit Handgelenk 19 (Freiheitsgrad 19). Der Antrieb erfolgte über Flachriemen mit 38 pneumatischen Stellantrieben.

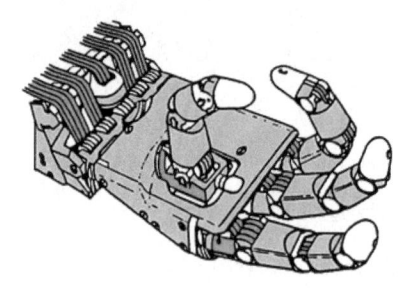

V

V.24-Schnittstelle
[RS232 Interface]
Norm für die funktionellen Eigenschaften einer seriellen Schnittstelle, die zusammen mit der Norm V.28 für die elektrischen Eigenschaften die amerikanische Norm → *RS 232C* ergibt.

V. 24-Sensor
[v. 24 sensor]
Sensor, dessen Ausgangssignal auf einer seriellen Schnittstelle V.24/RS232C bereit steht.

Vakuumerzeugungsmethoden
[methods of producing a vacuum]
Für die V. gibt es verschiedene Möglichkeiten wie z.B. → *Ejektoren* (auch → *Mehrstufenejektor*), Kolben- und Membransysteme sowie Vakuumpumpen oder Gebläse mit einem elektromotorischem Antrieb.

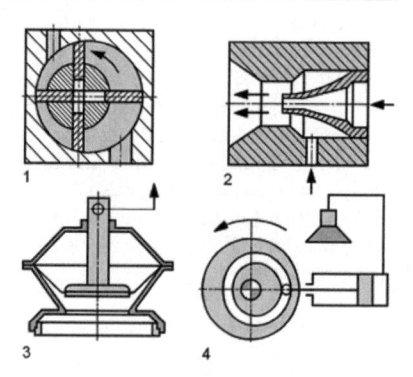

1 Rotationspumpe, 2 Venturidüse, 3 Haftscheibensauger, 4 Kolbensaugsystem

Vakuumförderer
[vacuum conveyor]
Verwendung von Druckluft als Antriebsmedium für die Förderung von Arbeitsgut mit kleinen Abmessungen. Auch der Einsatz von Saugluft ist möglich. Die Teile werden ungeordnet im Luftstrom bewegt. Bei einem Turbodosierer werden Portionen von Teilen gebildet, die dann bis zu 25 Meter Entfernung an eine Maschine transportiert werden.

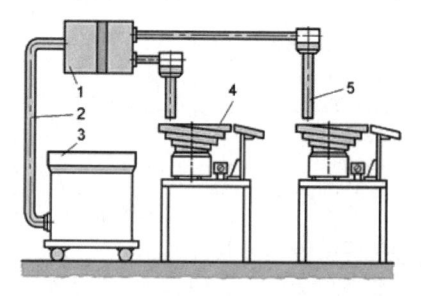

1 Verteiler, 2 Transportrohr, 3 Bunker mit Sauglufturbine, 4 Vibrationswendelförderer, 5 Ansaugschlauch

Vakuumgreifer
[vacuum gripper]
Haltevorrichtung, die wenig poröse Werkstücke mit Saugluft festhält. Man bezeichnet das landläufig als „Greifen", obwohl mechanische Greiforgane fehlen. Durch Evakuieren des Volumens unter dem Sauger wird das Werkstück durch den atmosphärischen Luftdruck gegen die Dichtlippen gedrückt. Ist die Halte-

fläche vertikal, dann spielt auch der Reibungskoeffizient μ eine wichtige Rolle bei der Haltekraftberechnung (Fall 2).
→ *Tiefsauger*

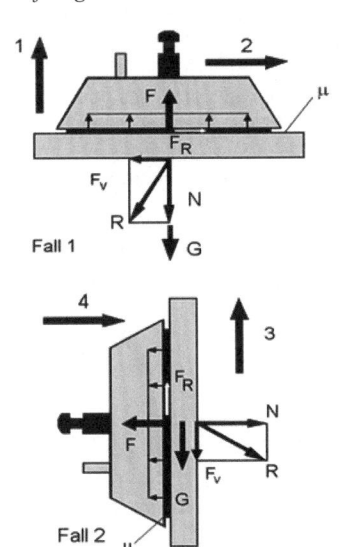

1 Aufwärtsbewegung, 2 Horizontalbewegung, 3 Heben bei senkrechter Dichtfläche, 4 Horizontalbewegung bei senkrechter Dichtfläche, G Gewichtskraft, F Festhaltekraft

Vakuumheber
[vacuum lifting device]
Haftgerät für das Heben von Lasten, insbesondere Glasscheiben und Blechtafeln, bei dem die Haftkräfte pneumatisch (Saugluft) erzeugt werden. Ein Leckageausgleich ist bei Haftsaugern nicht vorhanden, weshalb die Oberfläche des Greifobjekts sehr glatt sein soll. Die Rautiefe sollte besser als 5 Mikrometer sein.

Vakuumkreis
[vacuum circuit]
Gesamtheit einer pneumatischen Schaltung, z.B. mit mehreren einzelnen Scheibensaugern, angeschlossen über einen Verteiler, für das Greifen großformatiger Blechformteile. Beim Lösen des Werkstücks wird ein Abwurfimpuls erzeugt, wenn die Abluft gesperrt wird.
→ *Vakuumgreifer*

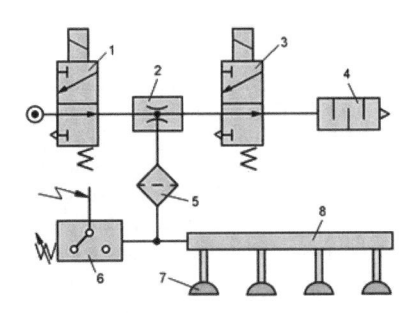

1 Wegeventil zur Druckluftschaltung, 2 Ejektor, 3 Wegeventil zum Umschalten auf Abblasen, 4 Schalldämpfer, 5 Ansaugfilter, 6 Druckschalter für Vakuum, 7 Sauger, 8 Verteiler

Vakuum-Lasthaftgerät
[vacuum lifter]
Handbediente oder automatische Hebeeinrichtung für vorzugsweise flächiges Stückgut, bei der die Last mit Vakuum gehalten wird. Die Objektfläche sollte sauber, möglichst eben und luftundurchlässig sein. Mit ausgewählten Saugern lassen sich auch gewölbte oder leicht luftdurchlässige Objekte aufnehmen und bewegen.

Vakuum-Saugdüse
[Venturi vacuum generator]
Strahlpumpe zur Erzeugung von Vakuum für den Betrieb eines Saugergreifers, die nach dem Venturi Prinzip arbeitet (Bild). Saugluft entsteht in der Düse, wenn Druckluft die Querschnittsverengung an der Treibdüse passiert.
→ *Mehrstufenejektor*, → *Ejektor*, → *Saugerkopf*

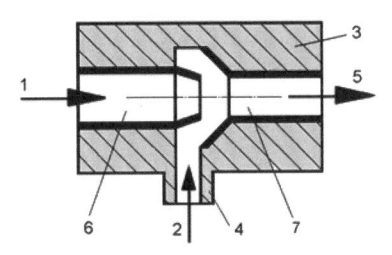

1 Druckluft, 2 Vakuum, 3 Düsenkörper, 4 Schlauchanschluss, 5 Abluft, 6 Einlassdurchmesser, 7 Venturidüse

Vakuum-Saugventil
[vacuum suction valve]
Ventil in einem Vakuumkreis, welches nicht anliegende Sauger automatisch abschaltet, damit das Vakuum nicht zusammenbricht. Der starke Luftstrom am offenen Saugnapf reißt die Sperrkugel nach oben und verschließt diesen Kanal. Es gibt noch andere Schwimmerkonstruktionen.

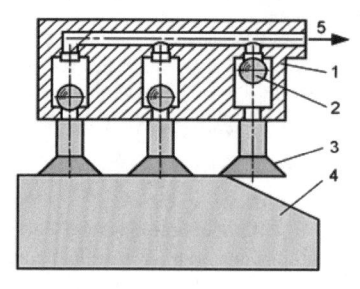

1 Gehäuse, 2 Kugel als Flugkörper, 3 Sauger, 4 Werkstück, 5 Saugluft

Vakuumspannplatte
[vacuum fixing plate]
Spannvorrichtung die mit Vakuum arbeitet und die besonders gut für plattenförmiges Arbeitsgut geeignet ist. Die gespannten Teile können bearbeitet werden oder das Werkobjekt ist eine Montagebaugruppe. Die Zugänglichkeit der gesamten Oberfläche des Werkstücks wird nicht durch mechanische Spannklauen eingeschränkt.

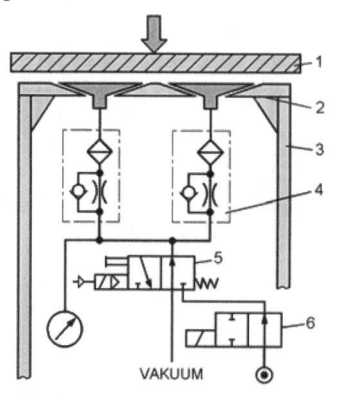

1 Werkstück, 2 Tischplatte, 3 Gestell, 4 Drossel-Rückschlagventil, 5 Wegeventil, 6 Blasluftzuschaltung

Van-der-Waals-Kraft
[van der Waals force]
Schwache Anziehungskraft zwischen Atomen oder Molekülen, die durch ungleichmäßige (asymmetrische) Ladungsverteilungen innerhalb der Elektronenhülle entsteht. V. haben nur eine sehr geringe Reichweite und sind deutlich schwächer als Atom- oder Ionenbindungen.

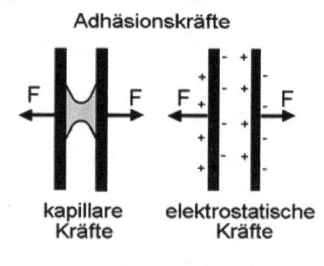

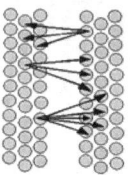

Adhäsionskräfte

kapillare Kräfte   elektrostatische Kräfte

Van-der-Waals Kräfte

Vaucanson, Jacques de
Französischer Mechaniker und Automatenbauer aus *Grenoble* (1709 bis 1782), der einige →*Androiden* hergestellt hat. Bekannt sind der Flötenspieler (1738), der Tamburinspieler und eine Frau mit Leier. Diese Mensch-Nachbildungen wurden alle mechanisch gesteuert und erregten damals großes Aufsehen.

Sehr berühmt wurde auch seine künstliche Ente (1738), ein →*Animaloid*. Für die Konstruktion seiner Androiden ließ er sich von Ärzten und Chirurgen beraten.

Vektor
[vector]
In der linearen Algebra eine gerichtete Strecke, die im Raum beliebig parallel zu sich selbst verschoben werden darf.

Vektorregelung
[vector control]
Verfahren zur Regelung von Drehstrommotoren, das auf der Zerlegung der Größen Strom, Spannung und Magnetfluss in Vektoren basiert. Mit Hilfe mathematischer Schritte wird beispielsweise der dreiphasige Motorstrom in eine drehmomentbildende und eine flussbildende Komponente aufgeteilt, womit man Drehstrommotoren regelungstechnisch wie Gleichstrommotoren behandeln kann.

Vektorvorschub
[vector feedrate]
Bezeichnung für die resultierende Vorschubgeschwindigkeit, die sich ergibt, wenn die daran beteiligten Bewegungsachsen in ihrer Geschwindigkeit so gesteuert werden, dass der Vorschub dem programmierten Wert entspricht. Dieser wird automatisch konstant gehalten.

Ventilinsel
[valve terminal]
In der Fluidik der Zusammenbau einzelner elektromagnetischer Ventile auf einer Grundplatte mit gemeinsamer Druckluftversorgung. Die Verschlauchung reduziert sich dadurch und die Montage wird vereinfacht.

Ventilträgersystem
[valve assembly system]
Aneinanderreihung von Einzelventilen auf einer gemeinsamen Versorgungsplatte zum Zweck der Einsparung von Verrohrung und Verkabelung. Das V. ist ein Synonym für → *Ventilinsel*.

Venturiprinzip
[venturi principle]
Druckluft wird durch eine Düse mit Querschnittsverengung (Venturidüse) geleitet, wobei an einem Queranschluss Saugluft entsteht, Der Unterdruck entsteht durch die Erhöhung der Strömungsgeschwindigkeit an der Verengungsstelle. Haupteinsatzgebiet ist der Betrieb von Saugergreifern in der Handhabungstechnik oder der Transport eines anderen Mediums, wie z.B. Vernebeln von Öl (Ölnebelschmierung).
→*Vakuum-Saugdüse*

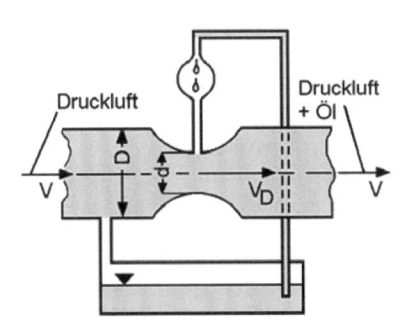

Verbindungselemente
[connection components]
Neben einer Vielzahl genormter Verbindungsmittel (Schrauben, Niete u.a.) gibt es auch spezielle Elemente für das Verbinden von Profilen, Positionierhilfen und Nutensteine für Klemmverbindungen. Mit speziellen Schwalbenschwanzverbindern lassen sich schwingungssichere Verbindungen herstellen.

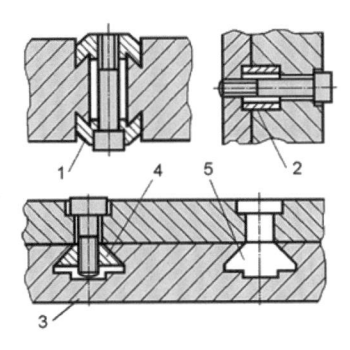

1 Klemmelement, 2 Zentrierbuchse, 3 Maschinengestell, 4 Nutenstein, 5 Nut

Verbindungswelle
[connecting shaft]
Element zur Bewegungssynchronisation, wenn parallele Linearmodule betrieben werden, z.B. in einer Anordnung als Kreuzportal. Würde man zwei getrennte Antriebe einsetzen, dann müsste man über Wegmesssysteme jede sich durch → *Schlupf* oder abweichende Reibungskräfte ergebende Wegdifferenz fortlaufend erfassen und ausregeln.
→ *Kreuzportalroboter*

Verblocken
Bei Stellantrieben die Blockierung der Stellung eines Stellgerätes bei Ausfall der Hilfsenergie. Die momentane Stellung wird gewissermaßen „eingefroren".

Verbundbauweise
[compound construction]
Herstellung unlösbarer Verbindungen verschiedener Rohteile zu einem Werkstück, welches danach weiterbearbeitet oder in diesem Zustand verwendet werden kann. Damit kann man bei Verwendung verschiedener Werkstoffe die jeweils hervorstechenden Eigenschaften zur Geltung bringen.

Verbundstapelung
[bonded stacking]
In der Logistik eine Stapelordnung, bei der die Packstücke auf einer Palette lagenweise mit unterschiedlicher Anordnung abgelegt werden, um über die entstehende Verschachtelung eine bessere Stabilität der Ladung zu erreichen.
→ *Stapelroboter,* → *Stapel-Zwischenlagen*

Verdrehspiel
[torsional backlash]
Winkel, der bei festgehaltener Abtriebswelle und einem Drehmomentwechsel an der Antriebswelle eines Getriebes überstrichen wird, wobei üblicherweise ein Drehmoment angesetzt wird, das ± 2 % des Nenndrehmomentes entspricht. Die Einheit des Verdrehspiels ist die Winkelminute (arcmin).

Vereinigen
[amalgate, to]
In der Handhabungstechnik das Bilden von Werkstückmengen aus Teilmengen, wobei die Größe der Mengen nicht vorgegeben sein muss. Das V. ist eine Grundfunktion der Mengenveränderung und z.B. Bestandteil der Funktion Zusammenführen.

Vereinzeln
[separating, singling-out]
In der Handhabungstechnik eine Bezeichnung für einen Vorgang des → *Zuteilens*, wenn aus einer Werkstückschlange nur ein einzelnes Werkstück abgesondert wird.

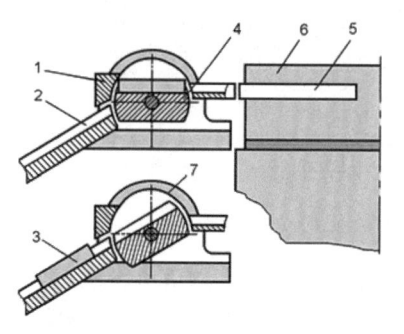

1 Anschlag, 2 Abführrinne, 3 Werkstück, 4 Schwenkplatte, Vereinzler, 5 Auslaufkanal, 6 Vibrationswendelförderer, 7 pneumatischer Schwenkantrieb

Vererbung
[inheritance]
In der KI und in der objektorientierten Programmierung das Folgern neuer Tatsachen, indem angenommen wird, dass das was für allgemeine Klassen wahr ist, (normalerweise) auch für Unterklassen und Instanzen einer Klasse wahr ist.

Verfahren
[process, treatment]
In der Produktionstechnik die Folge von Be- oder Verabeitungsvorgängen zur Stoffvorbereitung, Stoffwandlung und Stoffnachbereitung in der Fertigungs- und vor allem in der Prozesstechnik.
→ *Prozess*

Verfahrensfließbild
[flow chart]
Auch einfach als Fließbild bezeichnet; einfache schematische Darstellung der Stoffwege und Verfahrensstufen unter weitestgehendem Verzicht auf Details und unter Verwendung von Funktionssinnbildern.
→ *Fließbild,* → *RI-Fließbild*

Verfahrenstechnik
[process engineering, process technology]
Prozesse, Einrichtungen und Verfahren zur Veränderung von Stoffen nach Art, Eigenschaften und Zusammensetzung. Viele Prozesse finden in großtechnischem Maßstab statt. Anlagen und Verfahren werden eingesetzt, um formlose Stoffe zu erzeugen (Gase, Flüssigkeiten, Pasten, Pulver, Granulate u.a.) und um im industriellen Maßstab physikalische und chemische Eigenschaften der zu behandelnder Stoffe zu wandeln. Man unterscheidet in mechanische V. (Stoffwandlung durch mechanische Einwirkungen), thermische V. (Wärme- und Stoffübertragung mit thermischen Krafteinflüssen und molekularen Transportmechanismen) und Reaktionstechnik (technische Durchführung von Reaktionen in entsprechenden Reaktoren). Bei den chemischen Grundverfahren (*unit-processes*) geht es beispielsweise um das Neutralisieren, Oxydieren und Hydrieren von Stoffen. Bei den physikalischen Grundverfahren (*unit-operations*) stehen mechanische Abläufe wie Stoffförderung und Mischung der Substanzen im Vordergrund wie zum Beispiel Elektrophorese und Elektroosmose.

Verfahrgeschwindigkeit
[long travel speed]
Geschwindigkeit eines markanten Punktes am Endeffektor in Richtung einer Bewegungsachse. Durch Anlauf- und Bremsvorgänge wird die größte zulässige V. nur bei längeren Wegen erreicht. Im Einrichtebetrieb verfahren alle Achsen aus Sicherheitsgründen wesentlich langsamer. Bei der einfachen Punkt-zu-Punkt Steuerung ist zu sehen, dass die Bewegungen der einzelnen Achsen ihre Bewegung zu verschiedenen Zeiten beenden. Bei Bahnsteuerungen schließen die Bewegungen zum gleichen Zeitpunkt ab. Erreichbarer Verfahrweg und V. sind bei unterschiedlichen technischen Lösungen verschieden.

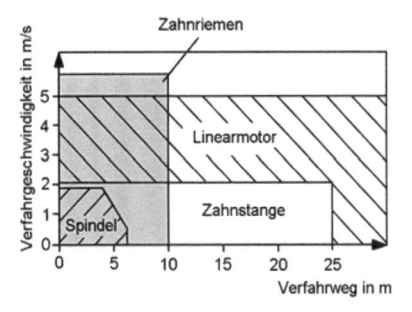

Verfahrprofil
[positioning profile]
Geschwindigkeits-Weg-Verlauf beim Positionieren in der Art einer → *Abschaltpositionierung.*
→ *Positionierfahrt*

Verfahrprogramm
[traversing program]
Aufbereitete Bewegungsaufgabe als Folge von Positionier- und Verfahrschritten, die in einer Positioniersteuerung abgelegt sind. Der Ablauf ist von programmierbaren Ereignissen abhängig, wie externen Quittungssignalen, Zeitabläufen, Wartepositionen, Zählerständen oder von Verfahrsatzwiederholungen.

Verfahrsatz
[positioning data set, block]
Bei einer numerischen Positioniersteuerung enthält der Verfahrsatz (Programmsatz, Satz) als kleinste Einheit innerhalb eines → *Verfahrprogramms* alle Informationen, die notwendig sind, um eine bestimmte Bewegung auszuführen. So können in jedem Satz z.B. Wege für alle Achsen, Geschwindigkeit, Beschleunigung, Verweilzeit, Verzögerungszeit,

Anzahl der Satzwiederholungen und andere Funktionen definiert sein.
→ *Satzelement*

Verfügbarkeit
[availability]
Wahrscheinlichkeit dafür, dass sich eine Betrachtungseinheit zu einem bestimmten Zeitpunkt in einem funktionsfähigen Zustand befindet. V. ist eine Zuverlässigkeitskenngröße für reparierbare Systeme. Hohe V. bedeutet für den Anwender eine hohe Nutzungszeit.
→ *Zuverlässigkeit*, → *MTBF*

Vergleicher
[comparator]
Funktionseinheit in einer Positioniersteuerung mit geschlossenem Wirkungsweg, die die Übereinstimmung vom Sollwert (programmierte Wegposition) zum Istwert (vom Wegmesssystem bereitgestellte momentane Position) feststellt. Bei Übereinstimmung wird ein Signal ausgegeben oder eine bis dahin ständige Signalabgabe eingestellt. Der V. wird auch als Koinzidenzprüfer bezeichnet. Er ist zum Betrieb eines → *Lageregelkreises* erforderlich.

Verhaltenssteuerung
Methodik zur Herstellung zielgerichteten Verhaltens unter Betonung der direkten Sensor-Aktor-Kopplung durch Aufbau (geschachtelter) sensomotorischer Rückkopplungsschleifen.

Verhaltenstyp
[behaviour type of work piece]
In der Werkstückhandhabung eine Klassifizierung von Werkstücken nach ihrem Verhalten im automatisierten Prozess. Man unterscheidet Wirrteile, Flachteile, Zylinderteile, Blockteile, Kegelteile, Pyramidenteile, Pilzteile, Hohlteile, zusammengesetzte Formteile, unregelmäßige Massivteile, Kugeln und Langteile. Verschiedene V. entwickeln auch ein unterschiedliches Ruhe- und Bewegungsverhalten. Das ist für die Planung von Materialflusssystemen wichtig.

Verkettung
[linked method]
Anlagenarchitektur von Bearbeitungsmaschinen bei der ein Zusammenschluss von Maschinen, Arbeitsstationen, auch Handmontageplätzen mit Hilfe von Einrichtungen des Werkstück-, Informations- und Energieflusses erfolgt. Die V. kann starr (fest), lose (zeitasynchron), zielcodiert und wegflexibel sein.
→ *starre Verkettung*

Verkettungsart
[three-phase system interlinking]
Bei Drehstrom unterscheidet man in Stern- und Dreieckschaltung. Bei der Sternschaltung sind die Ausgänge der drei Ständerspulen (Stränge) im Sternpunkt miteinander verbunden. Die Außenleiter sind mit den Eingängen der Stränge verbunden.

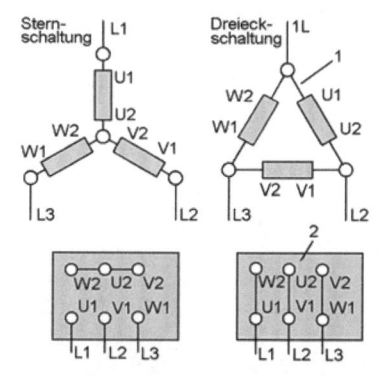

1 Motorwicklung, 2 Klemmenplatte

Die Leiterspannung beträgt das $\sqrt{3}$ -fache der Strangspannung. Der Leiterstrom ist gleich dem Strangstrom. Bei der Dreieckschaltung liegt jeder Strang zwischen zwei Außenleitern. Die Lage der Brücken kann der Klemmenplatte entnommen werden. Die Strangspannung ist gleich der Leiterspannung und der Leiterstrom beträgt das $\sqrt{3}$ -fache des Strangstromes.

Verkettungseinrichtung
[interlinking (chaining) device]
Einrichtungen zur Automatisierung des Werkstückflusses in automatisierten Arbeitslinien. Sie sind oft als Kombination von Transport-, Speicher- und Zuführeinrichtungen ausgeführt. Neben ihrer Funktion, eine Ortsveränderung zu bewirken, wird oft auch das Umorientieren, Ein- und Ausschleusen von Werkstücken oder Werkstückträgern mit einbezogen. Die verketteten Arbeitsstellen können Bearbeitungsmaschinen, Prüf- oder Montageplätze sein.
→ *Maschinenfließreihe*

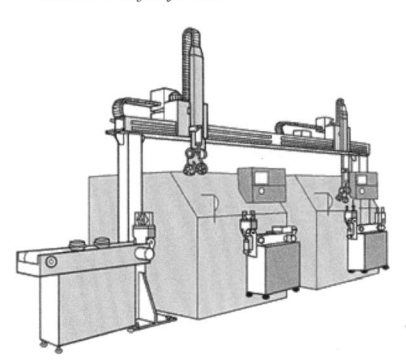

Verkettungsverluste
Verluste im Produktionsausstoß einer Arbeitslinie mit verketteten Maschinen. Geht man von einer losen Verkettung mit unbegrenzt großen Zwischenpuffern zwischen den Maschinen aus, dann entstehen keine V. Bei starrer → *Verkettung* kommt es bei einer Störung an einer Maschine zu V., weil auch alle noch intakten Maschinen stillgesetzt werden müssen.

Verpolungsschutz
[protection against polarity reversal]
Interner Schutz, der einen Schalter oder Sensor bei unbeabsichtigtem Vertauschen der Speisespannungsanschlüsse vor Zerstörung bewahrt.

Verriegelung
[interlocking]
Schaltung, die dazu da ist, widersprüchliche Befehlsausführungen zu verhindern. So muss bei Rechtslauf eines Motors die plötzliche Linkslauf-Einschaltung vorübergehend verriegelt (blockiert) sein.

Verriegelungselement
[locking element]
Bei Greiferwechselsystemen eine möglichst schnell lösbare Verbindung zwischen Roboterarm und Endeffektor. Wie das Bild zeigt, gibt es verschiedene mechanische Such- und Verriegelungssysteme, im Ausnahmefall kann es auch ein Halten mit Elektromagnet sein.

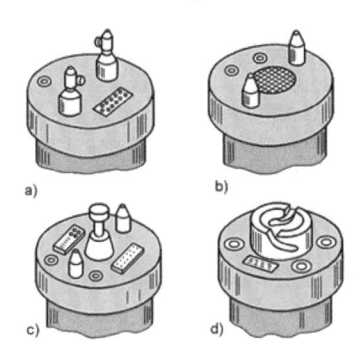

a) Querbolzenverriegelung, b) Magnethaltung, c) Pilzkopfverriegelung, d) Bajonettverriegelung

Verrundungsfehler
Kenngröße zur Genauigkeitsbewertung eines Roboters oder einer CNC-Maschine beim Bahnfahren einer Ecke. Es ist der minimale Abstand der Endeffektorbahn von einer vorgegebenen 90°-Ecke.
→ *Überschwingen*

Verschiebeankermotor
[sliding-rotor motor]
Bremsmotor, dessen konusförmiger Rotor sich in axialer Richtung bewegen kann. Zum Bremsen presst eine Feder den Rotor mit dem Bremssteller in den Innenkegel des Gehäuses. Im Betriebszustand zieht das Magnetfeld den Rotor heraus und lüftet so die Bremse.

Verschieben
[sliding]
In der Handhabungstechnik eine Elementarfunktion für das Bewegen eines geometrisch bestimmten Körpers aus einer vorgegebenen Position entlang einer Geraden, wobei die Orientierung des Körpers unverändert bleibt.

Verschleifanweisung
Anweisung der Steuerung bezüglich Geschwindigkeit und Orientierung einen stetigen Übergang von einem programmierten Bahnsegment harmonisch in das andere Bahnsegment zu erreichen.

Verschmutzungsgrad
[pollution degree]
Einteilung nach Umgebungsbedingungen, unter denen Geräte und Sensoren eingesetzt werden können. Für den Verschmutzungsgrad 3 gilt z. B.: Leitende Verschmutzung oder trockene, nicht leitende Verschmutzung, die durch erwartete Kondensationen leitfähig wird.

Versionenraum-Methode
[version space learning]
Induktive Lernmethode, die auf einem bestimmten Algorithmus für die Suche in einem Raum von Hypothesen basiert.

Versuch-Irrtum-Methode
[trial-and-error method]
Methode zur Gewinnung von Erkenntnissen durch zunächst willkürliches, zufälliges Experimentieren und Kombinieren von Varianten. Es ist eine Aufgabenlösung durch Ausprobieren. Durch die dabei auftretenden Irrtümer und ihrer Analyse tastet man sich schließlich zur richtigen Lösung vor. Man kann auch Automaten für solches Handeln programmieren, z.B. Roboter, die den Griff in die Kiste nach der V. absolvieren.
Geschichte: Der Ausdruck „Versuch und Irrtum" wurde erstmals von *O.W. Holmes* und *H.S. Jennings* (1905/1906) in der Biologie verwendet. Später wurde er von *W.R. Ashby* in die Kybernetik übernommen und verallgemeinert.

Vertakteinrichtung
Periphere Einrichtung zum taktweisen Bewegen von Flachpaletten gegenüber einer Fertigungseinrichtung oder einem Roboter. Werkstückreihen auf der Palette werden zeilenweise verschoben. Damit kann man dann einen einfachen Linienportalmanipulator für die Maschinenbeschickung einsetzen.

Verteilen
[distribution]
In der Handhabungstechnik das V. von Werkstücken eines Werkstückstromes an verschiedene Zielstellen. Das kommt z.B. an Sortierautomaten häufig vor. Das Beeinflussen der Richtung wird meistens mit mechanischen Mitteln wie → *Weichen* oder Schieber vorgenommen. Es ist aber auch möglich, mit gesteuerten Druckluftdüsen Richtungsänderungen zu bewirken. Je dichter die Aufeinanderfolge der Teile ist, desto schneller müssen die mechanischen Einrichtungen umschalten.
→ *Sorter*, → *Sortieren*, → *Verzweigen*, → *Zusammenführen*

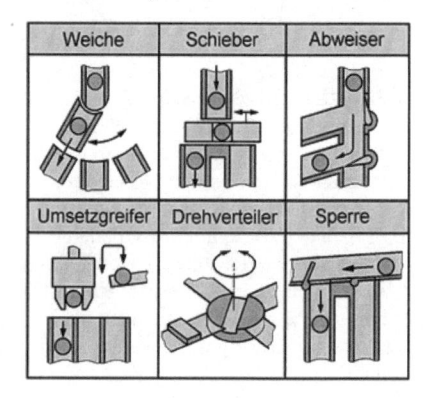

Weiche	Schieber	Abweiser
Umsetzgreifer	Drehverteiler	Sperre

Verteilte Künstliche Intelligenz
[distributed artificial intelligence]
Bezeichnung für eine Datenverarbeitung, die nicht nur an einer zentralen Stelle durchgeführt wird, sondern auch an örtlich verteilten Stellen. Beispiel: Verarbeiten von Sensordaten in der Roboterhand und nicht in der Robotersteuerung. Die V. ist auch ein Forschungsgebiet innerhalb der KI, bei der man davon ausgeht, dass die Problemlösungskompetenz auf mehrere Agenten verteilt ist (→ *Multi-Agenten-Systeme*).

Vertikal-Coilzange
[coil gripper]
Greifzange ohne Antrieb für das Transportieren von z.B. Draht- oder Bandmaterial. Die Greifkraft entsteht beim Anheben der Last, indem die Gewichtskraft über einen Mechanismus so umgelenkt wird, dass eine Klemmwirkung entsteht.

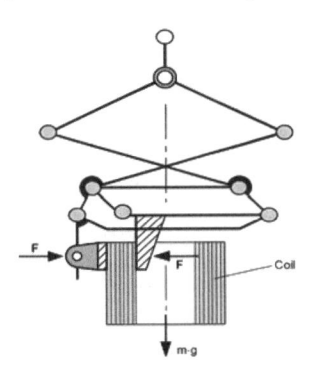

F Greifkraft, m Masse, g Erdbeschleunigung

Vertikaldrehmaschine
[pick-up turning machine]
Drehmaschine mit einer vertikalen Arbeitsspindel. Das Drehfutter wird zusätzlich als Greifer zur Selbstbeschickung mit Werkstücken genutzt.
→*Pick-up-Vertikaldrehmaschine*

Verzweigen
[branching]
In der Handhabungstechnik eine zusammengesetzte Funktionsfolge aus Weitergeben-Teilen-Weitergeben. Ein Mengenstrom von Werkstücken wird in Teilmengenströme verzweigt, z.B. wenn ein Zuführsystem mehrere Maschinen zu versorgen hat oder wenn man Objekte sortiert.

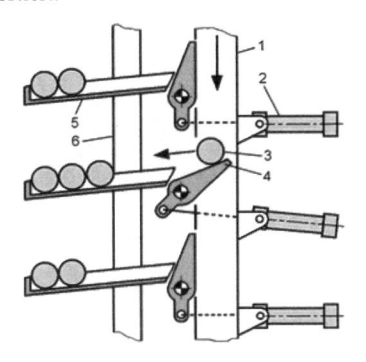

1 Fallkanal, 2 Weichenantrieb, Pneumatikzylinder, 3 Werkstück, 4 Weichenklappe, 5 Sortenmagazin, 6 Ständer

Vibrationswendelförderer
[vibratory feeder]
Gebräuchlicher Schwingtopf-Förderer als Zuführgerät für Kleinteile, die durch Schwingungen (Mikrowurf) wendelaufwärts bewegt werden. Dabei können die Teile an Schikanen (Ordnungshilfen) in definierte Orientierung gebracht werden. Schräggestellte Blattfedern bewirken am oben aufgesetzten Behälter eine Hub-Dreh-Schwingung. Das Schwingverhalten lässt sich über die Parameter Frequenz und Amplitude beeinflussen.

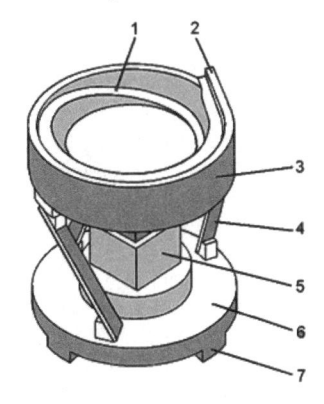

1 Förderwendel, 2 Wendelauslauf, 3 Aufsatz, 4 Blattfeder, 5 Elektromagnet, 6 Grundplatte, 7 Gummifuß

Vibratoraufsatz
[conveyor pot, hopper]
Bei Vibrationswendelförderern der Wendelaufsatz für die Aufnahme der Werkstücke. Er kann aus Metall oder Kunststoff gefertigt sein. Bei Kunststoff-V. (Polyamid) wird die Wendel gefräst. Das Bild zeigt einige Aufsatzausführungen. Die Laufrichtung der Wendel kann als Rechtslauf (im Uhrzeigersinn bei Draufsicht) oder Linkslauf ausgeführt sein. Sonderbauform: Die Wendel wird an der Außenmantelfläche eines Zylinders angebracht.

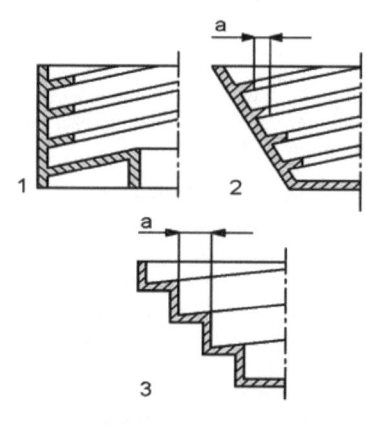

1 Zylinderaufsatz, 2 Konusaufsatz, 3 Stufenaufsatz, *a* Wendelbreite

Vibratorzuführung
[vibration sorting unit]
Periphere Einrichtung an Bearbeitungs- oder Montagemaschinen, die Werkstücke mit Schwingungen aus einem Haufwerk fördert und dabei auch ordnet. Der Auslauf kann sich in mehrere Rinnen aufsplitten. Damit können mit einer V. mehrere Arbeitsstationen mit Teilen beliefert werden. Bei nicht zu großen Teilen kann man mit durchschnittlich 33 Teilen je Minute rechnen. Die eingebauten Ordnungselemente werden auch als Schikanen bezeichnet. Es sind in der Regel passive Elemente, die die Werkstückform und die Masseverteilung für das Ordnen ausnutzen.
→ *Mikrowurf*, → *Vibrationswendelförderer*, → *Schikanen*, → *Vibratoraufsatz*

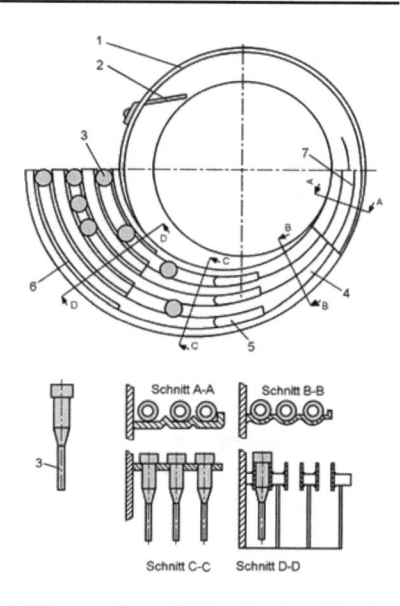

1 Vibratoraufsatz, 2 Höhenabweiser, 3 Werkstück, 4 Nutrinne, 5 Schienenform zum Aushängen, 6 Hängeschiene, 7 Aufteilung in mehrere Rinnen

Vielpunktsteuerung
[multi-pont control]
Eine → *Multipunktsteuerung*, auch abgekürzt als MP-Steuerung bezeichnet.

Vielzahngleitführung
[multifooth guide slide bearing]
Geradführung für Greifer- bzw. Spannfinger, bei der eine Aufteilung in mehrere schmale Prismenführungen erfolgte.

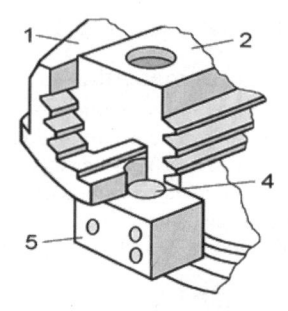

1 Greifergehäuse, 2 Grundbacke, 4 Sensoreinbauöffnung, 5 Sensorhalterung

So kann ein günstiges Führungsverhältnis (Führungslänge zu Führungshöhe)

erreicht werden, was dem „Schubladeneffekt" entgegenwirkt. Gleichzeitig werden Kräfte und Momente auf mehrere Führungsflächen verteilt, wodurch sich die Flächenpressung vermindert.

Vierfingergreifer
[four-finger gripper]
Klemmgreifer, der ein Objekt mit seinen Greiforganen an 4 Punkten anpackt. Wie das Bild zeigt, ist ein V. auch erreichbar, wenn man zwei Parallelbackengreifer aneinander befestigt. Die Finger eines Greifers müssen entsprechend angepasst werden.

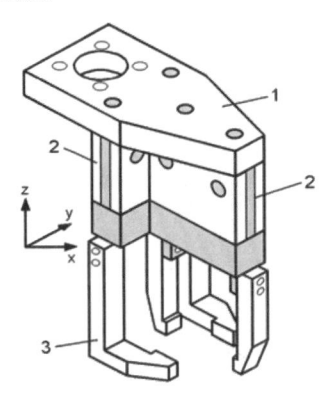

1 Flanschplatte, 2 Parallelbackengreifer, 3 Greifbacke

Vierfachgreifer
[fourfold gripper]
Mehrfachgreifer, der aus einer Kombination von vier Einzelgreifern besteht.

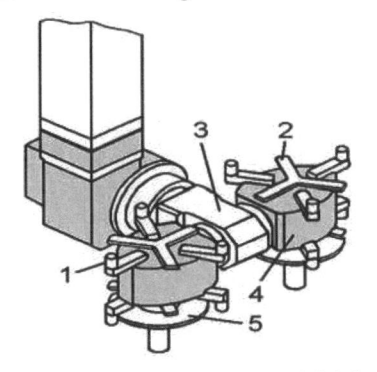

1 Greiforgan, 2 Andrückstern, 3 Dreheinheit, 4 Greifergehäuse, 5 Werkstück

Diese können auch alle einzeln betätigt werden. Das Haupteinsatzgebiet ist die Beschickung von spanabhebenden Werkzeugmaschinen. Der V. hilft Nebenzeiten (Roboter-Leerfahrten) einzusparen.

Viergelenk-Bauart
[four-joint construction]
Roboterarm (Greiferführungsgetriebe) in der Art eines Parallel-Kurbelgetriebes mit gleich langen und gegenüberliegenden Getriebegliedern als ein aus den Viergelenkketten abgeleitetes Getriebe. Die Drehwinkel φ_1 bis φ_3 gehören zu den Robotergrundachsen.

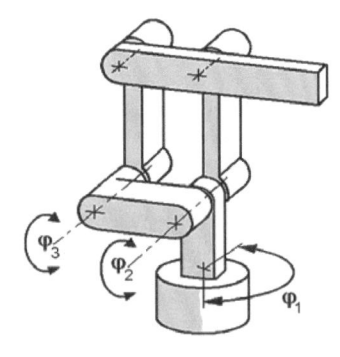

Viergelenkkette, gekreuzte
[cross-four-bar link mechanism]
Viergliedrige kinematische Kette mit vier Gelenken, bei der sich zwei gegenüberliegende Getriebeglieder kreuzen.

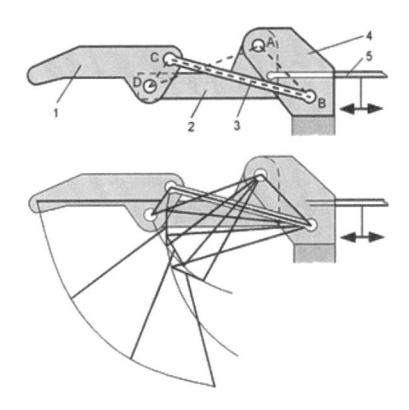

1 vorderes Fingerglied, 2 mittleres Glied, 3 Koppelstange, 4 Basis, 5 Antriebsstange

Man bezeichnet das auch als Antiparallelkurbel. In einen Fingergreifer eingebaut erhält man eine das Objekt umklammernde Greifbewegung.
→ *Gelenkfinger,* → *Fingergreifer*

Vierpunktgriff
[four point grip]
Außengriff von Werkstücken mit einem Backengreifer an vier Punkten der Kontur. Wenn sich die Greiferfinger einzeln anpassen können, ist das auch bei unterschiedlichen Werkstückformen möglich. Je mehr Griffpunkte vorhanden sind, desto geringer wird die Flächenpressung und desto schonender wird das Werkstück behandelt.

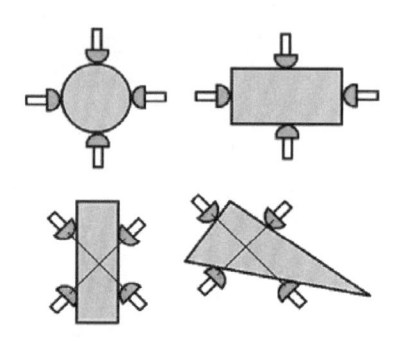

Vierquadrantenbetrieb
[four-quadrant operation]
Bei Maschinenantrieben laufen die Motoren in der Regel nicht nur in einer Richtung, d.h. in einem Zustand, sondern in den Quadranten I bis IV. Typisch sind somit folgende, auf die Diagrammdarstellung bezogenen Betriebszustände:

I   Beschleunigen und Antreiben im Rechtslauf
II Abbremsen im Rechtslauf; generatorischer Betrieb
III Beschleunigen und Antreiben im Linkslauf
IV Abbremsen im Linkslauf; generatorischer Betrieb

Damit ist der Antrieb sowohl Motor (M) als auch Generator (G). Drehmomente M und Drehzahlen n sind eine Funktion von Strom I und Spannung U.

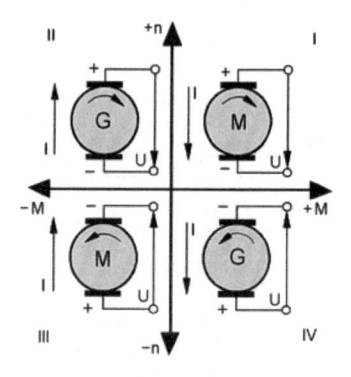

Vierquadrantendiode
[four quadrant photodetector]
Positionsempfindlicher, analog arbeitender optischer Sensor, der z.B. zur Orientierungserkennung einfacher Werkstücke verwendet werden kann. Es sind mehrere Fotodioden auf einem Halbleitersubstrat untergebracht. Die vier lichtempfindlichen Felder sind durch schmale Stege (10 bis 50 µm) getrennt. Aus den Quadrantenfotoströmen A lassen sich Aussagen über die Position ableiten.

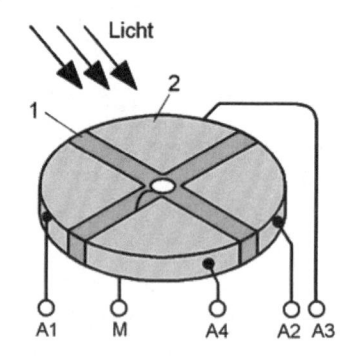

1 Trennsteg, 2 lichtempfindliche Schicht

Vierwegepalette
[four-way pallet]
Transportpalette, deren Füße und Klötze so angeordnet sind, dass man die Gabel eines Gabelstaplers von vier Seiten aus- bzw. einführen kann.

Viking-Landegerät
[Viking landing module]
Aufgabe der Vikung-Mission (1976) war die genaue Kartographierung der Marsoberfläche. Die → *Sonden* bestanden je-

weils aus dem Orbiter zur Beobachtung und dem Landegerät (Größe 3 m, Masse 0,5 t) für die Bodenerkundung mit einem Schaufelarm. Von Interesse sind Bodenzusammensetzung und die Frage nach eventuellen einfachen Lebensformen.

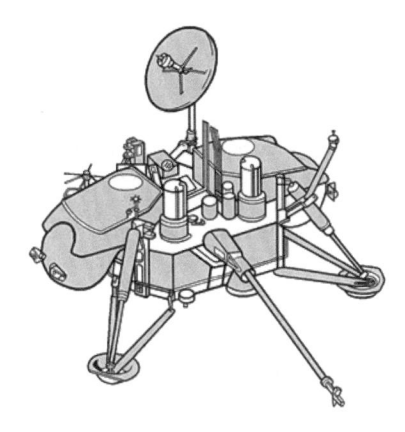

Virtuelle Produktion
[virtual production]
Planung, Validierung und Steuerung von Produktionsprozessen und -anlagen mit Hilfe virtueller Modelle von Produkt, Prozess und Anlage. Produktionsprozesse können so mit digitalen Modellen parallel zur Produktplanung entwickelt werden. **Beispiel:** Digitale Abbildung von Umform- oder Schweißprozessen.

Virtuelle Wirklichkeit
[virtual reality]
Gesamtheit der Techniken und Vorrichtungen, die es erlauben, im künstlichen Raum eines Computersystems in Echtzeit interaktiv umzugehen.

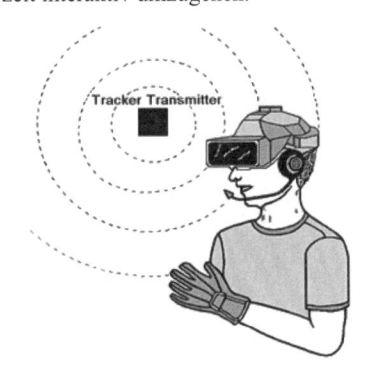

Virtuelles Produkt
[virtual product]
Planung, Konstruktion und Erprobung der Eigenschaften eines Produkts auf Basis von Simulationen an virtuellen Modellen des Produkts. Virtuelle Prototypen können die erwarteten Eigenschaften des Produkts absichern und optimieren.
→ *Virtuelle Produktion*

Visionssystem
[vision system]
Technisches Sichtsystem, auch als Maschinensehen bezeichnet, das zur Werkstück- und Umwelterkennung verwendet wird. Das V. kann integraler Bestandteil eines Roboters sein. Es ist eine andere Bezeichnung für ein Bildverarbeitungssystem.
→ *Bildverarbeitung*

Visualisierung
[visualizing]
Methode zur Analyse und interaktiven Betrachtung bzw. Verarbeitung komplexer Datenmengen durch visuell aufnehmbare Darstellungen. So kann man ganze Produktionsanlagen mit Hilfe einer Visualisierungssoftware grafisch darstellen. Schaltvorgänge können überwacht und per Mausklick ausgelöst werden. Die V. reicht von der kleinen Textanzeige bis zur vollständigen Anlagengrafik mit Auswertung von aktuellen Produktionsdaten.

Vollschrittbetrieb
[full-step operating mode]
Bei z.B. einem 2-phasigen → *Schrittmotorantrieb* eine Betriebsart, bei der beide Phasen des Motors gleichzeitig aktiv sind. Die Bestromung der beiden Wicklungen erfolgt mit um 90° zueinander versetzten Rechtecksignalen. Nachteilig ist die geringe Schrittzahl je Umdrehung und die Resonanzneigung. Wird die Stromzufuhr abgeschaltet, hält der Motor auf Grund eines starken Haltemoments seine Position.
→ *Schrittmotor*

Vorabschaltung
[on/off control]
Bei Steuerungen mit → *Abschaltpositionierung* (Abschaltkreis) eine auf Erfahrungswerten beruhende Position vor der eigentlichen Zielposition, an der die Geschwindigkeit reduziert wird, um die Zielposition mit nur geringer Streubreite zu erreichen. Ein Maschinenschlitten driftet in die Zielposition.
→ *Positionierfahrt*

Vorbunker
[prefeeder]
Den Zuführeinrichtungen, wie Stufenhubbunker oder Schöpfsegmentbunker, vorgesetzter Reservebehälter für Werkstücke. Das Nachfüllen erfolgt von Zeit zu Zeit automatisch. Ausführungsbeispiel: Bandbunker, Schwingrinne.

Vorschubantrieb
[feed drive]
Um ein Werkzeug zum Einsatz zu bringen, muss es gesteuert oder geregelt relativ zum Werkstück bewegt werden. Oft muss diese Relativbewegung sogar in mehreren Dimensionen zwischen Werkzeug und Werkstück erzeugt werden.

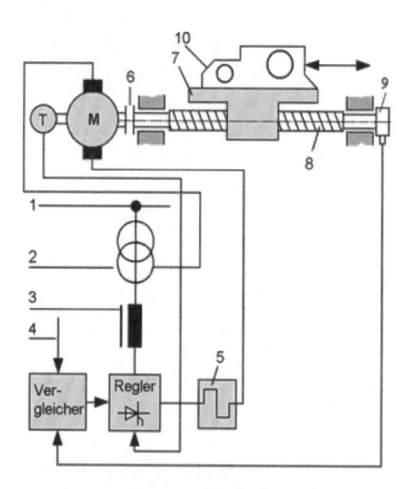

1 Netz, 2 Transformator, 3 Glättungsdrossel, 4 Sollwertvorgabe, 5 Motorschutz, 6 Kupplung, 7 Maschinentisch, 8 Kugelrollspindel, 9 Wegmesssystem, 10 Werkobjekt, T Tachogenerator

Für eine einachsige Gerätestruktur, die im Bild dargestellt ist, braucht man einen Antrieb. Das Arbeitsergebnis. d.h. auch die Arbeitsgenauigkeit, hängen wesentlich vom dynamischen Verhalten der Maschine ab, also von Geschwindigkeiten, bewegten Massen, Kräften und Drehmomenten.

Vorschubkorrektur
[feedrate override]
Manuelle Bedienhandlung, mit der eine programmierte Bewegung bei einer NC-Maschine oder einem Roboter prozentual verändert werden kann. So bedeutet 120 % einen schnelleren Ablauf als ursprünglich mit 100 %.

Vorspannkraft
[prestressing]
Kraft, mit der man die Wälzführungen an einem → *Führungswagen* im unbelasteten Zustand durch Stellelemente beaufschlagt. Die Wälzelemente werden also mit Kraft gegen die Profilschienen gepresst, wobei eine geringe Grundverformung der Wälzkörper eintritt. Dadurch können die Wälzkörper auch bei Systembelastungen aus allen Richtungen spielfrei führen. Die Qualität einer Führung wird u.a. durch die → *Steifigkeit* bestimmt und diese wiederum u.a. durch die Vorspannung des Systems. Diese sollte bei Kugelschienenführungen nicht mehr als ein Drittel der Lagerbelastung betragen.

Vorsteuerung
[pre-control, feed-forward control]
Maßnahme zur Verbesserung des Führungsverhaltens von lagegeregelten Servoantrieben bezüglich Drehzahl und Drehmoment. Dazu nutzt man den mathematischen Zusammenhang zwischen Lage, Drehzahl und Drehmoment aus. Ist der zeitliche Verlauf des Lagesollwertes bekannt, lässt sich durch Differentation des Lagesollwertes berechnen, welche Verläufe von Drehzahl und Drehmoment erforderlich sind. Das wird dann zusätzlich in die Drehzahl- bzw. Stromregel-

kreis eingegeben. Das entlastet Strom- und Drehzahlregler und macht den Antrieb dynamischer, weil die eigentliche Reaktion der Regler auf eine Sollwertänderung oder eine Störgröße vorweg genommen wird.

Vorsteuerventil
[pilot valve]
In der Fluidtechnik ein → *Pilotventil*

Vorwärtstransformation
[forward kinematics]
Mit der V. kann die kartesische Position des Robotereffektors aus den Achsvariablen berechnet werden. Die Darstellung erfolgt dann in Weltkoordinaten. Unter „Position" ist sowohl der Ort als auch die Orientierung des Effektors zu verstehen.
→ *Rückwärtstransformatio,* → *inverse Kinematik*

Vorwärtsverkettung
[feedforward chaining]
Strategie des Suchens in Suchbäumen, bei der man von den vorliegenden Daten und Fakten (von der Baumwurzel) ausgeht und versucht, so eine Lösung der Aufgabe zu erhalten. Es wird von der Anfangs- auf die Endsituation geschlossen, indem Regeln solange angewendet werden, bis der Zielzustand erreicht ist. Synonyme: Datengetriebene Strategie, vorwärtsgesteuertes Schlussfolgern, synthetisches Schlussfolgern.
→ *Rückwärtsverkettung*

Vorzugslage
[preferred orientation]
Stabile Werkstückorientierung, die ein Werkstück auf Grund seiner Geometrie und Schwerpunktlage auf einer ebenen Fläche bzw. schwingenden Bahn vorzugsweise einnimmt. Sie ist durch Versuche näherungsweise bestimmbar.

VR-Motor
[VR motor]
Motor mit variablem Magnetwiderstand (variabler Reluktanz). Der Rotor besitzt mehrere Zähne, wobei jeder Zahn ein eigenständiger Magnet ist. In Ruhestellung nehmen die Magneten eine natürliche Halteposition ein, wodurch ein großes Haltemoment erzeugt wird.

W

Waagerecht-Bandzuführgerät
[horizontal belt feeder]
Flächenspeicher für die Teilebereitstellung an Maschinen. Die Teile werden ständig auf Förderbändern bewegt. Teile in Richtiglage werden am Endpunkt für das Abgreifen bereitgehalten.

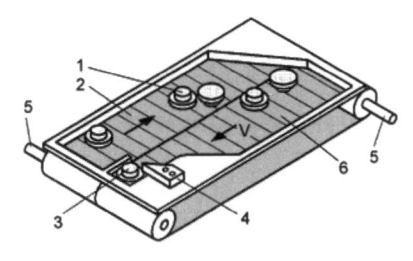

1 Werkstück, 2 Förderband, 3 Abgreifposition, 4 Orientierungskontrolle, 5 Antriebsachse

Wabot
Abk. für Waseda Robot; Baureihe von humanoiden Robotern, deren Entwicklung 1970 bis 1973 an der Waseda-Universität in Tokio durchgeführt wurde. *Wabot I:* Erster primitiver Torso; *Wabot II*: Mit Händen und Füßen Orgel spielender Roboter (1985); *Wabot III*: Verfügt über einfache kognitive Fähigkeiten, die etwa dem Verhalten eines einein-halbjährigen Kindes entsprachen. Sein Gehen war statisch. W. gilt als erster humanoider Roboter der Welt.

Wachschutzroboter
[security robot]
Autonomer mobiler Roboter, der in einem definierten Areal (Werkhalle, Gefängnis, Wohnanlage) dank einer umfassenden Sensorisierung Bewachungsaufgaben wahrnehmen kann. Weiterhin

müssen Detektoren und Navigationshilfsmittel zur kollisionsfreien Fahrt sowie Mittel zur Kommunikation mit der Außenwelt vorhanden sein. Das Bild zeigt den W. ROBART II aus dem Jahre 1984 (*Naval Ocean Systems Center, San Diego*).

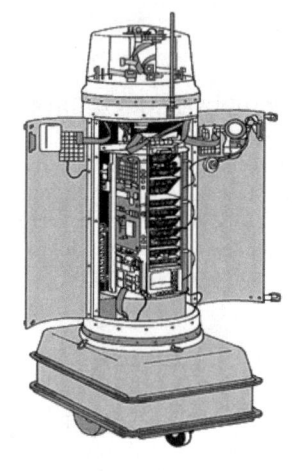

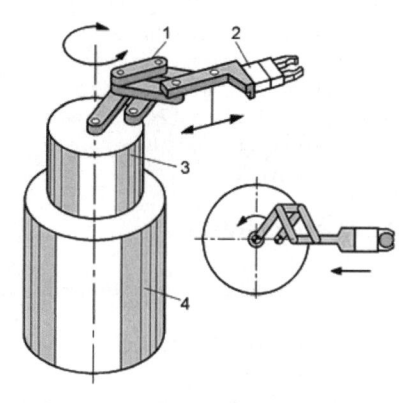

1 Gelenkarm 2 Greifer, 3 Drehplattform, 4 Motorgehäuse und Basiseinheit

Waffensystem mit Manipulator
[weapon system with manipulator]
In der Militärtechnik werden Manipulatoren in Kombination mit Panzerfahrzeugen als brauchbare Technik angesehen. Das kann z.B. eine elevierbare und hochbewegliche Plattform sein, die eine Laserwaffe mit mehreren Megawatt Leistung besitzt. Atmosphärische Belastungen wie natürliche und künstliche Nebel sowie Staubwolken würden allerdings den Laserstrahl sehr abschwächen.

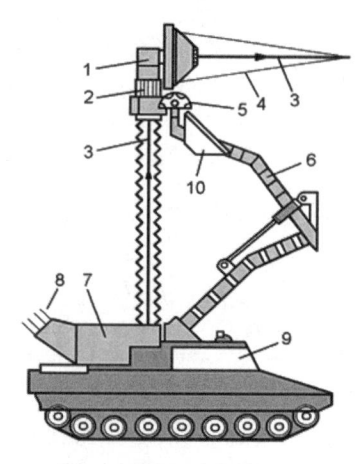

Wafer
[silicon wafer]
Siliziumscheibe als Trägermaterial, die für die Herstellung integrierter Schaltkreise eingesetzt wird.

Wafergreifer
[wafer gripper]
Fingergreifer für Industrieroboter zur Handhabung von Siliziumscheiben (Wafer). Die Greifbacken dürfen keinen großen Anpressdruck ausüben, beim Greifen keine Gleitbewegungen zwischen Greifbacke und Scheibe zulassen und es muss senkrechte wie waagerechte Handhabung möglich sein. Es gibt inzwischen W., die den Wafer berührungslos mit Leistungsschall halten.

Waferhandling
[wafer handling]
Handhabungseinrichtung mit zwei oder drei Bewegungsachsen für die Handhabung dünner und empfindlicher Siliziumscheiben. Ein Gelenkarm genügt, um Teile aus einer Kassette zur Prozessstation und wieder zurückzubringen.

1 Fokussieroptik und Spiegel, 2 Plattform mit Gelenkachsen, 3 Laserstrahl-Impuls, 4 Reflexsignal vom Ziel, 5 Ortungssystem, 6 Manipulatorarm, 7 Laser, 8 Laser-Abwärme/Abgas, 9 Vorratstank, 10 Schutzkappe für Teleskop während des Marsches

Wägesystem
[weighing system]
System (Sensor) zur Bestimmung von Gewichtskräften, in dem die Veränderung eines Verformungskörpers mit Dehnungsmessstreifen erfasst wird. Der Verformungskörper befindet sich dabei im Kraftfluss.

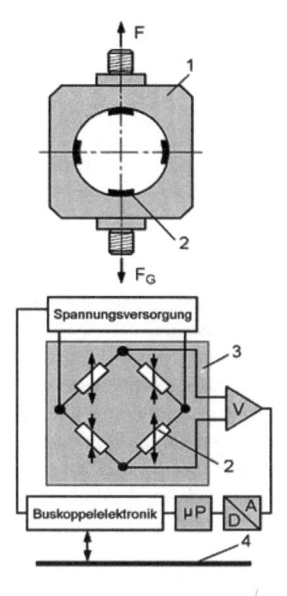

1 Verformungskörper, 2 Dehnungsmessstreifen, 3 Sensor, 4 Feldbus,

Unter Last werden zwei Dehnmessstreifen gedehnt und zwei gestaucht. Sie befinden sich in einer Vollbrückenschaltung.

Wahrheitstabelle
[truth table]
Tabelle zur übersichtlichen Darstellung, die alle Kombinationen der in einem Term vorkommenden logischen Variablen und die dazugehörigen Ergebnisse enthält.

Wahrscheinlichkeitsverhältnis
[likelihood ratios]
Verhältnis, das bedingte Wahrscheinlichkeiten in einer Form ausdrückt, die bestimmte Berechnungen vereinfacht.

Walk-Through Progamming
Programmierung eines Roboters in X, Y und Z nicht über ein Bediengerät, sondern durch Anfassen direkt am → *TCP*. Der ausbalancierte Roboterarm wird bei deaktivierten Motoren vom Programmierer entlang der gewünschten Bahn geführt. Dabei werden die Bahndaten abgespeichert. Es ist eine direkte Teach-in Programmierung speziell für ältere Farbspritzroboter, mit dem Ziel möglichst fließende Bewegungen zu erzeugen.
→ *Playback-Programmierung*

Walkwand-Schneckendosierer
[worm dosing with flexible walls]
Volumendosiereinrichtung mit einer Förderschnecke (ragt im Bild in die Bildtiefe). Damit die Schnecke einen hohen Füllungsgrad erreicht, wird die Gummiwand des Bunkers mit rollenbesetzten Paddeln gerüttelt. Die Dosierung des Schüttgutes (Pulver, Granulat) erfolgt durch Vorgabe eines bestimmten Schneckendrehwinkels.

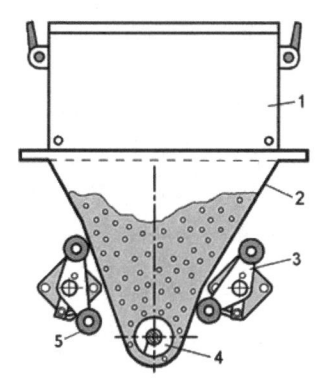

1 Aufsatzbunker, 2 flexibler Bunker, 3 Rollenpaddel, 4 Schnecke

Walzenordnungseinrichtung
[orientation unit with rollers]
Einrichtung zum Ordnen und Zuführen schaftlastiger Teile mit Kopf wie z.B. Schrauben oder Niete. Die Walzen laufen gegensinnig und sind geneigt. Aufgegebene Teile hängen sich aus und wandern zum Ausgang. Sie fallen in ein Schachtmagazin.

471

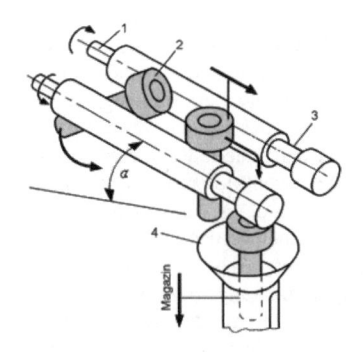

1 Walze, 2 Werkstück, 3 Durchstich, 4 Fangtrichter

Walzenvorschubeinrichtung
[roll feeder]
Zuführeinrichtung für Band- und Streifenmaterial, insbesondere an Pressen. Die Walzen drehen sich periodisch und schieben den Werkstoff je nach Drehwinkel und Walzendurchmesser um einen geplanten Betrag vorwärts. Es gibt W., deren Parameter frei programmiert werden können.

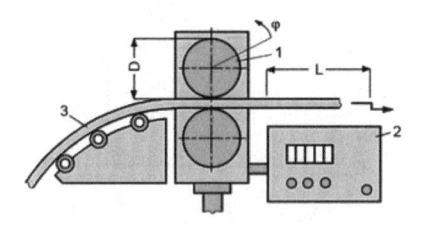

1 Transportwalze, 2 Steuerung, 3 einlaufendes Band

Wälzführung
[guideways fitted with rolling elements]
Führungsart, bei der ein oder mehrere → *Führungswagen* mit eingebauten Rollen- oder Kugelumlaufeinheiten auf Führungsschienen laufen. Die Führungsflächen gleiten nicht aufeinander, sondern rollen auf den zwischen ihnen eingebauten Wälzkörpern (Kugeln, Rollen) ab. Die Führungen sind kompakt, steif, hochtragfähig sowie dämpfend und verfügen über vorgespannte, rollende Laufsysteme.
→ *Vorspannkraft*

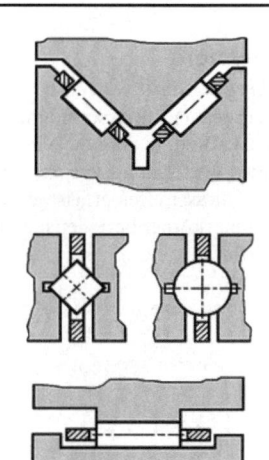

Wärmeklasse
[temperature rise class]
Einteilung von Elektromotoren nach der höchsten zulässigen Temperatur, der die Wicklungen des Motors unter Last bzw. im Betrieb ausgesetzt werden dürfen. Wird die Grenztemperatur überschritten, kommt es zum vorzeitigen Ausfall der Wicklungen bzw. ihrer Isolation und damit zum vorzeitigen Ausfall des Motors (IEC 43, VDE 0530).

Warteposition
[waiting position]
Raumposition innerhalb des Bewegungszyklus eines Roboters, die zur zeitlichen Bewegungssynchronisation mit dem Rhythmus anderer technologischer Ausrüstungen oder peripherer Einrichtungen dient. Die Wartezeit wird mit programmiert.

Wasserschlag
[pulsation]
Druckstoß (Kondensationsschlag oder Youkowski-Stoß), der immer dann entsteht, wenn die Strömungsgeschwindigkeit von geförderten Stoffen, zumeist Flüssigkeiten, schnell geändert wird, vergleichbar mit dem Fall: Auto fährt gegen Baum. Der W. tritt besonders in langen Leitungen bei schnellen Flüssigkeitsströmen und plötzlichem Absperren auf.

Watchdog
Gerät oder Schaltung zur Zeitüberwachung eines zyklischen Vorgangs, also des regulären Ablaufs von Programmen und Funktionen. Im Störfall können auch Tests ablaufen, die zur Erkennung und Anzeige von Fehlern führen.

Wave-Generator
In einem → *Harmonic-Drive-Getriebe* eine sich drehende ovale Scheibe oder ersatzweise sich planetenartig drehende Rollen, deren Aufgabe darin besteht, den flexiblen Zahnkranz (→ *Flexspline*) in umlaufenden Wellen zu verformen.

Wechsellicht
[pulsed light]
Licht mit einer sich periodisch ändernden Strahlungsleistung (Lichtfrequenz, Impulsform).

Wechselmagazin
[changing magazine]
Magazin mit einer besonderen Koppelstelle (Schnittstelle), die dazu dient, ein komplettes Magazin mit oder ohne Inhalt rasch austauschen zu können. Mitunter sind auch Signalleitungen, z.B. zur Füllstandsüberwachung, integraler Bestandteil des W.

Wechselrichter
[inverter, inverter module]
Stromrichter, der Gleichstrom aus einem Gleichstromnetz in Wechselstrom umformt, um damit einen Drehstrommotor betreiben zu können.
→ *Stromrichter*

Wechselsystem
[gripper changing system]
Baugruppe zum schnellen manuellen, meist aber automatischem Wechsel eines Greifers oder auch Werkzeugs über eine standardisierte mechanische Schnittstelle (DIN ISO 9409). Dabei sind auch Versorgungs- und Informationsleitungen zu trennen bzw. zu koppeln.
→ *Flansch*, → *Greiferwechselsystem*, → *Greifermagazin*

Wechselsystem, manuelles
[manual exchange system]
System für den Endeffektorwechsel an Handhabungseinrichtungen. Die Verriegelung von Fest- und Losteil geschieht mit Hilfe einer abgeflachten Querstange, die über einen Handhebel verdreht wird. Es gibt noch andere Systeme.
→ *Greiferwechselsystem*

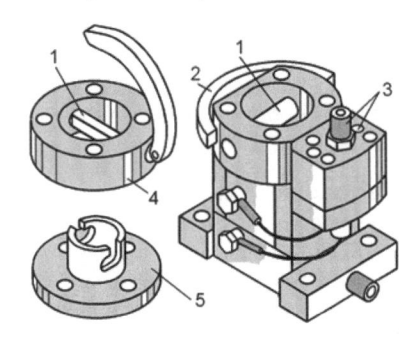

1 Querstange, 2 Handhebel, 3 Medien- und Signalleitungskoppler, 4 Festteil, 5 Losteil für den Effektor

Wegaufnehmer, magnetostriktiver
[magnetostrictive displacement sensor]
Längenmesssystem mit einer Auflösung bis etwa 2 µm und Wiederholgenauigkeiten von 0,001 %. Basis ist ein Wellenleiter (Röhre) aus einer magnetostriktiven Eisen-Nickel-Legierung mit eingezogener stromführender Leitung und Aufnehmerspule (Torsionsimpulswandler). Der Positionsgeber ist ein Ring mit vier Permanentmagneten. Ein Stromimpuls im Leiter erzeugt um den Wellenleiter ein axial gerichtetes rotatives Magnetfeld, das auf den Magnetring trifft. Die Überlagerung beider Magnetfelder löst einen Torsionsimpuls durch Längs-Magnetostriktion des Wellenleiters aus. Die Zeit zwischen der Auslösung des Torsionsimpulses und der Induzierung eines elektrischen Signals ist ein Maß für den Weg. Die Wegmessung wurde also auf eine Zeitmessung zurückgeführt.
→ *Magnetostriktion*

W◄

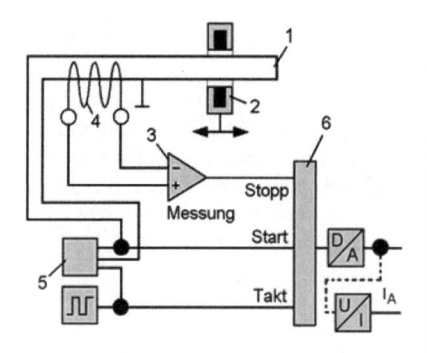

1 Schallwellenleiter, 2 Positionsgeber, 3 Verstärker und Komparator, 4 Torsionsimpulswandler, 5 Steuerlogik, 6 Zähler

Wegbedingungen
[G-functions]
Im NC-Programm eine der G-Funktionen (G00 bis G99), mit denen festgelegt wird, wie die programmierte Position anzufahren ist: Auf einer Geraden, einer Kreisbahn, im Eilgang oder z.B. mit einem Bohrzyklus.

Wegeventil
[directional control valve]
Ventil, welches in Fluidkreisläufen vorwiegend zur Änderung der Durchflussrichtung des Fluids bestimmt ist. Dazu ist im Gehäuseinnern ein Steuerschieber eingebaut, der je nach Stellung Kanäle sperrt oder öffnet. Die Verstellung kann per Hand oder mit Fremdsteuerung erfolgen. Im Bild wird ein 2/5-Wegeventil gezeigt. Das bedeutet 2 Ventilschieberstellungen und 5 gesteuerte Anschlussleitungen

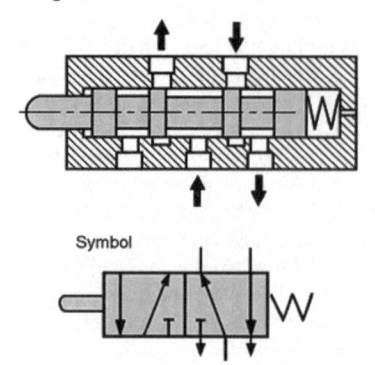

Wegeventil-Betätigungssymbole
[valve actuation symbols]
Wegeventile zur Steuerung der Druckluftverteilung können durch verschiedene Vorsätze zur Verschiebung des Steuerschiebers betätigt werden.

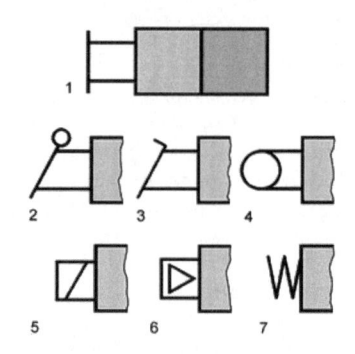

1 handbetätigt, 2 Hebel, 3 Fußpedal, 4 Rolle für Kurve oder Gelenkhebel, 5 Magnetspule, 6 innenvorgesteuert, 7 Feder

Weginformationen
[dimensional data]
In einem NC-Programm alle Sollwertvorgaben für die NC-Achsen unter den Adressen X, Y, Z, U, W, R.

Wegmesssystem
[position measuring system]
Einrichtung zur Feststellung des Istweges oder Istwinkels von bewegten Maschinenkomponenten, um diese dann in einen Regelkreis einbinden zu können. Die W. lassen sich unterscheiden:

- nach der Messwerterfassung (analog, digital)
- nach der Messwertabnahme (translatorisch, rotatorisch)
- nach dem Messverfahren (absolut, inkremental, zyklisch-absolut)
- nach der Messsystemankopplung (direkt, indirekt über Getriebe)
→ *Winkelmesssystem*

Wegmessverfahren
[method to the path measurement]
Absolute W. beziehen alle Messsignale auf einen Nullpunkt der Bewegungseinheit. Inkrementale W. beruhen auf dem

Zählen von Inkrementen je zurückgelegtem Verfahrweg. Die Zählung beginnt von einem Referenzpunkt aus. Bei zyklisch-absoluten W. wiederholt sich der Messwert zyklisch. Der eigentliche Positionswert ergibt sich aus der Anzahl der durchlaufenen Zyklen plus Anteil im gerade angebrochenen Zyklus (analoger Anteil).

Wegwerfmanipulator
[one way manipulator]
In der Kerntechnik ein Manipulator, der möglichst einfach aufgebaut sein sollte und der für eine Instandsetzung nicht vorgesehen ist. Durch die radioaktive Kontamination des W. kommt eine Instandsetzung außerhalb der „heißen Zelle" nicht in Betracht.

Weiche
[flip-type switch]
In der Materialflusstechnik ein mechanisches Schaltelement, um Werkstücke in mehrere Kanäle zu verteilen. Je geringer der Abstand der ankommenden Teile zueinander ist, desto schneller muss das Umschalten erfolgen.
→ *Verteilen*

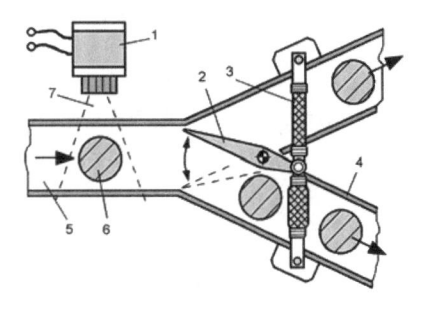

1 Kamera, 2 Weichenzunge, 3 Fluidmuskel, 4 Gleitbahn, 5 Zuführstrecke, 6 Werkstück, 7 Sichtbereich

Weitbereichsnetzteil
[wide-range supply unit]
Stromversorgung, die an verschiedenen Netzspannungen betrieben werden kann, ohne dass sie durch manuelles oder automatisches Umschalten angepasst werden muss.

Weitergeben
[forwarding]
In der Handhabungstechnik das Bewegen von Körpern aus einer vorgegebenen in eine andere vorgegebene Position entlang einer nicht definierten Bahn. Der Orientierungsgrad des Arbeitsgutes wird dabei nicht verändert. Anfangs- und Endposition sind vorgegeben. Ein- und Ausgeben sind Varianten des W. Das W. kann kontinuierlich, aber auch in kleinen Schritten erfolgen, wie z.B. bei einem Hubbalkenförderer.

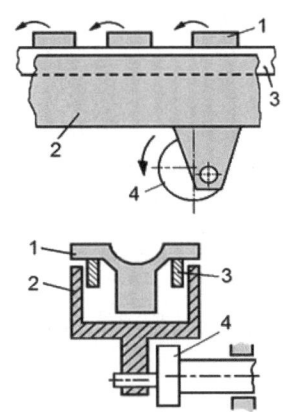

1 Werkstück, 2 Hubbalken, 3 stationäre Schiene, 4 Exzenter

Wellenausgleichskupplung
[alignment coupling]
Kupplung, die Wellenenden spielfrei verbindet, kleine Winkel und Fluchtungsfehler torsionssteif ausgleicht und Rotationsleistungen überträgt, wie z.B. Metallbalgkupplungen. Ohne Ausgleich kann es bei nicht übereinstimmenden Wellenachsen zu erhöhtem Lagerverschleiß kommen.
→ *Kupplung,* → *Überlastkupplung,* → *Oldham-Kupplung*

Wellenführung
[guideway with profile bar]
Linearführung, die aus Präzisionswellen und Wellenböcken mit wahlweise Lineargleitlagern oder Linearkugellagern als Paarung besteht.
→ *Kugelbüchsenführung*

Wellengreifer
[shaft part gripper]
Greifer für die Beschickung von Werkzeugmaschinen mit Wellen, wobei die Greifbacken meistens eine Prismaform haben. Bei längeren Wellen (ab 300 mm) kann es günstig sein, wenn man das Objekt im Vierpunktgriff mit zwei Greifern anfasst. Der Masseschwerpunkt der Welle soll dann genau zwischen den Greifern liegen.

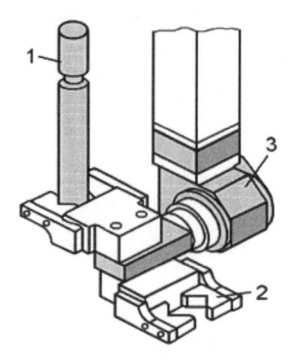

1 Werkstück, 2 Greifbacke, 3 Schwenkeinheit (*Promot*)

Wellgetriebe
[harmonic drive gear]
Bezeichnung für Getriebe in der Art des → *Harmonic-Drive-Getriebes*, abgeleitet aus der „harmonischen Welle", die einem elastischen Zahnring als ovale Verformung aufgezwungen wird.

Weltkoordinatensystem
[world coordinate system]
Absolutes kartesisches Koordinatensystem, das bei einem Roboter „fußbodenfest" bzw. gestellfest angegeben wird. Die Weltkoordinaten sind unabhängig von der Aufstellung und der kinematischen Struktur des Roboters. Sie werden auch als Umwelt- oder Absolutkoordinaten bezeichnet. Sie fallen oft mit den → *Basiskoordinaten* zusammen.

Weltmodell
[model of the world]
Interne Repräsentation (Abbild) der Umwelt, in der ein Roboter arbeitet oder sich bewegt. Das W. dient der Bewegungsplanung von Roboterarmen oder autonomen mobilen Robotern. Je nach Anforderung ist das W. unterschiedlich genau. Häufig wird die Geometrie der Objekte in der Umwelt (etwa in Form zweidimensionaler Karten oder dreidimensional durch eine Annäherung mit Hilfe von Kugeln, Quadern etc.) repräsentiert. Es können aber auch Beziehungen und Abhängigkeiten zwischen Objekten modelliert werden, oder auch Farben, Gewichte usw.

Weltraumrobotik
[space robotics]
Robotertechnik zur Erkundung des Weltraums anstelle bemannter Raumflüge und auch die Vorbereitung bemannter Missionen. Meistens handelt es sich um ferngesteuerte Manipulatoren oder Fahrzeuge. Das Bild zeigt einen Schreitroboter (*G.P. Katis*, 1971, UdSSR), der durch Verschiebung einer Gerätekapsel (1) längs einer Stange (2) seinen Schwerpunkt verlagern kann. Dadurch kann er eines der Dreibeinfüße (3) neu setzen und auch Spalten überwinden.

→ *Sonde*, → *Rover*

Wendelförderer
[helical conveyor]
Förderketteneinheit zur Überwindung eines Höhenunterschiedes zwischen Ein- und Ausgabestelle. Die wendelige Bandführung erfordert den Einsatz einer → *Mehrrichtungskette*, die in zwei Ebenen biegbar ist. Das Bild zeigt ein Ausführungsbeispiel.
→ *Doppelgelenkkette*

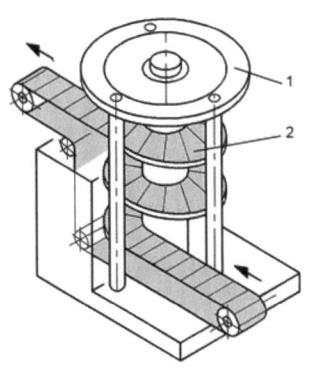

►W

1 Gestell mit Mittelachse, 2 endlose Mehrrichtungskette

Wendelgleitbahn
[helical chute]
Abwärtsförderstrecke, auf der Werkstücke infolge ihrer Schwerkraft nach unten gleiten. Erfolgt die Teileeingabe in verschiedenen Wendelhöhen (Bild), dann ist eine sequentielle Teilebereitstellung einrichtbar. Die Wendel muss mit passenden Winkeln α und β versehen sein.

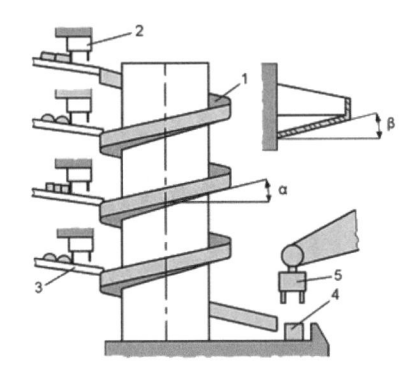

1 Wendelgleitbahn, 2 Zuteiler, 3 Zuführrinne, 4 Werkstück, 5 Robotergreifer

Wenden
[turning]
Vorgang, bei dem die Oberseite eines Objekts zur Unterseite wird. Es ist als Drehen um 180° zu verstehen. Flachteile lassen sich mit einem verdrehten Flachriemenpaar während des Durchlaufs W., wie man es im Bild sehen kann.
→ *Drehen*

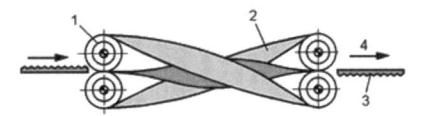

1 Umlenkrolle, 2 Flachriemen, 3 Werkstück, 4 Förderrichtung

Wendeplatz
[roll-over fixture, turnover fixture]
Werkstückablageposition in der Nähe einer Bearbeitungsstelle, um Werkstücke für eine Zweiseitenbearbeitung wenden zu können. W. sind häufig mit gesonderten Antrieben versehene Vorrichtungen.

Werkobjekt-Koordinatensystem
[object coordinate system]
Koordinatensystem, welches Position und Orientierung eines zu bearbeitenden oder zu manipulierenden Objekts bezüglich des Basiskoordinatensystems eines Roboters angibt.

Werkstückaufnahme
[workholder, workpiece support]
Elemente bzw. Verfahren zum Halten von Werkstücken in einer definierten Position und Orientierung in Werkstückmagazinen mit flächigem Ablagemuster.

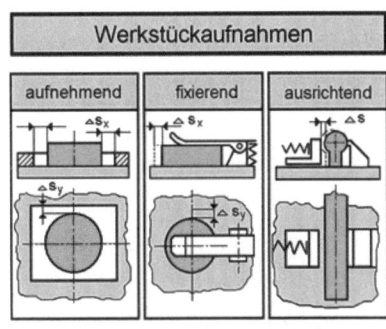

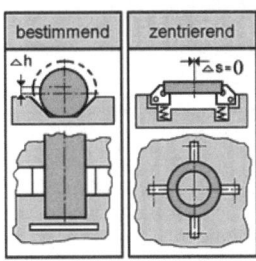

Werkstückaufnahmeelement
[work-holding fixture]
Werkstück- oder werkstückgruppenspezifisches Halteelement mit einheitlicher Schnittstelle zum Magazinrahmen (Palette aus Metall) zur Positionierung und Fixierung der Werkstücke relativ zum Magazinrahmen. Beispiel: Magazinstangen, die beim Stapeln von Zahnrädern in die Zahnlücken eingreifen.

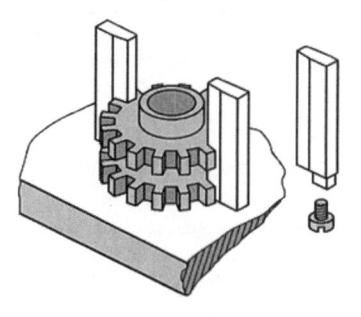

Werkstückeigenschaften
[features of part]
Kennzeichnung für die Beschaffenheit von Werkstücken. Dazu zählen der Verhaltenstyp, die geometrischen Daten, kennzeichnende Formelemente wie Bohrungen, Absätze, Schlitze, Nuten und die physikalischen Ruhe- und Bewegungseigenschaften.

Werkstückerkennungssystem
[reconnaissance system for workpieces]
Ein System zur Wiedererkennung von vereinzelten Werkstücken.

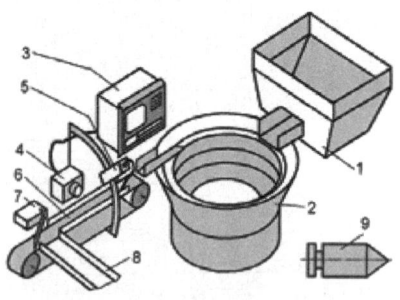

1 Schüttgutbunker, 2 Zuführgerät, 3 Kleincomputer, 4 Lichtquelle, 5 optischer Abtaster, 6 Linearförderband, 7 Werkstückabweiser, 8 Rückführeinrichtung, 9 Werkstück

Die Teile werden aus einem Bunker gefördert und laufen an einer Kamera vorbei. Danach folgt im Ergebnis der Bildauswertung das Aussondern von falsch orientierten Teilen. Das Prinzip entspricht dem Verfahren "Ordnen durch Auslesen". Das Messergebnis wird bis zur Abwurfstelle zeitlich mitgeführt.

Werkstückfamilie
[parts family]
Werkstückgruppe mit bestimmten gemeinsamen Merkmalen, wie z.B. geometrische und fertigungstechnische Eigenschaften.

Werkstückhandhabung
[workpiece handling]
Wichtigstes Teilgebiet der Handhabungstechnik, das sich mit der Manipulation von Werkstücken, Halbzeugen, Gussstücken usw. befasst. Ursprünglich bezog man sich nur auf die W.

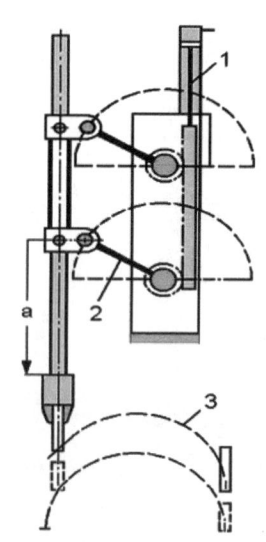

1 Pneumatikzylinder, 2 Parallelkurbel, 3 Effektorbewegungsbahn, *a* Vertikalhub

Erst mit den freiprogrammierbaren Robotern gelang es, auch andere Gegenstände wie Werkzeuge, Spannzeuge, landwirtschaftliche Produkte, Kameras, Messmittel u.a. erfolgreich automatisch zu handhaben. Man spricht heute allgemein von „Handhabung". Für unkomplizierte Bewegungsabläufe mit Pick & Place Charakter wurden einfache Handhabungseinrichtungen entwickelt.

Werkstückmagazin
[storage of workpieces]
Speicher für vollständig geordnete Werkstücke im maschinennahen Raum, der zur Werkstückbereitstellung an einer Montage- oder Bearbeitungsmaschine dient. Er kann fest installiert, wechselbar oder fahrbar sein. Außerdem kann er passiv oder aktiv sein. Letzterer hat Antriebe, mit denen er das magazinierte Gut stets in eine definierte Entnahmeposition bringen kann.
→ *Werkstück-Trägermagazin*

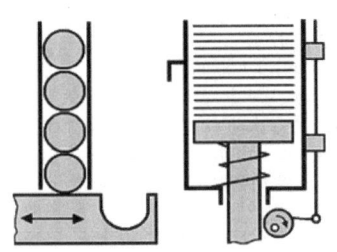

Schachtmagazin   Kassettenmagazin

Werkstückspeicher
[component store, magazine, workpiece store]
Oberbegriff für alle Einrichtungen zum Bereitstellen und/oder Aufnehmen von Werkstücken.

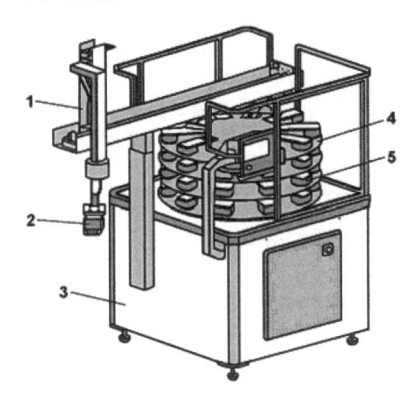

1 Vertikal-Hubeinheit, 2 Greifer, 3 Unterbau mit Antrieb, 4 Magazinteller, 5 Werkstück

Die Objekte liegen in einem typischen Orientierungsgrad bzw. Ablagemuster vor. Danach wird unterschieden in Bunker (ohne Ordnung), Stapeleinrichtungen (teilgeordnetes Arbeitsgut) und Magazine (Vollordnung). Typische Ausführungen sind z.B. Flachpaletten, Werkstück-Trägermagazine, Trays, Magazinrinnen, Bänder und Scheibenmagazine. Sie können auch als → *Störungsspeicher* in Transferanlagen eingebaut sein. Dann entkoppeln sie Arbeitsstationen voneinander und schränken die negativen Folgen des Ausfalls einer Station ein.

Werkstückträger
[work piece carrier, carrier platform, work-piece pallet]
Für das Aufnehmen eines Werkstücks oder mehrerer Teile eingerichtete technische Einrichtung (Arbeitsplatte), die den Durchlauf von Werkstücken durch Arbeitslinien, insbesondere Montagetransfersysteme, erleichtert oder überhaupt erst möglich macht. Beispiele: Flachpaletten, Montageplattformen für Montagebasisteile. An der Montagestation werden die W. oft indexiert und gespannt, ehe eine Montage ausgeführt wird. Der W. ist zugleich Schnittstelle zwischen einem universellen Transportsystem und der speziellen Gestalt wechselnder Werkstückformen.

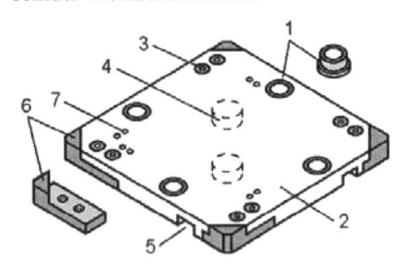

1 Positionierbuchse, gehärtet, 2 Arbeitsplatte, Aluminium, 3 Befestigungsschraube, 4 Datenchip, eingeklebt, 5 Führungsnut, 6 Eckkante, gehärtet, 7 Zentrierstift

Werkstück-Trägermagazin
[magazine for workpieces]
Magazin in Flachpalettenbauart, bei dem für jedes Werkstück ein eigener Spei-

cherplatz vorgesehen ist. Die Belegung mit Werkstücken geschieht meistens nur einlagig. Die W. sind stapelbar und dafür besitzen sie an den Endpunkten → *Stapelelemente*. Diese erfüllen gleichzeitig Zentrieraufgaben. Die W. sind roll- und gleitbahnfähig, so dass sie z.b. an Montageplätzen auch automatisch bereitgestellt werden können.

Werkstückträgerschnelleinzug
An Transfersystemen eine technische Lösung, die einen Werkstückträger besonders schnell in die Arbeitsposition einziehen kann. Dadurch entsteht gegenüber dem Einfahren mit Förderbandgeschwindigkeit ein Zeitvorteil. Technische Elemente sind Zahnriementrieb mit Servomotor-Antrieb und z.b. der Einzug mit einer Transportschnecke.

Werkstückverhalten
[workpiece behaviour]
Kennzeichnung für typische Zustände, die ein Werkstück einnehmen kann. Zu unterscheiden ist das Verhalten einzelner Teile und solcher im Verband (Werkstückschlange), auch das Ruhe- und Bewegungsverhalten. Zum Ruheverhalten zählen Lagestabilität, Standsicherheit, Vorzugslagen, Unordnungsgrad, Stapel- und Hängefähigkeit, Verhalten im Haufwerk (Verwirren mehrerer Teile). Zum Bewegungsverhalten werden gezählt: Gleit- und Rollfähigkeit, Richtungsstabilität beim Gleiten oder Rollen, Stoßempfindlichkeit, Schüttfähigkeit.
→ *Verhaltenstyp*

Werkstückzuführung
[feed of work pieces]
Automatisches Zu- und Abführen von Werkstücken an einer Montage- oder Bearbeitungsmaschine im Zyklus des Arbeitsvorganges. Magazinierte Teile werden zugeteilt, eingegeben z.B. in eine Spannvorrichtung und nach der Bearbeitung wieder abgeführt. Beispiel: W. an einer Spitzenlos-Schleifmaschine.
→ *Zubringen*, → *Zuführkanal*, → *Werkstückhandhabung*

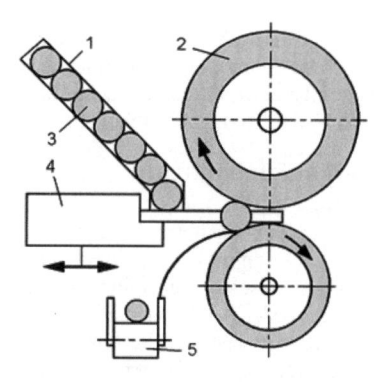

1 Schwerkraftmagazin, 2 Schleifscheibe, 3 Werkstück, 4 Einstechschlitten, 5 Abtransportband

Werkzeuggreifer
[tool gripper]
An NC-Maschinen mit automatischem Werkzeugwechsel ein Greifer, dessen Greiforgane den Griffstellen am Werkzeug angepasst sind. Das sind z.B. Flächen und Rillen am Ende vom Steilkegel eines Maschinenwerkzeugs.

Werkzeughandhabung
[tool handling]
Bearbeitungs- oder Fügewerkzeuge als Effektor eines Industrieroboters, um eine Werkstückbearbeitung durchzuführen, z.B. bohren, entgraten, schleifen, polieren oder schweißen.

Werkzeugkoordinatensystem
[tool frame]
Koordinatensystem, welches sich auf das Bearbeitungswerkzeug bezieht oder auf den Werkzeugträgerbezugspunkt. Zur eindeutigen Festlegung der Bearbeitungsoperationen sind die Richtung der Koordinatenachsen und die Lage der Bezugspunkte zwischen Maschine, Werkzeug und Werkstück erforderlich.

Werkzeugkorrektur
[tool compensation]
In einer NC-Steuerung gespeicherte Korrekturwerte, um die Abweichungen der Werkzeuglänge, unterschiedliche Werkzeugradien, die Werkzeuglage (auch die

Orientierung) oder den Werkzeugverschleiß zu kompensieren. Sinngemäß trifft das auch auf Roboterwerkzeuge zu.

Werkzeugmagazin
[automatic tool magazine]
Integrierter Bestandteil einer NC-Maschine mit automatischem Werkzeugwechsel. Es gibt W. mit senkrechtem oder waagerechtem Teller- bzw. Kronenrevolvermagazin, Reihenmagazine mit Lineartaktung und Kettenmagazine neben oder über der Arbeitsspindel.
→ *Werkzeugwechsler, automatischer*

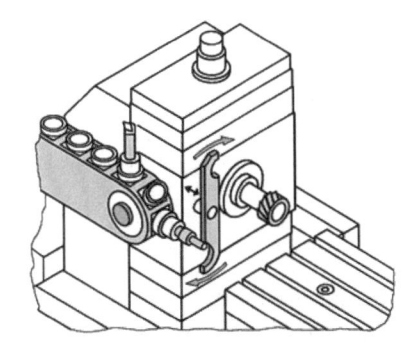

Werkzeugwechselgreifer
[tool exchange gripper]
Einzweckgreifer, der an NC-Maschinen das Werkzeug aus einem Scheiben-, Ketten- oder Reihenmagazin entnimmt und in die Arbeitsspindel der Maschine einsetzt. Der W. findet am Maschinenwerkzeug eine stets einheitliche Griffstelle vor, weshalb keine Flexibilität erforderlich ist. Für das Sichern des Werkzeugs im W. werden vorhandene Formelemente, wie umlaufende Griffrillen oder Greifnuten, ausgenutzt.

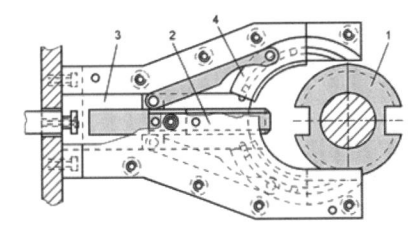

1 Werkzeug, 2 fester Anschlag, 3 Antrieb, 4 Greifbacke

Werkzeugwechsler, automatischer
[automatic tool changer]
Mechanische Einrichtung an NC-Maschinen zum automatischen Wechseln von Werkzeugen aus dem Magazin z.B. einem Kettenmagazin, in die Bearbeitungsspindel und umgekehrt. Der Wechselvorgang erfolgt mit Einfach- oder Doppelgreifern, oder auch direkt aus dem Magazin in die Spindel.

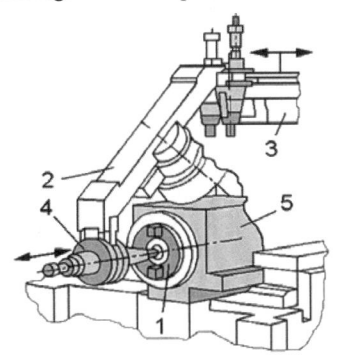

1 Arbeitsspindel, 2 Doppelarm, 3 Werkzeugmagazin, 4 Werkzeug, 5 Schlitteneinheit

Wertschöpfung
[increase in value]
Gradmesser für die Erbringung eigener Leistung im Rahmen eines Arbeitsprozesses.

Wickeln
[wrapping]
Sicherung von Ladungen wie z.B. Stückgut mit Hilfe einer Wickelfolie mit einer je nach Festigkeit eingerichteten Vorspannung. Man bezeichnet das W. auch als Wickelstretchen. Das W. wird bei eher wechselnden Ladeeinheiten eingesetzt.

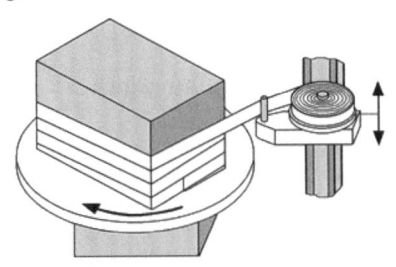

Widerstand
[resistor]
Der ohmsche Widerstand eines metallischen Leiters hängt vom Material, der Länge und dem Querschnitt ab. Mit dem W. können Spannungen herabgesetzt sowie Ströme eingestellt oder begrenzt werden. Ausführungen: Potenziometer, Dehnmessstreifen. Maßeinheit ist das Ohm (Ω; 1 Ω = 1 V/A).

Widerstandsbremsung
[dynamic braking]
Bremsverfahren bei z.B. einem Gleichstrommotor, indem dieser vom Netz getrennt und an eine Widerstandskombination (Anlasser) gelegt wird. Die mechanische Leistung wird so über die elektrische Leistung in Wärmeenergie umgesetzt. Es bedeuten (1) Betrieb und (2) Bremsen.
$\rightarrow$ *Gegenstrombremsung*, $\rightarrow$ *Nutzbremsung*, $\rightarrow$ *Bremsbetrieb*

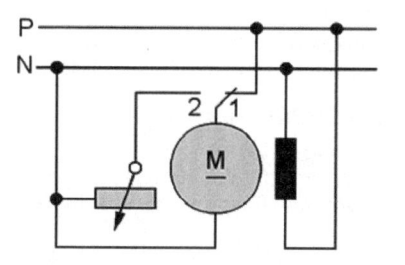

Widerstandspunktschweißen
[resistance welding, spot welding]
Fügeverfahren, bei dem aufeinanderliegende Bleche mit einzelnen Schweißpunkten verbunden werden. Dazu werden sie von wassergekühlten Kupferelektroden zusammengepresst. Kurzfristig fließt dabei ein hoher Strom, der im Innern der Bleche eine Schmelzlinse erzeugt und die Verbindung ergibt.

Wiedergabegenauigkeit
[playback accuracy]
Ein Maß für die Präzision, mit der eine per Teach-in eingelernte Raumposition beim Wiederabspielen (Ist-Position) erreicht wird.
$\rightarrow$ *Genauigkeit*, $\rightarrow$ *Präzision*

Wiederholgenauigkeit
[repeating accuracy, repetition accuracy]
1 Genauigkeitskennwert einer Bewegungsachse (eines Roboters), der angibt, wie weit die erreichten Istpositionen (die angefahreren Positionen) untereinander streuen, wenn eine Sollposition (programmierte Position) wiederholt unter gleichen Bedingungen angefahren wird. Die Abweichungen werden durch zufällige Fehler und nicht durch systematische Fehler bestimmt. Die W. kann für das Anfahren aus stets gleicher Richtung angegeben werden (unidirektional) oder bidirektional, wenn sich die Angaben auf das Anfahren der Position aus beiden Richtungen beziehen.

2 Bei Messgeräten und Sensoren die Differenz der Messwerte von aufeinander folgenden Messungen innerhalb einer Dauer von 8 Stunden bei 23 °C ± 5 °C Umgebungstemperatur.

Wiegand-Effekt
[Wiegand effect]
Sprunghafte Ummagnetisierung eines kristallinen Drahtes aus FeCoV-Legierung, der auf besondere Weise mechanisch vorbehandelt wurde.

Winkelbandmagazin
Magazinierung reihungsfähiger Werkstücke auf winklig angeordneten Förderbändern (Bild). Die Bänder erzeugen den Vorschub und zentrieren auf Mitte.

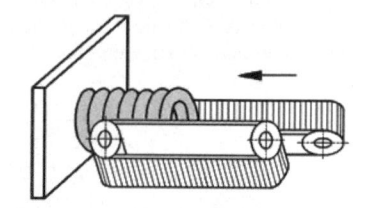

Winkelbeschleunigung
[angular acceleration]
Quotient aus der Winkelgeschwindigkeitsänderung $\Delta\omega$ und dem zugehörigen Zeitabschnitt bei einer Rotation.
$\alpha = \Delta\omega/\Delta t$ in rad/s^2 = 1/s^2. Die W. ist ein

axialer Vektor Δt in Richtung der Drehachse.

Winkelenkoder
[angle encoder]
Andere Bezeichnung für einen meistens inkrementalen Drehgeber für die Winkelmessung. Er ist über ein Encodergetriebe mit der Antriebseinheit der jeweiligen Bewegungsachse gekoppelt. Mit einer codierten Scheibe versehene W. bezeichnet man auch als Absolutencoder.

Winkelförderband
[angle conveyor]
Aus einem Stück bestehendes Förderband, das in einer speziellen Einheit in beliebige Winkel eingestellt werden kann (Bild). Damit ist eine Verteilung von Fördergut in verschiedene Abförderstrecken möglich. Bei einer langen Förderstrecke kann das W. als zeitweiliger Durchgang eingebaut werden. Das Förderbandsystem lässt sich dann „öffnen".

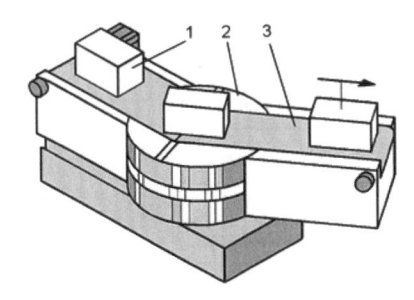

1 Fördergut, 2 Schwenkeinheit, 3 Fördergurt

Winkelgeschwindigkeit
[angular speed]
Quotient aus dem vom Fahrstrahl überstrichenen Drehwinkel φ und der dafür benötigten Zeit t bei einer Rotation: $\omega = \varphi/t$ in rad/s = 1/s. Die W. ist ein axialer Vektor Δt in Richtung der Drehachse.

Winkelgetriebe
[angular gear]
Mechanisches Rädergetriebe mit sich schneidenden oder kreuzenden Wellen, wie → *Kegelrad-*, → *Kronenrad-*, →

Schnecken- und *Schraubenradgetriebe*. Eingangs- und Ausgangswelle stehen in der Regel in einem Winkel von 90° zueinander. Die Übersetzungsverhältnisse i sind unterschiedlich. Bei Kegelradgetrieben ist üblicherweise die Übersetzung auf $i_{max} \approx 10$ begrenzt. Es gibt auch Winkel-Planeten-Getriebe (Kegelradgetriebe mit nachfolgendem Planetengetriebe) für Übersetzungen bis $i = 150$. Im Bild wird ein Planetentrieb in kompakter Bauweise gezeigt, wobei der Eintrieb über den Planetenträger mit einem Kegelradsatz erfolgt.

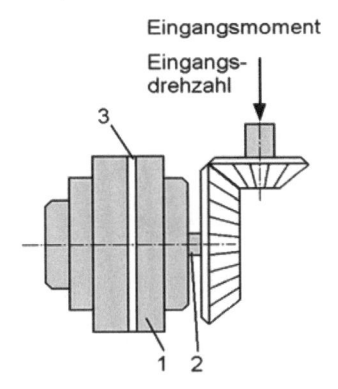

1 Statorhohlrad, 2 Sonnenrad-Hohlwelle, 3 Einstellscheibe

Winkelgreifer
[angle gripper, scissor-type gripper]
Backengreifer, dessen Finger sich um einen Drehpunkt bewegen. Der Öffnungswinkel ist geringer als beim → *Radialgreifer*.

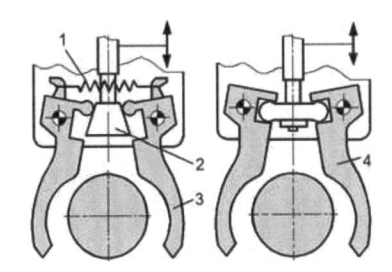

1 Zugfeder, 2 Kegel, 3 und 4 Greiferfinger

Drehgelenke lassen sich einfacher herstellen als Geradführungen wie bei den

Parallelbackengreifern. Für die Kraftübertragung auf die Finger gibt es verschiedene technische Lösungen.

Winkelhand
[angle hand]
Einfache und kostengünstige Bauform eines Roboterhandgelenks, bei der sich die Drehachsen 1 und 2 schneiden, während die Drehachse 3 mit Versatz vorgelagert ist. Nachteile: Ungünstige Störkontur, aufwendige Kabelführung, aufwendigere Umrechnung in kartesische Koordinaten, weil sich die Drehachsen nicht in einem Handgelenkpunkt schneiden.
→ Zentralhand

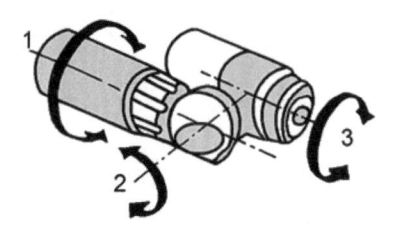

Winkellichtschranke
[angle light barrier]
Lichtschranke mit diagonaler Blickrichtung. Das Winkelgehäuse enthält die gesamte Elektronik.

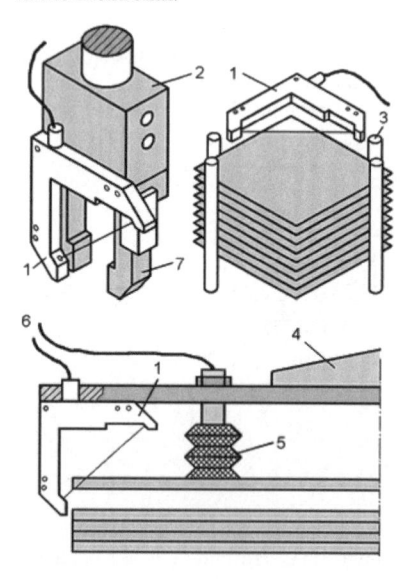

1 Winkellichtschranke, 2 Greifer, 3 Magazin, 4 Vakuumtraverse, 5 Sauger, 6 Anschlussleitung, 7 Greiferfinger

Die W. lässt sich in der Handhabungstechnik vorteilhaft einsetzen, z.B. an einem Parallelgreifer, um die Aufnahme eines Objekts zu kontrollieren. Weitere Beispiele: Kontrolle des Magazinfüllstandes oder die Anwesenheitskontrolle am Vakuumgreifer.

Winkelmesssystem
[angular displacement encoder]
Sensor oder Gerät zur analogen oder digitalen Winkelbestimmung an rotierenden Bauteilen.
Analog: durch drehbare Kondensatoren, Potenziometer und Tachogeneratoren
Digital: durch → *Winkelcodierer*, inkrementale Drehwinkelgeber, → *Resolver*, → *Neigungssensor*
Das Bild zeigt die allgemeine Funktionsstruktur von Winkel- und Wegmesssystemen.

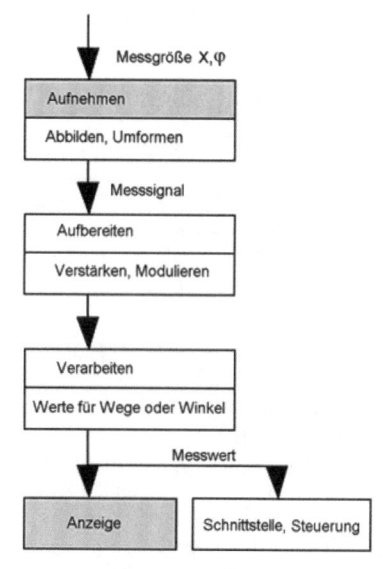

Winkelschwenkeinheit
[swivelling axis unit, jointed loader]
Schwenkkopf mit einer in 45° liegenden Schwenkachse. Er dient als Basiseinheit für den Aufbau eines Doppelgreifers, z.B. für einen Portalroboter. Die Greifer-

anschlussflächen stehen im Winkel von 90° zueinander. Eine andere Ausführung wäre eine Flachschwenkeinheit.

Wireless Automation
Konzept der drahtlosen, funkgestützten Kommunikation zwischen Automatisierungskomponenten untereinander und mit übergeordneten Steuerungen.

Wirkbewegung
[effective motion]
Bewegung, mit der eine funktionsrelevante Wirkung erzwungen oder ermöglicht wird. Ein Beispiel ist die Umsetzung einer drehenden Bewegung in eine Schubbewegung z.b. mit Hilfe eines → *Zahnstange-Ritzel-Getriebes* und einer mehrstufigen Zahnradübersetzung.
→ *Dreheinheit*, → *Wirkstruktur*

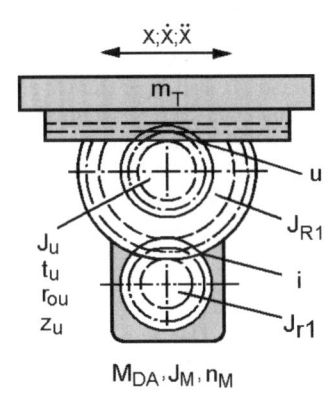

$x; \dot{x}; \ddot{x}$

m_T

J_u
t_u
r_{ou}
z_u

u

J_{R1}
i
J_{r1}

M_{DA}, J_M, n_M

i Übersetzungsverhältnis, *m* Masse, *n* Drehzahl, *x* Weg, *z* Zähnezahl, *M* Drehmoment, *J* Trägheitsmoment

Wirkleistung
[active power]
Die elektrische Wirkleistung ist die in Wechselspannungssystemen von einem Wirkwiderstand, einem ohm'schen Verbraucher, aufgenommene und von einem Leistungsmesser angezeigte elektrische Leistung mit $P = U \cdot I \cdot \cos\varphi$ in Watt. Es kommt also zu einem echten Energieaustausch zwischen Netz und einem angeschlossenen Verbraucher.
→ *Scheinleistung*, → *Blindleistung*

Wirkprinzip
[operating principle, principle of function]
Verknüpfung zwischen einer funktional beschriebenen Aufgabe und den bei der Lösungssuche gewählten Effekt. Ein W. kann mehrere Effekte nutzen.

Wirkstruktur
[operating structure]
Anordnung und Verknüpfung mehrerer Wirkprinzipien. Ein Wirkprinzip entspricht dem Lösungsprinzip und umfasst z.b. bei mechanischen Gebilden die Wirkflächen, Wirkflächenpaarungen, Wirkräume, → *Wirkbewegungen* und Stoffarten.

Wirkungsgrad
[efficiency]
Kenngröße für die Güte der Energieumwandlung bei Maschinen und Anlagen, also der Nutzeffekt. Der Wirkungsgrad η ist mithin das Verhältnis der von einer Maschine erbrachten Nutzarbeit zu der für ihren Betrieb aufgewandten Energie und sie ist immer kleiner als 1 bzw. kleiner als 100 %. Sinngemäß ergibt sich, dass die in einem Stromkreis erzeugte Leistung der Summe der in der Spannungsquelle und im Verbraucher umgesetzten Leistung gegenüberzustellen ist.

Wirkungsgrad, volumetrischer
[volumetric efficiency]
In der Fluidtechnik der Quotient aus theoretischem Luft- und Betriebsverbrauch. Er berücksichtigt die sogenannten volumetrischen Verluste, die sich aus Leckströmen ergeben.

Wirkzone
[operating zone]
Ort, an dem ein Stoff-, Energie- und Informationsfluss zusammengeführt werden, um einen Stoff (Material, Werkstück, Halbzeug u.a.) zu verändern. Einem Stoff wird mit Hilfe von Energie eine Information „aufgeprägt". Die W. ist eine abstrakte Darstellung einer beliebigen technologischen Operation.

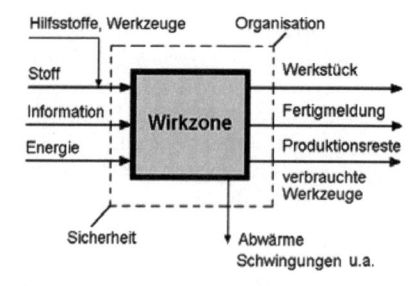

Wirrgut
[tangling parts, haystack workpieces]
Werkstücke, die durch ihre Form zum Verhaken, Verklemmen und Verschrauben neigen. Solche Werkstücke werden auch als „Heuteile" bezeichnet. Ihre automatische Handhabung erfordert besondere Einrichtungen oder ist gänzlich unmöglich. Für das Separieren verhakter Teile werden oszillierende Bürsten, Druckluftwirbel, Schwingplatten und Walzentrommeln mit Entwirrelementen eingesetzt.

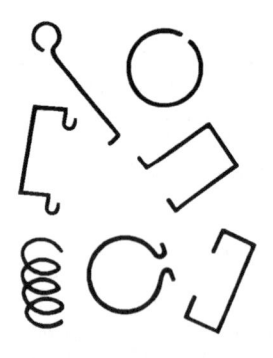

Wissensakquisition
[knowledge acquisition]
Die Akquisition von speziellem Wissen von Experten in einer Form, die in einem Expertensystem verwendet werden kann.

Wissensbasis
[knowledge base]
Sammlung von Tatsachen und Regeln, die das Wissen und die Erfahrungen eines Spezialisten für die Lösung von Problemstellungen in einem → *Expertensystem* enthalten.

Wissensingenieur
[knowledge engineer]
KI-Spezialist, der sich mit der Entwicklung von Expertensystemen beschäftigt.

Workflow-System
Ein System, das Arbeitsabläufe unter Berücksichtigung von Ressourcen, Terminen und Kosten mit Hilfe von Software definiert, steuert und ausführt.

Wurfvibrator
Elektromagnetischer Antrieb für Schwingfördersysteme zum Transport kleiner Werkstücke oder Schüttgut. Der Magnetkörper mit der Erregerwicklung ist auf einem Grundkörper befestigt. Darüber befindet sich die Ankerplatte, deren Polflächen durch einen Luftspalt getrennt sind. Sie stehen parallel zum Magnetkörper. Ankerplatte und Grundkörper sind durch um 20° geneigte Blattfedern miteinander verbunden. Zwischen Anker und Magnetkörper entsteht eine Zugkraft. Durch die schräge Anlenkung der Federn führt eine obenauf gesetzte Förderrinne bogenförmige Schwingbewegungen aus und transportiert Fördergut in eine Richtung.

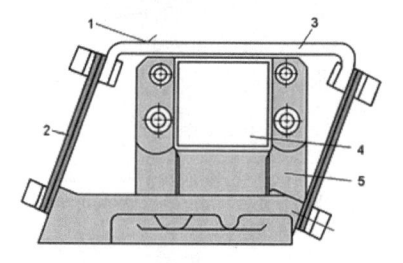

1 Nutzseite, 2 Blattfeder, 3 Ankerplatte, 4 Magnetkörper, 5 Grundkörper

Wurfziffer
Kenngröße für die Antriebsbeschleunigung bei einem Vibrationsförderer. Sie gibt das Verhältnis der normal zur Förderbahn gerichteten Komponente der Antriebsbeschleunigung zur gleichgerichteten Komponente der Erdbeschleunigung an. Die W. liegt beim Mikrowurf-Vibrator zwischen 1 und 3,3.

X

XPS
Bezeichnung für →*Expertensysteme*; das sind Computerprogramme, die das Wissen eines bestimmten Sachgebietes verarbeiten mit dem Ziel, daraus Entscheidungen und/oder Problemlösungen zu finden.

Z

Zähleinrichtung
[item counter]
Zählen gehört zu den typischen Automatisierungsaufgaben, wie z.B. Stückgut zählen (Bild). Die Anzahl der Zählimpulse, die ein Sensor liefert, gibt Aufschluss über die Produktionsmenge und Auslastung der Maschine. Zählen kann auch für die Steuerung nachfolgender Produktionsmaschinen wichtig sein.

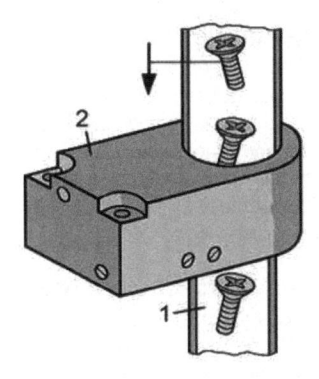

1 Kunststoff-Zuführrohr, 2 induktiver Näherungssensor

Zahnriemen
[toothed belt]
Zugmittel, auch als Synchronriemen bezeichnet. Er verbindet Kraftübertragung und Synchronisierung (kein → *Schlupf*) von Bewegungen bei guter Biegewilligkeit miteinander und ist zum kostengünstigen Ersatz für viele Kettenantriebe geworden.

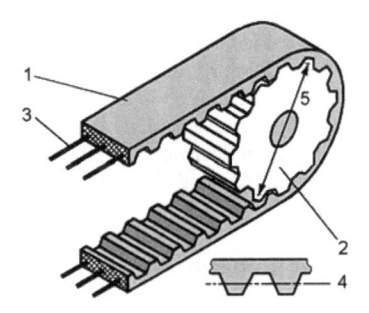

1 Zahnriemen, 2 Synchronscheibe, 3 Stahldrahtarmierung oder Glasfaserlitze, 4 Riementeilkreislinie, 5 Teilkreisdurchmesser

Der Riemen läuft geräuscharm, hat ein gutes Dämpfungsverhalten, eine kleine Masse und hohen Wirkungsgrad. Die ersten Z. wurden um 1950 in der Nähmaschinenbranche eingesetzt. Z. haben einen Zugkörper entweder aus gewickelter Glasfaser oder gekordeltem Stahlseil. Zähne und Rücken werden aus einer Polyurethan- und Kautschukmischung hergestellt. Häufig werden die Zähne noch mit einer Nylonschicht überzogen, um sie vor Abnutzung zu schützen. Der Z. wird nicht nur für die Schlittenbewegung bei einer Linearachse als Zugmittel eingesetzt, sondern auch für die Bewegung längs einer Zahnstange (Prinzip *Zarian*) oder für Schwenk- und Drehantriebe.

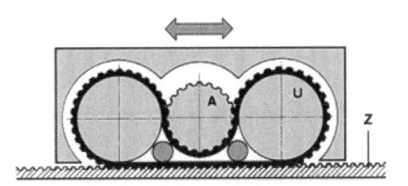

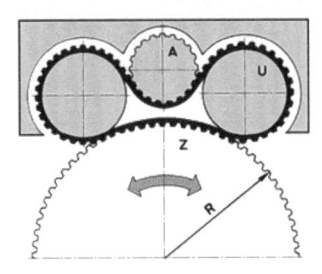

A Antriebsscheibe, U Umlenkscheibe, Z Zahnstange bzw. Zahnrad, R Radius

Die Verbindung von Synchronscheibe mit Motor und Getriebe kann mit Passfeder oder durch Klemmen mit einer Wellenkupplung (Welle-Nabe-Spannsatz) erfolgen. Entscheidend für die Auswahl ist das zu übertragende Drehmoment und die Montagefreiheit beim Zusammenbau.

Zahnriemenantrieb
[belt-drive actuator, toothed belt drive]
Antrieb für eine Bewegungseinheit, bei dem Leistungen (Drehmoment, Drehzahl) von einem Motor formschlüssig mit Hilfe eines → *Zahnriemens* (Synchronriemen) auf ein bewegbares Maschinenteil übertragen werden. Das kann z.B. ein Schlitten oder ein berollter Laufwagen sein. Das Bild zeigt ein Anwendungsbeispiel. Der Antrieb ist stationär und die Auslegerachse bewegt sich. Der Z. läuft über die Antriebsscheibe und wird dabei über Umlenkscheiben geführt. Er ist an den Enden mit einem Klemmstück an der Auslegerachse kraft- und formpaarig befestigt. Es lassen sich wahlweise verschiedene Antriebsmotoren anbauen.
Bei Roboter-Drehachsen werden Zahnriemengetriebe meist nur als Getriebevorstufe genutzt.
→ *Positionierachse*, → *Riemenvorgelege*

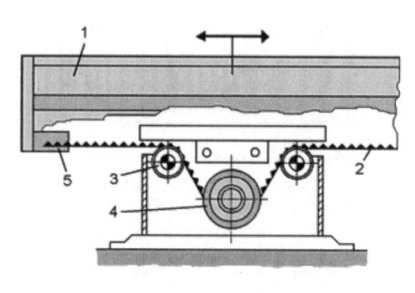

1 Schlitten, 2 Zahnriemen, 3 Umlenkscheibe, 4 Antriebsscheibe, 5 Riemenklemmstück

Zahnstange-Ritzel-Getriebe
[rack and pinion mechanism]
Ein Getriebe, welches auch als Zahnstangenradpaar bezeichnet wird. Das Z. dient der Übertragung von Drehbewegung und Drehmoment von einer Antriebswelle durch Formschluss auf andere im Eingriff befindliche Zähne. Es gibt vielfältige Anwendungen dieses Prinzips, z.B. in pneumatischen Dreheinheiten. Das S. kann aber auch in Lineareinheiten mit großem Verfahrweg wie bei einer Berg-Zahnradbahn eingesetzt werden. Die Funktionen exakte Geradführung eines Schlittens und der Vorschub sind dann auf unterschiedliche Funktionsträger verteilt.

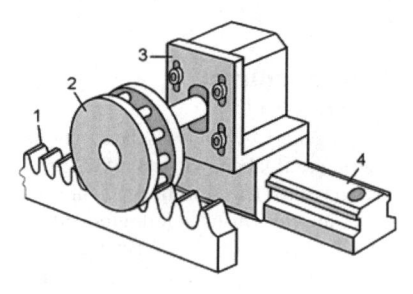

1 Zahnschiene, 2 Ritzel, 3 Antriebsmotor, 4 Linearführung

Zangengreifer
[tong-type gripper, pincer gripper]
Zweibackengreifer, der ein Objekt mit Klemmkraft hält. Es bewegen sich beide Greiforgane synchron auf das Greifobjekt zu. Das Festhalten kann durch reinen Kraftschluss oder durch Kraft-Formschluss geschehen.

Zangenvorschubeinrichtung
[gripper feeder]
In der Umformtechnik gebräuchliche Zuführeinrichtung für Band und Streifenmaterial.

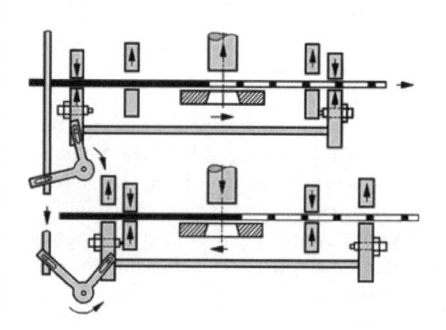

Hin- und herlaufende Zangenpaare öffnen und schließen sich im Wechsel und erteilen dem Band eine geradlinige, unterbrochene Bewegung. Der Antrieb (Klemmen und Verschieben) erfolgt meistens pneumatisch.

Zapfengreifer
[pin gripper]
Pneumatischer Außengreifer, der ein Werkstück an einem Zapfen anfassen kann. Das kann z.b. ein Flaschenhals sein. Unter Druck verformt sich eine Membran in einem festen Stützgehäuse und bewirkt dabei das Halten eines Teils.

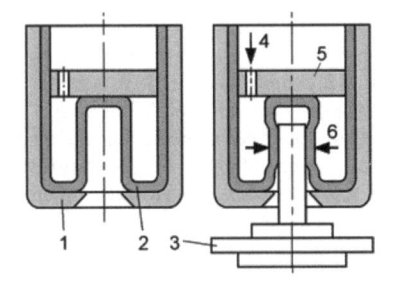

1 Metallhülse, 2 Gummimembran, 3 Werkstück, 4 Druckluft, 5 Trennscheibe, 6 Anpresskraft

Zeichenerkennung, automatische
[automatic character recognition]
Maschinelles Erkennen von Zeichen in OCR-Schrift, Handschrift, Balkencode u.a. durch eine Leseeinrichtung mit Software zur Mustererkennung.

Zeilensensor
[line sensor]
Sensor, der nicht punktuell wirkt, sondern Elementarsensoren in einer linienförmigen Anordnung aufweist, z. B. eine CCD-Zeile.

Zeitkonstante
[time constant, T.C.]
Physikalische Größe zur Beschreibung der Geschwindigkeit bzw. Zeitdauer, mit der ein System auf die Änderung einer Eingangsgröße reagiert, wie z.b. der Beginn des Stromflusses in einer Spule nach dem Anlegen einer Spannung.

Zeitmultiplex-Verfahren
[time-division multiplex]
Zeitlich gestaffelte serielle Übertragung unabhängiger Informationen auf einem Übertragungsmedium.

Zeitplansteuerung
[timing control]
Steuerung, bei der ein programmierter Ablauf (→ *Ablaufsteuerung*) ausschließlich durch einen Zeitplangeber, z.b. Nockenscheibe, vorgegeben wird.

Zeitrasterinterpolation
Interpolation, bei der die anzufahrenden Zwischenpunkte einer Bahn in festen Zeitabständen, z.b. alle 10 oder 100 ms, errechnet werden. Der Abstand der interpolierten Positionen hängt somit von der Bewegungsgeschwindigkeit ab.

Zeitverhalten
[time response]
Unter einem Übertragungsglied versteht man in der Regelungstechnik den zeitlichen Verlauf des Ausgangssignals bei einer definierten Änderung des Eingangssignals. Dieser Verlauf heißt die „Antwort des Gliedes" und die dazu verbrauchte Zeit charakterisiert das Z.

Zellenradbunker
[bucket-type bunker]
Werkstückspeicher für ungeordnetes Arbeitsgut. Am Boden des Bunkers rotiert eine Scheibe mit Aussparungen (Taschen, Zellen), die der Werkstückhüllform angepasst sind. Zufällig in Vorzugslage befindliche Werkstücke geraten in die Aussparungen, werden mitgenommen und an einer Stelle geordnet ausgegeben.

Zellenradschleuse
[rotary airlock valve]
Dosierorgan für Schüttgut mit mehrflügeligem Rotor, das über die Rotordrehzahl volumetrisch dosiert und dabei zwischen zwei Räumen mit unterschiedlichem Druck absperrt.

Zellensteuerung
[cell controller]
Strukturelement mit Zellenrechner zur Steuerung und Überwachung einer Produktionszelle. Aufgaben: Auftragseinplanung, -durchführung, zentrale Diagnose. Ein Teil davon ist Bereitstellung der Programme zur Robotersteuerung. Die Bedienung der Z. geschieht über menügeführte Bildschirmoberflächen.

Zellularautomat
[cellular automata machine]
Zelluläres Modell eines kinematischen selbstreproduzierenden Automaten in Untersuchungen von *J.v. Neumann*. Die Z. sind rein mathematische Gebilde (als Modelle der Natur) zum Zweck logischer Experimente, insbesondere in Richtung Selbstreproduktion und Evolution. Das Bild zeigt das Schema eines zweidimensionalen Z.

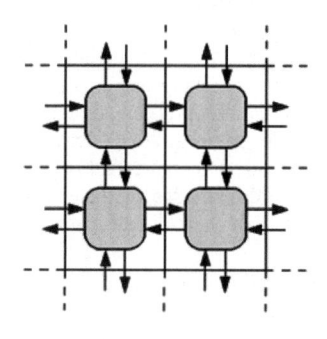

Zentralhand
[in-line wrist]
Bauform einer Roboter-Handachse, bei der sich drei Handdrehachsen (A4 bis A6) in einem Punkt, dem Handgelenkspunkt, schneiden.

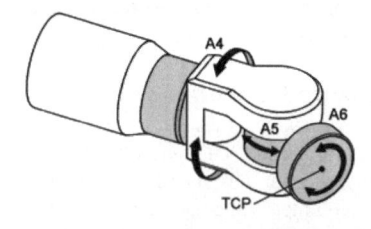

TCP Tool Center Point, Bezugspunkt zur Positionsangabe, A Bewegungsachse

Das hat den Vorteil, dass die Koordinatendefinition von Achsstellungen in kartesischen Koordinaten einfacher umzusetzen ist. Die Bauform ist günstig, die Störkontur klein, die Kabelführung einfach und die Kosten günstig.
→ *Handachse*, → *Winkelhand*, → *Doppelwinkelhand*

Zentrierbuchse
[positioning bushing]
Hilfsmittel zur genauen Positionierung von Maschinenkomponenten, wenn sie miteinander verschraubt werden sollen. Das erleichtert insbesondere bei Baukastensystemen das präzise und wiederholgenaue Zusammensetzen von Handhabungseinheiten. Die Verschraubung allein würde ungenau sein. Man müsste dann noch Passstifte setzen (Bohren, Reiben, Entgraten). Die Senkungen sind in allen Koppelflächen bereits vom Hersteller vorgesehen. Die Ausführung mit Z. ist zu bevorzugen.

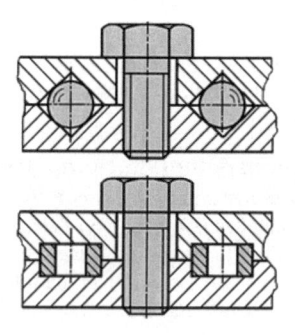

Zentrieren
(centering]
Allgemein das Ausrichten auf eine Mitte, z.B. eines Greifers auf die Lochmitte in einem Montagebasisteil, ehe das Eindrücken eines Stiftes erfolgt. Beide Achsen, Werkstück und Werkzeug, werden in Übereinstimmung gebracht. Im Beispiel geschieht das Z. nach einer Luftspaltmessung mit pneumatischen Sensoren. Danach korrigiert der Roboter seine Position. Das Z. ist aber auch eine Eigenschaft von Dreifingergreifern oder Dreibacken-Drehfuttern.
→ *Fügehilfe, RCC,* →

▶Z

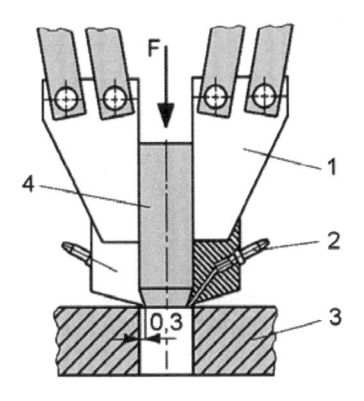

1 Greifbacke, 2 Staudruckdüse, 3 Basisteil,
4 Fügeteil, F Einpresskraft

Zentrifugalkraft
[centrifugal force]
Trägheitskraft (Fliehkraft), die auf Körper in rotierenden Bezugssystemen, z.B. ein Werkstück in einem Robotergreifer, wirkt und stets senkrecht zur Drehachse nach außen gerichtet ist.

Zentrifugalförderer
[centrifugal feeder]
Gerät für die Zuführung von Kleinteilen. Auf einer leicht schräg angeordneten Drehscheibe befindliche Werkstücke werden infolge der Fliehkraft nach außen auf einen Austragsring befördert. Dort werden sie zum Auslaufkanal gelenkt, wobei sie oft Ordnungselemente passieren, die die Teile in eine gewünschte und für den Prozess notwendige Orientierung bringen. Die Schikanen können mechanisch, fluidisch oder optisch arbeiten. Teile in falscher Orientierung werden in den Bunker zurückgeführt. Leistung: bis 1000 Teile/min und mehr.

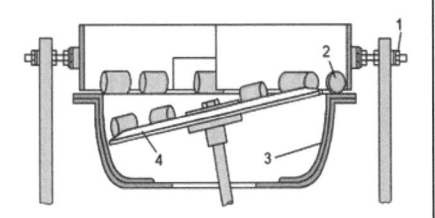

1 Randhalterung, 2 Werkstück, 3 Bunkerbehälter, 4 Schrägscheibenrotor

Zentripetalgreifer
[centripetal gripper]
Greifer, die ihre Greiforgane synchron auf Greifermitte bewegen und das Werkstück zentriert halten. Der Z. wird auch als „Zentrischgreifer" bezeichnet. Ausführungsbeispiel: Dreifingergreifer.

Zentripetalkraft
[centripetal force]
Zum Mittelpunkt einer Bogenbahn, z.B. ein Kreisbogen, gerichtete Beschleunigungskraft. Die entgegengesetzt gerichtete gleichgroße Kraft heißt →*Zentrifugalkraft*.

Zick-Zack-Magazin
[step magazine]
Magazin für Rundteile; → *Stufenmagazin*

Zielorientiert
[goal driven]
Bei Expertensystemen eine Inferenzmethode, die mit der Hypothese oder dem Ziel beginnt und sich zu den Daten zurückarbeitet.

Zielsteuerung
[target control]
Steuerung, die Stückgutmengen mit Fördereinrichtungen an mehrere Zielstellen leitet. Das Fördersystem verfügt dazu über Ausschleuselemente, die am Ziel aktiv werden. Die Z. arbeitet mit folgenden Mitteln: mitgegebene Adresse, zugeordnete Adresse, Mitlaufspeicher und Laufzeitspeicher. Als Objekte kommen auch Werkstückträger oder selbstfahrende Carriers in flexiblen Transport- und Montagesystemen in Frage.

Zirkularinterpolation
[circular interpolation]
→ *Kreisinterpolation*

ZMB
[zero moment point]
Abk. für → *Null-Moment-Punkt (Steuerung)*

Zublassystem
[blow feed system]
In der Handhabungstechnik das Transportieren von geordneten Kleinteilen mit Blasluft. Die Teile können allein oder z.B. in einem Transportschiffchen in einem Rohrsystem von einer Beladestation in die Zielposition in der Wirkzone gebracht werden. Dort wird das Teil entnommen und dem Prozess zugeführt. Es können verschiedene Teile über ein Rohrsystem zugeführt werden. Es ist auch möglich, die Teile zur Sicherung ihrer Orientierung über einen innen profilierten Schlauch zu führen, z.B. bei einer → *Schweißmutternzuführung*.

Zubringen
[feeding]
Gesamtheit der ortsverändernden Handhabungsvorgänge bei automatischer Zuführung von Arbeitsgut in der Fertigungskette. Zuführen und Z. sind synonyme Begriffe und schließen in der Regel auch das Abführen (Entladen von Maschinen) von Werkstücken bzw. Fertigteilen mit ein.

Zuführbarkeitskriterien
Einzuhaltender Grenzwert, damit sich im Rohr oder Schlauch zugeführte Teile (im Beispiel Schrauben) nicht überschlagen und nicht einklemmen. Es gilt d/s soll kleiner als 0,866 sein.

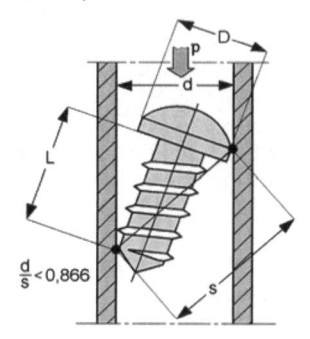

Zuführen
[feeding]
Andere, synonyme Bezeichnung für das → *Zubringen*

Zuführgerät
[feeder]
Vorrichtung für das automatische → *Zubringen* von Arbeitsgut an industriellen Arbeitsplätzen, wie z.B. Fertigungsmittel zur Teileherstellung, Montage, Prüfung und Verpackung. Die Z. sind meistens werkstückspezifisch ausgelegt. Flexible Lösungen sind oft mit einem Robotereinsatz verbunden. Das kann dann auch eine Kombination von → *Handhabungsgerät* und Stapel-Hubplattform sein.

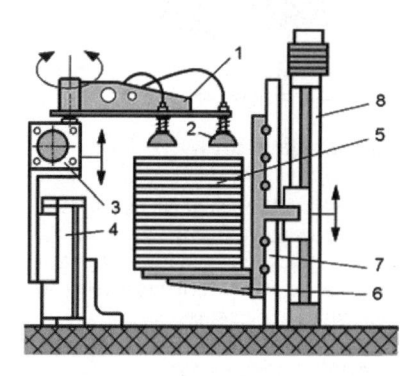

1 Schwenkarm, 2 Sauger, 3 Drehantrieb, 4 Hubantrieb, 5 Plattenstapel, 6 Hebebühne, 7 Linearführung, 8 elektromechanische Spindelhubeinheit

Zuführgerechte Teilekonstruktion
[feed-oriented part design]
Teilgebiet der automatisierungsgerechten Produkt-, Baugruppen- und Einzelteilgestaltung. Ziel ist das Erreichen sicherer Zuführeinrichtungen, die sich in möglichst großer Immunität gegenüber kleinen Schwankungen der Werkstücke auszeichnen. Wichtige Regeln sind z.B.: vermeide spiegelbildliche Teile; vermeide sich im Haufwerk verhakende Teile; vermeide biegeweiche Teile; bilde Formelemente aus, die das Ordnen erleichtern; bevorzuge symmetrische Formen oder eindeutig asymetrische Formen (Bild), verwende Fließgut vor Stückgut, schaffe mechanische Positionierhilfen und bilde parallele Griffflächen aus, unterstütze raumsparendes Magazinieren.
→ *Automatisierungsgerecht*

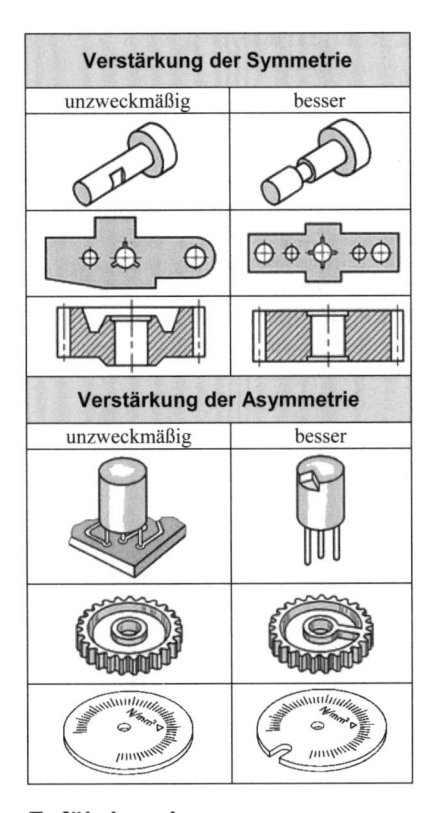

►Z

Verstärkung der Symmetrie
unzweckmäßig	besser

Verstärkung der Asymmetrie
unzweckmäßig	besser

Zuführkanal
[feed channel]
Roll- oder Gleitkanal für die Bereitstellung oder Weiterleitung von Werkstücken. Der Z. kann z.B. aus Federstahlband zusammengesetzt sein (Bild). Als Z. bezeichnet man auch den Freiraum, der an einer Maschine den Zugang bis zum Spannmittel gewährleistet.

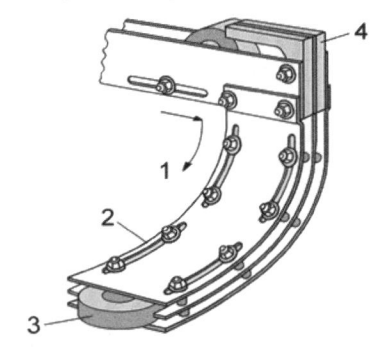

1 Laufrichtung der Teile, 2 Federband, 3 Werkstück, 4 Endstück

Zugmittelgetriebe
[flexible drive]
Getriebe, bei dem Bewegungen über Zugmittel (Kette, Riemen, Seil) übertragen werden. Das Bild zeigt eine Portalachse, bei der der Laufwagen vom feststehenden Motor über einen Zahnriemen bewegt wird.

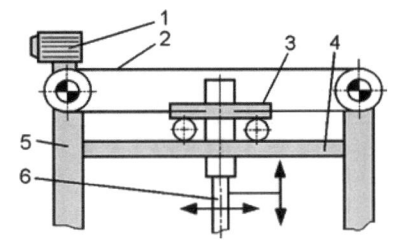

1 Motor, 2 Zahnriemen, 3 Laufwagen, 4 Profilschiene, 5 Portalstütze, 6 Vertikaleinheit

Zusammenführen
[combining]
In der Handhabungstechnik das Bilden eines Mengenstromes aus mehreren Teilmengenströmen von z.B. Werkstücken. Es stellt eine Funktionsfolge von Weitergeben-Vereinigen-Weitergeben dar. Das kann u.a. auch einen Montagevorgang begleiten bzw. darstellen.

Zusatzlast
[additional load]
Eine Last, die man zusätzlich zur Traglast eines Roboters an einer dafür vorgesehenen Stelle anbringen darf und die das definierte Betriebsverhalten des Roboters nicht einschränkt. Beispiel: Anbau eines Schweißtrafos auf dem Roboterarm.

Zustandsbeobachter
[state observer]
Beobachter, der die für einen Zustandsregler benötigten Zustandsgrößen bereitstellt, wenn die Zustandsgrößen nicht oder nur schwierig zu messen sind. Dazu wird ein mathematisches Modell des Antriebs in Form eines Führungsregelkreises entworfen und fortwährend durch Simulation nachgebildet. Das Modell

493

führt zugleich Korrekturen durch, wenn durch nichtlineare Einflüsse Differenzen zwischen den realen Zustandsgrößen der Regelstrecke und den simulierten Größen des Beobachters auftreten. Es ergibt sich eine praktisch ausreichende Übereinstimmung. Die für eine → *Lageregelung* erforderlichen Zustandsgrößen Geschwindigkeit und Beschleunigung können dem Beobachter entnommen werden oder sie werden alternativ durch Differentiation gewonnen.

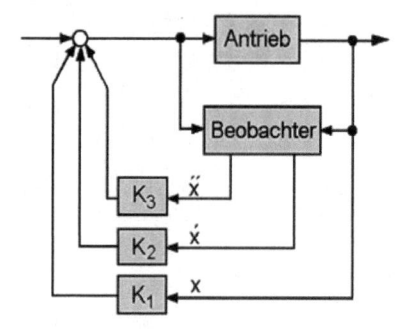

Zustandsdiagramm
[state diagram]
Darstellung der Funktionsfolgen einer oder mehrerer Arbeitseinheiten samt steuerungstechnischer Verknüpfungen der zugehörigen Bauglieder in zwei Koordinaten. In einer Koordinate wird der Zustand z.B. Weg, Winkel, Drehzahl und in der anderen Koordinate werden die Schritte und/oder die Zeiten aufgetragen. Das Z. ist nicht an einen Maßstab gebunden. (VDI 3260).

Zustandsraum
[state space]
Symbolischer Raum, der bei Suchproblemen durch die Beschreibung aufgespannt wird und der mit Hilfe von Suchmethoden exploriert werden muss.

Zustandsraumsuche
[state space search]
Lösung eines Problems, indem die möglichen Problemzustände durchsucht werden, die von einem Anfangszustand aus erreicht werden können.

Zustandsregelung
[state control]
Antriebsregelung für Elektromotoren bei der mit einem Zustandsbeobachter auf eine messtechnische Erfassung der Drehzahl verzichtet wird. Sensorhardware wird durch preiswerte Beobachtersoftware ersetzt. Es werden elektrische Zustandsgrößen beobachtet. Beobachter sind mathematische Modelle. Mit geeigneten Algorithmen wird dann über die Z. Einfluss auf den stromrichtergespeisten Antrieb genommen.
→ *Kaskadenregelung*

Zustimmungsschalter
[consent switch]
Befehlsgeber für Maschinen und Anlagen, in deren Gefahrenbereich Arbeiten auszuführen sind (Einrichten, Programmieren), wobei die Schutzwirkung von beweglich trennenden Schutzeinrichtungen unter bestimmten Bedingungen aufgehoben wird. Autorisiertes Personal kann mit dem Z. in Gefahrräumen Maschinenaktionen auslösen. Es gibt die Z. in zwei- und dreistufiger (Bild) Ausführung. Der Schalter kann auch im Handterminal z.B. eines Industrieroboters untergebracht sein. Ein Loslassen des Z. setzt sofort die Anlage still. Das schützt den Einrichter.

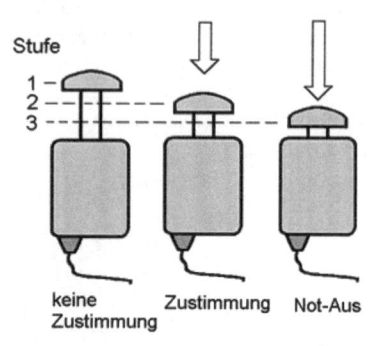

Zuteilen
[allocation, proportion]
In der Handhabungstechnik (VDI 2860) eine aus Abteilen und Weitergeben von Werkstücken zusammengesetzte Funktion. Es ist das Bilden von Teilmengen

mit definierter Größe oder Anzahl und das Bewegen dieser Teilmengen zu einem definierten Ort. Wird nur ein einziges Teil zugeteilt, spricht man vom → *Vereinzeln*. Zur Realisierung werden Schieber, Sperren und Rückhalter eingesetzt, meist in Verbindung mit Schwerkraftwirkungen.

Zuteiler
[escapement]
Vorrichtung, die eine vorbestimmte Menge von Werkstücken bereitstellt. Dafür werden u.a. Schieber-, Rotor-, Doppelschieber (Schleusenzuteiler), Nocken und Greifer eingesetzt. Die meisten Z. sind Vereinzeler.

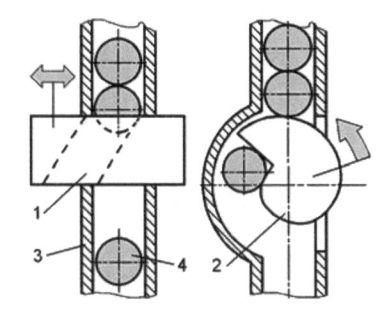

1 Zuteilschieber, 2 Rotorzuteiler, 3 Zuführkanal, 4 Werkstück

Zuverlässigkeit
[reliability]
Grad der Eignung eines Produktes, beschrieben z.B. durch die Wahrscheinlichkeit, die vorgesehenen Aufgaben unter bestimmten Betriebsbedingungen während einer bestimmten Zeitspanne uneingeschränkt zu erfüllen. Wichtige Kenngrößen sind → *Ausfallrate*, Ausfallwahrscheinlichkeit und Überlebenswahrscheinlichkeit.
→ *MTBF*, → *Verfügbarkeit*

Zweiachsen-Handhabungsgerät
[biaxial handling device]
Geräte, welches einen typischen C-Bewegungszyklus absolvieren kann: Heben der Last - Schwenken zur Zielposition - Absenken der Last - Rückkehr zur Startposition. Ein Ausführungsbeispiel ist das elektromechanische Gerät im Bild. Alle Bewegungen werden durch formschlüssige Kurvenschaltgetriebe erzeugt. Zur Rückwärtsbewegung wird die Motordrehrichtung umgepolt. Vor und nach der Bewegung enthalten die Kurven steigungsfreie Verriegelungszonen. Motor Anfahren und Bremsen können dadurch ohne große Belastung fast im Leerlauf erfolgen.

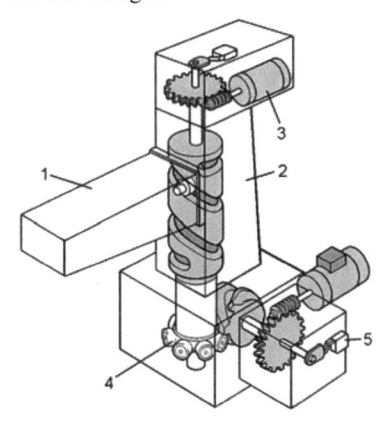

1 Schwenkarm, 2 Hubeinheit, 3 Drehstrommotor, 4 Dreheinheit, 5 Nockenschalter

Zweiachsensystem
[2-direction system]
Zweiachsige Handhabungseinrichtung mit sich kreuzenden Linearachsen. Im Beispiel (Draufsicht) sind die Antriebsmotoren ortsfest mit dem Portalaufbau verbunden.

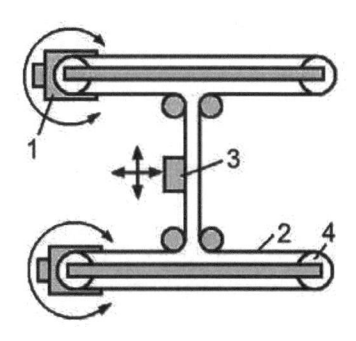

1 Antriebsmotor, 2 Zahnriemen, 3 Schlitten für den Endeffektoranbau, 4 Umlenkscheibe

Ein einziger Zahnriemen umschlingt beide Linearachsen und überträgt die Bewegung auf den Schlitten. Je nach Drehrichtung der Antriebsmotoren bewegen sich die Achsen in einer x-z-Ebene. Die Bewegungen können sich überlagern, wenn es die Steuerung ermöglicht. Die Last verteilt sich auf die beiden Antriebsmotoren.
→ *Antrieb, traversierter*

Zweibeiniger Laufroboter
[two-legged robot]
Forschungsgerät zum Studium zweibeinigen dynamischen, stabilen Laufens. Deshalb werden auch die Hände nur durch Gewichte simuliert. Der im Bild gezeigte *Johnnie* (TU München) hat eine Körpergröße von 1,8 m und läuft mit 2,2 Stundenkilometern. Anzahl der Gelenke: 17, davon je Bein 6. Antrieb: elektromotorisch. Führungssystem: visuell

Zweihandsteuergerät
[two-hand control]
Steuergerät, das nur dann ein Ausgangssignal abgibt, wenn mit beiden Händen gleichzeitig eine Betätigung vorgenommen wird, um eine Maschine zu starten und den Zustand aufrechtzuerhalten, solange Risiken bestehen. Das dient der Verhinderung von Hand- und Fingerverletzungen an z.B. Hebezeugen und Pressen. Die Hände werden zwangsweise an Bediengeräte gebunden.

Zweikreis-Vakuumanlage
[dual circuit vacuum supply]
Vakuumhebetechnik (Bild), bei der aus Sicherheitsgründen zwei Vakuumpumpen vorhanden sind. Die Sauger sind derart über Kreuz angeschlossen, dass bei Ausfall einer Pumpe die Last gerade noch gehalten wird, ohne abzukippen. Im Notfall kann ein Handhabungsvorgang mit verminderter Geschwindigkeit zum Abschluss geführt werden.

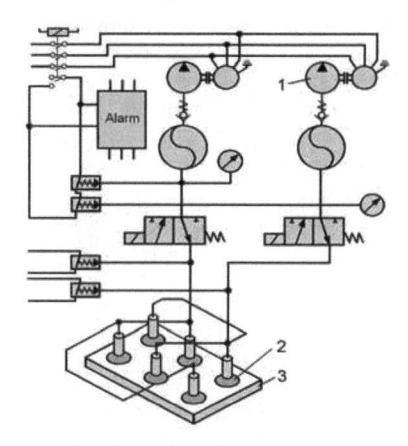

1 Pumpe, 2 Sauger, 3 Werkstück

Zweimassenschwinger
[dual-mass oscillator]
Schwingsystem für Vibratoren, bei dem die aus Förderrinne und aufliegendem Fördergut bestehende Nutzmasse m_N mit einer Gegenmasse m_G verbunden ist, die aus einem abgestützten bzw. abgehängten Rahmen besteht.

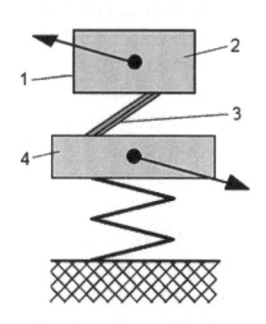

1 Nutzmasse, 2 Wendelaufsatz, 3 Feder, 4 Gegenmasse

Zweipunktregelung
[on-off control, two-step control (BE)]
Unstetige Regelung, bei der die Steuergröße (Stellgröße) nur zwei Werte (zwei Schaltstellungen) annehmen kann. Solche binären Ausgangssignale werden auch von Relais, Grenzsignalgebern und Schwellwertschaltern ausgegeben. Nachteil: Die Regelgröße pendelt ständig, sodass ein sprunghafter Betrieb entsteht. Das lässt sich durch passende Toleranzgrenzen verringern.

Zweiwege-Rohrweiche
[two-way guide]
Weiche zur Steuerung von Schüttgutströmen, entweder zum Verzweigen oder Zusammenführen. Im Beispiel (Bild) wird ein zweikanaliger Rotor für die Kanalverbindung verwendet.

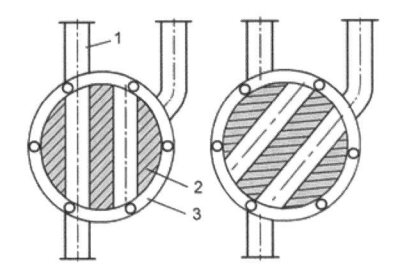

1 Rohrleitung, 2 Rotorkörper, 3 Gehäuse

Zwischenkreis
[DC link]
Energiespeicher in einem → *Stellgerät mit Spannungszwischenkreis*

Zyklogramm
[path-procedure diagram]
Grafische Ablaufdarstellung in einem Weg-Schritt-Diagramm.
→ *Ablaufdiagramm*

Zyklus
[cycle]
Abarbeitung genau eines Programmdurchlaufs für eine bestimmte Bewegungsfolge im Unterschied zum sich ständig wiederholenden Dauerlauf.

Zykluszeit
[cycle time]
1 Bei Funktionseinheiten und damit auch bei Vorrichtungen und Handhabungseinrichtungen die Zeitspanne zwischen dem Beginn zweier aufeinander folgender gleichartiger zyklisch wiederkehrender Vorgänge, wie z.b. die Beladung einer Spannvorrichtung.

2 Bei einem Programm ist es die Zeit, welche die Steuerung benötigt, um das Programm einmal vollständig (von Programmstart bis Programmende) durchlaufen zu lassen.
→ *Taktzeit,* → *Arbeitszyklus*

Zylinderkoordinatensystem
[cylindrical coordinate system]
Koordinatensystem, in welchem jeder beliebige Raumpunkt durch die Parameter Radius, Abstand und Winkel beschrieben werden kann. Roboter mit der Grundstruktur Rotation, Translation, Translation erzeugen einen zylindrischen Arbeitsraum. Dafür erweist sich die Anwendung des Z. als zweckmäßig.

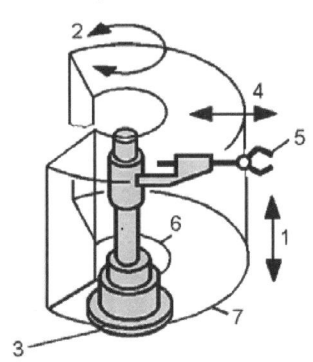

1 Hubbewegung, 2 Schwenkbewegung, 3 Roboterbasis, 4 Ausfahrbewegung, 5 Greifer, 6 Arbeitsrauminnengrenze, 7 Außengrenze

Zylinderschalter
[cylinder switch]
Berührungsloser Signalgeber, der auf einem Arbeitszylinder, z.B. ein Pneumatikzylinder, befestigt wird und der die Kolbenposition anzeigt und meldet. Die Betätigung erfolgt magnetisch durch einen Ringmagneten im Kolben.

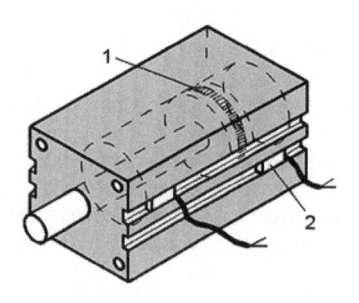

1 Kolben mit Ringmagnet, 2 induktiver Näherungsschalter

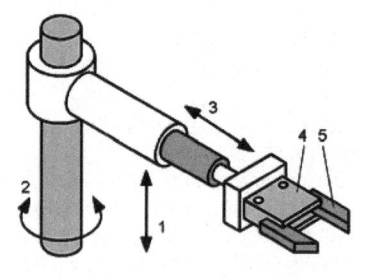

1 Hochbewegung, 2 Winkelbewegung, 3 Hinlangen, 4 Greifer, 5 Greifbacke

Zylindrischer Roboter
[cylindrical robot]
Roboter mit der Grundstruktur Rotation-Translation-Translation, der mit seiner Kinematik einen zylindrischen Arbeitsraum erzeugt. Jeder Raumpunkt lässt sich durch die Parameter Radius, Abstand und Winkel beschreiben. Für die waagerechte Ausfahrbewegung kann eine → *Teleskopachse* günstig sein.
→ *Zylinderkoordinatensystem*